Nr. 5
S. 1205—1484

1956
1. Februar

Chemisches Zentralblatt

Vollständiges Repertorium für alle Zweige der reinen und angewandten Chemie

1830 gegründet. 1897—1945 von der Deutschen Chemischen Gesellschaft fortgeführt.
Im Auftrage der Deutschen Akademie der Wissenschaften zu Berlin, der Chemischen Gesellschaft in der Deutschen Demokratischen Republik, der Akademie der Wissenschaften zu Göttingen und der Gesellschaft Deutscher Chemiker

herausgegeben von Prof. Dr. **Maximilian Pflücke**

127. Jahrgang

1 9 5 6

Chefredakteure: Dr. Eugen Klever und Prof. Dr. Maximilian Pflücke

Akademie-Verlag GmbH., Berlin — Verlag Chemie, GmbH., Weinheim/Bergstr.

Inhalt

Namenregister

CHEMISCHES ZENTRALBLATT

VOLLSTÄNDIGES REPERTORIUM
FÜR ALLE ZWEIGE DER REINEN UND ANGEWANDTEN CHEMIE

GEGRÜNDET 1830

Im Auftrage der Deutschen Akademie der Wissenschaften zu Berlin,
der Chemischen Gesellschaft in der Deutschen Demokratischen Republik,
der Akademie der Wissenschaften zu Göttingen
und der Gesellschaft Deutscher Chemiker

herausgegeben von

Prof. Dr. **Maximilian Pflücke**

127. JAHRGANG

1956

SEITE 1—1204

Chefredakteure Dr. Eugen Klever und Prof. Dr. Maximilian Pflücke

1956

AKADEMIE-VERLAG GMBH · BERLIN
VERLAG CHEMIE, GMBH, WEINHEIM / BERGSTR.

Heft Nr.	Seitenzahl	Ausgabedatum
1	1– 320	4. Januar 1956
2	321– 616	11. Januar 1956
3	617– 908	18. Januar 1956
4	909–1204	25. Januar 1956

Herausgeber und verantwortlich für den Inhalt: Prof. Dr. Maximilian Pflücke, Berlin N 4, Schiffbauerdamm 19, Fernsprecher: 42 55 71. Redaktion: Chefredakteure Dr. Eugen Klever u. Prof. Dr. Maximilian Pflücke. Verlag: Akademie-Verlag GmbH, Berlin W 8, Mohrenstraße 39 (Fernsprecher 20 03 86, Postscheckkonto Berlin 350 21), u. Verlag Chemie, GmbH., Weinheim / Bergstraße (Postscheckkonto Frankfurt/M. 1453 14 u. Berlin [West] 74 30. Fernsprecher Weinheim 2017).
Bestell- und Verlags-Nr. 1007/127.
Satz u. Druck: VEB Leipziger Druckhaus, Leipzig, III/18/203. I. 55.
Veröffentlicht unter der Lizenznummer 1212 des Amtes für Literatur u.
Verlagswesen der Deutschen Demokratischen Republik.
Printed in Germany.

Chemisches Zentralblatt

1956 Nr. 5 1. Februar

Geschichte. Unterricht.

Ralph E. Oesper, *Jean Baptiste Gillis.* Werdegang (geb. 1893 in Arlon, Belgien) u. Arbeiten (Potentiometrie, Polarographie, Elektro- u. Spektralanalysen usw.) des Analytikers der Univ. Gent. (J. chem. Educat. **30.** 622—23. Dez. **1953.** Cincinnati, O., Univ.) K. BLUMRICH. 1

Clément Duval und **Ralph E. Oesper,** *Albert Portevin.* Geb. 1880 in Paris; Lehrtätigkeit an verschied. Instituten. Seine Verdienste um die Metallurgie (chem. resistente Stähle, term. Vergütungen, Gußtechniken, Metallunterss., Einschlüsse usw.) werden gewürdigt. (J. chem. Educat. **29.** 201—02. April **1952.** Paris, Sorbonne; Cincinnati, O., Univ.) K. BLUMRICH. 1

Ralph E. Oesper, *Clemens Schöpf.* Geb. 1899 in Gersfeld. Übersicht über Arbeiten des Organikers der TH Darmstadt u. Herausgebers der Chemischen Berichte auf den Gebieten der Morphinalkaloide, Naturfarbstoffe, Synthesen unter „physiol. Bedingungen" usw. (J. chem. Educat. **29.** 168—69. April **1952.** Cincinnati, O., Univ.) K. BLUMRICH. 1

Jean Lucas, *Marcellin Berthelot 1827—1907.* Lebensgang von M. BERTHELOT [geb. 25/10. 1827 in Paris, gest. 16. (oder 18.) 3. 1907]. Arbeiten über organ. Chemie, Thermo- u. Ackerbauchemie u. über Geschichte der Chemie. (France-Pharmac. **4.** 111. 113. April. 137. 139. Mai. 184. Juni **1951.**) W. KUNTZ. 1

F. Klose, *Paul Ehrlich und Emil von Behring. Zur hundertjährigen Wiederkehr ihrer Geburtstage am 14. und 15. März 1954.* (Dtsch. med. Wschr. **79.** 425—27. 12/3. **1954.** Bonn.) W. KUNTZ. 1

W. R. Bett, *Hieronymus David Gaub (1705—1780), Arzt und Chemiker.* Lebensbild von H. D. GAUB (geb. 24/2. 1705 in Heidelberg, gest. 29/11. 1780 in Leiden), Nachfolger seines Lehrers u. Freundes BOERHAVE als Inhaber des Lehrstuhls für Medizin in Leiden. (Chemist and Druggist **163.** 207. 19/2. **1955.**) W. KUNTZ. 1

Je. N. Schatzki, *I. M. Gubkin — der Begründer der sowjetrussischen Wissenschaft des Erdöls und der Erdölgeologie (zum 80. Geburtstag).* Ausführliche Würdigung der Verdienste I. M. GUBKINs um die Erforschung des Erdöls u. seiner Geologie. (Известия Академии Наук СССР, Отделение Технических Наук [Nachr. Akad. Wiss. UdSSR, Abt. techn. Wiss.] **1951.** 1854—60. Dez.) A. HOYNINGEN-HUENE. 1

Laurence Dopson, *Der Vater der Homöopathie. 200. Wiederkehr des Geburtstages von Samuel Hahnemann.* Würdigung der wissenschaftlichen Begründung der Homöopathie („Similia similibus curentur" u. minimale Dosen) durch S. HAHNEMANN (geb. 10/4. 1755 in Meißen, gest. 2/7. 1843 in Paris). — Bild. (Chemist and Druggist **163.** 434. 16/4. **1955.**) W. KUNTZ. 1

Georg Edmund Dann, *Martin Heinrich Klaproth als Apotheker und seine Bedeutung für die Entwicklung der Pharmazie.* (Farmac. Glasnik **10.** 419—25. Sept. **1954.** — C. **1954.** 3153.) S. BECKMANN. 1

—, *Charles Blachford Mansfield (1819—1855), Begründer der Anilinindustrie.* Würdigung der Arbeiten von C. B. MANSFIELD (geb. 8/5. 1819 in Rowner, Hants., gest. 26/2. 1855); bes. über die Darst. eines reinen Bzl. aus Steinkohlenteerleichtölen u. über die Schrift „Theorie der Salze" 1855. (Chemist and Druggist **163.** 207—08. 19/2. **1955.**) W. KUNTZ. 1

Piotr M. Reszczykow, *D. I. Mendelejew und die Bedeutung seiner Arbeiten auf dem Gebiet der Physik und Chemie.* Vortrag über den Lebenslauf MENDELEJEWs u. Würdigung seiner Arbeiten u. ihrer Auswrkgg. in der späteren Entw. der Wissenschaft. (Wiadomości chem. **4.** 65—74. März/April **1950.** Moskau, Inst. für chem. Apparatebau.) R. K. MÜLLER. 1

Eduard Farber, *Eine Betrachtung über das wissenschaftliche Genie. Zu Wilhelm Ostwalds hundertstem Geburtstag.* Vortrag über Wesen u. Werke genialer Forscher wie OSTWALD u. a., ihre Grundtypen („Romantiker, Klassiker", Organisatoren, Entdecker usw.), Dualismus u. Monismus, „Urerlebnis" u. Idee, Einsamkeit, krit.-histor. Denken, Stellung zu Natur u. Gesellschaft u. Mut zu neuen Gedanken. (J. chem. Educat. **30.** 600—04. Dez. **1953.** Washington, D. C.) K. BLUMRICH. 1

Eberhard Brauer, *Wie ich Wilhelm Ostwald kennenlernte.* Vf. kannte OSTWALD schon als Schüler u. Chemiestudent in Leipzig, wurde dann sein Assistent (Ammoniakverbrennung) u. später sein Schwiegersohn. (J. chem. Educat. **30.** 604—05. Dez. 1953. Großbothen, Sachsen, Haus Energie, Ostwald Archiv.) K. BLUMRICH. 1

Wilhelm Ostwald, *Wie man Chemiker wird.* Zu Weihnachten 1905 gehaltene Ansprache, eine Schilderung seiner Jugend- u. Studienerlebnisse. (J. chem. Educat. **30.** 606—08. Dez. 1953.) K. BLUMRICH. 2

Emm. Emmanuel, *Die griechischen Alchimisten und Chemiker bis zum 19. Jahrhundert.* Überblick über die antike Naturwissenschaft u. die mittelalterliche Alchimie mit biograph. Angaben über die dem griech. Kulturgebiet zugehörigen Persönlichkeiten von THALES von Milet um 600 v. Chr. bis MAMONAS, Ende des 16. Jahrhunderts, LASCARIS Ende des 17. Jahrhunderts u. MARC CHARBOURIS im 18. Jahrhundert. (France-Pharmacie **4.** 179. Juni. 213—14. Juli/Aug. 251. Sept. 289—90. Okt. 1951; **5.** 73—74. März 1952.) W. KUNTZ. 2

W. O. Alexander, *Eine kurze Übersicht über die Entwicklung der Kupfer-, Zink- und Messingindustrie in Großbritannien von 1500—1900.* Geschichtlicher Überblick. (Murex Review **1.** 389—423. 1955.) E. KLEVER. 2

A. R. Powell, *Die Platinmetalle.* Die Entdeckung von *Pt* (1751), *Pd* (1803), *Rh, Os, Ir* (1804), *Ru* (1844), die Geschichte ihrer Herst. u. Verwendung u. ihre wichtigsten Fundstätten werden beschrieben. (Nature [London] **172.** 700—01. 17/10. 1953.) H. MÜHLMEISTER. 2

István Bogdán, *Papierherstellung vor 200 Jahren.* (Papír Nyomda Techn. [Papier u. Drucktechnik] **7.** 263—67. Aug. 1955.) E. KISS. 2

B. W. Hirsh, *Die Dampfmaschine und die chemische Industrie.* Über die Beziehungen der Entw. der Dampfmaschine zu der der Chemie (PAPIN–BOYLE, WATT–BLACK–BOULTON–BERTHOLLET–LAVOISIER, JOULE–DALTON). (J. chem. Educat. **29.** 194—95. April 1952. Welwyn Garden City, Hertfords.) K. BLUMRICH. 2

Manning A. Smith und **William R. Gower,** *Peter Griess und die Phenylendiamine.* Darlegung der histor. Konstitutionsermittlung der Phenylendiamine unter Berichtigung der verbreiteten Meinung, GRIESS sei bei der Aufklärung der NH_2-Gruppenstellung im m-Phenylendiamin von dessen 3 Carbonsäuren ausgegangen. Tatsächlich hat er die 2 durch Nitrieren von o-Nitrobenzoesäure erhaltenen Dinitrobenzoesäuren red. (gleichzeitige Decarboxylierung). (J. chem. Educat. **29.** 176—77. April 1952. Lewisburg, Pa., Bucknell Univ.; Hazleton, Pa.) K. BLUMRICH. 2

I. Aucken, *Die Pagode der Elemente.* Die Elementsymbole sind auf der Außenfläche dreier Zylinder aufgetragen, deren Durchmesser der Länge der verschied. Perioden angepaßt sind; H u. He befinden sich oberhalb des obersten Zylinders. (Chem. and Ind. **1951.** 912. 27/10. London, East Ham Techn. Coll.) G. KIRSCHSTEIN. 6

Ruth H. Ellis und **Roberta B. Rauch,** *Die Bestimmung der Avogadroschen Zahl. Ein Laborversuch.* Der Strom zur Elektrolyse von W. u. die entwickelte Gasmenge wird gemessen. Aus diesen Daten u. der Elementarladung läßt sich die AVOGADROsche Zahl berechnen. (J. chem. Educat. **30.** 460—61. Sept. 1953. Poughkeepsie, N. Y., Vassar Coll.) H.-G. MOSLÉ. 6

James J. Fritz, *Systematische Berechnungen von Ionengleichgewichten.* Vf. beschreibt Rechenübungen mit Anwendung des Massenwirkungsgesetzes. (J. chem. Educat. **30.** 442—44. Sept. 1953. State Coll., Pa.) H.-G. MOSLÉ. 6

A. Allgemeine, physikalische und anorganische Chemie.

Lucien V. Alexis sr., *Kraft — ihre Natur, Struktur und Erzeugung (Bildung) (enthüllt durch $f \cdot t = m$).* (Sitzungsbericht.) (Physic. Rev. [2] **98.** 1176. 15/5. 1955. School of Post Modern Sci.) GERHARD SCHMIDT. 10

A. T. Kalaidshijew, *Über die Spannung der chemischen Energie in einigen biochemischen Stoffen und Systemen.* Da die üblichen in den Handbüchern angeführten Energiewerte in g-Mol. für die freie Energie der Stoffe ein Vergleichen dieser Werte miteinander nicht zulassen, wird der Begriff der Spannung der chem. Energie als die Energiemenge in g-Äquivalenten definiert, wobei 1 g-Äquivalent (wie in der allg. Chemie) die Stoffmenge bedeutet, die 1 g-Äquivalent O_2, also 8 g O_2, bindet. Der Nullpunkt einer solchen Skala der ΔF wird am besten dargestellt als die „Spannung der letzten Zersetzungsprodd. im lebenden Stoff"; dieser Nullpunkt fällt mit $\Delta F = 0$ für die 0-Elektrode zusammen. Für die Messung der ΔF in biol. Stoffen wurden 4 „Methodengruppen" verwendet. Ausgehend vom Wert 0 für ΔF des O_2, werden die Spannungswerte für 37 Stoffe bestimmt: Cu —16,5 u. für 36 organ. Stoffe, deren ΔF-Werte mit —0,9 für

Hämoglobin–Oxyhämoglobin sowie Adenin beginnen u. für Tyrosin mit −31,95 den Höchstwert darstellen. Die nunmehr vergleichbaren Werte ermöglichen grundlegende Betrachtungen über den Energieaustausch der Fette, Kohlenhydrate, Proteine, Farbstoffe, Fermente u. Katalysatoren in lebenden Geweben. (Доклады Болгарской Академии Наук [C. R. Acad. bulgare Sci.] **6.** Nr. 2. 37—40. April/Juni 1953. Morpholog. Inst. der Bulgar. Akad. der Wiss.) A. v. WILPERT. 10

A_1. Kernphysik und Kernchemie.

Ju. N. Wawilow, Ss. I. Nikolski und **W. P. Ssaranzew,** *Räumliche Verteilung der kernaktiven Teilchen in breiten atmosphärischen Schauern der Höhenstrahlen.* (Vgl. C. **1955.** 4507.) Mittels drei Gruppen von Zählerhodoskopen, zwischen denen sich 6 cm u. über denen sich 20 cm Pb befanden, wurde die räumliche Verteilung der kernakt. Teilchen in den großen atmosphär. Schauern bestimmt. Das Verhältnis der Zahl der Elektronenkernschauer zur Gesamtzahl der Schauer bei einer gegebenen Energie u. im gegebenen Abstand von der Achse wird aufgestellt. Die Abhängigkeit der Dichte der kernakt. Teilchen vom Achsenabstand ist graph. dargestellt. Die kernakt. Teilchen sind gegenüber sämtlichen geladenen im Zentrum konzentriert, ihr Anteil liegt bei 0,3—0,5%. (Журнал Экспериментальной и Теоретической Физики [J. exp. theoret. Physik] **28.** 505—06. April 1955. Physikal. Lebedew-Inst. der Akad. der Wiss. der UdSSR.) M. WIEDEMANN. 85

Allen J. McMahon und **Bruno Rossi,** *Höhen- und Breitenabhängigkeit von Stößen in einer mit Blei abgeschirmten Ionisationskammer.* (Sitzungsbericht.) (Vgl. C. **1955.** 1431.) Die Messungen erfolgten auf 55° geomagnet. N in Höhen von 273, 300 u. 383 g/cm² u. auf 20° geomagnet. N in Höhen von 300 u. 383 g/cm². Es wurden verschied. Arten von Koinzidenzen zwischen den Stößen der von einer halbzylindr. 15 cm dicken Pb-Schale umgebenen zylindr. Ionisationskammer u. den umgebenden Zählrohren registriert. Werden nur durchdringende Teilchen betrachtet, die nach Durchlaufen der 15 cm-Pb-Schicht noch energiereiche Kernereignisse auslösen können, so entspricht die Höhenabhängigkeit auf 55 u. 20° N einer Absorptionsdicke von ~124 g/cm², während das Intensitätsverhältnis zwischen beiden Breiten ~1,14 beträgt. (Physic. Rev. [2] **79.** 205. 1/7. 1950. Brookhaven National Labor.) H. LIEPACK. 85

G. Belliboni und **B. Vitale,** *Winkelverteilungen und -korrelationen und Energieverteilungen der Zacken in durch Höhenstrahlung erzeugten Sternen der Kernzertrümmerung.* Die Zertrümmerungssterne werden nach der Energie der Primärteilchen (E) in 5 Kategorien eingeteilt: schwarze Zacken (spezif. Ionisation $I/I_0 > 6{,}5$) E < 30 MeV; schwarzgraue (6,5—4,0) E 30—100 MeV; graue (4,0—2,0) E 100—300 MeV; ferner für E > 300 MeV 2 Unterkategorien entsprechend E 700—1500 u. 1500—2500 (Zacken $N_s < 2$) u. E 1500—2500 ($N_s > 2$) u. 2500—4000 MeV. Für jede Kategorie wird die Winkelverteilung im Raum mit der Vertikalen oder dem Primärteilchen u. im Raum zwischen den Zacken analysiert. Für die Sterne höchster Energie wird auch das Energiespektr. der Zacken bestimmt, das ein sek. Maximum für E ~ 100 MeV aufweist. Die mit Zunahme von E prakt. konstant werdende Anisotropie der schwarzen Zacken energiereicher Sterne u. abnehmende Anisotropie der schwarzgrauen u. grauen Zacken werden auf eine Verschiebung der Zacken der Nucleonenkaskade nach höheren Energien zurückgeführt. (Nuovo Cimento [9] **11.** 372—92. 1/4. 1954. Padova, Univ., Ist. di Fis. u. Ist. Naz. di Fis. Nucl.) R. K. MÜLLER. 85

C. B. Fisk, J. Hornbostel, E. O. Salant und **J. E. Smith,** *Energetische Sterne auf verschiedenen Breiten.* (Sitzungsbericht.) Es wurden EASTMAN NTB3-Emulsionen bis zu einem Druck von 15 g/cm² auf 57 u. 31° N geflogen. Der aus 1000 untersuchten Sternen folgende Breiteneffekt der Sternerzeugung durch einfach geladene, relativist. Teilchen ist ungefähr gleich dem des Teilchenflusses nach WINCKLER. Die Verteilungen der Zahl der schwarzen Zacken oder der Multiplizität der minimalen Bahnspuren zeigen für die verschied. Breiten keinen Unterschied. Aus der Betrachtung von Sternen mit mindestens 3 schwarzen Zacken folgt: a) ~$^1/_4$ der Sterne werden durch relativist. Protonen verursacht, b) $^2/_3$ der durch Protonen ausgelösten Sterne haben minimale Bahnspuren, wahrscheinlich meistens relativist. Mesonen, mit der mittleren Multiplizität 3, c) $^2/_3$ dieser Sterne haben mindestens 6 u. die Hälfte mindestens 9 schwarze Zacken, u. d) die Hälfte aller Sterne enthalten nur schwarze Zacken, von denen nur $^1/_4$ mindestens 6 haben. Diese Verteilung läßt nur Neutronen mittlerer Energie als Ursache erscheinen. (Physic. Rev. [2] **79.** 205. 1/7. 1950. Brookhaven National Labor.) H. LIEPACK. 85

I. I. Goldman und **A. B. Migdal,** *Theorie der Streuung in quasiklassischer Näherung.* Ohne die Annahme eines zentralen Potentialfeldes wird die Wellenfunktion gefunden. Aus der klass. Lösung wird über die GREENsche Funktion eine dreidimensionale Lösung erhalten. Berechnet werden die Koeffizienten der Reflexion an einer Potentialschwelle. (Журнал Экспериментальной и Теоретической Физики [J. exp. theoret. Physik] **28.** 394—400. April 1955.) M. Wiedemann. 90

Martin L. Gursky, *Teilchenbewegung in einer anisotropen harmonischen Oscillatormulde.* (Sitzungsbericht.) (Physic. Rev. [2] **98.** 1205. 15/5. 1955. Los Alamos Sci. Labor.) Gerhard Schmidt. 90

Ming Chen Wang und **Eugene Guth,** *Zweidimensionale Coulomb-Streuung in der Quantenmechanik.* (Sitzungsbericht.) (Physic. Rev. [2] **98.** 274. 1/4. 1955. Univ. of Notre Dame.) Gerhard Schmidt. 90

Louis Michel, *Die Darstellungen der Gruppe der Rotationen und Umdrehungen. Anwendungen der Erhaltung der Parität in der Quantenmechanik.* 2. Mitt. *Vernichtung eines Teilchens und eines Antiteilchens nach Dirac.* (1. vgl. C. **1955.** 11324.) Nach Darst. der Gruppe der Rotationen u. Umdrehungen wird die Vernichtung eines Teilchens u. eines Antiteilchens vom Spin ½ behandelt. (C. R. hebd. Séances Acad. Sci. **234.** 2161—63. 26/5. 1952.) M. Wiedemann. 90

Gérard Petiau, *Über die Ermittlung des Querschnitts der Coulomb-Streuung beim Stoß zweier Elementarteilchen mit den Spins $n\hbar/2$ und $m\hbar/2$ (m und n ganze Zahlen).* (Vgl. C. **1953.** 483.) Berechnen des Stoßes zweier freier unterscheidbarer Teilchen mit verschied. Ladungen sowie Massen u. den Spins $n\hbar/2$ u. $m\hbar/2$, die durch ebene Wellen dargestellt werden. (C. R. hebd. Séances Acad. Sci. **235.** 1612—14. 22/12. 1952.) M. Wiedemann. 90

H. J. Bhabha, *Eine Gleichung für ein Teilchen mit zwei Massenzuständen und positiver Ladungsdichte.* Es wird eine relativist. Wellengleichung angegeben, die ein Teilchen mit zwei verschied. Ruhmassen beschreibt, zu denen die Spins $^1/_2$ u. $^3/_2$ gehören. Die Dichte der freien Ladung ist positiv u. endlich, die Gleichung kann daher quantisiert werden. (Philos. Mag. [7] **43.** 33—47. Jan. 1952. Bombay, Tata Inst. of Fundament. Res.) M. Wiedemann. 90

J. Serpe, *Über die abgekürzte Theorie der Teilchen mit dem Spin ½.* Aufstellung von Beziehungen zwischen der abgekürzten Theorie von Majorana (Nuovo Cimento **14.** [1937.] 171) u. den Weylschen Wellengleichungen mit 2 Komponenten (Z. Physik **56.** [1929.] 330). (Physica **18.** 295—306. Mai 1952. Liège, Univ.) G. Kirschstein. 90

P. A. Moldauer und **K. M. Case,** *Die nichtrelativistische Grenze von Spin k + ½-Teilchen-Wellengleichungen* (Sitzungsbericht.) (Physic. Rev. [2] **98.** 1190. 15/5. 1955. Univ. of Michigan.) Gerhard Schmidt. 90

Huseyin Yilmaz, *Wellenfunktionen und Übergangswahrscheinlichkeiten für leichte Atome.* (Sitzungsbericht.) (Physic. Rev. [2] **98.** 1190—91. 15/5. 1955. MIT.) Gerhard Schmidt. 90

J. L. McHale und **R. M. Thaler,** *Variationsausdrücke für N-Kanal-Stoßparameter.* (Sitzungsbericht.) (Physic. Rev. [2] **98.** 1189. 15/5. 1955. Los Alamos Scient. Labor.) Gerhard Schmidt. 90

R. M. Thaler und **J. L. McHale,** *S-Matrix in Termen phänomenologischer Stoßparameter.* (Vgl. vorst. Ref.) (Sitzungsbericht.) (Physic. Rev. [2] **98.** 1189. 15/5. 1955.) Gerhard Schmidt. 90

W. Y. Kato, D. J. Hughes und **J. S. Levin,** *Bestimmung von Streuresonanzparametern aus dem totalen Wirkungsquerschnitt.* (Sitzungsbericht.) Es wurde eine Analysenmeth. entwickelt, die es ermöglicht, $g\Gamma_n$ aus dem Gesamtquerschnitt einer Resonanz auch dann zu bestimmen, wenn der Einfang vorherrscht. Die Analysenmeth. ist auch dann verwendbar, wenn die Resonanz vorwiegend durch Einfang bedingt ist. Für das 4,90 eV-Niveau in *Au* wird $g\Gamma_n = 8{,}6 \cdot 10^{-3}$ eV gemessen. Für das 7,75 eV-Niveau im ^{178}Hf wird $\Gamma_n = 55 \cdot 10^{-3}$ eV gefunden. (Physic. Rev. [2] **93.** 931. 15/2. 1954. Brookhaven Nat. Labor.) F. Weigel. 90

I. Kay und **H. E. Moses,** *Die Bestimmung des Streupotentials aus der Funktion spektraler Gewichte.* (Sitzungsbericht.) (Physic. Rev. [2] **98.** 1190. 15/5. 1955. New York Univ.) Gerhard Schmidt. 90

L. Michel und **A. S. Wightman,** *Ein kovarianter Formalismus zur Beschreibung der Polarisation von Spin ½-Teilchen.* (Sitzungsbericht.) (Physic. Rev. [2] **98.** 1190. 15/5. 1955. Princeton Univ., Inst. for Advanced Stud.) Gerhard Schmidt. 90

R. M. Sternheimer, *Polarisation der an Kernen elastisch gestreuten Nucleonen.* (Sitzungsbericht.) (Physic. Rev. [2] **98.** 1156. 15/5. 1955. Brookhaven Nat. Labor.) Gerhard Schmidt. 90

M. A. Ruderman, *Polarisation und Wirkungsquerschnitt für unelastische Streuung.* (Sitzungsbericht.) (Physic. Rev. [2] **98.** 267. 1/4. 1955. Berkeley, Univ. of Calif.) E. Klever. 90

Henry P. Stapp, *Analyse der Dreifachstreuung und Korrelationsversuche.* (Sitzungsbericht.) (Physic. Rev. [2] 98. 267. 1/4. 1955. Berkeley, Univ. of Calif.)
E. KLEVER. 90

Susumu Kamefuchi und **Hiroomi Umezawa,** *Zur Struktur der Wechselwirkung von Elementarteilchen.* 4. Mitt. *Über die Wechselwirkungen zweiter Art.* (3. vgl. Progr. theoret. Physics [Kyoto] 8. [1952.] 579.) Bei gegebenen Wechselwirkungen, von denen einige zweiter Art sind, kann stets eine nichtsingläre Theorie aufgestellt werden. Beispiele aus Quantenelektrodynamik, Mesonentheorie, β-Zerfall. (Progr. theoret. Physics [Kyoto] 9. 529—49. Mai 1953. Nagoya Univ., Inst. of Theoret. Phys.)
H. LIEPACK. 90

W. I. Karpman, *Über die Beziehungen zwischen der Regulationsmethode und der Theorie der Teilchen mit beliebigem Spin.* Die Regulationsbedingung ist nach theoret. Erwägungen nicht autom. für Teilchen mit beliebigem Spin u. einem Massenspektr. erfüllt. (Доклады Академии Наук СССР [Ber. Akad. Wiss. UdSSR] [N. S.] 89. 257—60. 11/3. 1953.) M. WIEDEMANN. 90

S. Yoshikawa und **T. Hasebe,** *Neuer Vorschlag zum Massenspektrum von Elementarteilchen.* Vff. schlagen vor, die Formel von NAMBU (Progr. theoret. Physics [Kyoto] 7. [1952.] 595) für die M. eines Elementarteilchens $\mu_n = 137$ n, wo n eine ganze oder halbe Zahl bedeutet u. die ein Massenspektr. „A" liefert, umzuändern in $\mu_n = 137 \cdot \omega^n$ mit dem Massenspektr. „G". Die Größe ω^n wird mit Hilfe der Massen des π- u. μ-Mesons sowie des Elektrons zu 1,1959 bestimmt. In einer Tabelle sind G- u. A-Spektren der Elementarteilchen den experimentellen Werten gegenübergestellt. Die Übereinstimmung vor allem bei der M. des Protons ist im G-Spektr. besser als im A-Spektrum. (Progr. theoret. Physics [Kyoto] 10. 359—61. Sept. 1953. Katsuta-machi, Ibaragiken, Hitachi Manuf. Co. Ltd., Mito Branch of Hitachi Works. [Orig.: engl.])
R. CONRAD. 90

A. E. S. Green und **Kiuck Lee,** *Die I P M (unabhängiges Teilchenmodell)-Massenoberfläche.* (Sitzungsbericht.) (Physic. Rev. [2] 98. 1205. 15/5. 1955. Florida State Univ.)
GERHARD SCHMIDT. 90

P. R. Wallace, *Eine Modifizierung des Einteilchenmodells für Strahlungsübergänge des Kerns.* (Sitzungsbericht.) (Physic. Rev. [2] 98. 1205. 15/5. 1955. McGill Univ.)
GERHARD SCHMIDT. 90

John R. Fleming und **J. J. Lord,** *Ionisationsverlust in Kernemulsionen.* (Sitzungsbericht.) (Physic. Rev. [2] 98. 268. 1/4. 1955. Univ. of Wisconsin.)
GERHARD SCHMIDT. 90

Jean Humblet, *Über die Dispersionsformel.* Für die Streuung von Neutronen an leichten Kernen wird eine Beziehung abgeleitet, welche die virtuellen Niveaus des Syst. Neutron + Kern berücksichtigt. (C. R. hebd. Séances Acad. Sci. 231. 1436—37. 18/12. 1950.) M. WIEDEMANN. 90

C. P. Stanford, T. H. Stephenson, L. W. Cochran und **S. Bernstein,** *Neutronenpolarisation.* Ausführliche Darst. der C. 1955. 506 referierten Arbeit. (Physic. Rev. [2] 94. 374—81. 15/4. 1954. Oak Ridge, Tenn., ORNL.) H. C. WOLF. 90

W. W. Tschawtschanidse und **O. D. Tscheischwili,** *Der Nachweis der Energieverteilung der Neutronen nach der Methode von Markow.* Die Energieverteilung von Neutronen nach elast. Stößen mit den Kernen der Bremssubstanz wird nach der MARKOW-Meth. ermittelt. Auch für den Fall dünner Schichten, bei denen die Zahl der Stöße weniger als 20—30 beträgt, werden Formeln erhalten, ebenso für Stöße mit Wasserstoff. (Журнал Экспериментальной и Теоретической Физики [J. exp. theoret. Physik] 28. 369—70. 1955. Tiflis, Univ.) M. WIEDEMANN. 90

J. E. Monahan und **A. Langsdorf jr.,** *Eine Analyse der Neutronen-Selbstanzeige. — Durchlässigkeitsquerschnitte.* (Sitzungsbericht.) (Physic. Rev. [2] 98. 1147—48. 15/5. 1955. Argonne Nat. Labor.) GERHARD SCHMIDT. 90

A. Langsdorf, J. E. Monahan und **F. Paul Mooring,** *Messungen der Neutronen-Durchlässigkeitsquerschnitte durch ein Selbstanzeigeverfahren.* (Vgl. vorst. Ref.) (Sitzungsbericht.) (Physic. Rev. [2] 98. 1148. 15/5. 1955.) GERHARD SCHMIDT. 90

L. Beretta, C. Villi und **F. Ferrari,** *Querschnitte des elastischen Stoßes Proton—Proton und Neutron—Proton.* In zahlreichen Tabellen u. Diagrammen werden die der Literatur entnommenen Daten zusammengestellt. — 134 Literaturhinweise. (Suppl. del Nuovo Cimento Nr. 3 (zu [9] 12). 499—548. 1954. Trieste, Univ., Ist. di Fis., u. Padova, Univ., Ist. di Fis.) R. K. MÜLLER. 90

Malcolm E. Ennis und **Arthur Hemmendinger,** *Kleinwinkelquerschnitte für die Streuung von Protonen an Tritonen.* (Vgl. C. 1955. 8077.) Der differentielle p-t-Streuquerschnitt wird für Protonen des elektrostat. Beschleunigers von 1—2,55 MeV Energie im Winkelbereich von 20—150° (Schwerpunktsyst.) mit einer Genauigkeit von 3—5% bestimmt. Die Winkelabhängigkeit der Protonen bei p–t- u. p–p-Stößen, der ^{3}He-Kerne bei der Rk. T(p, n)^{3}He sowie der getroffenen Tritonen werden für eine Protonenenergie von 2,548 MeV graph. dargestellt. (Physic. Rev. [2] **95.** 772—75. 1/8. 1954. Los Alamos, N. Mex., Univ. of California, Los Alamos Sci. Labor.) H. Nelkowski. 90

R. M. Frank und **J. L. Gammel,** *Die P–^{3}He-Wechselwirkung.* (Sitzungsbericht.) (Physic. Rev. [2] **98.** 1204—05. 15/5. 1955. Univ. of California.) Gerhard Schmidt. 90

I. I. Lewintow, *Beziehung zwischen der Polarisation, der Winkelabhängigkeit des Streuquerschnittes und der Größe der Spinbahnwechselwirkung.* Auf der Grundlage eines Kernmodells mit einer Potentialmulde leitet Vf. eine Beziehung zwischen der Polarisation P sehr schneller Nucleonen bei der elast. Streuung u. der Winkelabhängigkeit des Querschnitts σ ab. Die Beziehung wird an den Messungen der Streuung von Protonen an ^{27}Al u. ^{12}C bestätigt. (Доклады Академии Наук СССР [Ber. Akad. Wiss. UdSSR] **101.** 249—52. 11/3. 1955. Inst. für chem. Physik der Akad. der Wiss. der UdSSR.) M. Wiedemann. 90

P. Cüer und **J. Combe,** *Untersuchung über den Durchgang von energiereichen Nucleonen durch den Kern nach der Monte-Carlo-Methode.* Vff. untersuchen an der Sternbldg. in G 5-Emulsionen an schweren u. leichten Kernen bei Beschuß mit 340 MeV-Synchrocylotronprotonen das Energiespektr. u. die Winkelverteilung der austretenden Protonen. Zwischen 0 u. 10° treten bei leichten Kernen keine, bei schweren Kernen ~14% Protonen aus. Zwischen 30 u. 40° treten im Gegensatz dazu bei leichten Kernen ~35% Protonen, bei schweren nur ~10% aus. Um diese Widersprüche zu klären, versuchen Vff. für die schweren Kerne den Mechanismus einer Kaskade von Nucleon–Nucleon-Stößen anzuwenden, für leichte Kerne einen solchen von elast. u. unelast. Zusammenstößen zwischen Protonen u. Substrukturen. (J. Physique Radium **16.** 29 S bis 30 S. März 1955. Strasbourg, Inst. de Phys., Labor. de Phys. corpuscul.) R. Voigt. 90

John Phelps, W. F. Huebner und **Franklin Hutchinson,** *Bremsvermögen dünner, aus mehreren Stoffen zusammengesetzter Folien.* (Sitzungsbericht.) Das Bremsvermögen wird für ThC′-α-Teilchen relativ zu 1 mg/cm² Al gemessen. Es beträgt in mg/cm² für 6 MeV: *Mylar* 0,69; *Polyvinylalkohol* 0,64, regenerierte *Cellulose* 0,69, *Polyäthylen* 0,59. Die Werte genügen dem additiven Gesetz von Bragg-Kleeman. (Physic. Rev. [2] **91.** 496. 15/7. 1953. Yale Univ.) H. Liepack. 90

W. L. Bontsch-Brujewitsch, *Fermi-Verteilung beim absoluten Nullpunkt bei der Berechnung der Elektronenwechselwirkung mit den Nullschwingungen des Gitters.* Mittels der Meth. der Greenschen Funktion wird das Energiespektr. der Elektronen in Wechselwrkg. mit den Gitter-Nullschwingungen ermittelt. Es ergibt sich eine leichte Verschmierung des Fermi-Spektr. am absol. Nullpunkt. (Журнал Экспериментальной и Теоретической Физики [J. exp. theoret. Physik] **28.** 121—22. Jan. 1955. Moskau, Elektrotechn. Inst.) M. Wiedemann. 90

Nikola St. Kalitzin, *Über die Wechselwirkung des Elektrons mit den Vakuumfluktuationen.* Berechnung des Einfl. der Vakuumfluktuationen auf die Bewegung des Elektrons unter Berücksichtigung der Strahlungsdämpfung. Die von den Nullfluktuationen des Vakuums verursachte kinet. Energie des Elektrons wird endlich u. $3{,}14 \cdot 10^{-3}\,mc^2$. (Доклады Болгарской Академии Наук [C. R. Acad. bulgare Sci.] **6.** Nr. **3.** 1—4. Okt./Dez. 1953. Univ.) M. Wiedemann. 90

J. W. Robson, R. L. Stearns und **E. C. Gregg,** *Auftretende Elektronenverteilung aus der auf einen dünnen Streuer fallenden Bremsstrahlung.* (Sitzungsbericht.) (Physic. Rev. [2] **98.** 233. 1/4. 1955. Case Inst. of Technol.) Gerhard Schmidt. 90

D. R. Yennie, D. G. Ravenhall und **B. W. Downs,** *Eine modifizierte Bornsche Approximation für Elektronenstreuungsberechnungen.* (Sitzungsbericht.) (Physic. Rev. [2] **98.** 277. 1/4. 1955. Stanford Univ.) Gerhard Schmidt. 90

B. W. Downs, D. G. Ravenhall und **D. R. Yennie,** *Elektrische Quadrupoleffekte bei der Streuung energiereicher Elektronen an schweren Kernen.* (Vgl. vorst. Ref.) (Sitzungsbericht.) (Physic. Rev. [2] **98.** 277—78. 1/4. 1955.) Gerhard Schmidt. 90

H. Suura, *Über die Strahlungskorrektur an der Elektronenstreuung.* (Sitzungsbericht.) (Physic. Rev. [2] **98.** 278. 1/4. 1955. Stanford Univ.) Gerhard Schmidt. 90

H. A. Howe und **K. R. MacKenzie,** *Elektron–Positron-Streuung.* (Sitzungsbericht.) Das Verhältnis der Elektronen- zur Positronenstreuung an Hüllelektronen wird mit Hilfe eines Einlinsen-β-Spektrometers bestimmt. Dabei werden monoenerget. β^+- u. β^--Bündel ausgesondert u. auf eine Streufolie fokussiert. Hinter der Folie werden streuende u. gestreute Teilchen in Koinzidenz mit Hilfe zweier Scintillatoren gezählt.

Für eine Energie der auftreffenden Teilchen von 1,3 MeV wird unter Verwendung der β^-–β^--Streuquerschnitte nach Møller u. der Formel von Bhabha für die β^-–β^+-Streuung ein theoret. Verhältnis β^-–β^-:β^-–β^+ = 1,83 in guter Übereinstimmung mit dem experimentellen Wert 1,87 ± 0,11 erhalten. Wird die β^-–β^+-Streuung ohne Austausch berechnet, so beträgt der Unterschied zwischen Experiment u. Theorie 35%. Demgemäß ist es notwendig, in der Bhabha-Formel Austauschkräfte zu berücksichtigen. (Physic. Rev. [2] 92. 530. 15/10. 1953. UCLA.) F. Weigel. 90

S. Marder, W. Bennett, C. S. Wu und **V. W. Hughes,** *Wirkung eines statischen elektrischen Feldes auf die Positroniumbildung.* (Sitzungsbericht.) (Physic. Rev. [2] **98.** 1173–74. 15/5. 1955. Columbia Univ.; Yale Univ.) Gerhard Schmidt. 90

W. B. Teutsch und **V. W. Hughes,** *Theorie der Wirkung eines statischen elektrischen Feldes auf die Positroniumbildung.* (Vgl. vorst. Ref.) (Sitzungsbericht.) (Physic. Rev. [2] **98.** 1174. 15/5. 1955. Univ. of Pennsylvania; Yale Univ.) Gerhard Schmidt. 90

C. J. Mullin und **E. Guth,** *Theorie der Kernanregung bei unelastischer Elektronenstreuung.* (Sitzungsbericht.) (Physic. Rev. [2] **98.** 277. 1/4. 1955. Univ. of Notre Dame.) Gerhard Schmidt. 90

Robert L. Gluckstern, *Analyse von Elektronenabstreifdaten.* (Sitzungsbericht.) (Physic. Rev. [2] **98.** 276. 1/4. 1955. Yale Univ.) Gerhard Schmidt. 90

Edward L. Hubbard und **Eugene J. Lauer,** *Abstreifelektronen aus beschleunigten O- und Ne-Ionen.* (Sitzungsbericht.) (Physic. Rev. [2] **98.** 276. 1/4. 1955. Berkeley, Calif., Univ. of California.) Gerhard Schmidt. 90

G. Feher und **A. F. Kip,** *Elektronenspinresonanz in Beryllium.* Vff. untersuchen Elektronenspinresonanzen bei 300 u. bei 9000 MHz. Bei 300 MHz wird die Elektronenspinrelaxationszeit T_2 zu $2 \cdot 10^{-8}$ Sek. gefunden, sie erweist sich im Bereich von 4–296° K als temperaturunabhängig. Der gleiche Wert für T_2 wird für 9000 MHz bei Zimmertemp. gefunden. Der elektron. g-Faktor wird bei 9000 MHz durch Vgl. mit dem freien Radikal α.α-Diphenyl, β-Picrylhydrazyl zu 2,003 ± 0,0001 bestimmt. Die Temperaturunabhängigkeit von T_2 läßt vermuten, daß Streuung an Verunreinigungen durch Spinschalenkopplung für die Elektronenspin-Relaxationszeit verantwortlich zu machen ist. (Physic. Rev. [2] **95.** 1343–44. 1/9. 1954. Berkeley, Calif., Univ. of California, Dep. of Phys.) J. Roesmer. 90

Robert T. Bayard und **J. L. Yntema,** *Streuung von 0,6, 1,0 und 1,7 MeV-Elektronen an Aluminium und Gold.* (Vgl. C. **1955.** 734.) Die relativen differentiellen Querschnitte wurden im Winkelbereich von 30–150° gemessen. Die Dicke der Al-Folie betrug ~0,2 mg/cm², die der Au-Folie ~16–20 µg/cm². Die Winkelverteilungen zeigten keine bemerkenswerten Abweichungen von den theoret. zu erwartenden Werten. Auch die absol. differentiellen Querschnitte für Al bei 60° stimmten mit den theoret. Werten überein. (Physic. Rev. [2] **97.** 372–79. 15/1. 1955. Pittsburgh, Pa., Univ. of Pittsburgh and Westinghouse Electr. Corp.) H. Liepack. 90

L. Grodzins, *Mehrfachstreuung von 2,5 MeV-Positronen an $0,1 \cdot 10^{-3}$ inch dicker Goldfolie.* (Sitzungsbericht.) (Physic. Rev. [2] **98.** 279. 1/4. 1955. Purdue Univ.) Gerhard Schmidt. 90

Beat Hahn und **Robert Hofstadter,** *Energiereiche Elektronenstreuung in Rh, Ta, W und U.* (Sitzungsbericht.) (Physic. Rev. [2] **98.** 278. 1/4. 1955. Stanford Univ.) Gerhard Schmidt. 90

Yasushi Takahashi, *Über die Eichinvarianz und die Struktur des Elementarteilchens.* Vf. red. das Problem der Selbstenergie des Photons auf die Unters. des Erwartungswertes der Spur des Energie–Impuls-Tensors des aus Teilchen u. elektromagnet. Feld bestehenden Syst. im Vakuum u. schließt, daß das während der Rechnung verwendete Abschneidverf. für die nicht eichinvariante Selbstenergie des Photons verantwortlich ist. (Progr. theoret. Physics [Kyoto] **10.** 366–67. Sept. 1953. Nagoya, Univ. Inst. of Theoret. Phys. [Orig.: engl.]) D. Geissler. 90

John D. Anderson, Robert W. Kenney und **Charles A. McDonald jr.,** *Winkelverteilung der Bremsstrahlungsquanten.* (Sitzungsbericht.) (Physic. Rev. [2] **98.** 258–59. 1/4. 1955. Berkeley, Calif., Univ. of California.) Gerhard Schmidt. 90

Harlan Shaw, David Cohen, Burton J. Moyer und **Charles Waddell,** *Analyse energiereicher Photonen aus dem Cyclotrontarget.* (Sitzungsbericht.) (Physic. Rev. [2] **98.** 259. 1/4. 1955. Berkeley, Calif., Univ. of California.) Gerhard Schmidt. 90

Marcel Boll, *Eine korpuskulare und deterministische Beschreibung der Youngschen Streifen.* (Vgl. C. **1951.** I. 6.) Beschreibung der Beugungserscheinungen eines Photonenstrahls durch zwei parallele ident. Spalte, die durch eine opake Fläche getrennt sind. (C. R. hebd. Séances Acad. Sci. **230.** 1144–46. 20/3. 1950.) M. Wiedemann. 90

J. O. Elliot, R. T. Farrar, R. D. Myers und **C. F. Ravilious,** *Mehrfachstreuung von γ-Strahlen in Blei.* Zur Prüfung der Meth. von SPENCER u. FANO (C. **1952.** 1944) für die Berechnung der Verteilungsfunktion der Streustrahlung in der Umgebung einer punktförmigen γ-Quelle wurde die an Pb gestreute γ-Intensität eines ^{60}Co-Präp. mit DU PONT 552-Röntgenfilmen gemessen. Der aus den Meßwerten durch numer. Integration ermittelte Aufbaufaktor steht in Einklang mit der theoret. Berechnung. (Physic. Rev. [2] **85.** 1048—49. 15/3. 1952. Washington, D. C., Naval Res. Labor., Electr. Div.) H. HAUSWALD. 90

G. L. Rogosa und **W. F. Peed,** *Uran-L_I-Röntgenstrahlübergang aus abgetrennten Isotopen.* (Sitzungsbericht.) (Physic. Rev. [2] **98.** 1173. 15/5. 1955. Florida State Univ.; Oak Ridge Nat. Labor.) GERHARD SCHMIDT. 95

P. E. Nemirowski, *Berechnung der Neutronenbreite nach dem Modell des halbdurchlässigen Kerns.* Auf der Grundlage des Modells des halbdurchlässigen Kerns wird die Neutronenbreite Γ_n berechnet. Das Verhältnis Γ_n/D mit D = Abstand zwischen den Niveaus erreicht bei A = 160 ein Maximum vom 20—30fachen des Wertes bei den Minima bei A = 81 u. 274. (Доклады Академии Наук СССР [Ber. Akad. Wiss. UdSSR] **101.** 257—58. 11/3. 1955.) M. WIEDEMANN. 95

B. C. Carlson und **I. Talmi,** *Paareffekte bei Coulomb-Energien und die Radien von Spiegelkernen.* Vff. betrachten die „gerade–ungerade Effekte" der COULOMB-Energien u. die Radien der Kernladungsverteilungen an Hand eines Schalenmodells mit Wellenfunktionen eines harmon. Oscillators mit jj-Kopplung. Von ^{13}C—^{27}Al nimmt r_0 von 1,34 auf 1,20 ab. Für A < 11 ist das Modell nicht ausreichend, während für A > 31 Inkonsequenzen folgen. Die Wechsel der Energien sind nicht einem ähnlichen Verh. der Radien der Ladungsverteilungen zuzuschreiben, sondern den Symmetrieeigg. der Wellenfunktionen. (Vgl. FEENBERG u. GOERTZEL; C. **1946 I.** 704.) (Physic. Rev. [2] **96.** 436—44. 15/10. 1954. Princeton, N. J., Princeton Univ., Palmer Phys. Labor.) H. LIEPACK. 95

E. R. Caianiello, *Nicht auf der Störungstheorie beruhende Gleichungen für Ausbreitungskerne.* (Vgl. C. **1955.** 269.) Verallgemeinernde Ergänzung zu den l. c. angeführten Berechnungen. (Nuovo Cimento [9] **12.** 561—62. 1/10. 1954. Roma, Univ., Ist. di Fís. e Scuola di Perfezion. in Fís. Nucl.; Ist. Naz. di Fis. Nucl.) M. WIEDEMANN. 95

Maurice Jean, *Bemerkungen über die Theorie der intermediären Kopplung.* (Vgl. C. **1955.** 9953.) Die l. c. betrachtete Erweiterung der TOMONAGA-Approximation im Falle des neutralen pseudoskalaren Mesons wird auf den Fall angewandt, in dem der Drehimpuls des Syst. freies Nucleon Nucleonenwolke $> {}^1/_2$ ist. (J. Physique Radium **16.** 75—77. Jan. 1955. Paris, Inst. du Radium, Labor. Curie.) GERHARD SCHMIDT. 95

N. Feather, *Ein Theorem über Bindungsenergien in Beziehung zum β-Zerfall.* Theoret. Ableitung der Beziehung zwischen der beim β-Zerfall frei werdenden Energie u. den Massen der beteiligten Kerne. (Philos. Mag. [7] **43.** 133—35. Jan. 1952. Edinburgh, Univ.) M. WIEDEMANN. 95

Ta-You Wu und **G. E. Tauber,** *Relativistische Energie von Zweielektronen-Atomen.* (Sitzungsbericht.) (Physic. Rev. [2] **98.** 222. 1/4. 1955. Nat. Res. Counc. of Canada.) GERHARD SCHMIDT. 95

R. Weinstein, M. Deutsch und **S. Brown,** *Feinstruktur von Positronium.* (Vgl. C. **1955.** 7138.) (Sitzungsbericht.) (Physic. Rev. [2] **98.** 223. 1/4. 1955. MIT.) GERHARD SCHMIDT. 95

F. A. White, T. L. Collins und **F. M. Rourke,** *Massenspektrometrische Suche nach natürlich auftretenden Isotopen geringer Häufigkeit.* (Sitzungsbericht.) (Physic. Rev. [2] **98.** 1174. 15/5. 1955. Knolls Atom. Power Labor.) GERHARD SCHMIDT. 95

A. B. Migdal, *Theorie der Kernreaktionen unter Bildung von langsamen Teilchen.* Es wird die Energieverteilung der Nucleonen abgeleitet, die beim Stoß eines Nucleons auf ein Deuteron oder eines Deuterons auf einen Kern gebildet werden. Die Winkelkorrelation zwischen den entstehenden Nucleonen wird behandelt, der Querschnitt für die Bldg. eines Deuterons oder Dineutrons, falls ein solches existiert, im Verhältnis zu dem für die Bldg. freier Nucleonen abgeschätzt. Die Rk. $^3H + {}^3H = n + n + \alpha$ wird diskutiert. (Журнал Экспериментальной и Теоретической Физики [J. exp. theoret. Physik] **28.** 3—9. Jan. 1955.) M. WIEDEMANN. 103

G. A. Ssokolik, *Bemerkungen zur Fusionstheorie.* Die Fusionstheorie von DE BROGLIE wird erweitert u. auf den Fall zweier relativist. invarianter Gleichungen angewandt. Es ergibt sich ein neuer Typ der Wechselwirkung. (Журнал Экспериментальной и Теоретической Физики [J. exp. theoret. Physik] **28.** 13—16. Jan. 1955. Moskau, Univ.) M. WIEDEMANN. 103

A. T. Stewart und **R. E. Green,** *Winkelkorrelation von Photonen aus der Positronenvernichtung in leichten Metallen.* (Sitzungsbericht.) (Physic. Rev. [2] **98.** 232. 1/4. 1955. Dalhousie Univ.) GERHARD SCHMIDT. 103

R. E. Holland, D. R. Inglis und **F. P. Mooring,** *Suche nach angeregten Zuständen von ^{8}Be.* (Sitzungsbericht.) (Physic. Rev. [2] **98.** 240—41. 1/4. 1955. Argonne Nat. Labor.) GERHARD SCHMIDT. 103

E. E. Salpeter, *Das 7,68 MeV-Niveau in ^{12}C und stellare Energieerzeugung.* (Sitzungsbericht.) (Physic. Rev. [2] **98.** 1183—84. 15/5. 1955. Cornell Univ.) GERHARD SCHMIDT. 103

Raymond D. Cooper und **Dan J. Zaffarano,** *Photozertrümmerung von Kohlenstoff, Sauerstoff und Stickstoff in Kernemulsionen.* (Sitzungsbericht.) (Physic. Rev. [2] **98.** 1199. 15/5. 1955. Iowa State Coll.) GERHARD SCHMIDT. 103

D. D. Reagan, *Energieabhängigkeit der Photoausbeuten von ^{17}N.* (Vgl. C. **1955.** 7830.) (Sitzungsbericht.) (Physic. Rev. [2] **98.** 258. 1/4. 1955. Stanford Univ.) GERHARD SCHMIDT. 103

Torsten Lindqvist und **C. S. Wu,** *Innere Bremsstrahlung von ^{37}Ar.* (Sitzungsbericht.) (Physic. Rev. [2] **98.** 231. 1/4. 1955. Columbia Univ.) GERHARD SCHMIDT. 103

S. B. Burson, W. C. Jordan und **J. M. LeBlanc,** *Zerfall von ^{51}Ti (5,8 Minuten).* (Sitzungsbericht.) (Physic. Rev. [2] **98.** 230. 1/4. 1955. Argonne Nat. Labor.) GERHARD SCHMIDT. 103

R. W. Hayward und **D. D. Hoppes,** *Der Zerfall von Selen 73.* (Sitzungsbericht.) (Physic. Rev. [2] **98.** 1172. 15/5. 1955. Nat. Bur. of Stand.) GERHARD SCHMIDT. 103

H. B. Mathur und **E. K. Hyde,** *Isomere Zustände in der Kette $^{90}Mo \rightarrow {}^{90}Nb \rightarrow {}^{90}Zr$.* (Sitzungsbericht.) (Physic. Rev. [2] **98.** 261. 1/4. 1955. Berkeley, Calif., Univ. of California.) GERHARD SCHMIDT. 103

R. W. Hayward, D. D. Hoppes und **H. Ernst,** *Zerfall von Niob 91 und Niob 92.* (Sitzungsbericht.) (Physic. Rev. [2] **98.** 231. 1/4. 1955. Nat. Bur. of Stand.) GERHARD SCHMIDT. 103

Edward A. Alperovitch und **J. Malcolm Miller,** *Vorkommen von Technetium 98 in der Natur.* (Sitzungsbericht.) (Physic. Rev. [2] **98.** 262. 1/4. 1955. Columbia Univ. and Brookhaven Nat. Labor.) GERHARD SCHMIDT. 103

Daniel Bès und **Horacio Bosch,** *Das Spektrum der γ-Strahlen von ^{102}Rh.* Mit einem NaJ(Tl)-Scintillationsspektrometer untersuchen Vff. das γ-Spektr. von ^{102}Rh, das durch (d, n)-Rkk. auf Ru erzeugt u. chromatograph. gereinigt worden ist. Die in den Energiebereichen von 20—500, 100—1100 u. 600—1800 kV beobachteten Spektren werden wiedergegeben. Die von anderen Autoren beobachteten 86,5 u. 353 keV-Strahlungen können nicht nachgewiesen werden. Im Bereich von 880 keV wird eine größere Intensität beobachtet als die, die dem COMPTON-Effekt von 1070 keV-γ entsprechen würde, wie es das γ-Spektr. von ^{65}Zn zeigt. Dieser Befund läßt die Ggw. einer schwachen Strahlung dieser Energie vermuten. Die Größe der bei 1070 keV beobachteten Spitze im Vgl. zu der durch die 1100 keV-γ-Strahlung von ^{65}Zn erzeugten Spitze zeigt an, daß diese Strahlung wahrscheinlich komplex ist, u. daß die Intensitäten der beiden Komponenten von der gleichen Größenordnung sind. In gleicher Weise wird eine leichte anomale Verbreiterung für die Spitze beobachtet, die einem 479 keV-γ-Strahl entspricht, der durch einen geringen Anteil der Vernichtungsstrahlung der β^+ erzeugt worden ist. Im Bereich sehr großer Energien wird eine Strahlung bei 1720 keV festgestellt. (C. R. hebd. Séances Acad. Sci. **240.** 294—96. 17/1. 1955.) GERHARD SCHMIDT. 103

Jeanne Laberrigue-Frolow, *Der Zerfall von ^{105}Rh.* Mit einem Magnetlinsenspektrographen vom SLÄTIS-SIEGBAHN-Typ wird das β^--Spektr. von ^{105}Rh aufgenommen. Rh wird aus dem β^--Zerfall von ^{105}*Ru* (4,4 Std.), das durch Reaktorbestrahlung erhalten worden ist, geliefert. Im β^--Spektr. von ^{105}Rh werden Strahlen beobachtet, die der Konversion in den K- u. L-Schalen einer γ-Strahlung mit $E_\gamma = 310 \pm 5$ keV entsprechen. Eine Linie, die einem 62,5 keV-γ-Strahl entspricht, wird nicht beobachtet. Die FERMI-Analyse des β^--Spektr. zeigt für $E_{\beta_{max}}$ den Wert von 560 ± 5 keV an u. weist die Komplexizität des Spektr. nach. Der Konversionskoeff. von 310 keV-γ ist $1,8 \pm 0,6$% u. zeigt einen M1- (oder E2-) Übergang an. Aus Unterss. des γ-Spektr. mit einem NaJ(Tl)-Scintillationsspektrometer geht neben dem 310 ± 10 keV-γ-Strahl die Ggw. der Röntgenstrahlung von ^{105}*Pd* hervor. Die Konversion von 310 keV-γ wird bestätigt. Die Unters. des 62,5 keV-Bereiches gestattet die Bestätigung, daß mindestens 10^{-3}-γ dieser Energie pro Zerfall vorhanden ist. (C. R. hebd. Séances Acad. Sci. **240.** 287—89. 17/1. 1955.) GERHARD SCHMIDT. 103

Pierre Lehmann und **Jacques Miller,** *Quadrupolwechselwirkung* in ^{111}Cd. Vff. bestimmen die Anisotropie der Winkelkorrelation der beiden γ-Strahlen, deren Emissionen sich durch die Zeit t unterscheiden, für den Fall eines Kristallpulvers von $SO_4{}^{111}Cd$, das

durch Reaktorbestrahlung von $SO_4{}^{110}Cd$ erzeugt worden ist. Die Meßapp. besteht aus 2 NaJ-Kristallen, die mit 2 Photomultipliern verbunden sind u. sich in der gleichen Entfernung von der Quelle befinden. Aus den graph. wiedergegebenen Ergebnissen geht hervor, daß die differentielle Anisotropie einen oscillator. Charakter besitzt. Die Quadrupolwechselwrkg. hätte nicht in $SO_4{}^{111}Cd$ durch eine Messung der totalen Anisotropie erhalten werden können, denn letztere ist bzgl. der Quadrupolwechselwrkg. wenig empfindlich, sobald diese 25 MHz überschreitet. Die Messung der totalen Anisotropie liefert einen Wert von 6,6 ± 1,5% in Übereinstimmung mit dem vorausgesagten Grenzwert. Mit Verzögerungsmessungen zwischen 10^{-7} u. $3 \cdot 10^{-7}$ sec wird der stat. Charakter der Wechselwirkungen bestätigt. (C. R. hebd. Séances Acad. Sci. **240.** 298—99. 17/1. 1955.)
GERHARD SCHMIDT. 103

Carl L. McGinnis, *Radioaktivität von ^{117}In und ^{117}Sb.* Cd wird mit 15 MeV-Deuteronen beschossen, prim. In an $Fe(OH)_3$ gefällt u. aus Cd nachgebildetes ^{117}In u. ^{115}In auf dieselbe Weise isoliert. Die Trennung des In vom Fe erfolgt mit verd. HCl an Dowex 2-Harzaustauscher. Gemessen wird mit einem magnet. Linsenspektrographen u. einem NaJ-Scintillationskoinzidenzspektrometer. Das $p_{1/2}$-Niveau des ^{117m}In zerfällt mit 1,90 ± 0,05 Std. Halbwertszeit zu 49% mit $E_{\beta^-} = 1,777 \pm 0,005$ MeV zum $s_{1/2}$-Grundzustand des ^{117}*Sn*, zu 23% mit $E_{\beta^-} = 1,616 \pm 0,005$ MeV zum 0,161 MeV-$d_{3/2}$-Niveau des ^{117}Sn u. zu 28% mit $E_\gamma = 0,311 \pm 0,002$ MeV zum $g_{9/2}$-Grundzustand des ^{117}In. Dieser zerfällt mit 1,1 ± 0,1 Std. Halbwertszeit mit $E_{\beta^-} = 0,740 \pm 0,010$ MeV zum $g_{7/2}$-Niveau des ^{117}Sn, das seinerseits mit $E_\gamma = 0,565 \pm 0,007$ u. 0,161 ± 0,001 MeV in Kaskade zerfällt. Vom 3,0 Std.-^{117}Cd zerfallen < 10% zu ^{117m}In, während das ^{117}In zu < 1% in 14 Tage-^{117m}Sn übergeht. Das 2,8 Std.-^{117}Sb wird aus Sn mit 15 MeV-Deuteronen gewonnen. Es zerfällt zu 2,5% durch β^+-Zerfall mit $E_{\beta^+} = 0,61$ MeV, zu 97,5% durch Elektroneneinfang zum 0,161 MeV-Zustand des ^{117}Sn. Folgende Konversionskoeffizienten der γ-Strahlen des ^{117m,117}In werden gemessen: 0,161 MeV K/(L + M) = 8,3 ± 0,1, α_K = 0,13 ± 0,001, M1-Übergang; 0,311 MeV, α_K = 1,3 ± 0,2, M4-Übergang; 0,565 MeV, $\alpha_K \sim 0,005$, E2-Übergang. Ein Zerfallsschema für ^{117}In–^{117}Sn–^{117}Sb wird gegeben. (Physic. Rev. [2] **97.** 93—97. 1/1. 1955. Washington, D. C., NBS and Nat. Res. Counc. Nucl. Data Group.)
G. HERRMANN. 103

I. Fränz, J. Rodriguez und **H. Carminatti,** *Die Isobarenreihe ^{130}Sn–^{130}Sb.* Vf. beschießen U mit Neutronen oder 30 MeV-Deuteronen u. trennen Sb- u. Sn-Aktivitäten wie folgt ab: Das bestrahlte U wird in HNO_3 gelöst, mit NH_3 gefällt u. in verd. HCl nach Zusatz von Sn als Träger wieder gelöst. Das Sn wird als Sulfid gefällt, in NaOH gelöst u. durch eine alkal. CuS-Fällung gereinigt. Nach abermaliger Sulfidfällung in essigsaurem Medium u. Lösen in konz. HCl wird Sn vom Te durch H_2S-Fällung getrennt u. mit HF in den Fluorokomplex übergeführt, aus dessen Lsg. 3mal Sb mit H_2S gefällt wird. Die so gewonnenen Sb-Fraktionen zeigen neben 0,2—1% langlebiger Aktivitäten eine kurzlebige mit $T_{1/2} = 10,3 \pm 0.3$ Min., die ^{130}Sb zugeschrieben wird ($E_{\beta max}$ = 2.9 MeV). Durch „Abmelken" von Sb-Fraktionen aus der Sn-Mutterlsg. in Intervallen von 1 Std. wird $T_{1/2}$ für ^{130}Sn zu 57 ± 2 Min. gemessen. (Z. Naturforsch. **10a.** 82. Jan. 1955. Buenos Aires, Comm. Nac. de la Energía Atom., Labors. de Radioquím.)
F. WEIGEL. 103

Joachim Heintze, *Zur Frage der natürlichen Radioaktivität des ^{50}V, ^{113}In und ^{123}Te.* ^{50}V wird in der Weise gemessen, daß a) ein abgeschirmter GEIGER-MÜLLER-Zähler mit 1200 cm² wirksamer Oberfläche u. auf 7,34 ± 0,04 Ausschläge/Min. herabgedrücktem Untergrund mit 12,7 kg Ferrovanadin umgeben u. die Aktivität untersucht wird, u. b) eine dicke Schicht des gleichen Ferrovanadins im Innern eines Proportionalzählers auf 1530 cm² Fläche verteilt u. gezählt wird. Vf. findet α-, β- u. γ-Impulse, die sich jedoch zum größten Teil als von einer radioakt. Verunreinigung herrührend deuten lassen. Darüber hinaus ist ein β-Effekt von 4 u. ein γ-Effekt von 0,3 Anschlägen/Min. vorhanden, der dem ^{50}V zugeschrieben wird. Nach dem angenommenen Übergang ergeben sich die folgenden Mindesthalbwertszeiten (in Jahren): $^{50}V \rightarrow {}^{50}Ti$ $3 \cdot 10^{14}$ (aus Ti–K-Strahlung), $3 \cdot 10^{15}$ (aus 1,58 MeV-γ) u. 10^{15} (aus 2,4 MeV-β^+); $^{50}V \rightarrow {}^{50}Cr$ $3 \cdot 10^{14}$ (aus 1,2 MeV-β^-). In wird in Folien von 79 mg/cm² auf einer Fläche von 1680 cm² im Proportionalzähler mit Xe–CO_2-Füllung gemessen. Auf dem Untergrund der von ^{115}In herrührenden β-Teilchen (218) werden keine Anzeichen für die K- oder L-Strahlung von Cd gefunden; ebenso finden sich bei der Unters. von Te in der gleichen Anordnung keine Anzeichen für Sb–K- oder L-Strahlung. Folgende Mindesthalbwertszeiten (in Jahren) lassen sich somit abschätzen: $^{113}In \rightarrow {}^{113}Cd$ 10^{16} (aus der Cd–K-Strahlung) u. 10^{14} (aus der Cd–L-Strahlung); $^{123}Te \rightarrow {}^{123}Sb$ 10^{15} (aus der Sb–K-Strahlung) u. 10^{13} (aus der Sb–L-Strahlung). (Z. Naturforsch. **10a.** 77. Jan. 1955. Heidelberg, Univ., II. Physikal. Inst.)
F. WEIGEL. 103

L. Koerts, P. Macklin, B. Farrelly, R. van Lieshout und **C. S. Wu**, *Strahlungen von* ^{126}J. (Sitzungsbericht.) (Physic. Rev. [2] **98.** 1172—73. 15/5. 1955. Columbia Univ.) GERHARD SCHMIDT. 103

Berol L. Robinson und **Richard W. Fink**, *Elektromagnetische Strahlungen von* ^{132}Cs. (Sitzungsbericht.) (Physic. Rev. [2] **98.** 231. 1/4. 1955. Univ. of Arkansas.) GERHARD SCHMIDT. 103

J. M. Hollander und **M. I. Kalkstein**, *Strahlungen von* ^{128}Ba — ^{128}Cs. (Sitzungsbericht.) (Physic. Rev. [2] **98.** 260. 1/4. 1955. Berkeley, Calif., Univ. of California, Radiat. Labor.) GERHARD SCHMIDT. 103

Michel Langevin, *Untersuchung des Zerfallsschemas von* ^{133}Ba. Zur genauen Aufstellung des Zerfallsschemas von ^{133}Ba werden Koinzidenzunterss. mit 2 γ-Spektrometern mit einer Auflösungszeit von $3 \cdot 10^{-7}$ sec durchgeführt. Die 290 keV-γ-Strahlung koinzidiert mit den 82 u. 72 keV-Strahlungen, die 362 keV-γ-Strahlung koinzidiert mit der 82 keV-Strahlung. Aus dem Vgl. der korr. Röntgenintensitäten wird α_K (72 keV) = 2,4 abgeleitet, dieser Wert ist mit einem M1-Übergang verträglich. Es ergibt sich, daß der Elektroneneinfang hauptsächlich durch L-Einfang erfolgt. Für das Verhältnis L-Einfang/K-Einfang ergibt sich ein Wert > 9, was zu einer maximalen Energie von 40 keV führt, die einem erlaubten Übergang entspricht. (C. R. hebd. Séances Acad. Sci. **240.** 289—91. 17/1. 1955.) GERHARD SCHMIDT. 103

B. E. Simmons, D. M. Van Patter, K. F. Famularo und **R. V. Stuart**, *Coulomb-Anregung von Neodym.* (Vgl. C. **1955.** 4991.) Nd-Metall wird mit Protonen bis zu 3,34 MeV Energie beschossen u. die γ-Strahlen mit einem NaJ-Scintillationsspektrometer beobachtet. Gefunden werden γ-Energien von 71 ± 4 (schwach, ^{145}Nd), 300 ± 3 (^{148}Nd) u. 131 ± 2 keV (^{150}Nd). Für die beiden letzteren Linien wird die Ausbeute unter 90° bei verschied. Protonenenergien bestimmt u. daraus auf eine E 2-Wechselwrkg. geschlossen, wobei E 1-Wechselwrkg. nur für die Anregung von ^{150}Nd ausgeschlossen werden kann. Bei 2,25 MeV beträgt der Wirkungsquerschnitt für ^{148}Nd 0,7 ± 0,2, für ^{150}Nd 2,4 ± 0,3 mbarn. Die Winkelverteilung der 131 keV-Strahlung stimmt mit der theoret. zu erwartenden nur qualitativ überein. (Physic. Rev. [2] **97.** 89—92. 1/1. 1955. Minneapolis, Minn., Univ. of Minnesota.) G. HERRMANN. 103

P. Marmier und **F. Boehm**, *Energieniveaus von* ^{177}Hf. Mittels eines γ-Spektrometers mit gekrümmtem Kristall u. eines axialfokussierenden β-Spektrometers wird das β- u. γ-Spektr. einer 200 mC-Quelle von ^{177}Cp–^{177}Hf untersucht. Folgende β-Zerfälle werden beobachtet: $E_{\beta max}$ = 497 keV (ΔI = 1, +, log *ft* = 6,8) mit 90%, 384 keV (ΔI = 1, +, log *ft* = 7,7) mit 3% u. 176 keV (ΔI = 0, —, log *ft* = 6,3) mit 7% der Gesamt-β-Intensität. Außerdem werden γ-Strahlen mit 71,644 ± 0,020 (E 1), 112,965 ± 0,020 (E 2), 208,362 ± 0,020 (E 1), 250 ± 0,5 (M 1) u. 321,36 ± 0,10 keV (E 3) mit den relativen Intensitäten 2:100:220:3:3,2 gemessen. Ein Energieniveauschema für das Syst. ^{177}Cp → ^{177}Hf wird vorgeschlagen, folgende Niveaus (in keV) in ^{177}Hf werden erhalten: 321,33 (3/2) +, 249,69 (3/2) —, 112,97 (5/2) — u. Grundzustand (pl/2) —. Die Konversionskoeffizienten der γ-Strahlen werden mitgeteilt. (Physic. Rev. [2] **97.** 103—04. 1/1. 1955. Pasadena, Calif., California Inst. of Technol.) F. WEIGEL. 103

Franz R. Metzger, *Winkelverteilung der Resonanzfluorescenzstrahlung aus dem 411 keV-Niveau in* ^{198}Hg. (Sitzungsbericht.) (Physic. Rev. [2] **98.** 1186. 15/5. 1955. Bartol Res. Found.) GERHARD SCHMIDT. 103

Nadine Marty, *Über den Zerfall von* ^{203}Hg. Durch Beschuß von HgO mit langsamen Reaktorneutronen wird ^{203}Hg erhalten, dessen β-Strahlen mit dem Spektrometer vom SLÄTIS-SIEGBAHN-Typ allein oder in Koinzidenz mit einem Scintillationsspektrometer gemessen werden. Der β-Zähler des Spektrometers hat ein Formvar-Fenster von 120 μg/cm². Das Energiemaximum des β-Spektr. liegt bei 214 ± 2 keV, der Intensitätsgrenzwert des β-Spektr. zum Grundzustand ist $< 4 \cdot 10^{-5}$ der Intensität des Spektr. von 214 keV. Die Konversionskoeffizienten des 279 keV-γ-Strahls sind α_K = 0,205 ± 0,01, K/L = 3,15 ± 0,15 u. L/M = 4,5 ± 1,5, was für den γ-Strahl eine M 1 + E 2-Mischung von 30% M 1 u. 70% E 2 liefert. (C. R. hebd. Séances Acad. Sci. **240.** 291—94. 17/1. 1955.) GERHARD SCHMIDT. 103

L. S. Cheng, Virginia C. Ridolfo, M. L. Pool und **D. N. Kundu**, *Radioaktives* ^{204}Tl *und* ^{207}Bi. (Sitzungsbericht.) (Physic. Rev. [2] **98.** 231. 1/4. 1955. Ohio State Univ.) GERHARD SCHMIDT. 103

J. R. Huizenga und **C. M. Stevens**, *Neue langlebige Isotope von Blei.* Vff. beschießen 8 Std. lang *Tl* mit 21 MeV-Deuteronen, um die bisher noch unbekannten Pb-Isotope ^{202}Pb u. ^{205}Pb aus den Rkk. ^{203}Tl(d, 3n) bzw. ^{205}Tl(d, 2n) zu erhalten. Das Pb wird chem. vom Tl abgetrennt u. in einem 12 in.-60°-Massenspektrometer nach INGHRAM

u. Chupka (Rev. sci. Instruments 24. [1953.] 518) analysiert. ^{202}Pb kann zu 0,07 Mol-% u. ^{205}Pb zu 0,04 Mol-% nachgewiesen werden. Das berechnete Verhältnis von ^{202}Pb zu ^{205}Pb von 1,7 stimmt mit dem beobachteten überein. Das ^{202}Pb geht durch Elektroneneinfang in ^{202}Tl über, wobei bis zu $\sim$40% der Elektroneneinfang in der M-Schale stattfinden soll. Die Halbwertszeit von ^{202}Pb wird zu $3 \cdot 10^5$ Jahren berechnet. Für das ^{205}Pb wurde angenommen, daß die K-Einfang-Halbwertszeit $> 6 \cdot 10^7$ Jahre ist. (Physic. Rev. [2] **96.** 548—50. 15/10. 1954. Lemont, Ill., Argonne Nat. Labor.) G. Tölg. 103

Paul Falk-Vairant und **Georges Yves Petit**, *Untersuchung der α–γ-Winkelkorrelationen in Io* (^{230}*Th*). 3. Mitt. *Das 250 keV-Niveau.* (2. vgl. Benoist u. Mitarbeiter, C. **1955.** 976.) Nach der gleichen Meth. wie l. c. untersuchen Vff. die Winkelkorrelation α-250 keV des angeregten Zustandes von ^{228}*Ra*. Die γ-Strahlung wird mit einem NaJ-Kristall von 2,4 cm Länge gemessen. Die befriedigende Übereinstimmung der theoret. Korrelationsfunktion mit den experimentellen Daten ermöglicht für das 250 keV-Niveau die Zuordnung des Spins 1 u. der negativen Parität, die 250 keV-Strahlung ist demnach ein elektr. Dipol. (C. R. hebd. Séances Acad. Sci. **240.** 296—97. 17/1. 1955.) Gerhard Schmidt. 103

A. W. Podgurskaja, W. I. Kalaschnikowa, G. A. Stoljarow, Je. D. Worobjew und **G. N. Flerow**, *Über die spontane Spaltung von Thorium.* Mittels einer großen Ionisationskammer wurde die spontane Spaltung von Th untersucht, das als ThO_2 auf den Wänden niedergeschlagen war. Durch Vgl. der Spaltungshäufigkeit mit der von U unter dem Einfl. schneller (Po + Be)- u. langsamer (Ra-γ + Be)-Neutronen wurde die akt. Menge zu 11 ± 1,5 g u. die Verunreinigung an U zu maximal 0,006% bestimmt. Die spontane Spaltung betrug auf Seehöhe 0,012—0,013 g/Std., unter 10 m Erde nur 0,002, wobei noch die Hälfte des Effektes auf die U-Verunreinigung zurückzuführen ist. Demnach muß die Halbwertszeit von Th bzgl. der spontanen Spaltung $> 10^{20}$ Jahre sein. Dieses Ergebnis wird mit widersprechenden Befunden von Segrè verglichen. (Журнал Экспериментальной и Теоретической Физики [J. exp. theoret. Physik] **28.** 503—05. April 1955.) M. Wiedemann. 103

Erik Odeblad, *Neuere kernphysikalische Hilfsmittel für die Analyse von chemischen Strukturen, Elementen und stabilen Isotopen.* Übersicht über Aktivierungs- u. Reaktionsanalyse, Neutronenspektroskopie, elektr. u. magnet. Resonanzmethoden (magnet. Kernresonanz, Spinecho, paramagnet. Resonanz, Quadrupolresonanzen), β-Durchlässigkeitsmessungen u. Mesonatome. — 34 Literaturhinweise. (Farmac. Revy **53.** 785—94. 25/11. 1954. Stockholm.) R. K. Müller. 106

Antoni Basiński, *Die radioaktiven Isotope des Kohlenstoffs.* Überblick über die Eigg. der C-Isotope, ihre Einführung in organ. Verbb. u. ihre Anwendung zur Unters. von Reaktionsmechanismen. — 31 Literaturhinweise. (Wiadomości chem. **4.** 75—89. März/April 1950. Toruń, Univ. M. Kopernika.) R. K. Müller. 106

Robert H. Schuler und **Augustine O. Allen**, *Strahlenchemische Untersuchungen mit Cyclotronstrahlenbündeln.* Vff. untersuchen die Oxydation von $FeSO_4$ in 0,8n H_2SO_4 u. die Entw. von H_2 aus Cyclohexan beim Beschuß mit α-Teilchen (5—40 MeV), Deuteronen (6—20 MeV) u. Elektronen (2 MeV). Die Ausbeute G (Zahl der oxydierten bzw. entwickelten Moll. pro 100 eV Energieeinstrahlung) ist bei der Oxydation des $FeSO_4$ von der Strahlenart u. -energie abhängig. α-Teilchen u. Deuteronen ergeben zusammen eine stetige Kurve, wenn G gegen den reziproken Energieverlust $-dx/dE$ aufgetragen wird. G steigt von 6 (5 MeV-α-Teilchen) auf 11,5 (20 MeV-Deuteronen) u. scheint sich asymptot. dem Wert 15,5 zu nähern, der beim Beschuß mit Elektronen beobachtet wird. Die H_2-Entw. ist dagegen unabhängig von Strahlenart u. -energie, gefunden wird in jedem Fall G = 5,25. Die Wrkg. der Strahlen auf wss. Lsgg. u. KW-stoffe muß verschied. Mechanismen folgen. (J. Amer. chem. Soc. **77.** 507. 20/1. 1955. Upton, Long Island, N. Y., BNL, Dep. of Chem.) G. Herrmann. 108

Marc Lefort, *Wirkung ionisierender Strahlungen auf Wasser und wässerige Lösungen.* 1. Mitt. Vf. benutzt als Strahlenquelle Röntgenstrahlung mit der Linie 0,7 Å u. einem Untergrund von 0,95 Å, sowie die α-Teilchen von Po u. Rn. Die absorbierten Energien werden berechnet. Das gebildete H_2O_2 wurde photocolorimetr. nachgewiesen. Die beiden Strahlungen verhalten sich sehr verschieden, was durch die verschied. Verteilung der aus den prim. entstandenen Ionen u. angeregten Moll. gebildeten Radikale erklärt wird. Röntgenstrahlung liefert nur in O_2-haltigem W. H_2O_2, bei α-Strahlung ist O_2 ohne Einfluß. Bei Röntgenstrahlung nimmt die Ausbeute bei gleicher Dosis mit der Intensität zu, bei α-Strahlung bleibt sie konstant. Die Ausbeute ist bei weicherer Röntgenstrahlung etwas höher. Bei α-Strahlung beträgt die Ausbeute $\sim$0,9 (Mol H_2O_2 je 100 eV absorbierter Energie), unabhängig vom p_H. Bei Röntgenstrahlung ist die Ausbeute im sauren Milieu höher. α-Strahlen geben auch bei sehr tiefer Temp. (bis ca. -190^0) noch beträchtliche Mengen H_2O_2, Röntgenstrahlen unter 115° kein H_2O_2. Beim Übergang vom festen zum fl. Zustand steigt die Ausbeute stets steil an. Auch bzgl. der Zers. von H_2O_2 verhalten sich die beiden Strahlungen verschieden. (J. Chim. physique Physico-Chim. biol. **47.** 624—43. Juli/Aug. 1950. Paris, Inst. du Radium.) M. Wiedemann. 108

Robert H. Schuler, *Chemische Wirkungen der (d, p)-, (n, 2n)- und (γ, n)-Aktivierung von Jod.* CH_3J u. C_2H_5J werden mit Deuteronen, schnellen Neutronen u. γ-Strahlen beschossen u. der Anteil der ^{128}J- bzw. ^{126}J-Aktivität bestimmt, der organ. gebunden vorliegt. Um durch Strahlung induzierten Austausch auszuschalten, wird teilweise vor der Bestrahlung J_2 zugesetzt. Es werden dieselben Werte für den Rückhalteeffekt wie bei der (n, γ)-Rk. gemessen. Die Ergebnisse zeigen, daß Rückstoßenergie, Ladung des Rückstoßkerns u. starke γ-Intensitäten ohne bestimmenden Einfl. auf den Rückhalteeffekt sind. (J. chem. Physics **22.** 2026—29. Dez. 1954. Upton, N. Y., BNL, Chem. Dep.) G. Herrmann. 108

José Manuel Pertierra, *Die Gewinnung von Kernenergie.* Überblick über die Entw. der Verwertung von Kernenergie bei nichtregenerierenden Reaktoren u. Breedern. (Ion [Madrid] **13.** 567—75. Okt. 1953. Oviedo, Univ., Lehrstuhl für techn. Chem.) R. K. Müller. 110

Mario Alberto Rollier, *Die Chemie des Kernreaktors.* Zusammenfassender Überblick über den Aufbau eines Kernreaktors, die Darst. von Schwerem W. u. metall. U, die im Reaktor auftretenden Spaltprodd. sowie über die chem. Abtrennung von Pu. (Chim. e Ind. [Milano] **36.** 454—63. Juni 1954. Milano, Ist. di Chim. Gen. del Politecn. e Labor. CISE.) C. Gottfried. 110

R. F. Firestone und **J. E. Willard,** *Behälter für eine ^{60}Co-γ-Quelle für experimentelle Untersuchungen.* Vff. beschreiben einen Bleibehälter für eine 40 C-60 Co-Quelle mit Vorrichtungen zur Erleichterung von Bestrahlungen. (Rev. sci. Instruments **24.** 904—06. Okt. 1953. Madison, Wis., Univ., Dep. of Chem.) G. Herrmann. 112

Herbert Rabin und **William E. Price,** *^{60}Co-Feldverteilungen bei Verwendung von Ag-aktiviertem Phosphatglas.* (Sitzungsbericht.) (Physic. Rev. [2] **98.** 1154. 15/5. 1955. U. S. Naval Res. Labor.) Gerhard Schmidt. 112

J. H. Kittel, *Die Handhabung von Kapseln mit bestrahlten Füllmaterialproben.* Mechan. Öffnung der hochakt. Behälter (ca. 1 Kilocurie Spaltprodd.), die außerdem NaK-Legierung enthalten. NaK wird anschließend durch n-Butanol zerstört. (Nucleonics **12.** Nr. 11. 60. Nov. 1954. Lemont, Ill., Argonne Nat. Labor.) G. Herrmann. 112

E. J. Frederick, *Analytisches Laboratorium für starke Strahlungsintensitäten.* Stark radioakt. Proben gelangen durch ein abgeschirmtes Förderband oder einen unterird. Aufzug in eine von 90 cm Schwerspatbeton umgebene Vorratszelle von 2,3 × 2,1 × 2,3 m Größe u. werden dort mit Kränen u. Manipulatoren auf Vorratsbehälter verteilt. Die Beobachtung erfolgt durch ein Ce-Glasfenster. Von der Vorratszelle können die Proben durch ein Förderband auf eine der 7 Arbeitszellen verteilt werden. Diese messen 1,8 × 1,5 × 3,3 m, sind durch Beton, zum Teil kombiniert mit Schwerspat, abgeschirmt u. tragen vorn ein $ZnBr_2$-Fenster u. auf der Rückseite eine Betontür. In den Zellen befinden sich Arbeitstische aus Stahl mit Platten aus Sperrholz oder rostfreiem Stahl, Manipulatoren, verschied. Anschlüsse u. durch Betonstopfen verschlossene Reservedurchführungen. Als Anstrich wird Amercoat 33 mit einer abziehbaren Schutzschicht verwendet. (Nucleonics **12.** Nr. 11. 36—37. Nov. 1954. Oak Ridge, Tenn., ORNL.) G. Herrmann. 112

—, *Das „Radiochemical Centre, Amersham". Neue Gebäude für die Isotopenproduktion.* (Chem. and Ind. **1954.** 456. 17/4.) W. Reusse. 112

G. W. Parker und **G. M. Herbert,** *Entseuchungscharakteristik von Porzellanemail.* Vff. untersuchen die radioakt. Verseuchung u. Entseuchung von Email u. Glas, die auf Stahl aufgeschmolzen sind. Zum Vgl. werden auch Messungen an Stählen verschied. Oberflächenbeschaffenheit, Gläsern u. Kunststoffen durchgeführt. Zur Entseuchung werden die Oberflächen mit Citronensäure, HNO_3, $(NH_4)_2SiF_6$ oder Mischungen dieser Verbb. behandelt. Gute Emailüberzüge werden relativ geringfügig verseucht u. leicht wieder entseucht. Sie sind Glasüberzügen u. rostfreien Stählen mit polierter Oberfläche gleichwertig u. allen anderen Stoffen überlegen. Handelsüblicher Email ergibt jedoch oft sehr starke Verseuchung u. schwierige Entseuchung. Zur Behandlung der Oberflächen wird eine Lsg. mit 5% HNO_3 u. 1% $(NH_4)_2SiF_6$ empfohlen. (Nucleonics **12.** Nr. 11. 72—74. Nov. 1954. Oak Ridge, Tenn., ORNL.) G. Herrmann. 112

W. S. Ginell, J. J. Martin und **L. P. Hatch,** *Die endgültige Beseitigung radioaktiver Abfälle.* Vff. untersuchen die Eignung von *Montmorillonit* (I) zur Beseitigung radioakt. Abfälle, bes. langlebiger Spaltprodukte. Hierzu wird die Adsorption verschied. Ionen an mit Ca^{2+} gesätt. I mit einer Austauschkapazität von 1,12 Milliäquivalent/g bei verschied. p_H u. in Ggw. großer Fremdsalzmengen sowie die Desorption von auf 100 bis 950° erhitztem, mit Aktivität beladenem I gemessen. Für die prakt. Anwendung geeignete Säulen aus I werden dadurch erhalten, daß eine Mischung von 10 g I u. 7,3 g W. durch Düsen gepreßt wird u. die Stäbchen in Säulen gefüllt werden. Drei solcher Säulen werden hintereinander geschaltet, sie setzen die Aktivität von Lsgg. auf $< 1\%$ herab. Stark saure Lsgg. müssen vorher von der Hauptmenge Säure befreit werden, hohen Fremdsalzkonzz. muß durch Verdünnen begegnet werden. Zur dauerhaften Fixierung der Aktivität in I werden die Säulen im Ofen auf $\sim 1000°$ erhitzt. (Nucleonics **12.** Nr. 12. 14–18. Dez. 1954. Upton, N. Y., Brookhaven Nat. Labor.) G. HERRMANN. 112

—, *Beseitigung radioaktiver Abfälle ins Meer.* Diskussion der Bedingungen für die Versenkung radioakt. Abfälle u. Lsgg. in die Tiefsee mit oder ohne Behälter. (Nucleonics **12.** Nr. 12. 54. Dez. 1954.) G. HERRMANN. 112

A₂. Optisches Verhalten der Materie.

J. M. Gilles, *Über eine mögliche Variante des Bethe-Weizsäcker-Cyclus.* Für eine Variante des BETHE-WEIZSÄCKER-Cyclus, Einfang eines Elektrons durch ^{14}N statt eines Protons, $^{14}N + \beta^- \rightarrow {}^{14}C$, $^{14}C + p \rightarrow {}^{15}N$, berechnet Vf. die Zahl der je g u. Sek. stattfindenden Reaktionen. Für Tempp. um oder unter $2 \cdot 10^6$ °K u. Dichten über $1{,}12 \cdot 10^6$ überwiegt der modifizierte Cyclus, doch spielen dann die Rkk. $p(p,D)\beta^+$ die Hauptrolle. (Bull. Cl. Sci., Acad. roy. Belgique [5] **39.** 196–204. 1953.) M. WIEDEMANN. 113

G. G. Getmanzew, *Über die galaktischen und metagalaktischen Komponenten der kosmischen Radiostrahlung.* Vf. behandelt die Verteilung der Quellen kosm. Radiostrahlung innerhalb u. außerhalb der Milchstraße, wobei auf den Zusammenhang mit der Intensität eingegangen wird. Die Radioisophoten für λ zwischen 1 u. 3 m sind wiedergegeben, bes. wird ihre Struktur auf hohen galakt. Breiten diskutiert. (Астрономический Журнал [Astronom. J.] **32.** 22–28. Jan./Febr. 1955. Gorki, Univ., Physikal.-techn. Inst.) M. WIEDEMANN. 113

K. Weekes, *Der physikalische Zustand der oberen Atmosphäre.* Zusammenfassender Überblick über den heutigen Stand der Kenntnisse von dem physikal. Zustand der oberen Atmosphäre oberhalb 20 km. (Quart. J. Roy. meteorol. Soc. **80.** 2–15. Jan. 1954. Cambridge, Cavendish Labor.) C. GOTTFRIED. 113

E. Moraschinelli, *Über die Radioaktivität des atmosphärischen Aerosols.* Mittels einer auf ein negatives Potential von 14 kV geladenen Stahlspitze, der im Abstand von 1 cm eine Al-Folie auf dem Glimmerfenster eines GEIGER-MÜLLER-Zählrohrs gegenüberliegt, gelingt es, alle α-Teilchen der durchgeleiteten Luft zu registrieren. Es ergibt sich für das Aerosol der Luft ein Verhältnis der aus Ra u. aus Th stammenden Zerfallsprodd. D_{Rn}/D_{Tn} von ~ 30 im Einklang mit neueren Messungen nach anderen Methoden. (Rend. Ist. lombardo Sci. Lettere, Cl. Sci. mat. natur. **86** ([3] **17**). 53–65. 1953. Pavia, Univ., Ist. di Fis.) R. K. MÜLLER. 113

E. Moraschinelli, *Apparat für die Registrierung der atmosphärischen Radioaktivität.* (Vgl. vorst. Ref.) Mittels eines elektrostat. Abscheiders (l. c.) wird das Aerosol auf ein dünnes, homogenes, mit Graphit belegtes, laufendes Papierband niedergeschlagen. Unter dem Papier ist in Höhe der Spitze ein GEIGER-MÜLLER-Zählrohr für β-Strahlen angeordnet, das die Intensität der vom Nd. ausgesandten Strahlung registriert. (Rend. Ist. lombardo Sci. Lettere, Cl. Sci. mat. natur. **86** ([3] **17**). 281–85. 1953.) R. K. MÜLLER. 113

E. Moraschinelli, *Messung des aus dem Aerosol adsorbierten Radons.* (Vgl. vorst. Reff.) Die Intensitätsmessung des durch die Entladung aus einer Stahlspitze auf eine Fläche von 1 cm über dem Glimmerfenster eines GEIGER-MÜLLER-Zählers für β-Strahlen niedergeschlagenen Aerosols zeigt, daß der Zerfall in über 66 Std. ausgedehnten Verss. dem für reines ThB berechneten entspricht. Demnach ist Rn vom Aerosol nicht in einer durch Radioaktivitätsmessung erfaßbaren Menge adsorbiert. (Rend. Ist. lombardo Sci. Lettere, Cl. Sci. mat. natur. **86** ([3] **17**). 286–90. 1953.) R. K. MÜLLER. 113

Hubert Garrigue, *Über die von Atombombenversuchen herrührende Radioaktivität der Atmosphäre.* (Vgl. C. **1953.** 1123.) Bei der Unters. von Luft- u. Schneeproben (Puy de Dome, 1450 m) auf radioakt. Verh. stellt Vf. im Nov. 1953 eine Zunahme an radioakt. Teilchen mit großer Halbwertszeit fest, die β-Strahler sind. Die Intensität erreicht 20% der Höhenstrahlung. Vf. führt diese Zunahme auf Atombombenverss. mit gegebenenfalls in der Stratosphäre gespeicherter Radioaktivität zurück (vgl. hierzu auch C. **1955.** 9496). (C. R. hebd. Séances Acad. Sci. **237.** 1232–33. 16/11. 1953.) J. VOITLÄNDER. 113

Graham Sutton, *Thermonucleare Explosionen und das Wetter.* Betrachtungen der meteorolog. Daten führen zu dem vorläufigen Ergebnis, daß die thermonuclearen Explosionen im Pazifik nicht für das kalte u. feuchte Wetter des Sommers 1954 verantwortlich sind. Bei einer thermonuclearen Explosion werden $\sim 10^{16}$ cal frei, während die allg. Zirkulation der Atmosphäre in der Größenordnung von $\sim 7 \cdot 10^{19}$ cal ist. Die Erniedrigung der Sonneneinstrahlung durch Staubwolken sowie die mögliche Erhöhung der Kondensation von Wasserdampf werden diskutiert. (Nature [London] **175.** 319—21. 19/2. 1955. London, Meteorol. Off.) M. Wiedemann. 113

L. Machta und **D. L. Harris,** *Wirkungen von Atomexplosionen auf das Wetter.* Diskussionsbeitrag. (Science [Washington] **121.** 75—81. 21/1. 1955. Washington, D. C., U. S. Weather Bur.) Gerhard Schmidt. 113

L. V. Spencer und **Charles Wolff,** *Durchdringung und Streuung harter Röntgenstrahlen: Polarisationseffekte.* (Vgl. C. **1954.** 935.) Der Einfl. der Polarisation der gestreuten Photonen auf die Probleme der Durchdringung u. Streuung von Röntgenstrahlen wird untersucht. Hierzu wird die Berechnung der von einer isotropen punktförmigen Quelle im unendlichen Medium erzeugten spektralen Intensitäten erweitert (vgl. C. **1952.** 1944). Infolge der Polarisation wird die Intensität der Sekundärteilchen mit 100—200 keV um wenige % erhöht. (Physic. Rev. [2] **90.** 510—14. 15/5. 1953. Washington, D. C., Nat. Bur. of Stand.) M. Wiedemann. 116

D. E. Bedo und **D. H. Tomboulian,** *Intensitätsverteilung zwischen den spektralen Ordnungen in einem Spektrographen mit streifendem Einfall.* (Sitzungsbericht.) (Physic. Rev. [2] **98.** 242. 1/4. 1955. Cornell Univ.) R. Levi. 116

D. R. Bates und **G. W. Griffing,** *Unelastische Stöße zwischen schweren Teilchen.* 2. Mitt. *Beiträge von Doppelübergängen zu den Wirkungsquerschnitten bei der Anregung von Wasserstoffatomen bei schnellen Stößen mit anderen Wasserstoffatomen.* (1. vgl. C. **1954.** 5008.) Mit der Bornschen Näherung wird der Wirkungsquerschnitt des Prozesses H (1 s) + H (1 s) → H (2 s oder 2 p) + H (2 s, 2 p, 3 s, 3 p, 3 d oder Kontinuum) berechnet. Die graph. erhaltenen Ergebnisse zeigen, daß bei hohen Stoßenergien solche Stöße mit doppeltem Übergang sehr viel wahrscheinlicher sind als Stöße mit einfachem Übergang [z. B. H (1 s) + H (1 s) → H (2 s oder 2 p) + H (1 s)]. Weiterhin wird eine asymptot. Formel für den gesamten unelast. Querschnitt angegeben. (Proc. physic. Soc., Sect. A **67.** 663—68. 1/8. 1954. Belfast, Queen's Univ., Dep. of Appl. Mathemat.) H. C. Wolf. 118

B. L. Moiseiwitsch und **A. L. Stewart,** *Unelastische Stöße zwischen schweren Teilchen.* 3. Mitt. *Anregung von Heliumatomen bei schnellen Stößen mit Wasserstoffatomen, Protonen und positiven Heliumionen.* (2. vgl. vorst. Ref.) Die Berechnung des Wirkungsquerschnittes für die Prozesse H (1 s) + He (1 s^2) → H (2 s, 2 p, 3 s, 3 p, 3 d oder Kontinuum) + He (1 s 2 p ^{1}P) nach der Bornschen Näherung ergibt, daß diese Stöße mit zweifachem Elektronensprung im allg. bei hohen Stoßenergien sehr viel wahrscheinlicher sind als Stöße mit einfachem Übergang, wie H (1 s) + He (1 s^2) → H (1 s) + He (1 s 2 p ^{1}P). Bei den Prozessen He^+ (1 s) [oder H^+] + He (1 s^2) → He^+ (1 s) [oder H^+] + He (1 s 2 p ^{1}P) können zweifache Elektronenübergänge vernachlässigt werden. (Proc. physic. Soc., Sect. A **67.** 1069—74. 1/12. 1954.) H. C. Wolf. 118

D. R. Bates und **G. W. Griffing,** *Unelastische Zusammenstöße zwischen schweren Teilchen.* 4. Mitt. *Beitrag der Doppelübergänge zu bestimmten Wirkungsquerschnitten einschließlich solcher, die mit der Ionisation von Wasserstoffatomen bei schnellen Stößen mit anderen Wasserstoffatomen verbunden sind.* (3. vgl. vorst. Ref.) Vff. verwenden die Bornsche Approximation zur Berechnung der Querschnitte, die mit den Prozessen H (1 s) + H (1 s) → H (3 s, p oder d) + H (3 s, p oder d) u. H (1 s) + H (1 s) → H^+ + e + H (3 s, p oder d; oder C) verbunden sind, wo C das Kontinuum bedeutet. Die früher berechneten Querschnitte werden kombiniert, um den Anregungsquerschnitt für das 3. Quantenniveau, die Ionisierungsquerschnitte sowie die Gesamtquerschnitte für sämtliche unelast. Zusammenstöße zu liefern. Bei den Berechnungen werden sowohl einfache als auch doppelte Übergänge berücksichtigt. Das Verhältnis des Elektronenverlustquerschnittes zum Elektroneneinfangquerschnitt wird berechnet. (Proc. physic. Soc., Sect. A **68.** 90—96. 1/2. 1955.) Gerhard Schmidt. 118

Chr. Klixbüll Jørgensen, *Untersuchungen von Absorptionsspektren.* 3. Mitt. *Absorptionsbanden als Gaußsche Fehlerkurven.* (2. vgl. Ballhausen, C. **1956.** 18.) Am besten werden die Banden der Übergangsgruppenspektren durch Gausssche Fehlerkurven angenähert, wobei die Wellenzahl die unabhängige Variable ist u. die charakterist. Parameter (Höhe u. Wellenzahl des Maximums u. die Halbwertsbreite) zur Beschreibung einiger Banden benutzt werden. Es werden die Absorptionsspektren von $[Cr(H_2O)_6]^{3+}$-, $[Co\ en_3]^{3+}$-, $[Co(H_2O)_6]^{2+}$-, $[Ni(H_2O)_6]^{2+}$- u. $[Ni\ en_3]^{2+}$-Ionen untersucht. Die Auflösung mehrerer Banden in komplizierten Spektren wird diskutiert; sie werden in Beziehung gesetzt zu der Störungstheorie der Kristallfelder. (Acta chem. scand. **8.** 1495—1501. 1954. Copenhagen, Denmark, Techn. Univ., Chem. Dep. A.) D. Hahn. 118

Chr. Klixbüll Jørgensen, *Untersuchungen von Absorptionsspektren.* 4. Mitt. *Einige neue Übergangsgruppenbanden niedriger Intensität.* (3. vgl. vorst. Ref.) Vf. findet eine Gruppe von Banden mit niedrigen Intensitäten u. in einigen Fällen mit kleinen Halbwertsbreiten in den sichtbaren Spektren von Mn(II), Fe(II), Co(II) u. anderen Übergangsgruppenelementen. Es werden die Absorptionsspektren angegeben u. diskutiert. Die Nummern u. Lagen der Banden stimmen gut überein mit der Kristallfeldtheorie. (Acta chem. scand. **8.** 1502—12. 1954.) D. Hahn. 118

C. J. Ballhausen, *Untersuchungen von Absorptionsspektren.* 5. Mitt. *Die Spektren der Nickel(II)-Komplexe.* (4. vgl. vorst. Ref.) Die Kristallfeldtheorie, welche die Eigg. eines Komplexes auf das Feld der Liganden zurückführt, wird auf Ni(II)-Komplexe mit acht äquivalenten d-Elektronen angewendet. Die erhaltenen Formeln werden zur Berechnung der einfachen para- u. diamagnet. Ni(II)-Ammin-Komplexe verwendet. Die berechneten u. experimentell erhaltenen Absorptionsmaxima für den $[Ni(aq)_6]^{2+}$- u. den $[Ni\,en_3]^{2+}$-Komplex werden angegeben u. verglichen. (Kgl. danske Vidensk. Selsk., mat.-fysiske Medd. **29.** Nr. 8. 1—17. 1955.) D. Hahn. 118

Chr. Klixbüll Jørgensen, *Untersuchungen von Absorptionsspektren.* 6. Mitt. *Actinidenionen mit zwei 5f-Elektronen.* (5. vgl. vorst. Ref.) In Analogie zu den $4f^2$-Spektren der Lanthaniden, von denen das des La^+ am besten bekannt ist, untersucht Vf. die $5f^2$-Spektren der Actiniden u. als Beispiel vorwiegend das Absorptionsspektr. des U(IV)-Ions, welches mit theoret. Vorhersagen von Condon u. Shortley [1953] verglichen wird. Es wird als Atomspektr. mit geringem Einfl. des Kristallfeldes aufgefaßt. Die Banden des U_{aq}^{4+}- u. des UO_4^{4-}-Komplexes werden angegeben u. identifiziert. Aus dem Fehlen starker Absorptionsbanden werden chem. Schlüsse gezogen. (Kgl. danske Vidensk. Selsk., mat.-fysiske Medd. **29.** Nr. 7. 1—21. 1955.) D. Hahn. 118

Chr. Klixbüll Jørgensen, *Untersuchungen von Absorptionsspektren.* 7. Mitt. *Systeme mit drei und mehr f-Elektronen.* (6. vgl. vorst. Ref.) Es werden die Atomenergieniveaus, die die engen Absorptionsbanden der Lanthaniden- u. Actinidenelemente hervorrufen, untersucht. Bes. wird auf das Nd(III)-Spektr. hinsichtlich seiner Dubletts eingegangen, aber auch die Spektren anderer f^3- u. f^4-Systeme [Nd(III), U(III), Np(IV), Pu(V), Am(VI), Pm(III), Np(II), Pu(IV) u. Am(V)] sowie Spektren der f^5-, f^6-, f^7-, f^9- u. f^{11}-Systeme [Sm(III), Pu(III), Eu(III), Am(III), Gd(III), Cm(III), Dy(III) u. Er(III)] in wss. Lsg. werden angegeben. Die elektrostat. Wechselwrkg. von 4, 5, 6, u. 7 Elektronen wird nach verschied. Methoden berechnet, wobei die Lage der relativen Multipletts gut mit den beobachteten Spektren übereinstimmt, die genauere Identifizierung der verschied. Niveaus aber schwierig ist. Das Cm(III)-Spektr. ist nicht das vorhergesagte f^7-Spektrum. Die beobachteten Spektren von Dy(III) u. Er(III) werden mit der Theorie verglichen. (Kgl. danske Vidensk. Selsk., mat. fysiske Medd. **29.** Nr. 11. 1—29. 1955.) D. Hahn. 118

M. M. Nosskow, *Infrarotemission metallischer Legierungen.* Um die Abhängigkeit der Intensität der infraroten Strahlung einer bin. Legierung von der Zus. bei einem Syst. mit kontinuierlicher Reihe fester Lsgg. zu untersuchen, wird an Au–Ag-Legierungen mit 0, 20, 40, 60, 80 u. 100% Au mit einem Differentialthermoelement die Gesamtstrahlung E bei 500—600° K gemessen, wobei das Strahlungsmaximum bei 5—6 μ angenommen wird. Es wird ein flaches Maximum von E/E_{abs} bei $\sim$20% Au festgestellt; mit steigender Temp. nimmt E stärker zu als die Strahlung des absol. schwarzen Körpers E_{abs}. Die in der Literatur vorliegenden Gleichungen für die Abhängigkeit der Strahlung von der Konz. gelten streng nur bei Wellenlängen über 10—15 μ. (Известия Академии Наук СССР, Серия Физическая [Nachr. Akad. Wiss. UdSSR, physik. Ser.] **17.** 632—35. Sept./Okt. 1953. Ural-Zweigstelle der Akad. der Wiss. der UdSSR.) R. K. Müller. 120

J. R. Beattie und **G. K. T. Conn,** *Optische Konstanten von Metallen im Ultraroten — Prinzipien der Messung.* Zur Messung des komplexen Brechungsindex eines absorbierenden Mediums aus der Reflexion von eben polarisiertem Licht sind zwei Meßwerte nötig. Am besten meßbar sind die Werte ϱ (Verhältnis der Reflexionskoeffizienten R_p u. R_s des reflektierten Strahls) u. Δ (relative Phasendifferenz). Der Haupteinfallswinkel ist bei Metallen im Ultraroten nahe bei 90°; die genannten Werte kann man auch bei kleineren Winkeln messen. Zur Umrechnung der Meßwerte in opt. Konstanten (Real- u. Imaginärteil der DK.) wird eine graph. Tafel gegeben. Erläuterung durch Messungen an *Ni, Cu, Ag, Al, Hg* u. *Sb* im Wellenlängenbereich von 2—12 μ. (Philos. Mag. [7] **46.** 222—34. Febr. 1955. Sheffield, Univ., Dep. of Phys.) H. C. Wolf. 120

J. R. Beattie, *Optische Konstanten von Metallen im Ultraroten — experimentelle Methoden.* (Vgl. vorst. Ref.) Beschreibung der experimentellen Meßmethodik zur Messung der opt. Werte ϱ u. Δ im Wellenlängenbereich von 2—12 μ an *Ni, Ag, Cu, Sb* u. *Hg*. Lichtquelle NERNST-Stift, ohne doppeltbrechendes Material. Messung zweier Intensitätsverhältnisse von reflektiertem polarisiertem Licht gibt die gesuchten Werte. Es werden auch Mehrfachreflexionen verwendet. Über die opt. Konstanten aufgedampfter *Al*-Spiegel werden genauere Angaben gemacht. (Philos. Mag [7] **46**. 235—45. Febr. 1955.) H. C. WOLF. 120

W. Spitzer, C. O. Bennett und **H. Y. Fan,** *Druckabhängigkeit der Absorptionskante in Germanium und Silicium.* (Sitzungsbericht.) (Physic. Rev. [2] **98**. 228. 1/4. 1955. Purdue Univ.) R. STEIN. 120

A. B. Bhatia, *Schwingungsspektren und spezifische Wärmen kubischer Metalle.* 1. Mitt. *Theorie und Anwendung für Natrium.* (Sitzungsbericht.) (Physic. Rev. [2] **98**. 245—46. 1/4. 1955. Nat. Res. Council of Canada.) R. LEVI. 120

F. P. Reding und **D. F. Hornig,** *Schwingungsspektren von Molekülen und Komplexionen in Kristallen.* 7. Mitt. *Das Raman-Spektrum von kristallinem Ammoniak und 3-Deuteroammoniak.* (6. vgl. OSBERG u. HORNIG, C. **1955**. **513**.) Es wurden die RAMAN-Spektren von kristallinem NH_3 u. ND_3 bei -82^0 untersucht; anregende Linie war Hg 2536,5 Å. Von der symm. Biegungsschwingung wurden von beiden Verbb. 2 klar aufgelöste Komponenten beobachtet, die für NH_3 bei 1048 u. 1058 cm^{-1}, für ND_3 bei 810 u. 817 cm^{-1} liegen. Für NH_3 konnte die symm. Streckungsfrequenz ν_1 nicht bestimmt werden, da sie in dem breiten intensiven Band liegt, welches sich von 3160 bis 3330 cm^{-1} erstreckt. Für ND_3 liegt diese Linie scharf bei 2330 cm^{-1}. Eine Komponente der antisymm. Streckungsschwingung ν_3 wurde für NH_3 bei 3375 cm^{-1} u. für ND_3 bei 2507 cm^{-1} beobachtet. Es wurden außerdem eine Anzahl von Gitterschwingungen beobachtet, deren Frequenzen tabellar. zusammengestellt sind. Eine vollständige Bezeichnung der beobachteten Banden war jedoch nicht möglich. Ganz allg. muß aus den beobachteten Spektren geschlossen werden, daß die Wechselwrkg. zwischen den Moll. in beiden Kristallen gering ist. Es ist nicht nur der Abstand zwischen den verschied. Kopplungsphasen der inneren Rotation klein, sondern es scheint auch, daß die Translations- u. Torsionsarten niederer Frequenz nur schwach gekoppelt sind. (J. chem. Physics **22**. 1926—28. Nov. 1954. Providence, R. I., Brown Univ., Metcalf Chem. Labor.) C. GOTTFRIED. 120

Mark A. Heald und **Robert Beringer,** *Hyperfeinstruktur von Stickstoff.* Das magnet. Resonanzspektr. des ^4S-Grundzustandes von ^{14}N wurde mit Hilfe einer Mikrowellenabsorptionsmeth. gemessen. Die magnet. Dipolhyperfeinwechselwirkungskonstante wurde zu A = 10,45 ± 0,02 MHz bestimmt u. kein Anzeichen für eine elektr. Quadrupolwechselwrkg. gefunden. (Physic. Rev. [2] **96**. 645—48. 1/11. 1954. New Haven, Conn., Yale Univ., Sloane Phys. Labor.) G. HEINSOHN. 121

Robert J. Collier, *Direkter l-Dublettübergang von HCN in dem 10 cm-Wellenlängengebiet.* Mit einem neu konstruierten Hohlraumresonanzspektrometer für den Wellenlängenbereich um 10 cm (variable Frequenz, STARK-Modulation der Absorptionszelle, koaxiale Anordnung) wurde der direkte *l*-Dublettübergang von HCN für J = 3 u. $v_2 = 1$ zu $\nu_0 = 2693{,}21 \pm 0{,}08$ MHz mit dem Absorptionskoeffizienten $\alpha = 3 \cdot 10^8$ cm^{-1} bestimmt. (Physic. Rev. [2] 95. 1201—02. 1/9. 1954. New Haven, Conn., Yale Univ., Sloane Phys. Labor.) H. C. WOLF. 121

B. T. Howard, H. F. Ivey und **W. Lehmann,** *Die Spannungsabhängigkeit der Elektroluminescenzhelligkeit.* (Vgl. DESTRIAU, Philos. Mag. **38**. [1947.] 700.) Unter Berücksichtigung experimenteller Ergebnisse über große Spannungsbereiche stellen Vff. für die Spannungsabhängigkeit der Elektroluminescenzhelligkeit die Beziehung $L = aV \exp[-b/(V - V_0)]$ auf. (Physic. Rev. [2] **96**. 799—800. 1/11. 1954. Bloomfield, N. J., Westinghouse Electric Corp.) J. SCHLEEDE-GLASSNER. 125

A_3. Elektrizität. Magnetismus. Elektrochemie.

L. Infeld und **J. Plebanski,** *Elektrodynamik ohne Potentiale.* Formulierung einer allgemeineren Annäherung an die klass. Elektrodynamik, woraus Feldgleichungen eines allg. Typs mit der DIRACschen Elektrodynamik als Spezialfall folgen. (Proc. Roy. Soc. [London], Ser. A **222**. 224—27. 9/3. 1954. Warsaw, Inst. for Theoret. Phys.) GERHARD SCHMIDT. 130

Roger W. Warren, *Messungen des elektrischen Feldes in Glimmentladungen mittels Elektronenstrahlsonden.* (Vgl. C. **1956**. **926**.) (Sitzungsbericht.) (Physic. Rev. [2] **98**. 562. 15/4. 1955. Berkeley, Calif., Univ. of California.) H. LIEPACK. 131

Gilbert G. Hudson, *Stromfäden beim Überschlag zwischen positiver Spitze und Platte in Luft.* (Sitzungsbericht.) (Physic. Rev. [2] **98**. 264. 1/4. 1955. Berkeley, Calif., Univ. of California.) H. LIEPACK. 131

L. P. Winsor und **T. H. Lee.** *Eigenschaften eines Gleichstrombogens in einem magnetischen Feld.* (Sitzungsbericht.) (Physic. Rev. [2] **98.** 562. 15/4. 1955. Rensselear Polytechn. Inst.; General Electric Comp.) H. LIEPACK. 131

Wolfgang Finkelnburg, *Bogen sehr hoher Temperatur.* (Sitzungsbericht.) (Physic. Rev. [2] **98.** 562. 15/4. 1955. Siemens-Schuckert Res. Labors.) H. LIEPACK. 131

R. M. St. John und **J. G. Winans,** *Bewegung und Spektrum des Kathodenflecks eines Bogens in einem magnetischen Feld.* (Vgl. C. **1955.** 4999.) (Sitzungsbericht.) (Physic. Rev. [2] **98.** 562. 15/4. 1955. Univ. of Wisconsin.) H. LIEPACK. 131

Charles G. Smith, *Feststehender Kathodenfleck eines Quecksilberbogens.* (Sitzungsbericht.) (Physic. Rev. [2] **98.** 562. 15/4. 1955. Raytheon Mfg. Comp.) H. LIEPACK. 131

K. D. Froome, *Stromdichten freibeweglicher Kathodenflecke auf Quecksilber.* In einer Stellungnahme zu einer Arbeit von V. BERTELE über die Zeitabhängigkeit der Stromdichte im Kathodenfleck des Hg-Vakuumbogens weist Vf. darauf hin, daß nach neueren Unterss. sehr hohe Stromdichten von $2 \cdot 10^6 - 10^7$ A/cm² in dem — in einzelne, äußerst kleine Gruppen aufgeteilten — Kathodenfleck anzunehmen sind. (Brit. J. appl. Physics **4.** 91—92. März 1953. Teddington, Middlesex, Nav. Phys. Labor., Metrol. Div., u. Purley, Surrey.) J. RUDOLPH. 131

H. v. Bertele, *Stromdichten frei beweglicher Kathodenflecke auf Quecksilber.* Auf die Einwände von FROOME (vgl. vorst. Ref.), daß Vf. die vorhandene Literatur nicht richtig interpretiert u. vor allem nicht die Existenz mkr. kleiner Kathodenflecke mit entsprechend hohen Stromdichten berücksichtigt habe, entgegnet Vf., daß für ihn hauptsächlich der techn. Effekt der therm. Gesamtbeanspruchung wichtig gewesen sei. Seine Unterss. schlössen das Vorhandensein mkr. kleiner Kathodenflecke nicht aus, deren Entstehung u. Verh. übrigens auch noch nicht geklärt seien. (Brit. J. appl. Physics **4.** 91—92. März 1953. Purley, Surrey.) H. PIEPLOW. 131

Charles G. Smith, *Stromdichten frei beweglicher Kathodenflecke auf Quecksilber.* In einer Stellungnahme zu der von FROOME sowie V. BERTELE (vgl. vorst. Reff.) diskutierten Frage über die Beschaffenheit des Kathodenflecks auf der Hg-Oberfläche des Hg-Vakuumbogens wird auf ein Experiment des Vf. verwiesen, in dem gezeigt wird, daß in einer einem Magnetfeld H ausgesetzten Entladung auf der mit Hg bedeckten Mo-Kathode die Emission je nach Größe von H gleichmäßig über eine größere Fläche (Stromdichte $j \sim 10$ A/cm²) oder über eine Vielzahl eng begrenzter Bezirke ($j \sim 150$ A/cm²) erfolgt. Aus dieser Beeinflussung des Kathodenflecks durch äußere Bedingungen wird gefolgert, daß die Stromdichte offenbar nicht das grundlegende Kennzeichen der Kathodenfleckemission sein kann. (Brit. J. appl. Physics **4.** 252. Aug. 1953. Newton, Mass., Raytheon Mfg. Co.) J. RUDOLPH. 131

L. Marton und **Lewis B. Leder,** *Energieverluste von Elektronen beim Durchgang durch dünne Schichten.* Vorläufiger Bericht über Messungen von Energieverlusten von 30 keV-Elektronen beim Durchgang durch 50—100 Å starke Schichten aus verschied. Stoffen. (Physic. Rev. [2] **94.** 203—04. 1/4. 1954. Washington, D. C., Nat. Bur. of Stand.) H. LIEPACK. 131

E. Gerjuoy und **S. Stein,** *Rotationsanregung durch langsame Elektronen.* (Sitzungsbericht.) (Physic. Rev. [2] **98.** 557—58. 15/4. 1955. Univ. of Pittsburgh u. Westinghouse Res. Labors.) H. LIEPACK. 131

Frank R. Arams und **Hans K. Jenny,** *Elektronische Abstimmung von Hohlraumresonatoren in Gasatmosphären über einen weiten Bereich.* (Sitzungsbericht.) (Physic. Rev. [2] **98.** 562—63. 15/4. 1955. Radio Corp. of America.) H. LIEPACK. 131

P. Kisliuk, W. S. Boyle und **L. H. Germer,** *Elektrische Zündung im Hochvakuum.* (Sitzungsbericht.) (Physic. Rev. [2] **98.** 560. 15/4. 1955. Bell Telephone Labors.) H. LIEPACK. 131

I. A. MacLennan und **A. D. MacDonald,** *Einfluß der Änderung der mittleren freien Weglänge auf die Hochfrequenzzündung.* (Sitzungsbericht.) (Physic. Rev. [2] **98.** 559—60. 15/4. 1955. Dalhousie Univ.) H. LIEPACK. 131

W. S. Boyle und **P. Kisliuk,** *Abweichungen vom Paschen-Gesetz der Zündung in Gasen.* Die Abweichungen bei hohem Druck u. extrem kleinen Elektrodenabständen werden durch einen einzigen Zündmechanismus erklärt. Danach ist die Zündfeldstärke in beiden Fällen ausreichend, um Feldemissionsströme aus der Kathode auszulösen, die eine relativ kleine Zahl von Ionen erzeugen. Die Raumladung dieser Ionen läßt den Feldemissionsstrom anwachsen, selbst bei einem Verhältnis von Ionen- zu Elektronenstrom <1%. Durch Erhöhung der ion. Raumladung wird die Zündung herbeigeführt. Ein für die Elektronenausbeute pro positives Ion in Abhängigkeit vom angelegten Feld abgeleiteter Ausdruck ist in quantitativer Übereinstimmung mit γ-Werten für Zündung bei hohem Druck. Derselbe Prozeß erklärt die Zündung bei sehr kleinen Abständen unterhalb des minimalen Funkenpotentials. (Physic. Rev. [2] **97.** 255—59. 15/1. 1955. Murray Hill, N. J., Bell Telephone Labors, Inc.) H. LIEPACK. 131

L. G. Gussewa und **B. N. Kljarfeld,** *Zündspannung der Entladung in Quecksilberdämpfen.* Es werden Kurven für die Entstehung der Entladung in Hg bis zu Spannungen von 160 kV im Intervall p_0d von 0,1—0,036 mm Hg·cm empir. ermittelt. Die Ergebnisse für Kathoden aus *Ni, Fe* u. *Graphit* zeigen keine wesentliche Abhängigkeit vom Kathodenmaterial, was in Übereinstimmung mit der Annahme über das Bestehen mol. Schichten von Hg-Atomen an der Elektrodenoberfläche steht. Die Unters. elementarer Prozesse bei sehr niedrigen Drucken zeigt, daß befriedigende Übereinstimmung zwischen dem Bestand dieser Prozesse u. dem Verlauf des linken Astes der Entladungskurve besteht. Im Bereich 300—8000 V hat die Entladungskurve einen Wendepunkt, vergleichbar dem von PENNING für He gefundenen. (Журнал Технической Физики [J. techn. Physik] **24.** 1169—78. Juli 1954.) A. KUNZE. 131

Seymour Goldberg, *Untersuchungen der Erscheinung der Anodenvorzündung in Thyratrons.* (Sitzungsbericht.) (Physic. Rev. [2] **98.** 558. 15/4. 1955. Edgerton, Germeshausen and Grier, Inc.) H. LIEPACK. 131

Max Hoyaux, Robert Lemaitre und **Paul Gans,** *Theorie und Sondenmessungen in einer magnetischen Ionenquelle.* Die reine elektron. Entladung u. die bipolare Entladung mit nahezu gleichen Elektronen- u. Ionendichten werden untersucht. Das Magnetfeld ist konstant u. parallel zu der zylindr. Anode. Für die bipolare Entladung in Hg-Dampf ist die Raumladungsdichte entlang der Quelle nahezu konstant. Die Plasmadichte in Abhängigkeit vom Radius ist angenähert eine GAUSS-Verteilung. Die radiale Verteilung des Raumpotentials ist angenähert parabolisch. Für die Ionentemp. werden Werte von 720000° K gefunden. (J. appl. Physics **26.** 110—12. Jan. 1955. Charleroi, Belgien, Nucleonics Res. Labors.) H. LIEPACK. 131

D. W. Sida, *Elektronenablösung von negativen Wasserstoffionen durch Beschuß mit neutralen Atomen.* Der nach der BORNschen Näherung berechnete Querschnitt für die Ablösung eines Elektrons von H^- beim Zusammenstoß mit *He*-Atomen als Funktion der Ionenenergie stimmt im Bereich von 100—20000 eV innerhalb eines Faktors ca. 2 mit Beobachtungen überein. (Proc. physic. Soc., Sect. A **68.** 240—43. 1/3. 1955. London, Univ. Coll., Phys. Dep.) H. LIEPACK. 131

H. L. Reynolds, L. D. Wyly und **A. Zucker,** *Ladungsverteilung energiereicher Stickstoffionen im Gleichgewichtszustand.* (Sitzungsbericht.) (Physic. Rev. [2] **98.** 242—43. 1/4. 1955. Oak Ridge Nat. Labor.) R. LEVI. 131

S. C. Lind, *Ionisation und Anregung durch α-Teilchen in Gasmischungen.* Kurze Ergänzung zu der C. **1955.** 5472 referierten Arbeit. (Vgl. hierzu auch JESSE u. SADAUSKIS, C. **1954.** 8512, u. BORTNER u. HURST, C. **1955.** 1203 u. 2824.) (J. physic. Chem. **58.** 800. Sept. 1954. Oak Ridge, Tenn., Oak Ridge Nat. Labor.) I. KARUTZ. 131

Richard F. Porter, Paul Schissel und **Mark G. Inghram,** *Eine massenspektrometrische Untersuchung der Gasphase im System Si–SiO$_2$.* (Sitzungsbericht.) (Physic. Rev. [2] **98.** 242. 1/4. 1955. Chicago, Ill., Univ. u. Argonne Nat. Labor.) R. LEVI. 131

Richard E. Honig, *Sublimationsuntersuchungen an Silicium im Massenspektrometer.* (Vgl. C. **1954.** 711 u. **1955.** 526.) In der Reihe der Verdampfungsunterss. an Elementen der 4. Gruppe mit dem Massenspektrometer wurden Si-Proben im Massenspektrometer sublimiert. Das aufgenommene Massenspektr. zeigt Mol.-Aggregate bis hinauf zu Si_7; Si_8 ist, wenn vorhanden, schwächer als 5% von Si_7. Aus der Temperaturabhängigkeit der Intensitäten wurden folgende Sublimationswärmen für die 4 Anfangsglieder errechnet (kcal/Mol): Si_1 105±12, Si_2 135±12, Si_3 139 u. Si_4 146. Aus den Werten für Si_1 u. Si_2 wird für die Dissoziationsenergie des Si_2-Mol. der Wert 75 kcal/Mol erhalten. Unterschiede zu Werten der Literatur werden diskutiert. (J. chem. Physics **22.** 1610—11. Sept. 1954. Princeton, N. J., RCA Labors.) R. CONRAD. 131

Takehiko Oguchi, *Statistische Theorie des Rotationsphasenübergangs.* 2. Mitt. (1. vgl. J. physic. Soc. Japan **7.** [1952.] 145.) Ausführliche Theorie der Rotationsphasenübergänge in Kristallen aus Dipolmoll., in denen die Moll. Dipol–Dipol-Wechselwirkungen untereinander unterliegen. (J. physic. Soc. Japan **8.** 142—48. März/April 1953. Oh-okayama, Tokyo, Tokyo Inst. of Technol. [Orig.: engl.]) R. STEIN. 132

M. E. Fine und **N. T. Kenney,** *Akustische Relaxation in Ni–Fe-Ferriten bei tiefer Temperatur.* Messungen des YOUNGschen Moduls, des Torsionsmoduls u. der inneren Reibung longitudinaler u. Torsionsschwingungen mit Hilfe einer piezoelektr. Resonanzmeth. an einem zylindr. Kristall von $Ni_{0,75}Fe_{2,25}O_4$ (Durchmesser 5 mm u. Länge 38,3 mm) im Temperaturintervall von 2° K bis zur Zimmertemp. zeigen einen akust. Relaxationseffekt bei ca. 40° K. Er wird zurückgeführt auf Änderung der Verteilung von Fe^{2+} u.

Fe^{3+} u. bewirkt eine Elektronendiffusion. Die Aktivierungsenergie liegt zwischen 0,026 u. 0,055 eV pro Elektronensprung. (Physic. Rev. [2] **96.** 1487—88. 15/12. 1954. Murray Hill, N. J., Bell Telephone Labors.) H. JACOB. 133

Lloyd O. Herwig, *Photoelektrische Regelkreise für die Ionenquelle eines elektrostatischen Hochspannungsgenerators vom Drucktyp.* Um an der auf der Hochspannungsseite eines Bandgenerators liegenden Ionenquelle Heizstrom, Elektrodenpotentiale u. Gasdruck regeln zu können, werden die Regelbefehle durch einen Lichtstrahl übermittelt, dessen Intensität in einer Reihe von festen Frequenzwerten (100—500 Hz), deren jeder einem bestimmten Regelbefehl entspricht, moduliert werden kann. Der Lichtstrahl wird auf der Hochspannungsseite von einer Photozelle aufgenommen, seine Modulationsfrequenz wird mit Zungenfrequenzmessern festgestellt, deren Zungen bei Anwachsen ihrer Vibrationsamplituden einen Kontakt schließen, der das dem zugehörigen Regelbefehl entsprechende Relais betätigt. (Rev. sci. Instruments **22.** 668—72. Sept. 1951. Iowa City, Io., Univ. of Iowa.) F. LENZ. 134

C. J. Delbecq, P. Pringsheim und **P. H. Yuster,** *Optische und elektrische Eigenschaften von röntgenbestrahltem Lithiumfluorid bei der Temperatur des flüssigen Stickstoffs.* (Sitzungsbericht.) (Physic. Rev. [2] **98.** 237. 1/4. 1955. Argonne Nat. Labor.) R. LEVI. 134

Albert S. Eisenstein, *Durch Röntgenstrahlen induzierte lichtstimulierte Leitfähigkeit im Magnesiumoxyd.* (Vgl. C. **1955.** 5241.) MgO-Einkristalle geben bei der Bestrahlung mit Röntgenstrahlen ein Vielfachbandenspektrum. Die 3,6 eV-Bande zeigt eine langsam abklingende Phosphorescenz, verbunden mit einer induzierten Photoleitfähigkeit. Die Lichtstimulierung (vgl. FURST u. KALLMANN, C. **1952.** 2466) der zuvor röntgenbestrahlten Kristalle bewirkt während der Anregung eine starke, zeitlich abklingende Photoleitung. Die Erscheinungen werden auf einzelne blockierte Leerstellen zurückgeführt (vgl. hierzu DAY, C. **1955.** 7613). (Physic. Rev. [2] **93.** 1017—18. 1/3. 1954. Columbia, Mo., Univ., Dep. of Phys.) O. FUCHS. 134

C. G. B. Garrett und **W. H. Brattain,** *Physikalische Theorie der Halbleiteroberflächen.* Vff. erörtern ausführlich die theoret. Interpretationsmöglichkeiten experimenteller Unterss. über die elektr. Eigg. von Halbleiteroberflächen. Im Gegensatz zu der präzisen Theorie des Raumladungsgebiets bestehen nach Ansicht der Vff. noch beträchtliche Unklarheiten hinsichtlich der genauen Struktur der Oberflächenzustände unter gegebenen chem. Bedingungen, die durch Messungen des Oberflächenphotoeffekts allein nicht befriedigend aufgeklärt werden können. Die den meisten Erfolg versprechende Untersuchungsmeth. sehen Vff. in einer Kombination der Feldeffektunters. nach SHOCKLEY u. PEARSON (C. **1949.** I. 1335) mit einer definierten Veränderung der chem. Bedingungen. (Physic. Rev. [2] **99.** 376—87. 15/7. 1955. Murray Hill, N. J., Bell Telephone Labors.) R. STEIN. 135

Esther M. Conwell, *Elektrische Eigenschaften von Germanium vom p-Typ.* (Vgl. C. **1955.** 19.) (Sitzungsbericht.) Vgl. der von DEBYE (C. **1955.** 519) für die Leitfähigkeit u. den HALL-Koeff. von Ge-Proben erhaltenen Ergebnisse mit den Aussagen der Theorie (vgl. auch DEBYE u. CONWELL, C. **1955.** 10195). Während für das Verhältnis der HALL- zur Driftbeweglichkeit von sehr reinem Ge der Wert $0{,}1\sqrt{T}$ gefunden wurde, ist nach der Theorie der konstante Wert $3\pi/8$ zu erwarten. Durch den Zusatz von Fremdstoffen zum Ge wird die Beweglichkeit mit steigender Temp. weniger erhöht als nach der Theorie. (Physic. Rev. [2] **94.** 1416. 1/6. 1954. Sylvania Electric Prod., Inc.) O. FUCHS. 135

Earl L. Steele. *Ladungsspeicherung in Kontaktdioden.* Vf. untersucht den Zusammenhang zwischen den physikal. Eigg. einer *Ge*-Diode u. dem beim plötzlichen Übergang vom leitenden in den nichtleitenden Zustand auftretenden Spitzenstrom. Für kleine Kontaktkörper ist das Abklingen des Stromes exponentiell u. bedeutend kürzer, als die Lebensdauer der Löcher andeutet. Für größere Kontaktkörper ist die Abklingzeit bedeutend länger, jedoch noch kürzer als die Lebensdauer der Löcher. (J. appl. Physics **25.** 916—18. Juli 1954. Syracuse, N. Y., Gen. Electric Comp., Electronics Labor.) H. LIEPACK. 135

H. Fritzsche und **K. Lark-Horovitz,** *Elektrische Eigenschaften von Indiumantimonid vom p-Typ bei tiefen Temperaturen.* Vff. bauen auf Unterss. von HUNG (vgl. C. **1951.** I. 2123 u. **1955.** 8790) auf, der fand, daß manche Halbleiter sich bei tiefen Tempp. anomal verhalten, u. in diesem Falle Leitung in einem Verunreinigungsband annahm. Beim InSb wurden der elektr. Widerstand, der HALL-Koeff. u. das magnet. Widerstandsverhältnis im senkrechten Feld an p-Typ-Einkristallen im Gebiet zwischen 370 u. 1,5° K gemessen. Der HALL-Koeff. erreicht bei Tempp. zwischen 50 u. 10° K ein ausgeprägtes Maximum, u. zwar bei um so tieferer Temp., je niedriger die Konz. an

Verunreinigungen ist. Wenn man den log des elektr. Widerstandes gegen 1/T aufträgt, so zeigen die Kurven bei den gleichen Tempp., bei denen die Maxima des HALL-Koeff. liegen, deutliche Knicke. Während insoweit Analogie zu den HUNGschen Befunden am *Ge* besteht, verhält sich das magnet. Widerstandsverhältnis anders. Im Gegensatz zum Ge verschwindet es beim InSb nicht bei tiefen Tempp., sondern wechselt das Vorzeichen, u. zwar bei einer Temp., die etwas tiefer liegt als die, bei der der HALL-Koeff. sein Maximum zeigt. Während das Verh. des HALL-Koeff. u. des Widerstandes, bes. der Einfl. der Verunreinigungskonz., für eine Leitung im Verunreinigungsband sprechen, läßt sich das Auftreten eines negativen magnet. Widerstandsverhältnisses in diesem Bilde nicht erklären. (Physic. Rev. [2] **99.** 400—05. 15/7. 1955. Lafayette, Ind., Purdue Univ., Dep. of Phys.) H. W. LEVI. 135

J. M. Mays, R. G. Shulman und **D. W. McCall,** *Kernmagnetische Resonanz in Halbleitern: GaSb und InSb.* (Sitzungsbericht.) (Physic. Rev. [2] **98.** 1182. 15/5. 1955. Bell Telephone Labors.) GERHARD SCHMIDT. 135

R. G. Shulman, J. M. Mays und **D. W. McCall,** *Kernmagnetische Resonanz in Halbleitern: Austauschverbreiterung und Linienverlauf.* (Vgl. vorst. Ref.) (Sitzungsbericht.) (Physic. Rev. [2] 98. 1182. 15/5. 1955.) GERHARD SCHMIDT. 135

E. Keonjian und **J. J. Suran,** *Erzeugung mehrfacher Wellenformen durch Transistoren.* Durch Änderung eines Widerstandes in einem Oscillatorkreis mit 3 pnp-Kontakttransistoren können sinusförmige, rechteckige oder sägezähnartige Wellen erzeugt werden. Eine als nichtlineares Element arbeitende Stufe bewirkt je nach Lage des Arbeitspunktes Umkehr oder Nichtumkehr der Phase. (Electronics **28.** Nr. 7. 138—39. Juli 1955. Syracuse, N. Y., Gen. Electric Comp., Electronics Labor.) H. LIEPACK. 135

D. K. C. MacDonald und **W. B. Pearson,** *Anomale Elektronenstreuung in Metallen.* Es werden eine Gleichung abgeleitet u. deren Folgerungen an Meßergebnissen für Cu-Legierungen geprüft. Die lineare Abhängigkeit der thermoelektr. Kraft wird auf Anwendung der BOLTZMANN-Gleichung für die Beschreibung eines Elektronentransports unter dem Einfl. eines Temperaturgradienten zurückgeführt. Die Annahme einer Elektronenverteilung bei einer einzelnen Temp. wird als nicht vereinbar mit der angenommen, daß keine Stöße zwischen Elektronen stattfinden sollen. (Philos. Mag. [7] **45.** 491—96. Mai 1954. Ottawa, Can., Nat. Res. Counc., Phys. Div.) H. LIEPACK. 136

Warren E. Henry, *Antiferromagnetismus von Ytterbiumsesquioxyd bei Temperaturen von flüssigem Helium.* (Sitzungsbericht.) (Physic. Rev. [2] **98.** 226. 1/4. 1955. U. S. Naval Res. Labor.) R. STEIN. 137

L. F. Bates, *Die Elementarbereichstruktur ferromagnetischer Metalle.* Es wird der Begriff des Elementarbereiches ferromagnet. Werkstoffe, bes. von Co sowie von Fe u. Fe–Si-Legierungen, u. dessen Bedeutung für die neuzeitlichen Erkenntnisse der Magnetisierungsprozesse erörtert. Bei Verwendung dieser Vorstellung ist es möglich, die Wandverschiebungen der Elementarbereiche unter dem Einfl. magnet. Felder zu verfolgen u. so die Einflüsse von Verunreinigungen u. Einschlüssen auf die magnet. Hysteresiserscheinung zu untersuchen. (J. Inst. Metals **82.** 417—25. Mai 1954. Nottingham, Univ.) H. HOCHSTEIN. 137

E. A. Nesbitt, H. J. Williams und **R. M. Bozorth,** *Faktoren, die die Dauermagneteigenschaften von Fe_2NiAl-Einkristallen bestimmen.* Ausführliche Darst. des C. **1955.** 6689 referierten Sitzungsberichts. (J. appl. Physics **25.** 1014—20. Aug. 1954. Murray Hill, N. J., Bell Telephone Labors.) J. v. HARLEM. 137

C. A. Reilly, H. M. McConnell und **R. G. Meisenheimer,** *Kernmagnetische Resonanzspektren ringförmiger Proben.* (Sitzungsbericht.) (Physic. Rev. [2] **98.** 264—65. 1/4. 1955. Shell Developm. Comp.) R. STEIN. 137

S. Broersma, *Kernmagnetische Relaxation nicht gleichförmiger Systeme.* (Sitzungsbericht.) (Physic. Rev. [2] **98.** 1182. 15/5. 1955. Northwestern Univ.) GERHARD SCHMIDT. 137

Alfred G. Redfield, *Kernresonanzsättigung in Festkörpern.* (Sitzungsbericht.) (Physic. Rev. [2] **98.** 1182. 15/5. 1955. Harvard Univ.) GERHARD SCHMIDT. 137

C. M. Herzfeld, *Theorie eines starken Kristallfeldes der magnetischen Resonanz für d^3-Konfigurationen.* (Sitzungsbericht.) (Physic. Rev. [2] **98.** 226. 1/4. 1955. U. S. Naval Res. Labor.) R. STEIN. 137

P. N. Argyres und **A. H. Kahn,** *Berechnung des g-Faktors von metallischem Lithium.* (Sitzungsbericht.) (Physic. Rev. [2] **98.** 226. 1/4. 1955. Berkeley, Calif., Univ. of California.) R. STEIN. 137

J. G. Castle jr., *Paramagnetische Resonanzabsorption in einer weichen Kohle.* Frühere Messungen des Vf. (vgl. C. **1954.** 9459 u. **1955.** 7382) haben ergeben, daß die Charakteristiken der elektron. Spin–Resonanz-Absorption einer Pulverprobe aus weicher

Kohle abhängig von der Wärmebehandlung der Probe sind. Die beobachtete Änderung läßt das Vorhandensein einer physikal. Korrelation zwischen der Breite der Spin-Resonanz-Absorption u. dem HALL-Koeff. vermuten. Die Breite der Resonanzlinie zeigt nämlich bei einer Behandlungstemp. der Kohle von 1700 u. 2400° eine starke Zunahme, bei den gleichen Tempp. geht der HALL-Koeff. durch Null. (Physic. Rev. [2] **95.** **846**—47. 1/8. 1954. Buffalo, N. Y., Univ. of Buffalo, Dep. of Phys.) J. V. HARLEM. 137

Herbert S. Harned, Herman W. Parker und **Milton Blander,** *Die Diffusionskoeffizienten von Lithium- und Kaliumperchlorat in verdünnten wässerigen Lösungen bei 25°.* (Vgl. C. **1955.** **9740.**) Vff. bestimmten im Konzentrationsbereich von 0,001—0,01 mol. mit Hilfe der konduktometr. Meth. die Diffusionskoeffizienten von $LiClO_4$ u. $KClO_4$ bei 25°. Die Diskussion der Messungen ergibt Gleichheit der Aktivitätskoeffizienten von $LiClO_4$ u. $KClO_4$ bei niedrigen Konzentrationen. Die Werte sind jedoch höher als die aus Gefrierpunktsmessungen erhaltenen. (J. Amer. chem. Soc. **77.** 2071—73. 20/4. 1955. New Haven, Conn., Yale Univ., Dep. of Chem.) H.-U. WOELK. 139

Georges Petit, *Theoretische Deutung der kryoskopischen Kurven von Lösungen starker Elektrolyte. Versuch einer Verallgemeinerung.* Vf. betrachtet den Verlauf der kryoskop. Kurven von geschmolzenen Lsgg. starker Elektrolyte an Hand der ARRHENIUS- u. DEBYE-HÜCKELschen Theorie, sowie des RAOULTschen Gesetzes u. zeigt, daß nicht nur die horizontalen, sondern auch die abschnittsweise prakt. horizontal verlaufenden Kurven gedeutet werden können. Des weiteren werden Verallgemeinerungen, die den osmot. Effekt mit der Energie u. dem Bindungstyp des Lösungsm. u. der gelösten Moll. in Verbindung bringen, gegeben. Der Unterschied zwischen den wirklichen u. den unter Anwendung des Additivitätsprinzips berechneten Eigg. irgendeines Gemisches erweist sich als eine Funktion der den Komponenten nicht gemeinsamen Wechselwirkungen. (J. Physique Radium **14.** 548—49. Okt. 1953. Sorbonne, Labor. de Phys.-Enseignement.) H. SURAWSKI. 139

Y. Doucet, *Über die Deutung kryometrischer Kurven.* Vf. gibt einige ergänzende Bemerkungen zu der kürzlich von PETIT (vgl. vorst. Ref.) veröffentlichten Theorie der Deutung kryometr. Kurven starker Elektrolytlsgg. (vgl. hierzu C. **1954.** 6433). (J. Physique Radium **14.** 733—34. Dez. 1953. Dijon, Fac. des Sci.) W. NIEMITZ. 139

Lyman J. Briggs, *Relative Durchmesser von Sauerstoff- und Wasserstoffmolekülen unter Anwendung negativer Drucke als Indicator.* (Vgl. C. **1954.** 10184.) Mit der l. c. beschriebenen Meßmeth. werden die relative Anzahl O_2/H_2-Moll. auf einer kugelförmigen Platinelektrode, ihre relativen Wirkungsquerschnitte u. ihre relativen Durchmesser bestimmt, u. die Durchmesser mit auf andere Weise erhaltenen Meßergebnissen verglichen. (J. chem. Physics **23.** 261—62. Febr. 1955.) P. WOLF. 141

I. M. Issa, I. A. Ammar und **H. Khalifa,** *Das Verhalten von Chrom bei kathodischer und anodischer Polarisation.* Vff. beobachten die kathod. u. anod. Polarisation an Chromelektroden bei p_H 2,02—11,80 unter Verwendung von Stromdichten von $7{,}5 \cdot 10^{-6}$ bis $7{,}5 \cdot 10^{-4}$ A/cm² im Falle einer kathod. u. $7{,}5 \cdot 10^{-5}$ bis $1{,}5 \cdot 10^{-3}$ A/cm² im Falle einer anod. Polarisation. Die nach den erhaltenen Ergebnissen graph. dargestellten TAFELschen Gleichungen haben bei den verschied. p_H-Werten für die Überspannungen von H_2 u. O_2 Anstiege (b) von 0,17—0,15 u. 0,127—0,185 mit Ausnahme bei p_H 2,02, wo der Anstieg 0,088 bzw. 0,080 beträgt. Messungen zur TAFELschen Gleichung in Ggw. von Phosphat, Borat u. Phthalat ergeben einen steileren Anstieg als in Abwesenheit dieser Ionen. Berechnungen der Elektronenzahl λ ergaben einen Wert von 1, was auf einen langsamen Entladungsmechanismus sowohl von H_2 als auch von O_2 hindeutet. (J. physic. Chem. **59.** 492—95. Juni 1955. Cairo, Univ., Chem. Dep.) GISELA MAIER. 142

Makoto Suzuki und **Mitsugi Senda,** *Grundlegende Untersuchungen über Ableitungspolarographie.* 1. Mitt. *Differentielle Kurve während einer Tropfensdauer, wie sie mit der Leveque-Roth-Schaltung erhalten wird.* Der momentane differentielle Strom i_0 während der Lebensdauer eines Tropfens bei konstant angelegter EMK. wird durch folgende Gleichung dargestellt: $i_0 = K\{t^{1/6} - (1/RC_s)\, e^{-t/RC_s}(6\, t^{7/6} f(t) + q_0/K)\}$, worin $R = R_{||} + R_s + R_q$, K eine Konstante, q_0 die Ladung in C_s in dem Augenblick, wo der Tropfen im Begriff ist zu fallen u. $f(t) = 1/7 + 1/13 \cdot t/RC_s + 1/19 \cdot 1/2!\, (t/RC_s)^2 + \cdots$. Diese theoret. Ableitung erwies sich in guter Übereinstimmung mit den Versuchen. Es wurde festgestellt, daß der mittlere differentielle Strom während einer Tropfensdauer Null ist, so daß der differentielle Strom einer Tropfensdauer ohne Einfl. auf die Form der differentiellen Kurve ist. (J. electrochem. Soc. Japan **21.** 164—66. April 1953. Kyoto Univ. [Orig.: japan., Auszug: engl.]) L. SCHULER. 142

Wolfgang K. H. Panofsky and **Melba Phillips,** Classical electricity and magnetism. Cambridge, Mass.: Addison-Wesley. 1955. (411 S., Diagr.) $ 8,50.

A_4. Thermodynamik. Thermochemie.

C. W. Harris und **E. Guth,** *Rolle der Koordinationszahl im Lee-Yang-Gittergas.* (Sitzungsbericht.) (Physic. Rev. [2] **98.** 272. 1/4. 1955. Univ. of Notre Dame.) GERHARD SCHMIDT. 149

Luigi Z. Pollara und **Franz Z. Pollara,** *Die ideale Gasgleichung.* Das ideale Gas ist durch 2 Bedingungen definiert: a) es folgt dem BOYLEschen Gesetz $Pv = C(T)$ u. b) die innere Energie U ist ausschließlich eine Funktion der Temperatur. Nach einer Darlegung der Ableitung der idealen Gasgleichung von POINCARÉ, der vom Entropiebegriff ausgeht, leiten die Vff. aus der Energiegleichung $(\partial U/\partial v)_T = T(\partial P/\partial T)_v - P = 0$ (Gleichung 1) das ideale Gasgesetz ab. In Gleichung 1 das BOYLEsche Gesetz substituiert, ergibt $(T/v)[dC(T)/dT] - [C(T)/v] = 0$, worin $dC(T)/dT$ ein totales Differential ist. Daraus folgt $dC(T)/C(T) = dT/T$. Die Lsg. dieser Gleichung ergibt $C(T) = RT$, so daß sich ergibt $Pv = RT$. (Amer. J. Physics **21.** 387. Mai 1953. Londonville, N. Y., Siena Soll.) R. CRAMER. 149

T. Batuecas und **C. Gutiérrez Losa,** *Kompressibilität und Abweichung vom Boyleschen Gesetz bei 0° und zwischen 1 und 0 at von CO_2-Gas.* 2. Mitt. (1. vgl. C. **1954.** 8751.) An durch Zers. von $NaHCO_3$ oder $ZnCO_3$ dargestelltem u. gereinigtem CO_2 wird bei 0° die Kompressibilität zwischen 1 u. 0,25 at gemessen. Als Mittel aus 8 Verss. ergibt sich für die Abweichung vom BOYLEschen Gesetz $A_0{}^1 = 0{,}0068_3 \pm 0{,}00004$. Wenn wegen der Verwendung des CO_2 aus 2 verschied. Ausgangsstoffen den vorliegenden Unterss. doppeltes Gewicht beigemessen wird, folgt aus den bisherigen Unterss. der wahrscheinlichste Wert $A_0^1 = 0{,}0067_8 \pm 0{,}00005$. Der Verlauf der Kurven pv — p ist nach den vorliegenden Meßergebnissen deutlich linear. (An. Real Soc. españ. Física Quím., Ser. B **50.** 845—50. Nov. 1954. Santiago de Compostela, Univ., Inst. A. de G. Rocasolano, Labor. de Quím.-Fís.) R. K. MÜLLER. 149

T. Batuecas und **F. L. Casado,** *Experimentelle Untersuchungen über Gase.* 4. Mitt. *Abweichungen vom Boyleschen Gesetz und Litermassen bei 0° und zwischen 1 und 1/3 at des Gases $(CH_3)_2O$: Atommasse des Kohlenstoffs.* (3. vgl. C. **1955.** 10446.) An $(CH_3)_2O$ (aus Stahlflaschen, aus Methylalkohol + konz. H_2SO_4 u. aus über Al_2O_3 entwässertem Methylalkohol) werden Messungen der Kompressibilität bei 0° zwischen 1 u. 0,25 at durchgeführt, die für die Abweichung vom BOYLEschen Gesetz im Mittel $A_0^1 = 0{,}0251_0 \pm 0{,}0000_3$ ergeben. Für die Litermasse werden folgende Werte bestimmt: $L_{761,55} = 2{,}1080_2 \pm 0{,}00005$ (g/Liter); $L_{507,67} = 2{,}0897_6 \pm 0{,}00004$; $L_{377,76} = 2{,}0817_9 \pm 0{,}00003$; $L_{253,81} = 2{,}0729_9 \pm 0{,}00004$; Grenzwert der D.: $L_0 = 2{,}0553 \pm 0{,}003$. Daraus errechnet sich für die Mol.-Masse des $(CH_3)_2O$: $M = 46{,}071 \pm 0{,}003_4$; für die Atommasse des C: $12{,}011_5 \pm 0{,}001_7$ in Übereinstimmung mit dem internationalen Wert 12,010. (An. Real Soc. españ. Física Quím., Ser. B **48.** 535—47. Juli/Aug. 1952.) R. K. MÜLLER. 149

P. G. Francis und **M. L. McGlashan,** *Zweite Virialkoeffizienten von Dampfmischungen.* (Vgl. C. **1955.** 1236.) Vff. bestimmten die zweiten Virialkoeffizienten von reinem *Tetrachlorkohlenstoff* u. *Chlf.* sowie von den Gemischen CCl_4–$CHCl_3$ u. *Bzl.*–$CHCl_3$. Für die Meßergebnisse an den reinen Substanzen ergab sich teilweise gute Übereinstimmung mit früheren Autoren u. ebenso angenäherte Übereinstimmung mit dem Prinzip der korrespondierenden Zustände. Die Meßergebnisse für die beiden Mischungen wurden sowohl nach der Meth. von LEWIS u. RANDALL als auch nach GUGGENHEIM u. MCGLASHAN analysiert. Dabei ergab sich für die untersuchten Gemische kein wesentlicher Unterschied zwischen beiden Methoden — beide ergeben befriedigende Darstellungen der Meßergebnisse. (Trans. Faraday Soc. **51.** 593—99. Mai 1955. Reading, Univ., Dep. of Chem.) I. KARUTZ. 149

E. L. Andronikaschwili und **I. P. Kawerkin,** *Rotation von Helium II bei großen Geschwindigkeiten.* Bei gleichmäßiger Rotation des superfluiden He II sollte die Tiefe des Meniskus der Formel $h = \varrho_n r^2 \omega^2/\varrho\ 2g$, r = Radius, ω = Winkelgeschwindigkeit, ϱ_n = D. der n. Komponente, gehorchen. Verss., die in einem Gefäß aus organ. Glas mit einem Durchmesser von 27 mm u. einer Höhe von 70 mm bei $\omega = 0.5$—5 U/Sek. entsprechend 4—40 cm/Sek. durchgeführt wurden, ergaben jedoch keine Abhängigkeit der Tiefe h von der Temp. u. ein Verh., das sich nicht von dem n. Fll. unterschied. Nur bildete sich im Zentrum des Meniskus eine kon. Vertiefung. In der Achse des Gefäßes wurde nun eine Capillare von 148 mm Länge u. 1,2 mm Durchmesser angebracht. Bei der Rotation fiel das Niveau des ^{3}He in der Capillare auf diejenige Höhe, die der Lage des zentralen Teils des Meniskus unter dem Einfl. der Drehung entsprach. Dieser thermomechan. Effekt war abhängig von der Temp., aber bis zu $\omega = 16$ U/Sek. entsprechend 136 cm/Sek. nicht von der Winkelgeschwindigkeit. Bei diesen Geschwindigkeiten verschwindet also die Superfluidität nicht. (Журнал Эксперименталной и Теоретической

Физики [J. exp. theoret. Physik] **28.** 126—27. Jan. 1955. Inst. für physikal. Probleme der Akad. der Wiss. der UdSSR, Physikal. Inst. der Akad. der Wiss. der GrusinSSR.)
M. WIEDEMANN. 149

J. C. King und **Henry A. Fairbank,** *Verschiebung des λ-Punkts in ^3He–^4He-Mischungen.* (Vgl. C. **1954.** 8751.) (Sitzungsbericht.) Aus der Geschwindigkeit des 2. Schalls in He II, die nahe am λ-Punkt als Funktion der Temp. u. der ^{3}He-Konz. c_3 gemessen wurde, berechneten Vff. die Abhängigkeit des λ-Punkts von c_3; T_x nimmt bei $c_3 < 0{,}04$ bei steigendem c_3 um 1,5° pro Molenbruch linear ab. Dieses Ergebnis stimmt am besten mit der Theorie von DE BOER u. GORTER (C. **1955.** **11513**) überein. (Physic. Rev. [2] **91.** 489. 15/7. 1953. Yale Univ.)
G. KIRSCHSTEIN. 149

K. N. Sinowjewa, *Oberflächenspannung von flüssigem ^3He im Temperaturgebiet zwischen 0,93—3,34° K.* Mittels Capillaren von 0,360, 0,224 u. 0,188 mm Durchmesser u. 2 cm Länge wurde bei Tempp. von 1—3,34° K die Oberflächenspannung von reinem ^{3}He gemessen. Die Temp. wurde mittels eines Widerstandsthermometers bestimmt. Die Genauigkeit der Messungen lag bei ±5%. Die Oberflächenspannung beträgt bei 1° K 0,14 dyn/cm, der Abfall mit steigender Temp. entspricht dem von ^{4}He, doch ist die Kurve entsprechend dem Unterschied in den krit. Tempp. (5,2—3,34° K) nach links verschoben, u. die Neigung ist geringer. Der Wert von ^{3}He bei 1° K ist um den Faktor 2,5 geringer als bei ^{4}He. (Журнал Экспериментальной и Теоретической Физики [J. exp. theoret. Physik] **28.** 125. Jan. 1955. Inst. für physikal. Probleme der Akad. der Wiss. der UdSSR.)
M. WIEDEMANN. 149

G. R. Hercus und **J. Wilks,** *Die spezifische Wärme von flüssigem Helium II als Funktion des Drucks.* Zwischen 1,2 u. 2,05° K wurde die spezif. Wärme von fl. He unter gesätt. Dampfdruck um 10% höher gefunden als von KRAMERS u. Mitarbeitern (vgl. C. **1956.** **641**). In einer Tabelle werden C_v-Werte für die Dichten 0,1465, 0,1525, 0,1630, 0,1675 u. 0,1715 g/cm³ im angegebenen Temperaturbereich zusammengestellt; eine weitere Tabelle enthält Entropiewerte für die gleichen Bereiche. (Philos. Mag. [7] **45.** 1163—72. Nov. 1954. Oxford, Clarendon Labor.)
G. KIRSCHSTEIN. 149

Ugo Sellerio, *Carnotscher Kreisprozeß und Kältekreisprozesse mit Kompression von gesättigtem Dampf.* Der umgekehrte CARNOTsche Kreisprozeß wird mit Kältekreisprozessen mit gesätt. Dampf verglichen, bei denen der adiabat. bzw. irreversiblen Ausdehnung eine Unterkühlung vorausgeht. Die Änderung der Entropie der Fl. in Abhängigkeit von der Temp. wird für NH_3, CO_2, Chlf., SO_2 u. CF_2Cl_2 im Diagramm dargestellt. Unterhalb einer bestimmten Unterkühlungstemp. („Neutraltemp.") sind prakt. Kreisprozesse möglich, die einen höheren Wirkungskoeff. aufweisen als der umgekehrte CARNOTsche Kreisprozeß. (Rend. Ist. super. Sanità **17.** 366—73. 1954. Roma, Ist. super. Sanità, Labor. d'ingegneria.)
R. K. MÜLLER. 150

A. B. Callear und **James C. Robb,** *Eine experimentelle Methode zur Bestimmung der thermischen Leitfähigkeit von Gasen.* Vff. beschreiben eine neue experimentelle Meth., die es gestattet, die therm. Leitfähigkeiten von Gasen bis zu niedrigen Drucken zu messen, ohne daß sich die Temperaturdiskontinuität an der Grenzfläche Gas/Heizdraht störend bemerkbar macht. Es wird gezeigt, daß die therm. Leitfähigkeiten von *Luft, Ar,* H_2, CO_2 u. *Wasserdampf* bis zu den niedrigsten Drucken von ca. 1—5 mm Hg konstant bleiben, während sie für die komplexeren Moll. SO_2, NH_3 u. C_2H_4 anomales Verh. zeigen. (Trans. Faraday Soc. **51.** 630—38. Mai 1955. Edgbaston, Birmingham, Univ., Dep. of Chem.)
I. KARUTZ. 150

W. A. Weyl, *Atomistische Deutung des Schmelzens einfacher Verbindungen.* Vf. entwickelt eine Vorstellung, die der Tatsache Rechnung trägt, daß unter n. Bedingungen die meisten Elemente fest sind, mit Ausnahme der Edelgase, die einzelne Atome bilden können. Diese Vorstellung, das Bestreben, die positiven Kerne mit Elektronen oder Anionen abzuschirmen, wird zur Erklärung des weiten Bereichs der Schmelztempp. der einfachen Verbb., Oxyde u. Fluoride, verwendet. Das Verhältnis Anion : Kation ist der wichtigste Einzelfaktor. Die FF. wachsen an von den Fluoriden zu den Oxyden, Nitriden u. Carbiden. Bei höherwertigen Kationen steigt der F. mit der Größe des Kations (C^{4+}, Si^{4+}, Zr^{4+}, Th^{4+}), da mehr Anionen zur Abschirmung des größeren Kerns nötig sind. Ein Anwachsen der Kationenwertigkeit (Na^+, Mg^{2+}, Al^{3+}, Si^{4+}) erzeugt zwei antagonist. Effekte: Es wächst das Bestreben zur Abschirmung des Kernes, aber es steigt auch die Anzahl der Anionen zur Erreichung der Elektroneutralität. Das Abschirmungsbestreben hängt von der Zahl u. den Polarisationsmöglichkeiten der Anionen u. Kationen ab. Es gibt keine Möglichkeit, die Schmelztempp. mit einem einzigen Parameter in Beziehung zu bringen, aber innerhalb gewisser Serien von Verbb. kann eine plausible Erklärung für die Schmelztempp. angegeben werden. — Zahlreiche Zahlenwerte. (J. physic. Chem. **59.** 147—51. Febr. 1955. State College, Pa., Pennsylvania State Univ., Div. of Min. Technol.)
A.-F. BOGENSCHÜTZ. 150

M. P. Mochnatkin, *Über einige Widersprüche in der Theorie der Phasengleichgewichte zweiter Art (in Beziehung zu den Gleichungen von Ehrenfest).* Die Theorien von EHRENFEST (C. **1933.** II. 2652) führen zu Gleichungen für den Sprung der spezif. Wärmen C_p u. C_v bei Phasenumwandlungen 2. Art, die bisher noch nie einem strengen Vgl. mit Versuchsdaten unterzogen wurden. Auch die Annahme einer Entropieänderung 0 ist durch keine Versuchsdaten bestätigt. Aus diesen u. weiteren Widersprüchen schließt Vf., daß die Theorie von EHRENFEST wesentlicher Korrekturen bedarf. (Журнал Физической Химии [J. physik. Chem.] **28.** 561—63. März 1954. Saratow, Pädagog. Inst.) R. K. MÜLLER. 151

P. Gross, C. Hayman und **D. L. Levi,** *Die Bildungswärmen von Metallhalogeniden. Titantetrachlorid.* (Vgl. C. **1955.** 3564.) Vff. bestimmten calorimetr. die Reaktionswärmen der Rkk. Ti (fest) + Cl_2 (fl., Überschuß) → $TiCl_4$ (fl., gelöst in Cl_2) u. Cl_2(fl.) + $TiCl_4$ (fl.) → $TiCl_4$ (fl., gelöst in Cl_2). App. u. Meßmethodik werden eingehend beschrieben. Aus den Meßergebnissen konnte eine Bildungswärme von $TiCl_4$ bei 25° aus Ti u. fl. Cl_2 zu —181,49 kcal/Mol berechnet werden, woraus sich für die Standardbildungswärme ein Wert von —190,3 kcal/Mol ergibt. (Trans. Faraday Soc. **51.** 626—29. Mai 1955. Stoke Poges, Buckinghamshire, Fulmer Res. Inst. Ltd.) I. KARUTZ. 156

J. T. Denison und **J. B. Ramsey,** *Die Freie Energie, Enthalpie und Entropie der Dissoziation einiger Perchlorate in Äthylenchlorid und Äthylidenchlorid.* Aus Leitfähigkeitsmessungen bei 20, 25, 30 u. 35° wurden die mit der Dissoziation verschied. substituierter *Phenyltrimethylammoniumperchlorate* (I) in *Äthylenchlorid* u. *Äthylidenchlorid* verbundenen ΔF^0_{298} [cal], $-\Delta H^0_{298}$ [cal] u. $-\Delta S^0_{298}$ [cal/Grad] ermittelt. Die für *o-Methyl*-I, *m-Methyl*-I, *p-Methyl*-I, *o-Methoxy*-I, *m-Methoxy*-I, *p-Methoxy*-I, *o-Chloro*-I, *m-Chloro*-I u. *p-Chloro*-I gefundenen Werte sind in Tabellenform angegeben. Den Berechnungen wurde einerseits die von BJERRUM-FUOSS angegebene Gleichung für die Dissoziationskonstante K, andererseits eine für K unter der Annahme, daß nur sich berührende, entgegengesetzt geladene Ionen ein Ionenpaar bilden, entwickelte Gleichung zugrunde gelegt. Im letzteren Fall wurde bessere Übereinstimmung mit den experimentellen Ergebnissen erhalten. Vff. geben Interpretationen für die durchweg negativen ΔH^0- u. ΔS^0-Werte sowie für die in allen Fällen größere Dissoziationskonstante in Äthylenchlorid. (J. Amer. chem. Soc. **77.** 2615—21. 5/5. 1955. Los Angeles, Calif., Univ. of California, Chem. Dep.) I. KARUTZ. 156

J. P. Toennies und **H. Gg. Wagner,** *Photographische Untersuchungen an spinnenden Kohlenoxyd–Sauerstoff-Detonationen.* Vff. photographieren auf verschied. Weise spinnende CO-O_2-Detonationen u. vergleichen Aufnahmen, bei denen der Film senkrecht zum Detonationsvorgang abläuft, mit solchen, bei denen der Film in Bewegungsrichtung der Detonation abrollt. Dabei wird die Mehrdeutigkeit von Aufnahmen, die mit einer rotierenden Kamera gemacht wurden, berücksichtigt. Durch eine Aufnahmeanordnung, welche die gleichzeitige Beobachtung des Vorganges an verschied. Stellen u. von verschied. Seiten erlaubt, wird ein Einblick in den räumlichen Verlauf der Vorgänge gewonnen u. im Vgl. zu anderen Methoden eine eindeutige Ausdeutung der Aufnahmen ermöglicht. Vff. untersuchen, wieweit sich ihre Ergebnisse mit dem Auftreten von Gasschwingungen nach der Theorie von MANSON (vgl. C. **1954.** 1656 u. früher) u. FAY (C. **1953.** 1929) erklären lassen u. inwieweit die Detonationszone durch diese Schwingungen beeinflußt wird, indem die Flammenzone inhomogen wird. Teilexplosionen kleiner Gaszonen zwischen Stoßfront u. Hauptreaktionszone konnten nicht festgestellt werden. Abschließend berichten Vff. kurz über eine einfach zu bauende rotierende Kamera hoher Auflösung. (Z. Elektrochem. Ber. Bunsenges. physik. Chem. **59.** 7—15. 1955. Göttingen, Univ., Inst. für Physikal. Chem.) I. KARUTZ. 157

H. M. Strong und **F. P. Bundy,** *Temperaturmessungen in Flammen komplexer Struktur durch Resonanzlinienstrahlung.* 1. Mitt. *Allgemeine Theorie und Anwendung auf Natriumlinienumkehrmethoden.* Behandlung von Theorie u. experimentellen Beispielen für die Best. der Temp. innerer Zonen einer komplexen Flamme durch Berücksichtigung der opt. Tiefe u. der Anordnung individueller Zonen bei der Na-Linienumkehrmeth. unter Angabe numer. Daten für ihre Anwendung. In diesen Fällen liefert die Meth. normalerweise nur einen Wert, welcher zwischen der höchsten u. niedrigsten Temp. in der Sichtlinie liegt. Angabe der Temperaturverteilung in der Flamme eines Raketenmotors. (J. appl. Physics **25.** 1521—26. Dez. 1954. Schenectady, N. Y., General Electric Comp., Res. Labor.) H.-J. EICHHOFF. 157

H. M. Strong und **F. P. Bundy,** *Temperaturmessungen in Flammen komplexer Struktur durch Resonanzlinienstrahlung.* 2. Mitt. *Natriumlinienumkehr durch Spektroskopie mit hoher Auflösung.* (1. vgl. vorst. Ref.) Beschreibung einer modifizierten Anordnung zur Best. der Tempp. in verschied. Flammenzonen einer komplexen Flamme nach der

Na-Linienumkehrmeth. unter Verwendung eines FABRY-PEROT-Etalons u. einer geeichten Na-Dampflampe. Prüfung der Meth. u. Erläuterung ihrer Anwendung. (J. appl. Physics **25.** 1527—30. Dez. 1954.) H.-J. EICHHOFF. 157

F. P. Bundy und **H. M. Strong,** *Temperaturmessungen in Flammen komplexer Struktur durch Resonanzlinienstrahlung.* 3. Mitt. *Aus absoluten Intensitätsmessungen bei hoher Auflösung.* (2. vgl. vorst. Ref.) Behandlung von Theorie u. experimenteller Durchführung einer Meth. zur Best. der Temp. von Zonen in Flammen mit komplexer Struktur aus der Intensität u. dem Emissionsvermögen der Flammen bei Wellenlängen innerhalb der Intensitätskontur einer Resonanzlinie unter Verwendung eines FABRY-PEROT-Etalons. Das Emissionsvermögen wird durch Helligkeitsvgl. der gespiegelten u. ungespiegelten Flamme bestimmt. (J. appl. Physics **25.** 1531—37. Dez. 1954.) H.-J. EICHHOFF. 157

M. L. Thorpe und **J. A. Browning,** *Das seitliche Wegblasen einer Bunsenflamme.* Um die Stetigkeit des Brennens von Zündflammen zu prüfen, die zur Erhöhung der Stabilität in mit großer Geschwindigkeit brennenden Gasflammen brennen, wurde eine Versuchsanordnung getroffen, um die Wegblasegrenzen von Bunsenflammen zu bestimmen, die in einen sek. Strom von atmosphär. Luft brennen. Es wurde gefunden, daß in bestimmten Grenzen des Brenngas–Luft-Verhältnisses u. der sek. Strömungsgeschwindigkeit eine hohe Strömungsgeschwindigkeit im Bunsenrohr eine stabile Flamme ergibt. Es bilden sich hinter dem Bunsenbrennerrohr im Sekundärstrom Strudel, die die Bunsenflamme nicht abreißen lassen. (Ind. Engng. Chem. **46.** 2203—05. Okt. 1954. Hanover, N. H., Dartmouth Coll., Thayer School of Engng.) K. O. MÜLLER. 157

Charles A. Domenicali, *Stationäre Temperaturverteilung in einem elektrisch geheizten Leiter.* Unter Verwendung der von ONSAGER (vgl. Ann. New York Acad. Sci. **46.** [1945.] 241), GALLEN (vgl. Physic. Rev. [2] **73.** [1949.] 1349) u. DE GROOT (vgl. Thermodynamics of Irreversible Processes, Interscience Publishers, Inc., New York, 1951) entwickelten thermodynam. Theorie reversibler Prozesse zeigte Vf. einen direkten Weg zur Herleitung der partiellen Differentialgleichung für die stationäre Temperaturverteilung in einem elektr. geheizten, chem. inhomogenen Leiter. (J. appl. Physics **25.** 1310—11. Okt. 1954. Philadelphia, Pa., Franklin Inst. Labor.) C. GOTTFRIED. 158

A₅. Kolloidchemie. Grenzschichtforschung.

R. T. Johansen, P. B. Lorenz, C. G. Dodd, Frances D. Pidgeon und **J. W. Davis,** *Das Durchdringen von Wasser und Isooctan durch Stopfen aus mikroskopischen Teilchen von zerkleinertem Quarz.* Da das Durchdringungsvermögen bei gleichem porösem Material u. verschied. Fll. unterschiedlich ist, werden die dafür verantwortlich zu machenden Oberflächenkräfte untersucht. Als Beispiel wird das Fließen von W. u. Isooctan (I) durch Quarzpulver verschied. Teilchengröße (von 1—4 μ, 3—13 μ, 7—35 μ u. 22—27 μ) u. als Charakteristikum für den Fließmechanismus die Größe der der fließenden Fl. entgegengestellten spezif. festen Oberfläche gewählt. Diese wird a) nach dem verschied. Durchdringungsvermögen der Fll., errechnet nach der Gleichung von KOZENY-CARMAN, b) nach der Gasadsorption von N_2 u. c) aus mkr. Messungen bestimmt. Die nach den 3 Methoden ermittelte Größe der spezif. Oberflächen wird in oben angegebener Reihenfolge der Teilchengröße kleiner, u. zwar unterscheiden sich die Oberflächen durch einen fast konstanten Wert; die nach c) gemessenen Oberflächen sind stets kleiner als die nach b) bestimmten, u. die nach c) gemessenen liegen zwischen den nach a) u. b) ermittelten. Bei gröberen Pulvern stimmen a) u. c) fast überein. Je nach Anwendung von W. oder I ergeben sich auch Unterschiede, was durch Verschiedenheit in der Porosität erklärt wird; Flockungseffekte bei I ergeben höhere Porosität, was durch einen adsorbierten Wasserfilm verursacht wird. Dadurch wird die Porosität mkr. nicht einheitlich u. die Funktion von KOZENY nicht mehr anwendbar. Die Verss. geben keinen Hinweis auf die Existenz einer unbeweglichen Schicht der fließenden Flüssigkeit. (J. physic. Chem. **57.** 40—49. Jan. 1953. Bartlesville, Okla., U. S. Bureau of Mines, Petrol. Exp. Stat., Surface Chem. Labor.) E. JÄGER. 165

Manuel N. Fineman und **Phyllis J. Kline,** *Die Bedeutung des Substrats für den Reinigungsvorgang.* Da bei den meisten Unterss. über den Mechanismus des Reinigungsvorganges mit oberflächenakt. Stoffen der Einfl. der Unterlage unberücksichtigt geblieben ist, prüfen Vff. die reinigende Wrkg. des nichtionisierten Netzmittels *Triton X-100* (vom Alkylarylpolyätheralkoholtyp) auf mit einer Paste aus Ruß u. Mineralöl künstlich verschmutzte Probekörper aus verschied. *Stahl*sorten, *Fe, Zn, Al, Cu, Ag, Messing, Email, Steinzeug, Glas, Plexiglas, Polyäthylen, Teflon, Linoleum* u. *Nylon.* Dabei wird der Reinigungseffekt durch die opt. Dichte gemessen, den die in einem bestimmten Vol. der Netzmittellsg. durch Bewegen der verschmutzten Teile bei 60° entstandene Rußsuspension besitzt; ferner wird die Größe der abgelösten Rußflocken mkr. bestimmt. Die Reinigungswrkg. ist bei Metallen durchweg besser als bei Glas u. Kunststoffen. Für die Metalle besteht eine Parallelität zwischen dem Feinheitsgrad der Rußdispersionen u. ihrer Stellung in der elektrochem. Spannungsreihe bzw. der Elektronenaustrittsarbeit. Wegen dieses Zusammenhanges wurde auch der Einfl. einer gleichzeitig vorgenommenen Elektrolyse geprüft, wobei die verschmutzte Metallfläche die Kathode bzw. die Anode bildete. Nur wenn die verschmutzte Metallfläche als Kathode diente u. damit ihre Aktivität in der elektr. Spannungsreihe erhöht wurde, erfolgte eine Entfernung der Schmutzschicht. Diese Verhältnisse gelten nur für die besondere Art der Verschmutzung mit elektr. leitenden Rußteilchen, jedoch nicht bei bloßer Mineralölverschmutzung oder bei einer Schwefelmineralölpaste. (J. Colloid Sci. **8.** 288—99. Juni 1953. Bridesburg, Pa., Rohm & Haas Co.) W. HENTSCHEL. 166

A. Grizo, M. Jovanović und **Marija Tecilazić-Stevanović,** *Der Einfluß von Elektrolyten auf die Viscosität und Plastizität der Tone von Arandjelovac.* Die Unters. der Viscosität u. Plastizität des weißen (I), blauen (II) u. roten Tones (III) von Arandjelovac bei Zusatz von NaOH, Na_2CO_3 (IV) u. Na_3PO_4 ergab die höchste Dispersität (geringste Viscosität) bei Zugabe von 0,4—1 ml 1/10n**IV** zu 5 g **I** oder **II**. **II** besitzt die größte natürliche Dispersität. In Übereinstimmung mit der granulometr. Zus. besitzt **II** die größte Plastizität. Daß **III** trotz des hohen Geh. an organ. Stoffen nicht die höchste Plastizität aufweist, erklärt sich aus seinem hohen Geh. an grober Fraktion. Die Gebiete der höchsten Plastizität entsprechen jenen Elektrolytkonzz., bei denen die Viscosität ansteigt. (Гласник Хемиског Друштва Београд [Ber. chem. Ges. Belgrad] **18.** 403 bis 413. 1953. Belgrad, Technol. Fak., Inst. für anorgan.-chem. Technol.) O. LEBTAG. 172

Gerard Kraus, John W. Ross und **L. A. Girifalco,** *Bestimmung der Oberflächengröße mittels Gasströmungsmethoden.* 1. Mitt. *Stetiger Fluß in porösen Medien.* Die Strömungsgeschwindigkeiten von *He*, H_2 u. N_2 durch mit 11 verschied. Pulvern (*CuO*, 7 verschied. große *Glas*-Kugeln, $PbCrO_4$, $BaSO_4$ u. TiO_2) gefüllte Kolonnen werden gemessen, deren Flächengröße, nach der B.E.T.-Gleichung berechnet, 0,3—8 m^2/g beträgt. Es lassen sich je nach Anwendung der Beziehung von POISEUILLE oder KNUDSEN 2 Werte für die Oberflächengröße berechnen: Die nach der POISEUILLEschen Funktion errechneten Oberflächen entsprechen der geometr. Fläche der Teilchen, während die nach KNUDSEN bestimmten mit der totalen Oberfläche eines kontinuierlichen Porenraumes identifiziert werden können, also immer größer als die ersten sind. Nach keiner Meth. werden die sogenannten „blinden Poren" erfaßt. (J. physic. Chem. **57.** 330—33. März 1953. Cincinnati, O., Univ., Appl. Sci. Res. Labor.) E. JÄGER. 175

Gerard Kraus und **John W. Ross,** *Bestimmung der Oberflächengröße mittels Gasströmungsmethoden.* 2. Mitt. *Unstetiger Fluß in porösen Medien.* (1. vgl. vorst. Ref.) Die nach dieser Meth. mit He u. N_2 gemessenen Oberflächen der gleichen Pulver wie l. c. ergeben im Gegensatz zu den mit stetigem Fluß gemessenen Oberflächen bes. für N_2 sehr gut übereinstimmende Werte mit denen, die nach der N_2-Adsorptionsmeth. (B.E.T.-Flächen) bestimmt wurden; demnach werden bei unstetigem Fluß die Gesamtoberflächen, einschließlich der der blinden Poren, erfaßt; für He ergeben sich etwas größere Werte, da bei den kleineren He-Atomen mehr Atome auf der gleichen Oberfläche Zutritt finden können. (J. physic. Chem. **57.** 334—36. März 1953.) E. JÄGER. 175

J. Hoogschagen, *Diffusion in porösen Substanzen bei gleichem Druck.* Auf Grund von Experimenten mit N_2 u. O_2 bzw. *He* (Diffusion von zwei Seiten durch eine poröse Tablette aus *Eisencarbonyl* bei gleichem Gesamtdruck u. gleicher Temp.) sowie CO_2 u. O_2 (durch *Aktivkohle* u. *Silicagel*) kommt Vf. zu dem Schluß, daß im ersten Fall die KNUDSENsche Formel gilt, während eine Abweichung im zweiten Fall auf zusätzlichen Transport in einer adsorbierten Oberflächenschicht schließen läßt. (J. chem. Physics **21.** 2096—97. Nov. 1953. Limburg, Geleen, Netherlands, Central Labor. of Staatsmijnen.) I. KARUTZ. 176

J. H. de Boer, *Van der Waalssche Kräfte und Adsorption.* Übersicht über die Arbeiten, die die Adsorption von Gasen durch Kohle u. die dabei wirksamen Kräfte betreffen. — 13 Literaturangaben. (Nederl. Tijdschr. Natuurkunde **19.** 283—88. Nov. 1953.) W. WESLY. 176

Mark P. Freeman und **G. D. Halsey jr.,** *Die Wechselwirkung von Gasatompaaren mit Oberflächen.* Die Wechselwrkg. von Edelgasen mit Pulvern von großer Oberfläche wurde in dem Temperaturbereich gemessen, wo die wesentlichen Beiträge nur von den isolierten Atomen u. den isolierten Atompaaren kommen. Der Paarterm beherrscht die Veränderung der Beziehung des scheinbaren Vol. des Syst. zum Druck. Die experimentellen Werte von dV/dP werden mit einem rohen Modell verglichen, das auf starker sphär. Abstoßung zwischen der Oberfläche u. den Atomen u. einem kub. Anziehungsgesetz zwischen der Oberfläche u. jedem Atom beruht. Es gibt keine veränderlichen Parameter. Die Übereinstimmung zwischen berechneten u. beobachteten Neigungen ist gut. Es wurden die Systeme *Ar* u. *Ne* auf *Holzkohle*, Ar auf *Ruß* u. *Kr* auf Al_2O_3 untersucht. (J. physic. Chem. **59**. 181—84. Febr. 1955. Seattle Wash., Univ.) A.-F. BOGENSCHÜTZ. 176

P. Ju. Butjagin und **Ss. Ju. Jelowitsch**, *Adsorptionsuntersuchung des Platinträgerkatalysators*. An $BaSO_4$ für sich u. mit Zusätzen von 5 u. 8 Gew.-% Pt werden bei Tempp. unter 0° die Adsorptionsisothermen (AI.) von C_3H_6 (I) u. O_2 aufgenommen, zum Teil nach einer statist. Meth. analysiert u. die Verteilung der Adsorptionswärmen bestimmt. Letztere werden bes. durch den Pt-Zusatz beeinflußt. Ein neues Verf. zur Best. der Oberflächenanteile von Katalysator u. Träger läßt sich auf die Nichtumkehrbarkeit der Adsorption von I u. O_2 an Pt bei tiefer Temp. gründen. Man nimmt z. B. zuerst die AI. von I bei —63,5° auf, evakuiert bei dieser Temp. u. bestimmt die AI. von O_2 bei —183°. Die Differenz beider AI. entspricht der Adsorption am Pt, was dadurch bestätigt wird, daß die zweite AI. mit der des O_2 am Träger allein übereinstimmt. Man kann auch die Adsorption von O_2 am Katalysator bei —183° messen, u. zwar einerseits nach Evakuieren bei 320°, andererseits nach Abpumpen bei —183°, u. aus diesen Ergebnissen die Adsorption am Pt ermitteln. (Журнал Физической Химии [J. physik. Chem.] **26**. 692—700. Mai 1952. Moskau, Inst. für physik. Chem. der Akad. der Wiss. der UdSSR.) R. K. MÜLLER. 176

G. Manecke, *Entfernung von Sauerstoff aus Lösungen mit Hilfe von Redoxharzen (Elektronenaustauschern)*. Vf. beschreibt ein Verf. mit dem es möglich ist, das in wss. Lsgg. bzw. W. gelöste O_2 mit Hilfe von Redoxharzen zu entfernen. Die Redoxharze werden durch Polykondensation von Hydrochinon, Phenol u. Formaldehyd hergestellt u. können nach dem Gebrauch durch Red. wieder regeneriert werden. Die von O_2 zu reinigende Lsg. durchströmt eine mit dem Harz gefüllte Kolonne. Nach diesem Verf. gelingt die chem. O_2-Entfernung aus Lsgg. bzw. W. bei Zimmertemp. bis auf $5 \cdot 10^{-5}$ mg O_2/Liter u. bei erhöhter Temp. (45°) sogar bis auf $2{,}5 \cdot 10^{-5}$ mg O_2/Liter ohne Zusatz von Chemikalien, das heißt ohne Erhöhung des Elektrolytgeh. der Lsgg. bzw. des Wassers. Die Kontrolle des O_2-Geh. wurde nach dem elektrochem. Meßverf. durchgeführt. (Angew. Chem. **67**. 613—15. 7/10. 1955. Berlin-Dahlem, Fritz-Haber-Inst. der Max-Planck-Gesellschaft.) G. MAIER. 177

Biagio Pesce, *Einleitung zu einer Tagung über Ionenaustauscher*. Überblick über die Entw., die Grundlagen u. die Wirkungsweise der Ionenaustauscher. (Ann. Chimica **43**. 374—79. Juli 1953. Roma, Univ., Ist. di Chim. fis.) R. K. MÜLLER. 177

Arnaldo Liberti, *Anwendung von Austauschharzen bei der Darstellung von Säuren und Polysäuren*. Zusammenfassende Darst. der Gewinnung sonst schwer zugänglicher Säuren, der Herst. von Solen (z. B. SiO_2, WO_3, Al_2O_3, Fe_2O_3), der Reinigung von Solen durch Entfernen verunreinigender Elektrolyte u. der Herst. von freien Heteropolysäuren aus ihren Salzen durch Behandlung mit Kationen- bzw. Anionenaustauschern auf Harzbasis. — 7 Literaturhinweise. (Ann. Chimica **43**. 443—47. Juli 1953. Roma, Univ., Ist. di Chim. generale.) R. K. MÜLLER. 177

A_6. Strukturforschung.

Ss. N. Baranowski, D. L. Kaminski und **W. M. Kelman**, *Untersuchung der elektronenoptischen Eigenschaften von geraden Magnetspalten*. Das untersuchte elektronenopt. Ablenkfeld ist das magnet. Streufeld eines langen, schmalen Spaltes veränderlicher Breite, der von zwei Längskante an Längskante in einer gemeinsamen Ebene angeordneten Eisenblechen gebildet wird, die in einem magnet. Kreis als ungleichnamige Magnetpole geschaltet sind. Für schmale Spalte u. großflächige Bleche hoher Permeabilität geht dies Feld in das eines geradlinigen Stromfadens über. Ein von einem Elektronenstrahlerzeuger ausgehendes ursprünglich kegelförmiges Elektronenstrahlbündel wird in einen Strich fokussiert. Die Abhängigkeit der Lage dieses Strichfokus vom Erregerstrom des Magnetkreises wird für verschied. Werte der Spaltbreite u. der Anordnung der Elektronenquelle experimentell untersucht. Die Ergebnisse sind in qualitativer Übereinstimmung mit den für das Feld des geradlinigen Stromfadens durch Integration der Elektronenbahnen berechneten. (Журнал Технической Физики [J. techn. Physik] **25**. 610—24. April 1955.) F. LENZ. 181

Fromund Hock, *Verwendung des Faraday-Effekts zur Messung von Magnetfeldern*. Vf. beschreibt eine Anordnung zur Ausmessung von Magnetfeldern in Elektronenlinsen mittels des FARADAY-Effekts an einer 530 Å dicken Fe-Schicht. Die Schicht wurde auf ein 0,3 mm dickes Quarzglasplättchen mit einer Temp. von 200—300° im Hochvakuum aufgedampft u. hatte eine Lichtdurchlässigkeit von 9,5%. Eine Abweichung von induktiv gemessenen Vergleichswerten bei schwach erregtem Objektiv wird auf zu kleine B-Werte nach dem induktiven Verf. zurückgeführt. Für starke Erregung wird angenommen, daß die induktiv gemessene Kurve der wahren näher kommt als die optische. (Z. angew. Physik **6**. 151—53. April 1954. Krofdorf bei Gießen.) H. LIEPACK. 181

A. J. Rose, *Radiokristallographische Techniken. Einige Anwendungen der Eigenschaften der Röntgenstrahlen.* Zusammenfassender Überblick über die Beugung, die Absorption u. Emission von Röntgenstrahlen. (Chim. et Ind. **70**. 44—52. Juli 1953.) C. GOTTFRIED. 181

Stephen J. Goldsack und **Gerson Goldhaber**, *Mehrfachbeugungsmikroskop für Messungen bei konstanten Äquatorialebenen.* (Sitzungsbericht.) (Physic. Rev. [2] **98**. 284. 1/4. 1955. Berkeley, Calif., Univ. of California.) H. LIEPACK. 181

Fritz Ebert, *Eine einfache Schnellmethode zur Bestimmung von Gitterkonstanten auf $\pm 0{,}00005$ kX mittels Zählrohrgoniometer.* Beschreibung der Meth. u. der Apparatur. Best. der Gitterkonstante von *γ-Eisen* als Beispiel. (Z. Metallkunde **45**. 436—39. Juli 1954. Trollhättan, Schweden.) H. HOCHSTEIN. 181

W. V. Houston, *Anwendung der Variationsmethode auf Wellenfunktionen in Kristallen.* (Sitzungsbericht.) Die Wellenfunktion in einem period. Potential besteht aus einer ebenen Welle, die durch eine Funktion mit der Periode des Gitters moduliert ist. Die Variationsmeth. kann auf die Modulationsfunktion angewandt werden, indem man sie in eine FOURIER-Reihe mit den Vektoren des reziproken Gitters entwickelt. Die Koeffizienten können so bestimmt werden, daß die Energie einen stationären Wert annimmt. (Physic. Rev. [2] **94**. 808. 1/5. 1954. Rice Inst.) C. GOTTFRIED. 181

E. H. Jacobsen, *Elastisches Spektrum des Kupfers aus der Temperaturstreuung der Röntgenstrahlen.* (Sitzungsbericht.) Mit monochromatisierter CuKα-Strahlung wurde an einem Einkristall von Cu bei 300° K die diffuse Temperaturstreuung der Röntgenstrahlen gemessen. Analysiert wurden die Messungen nach der Meth. von LAVAL u. JAMES, wobei man die Kurven Frequenz gegen Wellenvektor für longitudinale u. transversale Wellen in den [1 0 0]-, [1 1 0]- u. [1 1 1]-Richtungen erhielt. Die erhaltenen Ergebnisse wurden durch die Kraftkonstanten der BORNschen Theorie ausgedrückt. Bei der Inbetrachtziehung der Wechselwrkg. erster, zweiter u. dritter Nachbarn handelt es sich dann um 9 Kraftkonstanten, die aus den Frequenzkurven erhalten wurden. Diese Werte der 9 Kraftkonstanten liefern die notwendigen Daten zur Festlegung einer vollständigen Frequenzverteilungskurve. (Physic. Rev. [2] **94**. 1420—21. 1/6. 1954.) C. GOTTFRIED. 182

Pierre Yvan, *Über einen analytischen Ausdruck der Beziehung der Potentialschwelle zur freien Valenz.* Es besteht eine Parallelität zwischen der Aktivierungswärme verschied. Rkk. u. der freien Valenz der Atome, welche durch den Spineffekt gekennzeichnet ist. Vf. hat diese Frage vom rein analyt. Standpunkt aus behandelt u. ausführlich mathemat. untermauert. Die aufgestellten Formeln gelten auch für Kohlenwasserstoffe mit konjugierten Doppelbindungen wie auch für Ionen-Rkk. in Beziehung zu reellen Molekülen. (C. R. hebd. Séances Acad. Sci. **234**. 2287—89. 4/6. 1952.) A. KRAJEWSKI. 182

Je. A. Porai-Koschitz und **W. N. Filipowitsch**, *Das Babinetsche Prinzip und die Streuung von Röntgenstrahlen unter kleinen Winkeln durch poröse Gläser.* (Vgl. C. **1952**. 1784.) Wenn hochdisperses, poröses Na–B-Silicatglas (I, Mol-%: 5 Na_2O, 20 B_2O_3, 75 SiO_2) 2—14 Std. mit 0,5nKOH behandelt wird, verschiebt sich durch die damit verbundene Erweiterung der Poren die Intensität der Röntgenlinien nach kleineren Streuwinkeln (z. B. ohne Vorbehandlung $\varphi = 29{,}5'$, nach 10 Std. mit KOH $\varphi = 19'$). Die Änderung der Radien der Uneinheitlichkeitsgebiete ist also nicht durch eine Änderung der Dimension der Teilchen, sondern durch die der Poren bedingt. Die annähernde Berechnung der Porenradien R kann von 2 Seiten her erfolgen: aus der Lage des Maximums u. vom Kurvenende aus; in beiden Fällen werden übereinstimmende Werte erhalten, die einer Zunahme von R von 64 (0 Std.) auf 100 Å (12 Std.) entsprechen. In analoger Weise wird auch bei einem grobporigen I (Mol-%: 7, 23, 70) eine Zunahme der R von 276 u. 447 auf 324 u. 550 Å durch KOH-Behandlung festgestellt. (Известия Академии Наук СССР, Отделение Химических Наук [Nachr. Akad. Wiss. UdSSR, Abt. chem. Wiss.] **1955**. 21—30. Jan./Febr. Inst. für Silicatchem. der Akad. der Wiss. der UdSSR.) R. K. MÜLLER. 188

D. I. Lewin, Ss. P. Shdanow und **Je. A. Porai-Koschitz**, *Über die Struktur der Natriumborsilicatgläser in Verbindung mit der Erscheinung der Opalescenz.* 1. Mitt. *Untersuchung der Opalescenz der Gläser.* (Vgl. C. **1952**. **4896**.) An 4 Sorten von Na–B-Silicatgläsern mit (in Mol-%) 70, 65, 60, 60 SiO_2 u. 23, 30, 37, 30 B_2O_3, Rest Na_2O, wird die Reliefstreuung untersucht. Wenn als Ordinate log (I/I_0) (I = Streuungsintensität bei der Untersuchungstemp., I_0 bei 20°), als Abszisse die Temp. (bis 800°) gewählt wird, lassen sich 3 Gebiete unterscheiden: 1. zuerst schwache, gegen Schluß starke Abnahme von I (beim Glas „Na 70—23" bis 550°); 2. starker Anstieg von I (Opalescenzgebiet, 550 bis 700°); 3. plötzliche Abnahme von I (Verschwinden der Opalescenz, >700°). Bei nichtopalescierenden Gläsern nimmt im Gebiet des Minimums von I/I_0 die Depolarisation zu, bei stark opalescierenden Gläsern ändert sich ihr Wert (< 0,01) nicht. Im Opalescenzgebiet ist die Streuungsänderung irreversibel, bis dahin fast reversibel. Das Verschwinden der Opalescenz unter Zerfließen u. Ausscheidung von SiO_2-Kristallen erfolgt innerhalb 2—3°. Für die Aufklärung der Ursachen der Opalescenz sind weitere Unterss. der Struktur erforderlich. (Известия Академии Наук СССР, Отделение Химических Наук [Nachr. Akad. Wiss. UdSSR, Abt. chem. Wiss.] **1955**. 31—39. Jan./Febr. Inst. für Silicatchem. der Akad. der Wiss. der UdSSR.) R. K. Müller. 188

W. Holzmüller, *Thermisch-mechanisches Verhalten amorpher Festkörper als Folge molekularer Platzwechsel.* 2. Mitt. *Platzwechsel bei Vorhandensein äußerer Kräfte. Fließen und Relaxation.* (1. vgl C. **1955**. 8798.) Vf. berechnet die Änderung der Platzwechselwahrscheinlichkeit bei Einw. einer äußeren Störung, z. B. einer Scherbeanspruchung, u. erhält eine Beziehung für die Viscosität η, die von der Schwingungszahl der gleichzeitig einwirkenden Wärmewellen, dem durchschnittlichen Teilchenabstand, dem Kopplungsgrad der Wärmewellen u. der Höhe der durchschnittlich zu überwindenden Potentialmulden um die Einzelteilchen abhängt. Die Benutzung nichtlinearer Glieder liefert eine Formel für die Strukturviscosität. Das sehr vereinfachte Modell gibt die experimentellen Werte bei Aktivierungsenergien von 2—10 kcal/Mol u. sehr steilem Anstieg der log η-Kurven im 1/T-Diagramm größenordnungsmäßig richtig wieder. Die entwickelten Beziehungen lassen sich in eine allg. Differentialgleichung für alle Relaxationsvorgänge einsetzen, deren Lsg. die Temperaturabhängigkeit der Nachwirkungsvorgänge angibt. (Z. physik. Chem. **203**. 163—80. Aug. 1954. Leipzig, Univ., Physikal. Inst.) R. Stein. 188

Heribert Jahrreiß, *Zur Berechnung von Elektroneninterferenzen an Zwillingskristallen.* Im Anschluß an Beobachtungen elektronenopt. Beugungsdiagramme an Kristallen mit Zwillingsstruktur wird hier theoret. untersucht, wieweit die Komponenten eines Zwillingskristalls als kohärent anzusehen sind, das heißt, ob die elektronenopt. Phasenbeziehungen zwischen ihnen bei der Berechnung der Beugungsdiagramme zu berücksichtigen sind. An einem speziellen Beispiel [flächenzentriert-kub. Gitter mit Verzwilligung nach (1 1 1)] wird gezeigt, daß ein nennenswerter Unterschied zwischen den Fällen der Kohärenz u. der Inkohärenz nur dann besteht, wenn beide Kristallite in der Richtung senkrecht zur gemeinsamen Netzebene nur wenige Elementarzellen aufweisen (Flächengitter). Ist die Kristallitdicke größer, so sind die Phasenbeziehungen vernachlässigbar, u. man kann nach der Laueschen Theorie die Beugungsdiagramme der beteiligten Komponenten errechnen u. additiv zum Beugungsdiagramm des Zwillings zusammenfügen. (Ann. Physik [6] **15**. 21—30. 1954. Köln, Univ., I. Physikal. Inst.) H. C. Wolf. 190

D. A. Petrow und **A. A. Buchanowa,** *Neue Methode zur Gewinnung von Proben wechselnder Zusammensetzung und die Möglichkeit ihrer Anwendung.* In dem in einen Ofen gestellten Tiegel wird eine Schmelze der erwünschten Zus. hergestellt. An einem Stab wird ein daran befestigter Impfkristall von annähernd der gleichen Zus. wie die Schmelze in diese getaucht, wobei nach 1—2 Min. ein Schmelzen an der Oberfläche eintritt. Mit Hilfe eines jetzt eingeschalteten Uhrwerkes wird die Ziehgeschwindigkeit in sehr weiten Grenzen variiert. Man erhält so alle Proben, die nach der Beimengung zwischen den Grenzwerten für konstante u. wechselnde Zus. liegen. Die Anwendung des Verf. wird an *Al-Legierungen* mit 2, 3 u. 4% Cu gezeigt. Es ist auf die Aufnahme der Soliduslinien u. der Löslichkeitslinien im festen Zustand anwendbar, ferner auf die Best. der nonvarianten Rkk. u. die Erforschung der Phasenzus. komplizierter Gemische. (Журнал Физической Химии [J. physik. Chem.] **28**. 161—73. Jan. 1954. Inst. für Metallurgie der Akad. der Wiss. der UdSSR.) O. Lebtag. 190

H. G. van Bueren, *Ein Modell zur Demonstration von Versetzungen in Kristallen.* In einem einfachen dynam. Kristallmodell wird eine Netzebene durch Stabmagnete u. die unmittelbar benachbarte durch an Pendeln befindliche Stahlkugeln dargestellt, die untereinander durch Spiralfedern gekoppelt sind. Durch entsprechende Bewegungen des Pendelrecks können Randversetzungen u. Schraubenversetzungen dargestellt werden. (Brit. J. appl. Physics **4**. 144—45. Mai 1953. Eindhoven, Philips Res. Labors.) W. Scheffels. 190

W. A. Dorin, *Elektronenmikroskopische Untersuchung des Sinterns von Titandioxydkristallen.* Elektronenmkr. Unters. des Sintervorganges bei der Erhitzung von feinpulverisiertem *Rutil.* Nach Erhitzung auf 800° wurde keine merkliche Veränderung beobachtet, bei 1100° verschwanden die scharfen Spitzen an den Kriställchen, u. es traten brückenartige Kontakte zwischen ihnen auf. Bei 1400° entstand eine dicht zusammenhängende M. ohne Inseln u. Poren. Es wurden auch die Veränderungen des Rutilpulvers beobachtet, die unter der Einw. des Elektronenstrahls auftraten. Auch hier kam es bei langer intensiver Bestrahlung zur Bldg. von Brückenkontakten zwischen den Pulverteilchen, die bei weiterer Bestrahlung an Dicke zunahmen. Hierbei wurden oft starke Formveränderungen (Aufbau u. Abbau) in relativ kurzen Zeiten beobachtet; sie werden dadurch gedeutet, daß auch bei Tempp. weit unter dem Schmelzpunkt die Oberflächenatome relativ beweglich sind. Eine Deutung der Brückenkontakte als Kohlenstoffverunreinigungen scheint nicht in Betracht gezogen zu werden. (Журнал Технической Физики [J. techn. Physik] **25.** 577—80. April 1955.) F. LENZ. 190

Per Schmeling, *Radiochemische Messung der Aktivitätskoeffizienten an der festen Lösung $SrCO_3-BaCO_3$.* Vf. bestimmt die Verteilungskoeffizienten D u. λ sowie die Gleichgewichtskonstante K bei 25° in dem Syst. $SrCO_3-BaCO_3$ mit Hilfe von radioakt. Isotopen (^{90}Sr bzw. ^{90}Y bzw. ^{140}Ba). Ebenfalls wird das Verhältnis der Radioaktivität der Erdalkalicarbonate in fester Phase zu der in Lsg. mitgeteilt. In dem Bereich kleinster Mengen $SrCO_3$ ist D konstant (0,86). Mit steigendem $SrCO_3$-Geh. bis zu ca. 20% sinkt D (0,59), um dann bei 70% ein Maximum zu durchlaufen (D = 3,26) u. wieder bis auf 2,22 abzusinken. Die Aktivitäten u. die Gleichgewichtskonstante K = ca. 1,50 wurden berechnet. (Svensk. kem. Tidskr. **65.** 123—35. 1953. Göteborg, Chalmers Univ. of Techn., Labor. of Nuclear Chem.) H.-G. MOSLÉ. 190

Raymond Kern, *Morphologie und Kristallstruktur.* Vf. bezieht sich auf eine Arbeit von HARTMAN u. PERDOCK (vgl. C. **1953.** 1136), in der eine Theorie der Kristallmorphologie entwickelt worden war, welche auf Betrachtungen von Ketten mit wichtigen Bindungen basierte, welche die Kristallstruktur durchziehen. Nach dieser Theorie haben diejenigen Kristallflächen die größte morpholog. Bedeutung, die in ihrer Ebene die größte Anzahl von „periodic bond chains" enthalten. Vf. versuchte experimentell die Theorie zu prüfen, u. zwar durch Kristallisation einer Reihe von Salzen aus schwach u. stark gesätt. Lsgg. u. nachherige Feststellung der Morphologie der entstandenen Kristalle. Untersucht wurden *NaCl, CsCl, KJO_3, $NaNO_3$, $K_2Pt(SCN)_6$, $NaClO_3$, $Ca(NO_3)_2$, $RR'(SO_4)_2 \cdot 12\,H_2O$, CaF_2, K_2PtCl_6, $Ni(NH_3)_6Cl_2$, $Ni(NH_3)_6(NO_3)_2$, $(NH_4)_3AlF_6$* u. *CdJ_2*. Die Versuchsergebnisse sind tabellar. zusammengestellt; ihre ausführliche Diskussion wird in Aussicht gestellt. (C. R. hebd. Séances Acad. Sci. **240.** 324—25. 17/1. 1955.) C. GOTTFRIED. 195

Gunnar Hägg, *Röntgenkristallographische Untersuchungen in der anorganischen Chemie.* Zusammenfassender Vortrag über neuere Unterss. mit besonderer Berücksichtigung der MoO_6-Oktaeder in Mo_9O_{26}, der Ionen $Mo_7O_{24}^{6-}$, $Mo_8O_{26}^{4-}$, $W_{12}O_{46}^{20-}$, $TeMo_6O_{24}^{6-}$, $PW_{12}O_{40}^{3-}$, $P_2W_{18}O_{62}^{6-}$, $Mo_6Cl_8^{4-}$ (mit Komplexen) u. der Moll. B_5H_9 u. $B_{10}H_{14}$. (Svensk kem. Tidskr. **65.** 204—12. 1953.) R. K. MÜLLER. 195

G. B. B. M. Sutherland, D. E. Blackwell und **W. G. Simeral,** *Das Problem der beiden Diamantarten.* Nach ROBERTSON, FOX u. MARTIN (Philos. Trans. Roy. Soc. London, Ser. **A 232.** [1934.] 463) sind 2 Diamantarten zu unterscheiden. Eine Diskussion der Unterschiede u. bes. eine neue Unters. der Ultrarot- u. Ultraviolettspektren ergibt, daß es sich bei Typ II um gewöhnlichen reinen Diamant handeln muß, während sich Typ I nur durch Verunreinigungen u. Baufehler davon unterscheidet. Die Unterschiede zwischen beiden Typen sind fließend. Offenbar sind Baufehler u. Verunreinigungen zum Wachstum großer Diamantkristalle erforderlich, da große Diamantkristalle nur vom Typ I bekannt sind. (Nature [London] **174.** 901—04. 13/11. 1954. Ann Arbor, Mich., Univ. of Michigan, Randall Physics Labor.) H. C. WOLF. 195

H. U. Bambauer, *Perlenuntersuchung mit Röntgenstrahlen.* Die Interferenzbilder von LAUE-Aufnahmen echter Perlen zeigen 6zählige Symmetrie, während die Symmetrie von Zuchtperlen nur in einer Durchstrahlungsrichtung 6zählig, sonst immer 4zählig ist. Röntgenschattenbilder der Zuchtperlen zeigen einen hellen Kern mit einem dunklen Ring, die echte Perle zeigt keine Ringe, sondern ein von innen nach außen allmählich fortschreitendes Dunklerwerden. Die Kerne von Zuchtperlen luminescieren unter der Einw. von Röntgenstrahlen bläulich, das Fehlen einer solchen Luminescenz ist ein Hinweis auf das mögliche Vorliegen einer echten Perle. (Dtsch. Goldschmiede-Ztg. **51.** 36—37. Febr. 1953.) F. VIER. 195

Mitsue Koizumi und **Ryōiti Kiriyama,** *Röntgenpulveraufnahmen von Stilbit (Desmin) und Heulandit.* Stilbit u. Heulandit können durch Pulveraufnahmen sehr leicht unterschieden werden. Der letztere zeigt zwei starke Reflexionslinien mit den Abständen 7,8—7,9 u. 6,67—6,78 Å, welche bei Stilbit fehlen. Im Stilbit-Diagramm tritt bei 5,30 bis 5,34 Å eine breite u. schwache Linie auf, welche bei Heulandit nach 5,00—5,09 Å verschoben ist. Der Zwischenraum der stärksten Stilbitlinie (4,04—4,07) ist etwas größer als der Heulanditlinie (3,95—3,96). Die Reflexionsintensität (2,76—2,82) ist bei Heulandit verhältnismäßig stark, bei Stilbit sehr schwach. (J. geol. Soc. Japan **59.** 88. März 1953. Osaka, Univ., North. Coll., Inst. of Geol. Sci. [Orig.: engl.]) F. ENSSLIN. 195

H. P. Murbach und **H. Wilman,** *Die Entstehung von Spannungen in im Hochvakuum durch Kondensation der Dämpfe erhaltenen Metallschichten.* Im Hochvakuum wurden durch Kondensation der Dämpfe einseitige Metallniederschläge ($1-3\cdot10^3$ Å dick) von *Ni, Fe, Pd, Au, Cu, Ag, Sb, Al, Bi, Mg* u. *Zn* auf an einem Ende befestigten Cu-Streifen ($3{,}4\cdot0{,}97\cdot0{,}015$ cm) erzeugt u. die auftretenden Spannungen — bis zu 3500 kg·cm^{-2} — durch mkr. Beobachtung der Ablenkung des Cu-Streifens gemessen. Die Struktur der Schichten wurde durch Elektronenbeugung gemessen. Mit steigender Rekristallisationstemp., bzw. mit steigendem Schmelzpunkt der Metalle, nimmt die Spannung zu. Je höher die Temp. der Cu-Streifen, desto niedriger sind die auftretenden Spannungen. Vff. erklären diese Erscheinungen damit, daß die zuletzt kondensierten Metallschichten sehr warm u. damit therm. expandiert sind. In Richtung auf die Cu-Unterlage besteht ein Temperaturgefälle, so daß innerhalb der Metallauflage nach Erreichung der Rekristallisationstemp. bei weiterer Abkühlung Zugspannungen entstehen, da die Unterlage einer Kontraktion entgegenwirkt. Ein auf diesen Grundlagen aufgestelltes Rechenschema gibt die experimentellen Werte befriedigend wieder. Bei der Aufdampfung von Al-Schichten bei niedrigerem Vakuum entstanden mit fallendem Vakuum steigende Druckspannungen, die auf interkristalline Oxydation oder Einfl. von Oxyden zurückzuführen sind. Durch Elektronenbeugung konnte bei elektrolyt. erzeugten Cu- u. Ni-Überzügen das Auftreten von Druckspannungen ebenfalls auf Einlagerung von Fremdstoffen zurückgeführt werden. (Proc. physic. Soc., Sect. B **66.** 905—10. 1/11. 1953. London, Imperial Coll., Appl. Phys. Chem. Labor.) S. HÜTTIG. 196

Y. Mishima und **M. Fukazawa,** *Mikrostruktur von Blei.* Erörterung von 3 Mikrophotos von Pb-Oberflächen. (Kinzoku [Metals] **23.** 468—69. Juni 1953. Tokyo Univ. [Orig.: japan.]) L. SCHULER. 196

Jerome Fleeman, *Der Einfluß von Neutronenbestrahlung auf die Phasenumlagerung beim Zinn.* (Sitzungsbericht.) Die β-Phase des Sn lagert sich bei Übergangstempp. unter -13^0 in die α-Phase um. Die Geschwindigkeit der Umlagerung ist bekanntlich eine Funktion der Temp. mit einem Maximum bei ca. -30^0. Zur Unters. des Einfl. der Neutronenbestrahlung auf die Umlagerungsgeschwindigkeit dieser Phasenänderung wurden ausgeglühte Sn-Stücke ($0{,}25\cdot0{,}75$ in., $20\cdot10^{-3}$ in. dick) bei oder nahe der Temp. von fl. N_2 über Perioden von 1 u. 2 Wochen im BROOKHAVEN-Reaktor bestrahlt u. nach Entfernung aus dem Reaktor so lange bei der Temp. von fl. N_2 gehalten, bis die Radioaktivität so weit abgeklungen war, daß eine visuelle Prüfung möglich wurde. Vgl. mit unbestrahlten Sn-Stücken zeigte bei letzteren keinen Hinweis auf eine Umlagerung, während die charakterist. grauen Sn-Ausblühungen der bestrahlten Stücke einen deutlichen Einfl. der Bestrahlung auf die Umlagerung beweisen. (Physic. Rev. [2] **91.** 237. 1/7. 1953. Brookhaven Nat. Labor.) H. HOFMANN. 197

Jerome Fleeman, *Die $\beta\rightarrow\alpha$-Umwandlung in Zinn.* (Sitzungsbericht.) Mit einem Volumendilatometer wurde die Umwandlungsgeschwindigkeit von weißem in graues Sn gemessen, u. zwar an kleinen Sn-Zylindern von ca. 0,5 cm^3, die mit grauem Sn-Pulver geimpft waren. Außerdem wurden die Geschwindigkeiten mit den Geschwindigkeiten verglichen, die von ähnlichen Sn-Proben erhalten worden waren, die bei der Temp. des fl. N_2 in dem BROOKHAVEN-Meiler bestrahlt worden waren. Beide Geschwindigkeiten wurden relativ zu der Umwandlungsgeschwindigkeit einer angelassenen Sn-Probe mit angenähert denselben Dimensionen gemessen. Es wurde beobachtet, daß das angelassene Sn keine Umwandlung zeigte in der Zeit, welche zur Umwandlung der geimpften u. bestrahlten Probe notwendig war. Die Wachstumskurven des angeimpften u. bestrahlten Sn sind durch eine anfängliche Keimbildungsperiode charakterisiert, in der eine kleine Volumenänderung auftritt; hierauf folgt ein linearer Teil bis zur endgültigen Umwandlung. Der Wachstumsprozeß ist in beiden Fällen durch eine Rk. nullter Ordnung charakterisiert. Die Keimbildungsperiode ist jedoch für die bestrahlte Probe größer als für die angeimpfte Probe, u. ferner ist die Umwandlungsgeschwindigkeit für das bestrahlte Sn kleiner als für das angeimpfte Sn. (Physic. Rev. [2] **94.** 1422. 1/6. 1954. Brookhaven Nat. Labor.) C. GOTTFRIED. 197

L. J. Groen, *Die Bildung kompakter Stücke grauen Zinns.* Die spektroskop. Unters. des zum Züchten kompakter grauer Zinnkristalle verwendeten Materials (C. **1954.** 9703) ergab das Vorhandensein von Hg als Verunreinigung. Es wurden deshalb Sn–Hg-Legierungen mit einem Hg-Geh. von 0,03—6 Atom-% hergestellt. Bei mehr als 0,2% Hg erscheint neben einer tetragonalen eine hexagonale Phase ($HgSn_{12}$). Bei -20^0 besitzen alle untersuchten Amalgame eine größere Umwandlungsgeschwindigkeit als reines Sn. Das mit mehr als 0,2% Hg gebildete graue Sn ist kompakt. Bei der Umwandlung geht die

tetragonale Sn-Phase in kub. graues Sn über, die hexagonale Phase bleibt erhalten. Durch Ggw. geringer Hg-Mengen wird die Umwandlungsgeschwindigkeit auch dann erhöht, wenn andere Verunreinigungen zugegen sind (Pb, Bi), die sie allein herabsetzen. (Nature [London] **174**. 836. 30/10. 1954. Delft, Techn. Univ., Labor. of Phys. Chem.)
H. C. WOLF. 197

N. K. Chen, R. Maddin und **R. B. Pond,** *Das Wachsen von Molybdäneinkristallen.* Nach dem etwas abgeänderten Verf. von ANDRADE wurde in verhältnismäßig kurzer Zeit in einer Mo-Stange ein sehr rasches Kornwachstum erzielt. Da beide Stangenenden auf ca. 35° gehalten wurden, bestand in der Probe bei Erhitzung des mittleren Teiles auf 2000° ein starkes Temperaturgefälle. Es ist nicht sicher, ob das schnelle Kornwachstum von dem schroffen Temperaturgefälle oder der hohen Temp. herrührt. (J. Metals **3**. 461—64. Juni 1951. Baltimore, Johns Hopkins Univ.)
H. HOCHSTEIN. 197

R. L. Smith, F. E. Jaumot jr. und **L. A. Arné jr.,** *Ein Vergleich der Diffusionstechniken bei Verwendung von Radioisotopen.* (Sitzungsbericht.) Zum Vgl. der beiden, bei der Unters. der Diffusion mit Hilfe von Radioisotopen gebräuchlichen Methoden, u. zwar der sogenannten „Schnittmeth." (sectioning) u. der Absorptionsmeth. untersuchten Vff. unter Verwendung von Einkristallen die Selbstdiffusion von *Zn* zwischen 200 u. 400°. Die für die Diffusion parallel u. senkrecht zur c-Achse erhaltenen Aktivierungsenergien stimmen für die beiden Methoden überein. Die Streuung der Daten u. der Fehler ist bei der Absorptionstechnik größer. Als vernachlässigbar erwiesen sich die Einfll. der Elektroplattierung gegen die Aufdampfung des Spurenelementes auf die Probe. Die Anwendung sehr großer u. sehr kleiner Mengen des Spurenelementes erzeugte Anomalien in einzelnen Proben, verursachte jedoch größere Fehler nur bei der Berechnung von D im Falle der Absorptionstechnik. (Physic. Rev. [2] **94**. 1407. 1/6. 1954. Franklin Inst., Labor. for Res. and Development.) C. GOTTFRIED. 197

D. Rosenthal und **N. E. Friedmann,** *Thermische Diffusionsfähigkeit von Metallen bei hohen Temperaturen.* Unter Verwendung der von ROSENTHAL u. AMBROSIO (C. **1955**. 5252) angegebenen Meth. wurde der therm. Diffusionskoeff. α (in cm^2/Sek.) in dem in [] genannten Temperaturbereich bestimmt zu: *Messing 60/40* $\alpha = 0{,}346\ (1 + 0{,}000715\ T)$ [100—400°]; desoxydiertes *Cu* 0,980 [65—288°]; *Al-Legierung 61 S* (enthaltend 1,0 Mg, 0,25 Cu, 0,6 Si, 0,25 Cr) 0,673 (1 + 0,0000107 T) [65—483°]; *Al-Legierung 3 S* (enthaltend 1,2 Mn) 0,643 (1 + 0,0000523 T) [121—538°]. (J. appl. Physics **25**. 1059—60. Aug. 1954. Los Angeles, Calif., Univ., Dep. of Engng.) O. FUCHS. 197

R. C. Ruder und **C. E. Birchenall,** *Kobalt-Selbstdiffusion. Eine Untersuchung des Verfahrens der Abnahme der Oberflächenaktivität.* Das Verf. der Abnahme der Oberflächenaktivität wurde zur Best. der Geschwindigkeiten der Diffusion von ^{60}Co in Co u. in Ni verwendet. Da die Absorptionskurven für die Co-Strahlung unter den Versuchsbedingungen sehr kompliziert waren, wurde u. a. der Einfl. der Oberflächenzubereitung auf die Diffusionsergebnisse untersucht. Es werden die Co-Selbstdiffusionsbeiwerte bestimmt. — Fehlerberichtigung. (J. Metals **191**. 142—46. Febr. 1951; **4**. 420. April 1952. Pittsburgh, Pa., Carnegie Inst. of Technol.) H. HOCHSTEIN. 197

E. Sonder, *Wirkung von Verunreinigungen geringer Konzentration auf die Diffusion in Silber.* (Sitzungsbericht.) (Physic. Rev. [2] **98**. 245. 1/4. 1955. Univ. of Illinois.)
R. LEVI. 197

A. B. Martin, R. D. Johnson und **Frank Asaro,** *Diffusion von Gold in Kupfer.* Mittels der isotop. Spurenmeth. wurde die Diffusion von Au in Cu in dem Temperaturbereich von 1000—375° untersucht. Method. wurde derart vorgegangen, daß auf die kreisförmige Oberfläche eines Cu-Zylinders vom Durchmesser 7 mm stabiles Au u. ^{198}Au elektrolyt. niedergeschlagen wurde, u. zwar so lange, bis die Strahlungsintensität in $^1/_2$ cm Abstand von der Au-Oberfläche ca. 100 mr/Std. betrug. Nach verschieden langem Anlassen bei verschied. Tempp. wurden dünne Scheibchen von dem Zylinder abgeschnitten, in Königswasser gelöst, auf ein Standardvol. verd. u. die Radioaktivität der Lsg. mit einem GEIGER-Zähler gemessen. Bei der längsten Anlaßzeit (59 Tage) bei 375 bzw. 550° wurde der Cu-Zylinder nur mit einem Nd. von stabilem Au bedeckt, 16 Tage mit Neutronen zur Aktivierung des Au bestrahlt u. wie oben weiterbehandelt. Aus den Verss. ergab sich für die Anlaßtempp. von 1000—750° für die Diffusionskonstante D_0 der Wert $0{,}10 \pm 0{,}06$ cm^2/Sek. u. eine Aktivierungswärme der Diffusion Q von 44900 ± 1300 cal/Mol. Die Diffusionsmessungen bei 550 u. 375° zeigten, daß die gemessenen Geschwindigkeiten durch Korngrenzendiffusion erhöht wurden. Außerdem wurde festgestellt, daß die bei 1000° gemessene Diffusionsgeschwindigkeit mit zunehmender Anlaßzeit abnahm. (J. appl. Physics **25**. 364—69. März 1954. Downey, Calif., Atomic Energy Res. Dep., North American Aviat., Inc.) C. GOTTFRIED. 197

Ss. A. Ssemiletow und **S. G. Pinsker**, *Elektronographische Untersuchung des Systems der Bi–Se-Legierungen*. Die elektronograph. Unters. der Bi–Se-Legierungen zeigt, neben den schon bekannten Verbb. Bi_2Se_3 (I) u. *BiSe* (II), die Ggw. einer dritten Verb. Bi_3Se_4 (III). I hat Tetradymitpackung mit den Atomparametern Z_{Bi} 0,399, Z_{Se} 0,206 u. den Atomabständen Bi–Se_I 3,07, Bi–Se_{II} 2,99, Se–Se 3,30 Å. Bei III liegt 12schichtige Packung aus Se-Atomen vor; Raumgruppe $D_{3d}^5 = R\bar{3}m$; Z_{Bi} 0,428, $Z_{Se\,I}$ 0,286, $Z_{Se\,II}$ 0,139. Die Gitterperioden sind infolge Bldg. fester Lsgg. nicht konstant: I a = 4,12—4,17 ±0,01 (Å), c = 28,6—29,2±0,2; II a = 5,85±0,02; III a = 4,20—4,27±0,01, c = 40,2—41,0±0,3. Zunahme des Bi-Geh. (Einlagerungsphase) führt zu einer Zunahme, Zunahme des Se-Geh. (Substraktionsphase) zu einer Abnahme der Gitterperioden, wie auch experimentell bestätigt wird. (Доклады Академии Наук СССР [Ber. Akad. Wiss. UdSSR] **100.** 1079—82. 1 Tafel. 21/2. 1955. Inst. für Kristallographie der Akad. der Wiss. der UdSSR.) R. K. MÜLLER. 197

D. Rosenthal und **M. Kaufman**, *Die Abhängigkeit der Gitterspannung von der Belastung und Zeit in einer Aluminiumlegierung*. Auf der Grundlage der an einer Al-Legierung *61 S* erhaltenen Werte erscheint es nicht möglich, daß Gitterspannungen einen geeigneten Parameter für eine Zustandsgleichung ergeben. (J. Metals **6.** Trans. AIME **200.** 377—80. März 1954. Los Angeles, Calif., Univ. of California.) H. HOCHSTEIN. 197

R. R. Hasiguti, *Theoretische Betrachtung über warmfeste Legierungen*. Kurze Übersicht über die Erscheinung der Warmfestigkeit (Hitzebeständigkeit) u. Veranschaulichung der Festigkeitsminderung bzw. Härtung usw. durch Annahme von Stellungswechseln der Legierungsbauelemente bei höherer Temp. durch vorübergehende Ausscheidung u. Versetzung. (Kinzoku [Metals] **23.** 430—31. Juni 1953. Tokyo, Univ. [Orig.: japan.]) L. SCHULER. 200

H. A. Unckel, *Einfluß der Kristallausrichtung auf die mechanischen Eigenschaften verformter Metalle*. Die mechan. Eigg. verformter Legierungen ändern sich mit der Kristallorientierung. Zugfestigkeit, Duktilität, Schlag- u. Ermüdungsfestigkeit sind in verschied. Weise vom Metall u. den Verarbeitungsverff. abhängig. Ungleichmäßigkeiten, wie Schlacken u. Oxydeinschlüsse, sowie ausgeschiedene intermetall. Phasen vermindern die Duktilität, dasselbe ist bei durch Verformung, bes. nach übermäßig starker Kaltverformung, in bevorzugter Richtung orientierten Kristallen der Fall. Für verschied. Werkstoffe werden Beispiele genannt. — 14 Schrifttumsangaben. (Iron Age **172.** Nr. 11. 170—73. 10/9. 1953. Finspong, Schweden, Svenska Metallverken.) G. APEL. 200

Edward W. La Rocca, *Verhalten von Metallen bei erhöhten Temperaturen*. (Sitzungsbericht.) Es wurden die Bruchzeiten einer *Cr–Ni–Fe-Legierung* in verschied. Atmosphären sowie bei verschied. Tempp. u. Spannungen untersucht. Gefunden wurde, daß die Aktivierungsenergie des Bruchprozesses spannungsabhängig u. nicht konstant über den untersuchten Temperaturbereich von 900—1200° ist. (Physic. Rev. [2] **92.** 1082. 15/11. 1953. U. S. Naval Ordnance Test Station.) C. GOTTFRIED. 200

R. Drouard, J. Washburn und **Earl R. Parker**, *Erholung in Zinkeinkristallen*. Untersucht wird die Temperaturabhängigkeit der Erholungsgeschwindigkeit in Zn-Einkristallen nach einer einfachen Verformung durch Scheren bei niedriger Temperatur. Hierbei zeigt sich u. a., daß die kaltverformten Zn-Kristalle keinen Asterismus selbst nach großen Verformungen aufweisen u. daß sie sich bei niedriger Temp. vollständig erholen. Es wird angenommen, daß sowohl positive als auch negative Versetzungen durch die Verformung auftreten, die nicht zu großen weit verteilten Gruppen konz. sind. — Diskussion. (J. Metals **5.** Nr. 9. Sect. 2. Trans. AIME **197.** 1226—29. Sept. 1953; **6.** Nr. 5. Sect. 2. Trans. AIME **200.** 667. Mai 1954. Berkeley, Calif., Univ. of California.) H. HOCHSTEIN. 200

N. Brown, J. Washburn und **Earl R. Parker**, *Die Beziehung zwischen der ursprünglichen Kriechgeschwindigkeit und der ausgelösten Scherbeanspruchung in Zinkeinkristallen*. Aufgenommene Kurven zeigen, daß die ursprüngliche Kriechgeschwindigkeit linear mit der ursprünglichen Verformungsspannung u. folglich mit der Zunahme der Spannung oberhalb der Streckgrenze erhöht wird. (J. Metals **5.** Nr. 9. Sect. 2. Trans. AIME **197.** 1229—30. Sept. 1953. Berkeley, Calif., Univ. of California.) H. HOCHSTEIN. 200

John J. Gilman, *Die plastische Verformung von rechteckigen Zinkeinkristallen*. Die mitgeteilten Werte zeigen an, daß die krit. Scherspannung u. die Kaltverfestigungsgeschwindigkeit im Zn-Einkristall von der Orientierung seiner Gleitrichtung in bezug auf seine Außengrenzen abhängen. Die Neigung eines Kristalls zur Bldg. von Verformungszeilen hängt also von seiner Form ab. (J. Metals **5.** Nr. 9. Sect. 2. Trans. AIME **197.** 1217—22. Sept. 1953; **6.** Nr. 5. Sect. 2. Trans. AIME **200.** 666. Mai 1954. Schenectady, N. Y., Gen. Electric Co.) H. HOCHSTEIN. 200

J. J. Brady, M. B. Larson und **T. A. O'Halloran,** *Innerer Bruch als Funktion der Kaltbearbeitung von Kupferrohren bei niedrigen Frequenzen.* (Sitzungsbericht.) (Physic. Rev. [2] **98.** 271. 1/4. 1955. Oregon State Coll.) R. STEIN. 200

Thomas H. Hazlett und **Earl R. Parker,** *Der Einfluß von einigen Mischkristalle bildenden Legierungselementen auf die Kriechparameter von Nickel.* Kriechunterss. bei gleichbleibender Spannung wurden an vier Reihen von Mischkristalle bildenden Ni-Legierungen ausgeführt. Es wurde gefunden, daß die Kriechgleichung die Kriechkurven bei gleichbleibender Spannung für die *Ni–Co-*, *Ni–Fe-*, *Ni–W-* u. *Ni–Ti*-Mischkristalllegierungen richtig wiedergibt. Auch wurde gezeigt, daß die drei in der Gleichung vorhandenen Kriechparameter A, b u. ε_0 sich in einer regelmäßigen Art ändern, u. zwar nimmt der Parameter A nach einer Exponentialfunktion mit zunehmendem Legierungsgeh. ab; b steigt direkt mit zunehmendem Legierungsgeh. u. ε_0 nimmt direkt mit zunehmendem Legierungsgeh. ab. — Schrifttumsangaben. (Trans. Amer. Soc. Metals **46.** 701—15. 1954. Berkeley, Calif., Univ. of California.) H. HOCHSTEIN. 200

A. W. Bulgadajew, *Untersuchung der Beziehung zwischen Reibungskraft und „elementaren Kräften".* Bei Berührung fester Oberflächen (ungeschmiert oder mit Grenzschmierung) tritt Gleiten nur ein, wenn die angelegte tangentiale Kraft größer ist als die Ruhereibungskraft (Koeff. μ); bei geringerer tangentialer Kraft erfolgen nur sehr geringe Verschiebungen („Vorverschiebungen"), die durch „elementare Kräfte" ($\Delta\omega$) bedingt sind. Messungen mit Piezoquarz an den sich berührenden Oberflächenpaaren Quarz (I)–Glas (II), I–I, II–II, Glimmer–Glimmer, Ag–Ag u. Ag–Stahl zeigen, daß bei glatten Oberflächen (Rauhigkeit R = 10^{-5} bis 10^{-6} cm) μ u. $\Delta\omega$ völlig parallel gehen, während bei rauheren Oberflächen (R = $5 \cdot 10^{-4}$) μ nur teilweise von $\Delta\omega$ abhängt u. bei groben Oberflächen (R = 10^{-3}) keine Beziehung zwischen μ u. $\Delta\omega$ besteht. (Доклады Академии Наук СССР [Ber. Akad. Wiss. UdSSR] [N. S.] **97.** 805—08. 11/8. 1954. Physikal. Lebedew-Inst. der Akad. der Wiss. der UdSSR.) R. K. MÜLLER. 200

A. L. Nowick, *Innere Reibung und dynamischer Modul kalt bearbeiteter Metalle.* Da die Deutung der experimentellen Ergebnisse über die innere Reibung u. den dynam. Modul von kalt bearbeiteten Metallen zum Teil widerspruchsvoll ist, unterteilt Vf. das Verh. von deformierten Metallen in 3 verschied. Effekte, u. zwar in den „nicht linearen Effekt", den KÖSTER-Effekt u. den „Viscositätseffekt". Der erste Effekt ist charakterisiert durch starke Amplitudenabhängigkeit, Frequenzunabhängigkeit sowie durch sein Verschwinden nach starker Deformation. Der KÖSTER-Effekt zeigt eine sehr schnelle Erholung nach der Deformation, u. zwar bei Tempp. unterhalb der Rekristallisationstemperatur. Der dritte Effekt schließlich ist durch eine starke Frequenz- u. Temperaturabhängigkeit charakterisiert. Der Ursprung der 3 Effekte wird kurz vom Standpunkt der Versetzungstheorie diskutiert. (J. appl. Physics **25.** 1129—34. Sept. 1954. New Haven, Conn., Yale Univ., Hammond Metallurg. Labor.) C. GOTTFRIED. 200

T. R. Cuykendall, T. Beresovski und **H. S. Sack,** *Innere Reibung in Metalleinkristallen bei Audiofrequenzen.* (Sitzungsbericht.) Es wurde die innere Reibung von sehr reinen Einkristallen von *Al*, *Cu* u. *Zn* bei 1000 Hz u. niedrigeren Frequenzen u. im Falle von Cu bei Tempp. bis zu 550° gemessen. Verwendet wurden die seitlichen Schwingungen dünner Röhrchen, wobei die Schwingungsamplitude um einen Faktor von 100 variiert u. ihre angenäherte Größe angenähert berechnet werden konnte. Die beobachteten maximalen Spannungen betrugen ca. 10^{-5}. Die beobachteten elast. Verluste waren um eine Größenordnung größer als die von anderen Seiten beobachteten Werte bei 20 bis 60 kHz. Die Verluste nehmen mit steigender Schwingungsamplitude zu; diese Zunahme ist steil u. nimmt bei steigenden Tempp. bei niedrigeren Amplituden zu, bei Cu nähert sie sich einem Grenzwert bei hohen Amplituden. Eine definitive Änderung mit der Kristallorientierung konnte nicht beobachtet werden. Die Temperaturabhängigkeit kann für Zn durch eine Aktivierungsenergie von ca. 5 kcal u. für Cu durch 2 Aktivierungsenergien von 1 u. 10 kcal bei niedriger u. hoher Temp. dargestellt werden. (Physic. Rev. [2] **94.** 1421. 1/6. 1954. Cornell Univ.) C. GOTTFRIED. 200

C. Wert, *Innere Reibung in einigen Fe–Al-Legierungen.* (Sitzungsbericht.) (Physic. Rev. [2] **98.** 246. 1/4. 1955. Univ. of Illinois.) R. LEVI. 200

Jean Laval, *Atomistische Theorie der kristallinen Elastizität unter Ausschluß der Zentralkräfte.* Theoret. Abhandlung. (C. R. hebd. Séances Acad. Sci. **238.** 1773—75. 3/5. 1954.) C. GOTTFRIED. 200

A. S. Lodge und **H. G. Howell,** *Reibung eines elastischen festen Körpers.* Vff. stellen auf theoret. Wege eine Beziehung zwischen der empir. Reibungsbeziehung F = α R exp. n u. der elast. Rauheitstheorie her. In dieser Beziehung bedeuten F die Reibungskraft, R die Gesamtbelastung, α einen Reibungskoeff. u. n einen Reibungsindex, welcher gewöhnlich zwischen $^2/_3$ u. 1 liegt. Behandelt werden 3 Kontaktfälle, u. zwar ebene Oberflächen, zylindr. Oberflächen u. ein Band um einen Zylinder. Vff. leiten verschied. Beziehungen her für F in Abhängigkeit von R u. der Größe, Anzahl u. elast. Konstanten der Rauheiten. (Proc. physic. Soc., Sect. B 67. 89—97. 1/2. 1954. Urmston near Manchester, Bristish Rayon Res. Assoc.) C. GOTTFRIED. 200

Willy Dekeyser et **Séverin Amelinckx**, Les Dislocations et la croissance des cristaux. Paris: Masson. 1955. (VIII + 186 S. m. Abb.) 8°. fr. 2000,—.

A₇. Gleichgewichte. Kinetik.

Harold L. Friedman, *Über die Thermodynamik der Wechselwirkung zwischen gelösten Stoffen in verdünnten ternären Lösungen.* Bei weitgehend verschied. tern. Lsgg. wurde gefunden, daß das chem. Potential μ_1 eines gelösten Stoffes linear von der Molalität m_2 des anderen gelösten Stoffs abhängig ist, wenn m_1 u. m_2 klein sind. Der Grenzwert von $(\partial\mu_1/\partial m_2)_{m_1}$, wenn sich m_1 u. m_2 dem Wert 0 nähern, ist gleich $(\partial\mu_2/\partial m_1)_{m_2}$ in der gleichen Grenze u. ist der einfachste Wechselwirkungskoeff. zwischen den beiden gelösten Stoffen in einem solchen System. Dieser Koeff. kann durch Löslichkeitsmessungen einer der reinen Komponenten in der tern. Lsg. bestimmt werden u. durch bestimmte andere Messungen an der geeigneten bin. Lsg., jedoch nicht ohne eine außerthermodynam. Annahme. (J. physic. Chem. **59.** 161—64. Febr. 1955. Los Angeles, Calif., Univ. of Southern California, Dep. of Chem.) A.-F. BOGENSCHÜTZ. 221

S. Chaberek jr. und **Arthur E. Martell,** *Wechselwirkung zweiwertiger Metallionen mit N-Oxyäthyläthylendiamintriessigsäure.* Es wird über eine potentiometr. Unters. der Bldg. von 1 : 1-Metall-Chelatverbb. mit *N-β-Oxyäthyläthylendiamintriessigsäure* (I) u. Best. der entsprechenden Chelatbildungskonstanten bei 29,6° zu log K = 17,4 für Cu^{2+}, 17,0 für Ni^{2+}, 14,4 für Co^{2+}, 14,5 für Zn^{2+}, 13,0 für Cd^{2+}, 11,6 für Fe^{2+}, 10,7 für Mn^{2+} u. 8,0 für Ca^{2+} berichtet. Die pk-Werte für I werden zu 2,64, 5,33 u. 9,73 bestimmt. Beim Vgl. mit den Konstanten für die entsprechenden Verbb. mit *Äthylendiamintetraessigsäure* zeigt sich, daß der Ersatz einer Essigsäuregruppe durch eine Oxyäthylgruppe eine Abnahme der Basizität des Aminosäureanions bewirkt u. die Chelatbildungskonstanten um 0,9—3,4 log K-Einheiten verringert. Der Einfl. des p_H auf die Chelatbildungstendenz der I wird diskutiert u. auf die Wrkg. der Metallhydrolyse u. die Störungen durch Oxalate u. Carbonate aufmerksam gemacht. (J. Amer. chem. Soc. **77.** 1477—80. 20/3. 1955. Framingham u. Worcester, Mass., Bersworth Res. Labor. u. Clark Univ., Dep. of Chem.) W. NIEMITZ. 223

J. D. Corbett und **S. von Winbush,** *Die Löslichkeit einiger Metalle in ihren geschmolzenen Halogeniden.* Es werden Verss. zur Messung der scheinbaren Löslichkeit von 6 Metallen in den Schmelzen ihrer nachst. Halogenide bei verschied. Tempp. beschrieben: $SnCl_2$, $SnBr_2$, $PbCl_2$, $TlCl$, $AgCl$, $GaCl_2$ u. AlJ_3. Die Ergebnisse werden im Hinblick auf die Möglichkeit der Bldg. von „Subhalogeniden" sowie auf die Zusammenhänge zwischen Farbe u. beobachteten Gefrierpunktsdepressionen der Schmelzen u. dem Lösungszustand der Metalle diskutiert u. zum Teil mit denen anderer Autoren verglichen. Die Löslichkeiten sind in einer Tabelle wiedergegeben. Ein Vgl. der Daten für *Pb* u. *Sn* mit bekannten Löslichkeiten von Metallen in Erdalkali- u. Cd(II)-Halogeniden zeigt eine allg. Abnahme der Löslichkeit mit zunehmend elektropositivem Charakter des Metalls. Im Gegensatz zu den intensiv farbigen oder dunklen Schmelzen, die bei solchen Systemen im allg. erhalten werden, sind die geschmolzenen Systeme *Al*–AlJ_3 u. *Ga*–$GaCl_2$ wahrscheinlich infolge Bldg. von „Subhalogeniden" farblos. Die Löslichkeit von Al in AlJ_3 kann zu der theoret. berechneten Stabilität von *AlJ* in Beziehung gebracht werden. Bei der Rk. von gasförmigem $SnCl_2$ bzw. $PbCl_2$ mit überschüssigem metall. Sn oder Pb im Temperaturbereich 550—950° bzw. 500—575° findet keine merkliche Bldg. von „Subhalogeniden" statt. (J. Amer. chem. Soc. **77.** 3964—66. 5/8. 1955. Ames, I., Iowa State College, Inst. for Atomic Res. and Dep. of Chem.) H. HOFMANN. 224

G. M. Pantschenkow, *Nochmals über die Berechnung der Geschwindigkeiten von chemischen, in einem Strom verlaufenden Gasreaktionen.* In seiner Erwiderung an OROTSCHKO (C. **1955.** 10459) wiederholt Vf. seine frühere Kritik (C. **1956.** 653) an den Arbeiten von OROTSCHKO (l. c.) u. NAGIJEW (C. **1952.** 3132). (Журнал Физической Химии [J. physik. Chem.] **27.** 596—98. April 1953. Moskau, Gubkin-Erdölinst.) O. LEBTAG. 225

P. V. Danckwerts, *Absorption bei gleichzeitiger Diffusion und chemischer Reaktion.* Vf. leitet Gleichungen für die Absorptionsgeschwindigkeit u. die Konzentrationsverteilung ab für den Fall, daß ein Stoff mit begrenzter Löslichkeit in eine sehr große Menge eines Lösungsm. diffundiert, mit dem es nach 1. Ordnung reagiert. Die Gleichungen werden ausgedehnt auf den Fall, daß das Lösungsm. eine Mischung ist u. der hineindiffundierende Stoff nur mit einer Komponente (nach 1. Ordnung) reagiert. Es wird eine Gleichung mitgeteilt, die auf den letzten Fall unter der Bedingung, daß die chem.

Rk. sehr rasch abläuft, angewendet werden kann. (Trans. Faraday Soc. **46.** 300—04. April 1950. Cambridge, Dep. of Chem. Engng., Tennis Court Road.) G. HARTMANN. 225

G. P. Mikluchin und **A. F. Rekaschewa,** *Die Beweglichkeit des Wasserstoffs in Salzen und Derivaten der Essigsäure.* (Vgl. C. **1955.** 7645.) Es wird die Geschwindigkeit des Austauschs von D (Zeit bis zum Erreichen des Gleichgewichts) beim Erhitzen von CH_3COOD mit CH_3COOM (s. unten) auf 150°, also des Austauschs des D der COOD-Gruppe gegen ein H-Atom der CH_3-Gruppe bei verschied. Derivv. untersucht. Die Geschwindigkeit nimmt ab in der Reihenfolge M = CH_3CO (Essigsäureanhydrid, 20—24 Std. > K (28—30) > Pb (170—200) > H (in 100 Std. nur ca. $^1/_3$ des Gleichgewichts) >C_2H_5 (in 100 Std. nur ca. 20% des Gleichgewichts). Diese Reihenfolge unterscheidet sich von der in wss. Lsgg. gefundenen, die im wesentlichen durch den Kovalenzgrad der O—M-Bindungen bestimmt ist, während hier der Austausch um so schneller verläuft, je stärker bas. Charakter M hat. Beim Austausch zwischen D_2O u. Na- u. Pb-Salzen höherer Fettsäuren (Propion- bis Stearinsäure) nimmt die Geschwindigkeit mit steigender Zahl der C-Atome ab; die Pb-Salze tauschen in allen Fällen erheblich rascher aus als die Na-Salze. (Доклады Академии Наук СССР [Ber. Akad. Wiss. UdSSR] **101.** 881—84. 11/4. 1955. Pissarshewski-Inst. für physik. Chem. der Akad. der Wiss. der UdSSR.)
R. K. MÜLLER. 225

W. I. Schechobalowa, I. W. Krylowa und **N. I. Kobosew,** *Katalytische Oxydation von Schwefeldioxyd.* 2. Mitt. *Kinetik der Oxydation von Schwefeldioxyd im Gebiet der atomaren und kristallinen Schichten von Platin und Palladium.* (1. vgl. C. **1956.** 951.) An $Pt-SiO_2$-Gel-Katalysatoren mit 0,05 (Bedeckungsgrad $\alpha = 0{,}0005$), 0,3, 0,5, 1,25, 3,5 4 ($\alpha = 0{,}04$) u. 8% Pt wird für die Rk. $2\,SO_2 + O_2 \rightarrow 2\,SO_3$ im strömenden Syst. die Beziehung $-d[SO_2]/dt = k[SO_2]/[SO_3]^{1/2}$ bestätigt. Die Geschwindigkeitskonstante k ist beim gleichen Katalysator vom Durchsatz (15—180 Liter/Std.) unabhängig. Bei 450, 400 u. 350° ergeben sich für k bei 0,05% Pt die Werte 23, 8,7 u. 2,75, bei 8% Pt —, 177, 70 (300° 16). Auch für die SO_2-Oxydation an Pd auf SiO_2-Gel gilt obige Beziehung; bei 500 u. 450° ist k bei 0,05% Pd ($\alpha = 0{,}009$) 2,00 u. 0,630, bei 2,1% Pd ($\alpha = 0{,}0446$) 4,0 u. 1,35. Da Pt u. Pd auch bei kleinsten Konzz. wirksam sind, wird angenommen, daß bei jedem α die akt. Zentren Einzelatome Pt_1 u. Pd_1 sind. Krist. Pt ist nicht wirksam, sondern dient nur als Träger für akt. Pt_1-Zentren. Für diesen Sachverhalt spricht auch die Konstanz der Aktivierungsenergie bei verschied. α; sie beträgt bei Pt 19,0, bei Pd 27,0 kcal/Mol. (Журнал Физической Химии [J. physik. Chem.] **26.** 1666—72. Nov. 1952. Moskau, Lomonossow-Univ.) R. K. MÜLLER. 227

A. F. Rekaschewa und **G. P. Mikluchin,** *Untersuchung der Herkunft und der Wanderung des Wasserstoffs bei Oxydations-Reduktions-Reaktionen. Reduzierende Alkylierung.* (Vgl. C. **1954.** 11157; **1955.** 59.) Als wesentliches Merkmal der Oxydations-Red.-Rkk. wird die homolyt. Aufspaltung der Bindungen in den durch das Red.- u. das Oxydationsmittel gebildeten Zwischenverbb. angesehen, z. B. $PhN_2X + C_2H_5OD \xrightarrow{-DX}$

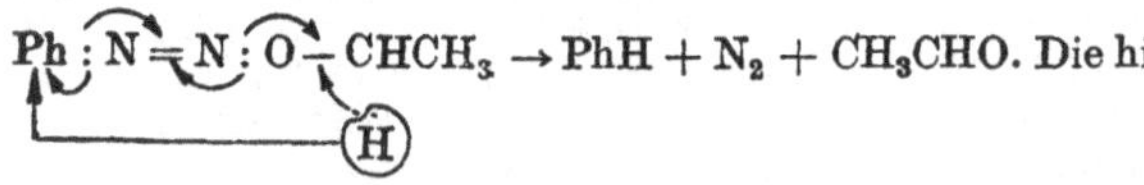

Die hier angegebene Umlagerung des H von Moll. des Reduktionsmittels zu den Moll. der zu reduzierenden Verb. wird am Beispiel der reduzierenden Methylierung erläutert. So werden bei Umsetzung von Piperidinderivv. mit ^{14}C enthaltendem Formaldehyd u. gewöhnlicher Ameisensäure N-^{14}C-Methyl-Derivv. erhalten, dessen C also aus Formaldehyd stammen muß: $>NH + H^{14}CHO + HCOOH \rightarrow >N^{14}CH_3 + CO_2 + H_2O$. Das dritte H-Atom der CH_3-Gruppe wird von der Ameisensäure geliefert, bei der also die C—H-Bindung homolyt. gespalten wird. Ein analoger Mechanismus ist bei der Bldg. von Trimethylamin aus NH_4Cl u. Paraformaldehyd anzunehmen, die nach obigem Schema so verläuft: $ND_3 \cdot DCl + HCHO \rightarrow DCl \cdot D_2NCH_2OD$

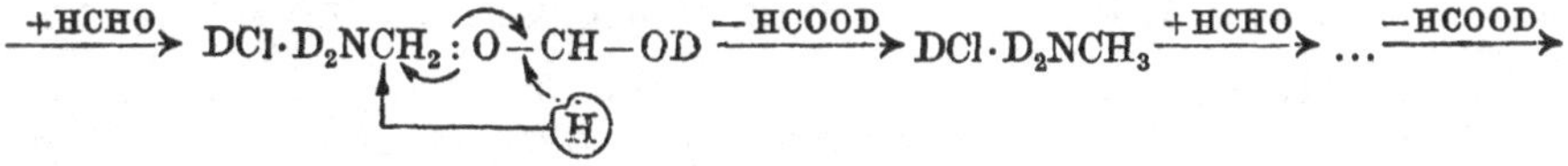

$N(CH_3)_3 \cdot DCl$. Auch hier bestätigt der Vers., daß das 3. H-Atom der CH_3-Gruppen des Trimethylamins aus HCHO, nicht aus ND_4Cl stammt. (Доклады Академии Наук СССР [Ber. Akad. Wiss. UdSSR] **101.** 689—91. 1/4. 1955. Pissarshewski-Inst. für physik. Chem. der Akad. der Wiss. der UdSSR.) R. K. MÜLLER. 227

Paul Hugh Emmett, ed., Catalysis. V. 3. Hydrogenation and dehydrogenation. New York: Reinhold. 1955. (511 S., Diagr.) O. $ 12,50.

A_8. Präparative anorganische Chemie. Komplexchemie. Metallorganische Verbindungen.

Ss. S. Makarow und **N. K. Grigorjewa,** *Untersuchung von Systemen mit konzentriertem Wasserstoffperoxyd.* 4. Mitt. *Löslichkeitsisothermen des ternären Systems $Ca(OH)_2$–H_2O_2–H_2O.* (3. vgl. C. **1955.** 4796.) Durch Aufnahme der Löslichkeitsisothermen des Syst. $Ca(OH)_2$–H_2O_2 (I)–H_2O bei 0, −10 u. −21° wird nachgewiesen, daß bei −10 u. −21° in der festen Phase $CaO_2 \cdot 8\,H_2O$ (II) u. $CaO_2 \cdot 2\,H_2O_2$ (III) vorliegen. II ist bei −21° im Bereich 24,5—28% I, bei −10° bei 14,8—21,9% I nachweisbar. Die III-Konz. erreicht bei −21° 81%, bei −10° 92%. Bei 0° beobachtet man die Bldg. von II bei 5—6% I in der fl. Phase, III bei 22—88% I. Bei 7—20% I liegt $CaO_2 \cdot 2\,H_2O$ vor. (Известия Академии Наук СССР, Отделение Химических Наук [Nachr. Akad. Wiss. UdSSR, Abt. chem. Wiss.] **1954.** 385—91. Mai/Juni. Labor. für Peroxydverbb. der Akad. der Wiss. der UdSSR.) O. LEBTAG. 241

Klaus Clusius und **Hans Heinrich Bühler,** *Reaktionen mit ^{15}N.* 16. Mitt. *Die Bildung von Nitrat bei der Oxydation von Ammoniak mit Hypobromit.* (15. vgl. C. **1955.** 4799.) Vff. behandelten $^{15}NH_4NO_3$ mit 2,4fachem Überschuß wss. 0,5 mol. KOBr-Lsg. u. untersuchten bandenspektrograph. das isolierte KNO_3. Dieses enthält einen erhöhten Geh. an ^{15}N, ein Teil des Ammonium-N ist also bis zur Nitratstufe oxydiert worden, u. zwar ca. 0,40%. Klarheit über mögliche Zwischenprodd. konnte jedoch nicht erhalten werden. (Helv. chim. Acta **37.** 2361—62. 1/12. 1954. Zürich, Univ., Physikal.-Chem. Inst.) B. GNAUCK. 243

Mark M. Jones, L. F. Audrieth und **Ervin Colton,** *Untersuchungen zur Raschig-Synthese von Hydrazin: Die Reaktion zwischen wässerigem Chloramin und Ammoniaklösungen.* Es werden Unterss. hinsichtlich der Faktoren, die die Ausbeute an N_2H_4 bei der Rk. zwischen NH_2Cl u. NH_4OH (RASCHIG-Synth.) beeinflussen, beschrieben u. diskutiert. Aus diesen u. den Ergebnissen anderer Autoren geht hervor, daß die Rk. in wss. Lsg. u. Ggw. von Gelatine auch ohne NaOH stattfindet, dessen Ggw. jedoch die Ausbeute an N_2H_4 erhöht. HOCl ist unter den Bedingungen der Synth. ($p_H > 7{,}5$) weder in wss. noch in wss. Ätherlsgg. von NH_2Cl zugegen, so daß der Mechanismus einer direkten Rk. zwischen NH_3 u. NH_2Cl ohne HOCl als Zwischenprod. anzunehmen ist. Der Einfl. von NH_4-Salzen beruht ausschließlich auf ihrer die Basizität der Lsgg. reduzierenden Wirkung. Auf Grund dieser Ergebnisse ist anzunehmen, daß bei der Synth. kein Elektrolyteffekt auftritt. (J. Amer. chem. Soc. **77.** 2701—03. 20/5. 1955. Urbana, Ill., Univ. of Illinois, Noyes Chem. Labor.) H. HOFMANN. 243

B. M. Gamson und **R. H. Elkins,** *Schwefel aus Schwefelwasserstoff.* Diskussion der verschied., die Umwandlung von H_2S in S betreffenden Reaktionsgleichungen. Thermodynam. Daten u. Berechnungen. Schwierigkeiten ergeben sich aus Variationen der S-Struktur bei verschied. Temperaturen. Verbrennung bei hohen Tempp., Betrachtungen über verwendete Katalysatoren. Kinet. Daten u. Ausbeuten bei der Oxydation von H_2S u. COS. Diskussion des CLAUS-Verf. u. der Verbesserungen durch BAEHR (I.G.), durch die GREAT LAKES CARBON CORP. u. die JEFFERSON LAKE SULFUR CO. Diese Verff. wurden durch Fließbilder dargestellt. (Chem. Engng. Progr. **49.** 203—15. April 1953. Morton Grove, Ill., Great Lakes Carbon Corp.) K. STEINER. 253

J. Govaerts, *Isotopenaustausche und Struktur des Tricalciumphosphats.* Der Austausch von PO_4^{3-} zwischen festem $Ca_3(PO_4)_2$ (I) u. Na_2HPO_4 (II) in 0,16- u. 0,013 mol. wss. Lsg. wird mit Hilfe von ^{32}P untersucht, wobei ^{32}P teils in I, teils in II eingebaut wird. Die Ergebnisse zeigen starke Streuung u. geringe Reproduzierbarkeit, bes. wenn verschied. Präpp. von I verwendet werden. Der Austausch scheint in 3 kinet. unterscheidbaren Stufen mit Halbzeiten von 16,7 Min., 9 Std. u. 222 Tagen zu erfolgen. Ähnliche Ergebnisse werden beim Austausch von ^{45}Ca zwischen I u. $CaCl_2$ erhalten. Es wird angenommen, daß die rasche Stufe den Austausch mit den Ionen der Kristalloberfläche, die langsameren Stufen den Austausch mit tiefer im Kristall liegenden Ionen umfassen. Aber auch die Möglichkeit eines Austausches mit Autodiffusion ist nicht ausgeschlossen. (An. Real Soc. españ. Física Quím., Ser. B **50.** 259—74. März 1954. Liège, Univ., Inst. de Phys. nucl.) R. K. MÜLLER. 264

A. W. Kirssanow, *Bis-[trichlorphosphazo]-sulfon. Bis-[trichlorphosphazo]-sulfon,* $O_2N_2Cl_6SP_2$, F. 40,5—41,5°, wird nach $2\,PCl_5 + NH_2SO_2NH_2 \rightarrow 4\,HCl + Cl_3P{=}NSO_2N{=}PCl_3$ mit quantitativer Ausbeute gewonnen. Man erhitzt 28,83 g $NH_2SO_2NH_2$ mit 131,24 g PCl_5 auf 60, dann 90°; Reaktionsdauer 30 Min.; zur Entfernung von überschüssigem PCl_5 wird 1 Std. in sd. Wasserbad u. 15—30 Min. auf 130° (Badtemp.) erhitzt; strahlige M. oder (aus Bzl.) große Tafeln; in 5 ml Bzl. lösen sich ca. 60 g bei 20°; reagiert energ. mit W., NH_3, Aminen, Alkoholen, Phenolen u. metallorgan. Verbindungen. (Журнал Общей Химии [J. allg. Chem.] 22 (**84**). 1346—49. Aug. 1952. Dnepropetrowsk, Metallurg. Stalin-Inst., Lehrstuhl für organ. Chem.) R. KNOBLOCH. 264

Della M. Roy, Rustum Roy und **E. F. Osborn,** *Fluoridstrukturtypen.* 3. Mitt. *Das System $NaF-BeF_2$ und die Polymorphie von Na_2BeF_4 und BeF_2.* (2. vgl. COUNTS, C. **1955.** 1353.) Vff. berichten über kristallchem. Unterss. über das Syst. $NaF-BeF_2$. Differentialthermoanalyt., röntgenograph. u. mkr. Prüfungen zeigen bei niedrigeren Schmelztempp. weitgehende Analogie mit dem Syst. $CaO-SiO_2$, es fehlt jedoch die unmischbare fl. Phase ebenso wie die Analoga zu $3CaO \cdot SiO_2$ u. $3CaO \cdot 2SiO_2$. Die Verb. Na_2BeF_4 weist mit drei stabilen u. einer labilen Modifikation weitgehende Strukturverwandtschaft mit dem Dicalciumsilicat auf. Zustandsdiagramm u. Angabe der Existenz- u. Transformationsintervalle. Unterhalb von 343° besitzt das $NaBeF_3$ (β-Modifikation) Strukturanalogie mit dem β-$CaO \cdot SiO_2$, während oberhalb dieser Temp. eine β'-Modifikation mit geringem Unterschied in der Gitterstruktur existent ist. Das Berylliumfluorid bildet eine Quarz- u. eine Cristobalitmodifikation, die in Analogie zum α- u. β-Quarz in Ggw. von Pb^{2+} oder Mg^{2+} zu enantiotroper Umwandlung befähigt sind. In bin. Systemen mit Na^+ oder Li^+ wurde nur die bei höheren Tempp. beständigere Quarzmodifikation nachgewiesen. (J. Amer. ceram. Soc. **36.** 185—90. Juni 1953. Pennsylvania State College.) W. ANIKA. 281

S. W. Mayer und **E. C. Freiling,** *Ionenaustausch als Trennungsmethode.* 6. Mitt. *Untersuchungen über die relative Wirksamkeit verschiedener Komplexbildner für die Trennung der leichteren Seltenen Erden in Säulen.* Unter Verwendung von β-Strahlen emittierenden ^{153}Sm, ^{152}, ^{154}Eu, ^{160}Tb u. ^{91}Y werden die Trennfaktoren C_{Sm}/C_{Eu} u. C_{Eu}/C_{Tb} für die Trennung von *Sm* u. *Eu*, sowie Eu u. *Tb* mit *Äthylendiamintetraessigsäure* (**I**), *Milchsäure* (**II**), *Glykolsäure* (**III**), *Äpfelsäure* (**IV**) u. *Citronensäure* (**V**) am Kationenaustauscher *Dowex 50* bei 87° bestimmt. Durch Variation der Konz. u. des p_H wird die beste Trennwrkg. ermittelt. Für einbas. Säuren wird eine weitgehende Unabhängigkeit von der Durchflußgeschwindigkeit festgestellt. Zur besseren Ausnutzung niedriger Konz. wird zwecks größerer Durchflußgeschwindigkeit Druck angewendet. Die Trennwrkg. fällt in der Reihenfolge **I** > **II** = **III** > **IV** > **V**. Die Faustregel $(C_{Sm}/C_{Eu})^{2,7} = C_{Eu}/C_{Tb}$ wird zur Zeit noch näher untersucht. (J. Amer. chem. Soc. **75.** 5647—49. 20/11. 1953. San Francisco, Calif., U. S. Naval Radiol. Defence Labor.) GÜNTER LANGE. 303

G. Brauer, J. Jander und **H. Rögener,** *Zur Struktur und Zusammensetzung von Niob-Stickstoffverbindungen.* Kurze vergleichende Diskussion der Arbeiten von BRAUER u. JANDER (C. **1955.** 5022) u. RÖGENER (C. **1955.** 985). (Z. Physik **134.** 432—34. 1953. Freiburg/Br., Univ., Chem. Labor.; Essen, Techn. Überwachungsverein e. V.) R. STEIN. 331

Arnold Reisman und **Frederic Holtzberg,** *Phasengleichgewichte im System $K_2CO_3-Nb_2O_5$ nach der Methode der thermischen Differentialanalyse.* Mittels der Meth. der therm. Differentialanalyse werden die heterogenen Gleichgewichte der Festkörper untersucht, die bei der Rk. von K_2CO_3 mit Nb_2O_5 im Temperaturbereich von 700—1500° entstehen. App. (Skizze) u. experimentelle Daten werden ausführlich beschrieben. Als Vergleichsmaterial für die Temperaturmessungen wird „Norton Refractory Grain, 90 mesh R R Alundum" verwendet. Die Ergebnisse sind als Phasendiagramm für das Syst. K_2CO_3- bzw. $K_2O-Nb_2O_5$ wiedergegeben. Es wurden 5 Verbb. gefunden, die den Formeln $3\,K_2O \cdot Nb_2O_5$ (**I**), $K_2O \cdot Nb_2O_5$ (**II**), $2\,K_2O \cdot 3\,Nb_2O_5$ (**III**), $K_2O \cdot 3\,Nb_2O_5$ (**IV**) u. $3\,K_2O \cdot 22\,Nb_2O_5$ (**V**) entsprechen. **I** schm. kongruent bei einer nicht genau bestimmbaren Temp. (ca. 950°), **II**, **IV** u. **V** schm. inkongruent bei 1039 bzw. 1234 bzw. 1279°, **III** schm. kongruent bei 1163°. Im Gebiet von 0—75 Mol-% dient K_2CO_3 ausschließlich als Quelle für K_2O, während von 75—100 Mol-% K_2CO_3 als echte Komponente vorliegt. Im Gebiet 75—100 Mol-% K_2CO_3 herrscht Gleichgewicht zwischen **I** u. K_2CO_3. Der eutekt. Punkt liegt bei 794°/89 Mol-% K_2CO_3. Im Gebiet 50—75 Mol-% liegt das Syst. **I**–**II** mit dem eutekt. Punkt bei 845°/66,5 Mol-% K_2CO_3 vor. Einkristalle von **II** werden nur im Gebiet von 50—67 Mol-% K_2CO_3 erhalten. Bei 55 Mol-% wurden weiße Kristalle mit der im Vgl. zu allen anderen, gefärbten Typen geringsten Leitfähigkeit ($\varrho = 5{,}06 \cdot 10^8\ \Omega \cdot cm$) erhalten. Das Syst. **II**–**III** existiert vom Peritektikum bei 50 Mol-% bis zur Kongruenz bei 40 Mol-%, das Syst. **III**–**IV** im Gebiet 25—40 Mol-%. Ein eutekt. Punkt liegt bei 1150°/35 Mol-%. **III** bildet glimmerartige, doppelbrechende Kristalle, **IV** blaßgelbe, rechteckige, doppelbrechende Platten. Zwischen den Peritektika bei 25 Mol-% u. bei 18,5 Mol-% liegt das Syst. **IV**–**V** vor. **V** bildet faserartige Kristalle. Zwischen 12 bis 18,5 Mol-% u. 0—12 Mol-% bestehen Gleichgewichte zwischen Nb_2O_5 u. **V** entsprechend den Gleichungen Nb_2O_5 + Fl. → **V** + Fl. + cal bzw. Nb_2O_5 + Fl. → **V** + cal. (J. Amer. chem. Soc. **77.** 2115—19. 20/4. 1955. New York, N. Y., Internat. Business Machines, Watson Labors.) H. HOFMANN. 331

John E. Ricci und **Frank J. Loprest,** *Phasenbeziehungen im System Natriumoxyd–Urantrioxyd–Wasser bei 50 und 75°.* Es werden Unterss. über die Phasenbeziehungen von Gleichgewichten im Syst. $Na_2O-UO_3-H_2O$ bei 50 u. 75° mittels Methoden, die auf der Phasenregel beruhen, eingehend beschrieben u. diskutiert. Neben den Grenzfestkörpern $NaOH \cdot H_2O$ u. $UO_3 \cdot 2\,H_2O$ existieren bei 50° 4 feste, inkongruent lösl. Kombinationen der beiden Oxyde, wobei die Konz. des UO_3 in den fl. Phasen in der Größenordnung 10—20 mg/Liter liegt. Bei fast mit Na_2O gesätt. Lsgg. mit einem Geh. von 42,8—45,2% Na_2O liegt als sättigender Festkörper eine rosarote hydratisierte Verb. mit dem wahrscheinlichen Verhältnis $Na_2O : UO_3$ 5 oder 6 : 1 vor. Als nächste feste Phase bei Flüssigkeitskonzz. bis herab zu 0,0160% Na_2O liegt eine feste Lsg. von erheblicher Variationsbreite in der Zus. vor, deren Farbe von Hellorange bis Gelb variiert. Für die wasserfreie Form liegt die obere Na_2O-Grenze bei der ungefähren Zus. $8\,Na_2O \cdot 11\,UO_3$. Die etwas hydratisierte Form erstreckt sich wahrscheinlich von der Zus. $Na_2UO_4 \cdot H_2O$ bis zu ca. $Na_2O \cdot 3\,UO_3$. — $Na_2U_2O_7$ bildet nur einen Punkt im kontinuierlichen Bereich dieser festen Lösung. An vorst. Phase schließt sich bis herab zu Flüssigkeitskonzz. von 0,00058% Na_2O die feste Verb. $Na_2O \cdot 6\,UO_3$ an, die wenig oder keine Tendenz zeigt, mit neben ihr vorliegenden Festkörpern feste Lsgg. einzugehen. Dieser Phase folgt eine weitere feste Lsg., die von den ungefähren Zuss. $Na_2O \cdot 12\,UO_3$ u. $Na_2O \cdot 18\,UO_3$ begrenzt wird. Sättigung mit dieser festen Lsg. u. $UO_3 \cdot 2\,H_2O$ ist bei einem Geh. von 0,00012% Na_2O in der Fl. erreicht. Die Isotherme für 75° wurde nur für Flüssigkeitskonzz. unter 30% Na_2O untersucht u. zeigte in diesem Gebiet die gleiche Reihenfolge, Art u. die gleichen Zuss. der festen Phasen wie bei 50°. Die Na_2O-Konzz. der 3 erfaßten u. isotherm invarianten Fll., die jeweils mit 2 Festkörpern gesätt. sind, sind geringer als die entsprechenden Konzz. bei 50°. (J. Amer. chem. Soc. **77.** 2119—29. 20/4. 1955. New York, N. Y., Univ., Dep. of Chem.) H. HOFMANN. 339

John Chipman und **Nev. A. Gokcen,** *Silicium-Sauerstoff-Gleichgewicht im flüssigen Eisen. Eine Berichtigung.* Die frühere Veröffentlichung der Vff. (J. Metals **4.** [1952.] 171) über die Beziehungen zwischen dem Si-Geh. u. der Wirksamkeit von O_2 in fl. Eisen wird berichtigt, u. die berichtigten Werte der thermodynam. Eigg. der festen Lsg. werden angegeben. Eine neu veröffentlichter Wert für die Bildungswärme von *Cristobalit* wird bei den neuen Berechnungen benutzt. (J. Metals 5. Trans. AIME **197.** 1017—18. Aug. 1953. Cambridge, Mass., MIT.) H. HOCHSTEIN. 354

Fritz Kröhnke, *Über tieffarbige Hexacyanoferrate(II) mit organischem Kation (zugleich 3. Mitt. über „Bathochromie durch Salzbildung").* (2. vgl. C. **1956.** 948.) Salze vom Typ eines quartären Pyridiniumhexacyanoferrats(II) u. Hexacyanoferrate(II) (= Ferrocyanide, „Feoc") tert. Cyclaminbasen nach Art des Pyridins sind bathochrom, entsprechend den Vorstellungen über „Redoxbathochromie" (in der 1. Mitt. „Redoxmesomerie" genannt; ein Elektron des Anions wird in Richtung auf das elektrophile Kation gelockert). Feoc u. Oktacyanomolybdate(IV) mit anorgan. Kation sind bathochrom, wenn ihr Kation genügend leicht reduzierbar ist [Cu(II), Fe(III)]. Nicht bathochrom sind Feoc mit nicht cycl. oder cycl., aber partiell hydriertem Ammoniumkation u. Salze mit Metallionen, die nicht in eine niedere Wertigkeitsstufe übergehen können. Pyridinium- u. allg. analog gebaute cycl. Oniumreste können als WITTsche Chromophore angesehen werden. Eine Erklärung der Tieffarbigkeit durch Deformation des Anions kann ausgeschlossen werden. Redoxbathochromie tritt bes. oder nur in festem Zustand auf (räumliche Annäherung von Anion u. Kation), während die Farbe der Lsg. sich nach der DK. des Lösungsm. richtet. Sie wird stärker mit der Zahl der elektrophilen organ. Kationenreste im Mol. (neutrale Feoc tieferfarbig als saure) u. durch Substituenten im Pyridiniumrest, die die Basizität des Kations abschwächen (Halogen-, Nitrogruppe), dagegen verringert durch Alkyl u. a. Substituenten, die das Kation basischer werden lassen. Das Kation ist der Acceptor des Elektrons, das Anion der Donator; wegen der Redoxbeziehung zwischen den Ionen wird das Valenzelektron bei der Salzbldg. nicht voll vom Anion aufgenommen. Kationen, die außer dem Pyridiniumrest noch andere zum Aufnehmen eines Elektrons neigende Gruppen enthalten, z. B. den Dinitrophenylrest, geben bes. tieffarbige Feoc, z. B. [2.4-Dinitrophenyl]-pyridiniumdihydrogenfeoc; die leichte Aufspaltbarkeit derartiger Verbb. (das neutrale Salz vorst. Verb. konnte nicht erhalten werden) u. Tieffarbigkeit hängen wahrscheinlich zusammen. Für die Annahme, daß die tieffarbigen Feoc ein Schichtengitter haben, sprechen die Blätterform, der Pleochroismus u. die leicht erfolgende Abgabe der organ. Kationen aus dem Kristall bei der Pseudomorphose. — Die „Prusso-Salze" von HOFMANN, bei denen abweichend vom Feoc der Durchdringungskomplex in beiden Wertigkeitsstufen nicht genügend beständig ist, geben eine tieffarbige, aber unbeständige Fällung. Die Ähnlichkeit in der Aufteilung von Anionenresten auf Kationenreste ungleicher Zahl mit den ebenfalls tieffarbigen Subhalogeniden von WEITZ u. FISCHER wird erwähnt. — Beim Liegen der Kristalle an der Luft oder Trocknen ändert sich unter Wasserabgabe die Farbe ohne Änderung der Kristallform: „pseudomorphes Verwittern" (bes. bei den hydratwasserreicheren Moll.). Nach Wiederaufnahme des W. ist der Kristall auch makroskop. verändert. Chinoliniumfeoc(II) — blau — werden getrocknet grün, lösen sich in CH_3OH tiefblau u. gehen in Feoc(III) über.

V e r s u c h e: Die Salze werden aus den Halogeniden mit $K_4Fe(CN)_6$-Lsg. (Verf. A) oder aus den sauren Feoc(II) mit $NaHCO_3$-Lsg. (Verf. B) erhalten. Einzelheiten über Veränderung beim Verwittern, Pseudomorphose mit Schwermetallsalzen u. Löslichkeit in CH_3OH vgl. Original. — *Benzylpyridinium-Feoc(II)*, $[RCH_2 \cdot NC_5H_5]_4^{4\oplus}[Fe(CN)_6]^{4\ominus} \cdot aq$ u. ähnliche Feoc: R = *4-Bromphenyl-*, $[C_{12}H_{11}NBr]_4Fe(CN)_6 + 4\ H_2O$, F. 170—171°, nach Verf. A; orange- bis braunrote Prismen. — *2.4-Dichlorphenyl-*, $[C_{12}H_{10}NCl_2]_4Fe(CN)_6 + 6\ H_2O$, F. 180° (Zers.), rote Prismen. — *2.6-Dichlorphenyl-*, $[C_{12}H_{10}NCl_2]_4Fe(CN)_6 + 4\ H_2O$, Zers. ab 150°, nach B; braunviolette Tafeln, in CH_3OH gelbrote Lösung. — *4-Cyanphenyl-*, $[C_{13}H_{11}N_2]_4Fe(CN)_6 + 5\ H_2O$, F. 169—170°, nach B; orangebraune Tafeln. — Kation = *p-Nitrobenzyl-α-picolinium-*, $[C_{13}H_{13}O_2N_2]_4Fe(CN)_6 + 9\ H_2O$, F. 162 bis 164°, tiefbraune Tafeln, nach Monaten Zersetzung. — *4′-Nitrobenzyl-2-aminopyridinium-*, $[C_{12}H_{12}O_2N_3]_4Fe(CN)_6 + 4\ H_2O$, F. über 230°, gelbrote Tafeln. — *4′-Nitrobenzyl-3-brompyridinium-*, $[C_{12}H_{10}O_2N_2Br]_4Fe(CN)_6 + 4\ H_2O$, F. 142—143°, nach A; schwarzviolette Tafeln. — *4-Nitrobenzyl-[3′-nitropyridinium]-*, $[C_{12}H_{10}O_4N_3]_4Fe(CN)_6 + 4\ H_2O$, F. 145—150° (Zers.), tiefblaue Oktaeder. — *2.4-Dinitrophenylpyridiniumdihydrogen-*, $[C_{11}H_9O_4N_3 \cdot H]_2Fe(CN)_6 + 2\ H_2O$, Zers. unscharf über 150°, nach A in $^1/_4$n HBr; schwarzbraune Tafeln. — *[2.4-Dimethylphenacyl]-pyridinium-*, $[C_{15}H_{16}ON]_4Fe(CN)_6 + 4\ H_2O$, F. 147—148° (Zers.), hellbraune Prismen, aus W. orangegelb (Oktahydrat?). — *[2.4.5-Trimethylphenacyl]-pyridinium-*, $[C_{16}H_{18}ON]_4Fe(CN)_6 + 4\ H_2O$, kein F., violettbraune Prismen, aus W. bichromatfarben (Hexahydrat?). — *Phenacyl-[2-chlorpyridinium]-*, $[C_{13}H_{11} \cdot ON]_4Fe(CN)_6 + 6\ H_2O$, F. 124—125°, tiefviolette Tafeln (in CH_3OH tiefgelbe Lsg.). — *4-Jodphenyläthylpyridinium-*, $[C_{13}H_{13}NJ]_4Fe(CN)_6 + 4\ H_2O$, F. 170—172° (Zers.), tiefbraune Tafeln. — *3-Nitrophenyläthylpyridinium-*, $[C_{13}H_{12}O_2N_2]_4Fe(CN)_6 + 4\ H_2O$, F. 175 bis 178° (Zers.), erst gelbe Tafeln, dann violette Spindeln. — *Propylpyridinium-*, nach A mit $(NH_4)_4Fe(CN)_6$-Lsg.; rotgelbe Tafeln. — *Benzylchinolinium-Feoc(II)*. $[RCH_2 \cdot NC_9H_7]^{4\oplus}[Fe(CN)_6]^{4\ominus} \cdot aq$, u. ähnliche Feoc: R = *2-Chlorphenyl-*, $[C_{16}H_{13}NCl]_4Fe(CN)_6 + 9\ H_2O$, F. 128—130°, violettblaue Tafeln. — *3-Chlorphenyl-*, $[C_{16}H_{13}NCl]_4Fe(CN)_6 + 11\ H_2O$, F. 110—112° (Zers.), blaue Rhomboeder. — *4-Chlorphenyl-*, $[C_{16}H_{13}NCl]_4Fe(CN)_6 + 14\ H_2O$, Zers. über 106°, dunkelviolette Prismen. — *4-Bromphenyl-*, $[C_{16}H_{13}NBr]_4Fe(CN)_6 + 14\ H_2O$, F. 107—108°, blauviolette Rhomboeder u. Tafeln. — *4-Jodphenyl-*, $[C_{16}H_{13} \cdot NJ]_4Fe(CN)_6 + 6\ H_2O$, Zers. 207°, blau, zuerst violette Tafeln mit ca. 22 H_2O. — *2.4-Dichlorphenyl-*, $[C_{16}H_{12}NCl_2]_4Fe(CN)_6 + 6\ H_2O$, Zers. oberhalb 200°, schwarzblaue Rhomboeder. — *3.4-Dichlorphenyl-*, $[C_{16}H_{12}NCl_2]_4Fe(CN)_6 + 10\ H_2O$, F. 119—120°, saphirblaue Tafeln, zers. sich nach Monaten. — *2.6-Dichlorphenyl-*, $[C_{16}H_{12}NCl_2]_4Fe(CN)_6 + 8\ H_2O$, kein F., blaue Rhomboeder oder Tafeln. — Kation = *N-Methylchinoliniumhydrogen-*, $[C_{10}H_{10}N \cdot H]_2Fe(CN)_6 + 2\ H_2O$, kein F., nach A aus n-HCl; tieforangerote Tafeln. — *Benzylisochinolinium-Feoc(II)*, $[R \cdot CH_2 \cdot NC_9H_7]_4^{4\oplus}[Fe(CN)_6]^{4\ominus} \cdot aq$, R = *4-Chlorphenyl*, $[C_{16}H_{13}NCl]_4Fe(CN)_6 + 6\ H_2O$, F. 125—128° (Zers.), amethystfarbene Tafeln. — *3.4-Dichlorphenyl-*, $[C_{16}H_{12}NCl_2]_4Fe(CN)_6 + 6\ H_2O$, F. 141—144°, violette rhomb. Tafeln. — *2.6-Dichlorphenyl-*, $[C_{16}H_{12}NCl_2]_4Fe(CN)_6 + 9\ H_2O$, F. 76—78°, blaßviolette Blättchen, Zers. bei längerem Aufbewahren. — *4-Cyanphenyl-*, $[C_{17}H_{13}N_2]_4 \cdot Fe(CN)_6 + 6\ H_2O$, F. 130—136°, permanganatfarbene Tafeln. (Chem. Ber. **87**. 1126—38. 1954. Säckingen/Baden, Forschungsinst. der D.A.Wander A.G.) G. v. Dechend. 354

Marthe Diament und **Ernest Kahane**, *Über Eisen(III)-sulfat- und Eisen(III)-chloridkomplexe einiger stickstoffhaltiger biochemischer Komponenten.* $Fe_2(SO_4)_3$ u. $FeCl_3$ geben in A., A.–Aceton oder W.–A. mit verschied. N-haltigen organ. Verbb. Ndd., die meist schlecht definiert sind u. anscheinend Komplexe mit den beiden Salzen darstellen. $Fe_2(SO_4)_3$ reagiert gut mit *$(CH_3)_2NH$, Pyridin, Aminoäthanol, Cholin* (**IV**) u. *Cholinester, Betain* (**V**), *Nicotinsäure* (**VI**) u. **VI**-*Amid* (**I**), *Glykokoll* (**II**), *Alanin, Cystin, Peptonen, Harnstoff, Asparagin,* schlecht mit *Anilin, Dimethylanilin,* nicht mit Tyrosin, Acetamid, wobei der Typus der isolierten Prodd. sehr schwankt; z. B. mit **I** $Fe_2(SO_4)_3 \cdot 2\ (C_5H_4N \cdot CONH_2) \cdot 4\ H_2O$, mit **II** $3\ Fe_2(SO_4)_3 \cdot 2\ Fe(NH_2CH_2CO_2)_3 \cdot 16\ H_2O$. Die Fällung von synthet. *Cholinphosphorsäure* (**III**) in CH_3OH ist maximal 75%, wenig selektiv, die Zus. des Nd., ein Neutralsalz mit **III** als Anion, nach Stabilisierung $Fe_6[PO_4C_2H_4N(CH_3)_3]_4(SO_4)_7 \cdot 10\ H_2O$. Die Rk. mit $FeCl_3$ ist spezifischer. Sie erfolgt nicht mit **II**, **IV**, **IV**-Schwefelsäureester, **V**, dagegen mit sauren amphoteren Verbb., wie **VI**, *Glutaminsäure*, **III**. Die Fällung mit **III** ist in A. oder A.–Aceton quantitativ (Empfindlichkeit 1 : 10000). Die gefällten Salze haben bas. Charakter u. nähern sich der Zus. $Cl_7(III)_7(HO)_4Fe_6$. In HCl-saurem Milieu erfolgt die Fällung unvollständig; die Salze sind neutral, z. B. $Fe_2[PO_4C_2H_4 \cdot N(CH_3)_3]_3Cl_3 \cdot 6\ H_2O$. (C. R. hebd. Séances Acad. Sci. **234**. 1096—97. 3/3. 1952.)

K. Maier. 354

James B. Gilbert, M. Clyde Otey und **John Z. Hearon,** *Assoziationskonstanten von Kobaltglycin- und Kobaltglycylglycinkomplexen in wässeriger Lösung.* Mittels potentiometr. Titration wurden die Assoziationskonstanten von Co(II)-Komplexen mit Glycin, Glycylglycin u. *Glycyl-d-alanin* bestimmt. Zur Auswertung der experimentellen Daten wurden die von Vff. (vgl. C. **1955.** 11528) angegebenen neuen Methoden zur Berechnung der Gleichgewichte komplexer Ionen verwendet. Die Berechnung der in Form von Komplexionen gebundenen Anteile von Co^{2+} u. anion. Chelatbildner ergab, daß Glycin eine größere Affinität zum Co^{2+}-Ion hat als Glycylglycin. Dieses Ergebnis steht im Gegensatz zu den von SMITH (C. **1948.** E. 70) beigebrachten Beweisen zur Unterstützung der Hypothese einer Enzymkobalt–Glycylglycin-Komplexbildung. Dieser Komplex wurde als das die Metallionenaktivierung der enzymat. Spaltung von Glycylglycin erklärende Zwischenglied bezeichnet. (J. Amer. chem. Soc. **77.** 2599—2604. 5/5. 1955. Bethesda, Md., Public Health Serv., Nat. Inst. of Health, Nat. Cancer Inst., Labor. of Biochem., and Chicago, Ill., Univ. of Chicago, Dep. of Physiol.) I. KARUTZ. 355

Otto **Schmitz-Du Mont,** Untersuchungen über Reaktionen in flüssigem Ammoniak. Köln u. Opladen: Westdt. Verl. 1955. (82 S. m. 11 Abb.) 4° = Forschungsberichte des Wirtschafts- u. Verkehrsministeriums Nordrhein-Westfalen. Nr. 128. DM 17,75.

A$_9$. Mineralogische und geologische Chemie.

Ralph Stair, *Die spektralen Durchlässigkeitseigenschaften einiger Tektite.* In graph. Darstellungen werden die Meßergebnisse über die Durchlässigkeit für UV-sichtbare u. infrarote Strahlung bei *Australiten, Bediasiten, Rizaliten, Moldaviten, Georgia-Tektiten* u. lybischem *Wüstenglas* angegeben. Es werden die Verhältnisse zu Quarzglas u. einer Reihe techn. Gläser mit hohem Fe- u. Si-Geh. untersucht. Da die charakterist. Absorption von dem Eisenoxyd- u. CO_2-Geh. sowie dem eingeschlossenen W. abhängt, bietet sich eine Möglichkeit, die Bildungsbedingungen u. die Geschichte solcher Tektite aufzuklären. (Geochim. cosmochim. Acta [London] **7.** 43—50. Febr. 1955. Washington, D. C., Nat. Bur. of Standards.)] J.-E. HILLER. 372

A. D. Genkin, *Einige Besonderheiten der inneren Struktur der Pyrrhotinkörner aus sulfidischen Kupfer–Nickellagerstätten.* Die Unters. der Beziehungen zwischen den Zerfallsprodd. der festen Lsg. mit Magnetitplättchen einerseits u. den Zwillingsindividuen von *Pyrrhotin* (I) andererseits zeigt, daß der Zerfall der festen Ni-Lsg. in I vor der Bldg. der Magnetitplättchen, jedoch nach der Bldg. von Zwillingen in den I-Körnern erfolgte. (Известия Академии Наук СССР, Серия Геологическая [Nachr. Akad. Wiss. UdSSR, geol. Ser.] **1955.** Nr. 2. 114—20. März/April.) O. LEBTAG. 372

Heinz G. Scharbert, *Zur Optik der Kalifeldspate.* Vf. berichtet von Drehtischmeßergebnissen an Kalifeldspaten der südlichen böhm. Masse. Nur an 2 Stellen konnte *Orthoklas* festgestellt werden. Die *Mikroklin*-Gitterung ist in den Graniten, aber auch in den meisten Pegmatiten, am schärfsten ausgebildet, wobei der Druck keine entscheidende Rolle spielt. Dieser ist aber vorherrschend verantwortlich für die größeren Werte des Achsenwinkels, während die Temp. hier entgegenwirkt. Der Bittische Gneis, der ein unter Stress ausgewalzter Granit ist, hat Kalifeldspäte mit $2\,V > 78°$, hingegen der Gföhler Gneis solche mit $2\,V < 70°$. Das entspricht einer Umwandlung bei beträchtlichen Temperaturen. Die Granulite verhalten sich ebenso. Für die Perthitentmischung ist Tiefentemp. u. starker Druck fördernd. (Neues Jb. Mineralog., Mh. **1955.** 33—41. Febr. 1955. Wien, Univ., Mineralog. Petrograph. Inst.) J.-E. HILLER. 372

J. S. Webb, *Eine Übersicht über die amerikanischen Fortschritte in der geochemischen Schürfung und Ratschläge für künftige britische Arbeiten auf diesem Gebiet.* Übersicht über neue Untersuchungsverff. u. deren Anwendung zur Erforschung neuer Erzlagerstätten. — 64 Literaturangaben. (Bull. Instn. Mining Metallurgy Nr. **557.** Trans. **62.** 321—48. April 1953. London, Imp. Coll. of Sci. and Technol.) W. WESLY. 378

M. R. J. Wyllie, *Verfahren zur direkten Benützung von Neutronen-Log-Daten in der Interpretation des elektrischen Logs.* Vf. diskutiert zunächst die Beziehungen zwischen dem Formationsfaktor u. der Porosität von Gesteinen, dann die zwischen dem Formationsfaktor u. der Abweichung der Neutronen–Log-Kurve. Er zeigt, daß die gleichzeitige Benützung der Neutronen- u. der elektr. Log-Daten eine Best. der Zonen mit Ölsättigung u. auch eine Abschätzung des Ausmaßes der Sättigung gestatten. Behandelt wird die Anwendung der Meth. in Carbonatgesteinen u. in Sandstein, sowie im Schlamm, weiterhin wird das Problem des „schmutzigen Sands" erörtert. (Geophysics **17.** 790—805. Okt. 1952. Pittsburgh, Pa., Gulf Research and Developm. Comp.) M. WIEDEMANN. 378

I. Je. Starik, G. A. Murina und **A. Ja. Krylow,** *Eignungskriterien von Mineralien zur Bestimmung ihres Alters nach der Heliummethode.* Aus den Unterss. über die Eignung von 20 Granaten verschied. Typen als Objekt der Altersbest. nach dem He-Verf. ergaben sich gute Ergebnisse nur mit Schorlomit aus den bas. Pegmatoidgesteinen. Näherungswerte wurden mit Spessartinen u. Andraditen, zu niedrige Werte mit Almandinen u. Grossularen erhalten. Außer durch die Bedingungen der Bldg. erklärt sich dies daraus, daß in den Ti- u. Mn-haltigen Granaten, die häufig Y enthalten, die Bedingungen für den isomorphen Einbau der Radioelemente in das Mineralgitter günstiger sind als in anderen Varietäten. (Известия Академии Наук СССР, Серия Геологическая [Nachr. Akad. Wiss. UdSSR, geol. Ser.] **1955**. Nr. 2. 67—71. März/April.) O. Lebtag. 378

I. A. Preobrashenski, *Über die Temperatur der Bildung von Eruptivgesteinen.* Zusammenfassende Übersicht. — 22 Literaturangaben. (Известия Академии Наук СССР, Серия Геологическая [Nachr. Akad. Wiss. UdSSR, geol. Ser.] **1955**. Nr. 2. 106—13. März/April.) O. Lebtag. 378

L. I. Jakowlew, O. I. Kowalewa und **Ss. D. Scher,** *Über einen Fall der Veränderung von Mineralien von Quarzadern unter dem Einfluß von Intrusionen.* In einer Grube wurde der verhältnismäßig seltene Fall einer metamorphen Einw. der Ergußgesteine auf Quarzadern beobachtet. In der Nähe der quarzhaltigen Syenit–Diorit-Massive erfolgte eine Umkristallisation des Aderquarzes, der in xenomorph-blast. u. Mosaikaggregate überging. Ebenso wie im Einschlußgestein treten im Quarz Biotitneubildungen auf. Die Erzmineralien sind bei der Metamorphose starken Veränderungen unterworfen. Da eine Zunahme von Galenit u. Sphalerit beobachtet wird, hat im beschriebenen Vork. wahrscheinlich auch eine Zufuhr von Erzelementen (Sn, vielleicht auch Pb u. Zn) im Zusammenhang mit der Intrusion der Syenit–Diorit-Stöcke stattgefunden. (Записки Всесоюзного Минералогического Общества [Schr. Allunions mineralog. Ges.] [2] **84**. 79—82. 1955.) O. Lebtag. 378

B. W. Tschessnokow, *Über einen Fall von Wechselwirkungen von Granitpegmatit mit Aplit.* Im Granitmassiv bei Swerdlowsk wurde ein 20 cm breiter hellgrauer Streifen von *Aplit-Pegmatit* (I) festgestellt, der eine durchschnittliche Korngröße von 1—2 mm aufweist. I enthält ca. 50% *Mikroklin*, 40% *Quarz*, 7—8% *Albit* u. 2% *Muskovit* u. *Magnetit*. Aus der kristallograph. Unters. ist zu schließen, daß Aplit früher entstanden ist als die Pegmatitader, aus welcher das untersuchte Material stammt. (Записки Всесоюзного Минералогического Общества [Schr. Allunions mineralog. Ges.] [2] **84**. 82—85. 1955. Swerdlowsk, Wachruschew-Berginst., Lehrstuhl für Mineral.) O. Lebtag. 378

Matt Walton, *Die Bildung des Granits.* Vf. gibt einen theoret. Beitrag zu dem Problem der Granitbldg., wobei davon ausgegangen wird, daß das Alkali weniger leicht in größerer Tiefe stabile feste Phasen bildet als die Ferromagnesiaelemente. Das hierdurch entstehende Potential u. die Möglichkeit der Existenz eines granit. Magmas, der Intrusionsmechanismus u. das Raumproblem, Fragen der Metamorphose u. der Magmenherkunft werden behandelt. (Amer. J. Sci. **253**. 1—18. Jan. 1955. New Haven, Conn., Yale Univ., Dep. of Geol.) J.-E. Hiller. 378

Karl Hoehne, *Bildung von Quarziten in Flözen des Ruhrcarbons.* Die Quarzgesteine in den Flözen Blücher u. Zollverein 2 der Fett- u. Gaskohlenflöze des Ruhrcarbons sind keine Eruptiva, sondern Kohlenquarzite. Die Einkieselung fand in mit klast., durch humose Lsgg. des Carbonmeeres mehr oder weniger zers. Sedimentmaterialien gefüllten Auswaschungsräumen der Flöze statt. Sie verdrängt zum Teil Kohlepartien. Die Quarzgesteine sind petrograph. u. genet. den kieselsäurereichen, hellen Saartonsteinen nahe verwandt. (Geologie **3**. 170—96. April 1954. Völklingen/Saar.) K. Löffler. 378

M. N. Dobrochotow, *Über die Genese von reichen Eisenerzen vom Kriwoi Rog-Typ nach den Daten der Untersuchung der Krementschuk-Lagerstätte.* Auf Grund der mineralog. Unters. der *Martit* (I)- u. Martit-*Hydrohämatit*-Erze der Lagerstätten von Krementschug u. Kriwoi Rog wird der hydrothermale Charakter dieser Erze widerlegt u. ihr hypergener Ursprung bewiesen. Für die Auffindung neuer Lagerstätten sind Martitisierung u. Hydrohämatitisierung die wichtigsten Merkmale. Die Entstehung Fe-reicher Erze wurde im wesentlichen durch folgende Faktoren begünstigt: Ggw. von zerklüfteten wasserdurchlässigen Fe-haltigen Quarziten; das Vorhandensein günstiger Synklinalstrukturen; günstige Besonderheiten des alten Reliefs, welche eine Artesienbewegung der Oberflächenwässer in den Synklinalstrukturen ermöglichten. Die Art der Bewegung der Oberflächenwässer ermöglichte ein sehr tiefes Eindringen der reichen Fe-Erze. Im Kriwoi Rog-Becken ist tatsächlich das Vork. reicher Fe-Erze in einer Tiefe von über 1000 m bereits erwiesen. (Известия Академии Наук СССР, Серия Геологическая [Nachr. Akad. Wiss. UdSSR, geol. Ser.] **1955**. Nr. 2. 3—19. März/April.) O. Lebtag. 378

Ju. A. Kusnetzow, *Eisenvererzung und genetische Intrusionstypen.* Die meisten endogenen Eisenerzlagerstätten hängen genet. mit Intrusionen (teilweise Effusiven) von Basaltoidursprung zusammen. In allen Fällen stammt das Fe hier aus dem Basaltmagma.

Je nach den geolog. Verhältnissen u. der Differenzierung des Basaltmagmas entstehen hier mehrere Typen von Fe-Erzlagerstätten. Der Fe-Reichtum des basalt. Ausgangsmagmas erklärt den genet. Zusammenhang der meisten endogenen Fe-Lagerstätten mit den Basaltoidintrusionen. Die granitoide Reihe der endogenen Fe-Erzlager weist nur selten abbauwürdige Lagerstätten auf. Die Entstehung der Fe-Erzlagerstätten hängt hier immer mit einer Assimilation der Stoffe der bas. Effusive durch das Granitmagma zusammen, so daß das Fe auch hier aus den Kristallisationsprodd. des Basaltmagmas stammt. (Известия Академии Наук СССР, Серия Геологическая [Nachr. Akad. Wiss. UdSSR, geol. Ser.] **1955**. Nr. 2. 35—43. März/April.) O. LEBTAG. 378

D. G. Ssaposhnikow, *Über die Stadien der sedimentären Erzbildung.* Nach Vf. können 2 große Gruppen von sedimentären Erzlagerstätten unterschieden werden: prim. sedimentäre Erze u. sedimentäre umgewandelte Erze. In Abhängigkeit davon, in welchem Stadium die Umlagerung erfolgte u. eine Erzbldg. eintrat, lassen sich in der 2. Gruppe unterscheiden: diagenet. umgewandelte, epigenet. umgewandelte u. während der Metamorphose umgewandelte Erze. Diese 3 Gruppen von umgewandelten Erzen können nicht nur durch Umlagerung der prim. abgelagerten Metalle, sondern auch durch Anreicherung der Metalle entstehen, die ursprünglich das Sediment oder das Sedimentgestein kaum merklich angereichert hatten. (Известия Академии Наук СССР, Серия Геологическая [Nachr. Akad. Wiss. UdSSR, geol. Ser.] **1955**. Nr. 2. 44—57. März/April.) O. LEBTAG. 378

R. J. Traill, *Ein vorläufiger Bericht der Mineralogie radioaktiver Konglomerate im Blind River Gebiet, Ontario.* In feldspathaltigen Quarziten der Mississagiformation, unweit des Kontaktes mit vorhuron. Gneisgraniten am Nordufer des Huronsees wurden pyritisierte Quarzgeröllkonglomerate mit einer Vergesellschaftung radioakt. Minerale festgestellt. Träger der Radioaktivität sind ca. 100 μ große Körner von *Uraninit, Brannerit* u. *Monazit* sowie einiger Zersetzungsprodd., wie *Thorogummit* (nach Brannerit) u. andere. Uraninit ist Uranoxyd mit UO_2-Struktur u. von Pechblende durch einen abschätzbaren Geh. an Seltenen Erden u. mehr als 1% ThO_2 unterschieden. Einheitszelle a = 5,480 Å. Die Zus. des Brannerit schwankt bei ThO_2 von 0,3—5,0%; TiO_2 32,4—39,0; U_3O_8 33,8—51,8; Seltene Erden einschließlich Y 1,1—6,5; CaO 2,7—2,9; FeO 2,4—5,4; H_2O 2,0—3,7. Er zerfällt bei der Zers. in Anatas u. Thorogummit. In Anschliffen u. Schwermineralkonzentraten wurden außer den genannten Mineralen noch im Konglomerat *Zirkon, Rutil, Magnetit, Bleiglanz, Chalkopyrit, Pyrrhotin, Cobaltin* gefunden. (Canad. Mining J. **75**. Nr. 4. 63—68. April 1954. Ottawa, Can., Geolog. Surv.) K. LÖFFLER. 380

W. Gary Hooks und **Roy L. Ingram,** *Die Tonmineralien und Eisenoxyde der triasischen „red beds" des Durham Beckens, North Carolina.* Durch Röntgenanalysen von Tonfraktionen 50 trias. Arkosen wurde festgestellt, daß diese vorwiegend aus *Illit* u. *Montmorillonit* bestehen, während *Kaolinit* u. *Vermiculit* von geringerer Wichtigkeit sind. *Hämatit* ist das einzige kristalline Eisenoxyd; die verschied. Färbung beruht vermutlich auf verschied. Korngröße. Die Tonminerale u. das Eisenoxyd stammen wahrscheinlich aus der tiefen Erosion laterit. Böden. (Amer. J. Sci. **253**. 19—25. Jan. 1955. Chapel Hill, N. C., Univ. of North Carolina, Dep. of Geol.) J.-E. HILLER. 380

C. G. Bruce, *Die Vermiculit-Lagerstätte von Stanleyville.* In stark verwitterten präkambr. Gesteinen wurde eine Vermiculitlagerstätte aufgeschlossen. Das wasserhaltige Magnesiumaluminiumsilicat läßt sich leicht aufbereiten. (Canad. Mining metallurg. Bull. **45**. 489—93. Aug. 1952.) F. ENSSLIN. 380

A. I. Prosskurko, *Über die Auffindung von Diabasporphyriten und Tuffiten im Gebiet des Dnestr.* Am rechten Dnestrufer wurden erstmalig *Diabasporphyrite* (I) festgestellt, die von Tuffiten bedeckt sind. Im Vgl. zu den I anderer Lagerstätten ist der Geh. an Fe u. Mg sehr hoch, der Alkaligeh. gering. Der hohe Fe-Geh. erklärt sich aus der Ggw. von Pyrit im frischen Gestein oder später martitisiertem Magnetit. Die I enthalten (in %) 19,6 *Albit,* 6,6 *K-Feldspat,* 14,4 *Anorthit,* 53,8 *Glimmer* u. *Fe-Mg-Silicate* (wahrscheinlich *Amphibole*) u. 5,6 *Quarz.* (Доклады Академии Наук СССР [Ber. Akad. Wiss. UdSSR] [N. S.] **100**. 969—71. 11/2. 1955.) O. LEBTAG. 380

T. Sameshima und **R. Minami,** *Eine Röntgenuntersuchung über das Mineral Phosphorit.* 8 Phosphorite wurden röntgenograph. untersucht u. ergaben ohne Ausnahme das Apatitgitter. Es konnten keine Linien festgestellt werden, welche nicht auch im Apatitröntgenogramm vorhanden sind. *Kollophan* ist also gleich *Apatit* zu setzen. (J. geol. Soc. Japan **59**. 87. März 1953. [Orig.: engl.]) F. ENSSLIN. 380

F. M. Malinowski, *Über sulfidhaltige Phosphorite Podoliens.* Ausführliche mineralog. u. chem. Beschreibung der Phosphorite aus Podolien, der sie einschließenden Gesteine u. der darin enthaltenen Sulfide (*Galenit, Sphalerit, Chalkopyrit, Pyrit*). Es ist anzunehmen, daß die in den Phosphoritkonkretionen eingeschlossenen Buntmetallsulfide (Galenit, Sphalerit u. Chalkopyrit) durch Diagenese der Ablagerungen entstanden sind u. nicht mit irgendwelchen Überlagerungsprozessen zusammenhängen. Es gelingt nicht, Merkmale einer hydrothermalen Tätigkeit festzustellen. (Записки Всесоюзного Минералогического Общества [Schr. Allunions mineralog. Ges.] [2] **84.** 30—42. 1955.) O. Lebtag. 380

A. W. Ssidorenko, *Zur Frage des Zusammenhanges zwischen mineralogischer und mechanischer Zusammensetzung der Sande.* An Alluvial-, Proluvial-, Äol- u. Deltasanden wurde der Schwermineralgeh. in den Fraktionen 0,25—0,20, 0,20—0,15, 0,15—0,10 u. $<$0,10 mm untersucht. Ganz allg. nimmt danach der Geh. an Schwermineralien in den feineren Fraktionen zu. In den feinen Fraktionen ist der Geh. an *Feldspat, Carbonaten, Pyroxen* u. *Amphibol* erhöht. In stark verwitterten Sanden ist der Geh. an Feldspatkörnern in den feinen Fraktionen relativ geringer als in den Grobfraktionen, bei den wenig verwitterten Sanden enthalten die Feinfraktionen mehr Feldspate. Dasselbe gilt für Amphibole u. Pyroxene. Die Carbonate sind in den Feinfraktionen stärker vertreten. *Zirkon* u. (etwas weniger) *Epidot* u. *Sphen* konz. sich vorwiegend in den feinen Fraktionen, der *Granat* in den Sandfraktionen. (Доклады Академии Наук СССР [Ber. Akad. Wiss. UdSSR] **100.** 977—80. 11/2. 1955. Turkmen. u. Kola-Zweigstellen der Akad. der Wiss. der UdSSR.) O. Lebtag. 380

Antonio Scherillo, *Chemische Petrographie der phlegraeischen Tuffe. 1. Der gelbe Tuff.* 1. Mitt. (*Mit 14 neuen Analysen.*) Die untersuchten Tuffe, die ursprünglich bläulichgrau gewesen sein müssen, färben sich aber, wo diese Farbe noch erhalten blieb, nach wenigen Monaten Lagerung an der Luft gelb. Ihre Analyse ergibt durchweg einen SiO_2-Geh. von 50—60% neben 16—20% Al_2O_3 u. 1—6% Fe_2O_3. Eine ähnliche Zus. findet sich auch bei Proben von Bimsstein u. Lapilli (Tuff von Haselnußgröße). (Rend. Accad. Sci. fisiche math., Napoli [4] **17** **(89).** 343—56. Jan./Dez. 1950.) R. K. Müller. 380

Arnaldo Zabelli, *Bemerkungen über den metallführenden Kalkstein der Alpen.* Der metallführende Kalkstein der Südalpen hat eine mittlere Mächtigkeit von höchstens 100 m. Er ist meist durch Schiefer der Raiblschen Schichten mit reicher Vegetation überdeckt. Soweit dies nicht der Fall ist, müßten die Möglichkeiten einer Verwertung der Erzvorkk. geprüft werden. (Ind. mineraria **3.** 215—16. Juni 1952.) R. K. Müller. 382

Dino di Colbertaldo, *Über den metallführenden Kalkstein der Alpen. Einige Klarstellungen zu einer Mitteilung von Arnaldo Zabelli.* Im Gegensatz zu Zabelli (vgl. vorst. Ref.) ist in den Ostalpen eine wesentlich höhere Mächtigkeit des metallführenden Kalksteins anzunehmen, auch eine andere geolog. Verteilung. (Ind. mineraria **3.** 401. Okt. 1952. Raibl, Miniere, Cave del Predil.) R. K. Müller. 382

D. J. Rochford, *Untersuchungen über die Hydrologie australischer Flußmündungsgebiete.* 1. Mitt. *Einleitende und vergleichende Gesichtspunkte.* Angabe der Methoden, die bei der Sammlung, Gliederung u. Deutung der hydrolog. Angaben über austral. Flußmündungsgebiete verwendet wurden. Die Entw. von Gegensätzen in den hydrolog. Eigg., bedingt durch den bei Ebbe u. Flut steigenden u. fallenden Wasserspiegel, wird überprüft u. eine gewisse Vorstellung über das Ausmaß der Veränderungen durch tägliche Überprüfung des Chlorgeh. gegeben. Weiter werden Betrachtungen über die Fruchtbarkeit von W. u. Bodensedimenten u. den sich zwischen diesen abspielenden Wechselwirkungen angestellt u. das Ergebnis derselben in Beziehung gebracht zu der Austernkultivierung u. den Methoden der Schlammanreicherung, um das Austernwachstum zu fördern. (Austral. J. Marine Freshwater Res. **2.** 1—116. Juni 1951.) H. Haller. 393

B. Allgemeine und theoretische organische Chemie.

Jack Sherman, *Physikalische Daten von Kohlenwasserstoffen.* Bericht über die Dokumentation physikal. Daten auf IBM-Lochkarten (API-Project 44). Über 900 KW-stoffe u. verwandte Verbb. wurden registriert; Name, Konst. u. über 50 physikal. Eigg. jeder Verb. sind durch entsprechende Lochung gekennzeichnet. Mit Hilfe einer Hollerithmaschine kann man in bekannter Weise in kürzester Zeit eine Gruppe von Verbb. mit bestimmten gemeinsamen Eigg. ausfindig machen. (Petroleum Refiner **32.** Nr. 10. 145—49. Okt. 1953. Beacon, N. Y., Texas Comp.) H. Paetzold. 400

J. I. Fernández Alonso und **F. Peradejordi,** *Die Molekulardiagramme der Hexatrienisomeren.* Bei *Hexatrien-(1.3.5)* (I) sind 6 Isomere möglich, die die Eigg. des I verständlich machen. Für alle 6 Formen werden die Elektronenverteilungen u. für die einzelnen C-Atome die formellen Ladungen u. die freie-Valenzindices I nach LCAO-MO berechnet. Die beiden letzten Werte sind die höchsten für $C_{(1)}$ u. $C_{(6)}$, denen $C_{(3)}$ u. $C_{(4)}$

folgen. Dem entspricht auch, ebenso wie den klass. Formeln für Polymere, daß die Bindungsordnungen P für die Bindungen $C_{(1)}$—$C_{(2)}$ u. $C_{(5)}$—$C_{(6)}$ die höchsten sind, während die für $C_{(3)}$—$C_{(4)}$ im allg. wenig zurückbleiben. Aber auch die wesentlich kleineren P für $C_{(2)}$—$C_{(3)}$ u. $C_{(4)}$—$C_{(5)}$ zeigen einen, wenn auch schwächeren, Doppelbindungscharakter an. Zu beachten ist, daß P bei der $C_{(3)}$—$C_{(4)}$-Bindung der cis.s-cis.s-cis-Form kleiner ist als die P der gleichen Bindung bei den 5 anderen Isomeren, daß aber andererseits die P zwischen $C_{(2)}$—$C_{(3)}$ u. $C_{(4)}$—$C_{(5)}$ derselben Form größer sind als bei den 5 anderen. Aus dieser Analyse ergibt sich, daß bei allen Isomeren $C_{(1)}$ u. $C_{(6)}$ die höchsten negativen Ladungen u. größten I haben, so daß 1.6-Additionen bei der Halogenanlagerung bevorzugt ist, dem die 1.2-Addition als nächste Möglichkeit folgt; mit Ausnahme bei der cis.s-cis.s-trans-Form, bei der an zweiter Stelle 1.4-Addition stattfinden könnte. Wenn auch im allg. für I als vollständig konjugierte Verb. Lagerung der Moll. in einer Ebene anzunehmen ist, so gilt dies doch nicht für die Formen cis.s-cis.s-trans u. bes. nicht für die cis.s-cis.s-cis-Form. Die Energiewerte sind angegeben. (An. Real Soc. españ. Física Quím., Ser. B **50.** 949—56. Dez. 1954. Zaragoza, Serv. Meteorol. Nac., Región Aerea Pirenaica.) W. METZENER. B 10

Leo J. Saidel, *Ultraviolettabsorptionsspektren von Peptiden.* 1. Mitt. *Verbindungen mit einer einzelnen monoalkylsubstituierten Amidbindung.* Vf. bestimmte die UV-Spektren zwischen ca. 200 u. 240 mμ für wss. Lsgg. von *Glycin* (**I**), *DL-Alanin* (**II**), *DL-Leucin* (**III**), *L-Asparagin, L-Glutaminsäure* (**V**), *L-Arginin* (**VI**), *DL-Methionin* (**VII**), *L-Cystin* (**VIII**), *DL-Phenylalanin* (**IX**), *L-Histidin* (**X**)·HCl, *L-Tyrosin* (**XI**), *DL-Tryptophan* (**IV**), I-*Amid*, I-*Äthylester*, den Acetylderivv. von **I, II, III, IV, V, VI, VII, IX, X, XI,** *Acetyl-ε-aminocapronsäure, Acetyl-β-alanin, N.N'-Diacetyl*-**VIII**, sowie der Peptide *Glycylglycin*, dessen *Äthylester, Glycyl-DL-alanin, -DL-serin, -DL-valin, -L-leucin, -L-asparagin, -DL-phenylalanin, -L-tyrosin* u. *-L-tryptophan*, von *L-Phenylalanyl-, DL-Alanyl-* u. *L-Leucylglycin* sowie von *N-Monomethylacetamid* u. *L-Pyrrolidoncarbonsäure* bei verschied. p_H-Werten. Vf. macht den Vers., das Dipeptidspektr. als Resultante der Wechselwirkungen zwischen Peptidbindung u. anderen im Mol. auftretenden Gruppen, wie endständige Carboxylgruppe, endständige Aminogruppe sowie verschied. spezif. Aminosäureseitenketten, zu deuten. (Arch. Biochem. Biophysics **54.** 184—200. Jan. 1955. Chicago, Ill., Med. School, Dep. of Biochem.) K. NEHRING. B 118

Kazuo Shibata, Hiroshi Kushida und **Seiyo Mori,** *Die Absorptionsbanden von Benzol und seinen Derivaten im sichtbaren Gebiet.* Vff. beobachteten neben den bekannten Absorptionsbanden des Bzl. bei 1850, 2070, 2590 u. 3400 Å eine schwache, aber deutliche, bisher nicht festgestellte Absorptionsbande (mol. Extinktionskoeff. $5 \cdot 10^{-6}$) im Gebiet 5200—5300 Å beim *Bzl., Toluol, Monochlorbenzol* bzw. *Tetralin* (Maxima 5200, 5290, 5250 bzw. 5280 Å). Vff. vermuten, daß diese Banden Singulett–Triplett-Übergängen zuzuschreiben sind. Auffällig u. zunächst noch ungeklärt ist, daß die Wellenzahlen der Absorptionsmaxima des Bzl. etwa das 2-, 3-, 4- u. 5fache von 9653 cm^{-1} sind; eine Ausnahme ist der Faktor 5,6 für die 1850 Å-Bande. (Bull. chem. Soc. Japan **24.** 188 bis 189. Sept. 1951. Tokyo, Tokugawa Inst. for Biol. Res. [Orig.: engl.]) J. RUDOLPH. B 118

Herbert E. Ungnade, *Der Lösungsmitteleinfluß auf die Absorptionsspektren aromatischer Verbindungen.* Während der Lösungsmitteleinfl. auf das Absorptionsspektr. des *Bzl.* unbedeutend u. auf die Spektren der aromat. KW-stoffe gering ist, erfahren die monosubstituierten Benzolderivv. mit polaren Gruppen bei steigender Lösungsmittelpolarität zum Teil erhebliche Absorptionsveränderungen, u. zwar werden hierbei meist die Maxima mit großer Intensität rot, die mit geringer dagegen blau verschoben. Ferner nimmt allg. mit steigender Lösungsmittelpolarität die Feinstruktur der Absorptionsspektren ab. — Vf. untersuchte den Lösungsmitteleinfl. auf die Spektren von Benzolderivv. mit 1. Elektronenacceptorsubstituenten (*Benzoesäure, Acetophenon, Benzaldehyd, Nitrobenzol*) u. 2. Elektronendonatorsubstituenten (*Anisol, Diphenyläther, Acetanilid, Dimethylanilin, Jodbenzol*). Bei der 1. Gruppe ist die Rotverschiebung des Absorptionsmaximums der Lösungsmittelpolarität proportional u. bei einem gegebenen Lösungsmittelpaar grob proportional der λ-Abweichung des betreffenden Benzolderiv. von der entsprechenden Benzolbande. Vf. erklärt dies mit der Stabilisierung chinoider Resonanzformen durch das Lösungsmittel. Der Lösungsmitteleinfl. steigt in dem gleichen Maße wie die Bindungskräfte zwischen Kern u. Substituent. — Substanzen der 2. Klasse zeigen dagegen entweder keinen Lösungsmitteleinfl. oder geben mit steigender Lösungsmittelpolarität eine Blauverschiebung, die auf eine Herabsetzung des Anteils der polarchinoiden Resonanzform hindeutet. Mit der Blauverschiebung geht oftmals auch eine Erniedrigung des mol. Extinktionskoeff. sowie der Verlust der spektralen Feinstruktur einher. Abnorme Lösungsmitteleinflüsse wurden bei solchen Substanzen beobachtet, die

zur Assoziation neigen (z. B. *Phenol, Anilin, Acetanilid*). (J. Amer. chem. Soc. **75.** 432—34. 20/1. 1953. Las Vegas, N. Mex., New Mexico Highlands Univ., Chem. Dep.)
H. RÖPKE. B 118

F. W. Schueler und **Calvin Hanna,** *Eine Korrektur: Absorptionsspektren von Azlactonen.* Vff. korrigieren die früher (vgl. C. **1954.** 2357) angeführten Absorptionsmaxima für 28 (hier nicht genannte) Azlactone, u. zwar vergrößert sich hiernach das jeweils 1. Maximum um 35, das jeweils 2. Maximum um 74 mμ gegenüber den seinerzeit angegebenen Werten. — Das konjugierte Syst. **I**: $C_6H_5—CH=C(—)—N=C(—)—C_6H_5$ trägt den neuen Absorptionsmaxima besser Rechnung als das ursprünglich für die Azlactone angenommene $C_6H_5—CH=C(—)—C(—)=O$. Überdies zeigt ein Vgl. dieser korr. Werte mit denen für analoge Crotonolactone (vgl. J. Amer. chem. Soc. **73.** [1951.] 3528), daß auch das entsprechende chromophore Syst.: $C_6H_5—CH=C(—)—CH=C(—)—C_6H_5$ mit **I** gut übereinstimmt. (J. Amer. chem. Soc. **74.** 5542. 5/11. 1952. Iowa City, Io., Coll. of Med., Dep. of Pharm.)
H. RÖPKE. B 118

Kazuo Shibata, *Die Absorptionsspektren von Chinolinochinolinen.* Die Absorption im Gebiet 2500—4000 Å wird gemessen für die alkoh. Lsgg. von *Chinolino-[8'.7':7.8]-* (**I**), *-[5'.6':7.8]-* (**II**), *-[7'.8':7.8]-* (**III**) u. *-[6'.5':7.8]-chinolin* (**IV**). Die einander ähnlichen Spektren von **I** u. **II** (die dem Spektr. von Chrysen entsprechen) besitzen drei Banden im Gebiet 2640—2650, 2930—3080 u. 3490 Å, wobei die mittlere Bande in zwei Komponenten aufgespalten ist. Die Absorptionsbanden von **III** u. **IV** (die denen des 3.4-Benzophenanthrens entsprechen) liegen bei 2640—2690, 3100—3050 u. 3460—3660 Å, wobei die Aufspaltung der langwelligen Bande charakterist. ist. Bemerkenswert ist, daß die Chinolinbanden jeweils kurzwelliger als die Banden der entsprechenden KW-stoffe liegen. (Bull. chem. Soc. Japan **24.** 187—88. Sept. 1951. Tokyo, Tokugawa Inst. for Biol. Res. [Orig.: engl.])
J. RUDOLPH. B 118

Paul Pesteil, Louise Pesteil und **Raymond Kara,** *Luminescenz von Kristallen bei tiefen Temperaturen. 6. Mitt. Übergang T → S von Hexachlorbenzol.* (5. vgl. C. **1955.** 7868.) Bei 20° K wurde das im Sichtbaren emittierte Phosphorescenzspektr. von C_6Cl_6 untersucht. Das erhaltene Spektr. besteht aus einer Reihe gut auflösbarer feiner Banden, welche eine Unters. der Schwingungsstruktur gestatten. Der rein elektron. Übergang O' → O'' liegt bei 22574 cm^{-1}; die entsprechende Bande ist ziemlich stark, woraus hervorzugehen scheint, daß der Übergang aus Symmetriegründen nicht verboten ist. Nach niedrigen Frequenzen zu folgen zahlreiche, zum Teil sehr starke Banden. Das ganze Spektr. läßt sich durch Wechselwrkg. mit nur 8 ziemlich niedrigen Frequenzen erklären, welche von Deformationen des Benzolringes außerhalb der Ebene u. C—Cl-Schwingungen herrühren. (C. R. hebd. Séances Acad. Sci. **240.** 960—62. 28/2. 1955.)
C. GOTTFRIED. B 119

J. Pickworth und **H. W. Thompson,** *Schwingungsbanden und Rotationskonstanten von Methylchlorid.* Vff. lösten die Rotationsfeinstruktur der Banden ν_1 (symm. CH-Valenzschwingung) u. 2 ν_5 bei 2966 bzw. 2879 cm^{-1} von gasförmigem *Methylchlorid* auf u. bestimmten die Lage der R- u. P-Zweige. Hierbei wurden auch die schwachen Linien von $CH_3{}^{37}Cl$ gefunden. In der parallelen (ν_1)-Bande wurde auch eine Anzahl von Q-Zweigen von Sub-Banden mit verschied. K-Werten gemessen. Die P- u. R-Linien von ν_1 für $CH_3{}^{35}Cl$ erfüllen die Gleichung $\nu = 2967{,}76 + 0{,}8865\ m + 0{,}0001\ m^2 - 3\cdot10^{-6} m^3$, als Rotationskonstanten wurden berechnet: $B'' = 0{,}4432$; $\alpha = (B'' - B') = -0{,}00010\ cm^{-1}$; $D_J = 9\pm2\cdot10^{-7}\ cm^{-1}$; $(A' - A'') = -0{,}0547\ cm^{-1}$. Für $CH_3{}^{37}Cl$ gilt analog: $\nu = 2967{,}75 + 0{,}872_5\ m + 0{,}0001\ m^2 - 3\cdot10^{-6}\ m^3$; $B'' = 0{,}4362$; $\alpha = (B'' - B') = -0{,}00010\ cm^{-1}$; $D_J = 9\pm2\cdot10^{-7}\ cm^{-1}$. Aus der 2 ν_5-Bande wurde für $CH_3{}^{35}Cl$ folgendes berechnet: $B'' = 0{,}443_6\ cm^{-1}$; $\alpha = (B'' - B') = -0{,}0042\ cm^{-1}$; $D_J =$ ca. $8\cdot10^{-7}\ cm^{-1}$; $\nu = 2879{,}27 + 0{,}891_4\ m + 0{,}0042\ m^2 - 3\cdot10^{-6}\ m^3$; für $CH_3{}^{37}Cl$: $B'' = 0{,}436_6\ cm^{-1}$; $\alpha = (B'' - B') = -0{,}0042\ cm^{-1}$; $D_J =$ ca. $8\cdot10^{-7}\ cm^{-1}$; $\nu = 2879{,}1 + 0{,}877_4\ m + 0{,}0042\ m^2 - 3\cdot10^{-6}\ m^3$. Die von den Rotationskonstanten abgeleiteten Werte sind in guter Übereinstimmung mit Daten aus dem Mikrowellenspektrum. Der aus 2 ν_5 erhaltene B''-Wert liegt dicht neben dem aus der ν_1-Bande erhaltenen, diese Übereinstimmung ist zufällig, da eine bes. anomale Intensitätsverteilung unter den Linien dieser Bande auftritt, vielleicht infolge Überlagerung „heißer" Banden oder durch Isotopenaufspaltung. Ferner wurde die ν_2-Bande bei 1350 cm^{-1} erneut untersucht u. an Stelle der von NIELSEN u. NIELSEN (Physic. Rev. **56.** [1939.] 274) gebrachten Deutung neue Zuordnungen für die J-Werte gemacht, was für $CH_3{}^{35}Cl$ zu folgenden Konstanten führt: $B'' = 0{,}44_4\ cm^{-1}$; $\alpha = (B'' - B') = 0{,}005\ cm^{-1}$; $\nu = 1355{,}6 + 0{,}883\ m - 0{,}005\ m^2$. (Trans. Faraday Soc. **50.** 218—26. März 1954. Oxford, Phys. Chem. Labor.)
B. GNAUCK. B 120

Delia Simpson und **Earle K. Plyler**, *Infrarotspektren von Pentachlorfluoräthan, 1.2-Dichlortetrafluoräthan und 1-Brom-2-fluoräthan.* Vff. nahmen die Infrarotspektren zwischen 2 u. 40 μ auf von *Pentachlorfluoräthan* in CS_2, gasförmigem *1.2-Dichlortetrafluoräthan* (I) u. fl. bzw. in CS_2 gelöstem *1-Brom-2-fluoräthan* (II). Die Spektren sind als Diagramme u. tabellar. mit Zuordnungen angegeben. Für I u. II werden die Banden der trans- u. der gauche-Form bezeichnet u. denen von trans- u. gauche-1.2-Dichlor- u. -brom- sowie 1-Brom-2-chloräthan gegenübergestellt. (J. Res. nat. Bur. Standards **50**. 223—27. Mai 1953.) B. Gnauck. B 120

R. J. Grisenthwaite und **H. W. Thompson**, *Das Infrarotspektrum von Deuteromethylacetylen, $CH_3C{\equiv}CD$.* (Vgl. Boyd u. Thompson, C. **1953**. 8807 u. früher.) Vff. untersuchten das Schwingungsspektr. von gasförmigem *Methylacetylen-d_1* (I) zwischen 3 u. 40 μ, bestimmten die Grundschwingungen u. untersuchten mit hoher Auflösung die parallel-Bande ν_1 (bei 2617 cm^{-1}; C—D-Valenzschwingung) u. die senkrecht-Bande ν_6 (die durch die parallel-ν_2-Bande überlappt wird u. der entarteten Valenzschwingung der CH_3-Gruppe zugeordnet ist) sowie ν_7. ν_1 enthält P-, Q- u. R-Zweige, wenigstens ein, wahrscheinlich zwei „heiße" Übergänge überlagern sich der Bande, als Rotationskonstanten wurden hier berechnet: $B'' = 0{,}2596\ cm^{-1}$; $\alpha = (B'' - B') = +0{,}00091_6\ cm^{-1}$; $D'' =$ ca. $6{,}5 \cdot 10^{-7}\ cm^{-1}$ u. für ν_0 ca. 2616,78 cm^{-1}. Der Q-Zweig der ν_6-Bande erfüllt die Gleichung $\nu = 3013{,}13 \pm 9{,}16\ K - 0{,}036\ K^2$. Mit obigem B''-Wert u. $A'' = 5{,}21\ cm^{-1}$ ergibt sich für den Coriolis-Kopplungskoeff. $\zeta_6 = 0{,}007_1$ u. für $\nu_0 = 3008{,}9\ cm^{-1}$. Aus der Analyse der ν_7-Bande wird für $\zeta_7 = -0{,}37$ u. für $\nu_0 = 1453{,}5\ cm^{-1}$ berechnet. Der Q-Zweig von ν_8 erfüllt die Gleichung $\nu = 1052{,}58 \pm 5{,}71\ K + 0{,}09\ K^2$, für ζ_8 bzw. ν_0 ergeben sich die Werte $0{,}4_0$ bzw. 1051,0 cm^{-1}. Für ζ_9 u. ζ_{10} werden Werte zwischen 0,92 u. 1 angenommen. Vff. vergleichen die Ergebnisse mit den früher (l. c.) an $CH_3 \cdot C{\equiv}CH$ (II) erhaltenen Daten. — I wurde durch Einw. von DCl auf das Hg-Deriv. von II dargestellt. (Trans. Faraday Soc. **50**. 212—17. März 1954. Oxford, Phys. Chem. Labor.) B. Gnauck. B 120

A. L. Geddes, *Die Wechselwirkung von Organophosphorverbindungen mit Lösungsmitteln und Celluloseacetat.* Vf. nahm die Infrarotspektren zwischen 2 u. 15 μ auf von fl. *Triphenylphosphat* (I), *Tributylphosphat* (II), *Triphenylphosphit* (III), von festem *Triphenylphosphinoxyd* (IV) u. von *Triphenylphosphin* (V) u. untersuchte die Bandenverschiebung 1. von I-Lsgg. in CS_2, n-Amylalkohol, Di-n-butyläther, Isobuttersäure (**X**), Methylisobutylketon, Propionaldehyd, sek.-Butylacetat (**VI**), Saccharoseoktaacetat sowie in Cellulosemono (**IX**)- u. -triacetat (**VII**)-Filmen, aus Lsgg. in Aceton–W., Ameisensäure (**XI**), Trifluoressigsäure (**XII**) oder Methylenchlorid–Methanol hergestellt; 2. von **II**-Lsgg. in CS_2, Isoamylalkohol (**VIII**), **VI** u. in **VII**-Filmen; 3. von **III**-Lsgg. in CS_2, **VIII**, Isopropylacetat u. in **VII**- u. **IX**-Filmen; 4. von **IV**-Lsgg. in CS_2, sek.-Butylalkohol, **X**, Isobutylacetat u. in **VII**- u. **IX**-Filmen u. 5. von **V**-Lsgg. in CS_2, Isopropylalkohol, Methylacetat u. in **VII** u. **IX**. Die Banden bei 8,40, 8,60 u. 9,72 μ von **I** sowie die zusätzliche Absorption bei 8,31 μ von **III** werden P—O—C- bzw. C—O-Schwingungen zugeschrieben; in **II** treten diese Banden bei 9,43 u. 9,72 μ auf. P—O-Banden waren von **I**, **II** bzw. **III** bei 10,40, 10,07 bzw. 11,6 μ. Die P—C-Bindungen in Phosphinen ergaben Banden von **IV** bei 13,9 μ, für **V** liegt diese Bande anscheinend über 15 μ. Die Bandenverschiebungen (wiedergegeben für 7,0—14,6 μ als Strichdiagramme) spiegeln bes. die Wechselwirkungen zwischen OH- u. Phosphorylgruppen (H-Brücken) u. Dipolwechselwirkungen zwischen Phenyl- u. Carbonylgruppen wider. So sind bei geringer Konz. von **I** in **IX** H-Bindungen nachweisbar, der Effekt nimmt aber mit steigender **I**-Konz. ab, vermutlich, weil OH- u. P—O-Gruppen sich nicht genügend nähern können; da aber im langwelligen Teil des **I**-Spektr. gegenüber dem von fl. **I** keine Änderungen eintreten, wird angenommen, daß der Weichmacher in **IX** hauptsächlich nur dispergiert, also nicht gelöst vorliegt. Im übrigen ist die Wechselwrkg. offenbar in carbonylgruppenhaltigen Lösungsmitteln stärker als in Alkoholen oder Äthern, die Bandenverschiebung hängt also von der elektronenabgebenden Fähigkeit von Sauerstoff ab. So wird die hohe Verträglichkeit von **VII** gegenüber **I** durch starke C=O-Phenylwechselwrkg. erklärt. Filme von **IX** (mit 20% **I**) aus **XI**-Lsgg. weisen geringere H-Bindung auf als solche aus wss. Aceton, was auf partielle, nachträgliche Veresterung durch **XI** erklärt wird, analog wird die verstärkte Phenylgruppenwechselwrkg. von **I** in **IX** aus **XII**-Lsg. gedeutet. **II** zeigt in Alkoholen starke H-Brückenbindungen, sonst jedoch keine weiteren spektralen Änderungen, was mit der geringen Verträglichkeit mit Celluloseacetat in Übereinstimmung ist, die auf geringe Polarisierbarkeit u. mangelnde Neigung zur Elektronenaufnahme seitens der Butylreste zurückzuführen ist. **III** verhält sich ähnlich **I** (starke Phenyl–Carbonyl-Wechselwrkg.). **IV** zeigt in Alkoholen starke H-Bindungen, sogar mit **IX**. Zur Erklärung wird angenommen, daß **IV**-Moll. kompakter sind u. leichter in den

Verband des Polymeren eindringen können u. daß der Phosphorylsauerstoff stärker negativ ist u. hohe H-Bindungsenergie aufweist, wenn Estersauerstoffatome nicht vorhanden sind. Außerdem treten in festem **IV** Verschiebungen infolge P=O–Phenyl-Wechselwrkg. auf, auch in **V** ist die Lage der Phenylbanden verändert. (J. physic. Chem. **58.** 1062–66. Dez. 1954. Rochester, N. Y., Eastman Kodak Co., Kodak Res. Labors.) B. GNAUCK. B 120

W. J. Potts jr., *Infrarotcharakterisierung der Seitenkettensubstitution von Monoalkylbenzolen.* Vf. zeigt an 42 Beispielen, daß durch Infrarotspektroskopie eine Unterscheidung zwischen α-substituierten u. allen höher substituierten Monoalkylbenzolen getroffen werden kann. Die Bande ~13,4 μ erscheint bei allen Verbb., die k e i n e α-Substituenten besitzen (in allen Fällen >13,3 μ), bei Verbb. mit α-Substitution erscheint die Bande bei ~13,2 μ (in allen Fällen <13,3 μ). Von den untersuchten Substituenten stören nur Phenyl- u. Chlor vorst. Regel. Die Bande bei ~14,3 μ wird von der Substitution in der Seitenkette nicht beeinflußt. (Analytic. Chem. **27.** 1027–30. Juni 1955. Midland, Mich., Dow Chem. Co., Spectroscop. Labor.) G. WINKLER. B 120

M. Viscontini und **P. Miglioretto**, *Die optische Konfiguration der beiden β-Methoxyadipinsäuren und der Steroide.* Vff. beweisen die Struktur von (–)- (**Ia**) u. (+)-*β-Methoxyadipinsäure* (**Ib**) durch Überführung in die *D-* u. *L-1.4-Diamino-2-methoxybutanhydrochloride*, die auch aus den opt.-akt. *Äpfelsäuren* dargestellt werden konnten. **Ia** gehört nach den Ergebnissen der L-Reihe an; damit ist auch bewiesen, daß die $C_{(3)}$-Hydroxylgruppe des *Calciferols* u. entsprechender Steroide β-Konfiguration besitzt, da bei der Oxydation von Calciferolmethyläther **Ia** entsteht (vgl. BERGSTRÖM, Helv. chim. Acta **32.** [1949.] 3). WALDENsche Umkehr scheint bei den beschriebenen Rkk. ausgeschlossen.

V e r s u c h e: *dl-β-Methoxyadipinsäure* (I), $Kp._{0,01}$ 160–170°, F. 83° (Ae.-PAe.), aus dl-5-Carbäthoxypentanolid-(4.1) durch Ringspaltung u. Verseifen; 87% (Ausbeute). – (–)-*β-Methoxyadipinsäure* (**Ia**), F. 63–64°; $[\alpha]_D^{20}$ –12,0° (c = 4,36, $CHCl_3$); (+)-*β-Methoxyadipinsäure* (**Ib**), F. 74°; $[\alpha]_D^{20}$ 15,2° (c = 6,24, $CHCl_3$). – *dl-β-Methoxyadipinsäuredimethylester* (II), $Kp._{11}$ 120–130°, aus I mit CH_2N_2; 95%. – **Ia**-*Dimethylester*, $Kp._{11}$ 120–130°; $[\alpha]_D^{20}$ –8,8° (c = 5,35, $CHCl_3$); **Ib**-*Dimethylester*, $Kp._{11}$ 120 bis 130°; $[\alpha]_D^{20}$ +7,8° (c = 5,36, $CHCl_3$). – *dl-β-Methoxyadipinsäuredihydrazid* (III), $C_7H_{16}O_3N_4$, F. 111° (A.), aus II mit Hydrazinhydrat; 85%. – *Dihydrazid von* **Ia**, F. 108 bis 110°; $[\alpha]_D^{20}$ –4,4° (c = 5,85, A./W. 1 : 1); von **Ib**, F. 104–108°; $[\alpha]_D^{20}$ +3,9° (c = 5,45, A./W. 1 : 1). – *dl-1.4-Bis-[carbäthoxyamino]-2-methoxybutan* (**IV**), $C_{11}H_{22}O_5N_2$, $Kp._{0,01}$ 125–135°, aus III mit $NaNO_2$ + HCl; 89%. – **IVa**, $Kp._{0,01}$ 125–135°; $[\alpha]_D^{20}$ –10,7° (c = 2,8, A.); **IVb**, $Kp._{0,01}$ 125–135°; $[\alpha]_D^{20}$ +10,8° (c = 5,55, A.). – *dl-1.4-Diamino-2-methoxybutandihydrochlorid* (**V**), $C_5H_{14}ON_2 \cdot 2\,HCl$, F. 161–162° (A.-W.), aus **IV** durch 8std. Verseifung mit $Ba(OH)_2$; 28%. – *dl-1.4-Diamino-2-methoxybutan* (**VIII**), $Kp._{11}$ 60°. – *dl-N¹-Carbäthoxy-1-amino-4-amino-2-methoxybutan* (**VI**), $C_8H_{18}O_3N_2$, $Kp._{11}$ 130–140°, aus **IV** durch 4std. Verseifung mit 5n HCl neben **V**. – **VIa**, $Kp._{11}$ 130–140°; $[\alpha]_D^{20}$ –12,7° (c = 3,5, W.); **VIb**, $Kp._{11}$ 130–140°; $[\alpha]_D^{20}$ +12,7° (c = 3,22, W.). – **Va**, $C_5H_{14}ON_2 \cdot 2\,HCl$, F. 188°; $[\alpha]_D^{20}$ +13,3±0,8° (c = 2,7, W.); **Vb**, $C_5H_{14}ON_2 \cdot 2\,HCl$, F. 161–162°; $[\alpha]_D^{20}$ –12,7±0,7° (c = 3,22, W.). – *dl-Methoxybernsteinsäurediamid* (**VII**), F. 174–175° (Methanol-Ae.), aus dem Dimethylester in A. mit NH_3; 85%. – *l-Methoxybernsteinsäurediamid* (**VIIa**), F. 181°; $[\alpha]_D^{20}$ –55,4° (c = 0,884, Methanol). Aus **VII** mit $LiAlH_4$ in Tetrahydrofuran entstand **VIII**, aus **VIIa** wurde **Va** erhalten. (Helv. chim. Acta **38.** 930–35. 15/6. 1955. Zürich, Univ., Chem. Inst.)
J. KLEINWÄCHTER. B 123

H. N. Bose, J. Sharma und **A. Chatterjee**, *Über die Luminescenz einiger organischer Phosphore bei Röntgen- und Kathodenstrahlanregung.* Vff. berichten über die Luminescenz bei Raumtemp. u. Temp. des fl. O_2 von *Naphthalin* (I), *Diphenyl* (II), *Phenanthren* (III), *Triphenylmethan* (IV) u. *Anthracen* (V) bei Anregung mit Röntgen- (a) u. Kathodenstrahlen (b). Das Spektr. von **I** im Fall (a) besteht aus zahlreichen schwachen diffusen Banden im Sichtbaren u. intensiven scharfen Banden zwischen 330 u. 450 mμ. Bei tiefer Temp. nimmt die Intensität der sichtbaren Banden ab, u. es tritt Bandenverschiebung nach kurzen Wellen ein. Die UV-Banden fehlen im Fall (b). Das Luminescenzspektr. von **II**, prakt. gleich für (a) u. (b), besteht aus einer Reihe von Banden zwischen 353 u. 474 mμ. Es ist kein merklicher Temperatureinfl. auf die Bandenlage beobachtbar. Bei **III** werden sowohl bei Anregung (a) u. (b) wie bei UV-Anregung Emissionsbanden zwischen 385 u. 492 mμ gemessen. Ein relativ langes Nachleuchten von nicht exponentieller Abklingform wird auf das Vorhandensein von Verunreinigungen (Anthracen) zurückgeführt. Die Aufnahme einer Glow-Kurve zeigt mehrere verwaschene Maxima. Beim **IV** besteht das Emissionsspektr. aus mehreren diskreten Banden im ganzen sichtbaren Gebiet, die bei tiefer Temp. enger u. zum Teil in Komponenten aufgespalten werden. Das bes. bei tiefer Temp. auftretende Nachleuchten klingt exponentiell ab. Die Glow-Kurve besitzt zwei deutlichere Maxima bei 215 u. 149° K. Bei Anregung (a) u. (b) von **V** in reiner Form treten die Banden 492, 469, 446 u. 431 mμ auf. Mit steigenden Zusätzen von Naphthacen (0,005—0,2%) werden die Banden des **V** zugunsten der Naphthacenbanden zurückgedrängt; der Anteil der beiden Bandensysteme im Spektr. ist offenbar temperaturabhängig. Bei tiefer Temp. tritt für **V** mit Zusätzen Nachleuchten auf. (Proc. nat. Inst. Sci. India **18**. 389—98. Sept./Okt. 1952. Calcutta, Univ. Coll. of Sci. and Technol., Khaira Labor. of Phys.) J. RUDOLPH. B 125

Ikuzo Tanaka und **Chimao Komatsu,** *Ionisationspotential des Benzylradikals.* (Vgl. TANAKA, Bull. Tokyo Inst. Tech. A **1**. [1954.] 44.) Vff. berechnen das Ionisationspotential des Benzylradikals nach der SCF-Meth. zu 7,98 eV. Der Wert ist in guter Übereinstimmung mit dem von LORRING u. Mitarbeitern (J. chem. Physics **22**. [1954.] 621) durch Elektronenstoß gefundenen Wert 7,73 eV. Es werden von Vff. ferner für die drei isomeren Methylbenzylradikale die Ionisationspotentiale nach der Störungstheorie (2. Ordnung) berechnet u. die Reihe p $<$ o $<$ m gefunden, was qualitativ mit den entsprechenden Werten von LORRING übereinstimmt. (J. chem. Physics **23**. 976—77. Mai 1955. Ottawa, Can., Nat. Res. Council, Div. of Pure Chem.; Tokio, Inst. of Technol., Labor. of Phys. Chem.) G. WINKLER. B 131

Paul Bradt und **Fred L. Mohler,** *Massenspektrometrische Analyse fluorierter Polyphenyle.* Vff. verwenden die massenspektrometr. Meth. zur Unters. des Mol.-Gew. u. der chem. Zus. einiger fluorierter Polyphenyle. Die Polymeren werden aus einem Röhrenofen direkt in die Ionisationskammer des Massenspektrometers unzers. verdampft u. die Ofentemp. allmählich erhöht (208—430°). Massenspektren der Polymeren aus *p-Dibromtetrafluorbenzol* lassen auf Moll. der Formel $(C_6F_4)_nBr_2$ (mit n = 3—6) schließen. Polymere aus der entsprechenden Dijodverb. geben Ionen mit maximal 11 Phenylenringen ohne oder mit einem oder zwei Jodatomen am Ende der Kette. Es ist nach Vff. möglich, daß Ketten von Phenylenringen, die beide endständigen Jodatome verloren haben, durch Bldg. von geschlossenen Ringen stabile Verbb. liefern. Molekülionen herrschen in den Spektren vor, was die Deutung der Resultate in bezug auf Mol.-Gew.-Verteilung erleichtert. (Analytic. Chem. **27**. 875—77. Juni 1955. Washington, D. C., Nat. Bur. of Stand.) G. WINKLER. B 131

Annamaria Marinangeli, *Über die Molekularpolarisation von Pyrrol in Lösung.* Durch Messung der Orientierungspolarisation (OP) als Funktion der Konz. sucht Vf. Aufklärung über die Art einer Assoziation des *Pyrrols* (**I**) in Benzollösung. Aus dem Gang von OP konnte auf eine intermol. Assoziation von **I** geschlossen werden. Unter der Annahme, daß diese Assoziation bimol. ist u. Moll. mit Dipolmomenten $\mu_2 = 2\,\mu_1$ bzw. $\mu = 0$ auftreten, wurde eine Berechnung der Gleichgewichtskonstante für die **I**-Assoziation durchgeführt. Die erhaltenen K-Werte werden erst oberhalb einer **I**-Konz. von 4,5 gMol/Liter genügend konstant, woraus Vf. schließt, daß in diesem Konzentrationsbereich die Assoziation bimol. ist. Die bei kleineren Konzz. beobachteten beträchtlichen Abweichungen von K führt Vf. auf eine andere Art der Wechselwrkg. der **I**-Moll. zurück. (Ann. Chimica **44**. 211—18. März/April 1954. Bologna, Univ., Ist. Chim. „G. Ciamician“.) H. NÖTH. B 132

Annamaria Marinangeli, *Dipolmomente des Pyrrols und einiger seiner Derivate.* Vf. bestimmte das Dipolmoment von *Pyrrol* (**I**), *α-Pyrrolaldehyd* (**II**), *α-Acetylpyrrol* (**III**) u. *α.α'-Diacetylpyrrol* (**IV**) in Bzl. u. Dioxan (**V**) (**IV** nur in **V**, wegen Unlöslichkeit in Bzl.). Bei 20° wurden folgende Werte gefunden: **I**: 1,74, 1,97 D; **II**: 1,52, 1,79 D; **III**: 1,88, 2,42 D; **IV**: 3,93 D (der erste Wert gilt für die benzol. Lsg.). Der Vgl. der gefundenen mit den theoret. aus den Gruppenmomenten berechneten Dipolmomente zeigte, daß im Falle von **II** u. **III** die Carbonylgruppe in Richtung der NH-Gruppe des **I** fixiert sein muß. Das gegenüber dem theoret. Wert ($\mu = 1,71$ D) zu hohe Moment des **III** ist auf den Einfl. der Hyperkonjugation zurückzuführen. Die größeren Dipolmomente der Verbb. in **V** sind durch die Ausbildung einer Wasserstoffbrücke zwischen der NH-Gruppe u. den O-Atomen des **V** bedingt. Ihre Ausbildung wird bei **II** durch intermol. Assoziation, bei **III** wohl durch den Hyperkonjugationseffekt der Methylgruppe begünstigt, wodurch die Differenz $\mu_{\text{Dioxan}}-\mu_{\text{Bzl.}}$ in Richtung **I**, **III**, **II** zunimmt. Auch das hohe Dipolmoment von **IV** dürfte durch diesen Effekt erklärt werden können. (Ann. Chimica **44**. 219—31. März/April 1954. Bologna, Univ., Ist. Chim. „G. Ciamician“.) H. NÖTH. B 132

C. Eaborn und **S. H. Parker,** *Siliciumorganische Verbindungen.* 8. Mitt. *Die [Trimethylsilylmethyl]-benzoesäuren.* (7. vgl. C. **1955**. 5752.) Es werden *o-, m-* u. *p-[Trimethylsilylmethyl]-benzoesäure* dargestellt, ihre scheinbaren Ionisationskonstanten in A.-W. (1 : 1)-Gemischen gemessen u. die Absorptionsspektren aufgenommen (freie Säuren in Hexan

u. wss. Alkali; Anilide in wss. CH_3OH). Die HAMMETTschen σ-Konstanten für die $(CH_3)_3SiCH_2$-Gruppe ergeben sich aus den Messungen zu σ_p — 0,260 bzw. σ_m — 0,205; die Ergebnisse lassen auf einen großen +I-Effekt dieser Gruppe schließen.

Versuche (FF. korr.): *m-Chlorbenzylbromid*, $Kp._{19}$ 122—124°, durch Bromierung von m-Chlortoluol; 61% (Ausbeute). — *Chlorbenzyltrimethylsilane*, $C_{10}H_{15}ClSi$, aus $(CH_3)_3SiCl$ u. o- bzw. p-$ClC_6H_4CH_2Cl$ bzw. vorst. Verb. nach GRIGNARD: *o-*, Kp. 222 bis 223°; n_D^{20} 1,5128. *m-*, Kp. 228—229°; n_D^{20} 1,5108. *p-Verb.*, Kp. 231—232°; n_D^{18} 1,5154. — *[Trimethylsilylmethyl]-benzoesäuren*, $C_{11}H_{16}O_2Si$, aus den L-Derivv. vorst. Verbb. u. Rk. mit CO_2, *o-* (I), F. 77,5° (wss. A.); *Anilid*, F. 113° (Leichtbenzin); *m-* (II), F. 96,5° (Leichtbenzin); *Anilid*, F. 111,4° (Leichtbenzin). — *p-* (III), F. 179° (Aceton-Leichtbenzin); *Anilid*, F. 137,4° (Leichtbenzin); pK_a-Werte: I 6,34; II 6,00; III 6,08. (J. chem. Soc. [London] **1954**. 939—41. März.) M. SCHENK. B 139

Henri Le Moal und **François Salmon-Legagneur**, *Über die Dissoziation einiger organischer unsymmetrischer α.α-Diaryldicarbonsäuren.* Vff. messsen die Dissoziationskonstanten K_1 u. K_2 der Säuren $(C_6H_5)_2C(CO_2H)-(CH_2)_nCO_2H$ (n = 3, 4, 5, 6), sowie die entsprechenden Konstanten K′ u. K″ der Monomethylester in W. bei 20° unter einer Stickstoffatmosphäre. Die Ergebnisse sind mit der Theorie von BARTON (C. **1948**. II. 36) vereinbar, aus ihnen folgen plausible Werte für den Abstand der beiden Carboxylgruppen. — Meßergebnisse: *n = 3*, pK_1 4,17; 6,80; pK_2 5,40. — *n = 4*, 4,28; 5,39. — *n = 5*, 4,31; 5,38—39. — *n = 6*, 4,32—33; 15,38. — *Monomethylester: n = 3*, pK′ 4,26; pK″ 4,84. — *n = 4*, 4,40; 4,97. — *n = 5*, 4,50; 5,08. (C. R. hebd. Séances Acad. Sci. **241**. 706—08. 12/9. 1955.) K. FRENKLER. B 139

Werner Stühmer und **Werner Neumann**, *Über den Dissoziationsgrad der am Stickstoff substituierten Iso-α-oxy-β-amino-α.β-diphenyläthane.* (Vgl. C. **1950**. II. 646.) Ein Vgl. der aus Leitfähigkeitsmessungen bestimmten Dissoziationskonstanten K der am N einfach bzw. doppelt alkylsubstituierten *Iso-α-oxy-β-amino-α.β-diphenyläthane* mit ihrer physiol. Wrkg. zeigt, daß die am schwächsten dissoziierte Base [ein H durch $CH_2CH(CH_3)_2$ substituiert, $K = 0{,}2 \cdot 10^{-4}$] am besten in das Zellgewebe eindringt u. die größte lokalanästhet. Wrkg. hat. Im einzelnen wurden untersucht: *Iso-α-oxy-β-amino-α.β-diphenyläthan, N-Isobutyl-, N-Cyclohexyl-, N-Methyl-N-äthyl-, N.N-Dimethyl-, N.N-Diäthyl-* u. *N-Isopropyl-N-methyliso-α-oxy-β-amino-α.β-diphenyläthan.* (Arch. Pharmaz. Ber. dtsch. pharmaz. Ges. **287/59**. 14—18. 1954. Hannover, TH, Inst. für Org. Chem.) W. NIEMITZ. B 139

Micheline Kleine-Peter, *Polarographische Untersuchung von Allylhalogeniden. 2. Mitt. α- und β-substituierte Allylbromide.* (1. vgl. C. **1954**. 9962.) Es wird in Ausdehnung der bisherigen polarograph. Unterss. von Allylhalogeniden über das Verh. von α- u. *β-Methyl-, Chlor-* u. *Bromallylbromid* berichtet u. gezeigt, daß sich sowohl bei α- als auch bei β-Substitution das Polarogramm nur wenig ändert, abgesehen davon, daß — vor allem bei α-Substitution — die Red. in der Reihenfolge Br > Cl > CH_3 leichter vonstatten geht. Nur für die Verb. $CHBr{=}CH{-}CH_2Br$ ist die Intensität der Vorstufe stark erhöht. Hydrolyse tritt bei allen Verbb. erst bei u. oberhalb p_H 9,3 ein, u. zwar bei β-Substitution relativ leichter. (C. R. hebd. Séances Acad. Sci. **240**. 517—19. 31/1. 1955.) W. NIEMITZ. B 142

David F. Dever, Arthur Finch und **Ernest Grunwald**, *Der Dampfdruck von Methanol.* Vff. führen eine Neubest. des orthobaren Dampfdruckes von *Methanol* im Temperaturbereich 14—34° nach der stat. Meth. durch. Die Übereinstimmung der experimentellen Werte mit der Dampfdruckgleichung log p (at) = 14,47865 ± 0,00010 —2376,4/T — 2,9440 log T ist zufriedenstellend. Extrapolation der Werte auf 1 at ergibt den Kp. zu 64,67°. (J. physic. Chem. **59**. 668—69. Juli 1955. Tallahassee, Fla., State Univ., Chem. Dep.) G. WINKLER. B 150

James A. Beattie, Stanley Marple jr. und **David G. Edwards**, *Die Kompressibilität und eine Zustandsgleichung des gasförmigen Isobutans.* (Vgl. C. **1950**. I. 394.) Das volumetr. Verh. von gasförmigem Isobutan oberhalb des krit. Punktes (150—300°, 1—8 Mol/Liter) wurde nach der Meth. von BEATTIE (Proc. Amer. Acad. Arts Sci. **69**. [1934.] 389) untersucht. Hieraus wurden die Konstanten für die BEATTIE-BRIDGEMANsche Zustandsgleichung ermittelt u. in den Einheiten Normalatmosphären, Liter/Mol. u. °K zu $A_0 = 16{,}6037$; $a = 0{,}11171$; $B_0 = 0{,}23540$; $b = 0{,}07697$, $c = 300 \cdot 10^4$ u. $R = 0{,}08206$ bestimmt. (J. chem. Physics **18**. 127—28. Jan. 1950. Cambridge, Mass., MIT, Dep. of Chem.) G. KLAFFKE. B 150

Webster B. Kay und **F. Morgan Warzel**, *2.2.4-Trimethylpentan (Isooctan). Dampfdruck, kritische Konstanten und Dichten des gesättigten Dampfes und der Flüssigkeit.* Vff. messen Dampfdruck, Kp., die krit. Daten sowie die Dichten von fl. u. von dampfförmigem *2.2.4-Trimethylpentan* (*Isooctan;* I; Reinheit 99,87 ± 0,05 Mol-%; F. −107,398° D.[27] 0,6862; Kp. 99,239°; krit. Temp. 270,676°; krit. Druck 25,308 at; krit. D. 0,243 g/cm³). Die Dampfdruckmessungen erstrecken sich über den Bereich vom Kp. bis zur krit. Temp., die Best. der D. von fl. I geschieht zwischen 50° u. krit. Temp., die Best. der Dampfdichte zwischen 205° u. krit. Temp. (Tabelle). Der Dampfdruck p in at von I kann bei Berücksichtigung einer graph. Korrektur (Kurvendiagramm) für jede Temp. t mit sehr großer Genauigkeit errechnet werden nach log p = 4,45144 − [1657,71/(t + 273,160)]. (Ind. Engng. Chem. **43.** 1150—52. Mai 1951. Columbus, O., Ohio State Univ.) K.-H. KLASSKE. B 150

G. A. McD. Cummings und **E. McLaughlin,** *Dampfdrucke einiger ungesättigter Kohlenwasserstoffe mit 6 C-Atomen.* Die apparative Anordnung zur Druckmessung wird ausführlich beschrieben. Die Verdampfungswärmen u. -entropien am Kp. werden berechnet. Es ergeben sich für *Hexadien-(1.5)* ($Kp._{750,8}$ 59,2°, n_D^{20} 1,4042) ΔH = 6830 [cal/Mol] u. ΔS = 20,5 [cal/Mol · Grad]; für *2.3-Dimethylbutadien-(1.3)*: ($Kp._{757,0}$ 68,4°, n_D^{20} 1,4391) ΔH = 7410 u. ΔS = 21,7 u. für *2.3-Dimethylbuten-(2)* ($Kp._{781,0}$ 74,1°, n_D^{20} 1,4122): ΔH 734° u. ΔS = 21,2°. Für die Dampfdruckgleichung log p = A—B/(t + c) ergeben sich A, B u. C zu 6,6119; 1032; 217,0 bzw. 7,2017; 1346; 243,0 u. 7,2550; 1430; 253,7. (J. chem. Soc. [London] **1955.** 1391—92. April. Belfast, Queen's Univ.) W. KAUFMANN. B 150

Dallas T. Hurd und **Robert C. Osthoff,** *Dekaäthylcyclopentasiloxan.* Vff. finden bei *Dekaäthylcyclopentasiloxan* (I) eine im Vgl. zu seinen Homologen auftretende Anomalie hinsichtlich seiner physikal. Eigenschaften. In der Reihe der cycl. Dimethylsiloxane liegt bei dem Pentameren ein F.-Minimum; weiter haben die cycl. trimeren u. tetrameren Verbb. in der Diäthylreihe niedrigere FF. als die entsprechenden Dimethylverbindungen. Der abnorm hohe F. von I wird von Vff. damit erklärt, daß bei I im festen Zustand Molekularrotation möglich ist, was eine niedrige Schmelzwärme u. Schmelzentropie, anomal hohen F. u. eine klare (oft isotrope) Phase beim Übergang zwischen festem u. fl. Zustand bedingen würde. Die gefundenen Eigg. von I stehen im Einklang mit dieser Annahme. Verss., höhere cycl. Diäthylsiloxane als I zu erhalten, blieben erfolglos. — *Dekaäthylcyclopentasiloxan,* F. 38—39°, $Kp._1$ 167,5°, D.[20] 0,968, n_D^{20} (fest) 1,4408, Dipolmoment 0,88 ± 0,25 D. (J. Amer. chem. Soc. **75.** 234—35. 5/1. 1953. Schenectady, N. Y., General Electr. Res. Labor.) G. WINKLER. B 150

John L. Binder, *Die thermodynamischen Funktionen von Methylmercaptan und Dimethylsulfid.* Die Entropien, freien Energien, Wärmekapazitäten u. Enthalpien von Methylmercaptan u. Dimethylsulfid wurden in 100°-Intervallen zwischen 298,16° K u. 150° K durch Berechnung der Werte für die Translation, klass. Rotation, Oscillation u. die verhinderte Rotation durch deren Summierung ermittelt. Die freien Bildungsenergien beider Verbb. wurden für denselben Temperaturbereich berechnet, wobei sowohl rhomb. als auch gasförmiger S u. Graphit als Grundzustand genommen wurden. (J. chem. Physics **18.** 77—78. Jan. 1950. Akron, O.) G. KLAFFKE. B 155

George S. Parks, John R. Mosley und **Peter V. Peterson jr.,** *Verbrennungs- und Bildungswärmen von einigen organischen Sauerstoffverbindungen.* In der calorimetr. Bombe wurden die Verbrennungswärmen von 6 organ. Sauerstoffverbb. bestimmt u. hieraus die Bildungswärmen auf ± 0,05% genau berechnet. Außerdem werden berichtigte Werte für 5 weitere Verbb. angegeben. Die erhaltenen Werte für $-\Delta H_R$ (u. $-\Delta H_f$) betragen in kcal.: *Isopropylalkohol* 479,24 (76,18); *Maleinsäureanhydrid* 332,29 (112,23); *Methyläthylketon* 582,80 (66,68); *Furoesäure* 487,75 (111,14); *Furfurylalkohol* 609,16 (66,05); *Cyclopentanol* 740,07 (77,77); *Cyclohexanol* 890,77 (83,45); *Phthalsäureanhydrid* 779,02 (110,03); *Phthalsäure* 770,49 (186,88); *Benzophenon* 1556,40 (7,86) u. *Cetylalkohol* 2502,67 (163,35). (J. chem. Physics **18.** 152—53. Jan. 1950. Stanford, Calif., Univ., Dep. of Chem.) G. KLAFFKE. B 156

Daniele Sette, *Ultraschallabsorption in Gemischen von Wasser und Methylalkohol.* Es wurde die Ultraschallabsorption zwischen 15 u. −32° u. den Frequenzen 23, 38 u. 53 MHz in Gemischen von W. u. Methylalkohol gemessen. Es wurde gefunden, daß der Verlauf der Absorption nur dann dem von anderen Seiten bei Gemischen mit *A.*, *n-Propyl-*, *Isopropyl-* u. *tert.-Butylalkohol* beobachteten Verlauf ähnlich ist, wenn die Versuchstemp. unterhalb Zimmertemp. liegt. Damit ist festgestellt, daß auch bei dem vorliegenden Gemisch für Tempp. unterhalb Zimmertemp. die von STOREY (vgl. Proc. physic. Soc., Sect. B **65.** [1952.] 943) zur Erklärung der Ultraschallabsorption bei den anderen, obigen Alkohol–W.-Gemischen, aufgestellte Hypothese Gültigkeit hat, nämlich, daß in den Lsgg. Molekularassoziationen vorhanden sind u. daß ihr Gleichgewicht durch die, die Fortpflanzung der Schallwellen begleitenden, Temperaturänderungen gestört wird. In den W.–Methylalkohol-Gemischen sind anscheinend 3 Mol W. u. 1 Mol Methylalkohol assoziiert. (Ricerca sci. **25.** 576—87. März 1955. Roma, Ist. Naz. di Ultracustica „O. M. Corbino".) C. GOTTFRIED. B 159

Pin Chang und **C. R. Wilke,** *Einige Messungen der Diffusion in Flüssigkeiten.* Vff. messen die Diffusionskoeffizienten für J_2 u. *Toluol* in verschied. gesätt. KW-stoffen u. von *Benzoe-, Essig-, Ameisen-* u. *Zimtsäure* in verschied. Lösungsmitteln nach der Diaphragmazellmethode. Besondere Aufmerksamkeit wird von Vff. der Konstanz von $D\eta/T$ gewidmet. Abweichungen von der Konstanz werden auftretenden Wasserstoffbindungsstrukturen oder Molekularassoziation zugeschrieben. Für die Berechnung von Diffusionskoeffizienten wird von Vff. eine empir. Gleichung vorgeschlagen: $D = 7{,}4 \cdot 10^{-10}\ T(xM)^{1/2}/\eta\ V^{0{,}6}$ (wobei T = Temp. in °K, M = Mol.-Gew. des Lösungsm., η = Viscosität der Lsg. in Poise, V = Mol.-Vol. des gelösten Stoffes in cm^3/g-Mol, x = Assoziationsparameter für das Lösungsm., für nichtassoziierte Fll. = 1, für W. = 2,6, Methanol = 1,9 u. A. = 1,5). Die an zahlreichen Beispielen nachgeprüfte Gleichung zeigt eine durchschnittliche Genauigkeit von 10%. — Einzelergebnisse: *Benzoesäure* in CCl_4 bei 14,8°, $D \cdot 10^5$ 0,78 cm^2/sec, $\eta \cdot 10^2$ (Lösungsm.) 1,048 Poise (nachst. in gleicher Anordnung), 25,0°, 0,91, 0,907, 40,5°, 1,17, 0,732; in Bzl. 15,0°, 1,17, 0,696, 25,0°, 1,38, 0,503, 40,0°, 1,76, 0,497; in Toluol 16,0°, 1,29, 0,620, 25,0°, 1,49, 0,552, 40,0°, 1,85, 0,471; in Aceton 13,2°, 2,37, 0,352, 25,0°, 2,62, 0,312. 40,0°, 3,05, 0,268; in Äthylenglykol 25,0°, 0,043±10%, 17,33, 50,0°, 0,18±10%, 6,62. — *Essigsäure* in CCl_4 6,5°, 1,15, 1,201, 14,8°, 1,27, 1,052, 25,0°, 1,49, 0,907, 40,0°, 1,78, 0,736; in Bzl. 25,0°, 2,09, 0,603, 5,9°, 1,58, 0,817; in Toluol 25,0°, 2,26, 0,552, 15,0°, 1,90, 0,620, 6,8°, 1,66, 0,701; in Aceton 40,0°, 4,04, 0,268, 25,0°, 3,31, 0,312, 15,0°, 2,92, 0,337; in Äthylenglykol 15,0°, 0,039±10%, 26,09, 25,0°, 0,13±10%, 17,33, 30,0°, 0,20±10%, 13,35. — *Ameisensäure* in CCl_4 8,5°, 1,61, 1,163, 25,0°, 1,89, 0,907, 15,0°, 1,67, 10,48; in Bzl. 6,2°, 1,99, 0,815, 13,9°, 2,31, 0,712, 25,0°, 2,28, 0,603; in Toluol 6,2°, 2,28, 0,706, 14,1°, 2,46, 0,635, 25,0°, 2,65, 0,552; in Aceton 25,0°, 3,77, 0,312, 13,5°, 3,27, 0,346, 6,5°, 313, 0,370; in Äthylenglykol 25,0°, 0,094±10%, 17,33, 50,0°, 0,22±10%, 6,62. — *Zimtsäure* in CCl_4 25°, 0,76, 0,907; in Bzl. 25°, 1,12, 0,599; in Toluol 25°, 1,18, 0,552; in Aceton 25°, 2,41, 0,312. — *Toluol* in n-Hexan 25,0°, 4,21, 0,304; in n-Heptan 25,0°, 3,72, 0,384, 6,9°, 2,95, 0,469, 40,0°, 4,33, 0,333; in n-Decan 25,0°, 2,09, 0,860; in n-Dodecan 25,0°, 1,38, 1,416; in n-Tetradecan 25,0°, 1,02, 2,120. — *Jod* in n-Tetradecan 25°, 0,96, 2,120; in n-Octan 15°, 2,43, 0,579, 25°, 2,76, 0,508, 40°, 3,22, 0,417; in n-Hexan 25°, 4,24, 0,304; in Cyclohexan 15°, 1,54, 1,506, 30°, 1,92, 0,820, 40°, 2,30, 0,703; in Methylcyclohexan 40°, 2,71, 0,549, 30°, 2,30, 0,639; in A. 40°, 1,77, 0,821, 25°, 1,32, 1,065; in Brombenzol 30°, 1,39, 0,985; in CCl_4 30°, 1,63, 0,839; in Bzl. 8,86°, $(D\eta/T)\ 10^{10}$ 4,38, $\eta \cdot 10^2$ 0,765 Poise (nachst. aromat. KW-stoffe in gleicher Anordnung), 19,91°, 4,29, 0,648, 25,0°, 4,33, 0,605; in Toluol 8,66°, 3,98, 0,675, 19,91°, 3,93, 0,588, 25,0°, 3,99, 0,559; in m-Xylol 8,90°, 3,74, 0,745, 19,91°, 3,74, 0,649, 25,0°, 3,73, 0,589; in Mesitylen 25,0°, 3,39, 0,681. (J. physic. Chem. **59.** 592—96. Juli 1955. Berkeley, Calif., Univ., Div. of Chem. Engng.) G. WINKLER. B 171

Paolo M. Strocchi und **Ettore Gliozzi,** *Beitrag zur Kenntnis der konzentrierten wässerigen Saccharoselösungen.* 2. Mitt. *Einfluß von Natriumchlorid auf die Viscosität.* (1. vgl. C. **1952.** 4277.) Bei 20, 30, 40, 50 u. 60° wird bei Lsgg. von 35, 40, 45, 50 u. 55% *Saccharose* (I) u. 2,5, 5, 7 u. 10% NaCl (II) die D. u. die Viscosität (η, Centipoise) ermittelt. Bei 45% I bewirkt ein geringer II-Zusatz Abnahme von η, bei höherem Zusatz nimmt η wieder zu. In der Gleichung von GUTH u. SIMHA [1936] wird aus den η-Messungen das „hydrodynam. Vol." Φ des I berechnet u. mit dem „Trockenvol." V (aus der D. berechnet) verglichen. Φ/V nimmt bei 35% I mit steigender II-Konz. zuerst rasch ab, steigt dann wieder an, u. zwar von einem „Sättigungspunkt" an (bei ~5% II) sehr langsam u. regelmäßig; bei 55% I folgt einem raschen Anstieg von Φ/V bis ~5% II ein langsamerer Anstieg; die Lsgg. mit 40, 45 u. 55% I liegen in ihrem Verh. zwischen diesen Typen. (Ann. Chimica **41.** 465—77. Juli 1951. Bologna, Univ., Ist. di Chim. ind. ed appl.) R. K. MÜLLER. B 172

Paolo M. Strocchi und **Ettore Gliozzi,** *Beitrag zur Kenntnis der konzentrierten wässerigen Saccharoselösungen.* 3. Mitt. *Einfluß von KCl, LiCl, $CaCl_2$ und $AlCl_3$ auf die Viscosität.* (2. vgl. vorst. Ref.) Im gleichen Bereich der Tempp. u. Konzz. wie bei NaCl (vorst. Ref.) werden die Viscositäten von Saccharoselsgg. mit Zusatz von KCl, LiCl, $CaCl_2$ (I) u. $AlCl_3$ (II) gemessen. Bei äquivalenten Zusatzmengen zeigen die Alkalichloride keine wesentlichen Unterschiede des Einfl., bei I u. II ergibt sich eine Zunahme des Salzeinfl. mit der Ladung. (Ann. Chimica **42.** 3—17. Jan. 1952.) R. K. MÜLLER. B 172

P. J. Wheatley, *Die Stereochemie von Molekülen, welche die C=C=N-Gruppe enthalten: Die Kristallstruktur von N-Methyl-2.2-bis-[methylsulfonyl]-vinylidenamin.* Gute Kristalle von N-Methyl-2.2-bis-[methylsulfonyl]-vinylidenamin (vgl. DIJKSTRA u. BACKER,

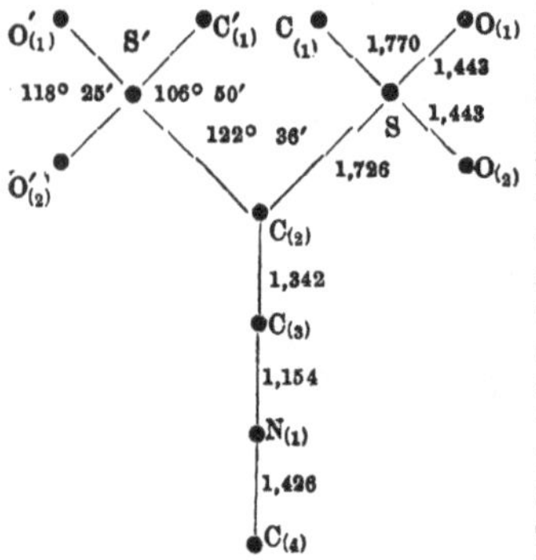

Proc. Acad. Sci. Amsterdam, Sect. B 55. [1952.] 382) wurden aus Äthylacetat erhalten. Die rhomb. Zelle hat die Dimensionen a = 12,082 ± 0,005 Å; b = 8,656 ± 0,005 Å; c = 8,627 ± 0,005 Å. Raumgruppe ist P b c n; Z = 4. Mit 4 Moll. in der Elementarzelle verlangt die Symmetrie der Raumgruppe, daß das einzelne Mol. ein Symmetriezentrum oder eine zweizählige Achse besitzt. Da nur die letztere Symmetrie möglich ist, folgt, daß die $-C{=}C{=}N{-}CH_3$-Gruppe streng linear ist. Zur Best. der Bindungslänge wurde eine dreidimensionale Strukturanalyse durchgeführt, welche die folgenden Parameter lieferte (Bezifferung (s. nebenstehende Formel): S (x =) 0,11748; (y =) 0,33188; (z =) 0,18891; $O_{(1)}$: 0,08402; 0,20207; 0,09675; $O_{(2)}$: 0,18934; 0,44437; 0,12071; $C_{(1)}$: 0,18192; 0,25616; 0,35678; $C_{(2)}$; 0; 0,42763; 0,25; $C_{(3)}$: 0; 0,58266; 0,25; $C_{(4)}$: 0; 0,88066; 0,25; $N_{(1)}$: 0; 0,71597; 0,25. Die Bindungslängen u. Valenzwinkel sind aus der nebenst. Formel ersichtlich. (Acta crystallogr. [Copenhagen] 7. 68—72. Jan. 1954. Leeds, Univ., Chem. Dep.) C. Gottfried. B 195

C. J. Brown, *Die Kristallstruktur von Äthylencarbonat.* Nadelförmige Kristalle von *Äthylencarbonat,* F. 39°, wurden durch langsame Verdunstung der gesätt. alkoh. Lsg. erhalten. Die monokline Zelle hat die Dimensionen a = 8,92 Å; b = 6,25 Å; c = 6,94 Å; $\beta = 100°34'$. Raumgruppe ist C2/c; Z = 4. Die Struktur wurde durch Patterson- u. dreidimensionale Fourier-Synthesen aufgeklärt. Es wurden die folgenden Parameter festgelegt (Bezifferung vgl. nebenst. Formel): $C_{(1)}$ (x =) 0,085; (y =) 0,230; (z =) 0,290; $C_{(3)}$ 0; 0,564; 0,250; $O_{(1)}$ 0,110; 0,443; 0,351; $O_{(3)}$ 0; 0,748; 0,250. Die Struktur besteht aus Einzelmoll., die in Schichten beinahe parallel zu der (0 0 1)-Fläche liegen. In allen Moll. der gleichen Schicht ist die Carbonylgruppe nach derselben Richtung ausgerichtet; in den angrenzenden Schichten liegt sie in entgegengesetzter Richtung. Bindungslängen vgl. nebenst. Formel. Das Mol. selbst ist nicht eben. Wegen der zweizähligen Achse ist die CO_3-Gruppe eben, die $C_{(1)}$ u. $C_{(2)}$ verbindende Linie dagegen bildet mit der Ebene, welche die CO_3-Gruppe enthält, einen Winkel von 20°. Der kürzeste intermol. Abstand zwischen den Schichten beträgt 3,11 Å. (Acta crystallogr. [Copenhagen] 7. 92—96. Jan. 1954. Manchester, Imperial Chem. Ind., Dyestuffs Div., Res. Labor.) C. Gottfried. B 195

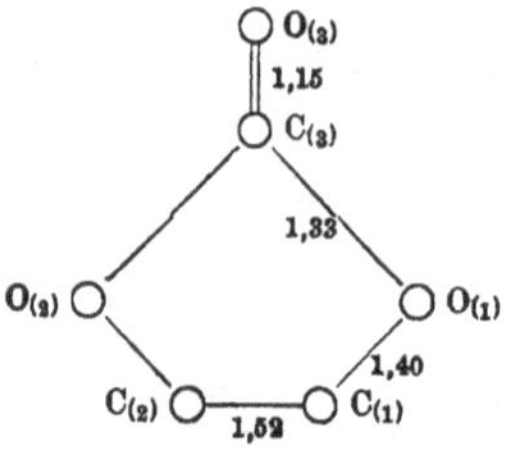

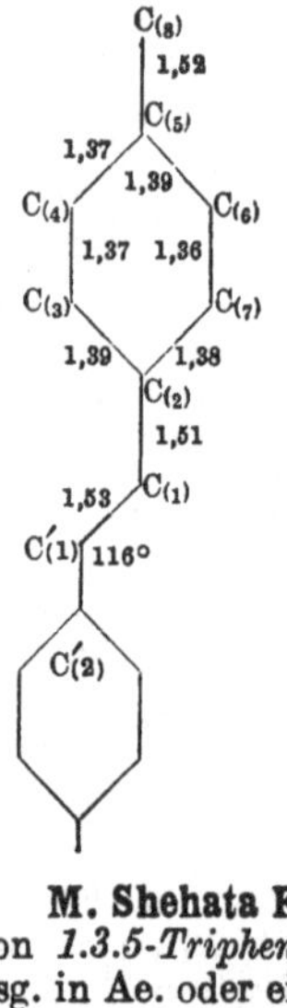

C. J. Brown, *Die Kristallstruktur von 4.4'-Dimethyldibenzyl. 4.4'-Dimethyldibenzyl* krist. monoklin mit der Elementarzelle a = 23,36 Å; b = 6,10 Å; c = 9,16 Å; $\beta = 100°33'$. Raumgruppe ist I2/a; Z = 4. Durch Fourier-Synthesen wurden die folgenden Parameter festgelegt (Bezifferung vgl. nebenst. Formel): $C_{(1)}$ (x =) 0,028; (y =) 0,04; (z =) 0,976; $C_{(2)}$ 0,072; 0,15; 0,095; $C_{(3)}$ 0,060; 0,36; 0,144; $C_{(4)}$ 0,100; 0,46, 0,252; $C_{(5)}$ 0,152; 0,36; 0,310; $C_{(6)}$ 0,163; 0,15; 0,263; $C_{(7)}$ 0,124; 0,05; 0,156; $C_{(8)}$ 0,195; 0,48; 0,428. Die Struktur ist eine einfache Molekülstruktur, wobei die Moll. mit ihren Zentren auf den Symmetriezentren liegen. Hierdurch wird bedingt, daß die Benzolringe eines Mol. parallel liegen; sie sind jedoch nicht koplanar, sondern wie in Dibenzyl stufenweise angeordnet. Die Bindungslängen sind aus der Formel zu ersehen. In den Benzolringen sind alle Valenzwinkel 120°, nur der Winkel $C_2C_1C_1'$ bzw. $C_1C_1'C_2'$ beträgt 116°. (Acta crystallogr. [Copenhagen] 7. 97—100. Jan. 1954. Manchester, Imp. Chem. Ind., Dyestuffs Div., Res. Labor.) C. Gottfried. B 195

M. Shehata Farag, *Die Kristallstruktur von 1.3.5-Triphenylbenzol.* Gute Kristalle von *1.3.5-Triphenylbenzol* (F. 169—170°) wurden durch langsame Verdunstung einer Lsg. in Ae. oder einer Lsg. in A. + Ae. erhalten. Die Kristalle sind pyroelektr., die Kristallklasse ist die der rhomb. Hemiedrie. Die Elementarzelle hat a = 7,47 ± 0,02 Å;

b = 19,66 ± 0,05 Å; c = 11,19 ± 0,03 Å. Raumgruppe ist P n a 2_1; Z = 4. Die Struktur wurde mittels dreidimensionaler FOURIER-Analysen aufgeklärt. Folgende Parameter wurden gefunden (Bezifferung vgl. nebenst. Formel): $C_{(1)}$ (x =) 0,216; (y =) 0,169; (z =) 0,109; $C_{(2)}$ 0,218; 0,229; 0,046; $C_{(3)}$ 0,250; 0,229; −0,076; $C_{(4)}$ 0,285; 0,169; −0,135; $C_{(5)}$ 0,280; 0,108; −0,071; $C_{(6)}$ 0,253; 0,109; 0,050; $C_{(7)}$ 0,179; 0,169; 0,242; $C_{(8)}$ 0,087; 0,113; 0,294; $C_{(9)}$ 0,048; 0,113; 0,416; $C_{(10)}$ 0,111; 0,169; 0,484; $C_{(11)}$ 0,216; 0,221; 0,434; $C_{(12)}$ 0,241; 0,221; 0,312; $C_{(13)}$ 0,250; 0,295; −0,144; $C_{(14)}$ 0,301; 0,356; −0,086; $C_{(15)}$ 0,293; 0,416; −0,148; $C_{(16)}$ 0,254; 0,417; −0,270; $C_{(17)}$ 0,217; 0,356; −0,328; $C_{(18)}$ 0,212; 0,296; −0,265; $C_{(19)}$ 0,320; 0,043; −0,134; $C_{(20)}$ 0,289; 0,038; −0,256; $C_{(21)}$ 0,317; −0,023; −0,315; $C_{(22)}$ 0,387; −0,078; −0,252; $C_{(23)}$ 0,415; −0,073; −0,128; $C_{(24)}$ 0,379; −0,012; −0,071. Die Struktur ist angenähert eine Schichtstruktur mit den Moll. in oder nahe den (2 0 0)-Ebenen.

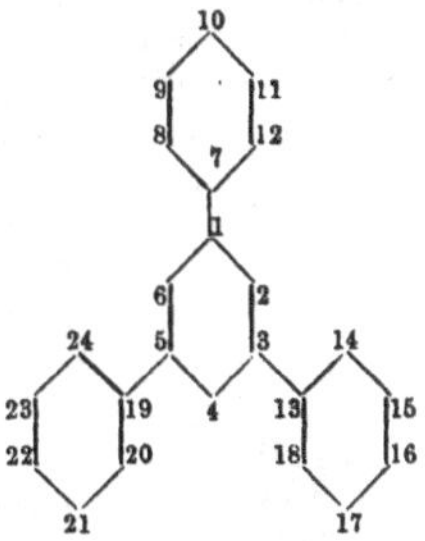

Die mittleren C—C-Abstände in den Ringen sind 1,39 ± 0,03 Å. Die einzelnen Benzolringe selbst sind eben, die Moll. dagegen nicht, die Phenylsubstituenten sind gegen die Ebene des zentralen Ringes um + 34°, − 27° u. + 24° herausgedreht. Der C—C-Abstand zwischen den Ringen beträgt 1,50 ± 0,03 Å. — Die aus der Struktur berechneten diamagnet. Susceptibilitäten stimmten mit den beobachteten Werten gut überein. (Acta crystallogr. [Copenhagen] **7.** 117—21. Jan. 1954. London, Univ. Coll., Dep. of Crystallography.) C. GOTTFRIED. B 195

R. M. Keefer und **L. J. Andrews,** *Die Enthalpien, freien Energien und Entropien der Bildung von Alkylbenzol–Jod-Komplexen.* Die ΔH-, ΔF- u. ΔS-Werte für die Bindung von J_2 unter Komplexbldg. an die Donatormoll.: *Bzl., p-Xylol, Mesitylen, Triäthylbenzol, Tri-tert.-butylbenzol* (I, aus A., F. 73,4—73,9°), *Durol, Hexamethylbenzol, Hexaäthylbenzol* (II), *tert.-Butanol* u. *Dioxan* in CCl_4 werden spektralphotometr. bestimmt. Mit zunehmend negativen Werten von ΔH nehmen die ΔF- u. ΔS-Werte linear ab. Mit Ausnahme der I- u. II-Komplexe werden die thermodynam. Konstanten bei den Benzolderivv. mit zunehmender Alkylsubstitution negativer; die Alkylgruppen in II verhindern eine Annäherung des Jodacceptors an die π-Elektronen, die Bindung ist deshalb schwach u. die Entropieänderungen sind gering. Ähnliche, aber nicht so starke ster. Einflüsse liegen beim I-Komplex vor. (J. Amer. chem. Soc. **77.** 2164—68. 20/4. 1955. Davis, Calif., California Univ., Dep. of Chem.) W. KAUFMANN. B 223

D. Ll. Hammick und **H. P. Hutchison,** *Wechselwirkung von Polynitroverbindungen mit aromatischen Kohlenwasserstoffen und Basen.* 14. Mitt. *Stabilitäten einiger fester Komplexe von Trinitrobenzol und Trinitrotoluol.* (13. vgl. DALE u. Mitarbeiter, C. **1955.** 3591.) Bei 25° wurde die Stabilität von Molekülverbb. aus *1.3.5-Trinitrobenzol* (I, F. 121°, korr., A.) u. *2.4.6-Trinitrotoluol* (II, F. 82°, korr., A.) mit folgenden Aromaten in W. colorimetr. bestimmt [in () FF. der Komplexe u. freie Bildungsenergien ΔG° in kcal/Mol für die Verbb. mit I bzw. II]: *Anthracen* (F. 162°; F. 159°; −0,84; −0,14), *Durol* (F. 101°; —; −0,84; instabil), *Fluoren* (III, F. 105°; F. 89°; −0,89; −0,83), *Hexamethylbenzol* (F. 173°; F. 123°; −1,34; −0,28), *Pentamethylbenzol* (F. 119°; F. 81°; −1,59; −0,66), *Acenaphthen* (—; F. 111°; —; −1,30), *Naphthalin* (IV, F. 152°; F. 97°; −2,08; −1,43), *Phenanthren* (V, F. 164°; F. 102°; −2,41; −1,34), *2-Methylnaphthalin* (F. 123°; F. 74°; −2,48; −1,69), *Fluoranthen* (F. 204°; F. 132°; −2,91; −1,57). Da der von BELL u. FENDLEY (C. **1950.** I. 1836) für IV-Pikrat gefundene ΔG-Wert (−2,075 kcal/Mol) nahe dem für **I-IV** erhaltenen liegt, schließen Vff., daß zwischen den festen Pikraten u. den entsprechenden I-Derivv. keine großen Stabilitätsunterschiede sind, während II-Verbb. sich als weniger stabiler weisen. Da die gleiche Reihenfolge der Stabilität bei Pikraten, I- u. II-Verbb. gilt, ist in diesen Fällen die gleiche Art von Molekülwechselwrkg. anzunehmen. Einzelne Abweichungen, wie die Stabilitätsgleichheit der I- u. II-Verbb. von III oder die Umkehrung der Stabilitätsfolge von IV u. V in den beiden neu untersuchten Reihen, werden Unterschieden in den Molekülpackungsdichten in den Kristallen zugeschrieben. (J. chem. Soc. [London] **1955.** 89—91. Jan. Oxford, Dyson Perrins Labor., u. Dublin, Trinity Coll., Chem. Labor.) B. GNAUCK. B 223

W. Gerrard, R. W. Madden und **P. Tolcher,** *Wechselwirkung von Alkoholen mit Halogenwasserstoffen.* Die Löslichkeit von gasförmigem HCl u. HBr in einer größeren Anzahl von Alkoholen wurde ermittelt. Bei Raumtemp. lösen die meisten Alkohole je Mol. ca. 1 Mol, bei −80° bis zu 2,5 Mol Halogenwasserstoff. Ersatz von β-ständigem H durch Substituenten, die infolge ihres induktiven Effektes die Basizität des Alkohols verringern, wie z. B. Cl, setzen die Absorption von HCl herab, Methylgruppen erhöhen sie. So lösen bei 11° *2-Mono-* 0,53, *2.2-Di-* 0,17, *2.2.2-Trichloräthanol* 0,09, dagegen

Äthylenglykol 0,9 u. *Pinakon* 1,5 Mol HCl je Mol Alkohol. In den meisten Fällen wurde ein Minimum von ca. 10 Mol W. benötigt, um den Halogenwasserstoff aus der Lsg. wieder vollständig zu extrahieren. Ausbeute u. Bildungsgeschwindigkeit von 2-Chloroctan aus Octanol-(2) (I) u. HCl u. von 2-Bromoctan aus I u. HBr im geschlossenen Rohr wurde bei verschied. Tempp. bestimmt. Zusätze von W., Dioxan, Pyridin, Ae. u. Phenol erhöhten die Löslichkeit von HCl in dem Syst. u. vergrößerten dadurch Reaktionsgeschwindigkeit u. Produktausbeute. Ein ähnlicher Einfl. des Zusatzes von Pyridin auf die Bldg. der Chloride wurde auch bei verschied. anderen prim. u. sek. Alkoholen festgestellt. Es wird angenommen, daß die Struktur des Alkohols beim ersten Schritt zur Bldg. des Alkylhalogenides, der Bldg. eines Oxoniumhalogenides, lediglich Einfl. auf die maximale Anfangskonz. an Ion, nicht jedoch auf die Geschwindigkeit hat. Die anschließende geschwindigkeitsbestimmende Dehydratations-Rk. dagegen wird nicht nur durch die Anfangskonz. des Oxoniumions, sondern auch durch den Einfl. des Substituenten auf die Leichtigkeit des Wasserverlustes bestimmt. Bei sehr reaktionsfähigen Alkoholen, wie tert.-Butanol, ließen sich wegen der großen Geschwindigkeit der zweiten Reaktionsstufe kaum Aussagen über den ersten Schritt gewinnen. Das Gleichgewicht $RO^+H_2Cl^- + H_2O \rightleftharpoons ROH + H_3O^+Cl^-$ u. sein Einfl. auf die Phasentrennung werden diskutiert. Außer den oben genannten Alkoholen wurden untersucht [in ( ) Mol HX/Mol Alkohol, Löslichkeit bei Tempp. zwischen [0 u. 18°]: *Octanol-(2)* (HCl 1,00; HBr 1,06) u. -*(1)* (HCl 1,02; HBr 1,05); *Butanol* (HCl 0,92); *Pentanol-(2)* (HCl 0,98); *Isopentanol* (HCl 0,96); *3.5.5-Trimethylhexanol* (HCl 0,98; HBr 1,00); *Cyclohexanol* (HCl 1,00; HBr 1,02); (—)-*Menthol* (HCl 1,02); *2-Phenyläthanol* (HCl 0,81; HBr 0,84); *3-Phenylpropanol* (HCl 0,87); *2-Methyl-* (HCl 1,05); *2-Chlorcyclohexanol* (HCl 0,31); *Benzylalkohol* (HCl 0,80); *2.2-Dichloräthanol* (HCl 0,53); *1.3-Dichlorpropanol-(2)* (HCl 0,12); *A.* (HCl 0,94); *Isopropanol* (HCl 1,00); *Propylenglykol* (HCl 1,00) u. *Trimethylenglykol* (HCl 0,63). (J. appl. Chem. **5.** 28—34. Jan. 1955. London, Northern Polytechn.) G. LOHAUS. B 224

H. H. Greenwood, *Ladungsänderungen und die Reaktionen von konjugierten Molekülen.* Vf. untersucht (bes. an *Naphthalin* u. *Anthracen*) die Ladungsänderungen bei elektrophiler Substitution an konjugierten Moll. nach der COULSON- u. LONGUET-HIGGINSschen Theorie. (Proc. Roy. Soc. [London], Ser. A **192.** [1947.] 16.) Er geht dabei von einer Beziehung aus, die die Änderung der π-Elektronenenergie an dem Atom, an dem der elektrophile Angriff erfolgt, auf die Ladungsdichte, die Selbstpolarisation u. die Änderung des COULOMB-Integrals $\delta\,\alpha$ zurückführt. Dabei wird $\delta\,\alpha = k\,\beta$ gesetzt. Für die Rechnung wird eine LCAO-Näherung unter Vernachlässigung der Überlappung verwendet. Vf. kommt zu dem Ergebnis, daß das π-Elektronenpaar, das die niedrigste Schale besetzt, an der Stelle des elektrophilen Angriffs lokalisiert wird u. dort eine neue Bindung vermittelt, während alle übrigen Elektronenpaare auf das Restmol. beschränkt sind. Analog wird die Wellenfunktion der niedrigsten Schale durch eine Quelle verzerrt. In Verbindung mit der Änderung des COULOMB-Integrals ergibt sich hierdurch an der elektrophilen Angriffsposition eine lokale Potentialerniedrigung. Diese Ladungsänderungen beschreiben einen physikal. befriedigend zu erklärenden Polarisationsprozeß u. stellen somit eine Verbindung zur WHELANDschen alternativen Polarisationsmeth. dar. Die Ergebnisse stehen in Widerspruch zur Hypothese von FUKUI (C. **1953.** 7504), wonach die in der äußersten Schale befindlichen Grenzelektronen die Bindung bedingen. (J. Amer. chem. Soc. **77.** 2055—57. 20/4. 1955. Aldgate, London.) H. GOETZ. B 225

M. Levy, Melvin S. Newman und **M. Szwarc,** *Methylaffinitäten nichtplanarer aromatischer Kohlenwasserstoffe.* Es wurden die Methylaffinitäten (vgl. C. **1955.** 1708) von *Benzo-*[*c*]*-phenanthren, 1-* (I), *2-, 3-, 4-, 5-, 6-Methyl-* u. *1.12-Dimethylbenzo-*[*c*]*-phenanthren* (II) in Toluol bei 85° bestimmt. Die meisten Werte liegen etwa zwischen 60 u. 70, während die Werte für I (108) u. II (184) wesentlich höher sind. Da diese Reihenfolge mit der zunehmenden Spannung im Mol. — infolge intramol. Anhäufung — zusammenfällt, scheint ein stärkeres Abweichen von der coplanaren Struktur bei Aromaten zu einem Anwachsen der Methylaffinität zu führen. Es wird angenommen, daß die Deformation die Lokalisierung der Elektronen, welche gewöhnlich in den aromat. Ringen delokalisiert sind, vergrößert, u. daß dadurch die Elektronen für Rkk. mit freien Radikalen leichter verfügbar sind. (J. Amer. chem. Soc. **77.** 4225. 20/8. 1955. Syracuse, N. Y., State Univ., Coll. of Forestry, Dep. of Chem., u. Columbus, O., Ohio State Univ.) J. KNAUL. B 225

Thomas L. Jacobs, Richard Akawie und **Robert G. Cooper,** *Umlagerungen, an denen Pentin-(1), Pentin-(2) und Pentadien-(1.2) beteiligt sind.* Vff. untersuchen die Umlagerung von *Pentin-(1)* (I) u. *Pentin-(2)* (II) mittels 3,7n äthanol. KOH bei 175°;

in beiden Fällen ist die Zus. im Gleichgewicht 1,3% I, 3,5% *Pentadien-(1.2)* (III) u. 95,2% II. III polymerisiert sehr rasch, gibt jedoch in einem Falle unter vorst. Bedingungen dieselbe Gleichgewichtszusammensetzung. Pentadien-(1.3) (IV) u. Pentadien-(2.3) (V) können als Umlagerungsprodd. nicht entdeckt werden. Eine Anlagerung u. Abspaltung von A. während der Umlagerung (vgl. Favorski, 1887) ist nach Vff. unwahrscheinlich, da die Gleichgewichtszus. auch mit gepulvertem KOH erreicht wird u. 2-Äthoxypenten-(1) unter vorst. Reaktionsbedingungen keine Alkine oder Allene liefert. Als wahrscheinlicher Reaktionsmechanismus wird die prim. Abspaltung eines Protons angenommen; aus dem gebildeten Ion können durch Mesomerie II u. III erhalten werden. Die Abwesenheit von IV u. V wird von Vff. mit einer Verringerung der Resonanz im Übergangszustand der beiden Verbb. aus geometr. Gründen erklärt.

Versuche: *Pentin-(1)* (I), Kp. 38,9—39,2°, aus Na-Acetylid u. n-Propylbromid in fl. NH_3; n_D^{22} 1,3840; 81% (Ausbeute). — *Pentin-(2)* (II), Kp. 55,5—56°, aus Na-Acetylid mit Dimethylsulfat in fl. NH_3, Dest. des Propins in fl. NH_3 u. Rk. mit Äthylbromid in Ggw. von $NaNH_2$; $n_D^{20,6}$ 1,4038; 50%. — *Pentadien-(1.2)* (III), Kp. 45—46°, aus Acrolein u. C_2H_5MgBr; 15%, ferner aus Propionaldehyd u. Na-Acetylid nach Hennion u. Sheehan (C. **1949**. E. 217); n_D^{25} 1,4170—1,4180. — *2-Äthoxypenten-(1)*, $C_7H_{14}O$, Kp. 110,5—111° (vermutlich noch das -penten-(2)-Isomere enthaltend), durch Addition von A. an I u. Behandeln des entstandenen *2.2-Diäthoxypentans* (Kp. 151 bis 153°; $n_D^{20,4}$ 1,4044; 63%) mit p-Toluolsulfonsäure; n_D^{25} 1,4072; Ausbeute gering. (J. Amer. chem. Soc. **73**. 1273—76. 15/3. 1951. Los Angeles, Calif., Univ., Dep. of Chem.)
G. Winkler. B 225

Kurt Mislow und **Joseph Brenner**, *Stereospezifität der Baeyer-Villiger-Umlagerung.* Bei der Perbenzoesäureoxydation von dl-3-Phenylbutanon-(2) (dl-I) entsteht ausschließlich *dl-Phenylmethylcarbinylacetat* (*dl*-III) u. kein Hydratropasäuremethylester. Vff. versuchten, durch analoge Verss. mit opt.-akt. I den Mechanismus der Umlagerung zu bestimmen. Bei der Darst. von I aus Hydratropasäure (II) treten Neben-Rkk. auf: 1. Darst. aus (+)-II über das Säurechlorid durch Einw. von $(CH_3)_2Cd$ erfolgte unter teilweiser Racemisierung, als Nebenprod. wurde II-*Äthylester* (2—2,5%) gebildet, nachgewiesen durch Infrarotspektr. u. Brechungsindex. Durch Abzug der Maximumrotation von II-Äthylester von der Gesamtrotation des Gemisches (in zahlreichen Verss. festgestellt) wurde die Rotation von III erhalten u. aus einem Vers. mit der geringsten Racemisierung die Maximalrotation von III (164,5°, fl.) gewonnen. 2. Bei der Darst. von II aus Benzylcyanid trat stets α-Phenylisobuttersäure als Nebenprod. auf, II wurde daher durch Oxydation von Hydratropaldehyd rein erhalten. 3. Die Umsetzung von II mit CH_3Li führte ebenfalls zu Teilracemisierung u. lieferte außerdem gelegentlich neben I *3-Phenyl-2-methylbutanol-(2)*. Da die opt. Reinheit des nach 1. erhaltenen I errechnet werden konnte, wurden an dem so gewonnenen Prod. die Verss. durchgeführt. Bei der Persäureoxydation des Gemisches von (+)-I u. II-Äthylester entstand ein Gemisch von III u. unverändertem II-Äthylester; die jeweiligen %-Anteile der Komponenten wurden aus der Intensität charakterist. Banden des Infrarotspektr. berechnet. Unter Berücksichtigung der verschied. Korrekturfaktoren (opt. Reinheit von I, II-Äthylester u. Anteil desselben) wurde die Rotation von III berechnet u. festgestellt, daß während der Oxydation u. Umlagerung zu III die Asymmetrie vollständig erhalten bleibt u. ein III mit umgekehrtem Rotationszeichen entsteht. Dies bedeutet, daß die Umlagerung intramol. erfolgt.

Versuche: *dl-Hydratropoylchlorid*, $Kp._2$ 75°, aus dl-II + PCl_3; 95% (Ausbeute). — *dl-3-Phenylbutanon-(2)* (*dl*-I), $Kp._{22}$ 107—108°, $Kp._{2,3}$ 65°, aus vorst. Verb. u. $Cd(CH_3)_2$; n_D^{25} 1,5074; $D.^{25}_4$ 0,975; 50—70%; Infrarotspektrum. *Semicarbazon*, F. 173°. — *Phenylmethylcarbinylacetat* (*dl*-III), $Kp._{2,5}$ 73°, aus 8,01 g vorst. Verb. u. Perbenzoesäure in Chlf. (65 Std. Stehen im Dunkeln); $D.^{25}_4$ 1,015; n_D^{25} 1,4929; 6,1 g. — Verss. mit opt.-akt. (+)-II als Ausgangsmaterial ergaben bei Verwendung von $(CH_3)_2Cd$ ein III mit einem Racemisierungsgrad von 6—91,9%. Die Mutterlaugen [(—)-Fraktionen] racemisierten sehr schnell mit einer Halbwertszeit von 45 Min., sie enthielten *α-Phenylisobuttersäure* ($C_{10}H_{12}O_2$, F. 78,5—79° [PAe.]; *Amid*, $C_{10}H_{13}ON$, F. 160—160,5° [wss. A.]). — (+)-*Phenylmethylcarbinylacetat* [(+)-III], aus Acetanhydrid u. 29% opt. reinem Phenylmethylcarbinol ($[\alpha]_D^{27}$ +12,60°); n_D^{25} 1,4930; $[\alpha]_D$ +36,98°; verunreinigt mit 3% Acetophenon; opt. reines III $[\alpha]_D$ +126,1°. — (+)-I-*Semicarbazon*, F. 180—181° (A.); $[\alpha]_D^{24}$ +117,8° (c = 1,67 in Chlf.); 84%. (J. Amer. chem. Soc. **75**. 2318—22. 20/5. 1953. New York, N. Y., Univ., Dep. of Chem.)
H. Lehwald. B 225

Raymond F. Tietz und **William E. McEwen**, *Relative Wanderungsgeschwindigkeiten von Arylgruppen bei der Schmidt-Reaktion von Benzhydrolen.* Fünf asymm. substituierte Benzhydrole wurden dargestellt u. der Einw. von H_2SO_4 u. HN_3 unterworfen

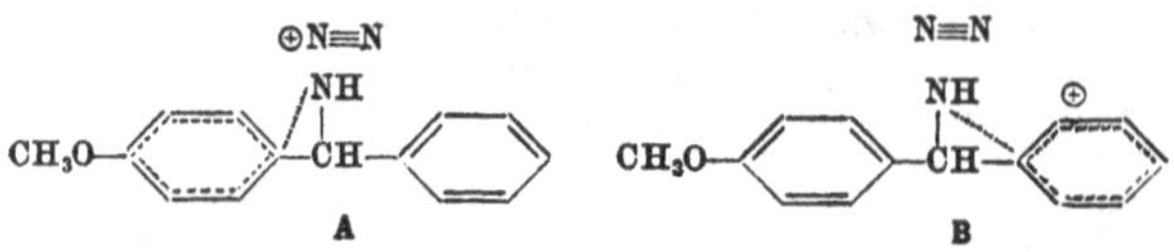

(SCHMIDT-Rk., Durchführung z. B.: Zufügen von konz. H_2SO_4 zu einem Gemisch von NaN_3 u. Chlf. unter Eiskühlung, dann Zugabe des Benzhydrols in Chlf. bei 26° u. Erwärmen auf 55° innerhalb 2 Std.). Die Molverhältnisse M der entstehenden Prodd. Benzaldehyd : substituierter Benzaldehyd wurden bestimmt (Fehlergrenze ± 10%); sie betrugen für die Rk. von *p-Nitro-* 0,047; *m-Chlor-* (I) 0,27; *p-Brom-* (II) 0,58; *p-Chlor-* (III) 0,67; *p-Methyl-* (IV) 3,44; *p-Methoxybenzhydrol* (V) 6,50. Die daneben entstandenen Amine wurden qualitativ identifiziert. Es ergab sich die Beziehung log M $= -2{,}03\,\sigma + 0{,}237$ (σ = HAMMETT-Konstante). Die Ergebnisse werden im Zusammenhang mit anderen Arbeiten diskutiert; am Beispiel von V wird angenommen, daß die Elektronenwolke der p-Anisylgruppe die Abspaltung von mol. N_2 wirksamer unterstützt als die der Phenylgruppe, daß also der Übergangszustand **A** geringere Energie für eine p-Anisylwanderung besitzt als der Übergangszustand **B** für eine Phenylwanderung.

Versuche (FF. korr.): *m-Chlorbenzhydrol* (I), F. 38,4—39,6°, aus m-Chlorbenzophenon u. Al-Isopropylat; 60% (Ausbeute). — *p-Brombenzhydrol* (II), F. 62—63°, ebenso aus p-Brombenzophenon; 73%. — *p-Chlorbenzhydrol* (III), F. 60—61°, aus p-Chlorbenzophenon mit Zn-Staub u. alkoh. NaOH (56%) bzw. mit Al-Isopropylat (49%). — *p-Methylbenzhydrol* (IV), F. 52—53°, aus p-Methylbenzophenon, Zn-Staub u. NaOH; 85%. — *p-Methoxybenzhydrol* (V), F. 65—66°, aus p-Methoxybenzophenon mit $NaBH_4$ (88%) bzw. mit Zn-Staub u. NaOH (82%). (J. Amer. chem. Soc. **77**. 4007—13. 5/8. 1955. Lawrence, Kans., Univ., Chem. Dep.) J. ROTHE. B 225

W. von E. Doering und **Donald B. Denney**, *Der strukturelle Verbleib des Carbonylkohlenstoffatoms bei der Tropolon–Benzoesäure-Umlagerung.* Vff. untersuchten die Umlagerung von *2.4.7-Tribrom-* (I) u. *2.7-Dibromtropon* (II), die beide an der Carbonylgruppe mit ^{14}C markiert waren. Als Ausgangsmaterial für beide Verbb. diente $^{14}C_{(1)}$-Cyclohexanon (III), dessen Struktur durch die Best. der Aktivität des durch Umsetzung mit N_3H erhaltenen Dibenzamids des Pentamethylendiamins eindeutig festgelegt wurde. Aus **III** wurde mit CH_2N_2 $^{14}C_{(1)}$-*Cycloheptanon,* daraus durch Bromierung $^{14}C_{(1)}$-I, durch anschließende Red. $^{14}C_{(1)}$-*Tropon* u. durch dessen Bromierung schließlich II erhalten. Mit alkoh. Alkali lagert sich II um in $^{14}C_{COOH}$-*o-Brombenzoesäure,* die mit N_3H $BaCO_3$, das die gesamte Aktivität aufwies, u. *Benz-o-bromanilid* lieferte. Die Umlagerung von I mit Alkali ergab eine Mischung von *2.4-* u. *2.5-Dibrombenzoesäure,* die — red. zur Benzoesäure — durch die SCHMIDT-Rk. mit N_3H zu radioakt. $BaCO_3$ u. inakt. Benzanilid führte. Bei der Umlagerung von Tropolonderivv. in Benzoesäurederivv. stammt also das C-Atom der gebildeten Carboxylgruppe von der Carbonylgruppe des Tropolons. Ferner zeigt sich, daß bei der Ringerweiterung von Ketonen durch Diazomethan die Carbonylgruppe ihre Integrität beibehält. Der Mechanismus der Umlagerung, auch der von 3.5.7-Tribrom- u. 3.7-Dibromtropolonmethyläther, wird diskutiert, als Zwischenprod. wird dabei ein Additionsprod. aus Base u. Tropon angenommen, das analog dem gebaut ist, welches bei der n. nucleophilen Substitution bei Aromaten auftritt.

Versuche: $^{14}C_{(1)}$-*Cyclohexanon* (III), Kp. 149—150°, aus $^{14}CO_2$ u. Pentamethylendi-MgBr; *Oxim,* F. 89,5—90° (A.-W.); *Semicarbazon,* F. 165—166°; *2.4-Dinitrophenylhydrazon,* F. 159,5—160°. — *Dibenzamid* des *Pentamethylendiamins,* F. 131,5 bis 132,5° (A.-W.), aus vorst. Verb. u. NaN_3 in HCl, 4 Std. bei 100°, u. Rk. mit Benzoylchlorid u. Alkali in Chloroform. — $^{14}C_{(1)}$-*Cycloheptanon,* $Kp._{110}$ 108—111°, aus III mit N-Methyl-N-nitrosoharnstoff u. Na-Methylat bei —10°; n_D^{26} 1,4578; 48% (Ausbeute); *2.4-Dinitrophenylhydrazon,* F. 146—147°. — $^{14}C_{(1)}$-*2.4.7-Tribromtropon* (I), F. 183,5 bis 184,5° (Methanol), aus vorst. Verb. durch Bromierung; 33,6%. — $^{14}C_{(1)}$-*Tropon,* aus vorst. Verb. durch Hydrierung in A. in Ggw. von Pd-Katalysator, Thioharnstoff u. K-Acetat; n_D^{23} 1,5948; 20%. — $^{14}C_{(1)}$-*2.7-Dibromtropon,* F. 169—170° (Methanol), aus vorst. Verb. durch Bromierung in Essigsäure; 10%. — $^{14}C_{(COOH)}$-*o-Brombenzoesäure,* F. 147,5—148°, aus vorst. Verb. mit wss. NaOH 15 Min. bei 100°; 43%. — *Benz-o-bromanilid,* F. 112—113° (Hexan), aus vorst. Verb. mit NaN_3 in konz. H_2SO_4 bei 0° u. Benzoylchlorid. — *Gemisch* von $^{14}C_{(COOH)}$-*2.4-* u. *-2.5-Dibrombenzoesäure,* F. 110—125°, aus II mit NaOH in wss. A.; 89,6%. — $^{14}C_{(COOH)}$-*Benzoesäure,* F. 121—122° (Cyclohexan), aus vorst. Gemisch durch Hydrierung in Ggw. von Pd-Holzkohle u. Na-Acetat in A. nach 3 Std.; 57%. — *Benzanilid,* F. 161,5—162,5° (wss. A.), aus vorst. Verb. mit NaN_3 in konz. H_2SO_4 nach 2 Std. bei 40° u. Benzoylchlorid; 66%. (J. Amer. chem. Soc. **77**. 4619—22. 5/9. 1955. Katonak, N. Y., Hickrill Chem. Res. Found., u. Upton, Long Island, N. Y., Brookhaven Nat. Labor., Dep. of Chem.) J. KNAUL. B 225

G. W. Pigulewski und **P. A. Artamonow,** *Vergleich der Hydrierung und Oxydation von Octadecensäuren. Petroselinsäure* (I) wird unter gleichen Bedingungen (Pt-Schwarz, Ae. oder Chlf.) schneller hydriert als *Petroselaidinsäure* (II). In Analogie zum Verh. von Öl- (*cis*) u. Elaidinsäure (*trans*) wird somit für I *cis*-, für II *trans*-Form angenommen. Bei der Oxydation von *$\Delta^{2,3}$-Octadecensäure* (III), I, II u. Ölsäure mit Benzoylhydroperoxyd in Ae. wird festgestellt, daß die Oxydationsgeschwindigkeit um so größer ist, je weiter Doppelbindung u. Carboxylgruppe voneinander entfernt sind. Ölsäure wird am schnellsten, III am langsamsten u. I schneller als II oxydiert. (Журнал Общей Химии [J. allg. Chem.] 22 (84). 1140—43. Juli 1952.) G. FROELICH. B 225

N. A. Khan, W. E. Tolberg, D. H. Wheeler und **W. O. Lundberg,** *Photochemische Oxydation von Fettsäureestern mit und ohne Chlorophyll. Ultraviolett- und Infrarotuntersuchungen an den Reaktionsprodukten.* An Hand des neueren Schrifttums wird ein krit. Überblick über die katalysierte u. nichtkatalysierte Autoxydation von ungesätt. Fettsäureestern u. die dabei gebildeten Prodd. gegeben u. daraus als Ziel der vorliegenden Arbeit abgeleitet, die Art der Peroxyde zu ermitteln, die aus *Methyloleat* (I) bzw. *-linolat* (II) entstehen, wenn die Autoxydation unter variierten Bedingungen abläuft: beim Stehen an der Luft (25—30°); beim Stehen in Heptanlsg. (30%ig) in gewöhnlichem Licht (17—18°); in Ggw. von Chlorophyll (—1 bis —2°); im UV-Licht (35°); im letzteren Fall ist der Methylester in dünner Schicht der Luft ausgesetzt; bei den anderen Verss. wird Sauerstoff eingeleitet; Autoxydation bis zu einem Peroxydgeh. von ca. 600 Milliäquivalenten/kg Ester; Abtrennung des Chlorophylls aus dem Reaktionsprod. chromatograph.; Abtrennung der Peroxyde durch Verteilung in W. : Ae. : Skellysolve F = 7:40:47; die abgetrennten Peroxyde werden mit $SnCl_2$ bei Zimmertemp. zu den Hydroxylverbb. reduziert. Best. von JZ. (WIJS), Hydroxylzahl, H-Aufnahme, UV- u. Infrarotmessungen in üblicher Weise. Aus den tabellar. u. graph. dargestellten Ergebnissen wird in krit. Auswertung abgeleitet, daß bei der Autoxydation von I als Hauptprod. trans-Hydroperoxyde entstehen; eine trans-Umlagerung des nichtoxydierten I ist nicht feststellbar; der Übergang der cis- in die trans-Form ist mit der Peroxydbldg. verknüpft. Bei II entstehen bei niedriger Temp. im wesentlichen cis-trans-konjugierte Hydroperoxyde; bei 25°, bei der durch gewöhnliches Licht, durch UV bzw. durch Kupferseife katalysierten Rk. (über 0°) werden prim. trans.trans-konjugierte Hydroperoxyde gebildet; die Umwandlung der zweiten Doppelbindung in die trans-Form scheint von dem Mechanismus der Peroxydbldg. unabhängig zu sein. Die durch Chlorophyll katalysierte Oxydation von II führt zum Entstehen teils von unkonjugierten Hydroperoxyden, teils von solchen mit trans-Doppelbindungen. Unter den angewandten Versuchsbedingungen entstehen bei der Autoxydation von I u. von II prim. immer monomere Peroxyde, die den ungesätt. Charakter der Ausgangsstoffe im wesentlichen beibehalten haben. (J. Amer. Oil Chemists' Soc. 31. 460—66. Nov. 1954. Minneapolis, Minn., Univ., Hormel Inst., u. General Mills Res. Labor.) K. TÄUFEL. B 225

Lars-Olov Spetsig, *Der Einfluß von Wasser auf die Autoxydation des Linolsäuremethylesters.* W. verzögert die Autoxydation des *Linolsäuremethylesters* ($Kp._1$ 149—151°, aus Tetrabromstearinsäure [F. 115,0—115,3°], H_2SO_4 u. Zn-Staub u. Veresterung mit Methanol) als Modell der Fette, ist aber ohne Einfl. auf die einmal eingetretene Ketten-Rk. der Autoxydation. Der p_H-Wert des W. zwischen 5,1 u. 9,2 beeinflußt die Dauer der Induktionsperiode nicht. Pflanzenfette sind für diese Autoxydationsverss. ungeeignet wegen ihres Geh. an natürlichen Antioxydantien. (Acta chem. scand. 8. 1643—45. 1954. Äppelviken, Schweden, Forskningslabor. LKB.) O. HENNING. B 225

Lars-Olov Spetsig, *Ascorbinsäure und Ascorbylpalmitat als mitwirkende (synergistische) Antioxydantien bei der Autoxydation von Linolsäuremethylester in Anwesenheit von Wasser.* Ascorbinsäure (I) u. Ascorbylpalmitat (II) sind bei Ggw. von W. mit bestimmtem p_H-Wert wirksam als autoxydierbare Antioxydantien, wobei die maximale Wirksamkeit bei p_H 5,1 liegt. II ist am wirksamsten wegen seiner leichteren Fettlöslichkeit, die zu höheren Konzz. in der Esterphase führt. Bei p_H 9,2 sind I u. II inakt., da ihre Autoxydationsprodd. keinen stabilisierenden Einfl. mehr haben. Es werden Kurven der O_2-Aufnahme in Abhängigkeit von der Zeit für *Linolsäuremethylester*, der 0,0025% Phenyl-α-naphthylamin, 0,0025% I oder II u. Pufferlsgg. enthält, gebracht. (Acta chem. scand. 8. 1646—48. 1954. Äppelviken, Schweden, Forskningslabor. LKB.)
O. HENNING. B 225

N. A. Khan, *Ein neuer Entwurf für den Reaktionsmechanismus der Autoxydation der Methylester der Öl-, Linol- und Linolensäure.* Krit. Betrachtung der von FARMER (vgl. Trans. Faraday Soc. 42. [1946.] 101. 106) u. HILDITCH (vgl. C. 1951. II. 316) vorgeschlagenen Mechanismen. Die Primärprodd. der Autoxydation (Hydroperoxyde) von *Ölsäure-, Linolsäure-* u. *Linolensäuremethylester* werden physikal. (Infrarotabsorptionsbanden) u. chem. (Red. mit $SnCl_2$) untersucht. Es wird ein Mechanismus mit 6-gliedrigen Ringen als Zwischenprodd. für die Autoxydation vorgeschlagen. — 21 Literaturhinweise. (Canad. J. Chem. **32.** 1149—54. Dez. 1954. Karachi, Pakistan, Dep. of Sci. and Ind. Res., u. Minneapolis, Minn., Univ. of Minnesota, Dep. of Physiol.) O. HENNING. B 225

Elmar Profft, *Aminierung durch Umsetzung (Ammonolyse).* Übersichtsbericht nach der Arbeit von STEVENSON (Ind. Eng. Chem. **40.** [1948.] 1584). (Chemiker-Ztg. **75.** 559—62. 25/10. 1951.) K. F. MÜLLER. B 225

G. Chambers und **A. R. Ubbelohde,** *Einfluß der Molekularstruktur von Paraffinen auf die relative Chlorierungsgeschwindigkeit.* Vff. untersuchten die therm. u. photochem. Monochlorierung von *n-Pentan* (I, $Kp._{760}$ 35—36°; n_D^{20} 1,3586), *n-Hexan* (II, $Kp._{760}$ 67,5 bis 68,5°; 1,3786), *n-Heptan* (III, $Kp._{760}$ 97,5—98,5°; 1,3913), *2.3-Dimethylbutan* ($Kp._{760}$ 58,2—58,5°; 1,3756) u. *2.2.4-Trimethylpentan* ($Kp._{760}$ 98,5—99°; 1,3925) in der Gasphase. Der Einfl. der Konst. ist bei der Chlorierung analog, aber weit weniger ausgeprägt als bei der Oxydation: Die Reaktionsgeschwindigkeit v steigt mit der Kettenlänge u. fällt mit wachsender Verzweigung. Bei **II** wurden die Relativausbeuten an den 3 Monochloriden durch destillative Trennung u. kinet. Analyse (Umsetzung mit KJ in Aceton) bestimmt. Die Mengen an Polychloriden blieben unter 5%. Bei 230° in der Gasphase sollen sich nach den Ergebnissen die relativen Reaktivitäten prim., sek. u. tert. C—H-Bindungen wie 1 : 3,5 : 5,2 verhalten. Wie Verss. zeigten (prim. : sek. 1 : 2,3 bei 238°; 1 : 3,03 bei 88° u. Belichtung), liegen die Gesamtreaktivitäten der KW-stoffe **II** u. **III** gegenüber **I** erheblich über den nach der Theorie der unabhängigen Reaktivität der C—H-Bindungen berechneten Werten. Mit erhöhter Temp. streben die Werte dem Verhältnis 1 : 1 : 1 zu. Dieser Gang wird auf ster. Effekte, auf eine Knäuelung der Paraffinkette in der Dampfphase, durch die die sek. u. tert. Bindungen benachteiligt werden, zurückgeführt. — Bei der Rk. von Cl_2 mit KW-stoffen im Pyrexgefäß bei konstanter Temp. wurde nach einer Induktionsperiode von 30—60 Min. ein Maximum an Umsatz erreicht. Es bildete sich im Gefäß ein akt. Oberflächenfilm, der reproduzierbare Resultate ermöglichte; Ausbildung von Si—O—R-Gruppen wird wahrscheinlich gemacht. — Die reinen **II**-Monochloride wurden durch Rk. der Alkohole mit $SOCl_2$ dargestellt. *1-Chlorhexan,* $Kp._{760}$ 135,5—138°, $Kp._{19}$ 20,0—20,5°; n_D^{20} 1,4205; *2-Chlorhexan,* $Kp._{760}$ 125—126°, $Kp._{24}$ 29—30°; n_D^{20} 1,4162; *3-Chlorhexan,* $Kp._{760}$ 124—125°, $Kp._{19}$ 23—24°; n_D^{20} 1,4177. (J. chem. Soc. [London] **1955.** 285—95. Febr. Belfast, Queen's Univ.) B. WITT. B 225

Frederick F. Caserio, Gerald E. Dennis, Robert H. De Wolfe und **William G. Young,** *Die Reaktion von Thionylchlorid mit Allylalkoholen.* Während die Rk. von Crotonalkohol bzw. α-Methylallylalkohol mit $SOCl_2$ ohne Lösungsm. zu einem Gemisch von isomeren Chloriden führt, werden in verd. äther. Lsg. 99% *α-Methylallylchlorid* bzw. 100% *Crotylchlorid* gebildet; es dominiert der $S_{Ni'}$-Mechanismus. Aus (—)-trans-α.γ-Dimethylallylalkohol (I) entsteht nach diesem Mechanismus mit $SOCl_2$ in Ae. 100% (—)-*trans-α.γ-Dimethylallylchlorid* (II), dessen Konfiguration am neuen Asymmetriezentrum dem ursprünglichen entgegengesetzt ist.

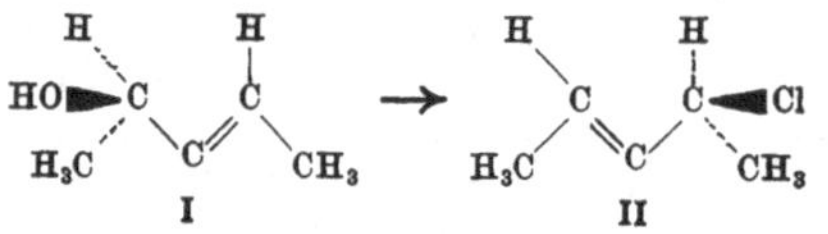

I II

Zimtalkohol ergibt mit $SOCl_2$ in Ae. bei 0,1 mol. Konz. 100% *α-Phenylallylchlorid* (III), die Rk. ist 1. Ordnung in bezug auf jedes der Reagentien; doch geht bei 1 mol. Konz. der Reaktionsteilnehmer die dominierende Rolle des $S_{Ni'}$-Mechanismus verloren; es entstehen 60% *Cinnamylchlorid* u. 40% **III.** Die $S_{Ni'}$-Rk. verläuft nicht über ein Carboniumchloridionenpaar, wie es von CRAM (vgl. C. **1954.** 6696) angenommen wurde. (J. Amer. chem. Soc. **77.** 4182—83. 5/8. 1955. Los Angeles, Calif., Univ., Dep. of Chem.) J. KNAUL. B 225

John E. Quinlan und **Edward S. Amis,** *Die alkalische Hydrolyse von Methylpropionat in Aceton–Wasser-Gemischen und Lösungen verschiedener Ionenstärke.* Vff. untersuchten die alkal. Hydrolyse von *Propionsäuremethylester* bei 15,00, 25,00 u. 35,03°. Sie bestimmten die spezif. Geschwindigkeitskonstanten der Rk. in einer Reihe von Aceton–W.-Gemischen bekannter DK. sowie in wss. Lsgg., die variierende Mengen an $NaNO_3$ enthielten. Nach einer Meth. von AMIS (vgl. J. chem. Educat. **30.** [1953.] 351), die den Einfl. der DK. auf die Geschwindigkeit von Rkk. des Typs Ion-Dipolmol. zu erklären sucht, wurden die Ergebnisse ausgewertet. Es wurden die Abstände zwischen Ion u. Mol., die zur Rk. erforderlich sind, berechnet. Der Einfl. der Ionenstärke auf die Hydrolysengeschwindigkeit wurde nach einer Gleichung von AMIS u. JOFFÉ (vgl. J. chem. Physics **10.** [1942.] 598) interpretiert. Die Theorie zeigt befriedigende quantitative Übereinstimmung mit den experimentellen Werten. Für jedes der verwendeten Reaktionsmedien wurden Aktivierungsenergie u. Häufigkeitsfaktor berechnet. Vff. vergleichen die untersuchte Rk. mit der Hydrolyse des Äthylacetats in A.–W.- u. Aceton–W.-Gemischen u. stellen eine Gleichung auf, die sowohl den Salzeffekt als auch den Einfl. der DK. auf die Geschwindigkeit von Ion–Dipol-Rkk. umfaßt. (J. Amer. chem. Soc. **77.** 4187–91. 20/8. 1955. Fayetteville, Ark., Univ., Chem. Dep.) J. KNAUL. B 225

D. R. Deans und **C. Eaborn,** *Siliciumorganische Verbindungen.* 9. Mitt. *Die Reaktion zwischen Jod und dreifach substituierten Silanen.* (8. vgl. C. **1956.** 1254; vgl. auch C. **1955.** 765.) Die Kinetik der Jodierung einiger Trialkyl- u. Triarylsilane nach $R_3SiH + J_2 \rightarrow R_3SiJ + HJ$ wurde in CCl_4, $CHCl_3$ u. Bzl. meist bei 25° jodometr. verfolgt, bes. die Rk. von *Triäthylsilan* (I) in CCl_4, deren Geschwindigkeit v zwischen −16 u. +25° nur einen geringen Temperaturkoeff. zeigt. Die Kinetik ist 4. Ordnung entsprechend $-d[J_2]/dt = k_4[R_3SiH][J_2]^3$; Verss. bei 55° ergaben eine Ordnung zwischen 3 u. 4; offenbar tritt bei der höheren Temp. eine Begleit-Rk. niederer Ordnung stärker in Erscheinung. Elektronenspendende Gruppen begünstigen die Jodierung, wie der Abfall der v in der Reihe *Tri-p-tolyl-* (II), *Triphenyl-* (III) u. *Tri-p-chlorphenylsilan* (IV) beweist. Für die Trialkylsilane wurden in Bzl. folgende Abnahme der Reaktivität festgestellt: $C_2H_5 > n\text{-}C_4H_9 > n\text{-}C_3H_7 > iso\text{-}C_3H_7 > iso\text{-}C_4H_9$. Hier wirkt offenbar ster. Hinderung den polaren Effekten entgegen. v nimmt mit der Polarität des Lösungsm. in der Reihenfolge $CCl_4 >$ Bzl. $> CHCl_3$ zu. Die Heterolyse der Si—H-Bindung scheint in allen Fällen im Sinne Si^+H^- zu erfolgen. Von drei möglichen Übergangszuständen der Rk. wird $J^{\delta+}\cdots J\cdots R_3Si\cdots H\cdots J\cdots J_3^{\delta-}$ als der wahrscheinlichste angesehen. Als Reaktionsfolge kommt in Betracht: $J_2 + J_2 \rightarrow J_4$ (schnell); $R_3SiH + J_4 \rightarrow R_3SiH, J_4$ (schnell); $J_2 + R_3SiH, J_4 \rightarrow R_3SiJ + HJ + 2\,J_2$ (langsam). Die Geschwindigkeit wird durch Licht, O_2, H_2O u. die Reaktionsprodd. nicht beeinflußt, während akt. Al_2O_3, A. u. α-Picolin verschied. Wirkungen zeigten. Im einzelnen wurden folgende Silane untersucht ($k_4 \cdot 10^{-3}$ in $Mol^{-3}\cdot Liter^3\cdot Std.^{-1}$ in CCl_4, Bzl. u. $CHCl_3$ bei 25°): **IV** (—, —, 0,4), **III** (0,1, —, 22), **II** (0,5, —, —), *Triisobutyl-* (1,4, 3,4, —), *Triisopropyl-* (—, 14,5, —), *Tri-n-propyl-* (10,9, 63,6, —), **I** (11,3, 278, 2120), *Tri-n-butylsilan* (18,0, 75,3, 5960). I reagiert auch sehr rasch mit JCl nach $(C_2H_5)_3SiH + 2\,JCl \rightarrow (C_2H_5)_3SiCl + J_2 + HCl$ sowie mit Br_2. (J. chem. Soc. [London] **1954.** 3169—73. Sept. Leicester, Univ. Coll.) G. LOHAUS. B 225

R. van Helden und **E. C. Kooyman,** *Polare Effekte bei einigen radikalischen Chlorierungen.* (Vgl. C. **1954.** 46.) Vff. untersuchten die Seitenkettenchlorierung substituierter Toluole mit SO_2Cl_2 in Bzl. bei 80° u. Ggw. von *tert.-Butylbenzol* (I), das als Bezugssubstanz diente; Initiatoren waren Peroxyde oder Azoisobutyronitril. Das Verhältnis des k-Wertes für die Substitution nachst. Verbb. zu dem für *Toluol* (II) bzw. für I betrug bei *p-tert.-Butyl-* 1,44 bzw. —, *p-Nitro-* 0,06 bzw. 0,10, *p-Sulfonylmethyl-* 0,12 bzw. 0,19, *m-Cyan-* 0,16 bzw. 0,25, *p-Carboxy-* 0,30 bzw. —, *p-Chlortoluol* 0,35 bzw. 0,52 ± 0,07 u. I 1,00 bzw. 1,51 ± 0,15. Die Rkk. wurden durch Best. des verseifbaren u. unverseifbaren (aus dem aus I gebildeten Neophylchlorid) Cl verfolgt. Ferner wurden unter gleichen Bedingungen die Chlorierung folgender tert.-Butylverbb. untersucht [in ( ) Verhältnis der k-Werte nachst. Verbb. zu dem von **I**]: *2.2.3.3-Tetramethylbutan* (1,2 ± 0,1), *p-Nitro-tert.-butylbenzol* (0,5 ± 0,1), *Pivalophenon* (0,4 ± 0,1), *Pivaloylchlorid* (**III**, 0,19 ± 0,03) u. *Pivalonitril* (**IV**, 0,17 ± 0,03), wobei **III** als Vergleichssubstanz zugesetzt wurde außer bei **IV**, das mit I zugleich umgesetzt wurde. In beiden untersuchten Reihen sind die Unterschiede in der Reaktionsgeschwindigkeit auf polare Effekte zurückzuführen; wie früher (l. c.) schon gefunden, verursachen elektronenanziehende Gruppen eine Verminderung der Reaktionsfähigkeit, elektronenabstoßende Gruppen erleichtern entsprechend den Abzug von H. Die Größe des polaren Effektes hängt dabei unter sonst gleichen Bedingungen von der Elektronegativität des angreifenden Radikals ab. Vermutlich wirken die polaren Effekte durch Veränderung der Aktivierungsenergie, wobei die Unterschiede nicht durch Veränderung der C—H-Bindungsenergien verursacht sind. (Recueil Trav. chim. Pays-Bas **73.** 269—78. April 1954. Amsterdam, Koninklijke/Shell-Labor.) B. GNAUCK. B 225

Philip L. Gordon, T. A. Alfrey jr. und **Ernest I. Becker,** *Kinetik der Reaktion zwischen o-Chlornitrobenzol und Äthanolamin.* Vff. untersuchen die Kinetik der Rk. zwischen *o-Chlornitrobenzol* (III) u. überschüssigem *Äthanolamin* (I) — nucleophile Verdrängungs-Rk., von 1. Ordnung in bezug auf **III** bzw. *n-Butylamin* (**II**). Die hohe Reaktionsgeschwindigkeit mit **I**, die stärker negative Aktivierungsentropie u. die geringere Aktivierungsenergie, verglichen mit **II**, deuten auf einen cycl. Mechanismus. Damit ist ferner in Einklang, daß ein Gemisch von Äthylamin u. A., in welchem die funktionellen Gruppen sich an verschied. Moll. befinden, langsamer reagiert als **I**. Es wird von Vff. angenommen, daß der Reaktionsmechanismus einen cycl. Übergangszustand enthält, in dem die Aminogruppe von **I** die nucleophile u. die Hydroxylgruppe des gleichen Mol. die elektrophile Gruppe darstellt. In hydroxylhaltigen Lösungsmitteln ist die Reaktionsgeschwindigkeit von 1. Ordnung in bezug auf I u. III u. von reziprok 2. Ordnung in bezug auf das Lösungsmittel. Die inhibierende Wrkg. des Lösungsm. wird dessen Fähigkeit zur Wasserstoffbindung zugeschrieben. Zugabe von Phenol zum Reaktionsgemisch bewirkt anfänglich eine Zunahme der Reaktionsgeschwindigkeit u. nach Durchlaufen eines Optimums eine Abnahme infolge Säure-Basen-Rk. mit I. — Einzelergebnisse: Für Rk. von III mit I: Aktivierungsenergie 9,4 kcal/Mol, Aktivierungsentropie −51,3 e.u.; für III mit II: 18,0 kcal/Mol bzw. −27,5 e.u. (J. physic. Chem. **59**. 583—87. Juli 1955. Brooklyn, N. Y., Polytechn. Inst., Chem. Labor.) G. Winkler. B 225

E. A. Braude und **E. S. Waight,** *Einige Beobachtungen über den Verlauf der Reaktion zwischen Äthylenverbindungen und N-Bromsuccinimid.* Vff. untersuchen die Rk. zwischen *Cyclohexen* (IV) u. *N-Bromsuccinimid* (III) sowie zwischen weiteren Äthylenverbb. u. N-Halogenverbb. u. finden, daß neben der n. allyl. Substitution (Bldg. von 3-Bromcyclohexen) als Konkurrenz-Rk. die Halogenaddition (Bldg. von 1.2-Dibromcyclohexan) abläuft. Das Verhältnis beider Rkk. ist allg. abhängig von der Struktur der N-Halogenverb., von der Struktur des Olefins, vom Lösungsm. u. experimentellen Bedingungen u. von der Ggw. gewisser Katalysatoren (Alkylammoniumsalze). Vff. diskutieren einen Reaktionsmechanismus für die Addition. Als geschwindigkeitsbestimmender Schritt wird die direkte Rk. zwischen Olefin u. N-Halogenverb. unter Bldg. eines Bromoniumions u. Succinimidanions (I) angenommen; im zweiten Schritt wird die Dibromverb. u. ein Succinimidkation (II) gebildet. I u. II reagieren unter Elektronenaustausch zu zwei Succinimidylradikalen, die von einem Donor (Lösungsm.) zwei H-Atome abspalten. Als wahrscheinlichste Erklärung für die Wirkungsweise der Alkylammoniumsalze als Katalysatoren für die Additionsverb. ist nach Vff. die Bldg. von Additionsverbb. mit III anzunehmen, die den ion. Charakter der N—Br-Bindung erhöhen (Additionsprodd. isoliert).

Versuche: *1.2-Dibromcyclohexan*, durch 20 Min. Kochen von III u. IV mit $[N(C_2H_5)_4]Br$ in $CHCl_3$; 74% (Ausbeute), daneben 2% *3-Bromcyclohexen* u. *Additionsverb. von Tetraäthylammoniumbromid mit Succinimid*, $2\,C_4H_5O_2N \cdot C_8H_{20}NBr$, F. 170 bis 171° (A.). — *Cinnamylbromid*, F. 30°, durch 2 std. Kochen von Allylbenzol mit III in CCl_4 in Ggw. von wenig Benzoylperoxyd, λ_{max} 2590 u. 2640 Å (in Hexan); 50%. — *Dibromphenylpropan*, $C_9H_{10}Br_2$, $Kp._{0,05}$ 76—78°, wie vorst. durch ½ std. Kochen unter Zusatz von Triäthylamin, n_D^{20} 1,5860, λ_{max} 2590 Å. — *1-Bromnonen-(2)-in-(4)*, $C_9H_{13}Br$, $Kp._{0,4}$ 63—64°, durch 10std. Kochen von 12,5 g Allylhexin mit III in CCl_4 in Ggw. von Benzoylperoxyd, n_D^{21} 1,5145, λ_{max} 2420 u. 2490 Å (ε = 8000), 3 g; gibt bei Kochen mit Na_2CO_3 in wss. Aceton das entsprechende *Carbinol* [$Kp._{1,5}$ 84—88°, λ_{max} 2280 Å (ε = 12000)], daraus durch katalyt. Hydrierung in Methanol über Pt *Nonylalkohol* ($Kp._8$ 98°, n_D^{20} 1,4301; *3.5-Dinitrobenzoat*, F. 52—53°). — Addukte von III mit: *Tetraäthylammoniumbromid*, $2\,C_4H_4O_2NBr \cdot C_8H_{20}NBr$, F. 144°; *Tetraäthylammoniumjodid*, $2\,C_4H_4O_2NBr \cdot C_8H_{20}NJ$, F. 115—116°. (J. chem. Soc. [London] **1952**. 1116—22. März. London, Imp. Coll. of Sci. and Technol.) G. Winkler. B 225

J. L. Hales, J. Idris Jones und **A. S. Lindsey,** *Der Mechanismus der Kolbe-Schmitt-Reaktion.* Vorl. Mitt. zu C. **1955**. 2166. (Chem. and Ind. **1954**. 49. 9/1. Teddington, Middlesex, DSIR, Chem. Res. Labor.) R. Bollinger. B 225

Friedrich Weygand und **Ekkehard Richter,** *Über den Aminaustausch bei der Indolsynthese nach Bischler.* Zur Klärung des Mechanismus der Bischler-Synth. des 2-Phenylindols wurde die Umsetzung von m-Bromphenacylanilin mit ^{8}Br-m-Bromanilin in Ggw. von m-Bromanilinhydrobromid bzw. von Phenacylanilin mit ^{14}C-Anilin in Ggw. von Anilinhydrobromid durchgeführt. Die gefundene Gleichverteilung der Radioaktivität auf das Indol u. das Anilin läßt einen völligen Austausch zwischen dem ursprünglichen mit dem zugesetzten Arylamin erkennen u. bestätigt die von Crowther, Mann u. Purdie (J. chem. Soc. [London] **1943**. 58; C. **1949**. I. 1249) angegebenen ion. Mechanismen.

Versuche: *^{82}Br-m-Bromanilin* (I), F. 17°, durch Bromierung von Nitrobenzol u. Red. des m-Bromnitrobenzols (F. 52°) mit Sn u. HCl. — *N-Benzoyl-m-^{82}Br-Bromanilin*, F. 135° (A.). — *Phenacyl-m-bromanilin* (II), $C_{14}H_{12}ONBr$, F. 140° (A.), aus m-Bromanilin u. Bromacetophenon in kaltem A.; 76% (Ausbeute). — *^{82}Br-6-Brom-2-phenylindol* (III), $C_{14}H_{10}NBr$, F. 188° (Bzl.), aus I, nichtradioakt. II u. m-Bromanilinhydrobromid, 5 Min. bei 180°. — *N-Benzoyl-4-brom-2-aminobenzoesäure*, $C_{14}H_{10}O_3NBr$, F. 234—235° (A + W.), aus III mit alkal. $KMnO_4$ bei 80°; 20% (Ausbeute). *4-Brom-2-aminobenzoesäure*, $C_7H_6O_2NBr$, F. 221° (W.). — *^{14}C-2-Phenylindol*, $C_{14}H_{11}N$, F. 189°

(Bzl.), aus Phenacylanilin, ^{14}C-Anilin u. Anilinhydrobromid, 5 Min. bei 180°. (Chem. Ber. **88.** 499—508. 7/4. 1955. Heidelberg, Univ., Chem. Inst.) K. BECKER. B 225

De Los F. De Tar und **John Charles Howard,** *Einige Reaktionen eines optisch-aktiven Diazoniumsalzes und eines optisch-aktiven Diacylperoxyds.* Die therm. Zers. des opt.-akt. Diacylperoxyds der 2-Methyl-6-nitrodiphenylcarbonsäure-(2′) in Bzl., CCl_4 bzw. Bromtrichlormethan führt zum Ersatz der Carboxylfunktion durch Phenyl, Chlor bzw. Brom. Die Prodd. *2-Methyl-6-nitro-2′-phenyldiphenyl* (**II**), *-2′-chlordiphenyl* bzw. *-2′-bromdiphenyl* (**VI**) sind opt.-akt.; jedoch partiell racemisiert. Da die Ausgangsstoffe u. die Endprodd. unter den Versuchsbedingungen gegenüber Racemisierung therm. stabil sind, muß die partielle Racemisierung während der Rk. verlaufen sein. Dieses Ergebnis schließt jedoch aus, daß die Prodd. nur durch die Rk. RCOO· + SY → RY + S· + CO_2 gebildet wurden; es zeigt, daß das Radikal RCOO· der Decarboxylierung vor der Rk. mit dem Lösungsm. unterliegen muß. Eine analoge Unters. wurde ausgeführt mit dem Diazoniumchlorid, das sich von 2-Methyl-6-nitro-2′-aminodiphenyl (I) ableitet. Die Rk. mit Bzl. u. NaOH ergab **II**, das auch aus dem Diazoniumfluoborat erhalten wurde; mit HJ entstand *2-Methyl-6-nitro-2′-joddiphenyl* u. mit $CuBr_2$ u. HBr **VI**.

V e r s u c h e : *3-Nitro-2-aminotoluol*, F. 95—96°, aus o-Toluidin, Essigsäureanhydrid u. 70%ig. HNO_3, orangefarbene Nadeln; 48—54% (Ausbeute). — *3-Nitro-2-bromtoluol*, F. 36—38°, aus vorst. Verb. durch Diazotierung u. Rk. mit $CuBr_2$-Lsg. in 48%ig. HBr, gelb; 88%. — *o-Jodbenzesäureäthylester*, $Kp._{2,5}$ 120—125°, aus o-Jodbenzoesäure; 88%. — *2-Methyl-6-nitrodiphenylcarbonsäure-(2′)* (*dl*-**V**), F. 165—171°, aus den beiden vorst. Verbb. in Nitrobenzol bei 210° in Ggw. von aktivierter Cu-Bronze; 30%. — *d*-**V**, F. 170—173°, durch Spaltung mit Chinidin, $[\alpha]_D^{23}$ +71° (Methanol); *Chinidinsalz*, $[\alpha]_D^{20}$ +233° (Essigsäure). — *l*-**V**, F. 172—175° (Methanol), aus den Mutterlaugen mit Brucin, $[\alpha]_D^{25}$ —65° (Methanol); *Brucinsalz*, $[\alpha]_D^{20}$ —23° (Essigsäure). — *dl*-**V**-*Säurechlorid*, F. 82—83°; 82%. *d-Verb.*, F. 113—114°, $[\alpha]_D^{25}$ +142° (Chlf.). — *Säureazid*, F. 65—70° (Zers.), aus vorst. Verb. mit NaN_3 in Aceton. — *dl-2-Methyl-6-nitro-2′-aminodiphenyl* (*dl*-**I**), $C_{13}H_{12}O_2N_2$, F. 64 —65°(A.), aus vorst. Verb. mit 50%ig. H_2SO_4 in Toluol, gelb; 45%. — *d*-**I**, F. 80—80,5° (A.), $[\alpha]_D^{25}$ +224° (Methanol); 52%. — *dl-2-Methyl-6-nitro-2′-phenyldiphenyl* (**II**), $C_{19}H_{15}O_2N$, F. 100—100,5° (A.), aus diazotiertem *dl*-**I** u. Bzl., hellgelb; 4%. — *d-2-Methyl-6-nitrodiphenyldiazoniumfluoborat-(2′)* (*d*-**III**), aus diazotiertem d-I u. HBF_4, $[\alpha]_D^{25}$ +63° (Dimethylformamid); 51%. — *l*-**II**, $C_{19}H_{15}O_2N$, F. 50—56°, aus diazotiertem *l*-**I** durch GOMBERG-BACHMANN-Rk. mit Bzl., $[\alpha]_D$ —40°; 88%. — *dl-2-Methyl-6-nitro-2′-methoxydiphenyl*, $C_{14}H_{13}O_3N$, F. 93—94°, aus *dl*-**III** durch Kochen in Methanol, hellgelbe Nadeln; 12%; daneben *2-Methyl-6-nitrodiphenyl* (**IV**), F. 104,5—105°; 16%. — *d-2-Methyl-6-nitro-2′-joddiphenyl*, $C_{13}H_{10}O_2NJ$, F. 90—90,5° (A.), aus diazotiertem d-I u. KJ in HCl, $[\alpha]_D^{20}$ +44° (Methanol); 42%; daneben **IV**, Infrarotspektrum. — *d-2-Methyl-6-nitro-2′-bromdiphenyl* (**VI**), $C_{13}H_{10}O_2NBr$, F. 57—58° (Methanol), aus diazotiertem d-I u. HBr, $[\alpha]_D^{25}$ +53° (Methanol); 40%; daneben 8% **IV**. — *l-2-Methyl-6-nitro-2′-chlordiphenyl* (*l*-**VII**), $C_{13}H_{10}O_2NCl$, F. 53,5 bis 54,5° (A.), $[\alpha]_D^{25}$ —73° (A.), aus diazotiertem *l*-**I** u. $CuCl_2$ in HCl; 63%. — *d*-**VII**, $C_{13}H_{10}O_2$·NCl, F. 32—43°, $[\alpha]_D^{30}$ +61°, aus diazotiertem d-I wie vorstehend. — *Peroxyd von d*-**V** (**VIII**), $C_{28}H_{20}O_8N_2$, F. 137° (Zers.), $[\alpha]_D^{25}$ +48° (Chlf.), aus dem Säurechlorid von d-V u. Na_2O_2 in Bzl. bei 0—5°. — *Peroxyd von l*-**V** (**IX**), $[\alpha]_D^{25}$ —49° (Chlf.); 62%. — **II**, durch therm. Zers. von **VIII** u. **IX** in sd. Bzl. nach 23 Std.; 5%. — **VII**, analog Vorst. in sd. CCl_4 nach 24 Std.; 4%. — **VI**, analog Vorst. in sd. Bromtrichlormethan nach 8 Std.; 18%; Infrarotbanden bei 11,20, 12,75 u. 13,05 μ. — *l-2-Methyl-6-nitrodiphenylcarboxamid-(2′)*, $C_{14}H_{12}O_3N_2$, F. 140—141°, $[\alpha]_D^{25}$ —76° (Methanol), aus *l*-**V**. — *dl-2-Methyl-6-nitro-2′-cyandiphenyl*, $C_{14}H_{10}O_2N_2$, F. 103—104° (Pentan), aus vorst. Verb. u. $SOCl_2$. (J. Amer. chem. Soc. **77.** 4393—98. 20/8. 1955. Columbia, S. C., Cornell Univ., Baker Chem. Labor., und Univ. of South Carolina, Dep. of Chem.) J. KNAUL. B 225

George L. O'Connor und **Harold R. Nace,** *Chemische und kinetische Untersuchungen über die Tschugaeff-Reaktion.* Vff. untersuchen die Kinetik der therm. Zers. verschied. Cholestanyl- u. Cholesterylxanthogenate u. finden für alle Verbb. eine Abhängigkeit 1. Ordnung (negative Aktivierungsentropien; Aktivierungsenergien 32—33 kcal/Mol). Die Versuchsergebnisse schließen einen Radikalmechanismus aus u. bestätigen die bisherige Annahme eines gekoppelten („concerted“) cycl. Mechanismus (Sechsringübergangszustand). Eine Unters. der Infrarotspektren von Ausgangs-, End- u. teilzers. Prod. läßt keine C=O-Banden erkennen, was gegen die Annahme einer prim. Umlagerung der Xanthogenate zu Dithiolcarbonaten spricht (vgl. TARBELL u. HARNISH; C. **1952.** 1974). Die Pyrolyse der entsprechenden Steroidkohlensäureester erfolgt bei höheren Tempp. als die der Xanthogenate u. bei niedrigeren als die der Acetate u. Benzoate u. liefert in ausgezeichneten Ausbeuten u. guter Reinheit die entsprechenden Olefine. Die Meth. ist nach Vff. der TSCHUGAEFF-Rk. vorzuziehen.

Versuche: *β-Cholestanyl-S-methylxanthogenat*, $C_{29}H_{50}OS_2$, F. 87,5—88° (A./Aceton = 1:1), durch 24std. Kochen von β-Cholestanol (I) mit NaH in Bzl. unter Rühren, Zugabe von CS_2 u. 24std. Kochen u. Zugabe von CH_3J u. Behandeln wie vorst., Chromatographie in PAe., $[\alpha]_D$ +2°; 65% (Ausbeute), bildet sich auch aus α-Cholestanol (**IV**), wie vorst.; therm. Zers.: Aktivierungsenergie E 33,8 (kcal/Mol), Aktivierungsentropie S* —5,0 (cal/Grad·Mol). — *β-Cholestanyl-S-benzylxanthogenat*, $C_{35}H_{54}OS_2$, F. 102—102,5°, aus I mit Benzylchlorid wie vorst., $[\alpha]_D$ +9°; 87%. — *Cholesteryl-S-methylxanthogenat*, F. 127,5—128°, $[\alpha]_D$ —53°; 85%; therm. Zers.: E 32,9, S* —4,7, liefert *$\Delta^{3,5}$-Cholestadien* (III), F. 79,5—80° (A./Aceton = 1:1), α[D] —122°; 81%. — *Di-β-Cholestanylthioncarbonat*, $C_{55}H_{94}O_2S$, F. 87—88° (A.), durch 5std. Kochen von I mit Thiophosgen (II) u. Umsetzung mit Äthylmercaptan/NaH in Bzl., $[\alpha]_D$ +29°; 15%. — *Dicholesterylthioncarbonat*, $C_{55}H_{90}O_2S$, F. 90,5—91° (A.), durch 12std. Kochen von Cholesterin mit II in CCl_4, $[\alpha]_D$ —33°; 17,5%. — *β-Cholestanylkohlensäureäthylester*, $C_{30}H_{52}O_3$, F. 105,5 bis 106° (A.), aus I in Pyridin mit Chlorkohlensäureäthylester, $[\alpha]_D$ +10°; 96,5%. — *α-Cholestanylkohlensäureäthylester*, $C_{30}H_{52}O_3$, F. 102—102,5°, aus IV wie vorst., $[\alpha]_D$ +15°; 92%. — *Cholesterylkohlensäureäthylester*, F. 83,5—84°, Darst. wie vorst.; 98%; gibt bei Pyrolyse 94% **III**. (J. Amer. chem. Soc. **74**. 5454—59. 5/11. 1952. Providence, R. I. Brown Univ., Metcalf Chem. Labor.) G. WINKLER. B 225

J. A. Janik, *Streuung langsamer Neutronen durch Flüssigkeiten. Streuung von 80° K-Neutronen in CH_3OH und CH_3J.* (Vgl. C. **1955**. 5945.) Mit der früher beschriebenen Anordnung wurden die Wirkungsquerschnitte von CH_3J (I) u. CH_3OH (II) für 300° K- u. für 80° K-Neutronen gemessen. Bei I ergibt sich innerhalb der Fehlergrenzen der gleiche Wert für 300° K-Neutronen u. die nach der Theorie von SACHS u. TELLER (C. **1942**. **I**. 2234) zu erwartende Unabhängigkeit von der Neutronenenergie. Bei **II** wird für 300° K-Neutronen der Wert 180±6 u. für 80° K-Neutronen der Wert (227±10) 10^{-24} cm² erhalten. Der letztere Wert steht im Einklang mit einer von KOLOS (Acta physica polon. **13**. [1954.] 67) gegebenen Theorie, nach der auch die Abweichung des Wertes bei 300° K-Neutronen verständlich wird. (Bull. Acad. polon. Sci., Cl. III **2**. 225—27. 1954. Krakau, Pol. Acad. of Sci., Inst. of Phys., Nucl. Phys. Labor.) R. CONRAD. B 226

W. H. Seitzer und **A. V. Tobolsky,** *Die Wechselwirkung von β-Teilchen mit organischen Flüssigkeiten in Gegenwart von Vinylmonomeren.* Vff. lassen bei 30° auf eine Reihe von verschieden konz. Lsgg. von monomerem *Styrol* bzw. *Methylmethacrylat* in organ. Lösungsmitteln (*CCl_4, Chlf., Äthylbromid, Äthyljodid, Bzl., Toluol, Cyclohexan Aceton, Dioxan* u. Mischungen von *Bzl.* u. *Chlf.* sowie *wss. Dioxan*) β-Strahlen einwirken u. bestimmen die Polymerisationsgrade der resultierenden Vinylpolymerisate. Als β-Strahlenquelle diente eine Gleichgewichtsmischung von ^{90}Sr (0,61 MeV, Halbwertszeit 19,9 Jahre) u. ^{90}Y (2,24 MeV) in einem dünnen Glasröhrchen, die $8{,}47\cdot10^9 \pm 0{,}94\cdot10^9$ MeV/Min. emittierte. Die Rk. wird durch die Bldg. von Radikalen eingeleitet. Für die Berechnung wird angenommen, daß der Polymerisationsgrad linear mit der Zeit ansteigt. Die Abweichung der berechneten Polymerisationsgrade von den gefundenen beträgt höchstens 10%. Lsgg., die *tert.-Butylperoxyd, $SnCl_4\cdot5H_2O$, Eisessig* oder *W.* enthielten, gaben die gleichen Werte wie die Lsgg. der reinen Monomeren. *CBr_4* scheint die Polymerisation zu behindern; bei Zusatz von *$TiCl_4$* fand keine Umsetzung statt. Aus der experimentell gefundenen Menge von Polymerisat/Zeiteinheit wird ein Ausdruck zur Berechnung der Anzahl der Anfangspolymerketten abgeleitet u. die in den verschied. Lösungsmitteln erzeugten Polymerisationskeime/100 eV absorbierter Energie berechnet. Die Versuchsergebnisse zeigen, daß die Halogen enthaltenden Lösungsmittel empfindlicher für die Einw. von β-Strahlen sind als die übrigen untersuchten. Die Empfindlichkeit nimmt mit der Anzahl der Halogenatome zu u. in der Reihenfolge J—Br ab. KW-stoffe zeigen die geringste Wirksamkeit, u. zwar Aromaten noch weniger als Aliphaten. Andere funktionelle Gruppen, Ester u. Äther, entsprechen in ihrer Wirksamkeit etwa einem einzelnen Halogenatom. Die relativen Empfindlichkeiten stimmen sehr gut mit den Resultaten überein, die PREVOT-BERNAS u. Mitarbeiter (C. **1953**. 6220) bei der Einw. von γ-Strahlen gefunden haben. (J. Amer. chem. Soc. **77**. 2687—92. 20/5. 1955. Princetown, N. J., Princetown Univ., Frick Chem. Labor.) K. FRENKLER. B 226

B. W. Klimenok, Je. A. Andrejew und **W. A. Gordejewa,** *Untersuchung der chemischen Reaktionen bei dem katalytischen Cracken von Isooctan und n-Hexan mittels der kinetischen Methode.* Untersucht werden beim katalyt. Cracken von Isooctan u. n-Hexan an Aluminiumsilicatkatalysatoren die beendeten Primär-Rkk., worunter hier die Bldg. von stabilen gesätt. u. ungesätt. KW-stoffen verstanden wird. Die App. für ein kinet. Verf. wird beschrieben. — Als Primärprodd. bei der Crackung von *Isooctan* bei 500° werden festgestellt: *Methan, Propylen, Isobutylen* u. *Isobutan,* sowie C_5- u. C_7-

KW-stoffe; Äthan, Äthylen, Propan, n-Butan u. C_6-KW-stoffe treten höchstens in den Sekundärprodd. auf. Daraus geht hervor, daß die Primärprodd. durch einfache Spaltung der C—C-Bindungen des Isooctanmol. (2.2.4-Trimethylpentan) entstehen, ohne daß zuvor Isomerisierung eintritt. Am leichtesten werden die Bindungen zwischen sek. u. tert. C-Atomen gespalten, schwieriger tritt eine Entmethylierung ein. Unabhängig vom Ausmaß der Spaltung beträgt die Gesamtausbeute an Spaltprodd. 211 Mol, die Ausbeute an C_1-, C_3- u. C_4-Fraktionen 170 Mol je 100 Mol gespaltenen Isooctans. Eine mögliche Erklärung dieser Tatsache durch Isomerisierung u. H-Umlagerung muß als bisher noch unbewiesen angesehen werden. — Bei 540° tritt die therm. Crackung in den Vordergrund, wodurch die C_3- u. C_4-Fraktionen geringer werden u. die C_1- u. C_2-Fraktionen ansteigen. Bei 500° ist das Verhältnis von katalyt. zu therm. Cracken 110:1, bei 540° 14:1. — Die Crackung von *n-Hexan* bei 520° nach der gleichen Meth. zeigt, daß als Primär-Rk. überwiegend eine Spaltung in der Mitte des Mol. unter Bldg. von *Propan* u. *Propylen* stattfindet, worauf auch die Gesamtausbeute an Spaltprodd. bei kürzester Kontaktzeit hinweist, da sie 202 Mol auf 100 Mol gespaltenes n-Hexan beträgt. (Доклады Академии Наук СССР [Ber. Akad. Wiss. UdSSR] [N. S.] **94**. 281—84. 11/1. 1954.)
F. Berndt. B 227

Ilona R. László, Béla Falkay und **László Hegyessy,** *Herstellung von Butadien aus Äthylalkohol.* Es wurde der Einfl. verschied. Katalysatoren auf die Ausbeute bei der Darst. von *Butadien* (I) aus A. untersucht. Mit Al_2O_3–ZnO-Katalysatoren bei 445° u. 300—350 ml A./l Katalysator/Std. Raumgeschwindigkeit werden hauptsächlich H_2, C_2H_4 u. *Aldehyde* gebildet, der Katalysator fördert also die Dehydrierung u. Dehydratisierung, die Zwischenprodd. werden stabilisiert, die Kondensationswrkg. ist ungenügend. Bedeutend bessere Wirkungen konnten mit MgO–Silicagel-Katalysatoren erreicht werden, doch ist deren Wrkg. von der Güte des Silicagels sehr abhängig. Noch bessere Kondensation erfolgte, wenn der Katalysator auch Al-Hydrosilicat enthält. Cr_2O_3 verursacht eine Verminderung der Aldehydbldg. u. Anreicherung von I im Produkt. Ermüdung des Katalysators zeigt sich durch Abfallen der Ausbeuten der Kondensations- u. der Dehydratationsreaktionen. Die Bldg. von C_2H_4 kann nicht unterdrückt, jedoch herabgesetzt werden. Mit dem besten Katalysator (76% MgO, 2% Cr_2O_3, 11% SiO_2, 11% Al-Hydrosilicat) konnte 48—50% Umsetzung u. 65—66% Ausbeute an I erreicht werden. (Magyar Kémiai Folyóirat [Ung. Z. Chem.] **60**. 65—74. März 1954. Budapest, Inst. für Kunststofforsch.) J. Plank. B 227

Ss. R. Ssergijenko und **N. W. Shdanowa,** *Über die Umwandlungen von Dienverbindungen in Gegenwart von oxydischen Katalysatoren. Umwandlungen von 2.3-Dimethylbutadien-1.3 an Aluminiumsilicat.* In 2std. Verss. bei 250° (Raumgeschwindigkeit 0,25—0,30) an *Al-Silicat* (I) liefert *2.3-Dimethylbutadien-(1.3)* (II) 7—10% C_5-, 20—30% C_6-, 35—40% dimere KW-stoffe, der Rest besteht aus trimeren u. höherkondensierten Produkten. Die C_6-KW-stoffe sind *2.3-Dimethylbuten-(2)* u. *2.3-Dimethylbutan.* Frisches I bewirkt vor allem H-Disproportionierung; nach 8 Std. hat der Katalysator um 15% an Gewicht zugenommen, u. zwar nicht durch Koksabscheidung, sondern durch Ablagerung einer kolophoniumähnlichen, spröden Substanz C_nH_{2n-18} mit JZ. 89 u. Mol.-Gew. 443; offenbar handelt es sich um ein Penta- bis Hexameres von II, etwa $C_{30}H_{42}$. Es wird ein Reaktionsschema mitgeteilt, das die Wege der Hydrierung, der destruktiven Hydrierung u. der cycl. Polymerisation darstellt. (Доклады Академии Наук СССР [Ber. Akad. Wiss. UdSSR] [N. S.] **90**. 803—06. 11/6. 1953.) R. K. Müller. B 227

C. Präparative organische Chemie. Naturstoffe.

D. A. Sutton, *Die Chemie einiger Autoxydationsprozesse.* Kurze Beschreibung des Verlaufs der Autoxydation von Monoolefinen [*Cyclohexen, Ölsäuremethylester, 1.2-Dimethylcyclohexen-(1)*], gesätt. KW-stoffen (*n-Decan, Dekalin*), Aromaten (*Cumol, Äthylbenzol, p-Diisopropylbenzol, Tetralin, Anthracenderivv.*), konjugierten Olefinen (*α-Terpinen, Cyclohexadien-(1.3), Eläostearinsäure, Dehydroergosterin*) u. *Linolensäure.* — 25 Literaturangaben. (South African ind. Chemist **7**. 196—99. Okt. 1953. Pretoria, South Afr. Counc. for Sci. and Ind. Res., Nat. Chem. Res. Labor.) O. Henning. 460

E. Ziegler, *Spaltungen mittels Diazoniumverbindungen.* 12. Mitt. (11. vgl. C. **1954**. 3018.) Zusammenfassender Bericht. Voraussetzung für die Eliminierung eines Substituenten in Phenolen, Naphtholen u. Anilinen durch Diazoniumverbb. ist die Verstärkung der durch Kerneffekte verursachten Lockerung der C—C-, C—Hg-, C—S-, C—N-Bindung durch Seitenketten mit β-ständigem Heteroatom oder durch phenol. Hydroxyle, die über den elektronenleitenden aromat. Kern zur Wrkg. kommen. Die Meth. scheint geeignet zur Unters. der Konst. komplizierter Systeme. (Oesterr. Chemiker-Ztg. **53**. 31—34. Febr. 1952.) B. Kaspar. 460

M. A. Naylor und **A. W. Anderson**, *Erweiterungen der Willgerodt-Reaktion.* 1. Mitt. Bei der Rk. von Olefinen mit konz. NH_4OH u. S nach der Meth. von WILLGERODT treten bei einer Reaktionstemp. unter 200° sulfurierte Zwischenprodd. auf. Bei Verwendung von Isobutylen konnten *Diisobutyldisulfid* u. *Diisobutyltrisulfid* isoliert werden. Findet die Rk. bei Tempp. über 220° statt bzw. wird sie über 220° zu Ende geführt, so erfolgt Umwandlung in die entsprechenden *Amide*. Aus Propylen entstand so *Propionamid*, aus Isobutylen *Isobutyramid*, aus Butadien u. aus n-Butylamin *n-Butyramid*. Cyclohexen u. Phenylcyclohexen verharzten.

Versuche: *Diisobutyldisulfid*, $C_8H_{18}S_2$, $Kp._{0,5-1}$ 27—30°, aus 28 g Isobutylen, 150 ml konz. NH_4OH u. 64 g S im Autoklaven bei 150—200° unter Druck u. Dest.; $D.^{20}_4$ 0,951, n_D^{20} 1,4878, 20,2 g (Ausbeute), daneben 17,3 g *Diisobutyltrisulfid*, $C_8H_{18}S_3$, $Kp._{0,6-1,0}$ 44—47°, $D.^{20}_4$ 1,022, n_D^{20} 1,5200. — *Isobutyramid*, C_4H_9ON, F. 126°, aus Isobutylen (oder aus einer der beiden vorst. Verbb.), NH_4OH u. S bei 240° (2 Std.); 70%. Gibt bei der Dehydratisierung über Al_2O_3–SiO_2 bei 425° *Isobutyronitril*, Kp. 101—103°, n_D^{20} 1,3712; 90%. — *Propionamid*, C_3H_7ON, F. 76°, $Kp._{45-50}$ 136—137°, $Kp._{760}$ 212—214°, aus Propylen analog vorst. Verb. u. mehrfache Wiederholung der Rk. mit den Mutterlaugen; 60—80%; daneben wenig *Propionsäure*. — *Propionitril*, Kp. 95,5—96,5°, aus vorst. Amid durch Dehydratisierung; n_D^{20} 1,3660; 85%. Gibt bei partieller Dehydrierung *Acrylonitril*, daraus durch Bromierung *α.β-Dibrompropionitril*, $Kp._{25}$ 108—110°, $D.^{20}_4$ 2,09, n_D^{20} 1,5410. — *n-Butyramid*, C_4H_9ON, F. 113° (Äthylacetat), a) aus Butadien, S u. NH_4OH in 2 Std. bei 200°/47—82 at; 10—20%; b) analog aus n-Butylamin; 20%. (J. Amer. chem. Soc. **75.** 5392—94. 5/11. 1953. Wilmington, Del., E. I. du Pont de Nemours and Co., Res. Div., Polychem. Dep.) H. LEHWALD. 470

M. A. Naylor und **A. W. Anderson**, *Erweiterungen der Willgerodt-Reaktion.* 2. Mitt. (1. vgl. vorst. Ref.) Die WILLGERODT-Rk. gelingt auch mit alkylsubstituierten aromat. KW-stoffen bei 235—325°. Gleichzeitig findet unter diesen energ. Bedingungen ein Abbau der Seitenkette statt. Aus Toluol entsteht *Benzamid* (**I**), aus Isopropylbenzol entstehen **I**, *Phenylacetamid* (**II**) u. *α-Phenylpropionamid* (**III**), aus Äthylbenzol **I** u. **II**, aus p-Xylol **I** u. *Terephthalamid* u. aus Benzylchlorid **I**.

Versuche: *Benzamid* (I), C_7H_7ON, F. 125° (Bzl.), a) aus Toluol, S u. konz. NH_4OH (2 Std. bei 250—260° u. 95 at [Druck steigt auf 130 at]); 10—20% (Ausbeute); b) analog aus Isopropylbenzol u. fraktionierte Kristallisation; 20% (**I** + **II** + **III**); c) aus Äthylbenzol; 20% (**I** + **II**); d) aus Benzylchlorid ($3^3/_4$ Std. bei >190°); 60%. — *Phenylacetamid* (II), C_8H_9ON, F. 153—154° (Bzl.), als Nebenprod. bei vorst. Meth. b) u. c). — *α-Phenylpropionamid* (III), $C_9H_{11}ON$, F. 94°, als Nebenprod. bei vorvorst. Meth. b). — *Terephthalamid*, $C_8H_8O_2N_2$, F. > 260°, analog aus 26 g p-Xylol (1 Std. bei 300°); 8 g (gibt bei der Hydrolyse *Terephthalsäure*, $C_8H_6O_4$), daneben 2,1 g einer *Verb. vom F. > 300°*. (J. Amer. chem. Soc. **75.** 5395—96. 5/11. 1953.) H. LEHWALD. 470

Tatsuo Takeshima, *Der Einfluß verschiedener Säuren auf die Umlagerung von Äthinylcarbinolen.* 2. Mitt. (1. vgl. J. sci. Res. Inst. [Tokyo] **47.** [1953.] 237.) Vf. untersucht die Umlagerung verschied. tert. Alkohole, die in α-Stellung zur OH-Gruppe eine Dreifachbindung besitzen, durch Säuren bei Tempp. zwischen 95 u. 125°. Als Säuren werden neben Ameisensäure (**I**) u. Essigsäure (**II**) H_2SO_4 u. H_3PO_4 im Gemisch mit **I** u. **II** verwendet. Hauptprod. der Umlagerung von 1-Äthinylcyclohexanol-(1) (**III**) ist *1-Acetylcyclohexen-(1)*, von 2-Methylbutin-(3)-ol-(2) (**IV**) *3-Methylcrotonaldehyd* u. von 2-Phenylbutin-(3)-ol-(2) (**V**) *3-Methylzimtaldehyd*. Am schnellsten erfolgt die Umlagerung in allen Fällen mit H_2SO_4 + **I** bzw. **II**; an zweiter Stelle folgt H_3PO_4 + **I** bzw. **II**. Auch ist bei der Anwendung dieser Säuren die Ausbeute an Hauptprod. am größten.

Versuche: *1-Äthinylcyclohexanol-(1)* (III), $Kp._{11}$ 72—74°, durch 6std. Einleiten von Acetylen in Cyclohexanon in Ae. + $NaNH_2$ bei —5 bis +3° u. Gießen auf Eis + CH_3COOH; 60% (Ausbeute). — *2-Methylbutin-(3)-ol-(2)* (**IV**), Kp. 102—106°, analog. — *2-Phenylbutin-(3)-ol-(2)* (**V**), $Kp._{12}$ 101—104°. — *1-Acetylcyclohexen-(1)*, $Kp._{50}$ ca. 105 bis 113°, durch Erwärmen von **III** mit **II** u. 83%ig. H_2SO_4 bis zum Einsetzen der spontanen Rk. u. Abkühlen; 76%. *Semicarbazon*, F. 202,5—203° (bei langsamem Erhitzen) bzw. 220—221° (bei schnellem Erhitzen), aus CH_3OH Platten. *2.4-Dinitrophenylhydrazon*, $C_{14}H_{16}O_4N_4$, F. 203—203,5°, aus Pyridin hellrote lange Platten oder flache Nadeln. — *β-Methylcrotonaldehyd*, Kp. 123—124°, analog vorst. Verb. aus **IV**; 13%. *2.4-Dinitrophenylhydrazon*, F. 180—181°, aus Pyridin + CH_3OH rote oder braunrote feine Nadeln. — *β-Methylzimtaldehyd (Gemisch der geometr. Isomeren)*, $Kp._{11-12}$ 105—120°, aus **V**; 32%. *Semicarbazone*, F. 205—206,5° u. F. 172—174° (langsam erhitzt) bzw. 181—182° (schnell erhitzt). *2.4-Dinitrophenylhydrazone*, F. 209—210° u. F. 188—189°. — Tabellen mit den Ausbeuten unter abgewandelten Umlagerungsbedingungen vgl. Original. (J. sci. Res. Inst. [Tokyo] **48.** 103—12. Juni 1954. [Orig.: engl.]) J. KLEINWÄCHTER. 470

Tatsuo Takeshima, *Die Umlagerung von 2-Phenylbutin-(3)-ol-(2) und zwei Gruppen von Äthinylcarbinolen, die sich aus der Reaktion mit Säuren ergeben.* Die Identität der beiden bei der Umlagerung von 2-Phenylbutin-(3)-ol-(2) (I) erhaltenen geometr. isomeren β-Methylzimtaldehyde (vgl. vorst. Ref.) wurde durch Hydrierung in Ggw. von Pd zu *β-Methylhydrozimtaldehyd* (II; Kp.$_7$ ca. 100°; *2.4-Dinitrophenylhydrazon,* $C_{16}H_{16}O_4N_4$, F. 111—112°) u. durch Luftoxydation zu *β-Methylzimtsäure*, von der infolge cis–trans-Isomerisierung nur die niedrigerschm. Form (F. 98—99°) entstand, bewiesen. II ist verschieden vom isomeren *3-Phenylbutanon-(2)* (*Semicarbazon,* F. 169—170°; *2.4-Dinitrophenylhydrazone,* F. 171—172° u. F. 141—142°), das zum Vgl. auf bekannte Weise dargestellt wurde. Weitere Prodd. der Behandlung von I mit Säuren sind *Acetophenon* (*2.4-Dinitrophenylhydrazon,* F. 238—239°) u. wahrscheinlich das Dehydratationsprod. von I, *3-Phenylbuten-(3)-in-(1)*. — Vf. teilt die Äthinylcarbinole in 2 Gruppen ein, je nachdem, ob ihre säurekatalysierte Umlagerung Aldehyde oder Ketone liefert. Zur ersten Gruppe gehören I u. *3-Methylbutin-(1)-ol-(3)* (III; Kp. 104—106°), zur zweiten *3-Methylpentin-(1)-ol-(3)* (IV; Kp. 120—123°). Die Ketonbldg. verläuft sicher unter Dehydratation–Hydratation, da das Dehydratisierungsprod. von IV, *3-Methylpenten-(3)-in-(1)* (Kp. 68—70°), bei der Hydratisierung wie IV *3-Methylpenten-(3)-on-(2)* (*2.4-Dinitrophenylhydrazon,* F. 193—194°) liefert; aus dem Dehydratisierungsprod. von III, *3-Methylbuten-(3)-in-(1)* (Kp. 35—38°), konnte dagegen kein *β-Methylcrotonaldehyd* (*2.4-Dinitrophenylhydrazon,* F. 180—181°) erhalten werden, der das Prod. der Umlagerung von III ist. (J. sci. Res. Inst. [Tokyo] **48.** 113—20. Juni 1954. [Orig.: engl.])

J. KLEINWÄCHTER. 470

Sigurd Olsen, Jacob Gundersen und **Ernst Finsnes,** *Über die Umsetzung von Formaldehyd mit Allylcarbinol.* 4. Mitt. *Synthese des Pentadien-(2.4)-ols-(1) und des Penten-(2)-diols-(1.5).* 12. Mitt. *über Formaldehyd–Olefin-Reaktionen.* (3. bzw. 11. vgl. C. **1955.** 5539 bzw. 5540.) Vff. gewinnen *Pentadien-(2.4)-ol-(1)-acetat* (I), aus Pentantriol-(1.3.5)-triacetat (vgl. C. **1951.** II. 46) durch therm. Spaltung, bei der als Nebenprod. durch Abspaltung von nur einem Mol. Essigsäure *Penten-(2)-diol-(1.5)-diacetat* (IV) entstand.

Versuche: *Pentadien-(2.4)-ol-(1)-acetat* (I), Kp.$_{13}$ 55,5—57,0°, D^{24}_4 0,9444, n_D^{24} 1,4693, durch 14std. therm. Spaltung von 296 g Pentantriol-(1.3.5)-triacetat unter N_2 bei 450—500°; 45 g (Ausbeute). — *n-Amylacetat,* Kp. 140—149°, n_D^{26} 1,4036, D^{23}_4 0,8840, durch Hydrierung von 10,4 g I in Eisessig mit PtO_2; 2,7 g. Daraus *n-Amylalkohol; Phenylurethan,* $C_{12}H_{17}O_2N$, F. 45,5—46,5°. — *Pentadien-(2.4)-ol-(1)* (II), Kp.$_{13}$ 45 bis 54°, aus 10 g I u. 0,5%ig. methanol. HCl; 1 g. — *Säurelacton* III, $C_9H_{10}O_4$, F. 176° (W.), aus II u. Maleinsäureanhydrid in Benzol. — *Penten-(2)-diol-(1.5)-diacetat* (IV), Kp.$_{13}$ 117—130°, Kp.$_7$ 111—112° (unrein), als Nebenprod. bei der Darst. von I; 6,4 g. — *Penten-(2)-diol-(1.5)*, Kp.$_{13}$ 132—136°. *Bis-phenylurethan,* $C_{19}H_{20}O_4N_2$, F. 159—160,5° (A.). — *Tetrahydropyran* (V), Kp. 86—87°, D^{22}_4 0,8851, n_D^{22} 1,4178, aus 40,2 g Δ^3-Dihydropyran (D^{20}_4 0,9365; n_D^{20} 1,4460; vgl. C. **1953.** 6035) durch Hydrierung in Eisessig + PtO_2; 15,1 g. — *5-Brompentanol-(1)-acetat* (VI), Kp.$_7$ 90—95°, durch 2std. Kochen von 15,1 g V + 32 g Acetylbromid + 0,4 g $ZnCl_2$; 30,3 g. — *Pentandiol-(1.5)-diacetat,* Kp.$_7$ 112—113°, a) durch Hydrierung von 8 g IV in Eisessig mit PtO_2; 4 g; b) durch Kochen von 30,3 g VI mit CH_3COONa + Essigsäureanhydrid; 23,9 g roh. — *Pentandiol-(1.5)*, Kp.$_9$ 113—114°, Kp.$_{10}$ 127—128°. *Bis-phenylurethan,* $C_{19}H_{22}O_4N_2$, F. 172—174° (A.). (Acta chem. scand. **6.** 641—45. 1952. Oslo, Univ., Kjem. Inst.)

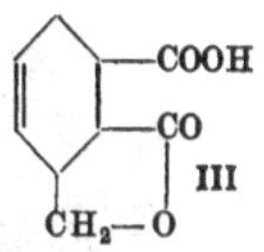

III

U. JOHN. 570

Harold Shechter, Dean E. Ley und **Lawrence Zeldin,** *Additionsreaktionen von Nitroalkanen mit Acrolein und Methylvinylketon. Selektive Reduktion von Nitrocarbonylverbindungen zu Nitrocarbinolen.* Bei der basenkatalysierten Addition von Nitroalkanen an α.β-ungesätt. Carbonylverbb. können durch 1.2-Addition ungesätt. Nitrocarbinole, durch 1.4-Addition *gesätt. Nitrocarbonylderivv.* entstehen. Letztere bilden sich bei der Rk. von 2-Nitropropan (I), Nitroäthan (II) u. Nitromethan (III) mit Acrolein (IV) bzw. Methylvinylketon (V) in Ggw. von Benzyltrimethylammoniumhydroxyd (Triton B) oder $NaOCH_3$ ausschließlich. Die Ausbeute an 1:1-Additionsprodd. nimmt in der Reihenfolge I > II > III ab u. ist mit V größer als mit IV, die Unterschiede werden auf die verschied. Anzahl austauschbarer H-Atome in den sauren Nitroverbb. zurückgeführt. Mit I entsteht nur ein 1:1-Prod., mit II u. III gegebenenfalls außerdem ein 1:2- bzw. ein 1:2- u. 1:3-Addukt, deren Bldg. durch einen Überschuß an Nitroalkan zurückgedrängt wird. Die Struktur der Prodd. wurde durch ihre Infrarotspektren, durch ihre Verwandlung in die *Semicarbazone* u. *2.4-Dinitrophenylhydrazone* u. durch selektive Red. mit Al-Isopropylat (VI) oder $NaBH_4$ zu den entsprechenden *Nitrocarbinolen* sichergestellt. Das aus II u. V entstandene *5-Nitrohexanon-(2)* (VII) wurde außerdem über das Na-Salz mit H_2SO_4 (NEF-Rk.) in *Hexandion-(2.5)* verwandelt u. dieses als *Dioxim* identifiziert. Bei der Verwendung von **VI** werden die Nitroaldehyde leichter red. als die Nitroketone, wenn auch in geringerer Ausbeute. Empfindliche Verbb., wie *5-Nitropentanon-(2)* (**VIII**) werden mit **VI** besser in sd. Toluol reduziert. Die schlecht verlaufende Red. von 5.5-Dinitropentanon-(2)mit $NaBH_4$ zu *5.5-Dinitropentanol-(2)* wird auf einen Ringschluß, bei dem die CO-Gruppe verschwindet, zurückgeführt. Die Nitrocarbinole wurden durch ihre Infrarotspektren sowie durch einige *Derivv.* identifiziert, 4-Nitropentanol-(1) wird außerdem durch die Nef-Rk. in *5-Oxypentanon-(2)* verwandelt.

Versuche: *4-Nitrobutanal-(1)*, $Kp._2$ 87—88,2°, a) aus **III** u. **IV** im Verhältnis 100:1 in Ggw. von Triton B bei —3 bis —8°; $D.^{20}_{20}$ 1,1902, $n_D^{19,8}$ 1,4474; 42,7% (Ausbeute); b) aus **III** u. $KOCH_3$ in CH_3OH u. **IV** in **III** bei —19 bis —21°; 39,5%; c) wie unter b) mit $NaOCH_3$; 32,3%. *2.4-Dinitrophenylhydrazon* (*DNP*), F. 135,3—136°; 56%. — *5-Nitrohexanon-(2)* (**VII**), $Kp._{10}$ 115—117,5°, aus **II** u. **V** (1:1) in Ggw. von Triton B in sd. Ae (15 Std.); $D.^{20}_{20}$ 1,0775, $n_D^{19,6}$ 1,4396; 49,3%. *DNP*, F. 95,5—96°; 75%. *Semicarbazon*, F. 172—185°; 86%. — *Hexandion-(2.5)-dioxim*, F. 136—137°, aus **VII** in wss.-methanol. NaOH u. verd. H_2SO_4 bei 0—5° u. Rk. mit $NH_2OH \cdot HCl$ in 10%ig. NaOH (1 Std. bei 70—80°); 42%. — Analog aus den entsprechenden Verbb.: *5-Methyl-5-nitrohexanon-(2)*, $Kp._{10}$ 123—125°, 1:1 (Verhältnis der Nitro- zur Carbonylverb.); $D.^{20}_{20}$ 1,056, n_D^{20} 1,4444; 69,3%. *DNP*, F. 130,5—131,5°; 65%. *Semicarbazon*, F. 192—193°; 72%. — *5-Nitropentanon-(2)* (**VIII**), $Kp._{10}$ 117—120°, 10:1; $D.^{20}_{20}$ 1,1174, n_D^{19} 1,4445; 59,9%, bei 1,1:1 5%, bei 8:1 12,4%. *DNP*, F. 135,8—136,5°; 52%. *Semicarbazon*, F. 140 bis 140,7°; 98%. — *4-Methyl-4-nitropentanal-(1)*, $Kp._3$ 88—89,5°, 10:1; $D.^{20}_{20}$ 1,0968, $n_D^{19,5}$ 1,4469; 48,8%, bei 1,1:1 11,3%. *DNP*, F. 130,5—131°; 62%. *Semicarbazon*, F. 140 bis 141°; 50%. — *4-Nitropentanal-(1)*, $Kp._3$ 79—81°, 30:1; $D.^{20}_{20}$ 1,1232, n_D^{20} 1,4455; 50,9% bei 2:1 keine Rk.; bei 15:1 14,7%, bei 40:1 32,1%. *DNP*, F. 96,0—96,5°; 52%. — *5-Nitrohexanol-(2)*, $Kp._{10}$ 122—125°, a) aus **VII** u. **VI** in sd. Toluol unter Abdest. des gebildeten Acetons; $D.^{20}_{20}$ 1,0607, $n_D^{19,5}$ 1,4464; 48%; b) mit $NaBH_4$ in CH_3OH; 50,7%. *3.5-Dinitrobenzoat*, F. 59,5—61°. *p-Nitrobenzoat*, F. 102,5—103°; 36%. — *4.4-Dinitropentanol-(1)*, $Kp._{0,8}$ 109—110°, a) aus 4.4-Dinitropentanal u. **VI** in sd. Isopropanol; 62,8%; b) wie unter a) mit $NaBH_4$ in wss. CH_3OH unter Kühlung (p_H 9,2 mit NaOH); $D.^{20}_{20}$ 1,293, n_D^{20} 1,4669; 67,6%. *p-Nitrobenzoat*, F. 78—78,5°; 99%. — *5-Nitropentanol-(2)*, $Kp._1$ 87—88°, aus **VIII** u. $NaBH_4$ in wss. CH_3OH bei p_H 3—4 (mit H_2SO_4); $D.^{20}_{20}$ 1,0988, n_D^{20} 1,4493; 66,1% bei p_H 7 61,2%, mit **VI** in Toluol 24%. — *4-Oxypentanal-(1)*, *DNP*, $C_{11}H_{14}O_5N_4$, F. 124—125,5°, aus vorst. Verb. in wss. methanol. NaOH u. wss. H_2SO_4 bei 0—5°; gelbe Nadeln aus sd. A.; 37,3%. — *5-Methyl-5-nitrohexanol-(2)*, $Kp._2$ 98—101°, $D.^{20}_{20}$ 1,045, $n_D^{19,8}$ 1,4490; mit $NaBH_4$ 98,7%, mit **VI** in Isopropanol 93,3%. *α-Naphthylurethan*, F. 122—122,5°; 44%. *p-Nitrobenzoat*, F. 118,5—119°; 70%. — *4-Methyl-4-nitropentanol-(1)*, $Kp._3$ 111—115°, $D.^{20}_{20}$ 1,0951, $n_D^{19,4}$ 1,4507; mit $NaBH_4$ 54,8%, mit **VI** in Isopropanol 69,3%. *p-Nitrobenzoat*, F. 92,5—93°; 44%. *3.5-Dinitrobenzoat*, F. 62—63°; 15%. — *4-Nitropentanol-(1)*, $Kp._1$ 91—92,5°, $D.^{20}_{20}$ 1,0951, n_D^{20} 1,4475; mit $NaBH_4$ 56,3%, mit **VI** in Isopropanol 26,7%, in Toluol 17,3%; identifiziert als *5-Oxypentanon-(2)* (*DNP*, F. 146—147°). — *4-Nitrobutanol-(1)*, $Kp._2$ 103—103,5°, $D.^{20}_{20}$ 1,1619, $n_D^{19,6}$ 1,4510; mit $NaBH_4$ 33,4%. — *5.5-Dinitrohexanol-(2)*, $Kp._{0,6}$ 104 bis 104,5°, $D.^{20}_{20}$ 1,240, n_D^{20} 1,463; mit $NaBH_4$ (neutral) 54,5%, sauer 78,2%; mit **VI** in Isopropanol 87,9%. *p-Nitrobenzoat*, F. 106—106,5°; 100%. — *5.5-Dinitropentanol-(2)*, $Kp._1$ 115,5—116,5°, $D.^{20}_{20}$ 1,2806, $n_D^{19,7}$ 1,4628; mit $NaBH_4$ 48,5%. (J. Amer. chem. Soc. **74**. 3664—68. 20/7. 1952. Columbus, O., State Univ., Dep. of Chem.)

H. Lehwald. 650

Robert E. van Atta, Harry D. Zook und **Philip J. Elving**, *Synthese von Monochloraceton.* Durch Umsetzung von Acetylchlorid mit Diazomethan u. anschließende Zers. des intermediären *Diazoacetons* mit trockenem HCl konnte *Monochloraceton*, frei von symm. oder asymm. Dichloraceton, sonst von diesen durch Fraktionierung nicht völlig trennbar, in einer Ausbeute von 68% erhalten werden. — *Monochloraceton*, C_3H_5OCl, $Kp._{736}$ 118 bis 119°, $D.^{25}_4$ 1,1260; in eine wasserfreie äther. Lsg. von Diazomethan wurde unter 5° unter Rühren Acetylchlorid eingetropft, die Lsg. nach längerem Stehen mit trockenem HCl gesätt., der Ae. abdest. u. der Rückstand fraktioniert. (J. Amer. chem. Soc. **76**. 1185—86. 20/2. 1954. State College, Pa., School of Chem. and Phys.) A. Bollinger. 710

J. E. Dubois und **Y. Maroni-Barnaud**, *Kondensation von Estern mit verzweigten Organomagnesiumhalogeniden.* 1. Mitt. Bei der Wiederholung der Verss. von Iwanow u. Spassow [1935] über die Grignard-Rk. von Äthylacetat mit überschüssigem Isopropyl-MgCl erhielten Vff. aus der Reaktionslsg. durch Dest. als 1. Fraktion *Methylisopropylketon* (*2.4-Dinitrophenylhydrazon*, F. 116—117°; gelbe Nadeln), Spuren von *3-Methylbutanol-(2)* (*Phenylurethan*, F. 67—68°) u. 3—5% *5-Methylhexandion-(2,4)* (*Cu-Komplex*, F. 171°; blaue Nadeln). Aus der Mittelfraktion vom $Kp._3$ 66—70° ($D.^{25}_4$ 0,914; n_D^{25} 1,4340) wurde nach erneuter Rektifikation *2.3.6-Trimethylheptanol-(3)-on-(5)* (**I**;

$Kp._3$ 68—69°; $D.^{25}{}_4$ 0,906; n_D^{25} 1,4360. *2.4-Dinitrophenylhydrazon*, F. 84—85°; gelbe Nadeln) isoliert. Hauptprod. der Mittelfraktion ist wahrscheinlich eine Säure, wie aus der Verseifungsgeschwindigkeit mit NaOH geschlossen wurde. Wird die Grignard-Rk. mit einem Überschuß an Ester durchgeführt, so entsteht eine Mittelfraktion vom $Kp._2$ 62 bis 64° ($D.^{25}{}_4$ 0,941; n_D^{25} 1,4343) mit weniger als 10% I. (Bull. Soc. chim. France, Mém. [5] 20. 946—49. Okt. 1953. Saarbrücken, Univ., Inst. de Chim.) H. Lehwald. 810

J. E. Dubois und **Y. Maroni-Barnaud**, *Kondensation von Estern mit verzweigten Organomagnesiumhalogeniden.* 2. Mitt. (1. vgl. vorst. Ref.) Bei der Kondensation von Äthylacetat mit tert.-Butyl-MgCl entstehen nur Spuren von *Acetessigsäureäthylester* u. *Methyl-tert.-butylcarbinol*, stets aber 5—10% *Pinakolin* (I), ferner *5.5-Dimethylhexandion-(2.4)*, *2.2.3.6.6-Pentamethylheptanol-(3)-on-(5)* (II) u. *β.γ.γ-Trimethyl-β-oxypentansäureäthylester* (III), u. zwar beim Zutropfen des Esters zu überschüssigem Grignard-Reagens gleiche Mengen II u. III, u. beim Zutropfen der Grignard-Lsg. zu überschüssigem Ester 50—55% II u. nur 6—7% III. Durch Kochen mit verd. NaOH werden II u. III wieder zu I gespalten.

Versuche: *Pinakolin* (I), durch Zutropfen von Äthylacetat zu tert.-Butyl–MgCl bei 0° in Ae., 1std. Rühren, Gießen auf Eis u. HCl u. Dest. der abgetrennten Ätherschicht. *2.4-Dinitrophenylhydrazon*, F. 124—125°; gelbe Nadeln. Daneben aus der Fraktion vom Kp. 36—51° *Methyl-tert.-butylcarbinol* (*Phenylurethan*, F. 76—77°) u. *5.5-Dimethylhexandion-(2.4)* (*Cu-Salz*, F. 192—193°) sowie aus der Mutterlauge des Cu-Komplexes *Acetessigsäureäthylester* (*Cu-Komplex*, F. 191—192°; grüne Nadeln). Aus der Fraktion vom $Kp._{0,2}$ 68—75° *2.2.3.6.6-Pentamethylheptanol-(3)-on-(5)* (II), $Kp._{15}$ 103—105°; $D.^{25}{}_4$ 0,896; n_D^{25} 1,4421. *2.4-Dinitrophenylhydrazon*, $C_{18}H_{28}O_5N_4$, F. 144—145°; gelbe Nadeln. Daneben *β.γ.γ-Trimethyl-β-oxypentansäureäthylester* (III), $C_{10}H_{20}O_3$, $Kp._2$ 66—67°; $D.^{25}{}_4$ 0,951; n_D^{25} 1,4343. *Freie Säure*, $C_8H_{16}O_3$, F. 74—75° (PAe.). *Na-Salz*, F. 240° (nach Sublimation). — *β-tert.-Butyl-β-butyrolacton*, $C_8H_{14}O_2$, F. 99—100°, aus vorst. Säure oder dem Ester durch 1std. Kochen in 50%ig. H_2SO_4; aus PAe. Blättchen. (Bull. Soc. chim. France, Mém. [5] 20. 949—52. Okt. 1953.) H. Lehwald. 810

Y. Maroni-Barnaud und **J. E. Dubois**, *Kondensation aliphatischer Ester mit verzweigten Organomagnesiumhalogeniden. Einwirkung von tert.-Butylmagnesiumchlorid auf Äthylacetat.* Zusammenfassender Vortrag der vorst. referierten Arbeit. (Bull. Soc. chim. France, Mém. [5] 20. C27—C31. Okt. 1953. Saarbrücken, Fac. de Sci., Labor. de Chim. phys.) H. Lehwald. 810

S. R. Safir, H. Dalalian, W. Fanshawe, K. Cyr, R. Lopresti, R. Williams, S. Upham, L. Goldman und **S. Kushner**, *α-Bromsäureamide und -harnstoffe als Anticonvulsantia.* Es werden *α-Bromsäureamide* u. *-harnstoffe* hergestellt, im allg. auf üblichem Wege durch Rk. der Säurechloride oder -bromide mit NH_3 oder Aminen in W., Ae. oder Chlf. bzw. mit Harnstoff oder Methylharnstoff (I). *2-Amino-2-äthylbutyramidhydrochlorid* (III) wird durch Hydrolyse des Nitrils erhalten. Die größte antikonvulsiv. Aktivität besitzen einfachere Amide u. Harnstoffe mit gesätt., nicht zu verzweigter Säurekette. *N-Methyl-* u. *N-Methylol-2-brom-2-äthylbutyramid* erreichen die Aktivität von Neuronal u. Carbromal.

Versuche: Durch Rk. der α-Bromsäuren mit $SOCl_2$ folgende α-Bromsäurechloride: *2-Brombutyryl-*, Kp. 148—150°; 82% (Ausbeute). — *2-Brom-2-äthylbutyryl-* (IV), $Kp._{15}$ 68—75°; 67%. — *2-Bromvaleryl-*, $Kp._{20}$ 72—77°; 76%. — *2-Brom-3-methylbutyryl-*, $Kp._{15}$ 59°; 86%. — *2-Bromhexanoyl-*, $Kp._{35}$ 91—94°; 89%. — *2-Brom-2-methylpropionyl-*(II); $Kp._{28}$ 28—36°; 74%. — Durch Bromierung der Säurechloride in $SOCl_2$: *2-Brom-2.3-dimethylbutyryl-*, $Kp._{17}$ 70—78°, aus 2.3-Dimethylbuttersäure; 50%. — *2-Brom-2-methylvaleryl-*, $Kp._{15}$ 69—75°, aus 2-Methylvaleriansäure; 62%. — *2-Brom-3.3-dimethylbutyryl-*, $Kp._{14}$ 67—74°, aus 3.3-Dimethylbuttersäure; 85%. — *2-Brom-2-methylbuttersäure*, $Kp._{12}$ 112—116°, aus 2-Methylbuttersäure; 79%. — *2-Brom-2-äthyl-3-methylbuttersäure*, $Kp._{2,5}$ 102—108°, aus 2-Äthyl-3-methylbuttersäure; 59%. — *2-Brom-2-äthylhexansäure*, $Kp._{13}$ 147—152°, aus 2-Äthylhexansäure; 78%. — Chloride, aus vorst. Säuren mit $SOCl_2$: *2-Brom-2-methylbutyryl-*, $Kp._{14}$ 54—59°; 75%. — *2-Brom-2-äthyl-3-methylbutyryl-*, $Kp._{12}$ 76—82°; 85%. — *2-Brom-2-äthylhexanoyl-*, $Kp._{20}$ 106,5—108°; 26%. — *2-Brom-2-äthyl-3-methylhexanoyl-*, $Kp._{14}$ 108—111°, aus 2-Brom-2-äthyl-3-methylhexansäure; 64%. — *2-Amino-2-äthylbutyramidhydrochlorid*(III), $C_6H_{15}ON_2Cl$, F. 234—237° (CH_3OH–Ae.), durch 24std. Stehen von 2-Amino-2-äthylbutyronitril mit rauchender HCl bei Raumtemp. u. Einengen <45°; 56%. — *2-Brompropionsäureamid*, F. 119—121° (Ae.); 73%. — *N-[tert.-Butyl]-2-brompropionsäureamid*, $C_7H_{14}ONBr$, F. 119—121° (PAe.); 73%. — 2-Brombuttersäureamide: *N-Methyl-*, $C_5H_{10}ONBr$, F. 52,5—53° (Ae.–PAe.); 74%. — *N-Äthyl-*, F. 65,5—66,5° (Ae.–PAe.). — *N.2-Dimethyl-*, $C_6H_{12}ONBr$, $Kp._{0,2}$ 66—73°; 72%. — *N-Äthyl-2-methyl-*, $C_7H_{14}ONBr$, $Kp._{0,1}$ 57—59°; 63%. — *N-[n-Propyl]-2-methyl-*, $C_8H_{16}ONBr$, $Kp._{0,05}$ 39 bis 46°; 25%. — *N-Isopropyl-2-methyl-*, $C_8H_{16}ONBr$, F. 44—47° (verd. A.); 20%. — *N.N.2-Trimethyl-*, $C_7H_{14}ONBr$, Kp.$_{0,05}$ 38—43°; 31%. — *2.3-Dimethyl-*, $C_6H_{12}ONBr$, F. 64—70° (PAe.); 55%. — *N.2.3-Trimethyl-*, $C_7H_{14}ONBr$, F. 43,5—45°, Kp.$_{0,3}$ 54—60°; 80%. — *N-Äthyl-2.3-dimethyl-*, $C_8H_{16}ONBr$, Kp.$_{0,05}$ 35—44°; 17%. — *3-Methyl-*, F. 131 bis 132° (Ae.); 68%. — *3.3-Dimethyl-*, F. 135—138° (Bzl.); 63%. — *N.3.3-Trimethyl-*, $C_7H_{14}ONBr$, F. 112—114° (PAe.); 60%. — *2-Äthyl-*, F. 64—66°; 79%. — *N-Methyl-2-äthyl-*, $C_7H_{14}ONBr$, F. 40—41°; 71%. — *N-Methylol-2-äthyl-*, F. 93—95° (Aceton); 90%. — *N.2-Diäthyl-*, $C_8H_{16}ONBr$, Kp.$_{0,5}$ 69—71°; 62%. — *N.N-Dimethyl-2-äthyl-*, $C_8H_{16}ONBr$, Kp.$_{0,7}$ 83—85°; 46%. — *N-[n-Propyl]-2-äthyl-*, $C_9H_{18}ONBr$, Kp.$_{0,8}$ 84—85°; 62%. — *N-Isopropyl-2-äthyl-*, $C_9H_{18}ONBr$, Kp.$_{0,5}$ 55—56°; 86%. — *N-Allyl-2-äthyl-*, $C_9H_{16}ONBr$, Kp.$_{0,3}$ 78—79°; 45%. — *N-[sek.-Butyl]-2-äthyl-*, $C_{10}H_{20}ONBr$, F. 32—33°, Kp.$_{0,3}$ 70—72°; 69%. — *N-Isoamyl-2-äthyl-*, $C_{11}H_{22}ONBr$, Kp.$_{0,7}$ 107—109°; 67%. — *N-Benzyl-2-äthyl-*, $C_{13}H_{18}ONBr$, F. 56—57° (Ae.); 75%. — *N-Furfuryl-2-äthyl-*, $C_{11}H_{16}O_2NBr$, Kp.$_3$ 130—133°; 29%. — *3-Methyl-2-äthyl-*, F. 45—46° (Ae.-PAe.); 85%. — *N.3-Dimethyl-2-äthyl-*, $C_8H_{16}ONBr$, F. 37,5—40°; 61%. — *3-Methyl-N.2-diäthyl-*, $C_9H_{18}ONBr$, F. 25—32°, Kp.$_{11}$ 110—114°; 80%. — Valeriansäureamide: *2-Brom-*, F. 80—81° (Ae.-PAe.); 97%. — *2-Brom-2-methyl-*, $C_6H_{12}ONBr$, Kp.$_{0,3}$ 68 bis 76°; 56%. — *2-Brom-N.2-dimethyl-*, $C_7H_{14}ONBr$, Kp.$_{0,05}$ 44—51°; 45%. — Capronsäureamide: *2-Brom-*, F. 57—58° (Ae.-PAe.); 86%. — *2-Brom-2-äthyl-*, $C_8H_{16}ONBr$, Kp.$_1$ 70—80°; 72%. — *2-Brom-2-äthyl-N-methyl-*, $C_9H_{18}ONBr$, Kp.$_{0,3}$ 70—74°; 68%. — *2-Brom-2-äthyl-3-methyl-*, $C_9H_{18}ONBr$, Kp.$_{0,7}$ 90—105°; 72%. — *2-Brom-2-äthyl-N.3-dimethyl-*, $C_{10}H_{20}ONBr$, Kp.$_{0,2}$ 75—80°; 27%. — *2-Bromisobuttersäureamid*, F. 144—147° (A.); 35%. — 2-Bromisobuttersäureamide: *N-Methyl-*, $C_5H_{10}ONBr$, F. 53—55° (PAe.); 54%. — *N-Äthyl-*, F. 55—57° (PAe.); 46%. — *N-[n-Propyl]-*, $C_7H_{14}ONBr$, Kp.$_{0,05}$ 39—47°; 89%. — *N-Isopropyl-*, $C_7H_{14}ONBr$, F. 75—77° (Isopropylalkohol); 95%. — *N-Methyl-N-äthyl-*, $C_7H_{14}ONBr$, Kp.$_{0,05}$ 37—46°; 20%. — *N-[tert.-Butyl]-*, $C_8H_{16}ONBr$, F. 85—88° (Isopropylalkohol); 35%. — *N-[2-Brombutyryl]-piperidin*, Kp.$_{0,4}$ 94—106°; 70%. — *N-[2-Brombutyryl]-morpholin*, $C_8H_{14}O_2NBr$, Kp.$_{0,5}$ 102—110°; 70%. — Piperazin-4-carbonsäureäthylester: *1-[2-Brombutyryl]-*, $C_{11}H_{19}O_3N_2Br$, gelber Sirup; 76%. — *1-[2-Bromvaleryl]-*, $C_{12}H_{21}O_3N_2Br$, Öl; 57%. — *1-[2-Bromcaproyl]-*, $C_{13}H_{23}O_3N_2Br$, gelbes Öl; 90%. — *1-[2-Bromisovaleryl]-*, $C_{12}H_{21}O_3N_2Br$, Öl; 39%. — *1-[2-Brom-2-äthylbutyryl]-*, $C_{13}H_{23}O_3N_2Br$, F. 62—62,5° (Bzl.-PAe.); 65%. — Harnstoffe: *N-[2-Bromisobutyryl]-*, $C_5H_9O_2N_2Br$, F. 138—140° (A.); 51%. — *N-[2-Brom-2-methylbutyryl]-*, $C_6H_{11}O_2N_2Br$, F. 96,5—97,5°; 31%. — *N-[2-Brom-3.3-dimethylbutyryl]-*, F. 185—188° (Bzl.); 46%. — *N-[2-Brom-2-äthylbutyryl]-*. — *N.N'-Bis-[2-brom-2-äthylbutyryl]-*, F. 77—79° (CH_3OH); 39%. — N'-Methylharnstoffe: *N-[2-Bromisobutyryl]-*, $C_6H_{11}O_2N_2Br$, F. 118—120° (n-Propylalkohol), durch ½std. Erhitzen von **II** u. **I** auf dem Wasserbad u. Behandeln mit W.; 42%. — *N-[2-Brom-2-methylbutyryl]-*, $C_7H_{13}O_2N_2Br$, F. 50—51,5° (Hexan), in 2 Std. bei 60—87° unter Rühren; 31%. — *N-[2-Brom-2-äthylbutyryl]-*, $C_8H_{15}O_2N_2Br$, F. 93,5 bis 96,5° (Aceton-PAe.), in 6 Std. auf dem Wasserbad unter gelegentlichem Rühren, Gießen der rotbraunen Lsg. auf Eis u. Extrahieren mit PAe.; 26%. — N-[2-Brom-2-äthylbutyryl]-Verbb.: *-glycin*, $C_8H_{14}O_3NBr$, F. 92—94° (W.), durch Zutropfen von 5n NaOH zu nachst. Äthylester in CH_3OH unter Rühren bei 5°, Stehen über Nacht, Einengen u. Einstellen auf p_H 1 mit verd. HCl; 72%. *Äthylester*, F. 34—36° (PAe.); 79%. — *-glycinamid*, F. 108—110° (A.-PAe.); 16%. — *2-Äthyl-2-[2-brom-2-äthylbutyramido]-butyramid*, $C_{12}H_{23}O_2N_2Br$, F. 181—183° (Chlf.), durch Zugeben von **IV** u. n-NaOH zu **III** in Aceton bei 0° unter Rühren in 1 Std.; 36%. — *S-[2-Brom-2-äthylbutyryl]-isothiuroniumchlorid*, $C_7H_{14}ON_2ClBrS$, F. 117—119° (Essigester-Ae.); 73%. (J. Amer. chem. Soc. **77**. 4840—44. 20/9. 1955. Pearl River, N. Y., Amer. Cyanamid Co., Med. Chem. Res. Sect., Lederle Labors.) R. PASEDAG. 810

C. L. Leese und **R. A. Raphael,** *Die Synthese langkettiger aliphatischer Säuren aus Acetylenverbindungen.* 4. Mitt. *Ein neuer Weg zur Synthese von verzweigten Säuren.* (3. vgl. C. **1951**. I. 3168.) Vff. prüfen die Verwendbarkeit von Acetylenverbb. zur Synth. verzweigter Carbonsäuren. Durch Umsetzung von Methylketonen mit Acetylenverbb., Dehydratisierung der entstandenen Carbinole zu den entsprechenden substituierten Vinylacetylenen u. verschied. Weiterverarbeitung (Carboxylierung der GRIGNARD-Verb. oder Oxydation einer prim. OH-Gruppe oder Einführung eines Halogens. Umsetzung mit KCN u. Verseifung) u. Hydrierung werden hergestellt: *3-* bzw. *4-* bzw. *5-* bzw. *7-Methylnonancarbonsäure-(1)* u. *8-Methylheptadecancarbonsäure-(1)*.

Versuche (Ausbeuten in [], λ_{max} in Å.): *3-Methylnonin-(1)-ol-(3)* (**I**), Kp.$_{15}$ 88°, n_D^{20} 1,4409, aus Hexylmethylketon u. Na-Acetylid; [76%]. — *3-Methylnonin-(1)-ol-(3)-carbonsäure-(1)* (**II**), $C_{11}H_{18}O_3$, F. 76°, aus der GRIGNARD-Verb. von **I** mit CO_2; [80%].

S-Benzylisothiuroniumsalz, $C_{19}H_{28}O_3N_2S$, F. 162°. — Daraus mit H_2–Pt das *Lacton der 3-Methylnonanol-(3)-carbonsäure-(1)*, Kp.$_{0,5}$ 112°, n_D^{20} 1,4487 u. aus diesem mit $SOCl_2$, danach mit A.–HCl *3-Methylnonen-(3)-carbonsäure-(1)-äthylester*, $C_{13}H_{24}O_2$, Kp.$_{15}$ 129°, n_D^{21} 1,4379. *3-Methylnonancarbonsäure-(1)* (III), Kp.$_{10}$ 152—153°, n_D^{20} 1,4395, aus vorst. Verb. durch Hydrierung u. Verseifung. *p-Bromphenacylester*, F. 46°. *Tribromanilid*, F. 96°. — Das obige Lacton bleibt bei Hydrierung mit Cu–Cr-Kontakt unverändert. — *3-Methylnonen-(3)-in-(1)*, $C_{10}H_{16}$, Kp.$_{11}$ 53°, n_D^{22} 1,4464. λ_{max} 2240 Å, $\varepsilon = 11000$, aus I über Aluminiumphosphat bei 300° u. 25 mm; [70%]. — *3-Methylnonen-(3)-in-(1)-carbonsäure-(1)*, $C_{11}H_{16}O_2$, Kp.$_{0,05}$ 118°, n_D^{20} 1,4901, λ_{max} 2420 Å, $\varepsilon = 8500$, aus der GRIGNARD-Verb. vorst. Nonenins mit CO_2 als instabiles, gelbes Öl; [58%]. *S-Benzylisothiuroniumsalz*, $C_{19}H_{26}O_2N_2S$, Nadeln aus A., F. 148°. Daraus mit H_2–Pt III. — *Butin-(3)-ol-(1)*, aus Äthylenoxyd u. Na-Acetylid in fl. NH_3; [46%]; (vgl. FRONING u. HENNION, J. Amer. chem. Soc. **62.** [1940.] 653) Nebenprod., [7%], wahrscheinlich *4-[2'-Oxyäthoxy]-butin-(1)*, $C_6H_{10}O_2$, Kp.$_{11}$ 80°, n_D^{18} 1,4650. — *5-Methyldecin-(3)-diol-(1.5)*, $C_{11}H_{20}O_2$, Kp.$_{10^{-4}}$ 120 bis 122°, n_D^{18} 1,4725, aus der GRIGNARD-Verb. vorst. Butinols mit n-Amylmethylketon. Gibt durch Dest. über geschmolzenem $KHSO_4$ *5-Methyldecen-(5)-in-(3)-ol-(1)*, $C_{11}H_{18}O$, Kp.$_{12}$ 128—129°, n_D^{20} 1,4800, λ_{max} 2270 Å, $\varepsilon = 13000$. Daraus mit H_2–Pt in Essigester *5-Methyldecanol-(1)*, $C_{11}H_{24}O$, Kp.$_{12}$ 120—122°, n_D^{20} 1,4383. — *4-Methylnonancarbonsäure-(1)*, aus vorst. Verb. in Aceton mit CrO_3–H_2SO_4, Kp.$_{18}$ 166°, n_D^{21} 1,4416. *p-Bromphenacylester*, F. 49°. *Tribromanilid*, F. 95°. — In ähnlicher Weise aus Pentin-(4)-ol-(1) mit n-Butylmethylketon *6-Methyldecin-(4)-diol-(1.6)*, $C_{11}H_{20}O_2$, schwachgelbes Öl, Kp.$_{10^{-3}}$ 116°, n_D^{20} 1,4778; daraus *6-Methyldecen-(6)-in-(4)-ol-(1)*, Kp.$_{10^{-3}}$ 79—82°, n_D^{20} 1,4867, λ_{max} 2280 Å, $\varepsilon = 15000$, das *5-Methylnonancarbonsäure-(1)*, Kp.$_{12}$ 155°, n_D^{20} 1,4406 gibt. *p-Bromphenacylester*, F. 50°. — *3-Methylpenten-(3)-in-(1)*, Kp. 67—70°, n_D^{20} 1,4318, aus 3-Methylpentin-(1)-ol-(3) bei 300° an Aluminiumphosphat. — *1-Chlor-7-methylnonen-(7)-in-(5)*, $C_{10}H_{15}Cl$, Kp.$_{20}$ 122°, n_D^{20} 1,4882, λ_{max} 2250 Å, $\varepsilon = 900$, aus dem Pentenin u. $NaNH_2$ in fl. NH_3 mit 1-Chlor-4-jodbutan, schwachgelbes Öl. — Durch Hydrieren des ungesätt. Chlorids an Pt in Essigester *1-Chlor-7-methylnonan*, $C_{10}H_{21}Cl$, Kp.$_{20}$ 113°, n_D^{20} 1,4470. *Thiuroniumpikrat*, $C_{17}H_{27}O_7N_5S$, F. $>300°$ (detoniert bei raschem Erhitzen). — *7-Methylnonancarbonsäure-(1)*, $C_{11}H_{22}O_2$, Kp.$_{25}$ 175°, n_D^{21} 1,4460, aus dem vorst. Chlorid durch Erhitzen mit NaJ in Aceton, Umsetzung mit KCN u. Verseifung. *p-Bromphenacylester*, $C_{19}H_{27}O_3Br$, Platten aus A., F. 49°. *Amid*, $C_{11}H_{23}ON$, Platten aus A., F. 82°. — *1-Brom-5-[o-methoxyphenoxy]-pentan*, $C_{12}H_{17}O_2Br$, Kp.$_1$ 145 bis 147°, aus dem Na-Salz von Guajakol u. einem Überschuß von 1.5-Dibrompentan. Daraus mit Na-Acetylid in NH_3 *1-[o-Methoxyphenoxy]-heptin-(6)*, $C_{14}H_{18}O_2$, F. 41° Kp$_{10^{-3}}$ 122°. — *1-[o-Methoxyphenoxy]-8-methylheptadecin-(6)-ol-(8)*, $C_{25}H_{40}O_3$, Kp.$_{10^{-3}}$ 218°, n_D^{20} 1,5038, aus der GRIGNARD-Verb. der vorst. Verb. u. n-Nonylmethylketon. viscoses Öl, das bei 0° erstarrt. Daraus mit geschmolzenem $KHSO_4$ bei 0,5 mm u. 220° *1-[o-Methoxyphenoxy]-8-methylheptadecen-(8)-in-(6)*, $C_{25}H_{38}O_2$, Kp.$_{10^{-3}}$ 186°, n_D^{20} 1,5100, λ_{max} 2260 Å, $\varepsilon = 25000$. — *1-[o-Methoxyphenoxy]-8-methylheptadecan*, $C_{25}H_{44}O_2$, Kp.$_{10^{-3}}$ 178°, n_D^{23} 1,4878, aus vorst. Verb. durch Hydrieren in Essigester an Pt. Hieraus durch Behandeln mit HBr in Essigsäureanhydrid unter Rückfluß *1-Brom-8-methylheptadecan*, $C_{18}H_{37}Br$, Kp.$_{10^{-3}}$ 134°, n_D^{28} 1,4630. *Thiuroniumpikrat*, $C_{25}H_{43}O_7N_5S$, F. 111° (Nadeln aus A.). — *8-Methylheptadecancarbonsäure-(1)*, $C_{19}H_{38}O_2$, prismat. Platten aus Aceton, F. 40—41°, Kp.$_{10^{-3}}$ 168°, n_D^{28} 1,4530, aus vorst. Bromid mit KCN u. durch Verseifung. *Amid*, $C_{19}H_{39}ON$, Platten aus A., F. 70°. *Tribromanilid*, $C_{25}H_{40}ONBr_3$, Platten aus A., F. 90°. (J. chem. Soc. [London] **1950.** 2725—30. Okt. London, Imperial Coll. of Sci. and Technol.) L. LORENZ. 810

I. A. Djakonow und **T. W. Domarewa,** *Über die Reaktionen aliphatischer Diazoverbindungen mit ungesättigten Verbindungen.* 18. Mitt. *Reaktion von Diazoessigester mit 1.3- und 2.3-Dibrompropen und α-Bromallylacetat.* (17. vgl. C. **1955.** 570.) Die Rk. von 2.3-Dibrompropen-(1) (I) mit Diazoessigester führt zu *α.γ-Dibromallylessigsäureäthylester* (II). Die Konst. von II wird durch die Bldg. von *Ameisensäure*, *Bernsteinsäure* (je ca. 58%) u. *Formaldehyd* (11,4%) bestätigt. Bei der Red. von II mit Zn + CH_3CO_2H wird *γ-Bromallylessigsäureäthylester* (III) erhalten; auf Grund dieses Ergebnisses scheidet für das Reaktionsprod. von I mit Diazoessigester die Konst. von β.γ-Dibromallylessigsäureäthylester aus; denn dessen Red. müßte $CH_2{=}C{=}CHCH_2CO_2C_2H_5$ geben. Beim Behandeln von II mit Alkalilauge oder K(Ag)-Acetat werden polymere Prodd. erhalten, die sich wahrscheinlich von $CH_2{=}CBrCH{=}CHCO_2H$ oder ihrem Ester ableiten. Bei der GRIGNARD-Rk. von II mit C_2H_5MgBr oder der Hydration mit 80- u. 95%ig. H_2SO_4 werden Harze gebildet. Aus 1.3-Dibrompropen-(1) oder α-Bromallylacetat u. Diazoessigester konnten definierte Prodd. nicht erhalten werden. Es werden die RAMAN-Spektren von II, III, *α-Bromallylessigsäureäthylester* u. *Allylessigsäureäthylester* gegeben; die 2 letzten sind früher (vgl. C. **1952.** 664) beschrieben worden.

Versuche: *α.γ-Dibromallylessigsäureäthylester* (II), $C_7H_{10}O_2Br_2$, Kp.$_3$ 94—96°; zu 371 g I + 1,5 g $CuSO_4$ wird unter Rühren allmählich eine Lsg. von 151,4 g Diazoessigester in 300 g I zugesetzt; Reaktionsbeginn bei 130°; die Haupt-Rk. wird bei ca. 120° durchgeführt; D.$^{20}{}_4$ 1,665; $n_D{}^{20}$ 1,503; 54,9% (Ausbeute, auf umgesetztes I bezogen). — *γ-Bromallylessigsäureäthylester* (III), $C_7H_{11}O_2Br$, Kp.$_{15}$ 89,5—90,5°; Kp.$_{10}$ 80,5—81,5°; man setzt zu 35 g II in 30 ml A. + 10 ml 50%ig. CH_3CO_2H bei 60° anteilweise 30 g Zn-Staub hinzu u. erhitzt 1 Std. auf dem Wasserbad; D.$^{20}{}_4$ 1,315; $n_D{}^{20}$ 1,465; 22,5 g. (Журнал Общей Химии [J. allg. Chem.] **25** (87). 934—41. Mai 1955. Leningrad, Univ.) R. Knobloch. 810

R. O. Atkinson und **F. Poppelsdorf,** *Sulfoniumderivate von dl-Methionin und 5-[2'-Methylmercaptoäthyl]-hydantoin. 5-[2'-Methylmercaptoäthyl]-hydantoin* (II), das aus Methionin (I) u. NaNCO entsteht, geht mit $(CH_3)_2SO_4$ in W. in *[β-Hydantoinyl-(5)-äthyl]-dimethylsulfoniummethylsulfat* u. mit CH_3J in W. in das entsprechende *Sulfoniumjodid* über. Analog ergibt I das *Methyl-* u. *Äthylsulfoniumjodid* u. das *Methylsulfoniummethylsulfat* u. aus letzterem mit konz. HCl das *Methylsulfoniumchlorid* von I.

Versuche: *5-[2'-Methylmercaptoäthyl]-hydantoin* (II), $C_6H_{10}O_2N_2S$, F. 104 bis 105° (W.), aus NaNCO u. I in W. durch Kochen bis zur Lsg., Zufügen von konz. HCl, ½std. Kochen, 12std. Stehen bei 0° u. Filtrieren; 80% (Ausbeute). — *Methylsulfoniumjodid des Methionins*, $C_6H_{14}O_2NSJ$, F. 150° (Zers.; A.), durch 6std. Erwärmen von I u. CH_3J in W. bei 45°, Einengen, Verreiben mit sd. A. u. Filtrieren; 75%. — *Äthylsulfoniumjodid von* I, $C_7H_{16}O_2NSJ$, F. 161—162° (Zers.), aus I u. C_2H_5J wie vorst.; 71%. — *[β-Hydantoinyl-(5)-äthyl]-dimethylsulfoniumjodid*, $C_7H_{13}O_2N_2SJ$, F. 175° (Zers.) aus II + CH_3J; 86%. — *Methylsulfoniummethylsulfat* von I, $C_7H_{17}O_6NS_2$, F. 145° (Zers.; A.), aus I u. $(CH_3)_2SO_4$ in W. durch Erwärmen bis zum Einsetzen der heftigen Rk. (Temp. nicht über 80°), Zufügen von A. unter Rühren u. Abfiltrieren; 54%. — *[β-Hydantoinyl-(5)-äthyl]-dimethylsulfoniummethylsulfat*, $C_8H_{16}O_6N_2S_2$, F. 168° (Zers.), aus II u. $(CH_3)_2SO_4$ in W.; 80%. — *Methylsulfoniumchlorid* von I, $C_6H_{14}O_2NClS$, F. 134° (Zers.), durch 3std. Erwärmen vorst. Verb. in konz. HCl, Fällen der $SO_4{}^{2-}$ mit Ba^{2+}, Filtrieren, Eindampfen, Aufnehmen in W., Neutralisieren mit Pyridin, Eindampfen, Digerieren mit sd. A. u. Filtrieren; 48,3%. (J. chem. Soc. [London] **1951.** 1378. Mai. London, British Drug Houses Ltd., Aminoacids Dep.) H. Lehwald. 950

Ernest Sondheimer und **Robert W. Holley,** *Die Synthese des L-Aminosuccinimids.* Die milde Verseifung von Carbobenzoxy-L-asparaginmethylester gibt nicht Carbobenzoxy-L-asparagin, sondern als Hauptprod. *Carbobenzoxy-L-aminosuccinimid* (I), $C_{12}H_{12}O_4N_2$, F. 79—81°, $[\alpha]_D{}^{24}$ —43° (c = 1, 95%ig. A.), p_{K_a} 9,1 (wss. CH_3OH). I entsteht auch aus Carbobenzoxy-L-isoasparaginmethylester. Die Umsetzung von I mit wss. NH_4OH liefert *Carbobenzoxyasparaginsäurediamid.* Längere Behandlung von I mit Alkali bei Raumtemp. u. anschließende Abspaltung des Carbobenzoxyrestes durch Hydrierung führt zu einer Mischung von *Asparagin* (II) u. *Isoasparagin.* Die Hydrogenolyse von I liefert *L-Aminosuccinimid* (III), $C_4H_6O_2N_2$, F. ca. 144° (Zers., $[\alpha]_D{}^{24}$ —77° (c = 1, CH_3OH). II ist krist. beständig, wird jedoch durch Erwärmung auf 37° (14 Std.) in Phosphatpuffer (p_H 7,0; 1%ig. Lsg.) vollkommen zerstört. Die elektrometr. Titration einer wss. III-Lsg. läßt eine schwach saure (pK_a 9,0, Imidgruppe) u. eine schwach bas. Gruppe (pK_a 5,9, NH_2-Gruppe erkennen. Ein Gemisch von L-II u. L-III ist chromatograph. mit n-Butanol–Essigsäure–W. (4 : 1 : 5) oder wassergesätt. Phenol trennbar. — Bemerkungen hierzu von Steward u. Thompson. (Nature [London] **173.** 773—74. 24/4. 1954. Geneva, N. Y., Cornell Univ., New York State Agric. Exp. Stat.) K. Maier. 950

Y. Liwschitz und **A. Zilkha,** *Synthese von Asparaginsäureamiden und -peptiden über N-Benzyl-dl-asparaginsäure.* N-Benzyl-dl-asparaginsäure (I; vgl. Frankel u. Mitarbeiter, C. **1954.** 6217) gibt mit Phosgen in Dioxan wahrscheinlich ein *gemischtes Anhydrid* (II) aus I u. Chlorkohlensäure. II reagiert entweder in der ursprünglichen Dioxanlsg. oder als isoliertes Prod. mit NH_4OH oder Benzylamin unter Bldg. von α-Amiden, wie *N^α-Benzyl-dl-α-asparagin* bzw. *$N^\alpha.N'^\alpha$-Dibenzyl-dl-α-asparagin*, die durch katalyt. Hydrierung leicht in *dl-α-Asparagin* bzw. *N'^α-Benzyl-dl-asparagin* übergeführt werden können. Kuppelt man II in Dioxan mit Glycinäthylester, so entsteht nur *N-Benzyl-dl-α-asparaglyglycinäthylester* (III), mit isoliertem II in trocknem Toluol dagegen hauptsächlich *N-Benzyl-dl-β-asparagylglycinäthylester* (**IV**) u. wenig **III**, von welchem er durch fraktionierte Kristallisation zu trennen ist. Katalyt. Hydrierung von **III** u. **IV** führt zu den entsprechenden freien *Peptidestern*; Hydrolyse u. nachfolgende Hydrierung gibt die freien *Dipeptide.* Während man dabei *N-Benzyl-dl-α-asparagylglycin* als Zwischenprod. erhalten kann, konnte die entsprechende β-Verb. nicht isoliert werden. Dieses Verh. ermöglicht allg. die Unterscheidung u. quantitative Trennung der *N-Benzyl-α-* u. *-β-asparagylpeptide.* II reagiert mit dl-Alaninäthylester in Dioxan oder Toluol unter Bldg. von *N-Ben-*

zyl-dl-β-asparagylalaninäthylester, daraus entsteht durch Hydrogenolyse der *Dipeptidester* u. durch Hydrolyse u. nachfolgende Red. *dl-β-Asparagyl-dl-alanin*. Die Unterscheidung des erhaltenen α- u. β-Isomeren erfolgt durch das Verh. bei der Ninhydrin (N.)- u. Biuret (B.)-Rk.; die B.-Rk. bleibt bei einer Substitution am Amido-N von β-Asparagin bzw. bei β-Asparagyldipeptiden aus. Offenbar stört die (schwächere) β-Carboxylgruppe die B.-Rk. nicht, während sie durch das freie α-COOH unterdrückt wird. Außerdem bildet ein am Amido-N benzylsubstituiertes α-Asparagin im Gegensatz zur β-Verb. mit $COCl_2$ kein N-Anhydrid.

Versuche: *Gemischtes Anhydrid* (II) *aus N-Benzyl-dl-asparaginsäure u. Chlorkohlensäure*, $C_{12}H_{12}O_5NCl$ Zers. bei 153—155°, aus I in Dioxan u. Phosgen bei 50—60° (ca. 45 Min.); weiße bis gelbliche Substanz; 66% (Ausbeute). — *$N^α$-Benzyl-dl-α-asparagin*, $C_{11}H_{14}O_3N_2$, F. 180°, a) aus II u. 30%ig. NH_4OH unter Kühlung; B. rot; 81%; b) aus rohem II in Dioxan u. NH_3 unter Kühlung; 60%. — *dl-α-Asparagin*, $C_4H_8O_3N_2 + H_2O$, aus vorst. Verb. u. H_2 in 50%ig. Essigsäure über $PdCl_2$-Kohle (3 Std. bei 60—70°); aus W.–CH_3OH lange, feine Nadeln; B. rot; 80%. — *$N^α.N'^α$-Dibenzyl-dl-α-asparagin*, $C_{18}H_{20}O_3N_2$, F. 173°, aus II in Dioxan u. Benzylamin; aus W. kugelförmige Kristalle; B. rot; 70%. — *$N'^α$-Benzyl-dl-α-asparagin*, $C_{11}H_{14}O_3N_2$, F. 235° (W.), aus vorst. Verb. durch Hydrierung; B. rot; 90%. — *N-Benzyl-dl-α-asparagylglycinäthylester* (III), $C_{15}H_{20}O_5N_2$, F. 140° (A.), aus II in Dioxan u. Glycinäthylester; Nadeln; 70%. — *N-Benzyl-dl-α-asparagylglycin*, $C_{13}H_{16}O_5N_2$, F. 187°, aus vorst. Verb. u. n-NaOH (2 Std. stehen); aus A. in der Mitte verbundene Nadeln; 95%. — *dl-α-Asparagylglycin*, $C_6H_{10}O_5N_2 \cdot H_2O$, F. 155°, aus vorst. Verb. durch Hydrierung; aus W. rhomb. Tafeln; N. positiv, B. rot; 63%. *Äthylester*, $C_8H_{14}O_5N_2$, F. 175—176°, analog aus III; N. u. B. positiv; fast 100%. — *N-Benzyl-dl-β-asparagylglycinäthylester* (IV), $C_{15}H_{20}O_5N_2$, F. 201°, aus Glycinäthylester u. II in Toluol; hexagonale Tafeln; 39%, daneben wenig III. — *dl-β-Asparagylglycin*, $C_6H_{10}O_5N_2$, F. 156°, aus IV u. n-NaOH (2 Std.) u. anschließende Hydrierung; aus W. konvexe linsenförmige Kristalle; N. positiv, B. negativ; 35%. *Äthylester*, $C_8H_{14}O_5N_2$, F. 238° (Eisessig), aus IV durch Hydrierung; N. positiv, B. negativ; fast 100%. — *N-Benzyl-dl-β-asparagyl-dl-alaninäthylester*, $C_{16}H_{22}O_5N_2$, F. 197° (A.), a) aus rohem II in Dioxan u. Alaninäthylester (über Nacht bei Zimmertemp.); 31,5%; b) analog aus festem II in Toluol; 37,5%. — *dl-β-Asparagyl-dl-alanin*, $C_7H_{12}O_5N_2$, F. 232°, aus vorst. Verb. durch Hydrolyse mit n-NaOH u. anschließende Hydrierung; aus W. kurze Nadeln; N. positiv, B. negativ; 30%. *Äthylester*, $C_9H_{16}O_5N_2$, F. 218°, analog aber ohne Hydrolyse; N. positiv, B. negativ; fast 100%. (J. Amer. chem. Soc. **76**. 3698—3701. 20/7. 1954. Jerusalem, Hebrew-Univ., Dep. of Organ. Chem.) R. BORCHARDT. 950

A. D. Petrow und **L. L. Schtschukowskaja**, *Verhalten der Silicium–Kohlenstoff-Bindung in α-Alkinyl- und β-Alkenylsilanen gegenüber chemischen Reagentien*. Bei der Rk. von Trialkylchlorsilan (Alkyl = n-C_4H_9 u. n-C_6H_{13}) mit dem Ätherat von $BrMgC{\equiv}CMgBr$ entsteht *Bis-[trialkylsilyl]-acetylen*; außerdem bilden sich *Trialkyläthoxysilan* u. *Hexaalkyldisiloxan*. Bessere Ausbeuten an Acetylenderivv. liefert Trialkylfluorsilan. Analog, aber ohne Nebenprodd. läßt sich aus $(C_6H_5)_3SiF$ *Bis-[triphenylsilyl]-acetylen* gewinnen. Die Verss., in den Verbb. $R_3SiC{\equiv}CSiR_3$ unter Anwendung von $HgSO_4$ als Katalysator die 3fache Bindung zu hydratisieren, waren erfolglos, da offenbar die Si–C-Bindungen gelöst werden, möglicherweise nach erfolgter Hydratation zu $R_3SiCH_2COSiR_3$. Eine gewisse Bestätigung findet diese Annahme im Verh. von $R_3SiC{\equiv}CC_6H_5$ (R = CH_3 u. C_2H_5), das bei der Hydratation u. a. *Acetophenon* gibt. Beim Bromieren von $(CH_3)_3SiC{\equiv}CSi(CH_3)_3$ wird nur *$(CH_3)_3SiCBr{=}CBrSi(CH_3)_3$* erhalten. Wird $(C_2H_5)_3SiC{\equiv}CCH_3$ bromiert, so entsteht außer *$(C_2H_5)_3SiCBr{=}CBrCH_3$* auch *$(C_2H_5)_3SiCBr_2CBr{=}CH_2$*. Eine Lösung der Si—C-Bindung erfolgt demnach beim Bromieren nicht. Vergleichsweise werden Allylsilane mit Br_2 nach KAUFMANN titriert; hierbei wird in der Regel das 1½—2fache der Menge Br_2 verbraucht, die zur Absättigung der Doppelbindung erforderlich ist; der Mehrverbrauch dient zur Spaltung der Si—C-Bindung. Verschieden verläuft auch die Einw. von C_6H_5Li bei α- oder β-Lage der Doppelbindung. Während aus $(C_6H_5)_3 \cdot SiCH{=}CH_2$ in einer Anlagerungs-Rk. $(C_6H_5)_3SiCHLiCH_2C_6H_5$ entsteht, das bei der Hydrolyse *$(C_6H_5)_3SiCH_2CH_2C_6H_5$* gibt, bildet $(C_6H_5)_3SiCH_2CH{=}CH_2$ einen Komplex, bei dessen Hydrolyse sich jede der Komponenten für sich zersetzt. Vgl. auch die verschied. Ergebnise, die von BUGORKOWA u. Mitarbeitern (Журнал Общей Химии [J. allg. Chem.] **23** (85). [1953.] 1808) bei der Anlagerung von Rhodan, je nach Lage der Doppelbindung, erhalten wurden. Zur Erklärung des Unterschieds im Verh. der Silane mit mehrfacher Bindung werden elektronentheoret. Vorstellungen herangezogen.

Versuche: *Bis-[tributylsilyl]-acetylen* (I), $C_{26}H_{54}Si_2$, $Kp._{12,5}$ 217—219°; aus 50 g Mg, 234 g C_2H_5Br u. C_2H_2 in Ae. wird das Diätherat von $BrMgC{\equiv}CMgBr$ hergestellt; der Ae. wird abdekantiert, durch PAe. ersetzt, 44 g $(C_4H_9)_3SiF$ u. 2 g Cu_2Cl_2 hinzugesetzt, das Gemisch einige Std. gekocht, der PAe. abdest. u. der Rückstand 8½ Std. auf 165 bis 170° erhitzt; man nimmt mit Ae. auf u. fraktioniert im Vakuum; $D.^{20}_4$ 0,8276; n_D^{20} 1,4595 33% (Ausbeute, auf die Fluorverb. bezogen) neben 40,6% *Tributyläthoxysilan* (II), $C_{14}H_{32}OSi$, $Kp._{29}$ 141°; $D.^{20}_4$ 0,8193; n_D^{20} 1,4346. Beim Arbeiten mit $(C_4H_9)_3SiCl$ werden im besten Fall 13% I (neben 43% II) erhalten; ist die GRIGNARD-Verb. nicht in großem Überschuß vorhanden, so entsteht viel *Hexabutyldisiloxan* [durch Hydrolyse von nicht verbrauchtem $(C_4H_9)_3SiCl$ beim Aufarbeiten?], $Kp._{13(?)}$ 184—186°; $D.^{20}_4$ 0,8362; n_D^{20} 1,4479. — *Bis-[trihexylsilyl]-acetylen*, $Kp._{30}$ 303—305°; aus $(C_6H_{13})_3SiF$ u. dem Diätherat von BrMgC≡CMgBr + Cu_2Cl_2, anfangs in PAe., dann ohne Lösungsm. bei höherer Temp.; $D.^{20}_4$ 0,8354; n_D^{20} 1,4602; 30,7% neben 35% *Trihexyläthoxysilan*, $Kp._{17}$ 197,5 bis 199°; $D.^{20}_4$ 0,8273; n_D^{20} 1,4440. — *Hexahexyldisiloxan*, $C_{36}H_{78}OSi_2$, $Kp._3$ 246—247°; $D.^{20}_4$ 0,8391; n_D^{20} 1,4554. — *Bis-[triphenylsilyl]-acetylen*, $C_{38}H_{30}Si_2$, F. 155°; aus dem Diätherat von BrMgC≡CMgBr u. $(C_6H_5)_3SiF$, 9 Std. auf dem sd. Wasserbad; das Reaktionsprod. wird mit W. behandelt; Kristalle aus Bzl. u. PAe.; 13%. — *Allyltriphenylsilan*, $C_{21}H_{20}Si$, F. 91—92°; aus $(C_6H_5)_3SiF$ u. CH_2=$CHCH_2MgBr$, 9 Std. auf dem sd. Wasserbad; aus A. Kristalle; 74%. — *Triphenylsilanol*, $C_{18}H_{16}OSi$, F. 149—150°; aus vorst. Verb. u. C_6H_5Li in Ae., 23 Std. unter Rühren bei Zimmertemp., dann 4std. Erhitzen auf dem Wasserbad, anschließend Hydrolyse mit angesäuertem W.; aus PAe. Kristalle. — *Triäthyl-[α.β-dibrompropenyl]-silan*, $C_9H_{18}Br_2Si$, $Kp._{23,5}$ 146,5—148,5°; durch Bromieren von Methyltriäthylsilylacetylen in CCl_4 bei Zimmertemp.; $D.^{20}_4$ 1,4176; n_D^{20} 1,5258; 12 g aus 17,95 g. Hieraus (12 g) durch Bromieren bei 40—50° *Triäthyl-[α.α.β-tribromallyl]-silan*, $C_9H_{17}Br_3Si$, $Kp._9$ 164—165°; $D.^{20}_4$ 1,6766; n_D^{20} 1,5595; 15 g. — *Methyltriphenylsilylacetylen*, $C_{21}H_{18}Si$, F. 113—114°; aus $(C_6H_5)_3SiF$ u. CH_3C≡CMgBr auf dem sd. Wasserbad; aus A. Kristalle; 55%. — *Phenyltrichlorsilylacetylen*, $C_8H_5Cl_3Si$, $Kp._{26}$ 132—135°; aus $SiCl_4$ u. C_6H_5C≡CMgBr in sd. Ae.; $D.^{20}_4$ 1,2871; n_D^{20} 1,5527; 22,5%. (Журнал Общей Химии [J. allg. Chem.] 25 (87). 1128—36. Juni 1955.)

R. KNOBLOCH. 980

Albert K. Fischer, Robert C. West und **E. G. Rochow,** *Die Additionsreaktion zwischen Trichlorgerman und einem Olefin.* Bei 35std. Kochen eines Gemisches von 80% $GeHCl_3$ u. 20% $GeCl_4$ mit Hexen-(1) in Ggw. von Benzoylperoxyd bei 62—64° unter 5 Torr Überdruck entstand *Hexyltrichlorgerman*, $C_6H_{13}Cl_3Ge$, $Kp._{14}$ 97°, n_D^{25} 1,4719; Ausbeute 22%. Wahrscheinlich tritt der $GeCl_3$-Rest an $C_{(1)}$ des KW-stoffs. (J. Amer. chem. Soc. 76. 5878. 20/11. 1954. Cambridge, Mass., Harvard Univ., Mallinckrodt Chem. Labor.)

H. ASCHERL. 980

B. A. Arbusow und **N. I. Rispoloshenski,** *Äthylphosphonigsäureester und einige ihrer Umwandlungen.* 1. Mitt. *Ester der äthylphosphonigen Säure.* Es werden *Dialkylester* [I; $C_2H_5P(OR)_2$; R = CH_3, C_2H_5, n-C_3H_7, iso-C_3H_7, n-C_4H_9, n-C_6H_{13}, n-C_8H_{17}] der *äthylphosphonigen Säure* aus Äthyldichlorphosphin (II) u. den entsprechenden Alkoholen in Ggw. von Pyridin oder Triäthylamin synthetisiert. Aus II u. C_6H_5OH entsteht entsprechend der *Diphenylester* (III) der *äthylphosphonigen Säure.* I bilden mit CuJ *Komplexverbb.* der Zus. $C_2H_5P(OR)_2 \cdot CuJ$. S wird angelagert unter Bldg. von *Äthylthiophosphonsäureestern.* Aus II u. S in Ggw. von $AlCl_3$ entsteht *Äthylthiophosphonsäuredichlorid.* Aus I (R = C_2H_5) u. C_2H_5J bzw. C_4H_9Br entstehen durch ARBUSOWsche Umlagerung *Diäthyl-* bzw. *Äthyl-n-butylphosphinsäureäthylester*, aus I (R = n-C_3H_7) mit n-C_3H_7J *Äthyl-n-propylphosphinsäure-n-propylester*, aus I (R = CH_3, C_2H_5 u. n-C_3H_7) mit CCl_4 *Äthyltrichlormethylphosphinsäuremethyl-, -äthyl-* bzw. *-propylester*, aus I (R = CH_3 u. n-C_3H_7) u. Chloressigester (IV) *Äthylcarbäthoxymethylphosphinsäureäthyl-* u. *-n-propylester.* I (R = CH_3 u. n-C_3H_7) reagieren mit Diäthylcarbaminsäurechlorid (V) zu *Äthyl-[diäthylaminoformyl]-phosphinsäureäthyl-* u. *-n-propylester.*

Versuche: Folgende *Ester der äthylphosphonigen Säure*, $C_2H_5P(OR)_2$: R = CH_3, $C_4H_{11}O_2P$, $Kp._{225}$ 73,5—74,5°; zu 11,9 g CH_3OH, 40,5 g Triäthylamin u. 200 ml Ae. läßt man unter CO_2 u. Kühlen mit Eis 24,5 g II zutropfen u. rührt 1 Std.; $D.^{20}_4$ 0,9515; n_D^{20} 1,4210; 8 g (Ausbeute). 1,5 g liefern mit 2,3 g CuJ unter CO_2 bei 140—145° *Komplexverb.* $C_4H_{11}O_2P \cdot CuJ$, F. 160—161° (A.). R = C_2H_5, $C_6H_{15}O_2P$, $Kp._{38}$ 58—60°; analog Vorst. aus II u. A. in Ae. in Ggw. von Pyridin; $D.^{20}_4$ 0,9275 (an anderer Stelle 0,9207); n_D^{20} 1,4212; 64,5%. Mit CuJ bei 140—150° *Komplexverb.* $C_6H_{15}O_2P \cdot CuJ$, F. 167—168° (A.). R = n-C_3H_7, $C_8H_{19}O_2P$, $Kp._{11}$ 65—66°; $D.^{20}_4$ 0,9021, n_D^{20} 1,4278; 63,7%. R = iso-C_3H_7, $C_8H_{19}O_2P$, $Kp._{55}$ 73,5—74°; $D.^{20}_4$ 0,8844; n_D^{20} 1,4169; 40%. R = n-C_4H_9, $C_{10}H_{23}O_2P$, $Kp._3$ 63—63,5°; $D.^{20}_4$ 0,8977; n_D^{20} 1,4353; 80,0%. R = n-C_6H_{13}, $C_{14}H_{31}O_2P$, $Kp._2$ 100 bis 101°; $D.^{20}_4$ 0,8875; n_D^{20} 1,4435; 92%. R = n-C_8H_{17}, $C_{18}H_{39}O_2P$, $Kp._3$ 142—144°; $D.^{20}_4$ 0,8809; n_D^{20} 1,4489 (1,4439); 90%. R = C_6H_5 (III), $C_{14}H_{15}O_2P$, $Kp._1$ 115—115,5°; aus 22,2 g II u. 31,8 g C_6H_5OH in Ggw. von 28,8 g Pyridin; $D.^{20}_4$ 1,1050; n_D^{20} 1,5660; 72,5%. Alle I sind farblose, an der Luft selbstentzündliche Fll. von charakterist., unangenehmem Geruch. — *Äthylthiophosphonsäuredialkylester*, $C_2H_5PS(OR)_2$: R = C_2H_5, $C_6H_{15}O_2SP$,

$Kp._{10}$ 80,5—81°; man gibt zu 4,7 g I (R = C_2H_5) in 10 ml Bzl. unter CO_2 1,23 g S; farblose, an der Luft rauchende Fl. von Terpentingeruch; $D.^{20}_4$ 1,0356; n_D^{20} 1,4558; 5,1 g. *R = n-C_3H_7*, $C_8H_{19}O_2SP$; $Kp._{1,5}$ 69—70°; $D.^{20}_4$ 1,0005; n_D^{20} 1,4622; 56,5%. *R = C_6H_5*, $C_{14}H_{15}O_2SP$, $Kp._1$ 144—145°; aus 4,3 g III u. 0,6 g S durch Erwärmen auf 40°; $D.^{20}_4$ 1,1811; n_D^{20} 1,5771; 3,4 g. — *Äthylthiophosphonsäuredichlorid*, $C_2H_5Cl_2SP$; $Kp._{46}$ 88,5 bis 89°; aus 6,2 g II u. 1,5 g S in Ggw. von 0,1 g $AlCl_3$ unter Selbsterhitzung; $D.^{20}_4$ 1,3550; n_D^{20} 1,5440; 5,5 g. — *Diäthylphosphinsäureäthylester*, $C_6H_{15}O_2P$, $Kp._{12}$ 87—88°; aus 5,2 g I (R = C_2H_5) u. 0,5 g C_2H_5J, man erhitzt auf 104—105°; $D.^{20}_4$ 0,9983; n_D^{20} 1,4553 (1,4353); 4 g. — *Äthyl-n-butylphosphinsäureäthylester*, $C_8H_{19}O_2P$, $Kp._{10}$ 106—108°; aus I (R = C_2H_5) u. n-Butylbromid bei 102—105°, dann 40 Min. bei 150°; $D.^{20}_4$ 0,9932; n_D^{20} 1,4382; 25,7%. — *Äthyl-n-propylphosphinsäure-n-propylester*, $C_8H_{19}O_2P$, $Kp._8$ 104 bis 105°; aus I (R = n-C_3H_7) u. n-Propyljodid bei 116—118°, dann 30 Min. bei 150°; $D.^{20}_4$ 0,9657; n_D^{20}, 04370; 30%. — *Äthyltrichlormethylphosphinsäure, Methylester*, $C_4H_8O_2Cl_3P$, $Kp._{2,5}$ 80—81°, man läßt zu 3,1 g I (R = CH_3) 4 g CCl_4 bei < 50—60° zutropfen u. erhitzt dann 20 Min. auf dem Wasserbad; $D.^{20}_4$ 1,4174; n_D^{20} 1,4889; 21,4%. *Äthylester*, $C_5H_{10}O_2Cl_3P$, $Kp._{1,5}$ 83—84°; aus I (R = C_2H_5) u. CCl_4; $D.^{20}_4$ 1,3476; n_D^{20} 1,4819; 22,1%. *n-Propylester*, $C_6H_{12}O_2Cl_3P$, $Kp._{1,5}$ 88—89°; $D.^{20}_4$ 1,2790; n_D^{20} 1,4674; 35%. — *Äthylcarbäthoxymethylphosphinsäure, Äthylester*, $C_8H_{17}O_4P$, $Kp._1$ 96—96,5°; aus 3,7 g I (R = C_2H_5) u. 4,5 g IV bei 103—104°, dann ½ Std. bei 150°; $D.^{20}_4$ 1,0935; n_D^{20} 1,4443; 3,3 g. *n-Propylester*, $C_9H_{19}O_4P$, $Kp._1$ 104—105°; aus I (R = n-C_3H_7) u. IV; $D.^{20}_4$ 1,0649; n_D^{20} 1,4420; 45,6%. *Äthyl-[diäthylaminoformyl]-phosphinsäure, Äthylester*, $C_9H_{20}O_3NP$, $Kp._{1,5}$ 106—107°; aus 3,3 g I (R = C_2H_5) u. 3 g V unter CO_2; man erhitzt auf 74—76°, steigert die Temp. im Laufe einer Std. auf 150° u. hält 40 Min. bei dieser Temp.; $D.^{20}_4$ 1,0535; n_D^{20} 1,4625; 1,8 g. *n-Propylester*, $C_{10}H_{22}O_3NP$, $Kp._1$ 109—110°; aus 4,5 g I (R = n-C_3H_7) u. 3,4 g V bei 104°, dann ½ Std. bei 140—145°; $D.^{20}_4$ 1,0341; n_D^{20} 1,4597; 2,7 g. (Известия Академии Наук СССР, Отделение Химических Наук [Nachr. Akad. Wiss. UdSSR, Abt. chem. Wiss.] **1952.** 854—64. Sept./Okt. Kasan, Zweigstelle der Akad. der Wiss. der UdSSR, Chem. Arbusow-Inst.) U. WÜRFFEL. 980

St. Robew, *Eine neue molekulare Umlagerung. Umlagerung von Aldehydarylhydrazonen in Amidine.* Beim Erhitzen der Arylhydrazone aromat. Aldehyde in Ggw. einiger ihrer N-Metallverbb. (Na, K, Li, Mg) u. Luft-O_2 oder organ Peroxyde entstehen *Amidine* nach dem Schema ArCH=NNHAr′ → ArC(NH_2)=NAr′. Gute Ausbeuten (bis zu 80%) werden mit den N-Natriumverbb. erhalten. Das Mengenverhältnis von Hydrazon zur N-Metallverb. kann in weiten Grenzen abgeändert werden, ohne daß die Ausbeute darunter leidet. Der Umlagerung unterliegen nur die freien Hydrazone, wie daraus hervorgeht, daß die Rk. in Ggw. von überschüssigem $NaNH_2$ ausbleibt. Da die Rk. in unpolaren Lösungsmitteln verläuft u. O_2 erforderlich ist, wird eine Peroxydverb. als Zwischenprod. angenommen, die weiterhin Radikale liefert. Benzaldehydmethylphenylhydrazon u. Acetophenonphenylhydrazon geben keine analogen Umlagerungsprodukte.

Versuche: Zum Gelingen der Rk. ist guter Luftzutritt notwendig. Nach dem Erhitzen wird mit W. behandelt, das Amidin mit HCl extrahiert u. nach Behandeln mit Aktivkohle die freie Base gewöhnlich sehr rein erhalten. *N-Phenylbenzamidin*, F. 111 bis 113°; bei 1std. Erhitzen von 2 g Benzaldehydphenylhydrazon mit 0,3 g $NaNH_2$ in 40 ml Xylol (oder 3std. Erhitzen in Bzl.); 1,6 g (Ausbeute). — *N-Phenyl-p-methoxybenzamidin*, F. 145—146°; aus Anisaldehydphenylhydrazon u. $NaNH_2$ oder C_6H_5Li; 65 bzw. 77%. — *N-Phenyl-p-dimethylaminobenzamidin*, $C_{15}H_{17}N_3$, F. 190—191° (Aceton); aus p-Dimethylaminobenzaldehydphenylhydrazon; 60%. — *N-Phenylbenzylidenacetamidin*, $C_{15}H_{14}N_2$, F. 169—170° (wss. Aceton); aus Cinnamylidenphenylhydrazin; 20%. — *N-Phenyl-β-naphthamidin*, F. 162—164°; aus β-Naphthaldehydphenylhydrazon; 70%. — *N-Phenyl-3.4-methylendioxybenzamidin*, $C_{14}H_{12}O_2N_2$, F. 134—135°; aus Piperonalphenylhydrazon; 15%. (Доклады Академии Наук СССР [Ber. Akad. Wiss. UdSSR] **101.** 277—79. 11/3. 1955. Sofia, Bulgarien, Med. Tscherwenkow-Akad.) R. KNOBLOCH. 1210

D. E. Read und **C. B. Purves,** *Trennung von Benzolhexa-, -penta- und der drei isomeren -tetracarbonsäuren und ihrer Methylester.* Die obengenannten Säuren entstehen aus entsprechendem organ. Material durch Oxydation mit sd. alkal. $KMnO_4$-Lsg. in bekannter Weise. Für die Darst. von *Benzolpentacarbonsäure* (**V**) u. *-1.2.3.4-tetracarbonsäure* (**II**) ist die Verwendung von Diacetylmesitylen u. 4-Brom-1-methylnaphthalin als Ausgangsmaterial günstig. Da als Nebenprodd. α-Ketosäuren u. Oxalsäure anfallen können, wird das rohe Oxydationsprod. zunächst mit konz. HNO_3 gekocht. Die Trennung kann aus wss. Lsg. durch Extraktion mit Butanol erfolgen; *Pyromellitsäure* (**III**) u. *Benzol-1.2.3.5-tetracarbonsäure* (**I**) werden durch 2 Extraktionen bereits fast quantitativ entfernt, die anderen erst bei kontinuierlicher Extraktion, bei der Veresterungen eintreten können. **I** u. **II** werden durch Ba^{2+} aus wss. Lsg. als Ba-Salz gefällt, **I** als *Trihydrat*

$(C_{10}H_5O_8)_2Ba \cdot 3\,H_2O$; bei p_H 10 werden alle 5 Säuren zu über 90% gefällt, aus konz. Lsgg. bis zu 98%. Veresterung der Säuren mit CH_2N_2 führte quantitativ zu den neutralen *Methylestern*. Mit CH_3OH + 3%ig. HCl oder H_2SO_4 entsteht aus *Mellitsäure* (**IV**) ein saurer *Pentamethylester*, **II** bildet unter gleichen Bedingungen einen dibas. *Dimethylester*, der nur bei Verwendung von 3%ig. methanol. HCl krist. mit F. 176—177° erhalten werden kann. Analog entsteht aus **I** ein *Trimethylester* vom F. 192—193° (vgl. dagegen BAMFORD u. SIMONSEN, J. chem. Soc. [London] **97**. [1910.] 1904). Aus dem mit CH_3OH + 3% HCl veresterten Säuregemisch kann aus der schwach alkalisierten Lsg. der neutrale Ester von **III** in 77%ig. Ausbeute isoliert werden; anschließendes Einstellen des p_H auf 2 ermöglicht die Extraktion der 3 sauren Ester mit Äthylacetat u. der unveresterten **IV** zu 44%. Das hohe Ester-Carboxy-Verhältnis (3 : 1) bei der teilveresterten **I** ermöglicht die Isolierung von 75,5% aus wss. Lsg. bei 2 maligem Ausäthern. Unter gleichen Bedingungen werden nur 28 bzw. 11,7% des Diesters von **II** u. des Esters von **V** isoliert.

Versuche: *Acetylmesitylen*, aus Mesitylen + 1 Mol Acetanhydrid + 2,2 Mol $AlCl_3$; 77% (Ausbeute). — *Diacetylmesitylen* (**VI**), $Kp._{0,07}$ 204°, F. 43—45° (Ligroin), wie vorst. mit der doppelten Menge Acetanhydrid u. $AlCl_3$; 43 bzw. 34%. — *Mesitylensäure* (**VIII**), aus Brommesitylen über die GRIGNARD-Verb. durch Carbonierung; 57%. — *5-Acetylpseudocumol*, $Kp._{20}$ 139—141°, aus Pseudocumol durch Acetylierung wie vorst.; liefert bei Oxydation mit alkal. HOBr *Durylsäure* (**VII**), F. 147—149,5°; 55%. — Die Oxydationen erfolgen in sd. verd. KOH durch Zufügen von $KMnO_4$ bis zur Beendigung der Entfärbung, Red. des überschüssigen $KMnO_4$ durch Zufügen von A., Filtrieren, Einengen, Ansäuern mit HCl, Einstellen auf p_H 10 u. Zufügen von $BaCl_2$ in der Wärme, Filtrieren, Aufnehmen des Nd. in sd. 2nHCl, Fällen des Ba^{2+} mit berechneter Menge H_2SO_4, Eindampfen u. Zers. der beigemengten Oxalsäure durch 2std. Kochen mit konz. HNO_3. — *Mellitsäure* (**IV**), $C_{12}H_6O_{12}$, F. 289—292° (konz. HNO_3). — *Benzolpentacarbonsäure* (**V**), $C_{11}H_6O_{10}$, F. 229—234° (konz. HNO_3; Zers.), aus **VI** in 57 Std.; 51%. — *Pyromellitsäure* (**III**), $C_{10}H_6O_8$, F. 281—283° (HNO_3 oder W.), aus **VII**; 70%. — *Benzol-1.2.3.5-tetracarbonsäure* (**I**), $C_{10}H_6O_8$, F. 243—247° (HNO_3), hydratisiert F. 236—253°; aus **VIII**; 78%. — *4-Brom-1-methylnaphthalin*, $Kp._8$ 155—157°, aus 1-Methylnaphthalin durch Bromierung in CS_2 bei 0°; n_D^{20} 1,6505; 75%. — *1-Methylnaphthalincarbonsäure-(4)*, F. 174 bis 176° (sd. Toluol), aus der GRIGNARD-Verb. vorst. Verb. durch Carbonierung; 23%. — *Benzol-1.2.3.4-tetracarbonsäure* (**II**), $C_{10}H_6O_8$, F. 241—244° (HNO_3), aus vorst. Verb.; 22%. — Die Veresterungen erfolgen a) in absol. CH_3OH mit äther. CH_2N_2; b) in absol. CH_3OH mit wenig konz. H_2SO_4 durch 16std. Kochen, Einstellen mit $NaHCO_3$ auf p_H 8, Extrahieren der neutralen Ester mit Ae., Einstellen auf p_H 1—2 mit verd. HCl u. Ausziehen mit Äthylacetat; c) in 30—40%ig. methanol. HCl durch 1std. Schütteln u. 12std. Stehen u. Isolieren wie b); d) durch 6std. Erhitzen mit 3%ig. methanol. HCl. *Methylester* von **V** unbekannter Zus. (Gemisch). F. 174—176° (korr.), aus **V** nach c) u. d). — **III**-*Tetramethylester*, F. 143—144° (korr.), nach a)—d). — **I**-*Trimethylester*, F. 192 bis 193° (korr.), nach b), c) u. d); aus 30%ig. CH_3OH Nadeln. — **II**-*Dimethylester*, F. 171 bis 172° (korr.), nach c) u. d). — **IV**-*Hexamethylester*, F. 186—187° (korr.). *Pentamethylester*, F. 141—144° (korr.). — **V**-*Pentamethylester*, F. 149—150°. — **I**-*Tetramethylester*, F. 111—116° (korr.). — **II**-*Tetramethylester*, F. 130—131° (korr.). Eine Tabelle der nach b), c) u. d) aus den 5 Säuren erhaltenen Estergemische mit FF. u. Ausbeuten ist angeführt. (J. Amer. chem. Soc. **74**. 116—19. 5/1. 1952. Montreal, Can., McGill Univ.; u. Pulp and Paper Res. Inst., Div. of Ind. and Cellulose Chem.) H. LEHWALD. 1240

D. E. Read und **C. B. Purves**, *Isolierung von Benzolpenta- und -tetracarbonsäuren-(1.2.4.5) aus mit alkalischem Permanganat oxydiertem Holzlignin.* Extrahiertes Fichtenholzmehl (**IX**), seine 3 Ligninfraktionen zunehmender chem. Widerstandsfähigkeit [Perjodat- (**VII**), WILLSTÄTTER- (**IV**) u. KLASON-Lignin (**VIII**)], sowie ein käufliches Alkalilignin (**VI**) werden mit alkal. $KMnO_4$-Lsg. nach BONE u. Mitarbeitern (Proc. Roy. Soc. [London] Ser. A **165**. [1938.] 432) oxydiert u. die Oxydationsprodd. nach Veresterung mit methanol. Säure (vgl. vorst. Ref.) getrennt. Aus der erhaltenen Estermenge wird auf den Anteil an Benzolpolycarbonsäuren (**I**) im Lignin geschlossen, wobei nichtkrist. Prodd. nicht berücksichtigt werden. Die Abwesenheit von Benzol-1.2.3.4- u. -1.2.3.5-tetracarbonsäuren u. das Auffinden von *Benzolpenta-* (**II**) u. *-1.2.4.5-tetracarbonsäure* (**III**) aus **IV** bestätigen die Ergebnisse von BONE (l. c.). Mellitsäure (**V**) wird bei keinem der obengenannten Lignine als Oxydationsprod. gefunden. Aus dem fast völligen Fehlen von **I** bei der Oxydation von **IX** wird geschlossen, daß die in größerer Menge in den Fichtenligninen auftretenden **I** durch Veränderungen während ihrer Isolierungen aus dem Holz entstanden sind u. daß diese Veränderungen von **VII** über **IV** zu **VIII** zunehmen. **VI** kann dieser Reihe nicht eingefügt werden, da dieses aus Pappelholz gewonnen wurde. Von der von FISCHER u. Mitarbeitern (Gesammelte Abh. Kenntn. Kohle, **6**. [1921.] 1) bei der drast. Oxydation von **IV** erhaltenen **II** glauben Vff., daß es sich um ein durch die Alkalität u. hohe Temp. bedingtes künstliches Prod. handelt, da bei ihrem Fichtenholzabbau **II** fast völlig fehlt. Ähnlich erklären sie das Auftreten von **V** aus **IV** (vgl. HORN, Brennstoff-Chem., **10.** [1929.] 364). Die von RICHTZENHAIN (C. **1950.** II. 2323) bei der Einw. von sauren Reagentien auf methyliertes **IV** u. andere Lignine erhaltenen geringe Menge *4.5-Dimethoxyphthalsäure* (*Metahemipinsäure*) kann durch eine der Methylierung von **IV** vorangehende Behandlung mit 70%ig. KOH bei 170° wesentlich vermindert werden; die Säure fehlt unter den Oxydationsprodd. des methylierten **VI** ganz. Durch die vorangehende Alkalibehandlung wird der von RICHTZENHAIN angegebene Anteil von *4.5-Dimethoxy-m-phthalsäure* (*Isohemipinsäure*) von 0,9% in Fichtenholz auf 6,65% in **VI** erhöht.

Versuche: *Perjodatlignin* (**VII**), aus 510 g eines 60 Std. mit A. + Bzl. (1 : 2), dann 4 Std. mit A. u. 4 Std. mit sd. W. extrahierten Fichtenholzmehls (**IX**) der schwarzen Fichte durch mehrfache Oxydation mit $NaJO_4$ bei p_H 4,15 u. Extraktion mit sd. W. bei p_H 6; 22,4% (Ausbeute); löst sich nach 6std. Erhitzen zu 96% in $CaHSO_3$. — WILLSTÄTTER-*Lignin* (**IV**), durch 2std. Behandlung von **IX** mit HCl (D. 1,22); 22,5%. — KLASON-*Lignin* (**VIII**), durch 2std. Digerieren von **IX** mit 72%ig. H_2SO_4 bei 20°, Filtrieren u. Kochen des Nd. 3 Std. mit 3%ig. H_2SO_4; 27,4%. Die $KMnO_4$-Oxydationen erfolgten in 1%ig. wss. KOH bei 75—80° in 17 Std., Zers. des Überschusses an $KMnO_4$ mit A., Abfiltrieren, Einstellen auf p_H 2—3 mit HCl, Einengen, Zusetzen von $BaCl_2$ u. Abfiltrieren. Die Trennungen erfolgten aus den abfiltrierten Ba-Salzen durch Aufnehmen in nHCl, Fällen von Ba^{2+} mit H_2SO_4, Vakuumeindampfen, Fällen der Oxalsäure bei 0°, Eindampfen, 2 Std. Kochen mit konz. HNO_3, Eindampfen u. 6std. Kochen der erhaltenen **I** mit 3%ig. methanol. HCl, Vakuumabdampfen, Abstumpfen mit $NaHCO_3$ auf p_H 8, Ausäthern von *Pyromellitsäure* (**III**)-*tetramethylester* (F. 142—143,5°), Ansäuern der wss. Lsg. auf p_H 1 mit HCl, Ausziehen mit Äthylacetat, Abdampfen des Extraktes u. Verestern mit CH_2N_2 zu *Benzolpentacarbonsäure* (**II**)-*pentamethylester* (F. 147—148°); aus dem ausgezogenen wss. Rückstand durch Fällen mit Ba^{2+}, Abfiltrieren, Zers. u. Methylieren *Mellitsäure* (**V**)-*hexamethylester* (nur im Falle von **VI**). Nachst. die Ergebnisse an Estern (in g aus 100 g Holzmehl oder 50 g Lignin): **IX**: 0,039 **III**-*Ester*. 0,048 **II**-*Ester* u. 0,028 **V**-*Ester*. **VII**: 0,102 **III**-*Ester*, 0,385 **II**-*Ester* u. 0,084 **V**-*Ester* **IV**: 0,125 bzw. 0,494 bzw. 0,028. **VIII**: 0,136 bzw. 0,755 bzw. 0,040. **VI**: 0,323 bzw. 1,97 bzw. 0,109 (alles Rohprodd.). Hieraus berechnet an freien **I** (in %): **IX** 0,14 **II**. **VII**: 0.17 **III** u. u. 0,62 **II**. **IV**: 0,21 **III** u. 0,76 **II**. **VIII**: 0,37 **III** u. 2,04 **II**. **VI**: 0,46 **III**, 3,2 **II** u. 0,17 **V**. (J. Amer. chem. Soc. **74.** 120—23. 5/1. 1952. Montreal, Can., McGill Univ., and Pulp and Paper Res. Inst., Div. of Ind. and Cellulose Chem.) H. LEHWALD. 1240

Ernest L. Jackson, *Dijod-m-tyrosin, 3 isomere Dinitro-m-tyrosine und einige ihrer Derivate.* Dijod-m-tyrosin (**I**; β-[3-Oxy-4.6-dijodphenyl]-DL-alanin) wird zum *N.O-Diacetylderiv.* acetyliert, das mit 2nNaOH zum *N-Acetylderiv.* (**IV**) verseift wird. **IV** gibt durch Methylierung u. Verseifung *β-[3-Methoxy-4.6-dijodphenyl]-DL-alanin*, bei dessen alkal. $KMnO_4$-Oxydation *3-Methoxy-4.6-dijodbenzoesäure* entsteht. Diese wird auch aus 3-Methoxy-4.6-dinitrobenzoesäure (**III**) durch katalyt. Hydrierung, Tetrazotierung u. Rk. mit J_2/NaJ erhalten. Dadurch ist die Struktur von **I** (vgl. DICKINSON u. MARSHALL, J. chem. Soc. [London] **1930.** 2289) bewiesen. Das intermediäre, nicht isolierte *Diamin* liefert beim Erhitzen mit Acetanhydrid (**II**) *3-Methoxy-4.6-diacetamidobenzoesäureanhydrid.* Zum Vgl. wird *3-Methoxy-2.6-dijodbenzoesäure* durch $KMnO_4$-Oxydation von 3-Methoxy-2.6-dijodbenzaldehyd (**X**) synthetisiert. Bei der Umsetzung von **IV** mit p-Nitrobenzylbromid (**XI**) u. NaOH entsteht über das *Na-Salz N-Acetyl-β-[3-(p-nitrobenzyloxy)-4.6-dijodphenyl]-DL-alanin,* das als *Äthylester* charakterisiert wird. Ein Vers., aus **IV** u. p-Toluolsulfonylchlorid (**VIII**) gewonnenen *N-Acetyl-β-[3-(p-toluolsulfonyloxy)-4.6-dijodphenyl]-DL-alaninäthylester* mit p-Methoxyphenol (**IX**) in Pyridin zu N-Acetyl-β-[3-(p-methoxyphenoxy)-4.6-dijodphenyl]-DL-alaninäthylester umzusetzen, scheiterte. Die bei der Nitrierung von m-Tyrosin (**XII**) entstehenden 3 isomeren Verbb., wahrscheinlich *β-[3-Oxy-2.6-* (**VIa**), *-4.6-* (**VIb**) bzw. *-2.4-dinitrophenyl]-DL-alanin* (**VIc**), werden durch fraktionierte Kristallisation der *Ba-Salze* getrennt u. als *N-Acetylderivv.* charakterisiert. Die N-Acetylderivv. von **VIa** bzw. **VIb** werden mit CH_2N_2 in *N-Acetyl-β-[3-methoxydinitrophenyl]-DL-alaninmethylester* vom *F. 128—129°* u. vom *F. 172—173°* (**VII**) übergeführt, die nach Hydrolyse die *freien Aminosäuren* vom *F. 234—235°* u. vom *F. 231 bis 232°* geben. Die erstere wird mit $KMnO_4$ zu *3-Methoxy-2.6-*, die letztere zu *-4.6-dinitrobenzoesäure* oxydiert. **VII** wird in Ggw. von RANEY-Ni zu *3-Acetamido-6-* oder *-8-methoxy-x-aminohydrocarbostyril* hydriert. Bei der Rk. von N-Acetyl-**VIa**-*Äthylester* mit **VIII** in Pyridin entsteht nach Erhitzen des *3-[p-Toluolsulfonyloxy]-deriv.* mit **IX** *N-Acetyl-β-[3-(p-methoxyphenoxy)-dinitrophenyl]-DL-alaninäthylester.*

Versuche (FF. korr.): *N-Acetyl-β-[3-acetoxy-4.6-dijodphenyl]-DL-alanin*, $C_{13}H_{13}O_5NJ_2$, F. 218° (Aceton–Bzl.), a) durch Zugeben von 2nNaOH u. **II** zu 1 g **I** in wss. NaOH bei 0—5°, 1std. Stehen bei 25° u. Zugeben von $6nH_2SO_4$; 1,2 g (Ausbeute); b) durch 24std. Stehen von **I**, **II** u. konz. H_2SO_4 bei 25°, Gießen in Eiswasser u. Neutralisieren mit $NaHCO_3$; 0,2 g. — *N-Acetyl-β-[3-oxy-4.6-dijodphenyl]-DL-alanin* (**IV**), $C_{11}H_{11}O_4NJ_2$, F 200° (A.–PAe.), durch 5std. Stehen von 0,35 g vorst. Verb. mit 2nNaOH bei 25° u. Zugeben von n-HCl; 0,65 g. — *N-Acetyl-β-[3-methoxy-4.6-dijodphenyl]-DL-alanin*, $C_{12}H_{13}O_4NJ_2$, F. 217—218° (A. oder A.–PAe.), durch Zugeben von n-NaOH/Dimethylsulfat zu **IV** in A. bei 25—30° unter Schütteln in 20 Min., 65 Min. Erhitzen auf 40—42° u. Fällen mit verd. HCl; Prismen; 94%. — *β-[3-Methoxy-4.6-dijodphenyl]-DL-alanin*, $C_{10}H_{11}O_3NJ_2$, F. 245—246° (wss. Essigsäure), durch 3std. Kochen vorst. Verb. mit 5,76n H_2SO_4, Einengen bei 65° u. Neutralisieren mit NH_4OH; 90%. — *3-Methoxy-4.6-dijodbenzoesäure*, $C_8H_6O_3J_2$, F. u. Misch-F. 235—236° (Bzl.), a) durch portionsweises Zugeben von wss. $KMnO_4$ zu 62 mg vorst. Verb. in 5,05%ig. wss. KOH bei 30° in 1 Std., 9std. Erhitzen auf 50—54° u. Sättigen der Lsg. mit SO_2; Prismen; 32 mg; b) durch 19std. Hydrieren von 280 mg **III** (F. 188—189°) in Äthylacetat unter Schütteln in Ggw. von RANEY-Ni bei 25° u. n. Druck, Filtrieren unter CO_2, Einengen unter N_2 bei 40°, Lösen in Eisessig, Gießen in konz. H_2SO_4 bei 10°, Zutropfen zu $NaNO_2$–konz. H_2SO_4–Eisessig bei —2 bis —4° in 2 Std., 1½std. Rühren bei 0°, Zugeben zu NaJ, J_2 u. Harnstoff in W./Chlf. in 10 Min., 1std. Rühren, Entfernen von überschüssigem J_2 aus der Chloroformphase mit Na_2SO_3 u. SO_2, Einengen u. Extrahieren mit Bzl.; 24 mg. — *3-Methoxy-4.6-diacetamidobenzoesäureanhydrid*, $C_{24}H_{26}O_9N_4$, F. 215—216° (unkorr.; Bzl.–n-Hexan u. Äthylacetat), durch kurzes Erhitzen des Rohprod. der katalyt. Red. von **III** mit **II** auf dem Wasserbad, 16std. Stehen bei Raumtemp. u. Einengen bei 65° unter Zugabe von Bzl.; hellgelbe, prismat. Nadeln. — *3-Methoxy-2.6-dijodbenzoesäure*, $C_8H_6O_3J_2$, F. 137 bis 138° (Bzl. u. Bzl.–PAe.), aus 100 mg **X** mit KOH/$KMnO_4$ in 3 Std. bei 50°; Platten; 70 mg. — *N-Acetyl-β-[3-(p-nitrobenzyloxy)-4.6-dijodphenyl]-DL-alanin*, $C_{18}H_{16}O_6N_2J_2$, F. 124—126° u. nach Wiederverfestigung F. 229—230°, durch Zugeben von **XI** zu **IV** in n-NaOH bei Wasserbadtemp. in 5 Min. unter Rühren, Zugeben von absol. A. nach 15 Min., 15 Min. Kochen → *Na-Salz-3,5-hydrat* ($C_{18}H_{15}O_6N_2J_2Na \cdot 3,5H_2O$, F. 254—255° [W.], Nadeln; 0,5 g), das mit n-HCl behandelt wird; sehr hygroskop.; 0,3 g. *Äthylester*, $C_{20}H_{20}O_6N_2J_2$, F. 215° (A.), durch 9std. Kochen mit p-Toluolsulfonsäuremonohydrat (**V**), Chlf. u. absol. A. unter Entfernung des W.; prismat. Nadeln. — *N-Acetyl-β-[3-(p-toluolsulfonyloxy)-4.6-dijodphenyl]-DL-alaninäthylester*, $C_{20}H_{21}O_6NJ_2S$, F. 133—134° (Bzl.–PAe.) u. F. 91—92° (instabile Form?), durch 12std. Kochen von 0,8 g **IV** u. **V** in absol. A. u. Chlf., Einengen, 1std. Kochen des *Äthylesters* in Aceton mit **VIII** u. nNaOH, Einengen u. Aufnehmen in Äthylacetat; 0,35 g. — *β-[3-Oxydinitrophenyl]-DL-alanin* (**VIa**), $C_9H_9O_7N_3$, F. 234° (Zers.; unkorr.; W.), durch Zugeben von konz. H_2SO_4 zu 4 g **XII** in W. bei 0—5°, dann von HNO_3 bei —5°, 35 Min. Rühren, Gießen auf Eiswasser, Fällen von SO_4^{2-} mit $Ba(OH)_2 \cdot 8H_2O$, Einstellen auf p_H 6,0—6,5, Einengen, fraktionierte Kristallisation der *Ba-Salze des Isomerengemisches*, Behandeln mit nH_2SO_4 u. Einengen; hellbraune Nadeln; 1,6 g. *N-Acetylderiv.*, $C_{11}H_{11}O_8N_3$, F. 200—201° (W.), hellgelbe Prismen; *Äthylester*, $C_{13}H_{15}O_8N_3$, F. 145—146° (Äthylacetat), mit **V** in 10 Std.; hellgelbe prismat. Nadeln; 80%. *Isomere Verb.* **VIb**, F. 235—236° (Zers.; unkorr., W.), gelbe stäbchenförmige Prismen; 0,8 g. *Monohydrat*, $C_9H_9O_7N_3 \cdot H_2O$, F. 226—227°, prismat. Nadeln. *N-Acetylderiv.*, F. 210—211° (W.), gelbe Prismen. *Isomere Verb.* **VIc**, F. 197° (Zers.), hellgelbe Prismen; 0,3 g. *N-Acetylderiv.*, F. 194—195° (W.), durch Acetylierung eines Gemisches von **VIb** u. **VIc** in Äthylacetat u. fraktionierte Kristallisation; Kristallbüschel. — *β-[3-Methoxydinitrophenyl]-DL-alanin*, $C_{10}H_{11}O_7N_3$, F. 234—235° (Zers.; unkorr.; W.), durch Stehen von 150 mg N-Acetyl-**VIa** in Dioxan mit CH_2N_2 bei 29—30° über Nacht u. Einengen → *Methylester* ($C_{13}H_{15}O_8N_3$, F. 128—129° [Bzl.–PAe.], hellgelbe prismat. Nadeln; 134 mg), der 5 Std. mit nH_2SO_4 gekocht wird; Nadeln. 2std. Erhitzen von 45 mg mit KOH/$KMnO_4$ auf 50—55°, 16std. Stehen bei Raumtemp., Filtrieren, Einstellen auf p_H 6,9 mit HCl, Behandeln mit Amberlite IR-120, Einengen u. Extrahieren mit Bzl. → *3-Methoxy-2.6-dinitrobenzoesäure* (F. 202—203° [Bzl. oder Bzl.–PAe.], hellgelbe Nadeln; 12 mg). *Isomere Verb.*, F. 231—232° (Zers.; unkorr.; W.), analog aus 142 mg N-Acetyl-**VIb** über dessen *Methylester* (**VII**; F. 172—173° [CH_3OH], prismat. Nadeln; 65 mg); hellgelbe prismat. Nadeln. $KMnO_4$-Oxydation → *3-Methoxy-4.6-dinitrobenzoesäure* (F. 188—189° [Bzl.–PAe.], hellgelbe Nadeln). — *3-Acetamidomethoxyaminohydrocarbostyril*, $C_{12}H_{15}O_3N_3$, F. 245—246° (unkorr.; Äthylacetat oder CH_3OH), a) durch 2½std. Hydrieren von 100 mg **VII** in Äthylacetat in Ggw. von RANEY-Ni bei 25° u. n. Druck, Einengen, Lösen in CH_3OH, Entfernen des abgeschiedenen *N-Acetyl-β-[3-methoxy-4-aminonitrophenyl]-DL-alaninmethylesters* (?, $C_{13}H_{17}O_6N_3$, F. 192—193° [CH_3OH], gelbe Nadeln; 15 mg), Einengen u. Rühren mit Ae.; ~30 mg; b) analog in 24 Std. in

CH_3OH; 40 mg. — *N-Acetyl-β-[3-(p-methoxyphenoxy)-dinitrophenyl]-DL-alaninäthylester*, $C_{20}H_{21}O_9N_3$, F. 135° (A.–PAe.), durch 30 Min. Erhitzen von N-Acetyl-**VIa**-Äthylester mit **VIII** in Pyridin auf 100°, 1std. Erhitzen mit **IX** auf 145—155°, Verdünnen mit Chlf., Einengen bei 90°, Lösen in Chlf. u. Einengen; gelbe prismat. Nadeln; 23%. (J. Amer. chem. Soc. **77**. 4860—64. 20/9. 1955. Bethesda, Md., Nat. Inst. of Health, Nat. Inst. of Arthritis and Metabol. Diseases.) R. PASEDAG. 1350

Carleton W. Roberts und **Vincent du Vigneaud**, *Synthese von β-Sulfo-L-alanyl-L-tyrosin und L-Tyrosyl-L-cysteinsäure und deren Dibromtyrosylanalogen.* Die Synth. von *L-Tyrosyl-L-cysteinsäure* u. *β-Sulfo-L-alanyl-L-tyrosin* (III) durch Oxydation von L-Tyrosyl-L-cystein (I) bzw. L-Cysteinyl-L-tyrosin (II) u. ihre Bromierung zu *Dibrom-L-tyrosyl-L-cysteinsäure* bzw. *β-Sulfo-L-alanyldibrom-L-tyrosin* werden beschrieben. Die UV-Maxima u. R_F-Werte der 6 Dipeptide sowie die Halbwellenpotentiale von I u. II wurden bestimmt.

Versuche (FF. korr.): *L-Cysteinyl-L-tyrosin* (II), $C_{12}H_{16}O_4N_2S$, F. >300°, aus S-Benzyl-N-carbobenzoxycysteinylazid durch Kupplung a) mit O-Benzoyltyrosinäthylester, Hydrolyse zu *S-Benzyl-N-carbobenzoxycysteinyltyrosin* u. Abspaltung der schützenden Gruppen mit Na in fl. NH_3; b) mit Tyrosinäthylester u. Hydrolyse; $[\alpha]_D^{21}$ +15,8° (c = 5 in n HCl). — *L-Tyrosyl-L-cystein* (I), $C_{12}H_{16}O_4N_2S$, F. >300°, nach HARINGTON u. PITT RIVERS (Biochem. J. **38**. [1944.] 417) über *N-Carbobenzoxytyrosyl-S-benzylcysteinäthylester* ($C_{29}H_{32}O_6N_2S$, F. 168,5—169°) u. die *freie Säure* ($C_{27}H_{28}O_6N_2S$, dimorph, F. 162 bis 163° u. 132—133°) daraus; $[\alpha]_D^{21}$ +21,8° (c = 3,6 in 0,5n HCl). — *β-Sulfo-L-alanyl-L-tyrosin* (III), $C_{12}H_{16}O_7N_2S$, F. 223—225° (Zers.), durch Zufügen von II zu 99%ig. HCOOH + 30%ig. H_2O_2 bei —15° u. 40—50 Min. Stehen; $[\alpha]_D^{21}$ +29,2° (c = 2,74 in 0,1n HCl), +21,7° (c = 5 in W.), +37,5° (c = 3,53 in 0,78n NH_4OH; 94% (Ausbeute). — *L-Tyrosyl-L-cysteinsäure*, $C_{12}H_{16}O_7N_2S$, F. 181—183° (Zers.), analog **III** aus **I**; $[\alpha]_D^{21}$ +3,52° (c = 5,67 in 5,5n HCl), + 2,80° (c = 7,14 in W.). —25,9° (c = 2,16 in 0,26n NH_4·OH); 96%. — *β-Sulfo-L-alanyldibrom-L-tyrosin*, $C_{12}H_{14}O_7N_2Br_2S$, F. 263—264° (Zers.), durch Bromierung von **III** in Eisessig (25 Min. bei 20°); $[\alpha]_D^{21}$ +36,6° (c = 2,73 in 0,78n NH_4OH); 95%. — *Dibrom-L-tyrosyl-L-cysteinsäure*, $C_{12}H_{14}O_7N_2Br_2S$, F. 210 bis 212° (Zers.), analog; $[\alpha]_D^{21}$ +14,1° (c = 1,56 in 0,1n HCl), +8,48° (c = 2,43 in W.), —34,0° (c = 3,27 in 0,78n NH_4OH); 93%. (J. biol. Chemistry **204**. 871—75. Okt. 1953. New York, N. Y., Cornell Univ., Med. Coll., Dep. of Biochem.) K. MAIER. 1350

Miroslav Semonský und **Jiří Kuňák**, *Tuberkulostatische Stoffe.* 5. Mitt. *Einige p-Aminozimtsäureester.* (4. vgl. C. **1956**. 1019.) Vff. haben einige *p-Aminozimtsäureester* durch Red. der p-Nitrozimtsäureester dargestellt. Bei 12,5γ/cm³ hemmen diese Ester *in vitro* den Wuchs des Mycobact. tub. H 37 Rv folgendermaßen: *p-Aminozimtsäurephenylester* zu 70%, *-butylester* zu 39% u. *-äthylester* zu 11%.

Versuche: *p-Aminozimtsäureäthylester*, $C_{11}H_{13}O_2N$, F. 68—69°, gelbe Nädelchen aus wss. A., aus p-Nitrozimtsäureäthylester, Fe u. wss. Essigsäure in A.; 80% (Ausbeute). — *p-Aminozimtsäurebutylester*, $C_{13}H_{17}O_2N$, F. 85—86°, gelbliche Nädelchen aus wss. A., analog aus der Nitroverb.; 93%. — *p-Nitrozimtsäurephenylester*, F. 152—153° (Äthylacetat), aus 19,3 g p-Nitrozimtsäure, 11,3 g Phenol, 60 cm³ Nitrobenzol u. 4 cm³ $POCl_3$ (2 Std. bei 130—150° rühren); 18,2 g; 68%. — *p-Aminozimtsäurephenylester*, $C_{15}H_{13}O_2N$, F. 144—145°, gelbliche Nädelchen aus A., aus vorst. Verb., Fe u. wss. Essigsäure in A., neben *p-Aminozimtsäureäthylester*; 57%. (Chem. Listy **47**. 598—600. April 1953. Praha, Výzkum. Ústav pro farmacii a biochem. [Orig.: tschech.]) J. PLEŠEK/Prag. 1750

J. H. P. van Aardt, *Einige Cycloheptatrienderivate.* Bei dem Vers., *Phenylcycloheptatrienylmethanol* (I) über Al_2O_3 zu dehydratisieren, wurde ein Gemisch erhalten, das in *4-Phenylstyrol* (II), *Phenylmethylcycloheptatrien* (?), einen grünen polymeren u. einen dunkelblauen azulenähnlichen KW-stoff getrennt werden konnte. Ähnliche Prodd., mit Ausnahme von **II**, wurden auch aus **I** über Pd-Kohle erhalten. Benzylcycloheptatriencarbonsäureäthylester gab bei der Bromierung u. anschließender HBr-Abspaltung mit Chinolin keine definierten Reaktionsprodukte. Bei der Dehydratisierung des bei der Umsetzung von Diphenylmethylacetat mit Diazoessigester erhaltenen *Methoxymethylesters* entstand *Stilben-4-carbonsäuremethylester* als einziges charakterisierbares Produkt.

Versuche: *Phenylcycloheptatriencarbonsäure*, $C_{14}H_{12}O_2$, F. 155,5° (wss. A.), aus 100 g Diphenyl u. 10 g Diazoessigester bei 120—130°, später bei 160° (2 Std.); hellgelbe Tafeln; 6 g (Ausbeute). — *Phenylcycloheptatrienylmethanol* (I), $C_{14}H_{14}O$, Kp.$_{0,25}$ 140°, aus 10 g vorst. Verb. u. $LiAlH_4$ in Ae.; hellgelbes Öl; 8 g. — *Methylphenylcycloheptatrien* (?) $C_{14}H_{14}$, Kp.$_{0,5}$ 92°, beim Dehydratisieren von I über Al_2O_3 bei 350° oder in Ggw. von Pd-Kohle; hellgelbes Öl. — *Benzylcycloheptatriencarbonsäureäthylester*, $C_{17}H_{18}O_2$, Kp.$_{1,5}$ 156°, aus Diphenylmethan u. Diazoessigester u. anschließende Veresterung. — Die UV-

Absorptionsmaxima der Verbb. sind angegeben. (J. chem. Soc. [London] **1954.** 2965—66. Aug. Pretoria, South African Council for Sci. and Ind. Res., Nat. Chem. Res. Labor.)

H. Gold. 1800

Günter Henseke und **Horst Dalibor,** *Über Osonhydrazone. 5. Mitt. Beiträge zur Kenntnis der Osazonbildung.* (4. vgl. C. **1956.** 1315.) Aus asymm. disubstituierten Hydrazinen u. Benzoin (I) entstehen bei Zimmertemp. Benzilmonohydrazone, die sich auch aus Benzil u. Hydrazinen erhalten lassen. Aus 1 Mol I u. 3 Mol α-Methylphenylhydrazin (II) erhält man dagegen *Benzilmethylphenylosazon,* wenn man die Umsetzung in A./Essigsäure beim Kp. oder besser in 3 Mol Eisessig bei 120° in 2 Std. vornimmt. Stehen die Reaktionspartner dagegen im Molverhältnis 1:1, so entsteht *Tetraphenylpyrazin* (**IV**) unter Bldg. von *Monomethylanilin.* **IV** wird auch aus **I** mit α-Äthyl-α-phenyl-, α.α-Diphenyl- u. α-Benzylphenylhydrazin (**V**) gebildet. 2 Mol Phenylhydrazin geben mit I bei Zimmertemp. das sogenannte *h-Benzoinphenylhydrazon,* F. 162—163°. Aus Benzilmonohydrazonen u. überschüssigem Phenylhydrazin lassen sich — glatt nur in Ggw. von Essigsäure — Benzildihydrazone mit zwei verschied. Hydrazinresten gewinnen. Dabei tritt teilweise Spaltung des Phenylhydrazins in Anilin u. NH_3 auf. Die Hydrazonbindungen werden sehr leicht hydrolysiert; so läßt sich n-Benzoinphenylhydrazon schon in sd. alkoh.-essigsaurer Lsg. zum *Benzilphenylosazon* disproportionieren. — Unter der Voraussetzung, daß sich die aromat. Acyloine bei der Rk. mit Hydrazinen wie Zucker verhalten, darf man annehmen, daß die Osonhydrazone Zwischenprodd. der Osazonbldg. darstellen.

Versuche: *Benzilmonomethylphenylhydrazon* (III), $C_{21}H_{18}ON_2$, F. 83°, durch 24std. Schütteln von 0,02 Mol **I** u. 0,04 Mol **II** in 0,06 Mol Essigsäure enthaltendem A. bei Zimmertemp.; gelbe derbe Kristalle aus A.; 86% (Ausbeute), oder analog, aber mit äquimol. Mengen **I** u. **II**; 84%. — Aus der Mutterlauge von Ansatz a) nach NaOH-Zugabe u. Wasserdampfdest. *Monomethylanilin* [*Monomethylacetanilid,* F. 98°]. — *Benzilmonodiphenylhydrazon* (**VI**), F. u. Misch-F. 107°, durch 36std. Schütteln von 0,02 Mol **I** u. 0,04 Mol α.α-Diphenylhydrazin in 0,06 Mol Eisessig enthaltendem A. bei Zimmertemp.; hellgelbe Stäbchen aus A.; 70%; aus der Mutterlauge durch Wasserdampfdest. *Diphenylamin.* — *Benzilmonobenzylphenylhydrazon* (**VII**), $C_{27}H_{22}ON_2$, F. 92°, aus **I** u. **V** wie vorst. in 24 Std.; große gelbe rhomb. Kristalle aus A.; 72%, oder aus je 0,01 Mol Benzil, **V** u. 0,03 Mol Eisessig in A. in 24 Std.; 77%. — *Benzilmethylphenylosazon,* F. 183°, aus 0,01 Mol **I**, 0,03 Mol **II** u. 0,03 Mol Eisessig a) durch 5std. Erhitzen auf dem Wasserbad in alkoh. Lsg., b) durch 2std. Schmelzen auf 110—120°, anschließend Behandlung mit verd. H_2SO_4 u. Methanol; gelbe Prismen aus n-Butanol; 1 bzw. 2,3 g (roh). — *2.3.5.6-Tetraphenylpyrazin* (**IV**), F. 241°, aus je 0,03 Mol **I** u. **II** in essigsäurehaltigem A. (6 Std. auf dem Wasserbad); Nadeln aus n-Butanol; 36%. Aus der Mutterlauge *Monomethylanilin.* — *h-Benzoinphenylhydrazon,* F. u. Misch-F. 162°, aus 0,02 Mol **I** u. 0,04 Mol Phenylhydrazin in Eisessig/A. in 24 Std. bei Zimmertemp.; Nadeln aus A.; 70%. — *Benzoin-p-bromphenylhydrazon,* $C_{20}H_{17}ON_2Br$, F. 162°, aus **I** u. p-Bromphenylhydrazin wie vorst.; Nadeln aus A.; 65%. — *Benzil-mono-p-bromphenylhydrazon,* $C_{20}H_{15}ON_2Br$, F. 113°, aus je 1 Mol Benzil u. p-Bromphenylhydrazin wie vorst.; gelbe Nadeln aus Alkohol. — *Benzil-N-methyl-N.N'-diphenylosazon,* $C_{27}H_{24}N_4$, F. 209°, durch 3std. Kochen von 0,04 Mol **III** u. 0,08 Mol Phenylhydrazin in Eisessig/A.; gelbe Stäbchen aus Essigester; 87%. Aus der eingeengten alkal. gemachten Mutterlauge *Anilin* (*Acetanilid,* F. 113°). — *Benzil-N.N.N'-triphenylosazon,* $C_{32}H_{26}N_4$, F. 163°, aus **VI** u. Phenylhydrazin wie vorst. bei 5std. Erhitzen; gelbe Stäbchen aus Essigester; 80%. — Aus der Mutterlauge *Anilin.* — *Benzil-N-benzyl-N.N'-diphenylosazon,* $C_{33}H_{28}N_4$, F. 118°, aus **VII** u. Phenylhydrazin wie vorst., gelbe Stäbchen aus Methanol; 70%. Aus der Mutterlauge *Anilin.* — *Benzilphenylosazon,* F. 239°, durch 7std. Kochen von n-Benzoinphenylhydrazon in eisessighaltigem A.; gelbe Kristalle aus A.; 21%. (Chem. Ber. **88.** 521—26. 1955. Greifswald, Univ., Inst. für organ. Chem.)

W. Willenberg. 2370

A. Beelik und **W. H. Brown,** *Synthese und Reaktionen von 1-Chlor-2-isonitrosodibenzoyläthan.* Durch Addition von NOCl an trans-Dibenzoyläthylen entsteht *1-Chlor-2-isonitrosodibenzoyläthan* (**I**). Chem. Verh. [keine Beckmannsche Umlagerung mit PCl_5, keine Rk. mit Benzoylchlorid oder Phenylisocyanat (**II**)] u. Infrarotspektr. sprechen für eine H-Bindung zwischen =NOH u. C=O u. das Vorliegen der syn-Benzoylform. **I** löst sich in Pyridin u. NaOH (Zerfall in *Benzaldehyd* u. *Harze*) mit roter Farbe u. wird von heißer verd. HNO_3 zu *Benzoesäure* oxydiert; es bildet 2 geometr. isomere *2.4-Dinitrophenylhydrazone,* jedoch kein Bis-hydrazon. Das β-Isomere hiervon lagert sich mit HCl in das α-Isomere um. Die Rk. von **I** mit HCl führt zu *3-Benzoyl-4-chlor-5-phenylisoxazol* (**III**), das mit HNO_3 in *3-Benzoyl-4-chlor-5-[p-nitrophenyl]-isoxazol* übergeht. Die Bldg. von **III** aus **I** spricht für eine ursprüngliche anti-Benzoylform von **I**;

zur Erklärung des Widerspruchs nehmen Vff. Umlagerung der stabilen syn- in die labile anti-Form vor dem Ringschluß an. III bildet ein *2.4-Dinitrophenylhydrazon* u. ein *Oxim*, dessen Isoxazolstruktur durch das Ausbleiben der Rk. mit NH_2OH u. 2.4-Dinitrophenylhydrazin bzw. die Bldg. eines *Deriv.* mit II bewiesen wird.

Versuche (FF. korr.): *1-Chlor-2-isonitrosodibenzoyläthan* (I), $C_{16}H_{12}O_3NCl$, F. 131—133° (Bzl.–Hexan u. W.–Methanol), aus trans-Dibenzoyläthylen in Dioxan, Amylnitrit u. konz. HCl innerhalb 2 Std. (48 Std. stehen); 73% (Ausbeute); beim 7std. Erhitzen von 0,5 g I mit 25%ig. HNO_3 entstehen 0,264 g *Benzoesäure*, F. 122—123°; die rote Suspension in 2,8%ig. NaOH liefert nach Wasserdampfdest. *Benzaldehyd. Mono-2.4-dinitrophenylhydrazon*, *α-Isomeres*, $C_{22}H_{16}O_6N_5Cl$, F. 211—212°, in A.–H_2SO_4 (über Nacht bei 3—4°); amorpher orangefarbener Körper aus Bzl.–Hexan; *β-Isomeres*, F. 182—183° (Zers.), analog, aber bei Zimmertemp.; orangefarbene Nadeln aus Bzl.–Hexan, geht bei 7std. Kochen mit konz. HCl in das α-Isomere über. — *3-Benzoyl-4-chlor-5-phenylisoxazol* (III), $C_{16}H_{10}O_2NCl$, F. 56—57°, aus I durch 5std. Kochen mit wss. HCl; feine Nadeln aus W.–A.; 92%. *2.4-Dinitrophenylhydrazon*, $C_{22}H_{14}O_5N_5Cl$, F. 203—204°, amorpher orangefarbener Körper. *Oxim*, $C_{16}H_{11}O_2N_2Cl$, F. 152—153°, Nadeln aus Toluol–Hexan; 75%; wird beim Kochen mit konz. HCl hydrolysiert; gibt mit II *Verb.* $C_{23}H_{16}O_3N_3Cl$, F. 148—149°, aus A.–W. Nadeln. — *3-Benzoyl-4-chlor-5-[p-nitrophenyl]-isoxazol*, $C_{16}H_9O_4N_2Cl$, F. 190—191° (W.–Dioxan), aus 0,5 g III u. 70%ig. HNO_3; 0,06 g. (Canad. J. Chem. **32**. 288—97. März 1954. Guelph, Ontario, Can., Agricult Coll., Dep. of Chem.) R. Gompper. 2370

V. Boekelheide und **A. P. Michels**, *Cumarine als mögliche synthetische Zwischenprodukte.* Die von Pechmannsche Cumarinsynth. ist eine bequeme Meth. zur Darst. von aromat. Verbb. mit alicycl. Substituenten, da der Lactonring leicht aufgespalten werden kann. Diese können Ausgangsverbb. zur Synth. gewisser Naturstoffe sein. — *2-[2-Methoxy-4-methylphenyl]-* u. *2-[2.4-Dimethoxyphenyl]-cyclohexencarbonsäure-(1)-methylester* können nicht durch Äthylcyanacetat zur Michael-Kondensation veranlaßt werden, was die Begrenzung dieser Kondensationsart bei stark substituierten Moll. zeigt. Die Möglichkeit, aus Cumarinderivv. Colchicinanaloga zu gewinnen, versuchen Vff. durch Nitrierung von Vanillin, Kondensation mit Malonester u. Red. zu *Methyl-3.4-dimethoxy-5-aminohydrocinnamat*, jedoch ließ sich dieses nicht durch Diazotierung zu 3.4-Dimethoxy-5-oxyhydrozimtsäuremethylester verkochen, so daß die beabsichtigte Kondensation mit Cycloalkanoncarbonsäure-(2)-methylester nicht ausgeführt werden konnte.

Versuche: *2-[2-Methoxy-4-methylphenyl]-cyclohexencarbonsäure-(1)-methylester*, $C_{16}H_{20}O_3$, $Kp._5$ 165—175°, durch langsames Zufügen von $(CH_3)_2SO_4$ bei 50° zu einer Lsg. von 3-Methyl-7.8.9.10-tetrahydrodibenzopyron-(6) in CH_3OH + 20%ig. wss. NaOH, Ausäthern u. Dest.; hellgelbes Öl; n_D^{27} 1,5465; 62% (Ausbeute). *Freie Säure*, $C_{15}H_{18}O_3$, F. 175—176°, Kristalle (wss. A.). — *2-[2.4-Dimethoxyphenyl]-cyclohexencarbonsäure-(1)-methylester*, $C_{16}H_{20}O_4$, $Kp._5$ 175—180°, wie vorst. aus 3-Oxy-7.8.9.10-tetrahydrodibenzopyron-(6); 39%. Beide Verbb. lassen sich nicht mit Äthylcyanacetat nach Michael kondensieren; HCN wird auch nicht angelagert. — *3-Methoxy-4-oxy-5-nitrozimtsäure*, $C_{10}H_9O_6N$, F. 230—231°, durch 3std. Erwärmen von 5-Nitrovanillin, Malonsäure, etwas Piperidin u. Pyridin, Gießen auf Eis + konz. HCl, hellgelbe Kristalle aus A.; 91%. — *3-Methoxy-4-oxy-5-aminozimtsäure*, $C_{10}H_{11}O_4N$, F. 185—186°, aus vorst. Verb. in A. durch Raney-Hydrierung bei 3 at (3 Mol H_2-Aufnahme in 90 Min.), Filtrieren u. Einengen; 95%; Darst. von 3-Methoxy-4.5-dioxyzimtsäure hieraus durch Diazoverkochen lieferte zähe Harze; Raney-Hydrierung in Ggw. von Basen zur entsprechenden Hydrozimtsäure blieb erfolglos. — *Methyl-3.4-dimethoxy-5-nitrocinnamat*, $C_{12}H_{13}O_6N$, F. 105 bis 106°, aus der Säure u. methanol. HCl, cremefarbene Kristalle aus CH_3OH; 48%. — *Methyl-3.4-dimethoxy-5-aminohydrocinnamathydrochlorid*, $C_{12}H_{18}O_4NCl$, F. 208—209° (Zers.), aus vorst. Verb. in Methylacetat durch Hydrieren bei Unterdruck mit Adams-Katalysator, Filtrieren u. Abdampfen, Aufnehmen in Ae. u. Einleiten von HCl; hygroskop. Kristalle; 92%; läßt sich nicht über das Diazoniumsalz in 3.4-Dimethoxy-5-oxyhydrozimtsäuremethylester verwandeln. (J. Amer. chem. Soc. **74**. 256—57. 5/1. 1952. Rochester, N. Y., Univ., Dep. of Chem.) H. Lehwald. 2450

Gordon N. Walker, *Stobbe-Kondensation von 3.4.5-Trimethoxybenzaldehyd mit 3.4-Methylendioxybenzylbernsteinsäurediäthylester.* Nach einer früher beschriebenen Meth. (vgl. Horning u. Walker, C. **1954**. 1237) wird die Kondensation in Ggw. von Na-Äthylat ausgeführt. Einige Umwandlungsprodd. der erhaltenen *α-[3.4-Methylendioxybenzyl]-α'-[3.4.5-trimethoxybenzyliden]-bernsteinsäure* (I) werden beschrieben. Das *Kondensationsprod.* aus Bernsteinsäurediäthylester (II) u. Zimtaldehyd wird beschrieben.

Versuche (FF. korr.): *α-[3.4-Methylendioxybenzyl]-α'-[3.4.5-trimethoxybenzyliden]-bernsteinsäure* (I), $C_{22}H_{22}O_9$, F. 162—164° (Essigester), aus *3.4-Methylendioxy-*

benzylbernsteinsäurediäthylester [durch STOBBE-Kondensation von II mit Piperonal, Hydrierung u. Veresterung], Trimethylgallusaldehyd (3.4.5-Trimethoxybenzaldehyd) u. $NaOC_2H_5$ in sd. A. (3 Std.) u. Verseifen durch weiteres Kochen nach Zugabe von W.; 17% (Ausbeute). *Anhydrid*, $C_{22}H_{20}O_8$, F. 117—119° (A.), mit sd. Essigsäureanhydrid; gelbe Kristalle. *α-Äthylester*, $C_{24}H_{26}O_9$, F. 148—150° (Cyclohexan–Essigester), hellgelbe Kristalle. — *α-[3.4-Methylendioxybenzyl]-α'-[3.4.5-trimethoxybenzyl]-bernsteinsäure*, $C_{22}H_{24}O_9$, F. 195—196,5° (Essigester), durch Hydrieren von 2 g I in Eisessig über 8%ig. Pd-Kohle bei 75° unter 40 lbs./sq.in. H_2 (1½ Std.); 1 g. — *Cinnamylidenbernsteinsäure*, $C_{13}H_{12}O_4$, F. 218—220° (Essigester), aus II u. Zimtaldehyd analog I. *Anhydrid*, $C_{13}H_{10}O_3$, F. 178—179,5°, mit Polyphosphorsäure bei 90°; gelbe Kristalle. *α-Äthylester*, $C_{15}H_{16}O_4$, F. 189—190,5° (Methanol). — *β-Carboxy-ε-phenylcapronsäure*, $C_{13}H_{16}O_4$, F. 108—110° (Cyclohexan–Essigester), aus vorst. Anhydrid durch Hydrierung. *Anhydrid*, $C_{13}H_{14}O_3$, F. 66,5—69°. — Die Infrarotabsorptionsmaxima aller Verbb. sind angegeben. (J. Amer. chem. Soc. **76**. 6205—06. 5/12. 1954. Bethesda, Md., Nat. Insts. of Health, Nat. Heart Inst., Labor. of Chem. of Natural Prodd.) H. GOLD. 2450

Germaine Benoit und **Roger Delavigne**, *Aminoalkylderivate des Benzhydrylamins.* Zur Unters. auf ihre spasmolyt. Wirksamkeit werden die Verbb. $(C_6H_5)_2CHNH(CH_2)_n \cdot N(C_2H_5)_2$ mit n = 2—6 dargestellt, u. zwar durch Rk. von Diäthylaminoalkylchloriden mit Benzhydrylamin (I; nur bei n = 2 u. 3 verwendbar, da bei höheren Gliedern Cyclisierung eintritt), durch Rk. von Diäthylaminoalkylaminen mit Diphenylbrommethan (allg. anwendbar) u. durch Rk. von Diäthylaminoalkylaminen mit aromat. Aldehyden zu SCHIFF*schen Basen*, $C_6H_5CH{=}N(CH_2)_nN(C_2H_5)_2$, u. Rk. mit Aryl–MgBr (zur Darst. kernsubstituierter Diphenylaminderivv. geeignet). Die pharmakol. Unters. zeigte, daß alle Verbb. weniger spasmolyt. wirksam sind als die in den früheren Mitteilungen (vgl. Ann. pharmac. franç. **10**. [1952.] 181 u. C. **1951**. II. 1627) dargestellten analogen Derivv. des Diphenylmethans, ihre Wrkg. jedoch länger anhält. — *1-Diäthylamino-2-diphenylmethylaminoäthan*, Kp. 245—246°, a) aus Diäthylaminoäthylchlorid (II) u. I durch Erhitzen unter Verschluß, 15 Std. bei 100° u. 6 Std. bei 110°; 50% (Ausbeute); b) durch 15std. Erhitzen von Diphenylmethylbromid u. Diäthylaminoäthylamin (III) unter Verschluß auf 130°; 61%; c) aus III u. Benzaldehyd in Bzl. in 40 Std. zu $(C_2H_5)_2NCH_2 \cdot CH_2N{=}CHC_6H_5$ ($Kp._{20}$ 151—153°; 68%), 10std. Kochen mit Phenyl–MgBr in Ae. u. Zers. mit NH_4Cl; 52%. *Dihydrochlorid*, F. 245° (A.–Ae.). — *1-Diäthylamino-3-diphenylmethylaminopropan*, $Kp._{18}$ 219—221°, aus I u. Diäthylaminopropylchlorid bei 110° unter Verschluß; 52%. *Dihydrochlorid*, F. 182° (MAQUENNE-Block; Zers.; A.–Ae.). — *1-Diäthylamino-4-diphenylmethylaminobutan*, $Kp._{0,2}$ 193—195°, aus Benzaldehyd u. 1-Diäthylamino-4-aminobutan zur SCHIFF*schen Base* ($Kp._4$ 175—177°; 65,6%) u. 10std. Erhitzen mit Phenyl–MgBr in Xylol auf 100°; 61,5%. *Dihydrochlorid*, F. 202° (A.–Ae.–Äthylacetat). Bei Verwendung von Diäthylaminobutylbromid tritt Cyclisierung zu *N-Äthylpyrrolidin* ein. Die Kondensation von I mit 1-Phenoxy-4-brombutan ergibt *1-Phenoxy-4-diphenylmethylaminobutanhydrobromid*, dessen Hydrochlorid bei 130° mit HCl unter Verschluß entphenoxyliert u., mit Diäthylamin behandelt, *N-Diphenylmethylpyrrolidin* (?) liefert. — *1-Diäthylamino-5-diphenylmethylaminopentan*, $Kp._{18}$ 245—250°, a) aus Diphenylmethylbromid u. 1-Diäthylamino-5-aminopentan (IV) unter Verschluß in 15 Std. bei 130°; 45%; b) aus IV u. Benzaldehyd zur SCHIFF*schen Base* ($Kp._{15}$ 184 bis 185°; 80%) u. Rk. mit Phenyl–MgBr; 60%. *Dihydrochlorid*, F. 218°. — *1-Diäthylamino-6-diphenylmethylaminohexan*, $Kp._{0,3}$ 210—214°, aus *1-Diäthylamino-6-aminohexan* ($Kp._{17}$ 109—115°, durch katalyt. Red. von 5-Diäthylaminocapronitril über RANEY-Ni; 73%) u. Benzaldehyd zur SCHIFF*schen Base* ($Kp._{15}$ 191—193°; 61%) u. Rk. mit Phenyl–MgBr; 50%. *Dihydrochlorid*, F. 230°. — *1-Diäthylamino-10-diphenylmethylaminodecan, Dihydrochlorid*, F. 308° (absol. A.), durch 15std. Erhitzen von 1-Diäthylamino-10-chlordecan mit I in Bzl. unter Verschluß. — *1-Diäthylamino-2-diphenyläthylaminoäthan*, $Kp._4$ 200—205°, aus II u. β.β-Diphenyläthylamin in 15 Std. bei 115° unter Verschluß; zeigt nur geringe pharmakol. Wirkung. (Ann. pharmac. franç. **11**. 354—61. Mai 1953. Paris, Inst. Pasteur, Labor. de Chim. Thérapeutique.) H. LEHWALD. 2510

A. A. Sprysskow, *Untersuchung der Sulfurierungsreaktion.* 22. Mitt. *Gewinnung von Naphthalintrisulfochloriden.* (21. vgl. C. **1956**. 816.) Bei der Sulfochlorierung von Naphthalin-1.6- oder -2.7-disulfochlorid bei 125° mit $ClSO_3H$ wird *Naphthalin-1.3.6-trisulfochlorid* erhalten. In analoger Weise wird Naphthalin-2.6-disulfochlorid zu *Naphthalin-1.3.7-trisulfochlorid* (I) sulfochloriert. Je größer der Überschuß an $ClSO_3H$ ist u. je reiner sie ist (mehrfache Dest.), desto größer sind die Ausbeuten an den Trisulfochloriden. Bei der Sulfochlorierung von Naphthalin-1.7-disulfochlorid entsteht neben I vorwiegend das *1.3.5-Trisulfochlorid* (II). Höhere Reaktionstemp. (150°) begünstigt hierbei die Bldg. von II. Naphthalin-1.3-disulfochlorid reagiert mit $ClSO_3H$ ebenfalls unter Bldg. eines

Gemischs von mindestens 3 isomeren Naphthalintrisulfochloriden, unter denen II überwiegt. Werden die naphthalindisulfonsauren Salze an Stelle der Disulfochloride sulfochloriert, so werden die gleichen Trisulfochloride erhalten, jedoch sind die Ausbeuten geringer. Eine Isomerisation der Naphthalindi- u. -trisulfonsäuren oder ihrer Chloride in $ClSO_3H$ findet bis 150° nicht statt. Es wird festgestellt, daß die Geschwindigkeit der Sulfochlorierung durch einen Zusatz von H_2SO_4 (bis 12%) zu der $ClSO_3H$ nicht beschleunigt wird. Die Sulfochlorierung mit Pyrosulfurylchlorid ($S_2O_5Cl_2$) verläuft erheblich langsamer als mit $ClSO_3H$. Bei größerer Reaktionsdauer wird zwar die Ausbeute an den Trisulfochloriden erhöht, doch werden die Verbb. infolge Bldg. von Nebenprodd. in stärker verunreinigter Form erhalten. Dagegen erhöht ein Zusatz von $S_2O_5Cl_2$ zu $ClSO_3H$ (1:10) die Ausbeute an Trisulfochloriden gegenüber der Anwendung von reiner $S_2O_5Cl_2$ beträchtlich. — *Naphthalin-1.3.6-trisulfochlorid*, F. 195—196°, a) durch 3std. Erhitzen von Naphthalin-1.6- oder -2.7-disulfochlorid mit $ClSO_3H$ (1:14,5 Mol) auf 125° u. Gießen auf Eis; 87,5 bzw. 92,5% (Ausbeute); b) aus den entsprechenden sulfonsauren Salzen mit $ClSO_3H$ (1:25), 2 Std. bei 149°; 78,8%. — *Naphthalin-1.3.7-trisulfochlorid* (I), F. 164—165°; 92,8%. (Журнал Общей Химии [J. allg. Chem.] 22 (84). 661—67. April 1952. Iwanowo, Chem.-Technolog. Inst., Lehrstuhl für organ. Chem.)

G. Froelich. 2700

A. A. Sprysskow und **N. W. Aparjewa,** *Untersuchung der Sulfurierungsreaktion.* 23. Mitt. *Herstellung der Säurechloride und anderer Derivate der Naphtholdisulfonsäuren.* (22. vgl. vorst. Ref.) Aus dem Na-Salz der 1-Naphthol-4.8-disulfonsäure (I) u. Chlorsulfonsäure (II) entsteht *1.8-Naphthosulton-4-sulfochlorid* (III), daraus mit NH_3 je nach den Versuchsbedingungen I-*Diamid* oder das *Ammoniumsalz* von I. Mit Anilin bildet III *1.8-Naphthosulton-4-sulfanilid* (IV) oder das *Aniliniumsalz* des *1-Naphthol-8-sulfonsäure-4-sulfanilids.* Durch Lösen von IV in KOH u. Ansäuern mit HCl erhält man das *K-Salz* vorst. Säure. Aus dem Na-Salz der 1-Naphthol-3.8-disulfonsäure (V) u. II erhält man *1.8-Naphthosulton-3-sulfochlorid* (VI) u. daraus mit NH_3 V-*Diamid,* mit Anilin *1.8-Naphthosulton-3-sulfanilid.* Das Na-Salz der 2-Naphthol-6.8-disulfonsäure (VII) bildet mit II bei <78° VII-*Dichlorid.* Daraus erhält man mit NH_3 VII-*Diamid.* Aus dem Na-Salz von 2-Naphthol-3.6-disulfonsäure (VIII) u. II entsteht bei 60—100° *2-Naphthol-1.3.6-trisulfochlorid.* Diese Verb. kann auch aus 2-Naphthol-6-sulfonsäure über 2-Naphthol-1.6-disulfochlorid (IX) erhalten werden.

Versuche: *1.8-Naphthosulton-4-sulfochlorid* (III), $C_{10}H_5O_5S_2Cl$, F. 197°, aus dem Na-Salz von I u. II; 24 Std. bei 20°; aus Bzl. + Ae. Kristalle; die beste Ausbeute (64,2%) wird bei einem Verhältnis von 10 Mol II auf 1 $-SO_3Na$ erzielt. — *1-Naphthol-4.8-disulfonsäure* (I), *Diamid,* F. 170—210°; durch 1std. Einleiten von trockenem NH_3 in eine 3—5%ig. Lsg. von III in Bzl.; durch Umfällen mit HCl aus Lauge oder NH_3 Kristalle; ist nicht einheitlich oder enthält Kristallwasser. Wird erst bei 60—70° durch 10%ig. Lauge hydrolysiert, *Ammoniumsalz,* F. 275—277°; durch 2tägiges Stehen von III in NH_3 oder durch Hydrolyse von III in verd. A.; aus W. Plättchen. — *1.8-Naphthosulton-4-sulfanilid* (IV), $C_{16}H_{11}O_5NS_2$, F. 145°; man erhitzt 1 Mol III mit 4 Mol $C_6H_5NH_2$ in Bzl. 4 Std. auf 70°, dann 3 Std. auf 30—40°; aus A. silberglänzende Schuppen; 30 bis 40% (Ausbeute). — *1-Naphthol-8-sulfonsäure-4-sulfanilid, Aniliniumsalz,* $C_{22}H_{20}O_6N_2S_2$, F. 197°; analog Vorst., aber durch Eindampfen der benzol. Lsg., Lösen des Rückstandes in Lauge u. Ansäuern mit HCl; aus W. Kristalle. *K-Salz,* $C_{16}H_{12}O_6NS_2K$, F. 321—322°; durch Lösen von IV in KOH u. Ansäuern mit HCl; aus W. Kristalle. — *1.8-Naphthosulton-3-sulfochlorid* (VI), $C_{10}H_5O_5S_2Cl$, F. 187—188°; aus dem Na-Salz von V u. II; 24 Std. bei Zimmertemp.; man zers. mit Eis; aus Dichloräthan Kristalle; 86,5% (maximale Ausbeute bei 10,8 Mol II auf 1 $-SO_3Na$. — *1-Naphthol-3.8-disulfonsäure* (V), *Diamid,* $C_{10}H_{10}O_5N_2S_2$, F. 226—227°; durch Einleiten von trockenem NH_3 in eine 3—5%ig. Lsg. vorst. Verb. in Bzl. u. Umfällen mit HCl aus Lauge. — *1.8-Naphthosulton-3-sulfanilid,* $C_{16}H_{11}O_5NS_2$, F. 220—221°; aus einer Lsg. von 3,5 g VI in 100 ml Bzl. u. 4,05 g $C_6H_5NH_2$ durch leichtes Erwärmen; aus A. Kristalle. — *2-Naphthol-6.8-disulfonsäure* (VII), *Disulfochlorid,* F. 157°; aus 20 g des Na-Salzes von VII u. 100 ml II durch 2std. Erhitzen auf nicht >78° (bei >78° entsteht das Trisulfochlorid); durch Umfällen aus Bzl. mit Bzn. Kristalle; 73%. *Diamid,* durch Einleiten von trockenem NH_3 in eine Lsg. vorst. Verb. in Benzol. — *2-Naphthol-1.3.6-trisulfochlorid,* $C_{10}H_5O_7S_3Cl_3$, F. 175°; aus 4 g des Na-Salzes von VIII u. 100 ml II; 2 Std. bei 100°; aus Dichloräthan Kristalle; 57,5%. Auch durch 2std. Erhitzen von 2,2 g IX mit 9 ml II auf 100°. (Журнал Общей Химии [J. allg. Chem.] 22 (84). 1624—31. Sept. 1952.) U. Wörffel. 2700

Ahmed Mustafa und **Mohamed Ibrahim Ali,** *Die Chemie der Sultame.* 1. Mitt. *Friedel-Crafts-Reaktionen von 1.8-Naphthosultam und seinen Derivaten. Die Umlagerung von N.N-Bis-[p-toluolsulfonyl]-anilin, N-Acyl- und N-Arylsulfonyl-1.8-naphthosultam-*

derivaten. 1.8-Naphthsultam (I) u. sein N-Methylderiv. (II) reagieren mit Acetyl-, Benzoyl-, p-Nitrobenzoyl-, Benzolsulfonyl- u. p-Toluolsulfonylchlorid in Ggw. von $AlCl_3$ unter Bldg. der 4-Acylderivate. *N-Benzolsulfonyl-1.8-naphthsultam* (III) gibt bei Acylierungs-Rkk. unter Eliminierung der Benzolsulfonylgruppe die 4-Acylderivv. von I. N-acylierte Derivv. von I geben in Ggw. von $AlCl_3$ durch Wanderung der Acylgruppe die 4-Acylderivv. von I. Eine analoge Wanderung der Arylsulfongruppe wurde bei N.N-Bis-[p-toluolsulfonyl]-anilin (IV) u. N-Arylsulfonyl-1.8-naphthsultamen beobachtet. IV gibt beim Erhitzen mit $AlCl_3$ u. folgender Hydrolyse mit H_2SO_4 *p-Aminophenyl-p-tolylsulfon.* Günstige Ergebnisse wurden nur bei Verwendung von 2,5 Äquivalenten $AlCl_3$ erzielt. Beim Erhitzen von III mit Nitrobenzol oder Anilin tritt therm. Wanderung der Benzolsulfonylgruppe zur 4-Stellung ein. Beim Kochen von III mit Anilin wurden neben *4-Benzolsulfonyl-1.8-naphthsultam* I u. *Benzolsulfanilid* isoliert. Farb-Rkk. der Naphthsultame mit H_2SO_4 werden angegeben.

Versuche: 1.8-Naphthsultame: *N-Acetyl-* (V), $C_{12}H_9O_3NS$, F. 188 bis 189° [Essigsäure (E.)], aus I in Pyridin u. Acetylchlorid bei 0° u. 3 Std. Stehen bei Raumtemp.; 78% (Ausbeute). — *N-Benzoyl-* (VI), $C_{17}H_{11}O_3NS$, F. 155—156° (E.), aus I in Pyridin u. Benzoylchlorid durch 1std. Erhitzen auf dem Wasserbad; 83%. — *N-Benzolsulfonyl-* (III), $C_{16}H_{11}O_4NS_2$, F. 196° (Chlf.), aus I u. Benzolsulfochlorid analog VI; 89%. — *N-[p-Toluolsulfonyl]-* (VII), $C_{17}H_{13}O_4NS_2$, F. 208—209° (Chlf.), aus I u. Tosylchlorid; 87%. — *N-[p-Nitrobenzoyl]-* (VIII), $C_{17}H_{10}O_5N_2S$, F. 203° (Chlf.), aus I u. p-Nitrobenzoylchlorid; 83%. — *4-Acetyl-* (IX), $C_{12}H_9O_3NS$, F. >300° [Nitrobenzol (Nb.)], a) aus I u. Acetylchlorid in Nb. in Ggw. von $AlCl_3$ (1 Std. bei 60—70°, 4 Std. bei 100°); 62%; b) aus V in Nb. in Ggw. von $AlCl_3$ durch 4std. Erhitzen auf dem Wasserbad; 52%. — *4-Benzoyl-*, $C_{17}H_{11}O_3NS$, F. 228—230° (E.), aus I u. Benzoylchlorid nach a); 72%; oder aus VI in Nb. in Ggw. von $AlCl_3$ durch 4std. Erhitzen auf dem Wasserbad; 58%. — *4-[p-Nitrobenzoyl]-*, $C_{17}H_{10}O_5N_2S$, F. 268—269° (Nb.), aus I u. p-Nitrobenzoylchlorid nach a); 57%; oder aus VIII in Nb. in Ggw. von $AlCl_3$, 1 Std. bei 130°; 75%. — *4-Benzolsulfonyl-*, $C_{16}H_{11}O_4NS_2$, F. 259—260° (Nb.), aus I u. Benzolsulfochlorid nach a); 59%; oder aus III in Nb. in Ggw. von $AlCl_3$, 4 Std. auf dem Wasserbad oder 1 Std. bei 130°; 56 bzw. 71%; oder aus III in Ggw. von $AlCl_3$, 1 Std. bei 130°; 43%; oder aus III in Nb. durch 10std. Kochen; 30%; oder aus 4 g III in Anilin durch 8std. Kochen; 0,93 g; daneben I u. *Benzolsulfanilid.* — *4-[p-Toluolsulfonyl]-* (X), $C_{17}H_{13}O_4NS_2$, F. 277 bis 279° (Nb.), aus I u. Tosylchlorid nach a); 55%; oder aus VII in Nb. in Ggw. von $AlCl_3$, 1 Std. bei 130°; 68%. — *N-Methyl-4-acetyl-*, $C_{13}H_{11}O_3NS$, F. 145—146° (E.), aus II u. Acetylchlorid nach a); 63%; oder aus 1 g IX u. Dimethylsulfat in NaOH; 0,62 g. — *N-Methyl-4-benzoyl-*, $C_{18}H_{13}O_3NS$, F. 193—194° (E.), aus II u. Benzoylchlorid nach a); 75%. — *N-Methyl-4-[p-nitrobenzoyl]-*, $C_{18}H_{12}O_5N_2S$, F. 223—225° (E.), analog vorst. Verb.; 78%. — *N-Methyl-4-[p-chlorbenzoyl]-*, $C_{18}H_{12}O_3NClS$, F. 185—186° (E.), analog; 82%. — *N-Methyl-4-benzolsulfonyl-*, $C_{17}H_{13}O_4NS_2$, F. 209—210° (E.), analog; 67%. — *N-Methyl-4-[p-toluolsulfonyl]-*, $C_{18}H_{15}O_4NS_2$, F. 232—234° (Nb.), analog; 63%; oder aus X u. Dimethylsulfat in NaOH; 75%. — *N-Methyl-4-succinoyl-*, $C_{15}H_{13}O_5NS$, F. 213 bis 214° (Nb.), analog; 58%. — *p-Aminophenyl-p-tolylsulfon*, F. 181° (Bzl.–PAe.), aus 2 g IV u. $AlCl_3$ durch 1std. Erhitzen auf 130° u. Hydrolyse mit 70%ig. H_2SO_4 (6std. Kochen); 0,5 g. (J. Amer. chem. Soc. **77**. 4593—96. 5/9. 1955. Cairo, Univ., Fac. of Sci., Dep. of Chem.) H. Bertsch. 2700

J. M. Lyons und **R. H. Thomson,** *Chinone.* 3. Mitt. *Additionsreaktionen von in 6-Stellung substituierten 1.4-Naphthochinonen.* (2. vgl. C. **1955**. 2191.) Die Anlagerung von Anilin (I), Acetanhydrid (II), p-Thiokresol (III) u. Br_2 an 6-Oxy- (IV), 6-Acetoxy- (V), 6-Methyl- (VI), 6-Chlor- (VII) u. 6-Acetamido-1.4-naphthochinon (VIII) wird untersucht u. die Konst. der Prodd. ermittelt. Der Substituent hat einen deutlichen Einfl. auf den Verlauf der Rk.; mit I bzw. Br_2 bildet sich jeweils nur ein Isomeres, u. zwar entstehen aus IV, V, VI u. VIII die *2-Anilinoderivv.*, aus VII das *3-Anilinoderiv.* bzw. aus IV u. V die *2-Brom-*, aus VI, VII u. VIII die *3-Bromderivate.* Die Anlagerung von II verläuft analog der von I, doch bilden sich hier die anderen Isomeren als Nebenprodukte. Auf die Anlagerung von III scheint der Substituent an $C_{(6)}$ keinen Einfl. zu haben, die gebildeten Isomeren wurden zwar getrennt, in den meisten Fällen aber nicht identifiziert. Die Identifizierung der Prodd. erfolgte durch Acetylierung zu bekannten Derivv. nach Thiele oder durch Synth. aus den bekannten Bromverbindungen.

Versuche: *6-Oxy-1.4-naphthochinon* (IV), F. 170° (Zers.). 1-Aminonaphthol-(7) wird mit diazotierter Sulfanilsäure gekuppelt, die gebildete *Azoverb.* mit Zn/HCl zu *1.4-Diaminonaphthol-(6)* red. u. diese mit $FeCl_3$ oxydiert; orangefarbene Nadeln aus W.; 20% (Ausbeute). *Acetat* (V), $C_{12}H_8O_4$, F. 102°, blaßgelbe Nadeln aus wss. CH_3OH. — *2-Anilino-6-oxy-1.4-naphthochinon*, $C_{16}H_{11}O_3N$, F. 302°, aus IV u. I in A. (10 Min. kochen);

dunkelrote Nadeln aus CH_3COOH; 88%; b) aus der 2-Bromverb. u. I (1 Std. kochen); 63%. *Acetat*, $C_{18}H_{13}O_4N$, F. 205°, durch Acetylierung oder analog a) aus V; aus verd. CH_3COOH hellrote Kristalle; 83%. — *2.6-Dioxy-1.4-naphthochinon*, Zers. zwischen 100 u. 200°, aus vorst. Verb., konz. H_2SO_4 u. W. (1:1); aus CH_3COOH gelbe Nadeln; 77%. *Diacetat*, F. 163°, gelbe Tafeln aus A.; gibt mit II u. Zn-Staub in Ggw. von Pyridin IX. — *6-Oxy-2-* u. *-3-[p-tolylmercapto]-1.4-naphthochinon*, $C_{17}H_{12}O_3S$ (Struktur der Prodd. nicht festgelegt!), F. 247—251°, weniger lösl., orangegelbe Nadeln; 37% (*Acetat*, $C_{19}H_{14}$·O_4S, F. 175° [CH_3COOH], gelb); u. F. 208°, löslicher, orangegelb; 34% (*Acetat*, F. 155°, aus wss. A. gelbe Nädelchen), aus III u. IV in A. (30 Min. bei Raumtemp.), Oxydation mit wss. $K_2Cr_2O_7$ u. konz. H_2SO_4 u. fraktionierte Kristallisation aus CH_3COOH. Beide Acetate auch analog aus V. — *2-Brom-6-oxy-1.4-naphthochinon*, $C_{10}H_5O_3Br$, F. 188°, aus IV u. Br_2 in CH_3COOH (10 Min.); gelbe Nadeln aus CH_3COOH; 70%. *Acetat*, $C_{12}H_7O_4Br$, F. 120°, gelbe Nadeln (aus V 60%). — *1.2.4.6-* (IX), F. 184—185°, Nadeln, u. *1.3.4.6-Tetraacetoxynaphthalin*, $C_{18}H_{16}O_8$, F. 139° (PAe.), aus II u. IV in Ggw. von konz. H_2SO_4 (5 Tage; = Thiele-Acetylierung) u. fraktionierte Kristallisation aus verd. CH_3OH; 58 bzw. 8%. — *2-Anilino-6-methyl-1.4-naphthochinon*, $C_{17}H_{13}O_2N$, F. 206° (verd. CH_3COOH), aus VI u. I in A. (1 Std. kochen); rote Kristalle; 78%. — *2-Oxy-6-methyl-1.4-naphthochinon* (X), F. 198°, aus vorst. Verb., konz. H_2SO_4 u. W. (1 Min. kochen); gelbe Nadeln aus PAe.; 65%. — *1.2.4-Triacetoxy-6-methylnaphthalin* (enthält 1.3.4-Isomeres), F. 141°, durch Thiele-Acetylierung von VI; Nadeln; 69%. Wird zu (vorwiegend) X verseift, das mit Anilin in sd. A. (2mal 24 Std.) 90% vorvorst. Verb. gibt. — *6-Methyl-2-*, F. 148°, löslicher, gelbe Kristalle, u. *-3-[p-tolylmercapto]-1.4-naphthochinon*, $C_{18}H_{14}O_2S$, F. 173°, schwerer lösl., gelbe Nadeln (auch aus nachst. Verb.; 88%), aus III u. VI in CH_3OH, dann mit $K_2Cr_2O_7$ u. H_2SO_4 u. fraktionierte Kristallisation aus PAe.; 36 bzw. 32%. — *3-Brom-6-methyl-1.4-naphthochinon*, $C_{11}H_7O_2Br$, F. 103°, aus 1 g VI u. Br_2 in CH_3COOH (10 Min.) u. Kochen des gebildeten *Dibromids* (1,5 g) in CH_3COOH/CH_3COONa (5 Min.); gelbe Nadeln aus CH_3OH; 1,17 g. — *3-Chlor-6-methyl-1.4-naphthochinon*, $C_{11}H_7O_2Cl$, F. 91—92° (verd. A.), aus vorst. Verb. u. konz. HCl in sd. A. (12 Std.); gelbe Kristalle; 64%. — *2-Chlor-6-methyl-1.4-naphthochinon*, $C_{11}H_7O_2Cl$, F. 149° (A.), aus X u. sd. $SOCl_2$ (12 Std.); gelb; 52%. — *6-Chlor-1.4-naphthochinon* (VII), F. 109—110° (wss. CH_3OH), aus dem Diels-Alder-Addukt aus Chloropren u. Benzochinon mit $K_2Cr_2O_7$ u. H_2SO_4; gelbe Kristalle. — *3-Anilino-6-chlor-1.4-naphthochinon*, $C_{16}H_{10}O_2NCl$, F. 235—236°, aus VII u. I in A. (1½ Std. kochen); rote Nadeln aus CH_3COOH; 84%. — *6-Chlor-3-oxy-1.4-naphthochinon*, F. 204°, aus vorst. Verb. in sd. 50 Vol.-%ig. H_2SO_4 (5 Min.); gelbe Kristalle aus CH_3OH. Gibt bei reduktiver Acetylierung *1.3.4-Triacetoxy-6-chlornaphthalin* (XI), F. 149—150°. — *6-Chlor-2-* u. *-3-[p-tolylmercapto]-1.4-naphthochinon*, $C_{17}H_{11}O_2$·ClS (Struktur der Prodd. nicht festgelegt!), F. 170° (aus Eisessig gelbe Kristalle) u. F. 130° (aus CH_3OH gelbe Kristalle), aus III u. VII in CH_3OH u. anschließende Oxydation; 49 bzw. 36%. — *3-Brom-6-chlor-1.4-naphthochinon*, $C_{10}H_4O_2ClBr$, F. 175°, aus VII u. Br_2 in CH_3COOH (10 Min.) über das *Dibromid* (F. 122—126°; 97%); gelbe Nadeln aus A.; 81%. — *3.6-Dichlor-1.4-naphtochinon*, $C_{10}H_4O_2Cl_2$, F. 188—189°, a) aus vorst. Verb. u. konz. HCl in sd. A. (30 Min.); 88%; b) aus der 3-Oxyverb. u. sd. $SOCl_2$ (über Nacht); aus A. gelbe Tafeln. — *1.2.4-Triacetoxy-6-chlornaphthalin*, F. 163—164° (CH_3OH), aus VII durch Thiele-Acetylierung; 36%, daneben 49% XI. — *6-Acetamido-1.4-naphthochinon* (VIII), nach Fierz-David u. Mitarbeitern, (C. **1948**. II. 298); 70%. — *6-Acetamido-2-anilino-1.4-naphthochinon*, $C_{18}H_{14}O_3N_2$, F. 330°, a) aus VIII u. I in A. (10 Std. kochen); 89%; b) analog aus der 2-Bromverb.; rote Nadeln aus A.; 76%. — *6-Acetamido-2-*, F. 255° (Zers., aus CH_3OH gelbe Nadeln; auch aus der 2-Bromverb.) u. *-3-[p-tolylmercapto]-1.4-naphthochinon*, $C_{19}H_{15}O_3NS$, F. 220° (aus wss. Essigsäure orangefarbene Kristalle), aus III u. VIII in sd. CH_3OH, Oxydation mit $Na_2Cr_2O_7$ u. H_2SO_4 u. fraktionierte Kristallisation aus Eisessig; 42 bzw. 31%. — *6-Acetamido-3-brom-1.4-naphthochinon*, $C_{12}H_8O_3NBr$, F. 237°, a) aus VIII u. Br_2 in CH_3COOH (15 Min.); orangefarbene Kristalle aus A.; 67%; b) aus XII in CH_3COOH u. wss. $K_2Cr_2O_7$ (15 Min.); 73%. — *6-Acetamido-2-brom-1.4-naphthochinon*, $C_{12}H_8O_3NBr$, F. 241°, aus nachst. Verb. durch Oxydation; orangefarbene Kristalle aus A.; 82%. — *6-Acetamido-2.4-dibromnaphthol-(1)*, $C_{12}H_9O_2NBr$, F. 205—207° (Zers.), aus 6-Acetamidonaphthol-(1) in CH_3·COOH u. Br_2 (30 Min.); Tafeln aus Chlorbenzol; 86%. *Acetat*, $C_{14}H_{11}O_3NBr_2$, F. 225°, Nadeln aus wss. CH_3OH. — *7-Acetamido-2.4-dibromnaphthol-(1)* (XII), $C_{12}H_9O_2NBr_2$, F. 212° (Zers.), aus 7-Acetamidonaphthol-(1) analog vorst. Verb.; Nadeln aus Chlorbenzol; 80%. *Acetat*, F. 210° (Zers.); Nadeln aus CH_3COOH. (J. chem. Soc. [London] **1953**. 2910—15. Okt. Old Aberdeen, Univ.) K. Lehmstedt. 2700

M. Vondráček und **B. Večerek**, *Untersuchungen in der Naphthalinreihe.* 1. Mitt. *Darstellung von 3-Aminonaphthoesäure-(1).* Vff. beschreiben die Synth. von *3-Aminonaphthoesäure-(1)* (I). α-Naphthylamin wird ohne Isolierung der Zwischenprodd. acetyliert, bromiert u. nitriert. Das entstandene *N-Acetyl-4-brom-2-nitronaphthylamin-(1)* wird desacetyliert, diazotiert u. das gebildete Diazoniumsalz mittels Cu_2O in *4-Brom-2-nitronaphthalin* (**III**) übergeführt (vgl. Hodgson u. Mitarbeiter, J. chem. Soc. [London] **1943**. 321 u. **1944**. 112). Das aus **III** u. CuCN hergestellte *3-Nitronaphthoesäurenitril-(1)* (**IV**) wurde zu *3-Nitronaphthoesäure-(1)* (**V**) verseift, die durch katalyt. Red. I liefert. Ein anderer Weg zu I führt durch Einw. von CuCN auf N-Acetyl-4-bromnaphthylamin-(1) (**VI**) zu *4-Acetylaminonaphthoesäurenitril-(1)* (**VII**), das nitriert u. zu *3-Nitro-4-aminonaphthoesäurenitril-(1)* (**II**) desacetyliert wurde. Desaminierung von **II** lieferte **IV** u. weiter wie oben **I**.

Versuche: *N-Acetyl-4-brom-2-nitronaphthylamin-(1)*, F. 228°; 200 g α-Naphthylamin werden in 140 cm³ Essigsäureanhydrid u. 100 cm³ Eisessig 30 Min. gekocht, mit 1100 cm³ Eisessig versetzt u. auf 20° abgekühlt; hierzu wird die Lsg. von 220 g Br_2 in 400 cm³ Eisessig zugetropft u. die entstandene, auf 55° erwärmte Suspension von **VI** innerhalb 2 Std. mit 141 cm³ HNO_3 (D. 1,42) nitriert; 100 g gelbe Nadeln; aus der Mutterlauge weitere 100 g. — *4-Acetylaminonaphthoesäurenitril-(1)* (**VII**), $C_{13}H_{10}ON_2$, F. 189,5°; aus nicht näher beschriebenem **VI** u. CuCN mit Pyridin bei 180—190° (ca. 90 Min.); aus A. Kristalle; 73% (Ausbeute). — *4-Acetylamino-3-nitronaphthoesäurenitril-(1)*, $C_{13}H_9O_3N_3$, F. 270,5°, durch Nitrieren von **VII** mittels HNO_3 (D. 1,5) u. anschließendes Erwärmen auf 95°; 86%; gelbliche seidenglänzende Nadeln aus Essigsäure. — *4-Amino-3-nitronaphthoesäurenitril-(1)* (**II**), $C_{11}H_7O_2N_3$, F. 239,5°; durch 3std. Kochen der vorst. Verb. mit Salzsäure–Essigsäure; Kristalle aus Essigsäure; 85%. — *3-Nitronaphthoesäurenitril-(1)* (**IV**), F. 183°; a) die essigsaure Lsg. von **II** wurde in konz. H_2SO_4 diazotiert u. innerhalb 30 Min. mit trockenem Cu_2O versetzt; 69%, b) aus **III** u. CuCN mit Pyridin, 2 Std. bei 170°; aus A. gelbe Nadeln; 65—70%. — *3-Nitronaphthoesäure-(1)* (**V**), $C_{11}H_7O_4N$, F. 265°; aus **IV** durch 3std. Kochen mit 2 Volumenteilen 50 Vol.-%ig. H_2SO_4 u. 1 Volumenteil Eisessig; aus A. Mikrokristalle; 97%. — *3-Aminonaphthoesäure-(1)* (**I**), $C_{11}H_9O_2N$, F. 179°; durch katalyt. Hydrierung von **V** an Pt-Schwarz in A. bei Zimmertemp. u. n. Druck; aus A. Kristalle; Ausbeute quantitativ. (Chem. Listy **49**. 772—75. Juni 1955. Praha, Karlova Univ., I. Ústav. pro chem. lékař. [Orig.: tschech.])

A. Emr/Prag. 2700

Kwan-Chung Tsou, Russell J. Barrnett und **Arnold M. Seligman**, *Darstellung einiger N-[Naphthyl-(1)]-maleinimide als Reagentien für Sulfhydrylgruppen.* Eine Anzahl von N-[Naphthyl-(1)]-maleinimiden wurde dargestellt u. auf ihre Eignung als histochem. Reagentien für proteingebundene SH-Gruppen untersucht. Als hervorragend geeignet zeigte sich *N-[4-Oxynaphthyl-(1)]-isomaleinimid* (**V**), das durch Behandeln von *N-[4-Oxynaphthyl-(1)]-maleamidsäure* (**III**) mit Trifluoracetanhydrid erhalten wurde. Ferner erwiesen sich als brauchbar *N-[4-Oxynaphthyl-(1)]-maleinimid* u. *Naphthochinon-(1.4)-monobenzolsulfimid.* Die Rkk. wurden verhindert durch vorheriges Behandeln der Gewebsschnitte mit J_2, Jodacetat, Jodacetamid oder N-Äthylmaleinimid. Nach erfolgter Rk. wurde in situ mit einem geeigneten Diazoniumsalz gekuppelt, so daß ein proteingebundener Azofarbstoff entstand. Die Vorteile der hier beschriebenen Reagentien gegenüber „DDD" (Bis-[2-oxynaphthyl-(6)]-disulfid) (vgl. Barrnett u. Seligman, Science [Washington] **116**. [1952.] 323) liegen in der kürzeren Reaktionsdauer u. dem niedrigeren p_H, wodurch die Gewebsstruktur erhalten bleibt. Die Struktur der dargestellten Verbb. wird auf Grund ihrer chem. Eigg. u. ihrer UV- u. Infrarotspektren, die ausführlich in Zahlen dargestellt sind, diskutiert.

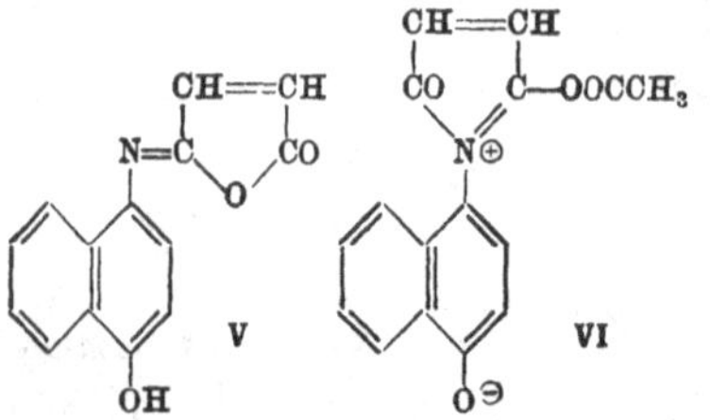

V VI

Versuche (FF. korr.): *N-[Naphthyl-(1)]-maleamidsäure* (**VII**), F. 147—148°, gelbe Nadeln (A.–W.), aus α-Naphthylamin u. Maleinsäureanhydrid (**I**) in Eisessig (1 Std.); 86% (Ausbeute). — *N-[Naphthyl-(1)]-maleimid*, $C_{14}H_9O_2N$, F. 116—117°, grüngelb (Chlf.–95%ig. A.), aus 1 g **VII**, Acetanhydrid u. Na-Acetat (15 Min. bei 100°); 0,5 g. — *N-[4-Oxynaphthyl-(1)]-maleamidsäure* (**III**) *Dihydrat*, $C_{14}H_{11}O_4N \cdot 2\,H_2O$, F. 99°, goldgelbe Nadeln (A.–W.; sintert zu rotem Öl), aus 4-Aminonaphthol-(1)·HCl u. **I** in Eisessig (2 Std.); 68%. *Wasserfreie Verb.*, $C_{14}H_{11}O_4N$, F. 145—146°, rubinrote Kristalle (Essigester). — *N-[5-Oxynaphthyl-(1)]-maleamidsäure* (**II**), $C_{14}H_{11}O_4N$, F. 152—153°, gelbe Prismen, analog aus 5-Aminonaphthol-(1)·HCl; 85%. — *N-[4-Acetoxynaphthyl-(1)]-maleinimid*, $C_{16}H_{11}O_4N$, F. 178—179°, gelbe Nadeln (Chlf.–95%ig. A.), aus 0,7 g **III**, Acetanhydrid u. Na-Acetat (10 Min. bei 100°); 0,5 g; kuppelte nicht mit tetrazotiertem o-Dianisidin (**IV**); die Esterbindung ließ sich selektiv nicht hydrolysieren mit: CH_3OH u. Na; CH_3OH u. NH_3 bei 0°; 0,4n NaOH u. Aceton; Chlf. u. 10%ig. Na_2CO_3. — *N-[4-Oxynaphthyl-(1)]-*

maleinimid, $C_{14}H_9O_3N \cdot {}^1/_2 H_2O$, F. 202° (Zers.; Eisessig–W.), aus 4-Aminonaphthol-(1)·HCl, I u. $NaHCO_3$ (100 Min. bei 158—160°); 45% roh; gab bei der Kupplung mit **IV** Blaufärbung. Acetylierung mit Acetanhydrid u. Na-Acetat gab nicht die vorst. 4-Acetoxyverb., sondern eine *Verb.* $C_{16}H_{11}O_4N$ (wahrscheinlich **VI**), F. 181—182°, hellbraune Kristalle. — *N-[5-Oxynaphthyl-(1)]-maleinimid*, $C_{14}H_9O_3N \cdot {}^1/_2 H_2O$, F. 235° (Zers.), braunes Pulver (A.–W.), analog aus 5-Aminonaphthol-(1)·HCl; 62% (roh). — *N-[4-Oxynaphthyl-(1)]-isomaleinimid* (**V**), $C_{14}H_9O_3N$, F. 173—174° (Zers.), scharlachrotes Pulver (Aceton–W.), aus **III** u. $(CF_3CO)_2O$ in Dioxan (1 Std. bei n. Temp.); 86% roh; kuppelte mit **IV** in $NaHCO_3$-Suspension, aber nicht in verd. CH_3COOH; gab in alkoh. Lsg. mit 1 Tropfen n-NaOH eine Farb-Rk. (weinrot → purpurfarben → strohgelb). — **II** u. **VII** blieben bei gleicher Behandlung unverändert. (J. Amer. chem. Soc. **77.** 4613—16. 5/9. 1955. Cambridge, Mass., Harvard Univ., Chem. Labor., u. Harvard Med. School, Dep. of Anatomy, u. Baltimore, Md., Sinai Hospital u. Johns Hopkins Univ., School of Med., Depp. of Surgery.) J. ROTHE. 2700

H. M. Doukas, W. C. Wolfe und **T. D. Fontaine,** *Synthese von 4-[Naphthyl-(1)]-butin-(2)-säure.* Im Verlauf derUnterss. über Pflanzenwuchsstoffe wurde *4-[Naphthyl-(1)]-butin-(2)-säure* (**I**) als wirksamer Regulator erkannt. Als Ausgangsprod. zur Darst. von **I** diente *3-[Naphthyl-(1)]-propin-(1)* (**II**), das durch Umsetzung von Naphthyl-(1)–MgBr mit 1.3-Dichlorpropen (**III**) u. Behandeln des entstandenen *3-[Naphthyl-(1)]-1-chlorpropens-(1)* (**IV**) mit $NaNH_2$ erhalten werden konnte; dem aus cis-**III** gewonnenen festen **IV** konnte die *cis*-Konfiguration zugeschrieben werden, während das fl. *trans*-**IV** analog aus trans-**III** entstand. Die Best. des akt. H in **II** ergab, daß das aus dem cis–trans-Isomerengemisch von **IV** gewonnene **II** 72% Monoacetylenverb. u. das aus cis-**IV** gewonnene **II** 48% Monoacetylenverb. enthielt; durch Infrarotabsorptionsmessungen konnte festgestellt werden, daß das mit **II** isomere *Allen* u. *Methylnaphthyl-(1)-acetylen* als Nebenprodd. vorlagen. Die Carboxylierung von **II** zu **I** wurde über die GRIGNARD-Verb. bei —20° ausgeführt. Die Konst. der **I** ergab sich aus dem spektroskop. Vgl. mit 3-[Naphthyl-(1)]-propin-(2)-säure. Ein Vergleichspräp. zu der durch partielle Red. von **I** erhaltenen *4-[Naphthyl-(1)]-buten-(2)-säure* konnte nicht dargestellt werden.

V e r s u c h e: *1-Bromnaphthalin*, $Kp._2$ 99—103°, n_D^{20} 1,6561. — *cis-* u. *trans-1.3-Dichlorpropen* (**III**), Kp. 104° bzw. Kp. 110°. — *3-[Naphthyl-(1)]-1-chlorpropen-(1)* (**IV**), nach BERT u. DORIER (Bull. Soc. chim. France, Mém. **39.** [1926.] 1610) aus Naphthyl-(1)–MgBr u. cis- bzw. trans-**III** (vgl. WOLFE, DOUKAS u. ARD, C. **1954.** 6222). *trans*-**IV**, $Kp._{2,5}$ 137—145°. *cis*-**IV**, F. 50—51°. — *3-[Naphthyl-(1)]-propin-(1)* (**II**), $Kp._{1,2}$ 104—105°, $Kp._{0,6}$ 89—90°, n_D^{13} 1,633, aus **IV**, a) mit $NaNH_2$ in Xylol bei 140—150° (3 Std.); 13% (Ausbeute; aus trans-**IV**) bzw. 21% (aus cis-**IV**); b) mit $NaNH_2$ in fl. NH_3 in äther. Lsg. bei Zimmertemp.; 24% (aus trans-**IV**) bzw. 46% (aus cis-**IV**). — *4-[Naphthyl-(1)]-butin-(2)-säure* (**I**), $C_{14}H_{10}O_2$, F. 127—128° (Toluol), aus **II** durch Umsetzen mit CH_3MgJ in sd. Ae. u. Behandeln der GRIGNARD-Lsg. mit CO_2 bei —15°; 42% (aus einem 53%ig. **II**). *Amid*, $C_{14}H_{11}ON$, F. 148—148,4° (Bzl.); 94%. — *4-[Naphthyl-(1)]-buten-(2)-säure*, C_{14}·$H_{12}O_2$, F. 108—110° (n-Heptan), aus **I** u. Zn-Staub in n-NaOH; 68%. Liefert bei der Oxydation mit $Ba(MnO_4)_2$ in Aceton *1-Naphthoesäure*, F. 156—157°. — *1-Naphthaldehyd*, $Kp._{11,9}$ 112—113°, aus 1-Chlormethylnaphthalin u. Urotropin in sd. Essigsäure. — *1-Naphthylidenmalonsäure*, F. 203—205°, aus vorst. Verb. u. Malonsäure in sd. Pyridin in Ggw. von Piperidin. — *trans-3-[Naphthyl-(1)]-propen-(2)-säure*, $C_{13}H_{10}O_2$, F. 208,5 bis 209,5° (Chlf.), aus vorst. Verb. bei 215—220°; 85% (*Äthylester*, $Kp._{0,8}$ 122—124°). *cis-Isomeres*, $C_{13}H_{10}O_2$, F. 144,8—146,2° (Chlf.), durch Bestrahlen einer benzol. Lsg. (64 bis 70°) mit UV-Licht (40 Std.). — *3-[Naphthyl-(1)]-propin-(2)-säure*, $C_{13}H_8O_2$, F. 136—137° (CCl_4), aus vorst. Äthylester in CCl_4 u. Br_2 unter Bestrahlen mit UV-Licht (2 Std.) u. Behandeln des *Dibromesters* (98,8%) mit sd. alkoh. KOH (6 Std.). — Infrarotspektren vgl. Original. (J. org. Chemistry **19.** 343—51. März 1954. Philadelphia, Pa., East. Reg. Res. Labor.) H. GOLD. 2700

Howard J. Glenn und **Bruce W. Horrom,** *Von Tetrahydroacenaphthonen abgeleitete Analgetica.* Im Verlauf systemat. Unterss. über die analget. Wirksamkeit bas. Ketonderivv. wurden auf Grund der Ähnlichkeit von *8-Methoxy-2a.3.4.5-tetrahydroacenaphthon-(1)* (**I**) mit dem Kodeinmol. einige MANNICH-*Basen* durch Umsetzung von **I** mit Formaldehyd u. Dimethylamin, Piperidin, Morpholin bzw. Pyrrolidin dargestellt. Mit Diäthylamin, Di-n-butylamin, 2-Methylpiperidin oder N-Methylpiperazin wurden keine MANNICH-Basen erhalten. *2-Piperidinomethyl-8-methoxy-2a.3.4.5-tetrahydroacenaphthon* (**II**), das eine beachtliche analget. Wirksamkeit besitzt, konnte bei der Red. mit $LiAlH_4$ in das entsprechende *Carbinol* übergeführt werden. Bei der Umsetzung von **II** mit Phenyl–MgBr entstand ein unstabiles *Carbinol*, das unter Wasserabspaltung in *1-Phenyl-2-piperidinomethyl-8-methoxytetrahydroacenaphthylen* überging. Die Bromierung von **I** führte zu einer unstabilen *Bromverb.*, die mit Piperidin nur ein Harz lieferte. Verss. zur

Alkylierung von I mit Diäthylaminoäthylchlorid u. $NaNH_2$ gaben nur instabile o-Alkylierungsprodukte.

Versuche: *8-Methoxy-2a.3.4.5-tetrahydroacenaphthon-(1)* (I), F. 98—99°, nach JOHNSON u. GLENN (J. Amer. chem. Soc. 71. [1949.] 1087). *Oxim*, $C_{13}H_{15}O_2N$, F. 240 bis 241,5°, aus verd. Essigsäure Nadeln, aus Äthylenchlorid Täfelchen. — *8-Methoxy-2-piperidinomethyl-2a.3.4.5-tetrahydroacenaphthon-(1)* (II), $C_{19}H_{25}O_2N$, F. 77—78° (in einem Fall eine isomorphe Form vom F. 90—91°), a) aus I u. Piperidinhydrochlorid in Formalin in Ggw. von konz. HCl auf dem Wasserbad unter N_2 (2 Std.) unter nachträglicher Zugabe von HCl u. Formalin (Verf. **A**); aus Skelly B hellgelbe Nadeln; 80,8% (Ausbeute); b) analog, aber mit Paraformaldehyd in sd. Amylalkohol (15 Min.; Verf. **B**); 32,8%. *Hydrochlorid*, $C_{19}H_{25}O_2N \cdot HCl$, F. 160—161° (Isopropylalkohol–Ae.), $C_{19}H_{25}O_2N \cdot HCl \cdot CH_3OH$, F. 134,5—136° ($CH_3OH$–Ae.). — *1-Oxy-2-piperidinomethyl-8-methoxy-2a.3.4.5-tetrahydroacenaphthen*, $C_{19}H_{27}O_2N$, aus **II** in Ae. mit $LiAlH_4$ unter N_2 bei Zimmertemp. (20 Std.); gelbes, viscoses Öl. *1-Propionat*, $C_{22}H_{31}O_3N$, gelbes viscoses Öl; 57% — *1-Phenyl-2-piperidinomethyl-8-methoxy-2a.3.4.5-tetrahydroacenaphthylenhydrochlorid*, $C_{25}H_{29} \cdot ON \cdot HCl$, F. 172—174° (aus Methanol durch Zugabe von Ae.), aus **II** u Phenyl–MgBr in Ae.; Zers. mit NH_4Cl u. Einleiten von HCl; 51%. — *2-Morpholinomethyl-8-methoxy-2a.3.4.5-tetrahydroacenaphthon-(1)*, $C_{18}H_{23}O_3N$, F. 135—135,5°, nach **A**; 59%. — *2-Pyrrolidinomethyl-8-methoxy-2a.3.4.5-tetrahydroacenaphthon-(1)-hydrochlorid*, $C_{18}H_{23}O_2N \cdot HCl$, F. 158—160°, nach **A**; 29%. — *2-Dimethylaminomethyl-8-methoxy-2a.3.4.5-tetrahydroacenaphthon-(1)*, $C_{16}H_{21}O_2N$, F. 87—88°, nach **B**; 44%. — *2-Piperidinomethyl-2a.3.4.5-tetrahydroacenaphthon-(1)-hydrochlorid*, $C_{18}H_{23}ON \cdot HCl$, F. 164—165°, nach **B**; 47%. (J. Amer. chem. Soc. **76.** 3640—42. 20/7. 1954. Chicago, Ill., Abbott Labors.)

H. GOLD. 2750

Frank A. Vingiello, James G. Van Oot und **H. Hayden Hannabass**, *Die Synthese und Cyclisierung einiger o-Benzylphenone.* Nach der früher beschriebenen Meth. werden zur Ergänzung der seinerzeit (vgl. BRADSHER u. VINGIELLO, C. **1949.** E. 543) erhaltenen Ergebnisse die Cyclisierungsgeschwindigkeiten K einer weiteren Anzahl von o-Benzylbenzophenonen, die an dem keine Benzylgruppe tragenden Phenylring in verschied. Positionen substituiert sind, ermittelt u. folgende Daten erhalten (K/Std.$\cdot 10^{-2}$): *4'-CF₃* (K =) 9,3, *3'-CH₃* 4,4, *3'-Br* 5,0, *3'-Cl* 5,3, *3'-F* 5,3 u. *3'-CF₃* 6,4. Trotz der unterschiedlichen Wirkungsweisen von z. B. der CF_3- u. CH_3-Gruppe zeigen die K-Werte keine größere Differenz, wodurch die früher geäußerte Ansicht, daß die Cyclisierung in 2 Schritten entgegengesetzter Elektronenwrkg. abläuft, eine Bestätigung findet. Wahrscheinlich ist der 2. Schritt hiervon stärker durch den Substituenten beeinflußt als der erste. Die CF_3-Gruppe in 4'-Stellung, die nicht nur einen starken —I-, sondern in dieser Stellung gleichzeitig einen großen —T-Effekt besitzt, beschleunigt die Cyclisierung bes. stark. Andererseits wird der geringe K-Wert für das 4'-F-Deriv. auf die hemmende Wrkg. des bei F stark ausgeprägten +M-Effektes zurückgeführt. (Vgl. C. **1953.** 3877.)

Versuche (FF. korr.): *3'-Brom-2-benzylbenzophenon*, Kp.₃ 220—221°, aus der GRIGNARD-Verb. von o-Bromdiphenylmethan in Ae. u. m-Brombenzoylbromid in Bzl. bei 40—50°, 2 Std. Kochen, Abdest. des Ae., Zers. mit Eis + HCl, Abdampfen der abgetrennten Benzolschicht u. Dest.; 46% (Ausbeute). — *3'-Trifluormethyl-2-benzylbenzophenon*, Kp.₃ 195—198°, aus der GRIGNARD-Verb. von m-Brombenzotrifluorid u. o-Cyandiphenylmethan in Bzl. + Ae., Abdampfen des Ae., 15std. Kochen, Zers. mit 20%ig. NH_4Cl, 22 Std. Kochen der abgetrennten Benzolschicht mit 2n HCl, Eindampfen u. Dest.; 96,5%. Analog entstehen nachst. substituierte *2-Benzylbenzophenone: 3'-Methyl-* (I), Kp.₃ 205—206°; 68%. — *3'-Chlor-*, Kp.₅ 222—224°; 59%. — *3'-Fluor-*, Kp.₁ 174 bis 176°; 36%. — *4'-Trifluormethyl-*, Kp.₀,₉ 169—170°; 61%. — *9-[3'-Methylphenyl]-anthracen*, F. 97—98,5° (HCOOH + A.); aus I durch 19std. Erhitzen mit der Standardcyclisierungssäure (l. c.), Abfiltrieren des dicken Öles, Aufnehmen in A. u. Kühlen; 67%. Analog nachst. *substituierte 9-Phenylanthracene: 3'-Brom-*, F. 135—137°; 92%. — *3'-Chlor-*, F. 133—134°; 74%. — *3'-Fluor-*, F. 143,5—144,5°; 60%. — *3'-Trifluormethyl-*, F. 116—117°; 67%. — *4'-Trifluormethyl-*, F. 205—206°; 61%. (J. Amer. chem. Soc. **74.** 4546—48. 20/9. 1952. Blacksburg, Va., Polytechnic Inst., Chem. Labor.)

H. LEHWALD. 2800

André Etienne und **Jean Weill-Raynal**, *9.10-Diphenylanthrachinon-(1.2).* 1. Mitt. *Darstellung und Reduktion.* Nachdem Verss., *9.10-Diphenylanthrachinon-(1.2)* (I) analog 9.10-Diphenylanthrachinon-(1.4) nach DUFRAISSE u. VELLUZ (vgl. Bull. Soc. chim. France, Mém. [5] **14.** [1947.] 1037) durch direkte Phenylierung von Alizarin (**II**) oder dessen Diacetylderiv. mit Phenyl–Li oder Phenyl–MgBr darzustellen, unbefriedigend verliefen (beim Kochen von **II** mit Phenyl–MgBr u. Dehydratisieren des gebildeten *1.2.9.10-Tetraoxy-9.10-diphenyl-9.10-dihydroanthracens* entstanden nur 7% **I**), wurde die Synth. über *9.10-Diphenyl-1-oxyanthracen* (**III**) untersucht: Phenyl–Li wird mit 1-Oxyanthrachinon-(9.10) (**VIII**) bzw. dessen Acetylderiv. mit Phenyl–MgBr zu *1.9.10-Trioxy-9.10-diphenyl-9.10-dihydroanthracen* umgesetzt, das mit KJ u. Na-Hypophosphit zu **III** red. wird. **III** ist an der Luft instabil, polymerisiert beim Kochen, bildet aber ein stabiles *Acetat* u. mit $(CH_3)_2SO_4$ den *Methyläther*. Mit $NaNO_2$ u. mit diazotiertem Anilin bildet **III** ein *2-Nitroso-* (**IV**; tautomer mit dem 2-Monoxim von **I**) bzw. ein *2-Phenylazoderiv.* (tautomer mit dem 2-Monophenylhydrazon von **I**), deren Struktur durch die Synth. aus **I** bewiesen wurde (die übliche Substitution am $C_{(4)}$ ist hier infolge der ster. Behinderung durch die meso-Phenylgruppen nicht möglich). Die Hydrolyse von **IV** in sd. alkoh. H_2SO_4 bzw. die Red. mit $SnCl_2$ u. HCl führt zwar zu **I**, jedoch ist die Gesamtausbeute bei der Reaktionsfolge gering. **I** wurde schließlich durch Methylierung von **II** mit $(CH_3)_2 \cdot SO_4$, Phenylierung u. Demethylierung des erhaltenen *1.2-Dimethoxy-9.10-diphenyl-9.10-dioxy-9.10-dihydroanthracens* sowie aus dem bei der Methylierung ebenfalls entstehenden *2-Methoxyderiv.* von **II** durch Phenylierung u. Rk. mit 1% HCl enthaltender Essigsäure erhalten. Zur Charakterisierung von **I** wurde neben dem *2-Monoxim* u. *2-Monophenylhydrazon* ein *Mono-2'.4'-dinitrophenylhydrazon* u. mit o-Phenylendiamin ein *Phenazinderiv.* dargestellt. — Die Red. von **I** mit üblichen Reduktionsreagentien führt zum sehr instabilen *1.2-Dioxy-9.10-diphenylanthracen* (**VII**), das sofort wieder zu **I** autoxydiert wird. Analog ergibt die RANEY-Hydrierung von **I** eine ebenfalls leicht autoxydierende gelbe starkgrün fluorescierende Fl., dagegen konnte bei der Red. von **I** mit Zn u. HCl in wss. Dioxan ein im krist. Zustand stabiles solvatisiertes **VII** erhalten werden. Aus diesem konnte mit CH_3OH u. starker Säure das *2-Monomethoxyderiv.* (**V**) u. mit $(CH_3)_2SO_4$ das *Dimethoxyderiv.* dargestellt werden, ferner mit Acetanhydrid u. H_2SO_4 das Diacetat, ebenfalls erhältlich aus **I** durch reduktive Acetylierung. **V** entsteht ferner aus 1.9.10-Trioxy-2-methoxy-9.10-diphenyl-9.10-dihydroanthracen durch Red. mit $TiCl_3$ in CH_3OH u. aus **I** durch Red. mit Zn + HCl in CH_3OH, wobei die HCl-Konz. über 3% betragen muß, da sonst *1-Oxy-2-keto-9.10-diphenyl-1.2-dihydroanthracen* (**VI**) (vgl. dagegen C. **1952**. **363**) gebildet wird. **VI** besitzt ein nach ZEREWITINOFF bestimmbares H-Atom u. gibt das gleiche 2.4-Dinitrophenylhydrazon u. Phenazinderiv. wie **I**. Das UV-Spektr. von **VI** ähnelt dem von 1.4-Diphenylnaphthyl-(3)-acrylsäure (vgl. Original). Mit Acetanhydrid entsteht aus **VI** wahrscheinlich *1.3-Diacetoxy-9.10-diphenylanthracen* (Reaktionsmechanismus. vgl. Original). **I** u. seine Derivv. sind gegenüber der Photooxydation stabil, **III** u. **VII** reagieren bereits im Dunkeln mit O_2, **V** bildet ein krist. Photooxyd, das sich bei 160° ohne Abgabe von O_2 zersetzt. Ferner werden die Dissoziationstempp. der Photooxyde vom **III**-Mono- u. **VII**-Diacetat u. **VII**-Dimethyläther angeführt.

Versuche: *1-Acetoxyanthrachinon-(9.10)*, $C_{16}H_{10}O_4$, F. 185—186°, aus **VIII** u. Acetanhydrid + H_2SO_4; gelbe Nadeln aus Acetanhydrid; 80% (Ausbeute). — *1.9.10-Trioxy-9.10-diphenyl-9.10-dihydroanthracen*, $C_{26}H_{20}O_3$, F. 264—265° (Zers.), a) aus Phenyl–Li in Ae. u. Bzl. u. **VIII** in 30 Std. unter Rühren, Hydrolysieren mit Eis + Essigsäure u. Einengen der abgetrennten organ. Lsg.; Rauten aus Bzl.; 48–50%; b) aus vorst. Verb. u. Phenyl–MgBr in Ae. + Bzl. in 3 Std.; 70%. — *1-Oxy-9.10-diphenylanthracen* (**III**), $C_{26}H_{18}O$, F. 236°, aus vorst. Verb., KJ u. NaH_2PO_2 in Essigsäure (1 Std. kochen); gelbgrüne Prismen aus Cyclohexan; 70—80%. *Methyläther*, $C_{27}H_{20}O$, F. 180—181°. *Acetat*, $C_{28}H_{20}O_2$, F. 209—210°, Nadeln aus Essigsäure; 50%; fluoresciert in Lsg. violett. *Photooxyd*, aus vorst. Acetat in CS_2 im Sonnenlicht in 6 Std.; Kristalle aus Aceton; zers. sich bei 160°/0,01 mm unter 50% O_2-Abgabe. — *1-Oxy-2-nitroso-9.10-diphenylanthracen* (**IV**), $C_{26}H_{17}O_2N$, F. 245—246° (solvatisiert mit $^1/_2$ C_6H_6, F. 180°), a) aus **III** in 10%ig. alkoh. HCl u. $NaNO_2$ bei —5°, Verdünnen u. Ausziehen mit Bzl.; 25%; b) aus **I** + $NH_2OH \cdot HCl$ in A., Zufügen von n/10 NaOH bei 50°, Fällen mit W. u. Ausziehen mit Bzl.; orangefarbene Prismen aus Bzl.; 60%. — *1-Oxy-2-phenylazo-9.10-diphenylanthracen*, $C_{32}H_{22}ON_2$, F. 257—258°, a) aus **III** + Benzoldiazoniumchlorid in A. u. wenig KOH; 80%; b) aus **I** u. Phenylhydrazin; bordeauxrote Nadeln; 80%. — *1.2-Dimethoxy-9.10-anthrachinon* (*Dimethylalizarin*), $C_{16}H_{12}O_4$, F. 210—211° (Toluol), aus **II** + entwässertem Na_2CO_3 durch 1std. Erhitzen auf 150°, 5std. Erhitzen mit $(CH_3)_2SO_4$ auf 165—170° u. Auswaschen mit 5%ig. KOH (**A**); 40—50%. — *1-Oxy-2-methoxyanthrachinon-(9.10)*, $C_{15}H_{10}O_4$, F. 228°, aus **A**; orangefarbene Nadeln; 15%. — *1.2-Dimethoxy-9.10-diphenyl-9.10-dioxy-9.10-dihydroanthracen*, $C_{28}H_{24}O_4$, F. 190°, aus vorvorst. Verb. u. Phenyl–Li in Ae. bei —5° u. Gießen auf Eis; 90%. — *1.9.10-Trioxy-2-methoxy-9.10-diphenyl-9.10-dihydroanthracen*, $C_{27}H_{22}O_4$, F. 232—233°, aus vorvorst. Verb. + Phenyl–Li; Stäbchen aus Toluol; 60%. — *9.10-Diphenylanthrachinon-(1.2)* (**I**), $C_{26}H_{16}O_2$, F. 218°, a) aus vorvorst. Verb. durch Kochen mit 1% HCl enthaltender Essigsäure; rote Nadeln aus A.; 90%; b) aus vorst. Verb. analog; c) aus **IV** durch Red. mit $SnCl_2$ + 10%ig. HCl u. Oxydation des isolierten *Aminoanthrolhydrochlorids* in A. mit $FeCl_3$; 60%; d) aus **IV** durch Kochen mit 15%ig. alkoh. H_2SO_4; 5%; e) aus **II** mit Phenyl–MgBr in Bzl. durch

$2^1/_2$std. Rühren u. Kochen, Gießen auf Eis + HCl, Kochen des isolierten Nd. mit Essigsäure u. Chromatographie aus Bzl.; 7%; krist. aus Ae. zum Teil auch in orangefarbenen Nadeln vom F. 195°. *2.4-Dinitrophenylhydrazon*, $C_{32}H_{20}O_5N_4$, F. 270—271°; rote Nadeln aus Essigsäure; 100%. — *1'.4'-Diphenylnaphtho-[2'.3':1.2]-phenazin*, $C_{32}H_{20}N_2 \cdot {}^1/_2CH_3 \cdot COOH$, F. 193—195°, gelbe Prismen aus Essigsäure; solvatfrei, F. 265—266°, aus I u. o-Phenylendiamin in Essigsäure; 90%. — *1.2-Dioxy-9.10-diphenylanthracen* (VII), $C_{26}H_{18}O_2$, a) aus I durch Hydrieren in Bzl. über Raney-Ni; b) aus I mit Zn + H_2SO_4 in Dioxan; oxydiert sich sofort. *Diacetat*, $C_{30}H_{22}O_4$, F. 196°, a) aus VII mit Acetanhydrid + H_2SO_4; 45%; b) aus I mit Acetanhydrid, Zn u. Na-Acetat; grüne Prismen aus Bzl.; 70%; krist. mit $^1/_2$ C_6H_6 (F. 180°); gibt bei Verseifung I. *Photooxyd*, Zers. bei 155°/0,01 mm. — *1-Oxy-2-methoxy-9.10-diphenylanthracen* (V), $C_{27}H_{20}O_2$, F. 177—178° (Cyclohexan), a) aus I, CH_3OH u. 3% HCl in Ggw. von Zn; 70%; b) aus 1.9.10-Trioxy-2-methoxy-9.10-diphenyl-9.10-dihydroanthracen u. $TiCl_3$ in CH_3OH; 75%; c) aus VII, CH_3OH u. HCl bei 70°/20 mm. *Photooxyd*, Zers. bei 160°. — *1.2-Dimethoxy-9.10-diphenylanthracen*, $C_{28}H_{22}O_2$, F. 169—170°, a) aus I u. $NaHSO_3$, Rk. des isolierten Na-Salz von VII mit $(CH_3)_2SO_4$ u. Chromatographie aus Cyclohexanon; 40%; b) aus V u. $(CH_3)_2SO_4$ in 10%ig. NaOH; gelbgrüne Prismen aus Ae.; 50%. — *1-Oxy-2-keto-9.10-diphenyl-1.2-dihydroanthracen* (VI), $C_{26}H_{18}O_2$, F. 297—300° (Zers. >260°), aus I, CH_3OH, Zn u. 2% HCl; Prismen aus Bzl.-A.; 50%. — *1.3-Diacetoxy-9.10-diphenylanthracen*, $C_{30}H_{22}O_4$, F. 237—238°, aus VI mit Acetanhydrid + H_2SO_4; gelbe Prismen aus Essigsäure; 60%. (Bull. Soc. chim. France, Mém. [5] **20**. 1128—35. Nov./Dez. 1953. Paris, Coll. de France, Labor. de Chim. Organ.) H. Lehwald. 2800

André Etienne und **Jean Weill-Raynal**, *9.10-Diphenylanthrachinon-(1.2)*. 2. Mitt. *Seine Umwandlung in 1.2.9.10-Tetraphenylanthracen.* (1. vgl. vorst. Ref.) Die Phenylierung von 9.10-Diphenylanthrachinon-(1.2) mit Phenyl–MgBr ergibt *1.2-Dioxy-1.2.9.10-tetraphenyl-1.2-dihydroanthracen* (I) (in Ggw. von überschüssigem Mg oder mit Phenyl–Li entsteht ein 2. Stereoisomeres). I, das an seiner 3.4-Doppelbindung Br_2 addiert, ist gegenüber gebräuchlichen Reduktionsmitteln resistent, wird aber unter Einw. starker Säure in einer pinakolinähnlichen Umlagerung in *1-Keto-2.2.9.10-tetraphenyl-1.2-dihydroanthracen* (II) verwandelt, das keine Keto-Rkk. gibt u. mit Phenyl–Li in *1-Oxy-1.2.2.9.10-pentaphenyl-1.2-dihydroanthracen* (III) übergeht (läßt sich nicht dehydratisieren). Die Hydrierung von II in alkal. Lsg. führt zu *1-Oxy-2.2.9.10-tetraphenyl-1.2-dihydroanthracen* (IV), anschließende Dehydratisierung mit starker Säure gibt unter Retropinakolinumlagerung *1.2.9.10-Tetraphenylanthracen* (V). Der Mechanismus der Umlagerung wird erörtert. Unter Einw. von 5% H_2SO_4 enthaltendem Acetanhydrid werden I u. II in *3-*(oder *4*)*-Acetoxy-1.2.9.10-tetraphenylanthracen* (VI) verwandelt, das leicht zum Anthrol (VII) desacetyliert wird u. dann mit Benzoldiazoniumchlorid gekuppelt werden kann. Der mögliche Reaktionsmechanismus wird erörtert. VI u. VII polymerisieren bereits bei kurzer Belichtung, V gibt bei der Belichtung ein Photooxyd. Die UV-Spektren von I—VII werden angeführt.

Versuche: *1.2-Dioxy-1.2.9.10-tetraphenyl-1.2-dihydroanthracen* (I), $C_{38}H_{28}O_2$, F. 221—222°, aus 9.10-Diphenylanthrachinon-(1.2) + Phenyl–MgBr u. Hydrolysieren mit Eis + Essigsäure; Prismen aus Cyclohexan; 30% (Ausbeute). *2. Isomeres*, F. 245°, a) wie vorst. in Ggw. überschüssigen Mg; 30—35%; b) wie vorst. mit Phenyl–Li; 15%. — *1.2-Dioxy-3.4-dibrom-1.2.9.10-tetraphenyl-1.2.3.4-tetrahydroanthracen*, $C_{38}H_{28}O_2Br_2$, F. 236° (Zers.), aus I (F. 245°) + Br_2 in Chlf.; aus Ae. Rauten; 50%; instabil. — *1-Keto-2.2.9.10-tetraphenyl-1.2-dihydroanthracen* (II), $C_{38}H_{26}O$, F. 199—200°, a) aus I + $POCl_3$; 80%; b) aus I u. H_2SO_4–Essigsäure (kurzes Kochen); aus Essigsäure gelbliche Prismen; 75%. — *1-Oxy-2.2.9.10-tetraphenyl-1.2-dihydroanthracen* (IV), $C_{38}H_{28}O$, F. 196°, aus II u. $LiAlH_4$ in Ae. u. Hydrolyse mit verd. H_2SO_4; aus PAe. Rauten; 60%. — *1-Oxy-1.2.-2.9.10-pentaphenyl-1.2-dihydroanthracen* (III), $C_{44}H_{32}O$, F. 246—247° (mit $^1/_2$ Mol Kristallbenzol F. 202°, mit 1 Mol Bzl. F. 188°), aus II + Phenyl–Li in 3 Std. u. Hydrolysieren mit Eis; aus Essigsäure Rauten; 60%. — *4-*(oder *3*)*-Acetoxy-1.2.9.10-tetraphenylanthracen* (VI), $C_{40}H_{28}O_2$, F. 213°, a) aus I u. H_2SO_4–Acetanhydrid in 5 Min. bei 70°, Verdünnen, Neutralisieren u. Ausäthern; grüngelbe Nadeln aus Essigsäure; 60%; b) aus II wie nach a); 50%; fluoresciert in Lsg. grün. — *4-*(oder *3*)*-Oxy-1.2.9.10-tetraphenylanthracen* (VII), $C_{38}H_{26}O$, F. 262—263°, aus VI + KOH in A.; aus Äthylacetat gelbgrüne Nadeln; 50%. — *1.2.9.10-Tetraphenylanthracen* (V), $C_{38}H_{26}$, F. 226—227°, aus IV u. H_2SO_4–Essigsäure; aus Essigsäure grüngelbe Prismen; 98%. *Photooxyd*, F. 235°, aus V durch 2std. Belichten in CS_2; aus Äthylacetat 6eckige Kristalle; Zers. bei 180°/0,01 mm unter Abgabe von 75% des O_2. (Bull. Soc. chim. France, Mém. [5] **20**. 1136—45. Nov./Dez. 1953.)

H. Lehwald. 2800

V. Benešová, V. Herout und **F. Šorm**, *Über die Natur der azulenogenen Verbindungen des Reizkers.* Vorl. Mitt. In den unverletzten Fruchtkörpern des Reizkers (Lactarius deliciosus L.) sind orangefarbige Proazulene anwesend, aus welchen durch Zers. Azulene, wie *Lactaroviolin* (I) u. *Lactarazulen* (II), entstehen. An Al_2O_3-Chromatogrammen von Extrakten schonend verarbeiteter Fruchtkörper wurden 2 oder 3 Proazulenzonen beobachtet. Eine in einer dieser Zonen in relativ größerer Menge vorkommende Verb. (III) wurde näher untersucht. Die Hydrierung von **III**, zuerst in Ae. u. dann in Eisessig (PtO_2), führte zu 2 Verbb., von denen die eine als *8-Oxymethyl-2-methyl-5-isopropylbicyclo-[0.3.5]-decan* (mit dem Hydrierungsprod. von I ident.) u. die zweite als *2.8-Dimethyl-5-isopropylbicyclo-[0.3.5]-decan* (*Guajan*) identifiziert wurde. Das Guajan ist wahrscheinlich durch Hydrogenolyse des vorst. Alkohols entstanden. Daraus folgt, daß III ein Guajanskelett hat u. auf Grund seiner Lage im Chromatogramm auch im Naturzustand wahrscheinlich eine prim. Hydroxylgruppe trägt. Auf Grund der Ähnlichkeit seiner Eigg. mit denen des Chamazulenogens aus Wermut (HEROUT, Čs. farmacie 3. [1954.] 333) kann vermutet werden, daß sein Mol. 4—5 Doppelbindungen enthält. — Das eine der beiden anderen Proazulene hat, wie aus der Lage im Chromatogramm angenommen werden kann, dem I entsprechend, Aldehydcharakter, jedoch mit einer geringeren Anzahl Doppelbindungen. Ähnlich ist wahrscheinlich das dritte Proazulen aus einem weniger gesätt. KW-stoff gebildet, der dem II entspricht (vgl. WILLSTAEDT, Svensk kem. Tidskr. 58. [1946.] 81). (Chem. Listy 49. 779—80. Mai 1955. Collect. czechoslov. chem. Commun. 20. 510—11. 1955. Praha, Českoslov. akad. věd, Chem. Ústav odd. přírod. látek. [Orig.: tschech.]) Z. ČEKAN/Prag. 2950

A. G. Anderson jr. und **James J. Tazuma**, *Azulene.* 2. Mitt. *Synthese von 1-Azuloesäuremethylester.* (1. vgl. C. **1951.** II. 2037.) Die STOBBE-Kondensation von Cycloheptanon (I) mit Bernsteinsäuredimethylester (II) u. anschließende Cyclisierung liefert *3-Keto-1.2.3.4.5.6.7.8-oktahydroazulencarbonsäure-(1)-methylester*, der durch Hydrierung zum *gesätt. Alkohol*, Dehydratisierung u. Dehydrierung in *1-Azuloesäure* [*Azulencarbonsäure-(1)*]-*Methylester* übergeführt wird.

Versuche: *3-Keto-1.2.3.4.5.6.7.8-oktahydro-1-azuloesäuremethylester*, $C_{12}H_{16}O_3$, Kp.$_{0,08}$ 113°, aus I u. II in tert.-Butanol in Ggw. von K-tert.-Butylat (über Nacht kochen) u. anschließende Behandlung des erhaltenen gelben Öls mit $ZnCl_2$ in Essigsäure-Acetanhydrid (2 Tage bei 40° u. 4 Std. bei 120°); n_D^{22} 1,5071; 7,9% (Ausbeute). *2.4-Dinitrophenylhydrazon*, $C_{18}H_{20}O_6N_4$, F. 185—187°, aus A. orangefarbene Prismen. — *3-Oxydekahydro-1-azuloesäuremethylester*, $C_{12}H_{20}O_3$, Kp.$_{0,03}$ 96—99°, aus vorst. Verb. in A. über RANEY-Ni bei 100°/1500 lbs./sq.in. H_2; n_D^{25} 1,4913; 60%. — *1.2.4.5.6.7.8.9-Oktahydro-1-azuloesäuremethylester*, $C_{12}H_{18}O_2$, Kp.$_{0,15}$ 65—68°, aus vorst. Verb. u. P_2O_5 in Bzl. innerhalb 3 Std., dann 8 Std. rühren; n_D^{25} 1,4901; 55%. — *1-Azuloesäuremethylester*, $C_{12}H_{10}O_2$, F. 56—57°, aus vorst. Verb. u. S unter N_2 bei 200° unter leichtem Vakuum (30 Min.), dann bei 280°/10 mm u. Chromatographie; aus PAe. violette Nadeln; UV-Spektr.; 2,6%. (J. Amer. chem. Soc. **75.** 4979—80. 20/10. 1953. Seattle, Wash., Univ., Dep. of Chem. and Chem. Engng.) H. POMMER. 2950

Egon Stahl, *Über das Chamazulen und dessen Vorstufen.* 1. Mitt. *Chamazulencarbonsäure aus Schafgarbe.* Durch Chloroformextraktion wurde aus Schafgarbe (Stamm H) ein proazulenreicher („M-Proazulen") Extrakt hergestellt. Nach seiner alkal. Verseifung ließ sich nach Ansäuern eine tiefblaue Carbonsäure, *Chamazulencarbonsäure* solieren, die leicht durch Decarboxylierung in *Chamazulen* übergeht.

Versuche: *Chamazulencarbonsäure*, $C_{15}H_{16}O_2$, F. 86—88° (Zers.), der Chloroformextrakt von Schafgarbeblüten wurde mit 1n-alkoh. Lauge kurze Zeit auf 50° erwärmt, mit W. verd., mit PAe. ausgeschüttelt, die beim Ansäuern mit H_3PO_4 erhaltene milchigblaue Suspension mit PAe. extrahiert u. an Al_2O_3 chromatographiert; tiefblau; 0,1% (Ausbeute; bezogen auf die Droge). *K-Salz*, feinstrahlige, blaue Rosetten, wenig stabil. *Trinitrobenzolat*, F. 150—152°, aus A. dunkelviolette Nadeln. *Methylester*, $C_{16}H_{18}O_2$, *T.* 51,5—52°, aus Methanol blaue Nadeln; *Trinitrobenzolat*, F. 122°. — *Chamazulen*, $C_{14}H_{16}$, aus vorst. Säure bei 90°/10^{-4} Torr (15 Min.); blaues Öl. *Trinitrobenzolat*, F. 130 bis 131°. — Die UV-Absorptionsspektren sind angegeben. (Chem. Ber. **87.** 202—05. 26/2. 1954. Karlsruhe, TH, Botan. Inst.) H. POMMER. 2950

Egon Stahl, *Über das Chamazulen und dessen Vorstufen.* 2. Mitt. *Chamazulencarbonsäure aus Kamille.* (1. vgl. vorst. Ref.) Aus dem proazulenhaltigen Chloroformextrakt von Kamillengrus ließ sich eine *Chamazulencarbonsäure* (I) isolieren, die mit der in vorst. Mitt. erwähnten ident. ist. I-*Methylester* konnte mit $LiAlH_4$ zum entsprechenden *Alkohol* red. werden.

Versuche: *Chamazulencarbonsäure* (I), $C_{15}H_{16}O_2$, F. 86—88° (Zers.), aus dem CH_3OH-Auszug des Chloroformextrakts aus Kamillengrus durch Behandeln mit verd. Säure bis p_H 2 bei 80° (5 Min.), Ausschütteln mit PAe./Ae. (1 : 1), Extraktion mit verd. Lauge u. Chromatographie; aus Methanol/W. blaue Nadeln. *Trinitrobenzolat*, F. 150 bis

152°. *Methylester*, F. 51—52°, blaue Nadeln; *Trinitrobenzolat*, F. 121—122°, violette Nadeln. — *Alkohol* aus I-Methylester u. $LiAlH_4$ in Ae.; dunkelblaues Öl. *Trinitrobenzolat*, F. 149—150°, rotviolette Nadeln. *Phenylurethan*, $C_{22}H_{23}O_2N$, F. 96—98° (PAe.), blaue Nadeldrusen. (Chem. Ber. **87**. 505—07. 30/4. 1954.) H. Pommer. 2950

Neil Campbell und **David H. Reid**, *Synthesen von Benzo-[m.n.o]-fluoranthen und Dibenzo-[k;m.n.o]-fluoranthen.* Die Darst. von *Benzo-[m.n.o]-fluoranthen* (I) u. *Dibenzo-[k;m.n.o]-fluoranthen* (II) wird beschrieben. 4-Ketocyclopenta-[d.e.f]-phenanthren (III) gibt bei der Umsetzung mit CH_3MgJ zum *Carbinol* u. anschließender Rk. mit Maleinsäureanhydrid unter gleichzeitiger Aromatisierung in geringer Ausbeute (wegen starker Polymerisation) *Benzo-[m.n.o]-fluoranthendicarbonsäure-(3.4)-anhydrid*, das zu I decarboxyliert wird. Der durch Kondensation von Oxalsäuredimethylester mit 4H-Cyclopenta-[d.e.f]-phenanthren (IV) zur entsprechenden *Glyoxylsäure*, anschließende Oxydation u. Veresterung erhaltene *4H-Cyclopenta-[d.e.f]-phenanthrencarbonsäure-(4)-methylester* liefert mit Vinylcyanid ein *Nitril*, das sich zu *4-[2-Carboxyäthyl]-4H-cyclopenta-[d.e.f]-phenanthren* verseifen läßt. Dieses wird zu *3.4.5.5a-Tetrahydro-3-ketobenzo-[m.n.o]-fluoranthen* cyclisiert, weiter zur *Tetrahydroverb.* (V) red. u. zu I dehydriert. Ferner wird IV mit o-Chlorbenzaldehyd zu dem entsprechenden *o-Chlorbenzylidenderiv.* (VI) kondensiert, daneben bildet sich mit dem aus $NaOC_2H_5$ entstandenen Acetaldehyd die *o-Chlorphenylallylidenverbindung*. VI bzw. dessen *Bromanaloges* wird zu II cyclisiert.

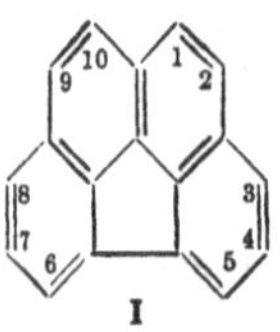

I

V e r s u c h e: *4-Oxy-4-methylcyclopenta-[d.e.f]-phenanthren*, $C_{16}H_{12}O$, aus 0,75 g III u. CH_3MgJ in Ae., 40 Min. kochen; Prismen aus Bzl. oder nach Sublimation; in festem Zustand oder in Bzl. blau fluorescierend, mit konz. H_2SO_4 grün; 0,615 g (Ausbeute). — *Benzo-[m.n.o]-fluoranthendicarbonsäure-(3.4)-anhydrid*, $C_{20}H_8O_3$, F. 335—340° (Zers.), aus 0,812 g vorst. Verb., Maleinsäureanhydrid u. Essigsäureanhydrid (1 Std. kochen); orangegelbe Nadeln nach Sublimation, in konz. H_2SO_4 grün, in Bzl. oder A. gelblichgrüne Fluorescenz; 39 mg. — *Benzo-[m.n.o]-fluoranthen* (I), $C_{18}H_{10}$, F. 147—149°, a) durch Dest. von 19 mg vorst. Verb. mit CaO; gelbe Nadeln aus PAe., in festem Zustand grünlichgelb, in Lsg. blau fluorescierend, mit warmer konz. H_2SO_4 grün, mit Benzalchlorid heliotropfarben → tiefpurpurfarben; 4 mg; b) aus V u. 20%ig. Pd-Kohle (90 Min. bei 300°). *Dipikrat*, $C_{18}H_{10} \cdot 2\,C_6H_3O_7N_3$, F. 205—210° (Zers.), aus A. goldgelbe Nadeln. — *4H-Cyclopenta-[d.e.f]-phenanthryl-(4)-glyoxylsäure*, $C_{17}H_{10}O_3 \cdot C_2H_4O_2$, F. 231—234° (Zers.), aus dem Methylester, konz. H_2SO_4 u. W. (60 Min. kochen); aus Essigsäure grünlichgelbe Nadeln; 8,6 g. *Methylester*, $C_{18}H_{12}O_3$, F. 122° (teilweise schm. → Nadeln vom F. 129°), aus 5,7 g IV, Oxalsäuredimethylester u. $KOCH_3$ in Methanol; hellgelbe Platten aus PAe.; *2.4-Dinitrophenylhydrazon*, $C_{24}H_{16}N_4$, F. 240—243°, gelbe Nadeln aus Essigsäure. *Benzoat*, $C_{25}H_{16}O_4$, F. 167—168°, mit $NaOC_2H_5$ in A., dann mit Benzoylchlorid; gelbe Platten aus A. — *4-[Carboxyoxymethyl]-4-cyclopenta-[d.e.f]-phenanthren*, $C_{17}H_{12}O_3$, F. 211—212° (unter Sublimation), durch Red. nach Clemmensen aus 0,4 g vorst. Säure; Nadeln aus Bzl.; 0,32 g. — *4H-Cyclopenta-[d.e.f]-phenanthrencarbonsäure-(4)*, F. 251—252° (Zers.), aus vorvorst. Säure, H_2O_2 u. Eisessig (120 Std. stehen); aus A. Nadeln. *Methylester*, $C_{17}H_{12}O$, F. 61 bis 62°, aus PAe. Nadeln. — *4-[2-Carboxyäthyl]-4H-cyclopenta-[d.e.f]-phenanthren*, $C_{18}H_{14}C$, F. 149—153°, aus 0,79 g vorst. Methylesters, Vinylcyanid u. KOH in 2-Äthoxyäthanol; Nadeln aus Bzl./Aceton (4 : 1); 0,75 g. — *3.4.5.5a-Tetrahydro-3-ketobenzo-[m.n.o]-fluoranthen*, $C_{18}H_{12}O$, F. 159—161°. Aus vorst. Verb. in Bzl. u. PCl_5 wird das *Säurechlorid* bereitet u. mit $SnCl_4$ cyclisiert; blaßgelbe Platten aus PAe./Bzl. (3 : 1), in konz. H_2SO_4 gelbe Lsg. mit grüngelber Fluorescenz; 52%. *2.4-Dinitrophenylhydrazon*, $C_{24}H_{16}O_4N_4$, F. 293—296° (Zers. u. Sublimation), orangerote Nadeln aus Eisessig. — *3.4.5.5a-Tetrahydrobenzo-[m.n.o]-fluoranthen* (V), $C_{18}H_{14}$, F. 78—79,5°, aus 0,33 g vorst. Verb. in Toluol, konz. HCl, W., Essigsäure u. Zn-Amalgam (60 Std. kochen); aus A. Platten. — *4-[o-Chlorbenzyliden]-cyclopenta-[d.e.f]-phenanthren* (VI), $C_{22}H_{13}Cl$, F. 136—137°, aus IV, $NaOC_2H_5$ u. o-Chlorbenzaldehyd in A. bei 75° (30 Min. kochen); aus PAe. blaßgrüne Nadeln; daneben durch Chromatographie *4-[3-(o-Chlorphenyl)-allyliden]-cyclopenta-[d.e.f]-phenanthren*, $C_{24}H_{15}Cl$, F. 182—184°, mit H_2SO_4 grün. — *Dibenzo-[k;m.n.o]-fluoranthen* (II), $C_{22}H_{12}$, F. 147—149°, aus VI bzw. nachst. Verb. u. KOH in Chinolin (90 Min. kochen); blaßgrüne Nadeln aus PAe., in Lsg. starke purpurrote Fluorescenz, mit warmer konz. H_2SO_4 grün → olivgrün → braun; mit Benzalchlorid in konz. H_2SO_4 blau; gibt kein Additionsprod. mit Maleinsäureanhydrid; 35 bzw. 50%. *Pikrat*, $C_{28}H_{15}O_7N_3$, F. 165 bis 175° (Zers.), orangerote Nadeln. *Trinitrobenzolat*, $C_{28}H_{15}O_6N_3$, F. 170—175° (Zers.), aus A. gelbe Nadeln. — *4-[o-Brombenzyliden]-cyclopenta-[d.e.f]-phenanthren*, $C_{22}H_{13}Br$, F. 147 bis 149°, lindgrüne Nadeln aus PAe., in festem Zustand gelbgrüne, in Lsg. blaugrüne Fluorescenz; 66%, daneben *4-[3-(o-Bromphenyl)-allyliden]-cyclopenta-[d.e.f]-phenanthren*,

$C_{24}H_{15}Br$, F. 198—200°, aus PAe. gelbe Prismen. (J. chem. Soc. [London] **1952**. 3281—84. Aug. Edinburgh, Univ.) S. LÄUFER. 2950

A. A. Ponomarew, W. Pletnewa, W. Ssedawkina und **L. Barskaja,** *Zur Untersuchung von Furanverbindungen.* 6. Mitt. *Furan- und Tetrahydrofuranaminoalkohole aus Furfurol und β-[α-Furyl]-acrolein.* (5. vgl. C. **1955**. 7666.) Durch Einw. von Äthanolamin (I) auf Furfurol oder β-[α-Furyl]-acrolein (II) werden *N-Furfurylidenaminoäthanol* (III) bzw. *N-[α-Furfurylidenäthyliden]-aminoäthanol* (IV) gewonnen. **III** u. **IV** werden in Ggw. verschied. Katalysatoren hydriert. Dabei wird **III** in Ggw. von $CuCr_2O_4$ zu *N-Furfurylaminoäthanol* (V) u. in Ggw. von RANEY-Ni zu *N-Tetrahydrofurfurylaminoäthanol* reduziert. Die Hydrierung von **IV** über RANEY-Ni führt zu *N-[γ-(α-Furyl)-propyl]-aminoäthanol* (VI) oder bei erhöhtem Druck u. erhöhter Temp. zu *N.N-Bis-[γ-(α-furyl)-propyl]-aminoäthanol* u. **I**, die vermutlich durch Disproportionierung von prim. gebildetem **VI** entstehen. Bei der Einw. von $(CH_3CO)_2O$ auf **V**, N-Tetrahydrofurfurylaminoäthanol u. **VI** werden die *Acetate* der entsprechenden *N-Acetylderivv.* erhalten. Verss., I mit Furfurylidenaceton zu dem entsprechenden Azomethin umzusetzen, mißlangen.

V e r s u c h e: *N-Furfurylidenaminoäthanol* (III), $C_7H_9O_2N$, Kp.$_8$ 136°; man gibt zu 27 g Furfurol in 2 Std. tropfenweise 17,7 g I, erhitzt $^1/_2$ Std. auf 60—70 ° u. dest. im N_2-Strom; D.$^{20}{}_4$ 1,1524; n_D^{20} 1,5561; 27,5 g (Ausbeute). Wird die Rk. unter N_2 durchgeführt, 82%. — *N-Furfurylaminoäthanol* (V), $C_7H_{11}O_2N$, Kp.$_3$ 115—116°; a) durch Hydrierung von **III** in Dioxan in Ggw. von $CuCr_2O_4$, 70 at, 110—115°; D.$^{20}{}_4$ 1,1184; n_D^{20} 1,5032; 71%; b) analog a) in alkoh. Lsg. über Pt bei n. Druck u. Zimmertemp.; 43%; c) analog a) über Ni, 105 at, 120—130°; 50%. — *N-Acetylfurfurylaminoäthanolacetat*, $C_{11}H_{15}O_4N$, Kp.$_{2,5}$ 157°; aus **V** u. $(CH_3CO)_2O$ im Autoklaven, 1 Std. bei 200—220°; D.$^{20}{}_4$ 1,1614; n_D^{20} 1,4897; 94%. — *N-Tetrahydrofurfurylaminoäthanol*, $C_7H_{15}O_2N$, Kp.$_4$ 123 bis 124°, Kp.$_{23}$ 142—143°; aus **V** in Dioxan an Ni/Kieselgur bei 120—140° u. 94 at; D.$^{20}{}_4$ 1,0780; n_D^{20} 1,4821; 73,1%; b) aus **III** in absol. A. über RANEY-Ni bei 150—160° u. 120 at; D.$^{20}{}_4$ 1,0676; n_D^{20} 1,4812; 48%; bildet mit Cu^{2+} einen hellbraunen, mit Mn^{2+} hellvioletten Niederschlag. — *N-Acetyl-N-tetrahydrofurfurylaminoäthanolacetat*, $C_{11}H_{19}O_4N$, Kp.$_{1,5}$ 149,5—150°; aus vorst. Verb. mit $(CH_3CO)_2O$ in Ggw. von $ZnCl_2$, $1^1/_2$ Std. auf 170°, D.$^{20}{}_4$ 1,1379; n_D^{20} 1,4792; 15,7 g. — *N-[α-Furfurylidenäthyliden]-aminoäthanol* (IV), $C_9H_{11}O_2N$, Kp.$_3$ 153—156°; aus **II** in absol. A. u. **I**, $^1/_2$ Std. bei 50°; D.$^{20}{}_4$ 1,1194; n_D^{20} 1,6190; 86,8%. — *N-[γ-(α-Furyl)-propyl]-aminoäthanol* (VI), $C_9H_{15}O_2N$, Kp.$_{4,5}$ 134—135°; durch Red. von **IV** in A. über RANEY-Ni bei 140—160° u. 109 at; D.$^{20}{}_4$ 1,0608; n_D^{20} 1,4970; 41,5%. — *N-Acetyl-N-[γ-(α-furyl)-propyl]-aminoäthanolacetat*, $C_{13}H_{19}O_4N$, Kp.$_1$ 165—168°, aus 7,5 g **VI** mit $(CH_3CO)_2O$ in Ggw. von $ZnCl_2$, 3 Std. bei 200°; D.$^{20}{}_4$ 1,1196; n_D^{20} 1,4872; 5,7 g. — *N.N-Bis-[γ-(α-furyl)-propyl]-aminoäthanol*, $C_{16}H_{23}O_3N$, Kp.$_{1,5}$ 172 bis 174°; aus 55 g **IV** in Dioxan durch Red. an RANEY-Ni bei 170° u. 125 at; D.$^{20}{}_4$ 1,1370; n_D^{20} 1,5492; 15,4 g; (*Hydrochlorid*, F. 98—100°). Daneben **VI**, Kp.$_{1,5}$ 114—116°; 9,65 g u. **I**, Kp.$_{1,5}$ 55—56°; n_D^{20} 1,4585; 2,2 g. (Журнал Общей Химии [J. allg. Chem.] **24** (86). 718—25. April 1954. Ssaratow, Tschernyschewski-Univ.) O. POLLAK V. EMHOFEN. 3061

Alexander Vaitiekunas und **F. F. Nord,** *Untersuchungen über die Chemie der Heterocyclen.* 24. Mitt. *Darstellung von Thienylacetylenen.* (23. vgl. C. **1954**. 6226.) Das aus 2-Acetothienon (II) mit PCl_5 erhältliche Gemisch von *2-[1.1-Dichloräthyl]-* u. *2-[1-Chlorvinyl]-thiophen* läßt sich wesentlich besser als früher beschrieben (vgl. 12. Mitt.; C. **1952**. 3812) mit $NaNH_2$ in fl. NH_3 in Ggw. von Anilin zu *Thienyl-(2)-acetylen* (I) dehydrochlorieren. In gleicher Weise ließ sich 2-[2-Bromvinyl]-thiophen (III) zu I dehydrobromieren. Kernmethylierte Derivv. von **II** gaben etwas höhere, kernhalogenierte Derivv. etwas niedrigere Ausbeuten an den entsprechenden Acetylenverbb. als **I**. Aus 2.5-Dichlor-3-acetothienon wurde analog *2.5-Dichlorthienyl-(3)-acetylen* erhalten. Die Thienylacetylene geben *Metallderivv.*; das *Cu(I)-Deriv.* von **I** löst sich in sd. Essigsäure zu einer orangegelben Lsg., aus der mit Eiswasser eine Komplexverb. der vermutlichen Zus. *Thienyl-(2)*—C≡C·*Cu*·CH_3COOCu ausgefällt werden kann.

V e r s u c h e: Die Umsetzung der Acetothienone mit PCl_5 wurde in der l. c. beschriebenen Weise ausgeführt (bei den substituierten Derivv. mußte die Rk. durch Erwärmen auf 40—45° in Gang gesetzt u. dann bei 85—90° durchgeführt werden), die Rohprodd. werden in Ae. zu $NaNH_2$ in fl. NH_3 (in Ggw. von hydratisiertem $Fe(NO_3)_3$ dargestellt) + Anilin zugefügt; vorsichtige Hydrolyse mit W., Ätherextraktion u. Vakuumdest. unter N_2 ergab nachst. *Acetylene*: *Thienyl-(2)-* (I), Kp.$_3$ 31—33°, n_D^{20} 1,5886; 60% (Ausbeute); oder durch Dehydrobromierung von **III**; 65%. — *3-Methylthienyl-(2)-*, Kp.$_7$ 53°, n_D^{20} 1,5725; 65%. — *4-Methylthienyl-(2)-*, Kp.$_7$ 62°, n_D^{20} 1,5770; 63%. — *5-Chlorthienyl-(2)-*, Kp.$_5$ 82°, n_D^{20} 1,5876; 24%. — *2.5-Dichlorthienyl-(3)-*, Kp.$_{10}$ 95°, n_D^{20} 1,5898; 45%. (J. org. Chemistry **19**. 902—06. Juni 1954. New York, N. Y., Fordham Univ., Dep. of Organ. Chem. and Enzymol.) I. SPAETH. 3071

Alexander Vaitiekunas und **F. F. Nord,** *Untersuchungen über die Chemie der Heterocyclen.* 25. Mitt. *Untersuchungen über Diacetylene und Diacetylenglykole in der Thiophenreihe.* (24. vgl. vorst. Ref.) Thienyl-(2)- (I), 3-Methylthienyl-(2)- (II) u. 2.5-Dichlorthienyl-(3)-acetylen (III) (vgl. l. c.) wurden unter verschied. Bedingungen oxydativ zu den entsprechenden *Diacetylenen* gekuppelt, wobei die besten Ausbeuten mit CuCl + NH_4Cl u. Luft–O_2 bei p_H 8—9 erhalten wurden. Die Struktur der erhaltenen Diacetylene wurde durch Hydrierung zu den entsprechenden Butanen sowie durch Vgl. ihrer UV-Spektren mit denen der analogen Phenylverbb. bewiesen. Die analoge Oxydation von Thienyläthinylcarbinolen (vgl. 16. Mitt., C. **1952.** 4765) zu den *Diacetylenglykolen* konnte nur mit sehr viel geringeren Ausbeuten durchgeführt werden, da die Oxydation bei Raumtemp. zu langsam verlief u. bei erhöhten Tempp. die trimeren Verbb. lieferte.

Versuche: *Bis-[thienyl-(2)]-acetylen* (**IV**), F. 88—89° (CH_3OH), a) durch Zufügen von I in A. zu ammoniakal. CuCl-Lsg., 24std. Stehen des isolierten gelben *Cu(I)-Komplexes* mit $K_3Fe(CN)_6$ in wss. KOH u. Extraktion mit Aceton; 53% (Ausbeute); b) durch Oxydation des Cu(I)-Komplexes von I mit $CuCl_2$ in W. (5 Std. bei 70—80°) u. Extraktion aus dem abgeschiedenen Prod. mit sd. CH_3OH; 65%; c) durch Zufügen von I in A. zu CuCl + $(NH_4)_2CO_3$ in W., Einstellen mit NH_4OH auf p_H 8—9, 24std. Schütteln unter O_2, Ansäuern mit verd. HCl u. Ätherextraktion; 95%. — *Bis-[3-methylthienyl-(2)]-diacetylen,* F. 62—63°, analog **IV** aus **II**; nach a) 55%, nach b) u. c) je 85%. — *Bis-[2.5-dichlorthienyl-(3)]-diacetylen,* F. 69—70°, analog **IV** aus **III**; nach a) 55%, nach b) 78%, nach c) 85%. — *1.4-Bis-[thienyl-(2)]-butan,* F. 48°, durch Hydrierung von **IV** in Ae. in Ggw. von Pd/Kohle. — *1.4-Bis-[3-methylthienyl-(2)]-butan,* F. 44°, analog. — *1.4-Bis-[2.5-dichlorthienyl-(3)]-butan,* F. 29—32°. — *2-[Thienyl-(2)]-butin-(3)-ol-(2)* (**V**), C_8H_8OS, Kp.$_{33}$ 110 bis 115°, durch 3std. Rühren von 2-Acetylthiophen mit Na-Acetylid in fl. NH_3 u. Zers. mit NH_4Cl; 15%. — *2-[5-Chlorthienyl-(2)]-butin-(3)-ol-(2),* C_8H_7OClS, F. 137° (gelbliche Nadeln), durch Zufügen von 5-Chlor-2-acetothienon in Ae. zu Na-Acetylid in fl. NH_3; 10%. — *1.6-Bis-[thienyl-(2)]-hexadiin-(2.4)-diol-(1.6),* $C_{14}H_{10}O_2S_2$, F. 153° (Nadeln aus Bzl.), durch Zufügen von Thienyl-(2)-äthinylcarbinol in A. zu NH_4Cl, W., CuCl u. 21%ig. NH_4OH, 6std. Schütteln mit O_2, Ätherextraktion, Chromatographie des Ätherrückstandes an Al_2O_3 u. Elution mit Bzl. u. PAe.; 2%. *Trimeres,* Zers. bei 290°, bei längerer Oxydationsdauer oder höherer Oxydationstemperatur. — *1.6-Bis-[thienyl-(2)]-hexandiol-(1.6),* $C_{14}H_{18}O_2S_2$, F. 110—115°, durch Hydrierung vorst. (monomeren) Verb. in CH_3OH in Ggw. von Pd/Kohle. — *1.6-Bis-[3-methylthienyl-(2)]-hexadiin-(2.4)-diol-(1.6),* $C_{16}H_{14}O_2S_2$, F. 89—102° (Bzl.–PAe.), analog vorvorst. Verb. aus 3-Methylthienyl-(2)-äthinylcarbinol; 6%. *Trimeres,* Zers. bei 280—290°. — *1.6-Bis-[3-methylthienyl-(2)]-hexandiol-(1.6),* $C_{16}H_{22}O_2S_2$, F. 78—82°. — *1.6-Bis-[thienyl-(2)]-1.6-dimethylhexadiin-(2.4)-diol-(1.6),* $C_{16}H_{14}O_2S_2$, F. 90—95° (Bzl.–PAe.), aus **V**; 2%. *Trimeres,* F. 290° (Zers.). — *1.6-Bis-[thienyl-(2)]-1.6-dimethylhexandiol-(1.6),* $C_{16}H_{22}O_2S_2$, F. 60—63°. (J. Amer. chem. Soc. **76.** 2733 bis 2736. 20/5. 1954.) I. SPAETH. 3071

Alexander Vaitiekunas und **F. F. Nord,** *Untersuchungen über die Chemie der Heterocyclen.* 26. Mitt. *Untersuchungen über die prototrope Umlagerung von γ-Oxyacetylenestern und -säuren in der Thiophenreihe.* (25. vgl. vorst. Ref.) Verss. zur Umsetzung der Na-Salze oder GRIGNARD-Verbb. von Thienyl-(2)-äthinyl- (**I**) u. 3-Methylthienyl-(2)-äthinylcarbinol (**II**) mit CO_2 unter Druck lieferten nicht die erwarteten γ-Oxysäuren *4-Oxy-4-[thienyl-(2)]-* (**III**) bzw. *4-Oxy-4-[3-methylthienyl-(2)]-butin-(2)-säure* (**IV**), sondern nur in geringer Ausbeute *Thiophen-2-carbonsäure* u. *Thienyl-(2)-glyoxylsäure,* doch konnten die mit $NaNH_2$ in fl. NH_3 dargestellten Na-Salze von **I** u. **II** mit Chlorkohlensäureäthylester (**V**) zu **III**- bzw. **IV**-*Äthylester* umgesetzt werden. **III**-Äthylester reagiert mit Diäthylamin nicht zu einem Diäthylaminolacton, sondern unter prototroper Umlagerung, deren Prod. durch das UV-Spektr. als *trans-β-[Thenoyl-(2)]-acrylsäureäthylester* (trans-**VI**) identifiziert wurde; die Ausbeute an trans-**VI** ist in Ggw. eines tert. Amins an Stelle von $(C_2H_5)_2NH$ erheblich höher. *cis*-**VI** wurde aus **III**-Äthylester durch CrO_3-Oxydation zu *β-[Thenoyl-(2)]-propiolsäureäthylester* u. dessen Semihydrierung erhalten. Die durch Verseifung von **III**-Äthylester bei Raumtemp. (bei 70° trat Polymerisation ein) während längerer Zeit erhaltene freie **III** lieferte bei der Semihydrierung ein Prod. mit der Zus. eines *Lactons,* doch war die erwartete Verschiebung der Doppelbindung von der α.β- in die β.γ-Stellung nicht eingetreten (vgl. das Verh. der entsprechenden Phenylverb., NINEHAM u. RAPHAEL, C. **1950.** I. 552), da dieses Prod. nach F., UV- u. Infrarotabsorption nicht mit dem aus *β-[Thenoyl-(2)]-propionsäure* (aus Thiophen u. Succinanhydrid erhältlich) dargestellten Lacton ident. war, sondern es war wahrscheinlich Trimerisierung eingetreten.

Versuche: *4-Oxy-4-[thienyl-(2)]-butin-(2)-säure* **III**)-*Äthylester,* $C_{10}H_{10}O_3S$, Kp.$_{22}$ 154°, durch Zutropfen von I in Ae. zu $NaNH_2$ in fl. NH_3, Ersatz des NH_3 durch Ae., Zu-

gabe von V in Ae. bei 0—5°, 2std. Rühren bei Raumtemp. u. $^1/_2$std. Kochen; n_D^{20} 1,5130; 58% (Ausbeute). — *4-Oxy-4-[3-methylthienyl-(2)]-butin-(2)-säure* (IV), *Äthylester*, $C_{11}H_{12}O_3S$, Kp.$_1$ 122°, wie vorst. aus II; n_D^{20} 1,5115; 65%. — *β-[Thenoyl-(2)]-propiolsäureäthylester*, durch Oxydation von III-Äthylester in Aceton unter N_2 mit CrO_3/H_2SO_4 bei 0—5° (2 Std.), Verdünnen mit W. u. Ätherextraktion. *2.4-Dinitrophenylhydrazon*, $C_{16}H_{12}O_6N_4S$, F. 171° (verd. Essigsäure). — *cis-β-[Thenoyl-(2)]-acrylsäureäthylester* (cis-VI), $C_{10}H_{10}O_3S$, Kp.$_3$ 90—93°, durch Hydrierung vorst. Esters in CH_3OH in Ggw. von Pd/Kohle bis zur Aufnahme von 1 Mol H_2. — *trans*-VI, Kp.$_3$ 106—108°, a) durch Versetzen von III-Äthylester in Ae. mit Triäthylamin (exotherme Rk.) u. Stehen über Nacht; 84% ; b) ebenso mit Diäthylamin; 24%. — III, $C_8H_6O_3S$, F. 104° (Bzl.-PAe.), durch 48std. Schütteln von III-Äthylester in Bzl. mit 1,25nNaOH; 57% *S-Benzylthiuroniumsalz*, $C_{16}H_{16}O_3N_2S_2$, F. 165° (verd. A.). — *Trimeres 4-Oxy-4-[thienyl-(2)] buten-(2)-säurelacton* (?), $(C_8H_6O_2S)_3$, F. 102° (Bzl.-PAe.), durch Hydrierung von III in CH_3OH in Ggw. von Pd/Kohle bis zur Aufnahme von 1 Mol H_2. — *4-Oxy-4-[thienyl-(2)]-buten-(3)-säurelacton*, $C_8H_6O_2S$, F. 74 bis 75° (gelbbraune Nadeln aus A.), durch 3std. Erwärmen von β-[Thenoyl-(2)]-propionsäure mit Acetanhydrid auf dem Dampfbad. (J. Amer. chem. Soc. **76**. 2737—40. 20/5. 1954.)
I. SPAETH. 3071

A. J. Osbahr, A. Vaitiekunas und **F. F. Nord,** *Untersuchungen über die Chemie der Heterocyclen*. 27. Mitt. *α.β-Acetylensäuren und ihre Ester in der Thiophenreihe*. (26. vgl. vorst. Ref.) Die Ausbeuten an den in der 24. Mitt. (drittvorst. Ref.) beschriebenen Verbb. *Thienyl-(2)-acetylen* (I), *2.5-Dichlorthienyl-(3)-acetylen* u. *5-Chlorthienyl-(2)-acetylen* konnten auf 80, 91 bzw. 28% erhöht werden. Aus den Na-Salzen der Thienylacetylene konnten zwar wie bei den Acetylenglykolen (vgl. vorst. Ref.) die zugehörigen *Propiolsäuren* nicht mit CO_2, aber mit Chlorameisensäureäthylester (II) über die *Äthylester* erhalten werden. Bei allen Rkk. trat in mehr oder weniger hohem Maße Polymerisation ein.

Versuche: *Thienyl-(2)-propiolsäureäthylester*, Kp.$_1$ 95—98°, durch Zufügen von I in Ae. zu $NaNH_2$ in fl. NH_3, $^1/_2$std. Rühren, Ersatz des NH_3 durch Ae., Versetzen mit II in Ae. bei 0—5° u. 4std. Rühren bei Raumtemp.; 91% (Ausbeute). *Freie Säure*, F. 130 bis 133°, durch 48std. Schütteln des Esters in Bzl. mit 1,5nNaOH; 85%. — Analog: *2.5-Dichlorthienyl-(3)-propiolsäure*, F. 139—141°; 79% ; aus dem *Äthylester*, Kp.$_1$ 92—95°; 80%. — *5-Chlorthienyl-(2)-propiolsäure*, F.118—120°; 45%. *Äthylester*, Kp.$_1$ 56—58°; 45%. — *3-Methylthienyl-(2)-propiolsäure*, F. 115—118°; 60%. *Äthylester*, Kp.$_1$ 65—67°; 70%. (J. Amer. chem. Soc. **77**. 1911—12. 5/4. 1955.) I. SPAETH. 3071

Henry Gilman und **Gene R. Wilder,** *Einige 1-substituierte Dibenzothiophenderivate*. 2-Acetamidodibenzothiophen (I) liefert bei der Nitrierung *1-Nitro-2-acetamidodibenzothiophen* (II). Mit alkoh. HBr oder HCl reagiert II unter Bldg. von *1-Brom* (III) bzw. *1-Chlordibenzothiophen* (IV); diese Rk. dürfte nach dem Kettenmechanismus von SIHLBOM (C. **1954**. 8096) verlaufen. Mit alkah. HJ oder NaOH liefert II lediglich *1-Nitro-2-aminodibenzothiophen* (V), das seinerseits in III bzw. IV übergeführt werden kann. Wenn bei der Rk. von II mit alkoh. HCl β-Naphthol zugesetzt wird, so entsteht in Übereinstimmung mit dem angeführten Mechanismus *1-Chlor-2-[2-oxynaphthalin-1-azo]-dibenzothiophen*. Bei der Diazotierung von V in alkoh. H_2SO_4 findet keine Verdrängung der 1-Nitrogruppe statt, so daß auf diesem Wege *1-Nitrodibenzothiophen* zugänglich ist.

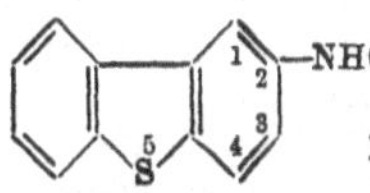

I

Versuche: *1-Nitro-2-acetamidodibenzothiophen* (II), $C_{14}H_{10}O_3N_2S$, F. 209—210° (CH_3OH-W.), durch Zugabe von rauchender HNO_3 zu I in Acetanhydrid oder Eisessig < 30° u. 1std. Rühren; 73% (Ausbeute). — *1-Nitro-2-aminodibenzothiophen* (V), $C_{12}H_8O_2N_2S$, F. 162—163° (orangefarbene Nadeln aus CH_3OH-W.), a) durch 2std. Kochen von II mit 30%ig. HJ in A.; 95,5% ; b) durch 1std. Kochen von II mit 15%ig. NaOH in A.; 94%. — *1-Bromdibenzothiophen* (III), F. 84°, durch 1std. Kochen von II mit 30%ig. HBr in A. u. Zugabe von W.; 46,8% ; b) ebenso aus V; 28,2%. — *1-Chlordibenzothiophen* (IV), $C_{12}H_7ClS$, F. 88° (CH_3OH-W.), a) durch $1^1/_2$std. Kochen von II mit konz. HCl in A. (Geruch nach *Acetaldehyd*); 34%; b) ebenso aus V; 28,8%. — *1-Chlor-2-[2-oxynaphthalin-1-azo]-dibenzotiophen*, $C_{22}H_{13}ON_2ClS$, F. 257—258° (rote Nadeln aus Eisessig), aus II u. β-Naphthol in A. + konz. HCl (20 Min. kochen); 38%. — *1-Nitrodibenzothiophen*, $C_{12}H_7O_2NS$, F. 97° (A.-W.), durch Diazotierung von V in A. u. rauchender H_2SO_4 (15% SO_3) bei 80°; 53,8%. — *1-Aminodibenzothiophen*, $C_{12}H_9NS$, F. 96° (A.-W.), durch Hydrierung vorst. Verb. in A. in Ggw. von RANEY-Ni bei 50 lbs./sq. in. Anfangsdruck; 57%. — *1-Acetamidodibenzothiophen*, $C_{14}H_{11}ONS$, F. 227° (A.-W.), aus vorst. Verb. in Bzl. u. Acetanhydrid (10 Min. kochen); 83,5%. (J. Amer. chem. Soc. **76**. 2906—08. 5/6. 1954. Ames, Io., State Coll., Chem. Labor.) I. SPAETH. 3071

M. Borovička, Z. Šedivý und **M. Protiva,** *Sympathische Ganglien blockierende Stoffe*. 4. Mitt. *Pentamethylen-1.5-bis-[N-methylpyrrolidiniumsalze]*. (3. vgl. C. **1955**. 7192.) Vff.

beschreiben die Darst. der gangliopleg. wirksamen Salze des *Pentamethylen-1.5-bis-[N-methylpyrrolidiniumbromids]* (I) u. des *Bitartrats*.

Versuche: *p-Toluolsulfonsäuremethylbutylamid*, $C_{12}H_{19}O_2NS$, Kp.$_{15}$ 209—212°, aus p-Toluolsulfonsäuremethylamid u. n-Butylbromid in NaOH (nach Lukeš u. Přeučil, Collect. czechoslov. chem. Commun. **10.** [1938.] 384); 84% (Ausbeute). — *Methylbutylamin*, Kp. 88—90°, aus vorst. Verb. u. $ClSO_2OH$; 56%. — *N-Methylpyrrolidin*, Kp. 78 bis 80°, aus vorst. Verb. durch N-Chlorierung nach Löffler u. Freytag; 40—48%. — *Pentamethylen-1.5-bis-[N-methylpyrrolidiniumbromid]* (I), aus vorst. Verb. u. $Br(CH_2)_5Br$ in Aceton durch Stehenlassen über Nacht unter Kühlung; aus absol. Ae. u. Isopropanol sehr hygroskop. Kristalle; 84% (roh). *Dipikrat*, $C_{27}H_{36}O_{14}N_8$, F. 274° (Zers.; aus A. u. Acetophenon). — *Pentamethylen-1.5-bis-[N-methylpyrrolidiniumtartrat]* (II), $C_{23}H_{42}O_{12}N_2$, F. 213—214° (Zers.; aus wss. A.), durch Zugabe von Ag_2O zu I in W., 1 std. Rühren bei 50°, Filtrieren, Versetzen mit Weinsäure, Eindampfen bis zur Trockne u. Kristallisieren; 91%. (Chem. Listy **49.** 777—78. Mai 1955. Praha, Výzkum. Úst. pro farm. a biochem. [Orig.: tschech.]) K. Hejno/Prag. 3081

Miroslav Semonský, Jiří Kuňák und **Antonín Černý**, *Tuberkulostatische Stoffe.* 6. Mitt. *Einige 2.5(6)-substituierte Benzimidazole.* (5. vgl. C. **1956.** 1283.) Vff. haben 9 neue *2.5(6)-substituierte Benzimidazole* synthetisiert, die auf ihre tuberkulostat. Wrkg. *in vitro* gegenüber Mycobact. Tub. H 37 Rv geprüft werden. Alle Präpp. zeigen schwächere Wrkg. als die analog substituierten 2.6-Benzthiazole bzw. Benzselenazole, mit Ausnahme von *2-n-Hexylmercapto-5(6)-nitrobenzimidazol*, das prakt. dieselbe Wrkg. besitzt. Es wird die Darst. des *2-Mercapto-5(6)-nitrobenzimidazols* (I) durch direkte Nitrierung von 2-Mercaptobenzimidazol beschrieben. I reagiert mit Alkylhalogeniden unter Entstehung von *2-Alkylmercapto-5(6)-nitrobenzimidazolen*. Einige davon wurden durch Red. mit Fe u. wss. Essigsäure in die entsprechenden Aminverbb. übergeführt.

Versuche: *2-Mercapto-5(6)-nitrobenzimidazol* (I), $C_7H_5O_2N_3S$, F. 280—282°: Eine Lsg. von 45 g 2-Mercaptobenzimidazol in 250 g konz. H_2SO_4 wird auf —5° abgekühlt u. während 1 Std. mit Nitriersäure aus 60 g HNO_3 (D. 1,5) u. 80 g konz. H_2SO_4 bei Tempp. unter 0° versetzt; die Lsg. wird 30 Min. weitergerührt, auf Eis gegossen, das Prod. abgesaugt, in konz. wss. NH_4OH gelöst u. durch verd. H_2SO_4 ausgefällt; gelbe Nädelchen aus wss. A.; 47,7 g; 82% (Ausbeute). — Zur Alkylierung von I wurden in eine Suspension von 0,02 Mol I in 30 cm³ A. u. 0,02 Mol NaOH in 5 cm³ W. 0,02 Mol des Alkylhalogenids zugetropft, dann wurde 2—8 Std. gekocht. 2-Alkylmercapto-5(6)-nitrobenzimidazole: *2-Butylmercapto-, Hydrochlorid*, $C_{11}H_{13}O_2N_3S \cdot HCl$, F. 193 bis 195°, aus I u. Butylbromid (2 Std.); Nädelchen aus A.; 100% (Ausbeute). — *2-n-Hexylmercapto-, Hydrochlorid*, $C_{13}H_{17}O_2N_3S \cdot HCl$, F. 194—195°, aus I u. Hexylchlorid durch 8 std. Kochen; Blättchen aus A.; 100%. — *2-Allylmercapto-, Hydrochlorid*, $C_{10}H_9O_2N_3S \cdot HCl$, F. 184—185°, aus I u. Allylbromid (4 Std. Kochen); Nadeln aus A.; 100%. — *2-Carboxymethylmercapto-, Na-Salz*, $C_9H_6O_4N_3SNa$, aus I u. 0,02 Mol $ClCH_2COONa$ in 8 g W. durch 2 std. Kochen; gelbe Nädelchen aus wss. A.; 100%. — *2-[ω-Carboxyamylmercapto-*, $C_{13}H_{15}O_4N_3S$, F. 138—139°, aus I u. $Br(CH_2)_5COONa$ in 8 g W. durch 2 std. Kochen; gelbe Mikrokriställchen aus Methanol; 98%. — *2-[ω-Carbäthoxyallylmercapto]-*, $C_{13}H_{13}O_4N_3S$, F. 86—87°, aus I u. $BrCH_2CH{=}CHCOOC_2H_5$ (4 Std. Kochen); gelbe Nädelchen aus A.; 68%. — *2-Benzylmercapto-*, $C_{14}H_{11}O_2N_3S$, F. 160—161°, aus I u. Benzylchlorid (2 Std. Kochen); Nädelchen aus A.; 100%. — *2-Benzylmercapto-5(6)-aminobenzimidazol*, $C_{14}H_{13}N_3S$, F. 158—159°; die Lsg. von 0,008 Mol 2-Benzylmercapto-5(6)-nitrobenzimidazol in 30 cm³ A. wird mit 7 g Eisenspäne u. 12 cm³ 20%ig. wss. Essigsäure 4 Std. gekocht, $Fe(OH)_2$ durch 40%ig. wss. NaOH ausgefällt, der A. aus dem Filtrat abdest. u. der Rest mit 100 cm³ W. verd.; Nädelchen aus A.; 88%. — *2-Butylmercapto-5(6)-aminobenzimidazol*, $C_{11}H_{15}N_3S$, F. 130—131°, analog aus 2-Butylmercapto-5(6)-nitrobenzimidazol; Nädelchen aus wss. A.; 100%. (Chem. Listy **47.** 1633—36. Nov. 1953. Praha, Výzkum. ústav pro farmacii a biochem. [Orig.: tschech.])
J. Plešek/Prag. 3122

B. J. Ludwig, W. A. West und **D. W. Farnsworth**, *Von substituierten Diaminopropanolen-(2) abgeleitete Aminomethyloxazolidone.* Durch Rk. von Epichlorhydrin (I) mit überschüssigen prim. oder sek. Aminen erhielten Vff. symm., durch stufenweise Aminierung (ohne Isolierung der Zwischenprodd.) unsymm. substituierte *1.3-Diaminopropanole-(2)*. Cyclisierung dieser Verbb. mit Äthylcarbonat (II) führte zu substituierten *5-Aminomethyloxazolidonen-(2)*. Bei der Umsetzung von *1-Anilino-3-n-butylaminopropanol-(2)* (u. allg. bei Alkylaminoarylaminopropanolen) mit II entstand nur eines der beiden möglichen Isomeren, u. zwar *3-n-Butyl-5-anilinomethyloxazolidon-(2)*. Seine Struktur wurde bewiesen durch Umsetzung zu *3-n-Butyl-5-[N-n-butylanilinomethyl]-oxazolidon-(2)* (III), das auch aus *1-n-Butylamino-3-[N-n-butylanilino]-propanol-(2)* (IV) mit II erhalten wurde. Außerdem lieferte die Hydrolyse von **III** wieder **IV**. Die Bldg. von cycl. Ureiden wurde nicht beobachtet.

Versuche: Substituierte 1.3-Diaminopropanole-(2), symm. Verbb. aus 0,5 Mol **I** u. 2 Mol Amin in sd. A. (16 Std.), asymm. Verbb. aus **I** u. Arylamin in sd. A. u. Umsetzung der gebildeten *1-Arylamino-3-chlorpropanole-(2)* mit dem entsprechenden Amin: *1.3-Bis-[n-propylamino]-*, $C_9H_{22}ON_2$, F. 53—54,4° (Ae.); 53% (Ausbeute). — *1.3-Bis-[n-butylamino]-*, $C_{11}H_{26}ON_2$, F. 43—44° (Ae.), Kp.$_{0,5}$ 114—119°; 51%. — *1.3-Bis-[n-hexylamino]-*, $C_{15}H_{34}ON_2$, F. 58—60° (Ligroin); 58%. — *1-n-Butylamino-3-anilino-*, $C_{13}H_{22}ON_2$, F. 80—81° (Ligroin), Kp.$_{1,4}$ 170—175°; 47%. — *1-Äthylamino-3-p-toluidino-*, $C_{12}H_{20}ON_2$, F. 76,5—78° (Ligroin); 56%. — *1-n-Propylamino-3-p-toluidino-*, $C_{13}H_{22}ON_2$, F. 106—108° (Bzl.-Ligroin); 59%. — *1-n-Butylamino-3-o-toluidino-*, $C_{14}H_{24}ON_2$, F. 75,5 bis 77,5° (Ae.), Kp.$_{1,0}$ 165—171°; 16%. — *1-n-Butylamino-3-m-toluidino-*, $C_{14}H_{24}ON_2$, F. 82—83° (Ligroin), Kp.$_{0,5}$ 160—164°; 70%. — *1-n-Butylamino-3-p-toluidino-*, $C_{14}H_{24}$·ON_2, F. 94—94,5° (Ligroin); 69%. — *1-sek.-Butylamino-3-p-toluidino-*, $C_{14}H_{24}ON_2$, F. 50,5 bis 51,5° (Ae.-PAe.); 63%. — *1-Isobutylamino-3-p-toluidino-*, $C_{14}H_{24}ON_2$, F. 80—81° (Ae.-PAe.); 56%. — *1-n-Amylamino-3-p-toluidino-*, $C_{15}H_{26}ON_2$, F. 66,5—67,5° (Ae.-PAe.); 52%. — *1-Isoamylamino-3-p-toluidino-*, $C_{15}H_{26}ON_2$, F. 80—81° (Ae.-PAe.); 44%. — *1-n-Hexylamino-3-p-toluidino-*, $C_{16}H_{28}ON_2$, F. 76—77° (Bzl.-Ligroin); 52%. — *1.3-Bis-[p-toluidino]-*, F. 113,5—114° (Bzl.-Ligroin). — *1-n-Butylamino-3-[p-chloranilino]-*, $C_{13}H_{21}ON_2Cl$, F. 84—86° (Bzl.-Ligroin); 49%. — *1-n-Butylamino-3-[p-chlor-o-toluidino]-*, $C_{14}H_{23}ON_2Cl$, F. 59—61° (Ae.-PAe.); 43%. — *1-Diäthylamino-3-p-toluidino-*, $C_{14}H_{24}ON_2$, Kp.$_{1,0}$ 138—143°, n_D^{25} 1,5300; 22%. — *1-Di-n-butylamino-3-anilino-*, $C_{17}H_{30}ON_2$, F. 50 bis 51° (Ligroin), Kp.$_{1,0}$ 168—173°; 49%. — *1-Di-n-butylamino-3-p-toluidino-*, $C_{18}H_{32}ON_2$, F. 50—51° (Ligroin); 63%. — *1-n-Butylamino-3-[N-n-butylanilino]-* (**IV**), $C_{17}H_{30}ON_2$, F. 38—40° (Ae.-PAe.), Kp.$_{4,0}$ 193—196°; 71%. — *1-[N-Äthyl-o-toluidino]-3-n-butylamino-*, $C_{16}H_{28}ON_2$, Kp.$_{0,9}$ 140—143°, n_D^{25} 1,5105; 59%. — Substituierte 1-Amino-3-morpholinopropanole-(2): *1-n-Butylamino-*, *Dihydrochlorid*, $C_{11}H_{26}O_2$·N_2Cl_2, F. 250° (Ae.-A.); 56%. — *1-Anilino-*, $C_{13}H_{20}O_2N_2$, F. 124—125°; 74%. — *1-p-Toluidino-*, $C_{14}H_{22}O_2N_2$, F. 110—111° (W.); 81%. — *1-Diäthylamino-*, *Dihydrochlorid*, $C_{11}H_{26}$·$O_2N_2Cl_2$, >250° (Ae.-A.); 82%. — *1-Diphenylamino-*, $C_{19}H_{24}O_2N_2$, Kp.$_{0,08}$ 170—175°; 16%. — *1.3-Dimorpholinopropanol-(2)*, *Dihydrochlorid*, $C_{11}H_{24}O_3N_2Cl_2$, F. 246—248° (Ae.-A.); 56%. — Substituierte 5-Aminomethyloxazolidone-(2), aus vorst. Verbb. u. 3 Mol **II** in Ggw. von $NaOCH_3$: *5-p-Toluidinomethyl-3-äthyl-*, $C_{13}H_{18}O_2N_2$, F. 67 bis 68° (Bzl.-Ligroin); 91%. — *5-p-Toluidinomethyl-3-n-propyl-*, $C_{14}H_{20}O_2N_2$, F. 94—96° (Bzl.-Ligroin); 90%. — *5-m-Toluidinomethyl-3-n-butyl-*, $C_{15}H_{22}O_2N_2$, F. 55,5—56,5° (Bzl.-Ligroin); 94%. — *5-p-Toluidinomethyl-3-n-butyl-*, $C_{15}H_{22}O_2N_2$, F. 73,5—74,5° (Bzl.-Ligroin); 96%. — *5-p-Toluidinomethyl-3-n-amyl-*, $C_{16}H_{24}O_2N_2$, F. 81—82° (Bzl.-Ligroin); 92%. — *5-[p-Chloranilinomethyl]-3-n-butyl-*, $C_{14}H_{19}O_2N_2Cl$, F. 81,5—82,5° (Bzl.-Ligroin); 78%. — *5-p-Toluidinomethyl-3-p-tolyl-*, $C_{18}H_{20}O_2N_2$, F. 157—158,5° (Bzl.-Ligroin); 87%. — *5-Din-butylaminomethyl-3-phenyl-*, $C_{18}H_{28}O_2N_2$, F. 32—33° (Ae.-PAe.); 87%. — *5-Morpholinomethyl-3-p-tolyl-*, $C_{15}H_{20}O_3N_2$, F. 119,5—120,5° (Bzl.-Ligroin); 96%. — *5-Anilinomethyl-3-n-butyl-*, $C_{14}H_{20}O_2N_2$, F. 74—76° (Ae.); 86%. — *3-n-Butyl-5-[N-n-butylanilinomethyl]-* (**III**), $C_{18}H_{28}O_2N_2$, Kp.$_{1,5}$ 214—216°, Kp.$_{10}$ 209—211°, a) aus **IV**; 64%; b) aus vorst. Verb. u. Butylbromid; n_D^{25} 1,5286; 44%. Gibt mit äther. HCl wieder **IV** (*Dihydrochlorid*, F. 130—132,5°, aus Bzl.-Ligroin bläuliche Kristalle). (J. Amer. chem. Soc. **76**. 2891—93. 5/6. 1954. New Brunswick, N. J., Carter Prodd., Inc., Wallace Labors.)

R. GOMPPER. 3132

N. M. Shah und **D. H. Mehta**, *Die Nitrierung von 7-Oxy-4-methylcumarin und dessen Methyläther.* 7-Oxy-4-methylcumarin (**I**) liefert bei der Nitrierung in H_2SO_4 oder Eisessig *6-* (**II**) u. *8-Nitro-7-oxy-4-methylcumarin* (**III**), die durch fraktionierte Kristallisation getrennt werden. Bei der Nitrierung von 7-Methoxy-4-methylcumarin (**IV**) in Eisessig wird bei einem Überschuß von HNO_3 nur das *6-Nitroderiv.* (**V**), in konz. H_2SO_4 das *3.6.8-Trinitroderiv.* u. bei Verwendung von 1 Mol HNO_3 in Eisessig **V** u. daneben die *8-Nitroverb.* (**VI**) erhalten. Die Ausbeuten u. das Mengenverhältnis der isomeren Mononitroderivv. sind stark temperaturabhängig (Tabellen s. Original).

Versuche: *6-Nitro-7-oxy-4-methylcumarin* (**II**), $C_{10}H_7O_5N$, F. 262°, a) aus **I** in konz. H_2SO_4 durch Zugeben von HNO_3 (D. 1,42) u. konz. H_2SO_4 bei 5—10°, $^1/_2$std. Stehen u. Gießen auf Eis; 24% (Ausbeute); b) aus **V** u. $AlCl_3$ bei 150°; aus Bzl. glänzende gelbe Nadeln. *Acetylverb.*, F. 173° (Eisessig). *Benzoylverb.*, F. 210° (Eisessig). *Methyläther* (**V**), F. 282° (Eisessig), a) aus **II**, CH_3J u. K_2CO_3 in Aceton, b) aus **IV** u. HNO_3 in Eisessig, c) aus **IV** u. HNO_3 in konz. H_2SO_4 neben **VI**. — *8-Nitro-7-oxy-4-methylcumarin* (**III**), $C_{10}H_7O_5N$, F. 256° (Zers.), a) aus **I** u. HNO_3 neben **II**; 22%; b) aus **VI** u. $AlCl_3$ bei 150°; aus Nitrobenzol mattgelbe Nadeln. *Acetylverb.*, F. 199° (Eisessig). *Benzoylverb.*, F. 205° (Eisessig). *Methyläther* (**VI**), F. 229° (Eisessig), a) aus **III**, CH_3J u. K_2CO_3 in Aceton;

b) aus **IV** u. HNO_3 in konz. H_2SO_4 neben V. (J. Indian chem. Soc. **31.** 784—86. Okt. 1954. Ahmedabad, M. R. Sci. Inst., Gujarat Coll.) E. HANSCHKE. 3211

V. B. Mahesh und **T. R. Seshadri,** *Hydroxylierung von Flavanonen in 3-Stellung.* Naringenintriacetat (I) liefert mit FENTONS Reagens in saurem Medium *7.4'-Diacetoxy-3.5-dioxyflavanon* (II) neben *Bis-[7.4'-diacetoxy-5-oxyflavanonyl-(3)]* (III). Ebenso entsteht II aus Naringenindiacetat (7.4'-Diacetoxy-5-oxyflavanon; **IV**). 5.7-Diacetoxyflavanon (**V**) gibt *7-Acetoxy-3.5-dioxyflavanon.*

Versuche: *7.4'-Diacetoxy-3.5-dioxyflavanon* (II), $C_{19}H_{16}O_8$, F. 136—137°, a) aus 1 g I in $2nH_2SO_4$ durch Zugeben von 5%ig. H_2O_2 u. 2%ig. $FeSO_4$ bei 0° (45 Min.), Fällung mit Pb-Acetat u. Zerlegen mit H_2S in A.; 0,25 g (Ausbeute); b) aus 0,5 g **IV** (F. 140—141°); 60 mg; aus verd. A. Nadeln u. kleine rechteckige Prismen. Gibt mit $FeCl_3$ eine bräunlichrote u. mit Zn oder Mg u. HCl eine rote Färbung. Daneben *Bis-[7.4'-diacetoxy-5-oxyflavanonyl-(3)]* (III), $C_{38}H_{30}O_{14}$, F. 192—194°, aus der Mutterlauge des Pb-Salzes von **II**; aus A. flache Nadeln u. rechteckige Platten; 0,25 g. Gibt mit $FeCl_3$ sowie Mg u. HCl die gleichen Rkk. wie **II**, mit Zn u. HCl eine rosa Färbung. — *Bis-[5.7.4'-trioxyflavanonyl-(3)]*, $C_{30}H_{22}O_{10}$, F. 210—212°, aus **III** u. sd. alkoh. HCl (1:1; 15 Min.); aus Äthylacetat–PAe. rechteckige Tafeln u. Prismen. Gibt mit $FeCl_3$ eine rötlichviolette, mit Mg u. HCl eine rote, mit Zn u. HCl eine schwachrosa Färbung. Wird von SeO_2 in Acetanhydrid zersetzt. — *3-Oxynaringenin,* F. 238—240°, aus **II** u. alkoh. HCl. Gibt mit $FeCl_3$ eine violette, mit Zn oder Mg u. HCl eine rote Färbung. — *Apigenintriacetat,* F. 180—181°, aus vorst. Verb. (0,25 g) u. sd. Acetanhydrid (2 Std.); aus Äthylacetat–PAe. rechteckige Platten; 0,1 g. — *7-Acetoxy-3.5-dioxyflavanon,* $C_{17}H_{14}O_6$, F. 90—92°, aus 1 g **V** a) mit FENTONS Reagens; 0,1 g; b) mit $KMnO_4$ in Aceton bei Zimmertemp. (4 Std.); 35 mg; aus verd. A. Nadeln. Gibt mit $FeCl_3$ eine bräunlichrote, mit Mg u. HCl eine rote, mit Zn u. HCl eine rosa Färbung. — *3.5.7-Trioxyflavanon,* F. 172 bis 173°, aus vorst. Verb. u. alkoh. HCl; aus verd. A. rechteckige Prismen. (J. chem. Soc. [London] **1955.** 2503—05. Juli. Delhi, Univ.) E. HANSCHKE. 3211

A. C. Jain und **T. R. Seshadri,** *Kernreduktion von Anthoxanthinen im seitlichen Phenylkern.* 3'-Tosyloxyquercetintetramethyläther (**I**) u. 4'-Tosyloxykämpferoltrimethyläther (**II**) werden von H_2 in Ggw. von RANEY-Ni zu *Kämpferoltetramethyläther* bzw. *Galangintrimethyläther* red., wodurch die Möglichkeit einer Red. von Cyanidin zu Pelargonidin auf biol. Wege (vgl. ROBINSON, Nature [London] **137.** [1936.] 172) bewiesen ist.

Versuche: *3'-Tosyloxyquercetintetramethyläther* (I), $C_{26}H_{24}O_9S \cdot {}^1/_2\ H_2O$, F. 120 bis 122°, aus Quercetin-3.5.7.4'-tetramethyläther, Tosylchlorid u. K_2CO_3 in sd. Aceton (3 Std.); aus Äthylacetat–PAe. rechteckige Stäbchen u. prismat. Nadeln. — *4'-Tosyloxykämpferoltrimethyläther* (II), $C_{25}H_{22}O_8S$, F. 280—281°, wie vorst. aus Kämpferol-3.5.7-trimethyläther; aus A. kleine rhomboedr. Platten. — *Kämpferoltetramethyläther,* F. 165 bis 166°, aus 1 g I in A. in Ggw. von RANEY-Ni u. 1std. Durchleiten von H_2 durch die Suspension unter Rühren bei 28°; aus Äthylacetat–PAe. Nadeln; 0,1 g (Ausbeute). — *Galangintrimethyläther,* F. 195—196°, analog vorst. Verb. aus 1 g **II**; aus Äthylacetat–PAe. Nadeln; 0,1 g. (Proc. Indian Acad. Sci., Sect. A **38.** 467—70. Dez. 1953. Delhi, Univ., Dep. of Chem.) E. HANSCHKE. 3211

V. N. Gupta, A. C. Jain und **T. R. Seshadri,** *Kernreduktion von Anthoxanthinen. Vollständige Entfernung der phenolischen Hydroxylgruppen.* (Vgl. auch vorst. Ref.) Durch Tosylierung von 5- (I) u. 7-Oxyflavon (II) u. katalyt. Red. der Tosylate (**VI** bzw. **IV**) mit H_2 in Ggw. von RANEY-Ni erhalten Vff. *β-Flavanol-(4).* Die Einführung einer Methoxygruppe in 3-Stellung verhindert die Hydrierung des γ-Pyronringes, es wird daher bei der Red. von 7-Tosyloxy-3-methoxyflavon (**III**) *3-Methoxyflavon* erhalten.

Versuche: *7-Tosyloxyflavon* (**IV**), $C_{22}H_{16}O_5S$, F. 159—160°, aus **II**, Tosylchlorid (**V**) u. K_2CO_3 in sd. Aceton (3 Std.); aus A. lange rechteckige Prismen u. Stäbe. — *5-Tosyloxyflavon* (**VI**), $C_{22}H_{16}O_5S$, F. 188—189°, aus **I** u. **V** wie zuvor (20 Std.); aus A. lange rechteckige Tafeln. — *7-Tosyloxy-3-methoxyflavon* (**III**), $C_{23}H_{18}O_6S$, F. 132—133°, aus 7-Oxy-3-methoxyflavon u. **V** (3 Std.); aus A. hellgelbe rhomb. Prismen. — *β-Flavanol-(4),* F. 142—143°, aus **IV** oder **VI** in A. in Ggw. von RANEY-Ni durch 1std. Einleiten von H_2 unter Rühren bei Zimmertemp.; aus PAe. Nadeln. *Acetylverb.,* F. 97—98°, aus verd. Methanol Nadeln. — *3-Methoxyflavon,* F. 114—115°, analog vorst. Verb. aus **III**; aus Methanol sehr große rechteckige Prismen. Entmethylierung mit HJ liefert *Flavonol,* F. 168—169°, aus Äthylacetat–PAe. hellgelbe Nadeln u. rechteckige Platten. (Proc. Indian Acad. Sci., Sect. A **38.** 470—73. Dez. 1953. Delhi, Univ., Dep. of Chem.)
E. HANSCHKE. 3211

J. H. Looker und **F. C. Ernest,** *Eine neuartige Acetylierung von Quercetin-3.3'.4'.7-tetramethyläther (5-Oxy-3.3'.4'.7-tetramethoxyflavon).* Vff. fanden, daß *Quercetin-*

3.3'.4'.7-tetramethyläther (I) mit einem Gemisch aus Methansulfonylchlorid (II) u. Essigsäure in Pyridin bei Raumtemp. nicht das erwartete Methansulfonat liefert, sondern *5-Acetoxy-3.3'.4'.7-tetramethoxyflavon.* Die Acetylierung von I gelingt sonst nur durch Kochen mit Acetanhydrid u. Na-Acetat.

Versuche: *Quercetin-3.3'.4'.7-tetramethyläther* (I; *5-Oxy-3.3'.4'.7-tetramethoxyflavon*), F. 155—157°, nach WALIASCHKO [1909.]. — *5-Acetoxy-3.3'.4'.7-tetramethoxyflavon,* F. 169—171°, aus I in Pyridin, Eisessig u. II; aus absol. A. seidige Nadeln. (J. Amer. chem. Soc. **76**. 294. 5/1. 1954. Lincoln, Nebr., Univ., Dep. of Chem.)

E. HANSCHKE. 3211

L. Ponniah und **T. R. Seshadri,** *Synthese des Isocarajuretinhydrochlorids.* Vff. stellen durch Kondensation von 2.4-Dioxy-3.6-dimethoxybenzaldehyd (I) mit p-Methoxyacetophenon (II) *5.8.4'-Trimethoxy-7-oxyflavyliumchlorid* (III) u. durch Entmethylierung von III mit HJ *5.7.8.4'-Tetraoxyflavyliumjodid* (IV) her. Die aus IV erhaltene Base *Isocarajuretin* (V) u. das V-*Hydrochlorid* sind vom Carajuretin wesentlich verschieden. Bei der Entmethylierung mit sd. HJ wird der Pyranring von 5.7.8-Trioxyflavyliumderivv. nicht geöffnet, wodurch die Konst. des Carajurins gemäß VI (vgl. CHAPMAN, PERKIN u. ROBINSON, J. chem. Soc. [London] **1927**. 3015) gesichert ist.

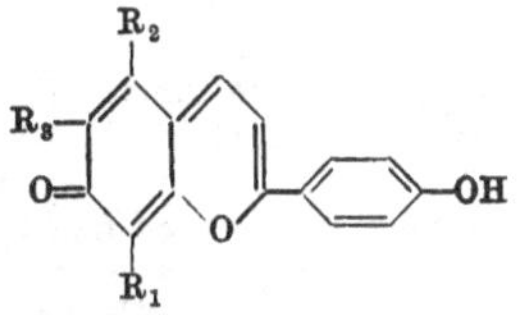

V $R_1 = R_2 = OH$, $R_3 = H$

VI $R_1 = H$, $R_2 = OCH_3$, $R_3 = OH$

Versuche: *5-Methyl-6.7-dioxy-4'-methoxyflavyliumchlorid, Dihydrat,* $C_{17}H_{15}O_4Cl \cdot 2\,H_2O$, F. 223—224° (Zers.), aus 0,5 g 2.4.5-Trioxy-6-methylbenzaldehyd u. 0,9 g II in Eisessig durch Sättigen mit HCl bei 25°; aus 10%ig. HCl glitzernde orangerote Nadeln; 0,95 g (Ausbeute). Die Lsg. in NaOH ist bräunlichorange, in Na_2CO_3 mattviolett, die orangerote Lsg. in Amylalkohol wird nach Zugabe von Na-Acetat tiefrot, dann mit $FeCl_3$ tiefpurpurfarben, färbt die Haut rot, ist beständig gegen Oxydation u. wird von Cyanidinreagens fast vollständig extrahiert. — *5.8.4'-Trimethoxy-7-oxyflavyliumchlorid* (III), $C_{18}H_{17}O_5Cl \cdot 1^1/_2\,H_2O$, aus I u. II wie vorst.; aus 10%ig. alkoh. HCl kleine Aggregate von Nadeln; die Lsg. in NaOH ist karmesinrot, in Na_2CO_3 tiefrot, gibt mit $FeCl_3$ keine Färbung; die Extraktion durch Cyanidinreagens ist ziemlich gut. — *5.7.8.4'-Tetraoxyflavyliumjodid* (IV), aus 2,5 g III durch 2std. Erhitzen mit Phenol u. HJ (D. 1,7) unter CO_2; nach Zufügen von W. u. Ae. zum Reaktionsprod. tiefrote, fast schwarze, mikrokrist. Substanz; 2,4 g. Die tiefrote Lsg. in Amylalkohol gibt mit Na-Acetat eine violette, nach Zugabe von $FeCl_3$ nach Brillantgrün übergehende Färbung. — *Isocarajuretin* (V), $C_{15}H_{10}O_5$, F. 239—240° (Zers.), aus 2 g IV u. wss. Na-Acetat; aus Äthylacetat glitzernde bräunlichpurpurfarbene rechteckige Platten; 1,5 g. Wenig lösl. in A. u. Ae.; die Lsg. in Amylalkohol ist tiefpurpurfarben, $FeCl_3$-Rk. in A. grün. *Hydrochlorid,* $C_{15}H_{11}O_5Cl$, F. 239—240° (Zers.), aus 0,2 g V u. sd. 3%ig. HCl (15 Min.); aus 5%ig. alkoh. HCl purpurrote kurze derbe rechteckige Prismen; 0,1 g. Die Lsg. in Na_2CO_3 ist bräunlichrot, in NaOH tiefgrün u. wird beim Stehen bräunlichgelb. Wird von Cyanidinreagens nur wenig extrahiert. (Proc. Indian Acad. Sci., Sect. A **38**. 288—93. Okt. 1953. Delhi, Univ., Dep. of Chem.)

E. HANSCHKE. 3211

M. G. Marathey, *Synthese von Dihydroflavonolen und Flavonolen.* Die Bldg. von *Dihydroflavonolen* u. *Flavonolen* durch Rk. von o-Oxychalkonen u. deren Dibromiden mit wss. alkal. Aceton bzw. alkal. H_2O_2 wird durch Anellierung eines Benzolringes in 5'.6'-Stellung verhindert, während sie bei Anellierung in 3'.4'-Stellung normal verläuft; ebenso liefern 5'-Carboxy-o-oxychalkone u. deren Dibromide Flavonole. Chalkonbromhydrine geben über die entsprechenden *Chalkonoxyde* Flavonole. Vf. nimmt an, daß die Bldg. der Flavonole aus den Chalkondibromiden über das Bromhydrin, Oxyd u. Dihydroflavonol erfolgt.

Versuche: *2'-Oxy-5'.6'-benzo-4-methoxychalkon* (I), $C_{20}H_{16}O_3$, F. 120°, aus 12 g 1-Acetyl-2-naphthol u. Anisaldehyd (II) mit 10n NaOH in A. neben **X** (vgl. unten), von diesem durch fraktionierte Kristallisation aus A./Essigsäure u. dann aus A. getrennt; 8,5 g (Ausbeute); $FeCl_3$-Rk. in A. braun. *Acetylverb.* (III), $C_{22}H_{18}O_4$, F. 112° (A.), aus 3 g I u. CH_3COONa in sd. Acetanhydrid ($^1/_2$ Std.); 2,8 g. Gibt keine Rk. mit $FeCl_3$. — *2'-Oxy-5'-carboxy-4-methoxychalkon* (IV), $C_{17}H_{14}O_5$, F. 234°, aus 9 g 3-Acetyl-4-oxybenzoesäure u. II in alkoh. Alkali; aus Essigsäure hellgelbe Nadeln; 7,5 g; $FeCl_3$-Rk. in A. rot. — *2'-Acetoxy-5'.6'-benzo-4-methoxychalkondibromid* (V), $C_{22}H_{18}O_4Br_2$, F. 154°, aus 2,8 g III u. 1 Mol Br_2 in Eisessig; 2,8 g; gibt keine Rk. mit $FeCl_3$. — *2'-Acetoxy-3'.4'-benzo-4-methoxychalkondibromid* (VI), F. 135°, aus 5,6 g 2'-Acetoxy-3'.4'-benzo-4-methoxychalkon u. 1 Mol Br_2 in Eisessig; 5 g. — *2'-Oxy-5'-carboxy-4-methoxychalkondibromid* (VII), $C_{17}H_{14}O_5Br_2$, F. 163°, analog aus 0,6 g IV; leichte prismat. Kristalle; 0,7 g; $FeCl_3$-Rk. in A. rot. — Durch Rk.

der Chalkondibromide mit sd. W.–Aceton (2:3) bis zur klaren Lsg. u. Verdünnen mit W. wurden folgende *Phenyl-α-brom-β-oxy-β-[p-methoxyphenyl]-äthylketone* hergestellt: *2-Oxy-5-methyl-*(**VIII**), F. 145° (A.) aus 1 g 2'-Oxy-5'-methyl-4-methoxychalkondibromid; 0,42 g; $FeCl_3$-Rk. braun. — *2-Oxy-4-methyl-*(**IX**), F. 120° (A.), aus 0,59 g 2'-Oxy-4'-methyl-4-methoxychalkondibromid; 0,2 g; $FeCl_3$-Rk. braun. — *2-Acetoxy-5.6-benzo-*, F. 167° (A.), aus 0,5 g **V**; 0,3 g. — *2-Acetoxy-3.4-benzo-* (**XI**), F. 130° (A.), aus 1 g **VI**; 0,6 g. — *2-Oxy-5-carboxy-* (**XII**), F. 167°. — *2-Oxy-5-carboxyphenyl-α-brom-β-äthoxy-β-[p-methoxyphenyl]-äthylketon* (**XIII**), $C_{19}H_{19}O_6Br$, F. 165° (A.), aus **VII** in sd. A. (15 Min.); $FeCl_3$-Rk. rot. — *2'-Acetoxy-3'.4'-benzo-4-methoxychalkonoxyd* (**XIV**), $C_{22}H_{18}O_5$, F. 125° (A.), aus 0,5 g **XI** u. CH_3COONa in sd. Aceton (10 Min.); 0,25 g. — *4'-Methoxy-5.6-benzoflavanon* (**X**), $C_{20}H_{16}O_3$, F. 143°, bei der Synth. von **I** als Nebenprod.; aus A. rötlichgelbe Nadeln u. glitzernde Platten; 6 g. Wird durch alkal. H_2O_2 nicht verändert. — *4'-Methoxy-5.6-benzoflavon,* $C_{20}H_{14}O_3$, F. 162°, aus 0,5 g **V** u. 10nNaOH in A.; aus A.–Essigsäure gelbe Nadeln; 0,25 g; gibt mit konz. H_2SO_4 eine gelbe Färbung. — *4'-Methoxy-4.5-benzobenzylidencumaranon,* $C_{20}H_{14}O_3$, F. 164°, aus 0,5 g **V** in heißem A. durch Zugeben von 10nNaOH; aus A.–Essigsäure rötlichgelbe Nadeln; 0,2 g; gibt mit konz. H_2SO_4 eine rote Färbung. — *4'-Methoxy-7.8-benzodihydroflavonol,* $C_{20}H_{16}O_4$, F. 207°, a) aus **XIV** durch Erhitzen mit 10%ig. Na_2CO_3 u. Aceton (5 Min.); b) aus **VI** u. wss. Aceton u. dann 10%ig. Na_2CO_3; c) aus **XI** u. 10%ig. Na_2CO_3; aus Essigsäure gelbliche Nadeln. — *4'-Methoxy-7.8-benzoflavonol,* $C_{20}H_{14}O_4$, F. 247° (Essigsäure), a) aus **XIV** u. 10nNaOH in A. neben *2'-Oxy-3'.4'-benzo-4-methoxychalkon* (F. 158°), b) aus vorst. Chalkon, H_2O_2 u. 2nNaOH in heißem A., c) aus **XI** u. Alkali. — *4'-Methoxydihydroflavonol-6-carbonsäure,* $C_{17}H_{14}O_6$, F. 340°, a) aus **XII** durch 1std. Erwärmen mit 10%ig. Na_2CO_3, b) aus **IV**, H_2O_2 u. 2nNaOH in A. bei Zimmertemp. (24 Std.); aus Essigsäure gelbe Nadeln. — *4'-Methoxyflavonol-6-carbonsäure,* $C_{17}H_{12}O_6$, F. 335°, a) aus **XII** u. 10nNaOH in heißem A. (4 Std.) neben **IV**, b) aus **IV**, H_2O_2 u. 2nNaOH in sd. A., c) aus vorst. Dihydroflavonol u. Alkali, d) aus **VII**, wss. Aceton u. Alkali; aus Essigsäure kurze gelbe Nadeln. $FeCl_3$-Rk. in A. rötlichbraun. — *4'-Methoxyflavon-6-carbonsäure,* $C_{17}H_{12}O_5$, F. 340—342°, aus 0,5 g **VII** u. 5nNaOH in A. (4 Std.); aus Essigsäure wollige gelbliche Nadeln; 0,2 g. — *4'-Methoxybenzylidencumaranon-5-carbonsäure,* $C_{17}H_{12}O_5$, F. 332—334°, aus **XIII** u. 5nNaOH in heißem A. (2 Std.); aus Essigsäure kleine gelbe Nadeln. — *4'-Methoxy-6-methyldihydroflavonol,* F. 160°, aus **VIII** u. 10%ig. Na_2CO_3. — *4'-Methoxy-6-methylflavonol,* F. 192°, aus **VIII** u. NaOH; daneben *4'-Methoxy-6-methylflavanon.* — *4'-Methoxy-7-methyldihydroflavonol,* aus **IX** u. 10%ig. Na_2CO_3. — *4'-Methoxy-7-methylflavonol,* aus **IX** u. NaOH. (J. org. Chemistry **20.** 563—71. Mai 1955. Poona, Univ., Ranade Inst., Dep. of Chem.) E. Hanschke. 3211

G. W. K. Cavill, F. M. Dean, A. McGookin, B. M. Marshall und **Alexander Robertson,** *Die Oxydation von Chromanonen und Flavanonen mit Bleitetraacetat.* Bei der Oxydation mit Pb-Tetraacetat (**I**) entstehen aus Flavanon, 7-Methoxyflavanon (**III**) u. 7.4'-Dimethoxyflavanon die entsprechenden *3-Acetoxyflavanone*, daneben die *Flavone* u. *Isoflavone.* Aus 7.3'.4'-Trimethoxyflavanon bilden sich dabei nur das *Flavon-* u. *Isoflavonderiv.*, aus 3.4'-Dimethoxy- u. 7-Methoxy-3'-nitroflavanon nur die *Flavone.* Die Trennung der Oxydationsprodd. gelingt meist nur durch Chromatographie an Al_2O_3. Die Orientierung der aus den 3-Acetoxyderivv. erhaltenen *3-Oxyflavanone* folgt aus der negativen $FeCl_3$-Rk., der für α-Oxyketone charakterist. Rk. mit Fehlingscher Lsg. sowie der Bldg. von *Chinoxalinderivaten.* Einige Flavanone werden über die entsprechenden *Chalkone* synthetisiert. Die Desacetylierung von 3-Acetoxy-7-methoxyflavanon mit methanol. NH_3 ist von einer Oxydation zu *7-Methoxyflavonol* begleitet. 7-Methoxy-3'.4'-methylendioxyflavanon gab mit **I** ein Harz, 7.2'-Dimethoxyflavanon ein untrennbares Gemisch. — Unter den gleichen Bedingungen liefern Chromanone bei der Oxydation mit **I** nur die *3-Acetoxyderivate.* Aus 7-Methoxy-2-methylchromanon-(4) werden dabei die *cis-* u. *trans-Racemate* erhalten, die nach Verseifung u. Reacetylierung nur eine *Acetoxyverb.* ergeben. — Der Reaktionsmechanismus wird diskutiert.

Versuche: *3-Acetoxyflavanon* (**II**), $C_{17}H_{14}O_4$, F. 97°, aus 8 g Flavanon u. **I** in Essigsäure ($2^1/_2$ Std. bei 90°) u. Chromatographie, nach fraktionierter Kristallisation aus Bzl. aus CH_3OH Nadeln; 0,6 g (Ausbeute), daneben 0,5 g *Isoflavon* ($C_{15}H_{10}O_2$, F. 132°, aus Bzl. Tafeln) u. 0,4 g *Flavon* (Nadeln). — *3-Oxyflavanon,* $C_{15}H_{12}O_3$, F. 184°, aus 0,5 g **II** u. konz. HCl in sd. CH_3OH ($^1/_2$ Std.); aus CH_3OH Nadeln; 0,3 g. — *1.2-Dihydroflavano-[3'4':2.3]-chinoxalin,* $C_{21}H_{16}ON_2$, F. 177°, aus vorst. Verb. u. o-Phenylendiamin in sd. A. u. Essigsäure (15 Min.); aus A. hellgelbe Tafeln; die dunkelorangefarbene Lsg. in konz. H_2SO_4 wird beim Verdünnen königsblau. — *3-Acetoxy-7-methoxyflavanon,* $C_{18}H_{16}O_5$, F. 161°, aus 10 g **III** analog **II**; aus CH_3OH Nadeln; 1,8 g, daneben 0,6 g *7-Methoxyisoflavon,* F. 157°, u. 0,4 g *7-Methoxyflavon* (**IV**; $C_{16}H_{12}O_3$, F. 109—110°, Nadeln). Zum Beweis, daß diese Verbb. keine Prodd. der Einw. von Al_2O_3 sind, wird die Trennung mit ähnlichem Erfolg auch durch fraktionierte Kristallisation aus Äthylacetat ausgeführt. — *3-Oxy-7-methoxyflavanon*, $C_{16}H_{14}O_4$, F. 150°, a) aus vorst. Verb. u. sd. HCl–CH_3OH oder 80%ig. H_2SO_4 bei Zimmertemp.; aus CH_3OH Nadeln; b) aus 1 g 2'-Oxy-4'-methoxychalkon in A. u. H_2O_2 in 2n wss. NaOH; 0,25 g; c) aus 2-Oxy-ω.4-dimethoxyacetophenon, Benzaldehyd, 60%ig. KOH u. sd. CH_3OH u. anschließendes 6std. Kochen des entstandenen *Chalkons* mit CH_3OH u. verd. HCl. — *1.2-Dihydro-7'-methoxyflavano-[3'.4':2.3]-chinoxalin*, $C_{22}H_{18}$·O_2N_2, F. 163°, aus vorst. Verb. u. o-Phenylendiamin; aus CH_3OH u. PAe. gelbe Nadeln; mit konz. H_2SO_4 violett → blau. — *7-Methoxyflavonol*, $C_{16}H_{12}O_4$, F. 179°, a) aus 0,3 g vorvorst. Verb. in A., 2n NaOH u. H_2O_2 (1/2 Std. auf dem Dampfbad); aus CH_3OH blaßgelbe Nadeln; $FeCl_3$-Rk. violett; 0,2 g; b) aus vorvorst. Verb. u. 2nH_2SO_4 in sd. Dioxan (12 Std.); c) aus drittvorst. Verb. u. methanol. NH_3 (3 Tage bei 0°); d) aus 2'-Oxy-4'-methoxychalkon in CH_3OH, 2n NaOH u. H_2O_2 (1/4 Std. kochen). *Acetat*, F. 175—176°. — *3-Acetoxy-7.4'-dimethoxyflavanon*, $C_{19}H_{18}O_6$, F. 140°, aus 7,8 g 7.4'-Dimethoxyflavanon analog II; aus CH_3OH Nadeln; 0,5 g, daneben *7.4'-Dimethoxyisoflavon* ($C_{17}H_{14}O_4$, F. 161°) u. *7.4'-Dimethoxyflavon* ($C_{17}H_{14}O_4$, F. 145°). — *3-Oxy-7.4'-dimethoxyflavanon*, $C_{17}H_{16}O_5$, F. 130°, aus vorst. Verb. u. 80%ig. H_2SO_4 bei Zimmertemp. (1 Std.); aus PAe. Nadeln. — *3'.4'-Dimethoxyflavon*, $C_{17}H_{14}O_4$, F. 155°, aus 3'.4'-Dimethoxyflavanon analog II; aus CH_3OH Nadeln; 22%, neben 26% unverändertem Flavanon. — *7.3'.4'-Trimethoxyflavon*, $C_{18}H_{16}O_5$, F. 176°, a) aus 7,2 g 7.3'.4'-Trimethoxyflavanon analog II; aus PAe., dann CH_3OH Nadeln; 1,3 g, daneben 0,8 g nachst. Verb.; b) aus 4 g 4-O-Methylresacetophenon (V) u. 5 g Veratroylchlorid in Pyridin wird *4-Methoxy-2-veratroyloxyacetophenon* ($C_{18}H_{18}O_6$, F. 157°, aus A. Tafeln; 4,9 g) bereitet, 4,5 g davon werden in sd. Bzl. mit Na·NH_2 (4 Std.) zu *2-Oxy-4-methoxy-ω-veratroylacetophenon* ($C_{18}H_{18}O_6$, F. 129°, aus Bzl.–PAe. gelbe Nadeln; rötlichbraune $FeCl_3$-Rk.; 0,4 g, daneben 0,3 g *2-Oxy-4-methoxy-ω.ω-diveratroylacetophenon*, $C_{27}H_{26}O_9$, F. 150°, aus CH_3OH blaßgelbe Nadeln) isomerisiert u. mit 80%ig. H_2SO_4 (2 Std. bei Zimmertemp.) cyclisiert; 0,25 g. — *7.3'.4'-Trimethoxyisoflavon*, $C_{18}H_{16}O_5$, F. 161°, aus 1,5 g 3'.4'-Dimethoxybenzyl-2-oxy-4-methoxyphenylketon, Ameisensäuremethylester u. Na bei 0° (24 Std. stehen); aus Äthylacetat, dann CH_3OH Nadeln; 0,5 g. — *2'-Oxy-4'-methoxy-3-nitrochalkon*, $C_{16}H_{13}O_5N$, F. 182°, aus 20 g V, 18,2 g m-Nitrobenzaldehyd, 60%ig. NaOH u. A. (5 Min. bei 55° u. 24 Std. bei Zimmertemp.); aus Äthylacetat gelbe Nadeln; $FeCl_3$-Rk. blaßbraun; 15,8 g. — *7-Methoxy-3'-nitroflavanon*, F. 217°, aus 34 g vorst. Verb. u. 3%ig. HCl in sd. A. (30 Std.); aus Bzl., dann Äthylacetat Tafeln; 41 g. — *7-Methoxy-3'-nitroflavon*, $C_{16}H_{11}O_5N$, F. 212°, a) aus 8 g vorst. Verb. analog II; aus A. Nadeln; 1,2 g; b) aus 5 g *4-O-Methylresacetophenon-m-nitrobenzoat* ($C_{16}H_{13}O_6N$, F. 109°, aus Äthylacetat Prismen) wird mit $NaNH_2$ in sd. Bzl. (4 Std.) *ω-[3-Nitrobenzoyl]-2-oxy-4-methoxyacetophenon* ($C_{16}H_{13}O_6N$, F. 160°, aus Äthylacetat–PAe. gelbe Nadeln; 0,5 g) bereitet u. mit 80%ig. H_2SO_4 bei Zimmertemp. cyclisiert; 0,3 g. — *3-Brom-7-methoxyflavanon*, $C_{16}H_{13}O_3Br$, F. 163—164°, aus 0,5 g III u. Br_2 in CS_2 oder CCl_4; aus CH_3OH rechteckige Prismen; 0,2 g. Gibt mit Ag-Acetat in sd. Acetanhydrid–Essigsäure oder mit K-Acetat in sd. A. IV. — *6-Brom-7-methoxyflavanon*, $C_{16}H_{13}O_3Br$, F. 134°, aus 2 g III u. N-Bromsuccinimid in sd. CCl_4 (1 Std.) oder in sd. Chlf. in Ggw. von Benzoylperoxyd; aus CH_3OH Tafeln; 0,5 g, daneben 0,2 g *Dibromverb.*, $C_{16}H_{12}O_3Br_2$, F. 173—174°, aus CH_3OH Nadeln. — *5'-Brom-2'-oxy-4'-methoxychalkon*, $C_{16}H_{13}O_3Br$, F. 171°, aus 4,7 g vorst. Verb. u. KOH oder K-Acetat in sd. A. (1/2 Std.); aus Äthylacetat–PAe. gelbe Nadeln; $FeCl_3$-Rk. orangebraun; 4,2 g. — *5'-Brom-2'.4'-dimethoxychalkon*, $C_{17}H_{15}O_3Br$, F. 133°, aus 2 g vorst. Verb. u. CH_3J/K_2CO_3; aus A. gelbe Blättchen; keine $FeCl_3$-Rk.; 1,6 g. Gibt bei der Oxydation mit $KMnO_4$ in Aceton *Benzoesäure*, F. 121°, u. *5-Brom-2.4-dimethoxybenzoesäure*, $C_9H_9O_4Br$, F. 197°, aus Äthylacetat Nadeln (*Methylester*, $C_{10}H_{11}O_4Br$, F. 117°, aus CH_3OH Tafeln). — *3-Acetoxychromanon-(4)*, $C_{11}H_{10}O_4$, F. 74°, aus 3,5 g Chromanon-(4) analog II; aus PAe.–Äthylacetat Nadeln; 1,8 g. — *2-Methylchromanon-(4)*, $C_{10}H_{10}O_2$, F. 32°. Aus 18,8 g Phenol, 23 g Crotonylchlorid u. Mg in sd. Bzl. wird *Phenylcrotonat* ($C_{10}H_{10}O_2$, Kp.$_5$ 96°; 31,9 g) bereitet, dieses mit $AlCl_3$ 2 Std. bei 140—150° behandelt, dest. u. chromatographiert; Tafeln; 5,2 g, daneben *2-Oxycrotonylbenzol*. *2.4-Dinitrophenylhydrazon*, $C_{16}H_{14}O_5N_4$, F. 236°, aus Äthylacetat orangerote Tafeln. — *3-Oxy-2-methylchromanon-(4)*, $C_{10}H_{10}O_3$, F. 103°, aus 2-Methylchromanon-(4) analog II über das *Acetat* ($C_{12}H_{12}O_4$, F. 97°, aus CH_3OH Nadeln; 2,6 g); aus CH_3OH Nadeln; 0,1 g (aus 0,2 g Acetat). Gibt mit o-Phenylendiamin *2'-Methylchromano-[3'.4':2.3]-1.2-dihydrochinoxalin*, $C_{16}H_{14}ON_2$, F. 155°, aus A. blaßorangefarbene Nadeln; mit konz. H_2SO_4 rotbraun, auf Zusatz von W. purpurfarben; in HCl gelb → grün → violett. — *7-Methoxy-2-methylchromanon-(4)*, $C_{11}H_{12}O_3$, F. 77°, aus *3-Methoxyphenylcrotonat* (C_{11}·$H_{12}O_3$, Kp.$_3$ 125°) u. Al_2O_3 (2 Std. bei 140—150°), nach Dest. in A. u. 3%ig. HCl 3 Std. kochen; nach Vakuumdest. u. Chromatographie aus PAe.–Bzl. Tafeln; 4,2 g. *2.4-Dinitrophenylhydrazon*, F. 252°. — *3-Oxy-7-methoxy-2-methylchromanon-(4)*, $C_{11}H_{12}O_4$, F. 152°, aus vorst. Verb. analog II über die beiden isomeren *Acetate* ($C_{13}H_{14}O_5$, F. 120°, aus CH_3OH

Nadeln bzw. F. 118°, aus CH_3OH Tafeln); aus CH_3OH Nadeln; gibt bei der Acetylierung nur das Acetat vom F. 120°. Gibt mit o-Phenylendiamin *7'-Methoxy-2'-methylchromano-[3'.4':2.3]-1.2-dihydrochinoxalin*, $C_{17}H_{16}O_2N_2$, F. 122°, aus A. blaßgelbe Nadeln. Das Acetat vom F. 118° gibt mit 80%ig. H_2SO_4 *7-Methoxy-2-methylchromon*, F. 113°. — *3-Oxy-7-methoxy-2.2-dimethylchromanon-(4)*, $C_{12}H_{14}O_4$, F. 110°, aus 4 g 7-Methoxy-2.2-dimethylchromanon-(4) analog II über das *Acetat* ($C_{14}H_{16}O_5$, F. 129°, aus Äthylacetat, dann CH_3OH rechteckige Prismen; 2,8 g); aus CH_3OH Tafeln; 0,3 g (aus 0,5 g Acetat). Gibt mit o-Phenylendiamin *7'-Methoxy-2'.2'-dimethylchromano-[3'.4':2.3]-1.2-dihydrochinoxalin*, $C_{18}H_{18}O_2N_2$, F. 154°, aus CH_3OH gelbe Nadeln, mit H_2SO_4 purpurfarben. — Die Oxydation von Benzylphenyläther analog II liefert *Benzaldehyd* (*2.4-Dinitrophenylhydrazon*, F. 234°) u. *Phenol* (→ *2.4.6-Tribromphenol*, F. 93—94°). — *m-Nitrobenzylphenyläther*, $C_{13}H_{11}O_3N$, Kp.$_3$ 182°, aus 4,7 g Phenol, 10,8 g m-Nitrobenzylbromid u. K_2CO_3 in sd. Methyläthylketon (4 Std.); gelbes Öl; 6,9 g. 2,3 g geben mit I bei 108° (1½ Std.) 1,8 g gelbes *Öl*, das ca. 43% *α-Acetoxy-m-nitrobenzylphenyläther*, $C_{15}H_{13}O_5N$, enthält u. mit A. u. 3%ig. HCl (20 Min. bei 80°) *m-Nitrobenzaldehyd* (*2.4-Dinitrophenylhydrazon*, $C_{13}H_9O_6N_5$, F. 286° [Zers.], dunkelrote Prismen) liefert. (J. chem. Soc. [London] **1954**. 4573—81. Dez. Liverpool, Univ.) E. Hanschke. 3211

Arthur P. Phillips, *Substituierte Dihydropyridine in Verbindung mit der Hantzschen Pyridinsynthese.* Durch Variation der Ausgangsverbb. für die Hantzsche Pyridinsynth. werden eine Anzahl *substituierte 4-Phenyl-1.4-dihydropyridine* dargestellt, die am 4-Phenylring substituiert sind. *2.6-Dimethyl-3.5-diacetyl-4-[3'-nitrophenyl]-* u. *-4-phenyl-1.4-dihydropyridin* entstehen durch Kondensation von 3-Nitrobenzaldehyd bzw. Benzaldehyd mit 2 Mol Acetylaceton u. überschüssigem wss. -alkoh. NH_3, *2.6-Dimethyl-3-acetyl-4-[3-nitrophenyl]-* u. *-4-[4'-dimethylaminophenyl]-5-carbäthoxy-1.4-dihydropyridin* aus dem *β*-Aminocrotonsäureester u. dem substituierten Benzylidenacetylaceton. Durch katalyt. Hydrierung der 3-Nitrophenylverbb. nach Adams entstehen die entsprechenden *Amine*.

Versuche: *2.6-Dimethyl-3.5-diacetyl-4-[3-nitrophenyl]-1.4-dihydropyridin*, F. 211 bis 212° (A.), aus 0,1 Mol m-Nitrobenzaldehyd, 0,2 Mol Acetylaceton in A. + konz. wss. NH_4OH durch 1std. Stehen u. 3std. Erwärmen; gelbe Prismen; 50% (Ausbeute). — *2.6-Dimethyl-3-acetyl-4-[4-dimethylaminophenyl]-5-carbäthoxy-1.4-dihydropyridin*, F. 168 bis 169°, aus 0,05 Mol p-Dimethylaminobenzylidenacetylaceton + 0,05 Mol *β*-Aminocrotonsäureäthylester durch 16std. Erwärmen u. Behandeln mit Ae.; gelbe Kristalle aus Äthylacetat + Hexan; 35%. *Methojodid*, F. 196—197° (Methanol/Aceton/Ae.); 85%. — *2.6-Dimethyl-3.5-diacetyl-4-phenyl-1.4-dihydropyridin*, F. 182—183° (Bzl. + Hexan); 32%. — *2.6-Dimethyl-3.5-diacetyl-4-[3-aminophenyl]-1.4-dihydropyridin*, F. 213—214° (A. + Bzl. + Hexan); 70%. — *2.6-Dimethyl-3-acetyl-4-[3-nitrophenyl]-5-carbäthoxy-1.4-dihydropyridin*, F. 168—169° (A.); 80%. — *2.6-Dimethyl-3-acetyl-4-[3-aminophenyl]-5-carbäthoxy-1.4-dihydropyridin*, F. 168—169° (CH_3OH + Bzl. + Hexan); 84%. *Methojodid des N.N-Dimethylderiv.*, F. 185—186° (CH_3OH + Aceton + Ae.); 100%. — *2-Phenyl-3.5-dicarbäthoxy-4-[3-nitrophenyl]-6-methyl-1.4-dihydropyridin*, F. 200—201° (Essigsäure), analog aus *β*-Aminocrotonsäureester u. 3-Nitrobenzylidenbenzoylessigester; 77%. (J. Amer. chem. Soc. **73**. 2248. Mai 1951. Tuckahoe, N. Y., Wellcome Res. Labors.) H. Lehwald. 3231

L. Schmid und **H. Mann**, *Das Verhalten von 2-Aminopyridin und 2.6-Diaminopyridin gegenüber Dicarbonsäureanhydriden.* Gesätt. u. ungesätt. aliphat. Dicarbonsäureanhydride [Malein- (**IV**), Citracon- (**V**) u. Bernsteinsäureanhydrid (**VI**)] sowie Phthalsäureanhydrid (**III**) reagieren mit 2-Aminopyridin (**I**) u. 2.6-Diaminopyridin (**II**) in guter Ausbeute unter Bldg. von *Amidsäuren*.

Versuche: *Pyridyl-(2)-maleinamidsäure*, $C_9H_8O_3N_2$, aus 0,3 g **I** in Bzl. u. **IV** unter Kühlung; 0,56 g (Ausbeute). — *Pyridyl-(2)-citraconamidsäure*, $C_{10}H_{10}O_3N_2$, Zers. bei ca. 264°, aus 310 mg **I** u. 370 mg **V** in Bzl. bei 20°; aus W. kleine Würfel; 600 mg (roh). — *Pyridyl-(2)-succinamidsäure*, $C_9H_{10}O_3N_2$, F. 184°, aus **I** u. **VI** in Bzl., nach 1std. Stehen kurz erhitzen; aus W. verfilzte Nadeln. — *Pyridyl-(2)-succinimid*, $C_9H_8O_2N_2$, F. 136° (Xylol–Ligroin); Kp.$_{10}$ 180°; aus vorst. Verb. durch Kochen mit Acetanhydrid. — *Pyridyl-(2)-phthalamidsäure*, $C_{13}H_{10}O_3N_2$, F. 168° (erstarrt u. schm. erneut bei 225° [→ nächst. Verb.], aus 310 mg **I** u. 500 mg **III** in Bzl.; Nadeln; 720 mg. — *Pyridyl-(2)-phthalimid*, F. 225°, aus Phthalimid-K u. 2-Chlorpyridin im Rohr (22 Std. bis 280°); nach Sublimation bei 180°/12 mm kub., stark lichtbrechende Kristalle. — *6-Aminopyridyl-(2)-citraconamidsäure*, $C_{10}H_{11}O_3N_3$, Zers. bei 290°, aus 360 mg **II** u. 370 mg **V** in Dioxan; 700 mg (roh). — *6-Aminopyridyl-(2)-citraconimid*, $C_{10}H_9O_2N_3$, Zers. bei ca. 350°, aus vorst. Verb. im Hochvakuum bei 220—230°; gelbe mikrokrist. Nadeln; in W. mit blauer Fluorescenz löslich. — *2.6-Disuccinimidopyridin*, $C_{13}H_{11}O_4N_3$, F. 279—280°, aus 550 mg **II** u. 1 g **VI** (2 Std. bei 150°); Blättchen aus CH_3COOH; daneben 250 mg acetonunlösl.

Verb. vom F. 260—265°, aus Bzl./CH_3OH Blättchen, aus CH_3COOH Nadeln. — *6-Amino-pyridyl-(2)-phthalamidsäure*, $C_{13}H_{11}O_3N_3$, F. 127° (wird wieder fest u. schm. nicht <340°), aus 3 g III u. 1,1 g II in Xylol; 900 mg. *Monohydrat*, $C_{13}H_{13}O_4N_3$, F. 140°. — *Phthalsäure-monoäthylestersalz* von II, $C_{15}H_{17}O_4N_3$, F. 140° (wird wieder fest u. schm. nicht < 340°), analog, aber in 1%ig. A.-Chlf. oder absol. A. oder aus Phthalsäuremonoäthylester u. II in Chlf.; aus Chlf. feine Nadeln. (Mh. Chem. 85. 864—71. 1954. Wien, Univ., II. Chem. Labor.) H. GOEBEL. 3231

Robert C. Elderfield, Holly E. Mertel, Richard T. Mitch, Iris M. Wempen und **Eleanor Werble**, *Synthese von Primaquine und einigen Analogen*. Während sich 1.4-Dibrompentan (V; hergestellt aus 2-Methyltetrahydrofuran) beim Erhitzen mit K-Phthalimid (III) in A. unter Dehydrobromierung polymerisiert, entsteht in Aceton *1-Phthalimido-4-brompentan* (I), das bei p_H 8 mit 6 Methoxy-8-aminochinolin (II) zu *6-Methoxy-8-[4-phthalimido-1-methylbutylamino]-chinolin* kondensiert wird. Dieses wird mit N_2H_4 in *6-Methoxy-8-[4-amino-1-methylbutylamino]-chinolin* (*SN-13272*; *Primaquine*) übergeführt, das als *Diphosphat* isoliert wird. Aus 6-Methoxy-8-aminolepidin (IV) wird analog *6-Methoxy-8-[4-amino-1-methylbutylamino]-lepidin* (*CN-1101*), aus 1.3-Dibrombutan (VI) u. II *6-Methoxy-8-[3-amino-1-methylpropylamino]-chinolin* (*CN-1103*) erhalten. Während bei der Rk. von III mit 1.2-Dibrompropan Dehydrobromierung erfolgt, bildet sich die erwartete *Phthalimidoverb.* bei der Einw. von HBr auf Allylphthalimid. Die Kondensation mit II oder IV wird durch Schmelzen erreicht. 4.5-Dinitroveratrol (VIII) liefert bei der Ammonolyse in Ggw. von NH_4-Acetat oder Phenol *4-Amino-5-nitroveratrol*, das nach SKRAUP mit Acrolein (IX) u. H_3PO_4 *5.6-Dimethoxy-8-nitrochinolin* gibt. Letzteres entsteht auch durch Bromierung von 6-Methoxy-8-nitrochinolin (X) in Ggw. von Fe, $CaCO_3$ u. W. über *5-Brom-6-methoxy-8-nitrochinolin* durch Erhitzen mit $NaOCH_3$/Pyridin. Aus dem daraus durch Red. gewonnenen *5.6-Dimethoxy-8-aminochinolin* (VII) wird *5.6-Dimethoxy-8-[4-amino-1-methylbutylamino]-chinolin* (*CN-1104*) hergestellt.

Versuche (FF. korr.): *4-Brom-1-phthalimidopentan* (I), $C_{13}H_{14}O_2NBr$, Kp.$_{0,25}$ 165 bis 167°, durch 24std. Kochen von V u. III in Aceton unter Rühren; hellgelb; 67% (Ausbeute). — *6-Methoxy-8-[4-phthalimido-1-methylbutylamino]-chinolin*, $C_{23}H_{23}O_3N_3$, F. 89 bis 90,5° (A.), durch 72std. Kochen von I mit II in A. unter Rühren, Zugeben von Ae., Filtrieren, Einengen u. Zugeben von A.; 40—50%. — *6-Methoxy-8-[4-amino-1-methylbutylamino]-chinolin* (*Primaquine*; *SN-13272*), *Diphosphat*, $C_{15}H_{21}ON_3 \cdot 2\,H_3PO_4$, F. 197—198° (90%ig. A.), durch 2std. Kochen vorst. Verb. in A. mit $N_2H_4 \cdot H_2O$, Ausäthern, Zugeben von 85%ig. H_3PO_4 unter Rühren u. Zugeben von A.; 80%. *Oxalat*, $C_{15}H_{21}ON_3 \cdot H_2C_2O_4$, F. 182,5—185° (80%ig. A.). — *6-Methoxy-8-[4-phthalimido-1-methylbutylamino]-lepidin*, $C_{24}H_{25}O_3N_3$, F. 110,5—112° (A.), aus IV u. I in Phosphatpuffer (p_H 8). — *6-Methoxy-8-[4-amino-1-methylbutylamino]-lepidin*. (*CN-1101*), *Diphosphat*, $C_{16}H_{23}ON_3$, 2 H_3PO_4, F. 203—205° (60%ig. A.); 54% (für beide Stufen). — *1-Phthalimido-3-brombutan*, $C_{12}H_{12}$·O_2NBr, F. 61,5—62,5° (absol. A.), analog I aus VI; 93%. — *6-Methoxy-8-[3-phthalimido-1-methylpropylamino]-chinolin*, $C_{22}H_{21}O_3N_3$, F. 108° (absol. A.); 50%. — *6-Methoxy-8-[3-amino-1-methylpropylamino]-chinolin* (*CN-1103*), *Diphosphat*, $C_{14}H_{19}ON_3 \cdot 2\,H_3PO_4$, F. 183,5—184,5 (80%ig. A.); 80%. — *N-Allylphthalimid*, F. 65—69°, durch portionsweises Zugeben von Allylamin zu Phthalsäureanhydrid u. Eisessig unter Kühlung, 1std. Kochen u. Gießen in W.; 90%. — *6-Methoxy-8-[2-phthalimido-1-methyläthylamino]-chinolin*, $C_{21}H_{19}O_3N_3$, F. 108—109,5° (absol. A.) u. F. 135° (PAe.) (dimorph), durch 72std. Erhitzen von N-[2-Brompropyl]-phthalimid u. II auf 115—125° unter N_2, Zugeben von Bzl., 30 Min. Kochen, Abdekantieren, Einengen bei Raumtemp. u. Reinigen über das *Phosphat*; 25—32%. — *6-Methoxy-8-[2-amino-1-methyläthylamino]-chinolin* (*CN-1110*), *Diphosphat*, $C_{13}H_{17}ON_3 \cdot 2\,H_3PO_4$, F. 184—185° (80%ig. A.); 94%. — *6-Methoxy-8-[2-phthalimido-1-methyläthylamino]-lepidin*, $C_{22}H_{21}O_3N_3$, F. 168—169° (Äthylacetat), in 48 Std. bei 115—125°; 15—27%. — *6-Methoxy-8-[2-amino-1-methyläthylamino]-lepidin* (*CN-1118*), *Diphosphat*, $C_{14}H_{19}ON_3 \cdot 2\,H_3PO_4$, F. 177,5—178,5° (85%ig. A.), durch 31std. Kochen vorst. Verb. mit $N_2H_4 \cdot H_2O$ in Bzl. u. absol. A.; 93%. — *5.6-Dimethoxy-8-[4-amino-1-methylbutylamino]-chinolin* (*CN-1104*), *Diphosphat*, $C_{16}H_{23}O_2N_3 \cdot 2H_3PO_4$, F. 140—142° (A. mit 1% H_3PO_4), aus VII u. I in 72 Std. über die *Phthalimidoverb.*; 33%. — *4-Amino-5-nitroveratrol*, F. 167—169° (A.), durch 24std. Erhitzen von NH_4-Acetat u. VIII auf 130 bis 135° unter Rühren u. NH_3 (12,7 mm Druck), Gießen in Eiswasser, Ausziehen mit 8nHCl, Filtrieren u. Neutralisieren mit 30%ig. NaOH; 35%. — *5.6-Dimethoxy-8-nitrochinolin*, F. 128—129° (Äthylacetat), a) durch SKRAUP-Rk. vorst. Verb. mit IX (Zugabe in 30—45 Min.), H_3AsO_4 u. 85%ig. H_3PO_4 in 30 Min. bei 100°; ~40%; b) durch 6std. Kochen von X mit $CaCO_3$, Fe-Spänen, Br_2 u. W. in Chlf., 15std. Stehen bei Raumtemp. → *5-Brom-6-methoxy-8-nitrochinolin* (F. 204—205° [Bzl.]; 82%), das 96 Std. mit Na·OCH_3/Pyridin unter Rühren gekocht wird; 62%. — *5.6-Dimethoxy-8-aminochinolin* (VII), F. 147,5—148° (Heptan), durch Zutropfen vorst. Verb. in HCl zu $SnCl_2$ in HCl bei 0—10°,

1std. Rühren bei 10° u. 3 Std. bei Raumtemp., Verdünnen mit warmen W. u. Zutropfen von 8nNaOH unter Rühren <20°; gelbe Nadeln; 78%. (J. Amer. chem. Soc. **77**. 4816 bis 4819. 20/9. 1955. New York, N. Y., Columbia Univ., u. Ann Arbor, Mich., Univ., Depp. of Chem.) R. PASEDAG. 3231

Robert C. Elderfield, Elizabeth F. Clafin, Holly E. Mertel, Orville L. McCurdy, Richard T. Mitch, Charles D. Ver Nooy, Bruce H. Wark und **Iris M. Wempen,** *Weitere Synthesen von Primaquineanalogen.* (Vgl. vorst. Ref.) Durch MICHAEL-Kondensation von Nitroäthan (**III**) bzw. 1-Nitropropan (**IV**) mit Acrylsäureäthylester (**V**), $LiAlH_4$-Red. der *γ-Nitroester* zu den sehr hygroskop. *Aminoalkoholen,* Überführung in die *Phthalimidoalkohole* u. deren Behandlung mit HBr oder besser PBr_3 werden *1-Brom-4-phthalimidopentan* bzw. *-hexan* erhalten. Aus Äthyliden- (**VI**) bzw. Propylidenmalonsäurediäthylester (**VII**) entstehen mit KCN unter gleichzeitiger Decarboxylierung über die *Cyanester* u. die daraus durch $LiAlH_4$-Red. gewonnenen *Aminoalkohole* analog *1-Brom-3-methyl-* bzw. *3-äthyl-4-phthalimidobutan.* Die genannten Phthalimidobromide, sowie 1-Brom-3-methyl-5-phthalimidopentan (**VIII**) liefern bei der Kondensation mit 6-Methoxy-8-aminochinolin (**I**) *8-[4-Amino-4-methylbutylamino]-* (*CN-1115*), *8-[4-Amino-4-äthylbutylamino]-* (*CN-1111*), *8-[4-Amino-3-methylbutylamino]-* (*CN-1120*), *8-[4-Amino-3-äthylbutylamino]-* (*CN-1121*) bzw. *8-[5-Amino-3-methylamylamino]-6-methoxychinolin* (*CN-1106*). CN-1111 kann wahrscheinlich auch durch $LiAlH_4$-Red. des aus γ-Nitrohexansäurechlorid u. **I** synthetisierten *6-Methoxy-8-[γ-nitrohexanoylamido]-chinolins* dargestellt werden.

Versuche (FF. korr.): *γ-Nitrovaleriansäureäthylester,* aus **III** u. **V** in Ggw. von Triäthylamin oder Triton B. — *4-Aminopentanol-(1),* $C_5H_{13}ON$, $Kp._{0,2}$ 67—68°, durch Zutropfen vorst. Verb. zu $LiAlH_4$ in Ae. unter Rühren, mehrst. Rühren u. Stehen über Nacht; sehr hygroskop. Fl.,; 45% (Ausbeute). — *4-Phthalimidopentanol-(1),* $C_{13}H_{15}O_3N$, $Kp._{0,03}$ ~127°, durch Zutropfen vorst. Verb. zu Phthalsäureanhydrid (**II**) in sd. CCl_4 bzw. Eisessig, 2std. Kochen → die *Phthalamidsäure,* die 1 Std. bei 160° im Vakuum erhitzt wird; viscose gelbe Fl.; 79% bzw. 75—98%. — *1-Brom-4-phthalimidopentan,* $C_{13}H_{14}O_2NBr$, $Kp._{0,06}$ 137°, durch 2std. Erwärmen vorst. Verb. mit 48%ig. HBr auf dem Wasserbad; viscoses hellgelbes Öl, n_D^{26} 1,5658; 39%. — *6-Methoxy-8-[4-amino-4-methylbutylamino]-chinolin* (*CN-1115*), *Phosphatgemisch,* $C_{15}H_{21}ON_3 \cdot 2{,}16\,H_3PO_4$, F. 168—175° ($CH_3OH$), aus vorst. Verb. u. **I** in Phosphatpuffer bei p_H 8,3 (vgl. l. c.) u. Hydrolyse. — *γ-Nitrohexansäureäthylester,* $Kp._{1-2}$ 93°, wie oben aus **IV**; 72%. — *4-Aminohexanol-(1),* $Kp._{1-2}$ 88—93°, hygroskop., n_D^{25} 1,4607; 60%. — *4-Phthalimidohexanol-(1),* $C_{14}H_{17}O_3N$, $Kp._{0,04}$ 170°, hellgelb; 90%. — *1-Brom-4-phthalimidohexan,* $Kp._{0,1}$ 156°, hellgelb; 32%. — *6-Methoxy-8-[4-phthalimido-4-äthylbutylamino]-chinolin,* $C_{24}H_{25}O_3N_3$, F. 130—131° (A.). — *6-Methoxy-8-[4-amino-4-äthylbutylamino]-chinolin* (*CN-1111*), *Phosphatgemisch,* $C_{16}H_{23}ON_3 \cdot 2{,}33\,H_3PO_4$, F. 144—147°; 28%. — *γ-Nitrohexansäure,* $C_6H_{11}O_4N$, F. 48—49° (Bzl.-Heptan), durch 4std. Erhitzen des Äthylesters mit 6nHCl; 85%. *Chlorid,* $Kp._{1,2}$ 104°, mit $SOCl_2$ in Bzl.; 74%. — *6-Methoxy-8-[γ-nitrohexanoylamido]-chinolinhydrochlorid,* $C_{16}H_{19}O_4N_3 \cdot HCl$, F. 160—163° (Zers.; Äthylacetat-CH_3OH), durch portionsweises Zugeben vorst. Säurechlorids zu **I** u. $CaCO_3$ in absol. Chlf. unter Rühren bei Raumtemp. u. 2std. Rühren; hellgelbe Nadeln. — *β-Cyanbuttersäureäthylester,* $C_7H_{11}O_2N$, $Kp._{11}$ 102°, durch 10—15std. Erhitzen von **VI** u. KCN in wss. A. auf 60°, Filtrieren, Zugeben von 10%ig. HCl, Filtrieren, Einengen, Aufnehmen in W. u. Ausäthern; n_D^{25} 1,4201; 30—40%. — *4-Amino-3-methylbutanol,* $Kp._{0,2}$ 63—65°, durch Zugeben vorst. Verb. zu $LiAlH_4$ in Ae. unter Rühren in 1 Std., 1½std. Rühren, Zugeben von Äthylacetat, W. u. 20%ig. NaOH; n_D^{25} 1,4594; 47—65%. *Phenylisothioharnstoffderiv.,* $C_{12}H_{18}ON_2S$, F. 108,5—109°. — *1-Brom-3-methyl-4-phthalimidobutan,* $C_{13}H_{14}O_2NBr$, F. 74,6—75% (95%ig. A.), durch Stehen vorst. Verb. mit **II** unter Kühlen, Abdest. des W., Zugeben von PBr_3 unter Rühren u. Gießen auf Eis; 72,6%. — *6-Methoxy-8-[4-phthalimido-3-methylbutylamino]-chinolin,* $C_{23}H_{23}O_3N_3$, F. 116,5—118° (95%ig. A.), durch 1std. Schmelzen vorst. Verb. mit **I** unter N_2 bei 90—100°, dann 18 Std. bei 80—90° u. Extrahieren mit Bzl.; 62,3%. — *6-Methoxy-8-[4-amino-3-methylbutylamino]-chinolin* (*CN-1120*), *Diphosphat,* $C_{15}H_{21}ON_3 \cdot 2H_3PO_4$, F. 181—182° (absol. A.), orangefarben; 89%. — *β-Cyanvaleriansäureäthylester,* $Kp._{2,2}$, 82—83°, aus **VII** ($Kp._{13}$ 116—117°, $Kp._5$ 95—98°, n_D^{25} 1,4409); n_D^{25} 1,4269; 45—48%. — *4-Amino-3-äthylbutanol,* $Kp._{0,00}$ 75—76°, hygroskop.; 84—93%. *Oxalat,* $C_{14}H_{32}O_6N_2$, F. 175—175,5°. — *3-Äthyl-4-phthalimidobutanol,* $Kp._{0,05}$ 163—166°; 85—88%. — *1-Brom-3-äthyl-4-phthalimidobutan,* $Kp._{0,1}$ 164—166°; 83—89%. — *6-Methoxy-8-[4-phthalimido-3-äthylbutylamino]-chinolin,* $C_{24}H_{25}O_3N_3$, F. 89—90° (CH_3OH), durch Verschmelzen; 72%. — *6-Methoxy-8-[4-amino-3-äthylbutylamino]-chinolin* (*CN-1121*), *Diphosphat,* $C_{16}H_{23}ON_3 \cdot 2H_3PO_4$, F. 105—106° (absol. A.), orangegelbe Nadeln; 70%. — *6-Methoxy-8-[5-amino-3-methylamylamino]-chinolin* (*CN-1106*), *Diphosphat,* $C_{16}H_{23}ON_3 \cdot 2H_3PO_4$, F. 162—165° (96%ig. CH_3OH), durch 76std. Erhitzen von 220 g **VIII** u. **I** in A. bei p_H 8,1 auf 75—80° unter N_2, Hydrolysieren mit äthanol. $N_2H_4 \cdot H_2O$ u. Behandeln mit H_3PO_4; 97 g. (J. Amer. chem. Soc. **77**. 4819—22. 20/9. 1955.) R. Pasedag. 3231

Katashi Makino und **Hitoshi Takahashi,** *Überführung von 5-Oxykynurenin in 6-Oxykynurensäure und 6.4-Dioxychinolin mit Leberhomogenaten.* 5-Oxy-DL-Kynurenin wurde durch Leberhomogenate von Kaninchen, Maus oder Kröte in *6-Oxykynurensäure* (I) u. *4.6-Dioxychinolin* (II) übergeführt. Die bebrüteten Gemische wurden papierchromatograph. u. spektroskop. untersucht. I u. II wurden zum Vgl. aus *6-Methoxy-4-oxychinaldinsäureäthylester* dargestellt. — Angaben über Fluorescenz, Diazo-Rk., $FeCl_3$-Rk., UV-Absorption u. R_f-Werte (Methanol, Butanol-Bzl.-W. bzw. Butanol-$CH_3CO \cdot OH$-W. bzw. 80%ig. Isopropanol).

Versuche: *6-Methoxy-4-oxychinaldinsäureäthylester*, $C_{13}H_{13}O_4N$, F. 215°, aus 12,5 g p-Anisidin u. 19 g Oxalessigsäurediäthylester (1½ Std. bei 100°), dann in Paraffin 10 Min. bis auf 250°, vom teerigen Prod. abgießen u. kurz weitererhitzen; aus W. bräunliche Nadeln; 2,4 g (Ausbeute). — *6-Oxykynurensäure* (I), *Hydrojodid*, F. 285° (Zers.), aus 0,9 g vorst. Verb. u. 57%ig. HJ (5 Std. kochen); gelbe Platten. *Hydrochlorid*, $C_{10}H_7O_4N \cdot HCl$, F. 288—300° (Zers.); flache gelbe Kristalle; 0,67 g. Gibt beim Erhitzen über den F. u. chromatograph. Reinigung II. (J. Amer. chem. Soc. **76**. 6193—94. 5/12. 1954. Kumamoto, Japan, Univ., Med. School of Kumamoto, Dep. of Biochem.) H. Goebel. 3231

L. H. Mason und **W. C. Wildman,** *Synthese von 1.4.5.6.13.14-Hexahydro-5-methyl-8.9-methylendioxyphenanthridinhydrochlorid.* Die Darst. von *1.4.5.6.13.14-Hexahydro-5-methyl-8.9-methylendioxyphenanthridin* aus *4-[3.4-Methylendioxyphenyl]-3-nitrocyclohexen* (I) wird beschrieben. I wurde durch Diensynth. aus 3.4-Methylendioxy-β-nitrostyrol (II) u. Butadien erhalten, dann mit $LiAlH_4$ zum *Amin* red. u. dieses nach Pictet-Spengler mit HCHO cyclisiert u. am N methyliert.

Versuche (FF. korr.): *4-[3.4-Methylendioxyphenyl]-3-nitrocyclohexen* (I), $C_{13}H_{13} \cdot O_4N$, F. 97—99°, aus II in absol. Toluol u. Butadien in Ggw. von Hydrochinon (8 Tage bei 110° im Rohr [4 Tage Anheizen]); aus A. hellgelbe Prismen; 61% (Ausbeute). — *3-Amino-4-[3.4-methylendioxyphenyl]-cyclohexenhydrochlorid*, $C_{13}H_{15}O_2N \cdot HCl$, F. 240 bis 242° (A.), aus I mit $LiAlH_4$; 72%. — *1.4.5.6.13.14-Hexahydro-8.9-methylendioxyphenanthridinhydrochlorid*, $C_{14}H_{15}O_2N \cdot HCl$, F. 280—282° (Zers.; CH_3OH/A.), aus der Base (Öl) aus vorst. Verb. u. Formalin (20 Min. erwärmen); 59%. — *1.4.5.6.13.14-Hexahydro-5-methyl-8.9-methylendioxyphenanthridinhydrochlorid*, $C_{15}H_{17}O_2N \cdot HCl$, F. 240 bis 243° (Zers.; CH_3OH/Ae.), aus vorst. Verb.; 62%. — Die UV-Absorptionsmaxima der Verbb. sind angegeben. (J. Amer. chem. Soc. **76**. 6194—95. 5/12. 1954. Bethesda, Md., Nat. Insts. of Heart, Nat. Heart Inst., Labor. of Chem. of Natural Prodd.) H. Goebel. 3231

M. G. J. Beets und **H. van Essen,** *Über die Reaktion von Zimtalkohol mit Formaldehyd.* (Vgl. auch C. **1954**. 2400.) Zimtalkohol (I) reagiert mit Formaldehyd (II) in Ggw. verd. H_2SO_4 unter Bldg. von *5-[Phenyloxymethyl]-1.3-dioxan* (III) u. *4-Phenyl-5-cinnamyl-1.3-dioxan* (IV). Bei der Rk. von I u. II in konz. HCOOH wird ein kompliziertes Gemisch erhalten, aus dem nach Verseifung IV u. nach katalyt. Hydrierung u. Umsetzung mit II in Ggw. von H_2SO_4 *4-Phenyl-5-[3-phenylpropyl]-1.3-dioxan* (V) isoliert werden konnte. Die Bldg. von IV beruht wahrscheinlich auf einer Alkylierung von 4-Phenyl-5-oxymethyl-1.3-dioxan durch I unter Abspaltung von H_2O u. 1 Mol II; die analoge Alkylierung von Inden (VI) mit 1-Phenylpropandiol-(1.3) (VII) liefert ein Prod., dem wahrscheinlich die Struktur des *1-Phenyl-3-indenyl-(2)-propanols-(1)* zukommt. UV-Spektren vgl. Original.

Versuche: *5-[Phenyloxymethyl]-1.3-dioxan* (III), Kp.$_{0,6}$ 132°, aus der Benzoylverb. (11 g) durch Verseifung; n_D^{20} 1,5412; 6,5 g (Ausbeute). *Benzoylverb.*, $C_{18}H_{18}O_4$, F. 92,1—92,4° (A.), aus 402 g trans-I (F. 31°), 673 g 37%ig. II u. 48 g H_2SO_4 durch 7std. Rühren bei 90—95° u. Umsetzung des rohen III (Kp.$_{0,4}$ 114—142°; 67 g) mit Benzoylchlorid u. Pyridin; 26 g. — *2-Oxymethyl-1-phenylpropandiol-(1.3)*, $C_{10}H_{14}O_3$, F. 76,6 bis 77,0° (Bzl.-A.; 9 : 1), aus der Acetylverb. durch Verseifung. *Triacetylverb.*, Kp.$_{0,3}$ 170°, aus 263 g rohem Reaktionsprod. von I u. II mit $ZnCl_2$, Essigsäure u. Acetanhydrid; n_D^{20} 1,4890; 185 g. *Tribenzoylverb.*, $C_{31}H_{26}O_6$, F. 103,6—104,1° (Bzl.-A.; 4 : 1). — *4-Phenyl-5-cinnamyl-1.3-dioxan* (IV), $C_{19}H_{20}O_2$, F. 83,3—84,3° (A.), a) aus der Fraktion vom Kp.$_{0,4}$ 142—200° (n_D^{20} 1,5408—1,5768; 74 g) des Reaktionsprod. von I u. II; 25 g; b) aus 402 g I u. 45 g II durch Zutropfen von H_2SO_4 unter Rühren bei 60° u. 2std. Rühren bei 90—95°; 103 g; c) aus 300 g I u. 70 g II in 500 g HCOOH bei 20—30°, ½ Std. bei 50° u. Verseifen des Reaktionsprod.; daneben *1.5-Diphenyl-2-oxymethylpenten-(4)-ol-(1)* (VIII), Kp.$_{0,5}$ 209—222°. — *1.5-Diphenyl-2-oxymethylpentanol-(1)* (IX), Kp.$_{0,6}$ 200 bis 210°, aus VIII in A. u. H_2 in Ggw. von Raney-Ni bei 18° u. 40 at; n_D^{20} 1,5626 bis 1,5638. — *4-Phenyl-5-[2'.3'-dibrom-3'-phenylpropyl]-1.3-dioxan*, $C_{19}H_{20}O_2Br_2$, F. 172 bis

172,3° (A.), aus 4,2 g **IV** u. Br_2 in CCl_4; 2,1 g. — *1.5-Diphenyl-2-oxymethyl-1-[2-oxyäthoxy]-penten-(4)*, $C_{20}H_{24}O_3$, F. 122—122,5° (CCl_4), aus 14 g **IV**, Äthylenglykol u. Toluolsulfonsäure durch 4std. Erhitzen im Vakuum auf dem Wasserbad; 10 g. — *4-Phenyl-5-[3-phenyl-propyl]-1.3-dioxan* (**V**), $C_{19}H_{22}O_2$, F. 32,0—32,5° (A.), Kp.$_{0,4}$ 166°, a) aus **IV** u. H_2 in Ggw. von Raney-Ni bei 35 at u. Zimmertemp.; D.$^{20}{}_4$ 1,0831, $n_D{}^{20}$ 1,5568; b) aus **IX**, **II** u. H_2SO_4. — *1.5-Diphenyl-2-oxymethylpentan* (**X**), $C_{18}H_{22}O$, Kp.$_{0,4}$ 165°, Kp.$_{0,6}$ 170°, a) durch Zugeben von 20 g **V** in Diisobutylcarbinol zu einer sd. Suspension von Na in Toluol unter Rühren (5 Std.); D.$^{20}{}_4$ 1,0290, $n_D{}^{20}$ 1,5584; 16 g; b) durch Kondensation von 268 g 3-Phenylpropanol mittels wss. K_2CO_3 u. Red. des rohen *1.5-Diphenyl-2-formyl-pentens-(2)* (Kp.$_3$ 150—230°; 65 g) mit H_2 u. Raney-Ni in A. bei 18° u. 35 at; $n_D{}^{20}$ 1,5577 bis 1,5579; 44 g. — *1.5-Dicyclohexyl-2-oxymethylpentan*, $C_{18}H_{34}O$, Kp.$_2$ 175°, Kp.$_{0,6}$ 159°, a) aus **IV** in A. mit H_2 u. Raney-Ni bei 90—100° u. 50—60 at; D.$^{20}{}_4$ 0,9354, $n_D{}^{20}$ 1,4901; b) aus **X** in A. mit H_2 u. Raney-Ni bei 150° u. 70 at; D.$^{20}{}_4$ 0,9324, $n_D{}^{20}$ 1,4890. *3.5-Dinitrobenzoylverb.*, $C_{25}H_{36}O_6N_2$, F. 67—67,5° (PAe.). — *1-Phenyl-3-indenyl-(2)-propanol-(1)* (?), $C_{18}H_{18}O$, F. 115—116° (PAe.), aus 116 g **VI** u. 76 g **VII** in sd. 5%ig. H_2SO_4 (4 Std.), Dest. des Reaktionsprod. u. Ausfrieren der Fraktion vom Kp.$_{0,2}$ 180—184°; 0,6 g. — *Di-trans-cinnamyläther*, $C_{18}H_{18}O$, F. 43,3—43,8° (A.), durch Zugeben von 25%ig. H_2SO_4 zu **I** bei 115° unter Rühren; 12,5 g. (Recueil Trav. chim. Pays-Bas **74**. 98—112. Febr. 1955. Polak & Schwarz, Holland, Res. Dep.) E. Hanschke. 3252

John F. Nobis und **Norbert W. Burske**, *3-Aminophenoxathiin.* Das aus Phenoxythiinyl-(4)-Li erhältliche *4-Jodphenoxathiin* (**I**; Ringzählung vgl. C. **1955**. 2423) reagiert mit $NaNH_2$ in fl. NH_3 unter Umlagerung (vgl. Gilman u. Avakian, J. Amer. chem. Soc. **67**. [1945.] 349) zu *3-Aminophenoxathin* (**II**). Die Struktur von **II** ergibt sich aus seiner Verschiedenheit von den bekannten Verbb. 2- (**III**) u. 4-Aminophenoxathiin u. durch Sandmeyer-Rk. zu *3-Jodphenoxathiin*, das seinerseits verschied. von **I** u. *2-Jodphenoxathiin* ist; letzteres wurde aus **III** dargestellt. Die Darst. von 2-Acetamido-3-nitrophenoxathiin, aus dem **II** synthetisiert werden sollte, gelang nicht.

Versuche: *4-Jodphenoxathiin* (**I**), $C_{12}H_7OJS$, F. 42,5—43° (PAe.), Kp.$_2$ 135 bis 170°, durch Überführung von Phenoxathiin mit n-Butyl-Li in Ae. in *Phenoxathiinyl-(4)-Li*, Zugabe von J_2 unter Kühlung u. $^1/_2$std. Rühren; 21% (Ausbeute); daneben eine Fraktion vom Kp.$_1$ 170—190°, wahrscheinlich ein Gemisch von **I** u. *4.6-Dijodphenoxathiin.* — *3-Aminophenoxathiin* (**II**), $C_{12}H_9ONS$, F. 81,5—83° (CH_3OH-W.), durch Zugabe von **I** in Bzl. zu $NaNH_2$ in fl. NH_3 (20 Min.), Zers. mit NH_4Cl, Abdampfen des NH_3, Aufnehmen in Bzl., Fällen als *Hydrochlorid* u. Behandlung mit NH_4OH; 31%. — *3-Acetamidophenoxathiin*, $C_{14}H_{11}ON_2S$, F. 181—182,5° (CH_3OH), aus **II** u. Acetanhydrid in Bzl. (3 Std. Kochen); 25%. — *3-Jodphenoxathiin*, $C_{12}H_7OJS$, F. 70—72° (CH_3OH), durch Diazotierung von **II** in verd. H_2SO_4 bei 5—10°, Zugabe von Harnstoff u. dann von KJ-Lsg., Erwärmen auf 70° u. Ae.-Extraktion; 15%. — *2-Jodphenoxathiin*, F. 92 bis 94° (verd. CH_3OH), wie vorst. aus **III**; 10,4%. — *2-Acetamido-3.8-dinitrophenoxathiin* (?), $C_{14}H_9O_6N_3S$, F. 174—176,5°, durch Nitrierung von 4 g 2-Acetamidophenoxathiin in Acetanhydrid bei —4°; 0,1 g. Der Vers. der Nitrierung von 2-Acetamidophenoxathiin-10-dioxyd lieferte untrennbare Gemische. (J. Amer. chem. Soc. **76**. 3034—35. 5/6. 1954. Cincinnati, O., Xavier Univ., Dep. of Chem.) I. Spaeth. 3262

Richard D. Batt, J. Keith Martin, James McT. Ploeser und **James Murray**, *Chemie der Dihydropyrimidine. Ultraviolettspektren und alkalische Zersetzung. 5.6-Dihydrothymin* (**I**), *5.6-Dihydrouracil* (**II**) u. *5.6-Dihydroorotsäure* (**III**; durch Hydrierung von Orotsäure) zers. sich in NaOH unter Bldg. von *β-Ureidoisobuttersäure*, *β-Ureidopropionsäure* bzw. *Ureidobernsteinsäure.* Die von Bachstez u. Cavallini (Ber. dtsch. chem. Ges. **66**. **B** [1933.] 681) dargestellte u. als **III** bezeichnete Verb. läßt sich katalyt. zu *Succinylharnstoff* reduzieren u. gibt bei der alkal. Spaltung *Harnstoff* (**IV**) u. *Fumarsäure.* Aus *Maleylharnstoff* entstehen analog **IV** u. *Maleinsäure.* Demnach handelt es sich bei dem Prod. von Bachstez u. Cavallini um *Fumarylharnstoff.* — Die UV-Spektren der Verbb. werden diskutiert.

Versuche: *5.6-Dihydrothymin* (**I**), $C_5H_8O_2N_2$, F. 261—263°, nach Fischer u. Roeder [1901]. — *5.6-Dihydrouracil* (**II**), $C_4H_6O_2N_2$, F. 272—275°, durch Hydrierung von Uracil in Eisessig über PtO_2. — *5.6-Dihydroorotsäure* (**III**), $C_5H_6O_4N_2 \cdot {}^1/_2\, H_2O$, F. 250 bis 253° (W.), aus 300 mg wasserfreier Orotsäure durch 36std. Hydrierung in A. über Adams-Katalysator bei 80°; 75 mg (Ausbeute). — *Fumarylharnstoff*, $C_5H_6O_4N_2$, F. 250 bis 251°, aus **IV** u. Maleinsäure nach der von Bachstez u. Cavallini (l. c.) für **III** angegebenen Meth.; aus 316 mg entstehen in 24 Std. mit 0,5n NaOH 210 mg *Fumarsäure*, F. 293—296°. — *Succinylharnstoff*, F. 206° (W.), aus 158 mg vorst. oder nachst. Verb. durch 12std. Hydrierung in Eisessig über Adams-Katalysator bei 40°; 107 mg. — *Maleylharnstoff*, F. 156—160° (Zers.; W.), aus **IV** u. Maleinsäureanhydrid. Gibt beim

24std. Stehen mit 0,1n NaOH *Maleinsäure*. — *Ureidobernsteinsäure*, F. 173° (W.), a) aus KCNO u. Asparaginsäure; b) aus 50 mg III u. 2n NaOH (24 Std. stehen); 30 mg. — *β-Ureidopropionsäure*, F. 169—170° (W.), a) aus 228 mg II u. 0,2n $Ba(OH)_2$ (ca. 1 Std. stehen); 230 mg; b) aus KCNO u. β-Alanin. Gibt beim Eindampfen der Lsg. in 0,1n HCl wieder II. — *β-Ureidoisobuttersäure*, F. 98—100° (A.), aus 256 mg I analog vorst. Verb. (a); 258 mg. (J. Amer. chem. Soc. **76**. 3663—65. 20/7. 1954. Dunedin, New Zealand, Univ. of Otago, Med. School, Dep. of Biochem.) R. Gompper. 3272

M. A. Prokofjew und **Ju. P. Schwatschkin**, *Synthese von Pyrimidinoimidazolonen*. Durch Rk. von Guanidinoessigsäurelactam (I) mit Methylacetessigester in Ggw. von Na-Äthylat wird *4'-Oxo-2.3.3'.4'-tetrahydro-5'.6'-dimethylpyrimidino-[2'.3':2.3]-imidazolon-(5)* erhalten. Analog reagiert I mit anderen substituierten Acetessig- oder Malonestern zu *4'-Oxo-2.3.3'.4'-tetrahydropyrimidino-[2'.3':2.3]-imidazolonen-(5)* bzw. *4'.6'-Dioxo-2.3.3'.4'.5'.6'-hexahydropyrimidino-[2'.3':2.3]-imidazolonen-(5)*, die sich wie Säuren verhalten u. mit Basen Salze bilden (Lactam–Lactim-Tautomerie).

Versuche: *4'-Oxo-2.3.3'.4'-tetrahydro-5'.6'-dimethylpyrimidino-[2'.3':2.3]-imidazolon-(5)*, $C_8H_9O_2N_3$, F. 289—290° (W.; Zers.), zu einer alkoh. Äthylatlsg. (0,92 g Na, 50 ml A.) gibt man 1 g I, erhitzt, gibt 7,2 g Methylacetessigester hinzu, kocht 5 Std., dampft ein u. fällt mit 5%ig. HCl; 50,3% (Ausbeute). — *4'-Oxo-2.3.3'.4'-tetrahydro-6'-methyl-5'-äthylpyrimidino-[2'.3':2.3]-imidazolon-(5)*, $C_9H_{11}O_2N_3$, F. 261—262° (A.; Zers.), analog Vorst. aus I u. Äthylacetessigester; 27%. — *4'.6'-Dioxo-2.3.3'.4'-hexahydropyrimidino-[2'.3':2.3]-imidazolon-(5)*, $C_6H_5O_3N_3$, analog Vorst. aus I u. Malonester; zers. sich beim Erhitzen, ohne zu schm.; 66,7%. — *4'.6'-Dioxo-2.3.3'.4'.5'.6'-hexahydro-5'-äthylpyrimidino-[2'.3':2.3]-imidazolon-(5)*, $C_8H_9O_3N_3$, F. 292—293° (Zers.), aus I u. Äthylmalonester; 51%. — *4'.6'-Dioxo-2.3.3'.4'.5'.6'-hexahydro-5'-butylpyrimidino-[2'.3':2.3]-imidazolon-(5)*, $C_{10}H_{13}O_3N_3$, F. 278° (Zers.), aus I u. Butylmalonester; 71,7%. — *4'.6'-Dioxo-2.3.3'.4'.5'.6'-hexahydro-5'-phthalimidopyrimidino-[2'.3':2.3]-imidazolon-(5)*, $C_{14}H_8O_5N_4$ (85%ig. Ameisensäure), aus I u. Phthalimidomalonester; beim Erhitzen Zers.; 20,5%. (Журнал Общей Химии [J. allg. Chem.] **24** (**86**). 1046—49. Juni 1954. Moskau, Univ.) G. Froelich. 3272

M. A. Prokofjew und **Ju. P. Schwatschkin**, *Untersuchungen auf dem Gebiet der Pyrimidinoimidazolone*. 2. Mitt. *Synthese der Pyrimidinoimidazolone auf der Basis des α-Guanidinopropionsäurelactams*. In Fortsetzung der vorst. referierten Arbeit wurden durch Rk. von α-Guanidinopropionsäurelactam (I) mit Malonester oder seinen Derivv. in Ggw. von Na-Äthylat weitere *Pyrimidino-[2.3':2.3]-imidazolone-(5)* dargestellt.

Versuche: *4'-Oxo-2.3.3'.4'-tetrahydro-4-6'-dimethylpyrimidino-[2'.3':2.3]-imidoazolon-(5)*, $C_8H_9O_2N_3$, F. 282° (Zers.), zu einer alkoh. Äthylatlsg. (1,38 g Na, 50 ml A.) gibt man 1,5 g I-Hydrochlorid, rührt 10 Min., erhitzt zum Sd., setzt tropfenweise 6,7 g Acetessigester hinzu u. erhitzt 5 Std. auf 110—115° (Badtemp.); aus W. glänzende Plättchen; 0,94 g (Ausbeute). — *4'-Oxo-2.3.3'.4'-tetrahydro-4.6'-dimethyl-5'-äthylpyrimidino-[2'.3':2.3]-imidazolon-(5)*, $C_{10}H_{13}O_2N_3$, F. 263°, analog Vorst. aus I-Hydrochlorid u. Äthylacetessigester, aus A. dünne Stäbchen; 50,7%. — *4'-Oxo-2.3.3'.4'-tetrahydro-4.6'-dimethyl-5'-n-butylpyrimidino-[2'.3':2.3]-imidazolon-(5)*, $C_{12}H_{17}O_2N_3$, F. 229°, aus I-Hydrochlorid u. n-Butylacetessigester, aus A. dünne Stäbchen, aus n-Butanol fächerförmige Nadelbüschel; 32,8%. — *4'-Oxo-2.3.3'.4'-tetrahydro-6'-methyl-5'-n-butylpyrimidino-[2'.3':2.3]-imidazolon-(5)*, $C_{11}H_{15}O_2N_3$, F. 252°, aus Guanidinoessigsäurelactam u. n-Butylacetessigester, aus A. kurze Stäbchen; 28%. — *4'.6'-Dioxo-2.3.3'.4'.5'.6'-hexahydro-4-methylpyrimidino-[2'.3':2.3]-imidazolon-(5)*, $C_7H_7O_3N_3$, F. 225°, aus 1,5 g I-Hydrochlorid u. 8 g Malonester in Ggw., von Na-Äthylat, 5 Std. Kochen, aus W. Rhomben; 58%. — *4'.6'-Dioxo-2.3.3'.4'.5'.6'-hexahydro-4-methyl-5'-äthylpyrimidino-[2'.3':2.3]-imidazolon-(5)*, $C_9H_{11}C_3N_3$, F. 290—291° (Zers.), aus I-Hydrochlorid u. Äthylmalonester, aus W. Kristallpulver; 59,8%. — *4'.6'-Dioxo-2.3.3'.4'.5'.6'-hexahydro-4-methyl-5'-n-butylpyrimidino-[2'.3':2.3]-imidazolon-(5)*, $C_{11}H_{15}O_3N_3$, F. 228°, aus I-Hydrochlorid u. n-Butylmalonester, cremefarbenes Pulver; 70,5%. — *4'.6'-Dioxo-2.3.3'.4'.5'.6'-hexahydro-4-methyl-5'-phenylpyrimidino-[2'.3':2.3]-imidazolon-(5)*, $C_{13}H_{11}O_3N_3$, F. 315° (Zers.), aus I-Hydrochlorid u. Phenylmalonester, aus W. kurze Nadeln; 53,9%. (Журнал Общей Химии [J. allg. Chem.] **25** (**87**). 975—80. Mai 1955.) G. Froelich. 3272

Bernard Idson und **Paul E. Spoerri**, *1.4-Thiazane*. 1. Mitt. *C-Alkylthiomorpholine*. Die Synth. von *2-* (**II**) u. *3-Methyl-* (**III**), *2.3-* (**IV**), *2.5-* (**V**), *2.6-* (**VI**) u. *3.5-Dimethyl-* (**VII**), *2.3.5-* (**VIII**) u. *2.3.6-Trimethyl-* (**IX**) u. *2.3.5.6-Tetramethylthiomorpholin* (**X**) wird beschrieben (für **VI** fehlen die experimentellen Angaben im Original). Zur Darst. von **III, IV, VII, VIII** u. **X** wurden die entsprechenden C-methylierten Bis-[2-halogenäthyl]-sulfide mit NH_3 umgesetzt, während **II** u. **VI** aus den C-methylierten Bis-[2-halogenäthyl]-aminen u. Na_2S erhalten wurden. **V** u. **IX** konnten infolge Umlagerungen auf keinem der beiden Wege erhalten werden, doch gelang ihre Darst. durch Oxydation von 2-Oxy-n-propyl-2'-oxyisopropylsulfid bzw. von 2-Oxyisopropyl-2'-oxy-sek.-butylsulfid zu den *Sulfonen*, deren Überführung in die *Chloride*, Umsatz mit Aminen, Abspaltung der am N haftenden Gruppe u. Red. mit $LiAlH_4$.

Versuche: *1-[β-Chloräthylamino]-2-chlorpropan*, $C_5H_{11}NCl_2$, Kp.$_8$ 78—81°, durch 2std. Kochen von 1-[β-Oxyäthylamino]-propanol-(2) mit $SOCl_2$ in Bzl., 1std. Schütteln mit W., Alkalisieren mit 40%ig. NaOH, Sättigen mit NaCl u. Benzolextraktion; 64% (Ausbeute). — *2-Methyl-1.4-thiazan* (II), $C_5H_{11}NS$, Kp.$_{760}$ 161°, durch 1std. Kochen vorst. Verb. mit $Na_2S \cdot 9\,H_2O$ in A.; 20%. *p-Toluolsulfonylderiv.*, $C_{12}H_{17}O_2NS_2$, F. 106 bis 109°. — *2-Oxyäthyl-2'-oxyisopropylsulfon*, $C_5H_{12}O_4S$, F. 59—63° (Äthylacetat-Aceton), durch Oxydation des Sulfids in Eisessig mit 30%ig. H_2O_2 (1 Std. kochen); 57%. — *2-Chloräthyl-2'-chlorisopropylsulfon*, $C_5H_{10}O_2Cl_2S$, Kp.$_4$ 137—142°, aus vorst. Verb. u. konz. HCl; 77%. — *N-Phenyl-2-methyltetrahydrothiazin-1.1-dioxydhydrochlorid*, $C_{11}H_{15}O_2NS \cdot HCl$, F. 129—132° ($CH_3OH$), aus vorst. Verb., Na_2CO_3 u. Anilin in A. (3 Std. auf dem Dampfbad), Verdünnen mit W., Alkalisieren mit NaOH, Wasserdampfdest. des Anilins u. Aufkochen mit 6nHCl; 76%. — *2-Methyltetrahydrothiazin-1.1-dioxyd*, $C_5H_{11}O_2NS$, Kp.$_{10}$ 167°, durch Versetzen vorst. Verb. in konz. HCl mit $NaNO_2$-Lsg. $<5°$, Alkalisieren des *Nitrosohydrochlorids* mit $2nNH_4OH$ bei 35° u. Hydrolyse der *Nitrosoverb.* mit verd. NaOH (2std. Kochen). *Hydrochlorid*, $C_5H_{12}O_2NClS$, F. 301° (Zers.). Daraus durch Red. mit $LiAlH_4$ in Di-n-butyläther **II**; 41%. — *2-Oxyäthyl-2'-oxy-n-propylsulfid*, $C_5H_{12}O_2S$, Kp.$_6$ 147—151°, aus β-Mercaptoäthanol u. 1-Chlor-2-oxypropan (**XI**) mit $NaOC_2H_5$ in A.; *Bis-p-nitrobenzoat*, $C_{19}H_{18}O_8N_2S$, F. 82—86°. — *2-Chloräthyl-2'-chlor-n-propylsulfid* (I), $C_5H_{10}Cl_2S$, Kp.$_{10}$ 110—118°, aus vorst. Verb. durch Zutropfen von konz. HCl bei 80—90°. — *3-Methyl-1.4-thiazan* (III), $C_5H_{11}NS$, Kp.$_{760}$ 154 bis 159°, aus I u. 9%ig. alkoh. NH_3 (8 Std. im Rohr bei 60°), Aufnehmen in W., Ansäuern mit HCl, Wasserdampfdest., Alkalisieren des Rückstands u. Ae.-Extraktion; 67%. *p-Toluolsulfonylderiv.*, $C_{12}H_{17}O_2NS_2$, F. 109—111°. — *N-Phenyl-3-methyl-1.4-thiazan*, $C_{11}H_{15}NS$, F. 36—39°, Kp.$_1$ 114—118°, durch 6std. Kochen von I, Anilin u. Na_2CO_3 in A.; 45%. — *N-[p-Methoxyphenyl]-3-methyl-1.4-thiazan*, $C_{12}H_{17}ONS$, F. 81—84°, analog vorst. Verb. mit p-Anisidin. — *N-n-Butyl-3-methylthiomorpholin*, $C_9H_{19}NS$, Kp.$_{16}$ 105—110°. — *N-n-Hexyl-3-methylthiomorpholin*, $C_{11}H_{23}NS$, Kp.$_9$ 126°. — *Bis-[2-oxy-n-propyl]-sulfid*, $C_6H_{14}O_2S$, Kp.$_3$ 118°, aus **XI** u. $Na_2S \cdot 9\,H_2O$ in sd. A. (15 Min.); 69%. — *Bis-[2-chlor-n-propyl]-sulfid*, $C_6H_{12}Cl_2S$, Kp.$_{11}$ 105°, aus vorst. Verb. u. $SOCl_2$; 91%. — *3.5-Dimethyl-1.4-thiazan* (**VII**), $C_6H_{13}NS$, Kp.$_{760}$ 183—187°, aus vorst. Verb. analog **III**; 76%. *p-Toluolsulfonylderiv.*, $C_{13}H_{19}O_2NS_2$, F. 130—133°. — *N-Phenyl-3.5-dimethyl-1.4-thiazan*, $C_{12}H_{17}$·NS, Kp.$_7$ 142°, wie oben. — *N-n-Butyl-3.5-dimethyl-1.4-thiazan*, $C_{10}H_{21}NS$, Kp.$_7$ 119 bis 123°. — *N-n-Hexyl-3.5-dimethyl-1.4-thiazan*, $C_{12}H_{25}NS$, Kp.$_9$ 133°. — *3-[β-Chloräthylamino]-2-chlorbutan*, $C_6H_{13}NCl_2$, Kp.$_{11}$ 107—109°, aus 3-[β-Oxyäthylamino]-butanol-(2) u. $SOCl_2$; 17%. — *2.3-Dimethyl-1.4-thiazan* (**IV**), $C_6H_{13}NS$, Kp.$_{25}$ 86—89°, aus vorst. Verb. u. Na_2S; 17%. *p-Toluolsulfonylderiv.*, $C_{13}H_{19}O_2NS_2$, F. 119°. — *2-Oxyäthyl-2'-oxy-sek.-butylsulfid*, $C_6H_{14}O_2S$, Kp. 118—123°, a) aus Na-β-Oxyäthylmercaptid u. 2.3-Butylenchlorhydrin (**XII**); 87%; b) aus Methylvinylcarbinol, $HOCH_2CH_2SH$ u. S (8 Std. kochen. — *2-Chloräthyl-2'-chlor-sek.-butylsulfid*, $C_6H_{12}Cl_2S$, Kp.$_{17}$ 118°, aus vorst. Verb. u. konz. HCl; 32%. — *2-Chloräthyl-2'-chlor-sek.-butylsulfon*, $C_6H_{12}O_2Cl_2S$, Kp.$_2$ 142—146°, aus vorst. Verb. mit H_2O_2 in Eisessig (24 Std. bei 60°). — *Butyläthylsulfon*, $C_6H_{14}O_2S$, F. 47—49°, durch 12std. Rühren von 11 g vorst. Verb. mit Triäthylamin in Bzl., Filtration u. Hydrierung des isolierten *Butylvinylsulfons* in A. in Ggw. von Raney-Ni unter 50 lbs.; 4 g. — *2-Oxy-n-propyl-2'-oxyisopropylsulfid*, $C_6H_{14}O_2S$, Kp.$_{10}$ 145—149°, aus 2-Chlorpropanol-(1) u. dem Na-Salz von 1-Mercaptopropanol-(2); 83%. *Bis-p-nitrobenzoat*, $C_{20}H_{20}O_8N_2S$, F. 129°. — *2-Oxy-n-propyl-2'-oxyisopropylsulfon*, $C_6H_{14}O_4S$, F. 67—69°. — *2-Chlor-n-propyl-2'-chlorisopropylsulfon*, $C_6H_{12}O_2Cl_2S$, Kp.$_{3,5}$ 154—159°. — *N-Phenyl-2.5-dimethyltetrahydrothiazin-1.1-dioxyd*, $C_{12}H_{17}O_2NS$, F. 139—142°. — *2.5-Dimethyltetrahydrothiazin-1.1-dioxyd*, $C_6H_{13}O_2NS$, Kp.$_9$ 177—180°. — *2.5-Dimethyl-1.4-thiazan* (**V**), $C_6H_{13}NS$, Kp.$_{25}$ 77—82°. *p-Toluolsulfonylderiv.*, $C_{13}H_{19}O_2NS_2$, F. 107—109°. — *2-Oxyisopropyl-2'-oxy-sek.-butylsulfid*, Kp.$_2$ 117—119°, aus Methylvinylcarbinol, 1-Mercaptopropanol-(2) u S (8 Std. kochen); 19,2%. *Bis-p-nitrobenzoat*, $C_{21}N_{22}O_8N_2S$, F. 143—144°. — *2-Oxyisopropyl-2'-oxy-sek.-butylsulfon*, $C_7H_{16}O_4S$, F. 81—84°. — *2-Chlorisopropyl-2'-chlor-sek.-butylsulfon*, $C_7H_{14}O_2Cl_2S$, Kp.$_2$ 167—169°. — *N-Phenyl-2.3.6-trimethyltetrahydrothiazin-1.1-dioxyd*, $C_{13}H_{19}O_2NS$, F. 153—157°. — *2.3.6-Trimethyltetrahydrothiazin-1.1-dioxyd*, $C_7H_{15}O_2NS$, Kp. 169—174°. — *2.3.6-Trimethyl-1.4-thiazan* (**IX**), $C_7H_{15}NS$, Kp.$_{10}$ 83—87°. *p-Toluolsulfonylderiv.*, $C_{14}H_{21}O_2NS_2$, F. 131—134°. — *2-Oxy-n-propyl-2'-oxy-sek.-butylsulfid*, $C_7H_{16}O_2S$, Kp.$_2$ 117—119°, aus dem Na-Salz von 2-Oxypropylmercaptan u. **XII**; 72%. — *2-Chlor-n-propyl-2'-chlor-sek.-butylsulfid*, $C_7H_{14}Cl_2S$, Kp.$_{10}$ 117—121°. — *2.3.5-Trimethyl-1.4-thiazan* (**VIII**), $C_7H_{15}NS$, Kp.$_{10}$ 88 bis

92°, analog VII. *p-Toluolsulfonylderiv.*, $C_{14}H_{21}O_2NS_2$, F. 139—141°. — *Bis-[2-oxy-sek.-butyl]-sulfid*, $C_8H_{18}O_2S$, Kp.$_{0,5}$ 113—117°, aus XII u. $Na_2S \cdot 9\,H_2O$ in sd. A.; 72%. — *Bis-[2-chlor-sek.-butyl]-sulfid*, $C_8H_{16}Cl_2S$, Kp.$_{17}$ 123—127°. — *2.3.5.6-Tetramethyl-1.4-thiazan* (X), $C_8H_{17}NS$, Kp.$_{10}$ 94—98°. *p-Toluolsulfonylderiv.*, $C_{15}H_{24}O_2N_2S_2$, F. 138°. (J. Amer. chem. Soc. **76.** 2902—06. 5/6. 1954. Brooklyn, N. Y., Polytechn. Inst., Dep. of Chem.) I. SPAETH. 3292

Charles Barkenbus, Johannes F. Diehl und **George R. Vogel,** *Die Beckmannsche Umlagerung einiger heterocyclischer Ketoxime.* Tetrahydro-1-thiapyron-(4)-oxim (I), 2.6-Diphenyltetrahydro-1-thiapyron-(4)-oxim (II) u. 2.6-Dimethyltetrahydropyron-(4)-oxim (III) liefern beim Erhitzen mit Polyphosphorsäure durch BECKMANN-Umlagerung in guten Ausbeuten die entsprechenden *Lactame*; I-Dioxyd wird wahrscheinlich ebenfalls umgelagert, das Lactam wurde wegen der großen Löslichkeit nicht isoliert. 1-Methylpiperidon-(4)-oxim ergab ein nicht untersuchtes Öl. 2.6-Dimethyl-3-carbomethoxytetrahydro-1-thiapyron-(4) liefert mit NH_2OH weder ein Oxim noch ein Isoxazolon.

Versuche: *Tetrahydro-1-thiapyron-(4)-oxim* (I), F. 84—85° (Chlf.-Skellysolve A), aus Tetrahydro-1-thiapyron-(4) (IV), $NH_2OH \cdot HCl$ u. CH_3COONa in verd. A.; 85—90%) Ausbeute). *1.1-Dioxyd*, $C_5H_9O_3NS$, F. 189,8° (Zers.; CH_3OH), aus IV in Aceton durch Zugeben von 30%ig. H_2O_2 unter Schütteln, 24std. Stehen bei Zimmertemp., Eindampfen u. 2std. Kochen des rohen Sulfons mit $NH_2OH \cdot HCl$ u. CH_3COONa in W.; 80%. — *2.6-Diphenyltetrahydro-1-thiapyron-(4)-oxim* (II), $C_{17}H_{17}ONS$, F. 180° (Chlf.-Skellysolve B), aus 2.6-Diphenyltetrahydro-1-thiapyron-(4), $NH_2OH \cdot HCl$ u. Pyridin in sd. A. (2 Std.); 82%. — *2.6-Dimethyltetrahydropyron-(4)-oxim* (III), nach BORSCHE u. THIELE (Ber. dtsch. chem. Ges. **56.** [1923.] 2014). — *1-Methylpiperidon-(4)-oxim*, nach DICKERMANN u. LINDWALL (C. **1949.** E. 866). — Darst. der *Lactame* durch 1/4 Std. Erhitzen von 2 g Oxim u. 60 g Polyphosphorsäure auf 115°, Gießen auf Eis, Extraktion mit Chlf. u. Umkristallisieren aus Chlf.-Skellysolve B. *1-Thia-4-azacycloheptanon-(5)* (V), F. 115°, aus I; 85%. — *2.7-Diphenyl-1-thia-4-azacycloheptanon-(5)* (VI), F. 191—192°, aus II; 75%. — *2.7-Dimethyl-1-oxa-4-azacycloheptanon-(5)* (VII), F. 126 bis 127°, aus III;70%. — Die Hydrolyse der Lactame durch 4std. Kochen mit HCl liefert die Hydrochloride der entsprechenden Aminosäuren, aus denen durch Schütteln mit wss. Ag_2O die freien Säuren erhalten werden. *β-[2-Aminoäthylmercapto]-propionsäure*, F. 121—125° (CH_3OH); I p_H 6,9, pK_1 4,2, pK_2 9,6; 86%. *Hydrochlorid*, F. 199° (Zers.), aus V; 73%. *3.5-Dinitrobenzoylderiv*, F. 144°. — *β-Phenyl-β-[1-phenyl-2-aminoäthylmercapto]-propionsäure*, F. 212—215° (Zers.; CH_3OH); I p_H 5,9, pK_1 2,4, pK_2 9,3; 63%. *Hydrochlorid*, F. 205—206° (Zers.), aus VI; 61%. *3.5-Dinitrobenzoylderiv.*, F. 175 bis 177°. — *β-[1-Methyl-2-aminoäthoxy-]-buttersäure*, F. 189—191° (Zers.; CH_2OH); aus VII; I p_H 6,8, pK_1 3,8, pK_2 9,9; 68%. *Hydrochlorid*, F. 125—126°; 60%. (J. org. Chemistry **20.** 871—74. Juli 1955. Lexington, Univ. of Kentucky, Dep. of Chem.) E. HANSCHKE. 3370

Roy L. Whistler und **W. M. Corbett,** *Beständigkeit der 2-O-D-Xylopyranosyl-L-arabinose gegen Alkali. 2-O-[D-Xylopyranosyl]-L-arabinose*, $C_{10}H_{18}O_9$, F. 167—168°, $[\alpha]_D^{25}$ +39,9° (c = 0,97; W.), wurde aus Hemicellulose durch Hydrolyse gewonnen. Ihre Beständigkeit gegen Alkali bei 25° unterstützt die Ansicht, daß der Abbau reduzierender Zuckerderivv. in alkal. Lsg. bei niedriger Temp. durch Abspaltung einer Alkoxygruppe erfolgt, die in β-Stellung zur Carbonylgruppe steht. (J. Amer. chem. Soc. **77.** 3822—23. 20/7. 1955. Lafayette, Ind., Purdue Univ., Dep. of Biochemistry.) G. REMBARZ. 3400

L. Vargha, *Über die Substitution von Tosyloxygruppen durch Acetoxygruppen von Polyoxyverbindungen. Eine neue Darstellungsweise von l-Idosederivaten aus d-Glucose.* Tosylester, welche die Tosyloxygruppe an einem Ring-C tragen, wie 1.2; 5.6-Diisopropyliden-3-tosyl-d-glucofuranose, 2.3-Ditosyl-4.6-benzyliden-α-methyl-d-glucopyranosid u. 1.2-Isopropyliden-3.5-ditosyl-*l*-xylofuranose (I) tauschen auch unter energ. Bedingungen (160° im Rohr) die Tosyloxygruppen nicht gegen Acetoxygruppen aus. I tauscht lediglich die an der Seitenkette haftende prim. Tosyloxygruppe unter Bldg. von *5-Acetyl-3-tosyl-1.2-isopropyliden-l-xylofuranose* aus. Vf. erklärt dieses Verh. durch ster. Hinderung. Nur in der Seitenkette eines Furanoseringes befindliche Tosyloxygruppen ließen sich durch Acetoxygruppen ersetzen. Die sek. Tosylate *1.2-Isopropyliden-5-tosyl-6-benzoyl-* u. *1.2-Isopropyliden-5.6-ditosyl-d-glucofuranose* lieferten beim Kochen mit K-Acetat in Acetanhydrid unter WALDENscher Umkehrung *3.5-Diacetyl-6-benzoyl-* (IIa) bzw. *3.5.6-Triacetyl-1.2-isopropyliden-l-idofuranose* (IIb). IIa u. IIb gaben bei alkal. Hydrolyse *1.2-Isopropyliden-l-idofuranose* u. daraus durch saure Hydrolyse *l-Idose* als Sirup in papierchromatograph. zunächst einheitlicher Form, die sich nach längerem Aufbewahren in *l-Sorbose* umwandelt. Diese Labilität wird durch die relative

Instabilität des Furanoseringes der Idose u. durch die gute Kristallisationsfähigkeit der Sorbose erklärt.

Versuche: *1.2-Isopropyliden-3.5-ditosyl-l-xylofuranose* (I), $C_{22}H_{26}O_9S_2$, F. 90 bis 91° (A.), aus 6,6 g 1.2-Isopropyliden-*l*-xylofuranose u. p-Toluolsulfonsäurechlorid in Pyridin (2 Tage stehen); $[\alpha]_D^{20}$ +34,1° (c = 2,994 in Chlf.); 13 g (Ausbeute). — *5-Acetyl-1.2-isopropyliden-3-tosyl-l-xylofuranose*, $C_{17}H_{22}O_8S$, F. 84—85° (A.), aus 4,98 g I u. 4 Äquivalenten K-Acetat in Essigsäureanhydrid (8 Std. kochen); $[\alpha]_D^{20}$ + 31,6° (c = 2,346 in Chlf.); 2 g. — *3.5-Diacetyl-1.2-isopropyliden-6-benzoyl-l-idofuranose* (IIa), $C_{20}H_{24}O_9$, F. 121—122° (A.), a) aus 1.2-Isopropyliden-6-benzoyl-5-tosyl-d-glucofuranose analog vorst. Verb. (2mal); Nadeln; $[\alpha]_D^{20}$ —19° (c = 2,806 in Chlf.); 50%; b) analog aus 3-Acetyl-1.2-isopropyliden-5-tosyl-6-benzoyl-d-glucofuranose. — *3.5.6-Triacetyl-1.2-isopropyliden-l-idofuranose* (IIb), $C_{15}H_{22}O_9$, F. 95—96°, (A.), aus 1.2-Isopropyliden-5.6-ditosyl-d-glucofuranose analog IIa; $[\alpha]_D^{20}$ ±0° (c = 3,210 in Chlf.); 60%. — *1.2-Isopropyliden-l-idofuranose*, F. 114—115° (Chlf.), a) aus IIb durch 1 std. Kochen in A. u. 2nNaOH (30%ig. Überschuß); Nädelchen, $[\alpha]_D^{20}$ —27,6° (c = 2,336 in W.); 70%; liefert mit Phenylhydrazin nach Hydrolyse mit verd. H_2SO_4 *l-Sorbosazon*, F. 156—160°; b) analog aus 5 g IIa; 1,75 g. — *l-Idose*, $C_6H_{12}O_6$, aus vorst. Verb. u. n/10 H_2SO_4 (8 Std. bei 50°); Sirup; $[\alpha]_D^{20}$ —17,4° (c = 3,64 in W.). — *l-Sorbose*, F. 160—163°, aus 3,5 g vorst. Verb. nach 75tägigem Stehen; 2 g. (Chem. Ber. **87**. 1351—56. 1954. Budapest, Forschungsinst. für die pharmazeut. Ind.) K. GENEST. 3400

Roger W. Jeanloz und **Marcel Gut**, *Methyl-3-O-methyl-α-D-glucopyranosid und Derivate.* Durch Hydrolyse von Methyl-4.6-O-benzyliden-3-O-methyl-α-D-glucopyranosid (I) konnte reines *Methyl-3-O-methyl-α-D-glucopyranosid* dargestellt werden.

Versuche: *Methyl-3-O-methyl-α-D-glucopyranosid*, $C_8H_{16}O_6$, Kp.$_{0,001}$ 120° (blaßgelber Sirup), $C_8H_{16}O_6 \cdot 1/2\, H_2O$, F. 80—81° (Äthylacetat), aus I (vgl. BOLLIGER u. PRINS, C. **1946**. I. 481) in Methanol u. 0,01nH_2SO_4 (2 Std. auf dem Wasserbad); nach Stehen an der Luft aus Äthylacetat Prismen; $[\alpha]_D^{21}$ + 164 ± 2° (c = 0,86 in W.); 95% (Ausbeute). *2.4.6-Tri-O-acetylderiv.*, $C_{14}H_{22}O_9$, F. 71—72° (Ae./PAe.), $[\alpha]_D^{21}$ + 113 ± 2° (c = 1,86 in Chlf.); 70%. *4.6-O-Äthylidenderiv.*, F. 106—107° (Ae./PAe.), $[\alpha]_D^{21}$ + 150 ± 5° (c = 0,46 in Chlf.), $[\alpha]_D^{24}$ + 119 ± 5°, $[\alpha]^{24}_{4351}$ + 240 ± 5° (c = 0,5 in W.); 82%. *6-O-Triphenylmethylderiv.*, $C_{27}H_{30}O_6$, F. 115—118°, aus Bzl. Prismen, $[\alpha]_D^{25}$ + 64 ± 2° (c = 1,73 in Chlf.); 43%. *2.4-Di-O-acetyl-6-O-triphenylmethylderiv.*, $C_{31}H_{34}O_8$, F. 159—161°, aus Methanol Prismen, $[\alpha]_D^{25}$ + 84 ± 2° (c = 1,59 in Chlf.). (J. Amer. chem. Soc. **76**. 5793—94. 20/11. 1954. Boston, Mass., Harvard Med. School, Dep. of Biol. Chem., u. Robert W. Lovett Memorial Foundat. for Study of Crippl. Diseases, u. Shrewsbury, Mass., Worcester Foundat. for Exp. Biol.) K. GENEST. 3400

Günter Henseke und **Walter Liebenow**, *Über Osonhydrazone.* 3. Mitt. *Über die Bedeutung der asymmetrisch disubstituierten Hydrazine als Reagens auf Osone.* (2. vgl. C. **1955**. 1050.) Wie am Beispiel des *Bis-d-fructoson-C¹-hydrazons des 4.4'-Bis-[α-methylhydrazino]-diphenylmethans* gezeigt wurde, reagiert die aldehyd. Gruppe von Osonen in saurem u. alkal. Medium mit asymm. disubstituierten Hydrazinen unter Bldg. von Osonhydrazonen. Diese enthalten offenbar einen 2.5-Lactolring u. reagieren nur in essigsaurer Lsg. mit prim. aromat. Hydrazinen zu Mischosazonen. Die Darst. einiger Osonhydrazone wird beschrieben. Aus dem *l*-Sorboson-C¹-benzylphenylhydrazon (VI) läßt sich das krist. *2-[l-xylo-Tetraoxybutyl]-chinoxalin* erhalten.

Versuche: *Glucosonlsg.* (I), aus d-Glucosephenylosazon in wss. A., HCl u. $NaNO_2$ (nach 25 Min. bei 40° mit Na-Acetat versetzt, eingeengt, filtriert, mit Chlf. ausgeschüttelt, eingeengt, in Alkohol aufgenommen u. filtriert). — *Bis-d-fructoson-C¹-hydrazon des 4.4'-Bis-[α-methylhydrazino]-diphenylmethans*, $C_{27}H_{36}O_{10}N_4$, durch Schütteln von I mit 0,7 g 4.4'-Bis-[α-methylhydrazino]-diphenylmethan; feine lange Nadeln aus W.; Zers. bei 180°; $[\alpha]_D^{20}$ —305° (c = 1,0; Pyridin); 0,5 g (Ausbeute). — *d-Fructoson-C¹-diphenylhydrazon* (II), $C_{18}H_{20}O_5N_2$, F. 167° (verd. A.), aus I u. 0,9 g Diphenylhydrazin über Nacht; Stäbchen; $[\alpha]_D^{20}$ —210° (c = 1,0; Pyridin); 1 g. — *Tetraacetyl-d-fructoson-C¹-diphenylhydrazon*, $C_{26}H_{28}O_9N_2$, F. 133° (verd. A.), aus II u. Acetanhydrid/Pyridin in 2 Tagen; Nadeln; $[\alpha]_D^{19}$ + 27° (c = 1,0; Chlf.); 55%. — *C¹-[N.N-Diphenyl]-C²-[N'-phenyl]-d-fructosazon*, $C_{24}H_{26}O_4N_4$, F. 191° (A.), aus II, Phenylhydrazin u. Eisessig in 50%ig. A. auf dem Wasserbad; gelbe Stäbchen; $[\alpha]_D^{20}$ + 30° (c = 0,5; Pyridin); 96%. — *Aceton-d-fructoson-C¹-diphenylhydrazon*, $C_{21}H_{24}O_5N_2$, F. 159—160°, durch 4tägiges Schütteln von II in Aceton mit $CuSO_4$ bei Zimmertemp., Abscheidung vom $CuSO_4$, Einengen, Aufnehmen mit W. u. Zugabe von A. beim Kp.; $[\alpha]_D^{20}$ —160° (c = 1,0; Pyridin). — *d-Fructoson-C¹-benzylphenylhydrazon*, $C_{19}H_{22}O_5N_2$, aus I u. Benzylphenylhydrazin (krist. nach Einengen unter Essigester); Zers. bei 140°, Stäbchen aus verd. A.; $[\alpha]_D^{20}$ —165° (c = 1,0; Pyridin); 28%. — *Tetraacetyl-d-fructoson-C¹-benzylphenyl-*

hydrazon, $C_{27}H_{30}O_9N_2$, F. 120° (verd. A.), aus vorst. Verb. u. Acetanhydrid/Pyridin bei Zimmertemp. in 48 Std.; Nadeln; $[\alpha]_D^{19}$ +70° (c = 1,0; Chlf.); 72%. — *d-Fructoson-C¹-dibenzylhydrazon*, $C_{20}H_{24}O_5N_2$, F. 144° (W./A.), aus I u. Dibenzylhydrazin (nach 1 Tag eindampfen); [α] ± 0°; Nadeln; 44%. — *Tetraacetyl-d-fructoson-C¹-dibenzylhydrazon*, $C_{28}H_{32}O_9N_2$, F. 120° (verd. A.), aus vorst. Verb.; $[\alpha]_D^{19}$ +70° (c = 1,0; Chlf.); 56%. — *C¹-[N-Äthyl-N-phenyl]-C²-[N'-phenyl]-d-fructosazon*, $C_{20}H_{26}O_4N_4$, F. 190° (verd. A.), durch Rk. von I mit 0,7 ml Äthylphenylhydrazin u. nach 1 Tage mit 0,5 ml Phenylhydrazin; gelbe Nadeln; $[\alpha]_D^{20}$ +40° (c = 0,5; Pyridin); 1 g. — *d-Galaktoson-C¹-diphenylhydrazon* (III), $C_{18}H_{20}O_5N_2$, F.150° (W.), aus analog I hergestellter *Galaktosonlsg.* (IV) u. 0,9 g Diphenylhydrazin (am nächsten Tage einengen u. in Essigester aufnehmen); Stäbchen; $[\alpha]_D^{21}$ +75° (c = 1,0; Pyridin); 1 g. *Monoacetonverb.*, F. 134°, Nadeln aus verd. A., $[\alpha]_D^{19}$ +70° (c = 0,25; Pyridin) *Tetraacetylderiv.*, $C_{26}H_{28}O_9N_2$, F. 131° (verd. A.), aus III u. Acetanhydrid/Pyridin in 2 Tagen bei Zimmertemp.; rechteckige Säulen; $[\alpha]_D^{20}$ +110° (c = 1,0; Chlf.). — *C¹-[N.N-Diphenyl]-C²-[N'-phenyl]-d-galaktosazon*, $C_{24}H_{26}O_4N_4$, F. 167° (verd. A.); durch kurzes Erhitzen von 1,7 g III mit Phenylhydrazin u. Eisessig in wss. A. auf dem Wasserbad; lange gelbe Nadeln; $[\alpha]_D^{19}$ +60° (c = 1,0; Pyridin); 78%. *Tetraacetylderiv.*, $C_{32}H_{34}O_8N_4$, F. 135° (Methanol), mit Acetanhydrid/Pyridin in 3 Tagen bei 20°; gelbe Nadeln; $[\alpha]_D^{21}$ +35° (c = 1,0; Chlf.), 60%. — *d-Galaktoson-C¹-benzylphenylhydrazon* (V), $C_{19}H_{22}O_5N_2$, F. 138° (W.), aus IV u. 1 g Benzylphenylhydrazin (nach 1 Tag einengen, mit Ae. u. W. behandeln); Nadeln; $[\alpha]_D^{20}$ +52° (c = 0,87; Pyridin); 0,8 g. *Tetraacetylderiv.*, $C_{27}H_{30}O_9N_2$, F. 137° (verd. A.), mit Acetanhydrid/Pyridin in 2 Tagen; Stäbchen; $[\alpha]_D^{19}$ +75° (c = 1,0; Chlf.). — *C¹-[N-Benzyl-N-phenyl]-C²-[N'-phenyl]-d-galaktosazon*, $C_{25}H_{28}O_4N_4$, F. 185—186°, aus V in verd. A. u. Phenylhydrazin/Eisessig beim Kp.; lange gelbe Nadeln aus verd. A.; $[\alpha]_D^{20}$ +125° (c = 1,0, Pyridin); 100%. — *C¹-[N-Äthyl-N-phenyl]-C²-[N'-phenyl]-d-galaktosazon*, $C_{20}H_{26}O_4N_4$, F. 166° (verd. A.), durch Rk. von IV mit 0,7 ml Äthylphenylhydrazin u. am nächsten Tage mit 0,5 ml Phenylhydrazin, dann Wasserzugabe; gelbe Nadeln (verd. A.); $[\alpha]_D^{19}$ +140° (c = 1,0; Pyridin); 0,5 g. — *l-Sorboson-C¹-benzylphenylhydrazon* (VI), $C_{19}H_{22}O_5N_2$, F. 130° (W.), aus Sorbosonlsg. u. 1 g Benzylphenylhydrazin; Blättchen; $[\alpha]_D^{20}$ −159° (c = 0,37; Pyridin); 0,4 g. — *C¹-[N-Benzyl-N-phenyl]-C²-[N'-phenyl]-l-sorbosazon*, $C_{25}H_{28}O_4N_4$, F. 173—174°, aus VI u. Phenylhydrazin in essigsaurer alkoh. Lsg. durch kurzes Kochen; gelbe Nadeln aus verd. A.; $[\alpha]_D^{22}$ +40° (c = 0,5; Pyridin); fast 100%. — *C¹-[N-Äthyl-N-phenyl]-C²-[N'-phenyl]-l-sorbosazon*, F. 138°; gelbe Nadeln aus verd. A.; $[\alpha]_D^{19}$+50° (c = 1,0; Pyridin). — *2-[l-xylo-Tetraoxybutyl]-chinoxalin*, $C_{12}H_{14}O_4N_2$, F. 152° (Aceton), durch 15minütiges Erhitzen von VI mit o-Phenylendiamindihydrochlorid in A./W. auf dem Wasserbad, Zugabe von Na-Acetat, Abscheidung von Öl u. Einengen der Lsg.; wattig verfilzte Nadeln. — *l-Arabinoson-C¹-benzylphenylhydrazon* (VII), $C_{18}H_{20}O_4N_2$, F. 128° (verd. A.), aus Arabinosonlsg. u. 1 ml Benzylphenylhydrazin; lange Nadeln; $[\alpha]_D^{20}$ +95° (c = 1,0; Pyridin); 0,6 g. *Triacetylderiv.*, $C_{24}H_{26}O_7N_2$, F. 100° (verd. A.), mit Acetanhydrid/Pyridin in 2 Tagen bei Zimmertemp.; Nadeln; $[\alpha]_D^{19}$ +30° (c = 0,3; Chlf.). — *C¹-[N-Benzyl-N-phenyl]-C²-[N'-phenyl]-l-arabinosazon*, $C_{24}H_{26}O_3N_4$, F. 151°, aus VII in A. u. Phenylhydrazin/Eisessig durch kurzes Kochen; gelbe Nadeln aus A.; $[\alpha]_D^{22}$ + 70° (c = 1,0; Pyridin). Wurde in mit HCl angesäuerter alkoh.-wss. Lsg. mit $NaNO_2$ bei 40—45° Badtemp. zu VII umgesetzt; 46%. (Chem. Ber. **87.** 1068—77. 1954. Greifswald, Univ., Inst. für Organ. Chemie.) W. WILLENBERG. 3400

Günter Henseke und **Marianne Bautze**, *Über Osonhydrazone*. 4. Mitt. *Zur Kenntnis der Mischosazone*. (3. vgl. vorst. Ref.) Bei der im sauren Medium stattfindenden Osazonbldg. kann das prim. gebildete Zuckerhydrazon bis zu einem gewissen Gleichgewicht hydrolysiert werden, u. es wird bevorzugt der Hydrazinrest gebunden, der das beständigste Osazon zu bilden vermag. Ferner ist für die Osazonbldg. die verschied. dehydrierende Wrkg. der Hydrazine [bei α-Methylphenylhydrazin (I) stärker als bei Phenylhydrazin] maßgebend, da die stärker dehydrierenden bevorzugt für die Dehydrierung des Zuckers herangezogen werden, So entsteht aus D-Fructosemethylphenylhydrazon (II) oder aus D-Glucosemethylphenylhydrazon (III) mit Phenylhydrazin oder aus N-[p-Tolyl]-D-isoglucosamin (VI) u. 1 Mol I bei nachträglicher Zugabe von 2 Mol Phenylhydrazin vorwiegend das früher (vgl. PERCIVAL u. PERCIVAL, J. chem. Soc. [London] **1941.** 750) als „Mischosazon B" angesprochene *D-Fructosephenylosazon* (IV), verunreinigt mit *C¹-[N-Methyl-N-phenyl]-C²-[N'-phenyl]-fructosazon* (*Mischosazon A*; V). Die Bldg. von IV geht aus dem zersetzlicheren II schneller als aus III vor sich. V wird fast ausschließlich erhalten, wenn man in der ersten Phase der Rk. auf D-Glucose, D-Fructose oder VI 1 Mol Phenylhydrazin u. dann 2 Mol I einwirken läßt oder das beständige u. schwer lösl. D-Mannosephenylhydrazon mit 2 Mol I umsetzt. Aus dem gleichfalls sehr beständigen D-Galaktosemethylphenylhydrazon (VII) wurde bei längerer Rk. mit Phenylhydrazin im Gegensatz zu PERCIVAL u. PERCIVAL vorwiegend *D-Galaktosephenyl-*

osazon erhalten, während *C^1-[N-Methyl-N-phenyl]-C^2-[N'-phenyl]-galaktosazon* (**VIII**) aus D-Galaktose, 2 Mol **I** u. 1 Mol Phenylhydrazin entstand. Aus dem Tetraacetat von **VIII** läßt sich das *3.6-Anhydro-D-tagatose-C^1-[N-methyl-N-phenyl]-C^2-[N'-phenyl]-osazon* erhalten, dessen Konst. sich aus der Oxydierbarkeit zum *3.6-Anhydro-D-tagatoseosotriazol* ergibt. Als Nebenprod. bei der Darst. von **VIII** entsteht eine als ein *Hexose-[methylphenyl]-[phenyl]-osazon* (**IX**) von anderer als der Galaktosekonfiguration anzusehende Substanz, die mit $CuSO_4$ ein noch nicht identifiziertes *Osotriazol* liefert. Bei Verss., Osazone mit dem Methylenhydrazinrest am $C_{(2)}$ zu gewinnen, entstanden aus *Fructoson-C^1-phenylhydrazon* u. **I** in essigsaurer Lsg. nur **IV** u. in neutraler Lsg. 2 rote krist. *Verbb.* von F. 97° u. 363°, die keinen Osazoncharakter mehr hatten. — Nach diesen Ergebnissen entstehen bei gleichzeitiger Einw. monosubstituierter aromat. Hydrazine u. asymm. disubstituierter Hydrazine auf Monosaccharide wahrscheinlich nur solche Mischosazone, die den asymm. disubstituierten Hydrazinrest am $C_{(1)}$ der Zuckerkette tragen.

Versuche: *D-Fructosephenylosazon* (**IV**), $C_{18}H_{22}O_4N_4$, F. 214° (Zers.; A./W./Pyridin 3 : 1 : 1), a) aus 10 mMol **II** in W./A. u. 20 mMol Phenylhydrazin in 30 mMol Eisessig aus dem sd. Wasserbad in 2 Std.; gelbe Nadeln; $[\alpha]_D^{18}$ −95° → 56° (c = 1,0; Pyridin); 67% (Ausbeute); b) analog aus **III** u. Phenylhydrazin/Eisessig; 58%; c) durch 10minütiges Kochen von 10 mMol **VI** in W./A. mit 10 mMol **I** auf dem Wasserbad u. weiteres 25minütiges Erhitzen nach Zugabe von 20 mMol Phenylhydrazin u. 30 mMol Eisessig; 75% (roh). — *C^1-[N-Methyl-N-phenyl]-C^2-[N'-phenyl]-fructosazon* (*Mischosazon A*; **V**), F. 194° (Zers.; A./W./Pyridin 3 : 1 : 1), a) durch 10minütiges Erhitzen von 10 mMol **VI** in W./A. mit 10 mMol Phenylhydrazin in Eisessig auf dem sd. Wasserbad u. weiteres Erhitzen (30 Min. nach Zusatz von 20 mMol **I**; $[\alpha]_D^{18}$ −60° → +5° (c = 1,0; Pyridin); 52%; b) analog aus äquimol. Mengen **VI**, Phenylhydrazin, Hydrazinhydrat u. **I**; über 50%; c) durch 2std. Umsetzung des 10 Min. erhitzten Gemisches von 10 mMol D-Glucose in W./A. u. 10 mMol Phenylhydrazin mit 20 mMol **I** in Eisessig; 50%; d) analog unter Verwendung von Fructose statt Glucose; 50%; e) durch 3std. Erhitzen von 20 mMol D-Mannosephenylhydrazon in A./W. mit 40 mMol **I** in Eisessig; 30%. *Tetraacetylderiv.*, F. 133° (Methanol), aus **V** u. Acetanhydrid/Pyridin in 24 Std.; derbe gelbe Kristalle; $[\alpha]_D^{20}$ −60° (c = 1,0; Chlf.); 55% aus Ansatz c) bzw. e); ferner wurde aus dem nach Ansatz b) u. c) erhaltenen **IV** eine kleine Menge des Acetylderiv. von **I** krist. erhalten. — *D-Galaktosephenylosazon*, F. 190—191°, durch 20std. Kochen von **VII** in A. mit 2 Mol Phenylhydrazin in Eisessig; $[\alpha]_D^{20}$ +80° (c = 1,0; Pyridin); 30%; *Tetraacetylderiv.*, F. 172°, durch Acetylierung mit Acetanhydrid in Pyridin; $[\alpha]_D^{18}$ +110° (c = 1,0; Chlf.). — *C^1-[N-Methyl-N-phenyl]-C^2-[N'-phenyl]-D-galaktosazon* (**VIII**), F. 180° (Zers., A./W.), durch 2½std. Kochen eines 10 Min. erhitzten Gemisches von 30 mMol p-Toluidin-D-galaktosid [F. 173° (Zers.)] in A./W. u. 30 mMol Phenylhydrazin mit 60 mMol **I**; hellgelbe Nadeln; $[\alpha]_D^{18}$ +110° (c = 1,0; Pyridin); 30%, oder durch 3std. Kochen von 30 mMol D-Galaktose in A./W., 60 mMol **I** u. 30 mMol Phenylhydrazin in Ggw. von 90 mMol Eisessig; 46%. *Tetraacetylderiv.*, F. 186°, gelbe Nadeln aus A.; $[\alpha]_D^{18}$ +85° (c = 1,0; Chlf.). — *Phenyl-D-galaktoseosotriazol*, F. u. Misch-F. 110° (Methanol/Bzl.), durch 1std. Kochen von **VIII** in $CuSO_4$-Lösung. — *Methylphenylphenylhexosazon* (**IX**), $C_{19}H_{24}O_4N_4$, F. 227° (Zers.; A./Pyridin), als in A. relativ schwer lösl., vor allem bei kürzerer Reaktionszeit entstehendes Nebenprod. von **VIII**; goldgelb; $[\alpha]_D^{18}$ −240° (c = 1,0; Pyridin). *Acetylderiv.*, F. 148°; gelbe Nadeln aus A.; $[\alpha]_D^{18}$ +90° (c = 1,0; Chlf.). — *Osotriazol*, $C_{12}H_{15}O_4N_3$, F. 100°, durch 30minütiges Kochen von **IX** mit $CuSO_4$ in W./A.; Nadeln; $[\alpha]_D^{18}$ −60° (c = 1,0; Methanol). — *3.6-Anhydro-D-tagatose-C^1-[N-methyl-N-phenyl]-C^2-[N'-phenyl]-osazon*, F. u. Misch-F. 172—173°, aus der Tetraacetylverb. von **VIII** in Aceton u. 8%ig. NaOH (1 Tag bei Zimmertemp.); gelbe Nadeln aus A./Bzl.; $[\alpha]_D^{18}$ +98° (c = 1,0, Aceton); +70° (c = 1,0; Pyridin. — *3.6-Anhydro-D-tagatosephenylosotriazol*, $C_{12}H_{13}O_3N_3$, F. u. Misch-F. 103° (Chlf.), durch ½std. Erhitzen vorst. Verb. mit $CuSO_4$ in A./W., Filtrieren u. Ausschütteln des eingeengten Filtrats mit Chlf.; Nadeln; $[\alpha]_D^{18}$ +40° (c = 1,0; Chlf.). *Diacetylderiv.*, $C_{16}H_{17}O_5N_3$, F. 42°, krist. in Nadeln beim Eintropfenlassen der alkoh. Lsg. des öligen Rohprod. in W.; $[\alpha]_D^{18}$ +10° (c = 1,0; Chlf.). (Chem. Ber. **88**. 62—69. 1955.) W. WILLENBERG. 3400

Günter Henseke und **Hans-Joachim Binte**, *Über Osonhydrazone*. 6. Mitt. *Untersuchungen an N-alkylierten Osazonen*. (5. vgl. C. **1956**. 1284.) Die Abhängigkeit der opt. Drehung von D-Fructosemethylphenylosazon (**I**), D-Fructoseäthylphenylosazon (**II**) u. ihren Tetraacetaten von der Temp. wurde gemessen u. auf die mögliche Beziehung von Drehungsrichtung zur Lichtabsorption hingewiesen. — Aus D-Fructoson-C^1-methylphenylhydrazon (**III**) u. α-Äthylphenylhydrazin (**IV**) entsteht das dem **I** sehr ähnliche *D-Fructose-1-[methylphenyl]-2-[äthylphenyl]-osazon* (**V**). **V** spaltet mit verd. HCl oder sd. Dioxan/$CuSO_4$ wieder **IV** unter Bldg. von **III** ab u. bildet mit Diphenylhydrazin *D-Fructose-*

1-[methylphenyl]-2-[diphenyl]-osazon. — Die auf das Bestehen einer N-glykosid. Bindung zurückgeführte geringe Haftfestigkeit der aryl-alkylsubstituierten Hydrazinreste am $C_{(2)}$ zeigte sich durch den leichten Austausch dieser Gruppen bei **I** (Austausch am $C_{(1)}$ erst beim Überschuß von Phenylhydrazin) u. **II** gegen den Phenylhydrazinrest, wobei die entstehenden Mischosazone mit $CuSO_4$ *2-Phenyl-4-[D-arabo-tetraoxybutyl]-osotriazol* lieferten. Ferner ließen sich aus **I** u. **II** *D-Fructose-1-[methylphenyl]-* u. *-1-[äthylphenyl]-2-[p-sulfonamidophenyl]-osazon* (**XIV**) erhalten. Diese Verbb. lieferten mit $CuSO_4$ *2-[p-Sulfonamidophenyl]-4-[D-arabo-tetraoxybutyl]-osotriazol*, das Kokken in vitro nicht hemmt. Das aus D-Fructoson, D-Fructose, D-Glucose oder N-[p-Tolyl]-D-isoglucosamin (**X**) erhaltene *D-Fructose-[p-sulfonamidophenyl]-osazon* gab dagegen kein Osotriazol. — **III** sowie **I** in essigsaurer Lsg. liefern mit Hydrazinhydrat *D-Fructoson-[1-methylphenyl-hydrazon]-[2-hydrazon]* (**VI**), bei dem der Hydrazinrest schon durch Salicylaldehyd in essigsaurer Lsg. abgespalten werden kann, während die Rk. in der Schmelze (wie auch mit Benzaldehyd) die entsprechenden SCHIFFschen Basen liefert. Mit der Tetraacetylverb. von **VI** gelingt diese Rk. nicht. Mit $CuSO_4$ lieferte **VI** kein Osotriazol, sondern **III**. — Es wird angenommen, daß **VI** wie auch **I**, **II** u. die anderen N-alkylierten Osazone einen 2.6-Lactolring u. am $C_{(2)}$ eine N-glykosid. Bindung besitzt, zumal eine prim. OH-Gruppe mit Tritylchlorid nicht nachzuweisen ist u. die Tetraacetylderivv. bei der alkal. Verseifung die ursprünglichen Osazone ohne Racemisierung am $C_{(3)}$ liefern. Das abweichende Verhalten des Acetats von D-Fructose-1-[methylphenyl]-2-[phenyl]-osazon (**VII**) wird auf eine andersartige Struktur des Deriv. gegenüber **VII** zurückgeführt. — **II** bildet ein beständigeres Hydrochlorid als **I**. Bei diesen Salzen ist wahrscheinlich das Proton am N-glykosid. gebundenen Hydrazinrest lokalisiert. **VI** wird dagegen mit verd. HCl zum Hydrochlorid des *Ketazin-1.1'-bis-[methylphenylhydrazons]* (**VIII**) umgewandelt, aus dem beim Neutralisieren die freie Base entsteht, die sich auch aus **III** u. Hydrazin oder aus **III** u. **VI** erhalten läßt. **VIII** bildet mit allen starken Säuren diamagnet. Farbsalze, die sich in wss. Lsg. zersetzen. In der Wärme entsteht **III** als Spaltstück. Das Hydrochlorid von **VIII** bindet offenbar Ag komplex.

Versuche: *D-Fructose-β-naphthylosazon*, $C_{26}H_{26}O_4N_4$, F. 220—223° (Pyridin/A.); gelbe Nadeln; $[\alpha]_D^{20}$ +20° (c = 1; Pyridin; a) durch 20minütiges Erhitzen von D-Fructose in wss.-alkoh. Essigsäure mit β-Naphthylhydrazin (**IX**); 50% (Ausbeute); b) aus 7,2 g D-Fructosephenylosazon u. 1,8 g **IX** nach dem Nitrit–HCl-Verf.; 1,2 g. *Tetraacetylderiv.*, $C_{34}H_{34}O_8N_4$, F. 171° (A.), mit Pyridin/Acetanhydrid in 36 Std.; gelbe Stäbchen; $[\alpha]_D^{20}$ —60° (c = 0,5; Chlf.). — *D-Fructosemethylphenylosazon* (**I**), $C_{20}H_{26}O_4N_4$, F. 154° (50%ig. A.), orangefarbene Stäbchen; $[\alpha]_D^{20}$ +145° (c = 1,0; Pyridin), a) aus 0,01 Mol **X** in wss.-alkoh. Essigsäure u. 0,03 Mol α-Methylphenylhydrazin (**XI**) bei Zimmertemp.; 50—60%; b) mit der 2fach mol. Menge **XI**; 45%; reiner als nach a). *Tetraacetylderiv.*, $C_{28}H_{34}O_8N_4$, F. 128° (Methanol), mit Pyridin/Acetanhydrid in 24 Std. bei Zimmertemp.; gelbe Stäbchen; $[\alpha]_D^{18}$ —395° (c = 0,5; Chlf.); 70%. — *D-Fructose-äthylphenylosazon* (**II**), F. 144° (Essigester), gelbe Nadeln; $[\alpha]_D^{20}$ —60° (c = 1,0; Pyridin); a) aus 0,1 Mol **X** in wss.-alkoh. Essigsäure u. 0,03 Mol **IV** unter 2std. Schütteln bei Zimmertemp.; 16%; b) unter 48std. Erhitzen auf dem Wasserbad; 25%; c) durch Umsetzung von 7,2 g D-Fructosephenylosazon mit Nitrit/HCl zu D-Fructoson u. 24std. Rk. mit 0,04 Mol **IV** bei Zimmertemp.; 600 mg. *Tetraacetylderiv.*, $C_{30}H_{38}O_8N_4$, F. 89—90° (Methanol), in 36 Std. mit Acetanhydrid/Pyridin; orangefarbene Stäbchen; $[\alpha]_D^{18}$ +285° (c = 0,5; Chlf.); 60%. — *D-Fructose-1-[methylphenyl]-2-[äthylphenyl]-osazon* (**V**), $C_{21}H_{28}O_4N_4$, F. 142° (50%ig. A.), aus 0,01 Mol **III** in 50%ig. A. u. 0,01 Mol **IV** in Eisessig in 15—20 Min. auf dem sd. Wasserbad; watteähnliche, orangefarbene Kristalle; $[\alpha]_D^{21}$ ±0 bis —4° (24 Std. konst.; c = 1,0; Pyridin); 50%. *Tetraacetylderiv.*, $C_{29}H_{36}O_8N_4$, F. 89° (Methanol), mit Acetanhydrid/Pyridin; dunkelgelbe Stäbchen; $[\alpha]_D^{18}$ +105° (c = 0,5; Chlf.). — *D-Fructoson-C¹-methylphenylhydrazon* (**III**), F. 169° (wss. A.); Blättchen; a) durch 15minütiges Kochen von 0,4 g **V** mit $CuSO_4$ in wss. Dioxyn; 60 mg; b) durch mehrtägiges Schütteln von **V** mit $CuSO_4$ in trockenem Aceton, dabei keine Bldg. einer Acetonverbindung. — *D-Fructose-[1-methylphenyl]-2-[diphenyl]-osazon*, $C_{25}H_{28}O_4N_4$, F. 143° (Essigester), durch 15—20minütiges Erhitzen von äquimol. Mengen **III** u. α-Diphenylhydrazin in wss. alkoh. Essigsäure; gelbe Nadeln; $[\alpha]_D^{20}$ +10 bis —67° (30 Min. konst.; c = 1,0; Pyridin); 50%. *Tetraacetylderiv.*, $C_{33}H_{36}O_8N_4$, F. 138° (A.), mit Pyridin/Acetanhydrid; gelbe Stäbchen; $[\alpha]_D^{20}$ + 290° (c = 0,5; Chlf.); 70%. — *D-Fructose-1-[äthylphenyl]-2-[phenyl]-osazon* (**XII**), $C_{20}H_{26}O_4N_4$, F. 190° (A.), durch 2std. Erhitzen von 4,15 g **II** u. 4 ml Phenylhydrazin in wss.-methanol. Essigsäure auf dem Wasserbad; gelbe Nadeln; $[\alpha]_D^{20}$ +40° (c = 0,5; Pyridin); 80%. — *Tetraacetylderiv.*, $C_{28}H_{34}O_8N_4$, F. 134° (Methanol), mit Pyridin/Acetanhydrid in 48 Std.; gelbe Stäbchen; $[\alpha]_D^{20}$ —120° (c = 0,5; Chlf.); 70%. — *2-Phenyl-4-[D-arabo-tetraoxybutyl]-osotriazol*, $C_{12}H_{15}O_4N_3$, F. u. Misch-F. 194° (W.), durch 2std. Kochen von **XII** mit $CuSO_4$ in wss. Dioxan; lange

Nadeln; ca. 60%. — *D-Fructose-1-[methylphenyl]-2-[p-sulfonamidophenyl]-osazon*, $C_{19}H_{25}$·O_6N_5S, F. 228°; grünlichgelbe Nadeln; $[\alpha]_D^{20}$ —40 bis +50° (65 Std. konstant; c = 1,0; Pyridin), a) aus je 0,01 Mol **III** in A./Eisessig u. p-Sulfonamidophenylhydrazinhydrochlorid (**XIII**) in W.; fast 100%; b) durch 2minütiges Erhitzen von 3,86 g **I** in A./Eisessig mit **XIII** in W.; 90%. *Pentaacetylderiv.*, $C_{29}H_{35}O_{11}N_5S$, F. 150° (Methanol), mit Pyridin/Acetanhydrid; schwachgelbe Stäbchen; $[\alpha]_D^{20}$ —30° (c = 0,5; Chlf.). — *D-Fructose-1-[äthylphenyl]-2-[p-sulfonamidophenyl]-osazon* (**XIV**), $C_{20}H_{27}O_6N_5S$, F. 209° (A./Ae.) durch 5minütiges Erhitzen von **II** in Eisessig/A. u. **XIII** in W.; gelbeNadeln; $[\alpha]_D^{25}$ —5° (c = 1,0; Pyridin); 80%. *Pentaacetylderiv.*, $C_{30}H_{37}O_{11}H_5S$, F. 148° (Methanol); gelbe Stäbchen; $[\alpha]_D^{20}$ —60° (c = 0,5; Chlf.). — *2-[p-Sulfonamidophenyl]-4-[D-arabo-tetraoxybutyl]-osotriazol*, $C_{12}H_{16}O_6N_4S$, F. 236° (W.), aus **XIV** u. $CuSO_4$ in sd. wss. Dioxan in 10 Min.; watteähnliche Nadeln; $[\alpha]_D^{30}$ —40° (c = 0,5; A./W. 1 : 1); 80%. — *D-Fructose-[p-sulfonamidophenyl]-osazon*, $C_{18}H_{24}O_8N_6S_2$, F. 218—220° (80%ig. Methanol), gelbe Nadeln; $[\alpha]_D^{20}$ —50° (c = 1,0; Pyridin); a) aus **X** u. **XIII** in W./A./Eisessig (10 Min.; 50°); 70%; b) aus D-Glucose, **XIII** u. Na-Acetat in verd. Essigsäure (2 Std. auf dem Wasserbad); 50%; c) aus D-Fructose, **XIII** u. Na-Acetat in W./A./Eisessig (1 Std. auf dem Wasserbad); 60%, besonders rein; d) aus D-Fructosephenylosazon über wss. D-Fructosonlsg. u. **XIII** in W. bei Zimmertemp.; 40%. — *D-Fructoson-[1-methylphenylhydrazon]-[2-hydrazon]* (**VI**), $C_{13}H_{20}O_4N_4$, F. 152° (A.), blaßgelbe Nadeln; $[\alpha]_D^{20}$ — 53° (c = 1,0; Pyridin); a) aus **I** u. Hydrazinhydrat in wss. alkoh. Essigsäure (10 Min. auf dem Wasserbad); 60—70%; b) analog aus **III** u. Hydrazinhydrat (ca. 2. Min. Erhitzen); 90%. *Tetraacetylderiv.*, $C_{21}H_{28}O_8N_4$, F. 144° (A.); Blättchen; $[\alpha]_D^{20}$ —45° (c = 1,0; Chlf.); 90%. — *α-Methylphenylhydrazin*, bei der Darst. von **VI** nach a). *N-Acetylderiv.*, C_9H_{12}·ON_2. — *Salicylaldazin*, $C_{14}H_{12}O_2N_2$, F. 213°, aus **VI** in wss. A. u. Salicylaldehyd; schwachgelbe lange Nadeln. *Diacetat*, $C_{18}H_{16}O_4N_2$, F. 191° (Chlf.); Blättchen. — *D-Fructoson-[1-methylphenylhydrazon]-[2-benzalazin]*, $C_{20}H_{24}O_4N_4$, F. 255° (A.), durch Erhitzen von je 0,01 Mol **VI** u. Benzaldehyd mit wenig Eisessig; gelbe Stäbchen; $[\alpha]_D^{20}$ +40° (c = 0,5; Pyridin); ca. 60%. *Tetraacetylderiv.*, $C_{28}H_{32}O_8N_4$, F. 127° (A.); gelbe balkenförmige Kristalle; $[\alpha]_D^{20}$ +90° (c = 0,5; Chlf.). — *D-Fructose-1-[methylphenyl]-2-[phenyl]-osazon* (**VII**), F. 192°, a) aus der Mutterlauge von Salicylaldazin u. Phenylhydrazin; b) aus D-Fructosephenylosazon u. der 4fachen mol. Menge **XI** in A./W./Eisessig/Hydrazinhydrat (2 Std. auf dem Wasserbad); gelbe Nadeln; 95%. *Tetraacetylderiv.*, F. 133° (A.); gelbe Prismen; 50%. — I-*Hydrochlorid*, $C_{20}H_{26}O_4N_4$· HCl (keine stöchiometr. Zus.), Zers. 114°, aus einer wss. Aufschlämmung von **I** u. 5nHCl; gelbe Stäbchen aus Bzl./A.; $[\alpha]_D^{20}$ +200° (c = 0,5; W.); Zers. der wss. Lsg. gibt **III**, NH_3 u. *Monomethylanilin*. — II-*Hydrochlorid*, $C_{22}H_{30}O_4N_4$·HCl, F. 108° (Butanol/Ae.), aus **II**; hellgelbe Nadeln; $[\alpha]_D^{20}$ —33° (c = 0,5; W.); in wss. Lsg. nicht zum Osonhydrazon zersetzlich.— *D-Fructosonketazin-1.1'-bis-[methylphenylhydrazon]*, (**VIII**), $C_{26}H_{36}O_8N_6$, F. 167° (Methanol); hellgelbe Nadeln; $[\alpha]_D^{21}$ + 910° (c = 1,0; Pyridin); a) aus dem Hydrochlorid u. NaOH oder Na-Acetat; b) durch 5minütiges Erhitzen von 0,01 Mol **X** oder D-Fructose, 0,02 Mol **XI** u. 0,01 Mol Hydrazinhydrat in wss.-alkoh. Essigsäure auf dem Wasserbad; 60%; c) analog aus 10 mMol **III** u. 5 mMol Hydrazinhydrat; 40%; d) analog aus je 0,01 Mol **III** u. **VI**; 65%; e) durch 60minütiges Erhitzen von **VI** in A./Eisessig auf dem Wasserbad; 50%. *Hydrochlorid*, $C_{26}H_{36}O_8N_6$·HCl, F. 147—148° (A.), aus der wss. Suspension von **VI** bzw. **VIII** u. 5nHCl; dunkelrote glänzende Kristalle; $[\alpha]_D^{20}$ +510° (c = 1,0; Pyridin); die Lsg. gibt mit $AgNO_3$ erst beim Erwärmen AgCl u. zers. sich zu **III**; diamagnet.; 60% (aus **VI**). *Hydrofluorid*, $C_{26}H_{36}O_8N_6$·HF, F. 148° (A.), aus **VI** u. H_2F_2; $[\alpha]_D^{20}$ +470° (c = 1,0; Pyridin). *Hydrobromid*, $C_{26}H_{36}O_8N_6$·HBr, F. 147°; dunkelrot; $[\alpha]_D^{20}$ +500° (c = 1,0; Pyridin). *Hydrojodid*, $C_{26}H_{36}O_8N_6$·HJ, F. 149°; dunkelrot; $[\alpha]_D^{20}$ +600° (c = 1,0; Pyridin). *Pikrat*, $C_{26}H_{36}O_8N_6$·$C_6H_3O_7N_3$, F. 149° (Methanol), aus der alkoh. Suspension von **VI** u. einer wss. Lsg. von Pikrinsäure (ca. 2 Min. auf dem Wasserbad); hellrote lange Nadeln; $[\alpha]_D^{20}$ + 370° (c = 1,0; Pyridin); 60%. — *Oktaacetylderiv.* von **VIII**, $C_{42}H_{52}O_{16}N_6$, F. 207° (A.), aus **VIII** oder seinem Hydrochlorid mit Pyridin/Actanhydrid in 24 Std., gelbe Stäbchen; $[\alpha]_D^{19}$ —280° (c = 1,0; Chlf.); 70%. (Chem. Ber. **88.** 1167—84. 1/8. 1955.) W. WILLENBERG. 3400

Judith Polonsky, *Über die chemische Konstitution des Asiaticosids und insbesondere der Asiatsäure.* 6. Mitt. *Zusammenhang zwischen der Asiatsäure und der α-Amyrinreihe.* (5. vgl. C. **1954.** **11442.**) Vf. gelang es, die der Asiatsäure anhaftende Carboxylgruppe nach der in der Triterpenreihe üblichen Meth. (Säure–Säurechlorid–Aldehyd–Hydrazon–KW-stoff), ausgehend von der früher dargestellten *Desoxysäure* (**I**) (vgl. C. R. hebd. Seances Acad. Sci. **233.** [1951.] 93) durch CH_3 zu ersetzen u. gelangte zum *23-Nor-α-amyren* (**II**). Dessen Konst. wurde durch Überführung in *$\Delta^{10,11,12,13}$-23-Nor-α-amyradien* u. *23-Nor-11-oxo-α-amyren* bewiesen. Auf Grund dieser Tatsachen hat **I** nicht, wie früher l. c.) angenommen, die Summenformel $C_{30}H_{48}O_2$, sondern $C_{29}H_{46}O_2$.

V e r s u c h e: Das Säurechlorid von I wurde nach ROSENMUND in den entsprechenden *Aldehyd* (III) übergeführt: Prismen, F. 172—174°, $[\alpha]_J$ +87,5° (CH_3 c = 0,96). *2.5-Dinitrophenylhydrazon*, $C_{35}H_{50}O_4N_4$, F. 230—232°. — *23-Nor-α-amyren* (*-β-Boswellen*, II), $C_{29}H_{48}$, aus III nach WOLFF-KISHNER oder mit Hydrazin u. KOH in Diäthylenglykol bei 200°, F. 170—173°, $[\alpha]_J$ +110,7° ($CHCl_3$, c = 1,106). — $\Delta^{10,11,12,13}$*-23-Nor-α-amyradien*, aus II mit N-Bromsuccinimid, F. 147—151°, $[\alpha]_J$ +441,4°; λ_{max} 281mμ (log ε = 4,01). — *23-Nor-11-oxo-α-amyren*, $C_{29}H_{46}O$, durch Oxydation von II, F. 119—120°, $[\alpha]_J$ + 144,5° ($CHCl_3$, c = 1,106); λ_{max} 250 mμ (log ε = 4,07). (C. R. hebd. Séances Acad. Sci. 233. 671—73. 17/9. 1951.) E. KASPAR. 3450

Friedrich Kuffner und **Ernst Kaiser,** *Über das Nicotellin und die Synthese eines neuen Terpyridils. Nicotellin* (I) enthält wahrscheinlich nicht, wie die meisten anderen Tabakalkaloide u. wie früher (PICTET u. ROTSCHY [1901], NOGA [1914]) angenommen, 2 N-Atome im Mol., sondern hat die Formel $C_{15}H_{11}N_3$ u. wahrscheinlich die Struktur des *3.2'; 6'.3''-Terpyridyls*. Diese Hypothese wird durch Synth. des isomeren *3.2'; 4'.3''-Terpyridyls* (II) u. Vgl der Infrarotspektren von I u. II mit denen von 4 bekannten Bipyridylen sowie durch das Vorkommen eines „β-Pyridylbausteins" in allen anderen Nicotianaalkaloiden gestützt. Betrachtungen über eine mögliche I-Synth. in der Pflanze führten zu Verss., diese Synth. aus Nicotinaldehyd, Acetondicarbonsäure u. NH_3 (vgl. SCHÖPF, Naturwissenschaften 38. [1951.] 186) in vitro nachzuahmen, doch wurde dabei wahrscheinlich nur *1.5-Di-β-pyridylpentadien-(1.4)-on-(3)* erhalten. Ein Vers. zur Darst. von I nach HANTZSCH-TSCHITSCHIBABIN aus 3-Acetopyridon, CH_2O u. NH_3 (der Modellvers. mit Acetophenon lieferte *2.6-*, daneben *2.4-Diphenylpyridin*) gab nur II.

V e r s u c h e: Natürliches *Nicotellin* (I), *Goldsalz*, $C_{15}H_{11}N_3 \cdot 2\,HAuCl_4 \cdot 2\,H_2O$, F. 204° (KOFLER-Block); *Pikrat*, $C_{15}H_{11}N_3 \cdot 2\,C_6H_3O_7N_3$, F. 219° (Zers.; CH_3OH). *Hydrobromid*, $C_{15}H_{11}N_3 \cdot 2\,HBr$, F. 253°. — *2.4-Diphenylpyridin*, F. 79—81° (KOFLER; A.-W.), aus Acetophenon, 38%ig. CH_2O, NH_4OOCH_3 u. CH_3COOH (1 Std. kochen); Reinigung über das Pikrat, $C_{17}H_{13}N \cdot C_6H_3O_7N_3$, F. 194° (schwerlösl.), daneben Pikrat, F. 170° (leichtlösl.) → *2.6-Diphenylpyridin*; krist. nicht. — *2.4-Di-β-pyridylpyridin* (II; *3.2'; 4'.3''-Terpyridyl*), $C_{15}H_{11}N_3$, F. 109—111° (KOFLER; Hochvakuumdest., dann aus Ae.), Kp.$_2$ 180—200°, aus 3-Acetylpyridin, 38%ig, CH_2O, NH_4OOCCH_3 u. CH_3COOH (2 Std. kochen); Reinigung über das *Dipikrat*, F. 203—206° (A.). — *1.5-Di-β-pyridylpentadien-(1.4)-on-(3)* (?), $C_{15}H_{12}ON_2$, F. 145—148°, aus Nicotinaldehyd, Acetondicarbonsäure u. NH_4Cl bei p_H 5 (Citratpuffer) bzw. p_H 6, 7 oder 8 (Phosphatpuffer; mindestens 2 Wochen bei 15—20°); daneben (papierchromatopgraph.) *Nicotinsäure* u. 3 Verbb. mit positiver KÖNIG-Rk. (Pyridinderiv. mit freier α-Stellung). *2.4-Dinitrophenylhydrazon*, F. 181 bis 183° (Zers.). *Hydrochlorid*, F. 200—205°. *Hydrobromid*, Zers. bei 270°. *Reineckat*, F. >340°. *Pikrat*, F. 205°. *Styphnat*, F. 218—221°. *Pikrolonat*, F. 238° (Zers.). (Mh. Chem. 85. 896—905. 1954. Wien, Univ., II. Chem. Labor.) H. GOEBEL. 3500

John C. Godfrey, D. S. Tarbell und **V. Boekelheide,** *Die Struktur des α-Erythroidins.* Zur Klärung der Frage, ob *α-Erythroidin* (I) ein Diastereoisomeres des β-Erythroidins

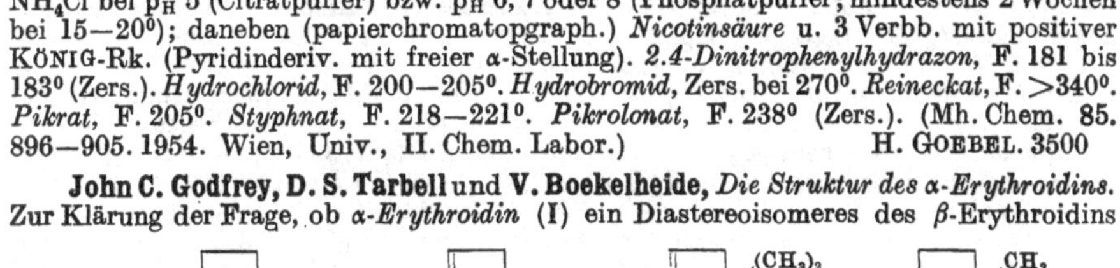

I Ia VIII III

(Ia) darstellt, unterwarfen Vff. das *Dihydro-α-erythroidinol* (II) dem HOFMANNschen Abbau. II ist aus I durch Red. mit $LiAlH_4$ zum *Diol* u. dessen Hydrierung in Ggw. von RANEY-Ni gut zugänglich. Durch erschöpfende Methylierung von II wurde die opt.-akt. *Des-N-methylbase* III erhalten, die in ihren Eigg. deutlich von der des β-Erythroidins unterschieden ist. Weitere erschöpfende Methylierung von III

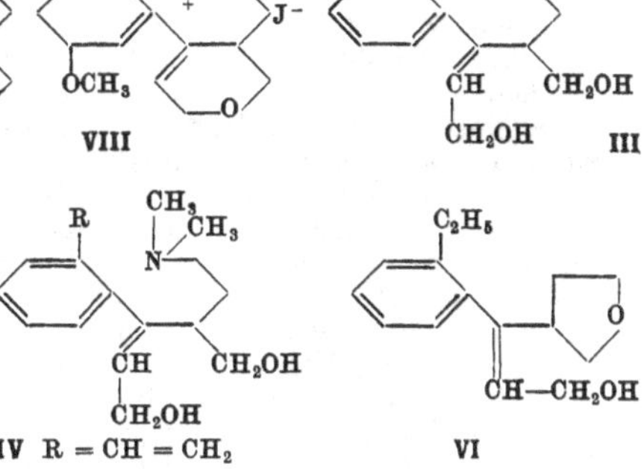

IV R = $CH=CH_2$
V R = C_2H_5
VI

ließ das *Des-N.N-dimethyldihydro-α-erythroidinol* (IV) entstehen, welches durch H_2-Anlagerung in *Des-N.N-dimethyltetrahydro-α-erythroidinol* (V) übergeht. Erneuter HOFMANNscher Abbau führt V unter Eliminierung von N in *Desazatetrahydro-α-erythroidinol* (VI) über, das mit $KMnO_4$ zur *o-Äthylbenzoesäure* u. unter milderen Bedingungen zu *o-Äthylphenyltetrahydrofuranyl-(3)-keton* (VII) oxydativ abgebaut werden konnte. Auf

Grund der erhaltenen Spaltprodd. u. verschied. vergleichender Absorptionsmessungen stellen Vff. fest, daß sowohl **I** als auch **Ia** zwar das gleiche Kohlenstoffskelett besitzen, jedoch in der Anordnung des Lactonrings verschieden sind.

Versuche: *α-Erythroidin* (**I**), *Hydrochlorid*, F. 233—234°, $[\alpha]_D$ +118° (0,0208 in W.). — *Dihydro-α-erythroidinol* (**II**), $C_{16}H_{25}O_3N$, F. 148,5—149°, Prismen aus absol. A./Hexan; durch Hydrierung von α-Erythroidinol (vgl. BOEKELHEIDE u. GRUNDON; J. Amer. chem. Soc. **75.** [1953.] 2563) in A. in Ggw. von RANEY-Nickel mit 1 Mol H_2; 67% (Ausbeute). *Methojodid*, $C_{17}H_{28}O_3NJ$, F. 194—195° (aus A.); durch 30 Min. Erwärmen von **II** mit CH_3J in absol. A.; 87%; $[\alpha]_D^{25}$ +128° (c = 0,0632 in A.). Bei längerem Erwärmen oder auch durch Erhitzen des Methojodids mit überschüssigem CH_3J wird vermutlich der *cyclische Äther* **VIII**, $C_{18}H_{28}O_2NJ$, gebildet; F. 241—242°, hellgelbe Prismen aus A.; λ_{max} 227 mμ (log ε = 4,1); $[\alpha]_D$ +107° (c = 0,0496 in W.). — *Dihydro-α-erythroidin*, $C_{16}H_{21}O_3N$, F. 138,5—139,5°, lange, flache Nadeln aus A./Hexan; durch Überführung von I-Hydrochlorid in die *freie Base* u. Red. ihrer alkoh. Lsg. mit 1 Mol H_2 in Ggw. von RANEY-Nickel; 61%; $[\alpha]_D^{32}$ +115° (c = 0,055 in A.). *Methojodid*, $C_{17}H_{24}O_3NJ$, F. 221,5—223,5° (A.); durch 1std. Erwärmen einer alkoh. Lsg. vorst. Verb. mit CH_3J. — *Des-N-methyldihydro-α-erythroidinol* (**III**), $C_{16}H_{23}O_2N$, Kp.$_{0,03}$ 160—220° (Bad), hellgelbes Harz; nach Durchlaufen einer Lsg. von II-Methojodid in W. durch eine Ionenaustauschkolonne (*Amberlite* IRA-400-OH); 89%; $[\alpha]_D^{25}$ +55,20° (c = 0,07 in A.). *Methojodid*, $C_{17}H_{26}O_2NJ$, F. 220—221° (A.); $[\alpha]_D^{27}$ —7,2° (c = 0,06 in W.). Die gleiche Behandlung des Methojodids lieferte das *Methohydroxyd*, das durch Oxydation mit 3%ig. $KMnO_4$-Lsg. zu *o-Phthalsäure* (64%; identifiziert als *N-Methylphthalimid*, $C_9H_7 \cdot O_2N$, F. 132—132,5°) abgebaut wurde. — *Des-N.N-dimethyldihydro-α-erythroidinol* (**IV**), $C_{17}H_{25}O_2N$, Kp.$_{0,01}$ 180—210° (Bad); aus III-Methojodid in W. über den Ionenaustauscher; 90%; $[\alpha]_D^{26}$ +21,4° (c = 0,06 in A.). Durch Ozonolyse von **IV** *Formaldehyd* (*Dimedonderiv.*, F. 187—188,5°). — *Des-N.N-dimethyltetrahydro-α-erythroidinol* (**V**), zersetzliches Öl; durch Hydrierung von **IV** in A. mit 1 Mol H_2 in Ggw. von RANEY-Nickel bei 20°; 93%; $[\alpha]_D^{25}$ +19,8° (c = 0,04 in A.). *Methojodid*, $C_{18}H_{30}O_2NJ$, F. 93—94°, cremefarbene Prismen aus A.; durch 20std. Jodmethylierung von **V** mit CH_3J; 84%; $[\alpha]_D^{24}$ —8,7° (c = 0,05 in W.). Hieraus durch Oxydation mit wss. $KMnO_4$ *o-Äthylbenzoesäure* (R_f 0,713). — *Des-N.N-dimethylhexahydro-α-erythroidinol* (**IX**), $C_{17}H_{29}O_2N$, Kp.$_{0,005}$ 150° (Bad); durch Red. von 287 mg **IV** in 100 cm³/1 cm³ HCl in Ggw. von PtO_2 mit 2 Mol H_2 bei 20°; 150 mg; $[\alpha]_D^{25}$ +4,7 (c = 0,059 in A.); daneben 109 mg **VI**; oder durch Red. von **V** mit 1 Mol H_2 neben *Desazahexahydro-α-erythroidinol*. — *Desazatetrahydro-α-erythroidinol* (**VI**), $C_{15}H_{20}O_2$, Kp.$_{0,001}$ 80—100° (Bad), nach Durchlaufen einer wss. Lsg. von V-Methojodid durch den Ionenaustauscher; 87%; $[\alpha]_D^{25}$ +21,9° (c = 0,064 in A.). *Mono-p-phenylazobenzoat*, $C_{28}H_{28}O_3N_2$, F. 101—102°, kleine orangefarbene Nadeln mehrfach aus verd. A.; durch 10 Min. Erwärmen von **VI** u. p-Phenylazobenzoylchlorid in Pyridin bei 60°; 94% roh; $[\alpha]_D^{25}$ +17,3 (c = 0,02 in Diäthylketon). — *o-Äthylphenyltetrahydrofuranyl-(3)-keton* (**VII**), $C_{13}H_{16}O_2$, Kp.$_{0,001}$ 45° (Bad); durch 8½std. vorsichtige Oxydation von 398 mg **VI** mit 1%ig. $KMnO_4$-Lsg. in 140 cm³ Aceton bei 0° in Ggw. von 500 mg Mg-Sulfat u. Reinigung an *Florisil*; 70 mg; $[\alpha]_D^{26}$ +7,2 (c = 0,013 in A.). Durch Oxydation von **VI** mit wss. $KMnO_4$ in der Wärme *o-Äthylbenzoesäure*, F. 63,5—65° (verd. A.). — *Desazahexahydro-α-erythroidinol*, $C_{15}H_{22}O_2$, Kp.$_{0,02}$ 150° (Bad); durch 1½ std. Jodmethylierung von 162 mg **IX** u. Durchlauf des Methojodids durch den Ionenaustauscher; 83,6 mg; $[\alpha]_D^{25}$ +13,2° (c = 0,009 in A.). (J. Amer. chem. Soc. **77.** 3342—48. 20/6. 1955. Rochester, N. Y., Univ., Dep. of Chem.) M. KÜHNEL. 3500

Clemens Schöpf und **Dieter Klein** (unter Mitarbeit von **Ernst Hofmann**), *Über Samandarin und verwandte Alkaloide.* 5. Mitt. *Die Darstellung von Dehydrierungskohlenwasserstoffen aus Samandiol.* (4. vgl C. **1951.** I. 2009.) Aus *Samandarin* (**I**), dem Hauptalkaloid des Giftes des Feuer- u. Alpensalamanders, wird durch Öffnung der O-Brücke des Oxazolidinringes mit $LiAlH_4$ unter Anlagerung von 2 H-Atomen *Samandiol* (**II**), das in 2 Modifikationen auftritt, hergestellt u. in seine nicht mehr bas. *Triacetylverb.* übergeführt. Durch CrO_3-Oxydation von **II** wird das Diketon *Samandion* (**III**) erhalten. Bei Einw. von Pb(IV)Acetat wird analog dem Methyl- bzw. Phenylsamandiol 1 Mol *HCHO* abgespalten; als zweites Spaltstück entsteht eine *Base* (**IV**), $C_{18}H_{29}ON$, die mit o-Aminobenzaldehyd (**V**) ein Kondensationsprod. liefert, dessen Absorptionsspektr. prakt. ident. mit dem des analog aus Δ^1-Piperidein u. **V** erhaltenen Dihydrochinazoliniumderiv. ist. **IV** enthält danach eine C=N-Doppelbindung u. hat nebenst. Teilformel; bei der katalyt Hydrierung entsteht die *gesätt. Base* $C_{18}H_{31}ON$.

— Zur Aufklärung des C-Gerüstes von **I** wurde **II** mit Se zu einem Gemisch von KW-stoffen dehydriert, das über die *Additionsverb.* mit *1.3.5-Trinitrobenzol* vorgetrennt wurde. Eine bessere Trennung wurde über die *Additionsverbb.* mit *2.4.7-Trinitrofluorenon* (**XI**) erreicht, wobei ca. 35%

des Gemisches der Dehydrierungs-KW-stoffe (Anteil A) als krist., sehr dunkel gefärbtes Prod. u. der Restteil als öliges Addukt (Anteil B) anfällt. Im Addukt von A sind nach der Analyse im Gegensatz zu den üblichen Additionsverbb. 2 Mol **XI** mit 1 Mol eines KW-stoffs der scheinbaren Summenformel $C_{16}H_{18}$ verbunden. Die Additionsverb. wurde durch Chromatographie in ein Gemisch eines in Prismen krist. (**VI**) mit einem öligen KW-stoff (**VII**) zerlegt; es besteht nach den Analysen aus *Naphthalin-KW-stoffen*, die nach den UV-Spektren an den gleichen Stellen substituiert sind u. denen ein isocycl. Ring angegliedert ist. Der KW-stoff **VI** wird auf Grund der mittleren Rotverschiebung seines Spektr. den *Tetraalkyl-*, speziell den *1.2.5.6-Tetraalkylnaphthalinen* zugeordnet. Das Spektr. von **VI** besitzt aber deutlich größere Feinstruktur als z. B. das des 1.2.5.6-Tetramethylnaphthalins; hierbei handelt es sich wahrscheinlich um einen Feinstruktureffekt, der beobachtet wird, wenn an Stelle von 2 Methylsubstituenten ein 5-Ring vorliegt, so daß für **VI** die Konst. eines 1.2-Dialkyl-, speziell eines *1.2-Dimethyl-5.6-cyclopentenonaphthalins angenommen* wird. **VII** unterscheidet sich von **VI** nach den UV-Spektren lediglich in der Größe eines Alkylsubstituenten, was nach der Analyse durchaus möglich ist. — Der uneinheitliche Anteil B, der weder in eine krist. Verb. übergeführt noch irgendwie exakt getrennt werden konnte, enthält mehr H als die KW-stoffe des Anteils A. — Für das *Desoxysamandarin* werden nach Kombination der Formel **VII** mit der früher erhaltenen Teilformel (**VIII**) eines Oxazolidins, in der alle Atome nachgewiesen sind, u. unter der ebenfalls früher erörterten Annahme einer konstitutionellen Verwandtschaft von **I** mit den Sterinen die Strukturformeln **IX** u. **X** angegeben. Nach **IX** ist bei der Dehydrierung von **II** die Bldg. von **VII** ($C_{15}H_{16}$) u. eines KW-stoffes $C_{17}H_{20}$ (*2-Methyl-1-propyl-5.6-cyclopentenonaphthalin*) u. nach **X** die Bldg. eines KW-stoffes $C_{16}H_{18}$, also eines *1-Methyl-2-äthyl-5.6-cyclopentenonaphthalins*, u. eines KW-stoffes $C_{17}H_{20}$, also eines *1.2-Diäthyl-5.6-cyclopentenonaphthalins* zu erwarten.

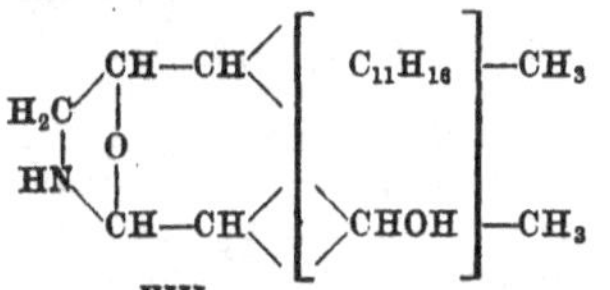

VIII

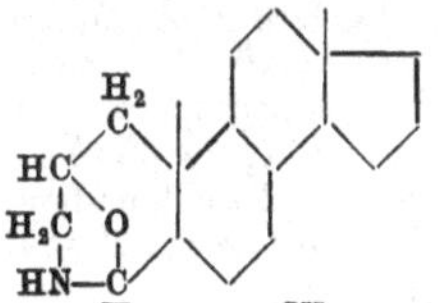

H IX

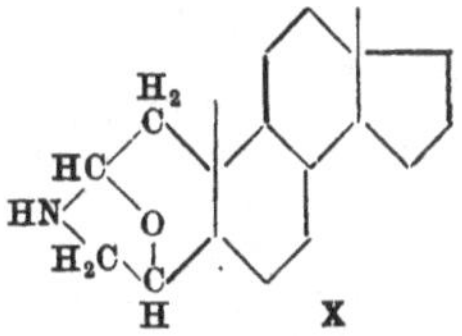

H X

V e r s u c h e: *Samandiol* (**II**), $C_{19}H_{33}O_2N$, F. 208—209° (Methanol + W.), durch langsame Zugabe von **I** in peroxydfreiem Ae. zu $LiAlH_4$ in Ae. bei 15° u. 30 Min. Kochen; 86% (Ausbeute); über das *Hydrochlorid*, Zers. zwischen 280 u. 320°, weiteres **II**; Gesamtausbeute 94%. *Pikrat*, Zers. bei 243—245°, aus Methanol schwalbenschwanzförmige Tafeln. Beim Umkristallisieren von **II** aus Aceton/W. oder Methanol/W. wird manchmal eine in Nadeln kristallisierende Modifikation erhalten, F. 203°; Misch-F. 175—185°. *Triacetylsamandiol*, $C_{25}H_{39}O_5N$, F. 194°, durch 48std. Stehen von **II** in $(CH_3CO)_2O$ u. Pyridin. Gießen auf Eis u. Ansäuern mit eiskalter verd. HCl; aus 10%ig. CH_3COOH Nadeln; roh 88%. Bei veränderten Versuchsbedingungen entsteht neben vorst. Verb. eine *Verb.* $C_{23}H_{39}O_5N$, F. 240—242° (Zers.; W.), vielleicht die Diacetylverb. mit 1 Mol H_2O oder das Acetat einer Monoacetylverbindung. — Durch 3std. Erwärmen von **II** in 80%ig. CH_3COOH mit Pb-IV-Acetat auf 50—55° u. 1std. Erwärmen auf 80° wird *Formaldehyd* u. aus dem öligen Rückstand eine *Base* $C_{18}H_{29}ON$ (**IV**), F. 198—199° (Aceton oder Essigester), erhalten, die zum Nachw. der C=N-Bindung mit **V** kondensiert wurde. *Hydrochlorid*, F. 315—316° (Zers., sehr verd. HCl). Bei der Hydrierung vorst. Base bei Raumtemp. in Ggw. von Pt entsteht eine *Base* $C_{18}H_{31}ON$, F. 151—152° (wss. Methanol oder A. bzw. CH_3COOH/PAe.), 82%; zuweilen entsteht eine Modifikation mit F. 135—136° (vielleicht ein *Hydrat*), die im Exsiccator allmählich in die andere übergeht. — *Samandion* (**III**), $C_{19}H_{29}O_2N$, F. 132—134° (Methanol oder Isopropanol/W.), durch Versetzen einer im sd. Wasserbad erhitzten Lsg. von **II** in 3%ig. H_2SO_4 mit CrO_3, Ausschütteln mit peroxydfreiem Ae., Alkalisieren mit 2nNaOH u. Aufnehmen in Ae.; roh 94%. *Hydrochlorid*, $C_{19}H_{29}O_2N \cdot HCl + H_2O$, Zers, zwischen 200 u. 280°. — **III**-*Dioxim*, $C_{19}H_{31}O_2N_3$, F. 229—230° (Zers.; A.-W.); roh 64%. — *N-Methylsamandionjodmethylat*, $C_{21}H_{34}O_2NJ \cdot 2\,H_2O$, F. 242° (Zers.), aus **III** in CH_3J durch Zugabe von 1,5n Sodalsg., 24std. Stehen u. Versetzen mit Ae.; roh 89%. — Bei der Dehydrierung von 1 g **II** mit Se (½std. Erhitzen aus 300°, 2std. Stehen bei 340°, 1 Std. bei 360° u. 16 Std. bei 340°), Extraktion der zerriebenen Selenschmelze mit Ae., Ausschütteln mit 2nHCl, Waschen mit 2nNaOH, Erhitzen mit Na auf 150° u. zweimalige Dest. im Hochvakuum wird ein bei 105—120° Badtemp. u. 0,05 Torr sd. öliger *KW-stoff*, vielleicht $C_{18}H_{24}$, erhalten; 147 mg. Die mit Pikrinsäure erhaltene uneinheitliche Additionsverb. wurde durch organ. Lösungsmittel außer Alkoholen in ihre Komponenten zerlegt. Für die ebenfalls uneinheitliche Additionsverb. mit Styphninsäure konnte kein Lösungsm. zur Trennung des Gemisches gefunden werden. *Trinitrobenzolat*, F. 129—132°, aus dem Dehydrierungs-KW-stoff u. 1.3.5-Trinitrobenzol; orangegelbe Nadelbüschel; die Analysen stimmen auf eine durchschnittliche Formel $C_{16}H_{18} \cdot C_6H_3O_6N_3$. Nach Chromatographie einer Lsg. in Bzl./PAe. an Al_2O_3 u. Eluieren mit PAe. 2 uneinheitliche Fraktionen, die nicht getrennt werden konnten. *Additionsverb. mit 2.4.7-Trinitrofluorenon* (**XI**), F. 144—146°, aus den vorst. Fraktionen; blutrote Prismen. Analyse stimmt ebenfalls auf $C_{16}H_{18}$, schließt aber $C_{17}H_{20}$ nicht aus. Durch Chromatographie wie vorst. beschrieben ein teils öliger, teils in schrägen Prismen kristallisierender KW-stoff (Anteil A); aus der öligen Mutterlauge von der Fällung des krist. **XI** durch Zerlegung an Al_2O_3 ein gelbliches Öl (Anteil B). Anteil A wird durch Wasserdampfdest. in 4 Fraktionen getrennt u. in Trinitrobenzolate übergeführt. Nach den Analysen scheint der krist. KW-stoff weniger C-Atome zu enthalten als der ölige. Durch Trennen der vereinigten Trinitrobenzolatfraktionen an Al_2O_3 entsteht nach Abpressen auf Ton ein *krist. Prod.*, F. 121—123° (Sintern 108°, Umwandlung der prismat. Stäbchen in sechsseitige Tafeln). Die Analyse stimmt am besten auf $C_{15}H_{16}$, schließt aber $C_{16}H_{18}$ nicht aus. Nach Extrahieren des Tones mit Ae. u. Hochvakuumdest. wird ein Öl erhalten, vielleicht $C_{16}H_{18}$ bzw. $C_{17}H_{20}$. — Aus Anteil B, der mit **XI** kein krist. Addukt gab, nach Wasserdampfdest., Aufnehmen in Ae. u. Dest. ein leichter u. ein schwerer flüchtiger Anteil. In ersterem liegen neben den im Spektr. erkennbaren Naphthalinderivv. noch wesentlich H-reichere Verbb. vor. Die Analyse des letzteren stimmt auf ein Tetraalkylnaphthalin $C_{17}H_{22}$ oder $C_{18}H_{24}$. *1.2.5.6-Tetramethylnaphthalin*, F. 116°. *Addukt mit 2.4.7-Trinitrofluorenon*, $C_{14}H_{16} \cdot C_{13}H_5O_7N_3$, F. 176—177°. — Die untersuchten KW-stoffe wurden zur Messung der Absorptionsspektren in n-Hexan gelöst. (Chem. Ber. **87**. 1638—60. 1954. Darmstadt, TH, Inst. für organ. Chem.) I. BUCHTA. 3500

Carl Djerassi, Eleanor W. Foltz und **A. E. Lippman,** *Untersuchungen der optischen Rotationsdispersion.* 1. Mitt. *Die Androstanreihe.* Vff. geben eine allg. experimentelle u. theoret. Einführung zur Rotationsdispersion auf dem Gebiet der Steroide. Sie bestimmen die Rotationsdispersionen einer Reihe von Ketonen der Androstanreihe u. setzen charakterist. Merkmale der Rotationsdispersion in Beziehung zu spezif. strukturellen Größen, bes. zur Einführung der Carbonylgruppe in 3- u. 17 Stellung sowie zur Einführung einer oder mehrerer Doppelbindungen in Konjugation zur 3-Ketogruppe. Während Androstan als vollkommen unsubstituierter KW-stoff eine n. Dispersionskurve ergibt, zeigen *Androstan-3-on, Androstan-17-on, Androstan-3.17-dion* u. *Ätiocholan-3.17-dion* Maxima im Bereich 315—320 mμ, die den Ketogruppen in 3- u. 17-Stellung als opt.-akt. Chromophoren zuzuschreiben sind. Die λ-Werte der Schnittpunkte der Dispersionskurven mit der λ-Achse befinden sich in befriedigender Übereinstimmung mit den Werten der beobachteten UV-Absorptionsmaxima. *Δ^4-Androsten-3.17-dion* zeigt ein Maximum u. Minimum bei 360 mμ, die dem Δ^4-*3*-Ketosyst. zuzuordnen sind; ähnlich verhält sich das isomere *Δ^1-Androsten-3.17-dion.* Bei *$\Delta^{1.4}$-Androstadien-3.17-dion* tritt dagegen eine Überlagerung mehrerer Effekte ein. Die ebenfalls ungesätt. Ketone *$\Delta^{4.6}$-Androstadien-3.17-dion* u. *$\Delta^{1.4.6}$-Androstatrien-3.17-dion,* für die der Verlauf der Dispersionskurve im Bereich 350—420 mμ bes. aufschlußreich ist, zeigen deutlich zwei opt. akt. Absorptionsbanden. Für 8 der untersuchten Verbb. werden die DRUDE-Gleichungen u. λ-Werte angegeben. Neben den in Dioxan gemessenen spezif. Drehwerten u. den Molekularrotationen wurden für sämtliche Verbb. die UV-Absorptionsmaxima im Bereich 280—320 mμ in Dioxan bestimmt. — Einzelergebnisse: *Ätiocholan-3.17-dion,* F. 120—123°, $[\alpha]_D^{23-24}$ +150°; 252—257 (λ_{max} in mμ); 1,64 (log ε). — *Androstan-3.17-dion,* F. 125—130°, $[\alpha]_D^{30,5-31}$ +94°, 285—294; 2,02. — *Androstan-17-on,* F. 115—120°, $[\alpha]_D^{29-31}$ +82°; 254—257; 1,83. — *Androstan-3-on,* F. 99,2—99,8°, $[\alpha]_D^{24}$ +25,0°; 284—287; 1,67. — *Androstan,* F. 40—43°, $[\alpha]_D^{28-29}$ +0,7°. — *Δ^4-Androsten-3.17-dion,* F. 178—179°, $[\alpha]_D^{24-25}$ +176°; 304; 1,75. — *$\Delta^{1.4}$-Androstadien-3.17-dion,* F. 140—143°, $[\alpha]_D^{23,5-24,5}$ +111°; 347—348, 336—337; 1,36, 1,41. — *Δ^1-Androsten-3.17-dion,* F. 141 bis 142°, $[\alpha]_D^{25-26,5}$ +128°; 294—304; 1,98. — *$\Delta^{4.6}$-Androstadien-3.17-dion,* F. 168—169,5°, $[\alpha]_D^{24-25}$ +138°; 336—346; 1,87. — *$\Delta^{1.4.6}$-Andostatrien-3.17-dion,* F. 165—168°, $[\alpha]_D^{26-28}$ +71°; 346—348; 1,98. (J. Amer. chem. Soc. **77**. 4354—59. 20/8. 1955. Detroit, Mich., Wayne Univ., Dep. of Chem.) J. KNAUL. 3700

Eleanor W. Foltz, A. E. Lippman und **Carl Djerassi,** *Untersuchungen der optischen Rotationsdispersion.* 2. Mitt. *Steroidhormone.* (1. vgl. vorst. Ref.) Vff. erweitern ihre Unterss. der opt. Rotationsdispersion auf *Testosteron* (**I**), *Progesteron* (**II**) sowie sämtliche wichtigen Östrogen- u. Corticohormone. Sie diskutieren die Rotationsdispersionskurven, bes. hinsichtlich ihres Zusammenhangs mit bestimmten strukturellen Merkmalen der Hormone. Die Kurven von Equlin u. Östron zeigen das charakterist. Maximum der Ketogruppe in 17-Stellung bei 320 mμ, während die von Equilenin u. Östradiol einen langsamen Anstieg mit abnehmender Wellenlänge erkennen lassen. Die Einführung einer 6.7-Doppelbindung bei *6-Dehydroöstradiol* bewirkt eine Abnahme der spezif. Drehung mit fallender Wellenlänge. Die übrigen untersuchten Hormone besitzen sämtlich die Δ^4-3-Ketogruppierung u. zeigen daher Dispersionskurven mit Maxima u. Minima im Bereich 350—400 mμ. Nach der Intensität dieser Extrempunkte lassen sie sich in 3 Gruppen einteilen: a) I, welches nur eine Ketogruppe besitzt; b) II, Corticosteron, Hydrocortison u. 11-Desoxycorticosteron, deren Maxima bei wesentlich höherer positiver Drehung verlaufen; c) 11-Dehydrocorticosteron u. Corticon, deren Maxima schließlich am höchsten bei [α] ~ +1000° liegen. Dies kann nur dadurch erklärt werden, daß außer der Ketogruppe in 20-Stellung der zusätzliche 11-Ketosubstituent opt.-akt. ist. Für die meisten der untersuchten Verbb. sind die DRUDE-Gleichungen sowie die λ_0-Werte angegeben. — Einzelergebnisse: *Equilin*, F. 238—240°, $[\alpha]_D^{24-26}$ +256°. — *Östron*, F. 260—261°, $[\alpha]_D^{23-25}$ +160°; 289, 281—282 (λ_{max} in mμ); 3,38, 3,42 (log ε). — *Equilenin*, F. 252—254°, $[\alpha]_D^{23-24}$ +100°. — *Östradiol*, F. 178—179°, $[\alpha]_D^{24-25}$ +98°. — *6-Dehydroöstradiol*, F. 229,5—230,5°, $[\alpha]_D^{24-26}$ —186°. — *Progesteron* (II), F. 128—129°, $[\alpha]_D^{24-25}$ +183°; 252—254, 330—332; 1,75, 1,68. — *Testosteron* (I), F. 153,5—154,5° $[\alpha]_D^{24-25}$ +101°; 330—331; 1,66. — *11-Dehydrocorticosteron*, F. 175—180°, $[\alpha]_D^{23-25}$ +235°, UV-Spektrum. — *Cortison*, F. 215—217°, $[\alpha]_D^{24-26}$ +196°; 284—285; 2,15. — *Corticosteron*, F. 181—185°, $[\alpha]_D^{23-25}$ +194°; 319, 229; 1,93, 1,92. — *Hydrocortison*, F. 215—218°, $[\alpha]_D^{23-25}$ +162°; 250; 2,01. — *Desoxycorticosteron*, F. 139—140°, $[\alpha]_D^{24,5-26,5}$ +145°, UV-Spektrum. — *Δ^4-Androsten-11β-ol-3.17-dion*, F. 194—199°, $[\alpha]_{312,5}^{24-25}$ +3945°. — *17α-Oxydesoxycorticosteron*, F. 205—210°, $[\alpha]_{317,5}^{23-24}$ +3786°; 286—289; 2,03. — *Pregnan-3β-ol-20-on*, F. 144—146°, $[\alpha]_D^{25}$ +85°; 238—251; 1,53. — *Ätiocholan-3α.17β-diol-11-on*, F. 261—262°, $[\alpha]_D^{24}$ +59°; 302—303; 1,51. (J. Amer. chem. Soc. **77.** 4359 bis 4364. 20/8. 1955.) J. KNAUL. 3700

A. E. Lippman, Eleanor W. Foltz und **Carl Djerassi,** *Untersuchungen der optischen Rotationsdispersion.* 3. Mitt. *Die Cholestanreihe.* (2. vgl. vorst. Ref.) Vff. bestimmten die Rotationsdispersionskurven verschied. isomerer Cholestenole u. Ketone der Cholestanreihe. Die Ergebnisse stehen in voller Übereinstimmung mit denen der vorst. Mitteilungen. Die Dispersionskurve von *Cholestan-3-on* zeigt — ähnlich dem Androstan-3-on — ein Maximum bei 315 mμ, das einem schwach asymm. Chromophor, verbunden mit der Carbonylgruppe in 3-Stellung zuzuordnen ist, während *Δ^4-Cholesten-3-on* das charakterist. Maximum bei 360 mμ u. *Δ^1-Cholesten-3-on* (I) eines bei 377 mμ ergeben. Die Dispersionskurven von *$\Delta^{8,14}$-Cholesten-3β-ylacetat*, *Δ^7-Cholesten-3β-ylacetat*, *Cholesterin* u. *Δ^6-Cholesten-3β-ylacetat* lassen erkennen, daß die Einführung einer Δ^6-, Δ^5-, Δ^7 bzw. Δ^8-Doppelbindung einen negativen Rotationsbeitrag ergeben, im Gegensatz zu Cholestan-3β-ol u. dessen Acetat, deren spez. Drehung bei abnehmender Wellenlänge größer wird. Analog verlaufen die Kurven von *3.5-Cyclocholestan-6-on* u. *3.5-Cyclo-Δ^6-cholesten.* Die Aufstellung u. Verwendbarkeit der DRUDE-Gleichung, die für sämtliche Verbb. außer für I angegeben wird, werden diskutiert. — Einzelergebnisse: *Cholestan-3β-ol*, F. 146—147°, $[\alpha]_D^{23-25}$ +23,8°. — *Cholestan-3β-ylacetat*, F. 113—114°, $[\alpha]_D^{23-25}$ +13,3°. — *$\Delta^{8,14}$-Cholesten-3β-ylacetat*, F. 75—77°, $[\alpha]_D^{25-25}$ +9,2°. — *Δ^7-Cholesten-3β-ylacetat*, F. 109—110°, $[\alpha]_D^{23-25}$ +8,0°. — *Δ^5-Cholesten-3β-ol*, F. 152,5—154°, $[\alpha]_D^{24-25}$ —37,2°. — *Δ^6-Cholesten-3β-ylacetat*, F. 106—108°, $[\alpha]_D^{24-25}$ —88,4°. — *Δ^4-Cholesten-3-on*, F. 80—81°, $[\alpha]_D^{24-25}$ +82°; 320—323, 327—332 (λ_{max} in mμ); 2,00, 2,00 (log ε). — *Δ^1-Cholesten-3-on* (I), F. 93,5—95°, $[\alpha]_D^{24}$ +59,6°; 316—326; 1,93. — *Cholestan-3-on*, F. 129—130°, $[\alpha]_D^{23-24}$ +40,2°; 284—292; 1,46. — *3.5-Cyclocholestan-6-on*, F. 100—102°, $[\alpha]_{D24-25}$ +48,0°; 287—289; 1,65. — *3.5-Cyclo-Δ^6-cholesten*, F. 69—70°, $[\alpha]_D^{23-25}$ —36,4°; 265—267; 2,04. (J. Amer. chem. Soc. **77.** 4364—67. 20/8. 1955.) J. KNAUL. 3700

F. L. Rigby und **J. L. Bethune,** *Komponenten der mit Bleisalzen fällbaren Fraktion von Humulus lupulus. Adhumulon.* Bei der Aufarbeitung der mit Bleisalzen fällbaren Inhaltsstoffe von californ. Hopfen durch Gegenstromverteilung ließ sich neben dem bekannten Humulon (I) u. Cohumulon (II) (vgl. C. **1953.** 8900) Adhumulon (III) als weitere Komponente ermitteln. Die Verb. ließ sich nicht zum Kristallisieren bringen, bildete jedoch mit o-Phenylendiamin einen *Komplex* $C_{27}H_{38}O_5N_2$ von F. 97,5—98° (Zers.; Bzl.). III hat die Zus. $C_{21}H_{30}O_5$, die mit der von I übereinstimmt u. eine CH_2-Gruppe mehr enthält als II. Alle 3 Verbb. enthalten je 2 Doppelbindungen. Beim Erhitzen in wss. Lsg. entsteht aus III ein leichter wasserlösl. Isomeres, das als *Isoadhumulon*, $C_{21}H_{30}O_5$, Öl, dem schon früher hergestellten Isohumulon u. Isocohumulon zuzuordnen ist. Die Hydrolyse von III mit 1,5n NaOH liefert *Adhumulinsäure* ($C_{15}H_{22}O_4$). Die Infrarotspektren der Verbb. stimmen gut mit den von HOWARD u. TATCHELL (Chem. and Ind. **32.** [1954.] 992 u. C. **1955.** 11000) angegebenen Formelbildern überein. (J. Amer. chem. Soc. **77.** 2828—30. 20/5. 1955. Toronto, Ontario, Canadian Breweries Ltd., Res. Div.)
K. ZOPFF. 3950

D. Makromolekulare Chemie.

H. Eisenberg und **E. H. Frei**, *Präzisionsrotationsviscosimeter mit elektrostatischer Rücktorsion für den Centipoisenbereich.* Beschreibung eines Rotationsviscosimeters aus zwei konzentr. Zylindern mit kon. Enden zur Messung von Schubspannungen zwischen 0,002 u. 1,6 Dyn/cm² bei Schubgeschwindigkeiten von 0,2—40 1/Sekunde. Die Genauigkeit beträgt 0,3%. Wss. Lsgg. von *Polyvinylalkohol* (*Elvanol 72-60*) zeigen zwischen 0,01 u. 0,002 g/cm³ NEWTONsches Fließen; bei wss. Lsgg. von *Methylcellulose* (*Dow Methocel* 4000 cps) liegt zwischen 10^{-3} u. $4 \cdot 10^{-5}$ g/cm³ unterhalb einer Schubgeschwindigkeit von 5 1/Sek. Strukturviscosität vor. (J. Polymer Sci. **14.** 417—26. Nov. 1954. Rehovoth, Weizmann Inst. of Sci.) O. FUCHS. 4000

G. Schuur, *Einige Betrachtungen über die Kristallisation von Hochpolymeren.* Zusammenfassender Überblick an Hand der Literatur. Nach einleitenden allg. Bemerkungen über Kristallisation u. einem Überblick über die Literatur der Sphärolithe in Hochpolymeren werden der Mechanismus der Kristallisation, die Kontinuität des Kristallgitters in Hochpolymeren sowie die Kristallisationsgeschwindigkeit u. der Schmelzbereich von Hochpolymeren besprochen. (Rubber-Stichting, Delft, Commun. Nr. **276.** 1—82. 1955.) C. GOTTFRIED. 4000

R. E. Florin, L. A. Wall, D. W. Brown, L. A. Hymo und **J. D. Michaelsen,** *Faktoren, die die thermische Beständigkeit von Polytetrafluoräthylen beeinflussen.* Vff. versuchten durch folgende Maßnahmen die therm. Beständigkeit von *Polytetrafluoräthylen* (**I**, *Teflon*) zu verbessern: Polymerisation in Ggw. von Fluorkohlenstoffkatalysatoren u. anderen Aktivatoren [CF_3J, $(CF_3)_2Hg$, F_2, Azo-bis-[isobutyronitril], Benzoylperoxyd, tert.-Butylperoxyd, BF_3] oder photochem. zur Vermeidung von Verunreinigungen bzw. von labilen Endgruppen im Makromol., wodurch eine Zers. von **I** gestartet werden kann; Modifizierung der Kettenstruktur durch Einbau von Verbb., die geeignet sind, das Fortschreiten der Abbau-Rk. zu hindern oder zu stoppen (Kettenübertragung freier Radikale oder Vernetzungs-Rkk.); Zumischen andersartiger beweglicher Moll., die Kettenübertragung (Radikalabbruch) bewirken (S, Se, 1.2.4.5-Tetrafluor-3.6-dibrombenzol, Dibromtoluol, Dibromäthylen, p.p'-Dibromdiphenyläther, Dibromanthracen, Dibrom-α-naphthol). Diese Verbb. wurden vor der Polymerisation zugemischt, verzögerten aber im allg. die Polymerisationsgeschwindigkeit erheblich. Keine der untersuchten Verbb. (Katalysatoren bzw. Beimischungen) rief eine deutliche Änderung der Abbaugeschwindigkeit des n. **I** (vgl. MADORSKY u. Mitarbeiter, C. **1954.** 9302) hervor. Bei **I** scheint im allg. der Start der Abbau-Rk. bevorzugt durch Spaltung von C—C-Bindungen der Fluorkohlenstoffkette u. weniger durch einige schwächere Bindungen infolge von Katalysatorenresten oder Verunreinigungen hervorgerufen zu werden. (J. Res. nat. Bur. Standards **53.** 121—30. Aug. 1954. Washington, D. C., Nat. Bur. of Stand.) R. SCHÄFF. 4010

W. H. Stockmayer, *Kettendimensionen in der Nähe der Flory-Temperatur.* In der Nähe der FLORYschen Temp. Θ kann an Stelle von $\alpha^5 - \alpha^3 = 2 C_M \psi_1 (1 - \Theta/T) M^{1/2}$ der FLORYschen Theorie (vgl. C. **1950.** I. 554) geschrieben werden: $\alpha^2 - 1 = 0{,}98\, C_M \psi_1 \cdot (1 - \Theta/T) M^{1/2}$. Die Gültigkeit der letztgenannten Beziehung folgt aus den an *Polyisobutylen* in Bzl. ausgeführten osmot. Messungen von KRIGBAUM u. FLORY (vgl. C. **1954.** 4398) u. den Viscositätsmessungen von FOX u. FLORY (vgl. C. **1952.** 6381), die übereinstimmend zu dem Wert $\psi_1 = 0{,}30$ führen. Vf. schließt daraus, daß allg. in der oben erstgenannten Gleichung die Größe C_M durch 0,49 C_M zu ersetzen ist. (J. Polymer Sci. **15.** 595—98. Febr. 1955. Strasbourg, Centre de Recherches sur les Macromol.)
O. FUCHS. 4010

Yasuji Kobayashi und **Saburo Okajima,** *Dichroitische Untersuchung an Polyvinylalkoholfasern.* 4. Mitt. *Eine theoretische Beziehung zwischen wahrer Doppelbrechung und dem Dichroismus.* (3. vgl. C. **1955.** 7457.) Vff. leiteten auf theoret. Wege eine lineare Beziehung zwischen der wahren Doppelbrechung Γ u. der dichroit. Orientierung f_D einer Faser ab. Sie hat die Form $f_D = (K_{||} - K_\perp)/K_{||} + 2K_\perp) = (K_{||} - K_\perp)/(K_{||} + 2 K_\perp) \cdot f_0$, wo $f_0 = \Gamma/\Gamma_\infty$ u. $K_{||}$ u. $K_\perp$ die Koeffizienten der Lichtabsorption einer Faser für eben polarisiertes Licht, welches parallel u. senkrecht zu der Faserachse schwingt, bedeuten. Außerdem ist $^1/_3 (K_{||} + 2K_\perp)$ = konstant. Die Beziehung wurde an einer *Polyvinylalkohol-* u. einer *Cellulosefaser* nachgeprüft, die mit Kongorot sehr schwach angefärbt u. verschieden stark gedehnt waren. Die beobachteten Abweichungen von der Konstanz des obigen Ausdrucks lagen innerhalb der Fehlergrenzen. (Bull. chem. Soc. Japan **27.** 469—71. Okt. 1854. Tokyo, Metropolitan Univ., Fac. of Engng. [Orig.: engl.])
C. GOTTFRIED. 4010

Giuseppe Ciampa und **Hans Schwindt,** *Die Bestimmung der Molekulargewichtsverteilung in Polyacrylonitril. Polyacrylonitril* (**I**) wird durch fraktionierte Fällung mit

Dimethylformamid (II) in 1%ig. Lsg. in mehrere Fraktionen zerlegt, der nichtgefällte I-Rückstand mit angesäuertem W. gefällt, mit II in 5%ig. Lsg. gebracht, mit n-Heptan gefällt, der Nd. mit II gelöst (3%) u. nochmals ebenso behandelt. Die einzelnen Fraktionen werden viscosimetr. u. osmometr. untersucht u. die Verteilungskurve ausgewertet. Dabei wird für die Verteilung q_i eine Gleichung benutzt: $q_i = c(M/b)^n e^{-M/b}$; wenn a der Exponent der Beziehung $[\eta] = K \cdot M^a$ (M = Mol.-Gew.) ist, ergeben sich n, b u. c aus: $(n + a)!/n^a \cdot n! = (\overline{M}_v/\overline{M}_n)^a$; $b = \overline{M}_n/n$; $c = 1/(n - 1)!\,\overline{M}_n$. Für die Berechnung von n (bei a = 0,66) aus $\overline{M}_v/\overline{M}_n$ wird eine Tabelle mitgeteilt. (Chim. e Ind. [Milano] **37.** 169—75. März 1955. Terni, Soc. Montecatini, Labor. Ricerche.) R. K. MÜLLER. 4010

Ralph L. Dannley und **Edward L. Kay,** *Mischpolymerisation nach Carbanion- und Radikalmechanismen.* Um den Mechanismus der Na-katalysierten Mischpolymerisation zu klären, wurde ein äquimol. Gemisch von *Methylmethacrylat* u. *Styrol* mit Triphenylmethyl-Na, einem carbanionbildenden Katalysator, polymerisiert. Das anfangs gebildete Mischpolymerisat enthielt in Übereinstimmung mit Verss. unter Verwendung von Na 99% Polymethylmethacrylat. Benzoyl-, p-Chlorbenzoyl- u. tert.-Butylperoxyd gaben, unabhängig von der Art des aus dem Katalysator entstehenden Radikals, ein Mischpolymerisat mit je ~50% der eingesetzten Komponenten. Daher wird angenommen, daß Na nicht als Radikalkatalysator wirkt. Nach dem vorgeschlagenen Mechanismus wird durch Übertragung eines Elektrons vom Na auf das Methylmethacrylat ein resonanzstabilisiertes Radikalion gebildet, das durch ein zweites Elektron in ein divalentes Ion übergeführt werden könnte. Addition eines Monomeren muß in abnormer Weise so erfolgen, daß die Struktur durch Resonanz beider Ladungszentren mit der Carbonylgruppe stabilisiert ist. Kettenverlängerung könnte weiter n. erfolgen. Wenn der wachsende Grundbaustein das Radikalion ist, muß aber der Carbanionteil des Mol. die Polymerisation bewirken. (J. Amer. chem. Soc. **77.** 1046—48. 20/2. 1955. Cleveland, O., Univ., Morley Chem. Labor.) H. BERTSCH. 4010

G. Ss. Kolessnikow und **W. W. Korschak,** *Aus dem Gebiet der hochmolekularen Verbindungen.* 53. Mitt. *Über die Polykondensation von 1-Chlor-3-brompropan mit Benzol.* (52. vgl. C. **1955.** 9106.) Die Kondensation von Bzl. mit 1-Chlor-3-brompropan (I) in Ggw. von $AlCl_3$ wird unter Variierung des Mengenverhältnisses der Reaktionsteilnehmer durchgeführt. Bei konstant gehaltenem mol. Verhältnis von Bzl.: I = 1:1,3 u. Anwendung von 3—36 Mol-% $AlCl_3$ (bezogen auf Bzl.) beträgt die Ausbeute an Polykondensationsprod. 10,2—55,7%, wobei das Mol.-Gew. von 1980 auf 3810 ansteigt. Berechnung der Ausbeute unter der Annahme, daß 1 Mol I 1 Kettenglied —$CH_2 \cdot CH_2CH_2$— liefert; Best. des Mol.-Gew. viscosimetr. in Benzol. Ausbeute u. Mol.-Gew. sind bei 30—36 Mol-% $AlCl_3$ prakt. konstant (50,5—55,7%; 3910—3810). Wird $AlCl_3$ (36 Mol-%, auf Bzl. bezogen) konstant gehalten u. das Verhältnis Bzl.: I geändert, so ergeben sich bei von 100 auf 10 Mol-% fallendem Überschuß an Bzl. Ausbeuten, die zunächst ansteigen, dann fallen (39; 55,7; 45,9%, auf I bezogen), denen Prodd. mit dem Mol.-Gew. 2800, 3810 u. 2650 entsprechen; bei äquimol. Verhältnis ist die Ausbeute 56,1%, das Mol.-Gew. 2070; bei I-Überschuß (22; 42 u. 100 Mol-%) ist die Ausbeute 66,8, 61,2 u. 84,8% (auf Bzl. bezogen) u. das Mol.-Gew. 2310, 2080 u. 1950. Die Versuchsergebnisse werden auf Grund der früher entwickelten Theorie der linearen Polykondensation gedeutet. Danach ist die Bldg. von „*Polyphenylenpropyl*“, $C_6H_5[CH_2CH_2CH_2 \cdot C_6H_4(p)]_n \cdot H$, anzunehmen. Die endständigen Benzolringe können mit I unter Angliederung eines Trimethylenringes in m.p-Stellung reagieren, so daß Hydrindenderivv. entstehen. Benzolringe innerhalb der Kette können mit I reagieren u. Verzweigungsprodd. bilden. Bei der Oxydation mit HNO_3 (D. 1,1), anschließend alkal. $KMnO_4$-Lsg., werden *Terephthalsäure* u. in geringer Menge *p-Phenylendiessigsäure* (?) erhalten. Der destruktive Abbau mit Bzl. in Ggw. von $AlCl_3$ liefert Polykondensationsprodd. mit sukzessive kleiner werdendem Mol.-Gew. (2890, 2350, 2070, 2050) u. *1.3-Diphenylpropan* als Endprodukt. Polykondensationen werden auch in Ggw. von $AlBr_3$, wasserfreiem $ZrCl_4$ u. $FeCl_3$ durchgeführt. Danach ist $AlCl_3$ der aktivste, $FeCl_3$ der am wenigsten akt. Katalysator; $ZrCl_4$ u. $AlBr_3$ nehmen eine Mittelstellung ein. — Die Kondensation von Bzl. mit I wird wie früher (vgl. C. **1954.** 3715) die Kondensation von Bzl. mit 1.2-Dichloräthan durchgeführt; niedrigmol. Prodd. werden bei 5 mm bis 230° abdest.; Reinigung des Polykondensationsprod. durch Fällen aus benzol. Lsg. mit CH_3OH. (Известия Академии Наук СССР, Отделение Химических Наук [Nachr. Akad. Wiss. UdSSR, Abt. chem. Wiss.] **1953.** 336—43. März/April. Inst. für organ. Chem. der Akad. der Wiss. der UdSSR.)
R. KNOBLOCH. 4010

W. W. Korschak und **Ss. W. Winogradowa,** *Aus dem Gebiet der hochmolekularen Verbindungen.* 54. Mitt. *Über die Elementarreaktionen des Polyveresterungsprozesses.*

(53. vgl. vorst. Ref.) Aus Sebacinsäure u. überschüssigem Äthylenglykol hergestellter *Sebacinsäure-bis-äthylenglykolester* (I; F. 60°) wird unter den gewöhnlichen Bedingungen der Durchführung der Polykondensation, das heißt im Vakuum von 1—2 mm, auf 100, 150 u. 200° erhitzt, wobei ohne Katalysator u. in Ggw. von 0,5% LiOH gearbeitet wird; Erhitzungsdauer 1—28 Stunden. Je höher die Temp., um so größer das mittlere Mol.-Gew. des resultierenden Polyesters; maximal wird 12360 bei 24std. Erhitzen mit LiOH auf 200° erreicht. Die 1. Reaktionsstufe besteht in einer Umesterung zwischen 2 Mol I, wobei Äthylenglykol abgespalten wird: $HOCH_2CH_2OOC[CH_2]_8CO|OCH_2CH_2OH$ + $H|OCH_2CH_2OOC[CH_2]_8COOCH_2CH_2OH$ → Polyester + Äthylenglykol. Das weitere Wachsen des Polyestermol. erfolgt in ähnlicher Weise. Die aus I bei 200° u. bestimmter Reaktionsdauer (0,7; 2 usw. Std.) entstehenden Polyestergemische werden mit PAe. + A. (4,5:5,5) zur Trennung in einen niedrig- u. hochmol. Anteil (Mol.-Gew. bis 900 bzw. darüber) behandelt. Es zeigt sich, daß der Geh. an hochmol. Polyester in 17 Std. von 0 auf 98,3% ansteigt, gleichzeitig sein Mol.-Gew. bis auf ca. 6000. Das Wachsen des Mol. erfolgt nur im Anfang unter Verbrauch von I; später ist I oder niedrigmol. Polyester kaum noch vorhanden, u. es reagieren Makromoll. miteinander. (Известия Академии Наук СССР, Отделение Химических Наук [Nachr. Akad. Wiss. UdSSR, Abt. chem. Wiss.] **1953.** 537—41. Mai/Juni) R. KNOBLOCH. 4010

Ss. R. Rafikow, W. W. Korschak und **G. N. Tschelnokowa,** *Aus dem Gebiet der hochmolekularen Verbindungen. 55. Mitt. Über die Anwendung der Kettenaustauschreaktion bei linearen Polykondensationen.* (54. vgl. vorst. Ref.) *Polyäthylenadipat* entsteht aus den Dialkylestern der Adipinsäure (I) u. Äthylenglykol; Säuren u. Alkalien beschleunigen die Reaktion. Dieser Polyester wird auch beim Erhitzen von Adipinsäure-bis-äthylenglykolester erhalten. Bei einem aus I u. Äthylenglykol hergestellten Polyester wird durch fraktionierte Fällung der Geh. an Polyestern verschied. Molekülgröße bestimmt; wird nun ein Polyester einer Mittelfraktion von verhältnismäßig einheitlicher Beschaffenheit (Mol.-Gew. 1100) lange auf 170° erhitzt, so erfolgt Aufsplitterung in einzelne Fraktionen unter Bldg. eines Prod., das etwa den gleichen Geh. an Polyestern verschied. Molekülgröße hat wie das aus I u. Äthylenglykol synthetisierte Prod. — eine Folge des Kettenaustausches zwischen den Molekülen. Alkoholyse bei Polyamidketten erfolgt nicht; z. B. wird kein Polyester gebildet, wenn I-Diamid mit Äthylenglykol erhitzt wird. Umgekehrt verläuft die Aminolyse der Esterbindung leicht; sie führt zu Polyamiden: Hexamethylendiamin liefert beim Erhitzen mit I-Dibutylester den *Polyamidester* (II) $C_4H_9OOC(CH_2)_4CO[NH(CH_2)_6NHCO(CH_2)_4CO]_nOC_4H_9$ u. *Butylalkohol.* Acidolyse der Amidbindungen tritt beim Erhitzen von $N^1.N^2$-Diacetylhexamethylendiamin (III) mit I ein; unter Abspaltung von CH_3CO_2H bildet sich *Polyhexamethylenadipinsäureamid.* I-Diäthylester reagiert nicht mit III bei 200—210°; aber in Ggw. von p-Toluolsulfonsäure entstehen *Äthylacetat* u. ein nicht näher untersuchtes *Polyamid.*

Versuche: *Adipinsäure-bis-äthylenglykolester,* $C_{10}H_{18}O_6$, durch 9std. Erhitzen von I mit Äthylenglykol (0,05:0,28 Mol) auf 180° unter Abdestillieren des Reaktionswassers; überschüssiges Glykol wird bei 150°/2 mm entfernt, das Reaktionsprod. in A. gelöst, durch Fällen mit W. (wenig) Polyester als Öl abgetrennt u. die wss.-alkoh. Lsg. bei 56°/10 mm zur Trockne verdampft; Mol.-Gew. 226, 230. — *Polyäthylenadipat,* a) aus vorst. Verb. bei 4std. Erhitzen auf 180°/10—12 mm; festes Prod. vom F. 38—40°; Mol.-Gew. (viscosimetr.; Bzl.) 1800; b) aus I-Diäthylester in Ggw. von p-Toluolsulfonsäure (1%) oder C_2H_5ONa (1%) oder ohne Katalysator bei Tempp. von 160—195° (5—7 Std.); in Ggw. von C_2H_5ONa wird das höchste Mol.-Gew. (1250) erreicht; c) aus I-Dibutylester, 6 Std. bei 180—200°; Mol.-Gew. 700. — *Polyamidester* (II) mit $n = 3$, $C_{50}H_{92}O_{10}N_6$, F. 205—207°, aus I-Dibutylester (0,01 Mol + 75% Überschuß) u. Hexamethylendiamin (0,01 Mol), 3 Std. bei 225—230° (Badtemp.); Mol.-Gew. (viscosimetr.; m-Kresol) 1000; nur in Phenolen u. HCO_2H lösl.; Nebenprod. (ca. 40% des Reaktionsprod.) ist eine *Verb. vom F. 108—112°,* amorphes Pulver, Mol.-Gew. 630, das in sd. CH_3OH lösl. ist. — *Polyhexamethylenadipinsäureamid,* F. 242—245°; durch Erhitzen von 4 g III mit 2,93 g I im N_2-Strom, 2 Std. bei 180—200° u. 2 Std. bei 210—215°; Pulver; Mol.-Gew. 2600. (Известия Академии Наук СССР, Отделение Химических Наук [Nachr. Akad. Wiss. UdSSR, Abt. chem. Wiss.] **1953.** Nr. 4. 743—50. Juli/Aug.) R. KNOBLOCH. 4010

Antonello Gallo, *Polyvinylpyrrolidon und das Problem seiner Fraktionierung.* Nach einem Überblick über die Darst. des Polyvinylpyrrolidons (I) wird der Einfl. des NH_3- u. des H_2O_2-Zusatzes auf die Polymerisationsgeschwindigkeit u. auf das mittlere Mol.-Gew. des Prod. untersucht. In einer Tabelle werden die Löslichkeiten von I-Fraktionen mit Mol.-Geww. 20000, 35000 u. 70000 in Aceton (II)-W.-Gemischen mitgeteilt. Die Berechnung der mittleren Mol.-Geww. aus osmometr. u. viscosimetr. Messungen wird erläutert. Die Fraktionierung des I wird in folgender Weise durchgeführt: Man löst

100 g trockenes I in der Wärme in möglichst wenig W., kühlt ab, füllt auf 370 cm^3 auf, läßt unter starkem Rühren tropfenweise (innerhalb 50 Min.) 800 cm^3 II zufließen, läßt in einem Scheidetrichter 2 Std. stehen u. trennt die untere Schicht (A) von der oberen (B). A u. B werden mit je 100 cm^3 II (in 30 Min.) behandelt u. wieder nach 2 std. Stehen im Scheidetrichter die Schichten A_1, A_2, B_1, B_2 getrennt. Dieses Verf. wird je 4mal wiederholt. Ein aus B_2 abtrennbarer Rückstand C hat das Mol.-Gew. 8000, die letzten Fraktionen von A ca. 120000 u. 180000, von B ca. 48000 u. 70000, alle mit Homogenitätsgraden nahe 1,0. (Chim. e Ind. [Milano] **35.** 487—91. Juli 1953. Milano, Labor. Ric. Farmitalia, u. Pisa, Univ., Ist. di Chim. ind.) R. K. MÜLLER. 4010

Saburo Okajima, Yasuji Kobayashi und **Tetsuya Kikuchi,** *Einige optische Eigenschaften von Cellulosehydrat.* (Vgl. C. **1956.** 1324.) Zur Nachprüfung der von KOBAYASHI u. OKAJIMA (vgl. l. c.) aufgestellten Beziehung zwischen der wahren Doppelbrechung Γ u. der dichroit. Orientierung f_D einer Faser maßen Vff. diese beiden Größen an mit Kongorot sehr schwach angefärbten u. verschieden stark gedehnten Fasern von *Cellulosehydrat,* u. zwar vor u. nach Mercerisierung. $f_0 = \Gamma/\Gamma_\infty$ in der Gleichung (l. c.) ist ein Maß für die Orientierung des gesamten Mol., f_D nur für die des amorphen Teiles. Die Beziehung war unter der Voraussetzung gemacht worden, daß die krist. u. amorphen Bereiche gleiche Orientierungsgrade besitzen; die lineare Beziehung ist auch dann zu erwarten, wenn die beiden Bereiche verschied. Orientierungsgrade haben, wenn aber f_0 u. f_D proportional sind. Nennt man die Proportionalitätskonstante C, dann erhält man für f_D den Ausdruck $f_D = [(K_\parallel - K_\perp)/(K_\parallel + 2K_\perp)] \cdot C \cdot \Gamma/\Gamma_\infty$ mit $C < 1$. In dem Gebiet der Konstanz von C ist Γ/f_D direkt proportional Γ_∞. Da sich Γ_∞ mit der Kristallinität ändert, ist Γ/f_D ein Maß der Kristallinität des Polymeren. Da die Kristallinität einer regenerierten Cellulosefaser während der Deformation konstant gehalten wird, ist eine lineare Beziehung zwischen f_D u. Γ zu erwarten, wenn auch C konstant gehalten wird, was experimentell bestätigt wurde. Γ_∞ kann daher man für Cellulosehydrat aus der obigen Beziehung abschätzen. Es wurde gefunden, daß Mercerisierung u. folgende Heißregenerierung die relative Menge des kristallinen Anteils erhöht. Die Kristallinität von unter Zug entkupferter Faser ist etwas geringer als die in freiem Zustand regenerierten Fasern. (Bull. chem. Soc. Japan **27.** 471—75. Okt. 1954. Tokyo, Metropolitan Univ., Fac. of Engng. [Orig.: engl.]) C. GOTTFRIED. 4050

Berwyn B. Thomas und **W. J. Alexander,** *Ultraschallabbau von Cellulosenitrat: Beziehung zwischen dem Anfangs- und Endwert des mittleren Polarisationsgrades und dessen Verteilung.* 10 verschied. Proben von *Cellulosenitrat* (I), die sich außer im Polymerisationsgrad P (P zwischen 134 u. 2490) auch in der Einheitlichkeit, im Herstellungsverf. u. in der Art der Vorbehandlung voneinander unterscheiden, wurden in ihrer Lsg. in Äthylacetat mit Ultraschallwellen (400 kHz) bei 20° abgebaut. Der Abbaugrad ändert sich umgekehrt proportional mit der Konz. c, so daß die (P, t/c)-Kurven (t = Zeit = 0—120 Min.) des gleichen Prod. prakt. ident. sind. Der asymptot. Grenzwert von P ($P = P_\infty$) im (P, t/c)-Diagramm ist um so größer, je einheitlicher das Prod. ist; z. B. beträgt P 465 für $P_0 = 1165$ (nicht fraktioniert), aber 740 für $P_0 = 1120$ (Fraktion), entsprechend 425 bzw. 555 für $P_0 = 707$ (nicht fraktioniert) u. $P_0 = 735$ (Fraktion). Die experimentellen Ergebnisse stehen im Einklang mit den theoret. von SCHMID u. Mitarbeitern (vgl. z. B. C. **1954.** 11207). Die Prodd. werden durch den Ultraschallabbau stärker einheitlich als durch den Abbau von I durch alkal. Oxydation (Fällungsfraktionierungen). Der Abbau hört unter einer Kettenlänge von P = 980 auf. Es liegen keine Anhaltspunkte dafür vor, daß sich innerhalb eines Abstandes von 500 Glucoseresten Lockerstellen im I-Mol. befinden. (J. Polymer Sci. **15.** 361—70. Febr. 1955. Shelton, Wash., Rayonier Inc., Res. Div.) O. FUCHS. 4050

H. M. Tsuchiya, N. N. Hellman, H. J. Koepsell, J. Corman, C. S. Stringer, S. P. Rogovin, M. O. Bogard, C. Bryant, V. H. Feger, C. A. Hoffman, F. R. Senti und **R. W. Jackson,** *Faktoren, die das Molekulargewicht von enzymatisch gebildetem Dextran bestimmen.* Die bei verschied. Saccharose (I)-Konzz. vorgenommene enzymat. Synth. von *Dextran* (II) zeigt eine Abnahme des Mol.-Gew. des II bei höheren I-Gehh. u. einen nur geringen Einfl. der Veränderung der Konz. der Dextransaccharase (III; 38, 76 bzw. 152 Einheiten). Aus 10%ig. I-Lsg. entsteht das mol. einheitlichste II bei höchster Ausbeute. Aus 30%ig. I-Lsg. wird ein hochmol. u. ein niedermol. Anteil gebildet, aus 70%ig. nur niedermol. II. Bei niedrigem I-Geh. der Reaktionslsg. läßt sich der niederpolymere II-Anteil durch Fructosezusatz steigern. Dabei bildet sich in den ersten 4 Std. der Rk. vor allem hochpolymeres II; dann steigt der Anteil an niederpolymerem. Bei Ggw. von Maltose steigt mit wachsendem Mengenverhältnis Maltose/I die Ausbeute an Oligosacchariden. Bei 30°, 50 III-Einheiten/ml, p_H 5, 10% I u. I/Maltose = 6,6 entsteht ein niedermol. u. ein hochmol. II-Anteil; beim Verhältnis 66 bzw. 660 wird jedoch ein niedermol. Anteil erst in

Ggw. von 20%, nicht aber von 10% I erhalten. — Die früheren Ergebnisse mit niedermol. **II** als Starter wurden bestätigt (vgl. C. **1953.** 5871). Bei Erniedrigung der Reaktionstemp. auf 15° tritt bei gleichzeitiger Abnahme der Reaktionsgeschwindigkeit (Maximum 32—34°) in Ggw. von 1% niedermol. **II** als Starter eine Zunahme des niedermol. Anteils auf. Weiter beeinträchtigt eine hohe **III**-Konz. bei 30° die Bldg. von hochmol. **II**, während bei 15° der Einfl. der **III**-Konz. auf das Mol.-Gew. gering ist. Bei konstant gehaltenem Verhältnis von I/Starter = 10 sinkt das Mol.-Gew. der Hauptkomponente des **II** mit steigender I-Konzentration. Bei konstant gehaltener Startermenge (1%) ändert sich das mol. Verteilungsverhältnis mit der I-Konz. (zwischen 5 u. 20%) nur unerheblich. Verschiebung des p_H-Wertes zwischen 4,7 u. 5,6 ändert die mol. Verteilung nur gering, doch liegt das Geschwindigkeitsmaximum bei p_H 5,0. — Die Ergebnisse werden unter dem Gesichtspunkt gedeutet, daß die Rk. unter Bldg. eines Enzym–Acceptor-Komplexes verläuft u. die Bindung von **III** an die Kette während des Kettenwachstums bestehen bleiben kann, u. daß die Ablösung der **III** von niedermol. Ketten (Startern) leichter ist als von langen.

Versuche: *Dextransaccharase* (**III**), aus I/Maisquellwasser/Nährsalzlsgg. mittels *Leuconostoc mesenteroides NRRL B-512* bei p_H 7,2 → 6,7 → ca. 5; Filtration bei p_H 7,0 bis 7,2; Fällung durch A.-Zugabe (auf 35 Vol.-%) bei p_H 5,0—5,3 u. unter 8° u. Dialyse des durch Zentrifugieren eingedickten, in W. von p_H 5,0 suspendierten Nd. gegen Wasser. Die Präpp. enthielten ca. 700 Einheiten. — Als Starter wurden **II**-Fraktionen mit einem mittleren Mol.-Gew. von 22500 verwendet, die aus mit Startern angesetzten Gärlsgg. durch Fällung bei Methanolgehh. von 51—60 Vol.-% erhalten worden waren. (J. Amer. chem. Soc. **77.** 2412—19. 5/5. 1955. Peoria, Ill., Northern Utilization Res. Branch.) W. WILLENBERG. 4050

Toshio Nakagawa, *Die Benetzungswärmen von Polysacchariden.* 3. Mitt. *Benetzungswärmen von acetylierten und methylierten Polysacchariden.* (2. vgl. C. **1954.** 5539.) Zur Klärung der Frage, ob die bei der Benetzung von Polysacchariden mit H_2O entstehenden Wärmen aus der Wechselwrkg. der OH-Gruppen der Substanz u. dem H_2O-Mol. herrühren, werden *Stärke, Glykogen, Konjacmannan* u. *Inulin* acetyliert u. methyliert. Die gemessenen Wärmen zeigen bei den acetylierten u. methylierten Prodd. erheblich geringere Werte (z. B. Stärke 28,2 (cal/g u. Acetylstärke 5,4 cal/g). Daraus wird auf die Richtigkeit der obigen Annahme geschlossen. (Bull. chem. Soc. Japan **26.** 227—28. Juli 1953. Tokio, Univ. [Orig.: engl.]) W. KAUFMANN. 4050

H. Dieu und **J. Oth,** *Reinheitskontrolle von Proteinlösungen durch Ultrazentrifugierung.* Ein symm. Verlauf des Ultrazentrifugierungsdiagramms kann nicht als Reinheitskriterium einer Substanz dienen, wie ein Gemisch *Ovalbumin–Serumalbumin* (1:1) zeigt, das ein nahezu völlig symm. Sedimentationsdiagramm liefert. Vff. gehen daher für die Reinheitskontrolle von der Gleichung $B^2 = \alpha\, t + \beta\, t^2$ aus, in der B das Verhältnis von Inhalt:Maximalhöhe des Sedimentationsgipfels, α eine von Diffusionskonstanten der Komponenten abhängige Konstante, β eine von der Drehgeschwindigkeit des Rotors, den Diffusionskonstanten u. den Differenzen der verschied. Sedimentationskonstanten der Komponenten abhängige Konstante u. t die Zeit bedeuten. Trägt man log B als Funktion von log t auf, so erhält man für eine homogene Probe, da hier $\beta = 0$ wird, eine Gerade mit einer Neigung von ½ u. für eine heterogene Probe eine Kurve. Eine Anwendung auf die Fraktionierung von Papain ergab für rohe Proben reine Kurven, während 2 Fraktionen Geraden mit annähernd der geforderten Neigung lieferten. (Arch. int. Physiol. **62.** 558—59. Dez. 1954. Liège, Univ., Labor. de Chim. phys.) K. NEHRING. 4070

Jack C. Paulson und **F. E. Deatherage,** *Viscositätsänderungen während des Anfangsstadiums der Hydrolyse von Gelatine durch Katalyse mittels Salzsäure und sulfonierten Polystyrols.* Die Anfangsstadien der Hydrolyse von Gelatine (I) bei verschied. Tempp. unter Verwendung von Dowex 50 (**II**) bzw. n-HCl als Katalysator werden durch Viscositätsmessungen miteinander verglichen. Die Aktivierungsenergien mit 19,6 bzw. 20,2 kcal unterscheiden sich nicht wesentlich. Obwohl beide Prozesse hinsichtlich der Gesamt-$[H^+]$/g I-Substrat vergleichbar sind, verläuft in diesem Stadium die Hydrolyse mit HCl auf Grund der Viscositätsmessungen ca. 12mal schneller als mit **II**. Dieser Unterschied ist teilweise auf unvollständige Dissoziation von **II** zurückzuführen. Da von anderen Arbeiten her bekannt ist, daß die durch HCl oder **II** katalysierte vollständige Hydrolyse einiger Proteine ungefähr die gleiche Zeit benötigt, ist anzunehmen, daß die Hydrolyse kleiner Polypeptide im weiteren Hydrolysenverlauf mit **II** schneller verläuft als mit HCl. (Arch. Biochem. Biophysics **56.** 363—68. Juni 1955. Columbus, O., Ohio State Univ., Dep. of Agricult. Biochem.) W. KÖNIGSDORF. 4070

Eino Kulonen, *Untersuchungen an Partialhydrolysaten von Gelatine.* (Vorl. Mitt.) Im Rahmen der Unters. über Art u. Bindungsform der Kohlenhydratkomponente im

Kollagen wurden Partialhydrolysate von Gelatine fraktioniert u. die gegenüber dem Molisch-Test positiv reagierenden Fraktionen näher untersucht. Neben der Hydrolyse mit 3,5 nHCl u. 0,5 nNaOH (bei 37° jeweils 1 Woche) wurde die Partialhydrolyse mit gesätt. $Ba(OH)_2$ bei 100° über Nacht angewandt. Dieses Partialhydrolysat wurde zur Entfernung der Aminosäuren mit Dinitrofluorbenzol umgesetzt u. mit Ae. extrahiert. Aus der zurückbleibenden wss. Lsg. wurden mit Hilfe der Papierelektrophorese (0,05mol. Barbitursäurepuffer; p_H 8,6) 3 Fraktionen isoliert, die alle positiven Molisch-Test gaben. In der schnellsten Fraktion wurden nach Totalhydrolyse *Asparaginsäure, Glutaminsäure, Alanin, Serin, Glykokoll* u. eine unbekannte Komponente (Glucosamin?), in der nächst langsameren Fraktion zusätzlich *Lysin, Valin* u. *Leucin* gefunden. (Suomen Kemistilehti **B 28.** 107—08. 1955.) W. Königsdorf. 4070

J. Léonis und **P. Levaux,** *Veränderungen des Edestins durch Harnstoff und das Guanidiniumion.* Für die Unterss. wurde die S_{40}-Fraktion von Edestin (I; Léonis, Arch. int. Physiol. **62.** [1954.] 300) verwandt. Zusatz von Harnstoff (II) führt zu einer augenblicklichen Verkleinerung des Mol.-Gewichtes. Die Viscosität ändert sich hierbei um 1,5%, während der Denaturierungsgrad [gemessen an der Fällbarkeit von I durch $(NH_4)_2SO_4$] innerhalb 6 Std. bei 40° bzw. innerhalb 15 Std. bei 25° 100% erreicht. Gleichzeitiger Zusatz von II u. Guanidiniumionen (III) vermindern das Mol.-Gew. von 300000 auf 50000, während sich der Solvatationsgrad von I innerhalb 100 Std. beträchtlich ändert u. die Viscosität um ca. 20% zunimmt. Die Denaturierungsgeschwindigkeit bei 25 bzw. 40° ist in Ggw. von II u. III geringer als in Ggw. von II allein. Vff. deuten diese Ergebnisse in der Hinsicht, daß II die labilen Bindungen von I unter Bldg. kleiner Moll. löst. Diese erfahren durch II eine 1. Form der Denaturierung zu Zwischenstufen, deren Solvatation dann durch III verändert wird. Letztere Erscheinung verläuft sehr langsam u. führt zu einer 2. Form der Denaturierung, die sich von der 1. durch eine Löslichkeitsdifferenz unterscheidet. Da zu gleicher Zeit p_H-Änderungen eintreten, kann auf eine gleichzeitige Veränderung der maskierten ionisierbaren Gruppen von I geschlossen werden. (Arch. int. Physiol. **62.** 567—68. Dez. 1954. Bruxelles, Univ., Fac. des Sci.) K. Nehring. 4070

P. Levaux, *Vergleichende Denaturierung von Handelsedestin und fraktioniertem Edestin.* Beim Roh-Edestin (I) erfolgt bei Denaturierung durch Harnstoff bei 25° in Ggw. von Guanidiniumionen innerhalb von ca. 15 Std. ein rascher Anstieg von Viscosität, Trübung u. Gesamtvol. der Lösung. Etwa von der 15. Std. an ändert sich nur die Trübung nicht mehr, was mit einer Solvatationsänderung von I von diesem Zeitpunkt an vereinbar ist, da die Solvatation wahrscheinlich die Differenz der Brechungsindices zwischen Lösungsm. u. I verringert, so daß der Trübungseffekt geringer als der viscosimetr. ist. Außerdem ist bemerkenswert, daß die Induktionsperiode der Viscositätskurven, die bei fraktioniertem I auftritt, bei Roh-I nicht zu beobachten ist. Vf. führt dies auf die ca. 40%ig. Verunreinigung des Roh-I zurück, die die Eigg. denaturierten I aufweist, u. nimmt an, daß die Induktionsperiode, nach der die sek. Solvatation des denaturierten I eintritt, fehlen muß, wenn bereits anfänglich ein beträchtlicher Anteil an denaturiertem I vorliegt. Andererseits ist zu erwarten, daß der Gesamteffekt der Solvatation in beiden Fällen gleich sein müßte, was dadurch bestätigt wird, daß der Viscositätsanstieg innerhalb von ca. 100 Std. in jedem Fall ca. 20% beträgt. (Arch. int. Physiol. **62.** 568—69. Dez. 1954. Bruxelles, Univ., Fac. des Sci.) K. Nehring. 4070

E. Biologische Chemie. Physiologie. Medizin.

E_1. Allgemeine Biologie und Biochemie.

H. Kikkawa, Z. Ogita und **S. Fujito,** *Die Natur der sich von Tyrosin und Tryptophan herleitenden tierischen Farbstoffe.* Ausgehend von der Annahme, daß vom *Tryptophan* über *Kynurenin* u. *3-Oxykynurenin* sich ableitende Insektenfarbstoffe (Auge, Eiserosa) aus Metallkomplexsalzen bestehen, schlagen Vff. eine Hypothese vor, wonach noch andere unbekannte Naturfarbstoffe in vivo ebenfalls in dieser Form vorliegen. Eine Beziehung zwischen Färbung u. Art des Metalls besteht vor allem bei Farbstoffen, die sich vermutlich vom Tyrosin herleiten: *Leuconin*, weiß, verbunden mit *Ni*; *Luteanin*, gelb, mit *Ti*, rot, mit *Mo*; *Melanin*, blau, grün, braun, mit *Cu, Co, Fe*. Vff. nehmen an, daß jeder Farbstoff durch ein Enzym mit einem bestimmten Metall als prosthet. Gruppe entsteht u. die Enzymtätigkeit jeweils durch ein spezielles Gen gesteuert wird. Neuerdings wurden analoge Beziehungen auch zwischen Metallart u. Anthocyan- oder Carotinoidfarbstoffen in den Petalen oder im Pericarp von Pflanzen festgestellt. (Science [Washington] **121.** 43—47. 14/1. 1955. Osaka, Japan, Univ., Fac. of Med., Dep. of Gen.) K. Maier. 4100

Rolf M. Sievert, *Messungen der γ-Strahlung des menschlichen Körpers.* Vorläufige Messungen der γ-Strahlung des menschlichen Körpers mit einer Spezialmeth. (Druckionisationskammer u. Elektrometerröhre) bestätigen die Zunahme des Ra-Geh. mit zunehmendem Alter. Bei ausreichendem Abstand zwischen Ionisationskammer u. Versuchsperson u. möglichst langer Meßdauer in unterird. Räumen unter Verwendung von Schutzwänden gegen γ-Strahlung der Umgebung sind korrekte Daten zu erwarten. (Ark. Fysik 3. 337—46. 1952. Stockholm, Inst. of Radiophys.) WERNER SCHULZ. 4102

A. M. Clark, *Die Wirkung von Farbstoffen auf die Mutation bei Drosophila melanogaster.* Vf. untersuchte die Wrkg. folgender Farbstoffe im Hinblick auf ihre Eig., bei Drosophila melanogaster letale Mutationen auszulösen: *Pyronin* (I), *Acridinorange, Neutralrot, Gallocyanin, Phenosafranin, Methylgrün, Kristallviolett, Thionin, Methylenblau.* Am stärksten wirkte I-Konz. der Farblsg. von ca. 0,1%. Vf. nimmt an, daß die mutagene Aktivität von der Affinität des Farbstoffs zu unpolymerisierten Nucleinsäuren abhängt. (Amer. Naturalist **87.** 295—305. Sept./Okt. 1953. Melbourne, Univ., Dep. of Zool.) P. G. SCHEURLEN. 4130

Irwin H. Herskowitz, *Die Wirkung des Formaldehyds auf die Mutation in verschiedenen frühen Entwicklungsstadien von Drosophila melanogastermales. Formaldehyd* in einer Konz. von 0,2% bewirkt bei Männchen von D. melanogaster in 4,2% Letalmutationen, wenn es innerhalb 12—24 Std. nach Eiablage einwirkt; in früheren oder späteren Entwicklungsstadien beträgt die Mutationsrate 7—9%. (Amer. Naturalist **88.** 45—49. Jan./Febr. 1954. Bloomington, Ind., Univ., Dep. of Zool.) P. G. SCHEURLEN. 4130

R. F. Kimball, *Genetische Wirkungen der Bestrahlung.* Übersicht. — 108 Literaturangaben. (Annu. Rev. Nuclear Sci. **1.** 479—94. 1952. Oak Ridge, Tenn., Oak Ridge Nat. Labor., Biol. Div.) P. LOCH. 4130

Osmo Järvi und **Antero Levanto,** *Über die bei Verwendung histochemischer Polysaccharidteste sichtbare Struktur von Bakterienzellen.* Beim Polysaccharidnachw. in Bakterien durch Einw. von Chromsäure oder Perjodsäure u. anschließendem Nachw. der gebildeten Aldehyde mit ammoniakal. $AgNO_3$-Lsg. wurden in Kokken u. Stäbchenbakterien Septen gefunden, die offensichtlich in Beziehung zur Zellteilung stehen. Sie entwickelten sich infolge unvollständiger Abtrennung von Tochterzellen. Schwankungen in der Größe von Bakterienzellen u. die verschiedenartige Länge von Stäbchenbakterien beruhen möglicherweise auf einer derartigen „inneren Teilung" ohne weitere morpholog. Veränderungen innerhalb der Zelle. (Acta pathol. microbiol. scand. **27.** 473—86. 1950. Turku, Univ., Dep. of Pathol. Anat. and Dep. of Bacter. and Serol.) K. MAIER. 4150

V. G. Allfrey, A. E. Mirsky und **H. Stern,** *Die Chemie des Zellkerns.* Übersicht. Untersuchungsmethoden, *Nucleinsäuren* (I) des Zellkerns, Protein (II)-Geh., Art des II (Protamin, Histone u. a.), Tracerunterss. des I-Stoffwechsels, Kernenzyme, Physiol. des Kerns (Rolle bei der II-Synth., Sitz der genet. Übertragung, Art u. Weise der Chromosomenwrkg.). — 303 Literaturangaben. (Advances Enzymol. **16.** 411—500. 1955. New York, N. Y.) K. MAIER. 4150

G. Bruns und **H. Beerhalter,** *Farbstoffanalysen. Das Fluorochromgemisch Thioflavin-S.* Der Fluorochromierungsfarbstoff *Thioflavin-S* (I) besteht auf Grund der Ergebnisse von Capillaranalyse, Elektrophorese u. UV-Spektrographie aus 3 Farbstoffkomponenten, von denen 2 elektronegativ sind u. als Ionen des Farbsalzes von p_H 2,5 bis 11,0 wie I blau fluorescieren, während der 3. ein prakt. elektroneutraler gelber Farbstoff (II) ist, der nur im stark sauren Gebiet (bis p_H 3,0) dissoziiert u. dann blau fluoresciert [*Thioflavin-T*(?)]. I stellt ein hochmol. Gemisch sulfonierter u. methylierter Primulinbasen dar. Die angeblich spezif. braune „Metachromasie" von I in Ggw. von Albuminen läßt sich durch mol. Adsorption von II an das Substrat deuten, während ein elektroadsorptiver u. rein physikal. Färbemechanismus durch Diffusion auszuschließen ist. Die polychromat. I-Fluorescenz tritt bei bestimmter elektrostat. Konstellation der Gewebe ein, wobei die blau fluorescierenden Komponenten elektroadsorptiv, II nach vorheriger Absättigung der Gewebe durch mol. Adsorption wirken. Diese elektrostat. Voraussetzungen gelten nicht nur für permeierte oder gespeicherte Proteine, sondern auch für andere Polymere (Periston). *Methylgrün*-I kommt keine eiweiß(albumin)-spezif. Fluorescenz zu. (Acta histochem. [Jena] **1.** 254—72. 16/5. 1955. Jena, Univ., Pathol.-Anatom. Inst.) K. MAIER. 4150

K. A. Bisset, *Interpretation der Erscheinungen bei der Zellfärbung von Bakterien.* Eine Reihe von Besonderheiten bei der Zellfärbung von Bakterien werden beschrieben. Bes. Fixierung u. Dehydrierung führen zu Deformierungen. Es gibt vielzellige Bakterien, deren Querwandstrukturen irrtümlich als Kernstrukturen behandelt wurden. Eine Erschwerung stellten basophile Strukturen der Zellwände dar. Die Behauptungen, Bakterien besäßen echte Kerne, wurden widerlegt. (Exp. Cell Res. **3.** 681—88. Dez. 1952. Birmingham, Univ., Dep. of Bacteriol.) I. PLAMBECK. 4150

L. Holczinger und **I. Dévényi,** *Beziehung der Mastzellen zur Bindegewebsbildung.* Bei der tierexperimentellen Unters. an Ratten über die Bedeutung der Mastzellen bei der Wundheilung ergab sich keinerlei Beziehung der Mastzellen zur Bindegewebsbildung. Es ist jedoch möglich, daß die Mastzellen als Heparinbildner indirekt die Wrkg. der *Hyaluronidase* bei der Entw. des Granulationsgewebes hemmen. (Acta morphol. Acad. Sci. hung. **5.** 37—41. 1955. Debrecen, Med. Univ., Dep. of Pathol., Anat. and Histol.) H. GOHR. 4150

I. N. Sweschnikowa, *Über das Auftreten von Fett in Stärkekörnern.* Durch cytolog. Unters. der Frühstadien der Samenbldg. bei Sonnenblume, Senf, Mohn u. Lein wurde festgestellt, daß in einem Teil der Stärkekörner in einem gewissen Stadium Fetttröpfchen auftreten, wobei im Stärkekorn nur geringe Fetteinschlüsse vorhanden sind oder das Fett den größten Teil des Stärkekorns einnimmt. Ausgehend vom Plastidenursprung der Stärke ist die Fettbldg. in ihr als ein Prozeß in den Organoiden der Zelle anzusehen. (Доклады Академии Наук СССР [Ber. Akad. Wiss. UdSSR] [N. S.] **95.** 889—92. 1/4. 1954. Timirjasew-Inst. für Pflanzenphysiol. der Akad. der Wiss. der UdSSR.) O. LEBTAG. 4150

Erkki V. S. Koskinen, *Cytologie der Leber beim Ileus. — Eine Untersuchung auf Grund der Leberbiopsien.* Vf. versucht bei akutem Ileus mit Hilfe der Leberbiopsie aus dem histolog. Bild Leberveränderungen zu erkennen u. prognost. Schlüsse zu ziehen. Er glaubt Unterschiede im *Glykogen-* u. *Fett*-Geh. der Leber zu sehen. — Zahlreiche Literaturangaben. (Acta chirurg. scand., Suppl. **1955.** Nr. 200. 1—86. Helsinki, Finnland, Univ. of Helsinki, Inst. of Forensic Med., Dep. of Surg. Kotkan Yleinen Sairaala, Kotkan, and Dep. I of Surg. Helsingin Yleinen Sairaala.) D. NEUBERT. 4150

R. Parmentier und **G. Astaldi,** *Erste Untersuchungen über die Wirkung des Hydrochinons auf die Proliferation menschlicher Knochenmarkszellen bei der Kultur in vitro. Hydrochinon* (**I**) in *Tyrode* gelöst, bewirkt beim Zusatz auf menschliches Knochenmark in vitro bei einer Endkonz. von 1:5—10000 die spezif. Rk. der Metaphase mit polaren Chromosomen. Die Wrkg. von **I** in vitro ist die gleiche wie im Tierexperiment; es handelt sich um eine reine Mitosewrkg. u. nicht um eine unspezif. Zellschädigung. (Boll. Soc. ital. Biol. sperim. **29.** 1315—17. Juli 1953. Pavia, Univ., Ist. di Clin. Med. Gen., u. Bruxelles, Univ., Labor. d'Anat. Pathol.) H. WRBA. 4150

L. V. Heilbrunn, Alfred B. Chaet, Arnold Dunn und **Walter L. Wilson,** *Antimitotische Substanzen aus Ovarien.* Bei den Unterss. von Ovarien des Seesternes *Asterias forbesii* konnte durch Extrahieren eine Substanz gewonnen werden, die bei Eiern des Borstenwurmes *Chaetopterus pergamentaceus* eine Reifung verhindert. Chromatograph. u. absorptionsspektrometr. Bestimmungen lassen vermuten, daß es sich dabei um eine dem Heparin nahestehende Verb. handelt; außerdem geht die Wrkg. durch die Behandlung mit Perjodat verloren. — 30 Literaturangaben. (Biol. Bull. **106.** 158—67. April 1954. Woods Hole, Mass., Univ. of Pennsylvania, Dep. of Zool. and Marine Biol. Labor.) W. KNÖPKE. 4150

Lucie Arvy, *Wirkung der Injektion von Östrogen auf die Mastzellen bei weißen Mäusen.* Nach Injektion von 100 γ *Dihydrofolliculinbenzoat* (*Benzogynoestryl* ROUSSEL) zeigte sich, bei männlichen Mäusen geringer als bei weiblichen, eine Zunahme der Mastzellen in einer generalisierten Form, die mehr der Labrocytose bei Hypothyreodismus ähnelt als dem Adaptionssyndrom nach *Alloxan* oder Röntgenbestrahlung, welches auf eine Zunahme der Mastzellen in den hämatopoet. Organen beschränkt bleibt. Daß *Folliculin* ein Antagonist von *Thyroxin* in vielen hormonempfindlichen Organen ist, scheint der Grund der geringeren Labrocytose bei Männchen zu sein. (Nature [London] **175.** 506. 19/3. 1955. Paris, Sorbonne, Labor. d'Anatom. et Histol. com.) G. WELTZIEN. 4150

Richard Biebl und **Waldtraut Rossi-Pillhofer,** *Die Änderung der chemischen Resistenz pflanzlicher Plasmen mit dem Entwicklungszustand.* Vff. untersuchten die Resistenz der Epidermis verschied. Versuchspflanzen gegenüber H_3BO_3, $ZnSO_4$, $MnSO_4$. u. $Cr_2(SO_4)_3$ in Konzz. von 0,0001—1 bzw. 20%. Resistenzverschiebungen erfolgten mit zunehmendem Alter u. sind teilweise von jahreszeitlichen Einflüssen abhängig. Im allg. dürfte das Cytoplasma die Höhe der Resistenz bestimmen, jedoch ist das Plasmalemma möglicherweise mit Abdichtungsmechanismen an einer Resistenzerhöhung beteiligt. (Protoplasma **44.** 113—35. 1954. Wien, Univ., Pflanzenphysiol. Inst.) HANS THIELE. 4150

Sidney Roberts und **Abraham White,** *Der Einfluß der Nebennierenrinde auf die aerobe Glykolyse normalen und malignen lymphatischen Gewebes bei Ratten.* Die Atmung u. aerobe Glykolyse isolierten lymphat. Gewebes (Milz, Thymus u. Mesenteriallymphknoten) wird durch Adrenalektomie sowie *ACTH* u. *Nebennierenrindenextrakt* (Nne.) nicht beeinflußt. Dagegen wird die Glucoseverwertung durch lymphosarkomat. Gewebe in vitro durch vorangegangene Gaben von ACTH oder Nne. merklich erhöht. Eine Änderung in der Lactatanhäufung oder im gesamten oxydativen Stoffwechsel konnte nicht beobachtet werden. Die möglichen Beziehungen dieser Befunde zur Hemmung von lymphoidalen Tumoren durch *Cortison* u. ACTH sind noch nicht restlos geklärt. Möglicherweise ist das erhöhte Kohlenhydratbedürfnis als verantwortlicher Faktor für die Tumorrückbldg. anzusehen. (Endocrinology **52.** 372—77. April 1953. Los Angeles, Calif., Univ. of California, School of Med., Dep. of Physiol. Chem.) HANS THIELE. 4160

Gy. Rappay und **T. Barka,** *Plasmasprossung bei Ascites-Tumorzellen der Maus nach Einwirkung von Janus-Grün B.* Vff. beschreiben Plasmasprossung bei Ascitestumorzellen der Maus nach Einw. von *Janus-Grün B* (I). Neutralisiertes Adenosintriphosphat konnte diesen Vorgang nicht verhindern, während unter Monojodessigsäure u. Urethan die Plasmasprossung nach I nicht auftrat. (Acta morphol. Acad. Sci. hung. **5.** 379—83. 1955. Budapest, Inst. of Exp. Med. of Hungarian Acad. of Sci., Dep. of Morphol.) K. BÖHM. 4160

L. Váczy, Gy. Méhes und **T. Sándor,** *Die tumorerzeugende Wirkung von Östrogenen, Testosteron und Kastration.* Vff. untersuchten an weißen Mäusen, die *Dibenzanthracen* (I) als krebserzeugende Substanz gespritzt bekamen, den Einfl. von *Östrogenen* (**II**), *Testosteron* (**III**) u. Kastration (**K**) auf die Tumorbildung. **II** begünstigt die Tumorentw. nach I stark, **K** hatte bei ♀ Mäusen die gleiche Wrkg., bei ♂ Mäusen schien **K** dem malignen Wachstum keinen Vorschub zu leisten. Bei **III** zeigte sich keine Begünstigung des Tumorwachstums. (Acta morphol. Acad. Sci. hung. **5.** 329—34. 1955. Budapest, Univ., 2nd. Dep. of Gynaecol. and Obstetr.) K. BÖHM. 4160

Grayson Carroll und **Robert V. Brennan,** *Endokrine Therapie des Prostatacarcinoms.* Nur die Fälle von Prostatacarcinom, bei denen dieses noch nicht über die Drüse selber hinausgewachsen ist, bedürfen keiner endokrinen Behandlung. Meth. der Wahl ist kombinierte chirurg. u. endokrine Behandlung. Injektion von radioakt. Gold verspricht bei fixiertem Carcinom ohne Metastasen einigen Erfolg. Intramuskuläre Injektion von *Hydrocortison* u. bes. von *Chlortrianisin* (*Tris-[p-anisyl]-chloräthylen*), einem neuen synth. Östrogen, hat gute Erfolge, da letzteres im Fett angereichert u. langsam freigegeben wird u. weder die Nebenniere noch die Zirbeldrüse aktiviert. (J. Amer. med. Assoc. **157.** 581—83. 12/2. 1955. St. Louis, Univ., Clin. of Urol.) G. WELTZIEN. 4160

K. Geipel, *Kritische Bemerkungen zur Hypervitaminisierungstherapie maligner Tumoren mit Vitamin A.* Vf. berichtet über die bisherigen Erfahrungen der Hypervitaminisierungstherapie mit *Vitamin A* bei der Behandlung maligner Tumoren. Nach Mitt. eigener Versuchsergebnisse (täglich 300000 E. *Vogan-Neu,* E. MERCK, Darmstadt) wird erörtert, ob Vitamin A nur als Differenzierungshemmer wirkt oder ob Stoffwechseleinflüsse u. antagonist. Hormonwirkungen nicht ebenfalls eine wichtige Rolle spielen. (Med. Klin. **50.** 782—83. 6/5. 1955. Berlin, Charité, Geschwulstklinik.) K. BÖHM. 4160

A. Haraszti und **B. Kellner,** *Die Wirkung von akuter und chronischer Urethanbehandlung bei der Ratte.* Vff. untersuchten an Ratten die Wrkg. von akuter u. chron. *Urethan* (I)-Zufuhr u. fanden, daß schwerste Schäden an den Lymphknoten, am Duodenum u. den Testikeln auftreten. Die Veränderungen bei chron. Zufuhr entsprechen denen bei akuter. Die Schäden sind weniger schwer als bei *Colchicin* (**II**), *Podophyllin* oder *Stickstofflost.* Im Blut entwickelt sich absol. Lymphopenie u. relative Leukocytose. Bei chron. Behandlung tritt keine aplast. Destruktion im Knochenmark auf, wie dies bei **II** der Fall ist. **I** wirkt auf ruhende u. sich teilende Zellen. (Acta. morphol. Acad. Sci. hung. **5.** 191—203. 1955. Debrecen, Univ., Dep. of Pathol. Anat. and Histol.) K. BÖHM. 4160

William C. Levin, A. P. Thaddeus, John R. L. Vaughan und **S. Y. Tsai,** *Versuche mit Tetramethylen-1.4-bis-methylsulfit (Myleran) zur Behandlung der chronischen myelocytischen Leukämie.* An 6 Patienten wurden zusätzlich zur üblichen Therapie 4—6 mg *Myleran* täglich verabreicht. 1—10 Tage nach Therapiebeginn zeigte sich in allen Fällen eine wesentliche subjektive u. klin. Besserung, die nach 1—4 Wochen ihr Maximum erreichte. In allen Fällen trat Senkung der Leukocytenzahlen, Wiederherst. der absol. Zahl reifer neutrophiler Leukocyten, Verminderung der Schwere der Anämie durch Erreichung n. Werte u. Red. der Hepatosplenomegalie ein. Alarmierend war jedoch, daß 2 Patienten eine akute Myeloblastose entwickelten, der sie erlagen. (J. Lab. clin. Med. **44.** 890. Dez. 1954.) R. LAFFERENZ. 4160

John Louis, William R. Best und **Louis R. Limarzi,** *Behandlung der chronischen granulocytischen Leukämie mit Myleran (Tetramethylen-1.4-bis-methylsulfit).* 11 Patienten mit chron. Leukogranulocytose u. Leukocytenwerten zwischen 20300 u. 170000/mm³ erhielten 6 mg *Myleran*/Tag, worauf bei allen eine Normalisierung der Leukocytenwerte (weniger als 10000/mm³) eintrat, die von einer allg. hämatolog. Besserung (Ansteigen der Hämoglobinwerte) begleitet war. Bei 3 Patienten trat eine Leukopenie auf. Eine vorübergehende Besserung des Blutbildes über 3–4 Wochen, obwohl kein Myleran mehr verabreicht wurde, konnte bei 3 Patienten erzielt werden. (J. Lab. clin. Med. **44.** 893–94. Dez. 1954.) R. LAFFERENZ. 4160

E_2. Enzymologie. Gärung.

Robert W. Harrington jr., *Entgegengesetzte Empfindlichkeit von zwei Fischarten gegen eine Vitamin B_1 zerstörende Diät.* Species von Schilbeodes mollis (ein Seewolf) u. von Enneacanthus obesus (ein Riesenhai) wurden ausschließlich mit Karpfeneiern gefüttert. Von diesen ist bekannt, daß sie eine Athiaminose bewirken; sie sind reich an *Thiaminase.* Während der Riesenhai bei dieser Diät keinerlei Anzeichen einer Athiaminose zeigte, traten bei dem anderen Fisch starke Symptome der Athiaminose u. Tod ein. Eine karpfeneierfreie Diät bewirkte auch ohne Zugabe von *Thiamin* keine Athiaminose. Die Ergebnisse werden im Hinblick auf die Verteilung der *Thiaminase* unter den Fischen diskutiert. (J. Fisheries Res. Board Canada **11.** 529–34. Sept. 1954. Hartford, Conn., Trinity Coll., Biol. Dep.) H. R. SCHÜTTE. 4210

Joseph R. Stern, Minor J. Coon und **Alice del Campillo,** *Acetoacetylcoenzym A als Zwischenprodukt im Enzymabbau und Synthese aus Acetessigester.* Bei Behandlung von Succinyl-CoA u. Acetessigester mit CoA-Transferase (**II**; aus Herzen) kann ein säurestabiles Zwischenprod., *Acetoacetyl-CoA* (**I**), als alkohollösl. Ba-Salz isoliert werden, das in Ggw. von CoA–SH, Oxalacetat oder citratkondensierender Enzyme nur dann ein Citrat bilden kann, wenn acetoacetatkondensierende Enzyme von Herz oder Leber gegenwärtig sind. Weitere Reinigung von **I** durch Chromatographie, R_F-Wert in A. + Acetat 0,52 bei 24°. **I** gibt Nitroprussid-Rk. nur nach Behandlung mit Alkali. In Lsg. von p_H 8,1 zeigt **I** starke UV-Banden bei **290–220** mμ (Spitze bei 305 mμ). Die Absorption wird durch Mg^{2+} erhöht. **I** oxydiert DPNH in Ggw. von **II**, wobei die Rk. opt. am Verlöschen der Banden bei **310** oder **340** mμ quantitativ verfolgt werden kann. Das Reaktionsprod. *β-Oxybutyryl-CoA* läßt sich chromatograph. (R_F = 0,64) isolieren. (J. Amer. chem. Soc. **75.** 1517–18. 20/3. 1953. New York, N. Y., Univ., Coll. of Med., Dep. of Pharm.) H. FINDEISEN. 4210

J. Baddiley, G. L. Cantoni und **G. A. Jamieson,** *Strukturbeobachtungen an „aktivem Methionin“.* (Vgl. C. **1953.** 3737.) Bei der Hydrolyse von *„akt. Methionin“* (**I**) wird *5'-Desoxy-5'-methylthioadenosin* isoliert, das in allen Eigg. mit der gleichen synthet. Verb. ident. ist. Dadurch wird die Annahme der Konst. von **I** als *S-[5'-Desoxy-5'-methylthio]-methionin* bekräftigt. Das Vorhandensein einer Sulfoniumgruppe findet eine Stütze in der schnellen Wanderung von **I** zur Kathode bei der Papierelektrophorese. — *5'-Desoxy-5'-methylthioadenosin:* (**II**) F. 205°. Ein Konzentrat von **I** wird im geschlossenen Rohr 48 Std. auf 100° erhitzt. Krist. Nd. aus Wasser. — *Papierchromatographie* (Fluorescenz im UV-Licht): A.–Eisessig–W.–**I** R_f 0,14, **II** R_f 0,57; 5% Na_2HPO_4 **I** R_f 0,73, **II** R_f 0,58; 5% $(NH_4)SO_3$ **I** R_f 0,73, **II** R_f 0,58. — *Elektrophorese:* **I** 0,2, **II** 0,07 cm h^{-1}/v cm^{-1}. (J. chem. Soc. [London] **1953.** 2662–64. Sept. Cleveland, O., Western Reserve Univ., School of Med., Dep. of Pharmacol.; London, Lister Inst. of preventive Med.) H.-J. BESTMANN. 4210

George H. Hogeboom und **Walter C. Schneider,** *Cytochemische Untersuchungen.* 6. Mitt. *Die Synthese von Diphosphopyridinnucleotid durch Leberzellkerne.* (5. vgl. C. **1955.** 10767.) Vff. stellen fest, daß das Enzym aus Mäuseleber, das die Synth. von Diphosphopyridinnucleotid aus Nicotinamidmononucleotid u. Adenosintriphosphat katalysiert, nur in isolierten, bes. in intakten Zellkernen, nicht oder nur spurenweise im Cytoplasma nachgewiesen werden kann. Aus durch Ultraschall zerstörten Kernen läßt sich eine Fraktion gewinnen, in der das Enzym bei 130000 · g nicht sedimentiert. 90% der Aktivität lassen sich aus den Kernen mit 1 mol. NaCl extrahieren, 50% davon bei Dialyse gegen 0,17 mol. NaCl wieder präcipitieren. (J. biol. Chemistry **197.** 611–620. Aug. 1952. Bethesda, Md., Nat. Cancer Inst.) W. ZILLIG. 4210

Christian B. Anfinsen, W. F. Harrington, Aa. Hvidt, K. Linderstrøm-Lang, M. Ottesen und **John Schellman,** *Untersuchungen über die strukturelle Grundlage der Ribonucleaseaktivität.* (Vgl. C. **1954.** 8601.) Zur Charakterisierung von *Ribonuclease* (**I**) unter verschied. Bedingungen wurden an a) nativer **I**, b) **I** in 8 mol. Harnstofflsg. (**II**) u. 2,5 mol. Guanidinchloridlsg. (**III**) u. c) perameisensäure (**IV**)-oxydierter **I** Messungen der opt. Drehung, ($[\alpha]_D^{20}$ 74,0°, 108°, 91,1°; λ_C 2330, 2170, 2220), der Grenzviscosität $[g/100 cm^3]^{-1}$ 0,033, 0,089, 0,116), der Austauschgeschwindigkeit der Peptidbindung-H-Atome (theoret. 127 austauschbare H-Atome; 70, alle, alle) u. der enzymat. Aktivität gegenüber *Ribonucleinsäure* (**V**) u. *Uridin-2'.3'-phosphat* (**VI**) durchgeführt. Alle Daten sprechen dafür, daß das durch **II** oder **III** denaturierte **I**-Mol. sich hinsichtlich Form u. Disorientierung dem durch **IV**-Oxydation gebildeten nähert. Nach 2 tägiger Behandlung mit 8mol. **II** bei 5° blieb **I** gegenüber **V** voll wirksam. Die Hydrolyse von **VI** verlief in **II** etwas langsamer als ohne **VI**. Nach diesen Ergebnissen scheint nur ein relativ kleiner Teil des I-Mol. unmittelbar an der katalyt. Aktivität beteiligt u. möglicherweise ein beträchtlicher Anteil der I-Struktur, katalyt. betrachtet, entbehrlich zu sein. (Biochim. biophysica Acta [Amsterdam] **17**. 141—42. Mai 1955. Copenhagen, Carlsberg Labor.)

K. MAIER. 4210

S. M. Kalman, K. Linderstrøm-Lang, M. Ottesen und **F. M. Richards**, *Abbau der Ribonuclease durch Subtilisin.* Proteolyt. Abbau von *Ribonuclease* (I) durch *Subtilisin* führt nach 350 Min. unter Lsg. von durchschnittlich 22 Peptidbindungen/Mol zu Peptiden mit einer durchschnittlichen Kettenlänge von 6. Bei einem selbsthergestellten Präp. der I mußten erst mindestens 5 Peptidbindungen abgespalten werden, ehe eine kleine Abnahme der Wrkg. erfolgte. Bei einem zweiten I-Präp. (NORDISK INSULIN LABOR.) bestand dagegen von Anfang an Parallelität zwischen Spaltung der Bindungen u. Abnahme der Wirksamkeit; bei diesem Präp. (bei dessen Spaltung offenbar keine Zwischenprodd. auftreten) wurde beobachtet, daß die Wrkg. der I gegen *Ribonucleinsäure* u. ihre (zweite) Wrkg. gegen *cycl. Uridylsäure* nicht gleichzeitig verschwinden. (Biochim. biophysica Acta [Amsterdam] **16**. 297—99. Febr. 1955. Copenhagen, Carlsberg Labor.)

A. HESSE. 4210

George Kalnitsky und **E. E. Anderson**, *Die Einwirkung von Carboxypeptidase auf Ribonuclease.* Um den Mechanismus der Wrkg. von Enzymen aufzuklären, ist es wichtig, zu wissen, ob das gesamte Protein für die Wrkg. nötig ist. Für derartige Unterss. ist krist. *Ribonuclease* (I) bes. geeignet, da I bei relativ einfacher Struktur kein Coenzym oder Metallion benötigt u. in elektrophoret. einheitlicher Form erhältlich ist. Bei Einw. von Carboxypeptidase, die neuerdings häufig zur Best. der Endgruppen von Proteinen verwendet wird, werden nacheinander *Valin, Leucin, Phenylalanin, Alanin, Tyrosin* u. *Methionin* (sämtlich chromatograph. bestimmt) freigesetzt; Ggw. von *Arginin, Lysin, Glykokoll* u./oder *Serin, Asparaginsäure* u./oder *Glutaminsäure* wurde nachgewiesen. Da sogar nach $7^1/_2$std. Einw., bei der 30% der I offenbar von der endständigen Valingruppe befreit war, die Wirksamkeit der I nicht verringert wurde, ist anzunehmen, daß zu der Enzymwrkg. nicht das gesamte Protein benötigt wird. (Biochim. biophysica Acta [Amsterdam] **16**. 302—03. Febr. 1955. Iowa City, Io., State Univ. of Iowa Coll. of Med., Dep. of Biochem.)

A. HESSE. 4210

Akira Kuninaka, *Untersuchungen über die Zersetzung von Nucleinsäuren durch Mikroorganismen.* 2. Mitt. *Über das ribonucleolytische System des bei der Shôyu-Herstellung verwendeten Aspergillus oryzae.* (1. vgl. J. agric. chem. Soc. Japan [Nippon Nôgeikagaku Kaishi] **28**. [1954.] 282.) Das ribonucleolyt. Syst. von *A. oryzae* (var. Nr. 13) baut Hefe-*Ribonucleinsäure* (I) hauptsächlich nach folgendem Schema ab: Die Aktivität des *Ribonucleodepolymerase* (II)-Syst. bleibt nach Erhitzen, Dialyse u. Einw. eines

I $\longrightarrow$ Uranreagens-lösl. Zwischenstufen $\longrightarrow$ *Nucleoside* + anorgan. P
(*Mono-* oder *Oligonucleotide*)
II (thermostabil) III (thermolabil)

schwach bas. Anionenaustauschers (Amberlite IR-4B) erhalten, während das *Ribonucleophosphatase* (**III**)-Syst. hierdurch leicht inaktiviert wird. NaF hemmt die **III**-Wrkg. vollständig, die von **II** kaum. Die Thermostabilität von **II** ist im p_H-Bereich von 5,5—6,5 bes. ausgeprägt. 10 Min. Erhitzen auf 100° in 0,05n Na-Acetatlsg. zerstört 6% der Wirksamkeit. Das **II**-Aktivitätsoptimum liegt bei ca. 60° u. p_H 4,0. (J. agric. chem. Soc. Japan [Nippon Nôgeikagaku Kaishi] **29**. 52—57. Jan. 1955. Chôshi, Yamasa Shôyu Co., Ltd., Microbiol. Labor. [Orig.: japan.; Auszug: engl.]) K. MAIER. 4210

Marianne Grunberg-Manago und **Severo Ochoa**, *Enzymatische Synthese und Abbau von Polynucleotiden; Polynucleotidphosphorylase. Azotobacter vinelandii*-Extrakte katalysieren in Ggw. von Mg^{2+} unter Freisetzung von *Orthophosphat* (I) einen raschen Austausch von ^{32}P-markiertem I mit dem endständigen Phosphat von *Adenosindiphosphat* (II), *Inosindiphosphat* (III), *Uridindiphosphat* (**IV**), *Cytidindiphosphat* (**V**) u. *Guanosindiphosphat* (**VI**). Die enzymat. Aktivität wurde durch $(NH_4)_2SO_4$-Fraktionierung u. $Ca_3(PO_4)_2$-Adsorption 40fach angereichert, wobei das Verhältnis der Geschwindigkeiten von II-Phosphataustausch/I-Abspaltung konstant blieb. Mit den entsprechenden Nucleosidtriphosphaten oder -monophosphaten erfolgt keine Reaktion. Bei Incubation des gereinigten Enzyms mit **III** in Ggw. von Mg^{2+} verschwanden 50 bis 60% **III** unter Abspaltung einer stöchiometr. Menge **I**. Dem fehlenden Nucleotid entsprach ein wasserlösl., nichtdialysierbares, durch Trichloressigsäure oder A. fällbares Prod. (**VII**). **VII** gab ziemlich viscose Lsgg., zeigte ein typ. Nucleotid-UV-Absorptionsspektr. u. besaß auf Grund des chromatograph. Verh. an Dowex-Anionaustauschsäulen stark sauren Charakter. Milde alkal. Hydrolyse führte zu *2'*- u. *3'-Inosinmonophosphat*

(VIII), während bei der Hydrolyse durch Schlangengiftphosphodiesterasepräpp *5'*-VIII identifiziert wurde. Anscheinend sind in dem VIII-Polymeren (VII) *5'*-Mononucleotideinheiten miteinander durch 2'- oder 3'-Phosphoriboseesterbindungen oder durch beide verbunden. Ähnliche Polymere wurden bislang noch aus II u. IV erhalten. Die durch das Azotobacterenzym katalysierte Rk. ist leicht umkehrbar, wobei in Ggw. von Mg^{2+} das III-Polynucleotid (VII) Phosphorolyse zu III erleidet. Das neue Enzym katalysiert die Rk. n-X—R—P—P $\rightleftharpoons$ $(X—R—P)_n$ + n P, wobei R Ribose ist u. X Adenin, Hypoxanthin, Guanin, Uracil oder Cytosin sein kann (P = Phosphat). Möglicherweise stellt die reversible Phosphorolyse einen wesentlichen Mechanismus im biol. Auf- u. Abbau von Polynucleotidketten dar. (J. Amer. chem. Soc. **77.** 3165—66. 5/6. 1955. New York, N. Y., Univ. Coll. of Med., Dep. of Biochem.) K. MAIER. 4210

Shizuo Watanabe und **Kingiro Sukagawa,** *Adenosintriphosphataseaktivität des Fischmuskels.* Die *Adenosintriphosphatase* (ATP-ase)-Aktivität für Myosin A (I), Myosin B (II) u. gereinigte II-Fraktionen aus Karpfen u. Karausche wurde bestimmt. I wurde aktiviert durch $3{,}3 \cdot 10^{-3}$ Mol/Liter Mg^{2+}, gehemmt durch 10^{-2} Mol/Liter Ca^{2+}. II wurde aktiviert durch Mg^{2+}, nicht beeinflußt durch Ca^{2+}. Gereinigtes II zeigte, wenn ohne Ca^{2+}, wenig Aktivität u. wurde völlig gehemmt durch Mg^{2+}. p_H-Optimum bei 6,3 u. 8,9. Die Ergebnisse waren qualitativ ähnlich denen beim Kaninchenmuskel, aber gereinigtes II aus Fischmuskel ist noch weniger stabil als das aus Kaninchen. (Kagaku [Science] **22.** 471—72. 1952. Tohoku Univ. [Orig.: japan.]) L. SCHULER. 4210

A. M. Bertolini, *Wirkung des Adenosintriphosphats auf die Succinodehydrogenase.* Verss. mit Muskelgewebe von Kaninchen, denen ATP verabreicht worden war, ergaben, daß ATP die *Succinodehydrogenase* (I) hemmt. I-Aktivitätsbestimmungen nach THUNBERG zeigten eine Verdoppelung der Reduktionszeit (Methylenblau) des ATP-behandelten Muskels gegenüber dem normalen. (Boll. Soc. ital. Biol. sperim. **29.** 990—92. Mai 1953. Mailand, Univ., Ist. di Patol. Med.) G. KIRMSE. 4210

P. F. Solvonuk und **H. B. Collier,** *Die Brenztraubensäurephosphopherase der Erythrocyten.* 1. Mitt. *Eigenschaften des Enzyms und seine Aktivität in Erythrocyten verschiedener Arten.* Die Erythrocyten von Säugetieren enthalten eine *Brenztraubensäurephosphopherase,* welche durch K^+ u. Mg^{2+} aktiviert, durch Na^+ u. Ca^{2+} gehemmt wird. K^+ kann durch Rb^+ oder NH_4^+, Mg^{2+} kann teilweise durch Mn^{2+} oder Co^{2+} ersetzt werden. Zur Wrkg. der I sind offenbar freie SH-Gruppen erforderlich, da die Wrkg. durch p-Chlormercuribenzoesäure gehemmt wird, welche Hemmung teilweise durch Glutathion wieder aufgehoben wird. Der mittlere Geh. an I in den Erythrocyten ist bei verschied. Tieren verschieden u. fällt in folgender Reihenfolge: Mensch, Ratte, Hund, Kaninchen, Katze, Rind. Sehr hohen Geh. an I zeigen die Erythrocyten von Küken u. von neugeborenen Ratten. (Canad. J. Biochem. Physiol. **33.** 38—45. Jan. 1955. Edmonton, Can., Univ. of Alberta, Dep. of Biochem.) A. HESSE. 4210

K. Max Møller, *Über die Phosphoamidaseaktivität der Phosphatase des menschlichen Samens.* Die *Phosphomonoesterase* der Prostata wirkt auch als *Phosphoamidase* [I; Spaltung von Amidophosphat ($NaHPO_3NH_2$) optimal bei p_H 6,7]. I wirkt als *Transpherase* mit Amidophosphat als Donator u. Glycerin als Acceptor bei p_H 4,6 u. 25°. Das Enzympräp. besitzt auch *Pepsin-, Trypsin-* u. *Lab*-Enzymaktivität. Krist. Präpp. der genannten Enzyme (anderer Herkunft) zeigen jedoch keine I-Wirkung. Die Phosphoamidasespaltung verläuft nach der Reaktionskinetik 1. Ordnung; MICHAELIS-MENTEN-Konstante = $1 \cdot 10^{-3}$ mol.; die Enzym–Substrat-Dissoziationskonstante beträgt $2 \cdot 10^{-3}$ mol.; das ungefähre Verhältnis von Phosphoamidase- zu Phosphataseaktivität beträgt 1,3. (Biochim. biophysica Acta [Amsterdam] **16.** 162—65. Jan. 1955. Copenhagen, Carlsberg Labor.) A. HESSE. 4210

Morris London und **Perry B. Hudson,** *Untersuchungen zur Reinigung der sauren Prostataphosphatase.* Die Reinigung saurer Prostata-*Phosphatase* (I) durch Dialyse (a; gegen W. in Cellophanschläuchen), Adsorption an Ca-Phosphatgel (b; Angabe einer verbesserten Darstellungsmeth.), Bentonit, Ionenaustauschharzen, Al_2O_3, Aktivkohle u. Cholesterin, Fraktionierung bei 0° mittels A. u. Aceton (c;), $(NH_4)_2SO_4$-Fraktionierung (d) u. Schaumfraktionierung (e), die sehr wirksam ist, wobei I vorwiegend in den Schaum geht, wurde untersucht u. die prakt. Durchführung an der Darst. eines ca. 5000fach angereicherten I-Präp. aus 40 menschlichen Prostatadrüsen geschildert. Anreicherung: a 40,6, b 81,0, c 140, d 296, e 4900fach. Hochgereinigte I ist, auch bei 0°, sehr unbeständig u. wird durch große Oberflächen (z. B. bei Filtration durch Glaswolle) rasch inaktiviert. Zusatz von *Tween 80* (II) einer nichtion. oberflächenakt. Verb., bewirkte weitgehenden, von der II-Konz. abhängigen Schutz gegen Oberflächeninaktivierung. (Arch. Biochem. Biophysics **46.** 141—53. Sept. 1953. New York, N. Y., Francis Delafield Hosp., Deps. of Biochem. and Urol., u. Columbia Univ., Coll. of Physic. and Surg., Inst. of Cancer Res.) K. MAIER. 4210

Dietrich Eichner, *Zur Frage der Fermentlokalisation in der Netzhaut des Rindes.* Von *Hydrolasen* fand Vf. *alkal. Phosphatase* in den Gefäßendothelien, *saure Phosphatase* vermutlich als *Nucleotidase*, in den Ganglienzellen des III. Neurons u. den Innengliedern der Sehzellen, *Cholinesterasen* zwischen innerer plexiformer u. innerer Körnerschicht an Synapsen, von *Desmolasen* die *Bernsteinsäuredehydrase* in den Zapfenmyoiden u. den Zellen des III. Neurons u. die *Cytochromoxydase* in den Sehelementen, vor allem Zapfenmyoiden, in den Mitochondrien. (Z. Zellforsch. mikroskop. Anatom. **41**. 493—508. 1955. Münster, Westf., Univ., Anaton. Inst.) D. ZEMKE. 4210

Peter Oesper (unter Mitarbeit von **Ann. W. Streiff**), *Der Wirkungsmechanismus von Glycerinaldehyd-3-phosphatdehydrogenase.* Vff. stellen fest, daß *Glycerinaldehyd-3-phosphatdehydrogenase* (**I**) aus Muskel oder Hefe den P-Austausch zwischen *anorgan. Phosphat* (**II**) u. $C_{(1)}$ der *1.3-Diphosphoglycerinsäure* (**III**) katalysiert. In den Verss. wird ein Gemisch von **III** u. **II** (mit ^{32}P) mit **I** versetzt u. nach Abstoppen der Rk. durch Zusatz von *p-Chlormercuribenzoat* die 1-PO_4-Gruppe von **III** als *Adenosintriphosphat* isoliert, das die Hauptmenge an ^{32}P enthält. Ferner wird gefunden, daß **I** bei Ersatz von **II** durch anorgan. Arsenat in gleicher Weise auch die Arsenolyse beeinflußt. Die erhaltenen Versuchsergebnisse bestätigen die Theorie, wonach die Umwandlung von *Glycerinaldeyd-3-phosphat* in **III** unter Einw. von **I** in 2 Stufen erfolgt u. die erste Teil-Rk. eine Oxydation u. keine Phosphorylierung ist. (J. biol. Chemistry **207**. 421—29. März 1954. Philadelphia, Pa., Hahnemann Med. Coll., Div. of Biol. Chem.) P. FAHRNLAENDER. 4210

Thomas L. Kelly, Eldon D. Nielson, R. Bernal Johnson und **Carl S. Vestling,** *Glucose-6-phosphatdehydrogenase von Nebennierengewebe.* Bei Unters. der Spaltung von *Glucose* durch Gewebe der Nebennieren (Meerschweinchen; Ratte) ergab sich, daß der nichtglykolyt. Abbau sehr akt. ist u. als Weg der direkten Oxydation betrachtet werden muß. — In den Nebennieren, namentlich in deren Rinde, wurden ungewöhnlich große Mengen von *Glucose-6-phosphatdehydrogenase* gefunden. (J. biol. Chemistry **212**. 545—54. Febr. 1955. Urbana, Ill., Univ. of Illinois, Noyes Labor. of Chem., Div. of Biochem.)
A. HESSE. 4210

Nora E. Neilson, *Die Aspergillus niger-Aconitase.* Das *Aconitase* (**I**)-Syst. von *A. niger* besteht aus mindestens 2 Enzymen, die die Rkk. *Citrat* (**II**) $\rightleftharpoons$ *cis-Aconitat* (**III**) u. **III** $\rightleftharpoons$ *iso-Citrat* (**IV**) katalysieren. Die Herst. gereinigter **I**-Präpp. erfolgte in der Kälte durch Ultraschallbehandlung gewaschener 24 Std.-Mycele [unter Zusatz von Cystein (**V**)], Fällung des Überstands mit $(NH_4)_2SO_4$ (0,25 Sättigung), Fällung des Überstands mit $(NH_4)_2SO_4$ (0,75 Sättigung), Dialyse des in 0,01 mol. Phosphatpuffer (p_H 7,4) suspendierten Nd. gegen Puffer (**V**-Zusatz), nochmalige Dialyse des Dialysats nach Protaminsulfatzusatz (Absorptionsverhältnis bei 280 u. 360 mμ 0,63), $(NH_4)_2SO_4$-Fällung des Dialysats bei 0,42, 0,55 u. 0,75 Sättigung, Dialyse jeden Nd. in Puffer. Da das durch die **I**-Bldg. erzielte **II**:**IV**-Verhältnis mit der $(NH_4)_2SO_4$-Sättigung stark abnahm (48,5, 20,3, 2,6), wurde nochmals fraktioniert: Fällung der Lsg. der 0,55—0,75-Fraktion mit $(NH_4)_2SO_4$ (0,6 u. 0,75 Sättigung) u. Dialyse der Ndd. in Puffer ergab **II**:**IV** = 1,25 bzw. 1,43. Vereinigung der 0—0,42- u. 0,42—0,55-Fraktionen u. fraktionierte Fällung mit alkal. $(NH_4)_2SO_4$ (p_H 7,5) bei 0,35, 0,42 u. 0,55 Sättigung lieferte nach Dialyse der Ndd. in Puffer folgende **II**:**IV**-Werte: 0—0,35-Fraktion 300, 0,42—0,55-Fraktion 4,65. Fe^{2+} u. **V** bewirkten nur geringfügige Stimulierung der Aktivität der in verd. Phosphatpuffer gelösten **I**. (Biochim. biophysica Acta [Amsterdam] **17**. 139—40. Mai 1955. Vancouver, Univ. of Brit. Columbia, Dep. of Dairying.) K. MAIER. 4210

B. P. Eddy, M. Ingram und **L. W. Mapson,** *Reduktion von Dehydroascorbinsäure durch Bakterien.* 3. Mitt. *Enzymatische Aktivierung der Dehydroascorbinsäure.* (2. vgl. C. **1954**. 1039.) Die langsame Rk. zwischen *Dehydroascorbinsäure* (**I**) u. red. *Nilblau* wird durch gewaschene Zellen einiger E. coli-Stämme katalysiert. Der Einfl. von **I** auf das Oxydation–Reduktion-Potential war bei einem mit Glucose (**II**) gewachsenen, reduzierenden Stamm größer als bei einem mit Lactat (**III**) gewachsenen, reduzierenden bzw. einem mit **II** gewachsenen, nichtreduzierenden Stamm. *Dehydro-D-araboascorbinsäure, Dehydrooxytetronsäure, Dehydroreduktinsäure* u. *3-Oxy-1.2-dioxo-3-phenylbutyro-γ-lacton* werden durch einen E. coli-Stamm reduziert, der auch **I** reduziert. Die Red. von **I** wird kompetitiv gehemmt durch die *γ-Lactone* der *L-Gulon-, L-Galakton-* u. *D-Mannonsäure;* nicht gehemmt durch *Ascorbinsäure, Butyrolacton, D-Galakturonsäuremethylester* u. *Methyl-D-ribofuranosid.*

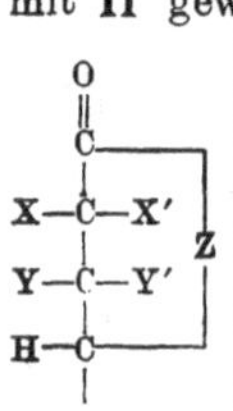

Die spezif. Gruppierung ist wahrscheinlich mit X oder X' u. Y oder Y' als Oxygruppen u. Z gleich —O— oder —CH_2—. Bei dem reduzierenden E. coli-Stamm wirken **II** u. **III** mit **I** als H-Donatoren; für Dehydrooxytetronsäure wirkt nur **II** als H-Donator. Bei den mit **II** gewachsenen Zellen ist die MICHAELIS-Konstante niedriger als bei Wachstum mit **III**. Es wird ein spezif., thermolabiles Enzym angenommen, welches **I** u. verwandte Stoffe vor der Red.

aktiviert; es wird der Name „*Dehydroascorbase*" vorgeschlagen. (Biochem. J. 58. 254 bis 261. Okt. 1954. Cambridge, Univ., Low Temp. Stat. for Res. in Biochem. and Biophys., u. Dep. of Sci. and Ind. Res.) F. LINGENS. 4210

George S. Beaudreau und **LeMar F. Remmert**, *Krebscyclusaktivität von Teilchen aus Bohnensämlingen.* Durch Homogenisieren, Filtrieren u. Zentrifugieren von 10 bis 14 Tage alten, etiolierten Bohnensämlingen (Phaseolus vulgaris) wurden Emulsionen erhalten, in denen eine Fraktion vorhanden war, die *Succinodehydrogenase, Glutaminsäure–Asparaginsäuretransaminase* u. in geringer Menge auch *Fumarase* u. *Äpfelsäuredehydrogenase* enthielt. Nach Zusatz von Intermediärprodd. des Krebscyclus zu Suspensionen der aus der Fraktion isolierten Teilchen konnte eine O_2-Aufnahme beobachtet werden, die 84% des theoret. Wertes erreichte. Die Oxydation von Pyruvat erfolgte nur, wenn ein 2. Intermediärprod. des Cyclus zugesetzt worden war. In Ggw. von Malonat kam es bei Zugabe von Citrat oder einer Kombination von Fumarat + Pyruvat zu einer Anhäufung von Succinat. Adenosintriphosphat, Diphosphopyridinnucleotid, Triphosphopyridinnucleotid, Glutathion, Phosphat u. Mn^{2+} waren erforderlich, damit die maximale Aktivität der Teilchen erreicht wurde (Zusatz von Mg^{2+} u. Cytochrom c). In den Teilchen konnte eine *Glutaminsäure–Asparaginsäure-Transaminase* nachgewiesen werden. (Arch. Biochem. Biophysics 55. 469—85. April 1955. Corvallis, Oreg., Oregon Agric. Exp. Stat., Dep. of Agric. Chem., u. Oregon State Coll., Dep. of Chem.) H. KATHEN. 4210

Jacklyn B. Melchior und **Doris M. Hilker**, *Enzyme im Gewebe von Schleimdrüsen.* Die endogene Atmung von unversehrtem Gewebe von Schleimdrüsen (I; Albinoratten) ist bedeutend höher als die Atmung von Leberschnitten; sie wird nicht durch Glucose oder Succinat beeinflußt. Die Präpp., welche nur geringen Geh. an Enzymen des Tricarbonsäurestoffwechsels aufweisen, sind nicht zur Oxydation von Glykokoll, Alanin, D- oder L-Glutaminat befähigt. — Glutaminsäure–Oxalessigsäure-Transaminierung wird durch I stark katalysiert. (J. biol. Chemistry 212. 187—94. Jan. 1955. Chicago, Ill., Loyola Univ., Graduate School and Stritch School of Med.) A. HESSE. 4210

Eugen Bamann und **Heinz Trapmann**, *Über auffallende Spezifitätsunterschiede bei der Dephosphorylierung von Zuckerphosphaten durch Seltene Erden.* Bei Dephosphorylierung von Zucker-6-phosphaten mittels *Cer* nimmt die Umsetzungsgeschwindigkeit bei 37° in folgender Reihenfolge ab: *Trehalosephosphat* (I) > *Galaktosephosphat* > *Glucosephosphat* > *Fructosephosphat* („relative" Substratspezifität). Gegenüber *Lanthan* ist I bei dieser Temp. überraschenderweise völlig resistent („absol." Substratspezifität), wird aber bei höheren Tempp. gespalten. Auch bei diesen Modellen für *Phosphatase* kann die Umsetzungsgeschwindigkeit als Folge von Dissoziations- u. Zerfallskonstante der Reaktionszwischenprodd. betrachtet werden; auf dieser Grundlage kann die Spezifität erklärt werden. — Die Aussage über das Vorliegen einer „absol." Spezifität bei enzymat. Katalyse hat nur im Bereich der die Stabilität der *Enzyme* nicht berührenden Tempp. Gültigkeit. Wäre der Erhöhung der Reaktionstemp. keine Grenze gesetzt, so hätte man mit Fällen zu rechnen, in denen, ähnlich wie bei den Phosphatasemodellen, die „absol." Spezifität sich in Wirklichkeit als eine „relative" erweist. (Biochem. Z. 326. 161—63. 1955. München, Univ., Inst. für Pharm. u. Lebensmittelchem.) A. HESSE. 4210

W. Bernard Healy, Sze-chuh Cheng und **William D. McElroy**, *Einflüsse der Giftigkeit von Metallen und des Eisenmangels auf Enzyme von Neurospora.* An Neurospora wurde der Einfl. von Fe-Mangel u. Einfl. der Toxizität von Mn, Zn, Cu, Mo, Co u. Ni in den Nährlsgg. auf *Cytochromoxydase, Katalase, Peroxydase, Bernsteinsäuredehydrogenase,* sowie der Einfl. von Fe-Mangel u. der Toxizität von Co auf *Nitratreduktase, Glucose-6-phosphatdehydrogenase, Isocitronensäuredehydrogenase, Diphosphopyridinnucleotidase* u. *alkal. Phosphatase* untersucht. Aus der Ähnlichkeit der Einflüsse wird geschlossen, daß Fe-Mangel sowie Giftwrkg. von Co auch auf den Gesamtstoffwechsel dieses Organismus einander ähnelnde Einflüsse ausüben. (Arch. Biochem. Biophysics 54. 206—14. Jan. 1955. Baltimore, Md., Johns Hopkins Hosp., McCollum-Pratt Inst.) A. HESSE. 4210

W. D. McElroy und **Alvin Nason**, *Der Wirkungsmechanismus der Spurenelemente in Enzymsystemen.* Übersicht (bis Nov. 1953). Katalyt. Eigg. von Metall–Protein-Komplexen, Metallbedarf von Enzymen, Metallflavoproteine, Cu-Enzyme, Metallmangel u. Enzymkonstitution. — 175 Literaturangaben. (Annu. Rev. Plant Physiol. 5. 1—30. 1954. Baltimore, Md., Johns Hopkins Univ., McCollum-Pratt Inst.) K. MAIER. 4210

Robert van Reen und **Paul B. Pearson**, *Mangandefizit bei der Ernte.* (Vgl. C. 1955. 7698.) 40 mg *Mn*/kg Futter waren für n. Wachstum u. zur Verhütung einer Perosis ausreichend. Die *alkal. Phosphatase*-Aktivität von Leber, Niere, Herz u. Plasma war während des Mangelstadiums reduziert. Die abgesunkene Enzymaktivität stand nicht mit der Anwesenheit eines Inhibitors oder mit einem veränderten p_H-Optimum der alkal. Phosphatase in Beziehung. — 19 Literaturangaben. (J. of Nutrit. 55. 225—34. 10/2. 1955. Baltimore, Md., Johns Hopkins Univ., McCollum-Pratt Inst.) H. PATZSCH. 4210

J. Reinert, *Über die Bedeutung kupferhaltiger Enzyme für die Kultur von Coniferengewebe in vitro.* Bei Verss. zur Züchtung von Callusgewebe aus n. u. aus Tumorgewebe völlig differenzierter Stämme von *Picea glauca* in einem Nährmedium, das aus Nährlsg. nach WHITE (The cultivation of animal and plant cells, **1954.** 74. 94), Naphthylessigsäure (**I**), Vitaminen (bes. der *B*-Gruppe) u. zahlreichen Aminosäuren bestand, trat bei gutem Calluswachstum nach ca. 4 Wochen eine starke, stets mit abnehmendem Wachstum verbundene Braunfärbung (Bldg. von chinoiden Farbstoffen oder Melaninen?) auf. Verschied. Veränderungen der Nährlsg., Verwendung von 2.4-Dichlorphenoxyessigsäure an Stelle von **I**, Zusatz von Hypoxanthin u. Weglassung von p-Aminobenzoesäure bewirkten eine 70%ig. Verlängerung der Lebensdauer der Kulturen. Da der Zusammenhang zwischen Wachstumsabnahme u. Pigmentierungszunahme auf eine ursächliche Verknüpfung zwischen Wachstumsred. u. Wirksamkeit pigmentbildender Cu-haltiger Enzyme (**II**) (Phenolasen) hindeutete, wurden Substrat (Tyrosin; **III**) u. Metallkomponente (Cu, $CuSO_4$) derartiger **II** dem modifizierten Nährmedium zugesetzt u. hierdurch bereits nach 3 Wochen Bräunung u. Entwicklungshemmung erzielt. Bei getrenntem Zusatz von **III** ($4 \cdot 10^{-5}$ g/cm³) u. Cu ($1 \cdot 10^{-8}$ g/cm³) oder an deren Stelle von Phenoloxydaseninhibitoren, wie Diäthyldithiocarbamat, K-Äthyldithiocarbonat, entwickelten sich auf Cu-freien Nährlsgg., die **III** bzw. einen Hemmstoff enthielten, gut wachsende Kulturen, die erst nach 2½ Monaten Pigmentierungserscheinungen zeigten. Aus den auf Cu-freien, **III**-haltigen Medien wachsenden Kulturen konnte Callusgewebe abgetrennt u. weitergezüchtet werden (8 Übertragungen, bislang erreichtes Alter 11 Monate). Der Cu-Entzug bewirkt anscheinend bei dem durch **III** hervorgerufenen schnellen Wachstum eine Verminderung der Phenoloxydasenaktivität. Die in Verbindung mit der Pigmentbldg. auftretende Wachstumshemmung könnte durch **III**-Mangel oder Anhäufung zellschädigender **III**-Abbauprodd. (Chinone) hervorgerufen werden. (Naturwissenschaften **42.** 18—19. 1. Januar-H. 1955. Bar Harbor, Me., Roscoe B. Jackson Mem. Labor.) K. MAIER. 4210

Donn J. Kushner und **Enid Pascoe,** *Der Einfluß von Benzimidazol auf die enzymatische Adaptation.* In Escherichia coli wird die adaptive Bldg. von *Ameisensäurehydrogenlyase* durch *Benzimidazol* (**I**) verhindert. In Pseudomonas fluorescens wird die Bldg. der *Benzoesäureoxydase, Malonsäureoxydase* u. *L-Tyrosinoxydase* durch **I** verhindert. Bei einem Stamm von E. coli konnte diese Hemmung durch Tryptophan (**II**) oder Alanin (**III**) aufgehoben werden. Bei einem anderen Stamm von E. coli wurde durch **II** eine teilweise Aufhebung der Hemmung erzielt, während **III** ohne Wrkg. war. Bei P. fluorescens waren **II** u. **III** ohne Einfl.; bei allen Bakterien waren Adenin u. Guanin ohne Einfl. auf die Wrkg. von **I**. — **II** verschwindet in Ggw. von E. coli unter anaeroben Bedingungen, wobei NH_3 gebildet wird; dieser Vorgang wird durch **I** verhindert. (Canad. J. Biochem. Physiol. **33.** 1—9. Jan. 1955. Quebec, Montreal, Montreal Gen. Hosp., Res. Inst.) A. HESSE. 4210

F. R. Bettelheim und **Hans Neurath,** *Die rasche Aktivierung von Chymotrypsinogen.* Der Verlauf der Schnellaktivierung von *Chymotrypsinogen* (**I**) durch vergleichsweise große Mengen von Trypsin, wobei *Chymotrypsin* (**II**) gebildet wird, wurde durch Best. der Esteraseaktivität, der endständigen Aminosäuren u. elektrophoret. verfolgt. — Es bildet sich zunächst eine schneller wandernde Komponente (**IIa**) mit etwa gleicher Wanderungsgeschwindigkeit wie **I**, die nach u. nach in eine langsamer wandernde (**IIb**) übergeführt wird. Diese Umwandlung konnte durch β-Phenylpropionsäure (**II**-Inhibitor) verlangsamt werden, ohne daß die Esteraseaktivität darunter litt. Dagegen wurde die Umwandlung nicht beeinflußt, wenn Sojabohnen–Trypsin-Inhibitor zugesetzt wurde. Die bei der Kristallisation von **II** erhaltenen Doppelpyramiden erwiesen sich elektrophoret. als inhomogen. — In entsprechender Weise gewonnene **IIa** u. **IIb** sowie ein weiteres, durch Schnellaktivierung gewonnenes Präp. **IIc** wurden dem Endgruppenabbau durch Carboxypeptidase unterworfen. **IIa** wurde nicht angegriffen. Bei **IIb** wurden 1 Äquivalent Leucin u. ein kleinerer Teil Tyrosin abgespalten, bei **IIc** je 1 Äquivalent Leucin u. Tyrosin. — Aus den Ergebnissen wird neben **IIa** (*π-Chymotrypsin*) u. **IIb** (*δ-Chymotrypsin*) auf eine dritte Chymotrypsinart geschlossen. Ferner geht daraus hervor, daß die **IIa** → **IIb**-Umwandlung nicht durch Trypsin, wahrscheinlich aber durch **II** selbst katalysiert wird. (J. biol. Chemistry **212.** 241—53. Jan. 1955. Seattle, Wash., Univ. of Washington, Dep. of Biochem.) A. HESSE. 4210

Adrienne R. Thompson, *Reihenfolge der Aminosäuren in Lysozym.* 1. Mitt. *Austauschchromatographie von Peptiden eines Partialhydrolysats an Austauschharzen.* (Biochem. J. **60.** 507—15. Juli 1955. Cambridge, Univ., Low Temp. Stat. for Res. in Biochem. and Biophys., Dep. of Sci. and Ind. Res. — C. **1955.** 4846.) P. LOCH. 4210

D. S. Hoare, *Die enzymatische Decarboxylierung und Umwandlung der Isomeren der α.α'-Diaminopimelinsäure.* Die aus Corynebacterium diphtheriae isolierte, opt.-inakt. *α.α'-Diaminopimelinsäure* (I) liegt in der meso-Form vor. Eine teilweise gereinigte *Decarboxylase* aus Aerobacter aerogenes zeigte relative Spezifität für diese I-Form (Bldg. von *L-Lysin*), während die DD-Isomeren nicht, die LL-Isomeren erst von größeren Enzymmengen angegriffen zu werden schienen. In Bestätigung der Befunde von WORK (C. **1951.** II. 3604) ergab sich jetzt, daß bei der LL-Form nur eine stark verlängerte Initialphase vorliegt u. daß diese Form unter gleichzeitiger Mitwrkg. einer *Lysindecarboxylase* in *Cadaverin* übergeführt wird. Das Auftreten dieser Initialphase beruht auf einer Umwandlung der LL-Form von I in die meso-Form, welche dann decarboxyliert wird. (Biochem. J. **59.** XXII—XXIII. März 1955. London, Univ., Coll. Hosp. Med. School, Dep. of Chem. Pathol.) A. HESSE. 4210

Miroslav Ševela, *Bestimmungsmethode von Procainesterase im Blutserum.* Vf. beschreibt eine photometr. Best. der *Procainesterase* im Blutserum auf Grund der Rk. zwischen p-Aminobenzoesäure (I) u. p-Dimethylaminobenzaldehyd. Auf dem Wasserbade (37°) wird zu 4,5 ml zu prüfendem Serum die gleiche Menge auf 37° vorgewärmter 0,1%ig. Lsg. von Procainhydrochlorid gegeben u. durchgemischt. Nach 5, 10, 20 Min. werden jeweils 2 ml abpipettiert in Zentrifugenröhrchen, die 6 ml H_2O u. 2 ml 20%ig. Trichloressigsäure enthalten. Nach dem Zentrifugieren werden 6 ml des Zentrifugates in einen 50 ml-Meßkolben einpipettiert, 1,2 ml 1.3n NaOH u. 6 ml Ae. zugefügt u. 1 Min. geschüttelt. Die Phasen werden getrennt. Zu der wss. Phase werden 2 ml einer Lsg. (II) (1 g I in 96%ig. A. unvergällt gelöst u. 30 ml 1,0mol. Citratpuffer (p_H 1,17) zugefügt, umgerührt u. die gelbe Farbe bei 455 mμ gegen 6 ml H_2O u. 2 ml der Lsg. II photometriert. (Scripta med. Fac. med. Univ. Masarykianae et Palackyanae **28.** 33—38. 1955. Brünn, Univ., Inst. für med. Chem.) E. VEVERA. 4210

G. de la Haba, I. G. Leder und **E. Racker,** *Kristallisierte Transketolase aus Bäckerhefe: Isolierung und Eigenschaften.* Es wird über die Isolierung von *krist. Transketolase* (I) aus Bäckerhefe durch Extraktion mit Na_2HPO_4-Lsg., Aceton- u. A.-Fällung-Adsorption an Al-Gel u. $(NH_4)_2SO_4$-Fällung berichtet. I benötigt *Thiaminpyrophosphat* u. *Mg^{2+}*, ist bei 20° in alkal. $(NH_4)_2SO_4$ u. bei p_H 7,4 bei 0° in 0,008 mol. Glycylglycinpuffer stabil; in wss. Lsg. tritt Inaktivierung ein. In Ggw. von I geben verschied. Ketozucker „akt. Glykolaldehyd", der mit einem „Acceptoraldehyd" zu einem

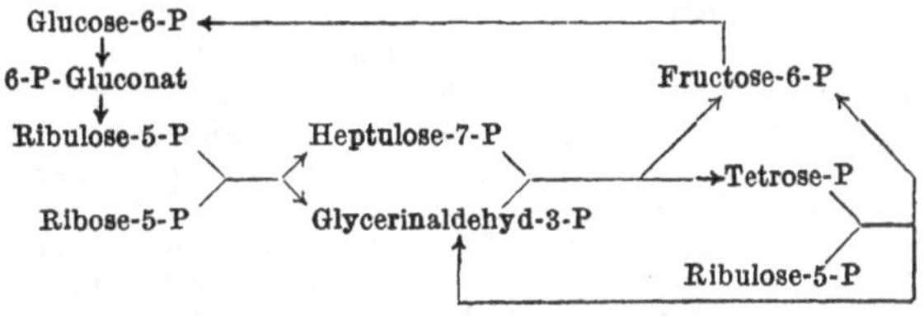

neuen Ketozucker kondensiert wird. Mit Ribulose-5-phosphat als Donator u. Ribose-5-phosphat als Acceptor bildet sich ein *Heptulosephosphat* u. *D-Glycerinaldehyd-3-phosphat.* Fructose-6-phosphat (II) ist ein Ausgangsstoff zur Bldg. von „akt. Glykolaldehyd". Die Bldg. von II aus Pentosephosphat verläuft unter Beteiligung von I u. Transaldolase. Es wurde ein Oxydationscyclus (s. oben) für Glucose-6-phosphat aufgestellt, der durch 6 Enzyme katalysiert wird. (J. biol. Chemistry **214.** 409—26. Mai 1955. New Haven, Conn., Yale Univ., Dep. of Biochem.) H. GOEBEL. 4270

Chih H. Wang, Bert E. Christensen und **Vernon H. Cheldelin,** *Die Umwandlung von $^{14}C_{(2)}$-Brenztraubensäure in einige aliphatische Monoaminosäuren in der Hefe.* Es wurde die Biosynth. von *Glycin* (I), *Serin* (II), *Valin* (III), *Alanin* (IV) u. *Threonin* (V) durch Bäckerhefe, Saccharomyces cerevisiae, bei Züchtung in Ggw. von *$^{14}C_{(2)}$-Pyruvat* (II) als alleiniger *C*-Quelle untersucht. II entsteht anscheinend aus I, I durch α.β-Spaltung der dem KREBS-Cyclus zugehörigen *C_4*-Säuren, III über *Acetolactat* u. IV direkt aus II. Die V-Synth. erfolgt aus C_4-Säuren, wie *Asparaginsäure* u. *Homoserin.* (J. biol. Chemistry **213.** 365—71. März 1955. Corvallis, Ore., Oregon State Coll., Dep. of Chem. and Sci. Res. Inst.) K. MAIER. 4270

David H. Brown, *Die D-Glucosamin-6-phosphat-N-acetylase der Hefe.* Aus Bäckerhefe wurde ein Enzym (I) erhalten, welches die N-Acetylierung von D-Glucosamin-6-phosphat katalysiert, aber gegen Glucosamin-1-phosphat sowie Glucosamin unwirksam ist. I erfordert zu seiner Wrkg. weder Mg^{2+} noch anorgan. Phosphat; es wird nicht durch Fluorid gehemmt. — *Acetylglucosamin-6-phosphat* wurde isoliert. (Biochim. biophysica Acta [Amsterdam] **16.** 429—31. März 1955. St. Louis, Mo., Washington Univ., Med. School, Dep. of Biol. Chem.) A. HESSE. 4270

J. C. Perrone und **A. Cury,** *Der Glutathionstoffwechsel bei Torulopsis utilis, var. major.* Unterss. mittels ^{14}C zeigen, daß der Einbau von Glycin in *Glutathion* (I) erheblich rascher erfolgt als bei den *Proteinen* (**II**), daß also die Erneuerung („turnover") des **I** rascher verläuft als die der Proteine u. eine Vorstufe der Synth. der **II**, der Nucleinsäuren usw. darstellt. (An. Acad. brasil. Ci. **25.** 455—58. 31/12. 1953. Rio de Janeiro, Univ., Labor. de Microbiol., u. Inst. Nac. de Tecnol.) R. K. MÜLLER. 4270

V. M. Doctor und **W. H. Peterson,** *Der Gehalt verschiedener Hefen an Pteroylglutaminsäure und verwandten Verbindungen.* 18 Hefetypen verschied. Genera u. Species wurden in Melassenährmedien gezüchtet u. der *Pteroylglutaminsäure* (**I**)-Geh. der Zellen nach Einw. von Hühnerpankreasenzym u. Schweinenierenenzym mikrobiol. bestimmt. >90% der Gesamt-**I** fanden sich in den Zellen u. nur wenige % in der zellfreien Kulturflüssigkeit. 70—90% der Zell-**I** lagen in gebundener Form vor. *Saccharomyces*-Hefen waren hinsichtlich der Synth. von **I**-Faktoren *Torulopsis* oder *Candida* weit überlegen (*S. cerevisiae* 53 γ **I**/g Trockengewicht, *Rhodotorula gracilis* 4,8). 11 Handelshefen (Bierhefe, Bäckerhefe, *Torulopsis utilis*) zeigten einen **I**-Geh. von 3—32 γ/g Trockengewicht u. einen Geh. an *Formylderiv.* (**II**, *Citrovorum-Faktor*) von 2,2—27. **I**-Zusatz steigerte bei einem synthet. Nährmedium den **I**- u. **II**-Gehalt. NH_4-Salze erhöhten den **I**- u. **II**-Geh. einer Zuckerrübenmelassenährlösung. (Appl. Microbiol. **3.** 29—34. Jan. 1955. Madison, Wis., Univ. of Wisconsin, Dep. of Biochem.) K. MAIER. 4270

E₃. Mikrobiologie. Bakteriologie. Immunologie.

L. B. Doliwo-Dobrowolski und **A. I. Pawlowskaja,** *Die Verwendung des Proteinpräparates aus Dorsch zur Herstellung von Nährböden.* Pepton kann im Endo-Nährboden durch das billige Hydrolysat aus Dorscheiweiß ersetzt werden. Ein Vorzug dieses Präp. besteht in seiner einfachen Herstellungsweise. (Гигиена и Санитария [Hyg. u. Sanitätswes.] **1955.** Nr. 5. 49—50. Mai. Erissmann-Wiss. San. Forschungsinst.) E. STEINBERG. 4310

Frank Winder, *Ein Weg zur Untersuchung des Mycobakterienstoffwechsels.* Vortrag. Kurze Schilderung der Wrkg. von Phenazinfarbstoffen auf *M. smegmatis* u. der Speicherung von *Metaphosphat,* bes. unter dem Einfl. von Tetrahydrofurylalkohol, bei diesem Bakterium. (Irish J. med. Sci. [6] **1955.** Nr. 350. 67—72. Febr. Med. Res. Council of Ireland, Labors.) K. MAIER. 4320

Paul Simonart und **Luc Dekeyser,** *Untersuchungen zur Biochemie von Penicillium charlesii G. Smith.* Während *P. charlesii* in gewöhnlichen Kulturen auf CZAPEK- u. RAULIN-THOM-Lsg. aus *Glucose* (**I**), *Carolsäure* (**II**), *Carolinsäure, Carlsäure, Carlossäure, γ-Methyltetronsäure* u. CO_2 bildet, entstehen nach der *„Substitutionsmeth.",* wobei die Kultur-Fl., auf der sich bereits Pilzmycel entwickelt hatte, durch **I**-Lsg. ersetzt wird, nur **II** u. CO_2. Auf diese Weise wird eine weitgehende Trennung von Assimilation u. Desmolyse erzielt, da erstere unterbleibt, u. keine Mycelzunahme mehr stattfindet. Wenn die substituierende **I**-Lsg. $CaCO_3$ enthält, bildet der Pilz zusätzlich *Citronensäure* (**III**). Der Stoffwechsel von *P. charlesii* nähert sich damit dem anderer *Penicillium*-Species der *Monoverticillata*-Gruppe an. Der Pilz kann aus **III II** bilden. **III** stellt anscheinend ein Stoffwechselprod. dar. Die Ergebnisse deuten auf eine Verknüpfung der *Tetronsäurederivv.*-Biogenese mit der von **III** hin. (Bull. Soc. Chim. biol. **33.** 188—94. 1951. Louvain, Univ., Labor. de Microbiol.) K. MAIER. 4320

C. Cutinelli und **G. Ehrensvärd,** *Bakterielle Ausnutzung der markierten Essigsäure bei der Synthese der Aminosäuren.* Eine B. coli-Reinkultur wurde in synthet. Medium mit je 1‰ NaCl, $(NH_4)H_2PO_4$ u. K_2HPO_4 sowie 0,2‰ $MgSO_4 \cdot 7\,H_2O$ u. 2,2‰ $CH_3 \cdot COOH$ (**I**) als einziger C-Quelle bei p_H 6,8 u. 36° unter ständiger steriler Belüftung gezüchtet. Anschließend wurde unter gleichen Bedingungen mit $^{13}CH_3{}^{14}COOH$ (**II**) weitergezüchtet. Nach 3½ Std. wurde die Kultur mit $HClO_4$ auf p_H 1 gebracht, zentrifugiert, gewaschen, 3mal mit A. u. 4mal mit Ae. extrahiert. Für die anaeroben Verss. wurde Rhodospirillum rubrum in einer Lsg. von 1‰ NH_4Cl, 0,2‰ $MgSO_4 \cdot 7\,H_2O$ 0,038‰ $CaCl_2$, 0,5‰ Hefeextrakt u. 4,5‰ 6nHCl, der pro Liter 10 cm³ konz. Na-Acetat (**II**)-Lsg. u. 40 cm³ einer Lsg. von 5 g Na- u. 5 g $KHCO_3$ in 100 cm³ W. zugesetzt worden waren, gezüchtet. Da sowohl **II** als auch $KHCO_3$ als C-Quelle dienen, wurde einmal nur markiertes **II** aus **III** u. gewöhnliches Carbonat, in einem anderen Vers. n. **II** u. markiertes Carbonat aus $^{14}CO_2$ verwendet. Die nach 48, 96 u. 144 Std. unter N_2 u. Belichtung bei 30° aus beiden Kultur-Fll. erhaltenen Bakterien wurden ähnlich wie oben isoliert u. darin sowie teilweise in den Extrakten u. in der Kultur-Fl. ^{13}C u. ^{14}C bestimmt. Aus diesen Messungen ergibt sich, daß unter aeroben Bedingungen im Energiestoffwechsel ca. 10mal soviel ^{13}C u. ca. 30mal soviel ^{14}C als im Baustoffwechsel verbraucht werden u. das Verhältnis $^{14}C : {}^{13}C$ bei jenen zwischen 0,74 u. 1,70, bei diesen zwischen 0,28 u. 1,16 schwankt; im Durchschnitt kommt beim Energiestoffwechsel auf jedes Carboxyl-C ein Methyl-C, beim Baustoffwechsel jedoch 2 Methyl-C-Atome, die bevorzugt zur Aminosäurensynth. herangezogen werden. Aus dem Verhältnis $^{14}C:^{13}C = 1,7$ beim Energie- u. 0,53 im Bau- bzw. 0,55 im Pigmentstoffwechsel von Rh. unter anaeroben Bedingungen ergibt sich, daß für B. coli vorzugsweise die Carboxyl-, für Rh. rubrum die Methylgruppe ausgenutzt wird, jedoch wird hier die überwiegende Menge beider C-Atome für den Aufbau von Zelle u. Pigment herangezogen. Zum Vgl. wird das $^{14}C:^{13}C$-Verhältnis bei Hefe für Energie- mit 2,09 u. für Baustoffwechsel mit 0,35 angegeben. (Arch. Scienze biol. **35.** 194—204. März/April 1951. Stockholm, Univ., Wenner-Gren's Inst.) W. KIMPEL. 4320

Charles Yanofsky, *Über die Umwandlung der Anthranilsäure in Indol.* (Vgl. Biochim. biophysica Acta [Amsterdam] **16.** [1955.] 594.) Tracerverss. ergaben eindeutig, daß bei der *Indol* (I)-Synth. aus *Anthranilsäure* (II) durch *Escherichia coli* wie bei *Neurospora* die COOH-Gruppe von **II** eliminiert wird. Zur Klärung, ob die Bldg. des Pyrrolrings von I an der 1- oder 3-Stellung des Benzolrings von **II** erfolgt, wurden gewaschene Zellsuspensionen einer Tryptophan-auxotrophen-Form von *E. coli* 1½ Std. in Ggw. von *4-Methylanthranilsäure,* Glucose u. $NH_2OH \cdot HCl$ incubiert. Das gebildete *Methylindol* wurde durch das *Pikrat* u. Vgl. der Ultrarotspektren als *6-Methylindol* identifiziert. Die Ringbldg. erfolgt demnach in 1-Stellung. (Science [Washington] **121.** 138—39. 28/1. 1955. New Haven, Conn., Yale Univ., Dep. of Microbiol.) K. MAIER. 4320

Endre Jeney, Tibor Zsolnai und **József Lázár,** *Untersuchungen über die bakteriostatische Wirkung der Furanverbindungen.* 1. Mitt. Es wurden die tuberkulostat. Aktivität einer Reihe von *Furanderivv.*, darunter einige neue, sowie mehrere andere Verbb. an einem äußerst virulenten *M. tuberculosis*-Stamm auf KIRCHNERschem Nährboden sowie an saprophyt. säurebeständigen u. verschied. anderen Bakterien in 2%ig. Peptonbouillon mittels der Serienverdünnungsmeth. getestet. Ggw. des Furanringes spielt für die tuberkulostat. Wrkg. eine entscheidende Rolle. Seine Wrkg. wird durch eine *Azin-*, *Phenylhydrazon-* oder *p-Nitrophenylhydrazon*-Gruppe verstärkt. Die Zahlen geben den reziproken Wert der Verdünnung an, bei der die Vermehrung völlig gehemmt ist, — bedeutet keine bakteriostat. Wrkg. bei der maximalen Konz. von 1 : 25000. Untersuchte Verbb.: *Furan-α-carbonsäurehydrazid,* M. tuberculosis, 50000, M. smegmatis, M. phlei, M. pellegrini, —; *Furan-α-carbonsäurephenylhydrazid* (I), —, 25000; *Furfuraldazin,* 100000, —; *5-Nitrofurfuraldazin,* F. 109—110°, 100000, —; *Furfurolphenylhydrazon,* 100000, 100000; *5-Nitrofurfurol-p-phenylhydrazon* (II), F. 93—94°, 100000, 100000; *Furfurol-p-nitrophenylhydrazon* (III), 100000, 100000; *5-Nitrofurfurol-p-nitrophenylhydrazon* (IV), F. 147°, 100000, 250000; *Furfuroloxim* (syn.), —, —; *5-Nitrofurfuroloxim,* F. 89—90°, —, —; *Furoin,* 50000, —; *1-Furfuryl-2-[α-furyl]-benzimidazol,* 25000, —; *Kondensationsprod.* aus 5-Nitrofurfurol u. o-Phenylendiamin, F. 93—95°, 50000, —; *Hydrazin* (V), 50000, 25000; *Phenylhydrazin* (VI), 100000, 100000; *p-Nitrophenylhydrazin* (VII), 25000, 100000—250000; *2-Phenylchinolin-4-carbonsäurehydrazid,* F. >200°, —, —; gleiche Verb., F. 58—60°, 50000, 25000; *1-Benzyl-2-phenylbenzimidazol* (VIII), —, 25000; *Benzaldehydphenylhydrazon,* —, —; *Benzaldehyd-p-nitrophenylhydrazon,* 100000, 100000; *p-Dimethylaminobenzaldehydphenylhydrazon,* —, 25000; *p-Dimethylaminobenzaldehyd-p-nitrophenylhydrazon,* —, 250000; *p-Aminosalicylsäure,* 5000000, —; *Isonicotinsäurehydrazid,* 20000000, —; *p-Acetaminobenzaldehydthiosemicarbazon,* 250000, — **I, VI, VIII** hemmten Staph. aureus DUNCAN (25000), **I, V, VI** u. **VII** B. subtilis (25000), **I** E. typhi (25000), **I, V** u. **VI** Sh. dysenteriae FLEXNER (25000), während E. coli durch keine der Verbb. beeinflußt wurde. Die akute Toxizität von **II, III** u. **IV** erwies sich in orientierenden Verss. an Ratten als relativ gering u. blieb weit hinter der von **V, VI** u. **VII** zurück. (Zbl. Bakteriol., Parasitenkunde, Infektionskrankh. Hyg., I. Abt., Orig. **160.** 670—76. März 1954. Debrecen, Ungarn, Med. Univ., Mikrobiol. Inst.) K. MAIER. 4330

Endre Jeney, Tibor Zsolnai, Zoltán Melles und **Pál Juhász,** *Untersuchung der bakteriostatischen Wirkung der chelatkomplexbildenden Verbindungen.* 40, meist Chelatkomplexe bildende Verbb. wurden in vitro auf bakteriostat. Wirksamkeit gegenüber *Staph. aureus* (DUNCAN), *B. subtilis, E. coli, S. typhi, Sh. dysenteriae* FLEXNER geprüft. Die Verbb., die keine Neigung zur Bldg. von Chelatkomplexen zeigen, entfalteten im allg. auch keine bakteriostat. Wirkung. Es wurde ferner untersucht, inwieweit die bakteriostat. Aktivität der an sich bakteriostat. wirksamen Chelatkomplexbildner durch Co^{2+}, Fe^{2+}, Cu^{2+}, Mn^{2+}, Zn^{2+} u. Ni^{2+} beeinflußt wird. Die bakteriostat. Aktivität ist außer an die Neigung zur Chelatkomplexbldg. auch an die ster. Konfiguration der Verb. geknüpft, da letztere sonst nicht mit denjenigen lebenswichtigen Enzymsystemen der Bakterienzellen reagieren, deren prosthet. Gruppe durch ionisiertes Co^{2+} oder Fe^{2+} gebildet wird. Vff. nehmen an, daß die bakteriostat. Wrkg. der geprüften chelatkomplexbildenden Verbb. auf Bldg. von Enzym-Co-(oder Fe)-Agens-Komplexen (I) mit nichtionisiertem Metall beruhen, wodurch das betreffende Enzym in seiner Funktion gestört wird. Die aktivitätserhöhende Wrkg. von Cu beruht nach Vff. darauf, daß irreversible Enzym–Cu-Agens-Komplexe entstehen, die anscheinend stabiler als I sind. Untersuchte Verbb.: *8-Oxychinolin, 7-Phenylazo-8-oxychinolin-4'-sulfonsäure, 2.6-Dimethyl-10-oxy-m-phenanthrolin* (**II**), *2.6-Dimethyl-9-phenylazo-10-oxy-m-phenanthrolin-4'-sulfonsäure, 2.2'-Dipyridyl, 3.6-Dimethyl-o-phenanthrolin, 1-Nitroso-2-naphthol* (**III**), *p-Nitrosophenol, p-Nitrophenol, 2.4-Dinitrophenol, 2.4.6-Trinitrophenol, o-Nitrophenol-p-sulfonsäure* (*Na-Salz*), *2.4-Dinitrosoresorcin, 2.4-Dinitroresorcin, 5-Phenylazosalicylsäure, Chrysamin, 4-Phenylazoresorcin, p-Oxyazobenzol, Alizarin, Chinizarin, K-Äthylxanthogenat* (K-**IV**), *K-Methyldithiocarbamat* (K-**V**), *K-Hydroxylamindithiocarbamat* (K-**VI**), *K-Phenylhydrazin-β-dithiocarbamat* (K-**VII**), *2-Mercaptobenzimidazol, 2.5-Dimercaptothiadiazol* (**VIII**); Metallkomplexe: Zn-**II**, Cu-**III**, Zn-**V**, Cu-**V**, Bi-**V**, Co-**V**, Zn-**IV**, Cu-**IV**, Zn-**VII**, Bi-**VI**, Cd-**VII**, Zn-**VIII**, Cu-**VIII**, Cu-**VI**. Zn-**V**, Bi-**V**, Zn-**II** u. Cu-**III** erwiesen sich in oralen Einzeldosen von 0,2 g als ungiftig. Zn-**V**, Bi-**V** u. Cu-**III** üben auf *Achorion gypseum* u. *Microsporon audouini* eine sehr starke fungistat. Wrkg. aus. (Zbl. Bakteriol., Parasitenkunde, Infektionskrankh. Hyg., I. Abt., Orig. **160**. 677—87. März 1954. Debrecen, Ungarn, Med. Univ., Mikrobiol. Inst.) K. MAIER. 4330

Kazuo Ogasawara, *Hemmwirkung von Tibion auf Escherichia coli.* (Vgl. INADA, Japan Clinic [Japan], Okt. 1950.) Verss. in vitro auf fl. Bouillonnährboden mit *Polyäthylenglykol* (**I**) als Lösungsvermittler zeigten, daß *Tibion* (**II**) in Ggw. von 10% **I** erst bei 5 mg% u. darüber Wachstumshemmung bewirkt, welche auch von **I** allein bei über 20%ig. Zusatz zu beobachten ist. Bei 5% **I** u. 20—50 mg% **II** vereinzelt Hemmung. Von mit **II** behandelten Patienten ausgeschiedene Colibacillen zeigten sich gegen **II** resistent. Eine zuverlässige klin. Wrkg. von **II** gegen E. coli ist wegen des geringen **II**-Spiegels kaum zu erwarten. (J. Antibiotics [Tokyo] **4**. 465. 14. Sitzungsbericht der Kwansai-Sektion der Japan Antibiotics Res. Ass. Dez. 1950. Okt. 1951. Osaka, City Med. School, Surgic. Clin.) L. SCHULER. 4330

Joseph S. Gots, Thomas J. Bird und **Stuart Mudd,** *L-Azaserin als induzierendes Agens für die Phagenentwicklung bei dem lysogenen Escherichia coli-Stamm K–12.* In Salz–Glucose- oder Bouillonnährlsg. geht die spontane Freisetzung von λ-Phagen in Kulturen des *E. coli*-Stammes *K–12* der Geschwindigkeit des Bakterienwachstums parallel u. beträgt ca. 1 Phage/2—3000 Bakterien in gesätt. Kultur. In Ggw. von 0,1 γ *Asazerin* (*O-Diazoacetylserin;* **I**/cm³ betrug im Salz-Glucose-Medium die Phagenausbeute das 400fache der spontanen Kontrolle u. 23 Phagen/überlebende Bakterien. In Bouillon waren höhere **I**-Konzz. zur Hemmung des Bakterienwachstums u. Induktion der Phagenbldg. erforderlich. Mit 200 γ **I**/cm³ fiel die Bakterienzahl u. stieg die Phagenzahl aufs 500fache derjenigen der wachsenden Kontrollen. Eine genauere Messung der Induktion war durch Einw. von **I** auf gewaschene Bakterien in Phosphatpuffer möglich, in dem weder Bakterienwachstum noch Reifung induzierter Phagen stattfindet. Nach 2std. Einw. von 1,0 γ **I**/cm³ wurden 48% der ursprünglichen Population entweder als Kolonialbildner (11%) oder als Plaquebildner (37%) nachgewiesen. Weitere **I**-Einw. bewirkt innerhalb 12 Std. vollkommene Sterilisation. Nach 12std. Einw. von 0,1 γ **I**/cm³ wurden 49% Plaquebildner u. 50% Kolonialbildner gezählt. **I** besitzt demnach außer seinen antibiot., antineoplast. u. radiomimet. Eigg. die Fähigkeit, die Entw. aus dem Prophagen- in das akt. Bakteriophagenstadium auslösen zu können. (Biochim. biophysica Acta [Amsterdam] **17**. 449—50. Juli 1955. Philadelphia, Pa., Univ. of Pennsylvania, School of Med., Dep. of Microbiol.) K. MAIER. 4331

R. Y. Gottshall, J. M. Roberts, Lucile M. Portwood und **J. C. Jennings,** *Synnematin, ein von Tilachlidium gebildetes Antibioticum.* Ein zum Genus *Tilachlidium* PREUSS gehöriger Pilzstamm bildet in fl. Kultur ein wasserlösl. Antibioticum, *Synnematin* (**I**). Rohe **I**-Präpp. hemmen in vitro verschied. Species von *Brucella, Corynebacterium, Micrococcus, Streptococcus, Shigella* u. *Salmonella,* während es bei den untersuchten Stämmen von *Aerobacter, Escherichia, Mycobacterium,* bei Schimmelpilzen (*Aspergillus, Mucor, Penicillium, Streptomyces, Trichophyton*) u. den meisten *Shigella*-Species unwirksam ist. In vivo schützt **I** Mäuse gegen *Diplococcus pneumoniae* (Typ *III*)-Infektion u. Hühnerembryonen gegen *Salmonella pullorum*-Infektion. Die Reinigung von **I** erfolgt durch Behandlung der Kultur-Fl. mit *Nuchar C–190–N,* Adsorption von **I** aus dem Filtrat an 1% *Darco-G–60,* Elution mit 75%ig. Aceton, Konzentrierung im Vakuum (<30°), Behandlung mit *Nuchar* u. Gefriertrocknung des Filtrats (32 E./mg; 1 **I**-E. = Menge/cm³, die das Wachstum von *S. typhimurium* 24 Std. vollständig hemmt). **I** ist säure- u. hitzeempfindlich, im trockenen Zustand unter Kühlhaltung mehrere Monate lagerfähig. **I** kann nicht durch Amylacetat, n-Butanol, Chlf. oder Ae. bei p_H 2—8 extrahiert werden; **I** ist in W., CH_3OH, 75%ig. Aceton oder 50%ig. A., nicht in A. u. Aceton, löslich. **I** ist bei p_H 5,8 wirksamer als bei 7,0 oder 7,9; in Ggw. von Pferdeserum (20%) wird etwa die doppelte **I**-Menge zur Hemmung von *S. typhimurium* u. *M. pyogenes* benötigt. Die Inokulatmenge beeinflußt die Hemmkonz. nur geringfügig. Durch 12 Passagen von *S. typhimurium* u. *D. pneumoniae* in I-haltigen Nährlsgg. konnte die I-Resistenz beider Organismen auf das 32- bzw. 8fache gesteigert werden. Die I-Toxizität für Mäuse ist gering. (Proc. Soc. exp. Biol. Med. **76**. 307—12. Febr. 1951. Lansing, Mich., Michigan Dep. of Health, Div. of Labors.) K. MAIER. 4340

Shohei Otani und **Yoshinari Fujisawa**, *Chemische Untersuchung der von B. brevis erzeugten antibiotischen Substanz.* 2. Mitt. (1. vgl. Kwansai Zweiggruppe der Penicillin Research Soc. Dez. 1948.) Teilhydrolyse des von B. brevis erzeugten *Tyrocidins* mit dem 10fachen an konz. NH_3 bei 120° in 3 Tagen zeigte bei Papierchromatographie außer *Ornithin, Asparaginsäure, Glutaminsäure, Prolin, Valin, Phenylalanin, Leucin, Tyrosin* u. *Tryptophan* noch *Valylornithin, Ornithylleucin, Valylornithylleucin* u. *Tyrosylvalylornithin* sowie 3 noch nicht näher aufgeklärte Peptide. (J. Antibiotics [Tokyo] **4**. 462. 14. Sitzungsbericht der Kwansai-Sektion der Japan Antibiotics Res. Ass. Dez. 1950. Okt. 1951. Osaka, City Med. Coll., Dep. of Biochem. [Orig.: japan.]) L. SCHULER. 4340

Elisabeth L. Hazen und **Rachel Brown**, *Fungicidin, ein durch einen Bodenactinomyceten gebildetes Antibioticum.* Oberflächenkulturen einer aus Boden isolierten *Streptomyces*-Species bilden 2 Antibiotica verschied. chem. u. biol. Eigenschaften. Das eine findet sich in der Kultur-Fl. u. ähnelt *Actidion.* Das andere, im Mycel enthalten, weist ein wesentlich breiteres antifungielles Spektr. auf (*Fungicidin*; **I**). **I** wird durch mehrfache Extraktion mit Methanol abgetrennt u. durch wiederholte Fällung mit Äthylacetat, Waschen der Ndd. mit 0,85%ig. NaCl-Lsg., Lösen in CH_3OH u. fraktionierte Ae.-Fällung gereinigt. Rohes **I** (30—50 mg/Liter) stellt ein gelbes, in den meisten organ. Solventien u. W. relativ unlösl. Pulver dar, das kalt mehrere Monate ohne Aktivitätsverlust haltbar ist, jedoch bei p_H 2 oder 9 unbeständige wss. Lsgg. bildet. **I** ist *S*- u. halogenfrei, enthält im Rohzustand 1,5% KJELDAHL-*N*; Kohlenhydrat- u. Eiweiß-Rkk. sind negativ. **I** wirkt gegenüber zahlreichen saprophyt. u. pathogenen Pilzen fungistat. (z. B. in Konzz. von 1,56—6,25 γ/cm^3) u. fungicid, während mit 100 γ/cm^3 keine bakteriostat. Wrkg. feststellbar ist. Die Aktivität wird durch Pferdeblut- oder Serum nicht vermindert. Die DL_{50} beträgt bei Mäusen (intraperitoneal) 20—26 mg/kg. Die Toxizität bei subcutaner Injektion ist wesentlich niedriger. Bei Mäusen, die mit *Cryptococcus neoformans* u. *Histoplasma capsulatum* infiziert waren, bewirkte **I** (parenteral) eine mildere Form der Infektion u. gegenüber den Kontrollen eine Lebensverlängerung. (Proc. Soc. exp. Biol. Med. **76**. 93—97. Jan. 1951. Albany, N. Y., New York State Dep. of Health, New York Branch Labor. and Div. of Labors. and Res.) K. MAIER. 4340

G. K. Skrjabin, *Morphologische Veränderungen der Zelle von Bac. mesentericus bei Einwirkung von Antibioticis actinomycetischen Ursprunges.* Untersucht wurde die Hemmung des Wachstums von Bacterium mesentericus (B.m.) durch *Streptomycin, Mycetin, Aspergillin, Nr. 108, Nr. 111, Nr. 146* u. *Nr. 135* (keine näheren Bezeichnungen). Bei den Testkulturen waren die Unterdrückungszonen des Wachstums nicht gleichmäßig. In den verschied. Abschnitten der Unterdrückungszonen zeigten die Zellen von B.m. eine verschied. Morphologie, je nach dem verwendeten Antibioticum. Die baktericiden Dosen bewirken einen Zellzerfall, wobei das Zellinnere sich in eine feinkörnige Detritmasse verwandelt. Diese M. bildet in fl. Kulturen einen flockigen Niederschlag. Ein ähnlicher Zerfall unter der Einw. der Antibiotica wird auch bei den durch Erhitzen abgetöteten Zellen beobachtet. (Микробиология [Mikrobiologie] **24**. 303—08. Mai/Juni 1955. Moskau, Inst. für Mikrobiol. der Akad. der Wiss. der UdSSR.) OTTO MAIER. 4340

W. Boese, *Studien über den Bacillus mesentericus.* Ausführlicher Bericht über Vork., Systematik, Nomenklatur, Morphologie, kulturelles Verh., biol. Eigg., Variantenbldg. u. Resistenz von *Bacillus mesentericus* (**B**). Verh. von **B** gegenüber Lebensmitteln (Fadenziehen des Brotes) u. im menschlichen u. tier. Organismus sowie seine Pathogenität, mit zahlreichen Literaturangaben. (Ergebn. Hyg., Bakteriol., Immunitätsforsch. exp. Therap. **29**. 39—83. 1955. Moers, Bakteriolog. Untersuchungsamt.) H. GOEBEL. 4350

Shuichi Ishizawa, *Untersuchung über die Wurzelknöllchenbakterien bei Leguminosen.* 1. Mitt. *Kennzeichen in künstlichen Medien.* Teil 3. *Physiologische Unterscheidungszeichen* (*a*$\sim$*c*)-*Veränderung in Lackmusmilch, Nitratreduktion und Gelatineverflüssigung.* (1., Teil 2, vgl. C. **1955**. 11663.) Nach dem Verh. der *Rhizobien* von Sojabohnen, Klee, Indigofera, Mimosa usw. gegen Lackmusmilch werden 3 Gruppen unterschieden: Rk. alkal., Serumzone (SZ.) positiv; Rk. alkal., SZ. negativ u. Rk. sauer, SZ. positiv. Selbst die Stämme aus einer Beimpfungsgruppe oder der gleichen Pflanze erscheinen nicht stets in derselben Gruppe. Nur wenige Stämme (meist von Alfalfa, einige von Erbsen usw.) verflüssigen Gelatine (Hefe–W.–Mannitol- oder Nährgelatine verwendet). Nur wenige Stämme scheinen unfähig zur NO_3^--Red. (wenige von Bohnen u. Astragalus usw.), Nitritspeicherung veränderlich, fehlt bei einigen (von Sesbania, Soja usw.) trotz starker NO_3^--Reduktion. — Tabelle. (J. Sci. Soil Manure, Japan [Nippon Dozyô-Hiryô-Gaku Zasshi] **23.** 241—44. Juli 1953. Tokyo, Univ. [Orig.: japan.; Auszug: engl.]) L. SCHULER. 4350

Erwin Neter, Otto Westphal und **Otto Lüderitz,** *Die Wirkungen von Lecithin, Cholesterin und Serum auf die Sensibilisierung von Erythrocyten und auf die Antikörperneutralisation durch Lipopolysaccharide der Enterobakterien.* Werden Hammel- oder Menschenerythrocyten mit einem Gemisch von *Lipopolysacchariden* aus E. coli oder S. abortus equi u. *Lecithin* oder *Cholesterin* oder Normalserum behandelt, so bleibt auf Zugabe des entsprechenden Antiserums die Hämagglutination aus. Im Hemmungstest wird nachgewiesen, daß die Antikörperneutralisation durch die genannten Gemische ungestört abläuft. Eine Vorbehandlung der Erythrocyten mit Lecithin vor der Sensibilisierung mit Lipopolysacchariden verhindert ebenfalls die Hämagglutination; Cholesterin u. Normalserum haben diese Wrkg. nicht. Die hemmenden Substanzen verhindern demnach lediglich die Bindung der Lipopolysaccharide an Erythrocyten. (Proc. Soc. exp. Biol. Med. **88.** 339—41. März 1955. Buffalo, N. Y., Children Hosp., Dep. of Pediatr.; Univ. of Buffalo, School of Med., Dep. of Pediatr. and Bacteriol., u. Säckingen, Dr. Wander-Forschungsinst.) E. FISCHOEDER. 4370

Farid Nour-Eldin, *Die Wirkung organischer Säuren auf die Vermehrung des Tabakmosaikvirus.* Scheibchen von Tabakblättern wurden 24 Std. nach Beimpfung mit gereinigtem Tabakmosaikvirus 5—6 Tage in 0,003mol. Lsgg. organ. Säuren (I) (p_H 5,6) gebracht u. mit elektr. Licht bestrahlt. I bewirkten nachst. Zunahme der Virusvermehrung: *Citronensäure* 17—23 (%), *α-Ketoglutarsäure* 14—17, *Bernsteinsäure* 17—24, *Äpfelsäure* 27—31. (Phytopathology **45.** 291—92. Mai 1955. Berkeley, Calif., Univ. of California, Dep. of Plant Pathol.) K. MAIER. 4374

Naoto Ishimori und **Masaru Osawa,** *Polyederkrankheit der Seidenraupe und Katalasereaktion.* Beobachtung des *Katalase* (I)-Geh. im n. Lebensablauf des *Seidenwurms.* Kälte erniedrigt den I-Gehalt. Die Polyeder erscheinen zu Zeiten niedrigen I-Gehalts. — 2 Kurven. (Kagaku [Science] **21.** 257—58. Mai 1951. Tokyo. [Orig.: japan.]) L. SCHULER. 4374

Naoto Ishimori und **Masaru Osawa,** *Änderungen der Katalaseaktivität in der Körperflüssigkeit der Seidenraupe durch Fasten und das Auftreten der Polyederkrankheit.* Die *Katalaseaktivität* der Körper-Fl. von *Bombyx mori* ändert sich mit der Veränderung der Fastenperiode zwischen Häutung u. Fütterung (in Kurven dargestellt). Die Abnahme der Katalaseaktivität steht im Zusammenhang mit der Anfälligkeit gegen die Polyederkrankheit. Während des Fortschreitens der Krankheit nimmt der Glutamingeh. der Körper-Fl. ab, der Histamingeh. zu. Das scheint erklärlich als Fortgang der Desaminierung u. Transaminierung während der Bldg. des Virus. Der Chemismus der Virusproteinbldg. u. Änderung der Katalaseaktivität wird erörtert. (Kagaku [Science] **21.** 363—64. Juli 1951. Tokyo, Educ. Univ. [Orig.: japan.]) L. SCHULER. 4374

Jaswant Singh, C. P. Nair und **A. P. Ray,** *Untersuchungen am Nuristamm von P. knowlesi.* 5. Mitt. *Erworbene Pyrimethaminresistenz.* (4. vgl. Indian J. Malariol. **8.** [1954.] 165.) Durch 73mal wiederholte Passagen eines virulenten Nuristammes von Plasmodium knowlesi in Rhesusaffen bei Verabreichung von *Pyrimethamin* (I) in abgestuften Dosen wurde gegenüber I mehr als $2 \cdot 10^5$fache Resistenz erzielt. Die Austestung des resistenten Stammes gegenüber *Proguanil* (II), *Bromguanid* u. ihren akt. Stoffwechselprodd. bei Affenmalaria ergab Kreuzresistenz, während *Sulfadiazin, Chinin, Mepacrine, 4-Aminochinoline, Pamaquin* u. *M-3349* gegenüber Ausgangsstamm u. resistentem Stamm gleich wirksam waren. Der untersuchte Stamm blieb gegenüber I $2^1/_2$ Monate resistent bei 24 Passagen in Abwesenheit von I. Hinweis auf Literaturangaben über Kreuzresistenz eines I-resistenten Stammes von P. berghei mit C TW 6, *2.4-Diamino-5-p-chlorphenylpyrimidin,* den akt. Stoffwechselprodd. von II, *Pteridine* (III) *0/97* [(6.7-Diisopropyl)-2.4-diamino-III] u. III 0/164 (6.7-[1-Äthylindolo]-2.4-diamino-III). (Indian J. Malariol. **8.** 187—95. Sept. 1954. Delhi, Malaria Inst. of India.) H. DOSSMANN. 4380

Umberto Niccolini, Analisi microbiofisiche. Vol. I: 1) degli elementi biologici. 2) dell' ossidoriduzione. 3) dei colloidi biologici. Milano: Tip. G. Colombi. 1953. (132 S. m. 30 Taf.) L. 2500,—.

E₄. Pflanzenchemie. Pflanzenphysiologie. Pflanzenpathologie.

William E. Randall jr., *Wasserverhältnisse und Chlorophyllgehalt bei Waldkräutern im Süden Wisconsins.* Graph. u. tabellar. ist der Wasserverlust von Kräutern verschied. Vegetationsgruppen bis zum Welken u. der Geh. an Trockensubstanz in % dargestellt. (Ecology **34.** Nr. 3. 544—53. Juli 1953. Urbana, Ill., Univ. of Illinois.) H. GUDE. 4400

A. G. Schesstakow, G. F. Iwanowa und **N. I. Schmelkowa,** *Über die Reaktion der Pflanzen auf die Strahleneinwirkung von* ^{32}P *in der ersten und den vier nachfolgenden Generationen.* Die Wrkg. von radioakt. P auf Wachstum u. Entw. der Pflanzen hängt von der verabfolgten Menge sowie von der P-Ernährung vor u. während des Vers. ab. Bei ausreichender P-Versorgung der Pflanzen vor u. während des Vers. traten Schäden erst bei der höchsten Gabe von radioakt. P auf, nämlich bei 0,3 mC je Gefäß. Bei vorheriger ausreichender Versorgung der Pflanzen mit P u. Unterlassung derselben während der Versuchsperiode machte sich eine ungünstige Wrkg. des radioakt. P am raschesten bemerkbar. Bereits 0,12 mC je Gefäß hatten einen ungünstigen Einfl. auf die Samenbldg., der sich bei höheren Gaben noch verstärkte. Hatten die Pflanzen vor dem Vers. keinen P bekommen, so hing die Schädigung durch radioakt. P davon ab, ob sie während des Vers. genügend gewöhnlichen P bekamen oder nicht. Im ersten Falle begann die schädliche Wrkg. auf den Samen bei Gaben von 0,03 mC, im letzten Falle bei 0,0156 mC. Die Nachwrkg. des radioakt. P zeigte sich in den folgenden 3 Generationen. (Известия Тимирязевской Сельскохозяйственной Академии [Nachr. Landwirtsch. Timirjasew-Akad.] **1955.** Nr. 1. 165—78.) A. JACOB. 4404

Hans Stich, *Der Nachweis und das Verhalten von Metaphosphaten in normalen, verdunkelten und trypaflavinbehandelten Acetabularien.* Die cytochem. Rkk. zum Nachw. von *Metaphosphaten* (I; Metachromasie mit Toluidinblau, Methylgrünfärbung, Pb-Acetatfällung zum Unterschied von Nucleinsäuren, die durch La-Acetat oder -Nitrat gefällt werden; Extraktion mit 5—10%ig. Trichloressigsäure; Einw. von Metaphosphatase aus Aspergillus niger u. a.) werden beschrieben. Mittels dieser Methoden wurden im Cytoplasma von *Acetabularia mediterranea* I in Gestalt kugeliger Körper nachgewiesen. Diese Grana nehmen an Größe zu in kernhaltigen u. kernlosen Teilen von Acetabularien, wenn das Wachstum durch *Trypaflavin* blockiert ist; sie werden kleiner bei Dunkelaufenthalt der Pflanzen. Die I-Bldg. scheint durch die energieliefernden Photosyntheseprozesse, der I-Abbau durch die Intensität des Zellwachstums gesteuert zu werden, wobei der Zellkern kaum beteiligt sein dürfte. (Z. Naturforsch. **8b.** 36—44. Jan. 1953. Wilhelmshaven, Max-Planck-Inst. für Meeresbiol.) H. SCHLOTTMANN. 4410

H. S. McKee und **G. Urbach,** *Iminosäuren in Santalumblättern.* Extrakte aus den Blättern zweier austral. *Santalum*-Arten wurden papierchromatograph. auf die freien Iminosäuren *Oxyprolin* (I) u. *Prolin* (II) untersucht. *W. obtusifolium*-Auszüge gaben mit Ninhydrin u. Isatin starke Rkk. auf I, II u. *Glutamin.* In *S. murrayanum* überwog II weitaus I. (Nature [London] **175.** 470. 12/3. 1955. Homebush, New South Wales, Commonwealth Sci. and Ind. Res. Organizat., Div. of Food Preservat. and Transport.) K. MAIER. 4420

Demetrios A. Rigas und **Edwin E. Osgood** (unter Mitarbeit von **Marie Duerst**), *Reinigung und Eigenschaften des Phytohämagglutinins von Phaseolus vulgaris.* Vff. beschreiben Reinigungsmethoden u. Eigg. des *Phytohämagglutinins* (I) von *Phaseolus vulgaris* als Mucoprotein (M.) u. als Protein (P.). M. verhält sich bei der Elektrophorese im p_H-Bereich zwischen 5,8 u. 8,6 als homogene Substanz. Der isoelektr. Punkt liegt bei p_H 5,6. Unter p_H 5,8 dissoziiert M. in ein P.-I u. ein inakt. Polysaccharid. M. enthält 6,5% N, 50,4% gesamtreduzierende Substanzen, bestimmt als Glucose; M. ist hitzelabil u. in dest. W. gut löslich. P.-I verhält sich bei Elektrophorese im p_H-Bereich zwischen 2,0 u. 8,0 gleichfalls als homogene Substanz mit einem isoelektr. Punkt bei p_H 6,5. N = 14,6%, gesamtreduzierende Substanzen 3,4%. P.-I ist ein hitzelabiles Euglobulin, unlösl. in dest. W., aber gut lösl. in NaCl- oder Pufferlösungen. I in der M.-I u. P.-I-Form ist ein nichttox. starkes Hämagglutinin für alle Formen der menschlichen, Pferde-, Schweine-, Hunde-, Katzen-, Kaninchen-, Küken- u. Froscherythrocyten. Darst. von I in der Mucoproteinform: Extraktion von 1 kg *Phaseolus vulgaris* (Ph.v.) mit 4 Liter 1%ig. NaCl-Lsg. 24 Std., 0°. Der durch Zentrifugieren geklärte Extrakt wird auf p_H 5,7 gestellt u. in mehreren Stufen durch Fällen mit A. u. Ae. sowie mit $(NH_4)_2SO_4$ in steigendem Sättigungsgrad u. darauf anschließende Dialyse u. Gefriertrocknung gewonnen. (Ausbeute an P.-I ca. 2 g). (J. biol. Chemistry **212.** 607—15. Febr. 1955. Portland, Oreg., Univ., Med. School, Div. of Exp. Med.) G. BRATFISCH. 4420

Raoul Lecoq, Paul Chauchard und **Henriette Mazoué,** *Die Vitamin-P-Eigenschaften des Leukoanthocyanchromogens der Erdnuß.* Das aus den Tegumenten von Erdnußsamen gewonnene *Leukoanthocyanchromogen* (I) zeigte an der Ratte ebenso wie Rutosid u. Epicatechin die Wrkg. des sogenannten „*Vitamins P*" bes. gegenüber acidot. bedingten nervösen Störungen, während Aesculosid („Vitamin C_2") antialkalot. wirkt. Auch eine hemmende Wrkg. von I gegenüber anaphylakt. Substanzen (Histamin u. Acetylcholin) war festzustellen. (Tunisie méd. **29.** 930—37. Juli/Aug. 1951. St. Germain-en-Laye, École des Hautes Études, Labor. de l'Hôpital et Labor. de Neurophysiol.)
F. V. GIZYCKI. 4425

Hector Diacono, *Der antiskorbutische Faktor in der Kaktusfeige.* Vf. fand im Fruchtfleisch der Kaktusfeige (I) einen mittleren Geh. von 8,356 mg *Ascorbinsäure*/100 g. Fütterungs- u. Ausscheidungsverss. an Menschen u. Meerschweinchen zeigten, daß in Mangelzeiten die I bei reichlichem Verzehr als alleinige Vitamin-C-Quelle hinreicht. (Tunisie méd. **29.** 939—49. Juli/Aug. 1951. Tunis, Inst. des Hautes Études, Labor. de Biol. appliquée et Pharmacol.) F. v. GIZYCKI. 4425

N. C. Ganguli, *Untersuchungen über die Zusammensetzung der freien Aminosäuren keimender Phaseolus radiatus-Samen.* (Vgl. Naturwissenschaften **41.** [1954.] 140.) Während der *Ph. radiatus*-Keimung nehmen die freien *Aminosäuren* (I) hinsichtlich Zahl u. Konz. zu. Es wurde die Verteilung der freien I in verschied. Teilen des Keimlings sowie der Einfl. von Licht u. lösl. N auf deren Bldg. während der Keimung (bis 120 Std.) untersucht, wobei Identifizierung u. Best. von I durch eindimensionale Papierchromatographie (Naturwissenschaften **41.** [1954.] 282) erfolgte. Die in den Cotyledonen ursprünglich vorhandenen I, *Asparaginsäure* (II), *Glutaminsäure* (III), *Glycin* (IV), *Threonin* (V), *Lysin* (VI) u. *Valin* (VII), ändern sich innerhalb 48 Std. hinsichtlich Zahl u. Konz. nur unerheblich. Nach 72 Std. sind außer II u. III alle übrigen I verschwunden. Im weiteren Keimungsverlauf sind in den Cotyledonen keine I mehr nachweisbar. In der Wurzel nehmen II u. III hinsichtlich Konz. während 72 Std. zu, dann langsam ab. Zwischen der 24.—48. Std. erscheinen *Serin* (VIII), V, VI, VII u. *Leucin.* Sie behalten ihre Konz. im wesentlichen in der darauffolgenden Periode bei. *Phenylalanin* u. *Prolin* treten in einer späteren Keimungsperiode auf. In sich nach 48 Std. entwickelnden Blättern erscheinen zunächst nur II u. III, *Asparagin* nach 72 Std., später dann noch VIII, V, VI u. VII. Der Ort verstärkter Bldg. freier I ist anscheinend in erster Linie die Wurzel. Bei Keimung der Samen mit W. im Dunkeln nimmt der Geh. an lösl. I stärker zu als im Licht. I treten bei Lichtausschluß früher auf u. erreichen während der Keimung höhere Konzz. als im Licht. Bei Keimung in 0,5%ig. NH_4NO_3-Lsg. als alleiniger N-Quelle nimmt der lösl. N stärker zu, jedoch sind die Konzz. von I, die im Verlauf der Keimung erscheinen, relativ geringer als bei Keimung in Wasser. Hinsichtlich des Auftretens u. der Konz. der freien I ist die Wrkg. von Licht u. Dunkelheit gleich, wenn die Keimung in N-haltigen Lsgg. stattfindet. (Naturwissenschaften **42.** 18. 1. Jan.-H. 1955. Calcutta, Univ., Coll. of Sci. and Technol., Dep. of Applied Chem.) K. MAIER. 4455

Adrienne R. Thompson, *Flüchtige Produkte von Äpfeln.* 1. Mitt. *Identifizierung von Säuren und Alkoholen.* Die von Granny Smith-Äpfeln bei 20° an die Luft abgegebenen flüchtigen Stoffe wurden bei niedriger Temp. (Kühlung in fl. O_2) kondensiert. Die durch Verseifung mit 0,2nNaOH erhaltenen Säuren sind im wesentlichen frei von Carbonyl-, Hydroxyl- bzw. ungesättigten Gruppen. Durch Umwandlung in Hydroxamsäuren (I; Rk. der Na-Salze mit Hydroxylamin) u. darauffolgende Papierchromatographie (Lösungsmittel: Bzl.-Essigsäure [II], Butanol-II bzw. Caprylalkohol-Oxalsäure; Entwickler: Ferriperchlorat bzw. $FeCl_3$) wurden Ameisen (III)-, Essig- (IV), Propion-, Butter-, Valerian- u. Capronsäure identifiziert. Alle diese Säuren befinden sich in Esterform; III u. IV kommen auch in freier Form vor. Die genannten Säuren sind nicht notwendigerweise in jeder flüchtigen Probe von Äpfeln enthalten. Z. B. wurde III in einigen Proben nachgewiesen, in anderen nicht. Die durch Verseifung erhaltenen Alkohole sind vorwiegend prim. u. gesättigt. Es wurden neben Spuren von 6 C-Alkohol Methanol (V), Äthanol (VI) u. n-Propanol (VII) gefunden. VI u. VII wurden durch Papierchromatographie nach Umwandlung in I, V durch eine spezif. Farb-Rk. (mit Chromotropsäure) identifiziert. — Die Papierchromatogramme werden wiedergegeben. (Austral. J. sci. Res., Ser. B **4.** 283—92. Aug. 1951. Homebush, N. S. W., C. S. I. R. O., Div. of Food Preserv.) F. RANG. 4460

Adrienne R. Thompson und **F. E. Huelin,** *Flüchtige Produkte von Äpfeln.* 2. Mitt. *Produktion flüchtiger Ester durch den Granny-Smith-Apfel.* (1. vgl. vorst. Ref.). An GRANNY-SMITH-Äpfeln wurde die Produktion flüchtiger Ester, Säuren u. Alkohole sowie die Respiration (CO_2-Produktion) unter Lagerung bei 0 u. 20° über ca. 30 Wochen bestimmt. Ergebnisse: 1. Bei 0° steigt die Esterbldg. stetig langsam an. 2. Werden die Äpfel nach mehrwöchiger Lagerungszeit bei 0° in die Temp. von 20° gebracht, so zeigt die Esterbildungskurve steilen Anstieg (von 0 auf ca. 240 μMol/kg in 24 Std.), anschließend raschen Abfall; mit zunehmendem Zeitabstand vom Erntetermin wird das Anstiegmaximum laufend geringer (nach 30 Wochen ca. 60 μMol/kg/24 Std.). 3. Früh geerntete Früchte produzieren weniger Ester. 4. Erhöhung der Luftdurchströmungsgeschwindigkeit (von 10 auf 40 Liter/Std.) steigert die Esterbildung. 5. Die Bldg. flüchtiger Alkohole steigt kontinuierlich, die flüchtiger Säuren nimmt ab nach kurzem Anstieg. 6. Durchströmung mit 6% O_2 + 94% N_2 bewirkt gegenüber Luft steiler ansteigenden, jedoch früher abfallenden Verlauf der Ester- u. Alkoholbldg.; Vff. diskutieren die Rolle des red. Diphosphopyridinnucleotids beim Respirationsverlauf. 7. Die Respiration

(CO_2-Produktion) fällt nach Überführen der Äpfel von 0°- in 20°-Milieu steil ab (von ca. 15 auf ca. 5 μMol/kg/24 Std.); der Tiefpunkt dieser Kurve fällt annähernd zusammen mit dem Anstiegsbeginn der Esterkurve. (Austral. J. sci. Res., Ser. B 4. 544—53. Nov. 1951. Homebush, N. S. W., C. S. I. R. O., Div. of Food Preserv. and Transport.) H. SCHLOTTMANN. 4460

R. W. Newburgh, C. A. Claridge und **Vernon H. Cheldelin,** *Kohlenhydratoxydation beim Weizenbrandpilz Tilletia caries.* Vff. untersuchten das oxydative Verh. von Extrakten aus *Tilletia caries;* der Pilz wurde in einem fl. Medium gezüchtet (5 g Trypton, 10 g Glucose, 1 g Hefeextrakt/Liter; 20°; Belüftung). Acetonextrakte enthielten *Hexokinase, Aldolase, Glucose-6-phosphatdehydrogenase, 6-Phosphogluconsäuredehydrogenase* u. die *Enzyme des Pentosecyclus.* Glucose, Maltose u. Stärke wurden gut, Fructose u. Rohrzucker wurden begrenzt oxydiert; gegen Säuren des KREBS-Cyclus als Substrat bestand nur geringe Aktivität. (J. biol. Chemistry 214. 27—35. Mai 1955. Corvallis, Ore., Oregon State Coll., Sci. Res. Inst., Dep. of Chem.) H. GOEBEL. 4460

E. T. McEvoy, *Der Einfluß von Natrium und Kalium auf Wachstum und Mineralstoffgehalt des „flue-cured" Tabaks.* In Vegetationsverss. stellte Vf. fest, daß sich bei einer Ernährung ohne K, aber bei gesteigerter *Na*-Versorgung der Blattertrag erhöhte. Bei guter *K*-Versorgung ergab sich bei steigenden Na-Gaben eine Ertragsdepression. K-Mangelsymptome traten bei einer K-Mangelernährung dann vermindert in Erscheinung, wenn Na gegeben wurde. Vf. folgerte daraus, daß K teilweise durch Na ersetzt oder ergänzt werden kann, wenn K im Minimum ist. Die Anhäufung von Na u. K in der Pflanze geschah in direkter Beziehung zur Versorgung mit diesen Stoffen. K erniedrigte die Na-Aufnahme. Na u. K wirkten senkend auf die Aufnahme von Ca, Mg u. P. (Canad. J. agric. Sci. 35. 294—99. Mai/Juni 1955. Ottawa, Can., Centr. Exp. Farm, Tobacco Div.) H. AMARELL. 4470

A. I. Achromeiko und **P. W. Woropanow,** *Über die Anwendung markierter Atome bei den Untersuchungen auf dem Gebiet der Forstwirtschaft.* Verss. über das Aufnahmevermögen von ^{32}P aus Nährlsgg. durch Sämlinge, die aus Samen von Kiefer u. Tanne von verschied. Wuchseigg. stammten, wiesen auf einen deutlichen Einfl. der Wuchs- u. Entwicklungsstadien der Mutterbäume auf ihre Nachkommenschaft hin. Sämlinge von Bäumen von schnellem Wuchs u. schneller Entw. wachsen u. entwickeln sich langsamer, Sämlinge von gleichem Wuchs, aber langsamerer Entw. wachsen u. entwickeln sich schneller. Kiefernsämlinge nehmen aus Nährlsgg. stets mehr P auf als Tannensämlinge. Sämlinge, deren Wurzeln u. Zweige ärmer an P sind, haben in der Regel P-reichere Nadeln u. umgekehrt. (Лесное Хозяйство [Forst-Wirtsch.] 8. Nr. 4. 25—32. April 1955.) M. ULMANN. 4480

E_5. Tierchemie. Tierphysiologie. Tierpathologie.

Joseph De A. Reis, *Biochemische Bedeutung des Wasserstoffwechsels.* Übersicht über Wassergeh. menschlicher Organe u. einiger Nahrungsmittel u. Berechnung der im Stoffwechsel frei werdenden Wassermengen. — 7 Literaturangaben. (Rev. Quím. Farmác. 20. Nr. 3. 11—17. März 1955.) HEINRICH HERMANN. 4510

Robert W. Greene und **Leo A. Sapirstein,** *Gesamtgehalt an Körpernatrium, -kalium und -stickstoff in Ratten, die durch subtotale Nephrektomie hypertensiv gemacht wurden.* Das Gesamtkörper-Na in hypertensiven Ratten erhöht sich von n. 1,29 mg Na/g Körpergewicht auf 1,67 mg Na/g. Dagegen bleibt der K- u. N-Geh. der hypertensiven Tiere innerhalb der n. Grenzen. Da die Menge des Plasma-Na nicht wesentlich verändert wird, vertreten Vff. die Ansicht, daß das überschüssige Na, das bei der Hypertension gefunden wurde, in intracelluläre Teile eintritt. (Amer. J. Physiol. 169. 343—49. 1/5. 1952. Columbus, O., State Univ., Dep. of Physiol.) G. NIESWANDT. 4510

J. W. Airan und **R. W. P. Master,** *Chromatographische Bestimmung von Aminosäuren in einigen Bombayfischen.* Die Aminosäuren (*Leucin, Methionin, Alanin, Glutaminsäure, Glycin, Arginin* u. *Lysin*) der Muskeln von 8 Fischen wurden durch aufsteigende 2dimensionale u. durch Kreischromatographie auf WHATMAN-Papier Nr. 1 bestimmt: Hydrolyse von 0,5 g Fischpulver nach dem Trocknen u. Entfetten mit Ae. während 72 Std. durch 15 cm³ 6nHCl. Einstellen auf p_H 6,5. Als Lösungsmittel dienten Butanol/Eisessig/W. 40:10:50 u. Phenol mit 30% Wasser. Sprühreagens 0,4% Ninhydrin in Aceton. Quantitative, colorimetr. Best. der Aminosäuren nach Elution mit 75%ig. A. mit 0,1%ig. $CuSO_4$-Lösung. Die besten Erfahrungen wurden mit der Kreischromatographie gemacht. (J. Indian chem. Soc., ind. News Edit. 16. 63—69. 1953.) H.-J. HAASE. 4520

Jürgen Meyer-Arendt, *Ultraviolettstudien an pathologischen Eiweißkörpern.* Vf. untersucht die UV-Absorption verschied. ortholog. u. patholog. menschlicher Eiweißkörper. Es ergeben sich gewisse, jedoch verhältnismäßig unspezif. Unterschiede zwischen einigen Eiweißtypen. (Virchow's Arch. pathol. Anatom. Physiol. klin. Med. **326.** 676—91. 1955. Hamburg, Univ., Patholog. Inst.) K. NEHRING. 4520

W. N. Orechowitsch und **W. O. Schpikiter** (unter Beteiligung von **W. I. Petrow**), *Untersuchung einiger Eigenschaften von denaturiertem Prokollagen mit Hilfe der Ultrazentrifuge.* Mit gleichem Vol. 6mol. Harnstoff denaturierte Prokollagen (I)-Lsgg. aus Rattenhaut ergaben bei der Sedimentation in der Ultrazentrifuge bei 25° 2 Komponenten mit der Sedimentationskonstante $S = 2{,}4 \cdot 10^{-13}$ u. $3{,}5 \cdot 10^{-13}$. Das native I ist danach ein Komplex von 2 oder mehr Eiweißkomponenten. Diese Komponenten sind im nativen I nur schwach miteinander verbunden. Die scharfe u. irreversible Abnahme der Viscosität des nativen I bei geringer Temperaturerhöhung weist auf einen Zerfall der Struktur des I hin. Beim denaturierten I ist die Asymmetrie viel geringer als beim nativen I. (Доклады Академии Наук СССР [Ber. Akad. Wiss. UdSSR] **101.** 529—30. 21/3. 1955. Inst. für biol. u. med. Chem. der Akad. der Med. Wiss. der UdSSR.) J. v. SCHROEDER. 4520

A. M. Woodin, *Das Mucopolysaccharid der Hornhaut (Cornea).* Extraktion u. Reinigung des *Mucopolysaccharids* (I) der Cornea mit anschließender chem. u. elektrophoret. Analyse werden beschrieben. Als Bestandteile des von Protein mit Trypsin befreiten I werden Galaktose, Glucosamin u. Galaktosamin mit Hilfe der Filterpapierchromatographie u. -ionophorese identifiziert. Es wird widerlegt, daß I ein Schwefelsäureester der Hyaluronsäure darstellt, da Hyaluronidase ohne Wrkg. auf I bleibt. Die Annahme des Vf., daß im intakten Gewebe ein *Mucopolysaccharid-Kollagen-Komplex* vorliegt, wird gestützt durch die Isolierung gelbildender Proteine aus den unlösl. Mucoiden, die sich aus denselben Aminosäuren wie Gelatine zusammensetzen. (Biochem. J. **51.** 319—30. Juni 1952. London, Inst. of Ophthalmol., Ophthalmol. Res. Unit [Med. Res. Council].) G. NIESWANDT. 4520

Tadao Hama, Kenichi Kushibiki und **Kan Goto,** *Fluorescierende Substanzen in Haut und Schuppen von Karpfen (Cyprinus carpio) und Karauschen (Carassius auratus).* In Auszügen (0,5nNH_4OH) von Haut u. Schuppen von Cyprinus carpio u. Carassius auratus wurden zwei Pigmente mit purpurner Fluorescenz gefunden: *Cyprinus-Purpur A* u. *B,* deren Absorptionsspektren nahezu gleich sind. Die R_f-Werte bei Butanol–Essigsäure als Lösungsm. sind 0,34 für A u. 0,16 für B, bei Phenol–NH_3 entsprechend 0,32 u. 0,15. A wird als ident. mit Ichthyopterin (HÜTTEL; C. **1943.** II. 623) u. mit Fluorescyanin (POLONOVSKI u. Mitarbeiter; C. **1944.** II. 552) betrachtet. — Papierchromatogrammskizze. (Kagaku [Science] **22.** 478. 1952. Keio Gijuku Univ. [Orig.: japan.]) L. SCHULER. 4520

W. J. Schmidt, *Über das polarisationsoptische Verhalten des Augenpigmentes von Sagitta setosa.* Das lichtabschirmende Pigment der Augen der Sagitten ist doppelbrechend mit negativem Vorzeichen u. daher vermutlich kein *Melanin-*, sondern ein *Porphyrin-*Derivat. (Berichtigung hierzu vgl. nachst. Ref.) (Z. Naturforsch. **5b.** 447—48. Nov./Dez. 1950. Gießen, Zoolog. Inst.) D. ZEMKE. 4520

W. J. Schmidt, *Bemerkung zu einer Mitteilung „Über das polarisationsoptische Verhalten des Augenpigments von Sagitta setosa".* In der vorst. referierten Arbeit wurde das Vorzeichen des Polarisationskreuzes in den Granula des Augenpigments der *Sagitta setosa* unrichtig angegeben. Es ist *positiv.* In Pyridin blassen die Granula langsam ab u. verlieren dabei ihr Polarisationskreuz. Damit erhält die Vermutung des Vf., daß es sich beim Augenpigment um einen Porphyrinkörper handele, eine gewisse Stütze. Auf *Melanin* wirkt Pyridin nicht ein. (Z. Naturforsch. **6b.** 466. Nov./Dez. 1951.) K. MAIER. 4520

Kan (Suzumu) Ono, *Wie wird die Erzeugung von Antikörpern hormonal geregelt?* Überblick über die neueren Erkenntnisse bes. bzgl. der Rolle des Desoxycorticosterons. — 29 Literaturangaben. (Kagaku [Science] **22.** 484—88. 1952. Forschungsinst. für Infektionskrankh. [Orig.: japan.]) L. SCHULER. 4551

Shôzô Tanaka und **Hiroyuki Hatano,** *Biochemische Untersuchungen an Perlen.* 1. Mitt. *Jahreszeitliche Schwankungen in der chemischen Zusammensetzung der Perlauster Pinctada martensii.* Der Geh. an *Glykogen* (I) u. *Lipiden* (II) schwankte stark; I ist bes. im März (Reifezeit) erhöht, II von September bis Februar (Fettansatzzeit). Das Lagerfett scheint in I umgewandelt u. im Juni bis August (Reproduktionsperiode) für die Vermehrung verbraucht zu werden. — 4 Kurvendiagramme. (J. chem. Soc. Japan, pure Chem. Sect. [Nippon Kagaku Zassi] **73.** 870—73. Dez. 1952. Kyoto Univ. [Orig.: japan.]) L. SCHULER. 4552

Stanley P. Rigler, Harry A. Oberhelman, Maude M. Hanke und **Lester R. Dragstedt,** *Uropepsin als ein Maßstab für die gastrische Sekretion.* Patienten mit Ulcus duodeni haben zwar eine erhöhte Ausscheidung von *HCl* u. *gastr. Pepsin*, aber ihre *Uropepsin*-Ausscheidung ist nicht wesentlich erhöht u. variiert auch nicht entsprechend den anderen Komponenten. Bei einigen Fällen findet sich gar keine Ausscheidung von *Uropepsin*. Bei vagotomierten Patienten ist der Geh. an *Uropepsin* geringer als bei Gesunden. Nur in der unmittelbar postoperativen Periode findet sich eine merkliche Erhöhung des Geh. an *Uropepsin*. — 8 Literaturangaben. (A. M. A. Arch. Surgery **71.** 63—67. Aug. 1955. Chicago, Ill., Univ., Dep. of Surg.) G. WELTZIEN. 4555

James A. Green, *Die Hormonsekretion des unreifen Mäuseovars nach Gonadotropinstimulierung.* Subcutane Einzelinjektionen (0,07—340 γ, 0,004—17,7 C. N. E.) eines *Serumgonadotropin* (I)-Präp. trächtiger Stuten riefen bei 21 Tage alten Mäusen in Dosen von $>$1,1 γ Gelbkörperbldg. hervor. 1,1 γ u. weniger bewirkten keine Gewichts- oder morphol. Veränderung des Ovars. Bei den unterschwelligen Luteinisierungsdosen reagierte jedoch das Ovar physiol. (deutliche Uterusgewichtszunahme u. morphol. Veränderungen). Bei allen Dosen, einschließlich der unterschwelligen, deuteten Veränderungen im Endometrium auf Ggw. von *Progesterin* (II) u. *Östrogen* (III) hin. Bei Mäusen, die subcutan 1,1 γ des I-Präp. erhielten u. in Abständen von 12, 24, 36, 48, 60, 72 u. 120 Std. getötet wurden, war keine deutliche morphol. Veränderung des Ovars, jedoch eine Zunahme des Uterusgewichts beobachtbar. Die morphol. Unters. des Endometriums zeigte, daß während des gesamten Vers. II vorhanden war. 12 Std. nach der Injektion war eine geringe III-Rk. feststellbar, die sich bis 60 Std. verstärkte u. dann abnahm. Anscheinend werden als Rk. auf I gleichzeitig II u. III sezerniert. Eine Gelbkörperbldg. bewirkende Dosis des I-Präp. zeigte keine Einw. auf die Uterusmorphologie ovariektomierter Mäuse, wodurch eine Teilnahme der Nebenniere ausgeschaltet wird. (Endocrinology **56.** 621—27. Juni 1955. Chapel Hill, Univ. of North Carolina, Dep. of Anat.) K. MAIER. 4559

Thomas R. Forbes, *Sekretion von Progesteron durch menschliche und tierische Feten.* In 25 Fällen wurden unmittelbar nach der Entbindung, vor Entfernung der Placenta, Blutproben aus den Nabelarterien u. -venen entnommen. Analog wurde zwischen dem 116. u. 134. Trächtigkeitstag bei 3 Ziegen verfahren. Die biol. Best. des *Progesteron* (I)-Äquivalents nach HOOKER u. FORBES (Endocrinology **41.** [1947.] 158) ergab bei 16 menschlichen u. den 3 Ziegenblutproben, daß im Plasma aus der Nabelarterie der I-Äquivalentspiegel merklich höher als derjenige im Venenplasma war. Dies spricht anscheinend für eine I-Bldg. seitens der Feten u. eine Entfernung von I aus dem Nabelblut durch die Placenta. (Endocrinology **56.** 699—703. Juni 1955. New Haven, Conn., Yale Univ., Dep. of Anat.) K. MAIER. 4559

John L. Adams und **Raymond B. Herrick,** *Wechselwirkungen der Keimdrüsenhormone beim Küken.* Die 3 Hormone *Progesteron* (I), *Testosteron* (II) u. *Diäthylstilböstrol* (III) wurden auf ihre Wirkungen u. Wechselwirkungen bei jungen Küken geprüft wobei die Mengen von 15 mg (implantiert) bis 2 mg (subcutan 2mal wöchentlich injiziert) reichten. Bei ♂ wurde das Wachstum durch II + III u. durch I + II herabgedrückt. Bei Kapaunen verbesserten II + III das Wachstum, bei ♀ wurde keine Wachstumswrkg. beobachtet. Eine synergist. Wechselwrkg. zwischen II u. III u. zwischen I u. II wurde bzgl. des Eileitergewichts bei ♀ beobachtet. Ein Antagonismus zwischen II u. III bestand bzgl. des Kammgewichts der ♀. Signifikante Unterschiede in den Veränderungen des Kammgewichts bei ♀ bewiesen Wechselwirkungen zwischen I, II u. III. (Poultry Sci. **34.** 117—21. Jan. 1955. Madison, Wis., Univ., Poultry Dep.) H. PATZSCH. 4559

Fernando Fernandez De Soto Morales, *Neue Fortschritte und Ideen in der Physiologie. Eine neue endokrine Funktion des Östrons: Verknöcherung und Verkalkung des Skeletts des Fetus während der Schwangerschaft.* Übersicht über die knochenbildende u. die Verkalkung fördernde Wrkg. von *Östron* u. östrogenen Substanzen bei Vögeln unter Hinweis auf die chem. strukturelle Ähnlichkeit dieser Stoffe mit Vitamin D_2. (An. Real. Acad. Farmac. **21.** 243—60. 1955. Madrid, Inst. de Farmacognosia José Celestino Mutis, Sección de Farmacología Experimental.) HEINRICH HERMANN. 4559

J. Ward Kislak und **Frank A. Beach,** *Hemmung der Aggressivität durch Ovarialhormone.* Beim Goldhamsterweibchen schließen sich Aggressivität gegenüber dem Männchen u. Paarungsbereitschaft gegenseitig aus. Dies Verh. wird innersekretor. gesteuert. Verss. an ovariektomierten Tieren zeigten, daß durch Injektionen von *Östradiolbenzoat* u. anschließend von *Progesteron* die Aggressivität rasch herabgesetzt wurde. (Endocrinology **56.** 684—92. Juni 1955. New Haven, Conn., Yale Univ., Dep. of Psychol.) K. MAIER. 4559

Charles T. Beer und **T. F. Gallagher,** *Die Ausscheidung von Östrogenmetaboliten durch den Menschen.* 1. Mitt. *Der Verbleib kleiner Gaben Östron und Östradiol-17β.* Es wurde bei 6 Frauen die Ausscheidung radioakt. Materials nach intravenösen u. intramuskulären Tracerdosen $^{14}C_{(16)}$-*Östron* (I) u. $^{14}C_{(16)}$-*Östradiol-17β* (II) untersucht. Der

Urin enthielt die Hauptmenge der Metabolite, die Faeces nur geringe Anteile. Die Art der Aktivitätsausscheidung war nach ntramuskulärer oder intravenöser $^{14}C_{(16)}$-II-Injektion gleich. Die Hydrolyse der Metabolitkonjugate erfolgt zweckmäßiger durch *β-Glucuronidase* als durch Kochen mit 5%ig. H_2SO_4. I u. *Östriol* (III) wurden im Urin des 1. Tages nach intravenöser $^{14}C_{(16)}$-I- u. $^{14}C_{(16)}$-II-Injektion mittels der Isotopenverdünnungsmeth. bestimmt. I bzw. III machten 8—10 bzw. 11—31% der Gesamtaktivität des Urins aus. (J. biol. Chemistry **214**. 335—49. Mai 1955. New York, N. Y., Sloan-Kettering Inst. for Cancer Res.) K. MAIER. 4559

Charles T. Beer und **T. F. Gallagher**, *Die Ausscheidung von Östrogenmetaboliten durch den Menschen.* 2. Mitt. *Der Verbleib großer Östradiol-17β-Gaben nach intramuskulärer und oraler Verabreichung.* (1. vgl. vorst. Ref.) Nach intramuskulärer u. oraler Zufuhr großer $^{14}C_{(16)}$-*Östradiol-17β* (I)-Gaben bei 3 Patientinnen (HODGKINsche Krankheit, Brustcarcinom; Gesamtdosis 140, 315, 350 mg I) wurden täglich Umwandlung u. Ausscheidung bis zur Erreichung eines sehr niedrigen Aktivitätsspiegels verfolgt. Ca. 65% der zugeführten Radioaktivität fanden sich im Harn, während in den Fäces nur wenig enthalten war. Die Ergebnisse der Unters. nach Hydrolyse im Urin enthaltener Konjugate wurden mit den nach Tracermengen I gefundenen verglichen. Der wesentliche Unterschied zwischen kleinen u. massiven I-Dosen besteht im relativen Verhältnis der 3 Metabolite *Östron* (II), I u. *Östriol* (III), deren Best. mittels Isotopenverdünnung u. Gegenstromverteilung erfolgte. II war während u. unmittelbar nach der Zuführung der wichtigste Metabolit, während dann allmählich III an dessen Stelle trat. Die I-Menge war $<$ die von II u. $>$ die von III. Nach kleinen Dosen stellte jedoch am 1. Tag III den Hauptmetaboliten dar. (J. biol. Chemistry **214**. 351—64. Mai 1955.) K. MAIER. 4559

Heinz Breuer, *Beitrag zur Chromatographie von Östrogenen.* Die chromatograph. Trennung von *Östron* (I)–*β-Östradiol* (II)–*Östriol* (III) an Al_2O_3 mit Bzl.–A.-Gemischen, wobei die Eluierung mit einer A.-Konz. von 0,1 Vol.-% begonnen u. letztere/100 cm³ Gemisch jeweils um 0,1 Vol.-% erhöht wird. Die Eluierung von I erfolgt hierbei mit 0,3—0,5, von II mit 0,6—0,7, von III mit 15—20 Vol.-% A. Bei Mengen von 5—40 γ reiner Hormone wurden ca. 88% I, 96% II u. 85% III wiedergefunden. Die I u. II enthaltenden Eluate blieben auch dann frei von störenden Begleitstoffen, wenn bei Aufarbeitung größerer oder stark pigmenthaltiger Mengen biol. Materials der chromatograph. Fraktionierung kein größerer Reinigungsprozeß voranging. (Naturwissenschaften **42**. 16. 1. Jan.-H. 1955. Bonn, Univ., Physiol.-Chem. Inst.; Sheffield, Univ., Dep. of Biochem.) K. MAIER. 4559

Charles W. Lloyd und **Sophie Pierog**, *Untersuchungen über die antidiuretische Aktivität von Blut und Hypothalamus hypophysektomierter Ratten.* (Vgl. C. **1955**. 4141.) Serum intakter, hungernder, beliebig trinkender Ratten enthält antidiuret. Aktivität von 50—400 Mikroeinheitsäquivalenten *Vasopressin* (I)/cm³. Kurz nach Hypophysektomie enthält das Serum weit weniger antidiuret. Aktivität, nach 30 Tagen u. länger nur noch geringfügig weniger als Serum intakter Tiere. Serum von solchen mit Diabetes insipidus weist nur sehr wenig antidiuret. Aktivität auf. Die Hypophysenhinterlappen intakter hungernder, jedoch beliebig trinkender Ratten haben einen Geh. von 10000 bis $>$ 200000 Mikroeinheitsäquivalenten I. Die Hypothalami kurze Zeit hypophysektomierter Ratten enthalten weniger antidiuret. Aktivität als jene intakter Tiere (500—10000 Mikroeinheitsäquivalente I). Hypothalami von vor 30 Tagen hypophysektomierter, hungernder, aber beliebig trinkender Tiere wiesen im wesentlichen die gleiche Menge antidiuret. Aktivität auf wie diejenigen intakter. Wasseraufnahme steigerte, Entzug verringerte den Geh. an antidiuret. Aktivität. Die Hypothalami von Tieren mit Diabetes insipidus neigten zu etwas niedrigeren Spiegeln an antidiuret. Aktivität als sie bei hypophysektomierten angetroffen wurden. (Endocrinology **56**. 718—26. Juni 1955. Syracuse, State Univ. of New York, Upstate Med. Center, Dep. of Obstetrics, Div. of Endocrinol.) K. MAIER. 4560

George K. Smelser und **V. Ozanics**, *Weitere Untersuchungen über die Natur der einen Exophthalmus erzeugenden Substanzen in Hypophysenextrakten.* Bei Meerschweinchen führte gemeinsame Anwendung von *Cortison* (I) u. *Thyrotrophin* (II) oder, in stärkerem Maß, Vorderlappenhormone mit Spuren von II zu Exophthalmus, Ödem u. Hypertrophie des orbitalen Fettgewebes, während I u. *ACTH* allein nur vorhandenen Exophthalmus verstärken, I zusammen mit Wachstumshormon, *Prolactin* oder *Gonadotropin* ohne Wrkg. auf das Auge oder die Orbita ist. (Amer. J. Ophthalmol. [3] **39**. Nr. 2. Part 2; Proc. Assoc. Res. Ophthalmol. 146—55. Febr. 1955. New York, N. Y., Columbia Univ., Coll. of Phys. and Surg., Dep. of Ophthalmol. and Anat.) D. ZEMKE. 4560

Oscar M. Wilbur jr. und **Arnold R. Rich**, *Eine Untersuchung über die Rolle des adrenocorticotropen Hormons (ACTH) bei der Pathogenese der tubulären Degeneration der*

Nebenniere. Nebennierenschädigungen werden häufig bei schweren akuten Infektionen beobachtet u. sind wahrscheinlich für auftretende Kreislaufkollapse verantwortlich. Es wird untersucht, ob dabei nox. Bakterienprodd. unmittelbar oder sek. durch die Infektion verursachte organ. Funktionsänderungen die Pathogenese der Nebennierendegeneration erklären. Es wurde geprüft, ob exzessive Stimulierung der Nebennierenrinde mit sterilem, gereinigtem *adrenocorticotropem Hormon* (ACTH) zu gleichen Schädigungen führt u. wieviel ACTH erforderlich ist bzw. wie rasch die Degeneration hervorgerufen werden kann. Als Versuchstiere wurden Wistar-Albinoratten benutzt, denen täglich 12,5, 25,0, 50 bzw. 100 mg ACTH asept. injiziert wurden, während Kontrolltiere Salzlsgg. erhielten. Ratten, denen 12,5 mg ACTH täglich injiziert wurden, zeigten nur eine Abnahme cytoplasmat. kleiner Fetttröpfchen gegenüber Kontrolltieren. Die Nebennieren der Ratten von der zweiten Versuchsreihe (25 mg ACTH täglich) zeigen nach 1—2 Tagen makroskop. keine Veränderungen, während sie nach weiteren Injektionen größer u. hyperäm. werden u. in der Zona fasciculata eosinophile Kolloidkügelchen auftreten u. das Cytoplasma einiger Zellen dieser Zone durch eine große Vacuole ersetzt wird. Bei der dritten Versuchsreihe (50 mg ACTH täglich) sind die bei niedrigeren ACTH-Dosen beobachteten Veränderungen stärker ausgeprägt. Durch Bldg. von Vacuolen können begrenzte Hohlräume oder Tubuli entstehen, an deren Rändern einzelne tote Zellen gefunden werden. Bei stark angegriffenen Nebennieren treten örtliche Blutungen in der Rinde auf. Durch diese Verss. wird bewiesen, daß durch große Dosen von ACTH tiefgreifende Veränderungen der Nebennierenrinde verursacht werden, die der bei fulminanten akuten Infektionen beobachteten tubulären Degeneration entsprechen. Es ist also weder eine bes. schwere Infektion noch die Einw. bakterieller tox. Prodd. für die tubuläre Degeneration notwendig. Wahrscheinlich wird vom Hypophysenvorderlappen bei fulminanten Infektionen genügend ACTH gebildet, um die Nebennierenläsion herbeizuführen. Andere Wirkungen des ACTH auf Zellen der Nebennierenrinde werden diskutiert. (Bull. Johns Hopkins Hosp. **93.** 321—47. Nov. 1953. Johns Hopkins Univ., School of Med., Dep. of Pathol.) G. FAUST. 4560

A. W. Moyer, J. van der Scheer, H. Ritter, W. C. Tesar, J. B. Logan, J. J. Oleson und **Herald R. Cox,** *Vergleichende Untersuchungen an ACTH-Präparaten.* Vff. untersuchten die Aktivität von *ACTH* nach Hydrolyse durch Pepsin u. durch mehrstd. Kochen in 0,001 n HCl. Sie stellten dabei eine merkliche Verminderung der Aktivität durch Prüfen des Nebennierenrindengewichts fest. Die Behandlung hatte jedoch keinen Einfl. auf die nach dem Nebennierenrinde–Ascorbinsäure-Erschöpfungstest gemessene Aktivität. (Proc. Soc. exp. Biol. Med. **79.** 1—3. Jan. 1952. Pearl River, N. Y., Amer. Cyanamid Co., Lederle Labors. Div.) B. v. KEREKJARTO. 4560

B. N. Ghosh, Emil L. Smith und **George Sayers,** *Adrenocorticotropes Hormon. Untersuchungen über die Beständigkeit.* Unterss. über die Stabilität des *ACTH* (I) ergaben, daß die Extraktion von I am besten in schwach sauerem Medium (HCl, Essigsäure) erfolgen soll. In diesem Milieu ist I auch ziemlich weitgehend hitzebeständig, eine Aktivierung konnte jedoch nicht beobachtet werden. Mit der Säure–Aceton-Meth. isoliertes I ist unbeständig in Wasser. (Proc. Soc. exp. Biol. Med. **79.** 23—27. Jan. 1952. Salt Lake City, Univ. of Utah, Coll. Med., Deps. of Pharmacol., Med. and Biochem., Labor. for Study of Hereditary and Metabolic Disord.) B. v. KEREKJARTO. 4560

Emil L. Smith George Sayers, B. N. Ghosh und **Dixon M. Woodbury,** *Adrenocorticotropes Hormon: Präparierung eines Materials mit hohem biologischem Reinheitsgrad.* (Vgl. vorst. Ref.) Das auf dem üblichen Weg mit der Säure–Aceton-Meth. gewonnene *ACTH*-Präp. konnte durch 30 Min. Erhitzen in 1 mol. HCl auf 100° biol. gereinigt werden. Bei dieser Behandlung sollten die antidiuret. Wirksamkeit sowie gonadotrope, thyreotrope u. Wachstumshormone zerstört werden, was durch Tierverss. bestätigt werden konnte. Das so gereinigte u. in guter Ausbeute erhaltene ACTH-Präp. ist für klin. Bedarf geeignet. (Proc. Soc. exp. Biol. Med. **79.** 27—31. Jan. 1952.) B. v. KEREKJARTO. 4560

Dwight J. Ingle und **Choh Hao Li,** *Vergleich der biologischen Wirkungen von dauerinjizierten ACTH-Protein und ACTH-Peptiden.* Bei ununterbrochener Dauerverabfolgung (10 Tage lang je 0,5—2 mg/Tag) von *adrenocorticotropem Hormon* in Peptid (I) bzw. Proteinform (II) an Ratten zeigte II die doppelte Aktivität (Nebennierenhyperplasie, Thymusatrophie, Gewichtsverlust, Nichtprotein-N, Glykosurie, Magen- u. Nierenschädigungen) von I. Dagegen zeigte I im Nebennierenascorbinsäuretest stärkere Wirksamkeit. (Proc. Soc. exp. Biol. Med. **79.** 128—31. Jan. 1952. Berkeley, Calif., Univ., Dep. of Biochem.; Kalamazoo, Mich., Upjohn Co., Res. Labors.) B. v. KEREKJARTO. 4560

A. L. Greenbaum, T. F. Slater und **E. Reid,** *Wirkung von Wachstumshormon auf den Gehalt an großen Teilchen von Rattenleber.* Bei hypophysektomierten männlichen

Ratten zeigte sich nach täglicher Injektion von 0,3 mg Wachstumshormon (ARMOUR & Co., Chicago, Ill.) eine merkliche Zunahme der großen Teilchen- (Mitochondrien-) Fraktion beim Zentrifugieren der Leberhomogenate im Gegensatz zu nichtbehandelten Kontrolltieren. (Nature [London] **175.** 506—07. 19/3. 1955. London, Univ. Coll., Biochem. Dep.; Chester Beatty Res. Inst., Royal Cancer Hosp., Inst. of Cancer Res.)

G. WELTZIEN. 4560

E. Reid, *Die Einflüsse von Hypophyse und Nebennieren auf die Zusammensetzung des Lebercytoplasmas.* Hypophysektomierte männliche Ratten zeigten, unabhängig von *Wachstumshormon* (I)-Injektionen, eine Zunahme des relativen Lebergewichts. Adrenalektomierte weibliche Ratten, die *Cortison* (II) erhielten, nicht aber unbehandelte, wiesen ebenfalls eine Lebergewichtszunahme auf, Hypophysektomie, mit u. ohne I-Zufuhr, vermehrte die Ausbeute an der Mikrosomenfraktion der Leber nach der Gefriertrocknung, ebenso an den übrigen Cytoplasmafraktionen, die Mitochondrienfraktion ausgenommen, die bei unbehandelten hypophysektomierten Tieren merklich abnahm. Bei adrenalektomierten Ratten war ohne II-Zufuhr die gleiche Fraktion ebenfalls erniedrigt. II steigerte ferner die Menge der Überstandsfraktion. Der *Lipid* (III)-*P* war in der Mikrosomenfraktion I-behandelter hypophysektomierter Ratten erniedrigt, ebenso der *Ribonucleinsäure* (IV)-*P* der Mitochondrien- u. Mikrosomenfraktion. In der Überstandsfraktion I-behandelter hypophysektomierter ferner adrenalektomierter Ratten war IV-*P* erhöht. Papierelektrophorese der mit n-Butanol u. Boratpuffer extrahierten Cytoplasmafraktionen (Überstand ausgenommen) ließ keine wesentlichen hormonalen Effekte auf die Proteinverteilung erkennen. Bei I-behandelten hypophysektomierten Ratten war nach der Butanolextraktion das Gewicht der Mikrosomen u. der zentrifugierten Überstandsfraktion verringert (erhöhter II-Geh. dieser Fraktionen). Hypophysen- u. Nebennierenrindenhormone beeinflussen nach diesen Befunden Ausbeute u. Zus. der Lebercytoplasmafraktionen, während in den entsprechenden Fraktionen aus Niere sowie in der Leber intakter I-behandelter weiblicher Tiere keine derartigen Veränderungen eintraten. Die Abnahme der Mitochondrienfraktion nach Hypophysektomie beruhte vielleicht auf einem Verlust an *Adrenocorticotropin* (V) u. I. IV-*P* war, bezogen auf das Körpergewicht, bei unbehandelten bzw. bei I-behandelten hypophysektomierten Tieren in der Mitochondrien- bzw. der Mikrosomenfraktion deutlich erniedrigt, im Überstand von I-behandelten sowie von adrenalektomierten Tieren vermehrt. Anscheinend beeinflussen I u. V den IV-P der Überstandsfraktion in entgegengesetzter Richtung. Die Unterss. bedürfen einer method. Präzisierung, da die derzeit hergestellten Mitochondrien- u. Mikrosomenfraktionen sehr heterogenen Charakter aufweisen. (Nature [London] **175.** 461—63. 12/3. 1955. London, Chester Beatty Res. Inst., Inst. of Cancer Res., Royal Cancer Hosp.)

K. MAIER. 4560

George Rosenfeld, *Die Steroidbildung durch intakte durchströmte Kalbsnebennieren in vitro.* Die Steroidbldg. wurde in vitro in Durchströmungsverss. an intakten Kalbsnebennieren unter Verwendung eines künstlichen, anorgan. Salze u. Glucose enthaltenden Mediums (I) untersucht, wobei die Best. der *Corticoide* (II) durch Messung der 240 mμ-Absorption, die PORTER-SILBER-Rk. u. die Meth. von HOLLANDER (CH_2O-Bldg. bestimmter Steroide nach Perjodsäureoxydation) erfolgte. Bei Durchströmung mit O_2-behandeltem I bei Körpertemp. konnte eine merkliche II-Bldg. u. -Ausscheidung beobachtet werden, während die II-Synth. in Abwesenheit von O_2 ganz unbedeutend war. Zusatz von *ACTH* zum O_2-durchströmten I bewirkte außer einer beträchtlichen Steigerung der II-Ausscheidung auch eine qualitative Änderung der Zus. von II (Zunahme der 17-Oxyfraktion der Gesamt-II). Die II-Ausscheidung kontralateraler Nebennieren bei Durchströmung mit I u. mit homologem Gesamtblut nach *ACTH*-Zusatz war untereinander vergleichbar. Die bei Durchströmung mit I allein eintretende Abnahme des *Cholesterins* (IV) wurde bei *ACTH*-Zusatz aufs 3fache gesteigert. Eine ähnliche, noch stärkere Abnahme erfuhr der *Ascorbinsäure* (III)-Geh. bei der Durchströmung isolierter Nebennieren. Jedoch kann II-Bldg. u. -Sekretion in vitro in prakt. III-freien Drüsen erfolgen. Die III- u. IV-Abnahme des isolierten Organs beruht nicht allein auf der Durchströmung als solcher, sondern zum erheblichen Teil auch auf einer Verwertung oder Umwandlung seitens der Drüsen. Durchströmung *ACTH*-stimulierter oder -nichtstimulierten Nebennieren mit I + 100 mg% III, I + *Glutathion* (V) oder I + III + V bewirkte weder eine akute, direkte Beeinflussung der Drüsenaktivität noch eine Verstärkung oder Abschwächung des *ACTH*-Effekts. Hohe Konzz. anderer normalerweise im Blut enthaltener Komponenten, wie Glucose, Aminosäuren, K, Adrenalin, Histamin, Choriongonadotropin u. Schilddrüsensubstanzen riefen ebenfalls keine Steigerung oder Hemmung der Sekretionsgeschwindigkeit hervor. Nur *Adenosintriphosphat* übte auf die II-Bldg. eine direkte, stimulierende Wrkg. aus. (Endocrinology **56.** 649—66. Juni 1955. Bethesda, Md., Nat. Naval Med. Center, Naval Med. Res. Inst.) K. MAIER. 4561

William E. Dulin, *Die Wirkungen von Cortison auf Weiße Leghornhähnchen und den Kapaun.* Der Gewinn an Körpergewicht beim Weißen Leghorn-Hähnchen wurde durch 100, 500 oder 1000 mg *Cortison* (I) nicht beeinflußt. Beim Kapaun dagegen wurde der Gewichtsgewinn durch diese I-Mengen herabgesetzt, wobei diese Wrkg. größer war als die I-Mengen zunahmen. Wahrscheinlich ist das Androgen des intakten Tieres ein Antagonist zur katabol. Wrkg. des I. — 18 Literaturangaben. (Poultry Sci. **34.** 73—77. Jan. 1955. Bloomington, Ind., Zoology Dep., Ind. Univ.) H. PATZSCH. 4561

Kathleen E. Roberts (unter technischer Mitarbeit von **Sarah Ward**), *Cortisonwirkung auf elektrocardiographische Veränderungen bei Nebenniereninsuffizienz.* (Vgl. auch C. **1953.** 6710.) Bilateral adrenalektomierten Hunden wurde *Cortison* u. *Desoxycorticosteron* verabreicht u. die Na–K-Bilanz des Plasmas sowie das EKG gemessen. Vf. fand, daß die elektrocardiograph. Veränderungen parallel mit einer Verschiebung des Na–K-Verhältnisses gingen; das EKG-Bild wurde erst nach Verabreichung von NaCl-Lsg. u. Abnahme des erhöhten K-Spiegels wieder normal. (Proc. Soc. exp. Biol. Med. **79.** 32—34. Jan. 1952. New York, N. Y., Cornell Univ., Med. Coll., Dep. of Physiol.) B. v. KERÉKJÁRTÓ. 4561

J. Gyökössy, P. Kertai und **G. Ludány,** *Die Wirkung von Cortison und ACTH auf die Glucoseresorption aus dem Darm.* 1,5—2,5 mg *Cortison* (I; während 5 Tagen) kann die Zuckerresorption aus dem Darm nebennierenektomierter Ratten nicht ganz wiederherstellen. — *Desoxycorticosteronacetat* (II) + I steigern die Glucoseresorption über die Norm. II u. I sind Synergisten. II allein ist unwirksam. 5,5 mg I hemmt bei gesunden Tieren die Glucoseresorption. *ACTH* (1—3 mg/100 g) beschleunigt die Zuckerresorption. — 28 Literaturangaben. (Arch. int. Pharmacodynam. Thérap. **101.** 228—36. 1/3. 1955. Budapest, Med. Univ., Patho-Physiolog. Inst.) H. PATZSCH. 4561

Hans Greuel und **Bernt Sachsse,** *Untersuchungen zur Wirkung von l-Adrenalin und l-Noradrenalin auf den Kohlenhydratstoffwechsel beim Diabetes mellitus.* Die blutzuckersteigernde Wrkg. von *l-Noradrenalin* (I) soll geringer sein als diejenige von *l-Adrenalin* (II). Überprüfung dieser Befunde mit Tagesdosen von 0,3 mg (parenteral) bei 8 Gesunden mit II ergaben einen Maximalanstieg von 62,3 mg% in 45 Min., während sich mit I ein Maximalanstieg von nur 12,4 mg% ergab. Hingegen waren die Blutzuckeranstiege bei 32 Diabetikern für beide Verbb. nach 45 Min. fast gleich groß (27—29 mg%). Danach stiegen nach II die Blutzuckerwerte an (Maximum 60, Minimum 42,9 mg%), während sie nach I fielen (90 Min. ca. 14 mg%). 50% der Diabetiker wiesen nach I erheblich höheren Anstieg auf als Gesunde. Unterss. an eosinophilen Granulocyten zeigten, daß der Effekt nicht auf der Umwandlung von I in II beruht. Die hyperglykäm., Wrkg. von I ist nicht abhängig von Ausgangswert, Schwere, Dauer u. Form des Diabetes, auch sind Gewicht, Alter u. Geschlecht ohne Einfluß. I wirkt glykogenolyt. u. dient vermutlich dem Transport der Glucose von der Leber zum Muskel. (Aerztl. Wschr. **10.** 550—52. 17/6. 1955. Düsseldorf, Med. Akad., 1. Med. Klin.) F. W. VAN KLAVEREN. 4561

A. L. Delaunois und **C. Vandenberghen,** *Die Beeinflussung des Herzminutenvolumens und des Stoffwechsels durch Noradrenalin bei narkotisierten Hunden.* Hunde, die mit Morphin-Chloral narkotisiert waren, zeigten nach einmaliger Injektion von 1 bis 30 γ/kg Körpergewicht *l-Noradrenalin* (I) ein Ansteigen des Herzminutenvol., während nach einer kontinuierlichen intravenösen Infusion eine geringe Abnahme eintrat. Der Stoffwechsel stieg entsprechend der Menge von I. (Arch. int. Pharmacodynam. Thérap. **99.** 435—41. 1/10. 1954. Gent, Belgien, Univ., Dep. of Pharmacol.) E. CARSTENS. 4561

Frank C. Larson und **Edwin C. Albright,** *Die Spezifität der Thyroxinbindung durch Serum-α-Globulin.* Die Spezifität der Bindung von *Thyroxin* (I) durch ein besonderes *Serum-α-Globulin* (II) wurde durch Messung der Ersetzbarkeit einer kleinen Menge markierten, an II gebundenen *l*-I durch gleiche oder größere Mengen I-Analoger untersucht. Alle Analoge besaßen für II geringere Affinität als I. Die größte wiesen *Trijodthyronin* (III) u. D-I auf, während bei den restlichen die Affinität in der Reihenfolge *Thyroxamin, Methoxythyroxin,* „*o*"-I, „*m*"-I u. *Propionsäureanaloges* abnahm. *Dijodtyrosin, Dijodthyronin* (IV) u. *Jodid* wurden nicht merklich gebunden. Für die Fixierung von I sind die NH_2-, COOH- u. OH-Gruppen unentbehrlich. Am wichtigsten ist die NH_2-Gruppe. Der Einfl. der *J*-Atome in 3'- u. 5'-Stellung auf die Dissoziationskonstante der Phenolgruppe steht mit der abnehmenden Affinität von I, III u. IV für II in Einklang. Innerhalb der für die Bindungsbezirke von II verantwortlichen Stellen ist wahrscheinlich eine krit. räumliche Anordnung erforderlich. Die Bindung von I durch II erfolgt streng spezifisch. (Endocrinology **56.** 737—41. Juni 1955. Madison, Wis., Univ. of Wisconsin, Med. School, Dep. of Med., and Veterans Admin. Hosp.) K. MAIER. 4562

W. A. Reilly, K. G. Scott, Robert W. Winters und **Harold L. Helwig,** *Messung von proteingebundenem* ^{131}J *bei Kindern mit normaler Schilddrüsenfunktion mit anioni-*

schem Harz. Angabe von Testverss. an 14 Kindern. Nach Verabreichung von 10—30 μC ^{131}J wurden Blutproben entnommen, das Plasma mit anion. Harz *Dowex-2* (I; DOW CHEMICAL COMP., Midland, Mich.) versetzt u. die Ladung in Abhängigkeit von der Zeit bestimmt. Durch Auszählung der Fraktionen mit dem anorgan. von I resorbierten u. dem proteingebundenen ^{131}J läßt sich die Schilddrüsenhormonproduktion kontrollieren. (Amer. J. Diseases Children 89. 572—74. Mai 1955. San Francisco, Calif., Univ. of California, School of Med., Deps. of Pediatrics and Radiol., Veterans Admin. Hosp. and Children's Hosp.) H. DOSSMANN. 4562

I. M. Funt und **I. T. Kaljushny,** *Untersuchung der Funktion der Schilddrüse mittels radioaktivem Jod bei Kreislaufinsuffizienz verschiedenen Grades.* Bei 10 gesunden Personen u. 6 Patienten mit Dekompensation auf der Basis einer atherosklerot. Cardiosklerose waren nach Verabreichung von 2 μC ^{131}*J* keine Veränderungen der Schilddrüsen funktion festzustellen, welche die Grenzen der Norm überschritten hätten. Der gleiche Vers. an 57 Patienten mit Herzstörungen u. Kreislaufinsuffizienz 2. u. 3. Grades ergab in 14 Fällen eine Steigerung der Schilddrüsenfunktion. Das Studium der Schilddrüsenfunktion mit Hilfe von ^{131}J ergibt bessere Resultate als die Grundumsatzbestimmung, welche bei Kreislaufinsuffizienz aus verschied., von einer Störung der Schilddrüsenfunktion unabhängigen Gründen erhöht sein kann. (Клиническая Медицина [Klin. Med.] 33 (36). Nr. 6. 41—43. Juni 1955. Frunse, Kirgis. Med. Inst., Lehrstuhl für hospit. Therapie.) E. RENTZ. 4562

G. F. Blagman, R. A. Dymschitz, N. A. Gratschewa und **W. Ss. Sudin,** *Behandlung von Thyreotoxikosen mit radioaktivem Jod.* 36 Thyreotoxikosepatienten wurden sehr wirkungsvoll mit ^{131}*J* in Form des Na-Salzes in Dosen von 1—6,5 mC (am häufigsten 3—6 mC) behandelt (in 1 Glas W. nüchtern per os). Bei 27 Patienten genügte die einmalige Behandlung; 7 Patienten mußten 2mal, 2 Patienten 3mal behandelt werden (in Abständen von 2 Monaten, um eine Kumulation zu vermeiden). (Клиническая Медицина [Klin. Med.] 33 (36). Nr. 6. 37—40. Juni 1955. Tscheljabinsk, Med. Inst., Lehrstuhl für Pathol. Physiol.) E. RENTZ. 4562

C. v. Holt, L. v. Holt und **B. Kröner,** *Das Verhalten des Blutzuckers und Leberglykogens adrenalektomierter Ratten bei isolierter Zerstörung der A-Zellen des Pankreas.* Deutung des initialen Blutzuckeranstiegs nach Zufuhr von die A-Zellen der LANGERHANSschen Inseln des Pankreas zerstörenden *Aminobenzolsulfonamidisopropylthiodiazol* (*IPTB*) bzw. *Synthalin A* als unspezif. extrapankreat., durch Nebennierenreizung hervorgerufene Rk. nach vergleichender Unters. des Blutzuckers u. des Leberglykogengeh. n. adrenalektomierter Ratten, die 15 mg/kg IPTB intraperitoneal erhalten hatten. (Dtsch. med. Wschr. 80. 648—49. 22/4. 1955. Hamburg, Univ., Physiol.-Chem. Inst.) V. SACHS. 4564

S. K. Mukherjee, U. N. Dey und **B. Mukherji,** *Untersuchungen über experimentellen Diabetes.* 1. Mitt. *Wirkung der Anwendung verschiedener Zucker auf das Glutathion im Blut und seine Beziehung zum Auftreten des experimentellen* (*Alloxan-*) *Diabetes. Glucose* (I), *Mannose* (II) u. *Fructose* (III) gaben unmittelbaren Schutz gegen die diabetogene Wrkg. des *Alloxans*, dagegen wirkte *Galaktose* nicht sofort. Symptome eines milden Diabetes erschienen während eines oder zweier Tage, hinterher aber verschwanden die Symptome u. die Tiere (Kaninchen) zeigten keine anderen Stoffwechselstörungen. I, II u. III verhüteten die Abnahme des Blutglutathions über 40 $\pm$ 5,7% seines Ausgangswertes, die Rückkehr des Blutglutathions zum Anfangswert wurde beschleunigt. — 17 Literaturangaben. (Indian J. med. Res. 43. 149—56. Jan. 1955. Lucknow, Centr. Drug Res. Inst.) H. PATZSCH. 4564

Yoshito Kobayashi, Shigeru Ohashi, Setsuya Takeuchi und **Akio Akechi,** *Hypoglykämische Wirkung von Mesoxalsäure bei alloxandiabetischen Kaninchen.* 1. Mitt. Wenn Ca- oder Na-*Mesoxalat* (I) mehrere Tage alloxandiabet. Kaninchen oral verabreicht wurde, nahm der Harnzucker ab gegebenenfalls bis 0, der Nichtprotein-Harn-N fiel deutlich, ebenso der Zucker- u. Acetonkörperspiegel im Blut. Bei Unterbrechung der Behandlung kehrten die vorherigen Werte (für Zucker, Körpergewicht usw.) zurück. Je ernstlicher der Diabetes, desto schwächer die Wrkg. von I. In diesen Fällen wurde eine starke u. typ. Veränderung der LANGERHANSschen Inseln durch *Alloxan* beobachtet. (Folia pharmacol. japon. 48. 348—57. 20/12. 1952. Tokyo, Nat. Hyg. Labor. [Orig.: japan., Auszug: engl.]) L. SCHULER. 4564

Shigeru Ohashi, Setsuya Takeuchi, Michio Suzuki, Akio Akechi und **Yoshito Kobayashi,** *Wirkung von Salzen der Mesoxalsäure gegen den Alloxandiabetes beim Hund.* 2. Mitt. (1. vgl. vorst. Ref.) Die Erscheinungen sind ähnlich denen beim Kaninchen, aber schon bei geringerer Dosierung. Als Kontrolle wurde im Falle von durch *Mesoxalsäure* (I) nicht beeinflußtem schwerem Diabetes vor der I-Dosis Insulin in geeigneter

Menge gegeben, worauf I sich wieder wirksam zeigte. (Folia pharmacol. japon. 48. 358—62. 20/12. 1952. Tokyo, Univ. [Orig. japan., Auszug: engl.]) L. Schuler. 4564

Abraham Dury, *Änderung der Lipoid- und Elektrolytkonzentration bei nebennierenexstirpierten Ratten durch Alloxan.* Es wurden die Konzz. der Leberlipoidkomponenten, der Leber-, Muskel- u. Plasmaelektrolyte sowie deren Geh. an Glykogen bzw. Glucose bei nebennierenexstirpierten Ratten 4, 24 u. 72 Std. nach Injektion von 40 mg/kg *Alloxan* (I) bestimmt. Die Tiere erhielten während dieser Zeit 1%ig. NaCl-Lsg. zu trinken. Im Gegensatz zu intakten Ratten trat in den ersten 24 Std. nach I kaum Hyperglykämie u. Änderungen im Leberlipoid- u. Elektrolytgeh. (Leber, Plasma) auf. 72 Std. nach Injektion von I lag eine mäßige Hyperglykämie vor. Wurden den adrenalektomierten Ratten jedoch vorher starke Dosen von Lipoidextrakten der Nebenniere verabreicht, so traten nach I bedeutende Konzentrationsänderungen der Leberlipoidkomponenten sowie Ansteigen des K^+-Ionengeh. von Muskel, Leber u. Plasma auf. (Proc. Soc. exp. Biol. Med. **88.** 267—70. Febr. 1955. Bradford, Pa., Bradford Hosp., Dorn Labor. for med. Res.) R. Lafferenz. 4564

Theodore Cole, Frank L. Engel und **Joan Fredericks,** *Natriumfluoracetat-Diabetes. Beziehungen zwischen Glykämie, Ketonämie und Gewebecitratspiegel.* Bei hungernden wie fressenden Ratten rief intraperitoneal gegebenes *Na-Fluoracetat* (I) innerhalb 4 Std. Hyperglykämie u. Ketosis hervor, die bei beiden Gruppen 40—64 bzw. 24—40 Std. vorhielten. Der Anstieg des *Citrat* (II)-Geh. von Herz, Leber, Milz, Niere, Pankreas u. Gastrocnemius-Muskel stand in I-vergifteten Ratten mit dem Grad u. der Dauer von Hyperglykämie u. Ketonämie in Einklang. Die II-Konzz. kehrten, mit Ausnahme des Milzspiegels, innerhalb 24 Std. zur Norm zurück. Vorbehandlung mit *Cortisonacetat* (intramuskulär) verhinderte die Ketonämie der I-Vergiftung, steigerte die Hyperglykämie, veränderte jedoch die Gewebs-II-Konzz. nicht. Bei der Ätiologie des I-Diabetes spielt anscheinend in den Geweben eine Blockade des Krebs-Cyclus eine prim. Rolle. (Endocrinology **56.** 675—83. Juni 1955. Durham, N. C., Duke Univ., Deps. of Med. and Physiol.) K. Maier. 4564

Hans-Jürgen Mohr und **Helmut Möllhoff,** *Ein pathologisch-anatomischer Beitrag zur Frage des Wirkungsmechanismus embryonalen Herzextraktes (Corhormon).* (Vgl. auch C. **1954.** 356.) Es wird die Wrkg. des embryonalen Herzextraktes *Corhormon* (I) patholog.-anatom. u. histochem. untersucht. Durch I kommt es zur schnelleren Mobilisation des akt. Mesenchyms im geschädigten Herzmuskel; Nekrosen werden schneller resorbiert u. organisiert. I bewirkt im Gegensatz zu Berichten ungar. Autoren keine direkte Teilung der Herzparenchymzellen, sondern mobilisiert das Depotglykogen u. nach dessen Erschöpfung das Bestandglykogen der Leber, wodurch die in der Literatur angegebene Leistungssteigerung eintritt. Über den in I enthaltenen Mg-Komplex wird die Adenosintriphosphatasesynth. u. dadurch der ATP-Auf- u. -Abbau stimuliert. (Z. ges. exp. Med. **120.** 455—80. 1953. Münster, Univ., Pathol. Inst.) H.-J. Koch/Berlin. 4569

Bradley T. Scheer und **Marlin Ann Ray Scheer,** *Der Zusammenhang zwischen Farbänderung und Mauserung bei Steingarneelen.* Unterss. an augenstiellosen u. n. *Leander serratus*-Exemplaren zeigten, daß mindestens 5 chromatophorotrope Hormone an Vorgängen des Entwicklungscyclus beteiligt sind. Die hormonale Steuerung des letzteren erfolgt anscheinend vorwiegend in den Augenstielen. Keines derselben ist mit dem entwicklungshemmenden Hormon, dessen Vork. bei verschied. anderen Austaceen beschrieben worden ist, identisch. (Nature [London] **175.** 473—74. 12/3. 1955. Eugene, Univ. of Oregon.) K. Maier. 4569

Harold Baer und **Ingeborg Naylor,** *Ein neues Verfahren zur Isolierung der A-Blutgruppensubstanz aus menschlicher Ovarialcystenflüssigkeit.* Die Fl. wurde nach Dialyse im Elektrokonvektionsverf. in 2 Fraktionen zerlegt. Proben von beiden (je 0,1 cm^3) wurden auf 6 in. breiten Papierstreifen elektrophoret. (p_H 6,9, 250 V, 8 Std.) weiter fraktioniert. Ein 1 in. breiter Randstreifen wurde abgeschnitten u. gefärbt. Der 5 in. breite Rest wurde ungefähr in 6—8 Stücke zerschnitten, die den auf dem gefärbten Diagramm sichtbaren Bändern entsprachen u. einzeln in NaCl-Lsg. eluiert wurden. Die A-Aktivität im Neutralisationsvers. u. gleichzeitig der höchste Fucosegeh. fand sich in einem einzigen Band von geringer Wanderungsgeschwindigkeit, das auch Protein enthielt (Biuret). Das Eluat eines anderen stark färbbaren Bandstücks enthielt Protein ohne A-Aktivität. Alle Eluate wurden auf N, reduzierende Kohlenhydrate, Fucose sowie auf ihr Neutralisationsvermögen geprüft u. mit Phenolextrakten aus der gleichen Cysten-Fl. verglichen. Die nach der neuen Meth. dargestellte A-Substanz enthielt wesentlich mehr Protein als eine nach anderen Verff. gewonnene u. war im Gegensatz zu diesem auch für Kaninchen antigen (Agglutinine u. Präcipitine). Vff. folgern, daß die natürliche A-Substanz an einen Protein (oder Polypeptid?)-Polysaccharid-Komplex

gebunden u. die N-haltige Komponente ein wesentlicher Bestandteil ist. (J. Amer. chem. Soc. **77.** 3514—18. 5/7. 1955. New Orleans, La., Tulane Univ. of Med.)
E. FISCHOEDER. 4572

S. Barberi, *Der Hämoglobinstoffwechsel bei internen Kinderleishmaniosen.* Die bei der Kinderleishmaniose auftretenden Anämien sind verschieden erklärt worden. Vf. stellt fest, daß das in Faeces u. Harn ausgeschiedene *Bilinogen* (I) bei Kranken ca. 20—40mal so hoch liegt wie bei gesunden Kindern. Auch bei Sb-Behandlung steigen die I-Werte zunächst noch an, um sich erst einige Zeit später zu normalisieren, was mit der Verstärkung der Anämie unter Sb-Behandlung in Einklang steht u. die Hypothese stützt, daß Anämie u. I-Ausscheidung in Zusammenhang stehen. Die nach diesen Befunden zu erwartende *Bilirubin*-Ämie ist nur in einem Teil der Fälle zu beobachten, unterliegt dann aber unter der Sb-Therapie ähnlichen Veränderungen wie die I-Ausscheidung. Für einen Anstieg der physiol. Hämolyse spricht auch die von anderer Seite gefundene Vermehrung von Serum-Fe u. Serum-Cu sowie des Fe-Geh. der Milz. Zusammen mit den bekannten Beeinträchtigungen der Hämopoese im reticuloendothelialen Syst. erklärt der jetzt aufgefundene gesteigerte Hämoglobinstoffwechsel die Genese der Leishmaniosenanämien. (Athena [Rass. mens. Biol., Clin. Terap.] **16.** 47—50. März/April 1950. Messina, Univ., Ist. di Clin. Pediat.)
W. KIMPEL. 4572

C. Choremis, L. Zannos und **G. L. Dentakis,** *Alkaliresistentes Hämoglobin bei Thalassämie.* Nach SINGER wurde die Alkaliresistenz von *Hämoglobin* (I) im Blut Thalassämiekranker u. ihrer Verwandten untersucht. Bei Thalassämia major kann man Konzz. von 50% u. mehr an alkaliresistentem I als die Regel betrachten, der Geh. an resistentem I schwankt zwischen 7,7 u. 93%. Ein Zusammenhang zwischen resistentem I u. Schwere der Anämie besteht nicht. (Acta paediatrica [Uppsala] **44.** 116—21. März 1955. Athen, St. Sophies Kinderspital.)
WOLFGANG ALBRECHT. 4572

M. Gajdos-Török, H. Bénard und **A. Gajdos,** *Der in vitro-Stoffwechsel von Porphobilinogen in verschiedenen Organen des Hasen.* Reines *Porphobilinogen* (I) wurde in vitro 6 Std. bei 37° u. p_H 7,6 mit Homogenaten von Leber, Niere, Milz, Lunge, peripheren u. Eingeweidemuskeln in Kontakt gebracht u. die Erzeugung von *Uro-*, *Kopro-* u. *Protoporphyrinen* gemessen. Lebergewebe metabolisiert *Porphobilinogen* am schnellsten, die peripheren Muskeln dagegen gar nicht. (C. R. Séances Soc. Biol. Filiales **149.** 68—70. Jan. 1955.)
G. WELTZIEN. 4572

Robert C. Baldridge, *Blutergothionein und Futterhafer. Ergothionein* (I) erschien n den Erythrocyten des Kaninchens u. der weißen Ratte nach Fütterung mit Hafer. Der I-Geh. im Blut der Ratte steht in Verbindung mit dem %-Geh. an Hafer im Futter. I wurde im Blut von Ratten nicht gefunden, die mit gereinigtem Futter (Casein) oder mit durch Kohl ergänztem Futter gefüttert wurden. *Vitamin* B_{12} hatte keine Wrkg. auf den I-Geh. des Blutes der weißen Ratte. Erhöhter I-Geh. des Blutes stand nicht in Beziehung zur Schilddrüsenfunktion. — 17 Literaturangaben. (J. of Nutrit. **56.** 107—13. 10/5. 1955. Ann Arbor, Mich., Univ. of Michigan, Med. School, Dep. of Biol. Chem.; Philadelphia, Pa., Temple Univ., School of Med., Dep. of Physiol. Chem.)
H. PATZSCH. 4573

H.-D. Grümer, E. Grunze und **H. Hörner,** *UV-Spektrophotometrie von Makroglobulinen.* Die präparative Darst. der Makroglobulinfraktionen von 3 Fällen mit *Makroglobulinämie* WALDENSTRÖM erfolgte durch Verdünnen des Serums bis zur vollständigen Fällung des Paraproteins, Abzentrifugieren u. Lösen in physiol. Kochsalzlösung. Die Paraproteinfraktionen waren papierelektrophoret. auch bei höheren Konzz. einheitlich u. gehörten zum γ-Typ. Messungen der Paraproteinfraktion in n/20 NaOH (ca. 0,07 mg N/ml) im Spektralphotometer ergaben kleinere Absorptionskoeffizienten als n. γ-Globulin. Auf den N-Geh. bezogen ist der Tryptophan- u. Tyrosingeh. der untersuchten Makroglobuline deutlich geringer als bei n. γ-Globulin, wobei der Einbau der aromat. Aminosäuren in das Makroglobulin Schwankungen unterworfen sein kann. (Klin. Wschr. **33.** 588—89. 15/6. 1955. Berlin, Charité, Med. Univ.-Klinik, u. Frankfurt/M., II. Med. Univ.-Klinik.)
K. NEHRING. 4574

O. Peräsalo und **I. Louhimo,** *Über die elektrophoretischen Proteinanalysen bei Amyloiddegeneration.* Bei Amyloidfällen fanden Vff. Steigerung der Quantität der α_2-*Globuline* u. der der β-*Globuline*. Die Werte der γ-*Globuline* schwankten, sie waren entweder herabgesetzt oder erhöht. (Die Medizinische **1955.** 1030—32. 23/7. Helsinki, Univ., I. Chirurg. Klinik.)
G. BRATFISCH. 4574

L. A. Hillyard, C. Entenman, H. Feinberg und **I. L. Chaikoff,** *Die Lipoid- und Proteinzusammensetzung in vier Fraktionen aus den Gesamtserumlipoproteinen.* Die Gesamtlipoproteine aus Serum von Ratten, Kaninchen, Hühnern, Hunden u. Menschen wurden mittels Ultrazentrifuge in vier Fraktionen verschied. D. aufgeteilt. In jeder wurde der Geh. an Protein u. Lipoiden u. bei diesen noch die Zus. aus Phosphatiden, freiem Cholesterin u. Triglyceriden bestimmt. Bei den *Lipoproteinen* tier. Herkunft bestanden untereinander keine wesentlichen Unterschiede in der Zus., gegenüber denen vom Menschen dagegen wurden teilweise erhebliche prozentuale Abweichungen gefunden. (J. biol. Chemistry **214.** 79—90. Mai 1955. Berkeley, Calif., Univ. of California, School of Med., Dep. of Physiol.) E. FISCHOEDER. 4574

L. W. Charkey, Adeline K. Kano und **Duane F. Hougham,** *Die Wirkung des Fastens auf die Nichtproteinaminosäuren im Blut von Menschen.* Fasten des erwachsenen Menschen führt in 48 Std. zu einem Anstieg des *Leucin-* u. *Valin*-Geh. im Blut. Der Geh. an 5 anderen Aminosäuren (*Lysin, Threonin, Methionin, Arginin* u. *Tryptophan*) im Blut war gleichzeitig beim Fasten reduziert. — 23 Literaturangaben. (J. of Nutrit. **55.** 469—80. 10/3. 1955. Fort Collins, Colo., Colorado Agric. and Mechan. Coll., Dep. of Chem.) H. PATZSCH. 4574

D. S. Robinson, P. M. Harris, J. C. F. Poole und **G. H. Jeffries,** *Einfluß einer Fettnahrung auf den Gehalt an freien Fettsäuren im menschlichen Plasma.* Von 20—30 Jahre alten Probanden werden nach einer Fastenzeit von 12 Std. u. 4 Std. nach dem Trinken von 250 ml Sahne Plasmaproben entnommen u. analysiert. In allen Fällen wird im Vgl. zum Fettsäurespiegel unmittelbar nach der Fastenzeit eine Zunahme des Geh. an freien Fettsäuren ermittelt. Die Zunahme lag zwischen 0,4 u. 1,4 Milliäquivalent Fettsäuren/Liter Plasma. Eine ähnliche Zunahme wird nach dem Trinken von 200 ml Olivenöl festgestellt. Werden die Plasmaproben nach der Entnahme bei 37° incubiert, so wird eine weitere, allmählich ansteigende Zunahme des Geh. an freien Fettsäuren beobachtet; sie schwankt zwischen 0,25 u. 0,47 Milliäquivalent/Liter Plasma/Stunde. Es konnte ferner gezeigt werden, daß kurzkettige Fettsäuren nur einen geringen Teil der freien Fettsäuren ausmachen. (Biochem. J. **60.** XXXVII. Aug. 1955. Oxford, Univ., Sir William Dunn School of Pathol.) H. P. FIEDLER. 4574

Peter Hjort, Samuel I. Rapaport und **Paul A. Owren,** *Plättchen-Accelerator: Identisch mit Proaccelerin. Adsorption vom Plasma?* Vff. sind der Ansicht, daß Plättchenacceleratoraktivität von an Plättchen adsorbiertem Plasmaproaccelerin hervorgerufen wird. (Scand. J. clin. Lab. Invest. **7.** Nr. 1. 97—98. 1955. Oslo, Univ. Hosp., Rikshosp., Dep. of Med.) G. BRATFISCH. 4574

Carl-Bertil Laurell, *Bemerkungen über die Zentrifugalkraft, die notwendig ist zur Trennung von Plasma zur Fibrinogenbestimmung.* Für genaue Fibrinogenbest. im Plasma wird von Vf. Äthylendiaminotetraacetat als Antikoagulans vorgeschlagen, da hierbei die Thrombocyten prakt. unbeschädigt bleiben u. somit größere Fehler vermieden werden. Für die sich anschließende Trennung in Plasma u. Blutkörperchen durch Zentrifugieren ist als unterste Grenze eine Beschleunigung von 2000 g erforderlich. (Scand. J. clin. Lab. Invest. **7.** Nr. 1. 95—96. 1955. Malmö, Sweden, General Hosp., Dep. of Clin. Chem.) G. BRATFISCH. 4574

Luiz Kelen, *Blutersatz. Plasma aus antigenfreiem tierischem Blut.* Gute klin. Erfahrungen mit dem Präp. *Adäquan-Resorba* aus Rinderplasma, das keine allerg. Rk. verursacht u. frei von Hepatitisvirus ist. (Rev. Quím. Farmác. **20.** Nr. 2. 11—23. Febr. 1955.) HEINRICH HERMANN. 4576

B. N. Halpern und **Claude Stiffel,** *Veränderungen der Hauttemperatur nach intravenöser Injektion von Polyvinylpyrrolidon beim Hund und seine Beziehungen zur Freiwerdung von Histamin.* Die Injektion von *Polyvinylpyrrolidon* (I) bei Hunden erzeugt eine periphere Gefäßerweiterung mit Erhöhung der Temp. mit dem Maximum nach 20 Min., verbunden mit einer Ausschüttung von *Histamin.* Vorherige Injektion eines Antihistaminicums (*Promethazin*) setzt die Erhöhung der Temp. stark herab durch Behinderung der Ausschüttung von *Histamin.* Aus demselben Grunde bleibt eine zweite Injektion von I während des Maximums der Erhöhung der Temp. ohne Wrkg., da alles verfügbare Gewebshistamin verbraucht ist. (C. R. Séances Soc. Biol. Filiales **149.** 35—39. Jan. 1955. Broussais, France, Hôp.) G. WELTZIEN. 4576

L. E. Gorn und **I. G. Fridljand,** *Über den Bleigehalt des Harns bei gesunden Menschen. Zur Diagnose von Bleivergiftungen.* Auf Grund von polarograph. Unterss. des Harns von 500 Personen, die keine Berührung mit *Pb* in ihrem Beruf hatten, konnten Vff. bei 45% aller Untersuchten überhaupt kein Pb im Harn feststellen. Bei 41,6% überstieg der Pb-Geh. im Harn nicht 0,02 mg/Liter. Bei Personen über 40 Jahre ist der Pb-Geh. etwas höher als bei jüngeren Menschen. Die bis jetzt gebräuchlichen Normen für den Pb-Geh. im Harn gesunder Menschen dürften zu hoch sein. Als Grenzwert zwischen n. u. patholog. Mengen kann man nach Vff. 0,03—0,04 mg/Liter annehmen. (Гигиена и Санитария [Hyg. u. Sanitätswes.] **1955.** Nr. 5. 44—47. Mai. Leningrad, Inst. für

Arbeitshyg. u. Berufskrankh. u. Inst. für Ärztefortbldg., Lehrstuhl für Berufskrankh. u. Arbeitshyg.) E. STEINBERG. 4577

M. W. Carter, Gennard Matrone und **W. W. G. Smart jr.,** *Wirkung von Genistin auf die Fortpflanzung der Maus.* Handelsübliches Sojabohnenölschrot u. daraus isoliertes *Genistin* (I) setzten signifikant das Alter herab, bei dem die Vagina unreifer Mäuse geöffnet wurde. Die Hauptwrkg. auf die Fortpflanzung von 0,2% I im Futter bestand in einer Abnahme der Zahl der Geborenen je Wurf. Die Wrkg. handelsüblichen Sojabohnenölschrotes (80% im Futter) auf die Zahl der geworfenen Jungen war statist. nicht signifikant. — 15 Literaturangaben. (J. of Nutrit. 55. 639—45. 11/4. 1955. Raleigh, N. C., North Carolina Agric. Exp. Stat., Animal Nutrit. Sect. of Dep. of Animal Ind.) H. PATZSCH. 4583

A. K. Halama, *Die Bedeutung der Spurenelemente für die Ernährung der Haustiere.* Zusammenfassende Darst. der Bedeutung der Spurenelemente (Symptomatik, Diagnostik, Therapie, Prophylaxe), bes. des Co- u. Cu-Mangels bei Wiederkäuern, des Cu-Mangels beim Schwein u. des Mn- u. Co-Mangels beim Huhn (teilweise eigene Beobachtungen). (Wiener tierärztl. Mschr. **42.** 430—50. Juli 1955. Wien, Tierärztl. Hochschule, Physiol. Inst.) J. SCHWAIBOLD. 4585

Karl Diernhofer, *Praktische Erfahrungen mit einigen Spurenelementen.* Bericht über in verschied. Gegenden Österreichs beobachteten Co-Mangel beim Rind, mit Angabe der Symptome u. Heilwrkg. von Co-Salzen oder Gemischen von Spurenelementsalzen sowie Mn-Mangel bei Ferkeln. (Wiener tierärztl. Mschr. **42.** 450—56. Juli 1955.) J. SCHWAIBOLD. 4585

W. B. House und **A. G. Hogan,** *Schädigung von Meerschweinchen nach hoher Phosphateinnahme.* Verfütterung exzessiver Mengen Phosphate an Meerschweinchen führte zu Schädigungen (geringere Gewichtszunahme, Entw. steifer Gelenke, Calciumphosphatablagerungen u. hohe Mortalitätsrate). Diese Symptome waren äußerst schwer bei Futter, das 0,9 (%) Ca, 1,7 P, 0,04 Mg u. 0,41 K enthielt. Wenn das Futter 0,35 Mg u. 1,5 K enthielt, waren die Schäden merklich reduziert. Die Tiere nahmen mäßig im Gewicht zu, einige wurden steif, Calciumphosphatablagerungen waren selten, u. die Mortalitätsrate war niedrig. — 12 Literaturangaben. (J. Nutrit. 55. 507—17. 10/3. 1955. Columbia, Mo., Univ. of Missouri, Coll. of Agric., Dep. of Agric. Chem.) H. PATZSCH. 4585

W. F. O'Rourke, P. H. Philipps und **W. W. Cravens,** *Der Phosphorverbrauch wachsender Küken und von Legehühnern, die mit handelsüblichem Futter gefüttert wurden.* Der P-Verbrauch wachsender Küken nimmt mit dem Alter ab (0,73% bei 3 Wochen, 0,60% von 4—10 Wochen u. nicht mehr als 0,42% von 10 Wochen bis zur Geschlechtsreife). Bei Legehühnern genügten 0,43% P im Grundfutter, um die Eiproduktion auf n. Höhe zu halten. — 16 Literaturangaben. (Poultry Sci. **34.** 47—54. Jan. 1955.) H. PATZSCH. 4585

Burt W. Heywang, H. R. Bird und **A. M. Altschul,** *Beziehung zwischen Verfärbungen bei Eiern und Futter mit freiem Gossypol, das in verschiedenen Baumwollsamenprodukten enthalten war.* Unter 1900 frischen Eiern von Hühnern, die 0,001% freies *Gossypol* (I) enthaltendes Futter erhalten hatten, war nur 1 Ei mit verfärbtem Eigelb, während von 13000 handelsüblich eingelagerten Kühlhauseiern von diesen Tieren 5% verfärbtes Eigelb aufwiesen. 16% der frischen Eier von Tieren, die 0,008% I erhalten hatten, hatten verfärbtes Eigelb, bei Kühlhauseiern waren es ca. 60%. Der %-Geh. an Eiern mit verfärbtem Eigelb u. der Grad der Verfärbung stiegen mit dem I-Geh. des Futters an. Die Wrkg. des I war nicht so stark mit Baumwollsamen, das mit Lösungsmitteln extrahiert war, als mit anderen Baumwollsaatprodd. (enthülste Baumwollsaat, gepreßte oder vorgepreßte u. dann mit Lösungsm. extrahierte Saat). Rosafarbenes Eiweiß wurde nur bei 3 Eiern beobachtet. (Poultry Sci. **34.** 81—90. Jan. 1955. Glendale, Ariz., Agric. Res. Serv., U. S. Dep. of Agric., Animal and Poultry Husbandry Res. Branch, and New Orleans, La., Southern Utilization Res. Branch, and Beltsville, Md.) H. PATZSCH. 4585

J. R. Couch, Wan Yuin Chang und **Carl M. Lyman,** *Die Wirkung von freiem Gossypol auf das Kükenwachstum.* Bei 0,06% oder weniger freiem *Gossypol* (I) im Futter wurden schädliche Wirkungen auf das Wachstum, die Mortalität oder Futterausnutzung beobachtet. Wenn Baumwollsaatmehl zu 40% dem Futter zugesetzt wurde, war der I-Geh. höher als 0,15%, ehe I-Toxizität auftrat. Sehr wenige Handelsbaumwollsaatmehle enthalten mehr als 0,15% I. Bei einem Geh. von mehr als 0,06% I im Futter nahm das Wachstum progressiv mit wachsenden I-Mengen ab, die Mortalität stieg, die Futterausnutzung war gering. *Lysin*-Gaben steigerten das Wachstum bei allen I-Mengen, veränderten aber nicht die Toleranz gegenüber I. — 16 Literaturangaben. (Poultry Sci. **34.**

178—83. Jan. 1955. Texas Agric. Exp. Stat., Dep. of Biochem. and Nutrit., College Station, Tex., Texas Agric. and Mechan. Coll. Syst.) H. PATZSCH. 4585

M. W. McDonald, *Ausbleiben der Reaktion auf Arsanilsäure bei Küken. Arsanilsäure* (I) allein versagt, um die Wachstumsgeschwindigkeit signifikant ansteigen zu lassen. *Procainpenicillin* (II) unter denselben Bedingungen erhöht die Wachstumsgeschwindigkeit um 16% gegenüber I. I u. II dagegen wirken nicht besser als II allein. Zwischen I u. II bestehen grundsätzliche Unterschiede hinsichtlich des Mechanismus der Wachstumsstimulation. (Poultry Sci. **34.** 55—56. Jan. 1955. Seven Hills, Australia, Poultry Exp. Stat.) H. PATZSCH. 4585

S. Balakrishnan und **R. Rajagopalan,** *Einfluß einiger typischer indischer Nahrungszubereitungen auf die Intestinalflora und Thiaminsynthese bei Ratten.* Der Nährwert von 4 Arten Nahrungszubereitungen, die die typ. Mahlzeiten verschied. Teile Indiens darstellen, wurde zur Unters. seines Einfl. auf die *Thiamin*-Synth. durch die Darmflora ausgewählt. Das Wachstum der Versuchstiere diente als Maßstab. Vollkornweizen ist die beste Zubereitungsform, sie wird vom Ragi-Reis gefolgt. Die Nahrung armer Südinder, eine Bengali-Nahrung, bestehend aus Reis u. Fisch, zeigte sehr geringe Nährwerte. (Indian J. med. Res. **43.** 31—38. Jan. 1955. Bangalore, Indian Inst. of Sci., Dep. of Biochem.) H. PATZSCH. 4585

Gerald Klatskin, Willard A. Krehl und **Harold O. Conn,** *Die Wirkung von Alkohol auf den Cholinbedarf.* 1. Mitt. *Veränderungen in der Rattenleber nach langandauernder Alkoholzufuhr.* Ratten erhielten zu einer Diät mit geringer lipotroper Aktivität 7 Monate als Trinkwasser 15%ig. *Alkohol.* Die durchschnittliche tägliche Aufnahme davon betrug 12,5 ml. Die Tiere entwickelten fettige Infiltration u. leichte Fibrose der Leber. Ähnliche Erscheinungen traten bei Tieren auf, die an Stelle von A. eine isocalor. Menge Saccharose erhielten, nicht aber bei Kontrollen. Wurde der A. nicht zusätzlich, sondern als Ersatz einer entsprechenden Zuckermenge der Grunddiät gegeben, so waren die Leberveränderungen in verstärktem Ausmaß zu beobachten. Sie wurden durch gleichzeitige Zufütterung von 0,5% *Cholin* (I) oder *Methionin* dagegen vollständig verhindert. Die A.-Zufuhr hatte in keinem Fall Einfl. auf den N-Stoffwechsel. Die Feststellungen bestätigen die bestehende Hypothese, wonach A. den I-Bedarf der Ratte erhöht; jedoch ist dies nicht eine Folge der erhöhten Calorienzufuhr, da die Erscheinungen des I-Mangels bei verminderter Calorienzufuhr noch deutlicher sichtbar werden. (J. exp. Medicine **100.** 605—14. 1/12. 1954. New Haven, Yale Univ., School of Med., Dep. of Biochem., Nutr. Labor.; Dep. of Internal Med.) F. KRUSEN. 4585

Hans Fisher, H. M. Scott und **B. Connor Johnson,** *Die Rolle des Glycins bei der Kükenernährung. Glycin* (I) drückte das Wachstum nicht herab, wenn es zu mehr als 4% im Futter, das bereits schon mindestens 1—1,5% I enthielt, gegeben wurde. Dafür verbesserte I die Futterausnützung (mit zunehmendem Alter in geringerem Maße). Diese bessere Wrkg. konnte durch Zunahme der Federn u. des Muskel-*Kreatinin* (II)-Geh. erklärt werden. Die Bedeutung des I wird durch die Tatsache unterstrichen, daß der Muskel-II-Geh. bei jungen Küken äußerst niedrig ist. — 36 Literaturangaben. (J. of Nutrit. **55.** 415—30. 10/3. 1955. Urbana, Ill., Univ. of Illinois, Div. of Animal Nutrit., Dep. of Animal Sci.) H. PATZSCH. 4585

W. J. Monson, A. E. Harper, D. A. Benton, Marie Winje und **C. A. Elvehjem,** *Wirkung von Arginin und Glycin auf das Wachstum von Küken, die ein vollständiges, gereinigtes Futter erhielten.* Mit einem synthet. Futter, das Saccharose (I) u. verschied. Mengen Casein enthielt, gefütterte Küken wuchsen während der ersten 2—3 Wochen des Vers. schneller, wenn die Gelatine (II) im Futter durch *Arginin* (III) u. *Glycin* (IV) ersetzt wurde. Unbedeutend, jedoch signifikant besseres Wachstum wurde beobachtet, wenn III u. IV in Ggw. von 5 oder 10% vorhanden waren. Wenn ein Gemisch aus Antibioticis im Futter vorhanden u. wenn I durch Dextrin ersetzt war, unterstützte II das Wachstum gut oder besser als III u. IV. — 13 Literaturangaben. (Poultry Sci. **34.** 186—90. Jan. 1955. Madison, Wis., Univ. of Wisconsin, Coll. of Agr., Dep. of Biochem.) H. PATZSCH. 4585

Selma E. Snyderman, Edward L. Pratt, Mung W. Cheung, Patricia Norton, L. Emmett Holt jr., Arild E. Hansen und **Theodore C. Panos,** *Der Phenylalaninbedarf des normalen Kindes.* Beim n. Kind beträgt der geringste *Phenylalanin* (I)-Bedarf ca. 90 mg/kg Körpergewicht/Tag. Ein I-Defizit war begleitet von einem Ausfall der Gewichtszunahme, einer beeinträchtigten N-Retention, in erster Linie hervorgerufen durch eine Zunahme der Azoturie u. Hypoglobulinämie. Ein Anstieg der Ausscheidung freier Aminosäuren im Urin wurde beobachtet. Die Exkretion der freien Aminosäuren im Urin zeigte eine ausgeprägte Abnahme des I selbst u. bestimmter anderer übereinstimmender Veränderungen an, ganz bes. einen Anstieg der Histidinurie. (J. of Nutrit. **56.** 253—63. 10/6.

1955. New York City, N. Y., Univ., Coll. of Med., Dep. of Pediatrics; Galveston, Tex., Univ. of Texas, Dep. of Pediatrics.) H. PATZSCH. 4585

Edward L. Pratt, Selma E. Snyderman, Mung W. Cheung, Patricia Norton, L. Emmett Holt jr., Arild E. Hansen und **Theodore C. Panos,** *Der Threoninbedarf des normalen Kindes.* Bei verminderter *Threonin* (I)-Zufuhr wird I durch *Glycin* ersetzt. Der I-Minimalbedarf beträgt ca. 60 mg/kg Körpergewicht/Tag für Kinder, deren Alter zwischen 1 u. 6 Monaten liegt. I-Defizit ist begleitet von einer verminderten Gewichtszunahme u. einer unausgeglichenen N-Retention. Der N-Verlust im Urin nahm zu, aber nicht die Aminosäureurie. Bestimmte Veränderungen in der Aminosäureausscheidung wurden beobachtet, bes. eine Abnahme der I-Ausscheidung. — 15 Literaturangaben. (J. of Nutrit. **56.** 231—51. 10/6. 1955. New York City, N. Y., Univ., Coll. of Med., Dep. Pediatrics; Galveston, Tex., Univ. of Texas, Dep. of Pediatrics.) H. PATZSCH. 4585

Wayne M. Neal, *Methioninergänzung für brütende Hennen. Methionin* (I) verzögert nicht die Abnahme der Eierproduktion oder Mortalitätsrate. Wahrscheinlich beeinflußt I oder eines seiner Metabolite den Ca-Stoffwechsel, weil es eine Wrkg. auf die Nebenschilddrüse andeutet. Die Erhöhung des %-Satzes an bebrütbaren Eiern, die als Resultat der I-Ergänzung beobachtet wurde, zeigt einen möglichen ökonom. Wert einer solchen Ergänzung des Futters für brütende Hennen. (Poultry Sci. **34.** 242—43. Jan. 1955. Tampa, Fla.) H. PATZSCH. 4585

Hans R. Rosenberg, J. Waddell und **James T. Baldini,** *Die Wirkung einer Methioninzugabe zu Hühnerfutter mit hohem Fischmehlgehalt.* Gleichzeitige Gabe von *Fischmehl* u. *Methionin* zu Kükenmastfutter wirkte günstiger als erwartet. (Poultry Sci. **34.** 114—17. Jan. 1955. Newark, Del., E. I. du Pont de Nemours & Co., Inc., Stine Labor.) H. PATZSCH. 4585

Maurice E. Shils, Rosalie de Giovanni und **W. B. Stewart,** *Fettleber vom portalen Typ: Wirkungen von Cholin, Methionin und Vitamin B_{12}. Cholin* u. *Vitamin B_{12}* versagen, um Akkumulation eines Übermaßes an hepat. Lipiden in den Portalgebieten von Ratten zu verhüten, die mit einem entweder Maismahl, Cassava oder Reis als einzige Proteinquelle enthaltendem Futter gefüttert wurden. *DL-Methionin* (I; 0,5%) versagte nicht nur, sondern hatte z. B. bei ♂, die mit Mais gefüttert wurden, die Tendenz, das Fett noch mehr zu erhöhen. Höhere I-Mengen (1, 1,5 u. 2%) im Maismehl verminderten progressiv die hepat. Lipide. Bei 2% verursachte I n. hepat. Lipidmengen. Bei diesen Mengen wurde das Wachstum entsprechend inhibiert. Best. der JZ. u. des *Cholesterin* (II)-Geh. zeigte keine signifikanten Unterschiede zwischen den in den Portalgebieten abgelagerten Lipiden nach Maisfütterung oder den Zentralgebieten nach einem II-freien Futter, das Casein als Proteinquelle enthielt. — 31 Literaturangaben. (J. of Nutrit. **56.** 95—106. 10/5. 1955. New York, N. Y., Columbia Univ., Coll. of Phys. and Surg., School of PH, Dep. of Pathol.) H. PATZSCH. 4585

Mary Elizabeth Reid, *Fütterungsversuche mit dem Meerschweinchen.* 3. Mitt. *Cholin.* (Vgl. C. **1955.** 5111.) Das Fehlen von *Cholin* (I) im Futter für junge Meerschweinchen verzögerte stark das Wachstum, schwächte die Muskeln, red. die Zahl der roten Blutkörperchen, verursachte niedrigere Hämatokrit- u. Hämoglobinwerte u. neben subcutanen u. adrenalen Blutungen u. Blässe der Nieren eine merkbare Fettinfiltration der Leber. Die Überlebenszeit schwankte zwischen 21 u. 67 Tagen. 1,0—1,5 g I-Cl/kg Futter genügte, um die Überlebenszeit u. maximales Wachstum zu gewährleisten. Weder *Betain* noch *Methionin* (II) waren als I-Substitute wirksam. *Dimethylaminoäthanol* war das einzige Mittel, das gleich wirksam wie I (auf Mol. bezogen) war. Weder Methylaminoäthanol noch II beeinflußten Wachstum noch Überlebenszeit, wenn sie als Ergänzungen bei einem I-Mangelfutter verfüttert wurden. Das Meerschweinchen scheint einer Futterergänzung durch beide Teile des I-Mol. zu bedürfen. — 27 Literaturangaben. (J. of Nutrit. **56.** 215—29. 10/6. 1955. Bethesda, Md., U. S. Dep. of Health, Educat. and Welfare, Nat. Inst. of Health, Labor. of Biochem. and Nutrit.) H. PATZSCH. 4585

Gerald Klatskin und **Willard A. Krehl,** *Die Wirkung von Alkohol auf den Cholinbedarf.* 2. Mitt. *Auftreten von Nierennekrose bei entwöhnten Ratten nach kurzzeitiger Alkoholzufuhr.* Entwöhnte Ratten erhielten zu einer Grunddiät mit niedriger lipotroper Aktivität (entsprechend einem Geh. von 0,089% *Cholin* [I]) 14 Tage lang 15%ig. *A.* als Trinkwasser. Bei 84% dieser Tiere waren Nierennekrosen festzustellen, die Mortalität betrug 27%. Die entsprechenden Zahlen bei den Kontrollen waren 35 u. 8%. Diese Anzeichen von I-Mangel waren also bei A.-gefütterten Tieren ausgeprägter als bei Ratten, die nur Grunddiät, oder die an Stelle von A. die isocalor. Menge *Saccharose* erhielten. Der Zusatz von schon 0,08% I verhinderte in allen 3 Gruppen das Auftreten von I-Mangelerscheinungen. Diese Verss. bestätigen, daß A. den I-Bedarf erhöht, so daß es bei Kost von geringer lipotroper Aktivität zu I-Mangelerscheinungen kommt, u. zeigen, daß diese A.-Wrkg. von der Calorienzufuhr weitgehend unabhängig ist. Die Bedeutung dieser Beobachtungen für die Pathogenese der Lebercirrhose bei chron. Alkoholismus wird diskutiert. (J. exp. Medicine 100. 615—27. 1/12. 1954. New Haven, Yale Univ., School of Med., Dep. of Biochem., Nutr. Labor.; Dep. of Internal Med.) F. KRUSEN. 4585

J. M. R. Beveridge, W. Ford Connell, G. A. Mayer, J. B. Firstbrook und **M. S. de Wolfe,** *Die Wirkung bestimmter pflanzlicher und tierischer Fette auf die Plasmalipide beim Menschen.* Nach Verzehr einer Nahrung mit pflanzlichem Fett (28,4 oder 58,5% der Gesamtcalorien) mit oder ohne *Cholesterin*-Ergänzung nahm der Geh. an Plasmalipiden ab. Nach tier. Fett (Butter, 58,5% der Gesamtcalorien) wurde am 4. u. 7. Tag ein Anstieg des Geh. an Plasmalipiden beobachtet. Unter den Versuchsbedingungen bestand ein hoher statist. signifikanter Unterschied zwischen der Wrkg. des pflanzlichen u. tier. Fettes auf die Blutlipide. — 15 Literaturangaben. (J. Nutrit. 56. 311—20. 10/6. 1955. Kingston, Ontario, Can., Queen's Univ., Fac. of Med., Dep. of Biochem. and Med.) H. PATZSCH. 4585

W. D. Morrison, T. S. Hamilton und **H. M. Scott,** *Grundumsatz bei mit Antibioticis behandelten Küken.* 15 mg *Aureomycin* /kg Futter hatten keine augenscheinliche Wrkg. auf den Grundumsatz von Küken. — 12 Literaturangaben. (Poultry Sci. 34. 78—81. Jan. 1955. Urbana, Ill., Agric. Exp. Stat.) H. PATZSCH. 4585

H. G. Jukes, D. C. Hill und **H. D. Branion,** *Wirkung von Penicillin auf das Wachstum von Fasanen.* Durch Zugabe von 10 p.p.m. *Procainpenicillin G* zu einem Putermastfutter nahmen Fasanen im Verlaufe von 4 Wochen durchschnittlich um ca. 13% Gewicht mehr zu als die Kontrollen. Die Futterausnutzung war nur ganz wenig verbessert. (Poultry Sci. 34. 235—36. Jan. 1955. Guelph, Ontario, Can., Agric. Coll., Dep. of Nutrit.) H. PATZSCH. 4585

Rollin H. Thayer und **V. G. Heller,** *Antibiotica und Stickstoffausnutzung bei wachsenden Hähnchen. Penicillin* u. *Aureomycin* erhöhten die Menge des durch den Intestinaltrakt 4 Wochen alter Hähnchen absorbierten N. Ein Anstieg der N-Retention u. eine Abnahme der N-Ausscheidung im Harn wurde bei mit Antibioticis gefütterten Hähnchen beobachtet. — 11 Literaturangaben. (Poultry Sci. 34. 97—102. Jan. 1955. Stillwater, Okla., Agric. Exp. Stat.) H. PATZSCH. 4585

Thomas H. Haight und **Willard E. Pierce,** *Wirkung einer verlängerten Anwendung von Antibioticis auf das Gewicht junger Männer.* In 3 Vergleichsgruppen wurden 250 mg *Aureomycin* (I) bzw. 100000 E. *Penicillin* (II; zur oralen Anwendung mit Procain gepuffert) bzw. Blindproben ($CaCO_3$) jungen Rekruten gegeben. Nach Versuchsende bestand ein Unterschied zwischen der Blindgruppe einerseits u. den I- u. II-Gruppen andererseits. Zwischen der I- u. II-Gruppe bestand kein signifikanter Unterschied. Die Antibioticagruppen hatten um durchschnittlich ca. 4,5 lbs. gegenüber 2,7 lbs. der Blindgruppe zugenommen. (J. of Nutrit. 56. 151—61. 10/5. 1955. Great Lakes, Ill., U. S. Naval Training Center, Naval Med. Res. Unit No. 4.) H. PATZSCH. 4585

Helen E. Clark, Dorothy L. Harrison, Ralph P. Soule jr. und **Draytford Richardson,** *Der Nährwert der Muskelproteine von Schweinen, deren Futter mit Aureomycin oder Terramycinhydrochlorid ergänzt wurde.* Wurden 10 mg *Aureomycin* (I) oder *Terramycin* (II)/lb. Futter an Schweine verfüttert, so wurde das Wachstum von Ratten, die Fleisch von diesen Tieren erhielten, nicht stimuliert, das N-Gleichgewicht aber war signifikant höher, wenn den Schweinen das Grundfutter gegeben wurde, als wenn die Schweine I u. II erhielten. Der Nährwert der Schweineproteine war für die wachsende Ratte ähnlich wie der des Rindfleisches. (J. of Nutrit. 56. 61—66. 10/5. 1955. Manhattan, Kans., Kansas State Coll., Dep. of Foods and Nutr. and of Animal Husbandry.) H. PATZSCH. 4585

J. A. Uram, C. E. French, G. P. Barron und **R. W. Swift,** *Die Wirkung hoher Gehalte an Terramycin oder Streptomycin auf Wachstum, Fortpflanzung und Lactation der Ratte.* Ratten (10 ♂ u. 20 ♀) wurden mit Grundfutter, mit Grundfutter + 0,04% *Terramycin* (I) oder Grundfutter mit 0,04% *Streptomycin* (II) gefüttert. Es wurde kein Unterschied in der Fortpflanzungsfähigkeit zwischen den 3 Versuchsgruppen gefunden. Gewichtszunahmen bei den Nachkommen von Tieren, die mit I u. II während des 3. bis 14. Tages post partum (Lactationszeit) gefüttert wurden, waren im allg. höher als diejenigen von Kontrollen. 37% II u. 80% I wurden in akt. Form mit den Faeces ausgeschieden. Eine Wrkg. von I u. II auf den Fettgeh. der Lebern beider Geschlechter wurde nicht beobachtet. — 20 Literaturangaben. (J. of Nutrit. 55. 481—92 10/3. 1955. University Park, Pa., Pennsylvania State Univ., Dep. of Animal Nutrit.) H. PATZSCH. 4585

C. Dumazert, D. Picard und **A. el Ouachi,** *Über den Trinicotinsäureester der Stärke.* 12 Albinoratten wurden nach 8tägiger Fütterung mit einer an Antipellagrafaktor freien Kost mit ca. 15 mg *Nicotinsäureester der Stärke* (NS) enthaltender Nahrung gefüttert (täglich). Im Harn wurden Nicotinsäure (I) u. Trigonellin (II) bestimmt. Nach

Anwendung von NS wird Ausfall von Haaren beobachtet, die aber schnell nachwachsen. Die Urinausscheidung von I steigt von 20 auf 80 u. die von II von 150 auf 475 μg pro Ratte/Tag an. Nach Aussetzen des NS wird Verminderung der Ausscheidung von I u. II durch den Urin beobachtet. Beschreibung der histolog. Veränderungen (z. B. Leberverfettung) u. Diskussion der Ergebnisse. (C. R. Séances Soc. Biol. Filiales **146.** 470—71. März 1952. Fac. de Méd. et de Pharm., Labor. de Chim. biol.) H. PATZSCH. 4585

Walter Becker und **Claus Klotzsche,** *Die Hypervitaminose A.* Übersicht u. allg. Ausführungen. — 86 Literaturangaben. (Aerztl. Wschr. **10.** 545—50. 17/6. 1955. Berlin-Dahlem, Bundesgesundheitsamt, Max v. Pettenkofer-Inst., Abt. für Physiol., Pharmakol. u. Arzneimittelwesen.) F. W. VAN KLAVEREN. 4587

Pál Rózsa, *Neues Verfahren zur Bestimmung des Aneurins.* Mit 50%ig. H_2SO_4 gekocht, wird im Aneurin die Aminogruppe des Methylaminopyrimidinteiles hydrolysiert, der Ammoniak kann aus alkal. Lsg. in Säure dest. bestimmt werden. In stark alkal. Lsg. öffnet sich der Thiazolring, u. der Sulf.dschwefel kann zu Sulfat oxydiert bestimmt werden. Zur Oxydation verwendet Vf. 0,1 n $KBrO_3$ u. bestimmt den Überschuß jodometrisch. Bei der Oxydation reagiert Aneurin mit dem 8fachen Äquivalentgewicht des Broms; 1 ml 0,02 n H_2SO_4 = 6,743 mg. bzw. 1 ml $KBrO_3$ = 4,214 mg Aneurin. Genauigkeit ± 1%. Die neue Meth. ist bedeutend einfacher als die bisher gebräuchlichen u. ermöglicht die Best. von unzers. Aneurin neben zersetztem. (Magyar Kémiai Folyóirat [Ung. Z. Chem.] **61.** 122—25. April 1955. Budapest, Landeshygien. Inst.) J. PLANK. 4587

J. R. Beaton und **M. E. Goodwin,** *Aktivität der Glutaminase der Niere in Ratten mit Vitamin-B_6-Mangel.* Die Wrkg. der durch Phosphat aktivierten *Glutaminase* (I) der Niere war bei Ratten mit Mangel an *Vitamin B_6* geringer als bei den Kontrolltieren (35 Tage Fütterung). Bei Zusatz von *Desoxypyridoxin* wurde dies bereits nach 20 bis 22 Tagen erkennbar. Es konnte durch Zusatz von *Pyridoxalphosphat* zu den Homogenaten bei Tieren mit Vitamin-B_6-Mangel der Normalwert wiederhergestellt werden, während bei den Kontrolltieren nur eine geringfügige Erhöhung der I beobachtet wurde. — Mangel an Thiamin beeinflußt I nicht. (J. biol. Chemistry **212.** 195—200. Jan. 1955. Toronto, Can., Univ. of Toronto, Dep. of Publ. Health Nutrit.) A. HESSE. 4587

F. H. Kratzer, P. N. Davis, B. J. Marshall und **D. E. Williams,** *Der Pantothensäurebedarf von Truthühnern.* Die Brutfähigkeit von Truthühnern war stark herabgesetzt, wenn die Tiere 5 Wochen lang mit einem *Pantothensäure* (I)-Mangelfutter gefüttert wurden. Etwa 16 mg I/kg Futter waren erforderlich, um eine optimale Brutfähigkeit aufrechtzuerhalten. Die Eierproduktion wurde bei niedrigstem I-Geh. gerade nicht beeinflußt. Der I-Geh. der Eier u. die Überlebenszeit der Küken von Hennen mit I-Defizit standen direkt zum I-Geh. des Futters in Beziehung. (Poultry Sci. **34.** 68—72. Jan. 1955. Davis, Calif., Univ. of California, Dep. of Poultry Husbandry.) H. PATZSCH. 4587

E. G. McDaniel, J. M. Hundley und **W. H. Sebrell,** *Niacin und Antiniacinaktivität des 3-Acetylpyridins bei Hunden. 3-Acetylpyridin* (I) besitzt *Nicotinsäure* (II)- u. Anti-II-Aktivität. Es ist ca. $^1/_6$ so akt. wie II-Amid bei der Erhöhung der Harnausscheidung von *N^1-Methylnicotinamid* (III) bei n. Hunden. 25—260 mg I täglich schützen Hunde gegen die Schwarzzungenkrankheit (SK). Tägliche Dosen von 25—60 mg I genügten, um SK zu heilen. Hunde mit II-Mangel schienen I in verminderter Menge zu II umzuwandeln; wie bei der Urinausscheidung des III festgestellt u. beobachtet wurde, waren Dosen von 25—260 mg I stark tox. bei II-Mangelhunden. II verhütete die I-Toxizität. Die Tiere haben also eine begrenzte Leistungsfähigkeit, I in II umzuwandeln. Wenn die zugeführte I-Menge diese Leistungsfähigkeit überschreitet, wirkt das I-Mol. als spezif. Antagonist des II. — 20 Literaturangaben. (J. of Nutrit. **55.** 623—37. 11/4. 1955. Bethesda, Md., U. S. Dep. of Health, Educat. and Welfare, PH Serv., Nat. Inst. of Health.) H. PATZSCH. 4587

R. J. Young, L. C. Norris und **G. F. Heuser,** *Der Bedarf des Kükens an Folsäure bei der Ausnutzung von Cholin und seiner Vorstufen Betain und Monomethylaminoäthanol.* Der *Cholin* (I)-Bedarf der Versuchstiere schien durch Zugabe von 0,05% I-Chlorid zum Futter, das weniger als 0,007% I enthielt, gedeckt zu sein, wenn es ausreichend mit *Folsäure* (II) ergänzt war. Bei II-Mangel konnte I in Mengen bis zu 0,8% weder Perosis verhüten, noch maximales Wachstum fördern. In Ggw. von ausreichenden I-Mengen betrug der Bedarf der Küken an II nicht mehr als 30 μg/100 g Futter. Bei I-Mangel war der II-Bedarf für das Wachstum angestiegen, aber betrug nicht mehr als 80 μg II/100 g Futter. Hoher II-Geh. konnte Küken bei I-Mangel nicht vor Perosis schützen. Die Küken waren fähig, *Monomethylaminoäthanol* (III) + *Betain* (IV) ebenso wirksam wie eine äquimol. Konz. an I, entweder in Ggw. oder Abwesenheit von II, auszunutzen. Beim Küken ist II nicht an der Übertragung der CH_3-Gruppe vom IV zum I beteiligt. II ist mit Futter-I oder mit I, gebildet aus Futter-IV + III, erforderlich, um eine Perosis zu verhüten. —

18 Literaturangaben. (J. of Nutrit. **55.** 353—62. 10/3. 1955. Ithaca, N. Y., Cornell Univ., Agric. Exp. Stat. and School of Nutrit.) H. PATZSCH. 4587

B. E. March und **Jacob Biely,** *Fettuntersuchungen bei Geflügel.* 3. Mitt. *Folsäure und Fettoleranz beim Küken.* Das Küken kann einen höheren Geh. an Fett, als er gewöhnlich im üblichen Futter vorhanden ist, vertragen. Die Rk. des Kükens auf *Folsäure* (I) wird durch den Fettgeh. des Futters beeinflußt. Die Hemmwrkg. auf das Wachstum, die einige Zeit auf Zugabe von Öl zu einem Futter mit suboptimalem Geh. an I besteht, war von der Qualität des Öles abhängig u. wurde vollständig durch Erhöhung des I-Geh. im Futter unterdrückt. I fördert offenbar nicht die Fettabsorption noch hat sie eine lipotrope Wirkung. — 12 Literaturangaben. (Poultry Sci. **34.** 39—44. Jan. 1955. Vancouver, Univ. of Brit. Columbia, Poultry Nutr. Labor.) H. PATZSCH. 4587

G. M. Briggs, M. R. Spivey, J. C. Keresztesy und **M. Silverman,** *Wirkung des Citrovorumfaktors auf Küken.* Zur Feststellung etwaiger Aktivitätsunterschiede verfütterten oder injizierten Vff. *Pteroylglutaminsäure* (I; *Folsäure*), krist. *Citrovorumfaktor* (II) aus Pferdeleber u. *5-Formyl-5.6.7.8-tetrahydropteroylglutaminsäure* als *Leucovorin* (LEDERLE; III) bzw. *Folinsäure S. F.* (LILLY; IV) an I-frei ernährte Küken. Bei der Injektion von 0,1 mg 3mal wöchentlich erwiesen sich I u. II als etwa gleich wirksam, III als etwas schwächer. Dagegen war I beim Verfüttern von 0,1 mg pro kg Grundfutter deutlich wirksamer als II, III oder IV. (Proc. Soc. exp. Biol. Med. **81.** 113—15. Okt. 1952. Bethesda, Med. Publ. Health Serv., Nat. Inst. of Health, Nat. Inst. of Arthritis and Metabol. Diseases.) H. IPPEN. 4587

J. E. Gander und **M. O. Schultze,** *Angebliches Vorkommen eines „animal protein factor", der für das Überleben junger Ratten erforderlich ist.* 1. Mitt. *Untersuchungen mit ungereinigtem Futter.* Wurde Casein 2 Wochen lang mit 0,5%ig. Essigsäure extrahiert u. zu 5% einem *Vitamin-B_{12}* (I)-armen Futter mit 82,5% Getreidegemisch zugefügt, dann wurde ein Anstieg der Mortalität junger Ratten in den folgenden Filialgenerationen, bis 100% in der F_3-Generation erreicht war, beobachtet. I red. die Mortalität um ca. 67%. Wurden ähnliche Caseinpräpp., die bei p_H 4,6 oder 3,6 extrahiert wurden, zu 6,5% einem Futter mit 84% gewalztem Hafer u. anderen Zutaten synthet. oder pflanzlicher Herkunft verfüttert, wurde keine hohe pränatale Mortalität junger Ratten beobachtet. — 21 Literaturangaben. (J. of Nutrit. **55.** 543—57. 11/4. 1955. St. Paul, Minn., Univ. of Minnesota, Inst. of Agric., Dep. of Agric. Biochem.) H. PATZSCH. 4587

M. O. Schultze, *Angebliches Vorkommen eines „animal protein factor", der für das Überleben junger Ratten erforderlich ist.* 2. Mitt. *Fortpflanzung von Ratten, die mit Protein und freien Aminosäuren enthaltendem Futter gefüttert wurden.* (1. vgl. vorst. Ref.) Proteinfreies Futter mit 8 oder 16% eines Gemisches aus 10 Aminosäuren (AS) wurde an Ratten 2 Generationen lang verfüttert. Bei Futter mit 8% Gemisch der 10 essentiellen AS u. 5,1% *Ammoniumacetat* (I) war das Wachstum gering, relativ häufig trat der Tod bei den Muttertieren ein, wurde subnormale Anzahl Junge per Hecke geworfen u. wurde eine hohe Mortalität u. subnormales Wachstum der Jungtiere beobachtet. Korrektur eines teilweisen *Isoleucin*-Mangels erhöhte die Überlebenszeit. Mit 16% AS + 5,1% I war der Tod bei den Muttertieren nicht so häufig u. nahmen Überlebenszeit u. Wachstum zu. Die Substitution der Hälfte des gereinigten Sojabohnenproteins durch AS in dem 16% AS enthaltenden Futter verbesserte die Lactation. Bei Verfütterung eines Futters mit 12,2% eines Gemisches aus 16 AS an junge Ratten überlebten 96% der Tiere die Vorentwöhnungszeit, ihr Wachstum blieb aber subnormal. — 24 Literaturangaben. (J. of Nutrit. **55.** 559—75. 11/4. 1955. St. Paul, Minn., Univ. of Minnesota, Inst. of Agric., Dep. of Agric. Biochem.) H. PATZSCH. 4587

Ellen M. Rasch, Hewson Swift und **B. S. Schweigert,** *Lebernucleoproteine bei Vitamin-B_{12}-Mangel.* Cytochem. Unterss. am Lebergewebe von Ratten, die ein *Vitamin-B_{12}*-Mangelfutter mit 0,06% jodiertem Casein erhielten, zeigten, daß die Konz. des Gesamtproteins unverändert war, wogegen die Menge an Protein pro Zelle bei einem signifikanten Anstieg des mittleren cytoplasm. Vol. um ca. 56% zugenommen hatte. Die Best. der *Ribonucleinsäure* durch Azur B-Bindung bei p_H 4,0 zeigte eine Abnahme der Konz., aber Zunahme des Geh. pro Zelle um ca. 23%. Die photometr. *Desoxyribonucleinsäure* (I)-Best. an FEULGEN-gefärbten Kernen ergab keine Änderungen am einzelnen tetraploiden Kern. Der durchschnittliche I-Geh. pro Parenchymalkern, der sich aus den Werten der Polyploidhäufigkeit errechnen läßt, lag bei einer größeren Häufigkeit diploider Kerne um ca. 6% tiefer als bei den Kontrolltieren. (Proc. Soc. exp. Biol. Med. **88.** 637—40. April 1955. Chicago, Ill., Univ., Whitman Labor., Dep. of Biochem. and Amer. Meat Inst. Foundation.) K. NEHRING. 4587

Harry W. Titus, John H. Brumbaugh und **Arnon L. Mehring jr.,** *Berechnung der Wirkung von Vitamin B_{12}, DL-Methionin- und Procainpenicillingaben, einzeln oder in*

Kombination, zu Mais–Sojabohnen-Futter für junge wachsende Küken. Vitamin B_{12} erhöhte unter den Versuchsbedingungen das Gewicht bei ♀ u. ♂. *DL-Methionin* hatte keine Wrkg. bei ♂, schien aber das Gewicht der ♀ zu erniedrigen u. hatte keine Wrkg. auf die Futterausnutzung. *Procainpenicillin* erhöhte das Gewicht bei ♀ u. ♂. (Poultry Sci. **34**. 167—77. Jan. 1955. Newton, N. J., Limestone Prod. Corp. of America, Lime Crest Res. Labor.) H. PATZSCH. 4587

B. E. Welch und **J. R. Couch**, *Homocystin, Vitamin B_{12}, Cholin und Methionin in der Ernährung von Legehühnern. Homocystin* (I) kann im Körper des ausgewachsenen Huhnes zu *Methionin* (II) methyliert werden. Dies ist ein Zeichen dafür, daß *Vitamin B_{12}* mit dieser Methylierung verbunden ist. Die Henne hat einen bestimmten II-Bedarf. Die Syntheserate von II aus I scheint nicht groß genug zu sein, um den II-Bedarf der Henne unter den Versuchsbedingungen zu decken. *Cholin* hat im Futter für ausgewachsene Hennen eine wesentliche Bedeutung. — 28 Literaturangaben. (Poultry Sci. **34**. 217—22. Jan. 1955. College Station, Tex., Agric. Exp. Stat., Dep. of Poultry Husbandry and Biochem. and Nutrit.) H. PATZSCH. 4587

Elfriede Schönbauer, *Schwere Dünndarmveränderungen bei Vitamin-B-Mangelerscheinungen.* Es wird über einen Fall von Pellagra berichtet, bei dem gastrointestinale Veränderungen im Sinne einer schweren Störung der Motorik, Sekretion u. des Tonus im Dünndarmbereich vorlagen u. die nach 4 Tagen unter *Vitamin-B*-Therapie abklangen. (Wiener klin. Wschr. **67** ([N. F.] **10**). 383—84. 27/5. 1955. Wien, Univ., Zentralröntgeninst.) G. RENTSCH. 4587

R. Lecoq, *Methoden der Alkoholentgiftung in Frankreich.* Vf. konnte bei der Behandlung des chron. Alkoholismus mit intravenösen Gaben von A. u. *Vitamin B* (Verwendung der Präpp. *Curethyl A* u. *Curethyl B*) sehr günstige therapeut. Erfolge erzielen. (Therapiewoche **5**. 369—71. Mai 1955. Paris.) D. NEUBERT. 4587

Shuzo Ogino, *Ascorbinsäurestoffwechsel im bebrüteten Ei.* Mittels der 2.4-Dinitrophenylhydrazinmeth. von ROE wurde der *Ascorbinsäure* (I)-*Geh.* von *Hühnereiern* während des Brütens bestimmt (am 6. Tag 4,2 mg%, am 15. Tag 8,45 mg%). Injektion, 7 Std. vor der Best., von 10 mg *Glucose* oder Mannose in wss. Lsg. (0,5 cm^3) erhöhte den I-Geh., stärker bei Glucose (z. B. am 15. Tag auf 9,48 mg%). Zusätzliche gleichzeitige Injektion von 0,2 cm^3 einer 0,2%ig. *$MnCl_2$*-Lsg. ergab eine weitere Steigerung (am 15. Tag auf 10,33 mg%). NaCl war ohne Wirkung. Mn^{2+} scheint das Enzymsyst. zur Bldg. von I zu fördern. (Science [Japan] **21**. 592. Nov. 1951. Osaka. [Orig.: japan.]) L. SCHULER. 4587

W. I. Gorbunowa und **Ss. N. Matzko**, *Die Entwicklung einer D-Hypervitaminose in Abhängigkeit vom Gehalt an Vitamin C in der Kost.* Meerschweinchen, die 1,5 I.E. an *Vitamin D* (I), bei carotinfreiem Heu, Hafer, Kleie u. 50 γ *Carotin* täglich erhielten, verloren bei zusätzlichen Gaben von 2 mg oder 20 mg *Ascorbinsäure* an Gewicht oder gingen ein, während Kontrolltiere, die nur wenig I erhielten, an Gewicht zunahmen. (Вопросы Питания [Fragen d. Ernähr.] **14**. Nr. 2. 17—18. März/April 1955. Moskau, Wiss. Forschungsinst. für Vitaminol. des Gesundheitsmin. der UdSSR.) M. ULMANN. 4587

E. L. Hove und **H. R. Seibold**, *Lebernekrose und veränderte Fettzusammensetzung beim Schwein mit Vitamin-E-Defizit.* Eine tödliche Lebernekrose entwickelte sich bei Schweinen, die mit einem *Vitamin-E*(I)-Mangelfutter mit einem Geh. von 6% Protein u. 2% Kabeljaulebertran gefüttert wurden. 3 von 6 gefütterten Tieren starben plötzlich an einer massiven akuten hämorrhag. Lebernekrose. 2 der Überlebenden zeigten (nach dem Schlachten) eine postnekrot. Lebercirrhose. Muskelfett von Schweinen mit I-Mangel hatte einen geringeren Geh. an Linolein-, Arachidon (II)- u. Pentaensäuren als das Fett von Kontrollen mit I. Das Leberfett zeigte ähnliche Veränderungen mit Ausnahme der II-Mengen. 5 von 6 Kontrolltieren, die mit demselben, jedoch *α-Tocopherolacetat* enthaltendem Grundfutter ernährt wurden, blieben am Leben u. zeigten keine merkbaren Leberschäden. — 21 Literaturangaben. (J. of Nutrit. **56**. 173—86. 10/6. 1955. Auburn, Ala., Polytechn. Inst., School of Vet., Dep. of Animal Husbandry and Nutr., Agric. Exp. Stat. and Dep. of Pathol.) H. PATZSCH. 4587

Douglas V. Frost und **Henry C. Spruth**, *Bekämpfung des hämorrhagischen Zustandes bei Küken mit Menadion-Natriumbisulfit. Arsanilsäure* (I) zu 0,05% in einem *Vitamin-K* (II)-armen Futter scheint die durchschnittliche Gerinnungszeit bei Küken nicht zu erhöhen. Geringe Mengen an *Menadion-Na-Bisulfit* (III; Na-Bisulfitanlagerungsprod. des *2-Methyl-1.4-naphthochinon*; Handelsname für Fütterungszwecke: *Klotogen*, für medizin. Zwecke: *Hykinon*; ABBOTT) erhält n. Gerinnungszeiten unabhängig davon, ob I im Futter vorhanden ist oder nicht. 0,1% *Sulfachinoxalin* (IV) in II-armem Futter erhöht den II-Bedarf. Hierbei erwies sich III manchmal als ebenso wirksam wie Menadion als Quelle der II-Aktivität. 0,3% IV in II-armem Futter war nicht wirksam. — 16 Literaturangaben. (Poultry Sci. **34**. 56—64. Jan. 1955. North Chicago, Ill., Abbott Labor.) H. PATZSCH. 4587

Henry Dymsza, R. V. Boucher und **M. G. McCartney**, *Untersuchung über die Rohfaserverdauung bei 12 Wochen alten Putern.* Die Rohfaserverdauung durch Puter war unbedeutend. Der Verdauungskoeff. betrug bei ♂ (♀ in Klammern) bei 5, 10 u. 15% Rohfaser im Futter 0,4 (1,6), 2,7 (1,6) u. 1,4 (3,9)%. (Poultry Sci. **34.** 240—42. Jan. 1955. University Park, Pa., State Univ., Dep. of Agric. and Biol. Chem. and Poultry Husbandry.) H. PATZSCH. 4594

Robert S. Harris, John W. Chamberlain und **James H. Benedict**, *Die Verdauung neutraler Fette beim Menschen.* 45 cm^3 geschmolzene Margarine (JZ. 80) wurden Versuchspersonen duodenal verabreicht u. 4 Proben in ½ std. Abstand entnommen. In diesen wurden Lipide, Gesamtmonoglyceride, *l*-Monoglyceride, freie Fettsäuren u. Oberflächenspannung bestimmt. Gesamtmonoglyceride betrugen bis zu 13% des Gesamtlipidgeh., 50—66% davon lagen als 2-Monoglycerid vor. Der Geh. an freien Fettsäuren war 2 bis 3mal größer als die Gesamtmenge Monoglyceride. Große individuelle Streuungen, jedoch bei einzelnen Personen gute Konstanz. Die Oberflächenspannung war während der Fettverdauung hoch, n. $< 0{,}3$—$1{,}3$ $Dyn \cdot cm^{-1}$. (J. clin. Invest. **34.** 685—89. Mai 1955. Cambridge, Mass., Food Technol. and Med. Dep., Massachusetts Inst. Technol., u. Cincinnati, O., Proctor & Gamble Co.) F. W. VAN KLAVEREN. 4594

M. Narayana Rao, *Die Beziehung der Glyceridstruktur zur Fettverdaulichkeit.* Die Verdaulichkeit von *Cocosnuß-*, *Erdnußöl*, *Butterfett* u. ihren Glyceridfraktionen wurde durch Verfütterung der Fette an erwachsene Ratten, zu 10% im Futter, bestimmt. Alle geprüften Öle u. ihre Glyceridfraktionen sind fast vollständig verdaulich. Es scheint, daß der F. eher als die Glyceridstruktur der Fette der Hauptfaktor ist, der die Verdaulichkeit der Fette beherrscht. Die JZ. u. VZ. der fäkalen Lipide aller Ratten waren fast dieselben wie die der Fettsäurenzusammensetzung. (Indian J. med. Res. **43.** 51—56. Jan. 1955. Bangalore, Indian Inst. of Sci., Food Techn. Labor.) H. PATZSCH. 4594

E. S. Nasset, Pearl Schwartz und **H. V. Weiss**, *Die Verdauung von Proteinen in vivo.* Hunde wurden mit Protein enthaltendem u. proteinfreiem Futter gefüttert u. ca. 1½ Std. später getötet. Im Inhalt des Gastrointestinaltraktes wurden Gesamt-N, in 70%ig. A. lösl. N u. 15 freie Aminosäuren bestimmt. Im Dünndarm waren alle 15 Aminosäuren im nahezu konstanten Verhältnis vorhanden, ob Protein oder nicht Protein enthaltendes Futter verfüttert wurde. *Lysin*, das frei von Zein ist, war im Chylus vorhanden. Das während des Verdauungsvorganges vorhandene Gemisch schien Aminosäuren zu enthalten, die nicht nur aus der Hydrolyse der Nahrungsproteine, sondern auch aus der Selbstverdauung hydrolyt. Enzyme selbst u. anderer endogener Proteine stammen. Die qualitative Aminosäurezus. des Darminhaltes wird beim Wechsel von einem nicht Protein zu einem Protein enthaltenden Futter nicht sehr verändert. — 16 Literaturangaben. (J. of Nutrit. **56.** 83—94. 10/5. 1955. Rochester, Univ., School of Med. and Dent., Dep. of Physiol.) H. PATZSCH. 4594

L. E. Lloyd, B. Elaine Rutherford und **E. W. Crampton**, *Ein Vergleich des Titanoxydes und Chromoxydes als Indicatoren zur Bestimmung der scheinbaren Verdaulichkeit.* Beim Vgl. des TiO_2 mit dem Cr_2O_3 als Indicatoren wurde ein Unterschied bei der Best. der scheinbaren Verdaulichkeit eines Futters für Ratten beobachtet. Mit TiO_2 wurden niedrigere Verdauungskoeffizienten gefunden, weil es unvollständig in den Faeces wiedergefunden wurde. Vermutlich wird TiO_2 im Coecum akkumuliert. Cr_2O_3 ist dem TiO_2 überlegen. — 10 Literaturangaben. (J. of Nutrit. **56.** 265—71. 10/6. 1955. Quebec, Can., McGill Univ., Macdonald Coll., Dep. of Nutrit.) H. PATZSCH. 4594

John P. Hannon und **S. F. Cook**, *Respiration und Glykolyse bei Leberschnitten von normalen und geschockten Ratten, die einem Wasser- und Futtermangel unterworfen wurden.* Die in vitro-Respiration von Leberschnitten von n. fastenden Ratten stieg am Ende des Fastens (24—30 Std.) an. Eine progressive Abnahme wurde bei länger als diese Zeit dauerndem Fasten gefunden. Keine Veränderungen wurden beobachtet bei Leberschnitten von Ratten, die kein W. oder Ae.-Narkose erhalten hatten. Beim ischäm. Schock wurden Veränderungen beobachtet. Die Geschwindigkeit der anaeroben Glykolyse von Rattenlebern mit hämorrhag. Schock war größer als in n. Lebern. Wurden *Glucose*, *Pyruvat*, *Acetoacetat*, *Acetat*, *Citrat* oder *Glutamat* als Substrat verwendet, dann war Q_{O_2} in Lebern von geschockten Tieren herabgedrückt. — 36 Literaturangaben. (Amer. J. Physiol. **180.** 580—90. März 1955. Berkeley, Calif., Univ. of California, School of Med., Dep. of Physiol.) H. PATZSCH. 4596

Bar dee Bond und **John J. Spitzer**, *Wirkungen von Heparin auf den Kohlenhydratstoffwechsel beim Kaninchen.* *Heparin* (I) rief einen hohen Anstieg an *Glucose* im Blut fastender Tiere hervor, der durch vorherige Anwendung von *Priscolin* (Sympathicusblocker) verhindert wurde. I wirkt nicht auf die Hyperglykämie, die durch kleine Dosen *Epinephrin* (II) oder durch *Glukagon* (hyperglykäm. Faktor des Pankreas) hervorgerufen wurde. I verminderte die Intensität der durch *Insulin* induzierten Hypoglykämie. Wiederholte I-Injektionen verursachten eine endogene Freigabe von II beim Kaninchen. (Amer. J. Physiol. **180.** 575—79. März 1955. Tallahassee, Fla., Univ., Dep. of Physiol.) H. PATZSCH. 4596

Ole Mortensen und **Gunnar Søndergaard,** *Galaktosämie.* In einem Fall von Galaktosämie konnte im Urin Galaktose chem. u. papierchromatograph. nachgewiesen werden. Ca- u. Aminosäureausscheidung im Urin waren erhöht, nach Milchentzug normalisierte sie sich wieder, wie auch die andern Symptome prompt auf Milchentzug ansprachen. (Acta paediatrica [Uppsala] **44.** 155—62. März 1955. Aarhus, Dänemark, Muncipal Hosp.) WOLFGANG ALBRECHT. 4596

Sara Schiller, Martin B. Mathews, Lawrence Goldfaber, Julio Ludowieg und **Albert Dorfman,** *Der Stoffwechsel der Mucopolysaccharide bei Tieren.* 2. Mitt. *Untersuchungen an der Haut mit markiertem Acetat.* (1. vgl. C. **1955.** 10546.) Vff. verfolgten die Synth. von *Hyaluronsäure* (I) u. *Chondroitinschwefelsäure* (II) im Fell von Kaninchen nach subcutaner Injektion von $^{14}C_{(COOH)}$-Acetat u. Isolierung der I- u. II-Fraktion; Best. der Radioaktivität (R.) erfolgte nach dem 3., 5. u. 8. Tag. R. wurde zum großen Teil ausschließlich im N-Acetylteil gefunden. Die Synth. von I erfolgt wesentlich schneller. (J. biol. Chemistry **212.** 531—35. Febr. 1955. Chicago, Ill., Univ., Dep. of Biochem. and Pediatrics and Rabida Jacksono Park Sanitarium.) G. BRATFISCH. 4596

W. S. T. Thomson und **H. N. Munro,** *Die Beziehung des Kohlenhydratstoffwechsels zum Proteinstoffwechsel.* 4. Mitt. *Die Wirkung der Substitution von Nahrungskohlenhydraten durch Fett.* (3. vgl. J. of Nutrit. **39.** [1949.] 375.) Wird Fett isocalor. an Stelle von Kohlenhydraten im Rattenfutter ausgetauscht, so wächst die N-Ausscheidung im Urin für einige Tage an u. kehrt dann zur früheren Höhe zurück. Austausch von Fett durch Kohlenhydrate im Protein enthaltenden Futter führt zu einem größeren Anstieg der N-Ausscheidung. Die Hauptwrkg. des Kohlenhydrataustausches in einem gemischten Futter durch Fett ist eine Verschlechterung in der Ausnutzung des Futterproteins. Die Veränderung des N-Gleichgewichts, hervorgerufen durch die Substitution des Fettes durch Kohlenhydrate, ist unabhängig davon, ob das Fett mit dem Futterprotein verfüttert wird oder nicht. Es besteht eine lineare Beziehung zwischen der Menge der mit Futterprotein verfütterten Kohlenhydrate u. dem N-Gleichgewicht der Ratte. — 14 Literaturangaben. (J. of Nutrit. **56.** 139—50. 10/5. 1955. Glasgow, Univ., Dep. of Biochem.) H. PATZSCH. 4596

A. L. Black, Max Kleiber und **C. F. Baxter,** *Glucose als eine Aminosäurevorstufe bei der intakten Milchkuh.* Die Isotopenverteilung in den Milchfraktionen nach intravenöser Zufuhr gleichmäßig markierter *Glucose* beträgt 80% in der Lactose, 12% im Milchfett u. 4% im Casein. Nach Injektion von 2,7 mC ^{14}C-Glucose wurde 3, 11, 22 u. 34 Std. später gemolken u. die spezif. Aktivitäten von Plasmaglucose u. den durch Säulenchromatographie getrennten Aminosäuren des Caseins gemessen. Es zeigt sich, daß Glucose-C am schnellsten u. im größten Umfang in Alanin u. Serin eingebaut wird. Nach den Berechnungen der Vff. entstammen 25% von Alanin u. Serin, 10% von Asparaginsäure u. Glutaminsäure u. 7% des Glycins der Plasmaglucose. Umbauwege der Glucose-C-Kette werden diskutiert. Nach Ansicht der Vff. besitzt die C-Übertragung von Glucose auf nichtessentielle Aminosäuren über den Plasmacarbonatpol eine untergeordnete Bedeutung, während sie für die essentiellen Aminosäuren den Hauptweg darzustellen scheint. (Biochim. biophysica Acta [Amsterdam] **17.** 346—53. Juli 1955. Davis, Calif., Univ., School of Vet. Med. and Coll. of Agric.) K. NEHRING. 4596

Uwe Stave, *Vergleichende Aminosäurenuntersuchungen mittels Röntgenographie und Papierchromatographie in der Milz bei Cystinspeicherkrankheit.* Vf. untersucht röntgenograph. Milzpulver von 3 an *Cystin* (I)-Speicherkrankheit verstorbenen Kindern. Während I in meßbaren Mengen ermittelt werden konnte, war *Tyrosin* (II) in kristalliner Form innerhalb der Meßempfindlichkeit (ca. 1%) nicht nachweisbar. Papierchromatogramme von sauren oder alkal. Extrakten mit verd. Isopropanol zeigten neben anderen Aminosäuren erhöhte I-Werte. II ließe sich nur in einem Fall in minimaler Menge nachweisen. Nach Ansicht des Vf. kann daher das Auftreten von krist. II in den untersuchten 3 Fällen als ausgeschlossen gelten. (Klin. Wschr. **33.** 580—82. 15/6. 1955. Marburg/Lahn, Univ., Kinderklinik.) K. NEHRING. 4596

Hassan Salem und **Hussien Reda,** *Calcium- und Phosphorstoffwechsel und Eierschalenbildung bei ägyptischen Hühnern.* Bei hohem *Ca*-Geh. des Futters wurde weniger Ca zurückgehalten. Hoher Ca-Geh. drückte die *P*-Retention herab. Ein Anstieg des Blut-Ca war von der Bldg. von Eierschalen begleitet. *Diäthylstilböstrol* erhöhte den Ca-Geh. des Blutes. — 24 Literaturangaben. (Poultry Sci. **34.** 197—205. Jan. 1955. Cairo, Univ., Fac. of Agric.) H. PATZSCH. 4596

Gösta Magnusson, Ingmar Bergström und **Erik Odeblad,** *Untersuchungen über die Aufnahme von ^{59}Fe beim Rattenembryo, bei Placenta, Uterus und Milchdrüse.* Hohe Konzz. von ^{59}Fe wurden in Blut, Leber, Chorioidalplexus u. endochondraler Ossifikationszone des Embryos 1—5 Tage nach subcutaner Zufuhr beim Muttertier beobachtet, ebenso auch in verschied. Geweben des letzteren. (Acta radiol. [Stockholm] **43.** 227—32. März 1955. Stockholm, Serafimerlasarettet, Med. Clin. and Roentgen Dep.; Sabbatsberg Sjukhus, Gynecol. Clin.) J. SCHWAIBOLD. 4596

Richard A. Fineberg und **David M. Greenberg,** *Ferritinbiosynthese.* 1. Mitt. *Kristallisation von Meerschweinchenferritin.* Die bekannten Methoden zur Isolierung von *Ferritin* (I) lieferten beim Meerschweinchen keine krist. Präparate. Die Voraussetzungen für die Kristallisation von Meerschweinchen-I wurden ermittelt, wobei sich die Verwendung wesentlich kleinerer Konzz. von Cd^{2+}, NH_4^+ u. Protein als entscheidend erwies. I krist. in Form hexagonaler Kristalle. Die Ausbeute an krist. I betrug bei Fe-behandelten Tieren ca. 40 mg Protein-N/kg Leber (ca. 30% des immunochem. bestimmten I-Gehalts). (J. biol. Chemistry **214.** 91—95. Mai 1955. Berkeley, Calif., Univ. of California, School of Med., Dep. of Physiol. Chem.) K. MAIER. 4596

Richard A. Fineberg und **David M. Greenberg,** *Ferritinbiosynthese.* 2. Mitt. *Beschleunigung der Synthese durch Eisenzufuhr.* (1. vgl. vorst. Ref.) Bei n. u. bei Fe-behandelten Meerschweinchen wurde die Anfangsgeschwindigkeit des ^{14}C-Einbaus aus markierten Aminosäuren (*$^{14}C_{(3)}$-DL-Leucinhydrochlorid,* **I,** *$^{14}C_{(2)}$-Glycin,* **II**) in Leber-*Ferritin* (**III**) mittels der quantitativen *Präcipitin*-Rk. zur Isolierung u. Unters. des markierten **III** verglichen. Intraperitoneale Injektion von 1,5 mg Fe/kg als Ferriammoniumcitrat bewirkte eine anhaltende mehrfache Zunahme des ^{14}C-Einbaus aus I oder II in Leber-**III**. Eine ähnliche Wrkg. von Fe auf die ^{14}C-Aufnahme in andere Leberproteine fehlte, so daß letztere auf eine beschleunigte **III**-Synth. hindeutete. Bei einigen Fe-behandelten Tieren machte die **III**-Bldg. 3% der gesamten Lebereiweißsynth. aus. Anscheinend beschleunigt zugeführtes Fe die de novo-Synth. der Eiweißkomponente des Gesamt-**III** (= *Apoferritin* + **III**). (J. biol. Chemistry **214.** 97—106. Mai 1955.) K. MAIER. 4596

Richard A. Fineberg und **David M. Greenberg,** *Ferritinbiosynthese.* 3. Mitt. *Apoferritin, das Primärprodukt.* (2. vgl. vorst. Ref.) Zur Klärung, ob bei der Fe-stimulierten *Ferritin* (I)-Synth. I oder *Apoferritin* (II) das Primärprod. u. die Vorstufe für I bildet, wurden bei Meerschweinchen Tracerverss. durchgeführt. Leberhomogenisatüberstand wurde nach vorheriger intraperitonealer Injektion von Ferriammoniumcitrat (0,5 mg Fe/kg) u. einer Tracerdosis von *$^{14}C_{(2)}$-Glycin* in der Ultrazentrifuge fraktioniert, aus jeder Fraktion Gesamt-I serolog. durch doppelte Präcipitin-Rk. mit Antiserum quantitativ gefällt u. der Geh. an ^{14}C, N u. Fe bestimmt. Bei Kurzverss. war die II-reiche Fraktion weitaus am radioaktivsten. Dies spricht für die Annahme, daß Fe die Bldg. des Fe-freien Proteins II stimuliert. (J. biol. Chemistry **214.** 107—13. Mai 1955.) K. MAIER. 4596

Minoru Yokoyama, Yoshio Terayama und **Torao Nagai,** *Neues über die Viscositätsänderung von Myosin B aus dem Schließmuskel der Kammuschel (Pecten).* Bei Zugabe von *Adenosintriphosphat* (ATP) zeigt eine Lsg. von *Myosin B* (I) abnorme Viscositätsänderungen. Die Viscosität nahm rasch ab, stieg sofort wieder über den Ausgangswert, was sich stets wiederholte. Diese Erscheinung ist bes. kennzeichnend für Proben, die im Sommer hergestellt wurden. Solche vom Herbst zeigten abnorme Viscositätszunahme bei Temperaturerhöhung. Das Verh. des Syst. I–ATP allein genügt nicht zur Erklärung der Erscheinung. — 3 Diagramme. (Kagaku [Science] **22.** 473. 1952. Sapporo Med. Coll. [Orig.: japan.]) L. SCHULER. 4597

Charles Edwards, *Änderungen der Entladung von einer Muskelspindel, erzeugt durch Elektrotonus in sensiblen Nerven.* Unterss. am Froschpräp., Ergebnisse entsprechen der Auffassung, daß die sensor. Entladung an der Muskelspindel bedingt ist durch lokale Depolarisation der sensor. Nervenendigungen. (J. Physiology **127.** 636—40. 28/3. 1955. London, Univ. Coll., Dep. of Biophys.) D. ZEMKE. 4597

James D. Hauschildt, John E. Harris und **Loretta T. Nordquist,** *Veränderungen in den Phosphorsäurefraktionen der Linse unter verschiedenen Bedingungen, die den Kationentransport beeinflussen.* Verss. mit Abkühlung auf 0° u. folgender Incubation auf 37°. Kein Zusammenhang zwischen akt. Kationentransport (*K*) u. Veränderungen der Phosphorsäurefraktionen feststellbar, mit zwei Ausnahmen: Niedere Konz. an leicht hydrolysierendem oder organ. säurelösl. *Phosphat* tritt zusammen mit einem geringen K-Transport während der Incubation auf. (Amer. J. Ophthalmol. [3] **39.** Nr. 2. Part 2. Proc. Assoc. Res. Ophthalmol. 155—60. Febr. 1955. Portland, Ore., Univ., Med. School, Dep. of Ophthalmol., John E. Weeks Memorial Labor.) D. ZEMKE. 4598

D. W. Vere und **D. Verel,** *Beziehung zwischen Blutzuckerspiegel und den optischen Eigenschaften der Linse des menschlichen Auges.* Infolge einer reversiblen Trübung der Vorderseite der Linse in einem hyperglykäm. Zustand bei Gesunden u. Diabetikern wird der rote Reflex des Fundus verdunkelt. Mögliche Verbindung mit der Cataracta diabetica wird erwogen. (Clin. Sci. **14.** 183—96. Mai 1955. London, London Hosp., Med. Unit.) D. ZEMKE. 4598

R. A. Weale, *Versuche zur Bleichung an Augen lebender Meerschweinchen.* Unterss. der Änderung der opt. Dichte u. der Differenzspektren in weißem, rotem, gelbgrünem u. blauem Licht an pigmentierten u. Albinotieren bei Hell- u. Dunkeladaptation weisen auf die Existenz von 4 lichtempfindlichen Komponenten hin. (J. Physiology **127.** 572—86. 28/3. 1955. London, Inst. of Ophthalmol.) D. ZEMKE. 4598

R. A. Weale, *Versuche zur Bleichung an Augen lebender grauer Eichhörnchen (Sciurus carolinensis leucotis).* Vf. fand eine maximale Änderung der opt. Dichte bei Licht von 535 mμ. (J. Physiology **127.** 587—91. 28/3. 1955. London, Inst. of Ophthalmol.) D. ZEMKE. 4598

Hans J. Lehmann, *Die Wirkung einiger basischer Vitalfarbstoffe auf den Aktionsstrom der isolierten markhaltigen Nervenfaser des Frosches. Janusgrün B, Toluidinblau O, Nilblausulfat A, Neutralrot extra* u. *Methylenblau B* in RINGER-Lsg. reduzieren das Ruhepotential, führen damit zu einem vorzeitigen Erlöschen der Erregbarkeit, während gleichzeitig färbbare Granula an den RANVIERschen Knoten auftreten. (Pflügers Arch. ges. Physiol. Menschen Tiere **260.** 368—73. 1955. Bern, Hallerianum.) D. ZEMKE. 4598

Gregory Pincus, ed., Recent progress in hormone research: the proceedings of the Laurentian Hormone Conference. V. 11. New York: Academic Press. 1955. (518 S. m. Abb.) O. $ 10,—.

E_6. Pharmakologie. Therapie. Toxikologie. Hygiene.

H. St. Stender und **Th. Hornykiewytsch,** *Die Abhängigkeit des Dosiseffektes von der Sauerstoffspannung und Reaktionslage bei Ganzkörperbestrahlung.* Ratten von ca. 140 g erhielten in Spezialkammern Röntgenganzbestrahlungen. Bestrahlungsdaten: 200 kV, 20 mA, HWS 1,1 mm Cu, Dosis 600, 800, 1000, 1200, 1400 oder 1600 r je Gruppe. Die Kammern werden mit Luft oder O_2/N_2-Gemischen von 10, 8,8 oder 6,5% O_2 durchspült. Drei Gruppen wurden unter den folgenden Bedingungen bestrahlt: 1. *Thyroxin*-Behandlung 4 Tage vor u. 4 Tage nach Bestrahlung mit 100 γ/100 g Körpergewicht/Tag. 2. Adrenalektomie 2—4 Tage vor Bestrahlung. 3. Vorbehandlung mit der Phenothiazinverb. *Megaphen* (20 mg/kg 150—180 Min. vor Bestrahlung bei 6—10°). Bei Verminderung des O_2-Geh. der Atemluft unter 10% tritt eine Verringerung des Strahleneffektes auf. Es besteht konstante Proportion zwischen eingestrahlter Dosis u. Wirkungsminderung bei den einzelnen O_2-Spannungen. Bei adrenalektomierten u. mit Thyroxin behandelten Tieren ist der Ablauf der Strahlen-Rk. beschleunigt u. verstärkt, bei Megapheneinfl. sind die Tiere strahlenresistenter als die Kontrolltiere. Im einzelnen kann für die verschied. Bestrahlungsbedingungen ein Variationsfaktor angegeben werden; er gibt an, um wieviel die physikal. Dosis geändert werden muß, um den gleichen biol. Effekt wie bei Kontrolltieren zu erzielen. (Z. Naturforsch. **10b.** 32—34. Jan. 1955. Gießen, Justus-Liebig-Hochschule, Med. Klin., Strahlenabt.) W. REUSSE. 4601

Myron H. Kulwin und **Hans M. Buley,** *Strahlenbiologische Mechanismen in der Haut.* In einer zusammenfassenden Darst. werden die chem. Rkk. der Haut, bes. die Bldg. sauerstoffreicher Radikale, nach Bestrahlung mit ionisierenden Strahlen besprochen u. darauf basierend biol. Betrachtungen über Strahlenschutz der Haut, Wirkungen im Zellverband, Pigment-Rkk. u. Einflüsse auf Behaarung u. Drüsen angestellt. — 40 Literaturangaben. (A. M. A. Arch. Dermatol. Syphilol. **70.** 417—25. Okt. 1954. Champaign, Ill., Christie Clin., Dep. of Dermatol.) W. REUSSE. 4601

W. Dittrich, *Zur Frage der indirekten Strahlenwirkung auf die Zelle.* (Sonderbände zur Strahlentherapie 32. 28—29. 1955. Hamburg.) K. PRCHAL. 4601

G. Barth, *Einschränkung der tödlichen Strahlenwirkung auf chemischem und physikalischem Wege.* Wirksam sind bei Ratten *Thioharnstoff* u. *Cystein,* bes. komb n.ert, ohne daß Schilddrüsenfunktion u. Körperstoffwechsel beeinflußt werden; bei Ratten u. Kaulquappen auch *α-Amino-* u. *α-Acetylaminobuttersäure. Vitamin C* unter der Bestrahlung gegeben schadet, 1 Std. vor der Bestrahlung gegeben schützt. (Sonderbände zur Strahlentherapie **32.** 12—13. 1955. Erlangen.) K. PRCHAL. 4601

A. Hollaender, *Veränderung der Strahlenempfindlichkeit durch chemische Substanzen.* O_2-Ausschluß (N_2-Atmosphäre) oder Zufuhr von *Cystein* oder $Na_2S_2O_4$ oder *BAL* (bei Viciawurzel) vermindert die Zahl der Chromosomenbrüche bei Bestrahlungen. Die *Becaptan(β-Mercaptoäthylamin)*-Schutzwrkg. beruht wahrscheinlich auf anderer

Grundlage. In hochpolymerer Form isolierte Desoxyribonucleinsäure ändert seine Viscosität schon bei Bestrahlung mit 25 r (250 kV). Der endogene Faktor, der für die Erholungsmöglichkeit nach Bestrahlungen verantwortlich ist, ist bes. in Kaninchenmilz angereichert. (Sonderbände zur Strahlentherapie **32.** 40—41. 1955. Oak Ridge, Tenn.) K. PRCHAL. 4601

H. A. Künkel und **G. Höhne,** *Die Eiweißkörper des Rattenserums nach Röntgenbestrahlung und Schutzstoffeinwirkung.* Nach Röntgenganzbestrahlung des hämatopoet. Syst. wird papierelektrophoret. eine Abnahme des Albumins u. γ-Globulins sowie eine Zunahme des α- u. β-Globulins beobachtet. *Cystein,* vor der Bestrahlung intravenös verabreicht, verhindert diese Veränderungen. (Sonderbände zur Strahlentherapie **32.** 13. 1955. Hamburg.) K. PRCHAL. 4601

Z. M. Bacq und **A. Hervé,** *Mercaptoäthylamin bei Röntgenkater.* Tabelle der Heilerfolge. (Sonderbände zur Strahlentherapie **32.** 11. 1955. Lüttich.) K. PRCHAL. 4601

H. Langendorff, *Experimentelle Untersuchungen zum aktiven Strahlenschutz.* Bes. wirksam erwiesen sich bei Ratten u. Mäusen *Acetonitril, N-Acetylcysteamin* u. Implantate von Nebennierengewebe. (Sonderbände zur Strahlentherapie **32.** 11. 1955. Freiburg/Br.) K. PRCHAL. 4601

I. G. Campell, D. F. White und **P. R. Payne,** *Über die Resorption von tritiumhaltigem Wasserdampf durch die Säugetierlunge.* Ein T-Geh. von 10^{-6} μC/cm³ Atemluft schadet bei einer wöchentlichen Expositionszeit von 48 Std. nicht. (Sonderbände zur Strahlentherapie **32.** 21. 1955. London.) K. PRCHAL. 4601

H. Brüner, *Der Einfluß des Ultraschalls auf biologische Objekte.* Übersicht über Wesen, Erzeugung u. (biol.) Anwendung des Ultraschalls. (Z. Ver. dtsch. Ing. **96.** 487—92. 1/6. 1954. Heidelberg.) W. WESLY. 4601

H. Woerner, *Der Einfluß des Ultraschalls auf den Ablauf serologischer Reaktionen.* Ultraschall (US) hat im stehenden Schallfeld keinen Einfl. auf die spezif. Antigen-Antikörper-Bindung; Intensität u. Geschwindigkeit der Ausflockung werden durch US verändert, die unspezif. Agglutination verstärkt u. die spezif. Agglutination auf ABO-Blutgruppen u. die Rh-Faktoren beschleunigt. (Ultraschall in Med. Grenzgebieten **7.** 164—74. Dez. 1954. Berlin, Robert-Koch-Inst.) H. DOSSMANN. 4601

Werner Dietz, *Der Ultraschallresistenzwert (USRW) der Leukocyten.* 1. Mitt. Bericht über Verss. an weißen Blutkörperchen zur Beurteilung ihrer Eignung als Testobjekte für biol. Wirkungen von Ultraschall (US). US bewirkt in frischem Venenblut sowie auch mit Citrat oder TÜRKscher Lsg. versetztem Blut eine Verminderung der ursprünglich vorhandenen Leukocytenzahl sowie Auflösung von Begrenzung u. Form der Einzelteile. (Ultraschall in Med. Grenzgebieten **7.** 119—25. Sept. 1954. Freiburg/Br., Univ., Frauenklin., Strahlenabt.) H. DOSSMANN. 4601

Werner Dietz, *Der Ultraschallresistenzwert (USRW) der Leukocyten.* 2. Mitt. (1. vgl. vorst. Ref.) Angabe der Meth. zur Best. des US-Resistenzwertes der Leukocyten u. Diskussion der den Effekt beeinflussenden Faktoren, wie u. a. Verdünnung des Blutes, Temp., Zeit von der Blutentnahme bis zum Einsetzen der Beschallung sowie der Zeit nach der Beschallung bis zur Auszählung der Leukocyten. (Ultraschall in Med. Grenzgebieten **7.** 174—81. Dez. 1954. Freiburg/Br., Univ., Frauenklin.) H. DOSSMANN. 4601

Werner Dietz, *Der Ultraschallresistenzwert (USRW) der Leukocyten.* 3. Mitt. (2. vgl. vorst. Ref.) Besprechung des Einfl. der physikal. US-Größen auf den Leukocyteneffekt. US-Resistenzwert = %-Zahl der noch vorhandenen Leukocyten nach 5 Min. stationärer Beschallung mit 1 W/cm², 800 kHz bei 10 cm² abstrahlender Fläche u. 10 cm Abstand vom US-Sender. Unter diesen Bedingungen durchgeführte Verss. zeigen den großen Einfl. der Struktur durchschallter Gewebe auf den Leukocyteneffekt. (Ultraschall in Med. Grenzgebieten **8.** 55—66. Juni 1955.) H. DOSSMANN. 4601

W. M. Diggle und **J. C. Gage,** *Die Toxizität von Ozon bei Anwesenheit von Stickstoffoxyden.* Bei einer Expositionszeit von 4 Std. starben bei einer O_3-Konz. von 10—12 p.p.m. 50% der im Vers. befindlichen Ratten u. Mäuse. Wiederholte, über 4 Std. anhaltende Expositionen bei O_3-Konzz. von 4,5 p.p.m. führten bei Ratten zu Atemnot u. zum Tod eines Tieres (Pneumonie). Konzz. von 2,5 p.p.m. wurden unter denselben Bedingungen symptomlos vertragen. O_3 u. NO_2 bilden in der Luft N_2O_5, die entstehenden Mengen von N_2O_5 sind abhängig von den vorhandenen Konzentrationen. Die tox. Wirkungen von O_3 u. N_2O_5 sind qualitativ ähnlich, obwohl N_2O_5 aktiver als O_3 ist. Das beobachtete Ansteigen der Toxizität einer O_3-Atmosphäre bei Ggw. von N-Oxyden ist eine Folge des entstehenden N_2O_5. Die Bedeutung dieser Beobachtungen für die Industrie wird diskutiert. (Brit. J. ind. Med. **12.** 60—64. Jan. 1955. Welwyn, Herts., Imp. Chem. Ind. Ltd., Ind. Hygiene Res. Labors.) H. ZELLER. 4606

Gerhard E. Voigt und **Paul Müller,** *Versuche zum histochemischen Nachweis der Schwefel-Wasserstoff-Vergiftung.* Nach länger dauernder H_2S-Einw. kann die erfolgte Vergiftung histochem. nachgewiesen werden. Durch Einw. von H_2S bilden sich im lebenden Organismus in bestimmten Zellen u. Geweben wahrscheinlich Schwermetallsulfide (I), die sich mit Hilfe der physikal. Entw. durch Anlagerung elementaren Silbers vergrößern u. mkr. sichtbar machen lassen. In den Verss. mißlang der histochem. Nachw. bei der apoplektiformen Vergiftung u. bei kurzfristiger Gaseinw. auf den Körper. Eine gewisse Einschränkung der Meth. besteht darin, daß bei Fäulnis entstehender H_2S gleichfalls I-Bldg. hervorruft u. so ebenfalls versilberbare Substanzen im Gewebe erzeugen kann. (Acta histochem. [Jena] **1.** 223—39. 16/5. 1955. Jena, Friedrich-Schiller-Univ., Inst. für Gerichtl. Med. u. Kriminalistik.) K. Maier. 4606

V. Uher, *Der Einfluß des Kupfers und seine Beziehung zu Leberschäden.* Vf. zeigt im experimentellen Teil durch Jontophorese mit Cu, daß alleinige Kumulation in der Leber diese nur mäßig schädigt. Kommt aber zu dieser Kumulation noch eine Infektion, wie Tuberkulose, hinzu, treten sofort schwere Hepatopathien auf, die eine Umkehrung der Cirrhosen in der Leber hervorrufen können. Das Problem der Cirrhose u. der Wilsonschen Krankheit kann durch Cu allein nicht geklärt werden, dieses ist nur daran beteiligt. — 16 Literaturangaben. (Scripta med. Fac. med. Univ. Masarykianae et Palackyanae **28.** 80—86. 1955. Brünn, Univ., Exp.-patholog. Inst.) E. Vevera. 4606

Harro Seyfarth und **Gerhard E. Voigt,** *Histotopochemische Untersuchungen über die Resorption von Metallen in Gelenken.* Mit Hilfe der Ag_2S-Meth. wurde geprüft, ob in die Kniegelenke von Kaninchen eingebrachte Schwermetalle gelöst u. resorbiert werden, u. wie sich der Körper gegenüber diesen Fremdkörpern verhält. Bei sämtlichen getesteten Metallen (Pt, Au, Cu, Ag, Pb, Sn) waren Resorptionsvorgänge nachweisbar, wobei bei Pt, Au, Pb u. Sn, nicht dagegen bei Cu u. Ag, eine bindegewebige Einkapselung der Metalle in der Gelenkhöhle erfolgte. Da eine Resorption nur nach Überführung des eingebrachten elementaren Metalls in den lösl. Zustand möglich ist, muß eine Ionisierung der Metalle stattfinden. (Acta histochem. [Jena] **1.** 240—53. 16/5. 1955. Jena, Friedrich-Schiller-Univ., Chirurg. Klin. u. Inst. für Gerichtl. Med. u. Kriminalistik.) K. Maier. 4606

W. Ries, *Zur osmotischen Wirkung der Lävulose.* An je einer Versuchsreihe von je 22 Personen wurde der Grad der osmot. Wirksamkeit durch Best. des Serumeiweißspiegels vor u. nach Infusion von 100 cm^3 40%ig. *Lävulose-* (Deutsche Laevosan-Gesellschaft Boehringer & Söhne, Mannheim) bzw. *Dextrose*-Lsg. untersucht u. bei beiden Sacchariden der gleiche osmot. Effekt festgestellt. (Therap. d. Gegenwart **94.** 295—97. Aug. 1955. Leipzig, Univ., Med. Klin.) H. Dossmann. 4607

Anita Peek Gilger und **Albert M. Potts,** *Untersuchungen zur Toxizität des Methanols für das Sehen.* 5. Mitt. *Die Rolle der Acidose bei experimenteller Methanolvergiftung.* (2. vgl. C. **1953.** 1997.) Von den Versuchstieren zeigten nur Affen im Gegensatz zu allen Nichtprimaten eine hochgradige Acidose neben Augenhintergrundveränderungen. (Amer. J. Ophthalmol. [3] **39.** Nr. 2. Part 2. Proc. Assoc. Res. Ophthalmol. 63—86. Febr. 1955. Cleveland, O., Univ. Hosp., Dep. of Surg., Eye Serv., West. Reserve Univ., Labor. for Res. in Ophthalmol.) D. Zemke. 4607

Albert M. Potts, *Die Toxizität des Methanols für das Sehen.* 6. Mitt. *Die klinischen Aspekte der Behandlung der experimentellen Methanolvergiftung mit Basen.* (5. vgl. vorst. Ref.) Nach 2facher letaler Dosis von *Methanol* wurden Affen mit $NaHCO_3$ in den meisten Fällen gerettet, während das retinale Ödem nicht zu verhindern war. (Amer. J. Ophthalmol. [3] **39.** Nr. 2. Part 2. Proc. Assoc. Res. Ophthalmol. 86—92. Febr. 1955. Cleveland, O., West. Reserve Univ., Dep. of Surg., Labor. for Res. in Ophthalmol. and Univ. Hosp., Ophthalmol. Serv.) D. Zemke. 4607

Gerhard A. Brecher, A. P. Hartman und **D. D. Leonard,** *Wirkung des Alkohols auf den binocularen Sehakt.* Doppelbilder unter Einfl. von *A.* sind bedingt durch Störung des binocularen Fusionsreflexes. Verss. an 14 Personen. (Amer. J. Ophthalmol. [3] **39.** Nr. 2. Part 2. Proc. Assoc. Res. Ophthalmol. 44—52. Febr. 1955. Cleveland, O., West. Reserve Univ., School of Med., Dep. of Physiol.) D. Zemke. 4607

L. D. Matterson, L. M. Potter, Anna Kozeff und **E. L. Jungherr,** *Die relative Ungiftigkeit von Diphenyl-p-phenylendiamin bei Küken, die fortlaufend über 12 Wochen mit 1% im Futter gefüttert wurden.* Die Verfütterung von 1% *Diphenyl-p-phenylendiamin* an Küken 12 Wochen lang hatte keine schädliche Wrkg. auf das Wachstum. Obgleich kleine Veränderungen in den Leber- u. Puskinjeschen Zellen des Kleinhirns beobachtet wurden, waren keine größeren Beweise für die Toxizität vorhanden. (Poultry Sci. **34.** 239—40. Jan. 1955. Storrs, Conn., Univ., Agric. Exp. Stat., Dep. of Animal Disease; Dep. of Poultry Sci.) H. Patzsch. 4607

F. D'Angeli, Ruth E. Koski und **L. M. Henderson,** *Der Stoffwechsel mit 3-Oxyanthranilsäure verwandter Verbindungen.* In Übereinstimmung mit anderen Vff. wurde festgestellt, daß *Anthranilsäure* (I) das *Niacin* (II) nicht als Wuchsfaktor für Ratten ersetzen kann. Ebenso konnte auch *3-Oxyanthranilsäureamid* (III) II nicht vertreten. III ist kein Substrat des *3-Oxyanthranilsäure* (IV)-oxydierenden Leberenzyms. III wird weder direkt noch indirekt durch Hydrolyse über IV in Pyridinderivv. (V; *Nicotinsäure, Chinolinsäure*) übergeführt. IV-Bldg. würde sich durch Wachstum u. vermehrte V-Ausscheidung im Urin äußern. Auf Grund von Ausscheidungsunterss. findet bei Ratten eine geringfügige Hydroxylierung von I u. möglicherweise von III statt, ohne jedoch für eine nachweisbare II-Ersatzwrkg. auszureichen. Die Darst. von III, $C_7H_8O_2N_2$, F. 157,5—159°, erfolgte a) aus 3-Methoxybenzoesäure über 2-Nitro-3-methoxybenzoesäure, 2-Nitro-3-oxybenzoesäure u. 2-Nitro-3-oxybenzamid (VI) durch katalyt. Hydrierung von VI mit Pd auf $SrCO_3$; orangegelbe Prismen (W.); Ausbeute 43%; b) durch Ammonolyse des IV-Methylesters bei 115° im Einschlußrohr. (J. biol. Chemistry **214.** 781—87. Juni 1955. Urbana, Ill., Univ. of Illinois, Noyes Labor. of Chem., Div. of Biochem.)
K. MAIER. 4607

Karl Hartmann, *Über Hornhautschädigung durch Rhizoma Galangae.* Bericht über Keratitis nach Einw. von Rhizoma Galangae, das äther. Öle (*Cineol, d-α-Pinen, Sesquiterpene, Sesquiterpenalkohole*), Acria (*Alpinol = Galangol*) u. Gerbstoffe sowie Flavonderivv. (*Galangin = 1.3-Dioxyflavanol* u. dessen Methyläther *Kämpferid*) enthält. (Klin. Monatsbl. Augenheilkunde augenärztl. Fortbild. **127.** 97—99. 1955. Celle, Hannover.)
D. ZEMKE. 4608

R. Schoental, *Geschmackswert von N-Oxyden der Pyrrolizidinalkaloide als Faktor bei der Seneciovergiftung.* In jungen wachsenden Pflanzen betragen N-Oxyde mehr als 90% des Senecioalkaloidgeh., während im Herbst das Verhältnis gerade umgekehrt ist. Im Verlaufe anderer Unterss. wurde festgestellt, daß Ratten Trinkwasser mit mehr als 0,3 mg *Retrorsin* (I)/ml verweigerten, während sie 10fach höhere Mengen an *Isatidin* (II; dem N-Oxyd des I) aufnahmen. Als Ergebnis wurde eine hohe Mortalität u. Morbidität bei jungen Ratten in der II-Serie beobachtet. II wirkt heimtückisch. Wenn junge wachsende Pflanzen Pyrrolizidinalkaloide in Form ihrer N-Oxyde enthalten, sind sie schmackhaft u. werden gern vom Vieh verzehrt wie beim Senecio, das später verschied. patholog. Veränderungen (abhängig von der Überlebenszeit) bewirkt. (Nature [London] **175.** 595. 2/4. 1955. Glasgow, Royal Beatson Memorial Hosp., Cancer Res. Dep.) H. PATZSCH. 4608

T. Ss. Ssentjurina-Bekleschowa, *Pathogenetische Begründung der Behandlung der akuten bakteriellen Dysenterie durch gleichzeitige Anwendung von Sulfanilamiden und Nicotinsäure.* An Hand von Beobachtungen an 82 Patienten kommt Vf. zum Ergebnis, daß im Anschluß an die Behandlung der akuten Dysenterie mit *Sulfathiazol* (I) oder *Sulfidin* (II; 24 g per os oder als Klysma) die Verabreichung von *Nicotinsäure* (III; täglich 1 ml 5%ig. intravenös 15—30 Tage lang) sehr nützlich ist, um die nach Anwendung von I u. II zurückbleibende Störung der Dickdarmfunktion zu beseitigen, da bes. nach innerlicher Verabreichung der Antibiotica III vermehrt aus dem Organismus ausgeschieden wird. Außerdem hat III einen troph.-stimulierenden Einfl. auf das Zentralnervensyst. u. aktiviert die Epithelisierung von Ulcera u. Erosionen. (Клиническая Медицина [Klin. Med.] **33** (**36**). Nr. 5. 57—61. Mai 1955. Leningrad, Med. Akad. der Kriegsmarine, Klin. für Infektionskrankh.)
E. RENTZ. 4610

Elspeth W. McConnachie, *Die Wirkung von 2.4-Diamino-6.7-diisopropylpteridin auf normale, proguanil- und sulfadiazinresistente Stämme von Plasmodium gallinaceum.* Es wird die Wirksamkeit von drei malariahemmenden Pteridinen: *2.4-Diamino-1-methylindolo-[2'.3':6.7]-pteridin* (I), *2.4-Diamino-6.7-diphenylpteridin* (II) u. *2.4-Diamino-6.7-diisopropylpteridin* (III) auf n. u. gegen Proguanil u. Sulfadiazin resistent gewordene Stämme von *Plasmodium gallinaceum* untersucht. I zeigte in pharmakol. Gaben keine Aktivität. II erwies sich für Küken, die 50 Millionen n. Keime intravenös erhalten hatten, in Mengen von 0,64 mg/20 g wirksam. Proguanil- u. sulfadiazinresistente Stämme wuchsen auch bei Konzz. von 1,28 mg II/20 g weiter. III war bei n. Stämmen in Mengen von 0,063 mg/20 g voll wirksam, die resistenten Stämme waren dagegen überempfindlich u. erfuhren bereits bei 0,025 mg/20 g die gleiche Hemmung. (Parasitology **42.** 272—76. Jan. 1953. Cambridge, Univ., Molteno Inst.)
K. ZOPFF. 4610

Ann Bishop und **Elspeth W. McConnachie,** *Die Entwicklung der Resistenz von Plasmodium gallinaceum in Küken gegenüber Metachloridin.* (Vgl. C. **1952.** 5910 u. vorst. Ref.) *Metachloridin* (*3-Metanilamido-5-chlorpyrimidin*) ist in Mengen bis zu 15 mg/20 g für Küken ausgezeichnet verträglich. Anfangsmengen von 2mal 0,025 mg täglich bei Steigerungen auf 3,2 mg nach 22 Passagen führten zu weitgehender Resistenz. Aber auch die längere Behandlung mit den unterschwelligen Gaben von 0,025 mg allein ergaben

Resistenzsteigerung. Die resistent gewordenen Stämme zeigten sich in geringerem Maß auch resistent gegen Sulfadiazin, Sulfapyridin u. Sulfathiazol, nicht aber gegen Sulfanilamid u. Proguanil. (Parasitology **42.** 277—86. Jan. 1953. Cambridge, Univ., Molteno Inst.) K. ZOPFF. 4610

Yao-Tong Chang, *Pharmakologische Studien über Sulfonamidderivate.* 1. Mitt. *Giftigkeit von Sulfamin, Disulfamin, Sulfathiazol und einigen Nitro- und Aminoderivaten von Diphenylsulfon.* Die DL_{50} (g/kg Maus) waren für *Sulfamin* (= *p-Aminobenzolsulfonamid*) 3 (oral) u. unter 2 (subcutan), *für Pyridinin* (= *5-Aminopyridyl-2.4'-aminophenylsulfon*), 2,1 (oral). *Disulfamin* (= *4-[4'-Aminophenylsulfonamido]-phenylsulfon-N-dimethylamid*) u. *Sulfathiazol* waren zu schwach tox., um orale DL_{50}-Werte zu bestimmen. *4.4'-Dinitrodiphenylsulfoxyd* u. *-sulfon* je 1,5 (oral) u. unter 1 (subcutan). Bei *4.4'-Diaminodiphenylsulfon* trat konstant ein atax. Symptom auf, u. dieses konnte zusammen mit der DL_{50} für die Prüfung auf Giftigkeit herangezogen werden: DL_{50} 0,375 (oral), 0,329 (subcutan), 0,313 (intraperitoneal) u. entsprechend für die 50% atax. Dosis 0,228, 0,221 u. 0,110. Aus der einfachen Beziehung zwischen der wirklichen Dosis u. der tox. Wrkg. bei wiederholten Verss. wird auf eine hohe Absorptions- u. Exkretionsgeschwindigkeit geschlossen. — 15 Tabellen, 2 Diagramme. (Folia pharmacol. japon. **48.** 336—47. 20/12. 1952. Tokyo, Univ. [Orig.: japan., Auszug: engl.]) L. SCHULER. 4610

Yao-Tong Chang, *Pharmakologische Studien über Sulfonamidderivate.* 2. Mitt. *Giftigkeit von Promin.* (1. vgl. vorst. Ref.) Die untersuchten Proben stammten aus der ersten japan. Produktion (während des Krieges). Die tox. Symptome bei Mäusen u. Ratten ähnelten denen der Stammsubstanz; DL_{50} in g/kg Maus (bei Ratten sehr ähnlich) 3,93 (oral), 6,5 (subcutan) u. 5,25 (intravenös). Beobachtet wurde bei Kaninchen eine Blutdrucksenkung, vorübergehende Cyanose u. örtliche Reizung oder ödematöse Hautschwellung. — 10 Tabellen, 6 Diagramme. (Folia pharmacol. japon. **48.** 363—76. 20/12. 1952. [Orig.: japan., Auszug: engl.]) L. SCHULER. 4610

Yao-Tong Chang, *Pharmakologische Studien über Sulfonamidderivate.* 3. Mitt. *Giftigkeit von Homosulfamin und seinen Derivaten.* (2. vgl. vorst. Ref.) Die in Japan hergestellten Präpp. erwiesen sich als blutdrucksenkend u. paralyt. bei Mäusen. Die DL_{50} in g/kg Maus waren für *Homosulfamin* (*Marfanil*) 3 (oral), 3,5 (subcutan) u. 2,17 (intraperitoneal), *Dihomosulfamin* (*4-[4'-Aminomethylbenzolsulfamidomethyl]-benzolsulfonamid*), jeweils oral bzw. intraperitoneal 7,9, 0,57; *Homosulfapyridin* (*2-[4'-Aminomethylbenzolsulfonamido]-pyridin*) 18,3, 0,75; *Dimethylhomosulfamin* (*p-Aminomethylbenzolsulfondimethylamid*) 4,5, 0,75. Bei Kaninchen zeigte Prüfung am Kymographen die relativ hohe Toxizität der Verbb. (Versagen der Atmung). (Folia pharmacol. japon. **49.** 11—21. 20/3. 1953. [Orig.: japan., Auszug: engl.]) L. SCHULER. 4610

S. Å. Killmann und **Jørn Hess Thaysen,** *Die Permeabilität der menschlichen Ohrspeicheldrüse für eine Reihe von Sulfonamidverbindungen, p-Aminohippurat und Inulin.* Vff. untersuchten die Permeabilität des Epitheliums der menschlichen Ohrspeicheldrüse für verschied. Substanzen an 16 Personen. Für *Methylsulfanilamid, Sulfanilamid, Sulfapyridin, Sulfadimidin, Sulfathiazol, Sulfamerazin, Sulfadiazin* u. *p-Aminohippurat* wurden in gleicher Reihenfolge folgende Speichel/Plasma-Konzentrationsquotienten (S/P) gefunden: 0,94; 0,87; 0,81; 0,72; 0,23; 0,32; 0,31 u. 0,015. Die Ergebnisse zeigen, daß das Epithelium der Ohrspeicheldrüse eine Barriere für die freie Diffusion der gelösten Moll. vom Plasma zum Drüseninnern darstellt. Für jede Substanz ist S/P unabhängig von der Plasmakonzentration. Der Transport erfolgt durch einfache Diffusion u. nicht durch einen spezif. Transportmechanismus. Nach Ansicht von Vff. ist der Unterschied zwischen P/S durch verschied. physikochem. Eigg. der Sulfonamide bedingt. Es ergab sich eine Relation zwischen S/P-Quotienten u. dem Ausmaß, in dem die Substanzen in nichtionisierter Form bei dem Plasma-p_H vorliegen. Das Epithelium ist nur für die nichtionisierten Moll. permeabel. (Scand. J. clin. Lab. Invest. **7.** Nr. 1. 86—91. 1955. Copenhagen, Rigshospitalet.) G. BRATFISCH. 4610

R. G. Orton, *Phenylmercuridinaphthylmethandisulfonat-Gel zur Behandlung der bovinen Leukorrhoe.* Die cervicale Anwendung des Präp. (WARD, BLENKINSOP & CO. LTD.) zeigte in 9 von 12 Fällen Erfolg. (Veterin. Rec. **66.** 710—11. 13/11. 1954. Fordingbridge, Hampshire.) P. LOCH. 4610

H. Rothe, *Die Behandlung der Lungentuberkulose mit dem Hydrazid der Cyanessigsäure (CEH).* Besprechung der Einw. auf die klin. Daten von 18 Tuberkulosefällen durch Therapie mit *Cyanessigsäurehydrazid* (I; JENAPHARM) in einer Dosierung von 5—15 mg/kg/Tag über 3 Monate. I übertrifft nicht die tuberkulostat. Wrkg. von *Streptomycin, PAS, TBI* u. *INH*; alleinige I-Therapie hat keinen Einfl. auf die Empfindlichkeit gegenüber diesen Mitteln. I-Nebenwirkungen: Appetitstörungen u. Erbrechen. Keine prim. I-Resistenz; nach 30 g I trat mehrmals I-Resistenz auf. (Beitr. Klin. Tuberkul. **113.** 174—84. 1955. Leipzig, Univ., Med. Klin.) H. DOSSMANN. 4610

M. O. J. Gibson und **M. M. Nagley,** *Ein Versuch mit Calcium-4-benzamidosalicylat bei Lungentuberkulose.* Angabe von Erfahrungen mit *Ca-4-Benzamidosalicylat* (**I**; SMITH & NEPHEW RES. LTD., Hunsdon, Herts.), das im Körper zu *PAS* (**II**) u. *Benzoesäure* zerfällt, in Dosen von 10,5—18 g/Tag an 204 Fällen mit Lungentuberkulose in Kombination mit *Streptomycin* (**III**) oder *Isoniazid.* In 92% der Fälle wurde **I** der **II** wegen geringerer gastrointestinaler Störungen vorgezogen. Therapeut. sind **I** u. **II** gleichwertig, auch hinsichtlich der Vermeidung im Auftreten **III**-resistenter Stämme. (Tubercle **36.** 209—14. Juli 1955. Dartford, Kent, Bow Arrow Hosp. u. Grove Park Hosp.) H. DOSSMANN. 4610

Kyozo Masuda, *Örtliche Anwendung von Conteben.* 14 Fälle tuberkulöser Entzündung der Halslymphdrüsen wurden durch Injektion von Conteben (I) behandelt (0,1 g I, 0,2 g Gummi arabicum in 10 cm³ Propylenglykol, mit dest. W. auf 100 cm³, davon täglich 1—2 cm³). 2 Fälle dauernd geheilt. Bei Brusteiterung I in physiol. NaCl-Lsg. suspendiert zur Injektion, zusammen mit Vitamin K. Hier war Streptomycin überlegen. (J. Antibiotics [Tokyo] **4.** Suppl. B **74.** Juli 1951. Kyoto, Univ., 2. Surgic. Dep. [Orig.: japan.]) L. SCHULER. 4610

Wilhelm Gerland, *Gefahren bei der Behandlung der Tuberkulose mit Isoniazid.* Bericht über einige tuberkulöse Säuglingsfälle, bei denen *Isoniazid* (I) einen tox. Zustand hervorrief, dessen Ursache offenbar im Auftreten von Toxinen bei der I-Einw. auf die Tuberkelbacillen zu suchen ist. Vf. plädiert für einschleichende I-Dosierung, die 10 mg/kg/Tag nicht überschreiten sollte. (Beitr. Klin. Tuberkul. **113.** 168—73. 1955. Dortmund, Städt. Krankenanstalten, Kinderklin.) H. DOSSMANN. 4610

M. Bassi und **R. Carini,** *Klinische Beobachtungen über kleine intradermale Penicillin- und Streptomycindosen bei verschiedenen septischen Infektionen und Lungentuberkulose.* Vff. stellen die intradermale Anwendung von Penicillin u. Streptomycin der sonst üblichen bei Lungeninfektionen u. Tuberkulose als ebenbürtig zur Seite. Lokale Komplikationen sind dabei selten. (Athena [Rass. mens. Biol., Clin. Terap.] **16.** 93—96. Mai 1950. Siena, Univ., Ist. di Clin. Med., u. Grosseto, Osped. Civ.) W. KIMPEL. 4611

O. Gsell und **F. Kesselring,** *Klinische Erfahrungen mit Achromycin.* Therapie mit *Tetracyclin = Achromycin* (**I**; LEDERLE), meist in einer Dosierung von 12,5 mg/kg/Tag oral oder 0,4—0,5 g intravenös, bei 100 Fällen mit Harnweginfektionen, Pneumonien, Infekten der Mundhöhle u. anderen Infektionen, bei denen nach dem breiten Wirkungsspektr. von **I** ein günstiger Effekt zu erwarten war. 70 Heilungen, 16 Besserungen, 8 unsichere Wirkungen u. 6 Versager. Bei 18% trat als Nebenwrkg. Durchfall u. Änderung der Darmflora zu Enterocolitis auf, weswegen kurzfristige **I**-Anwendung über 3—4 Tage empfohlen wird. (Schweiz. med. Wschr. **85.** 721—25. 23/7. 1955. Basel, Univ., Med. Poliklin., u. St. Gallen, Kantonsspital.) H. DOSSMANN. 4611

N. D. Beklemischew, Je. A. Schnyrewa, G. P. Ossipowa und **N. F. Senkowa,** *Vergleichende Bewertung der Wirksamkeit einiger Antibiotica bei der Brucellosebehandlung.* (Vgl. C. **1955.** 8908.) Zur Behandlung von 52 Patienten mit akuter, 16 mit subakuter u. 24 mit chron. Brucellose wurden mit gutem Erfolg *Biomycin* (**I**; 4mal täglich zu 300000 E. 5—9 Tage lang per os), *Lävomycetin* (**II**; 0,5 g per os alle 4 Std. 2—3 Tage lang, dann 2 bzw. 1,5 g täglich; Gesamtverbrauch 30 g), *Synthomycin* (2 Tage lang je 5 g, dann 2 Tage lang je 4 g, 3—4 Tage lang je 3 g u. schließlich 14—16 Tage lang je 2 g; Gesamtverbrauch 50—60 g) u. *Streptomycin* (**III**; 2mal täglich je 0,5 g intramuskulär; Gesamtverbrauch 20 g) verwandt. Als bestes Präp. erwies sich **I**, während die Wrkg. von **III** nicht so rasch eintritt u. nicht so anhaltend ist wie die von **I** u. **II**. Immerhin wirkt **III** auch bei einigen lokalen Affektionen, bei welchen die übrigen Antibiotica sich als weniger effektvoll erwiesen. Aussichtsreich erscheint die Kombination von **III** mit **I** oder **II**, bes. wenn gleichzeitig auch die Vaccine angewendet wird. (Клиническая Медицина [Klin. Med.] **33** (**36**). Nr. 5. 45—51. Mai 1955. Pathol. Inst. der Akad. der Wiss. der KasachSSR.) E. RENTZ. 4611

Hans R. Hausler und **Hugh L. Ormsby** (unter Mitarbeit von **Ingrid Munck**), *Das Eindringen von Magnamycin in das Kammerwasser von Kaninchen. Magnamycin = Carbomycin* dringt als Hydrochlorid, nicht als Base, bei jeder Applikationsart in das Kammerwasser ein u. zeigt sich wirksam gegen intraokulare Staphylokokkeninfektionen. (Amer. J. Ophthalmol. [3] **39.** Nr. 2. Part 2 Proc. Assoc. Res. Ophthalmol. 234—41. Febr. 1955. Toronto, Ontario, Can., Univ., Dep. of Ophthalmol. and Bacteriol.) D. ZEMKE. 4611

Marcello Ghiron, *Über die leberschützende Wirkung der Leberenzyme bei der Phosphorvergiftung.* 1. Mitt. *Anatomische Untersuchungen.* Vf. erzeugte bei weißen Ratten mittels zweimaliger Injektion einer öligen Lsg. von *P* eine Leberschädigung (Leberverfettung). Wurden die Tiere täglich außerdem mit einem Leberextrakt behandelt, in welchem akt. Enzyme (*Esterasen, Cholinoxydase, Arginase*) enthalten waren, so blieb die Leberverfettung deutlich schwächer. Auch Injektion eines enzymfreien, antianäm. wirkenden Leberextraktes übten einen Leberschutz aus. Die schwächste Wrkg. wurde bei Cholin beobachtet. (Ricerca sci. 25. 62—75. Jan. 1955. Roma, Univ., Ist. Patol. Med.) P. G. SCHEURLEN. 4614

George N. Hazlehurst, *Streptokinase–Streptodornase bei lokaler Behandlung eitriger extrapulmonarer Tuberkulose.* Bericht über erfolgreiche lokale Behandlung von 11 Fällen mit eitriger tuberkulöser Adenitis u. 3 Fällen mit anderen extrapulmonaren Tuberkuloseformen mit konz. Extrakten von *Streptodornase–Streptokinase* nach verschied. Techniken u. Besprechung des vermutlichen Wirkungsmechanismus dieser Enzyme. (Amer. Rev. Tubercul. **71.** I. Pulmonary Diseases. Jan. 1955. New York, N. Y., Univ. Coll. of Med., Dep. of Med. u. Bellevue Hosp.) H. DOSSMANN. 4614

George N. Hazlehurst, *Untersuchungen über die intrathecale Anwendung von Streptokinase–Streptodornase bei tuberkulösen und anderen bakteriellen Meningitisformen.* Erfahrungen bei zusätzlicher Behandlung verschied. Meningitisformen (15 Fälle) mit *Varidase* (I; LEDERLE), einem Präp. aus *Streptokinase* u. *Streptodornase* (II), u. über Verss. an 6 Personen mit n. Liquor. Best. von *Plasminogen, Plasmin* u. II nach I-Injektion im Liquor. Hinweis auf den Geh. anderer zum Teil noch unbekannter Enzyme u. Proteine in I u. Besprechung der Parallelität zwischen dem Fehlen akt. Enzymsysteme im Liquor u. dem Auftreten tox. Rkk. der meningalen Membran. (Amer. Rev. Tubercul. Pulmonary Diseases **71.** 12—29. Jan. 1955. New York, N. Y., Univ. Coll. of Med., Dep. of Med. u. Bellevue Hosp.) H. DOSSMANN. 4614

Philip N. Jones und **Roy S. Bigham jr.,** *Spontanhämopneumothorax. Hinweis auf den Gebrauch von Streptokinase und Streptodornase.* Vff. berichten über einen Fall von Spontanhämopneumothorax, der erfolgreich mit mehrfachen Punktionen u. Anwendung von *Streptokinase* u. *Streptodornase* behandelt wurde. (Ann. intern. Med. **39.** 907—15. Okt. 1953. Charlotte, N. C., u. Chanute Air Force Base Illinois.) K. BÖHM. 4614

Sohan L. Agarwal und **Stewart C. Harvey,** *Versagen von Dibenamin, adrenergische Reaktionen zu blockieren.* Vff. zeigten an isoliert durchströmten Lungen u. an Tracheapräp. des Meerschweinchens, daß *Dibenamin* (I) in Konz. von 1 : 15000 die Rk. der Bronchial- u. Trachealmuskulatur auf *Epinephrin* (II) nicht beeinflußt. In Konz. von 1 : 12000 verringert es die Rk. auf II, aber es verringert auch die Rk. auf Aminophyllin. I verursacht Bronchoconstriction, die nicht durch Atropin oder Benadryl beeinflußt wird. (Arch. int. Pharmacodynam. Thérap. **101.** 476—80. 1/5. 1955. Salt Lake City, Ut., Univ. of Utah, Coll. of Med., Dep. of Pharmacol.) K. BÖHM. 4620

F. J. Friehoff, *Omeril in der Dermatologie.* Bei guter Verträglichkeit wurden bei verschied. Hauterscheinungen mit dem Antihistaminicum *Omeril* (BAYER, Leverkusen) = *N^3-Methyl-9-benzyl-1.2.3.4-tetrahydro-γ-carbolin* in einer Dosierung von 2—3 Dragées zu je 0,05 g pro Tag gute Erfolge erzielt. (Münchener med. Wschr. **97.** 1031—32. 12/8. 1955. Bochum, Josefs-Hosp.) H. DOSSMANN. 4625

A. Kovács, L. Szabadi, M. Szerdahelyi und **J. Kovács,** *Dauerschutz gegenüber Histamin durch Verabreichung pflanzlicher Tumorenextrakte.* Nachdem frühere Unterss. (Schweiz. med. Wschr. **1949.** 624; Arch. int. Pharmacodynam. Thérap. **84.** [1950.] 276; **90.** [1952.] 93) ergeben hatten, daß gut- u. bösartige pflanzliche Tumoren einen Stoff mit sehr starker Antihistaminwrkg. enthalten, wurde jetzt gefunden, daß wiederholte intraperitoneale Verabreichung wirksamer, gereinigter Tumorextrakte die *Histamin* (I)-Empfindlichkeit von Meerschweinchen (I-Aerosol-Test) für lange Zeit aufhebt. Eine Anzahl Tiere erlangte eine I-Resistenz, die mindestens $>$1 Jahr anhielt. Bei 75% der resistenten Tiere fand sich eine starke Nebennierenhypertrophie. Die beobachtete Wrkg. gegenüber I ist nicht als Folge der SELYEschen unspezif. Reizwrkg. anzusehen, sondern dürfte auf einem antihistaminwirksamen Stoff pflanzlicher Tumoren beruhen. (Naturwissenschaften **42.** 20—21. 1. Jan.-H. 1955. Szeged, Pharmakol. Inst.; Budapest, Univ., Organ.-Chem. Inst.) K. MAIER. 4625

Max S. Sadove und **Reuben C. Balagot,** *Der Wert des Chlorpromazins bei der Schmerzbekämpfung.* (Int. Rec. Med. **168.** 346—50. Mai 1955. Chicago, Ill., Univ. of Illinois, Coll. of Med. u. Res. and Educat. Hosp.) P. LOCH. 4627

John W. Dundee, *Die Verwendung von Chlorpromazin in Anästhesie und Chirurgie.* (Int. Rec. Med. **168.** 340—45. Mai 1955. Liverpool, Univ. of Liverpool.) P. LOCH. 4627

Kenneth Dewhurst, *Chlorpromazin bei der Behandlung chronisch Geisteskranker.* (Irish J. med. Sci. [6] Nr. 350. **1955.** 83—87. Febr. Oxford, Littlemore Hospital.) K. MAIER. 4627

J. H. Burn, *Die Pharmakologie von Chlorpromazin und Promethazin.* Zusammenfassende Arbeit über die Wrkg. auf Körpertemp., durch Adrenalin verursachte Vasoconstriction, curarisierte Muskeln von *Chlorpromazin* u. *Promethazin,* sowie deren tox. Eigenschaften. (Proc. Roy. Soc. Med. **47.** 617—21. Aug. 1954. Oxford, Univ., Dep. of Pharmacol.) H. HELGE. 4627

M. Robey, P. Simon und **H. Simonnet,** *Wirkung von Chlorpromazin auf die Gonaden der Ratte.* Vff. untersuchten an Ratten den Einfl. von *Chlorpromazin* (I) auf die Gonaden. Sie injizierten I mehreren Gruppen von Tieren in verschied. Dosen (60 mg/kg, 150 mg/kg, 15 mg/kg) u. Zeitabständen subcutan. Nur große letale oder subletale Dosen von I schädigen im Bereich der Tubuli seminiferi. Ohne Rückwrkg. scheint es auf das interstitielle Gewebe zu sein. Die durch I bewirkten Schädigungen lassen sich nicht mit denen nach Hypophysektomie vergleichen. Vielleicht kann man mit I den Mechanismus der Sekretion des Hypophysenvorderlappens (HVL) aufklären, da es nicht die Sekretion der Gonadotropine des HVL in gleichem Maße blockiert, wie es dies für die corticostimulierende Sekretion tut. (Bull. Fédérat. Soc. Gynécol. Obstétr. **7.** 127—29. 1955. Suppl. zu: Gynécol. et Obstétr.) K. BÖHM. 4627

P. J. Carpentier und **P. A. Janssen,** *α-p-Methoxyphenyl-α-di-n-butylaminoacetamid (A. 16) in der Behandlung der Dysmenorrhoe. Doppelter Blindversuch.* Das musculotrope Antispasmodicum *α-p-Methoxyphenyl-α-di-n-butylaminoacetamid* (*A. 16*) wurde auf seine Wrkg. bei dysmenorrhoischen Beschwerden untersucht. (Lancet **269.** 122. 16/7. 1955. Gent, Univ., Dep. of Gynecology and Obstetrics, Res. Labor.) WOLFGANG ALBRECHT. 4628

Joseph G. Chusid, Lenore M. Kopeloff und **Nicholas Kopeloff,** *Wirkungen des Reserpin auf epileptische Affen.* Es wird an 6 Affen mit experimenteller Epilepsie die Wrkg. von 1 mg/kg *Reserpin* (*Serpasil*) auf das Encephalogramm u. das epilept. Verh. untersucht. Die beruhigende Wrkg. des Alkaloids klang meistens nach 24 Std. wieder ab. Bemerkenswert waren Speichelfluß u. Tremor nach der Behandlung. Das Encephalogramm wurde kaum beeinflußt. (Proc. Soc. exp. Biol. Med. **88.** 276—77. Febr. 1955. New York City, N. Y., Dep. of Bakter., Psychiatr. Inst.) R. LAFFERENZ. 4628

E. R. Elste, *Paraldehyd intramuskulär zur Kupierung epileptischer Staten.* Bericht über erfolgreiche Behandlung epilept. Zustände mit intramuskulären Injektionen des gereinigten *Paraldehyds* (DR. THILO & CO. K. G., Mainz), bei 1- bis 2maliger Verabreichung von je einer Ampulle = 10 cm^3, dessen starke narkot. Wrkg. besprochen wird. (Münchener med. Wschr. **97.** 1030—31. 12/8. 1955. Heidelberg.) H. DOSSMANN. 4628

O. Carere-Comes, *Über die therapeutische Wirksamkeit und den Wirkungsmechanismus neuer, hypotensiv wirkender Phthalazine.* Aus dem Vgl. der Reaktionsbereitschaft mit Cu^{2+}, Fe^{2+}, Fe^{3+}, der atmungshemmenden Wrkg. (in vitro) u. der hypotensiven Wirksamkeit von *Phenylhydrazin, Phenylsemicarbazid, Isonicotinoylhydrazin, 1-Hydrazinophthalazin* (I) u. *1.4-Dihydrazinophthalazin* (II) glaubt Vf. schließen zu können, daß die durch I u. II ausgelöste Hypotension durch Rk. mit Fe^{2+} u. Fe^{3+} (Gefäßwandprotoplasma) zustande kommt. (Minerva med. [Torino] **45 II.** 1533—40. 8/12. 1954. Milano, Osped. Fatebenefratelli-Fatebenesorelle Ciceri Agnesi.) P. LOCH. 4630

R. Bertoli und **S. Borsari,** *Die Hydrophthalazine in der Therapie der Hypertensionen.* Vff. behandelten Hypertensionen verschied. Genese mit *1-Hydrazinophthalazin* (*Apresolin*; CIBA) oder *1.4-Dihydrazinophthalazin* (*Nepresol*; CIBA). Die besten Erfolge wurden bei nephrogener (60% der Fälle) u. essentieller Hypertonie (85%) erzielt, während die arteriosklerot. Fälle nur in 37% der Fälle ansprachen. (Minerva med. [Torino] **45 II.** 1515—21. 8/12. 1954. Modena, Univ., Clin. Med.) P. LOCH. 4630

A. Violanti, *Klinische Erfahrungen mit 1-Hydrazinophthalazin und 1.4-Dihydrazinophthalazin bei der arteriellen Hypertension.* Nach 10—25tägiger Behandlung mit den genannten Verbb. zeigte sich fast immer eine längere Zeit anhaltende Erniedrigung des systol. u. diastol. Blutdruckes. Bei Primärarthrosen wurde auch eine Verbesserung der articulären Phänomene beobachtet. (Minerva med. [Torino] **45 II.** 1529—33. 8/12. 1954. Rom, Univ., Ist. di Semeiotica Med.) P. LOCH. 4630

Luciano Villa und **Bruno delle Grottaglie,** *Die Behandlung der arteriellen senilen Hypertension mit Hydrazinophthalazinen.* (Minerva med. [Torino] **45 II.** 1540—47. 8/12. 1954. Milano, Ospedale „Luigi Palazzolo".) P. LOCH. 4630

Arnaldo Carli, *Die Wirksamkeit der Hydrazinophthalazine bei der Behandlung arterieller Hypertensionen.* (Minerva med. [Torino] **45 II.** 1549—54. 8/12. 1954. Padua, Ospedale civile.) P. LOCH. 4630

Kikuji Tokita und **Yoshinori Aramaki,** *Vergleich der analytischen Prüfverfahren für Digitalisblätter und herzwirksame Glykoside am Frosch, an der Taube und der Katze.*

12 Proben von *Digitoxin, Digoxin, Lanatosid, Ouabain, Digicorin* (**I**) u. *Digitoxigenin* (**II**) wurden untersucht. Die Extraktion mit A. + W. 8 : 2 war der mit W. überlegen. Die Wirkungsstärken von *Digitalis*, nach der Froschmeth., schwankten je nach der Temp. der Prüfkammer u. dem Gesundheitszustand des Frosches, bes. im Winter. Reproduzierbare Werte bei Aufenthalt in einer thermostat. Kammer von 22 ± 1^0 ein bis unter 5 Tage vor den Versuchsfröschen, die der Winterluft ausgesetzt waren, zeigten nach 1—2tägigem Aufenthalt bei 22° einen erheblichen Anstieg der Blutmilchsäure, was für 22° als optimale Temp. spricht. Die Reihenfolge der Wirksamkeiten waren nach dem Verf. mit Frosch, Taube u. Katze gleich, mit Ausnahme von **I** u. **II**; bei Taube u. Katze zeigten **I** u. **II** aber gleiche Reihenfolge. Der übliche Versuchsfehler war mit der Taube geringer als mit der Katze. (Folia pharmacol. japon. **48**. 309—15. 20/12. 1952. Tokyo, Univ. [Orig.: japan.; Auszug: engl.]) L. SCHULER. 4630

Yoshinori Aramaki, *Experimentelle Untersuchungen über die Wirkungsweise herzwirksamer Glykoside, besonders von Digicorin sowie der Digitalisblätter, besonders mit Rücksicht auf die Geschwindigkeit der Entgiftung.* (Vgl. vorst. Ref.) Wirkungsdauer (Taube u. Katze) in abnehmender Reihe: *Digitoxin* (**I**), *Digoxin* (**II**), *Lanatosid* (**III**), gewisse *Digitalisblätter* (**IV**), *Digicorin* (**V**), *Ouabain* (**VI**) u. *Digitoxigenin* (**VII**). Das Einsetzen der Wrkg. war am raschesten bei **VII**, dann folgten **V**, **VI**, **III**, **II** u. **I** (erheblich später als die übrigen). Weitere Unterschiede wurden im einzelnen für die Wrkg. auf den Papillarmuskel u. das EKG festgestellt u. erörtert. — 12 Tabellen u. 12 Diagramme. (Folia pharmacol. japon. **48**. 316—35. 20/12. 1952. Tokyo, Univ. [Orig.: japan.; Auszug: engl.]) L. SCHULER. 4630

F. H. Smirk und **E. G. McQueen,** *Vergleichende Untersuchungen über die blutdrucksenkende Wirkung von Rescinnamin und Reserpin.* Zwischen den Rauwolfia-Alkaloiden *Rescinnamin* u. *Reserpin* (**I**) besteht bzgl. der blutdrucksenkenden Wrkg. kein deutlicher Unterschied. **I** verursacht bisweilen psych. Sensationen. (Lancet **269**. 115—16. 16/7. 1955. New Zealand, Univ. of Otago, Med. School.) WOLFGANG ALBRECHT. 4630

K. Roth, *Nachweis der Herzwirkung von Purostrophan-Dragées.* Besprechung der Indikationen u. Dosierungen, bei denen mit oral verabreichtem *Strophanthin* in Form von *Purostrophan*-Dragées Erfolge zu erwarten sind. (Therap. d. Gegenwart **94**. 292—95. Aug. 1955. Nürnberg, Allg. Städt. Krankenhaus.) H. DOSSMANN. 4630

Wolfgang Lieb, *Die Wirkung augendrucksenkender Medikamente auf kammerwasserführende Venen und epibulbäre Gefäße.* Unterss. an Kaninchenaugen mit *Fluorescein, Trypanblau* u. *Evansblau* über die Wrkg. von *Pilocarpin* (direkt an den Muskelelementen wirkend), *Doryl Z* (*Acetylcholin*-Effekt), *Eserin, Mestinon* (reversible Anticholinesterasen) u. *Diisopropylfluorphosphat* (**I**) (irreversible Anticholinesterase). In jedem Fall erfolgte, zum Teil nach vorübergehender Vasoconstriction, eine episklerale Vasodilatation, nach **I** mit Augeninnendruckerhöhung außerdem eine Stase. (Klin. Monatsbl. Augenheilkunde augenärztl. Fortbild. **127**. 74—94. 1955. Frankfurt, Univ., Klinik für Augenkrankheiten.) D. ZEMKE. 4630

Bernard Becker, *Der Mechanismus des Sinkens des intraokularen Druckes, bedingt durch den Inhibitor der Kohlensäureanhydrase, Diamox.* Die Augendrucksenkung durch *Diamox* ist unabhängig von seiner Wrkg. auf die Nieren, u. erfolgt vermutlich durch direkte Hemmung der Bldg. von Kammerwasser. (Amer. J. Ophthalmol. [3] **39**. Nr. 2. Part 2. Proc. Assoc. Res. Ophthalmol. 177—84. Febr. 1955. Saint Louis, Mo., Washington Univ., School of Med., Dep. of Ophthalmol.) D. ZEMKE. 4634

P. Nordqvist und **P. Wistrand,** *Die Wirkung des Acetazolamids* (*Diamox*) *auf die peripheren Nerven. Diamox* erhöht die Reizschwelle bei Kaninchen u. Fröschen, nicht als Inhibitor der *Carboanhydrase*, sondern durch Hyperpolarisation. (Acta Soc. med. Upsaliensis, Suppl. **60**. 56—60. 15/4. 1955. Uppsala, Univ., Inst. of Pharmacol.) D. ZEMKE. 4634

Clifford L. Spingarn und **Morton H. Edelman,** *Beobachtungen bei der Behandlung der Schistosomiasis mansoni mit Fuadin.* Vff. erzielten die besten therapeut. Ergebnisse bei der Behandlung der Schistosomiasis mansoni mit *Fuadin* = *Antimonbrenzcatechindisulfosaures Na* (**I**), wenn sie **I** in einer Dosis von 1 ml/kg Körpergewicht fünf Tage lang gaben. Tox. Nebenwirkungen waren dann allerdings häufig. *BAL* scheint bei schwereren **I**-Intoxikationen wertvoll zu sein. (Ann. intern. Med. **42**. 1198—1205. Juni 1955. New York, N. Y., Mount Sinai Hosp., Dep. of Med. and Microbiol.) K. BÖHM. 4649

Y. Samberg und **S. Bornstein,** *In vitro-Wirkung verschiedener Chemikalien auf Trichomonas gallinae.* 30 Chemikalien wurden auf ihre Wrkg. gegen Trichomonas gallinae in vitro geprüft. *Brillantgrün, Chinosol* u. *Trypaflavin* zeichneten sich durch ihre Trichomonastase in starken Verdünnungen (1 : 20000—50000) aus. 0,1 (%) $CuSO_4$, 0,5 *HCl*, 10 LUGOLsche Lsg.. u. 0,02 *Sublimat* waren bes. indiziert zur Behandlung infizierter

Tauben. Lsgg., wie 10 „*Ama*" (Detergens), 0,2 *Chloramin*, 2 *Lysol*, 0,05 *NaOH* u. 1 „*Hexalon*" (Insekticid mit 5% γ-Isomerem des HCH) u. 0,03 *Formalin*, haben sich als wirksame Desinfektionsmittel für Schläge u. ihre Einrichtungen erwiesen. — 20 Literaturangaben. (Poultry Sci. **34**. 157—64. Jan. 1955. Tel Aviv, Israel, Government Poultry Field Labor.) H. PATZSCH. 4649

Mair E. M. Thomas, *Beobachtungen über die Wirkung von Mepacrin und anderer Substanzen auf Giardia intestinalis.* Zur Behandlung von Infektionen mit *Giardia intestinalis* (Flagellat) erwies sich die Verabreichung von *Mepacrin* (I) am günstigsten. In vivo- u. in vitro-Schädigungen waren im mkr. Bild u. durch Färbbarkeit mit Eosin zu erkennen. Die Verss. ergaben, daß I je nach Alter des Patienten in Mengen von 0,05—0,3 g täglich nach 6 Tagen vollständiges Verschwinden der Parasiten bewirkt. Noch ausgeschiedene Dauerformen zeigten geschrumpftes, durch I gelb gefärbtes Protoplasma. Säure bis zur Konz. der Magensäure hatte keinen merkbaren Einfluß. Kochsalz wirkte lediglich osmotisch. NaOH u. Lysol (1—5%ig.) sind zur Desinfektion brauchbar. (Parasitology **42**. 262—68. Jan. 1953. Edmonton, Public Health Labor.) K. ZOPFF. 4649

K. Ambos, *Über eine Vergiftung mit einem Piperazin enthaltenden Wurmelixier.* Bei einem Kind traten nach dreitägiger Kur mit einem *Piperazin* enthaltenden Wurmmittel bei Einhaltung der vorgeschriebenen Dosierung tox. Erscheinungen auf, die erst 2 Tage nach Absetzen des Mittels langsam verschwanden. (Münchener med. Wschr. **97**. 1157. 2/9. 1955. Hamburg.) H. DOSSMANN. 4649

Hans Götz und **Ingeborg Sixt,** *Erfahrungen über die perorale Behandlung der Psoriasis mit Arsen–Phenol.* Nach Verss. an 3 Patientengruppen mit Schuppenflechte, die mit *Psor–Intern* (CURTA & CO., Frankfurt/M.-Fechenheim), einer wss. *As–Phenol*(I)-Lsg., *Liquor Fowleri* bzw. wss. I-Lsg. behandelt wurden, scheint I eine Steigerung der As-Wrkg. zu bewirken. (Münchener med. Wschr. **97**. 1155—57. 2/9. 1955. München, Univ., Dermatol. Klinik u. Poliklinik.) H. DOSSMANN. 4661

Arthur Lipschutz und **Carl C. Fischer,** *Methylbenzethoniumchlorid zur Hautpflege von Säuglingen und Kindern.* Bericht über sehr gute Erfolge ohne tox. Erscheinungen bei 200 Säuglingen u. Kleinkindern mit NH_3-Dermatitis nach 10tägiger Behandlung mit *Methylbenzethoniumchlorid* = *Diaparenchlorid* (HOME MAKERS PRODUCTS CORP., New York, N. Y.) als Puder u. Salbe allein oder kombiniert. (A. M. A. Amer. J. Diseases Children **89**. 596—98. Mai 1955. Philadelphia, Pa., Hahnemann Med. Coll., Div. of Pediatrics u. Hosp. of Philadelphia.) H. DOSSMANN. 4661

L. Goreczky, I. Róth, I. Sümegi und **Gy. Vajda,** *Über die Abwehrsymptome der Bleivergiftung.* An intravenös mit *Bleiacetat* vergifteten Kaninchen wurde festgestellt, daß es in den 6 bzw. 24 Std. nach der Injektion entnommenen Blutproben (Serum) zu einer Vermehrung der Opsonine, der baktericiden Stoffe u. des Komplementgeh. im Serum kommt. Ähnliche Ergebnisse wurden auch an mit Hämatoporphyrin behandelten Kaninchen gefunden. Die auf einer gesteigerten Funktion des adrenerg. Syst. beruhenden Symptome der Pb-Vergiftung gehen mit einer Zunahme der Schutzaktivität parallel u. werden als Teilerscheinungen im Abwehrsyndrom der Pb-Vergiftung gewertet. (Acta med. Acad. Sci. hung., Suppl. **6**. 93—94. 1954. Budapest, Máv-Krankenhaus.) H. ZELLER. 4675

T. R. Littler und **R. B. McConnell,** *Dimethylsulfat-Vergiftung.* Schilderung der klin. Symptome bei 2 *Dimethylsulfat*-Vergiftungsfällen. Neben lokalen Reizerscheinungen auf der Haut, deren Stärke von der Dauer der Einw. abhängt, kommt es an allen Schleimhäuten zu Reizungen. (Brit. J. ind. Med. **12**. 54—56. Jan. 1955. Liverpool, David Lewis Northern Hospital.) H. ZELLER. 4675

Magdalena Dencks, *Versuche zur Behandlung der Phenolverätzung.* Vf. empfiehlt nach Verss. an Kaninchenaugen Behandlung der *Phenol*-Verätzungen mit physiol. *Kochsalzlsg.*, da *Alkohol*-Spülungen bleibende Schäden nicht verhindern. (Dtsch. Gesundheitswes. **10**. 738—40. 26/5. 1955. Leipzig, Karl-Marx-Univ., Augenklinik.) D. ZEMKE. 4675

L. Berggren und **I. Rendahl,** *Chinin-Amblyopie. Bericht über 4 Fälle, in zwei Fällen Untersuchung mittels Elektronetzhautphotographie.* Angabe von 4 Fällen mit *Chinin* (I)-Vergiftung; die objektiv aufgezeichneten Verschlechterungen stimmten nicht mit den Beobachtungen der Abnahme des Sehvermögens überein. I verursacht Zerstörung der Ganglienzellen der Retina. Behandlung mit gefäßerweiternden Mitteln. (Acta ophthalmol. [Copenhagen] **33**. 217—28. 1955. Stockholm, Karolinska- u. Södersjukhuset.) H. DOSSMANN. 4675

D. John Lauer, *Bleiintoxikationen bei Messing-Gießereiarbeitern.* Beobachtungen an 219 Messing-Gießereiarbeitern, von denen 37 eine oder mehrere *Blei*-Vergiftungen durchgemacht hatten. Die Gießereiprodd. enthielten 75—85% Cu, 5—15% Pb, 5—10% Sn

u. 1,5—5% Zn. Ausführliche Beschreibung der klin. Symptome. (A.M.A. Arch. ind. Health **11.** 107—12. Febr. 1955. Pittsburgh, Pa.) H. ZELLER. 4681

R. C. Browne, *Vanadium-Vergiftung durch Gasturbinen.* Beschreibung von Vanadiumvergiftungen bei 12 Arbeitern, die in Hitzeaustauschern arbeiteten, welche durch die Abgase von Gasturbinen gespeist wurden. Bei diesen Personen kam es zu Nasenbluten u. Schwarzverfärbung von Zunge u. Zähnen u. zu Reizerscheinungen an Haut u. Augen. V lag in Form von Silicat, Vanadat oder Pentoxyd vor u. bildete 11—20% der in den Rohren vorhandenen Ablagerungen. (Brit. J. ind. Med. **12.** 57—59. Jan. 1955. Durham, Univ. of Durham, Nuffield Dep. of Ind. Health, u. Newcastle upon Tyne, King's Coll.) H. ZELLER. 4681

S. Ss. Kaplun, *Betriebsmäßige und experimentelle Untersuchungen über die hygienische Charakterisierung von Kobaltverbindungen.* Vf. konnte an Hand von Unterss. an Arbeitern eines metallurg. Betriebes nachweisen, daß bei ihnen verschied. Veränderungen (Funktionsstörungen bei der Verdauung, Atmung u. Blut) durch Co-Aerosol auftreten. Als erstes Symptom einer Co-Vergiftung kann die Herabsetzung des Geruchsinnes bezeichnet werden. Verss. mit Hunden zeigten, daß $CoCl_2$ auf die Sekretionen u. auf die motor. Funktion des Magens wirkt. Eine einmalige Verabreichung von $CoCl_2$ ruft eine erhöhte Speichelabsonderung hervor. Bei chron. Einführen von $CoCl_2$ wird bei Hunden zunächst eine Erhöhung der Erythropoese beobachtet, die dann durch eine Herabsetzung abgelöst wird. (Гигиена и Санитария [Hyg. u. Sanitätswes.] **1955.** Nr. 5. 26—31. Mai. Moskau, I. Med. Inst., Lehrstuhl für Arbeitshyg.) E. STEINBERG. 4681

John Kinnear, John Rogers, Owen A. Finn und **Alexander Mair,** *Dermatosen bei Jutearbeitern.* Jutearbeiter sind der intensiven Einw. von Öl ausgesetzt. Eine Hautsensibilisierung gegen Jute (I) wurde nicht beobachtet. Ölakne ist bei I-Arbeitern weitverbreitet. Sie kann in schuppende Carcinome von geringer Malignität übergehen, die jedoch therapeut. gut anzugehen sind. Bei einigen männlichen Arbeitern wurden Skotomcarcinome festgestellt. Die Bedeutung einer guten Hautpflege u. der Ersatz der bisher benutzten Öle durch besser verträgliche als Prophylaxe werden diskutiert. (Brit. J. ind. Med. **12.** 36—42. Jan. 1955. St. Andrews, Univ., Dep. of Dermatol. and of Public Health and Social Med.) H. ZELLER. 4681

Fritz Mietzsch und **Robert Behnisch,** Therapeutisch verwendbare Sulfonamid- u. Sulfonverbindungen. 2., neubearb. u. stark erw. Aufl. Weinheim/Bergstr.: Verl. Chemie. 1955. (199 S.) 8° = Monographien zu „Angewandte Chemie" u. „Chemie-Ingenieur-Technik". No. 54. DM 17,80.

—, Ricerche chimiche e chimico-fisiche svolte dal Centro nel primo anno di attività su sostanze che determinano malattie del lavoro. Roma: Tip. Pio X. 1953. (56 S. m. Abb.)

F. Pharmazie. Desinfektion.

Carlos Lemmel Zimmermann und **Alberto Lemmel Zimmermann,** *Plastische Massen in Medizin und Pharmazie.* 1. Mitt. *Arten, Eigenschaften und Anwendung im allgemeinen.* Übersicht mit 28 Literaturangaben. (Medicamenta [Madrid] **7.** Nr. 120. 129—36. 22/9. 1955. Barcelona, Univ., Fac. de Farmacia, Cátedra de Farmacia Galénica.) HEINRICH HERMANN. 4758

A. del Pozo Ojeda, *Die Suppositorien, moderne pharmazeutische Formen zur Anwendung von Medikamenten mit allgemeiner Wirkung.* Zusammenfassende Beschreibung verschied. Substanzen, die als Ersatz von Kakaobutter zur Herst. von Suppositorien Verwendung finden können, sowie Aufzählung ihrer Eigenschaften. — 111 Literaturangaben. (An. Real. Acad. Farmac. **20.** 543—81. 1955.) HEINRICH HERMANN. 4766

J. A. Myers und **J. E. Goodman,** *Pharmazeutische Verwendung des Ultraschalls.* Beschreibung der Verwendungsmöglichkeiten des *Ultraschalls* bei der Homogenisierung von *Emulsionen* u. *Dispersionen,* z. B. wird die Herst. einer *Paraffinemulsion* u. einer *Calamin-Lotion* beschrieben. Erklärung der dazu notwendigen Apparatur. — 5 Abbildungen. (Pharmac. J. **173** ([4] **119**). 422—24. 20/11. 1954.) M. NEGWER. 4786

A. R. Keast, *Emulgierbare Wachse in der Pharmazie.* Es wird die Chemie der emulgierbaren Wachse, der Mechanismus der Emulgierung u. die Bedeutung der anion. u. kation. Netzmittel besprochen. (Chem. Products chem. News **17.** 297—99. Aug. 1954.) H. P. FIEDLER. 4786

G. Klein, *Welche Anforderungen sind an pflanzliche Industriepräparate zu stellen?* Vf. diskutiert u. begründet die folgenden, von ihm aufgestellten Anforderungen an pflanzliche Arneimittelspezialitäten: 1. Jede Arzneipflanze ist eine einmalige Spezialität u. muß für sich allein untersucht u. therapeut. ausgewertet werden. 2. Spezialpräpp. haben nur dann eine Berechtigung, wenn sie höherwertig als die üblichen galen. Zubereitungen sind. 3. Die Konz. an Wirkstoffen muß möglichst hoch liegen (im Auszug

Droge: Lsg. 1 : 1; im Konzentrat Trockendroge: Lsg. 1 : 1). 4. Bei allen Pflanzen, für die labile Stoffe bekannt oder anzunehmen sind, wird die Frischdroge stabilisiert. 5. Jede Spezialität soll eine Wertbest. aufweisen, die jederzeit durch Testung kontrollierbar ist. 6. Diese Wertbest. ist unerläßlich zur Standardisierung der Präpp. zum Zwecke einer gleichbleibenden Stärke u. sicheren Dosierungsmöglichkeit. 7. Eine umfassende u. eingehende therapeut. Durchprüfung der Präpp. muß vorliegen. (Planta med. [Stuttgart] **2.** 15—23. Febr. 1954. Zell-Harmersbach, Labor. für Arzneimittelpflanzenforschung.)
M. NEGWER. 4790

Martins d'Alvarez, *Gebrauch und Mißbrauch des Guttapercha in der Zahnheilkunde.* Hinweis auf moderne Zus. von zahnärztlich zu verwendender Guttapercha, die mit 6—7 Teilen Zinkoxyd gemischt werden soll. (Rev. Farmác. Odontologia **21.** 105—07. März 1955.) HEINRICH HERMANN. 4798

—, *Neue Arzneimittel. Azovag* (DR. MED. HUBOLD & BARTSCH, Hamburg): 2.4-Diaminoazobenzoldihydrojodid, Diaminoazobenzolmonorhodanid aa 0,5 (%), Mischsäure 2,5, Bosäure 1,5, Vaginalglobuli. — *Cortenil* (FARBWERKE HOECHST, Frankfurt/M.): 17-Oxy-11-dehydrocorticosteronacetat. (Arzneimittel-Forsch. **4.** A 283—84. Dez. 1954.)
A. HOTZEL. 4800

Zlatko Binenfeld, *Wirkung und Darstellung von BAL Intrav.* Übersicht über die biochem. Wrkg. u. chem. Herst. von BAL Intrav (**B**ritish **A**nti **L**ewisite-Glucosid). — 50 Literaturangaben. (Farmac. Glasnik **10.** 473—80. Nov. 1954. Zagreb, Farmac. fak., Zavod za organ. kemiju.) S. BECKMANN. 4806

Göran Schill und **Allan Ågren,** *Einige Rezeptfehler.* Die Löslichkeit von *Phenemal* in Rezepturen wird nicht allein durch p_H u. A.-Geh., sondern auch durch andere gleichzeitig anwesende Substanzen bestimmt; durch die Ausfällung (z. B. mit Astrocol, Beviplex, Liquor tonicus B) wird die Dosierung ungleich u. unsicher. — Bei *Atropin* nimmt die Haltbarkeit rasch ab, wenn das p_H 8,0 übersteigt; dadurch können bei bestimmten Zuss. Rezeptfehler auftreten, die eine kontinuierliche Abnahme der Dosierung zur Folge haben. (Farmac. Revy **53.** 753—56. 11/11. 1954. Stockholm, Kungl. farmac. inst., kem. avd.) R. K. MÜLLER. 4806

Juan A. Huerta Ortega, *Das p-Aminosalicylat des Isonicotinsäurehydrazids.* In alkohol. Lsg. verbinden sich Isonicotinsäurehydrazid u. p-Aminosalicylsäure im Verhältnis 1 : 1 zu einer salzartigen Substanz (vgl. nebenst. Formel), F. 137°, längliche Prismen mit scharfem Geruch, lösl. in A., wenig lösl. in Äthyläther. In W. erfolgt Zerfall in die Komponenten. Guter therapeut. Effekt. (Medicamenta [Madrid] **7.** Nr. 114 247—48. 19/5. 1955. Guadarrama, Madrid, Sanitario Militar „Generalissimo".) HEINRICH HERMANN. 4806

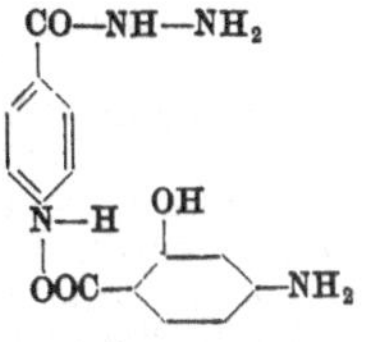

Radovan Damaška, *Neue Arzneimittel auf dem Gebiet der Krankheiten des Nervensystems.* Bericht über neuere ganglienblockierende Mittel (*Pendiomid, Pentamethoniumbromid, Hexamethoniumbromid* oder *Vegolysen, Banthine* oder *Methantheline, Prantal, Buscopan*), Sympatholytica (*Hydergin, Regitin, Priscol*), Parasympatholytica (*Euspasmin, Trasentin, Avacan, Dibenil, Antrenil*), Mittel gegen Hypertonie (*Apresolin, Nepresol*), Rauwolfia serpentina-Präpp. u. Präpp. zur Erzeugung künstlichen Winterschlafs (*Largactil = 4560 RP = Megaphen*). (Farmac. Glasnik **10.** 431—35. Okt. 1954.)
S. BECKMANN. 4806

Jacob Molland, *Arzneimittel gegen hohen Blutdruck.* Überblick über die neuere Entw. der verschied. Gruppen. (Medd. norsk farmac. Selsk. **16.** 107—11. Okt. 1954.)
R. K. MÜLLER. 4806

W. Ebele und **A. Kalnyn,** *Konzentrate von Vitamin C, Carotin und Vitamin E aus Kiefernadeln.* Eingehende Verss. führten zu einem komplexen Verf. zur Gewinnung von Vitaminen aus Kiefernadeln. Diese werden erst durch 0,1%ig. HCl hydrolysiert u. anschließend durch Bäckerhefe (p_H 4,3) vergoren. Die so gewonnenen Konzentrate von *Vitamin C* (I) enthielten 2,3—2,4% I, berechnet auf Trockensubstanz. Der bei 45—105° getrocknete Nadelrückstand wird anschließend mit PAe. zur Extraktion von *Carotin* (II) behandelt; die gewonnenen Extrakte werden durch Al_2O_3 oder Aktivkohle von Begleitstoffen gereinigt. Dadurch werden 96,6% der Verunreinigungen ohne II-Verlust entfernt. Eine nach SUBRILIN u. SAFREN hergestellte Paste enthielt 30% Protein, ca. 23% Lipoide, 20—48 mg% II (was jedoch nur 24—29% der II-Menge der Ausgangsnadeln ist) u. 32—74 mg% *Vitamin E.* (Известия Академии Наук Латвийской ССР [Nachr. Akad. Wiss. LettSSR] **1954.** Nr. 11. 41—56.) M. ULMANN. 4808

Pajes Maruny, *Hypophysenhormone.* Übersicht über die Hypophysenhormone, wobei bes. deren physiol. Bedeutung betont wird. (An. Real Acad. Farmac. **20.** 333—40. 1954.) M. REIHER. 4808

Ss. K. Kapran und **Je. A. Grinberg,** *Über den Einfluß der Aufbewahrungszeit von konserviertem Spenderblut auf dessen Cholinesteraseaktivität.* Das Blut von 16 Spendern wurde in Abständen von 5 Tagen während einer Aufbewahrungszeit von 30 Tagen auf die *Cholinesterase* (I)-Aktivität untersucht. Es zeigte sich, daß bei Anwendung eines Glucose–Citrat-Konservierungsmittels die I-Aktivität in 30 Tagen nicht verloren geht. Nach den ersten 5 Tagen war die I-Aktivität vermindert; sie nahm dann zu u. erreichte nach 20—25 Tagen ein Maximum. Bei der anschließenden Abnahme blieb die I-Aktivität größer als am Tage der Blutentnahme. Bei verschied. Spendern zeigte die I-Aktivität am Tage der Blutentnahme Unterschiede von 0,3—0,9 Einheiten. (Медичний Журнал (Киев) [Mediz. J. (Kiew)] **24.** Nr. 6. 72—77. 1954. Kiew, Inst. für Blutübertragungen, Pathophysiol. Labor.) O. Lebtag. 4812

Gerd B. Roemer, *Über die Sterilisation durch Auskochen in antiseptischen Lösungen.* Es wurden Verss. durchgeführt über die sterilisator. Wrkg. der Auskochung in antisept. Lsgg. von *Sporil* (I) u. *Merfen* (II). Eine 0,75%ig. Lsg. von I bewirkt nach 20 Min. Auskochen keine sichere Abtötung hochresistenter Bacillensporen. Bei II zeigte sich erst durch Auskochen mit einer konz. wss. Lsg. (0,2%ig.) eine absol. Sterilität. Bei starker Verdünnung wurde nur Wachstumshemmung erzielt, die nach mehreren Wochen oder auch durch Neutralisation mit NH_4-Sulfid wieder beseitigt werden konnte. Daher muß bei Auskochung mit II-Lsg. zwischen „Scheintod" u. irreversibler Abtötung der Keime unterschieden werden. (Z. Hyg. Infektionskrankh. **139.** 513—18. 1954. Düsseldorf, Med. Akad., Inst. für Hygiene u. Mikrobiol.) E. Boye. 4832

Vittorio Monaci, *Versuche der Luftdesinfektion mit Penicillin-Aerosol.* Zurückgreifend auf Unterss. von Egidi, Lattes u. Sandrucci machte Vf. Desinfektionsverss. an Staphylococcus albus mit Penicillin (I)-Spray. Es wurden 130 Millionen Kokken pro cm^3 versprüht u. dann I in Konzz. von 16000—28000 O.E. pro cm^3. I hemmte das Auswachsen der Kokken auf aufgestellten Agarplatten sofort, bis nach 25, 55 u. 85 Min. waren 300 bzw. 650 Kolonien angegangen gegenüber Kontrollen von 2200 bzw. 1400. Wurde jedoch dem Agar Penicillinase zugesetzt, so wuchsen die Staphylokokken ungehemmt an, u. zwar in gleichen Mengen wie die Kontrollkulturen. Demnach hat ein I-Spray keine zerstörende Wrkg. gegenüber Keimen u. erscheint deshalb zur Luftdesinfektion nicht geeignet. (Boll. Ist. sieroterap. milanese **29.** 446—51. Nov./Dez. 1950.) K. J. Mülhens. 4832

L. Hörhammer und **R. Hänsel,** *Pflanzenchemie in ihrer Beziehung zur Pharmakognosie.* An Hand einiger moderner phytochem. Arbeiten versuchen Vff. nachzuweisen, daß neben physiol. u. anderen Betrachtungsweisen der Pflanzenstoffe auch die im Dienste einer submkr. Strukturlehre stehende vergleichend phytochem. Fragestellung zur Aufdeckung interessanter Zusammenhänge führen kann. Anschließend nehmen sie zu der Frage Stellung, welche Betrachtungsweise der Pflanzenstoffe ihnen für die Pharmakognosie gemäß erscheint. (Arch. Pharmaz. Ber. dtsch. pharmaz. Ges. **288/60.** 153—62. 1955. München, Univ., Inst. für Pharmazeut. Arzneimittellehre.) M. Negwer. 4880

E. Schratz und **H. Tombergs,** *Der Anthraglykosidgehalt von Rheum palmatum.* Die Best. des Geh. an Anthracenderivv. in 300 einzelnen Pflanzen von *Rheum palmatum* ergab eine Schwankungsbreite von 600% bei einem Mittelwert von 3%. Das Verhältnis Anthrachinon:Anthranol beträgt im Mittel 2:1, der Zeitpunkt der Drogengewinnung in der Vegetationsperiode bedingt keine wesentlichen Unterschiede. Die Einwaage an Drogenpulver wird auf 30—50 mg beschränkt, um mit 7,5 cm^3 Eisessig zur Hydrolyse der Glykoside auszukommen. Die Messung der Extinktion der alkal. Ausschüttelung des Ätherauszugs der Droge erfolgt 10 Min. nach Beendigung der Ausschüttelung, um die fortschreitende Oxydation der Anthranole, Zers. der Anthrachinone u. Störung durch Gerbstoffe auszuschalten. — 13 Literaturangaben. (Arzneimittel-Forsch. **4.** 678—83. Nov. 1954. Münster, Univ., Botan. Inst.) Ph. Fresenius. 4880

Carl Heinz Brieskorn und **Max Briner,** *Zur Analytik der Triterpene.* 1. Mitt. *Colorimetrische Bestimmung des Gesamtgehaltes an Triterpensäuren in Labiaten.* Die genau gewogene Drogenmenge (0,1—0,8 g je nach der zu erwartenden Intensität der Gelbfärbung) wird zunächst mehrmals mit warmem Petrolbenzin (Kp. 45—60°) zwecks Entfernung von störenden Stoffen extrahiert. Dann wird die Droge mehrmals mit sd. Methanol ausgezogen, bis sich der Auszug nicht mehr färbt. Diese Lsgg. werden quantitativ in ein Meßkölbchen von 50 oder 100 ml übergeführt u. nach Abkühlen bis zur Marke aufgefüllt. Je 25 bzw. 50 ml dieser Lsg. werden in zwei Rundkölbchen (100 ml) abpipettiert u. auf dem Wasserbad zur Trockne eingedampft. In die gut gekühlten Kölbchen gibt man je 1 ml Chlorsulfonsäure u. schwenkt um. Es entsteht eine braune bis violette Färbung. Es wird gut gekühlt u. nach genau 5 Min. tropfenweise unter stetiger Kühlung mit 10 ml gekühltem, dest. W. versetzt, wobei sich grün gefärbte Reaktionsgemische bilden. Der erste Kolben wird nun mehrmals mit 3—4 ml Chlf. ausgeschüttelt, bis dieses sich nicht mehr gelb färbt. Die Chloroformlsgg. werden quantitativ nach Filtrieren in ein Meßkölbchen von 25 bzw. 50 ml Inhalt überführt u. dieses mit Chlf. bis zur Marke aufgefüllt. Die Ausmessung der gelb gefärbten Lsg. erfolgt im Lumetron Photoelectric Colorimeter (Mod. 402-E mit Filter M 465 in Küvette K 10). Die Transparenz T wird direkt in % bestimmt. Durch Umrechnen nach der Formel $\log 100/T = 2 - \log T$ erhält man die opt. Dichte, die von den enthaltenen Mengen an Triterpenen linear abhängig ist. Die erhaltenen Werte setzen sich aus dem triterpenoiden Umwandlungsprod. u. den störenden Begleitstoffen zusammen. Um letztere zu bestimmen, wird der Inhalt des zweiten Kolbens durch ein 9 cm Rundfilter (SCHLEICHER u. SCHÜLL Nr. 595) filtriert u. der Rückstand mit so viel W. von 80° ausgewaschen, bis dieses farblos abläuft (Aufspritzen des Waschwassers mit einer Pipette!). Das Waschwasser, das den größten Teil der Begleitstoffe enthält, wird mit Chlf. ausgeschüttelt, u. diese Chloroformlsg. dient beim Ausmessen der ersten Lsg. als Null-Lösung. (Arch. Pharmaz. Ber. dtsch. pharmaz. Ges. **287/59.** 429—32. 1954. Istanbul, Univ., Inst. für galen. Pharmazie; München, Univ., Inst. für Pharmazie u. Lebensmittelchemie.) M. NEGWER. 4880

E. Werner Heine, *Beiträge zur Kenntnis der Inhaltsstoffe der Aceraceae.* 3. Mitt. *Schwierigkeiten beim Saponinnachweis.* (2. vgl. C. **1954.** 7699.) Vf. bevorzugte Chlf. an Stelle von Xylol zur Spaltung des Saponin-Cholesterids (I) aus der Rinde von *Acer platanoides* (wie JARETZKY beim *Medicago*-I). Angabe der Versuchstechnik u. zahlreicher Spaltungsverss. mit verschied. Lösungsmitteln. Bei der Entgiftung von Pflanzenschnitten verwendete Vf. eine übersättigte Cholesterin–Ae.–W.-Mischung von Stelle an A.-, Ae.- u. Acetonlsgg., die schon in der Kälte auf I spaltend wirken. (Arch. Pharmaz. Ber. dtsch. pharmaz. Ges. **287/59.** 185—89. 1954. Berlin-Köpenick, Stadt-Apotheke.) K. HERRMANN. 4880

V. Vukčević-Kovačević, *Einfache Vorrichtung für die Sublimation.* Es wird eine einfache Sublimationsvorr. angegeben, bestehend aus einem mit einem Uhrglas bedeckten Reagensglas, das 2 cm unterhalb der Öffnung zur Aufnahme der Substanz halbkugelförmig ausgeblasen ist. Die Sublimation von Coffein, Salicylsäure, Benzoesäure u. Naphthalin wird ausführlich beschrieben. (Farmac. Glasnik **10.** 468—71. Nov. 1954. Zagreb, Farmac. fak., zavod za farmac. kemiju.) S. BECKMANN. 4880

V. Vukčević-Kovačević, *Über die thermische Reaktion der Acetylsalicylsäure.* Zur Ermittlung des Reinheitsgrades der Acetylsalicylsäure (I) ist der F. ungeeignet, da er von der Art des Erhitzens abhängt. Besser ist die Prüfung mit $FeCl_3$, das schon mit Spuren von Salicylsäure (II) eine Violettfärbung gibt. Als Identifizierungs-Rk. auf I wird Erhitzen in einer Sublimationsvorr. (vgl. vorst. Ref.) in Ggw. von etwas konz. H_2SO_4 vorgeschlagen, wobei sich ein aus charakterist. Nadeln der reinen II bestehendes Sublimat bildet, das durch den scharfen F. (160°) identifiziert werden kann. (Farmac. Glasnik **10.** 506—12. Dez. 1954.) S. BECKMANN. 4880

Angelo Bocchia, *Analytische Kontrolle von Chlorophyllprodukten.* Übersicht über die chem. u. physikal. Daten u. Untersuchungsmethoden zur Reinheitsprüfung von *Chlorophyll*-Präparaten. (Fitoterapia [N. S.] **25.** 518—22. Okt./Dez. 1954.) H. SCHLOTTMANN. 4880

M. Woelm, Fabrik chemisch-pharmazeutischer Präparate, Eschwege (Erfinder: **Georg Behmel**), *Bedrucken von Glasampullen* mit Glasdruckfarbe. Als Hintergrund für die Schrift wird auf die entgegengesetzte Seite der Ampulle eine Kontrastfarbe in Form von Streifen aufgebracht, deren Abstand u. Größe dem Abstand u. der Größe der Schriftzeilen entsprechen. (**D. B. P. 933 452** Kl. 15k vom 26/10. 1952, ausg. 29/9. 1955. Anmeldung bekanntgemacht 31/3. 1955.) F. LAASS. 4761

Soc. Omni-Maghreb, Marokko, *Herstellung eines Einreibemittels,* dessen wirksame Bestandteile in einem Gel aus Seetang emulgiert werden. Zur Herst. von 125 kg des Gels läßt man 2—2,5 kg Fucus vesiculosus vel serratus $^1/_2$ Std. lang in 122 Liter W. bei 90° aufgehen u. entfernt die pflanzlichen Reste. 88,06 (kg) dieses Gels werden im Homogenisator mit 0,3 „Surocain" u. 0,3 Mohnextrakt gemischt, der 1% Morphin enthält, ferner werden 0,3 Menthol, 3 Campfer, in 9 Chlf. gelöst, 9,29 Terpentin, 13,5 Methylsalicylat u. 1% Stearopalmitinalkohol zugesetzt. (**F. P. 1 070 821** vom 12/2. 1953, ausg. 17/8. 1954. Marokkan. Prior. 24/10. 1952.) G. WELTZIEN. 4791

Pharmed Co. Ltd., übert. von: **L. Piche,** Montreal, Quebec, Canada, *Herstellung von β-p-Nitrophenyl-β-oxy-α-dichloracetamidopropionsäure* (I) durch Rk. einer alkal. Lsg. von p-Nitrozimtsäure mit einem Halogen zu der entsprechenden β-p-Nitrophenyl-β-oxy-α-halogenpropionsäure. Diese wird mit NH_3 in die entsprechende α-Aminopropionsäureverb. übergeführt u. durch Rk. mit α-Dichloressigsäure oder deren niedermol. Alkylestern wird die Verb. I erhalten. (**Can. P. 488 423** vom 11/10. 1951, ausg. 25/11. 1952.) M. F. MÜLLER. 4807

Troponwerke Dinklage & Co., Köln (Erfinder: **Fritz Külz**, Frankfurt/M.), *1-(Oxyphenyl)-2-aminopropane und 2-(Oxyphenyl)-1-aminopropane*, die am Benzolkern außer durch die freie Hydroxylgruppe durch Alkoxyl- oder Alkylendioxygruppen u. bzw. oder durch weitere Gruppen u. in der Seitenkette noch durch Alkylreste substituiert sein können, u. ihren am Stickstoff durch Alkyl, Alkylen, Aralkyl, Aralkylen, Aryl, Cycloalkyl, Cycloalkylen oder den Tetramethylen- oder Pentamethylenrest substituierten Derivv., dad. gek., daß man an Oxyallylbenzole oder ihre entsprechend im Benzolkern oder in der Seitenkette substituierten Abkömmlinge in an sich bekannter Weise Halogenwasserstoff anlagert, das entstandene Halogenid mit NH_3 oder entsprechend substituierten prim. oder sek. Aminen umsetzt u. gegebenenfalls die Isomeren durch Umkristallisieren in an sich bekannter Weise trennt. — *2-(4-Oxy-3-methoxyphenyl)-1-n-butylaminopropan* (I) u. *1-(4-Oxy-3-methoxyphenyl)-2-n-butylaminopropan* (II). Man schüttelt Eugenol mit konz. HCl 1 Tag bei n-Temp. u. kocht das Reaktionsprod. ($Kp._{12}$ 152—155°) mit n-Butylamin in Alkohol. I: *Hydrochlorid*, F. 184—185°; gibt beim HOFMANNschen Abbau *Pseudoeugenolmethyläther* (F. 36—37°). II: *Hydrochlorid*, F. 135—136°; gibt beim HOFMANNschen Abbau *Isoeugenolmethyläther*. — Analog: *1-(4-Oxy-3-methoxyphenyl)-2-aminopropan* oder *2-(4-Oxy-3-methoxyphenyl)-1-aminopropan*, F. 147—148°, *Hydrochlorid*, F. 229—230°. — *2-(4-Oxy-3-methoxyphenyl)-1-allylaminopropan* u. *1-(4-Oxy-3-methoxyphenyl)-2-allylaminopropan* (Isomerengemisch), F. 150—151°, $Kp._{12}$ 174—177°. — *1 (oder 2)-(4-Oxy-3-methoxyphenyl)-2 (oder 1)-isoamylaminopropan*, schwererlösl. *Hydrochlorid*, F. 210°, leichter lösl. *Hydrochlorid*, F. 156°. — *1 (oder 2)-(4-Oxyphenyl)-2 (oder 1)-piperidinopropan*, schwerer lösl. *Base*, F. 131—132°, *Hydrochlorid*, F. 213—214°, *Pikrat*, F. 182—183°; leichter lösl. *Base*, F. 89—90°, *Hydrochlorid*, F. 150—152°, *Pikrat*, F. 130 bis 132°. — *1 (oder 2)-(4-Oxyphenyl)-2 (oder 1)-(n-butylamino)-propan, Lactate* vom F. 135 bis 136° u. F. 94—95°. — *1 (oder 2)-(4-Oxy-3.5-dimethylphenyl)-2 (oder 1)-diäthylaminopropan*, Basengemisch $Kp._{10}$ 157—160°; isoliert wurde nur 1 *Hydrochlorid* vom F. 217°. (**D. R. P. 764 649** Kl. 12q vom 26/6. 1940, ausg. 10/5. 1954. Anmeldung bekanntgemacht 11/2. 1954.) G. LANGER. 4807

Troponwerke Dinklage & Co., Köln (Erfinder: **Fritz Külz†**, Frankfurt/M.), *1-(3'.4'-Dioxyphenyl)-2-aralkylaminoäthanole* der Formel $(HO)_2C_6H_3\cdot CH(OH)\cdot CH_2\cdot NH\cdot R\cdot C_6H_5$, worin R = $-CH_2\cdot CH_2-$ oder einen homologen Rest mit mindestens 2, vorzugsweise mit 2—4 C-Atomen bedeutet, dad. gek., daß man die entsprechenden Ketone zu den Alkoholen red., oder aus den entsprechenden Phenylmethyläthern oder Sulfonsäureestern nach bekannten Methoden die Phenylmethylreste bzw. die Sulfonsäurereste abspaltet, oder daß man Gemische von Noradrenalin bzw. Noradrenalon oder deren Dibenzyläthern oder den Salzen dieser Verbb. mit Aralkylaldehyden oder -ketonen oder Gemische aus 3.4-Dioxyphenylglyoxal bzw. dessen Dibenzyläther mit Aralkylaminen der katalyt. Hydrierung vorzugsweise bei Ggw. von Pd-Katalysatoren unterwirft. — *1-(3'.4'-Dioxyphenyl)-2-(β-phenyläthylamino)-äthanol-(1)*. Man red. 1-(3'.4'-Dioxyphenyl)-2-(β-phenyläthylamino)-äthanon-(1) mit H_2 u. Pt in Methanol. *Hydrobromid*, F. 134—135°. — Analog: *1-(3'.4'-Dioxyphenyl)-2-(γ-phenylpropylamino)-äthanol-(1)-hydrochlorid*, F. 130—133°; Hydrobromid, F. 118°. — *1-(3'.4'-Dioxyphenyl)-2-(α-methyl-γ-phenylpropylamino)-äthanol-(1)-hydrochlorid* (I), F. 153—155°; hieraus läßt sich durch fraktionierte Kristallisation ein Diastereoisomeres vom F. 168—169° abtrennen. Entsteht auch folgendermaßen: Man red. 1-(3'.4'-Dibenzyloxyphenyl)-2-(α-methyl-γ-phenylpropylamino)-äthanon-(1)-hydrobromid (F. 144°) mit H_2 u. Pt-Oxyd in Methanol zu *1-(3'.4'-Dibenzyloxyphenyl)-2-(α-methyl-γ-phenylpropylamino)-äthanol-(1)*, F. 66—68°; Hydrochlorid, F. 100—102°; Hydrobromid, F. 110—112°; das Hydrochlorid läßt sich in 2 Diastereoisomere trennen vom F. 115—116° u. F. 96—98° (II). II liefert bei Red. mit H_2 u. Pd I. — I entsteht auch durch Red. eines Gemisches aus 3.4-Dioxyphenylglyoxaldibenzyläther u. 1-Phenyl-3-aminobutan mit H_2 u. Pd-Hydroxyd–$BaSO_4$ in Methanol. — *Kreislaufmittel*. — Vgl. auch Schwz. PP. 297 988; C. **1955**. 2025, u. 296 831; C. **1955**. 1096. (**D. B. P. 916 170** Kl. 12q vom 4/7. 1950, ausg. 5/8. 1954. Anmeldung bekanntgemacht 26/11. 1953. Dän. Prior. 9/8. 1949.) G. LANGER. 4807

General Mills, Inc., übert. von: **Joseph W. Opie, Donald T. Warner** und **Owen A. Moe**, Minneapolis, Minn., V. St. A., *Herstellung von Tryptophan* (II). Man kocht eine Lsg. von 100 (g) α-Acetamido-α-carbäthoxy-β-(3-indol)-propionsäureäthylester in verd. NaOH unter Rückfluß, gibt 2 Aktivkohle (I) zu, kühlt Filtrat auf 10°, stellt mit konz. HCl auf p_H 1,48 ein, wobei 15° nicht überschritten werden, kocht im Ölbad unter Rückfluß $2^1/_2$ Std., gibt danach 48 NaOH in 80 cm^3 W. zu u. erhitzt wieder ca. 18 Std., gibt 3 I zu, säuert das Filtrat mit der berechneten Menge Eisessig (III) an, kühlt 4 Std. im Eisbad, filtriert 49,8 rohes *dl*-II u. trocknet im Vakuum. Man löst das Prod. in 15 NaOH + 400 cm^3 W., mischt mit 2 I u. filtriert, mischt das Filtrat mit 200 cm^3 A., erhitzt auf 70°, säuert mit 22,5 III an, filtriert kalt, wäscht mit W. u. trocknet im

Vakuum. Man erhält 41,7 krist. *Rein*-II, F. 273—276° (Zers.). (**A. P. 2 583 010** vom 22/11. 1948, ausg. 22/1. 1952.) O. MÜLLER-MEININGEN. 4807

Boots Pure Drug Co. Ltd., Nottingham, England (Erfinder: **Thomas Israel Watkins**), *Phenanthridine* der allg. Formel **I**, in der R einen Alkyl- oder Alkenylrest mit mindestens 2 C-Atomen, X ein 1wertiges Anion u. Y NH_2 oder NO_2 bedeuten, werden durch Quaternisierung von Verbb. der allg. Formel **II**, in der R_1, R_2 u. R_3 Gruppen bedeuten, die in N_2-Gruppen umwandelbar sind, u. Abspaltung der schützenden Gruppen, z. B. durch saure Hydrolyse, oder durch Red. von Verbb. der allg. Formel **I** ($R = NO_2$) erhalten.

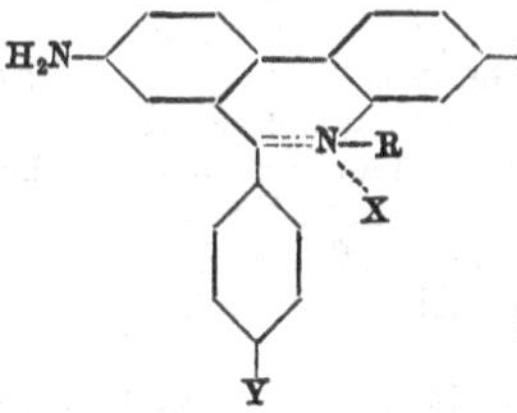

I

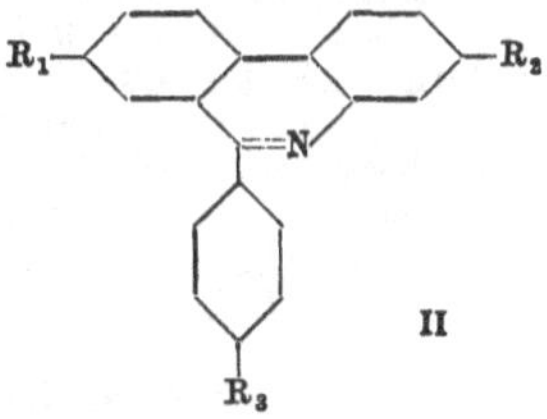

II

— Aus 2.7-Dicarbäthoxyamino-9-p-nitrophenylphenanthridin (III) u. Allyljodid in wasserfreiem Nitrobenzol bei 100° → *2.7-Dicarbäthoxyamino-9-p-nitrophenyl-10-allylphenanthridiniumjodid*, gelbe Kristalle, F. ca. 225° (Zers.); mit Ag-Methylsulfat → *Methosulfat*, orangegelbe Kristalle, F. ca. 210°. Daraus durch Erhitzen mit H_2SO_4 (10 cm^3 konz. H_2SO_4 u. 5 cm^3 W.) nach Zugabe von NH_4Cl → *2.7-Diamino-9-p-nitrophenyl-10-allylphenanthridiniumchlorid*, purpurfarbene Kristalle, F. 266—267°. Daraus mit $FeSO_4$ in $Ba(OH)_2$ → *2.7-Diamino-9-p-aminophenyl-10-allylphenanthridiniumchlorid*, purpurfarbene Kristalle, F. (aus A.-Isopropylalkohol) 245°. — In entsprechender Weise werden erhalten: Aus III u. Propyl-p-toluolsulfonat → *2.7-Dicarbäthoxyamino-9-p-nitrophenyl-10-propylphenanthridinium-p-toluolsulfonat*, kein definierter F., Hydrolyse mit H_2SO_4 u. NH_4Cl → *2.7-Diamino-9-p-nitrophenyl-10-propylphenanthridiniumchlorid*, schwarze Kristalle, F. (aus W. mit wenig NH_4Cl) 278—279°. Daraus durch Red. → *2.7-Diamino-9-p-aminophenyl-10-propylphenanthridiniumchlorid*, rote Kristalle, F. 295° (Zers.). — Aus III u. Diäthylsulfat → *2.7-Dicarbäthoxyamino-9-p-nitrophenyl-10-äthylphenanthridiniumäthosulfat*, kein definierter F., daraus durch Hydrolyse mit H_2SO_4 u. NH_4Cl → *2.7-Diamino-9-p-nitrophenyl-10-äthylphenanthridiniumchlorid*, schwarze Kristalle, F. 268 bis 270°; daraus durch Red. → *2.7-Diamino-9-p-aminophenyl-10-äthylphenanthridiniumchlorid*, dunkelrote Kristalle, F. 290° (Zers.). — Mittel zur Bekämpfung von *Trypanosomen*-Erkrankungen. (**E. P. 714 070** vom 8/6. 1951, ausg. 25/8. 1954.) R. LINK. 4807

Soc. des Usines Chimiques Rhône-Poulenc, Paris, Frankreich, *Pyrimidinderivate* der Formel I erhält man durch Kondensation eines Pyrimidinderiv. der Formel II bzw. III mit NH_3 oder einem prim. oder sek. Amin bei 150 bis ca. 200°. (X u. X_1 = H, Cl, OCH_3, NH_2, NO_2, CN, die beide auch gleich sein können, Z = prim., sek. oder tert. Aminrest, R = H oder Acylrest). — Aus 2.4-Diamino-5-(4'-chlorphenyl)-6-chlorpy (*py* = *pyrmiridin*)

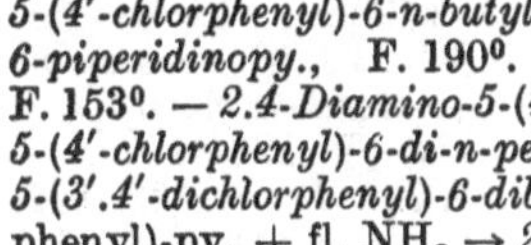

I

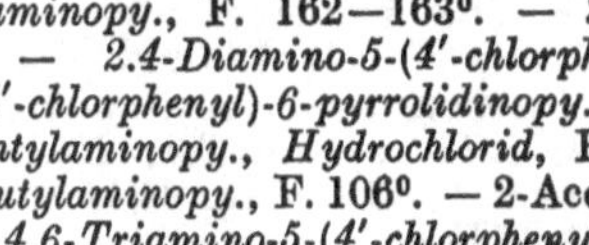

II

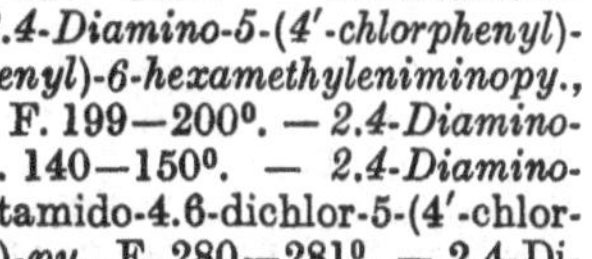

III

u. Di-n-butylamin in A. bei 200—210° → *2.4-Diamino-5-(4'-chlorphenyl)-6-di-n-butylaminopy.*, F. 116—117° (KOFLER). — *2.4-Diamino-5-(4'-chlorphenyl)-6-dimethylaminopy.*, F. 212—213°. — *2.4-Diamino-5-(4'-chlorphenyl)-6-diäthylaminopy.*, F. 208°. — *2.4-Diamino-5-(4'-chlorphenyl)-6-di-n-propylaminopy.*, F. 129—130°. — *2.4-Diamino-5-(4'-chlorphenyl)-6-n-butylaminopy.*, F. 162—163°. — *2.4-Diamino-5-(4'-chlorphenyl)-6-piperidinopy.*, F. 190°. — *2.4-Diamino-5-(4'-chlorphenyl)-6-hexamethyleniminopy.*, F. 153°. — *2.4-Diamino-5-(4'-chlorphenyl)-6-pyrrolidinopy.*, F. 199—200°. — *2.4-Diamino-5-(4'-chlorphenyl)-6-di-n-pentylaminopy.*, *Hydrochlorid*, F. 140—150°. — *2.4-Diamino-5-(3'.4'-dichlorphenyl)-6-dibutylaminopy.*, F. 106°. — 2-Acetamido-4.6-dichlor-5-(4'-chlorphenyl)-py. + fl. NH_3 → *2.4.6-Triamino-5-(4'-chlorphenyl)-py.*, F. 280—281°. — 2.4-Diamino-5-phenyl-6-chlorpy. → *2.4.6-Triamino-5-phenylpy.*, F. 241°; daraus mit KNO_3 in Ggw. von konz. H_2SO_4 bei —15° → *2.4.6-Triamino-5-(4'-nitrophenyl)-py.*, F. 362—365° (Maquenne); *Hydrochlorid*, F. 302—305°; daraus mit H_2 in Ggw. von ADAMS Pt → *2.4.6-Triamino-5-(4'-aminophenyl)-py.*, F. 220°, Erstarren u. Wiederschmelzen bei 238°; daraus nach SANDMEYER → *2.4.6-Triamino-5-(4'-cyanphenyl)-py.*, F. 365—372°. — *2.4-Diamino-5-phenyl-6-di-n-butylaminopy.*, F. 194° → *2.4-Diamino-5-(4'-nitrophenyl)-6-di-n-butylaminopy.*, F. 171°. — *Chemoterapeutica* mit *amöbicider* Wirkung. — Vgl. auch A. P. 2 670 351; C. **1955**. 6343. (**E. PP. 710 070** vom 15/12. 1952, ausg. 2/6. 1954. F.

Priorr. 30/1. u. 18/7. 1952, **712 595** vom 15/12. 1952, ausg. 28/7. 1954. F. Priorr. 30/1. u. 23/7. 1952.) G. KRAUSS. 4807

Hellmut Bredereck, Stuttgart, und **Heinz-Georg von Schuh,** Wiesbaden, *Herstellung von Purinverbindungen* durch Rk. von Derivv. des 4.5-Diaminopyrimidins mit Säureamiden bzw. deren Derivaten. Z. B. erhält man aus 4.5-Diaminouracilsulfat mit Formamid (I) quantitativ Xanthin, mit Propionamid das 8-Äthylxanthin, mit Benzamid das 8-Phenylxanthin; aus 1.3-Dimethyl-4.5-diaminouracil mit **I** das Theophyllin (**IV**), aus 3-Methyl-4.5-diaminouracil mit Phenylacetamid ein hellbraunes Pulver ohne charakterist. F.-Xanthin u. dessen Derivv. erhält man auch durch Rk. von Harnsäure (**II**) bzw. Alkylderivv. mit **I.** Z. B. aus **II** u. **I** das Xanthin; aus **II** u. Acetamid das 8-Methylxanthin, aus Dimethylxanthin u. **I** das **IV.** Xanthin in NaOH methyliert gibt Theobromin, ebenso 3-Methylxanthin in KOH u. Methanol. (**D. B. PP. 864 868** Kl. 12p vom 2/10. 1943, **864 869** Kl. 12p vom 10/11. 1943 u. **864 870** Kl. 12p vom 30/6. 1943, alle ausg. 29/1. 1953.) H. SCHINDLER. 4807

Imperial Chemical Industries Ltd., übert. von: **Francis Leslie Rose,** Blackley, Manchester, England, *Herstellung von 5-Amino (bzw. 5-Alkylamino)-7-methylisopurinen* der Formel **I,** worin R = H oder ein Alkylrest C_2—C_6 ist, dad. gek., daß ein 5-Aminopyrimidin der Formel **II** mit $NaNO_2$ + HCl in der Kälte in der 5-Aminogruppe diazotiert u. das Diazoniumsalz mit einer CH_3-Gruppe in 4- oder 6-Stellung in alkal. Medium unter Ringbildung gekuppelt wird. — Z. B. wird 2.5-Diamino-4.6-dimethylpyrimidin in wss. Lsg. mit $NaNO_2$ u. HCl (konz.) bei 15° umgesetzt, die Lsg. wird dann mit 40%ig. NaOH-Lsg. u. Eis versetzt. Nach dem Ansäuern fällt *5-Amino-7-methylisopurin* aus, F. 303—304° (Zers.). — 2-Äthylamino-5-amino-4.6-dimethylpyrimidin (F. 72°) → *5-Äthylamino-7-methylisopurin,* F. 224°. — 2-Isopropylamino-5-amino-4.6-dimethylpyrimidin (F. 101°) → *5-Isopropylamino-7-methylisopurin,* F. 213—215°. — 2-n-Butylamino-5-amino-4.6-dimethylpyrimidin (Sulfat, F. 150°) → *5-n-Butylamino-7-methylisopurin,* F. 162°. — 2-n-Amylamino-5-amino-4.6-dimethylpyrimidin (Sulfat, F. 144°) → *5-n-Amylamino-7-methylisopurin,* F. 154°. — *Therapeutica.* (**A. P. 2 554 213** vom 5/5. 1950, ausg. 22/5. 1951. E. Prior. 13/5. 1949.) A. MOHR. 4807

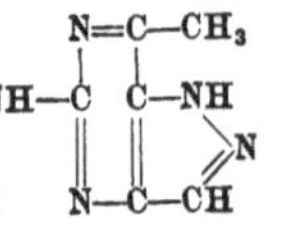

I

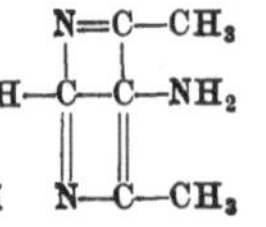

II

Soc. des Usines Chimiques Rhône-Poulenc, Seine, Frankreich (Erfinder: **Paul Charpentier**), *Herstellung neuer Phenothiazinderivate der* Formel Ph—A·N(X)(R_2)·CH_2·COO·C_2H_5 (Ph = Phenthiazinrest; A = aus N des Phenthiazins gebundene aliphat. Kette mit 2—5 C-Atomen, von denen mindestens 2 die Kette zwischen den N-Atomen bilden; R = (H_3 oder C_2H_5; X = Halogen). — Man erhitzt 27 g Dimethylaminoäthyl-N—Ph, 12 g $ClH_2C·COOC_2H_5$ u. 27 cm³ A. absol. unter Rückfluß 6 Std. u. erhält krist. (Carbäthoxymethyl)(dimethyl)(Phenthiazinyläthyl)ammoniumchlorid, F. 101 bis 102°. — (Carbäthoxymethyl)(dimethyl)[(phenthiazinyl-10)-1′-propyl-2′]-ammonium-chlorid, F. 132°. — (Carbäthoxymethyl)(diäthyl)(phenthiazinyläthyl)ammonbromid, F. 170°. — (Carbäthoxymethyl)(dimethyl)[(phenothiazinyl-10)-1′-dimethyl-2′.2′-propyl-3′]-ammonbromid, F. 199°. — *Antihistaminica, Antispasmodica, Lokalanästhetica.* (**F. P. 1 028 112** vom 26/10. 1950, ausg. 19/5. 1953.) M. PANKOW. 4807

Roche Products Ltd., Welwyn Garden City, England, *Tropasäure-N-alkenyl-N-(β-picolyl)-amide* der Formel **I** (R = Alkenyl) u. deren Salze erhält man durch Kondensation eines Tropasäurehalogenids mit einem Alkenyl-(β-picolyl)-amin, das aus 3-Halogenmethylpyridin durch Rk. mit einem prim. Alkenylamin oder durch Alkenylierung von N-(p-Toluolsulfonyl)-3-aminomethylpyridin mit einem Alkenylhalogenid oder Alkenylsulfat gewonnen wird. — Aus 3-Chlormethylpyridinhydrochlorid u. Allylamin in W. bei 40° → Allyl-(β-picolyl)-amin, $Kp._{13}$ 120°; daraus mit Acetyltropasäurechlorid in Pyridin–Chlf. u. anschließende Hydrolyse der Acetylgruppe → *Tropasäure-N-allyl-N-(β-picolyl)-amid,* viscoses Öl; *Hydrochlorid,* F. 136—137°. — *Spasmolytica.* (**E. P. 720 651** vom 2/2. 1953, ausg. 22/12. 1954. Schwz. Prior. 6/2. 1952. **Zusatz zu E. P. 681 792; C. 1953. 9718.**) G. KRAUSS. 4807

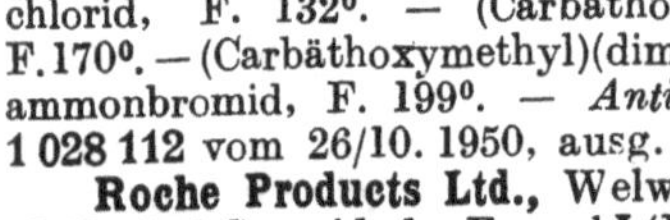

I

Manfred Oesterlin, Bonn, *Herstellung von Strychninsäure,* dad. gek., daß Strychnin mit einer höchstkonz. alkoh. Lsg. von Ätzalkalien, z. B. mit an KOH gesätt. Methanol, bei erhöhter Temp. umgesetzt wird. Umkrist. aus NaOH. (**D. B. P. 839 798** Kl. 12p vom 28/3. 1950, ausg. 26/5. 1952.) H. SCHINDLER. 4807

Manfred Oesterlin, Bonn, *Herstellung der Carbamidostrychninsäure,* dad. gek., daß Strychninsäure in schwach saurer Lsg. mit KCNO oder Nitroharnstoff, zweckmäßig unter geringer Erwärmung, zur Rk. gebracht wird. Bei 190° Zers. unter Gasbildung. (**D. B. P. 840 397** Kl. 12p vom 28/3. 1950, ausg. 3/6. 1952.) H. SCHINDLER. 4807

Hans Herloff Inhoffen (Erfinder: **Hans Herloff Inhoffen** und **Horst Pommer**), Braunschweig, *Synthese von β-Carotin.* 6-[2'.6'.6'-Trimethylcyclohexen-(1')-yl]-4-methylhexadien-(3.5)-in-(1) wird mittels Li mit Octen-(4)-dion-(2.7) zu 1.18-Bis-[2'.6'.6'-trimethylcyclohexen-(1')-yl]-3.7.12.16-tetramethyl-7.12-dioxydecaoctapentaen-(1.3.9.15.17)-diin-(5.13) kondensiert, das in beliebiger Reihenfolge einerseits an den Dreifachbindungen mit je 1 Mol H_2 in Ggw. eines selektiven Hydrierungskatalysators hydriert u. andererseits in Ggw. von W. abspaltenden Mitteln dehydratisiert wird. (**D. B. P. 818 943** Kl. 12o vom 14/6. 1950, ausg. 29/10. 1951.) G. KRAUSS. 4809

Schering Akt.-Ges., Berlin (Erfinder: **David Adriaan van Dorp, Josef Ferdinand Arens,** Oss, Holland, und **Hans Herloff Inhoffen,** Braunschweig), *Polyencarbonsäureester.* Man kondensiert γ-Halogencrotonsäureester mit α.β-ungesätt. Ketonen in Ggw. von Metallen, bes. Zn oder Mg, behandelt das Estergemisch mit wasserabspaltenden Mitteln u. verseift. — Methylheptenon + γ-Bromcrotonsäureäthylester → $(CH_3)_2C{=}CH{-}CH_2{\cdot}CH_2{-}C(CH_3){=}CH{-}CH{=}CH{-}COOH$ oder $(CH_3)_2C{=}CH{-}CH_2{-}CH{=}C(CH_3){-}CH_2{-}CH{=}CH{-}COOH$, aus 40%ig A., F. 113,5—114°. — β-Jonon + γ-Bromcrotonsäuremethylester → *β-Jonylidencrotonsäure,* gelbe Prismen, F. 153,5—155,5°. — Zwischenprodukte. (**D. B. P. 893 051** Kl. 12o vom 17/5. 1944, ausg. 12/11. 1953. **Zusatz zu D. B. P. 883 749; C. 1954. 3990.**) G. KRAUSS. 4809

Roche Products Ltd., Welwyn Garden City, England, *Aldehyde* erhält man analog Hauptpatent, durch Kondensation von dem β-Jonon (I) ähnlichen Ketonen, wie 2-(Methylcyclohexenyl)-vinylalkylketon oder 2-(Methylcyclohexadienyl)-vinylalkylketon oder einer von diesen Verbb. abgeleiteten Verb., die eine offene Kette enthält, wie in Pseudojonon (II), wobei der Ring in 1-Stellung geöffnet ist, mit einem Halogenessigester. Die anschließende Behandlung des Prod. ergibt in 4-Stellung substituiertes 2-Alkylbuten-(2)-al-(1). In dem Keton soll die Alkylgruppe nicht mehr als 4 C-Atome enthalten. Geeignet sind II, α-Jonon (III), Dehydro-β-jonon, β-Methyljonon u. allg. cycl. Homologe von der vorst. Formel, wobei R für H oder CH_3 u. mindestens 1 R für H stehen soll. — III wird mit Chloressigsäureäthylester bei —10° in Ggw. von $NaOC_2H_5$ behandelt, anschließend wird mit NaOH in Methanol verseift u. mit W. verd.; aus äther. Extrakt erhält man einen 1-Aldehyd, der in 2.3-Stellung eine Doppelbindung aufweist. — Aldehyd aus II hat $Kp._{10}$ 140—142°, Phenylsemicarbazon, F. 147°. — Zwischenprodd. für Synth. von *Verbb. der Vitamin A-Struktur.* — Vgl. auch F. P. 953 749; C. **1950.** II. 465. (**E. PP. 639 888** vom 18/12. 1947, ausg. 5/7. 1950. Schwz. Prior. 24/12. 1946, und **646 623** vom 22/9. 1948, ausg. 22/11. 1950. Schwz. Prior. 14/10. 1947. **Zusatz zu E. P. 636 642; C. 1954. II 598.**) G. KÖNIG. 4809

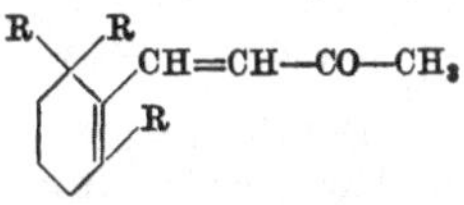

C. M. Kühn & Co., Rottenburg/Neckar, *Stabilisieren von biologischen Wirkstoffen und oxydationsempfindlichen Arzneimitteln oder anderen Verbindungen,* dad. gek., daß eiweißhaltige Stoffe, wie Milch, zunächst einer hydrolysierenden bzw. u. dann eine sauerentziehenden bzw. Enzyme, wie Peroxydasen, unwirksam machenden Behandlung unterworfen, von O_2 frei gehalten u. mit der Lsg. der zu stabilisierenden Stoffe vermischt werden. Das Hydrolyseprod. kann in Pulverform in z. B. Pentan aufgeschwemmt u. dieses nachher mit z. B. N_2 entfernt werden. Zusatzstabilisatoren sind noch Gallussäureester u. Cystein Anwendung z. B. bei Vitamin A u. D. Beispiel. (**D. B. P. 845 691** Kl. 30h vom 3/10. 1950, ausg. 4/8. 1952.) H. SCHINDLER. 4809

American Cyanamid Co., New York, übert. von: **James H. Boothe,** Pearl River, N. Y., V. St. A., *6- und 7-Brommethylpteridine* der Zus. I (R u. R' = H, CH_3-, CH_2Br- u. $CHBr_2$-) erhält man durch Rk. von *2-Amino-4-oxy-6-methylpteridin* mit Br_2 in konz. wss. HBr bei 40—150°. Beispiel: *2-Amino-4-oxy-6-dibrommethylpteridin.* — Zwischenprod. zur Herst. von Pteroylglutaminsäure u. dergleichen. (**A. P. 2584538** vom 24/6. 1948, ausg. 5/2. 1952.) O. MÜLLER-MEININGEN. 4809

I

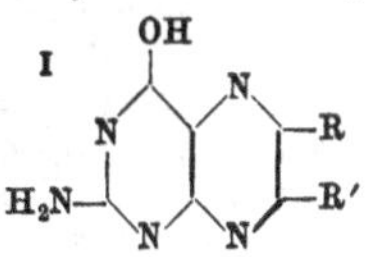

Upjohn Co., übert. von: **Robert H. Levin,** Kalamazoo, Mich., V. St. A., *Herstellung von Cholatriensäure-5.8-Addukten* der allg. Formel I, in der X aus niederen Fettsäureresten, die gegebenenfalls phenylsubstituiert sein können, besteht u. A ein dienophiles Radikal, z. B. Maleinsäure oder ihre niederen Diester, darstellt. Man ozonisiert Dehydroergosterinaddukte der allg. Formel I, jedoch mit dem Substituenten $-CH(CH_3)-CH{=}CH-CH(CH_3)-CH(CH_3)_2$ an C^{17}, mit 1,25 —2,5 (Mol) O_3 je 1 Addukt bei + 25 bis — 70° u. zers. das Ozonid in Ggw. eines Oxydationsmittels, z. B. H_2O_2. Man stellt so z. B. den *Maleinsäureanhydridaddukt der 3β-Acetoxy-bisnor-5.7.9-cholatriensäure* her, F. 177—185°. (**A. P. 2 575 350** vom 4/12. 1948, ausg. 20/11. 1951.) H. DERSIN. 4809

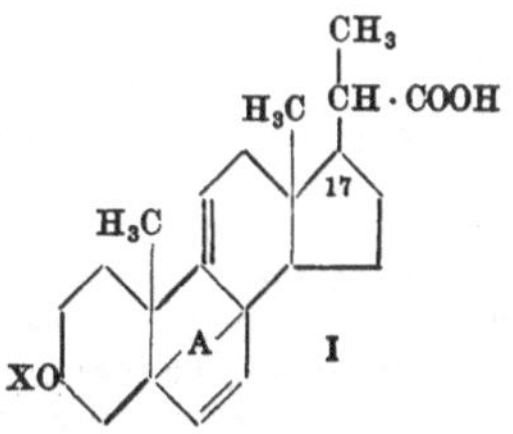

Upjohn Co., übert. von: **Robert H. Levin, A. Vern McIntosh jr.** und **George B. Spero**, Kalamazoo, Mich., V. St. A., *Herstellung von 24-Aryl-5.23-choladienen.* Man läßt auf ein Gemisch epimerer 24-Phenyl-5-cholen-3(β).24-diole wasserfreie Oxalsäure in Ggw. von Diphenyloxyd u. Diphenyl als Lösungsm. unter Kochen bei Rückfluß einwirken. Man erhält *3(β)-Oxy-24-phenyl-5.23-choladien*, F. 108—118°. Analog hergestellt: *3(β)-Oxy-24-(p-anisyl)-5.23-choladien*, F. 158—161°. (**A. P. 2 575 351** vom 4/12. 1948, ausg. 20/11. 1951.) H. Dersin. 4809

Upjohn Co., Kalamazoo, Mich., V. St. A , *22-Arylbisnor-5.7.9-cholatrien-22-onmaleinsäureaddukte* und *22-Acyloxybisnor-5.7.9.20-cholatetraenmaleinsäureaddukte.* Dehydroergosterylacetatmaleinsäureanhydridaddukt (I) gibt mit O_3 in CH_2Cl_2, reduktiver Zers. des Ozonids durch Zn-Staub u. Behandeln mit CrO_3 in Essigsäure 3β-Acetoxy-bisnor-5.7.9-cholatriensäure-5.8-maleinsäureanhydridaddukt, F. 239,5—243°, daraus entsteht mit $SOCl_2$ in Bzl.-Ae. u. Pyridin 3β-Acetoxy-bisnor-5.7.9-cholatrienonylchlorid-5.8-maleinsäureanhydridaddukt, F. 183—186°. Dieses wird mit Diphenyl-Cd in Ae. (hergestellt aus Brombenzol, Mg u. $CdCl_2$) bei 0 bis —10° u. anschließendem Erhitzen unter Rückfluß zu *3β-Acetoxy-22-phenyl-bisnor-5.7.9-cholatrien-22-on-5.8-maleinsäureanhydridaddukt*, F. 279—283°, umgesetzt. — I gibt in CH_2Cl_2 mit O_3—O_2 bei Trockeneistemp. u. reduktiver Zers. des Ozonids mit Zn-Staub in 89—95%ig. Ausbeute 3β-Acetoxy-bisnor-5.7.9-cholatrien-22-al-maleinsäureanhydridaddukt, das mit Essigsäureanhydrid u. Na-Acetat nach 6std. Erhitzen *3β-Acetoxy-22-acetoxy-bisnor-5.7.9.20-cholatetraenmaleinsäureanhydridaddukt* liefert, aus Aceton-Pentan F. 200,5—202°. — Zwischenprodd. zur Herst. von 11-Oxysteroiden. — Vgl. auch A. PP. 2 530 389 u. 2 530 390; C. **1951.** II. 2358. (**Schwz. PP. 291 189** u. **291 190** vom 22/8. 1950, ausg. 1/9. 1953. A. Prior. 23/8. 1949.) G. Krauss. 4809

Upjohn Co., übert. von: **Robert H. Levin, A. Vern McIntosh jr.** und **George B. Spero**, Kalamazoo, Mich., V. St. A., *3.22-Diacyloxy-5.7.9(11).20(22)-bisnor-cholatetraen* erhält man durch Erhitzen des entsprechenden 5.8-Maleinsäureanhydridaddukts mit einem organ. Amin auf 100—225°. — 3β.22-Diacetoxy-5.7.9(11).20(22)-bisnor-cholatetraenmaleinsäureanhydridaddukt wird mit N.N-Dimethylbenzylamin bzw. N-Äthylpyrrolidin bzw. Morpholin 4 Std. bzw. Dimethylanilin 5 Std. unter Rückfluß erhitzt, wodurch man *3β.22-Diacetoxy-5.7.9(11).20(22)-bisnor-cholatetraen*, F. 108—121° erhält. Ferner werden hergestellt: *3-Formoxy-*; *3-Propionoxy-*; *3-Butyroxy-*; *3-Isobutyroxy-*; *3-Valeroyloxy-*; *3-Hexanoyloxy-*; *3-Heptanoyloxy-*; *3-Octanoyloxy-*; *3-Benzoyloxy-22-acetoxy-* oder *-propionoxy-5.7.9(11).20(22)-bisnor-cholatetraen*; *3-Acetoxy-22-propionoxy-*; *3-Propionoxy-22-butyroxy*; *3-Butyroxy-22-octanoyloxy-*; *3-Butyroxy-22-benzoyloxy-5.7.9(11).20(22)-bisnor-cholatetraen.* (**A. P. 2 577 776** vom 1/9. 1950, ausg. 11/12. 1951.) G. Krauss. 4809

Organon Laboratories Ltd. und **Colin Leslie Hewett**, London, England, *Isolierung von Cholesterin.* Aus den nicht verseifbaren Bestandteilen des Wollfetts wird zunächst durch Lösen in kochendem Methanol (I) u. Abkühlen auf 42° das Isocholesterin ausgeschieden. Nach Abdest. des I wird in Aceton (II) gelöst, die Lsg. von dem wachsartigen Anteil befreit u. dieser nochmals mit heißem II behandelt. Beide II-Lsgg. werden vereinigt u. zur Trockne gebracht. Den Rückstand löst man in 60° warmem Eisessig. Beim Abkühlen auf 22° krist. Cholesterin aus, das umkrist. wird. (**Schwz. P. 274 845** vom 3/5. 1949, ausg. 16/7. 1951.) C. Lüttgen. 4809

N.V. Philips' Gloeilampenfabrieken, Eindhoven, Holland, *Adrenalin und Derivate.* Zu E. P. 684 781; C. **1955.** 8446 ist nachzutragen: — *1-(3'.4'-Dioxyphenyl)-2-aminoäthanonhydrochlorid* (I). Man kocht 3.4-Dimethoxy-ω-aminoacetophenonhydrochlorid mit konz. HBr u. setzt mit konz. HCl um. — *Arterenol.* Durch Red. von I mit H_2 u. $PdCl_2$. — Analog entstehen: *3.4-Dimethoxy-ω-isopropylaminoacetophenonhydrochlorid* → *3.4-Dioxy-ω isopropylaminoacetophenonhydrochlorid* → *1-(3'.4'-Dioxyphenyl)-2-isopropylaminoäthanolhydrochlorid*, F. 168°. — *1-(3'.4'-Dimethoxyphenyl)-2-tert.-butylaminoäthanonhydrochlorid* (F. 228,5—229,5°) → *1-(3'.4'-Dioxyphenyl)-2-tert.-butylaminoäthanonsulfat* (F. 253—254°) → *1-(3'.4'-Dioxyphenyl)-2-tert.-butylaminoäthanolsulfat* (F. 157—157,5°). — *1.(3'.4'-Dimethoxyphenyl)-2-(ω-phenyl-sek.-butylamino)-äthanonhydrochlorid* (F. 216—218°) → *1-(3'.4'-Dioxyphenyl)-2-(ω-phenyl-sek.-butylamino)-äthanonhydrochlorid* → *1-(3'.4'-Dioxyphenyl)-2-(ω-phenyl-sek.-butylamino)-äthanol* (F. 157—158°). — *Pharmazeutica.* (**Schwz. PP. 299 249, 299 250, 299 251** u. **299 252** vom 11/4. 1950, ausg. 16/8. 1954. Alle Holl. Prior. 13/4. 1949. **Zusätze zu Schwz. P. 293 809; C. 1955.** **881.**) G. Langer. 4809

American Cyanamid Co., V. St. A. (Erfinder: **Seymour Bernstein** und **Rose Mary Antonucci**), *Herstellung von Estern des $\Delta^{3;5;7;9,11;22}$-Ergostapentaenols-(3)* (I). Man läßt $\Delta^{3.5.7.22}$-Ergostatetraenol-(3) (II) mit Hg-Acetat u. Essigsäure bei 20—125° in Ggw. eines inerten Lösungsm. (z. B. Chlf., CCl_4, eines niederen aliphat. Alkohols) reagieren. — Z. B. löst man 1,35 g II-Acetat in 75 cm^3 A. u. versetzt diese Lsg. mit einer warmen Lsg.

von 4,05 g Hg-Acetat in 75 cm³ A., welche 1,6 cm³ Eisessig enthält. Das Ganze kocht man 2 Std. in Ggw. von N_2 am Rückflußkühler. Die Aufarbeitung ergibt 0,19 g I-*Acetat*, gelbe Kristalle, F. 160—161°. Die Ester dienen zur Herst. von *Cortison*. (**F. P. 1 068 858** vom 13/9. 1952, ausg. 1/7. 1954. A. Prior. 17/10. 1951.) T. OPPERMANN. 4809

Hans Glathe, Völkenrode über Braunschweig, *Nährboden für säureunempfindliche Mikroorganismen*, bes. für Schimmelpilze, dad. gek., daß er aus Huminsäuren besteht oder diese enthält. (**D. B. P. 836 705** Kl. 30h vom 27/3. 1949, ausg. 15/4. 1952.) E. PETERSEN. 4811

Paul Bonet-Maury und **Robert Perault,** Frankreich, *Herstellung eines antimikroben Mittels*. Der Träger der Nährstoffe, auf dem der das Mittel erzeugende Pilz gezüchtet wird, besteht aus einer granulosen M. von Trebern der Brauereien u. Brennereien, Melasse, Ölkuchen usw. (**F. P. 56 331** vom 5/2. 1945, ausg. 22/9. 1952. **Zusatz zu F. P. 960 531; C. 1950. II. 2588.**) T. OPPERMANN. 4811

Karl Kremers, Eislingen/Fils, *Bakteriostatisch und bakericid wirkende Stoffe von Polypeptidstruktur* erhält man durch Addition bzw. Kupplung von Streptococcus lactis-Ausscheidungen mit Körpern mit Phenolgruppen, die halogeniert bzw. kernhalogeniert sein können, wie Chlorcarvacrol, Chlorthymol, Hexylresorcin, mit Körpern, die Sulfonamidgruppen oder ungesätt. Doppelbindungen, z. B. ungesätt. Fettsäuren oder Ringkörper (Chaulmoograöl) enthalten, oder mit reduzierend wirkenden Stoffen, z. B. Ascorbinsäure, oder mit Salzen, bes. Ca-Lactat, oder mit anderen Antibiotica oder mit Vitaminen oder mit biol. wirksamen Säuren, wie p-Aminobenzoesäure, Folsäure, Nicotinsäure, Pantothensäure. Potenzierte Wirkung. (**D. B. P. 891 135** Kl. 30h vom 1/11. 1949, ausg. 24/9. 1953.) H. SCHINDLER. 4811

Aktiebolaget Astra, Apotekarnes Kemiska Fabriker, Södertälje, Schweden (Erfinder: **B. K. F. Sjögren**), *Herstellung von Penicillin*. Dem Nährmedium wird bei submersen Züchtungsbedingungen Vitamin B_{12} oder B_{12b} zusammen mit animal. Proteinfaktoren (APF) u. Maisquellwasser, gegebenenfalls in Mischung mit synthet. Nährsubstanzen, wie Phenylessigsäure, zugesetzt. (**Schwed. P. 141 735** vom 27/9. 1950, ausg. 25/8. 1953.) K. H. KÄHLER. 4811

Francis E. Martin, West Chester, Pa., V. St. A., *Behandlung von Milchdrüsen*. Um die Striche der Kuheuter gegen Mastitis zu behandeln, wird durch den Strichkanal ein bei n. Temp. festes Stäbchen eingeführt, das auf einem Ende zugespitzt ist u. hauptsächlich aus einem in Milch lösl. hochpolymerisierten Äthylenoxyd mit geringem Zusatz an *Penicillin* besteht. (**Can. P. 485 791** vom 14/2. 1950, ausg. 12/8. 1952.) W. WITTHOLZ. 4811

Sharp & Dohme, Inc., Philadelphia, übert. von: **Charles S. Miller,** Prospect Park, Pa., V. St. A., *p-(Cyclohexylsulfamyl)-benzoesäure* $C_6H_{11}NHSO_2C_6H_4COOH(p)$, F. 259 bis 260°. p-Toluolsulfonylhalogenid wird durch Oxydation in p-Carboxybenzolsulfonylhalogenid übergeführt u. mit Cyclohexylamin (I) kondensiert. Man kann auch p-Cyanbenzolsulfonylhalogenid mit I umsetzen u. die CN-Gruppe verseifen; lösl. in Blutplasma. — Verwendung zur Erhöhung des Penicillinspiegels im Blutplasma. (**A. P. 2 608 512** vom 20/8. 1949, ausg. 26/8. 1952.) G. KRAUSS. 4811

Farmaceutici Italia Soc. An., Mailand, Italien, *Zerlegung racemischen β-Phenylserins in seine optischen Antipoden*. Das rac. β-Phenylserin (I) wird über den rac. β-Phenylserincyclohexylester (II) durch Salzbldg. mit einer opt.-akt. Säure, z. B. Pyrrolidoncarbon- oder Camphersulfonsäure, u. durch fraktioniertes Auskrist. aus A. oder Isopropanol zerlegt. — 2,0 (g) rac. I werden auf sd. Wasserbad 2 Std. mit 10 cm³ Cyclohexanol im HCl-Strom erhitzt. Beim Erkalten krist. das Hydrochlorid des rac. **II**, F. 164°, welches nach Lösen in 5 W. u. Behandlung mit $NaHCO_3$ den freien rac. **II**, F. 94—94,5 liefert. Davon werden 4,66 in 25 cm³ 95%ig. A. gelöst u. in der Wärme mit einer Lsg. von 2,33 *l*-Pyrrolidoncarbonsäure in 7 cm³ A. gemischt. Nach dem Erkalten u. Umkrist. aus A. erhält man *l*-β-Phenylserincyclohexylester-N-*l*-Pyroglutamat, F. 140—141°, u. durch Behandlung mit wss. Bicarbonatlsg. den freien *l*-**II**, F. 47—48°. Aus der Mutterlauge gewinnt man durch Eindampfen u. Umkrist. *d*-β-Phenylserincyclohexylester-N-*l*-Pyroglutamat, F. 128—128,5°, u. daraus den freien *d*-**II**, F. 49—50°. — Durch Umsetzung von *dl*-**II** mit *d*-Camphersulfonsäure in Isopropanol in der Wärme erhält man *d*-β-Phenylserincyclohexylester-N-*d*-Campfersulfonat, F. 172—173°. Aus der Filtrationsmutterlauge erhält man *l*-β-Phenylserincyclohexylester-N-*d*-Camphersulfonat, F. 153,5—154,5°. — Zwischenprodd. für die Herst. von *Chloramphenicol*. (**Oe. P. 181 272** 19/9. 1952, ausg. 10/3. 1955. It. Prior. 5/11. 1951.) O. KAYSER. 4811

Parke, Davis & Co., Detroit, Mich., V. St. A., *dl-pseudo-1-Phenyl-2-aminopropan-1.3-diol* entsteht beim Kochen von dl-pseudo-1-Phenyl-2-acetamido- oder -2-dichloracetamido-1.3-diacetoxypropan mit HCl, F. 86—87°. (**Schwz. P. 283 758** vom 15/12. 1948, ausg. 16/10. 1952. A. Prior. 16/3. 1948.) G. LANGER. 4811

Parke, Davis & Co., Detroit, Mich., V. St. A., *dl-pseudo-1-Phenyl-2-acetamino-1.3-diacetoxypropan,* aus dl-pseudo-1-Phenyl-2-acetamino-3-acetoxypropan-1-ol u. Acetanhydrid in Pyridin bei 100°, F. 79°. (**Schwz. P. 285 130** vom 15/12. 1948, ausg. 16/12. 1952. A. Prior. 16/3. 1948.) G. LANGER. 4811

Parke, Davis & Co., Detroit, Mich., V. St. A., *Herstellung von optisch aktiven Dichloracetamiden.* Man gibt z. B. zur sd. Mischung aus 19,3 (g) dl-erythro-5-Amino-4-phenyl-2-methyl-1.3-dioxan, 12,0 gefällten $CaCO_3$, 0,95 NaCN u. 45 cm³ W. eine Lsg. von 23,4 Chloralhydrat in 10 cm³ W. innerhalb 10 Min., macht nach weiteren 10 Min. u. Abkühlen mit HCl kongosauer u. erhält 25,5 (85%) *dl-erythro-5-Dichloracetamido-4-phenyl-2-methyl-1.3-dioxan* (I), F. 224° (aus CH_3OH); *dl-threo-Verb.*, F. 131—131,5°. — *dl-threo-2-Dichloracetamido-1-p-nitrophenylpropan-1.3-diol* (= „rac. *Chloramphenicol*"), F. 151° (aus Essigester + PAe.). — *l-erythro-Verb.*, F. 178°, $[\alpha]_D$ —25,8° (c = 4% Aceton). — *dl-erythro-Verb.*, F. 169,5—170,5°. — *dl-erythro-2-Dichloracetamido-1-phenylpropan-1.3-diol*, F. 156—158°. — *Therapeutica.* (**E. P. 692 265** vom 19/5. 1950, ausg. 3/6. 1953.)

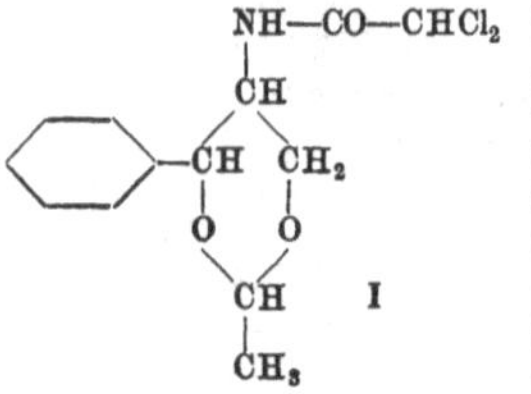
I

O. MÜLLER-MEININGEN. 4811

Parke, Davis & Co., Detroit, Mich., V. St. A. (Erfinder: **Ronald Slack, Julius Nicholson Ashley** und **Samuel Sidney Berg**), *Dichlormethyloxazoline des 2-Amino-1-p-nitrophenylpropan-1.3-diols* der allg. Formel I (R = p-Nitrophenylrest bzw. H u. R_1 = Oxymethyl- bzw. p-Nitrophenyloxymethylgruppe) erhält man durch Rk. des 2-Amino-1-p-nitrophenylpropan-1.3-diols (**II**) mit einem Iminoäther der Zus. $HN{=}C(R_2X){-}CHCl_2$ oder mit dessen Säureadditionssalzen (X = O oder S; R_2 = Alkohol- oder Mercaptanrest). — D(—)-threo-**II** in Pyridin + Dichloracetiminoäthylätherhydrochlorid (**IIa**) bei Raumtemp. → *D-threo-2-Dichlormethyl-4-p-nitrophenyloxymethyl-Δ²-oxazolin* (-2-Dichlormethyl-4-p-nitrophenyloxymethyl-Δ²-oxazolin = **III**), F. 143—144°, $[\alpha]_D^{20}$ —176,85°; aus dem Filtrat der ersten Kristallisation erhält man nach Eindampfen das *D-threo-2-Dichlormethyl-5-p-nitrophenyl-4-oxymethyl-Δ²-oxazolin* (-2-Dichlormethyl-5-p-nitrophenyl-4-oxymethyl-Δ²-oxazolin = **IV**), F. 132—133°, $[\alpha]_D^{20}$ —13,65°. — DL-threo-**II** + **IIa** in Pyridin → *DL-threo*-**III**, F. 163—164°; aus der Mutterlauge *DL-threo*-**IV**, F. 128—129°. — DL-threo-**II** + Dichloracetiminoäthylthioäther in Pyridin → *DL-threo-2-Dichlormethyl-5-p-nitrophenyloxymethyl-Δ²-oxazolin*, F. 162—163°; aus den Mutterlaugen DL-threo-**IV**, F. 128—130°. — L-erythro-**II**-hydrochlorid, F. 190—200°; $[\alpha]_D^{28}$ —17,8° + **IIa** in Pyridin → *L-erythro*-**III**, F. 143°; $[\alpha]_D^{25}$ —37°. — Rac. erythro-**II**-hydrochlorid → *rac. erythro*-**III**, F. 167—168°. — Zwischenprodd. für die Herst. von Heilmitteln. (**E. P. 698 542** vom 14/12. 1949, ausg. 21/10. 1953.) U. SIEVERS. 4811

I
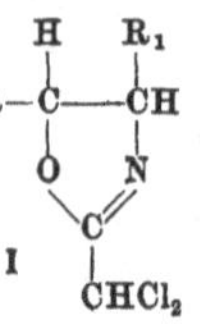

Henri D. Sauvage, Frankreich, *Herstellung von trockenen stabilen Pulvern von aktiven Wirkstoffen,* wie sie in biol. Fll., z. B. Pilzkulturen u. anderen antibiot. Stoffen, die zur Mycotherapie dienen, wie Penicillin, enthalten sind. Diese Stoffe werden durch Gefrieren der Fl. u. Zerkleinern der M. bei Tempp. unter 0° im Hochvakuum gewonnen, wobei die in der M. enthaltenen Eiskristalle sogleich in Wasserdampf übergehen, ohne sich zu verflüssigen. (**F. P. 1 001 206** vom 26/3. 1946, ausg. 21/2. 1952.) W. WITTHOLZ. 4811

Josef Keil, Speyer, *Gewinnung von biogene, fungostatische und andere Substanzen enthaltenden Rohprodukten* nach D. B. P. 876 571, dad. gek., daß außer dem Sporobacterium fungostaticum das Bacterium Bacillus antimycoides u. andere mit ähnlichen Eigg. u. Fähigkeiten ausgestattete Mikroorganismen gezüchtet u. aus der Kulturlsg. die bes. fungostat. Stoffwechselprodd. isoliert werden. Das Sporobacterium kann zur Gewinnung von proteolyt., bes. caseinolyt. Enzympräpp. verwendet werden. (**D. B. P. 885 601** Kl. 30h vom 28/12. 1950, ausg. 6/8. 1953. **Zusatz zu D. B. P. 876 571; C. 1953. 8417.**) H. SCHINDLER. 4811

Farbenfabriken Bayer Akt.-Ges., Leverkusen (Erfinder: **Ernst Auhagen** und **Günter Schmidt-Kastner,** Wuppertal), *Trennen der Komponenten des auf biologischem Wege anfallenden Actinomycins C* durch Anwendung der Verteilungschromatographie. Als wss. Phase dienen wss. Lsgg. der Salze von aromat. Oxycarbonsäuren u./oder aromat. Oxysulfosäuren, deren phenol. OH-Gruppe substituiert ist. Als andere Phase dienen organ. Lösungsmittel, die mit der wss. Phase nicht oder nur beschränkt mischbar sind. — Mengenbeispiele. (**D. B. P. 930 579** Kl. 30h vom 16/7. 1953, ausg. 18/7. 1955. Anmeldung bekanntgemacht 20/1. 1955.) H. SCHINDLER. 4811

André Jean Pierre Joseph Thomas, Seine, Frankreich, *Massenzüchtung von pathogenen Viren, insbesondere des Virus der Aphthenseuche.* Gewebe, in dem das betreffende

Virus sich vermehrt, wird Föten oder erwachsenen Tieren entnommen u. in Form einer Suspension auf ein gleichartiges oder mehr oder minder verwandtes Tier übertragen. Nach einer genügend langen Zeit werden die entstandenen Neubildungen dieses Gewebes mit dem Virus infiziert. Hierbei kann die Gewebssuspension oder die den Virus enthaltende Fl. Substanzen enthalten, die die Virulenz des Virus steigern, seine Vermehrung begünstigen oder die Bldg. von immunisierenden Stoffen verstärken (z. B. Hyaluronsäure u. ihre Derivv., Heparin, Mucin). Die bei Entw. der Krankheit sich bildende virulente Gewebsmasse wird dem Tier entnommen, in einen Brei verwandelt u. mit der bei ihrer Entnahme gesammelten virulenten Fl. vermischt. Das virulente Gemisch wird, an Gummi arabicum, Stärke, Glykogen u. dgl. adsorbiert, verwendet oder in akt. Fraktionen (Nucleoproteine, Globuline, Proteine) zerlegt, die ebenfalls an obige Substanzen adsorbiert werden. Die Inaktivierung des virulenten Materials erfolgt z. B. mit d-Glucuronsäure, d-Glucuron oder d-Glucosamin u. dient zur Infizierung von Tieren zwecks Herst. von Antikörpern oder wird auf Vaccine verarbeitet. (**F. P. 1 040 246** vom **31/7. 1951**, ausg. 13/10. 1953.) T. OPPERMANN. 4813

Ortho Pharmaceutical Corp., Raritan, N. J., V. St. A. (Erfinder: **C. E. Folsome**), *Herstellung eines Sulfonamidpräparates für lokale Applikation in der Gynäkologie.* Es werden Sulfonamide mit pKa-Wert 6—8, 5—6 u. 4—5 im Mol-Verhältnis ca. 1 : 1 : 1 in einer koll. Öl-in-W.-Dispersion verteilt. — Beispiel: 17,1 (Gewichtsteile) Sulfathiazol, 14,3 N^1-Acetylsulfanilamid, 18,5 N^1-Benzoylsulfanilamid, 5 Harnstoffperoxyd, 80 Stearinsäure, 30 Glycerin, 5 KOH, 330 entionisiertes Wasser. (**Schwed. P. 141 421** vom 14/10. 1948, ausg. 28/7. 1953.) K. H. KÄHLER. 4815

E. I. du Pont de Nemours & Co., übert. von: **Walter A. Gregory**, Wilmington, und **Edward C. Hermann**, Willow Run, Wilmington, Del., V. St. A., *Girard-Derivate von 5-Halogensalicylaldehyden* (**I**) dienen zur Bekämpfung der *Coccidiose* bei *Hühnern.* Sie entstehen durch Rk. eines 5-Halogensalicylaldehyds mit $H_2N \cdot NH \cdot CO \cdot CH_2 \cdot Y^+Y^-$, worin Z Halogen, Y einen quaternären Ammoniumrest, wie Trimethylammonium, Triäthylammonium, Pyridinium u. Morpholinium, u. X Cl oder Br bedeuten. — *Trimethylammoniumchloridessigsäurehydrazid-(5-chlorsalicylaldehydhydrazon).* Beim

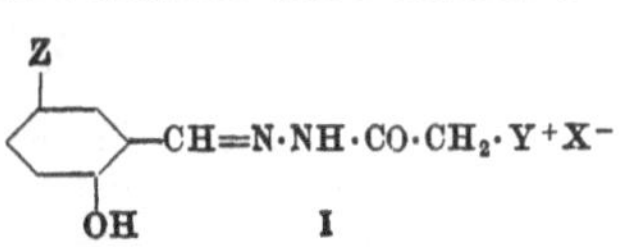

I

Kochen von 5-Chlorsalicylaldehyd mit Trimethylammoniumchloridessigsäurehydrazid, Eisessig u. Alkohol, F. 252° (Zers.). — Analog entstehen: *Pyridiniumchloridessigsäurehydrazid-(5-chlorsalicylaldehydhydrazon),* F. 245°. — *Trimethylammoniumchloridessigsäurehydrazid-(5-bromsalicylaldehydhydrazon),* F. 250°. — *Triäthylammoniumchloridessigsäurehydrazid-(5-chlorsalicylaldehydhydrazon); 1-Carboxymethylmorpholiniumchloridessigsäurehydrazid-(5-chlorsalicylaldehydhydrazon); Trimethylammoniumbromidessigsäurehydrazid-(5-chlorsalicylaldehydhydrazon); Trimethylammoniumchloridessigsäurehydrazid-(5-jodsalicylaldehydhydrazon).* (**A. P. 2 670 348** vom 10/6. 1952, ausg. 23/2. 1954.) G. LANGER. 4815

Petrolite Corp. Ltd., Wilmington, Del., übert. von: **Melvin De Groote**, University City, Mo., V. St. A., *Hochmolekulare monomere saure organische Ester* erhält man durch Rk. eines 2 freie Oxygruppen enthaltenden Diäthers aus Styrolglykol oder Polystyrolglykols u. Propylenoxyd mit 750—3500 Mol.-Gew. u. 2 Mol einer Polycarbonsäure, z. B. Adipin-, Phthal- oder Diglykolsäure. Verwendung zum Brechen von W.-in-Öl-Emulsionen. Durch weitere Veresterung, z. B. durch Rk. mit Epichlorhydrin u. Pyridin, erhält man *quaternäre NH_4-Prodd., die das Wachstum von Mikroorganismen verhindern.* (**A. P. 2 602 088** vom 3/5. 1950, ausg. 1/7. 1952.) G. KÖNIG. 4833

American Cyanamid Co., New York, übert. von: **Robert B. Barnes**, Stamford, Conn., V. St. A., *Entfernung von Bakterien aus Flüssigkeiten* durch Hindurchleiten, z. B. einer wss. Fl., durch ein Bett eines anionenakt. Materials, z. B. eines harzartigen Kondensationsprod. aus CH_2O mit Guanidin u. Harnstoff. — Vgl. A. P. 2 408 615; C. **1947.** 496. (**Can. P. 485 843** vom 14/12. 1942, ausg. 19/8. 1952. A. Prior. 5/9. 1942.) M. F. MÜLLER. 4833

Badische Anilin- & Soda-Fabrik, Deutschland, *Desinfektions- und Konservierungsmittel.* Man verwendet Kondensationsprodd. von höhermol. Fettsäuren mit Polyaminen, die hydrophile Gruppen, bes. Oxy- u./oder Carboxylgruppen enthalten. — Z. B. gibt man zu 100 Teile W. 4,5 Teile des Kondensationsprod. von 1 Mol Dioxyäthylendiamin u. 1 Mol Ölsäure u. gleichzeitig 0,5 Teile des Reaktionsprod. von 1 Mol Oleylalkohol u. 25 Mol Äthylenoxyd. Das Prod., gegebenenfalls mit einem geeigneten Parfüm versetzt, dient zum Desinfizieren der Hände. (**F. P. 1 032 858** vom 19/2. 1951, ausg. 6/7. 1953. D. Prior. 24/2. 1950.) T. OPPERMANN. 4833

Schülke & Mayr Akt.-Ges., Hamburg, *Desinfektionsmittel,* bestehend aus einer Mischung von *Chlor-o-phenylphenol, Chlorkresol* u./oder *Chloroxylenol* ist bes. gegen gramnegative Keime (Bakt. Coli u. Bakt. Pyoc.) wirksam. (**D. B. P. 898 353** Kl. 30i vom 9/12. 1943, ausg. 30/11. 1953.) O. STEIL. 4833

Schülke & Mayr Akt.-Ges., Hamburg, *Desinfektionsmittel*, bes. gegen grampositive Keime wirksam, bestehend aus einer Mischung von *Chlorcyclohexylphenol*, *Chlorkresol* u./oder *Chlorxylenol*. (**D. B. P. 898 664** Kl. 30i vom 3/1. 1945, ausg. 3/12. 1953.) O. STEIL. 4833

Herbert Schnapka K. G. (Erfinder: **Hans Goebel**), Bremen, *Desinfektionsmittel*, enthaltend fungicid u. bakericid wirkende organ. Verbb. sauren Charakters u. Aryl- oder Aralkylester enthaltende Aldehyde, Alkohole oder Ester, letztere für sich oder in Mischung. — Beispiel: 0,75 g Phenol, 3,0 g Benzoesäure, 2,0 g Salicylsäure u. 5,0 g Benzylalkohol oder 6,0 g Salicylalkohol in 89,25 g bzw. 88,25 g Alkohol. (**D. B. P. 849 594** Kl. 30i vom 28/10. 1949, ausg. 15/9. 1952.) J. KETTNER. 4833

Rohm & Haas Co., Philadelphia, übert. von: **Richard S. Cook**, Rockledge, und **W. E. Craig**, Philadelphia, Pa., V. St. A., *Aminsalze von Bis-(2-oxy-3-brom-5-chlorphenyl)-sulfid* (I), das durch Bromieren von Bis-(2-oxy-5-chlorphenyl)-sulfid gewonnen wird (F. 153—158°). Man mischt I mit einem Amin in Ggw. eines flüchtigen inerten organ. Lösungsm., z. B. Toluol, u. dest. dieses ab. Hergestellt werden die Salze mit CH_3NH_2, F. 179—189°; $(CH_3)_2NH$; $(CH_3)_3N$, F. 90—95°; $HO{\cdot}C_2H_4{\cdot}NH_2$, F. 133—138°; $(HO{\cdot}C_2H_4)_2NH$; $(HO{\cdot}C_2H_4)_3N$; $(CH_3)_2N{\cdot}C_2H_4{\cdot}OH$; *tert.-Butylamin*, F. 167—170°. — *Fungitox. Verbb. zur Verwendung in Seifen.* (**A. P. 2 702 302** vom 25/5. 1954, ausg. 15/2. 1955.) K. FABEL. 4833

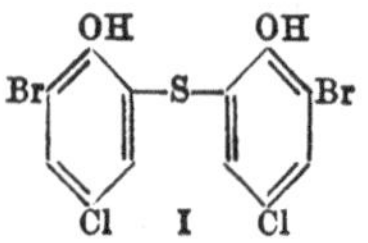

I

Gino Lenardon, Clorofilla e sue proprietà terapeutiche e deodoranti. Tolmezzo (Udine): Tip. Carnia. 1954. (13 S.)

G. Analyse. Laboratorium.

—, *Germaniumschmelzofen*. Der geneigt gebaute Ofen besteht aus 3 Teilen, durch den die mit GeO_2 gefüllten Schiffchen bewegt werden können. In dem ersten Teil des Ofens wird das Oxyd in H_2 4 Std. auf 650° erhitzt. Hierauf kommt das Schiffchen in den zweiten Teil des Ofens, in dem das Material in H_2 ca. 1 Std. auf 1000° erhitzt u. zu einem festen Barren zusammengeschmolzen wird. Nach dem Schmelzen kommt das Schiffchen zum Abkühlen in den dritten Teil des Ofens, der aus einer wassergekühlten Röhre besteht. Zur Reinigung des erhaltenen Ge wird das Metall dem Zonenschmelzverf. unterworfen. (Electronics **26**. Nr. 5. 278. 280. Mai 1953.) C. GOTTFRIED. 5028

L. Ss. Priss, *Zur Theorie des Rotations-Schwingungs-Viscosimeters für hochviscose Flüssigkeiten.* Es wird eine von SCHWIDKOWSKI aufgestellte Theorie des Rotations-Schwingungs-Viscosimeters für geschmolzene Metalle so ausgebaut, daß dieses Verf. für die Viscositätsmessungen an Fll. mit hohen kinemat. Viscositätswerten, darunter auch an Schlacken, anwendbar wird. Die Richtigkeit der aufgestellten Formeln wird an wss. Glycerinlsgg. nachgeprüft. (Журнал Технической Физики [J. techn. Physik] **22**. 1050—61. Juni 1952. Moskau, Univ., Phys. Fak., Labor. für Molekular- u. Wärmeerscheinungen.) O. LEBTAG. 5040

A. Krieg, *Eine neue Einrichtung für Fluorescenzmikroskopie im durch- und auffallenden Licht.* Beschreibung der großen Fluorescenzeinrichtung von ZEISS-WINKEL zur mkr. visuellen Beobachtung u. Mikrophotographie mit ihren Variationen (Erreger- u. Sperrfilter, Pupillenspektroskop usw.) u. Diskussion ihrer opt. Möglichkeiten. (Z. wiss. Mikroskop. mikroskop. Techn. **62**. 256—64. 1955. Göttingen.) K. BLUMRICH. 5056

H. Hogh und **G. H. Barr**, *Papierelektrophorese mit überlagertem p_H-Gefälle.* Die Anwendung der von KOLIN (C. **1955**. 6767) beschriebenen Technik der Elektrophorese mit überlagertem p_H-Gefälle wird auf die Papierelektrophorese ausgedehnt u. an Hand elektrophoret. Trennungen der Komponenten in menschl. Serum, Plasma u. Rückenmarkflüssigkeit unter Verwendung verschied. Puffer (Veronal, NaH_2PO_4) u. Farbstoffe zur Anfärbung (Bromphenolblau, Sudanschwarz B) kurz beschrieben u. diskutiert. Die Meth. ist bes. für die Analyse sehr verd. Lsgg. brauchbar u. scheint gegenüber der Elektrorheophorese von MACHEBOEUF gewisse Vorteile zu bieten. Die Ergebnisse sind in einer Tabelle wiedergegeben. (Science [Washington] **122**. 243—44. 5/8. 1955. Richmond, Med. Coll. of Virginia, Dep. of Biophys.) E. HOFMANN. 5062

Jules Carles, *Neue Methode der Rundchromatographie.* In der Mitte einer Kristallisierschale befindet sich eine mit dem Lösungsmittelgemisch gefüllte kleine Flasche, in der senkrecht ein Capillarrohr steht; die Capillare hat annähernd die Höhe des Schalenrandes. Auf die Schale wird das Chromatographiepapier gelegt, in dessen Mitte die aufzutrennende Lsg. aufgetragen wurde. Durch die Mitte des Papiers wird ein kleiner Dorn aus Metall oder Glas gesteckt, dessen Spitze so dünn sein muß, daß sie in die Capillare paßt. Durch diesen Dorn wird das Papier fest mit der Capillare verbunden. Das Ganze wird dann noch mit einer Glasplatte bedeckt. Vf. empfiehlt diese Form der Rundchromatographie bes. für die Trennung von *Mono-* u. *Oligosacchariden.* Die R_f-Werte der Rundchromatographie lassen sich an die der gewöhnlichen Papierchromatographie angleichen, wenn man zur Berechnung nicht die durchwanderten Strecken, sondern die durchwanderten Flächen betrachtet. (Bull. Soc. Chim. biol. **37.** 521—24. 1955. Toulouse, Inst. Catholique, Labor. de Physiol. végétale.) K. NEHRING. 5062

K. S. Ambe, Leela Kulkarni und **Kamala Sohonie,** *Leiter-Papyrographie — eine Mehrscheibentechnik.* Zur Herst. mehrerer Chromatogramme in einem Ansatz nach der Rundfiltermeth. entwickeln Vff. eine sog. Leitertechnik, die im Vers. mit 9 *Aminosäuren* beschrieben wird. 6 Rundfilter mit zentral angebrachten Löchern sind im Abstand von 7,5 mm mit Hilfe geeigneter Stützen so über einer kleinen PETRI-Schale angeordnet, daß die Filterscheibe mit dem kleinsten Loch von 2 mm die unterste, die mit dem größten von 6 mm die oberste Sprosse der Leiter darstellt. Der Docht hat die Form eines spitzen Kegels u. wird so durch die Löcher gesteckt, daß seine Spitze in die Entwicklungs-Fl. in der PETRI-Schale taucht. Auf einem inneren Kreis von 2,5 cm Durchmesser werden auf 4 entgegengesetzten Punkten die Proben aufgetragen. Das Ganze steht während der Entw. in einer geschlossenen Kammer. Mit dieser Vorr. können bis zu 36 Proben gleichzeitig chromatographiert werden. Diese Technik zeigt saubere Trennungen u. bringt reproduzierbare R_F-Werte innerhalb der experimentellen Fehlergrenze. (J. sci. ind. Res. [New Delhi] **13 B.** 380—81. Mai 1954. Bombay, Inst. of Sci., Biochem. Dep.) H. ENDRASS. 5062

K. V. Giri und **D. P. Parihar,** *Fließchromatographie beim Rundfilterpack.* Zur Elution von nach der präparativen Meth. der Rundfiltertechnik gewonnenen Chromatogrammen wird eine Vorr. beschrieben, die es erlaubt, Fraktionen mit Hilfe eines automat. Sammlers abzunehmen. Der Filterpack (4—5 Filter) wird zwischen 2 Glasplatten geringeren Durchmessers festgeklemmt, von denen die obere eine Bohrung von 3,2 cm aufweist. Der überstehende Filterrand wird ausgezackt, die Zacken werden nach unten umgelegt, das Ganze so in einen Trichter gelegt, daß die Zacken dessen Innenwandung berühren. Ein Scheidetrichter ist über sein Ausfließrohr durch einen Schliff mit einem die Elutions-Fl. enthaltenden Kolben verbunden. Er wird mit seiner Eingußöffnung durch die Bohrung der oberen Glasplatte auf eine kleine, auf dem Filterpack ruhende Filterscheibe gestellt. Das durch die Zacken u. das Trichterrohr abfließende Eluat kann dann vom automat. Sammelgerät aufgefangen werden. (Nature [London] **175.** 304—05. 12/2. 1955. Bangalore, Ind., Inst. of Sci,. Dep. of Biochem.; New Delhi, Defense Sci., Labor.) H. ENDRASS. 5062

Garold F. Gregory, *Ein Verfahren zur raschen Übertragung einer Substanz vom Papier auf den Startfleck eines Chromatogramms.* Soll eine papierchromatograph. abgetrennte Verb. vom Chromatogramm auf den Startfleck eines anderen übertragen werden, wird der Fleck so ausgeschnitten, daß ein kleiner Streifen mit keilförmiger Spitze entsteht, in dessen Mitte sich der Fleck befindet. Der Ausschnitt wird mit einem 2. Streifen Papier durch Anheften in Kontakt gebracht, das Ganze rechtwinklig gefaltet u. so in einen Becher mit Elutions-Fl. gestellt, daß die Spitze des 2. Streifens den Mittelpunkt eines Filters berührt, das zwischen 2 planparallelen durchlochten Platten als Deckel den Becher bedeckt. Die aufsteigende Fl. überträgt den Fleck zunächst auf den 2. Streifen u. über dessen Spitze auf das Deckfilter. Ein von oben auf den Mittelpunkt des Filters gerichteter warmer Luftstrom verdampft die Elutionsflüssigkeit. Das Deckfilter kann während der Elution nach Wunsch ausgewechselt werden. (Science [Washington] **121.** 169. 4/2. 1955. Washington, D. C., Inst. for Atomic Res. and Dep. of Botany and Plant Pathol.) H. ENDRASS. 5062

R. Pallaud, *Ionenaustauscher in der analytischen Chemie.* Übersicht über die verschied. Typen von Ionenaustauschern u. ihre chem. u. physikal.-chem. Theorie. — 8 Literaturangaben. (Chim. analytique [4] **37.** 16—19. Jan. 1955.) PH. FRESENIUS. 5062

András Dallos, *Impulsspektrographie.* (Magyar tudományos Akad., matematikai fizikai Osztályának Közleményei [Ung. Akad. Wiss., Ber. math. physik. Abt.] **2.** 173—83. 1952. — C. **1952.** 1606.) J. PLANK. 5063

—, *Photometrische Analysenmethoden. — Ein Überblick über neue Methoden.* An Hand von 212 Zitaten werden seit 1953 veröffentlichte photometr. Analysenmethoden für *B, Ti, Mo, Zn, Sn, P, U, Si, As, V, W, Al, Cu, Mg, Be, Nb, Ta, Ni, Mn, Cr, Ce, Y, Seltene Erden, Te, Th, Sb, Bi, Ge, Ga, Cd, Hg, Fe, Cu, Zr, Pt-Metalle, Co, Ag,* S^{2-}, NO_2^-, NO_3^- u. verschied. organ. Verbb. beschrieben. (Chem. Age **72.** 527—34. 542. 26/2. 1955.) H.-G. MOSLÉ. 5064

György Gergely und **F. Péter Váradi,** *Einfaches hochempfindliches Flammenphotometer.* Das Licht einer Knallgasflamme fällt durch eine Kondensorlinse auf den Spalt eines Glasprismenmonochromators mit Wellenlängentrommel u. wird von einer Multiplierphotozelle aufgenommen. Zwecks Ausschließens des Dunkelstromes des Elektronmultipliers ist vor dem Spalt des Monochromators eine gezahnte rotierende Scheibe angebracht, wodurch ein aussetzender Lichtstrahl in den Monochromator gelangt. Die Spannung des Multipliers mißt ein Röhrenvoltmeter. Die Änderung des Proportionalitätsfaktors bei verschied. Wellenlängen wird bei der Auswertung der Lichtintensitätsmessungen durch Vgl. mit einer kalibrierten Standardglühlampe in Betracht gezogen. Bei der Ca-, Sr-, Ba-Best. bewährte sich die RCA 931-A Zelle, bei der K-Best. die Röhre Typ. RCA 1-P-22. Der App. wurde zur Schnellanalyse von Oxydkathoden u. K-Best. im K-Wasserglas bei der Fluorescenzschirmbereitung konstruiert. Die Arbeitsbedingungen u. erreichbare Genauigkeit bei Anwendung sehr geringer Substanzmengen werden diskutiert. (Magyar Kémiai Folyóirat [Ung. Z. Chem.] **61.** 182—89. Juni 1955.)

J. Plank. 5064

Zdeněk Šír und **Rudolf Přibil,** *Komplexometrische Titrationen (Chelatometrie).* 12. Mitt. *Die 1.2-Diaminocyclohexan-N.N.N'.N'-tetraessigsäure als maßanalytisches Reagens; die Bestimmung von Eisen, Aluminium und Titan.* (11. vgl. C. **1955.** 7507.) In schwach alkal., mit Pyridin oder seinem Gemisch mit NH_3 u. NH_4Cl gepufferten Lsgg. bildet die *1.2-Diaminocyclohexan-N.N.N'.N'-tetraessigsäure* („Chentareagens"; I) mit Al u. Ti(IV) beständige Komplexe, so daß diese Elemente durch Rücktitration des überschüssigen I bestimmt werden können. Da auch die Komplexe von I mit Fe^{3+} unter den obigen Bedingungen große Stabilität aufweisen (l. c.), kann bei Verwendung von I die Summe von Fe^{3+}, Al^{3+} u. Ti^{4+} bestimmt werden. Die Fluoridkomplexe von Al^{3+} u. Ti^{4+} sind in Pyridinlsgg. gegen I insofern beständig, als die beiden Kationen durch Zugabe von F^- maskiert werden können, wodurch die Möglichkeit einer komplexometr. Best. von Fe^{3+} neben Al u. Ti, bzw. von Fe^{3+} u. Al^{3+} oder Ti^{4+} durch Doppeltitration gegeben ist. I wird in der Form von 0,05n Lsg. des Dinatriumsalzes verwendet. Die saure Probelsg. wird mit einem Überschuß von I u. danach mit der Pyridinpufferlsg. (82 ml Pyridin, 210 ml konz. NH_3 u. 56 g NH_4Cl in 1 Liter) versetzt, worauf das überschüssige Reagens mit 0,05mol. $ZnCl_2$- bzw. $ZnSO_4$-Lsg. auf Eriochromschwarz T titriert wird. Die Titration von Al u. Ti wird durch Ggw. von größeren Mengen Alkalimetallen gestört. Zur Maskierung von Al u. Ti fügt man der Probelsg. vor der Zugabe von I 15—20 ml 2%ig. NH_4F-Lsg. zu. Für die Nebenbest. von Fe, Al u. Ti ist die komplexometr. Titration durch die colorimetr. oder gravimetr. Best. von Ti nach Pickering (Analytica chim. Acta [Amsterdam] **9.** [1953.] 324) bzw. nach Přibil u. Schneider (C. **1954.** 848 u. **1955.** 7509) zu ergänzen. (Chem. Listy **49.** 679—83. Mai. [Orig. tschech.] Collect. czechosl. chem. Commun. **20.** 871—75. 1955. Praha, Českoslov. akademie věd, ústav organ. chemie a Výzk. ústav pro farm. a biochem.)

K. Kámen/Prag. 5066

N. A. Gibson und **R. A. White,** *Titrationen mit extraktiven Endpunkten.* 1. Mitt. *Die Permanganattitration.* Da bei Titrationen mit $KMnO_4$ der Endpunkt oft nicht bes. gut zu erkennen ist, versetzten Vff. die Lsg. (150 ml) vor der Titration mit genügend 5%ig. Triphenylmethylarsoniumchloridlsg., die mit überschüssigem MnO_4^- eine tiefpurpurgefärbte Verb. $(Ph_3MeAs)(MnO_4)\cdot 0{,}5\ H_2O$ bildet, die isoliert werden konnte. Diese Verb. kann durch $C_2H_4Cl_2$ oder Chlf. leicht ausgeschüttelt werden. Es wurden 5 ml Lösungsm. zugegeben u. nach jeder Reagenszugabe geschüttelt. Den Endpunkt zeigt eine leichte Verfärbung des Chlf., bei Rücktitration eine Entfärbung, an. (Analytica chim. Acta [Amsterdam] **12.** 115—23. Febr. 1955. Sydney, Univ., Chem. School.)

H. Pluskal. 5066

B. F. Ormont und **W. I. Smirnowa,** *Apparat zur quantitativen Absorption von Gasen.* Der App. besteht aus einem Glaszylinder, auf dessen durch die Mitte hineinreichenden Stab eine Anzahl (7—10) glockenförmiger Ringe aufgesetzt sind, deren Form es mit sich bringt, daß das hindurchstreichende Gas auf einem möglichst langen Wege die Fl. passiert u. auch bei sehr langsamem Hindurchperlen die Absorptionsfl. gut durchmischt wird. Beschrieben werden 3 Formen, deren eine für die ultramikrogravimetr. Titration (vgl. C. **1956.** 1394), also zur Best. bes. geringer Mengen C, bes. geeignet ist. (Журнал Аналитической Химии [J. analyt. Chem.] **9.** 364—65. Nov./Dez.1954.)

A. v. Wilpert. 5086

E. B. Offutt und **L. V. Sorg,** *Analysenregistriergerät zur Messung von Schwefelwasserstoff in Luft.* Ein H_2S-Meß- u. Registriergerät wird beschrieben, das auf der Rk. von H_2S mit Bleiacetat auf einem laufenden, durchscheinenden Film beruht. Proportional der Konz. schwärzt H_2S den Film. Ein Lichtstrahl fällt durch den geschwärzten Film auf eine Photozelle u. erzeugt einen elektr. Strom, der ein Registrierpotentiometer mit einer Einteilung in p. p. m. (H_2S/Luft) betreibt. Der Anzeigebereich liegt zwischen 0 u. 100 p.p.m. mit einer Empfindlichkeit von 1 bei 0—25, ca. 2 bei 25—50 u. ca. 5 bei 50—100 p.p.m (H_2S/Luft). (Analytic. Chem. **27.** 429—32. März 1955. Sugar Creek, Mo., Standard Oil Co. (Indiana), Res. Dep.) W. LUCHSINGER. 5088

Martin Shepherd, Shuford Schuhmann und **Marthada V. Kilday,** *Bestimmung von Kohlenmonoxyd bei Untersuchungen über Luftverunreinigung.* Über eine von SHEPHERD (Anal. Chem. **19.** [1947.] 77) beschriebene colorimetr. Best. von kleinen Mengen CO (1—0,1 u. 10—25 p.p.m.) mit Prüfröhrchen, gefüllt mit Pd- u. Mo-Salzen enthaltenden Kieselgelen, werden Einzelheiten, wie Herst. u. Füllung der Röhrchen, Versuchsdurchführung u. -ergebnisse in Labor.- u. Feldverss. angegeben. Die gelbe Farbe der Röhrchen schlägt bei Ggw. von CO in Grün bis Blau um. (Analytic. Chem. **27.** 380—83. März 1955. Washington, D. C., U. S. Dep. of Commerce, Nat. Bur. of Standards.)
W. LUCHSINGER. 5088

a) Elemente u. anorganische Verbindungen.

Omar A. Guagnini und **Eugenio E. Vonesch,** *Untersuchungen über Hydroxamsäuren. 1. Mitt. Nachweis und Mikrobestimmung von Hydroxylamin als Formylhydroxamsäure.* Nach ODDO u. DELEO (Ber. dtsch. chem. Ges. **69.** [1936.] 287) bildet sich in alkal. Lsg. aus HCHO, NH_2OH (I) u. H_2O_2 quantitativ Hydroxamsäure. Vff. arbeiten in saurem Medium u. mit K-Persulfat u. benutzen gleichzeitig die mit Fe(III) auftretende starke Violettfärbung zur qualitativen u. quantitativen Best. des I. Die Empfindlichkeit der Färbung beträgt 5 mγ/Liter. (An. Asoc. quím. argent. **41.** 78—82. Juni 1953. Univ. La Plata.) J. ALTPETER. G 243

N. I. Goldstone, *Mikrochemischer Nachweis von Fluoriden. Natriumfluosilicatkristalltest.* Sehr geringe Mengen F werden mit Hilfe einer modifizierten Meth. nachgewiesen, die auf der Bldg. von Na–Fluosilicatkristallen in einem hängenden Tropfen einer NaCl-Lsg. beruht. In einem 10 ml fassenden, glasierten Porzellanschiffchen gibt man zu dem zu prüfenden Material oder zu 1 Tropfen Na_2F_2-Lsg. (0,02 ml mit 1 γ F) 0,5 mg gepulvertes $CaCO_3$, trocknet auf einer Heizplatte u. kühlt wieder auf Zimmertemp. ab. Nun versetzt man den Inhalt des Porzellanschiffchens mit zwei kleinen Tropfen H_2SO_4, D. 1,84 u. bedeckt es sofort mit einem Objektträger, der an der Unterseite einen Tropfen NaCl-Lsg. trägt (1,0 g NaCl + 3 g Glycerin in W. lösen + 2 Tropfen 40%ig. Formaldehyd u. auf 100 ml auffüllen). Der Objektträger wird von oben durch ein Becherglas mit Eis gekühlt. Jetzt erwärmt man 20 Min. auf einem Heizblock auf 170°. Anschließend entfernt man den Objektträger, trocknet die Oberseite mit Filtrierpapier ab u. dampft den hängenden Tropfen vorsichtig zur Trockne ein. Bei Anwesenheit von F beobachtet man unter dem Mikroskop charakterist. rosa Kristalle von Na–Fluosilicat, entweder in hexagonalen Kristallen oder als sechseckige Sterne. Die Grenze der Empfindlichkeit erreicht man beim Nachw. von 0,2 γ F, wobei sich nur wenige feine Kristalle bilden, deren Zahl auf über 100 anwächst, wenn man 0,3 γ F anwendet. Folgende Anionen stören u. setzen die Empfindlichkeit des Nachw. herab: Cl^-, NO_3^-, BO_2^-, CO_3^{2-} u. SO_4^{2-}. Diese Meth. eignet sich auch zum Nachw. von F in organ. Material. Da das an C gebundene F nach der beschriebenen Meth. nicht in Freiheit gesetzt werden kann, muß ihr eine trockene Veraschung u. Abtrennung von störenden Anionen durch Schütteln mit Ag_2SO_4 vorangehen. Man kann also mit Hilfe dieses Testes zwischen anorgan. u. organ. gebundenem F unterscheiden. Es wird außerdem eine Anwendung dieser Meth. auf den Nachw. von Monofluoressigsäure beschrieben. Mittels einiger zusätzlicher Modifikationen läßt sich dieser Nachw. auch quantitativ ausführen, z. B. bei der Best. von F im Trinkwasser. (Analytic. Chem. **27.** 464—66. März 1955. New York, N. Y., Dep. of Health, City of New York.) A.-M. FRETZDORFF. G 246

R. G. Couceiro da Costa, *Untersuchung der spektrophotometrischen Bestimmung des Fluorions in kleinen Mengen mit Natriumalizarinsulfonat.* Von verschied. Firmen stammende Präpp. von Na-Alizarinsulfonat (I) werden auf ihre Reinheit geprüft. Auch eine nur 75,6% I enthaltende Probe kann unter Berücksichtigung ihrer Konz. für die Analyse verwendet werden. Vf. wendet eine Lsg. mit $1{,}46 \cdot 10^{-3}$ mMol/cm³ an. Bei der spektrophotometr. F-Best. über den Zr-Komplex ändert sich die Absorption nicht, wenn die Konz. des Zr^{4+} die des I überschreitet. Die Gleichgewichtskonstante (GK) der Rk. $ZrA^{3+} \rightleftharpoons Zr^{4+} + A^-$ (A = Alizarinsulfonsäurerest) ergibt sich zu $(Zr^{4+})(A^-)/(ZrA^{3+}) = 3 \cdot 10^{-7}$, die GK der Rk. $ZrF_6^{2-} + A^- \rightleftharpoons ZrA^{3+} + 6\,F^-$ zu $2 \cdot 10^{-27}$; daraus ergibt sich die GK der Rk. $ZrF_6^{2-} \rightleftharpoons Zr^{4+} + 6\,F^-$ zu $K_1 = K_2K_3 = 6 \cdot 10^{-34}$. Die F^--Best. kann bis zu einem Maximum bei F-Konz. von 110 γ/100 cm³ erfolgen. Bei kleineren F-Konzz. ist F^- bis zu 20 γ/110 cm³ zuzusetzen u. bei der Berechnung abzuziehen. Bei F^--Konz. über 110 γ/100 cm^3 muß die Konz. an I u. Zr^{4+} erhöht werden. (An. Real Soc. españ. Física Quím., Ser. B **50.** 799—808. 1 Tafel. Sept./Okt. 1954. [Orig.: portugies.]) R. K. MÜLLER. G 246

Jack L. Lambert und **Stanley K. Yasuda,** *Colorimetrische Bestimmung des Chloridions nach Ionenaustausch.* Zur Best. von Cl^- wird der Umstand ausgenutzt, daß das Löslichkeitsprod. des $AgJO_3$ ca. 200mal größer ist als das des AgCl. Dazu wird die Lsg. über gekörntes $AgJO_3$ gegeben u. das ausgetauschte JO_3^- colorimetr. mit *CdJ_2-Stärkereagens* (I) bei 615 mμ ermittelt. Die Austauscherteilchen werden durch Schmelzen von $AgJO_3$ hergestellt u. in einer Korngröße von 100—200 mesh verwendet. Die Absorption der mit I versetzten Lsg. ist 5—20 Min. nach Zugabe der Reagentien konstant. Der untersuchte Bereich entspricht Cl^--Konzz. bis zu ca. 120 mg Cl^-/Liter. Bei den Bestimmungen muß ein geringer Blindwert in Rechnung gesetzt werden, der durch die Löslichkeit des $AgJO_3$ verursacht wird. Es wird gezeigt, daß Fremdionen die Best. nicht stören, sofern sie nicht in größeren Konzz. als in gewöhnlichen Wässern vorhanden sind. (Analytic. Chem. **27.** 444—46. März 1955. Manhattan, Kans., Kansas State Coll., Dep. of Chem.) GÜNTER LANGE. G 247

M. Pontet und **R. Boulin,** *Bestimmung von Schwefel durch Verbrennung.* Zur Best. von S in siderurg. Gesteinen wird eine Verbrennung im O_2-Strom durchgeführt. Das gebildete SO_2 wird meistens jodometr. titriert. Der hierbei erforderliche Korrekturfaktor erübrigt sich nach folgender Meth. der Vff.: die Verbrennungsgase werden in 0,5%ige $AgNO^3$-Lsg. eingeleitet; die dabei frei werdende Säure ($AgNO_3 \rightarrow HNO_3$) wird mit 0,01n Lauge titriert (Mischindicator Methylrot–Methylenblau). Übereinstimmung mit gravimetr. S-Best. ist gut. (Chim. analytique [4] **36.** 98—101. April 1954. Saint-Germain-en-Laye, IRSID.) R. WOLLER. G 253

J. Hoste und **J. Gillis,** *Spektrophotometrische Bestimmung von Spuren Selen mit Diaminobenzidin.* Se bildet mit Diaminobenzidin ein *Piazselenol* 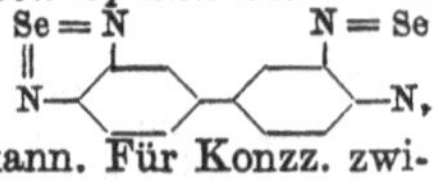 dessen Extinktion für die quantitative Best. verwendet werden kann. Für Konzz. zwischen 0,25 u. 2,5 μg Se/ml ist das BEERsche Gesetz erfüllt. Der mol. Extinktionskoeff. beträgt 10,200. Zur Erzeugung der Färbung, die mindestens 5 Std. stabil ist, werden 25 ml Lsg. mit 5 μg Se (als SeO_2) mit 25 ml 0,1%ig. Lsg. von Diaminobenzidintetrahydrochlorid in HCl vermischt. Die Gesamtlsg. soll 0,1n an HCl sein u. wird im BECKMAN-DU-Spektrophotometer mit Hg-Lampe u. Violettfilter bei 348 mμ gemessen. Größere Extinktionen als 0,690 sind zu vermeiden. Die n. ungefärbten Ionen stören nicht. S muß als SO_4^{2-} vorliegen. Fe(III) kann durch Zusatz von 10 ml 1,5%ig. NH_4F-Lsg. u. Cu durch 10 ml 2%ig. NH_4-Oxalatlsg. maskiert werden. Der mittlere Fehler betrug 0,72%. (Analytica chim. Acta [Amsterdam] **12.** 158—61. Febr. 1955. Gent, Belgien, Univ., Labor. für Analyt. Chem.) H. PLUSKAL. G 254

John H. Yoe und **Robert L. Grob,** *Colorimetrische Bestimmung von Bor mit Tetrabromchrysazin.* Auf der Bldg. eines rosa gefärbten Komplexes von *B* mit *Tetrabromchrysazin* (I) wird ein colorimetr. Analysenverf. für geringe Mengen B aufgebaut. I wird in 96%ig. H_2SO_4 zu einer $5{,}4 \cdot 10^{-4}$mol. Lsg. aufgelöst. Auf 6 γ B wird 1 ml Reagens verwandt. Nach 1 Std. wird das Absorptionsmaximum bei 5400 Å mit einem Spektrometer gemessen. Die Absorption genügt dem BEERschen Gesetz. Das optimale Konzentrationsgebiet liegt bei 2,5—8,5 mg B in 10 ml Lösung. Der Einfl. zahlreicher Fremdionen wurde untersucht. In vielen Fällen ist eine Abtrennung von B durch Dest. als $B(OCH_3)_3$ erforderlich. (Analytic. Chem. **26.** 1465—68. Sept. 1954. Charlottesville, Va., Univ. of Virginia, Pratt-Trace-Labor., Dep. of Chem.) H.-J. BECHER. G 258

Louis Silverman und **Wanda Bradshaw,** *Potentiometrische Titration von Borsäureanhydrid in geringen Konzentrationen in Deuteriumoxyd und normalem Wasser.* Sowohl in n. wie schwerem W. kann B_2O_3 (0,76—25 mg/Liter) mit NaOH potentiometr. in einem BECKMAN-p_H-Meßgerät mit Glas- u. Calomelelektroden titriert werden. Die Analysenlsg. muß vorher 10 Min. am Rückflußkühler gekocht u. durch He vor Luft u. bes. CO_2 geschützt werden. Durch Zugabe von 20 g Mannit wird die Borsäure in einen starken, gut titrierbaren Komplex verwandelt. In n. W. kann auch Glycerin als Komplexbildner verwendet werden. Während der Titration dient hindurchgeleitetes He-Gas zum Verrühren. Der Umschlagspunkt liegt etwa bei p_H 8; zwischen W. u. D_2O wurden Unterschiede festgestellt. Der Fehler betrug höchstens 0,5%. (Analytica chim. Acta [Amsterdam] **12.** 177—85. Febr. 1955. Downey, Calif., North Amer. Aviat., Inc., Atom. Energ. Res. Dep.) H. PLUSKAL. G 258

W. I. Smirnowa und **B. F. Ormont** (unter Mitarbeit von **Ju. K. Jegorowa**), *Mikrobestimmung des Kohlenstoffs, speziell im Tantalcarbid.* Es werden Methoden zur Mikrobest. von C in Graphit u. von Gesamt- u. freiem C in Ta-Carbiden sowie Aufschlußverff. u. -anordnungen, bes. einer Waschflasche (vgl. C. **1956**. 1392) beschrieben. — Mikroverf. zur Best. des freien C im Tantalcarbid: 50—30 mg Ta — Carbid (mit 2—6 Gew.-% Gesamt-C u. 0,2—0,8% freiem C) werden im kleinen Pt-Tiegel (8 ml) mit 0,5 ml W. benetzt, 1 ml Gemisch (1 : 5) HF + HNO_3 eingefüllt, 15 Min. auf dem Wasserbad erhitzt, mit W. vollgefüllt, durch ein Quarzfilter filtriert (wird nicht angegriffen), nachgewaschen (Ta-Carbide werden gelöst); der ungelöst gebliebene C wird getrocknet, verbrannt u. die CO_2 in 0,2 n $Ba(OH)_2$-Lsg. aufgefangen. (Журнал Аналитической Химии [J. analyt. Chem.] **9**. 359—63. Nov./Dez. 1954. Moskau, Forschungswiss. physikochem. Karpow-Inst.) A. V. WILPERT. G 260

D. N. Bernhart und **A. R. Wreath**, *Colorimetrische Bestimmung von Phosphor nach der modifizierten Phosphomolybdatmethode.* Freie H_3PO_4 in Alkylphosphaten wird in Acetonlsg. mit einem Reagens aus 4% Molybdänsäure in 10 n H_2SO_4 mit der Molybdänblau-Rk. photometr. bei 430 mμ bestimmt. Die Verwendung von Aceton–W. als Lösungsm. gestattet die Best. von Orthophosphaten neben Pyro-, Meta- oder Polyphosphat. Die P-Best. in anorgan. oder organ. Material ist nach $HClO_4$-Aufschluß oder Alkalischmelze u. dabei erzielter Überführung des P in Orthophosphat möglich. — 3 Literaturangaben. (Analytic. Chem. **27**. 440—41. März 1955. Chicago Heights, Ill., Victor Chem. Works.) PH. FRESENIUS. G 264

E. G. Cogbill, J. C. White und **C. D. Susano**, *Bestimmung von Phosphat in perchlor- und schwefelsauren Lösungen von Uranphosphaten. Ionenaustauschtrennung und amperometrische Bestimmung.* Zur Best. von PO_4^{3-} in stark schwefel- u. perchlorsauren $(UO_2)_3(PO_4)_2$-Lsgg. wird UO_2^{2+} über *Dowex 50* (50—100 mesh, H^+) entfernt u. sodann im Filtrat PO_4^{3-} mit $UO_2(CH_3COO)_2$ amperometr. bestimmt. Um den Durchbruch von anion. Uranylsulfatkomplexen zu verhindern, wird eine längere Austauschersäule verwendet. Die Ggw. von ClO_4^- hat hierbei keinen Einfluß. Bei der Titration bildet sich in Ggw. von K^+ ein nur schwach lösl. KUO_2PO_4-Nd. aus. Der Endpunkt der Titration wird durch Messen des Diffusionsstromes bei —0,7 V (gegen gesätt. Kalomel) bestimmt. Zur Ermittlung dieses Spannungswertes wird überprüft, in welchem Bereich UO_2^{2+}-Lsgg. mit wechselnden Mengen Cl^-, SO_4^{2-}, NO_3^-, CH_3COO^- u. ClO_4^- bei der polarograph. Analyse einen konstanten Diffusionsstrom zwischen dem 1. u. 2. Halbwellenpotential aufweisen. Die größte Verschiebung des 1. Halbwellenpotentials wird dabei durch SO_4^{2-} bewirkt. Die amperometr. Titration von 9—14 mg PO_4^{3-}, die unter Zusatz von KCl u. A. ausgeführt wird, ergibt in Ggw. von ClO_4^-, SO_4^{2-} u. NO_3^- einen mittleren Fehler von 0,5%. Bei der Analyse der Lsgg., die 180 mg UO_2^{2+}, 65—150 mg PO_4^{3-}, bis zu 12 mol. H_2SO_4 u. bis zu 8 mol. $HClO_4$ enthalten, beträgt der maximale Fehler 1,1%. Die untere Grenze der Best. wird durch die Genauigkeit der Titration bedingt. (Analytic. Chem. **27**. 455—57. März 1955. Oak Ridge, Tenn., ORNL, Analyt. Chem. Div.) GÜNTER LANGE. G 264

R. F. Milton und **W. D. Duffield**, *Flammenphotometrie. Der „Lösch"-Effekt von Chlorkohlenwasserstoffen bei Natrium- und Kaliumbestimmungen.* Die Verwendung von Na- oder K-haltiger Lsgg., die *Chlorkohlenwasserszoffe* (I) wie *Chlf.*, *CCl_4* oder *Dichloräthan* enthalten, zur Flammenphotometrie bewirkt zu niedrige Resultate. Die I müssen vor der Best. durch Kochen oder Wasserdampfdest. entfernt werden. (Chem. and Ind. **1955**. 280. 12/3.) PH. FRESENIUS. G 275

Jacek Kornacki, *Anwendung der Tetraphenylborane von Natrium und Lithium für die Kaliumbestimmung.* Übersicht. An Hand zahlreicher Literaturangaben wird über die Anwendung der Na- u. Li-Tetraphenylborane für die K-Best. berichtet. Nach Vf. beseitigen die genannten Reagentien in hohem Maße die Schwierigkeiten, die bisher mit der quantitativen Best. von K verbunden waren. Ihre prakt. Eignung ist in vielen Fällen, z. B. bei der Analyse von Glas, bewiesen worden. Sie können aber auch zur Best. kleiner Tl-Mengen verwendet werden. (Wiadomości chem. **8**. 538—44. Okt. 1954.) K. HOINKIS. G 275

Záviš Holzbecher, *Neue Reagentien zum Fluorescenznachweis und Bestimmung des Zinks.* Die zahlreichen Kondensationsprodd. des Salicylaldehyds bilden mit Zn^{2+} Salze, deren Fluorescenz im UV-Licht zum Nachw. u. zur Best. von Zn ausgenützt werden kann. Hierzu sind bes. das *Semicarbazon* (I) u. *Acetylhydrazon* (II) des Salicylaldehyds, deren Herst. sehr einfach ist, geeignet. Die Erfassungsgrenze beim Zn-Nachw. mit I oder II ist 0,03 μg Zn, die Grenzkonz. ist 1 : 2500000 (pD = 6,4). Die höchste Empfindlichkeit wird bei p_H 4,2—6,5 erreicht. In alkal. Lsgg. u. in Ggw. von Tartraten u. einigen Kationen, bes. von Cu^{2+}, nimmt die Empfindlichkeit ab. Der Nachw. von Zn mittels I u. II wird durch ähnliche Rkk. mit Cd, Al, La, Zr, Ca, Mg u. Boraten gestört, jedoch nur bei höheren Konzentrationen. Außerdem wird die störende Fluorescenz der entsprechenden Verbb. — mit Ausnahme von Cd-Salzen — durch Zusatz von NaF ge-

löscht, wodurch sich die Selektivität der Rk. für Zn wesentlich erhöhen läßt. Der Fluorescenznachw. von Zn wird in einem Reagensglas oder auf einer Tüpfelglasplatte mit schwarzem Untergrund im UV-Licht durchgeführt. Auf Filtrierpapier ist die Erfassungsgrenze ca. 10mal kleiner. Die Fluorescenz der Probelsg. muß mit einem Blindvers. verglichen werden. Zur quantitativen fluorimetr. Best. von Zn eignet sich bes. **II**, mit welchem 5—500 μg Zn/50 ml bei p_H 6—3 bestimmt werden können. Die Fluorescenzintensität im UV-Licht wurde in einem DUBOSCQ-Colorimeter unter Verwendung eines Blaufilters gemessen; die nötigen Eichkurven wurden mit Hilfe von Zn-Acetatstandardlsgg. ermittelt. Von den übrigen Elementen haben nach der einstweiligen Feststellung Li, Na, K, NH_4, Sr u. Ba bis zur Konz. von 500 μg/50 ml keinen störenden Einfluß. Al u. Fe(III) stören, jedoch kann ihr Einfl. bis zur Konz. von 135 μg Al/50 ml, bzw. 1000 μg Fe/50 ml durch Überführung in Fluorokomplexe behoben werden. Relative Fehler der Best. von Zn neben Fe betrugen +5,2 bis —4,6%, neben Al +6,5 bis—8,0%. Die Abhängigkeit der Fluorescenzintensität der untersuchten Zn-Salze vom p_H-Wert, Reagensvol. u. Zugabe von NaF wird an Hand zahlreicher Diagramme veranschaulicht. (Chem. Listy **49**. 684—92. Mai. [Orig.: tschech.] Collect. czechoslox. chem. Commun. **20**. 1257—58. 1955. Praha, Vys. škola chemicko-technolog., ústav analyt. chem. I.)
K. KÁMEN/Prag. G 288

B. Panebianco, *Die Bestimmung des Aluminiums und seiner Legierungen mit Hilfe des Quantometers.* Das Quantometer eignet sich bes. für Massenunterss. der Al-Industrie. Ausführung der Analysen des Al u. der Begleitelemente sowie App. werden beschrieben. (Alluminio **23**. 145—50. März 1954. Bozen, Ges. Montecatini, Forschungslabor.)
A. SANDER. G 294

J. Eisen, *Beitrag zur Schnellanalyse von Aluminiumlegierungen.* Es werden Arbeitsvorschriften mitgeteilt u. die Einrichtung des Labor. betreffende Hinweise gegeben, welche eine genaue Schnellanalyse der meisten Al-Legierungen auf ihre wichtigsten Bestandteile innerhalb von 25—40 Min. ermöglichen. *Cu* läßt sich als Tetramminkomplex photometrieren, wenn man Al mit Citrat maskiert; bei kleinen Cu-Gehh. geht eine Na_2S-Trennung voran. — *Mn* wird nach der Silbernitrat–Persulfat-Meth. titriert oder colorimetriert. Nach Abtrennung von Fe u. Mn mit NaOH fällt aus acetatgepufferter Lsg. mit einer abgemessenen Oxychinolinlsg. ein reiner *Mg*-Nd., der sich in bekannter Weise titrieren läßt. — *Fe* wird mit Sulfosalicylsäure (p_H 3,5—4,0) photometriert. — Für die *Si*-Best. dient die OTIS-HANDY- bzw. die Perchlorsäuremethode. — *Pb* wird nach einer Sulfidtrennung anod. als PbO_2 abgeschieden, das in saurer Lsg. Benzidin zu einem roten, colorimetrierbaren Farbstoff oxydiert. — Für *Zn* kommt nur die polarograph. Best. in Frage. (Metall **5**. 436—41. Okt. 1951. Düren, Dürener Metallwerke Akt.-Ges.)
W. DEUTSCH. G 294

A. B. Schajewitsch, *Untersuchung der Fehler bei der chemischen Analyse von Stählen und Gußeisen.* Vf. untersuchte die systemat. u. zufälligen Fehler bei chem. Analysen an Standardproben von Stählen u. Gußeisen. Es ergab sich dabei, daß die systemat. Fehler von derselben Größenordnung wie die zufälligen Fehler sind; bei unkrit. Bldg. von Mittelwerten bleiben systemat. Fehler zurück, die viel größer sind als die Zufallsfehler. Es ist daher die Herst. von Allunionsstandardproben (für die chem. Analyse u. Spektralbest. in Stählen u. Gußeisen) ein dringliches Erfordernis. (Журнал Аналитической Химии [J. analyt. Chem.] **9**. 373—76. Nov./Dez. 1954. Swerdlowsk, Uraler Inst. für Schwarzmetalle.)
A. v. WILPERT. G 354

Richard L. Gregory, Clayton J. Morris und **Gordon H. Ellis,** *Einige Änderungen der o-Nitrokresol-Methode zur Bestimmung von Kobalt.* Es werden Abänderungen der von ELLIS u. THOMPSON (Ind. Eng. Chem., analyt. Edit. **17** [1945.] 254) beschriebenen *o-Nitrosokresol* (**I**)-Meth. zur Co-Best. angegeben. Das Verf. dient zur Best. extrem niedriger Co-Mengen. Eine *Dithizon* (**II**)-Extraktion der gelösten Pflanzenasche (p_H 8,5, NH_4-Citratpuffer) trennt Co, Cu u. Zn von anderen Elementen. Zn wird durch eine weitere saure **II**-Extraktion entfernt. 500 γ Zn u. 1000 γ Cu stören jedoch die Co-Best. nicht. Ein roter flockiger Nd., der wohl auf Zn zurückgeht, erscheint bei Überführung des Co-I-Komplexes in *Skellysolve B* (**III**) u. wird durch Schütteln mit 1%ig. wss. Cu-Acetatlsg. entfernt. Das **I**-Reagens wird in einer von der früheren abweichenden Form bereitet u. ist jetzt bei Aufbewahrung in der freien Form, in **III** gelöst, haltbarer als das Cu-Salz in wss. Lösung. (J. Assoc. off. agric. Chemists **34**. 710—16. 15/8. 1951. Ithaca, N. Y., U. S. Dep. of Agriculture Plant, Soil and Nutrit. Labor.. Bur. of Plant Ind., Soils and Agricult. Engng.)
PH. FRESENIUS. G 355

W. Koehler, *Die spektrochemische Reinheitsprüfung von reinsten Metallen, insbesondere von Edelmetallen.* Einzelheiten über die spektrochem. zu untersuchenden Proben, über Lichtquellen, Geräte u. Auswertungsverff. werden erörtert. Genaue Arbeitsbedingungen für die Reinheitsprüfung von *Pt, Ir, Os, Pd, Rh, Ru* u. *Ag* werden gegeben

u. die Bedeutung positiver Befunde von C, Ca, Mg u. Si in Edelmetallen dargelegt. Die geeignetsten Nachweislinien für die wichtigsten Elemente sind zusammengestellt. — 15 Literaturangaben. (Metall 7. 422—27. Juni 1953. Hanau, Degussa.) PH. FRESENIUS. G 368

b) Organische Verbindungen.

Ronald Belcher, *Neue Methoden der quantitativen organischen Analyse.* Überblick über die Anwendung der Methoden der schnellen Verbrennung von Kohle u. Koks auf die Makro-, Halbmikro- u. Mikroelementaranalyse organ. Verbb. bei ca. 1300—1350° im Sauerstoffstrom von geeigneter Geschwindigkeit. (Chim. et Ind. **70.** 651—55. Okt. 1953. Birmingham, Univ.) A.-M. FRETZDORFF. 5354

A. S. Hussey, J. H. Sorensen und **D. D. DeFord,** *Ammoniumsulfamat als Ersatz für Bleisuperoxyd bei der Mikrobestimmung von Kohlenstoff und Wassersoff.* Ammoniumsulfamat (I) wird an Stelle von PbO_2 bei der Verbrennungsanalyse stickstoffhaltiger Substanzen in Form einer Dispersion mit Silicagel zur Red. gebildeter Stickoxyde verwendet. Es wird zwischen das Wasserabsorptionsrohr u. das CO_2-Absorptionsrohr geschaltet. I setzt sich mit NO_2 unter Bldg. von N_2 u. N_2O um. — 10 Literaturangaben. (Analytic. Chem. **27.** 280—81. Febr. 1955. Evanston, Ill., Northwestern Univ., Dep. of Chem.) PH. FRESENIUS. 5354

Ch. Prévost und **P. Souchay,** *Elektrische, besonders polarographische Methoden zur Bestimmung von Carbonylgruppen.* Die polarograph. Red. von Carbonylgruppen in verschied. chem. Körperklassen wird nach theoret. Gesichtspunkten erläutert. — 51 Literaturangaben. (Chim. analytique [4] **37.** 3—15. Jan. 1955. Paris, Fac. des Sciences; Rennes, Fac. des Sciences.) PH. FRESENIUS. G 700

V. Javůrek und **E. Nováková,** *Die polarographische Bestimmung von Ketonsubstanzen.* Die Meth. von NOVÁK (vgl. HEYROVSKÝ, Polarographie, Wien 1941) eignet sich wegen der großen Flüchtigkeit von SO_2 nicht zur Best. kleiner Mengen von Ketonsubstanzen. Genaues u. empfindliches Arbeiten ermöglicht eine 0,185 mol. $KHSO_3$-Lsg. in 0,1 mol. NaCl. (Časopis českého lékárnictva, vědecká příloha **63.** 210. 1950. Hradec Králové, lék. fak., úst. obecn. biol.) K. STEINER. G 700

Allen Gee, Louis P. Domingues und **Victor R. Deitz,** *Bestimmung von anorganischen Substanzen in Zuckerlösungen.* Vff. berichten über Schnellmethoden zur direkten Einzelbest. anorgan. Substanzen in Zucker. K, Na, Ca, Mg werden flammenphotometr. bestimmt. Ca u. Mg können außerdem noch mit Äthylendiamintetraessigsäure titriert werden. Cl^- werden durch konduktometr. Titration u. SO_4^{2-} werden durch Trübungsmessungen bestimmt. Der Geh. an lösl. Silicaten u. Phosphaten wird nach der Molybdänblaumeth. photometr. bestimmt. (Analytic. Chem. **26.** 1487—91. Sept. 1954. Washington, Nat. Bur. of Standards.) K.-G. HACKSTEIN. G 3400

János Nyilasi und **Zoltán Kováts,** *Über die Biuretreaktion der Eiweißstoffe.* 2. Mitt. *Untersuchung der Edestin-Komplexverbindungen.* (1. vgl. C. **1954.** 619. 11015.) Ident. mit der C. **1955.** 8224 referierten Arbeit. (Magyar Kémiai Folyóirat [Ung. Z. Chem.] **59.** 129—31. Mai 1953.) J. PLANK. G 4070

K. Beck und **E. Gaardhøje,** *Einige Tetrazoliumverbindungen.* Übersicht über die Entw. der Darstellungsverff. u. die Anwendung zu analyt. Zwecken, zur Best. der Keimfähigkeit von Samen usw. — 19 Literaturangaben. (Farmac. Tid. **64.** 693—97. 16/10. 1954.) R. K. MÜLLER. 5368

c) Bestandteile von Pflanzen u. Tieren.

Carl-Heinz Brandes, *Eine Schnellmethode zur Herstellung von Serienschnitten mit Hilfe von Cremolan.* Entwässern fixierter animal. Objekte in geschmolzenem *Cremolan 60* (BASF; F. 53°; in W. u. manchen organ. Fll. lösl.), Gießen, Erstarren u. Schneiden der Blöcke ergab gute Schnitte (5 μ), die in W. aufgefangen wurden. — Die entwässerten Objekte wurden auch durch Bzl. von Cremolan befreit, wie üblich in Paraffin eingebettet, geschnitten u. gefärbt. — Nur ca. 7 Std. Behandlung. (Mikrokosmos **44.** 167—68. April 1955. Bremerhaven.) K. BLUMRICH. 5661

E. Wüstenfeld, *Experimentelle Beiträge zur Frage der Volumenänderungen und Eindringdauer in der histologischen Technik.* 1. Mitt. *Der Einfluß von 5 Fixierungsflüssigkeiten auf das Volumen von Leber, Niere, Milz und Muskel bei Zimmertemperatur.* Frische, würfelförmige Gewebestücke (1—2 cm^3) von einem 2jährigen Rind wurden bei 18—20° fixiert. Ihr Vol. in Abhängigkeit von der Dauer der Einw. wurde durch Best. der Differenz ihres Gewichts in Luft u. unter Fl. (Archimed. Prinzip) verfolgt. Im Mittel der verschied. Endvolumenänderungen für die 4 Gewebearten bewirkten: Formol nach 209 Std. eine Quellung von 11,3%, Fixieren nach CARNOY (209 Std.), SUSA, ZENKER (je 329 Std.) u. mit A. (17—89 Std., je nach Gewebeart) dagegen Schrumpfungen von 7,8 bzw. 12,9 bzw. 15,7 bzw. 22,0%. — Vgl. des zeitlichen Verlaufs der Voll. der 4 Gewebe u. mit Literaturwerten. (Z. wiss. Mikroskop. mikroskop. Techn. **62.** 241—47. März 1955. Tübingen, Anat. Inst.) K. Blumrich. 5661

Alfred Pischinger, *Über die Färbung nativer Gefrierschnitte mit Ehrlichs saurem Hämatoxylin nach Feyrter.* Die verschied. Anfärbung (braun bis dunkelblau) von Zellplasma u. Kernen durch saure Hämatoxylinlsg. wird auf lokale Oxydation zu Hämatein u. seinen Oxydationsprodd. bzw. deren Red. unter dem Einfl. von Stoffen (Oxydasen, Dehydrasen, Reduktasen, S-haltigen Aminosäuren, ungesätt. Lipoiden usw.) zurückgeführt, die bei Einw. von Fixiermitteln u. dgl. zerstört oder entfernt werden. — Oxydativ wirken in der Regel der Zelleib u. Kerne der „kleinen Reticulumzelle". Durch zu niedriges oder zu hohes p_H werden die Farbunterschiede beeinträchtigt. (Z. wiss. Mikroskop. mikroskop. Techn. **62.** 248—55. März 1955. Marburg/Lahn, Univ., Patholog. Inst.) K. Blumrich. 5661

—, *Die Anwendung von Färbungsmethoden bei der mikrobiologischen Betriebskontrolle.* Allg. Technik der Färbungsmethoden mit besonderer Berücksichtigung der Gramfärbung. (Brauerei **7.** 308. 6/8. 312. 10/8. 1953.) H. Haevecker. 5661

Milton Mager, William F. McNary jr. und **Fabian Lionetti,** *Histochemischer Nachweis von Zink.* Vff. entwickeln eine Meth., mittels einer Dithizonkomplexlsg. Zn in Gewebsschnitten histochem. nachzuweisen. (J. Histochem. Cytochem. **1.** 493—504. Nov. 1953. Boston, Mass., Univ. School of Med., Dep. of Biochem. and Anatom.) G. Weltzien. 5664

Som N. Nayyar und **David Glick,** *Histochemische Untersuchungen.* 31. Mitt. *Eine Methode zur Bestimmung von Eiweiß in Milli-γ-Mengen.* Es wird eine spektrophotometr. Best. von *Eiweiß* (I) in Milli-γ-Mengen beschrieben, die sich z. B. zur Unters. von Mikrotomschnitten von Geweben, usw. eignet. Die Makrometh. von Greif (Proc. Soc. exp. Biol. Med. **75.** [1950.] 813) wird in den Mikromaßstab übertragen, I hierbei quantitativ mit einem Überschuß von *Bromsulfalein* bei ca. p_H 2 gefällt u. überschüssiger Farbstoff nach Alkalizusatz ($p_H > 10,25$) photometr. (580 mμ) bestimmt. Der Standardfehler beträgt **1,4**% (∼0,9 Milli-γ- I-N). Eine Empfindlichkeitssteigerung ist durch Verwendung kleinerer Pipetten u. Küvetten möglich. (J. Histochem. Cytochem. **2.** 282—90. Juli 1954. Minneapolis, Minn., Univ. of Minnesota, Med. School, Dep. of Physiol. Chem., Histochem. Labor.) K. Maier. 5666

K. W. Moir, *Oxalsäurebestimmung in Pflanzen.* Vf. schlägt folgende Arbeitsweise vor: 1. Gesamtoxalat. 2,5 g bei 100° getrocknetes u. gemahlenes Pflanzenmaterial werden im 250 cm³-Meßkolben mit 220 cm³ 0,25nHCl 1 Std. lang bei 70° im Wasserbad erhitzt, nach dem Erkalten wird mit der gleichen Säure aufgefüllt. Von dem Filtrat (Verwerfen der ersten 10 cm³) werden 5 cm³ in einem 10 cm³-Zentrifugenglas nach Mischen mit 1 cm³ Fällungsreagens [man löst 96,5 g wasserfreies Na-Acetat unter Erwärmen zu 250 cm³, andererseits 18 g wasserfreies Ca-Acetat in 250 cm³ 50%ig. Essigsäure. Nach dem Mischen läßt man 24 Std. in der Kälte stehen u. filtriert, wenn nötig. Wasch-Fl. 240 cm³ 96%ig. A. werden mit 125 cm³ NH_3 (D. 0,92) gemischt u. auf 500 cm³ mit W. aufgefüllt] über Nacht im Eisschrank stehengelassen, 5 Min. lang bei 2700 U/Min. zentrifugiert. Nach Abgießen der klaren Fl. wird der Nd. in 5 cm³ 0,25 nHCl gelöst u. in gleicher Weise ausgefällt. Nach Erwärmen, ½ Std. lang auf 100°, wird der trockene Nd. in 5 cm³ 2nH_2SO_4 unter Erhitzen im Wasserbad gelöst u. die Lsg. mit 0,02n$KMnO_4$-Lsg. titriert. Verbrauchte cm³-Zahl·1,801 = %wasserfreie Oxalsäure. — 2. Wasserlösl. Oxalat. Ausziehen wie bei 1, aber mit dest. W. bei 70°. 5 cm³ Filtrat werden mit 0,12 cm³ konz. HCl versetzt, ausgefällt u. wie bei 1 weiterverarbeitet. (Queensland J. agric. Sci. **10.** 1—3. März 1953. Div. of Plant Ind., Chem. Labor.) C. Grimme. 5666

d) Medizinische und toxikologische Analyse.

H. Bultasová und **E. Konopásek,** *Indirekte Bestimmung des Kaliums im Blutserum.* Das Prinzip dieser Meth. besteht in der Fällung des K in Form eines Komplexes der Zus. $K_2NaCo(NO_2)_6$, verbunden mit der colorimetr. Best. des Co mittels Komplexons III u. H_2O_2 (photometr. bei 540 mμ). Die Meth. ist sehr einfach, genau u. wird mit 0,4 ml Serum durchgeführt. Bei Proben, die älter als 24 Std. sind, ist eine Enteiweißung des Serums durch Trichloressigsäure notwendig. (Chem. Listy **49.** 769—70. Mai 1955. Collect. czechoslov. chem. Commun. **20.** 1007—08. 1955. Praha-Krč, Thomayer. nemocnice, Biochem. Labor.) B. Meloun/Prag. 5728

Hans-Ulrich Riethmüller und **Adelheid Bretschneider,** *Zur Fehlerbreite der flammenphotometrischen Calciumbestimmung im menschlichen Serum (und Urin).* Das Flammenphotometer Zeiss III mit Zubehör u. das flammenphotometr. Verf. sind zur

Serum-Ca-Best. nur beschränkt u. zur Harn-Ca-Best. nicht brauchbar. Die Serum-Ca-Best. ergibt eine Abweichung von $\pm 0,9\%$ u. eine ebenso große Standardabweichung. Vgll. mit der acidimetr. Titrationsmeth. von SOBEL-SKLERSKY (J. biol. Chemistry **122.** [1938.] 665) ergeben für die flammenphotometr. Best. von Serum-Ca eine Abweichung von $\pm 4,5\%$ u. eine Standardabweichung von 6%. Die geringste Abweichung findet man bei normocalcäm. u. die größte bei hypocalcäm. Seren (Durchrchnitt $\pm 6,9\%$, Standard $\pm 8,9\%$). Flammenphotometr. fallen 12,7% der acidimetr. n. Seren aus dem Normalbereich heraus. Bei Harn wurde in 100 Unterss. eine durchschnittliche Abweichung von $\pm 23\%$ u. eine Standardabweichung von $\pm 31\%$ gefunden bei maximalen Abweichungen von $+95\%$ u. -45%. (Hoppe-Seyler's Z. physiol. Chem. **293.** 49—62. 1953. Tübingen, Univ., Med. Klinik u. Poliklinik.) PH. FRESENIUS. 5728

Jean G. Leitner und **G. P. Kerby,** *Anfärben der sauren Mucopolysaccharide nach dem Chromatographieren auf Filterpapier.* Um saure Mucopolysaccharide (aus *Harn* u. anderem biol. Material), die sie auf WHATMAN-Papier Nr. 1 mit Propanol oder A. in mol./15 Phosphatpufferlsg. vom p_H 6,5 chromatographiert hatten, sichtbar zu machen, färbten Vff. das Chromatogramm mit 0,06%ig. Lsg. von *Toluidinblau 0* in 0,5%ig. Essigsäure. Um Verluste der sehr wasserlösl. Substanz u. ein Überdecken der Flecken durch den sehr tiefblauen Untergrund zu vermeiden, fixieren sie die Substanz zuvor durch Tauchen des Chromatogramms zunächst in 95%ig. A., dann in Ae., trocknen im Ofen bei 37° u. tauchen dann rasch u. gleichmäßig in der *Toluidinblau*-Lsg., dann in 2%ig. Essigsäure u. spülen in fließendem Leitungswasser. Die Flecken selbst erleiden durch die Einw. von Licht keine Veränderung, die blaue Farbe des Untergrundes geht jedoch nach langer Einw. in ein bläuliches Grau über. (Stain Technol. **29.** 257—59. Sept. 1954. Durham, N. C., Duke Univ., School of Med.) H. ENDRASS. 5732

Alfred Grossmann und **Grace F. Grossmann,** *Bestimmung von proteingebundenem Jod durch alkalische Veraschung und Methode zur Erlangung einer beständigen Cer-Farbe.* Vff. beschreiben eine Meth. zur Best. von proteingebundenem J durch alkal. Veraschung. Verluste von J während der Analyse werden durch diese Alkalisierung vermieden. Angesäuert wird erst bei Zufügung der Ce(IV)-NH_4-Sulfatlösung. Benutzt wird eine Rk., die eine beständige, dem BEERschen Gesetz folgende Brucinceratfärbung ergibt. (J. clin. Endocrinol. Metabolism **15.** 354—61. März 1955. Philadelphia, Pa., Grace Labor.) G. WELTZIEN. 5750

E. A. Eisa, *Glykogengehalt im tierischen Gewebe.* Zur Best. des *Glykogen*-Geh. in tier. Geweben wird folgende Meth. vorgeschlagen: Die Probe wird mit KOH behandelt u. die klare Lsg. mit soviel A. versetzt, daß dessen Konz. 55% beträgt. Der erhaltene, gewaschene Nd. wird zur Entfernung störender Begleitstoffe mit konz. Trichloressigsäure behandelt, nachdem er 15 Min. mit W. erhitzt wurde. Die wss. Lsg. wird mit $^1/_3$ des vorliegenden Vol. nHCl am Rückfluß hydrolysiert. Die Hydrolyse ist nach 4 Std. beendet. In der neutralisierten Lsg. wird die Glucose nach SOMOGYI u. Mitarbeitern (J. biol. Chemistry **86.** [1930.] 655) bestimmt. — In Vorverss. wies Vf. nach, daß bei der Hydrolyse mit nH_2SO_4 bereits nach 2 Std. eine Zers. der gebildeten Zucker beginnt, obwohl zu diesem Zeitpunkt erst 2,7 mg Glucose nachweisbar waren, während eine gleiche Glykogenlsg. nach vollständiger Hydrolyse (3½ Std.) mit nHCl 4,1 mg Glucose enthielt. (J. Egypt. med. Assoc. **37.** 378—81. 1954. Alexandria, Egypt, Fac. of Sci.) H. DOSSMANN. 5750

Hans-Diedrich Cremer und **Werner Voelker,** *Die Bestimmung von Fluor in Knochen und Zähnen.* Zur Best. der kleinen Mengen *Fluor* in Zähnen von Ratten u. kleinen Versuchstieren wird ein Verf. angegeben, um F-Mengen von 5—50 γ zu bestimmen. Nach Behandlung mit $HClO_4$ wird das F im Wasserdampfstrom als H_2SiF_6 abdest. u. durch Farbabschwächung des Eisensalicylatkomplexes colorimetr. bestimmt. Fehler bei Mengen von $5\gamma \pm 4\%$, bei größeren (15 γ u. mehr) $\pm 2\%$. (Biochem. Z. **324.** 89—92. 1953. Mainz, Univ., Physiol.-chem. Inst.) K. NEHRING. 5756

H. Angewandte Chemie.

I. Allgemeine chemische Technologie.

H. E. Arblaster, *Das Verhalten der metallischen Oberflächen in der Technik.* Überblick über Kavitation, Erosion, Korrosion, Reibung u. Ölfilmbldg. der verschied. metall. Oberflächen. (Australas. Engr. **45.** 43—58. 7/3. 1952. Fishermen's Bend, Victoria, Commonwealth Aircraft Corp. Pty. Ltd.) F. VIER. 5804

James P. Renton, *Korrosion und ihre Verhütung.* Überblick über die Untergrundkorrosion von Stahl u. über die üblichen Schutzmaßnahmen. (Gas J. **281** (**107**). 446. 16/2. 1955. Edinburgh.) J. FISCHER. 5808

John F. Day, *Korrosion an vergrabenen Rohrleitungen und der kathodische Schutz.* Inhaltlich ident. mit der in C. **1955.** 7516 referierten Arbeit. (Gas J. **281** (107). 168—70. 76. 19/1. 246—47. 26/1. 1955.) J. FISCHER. 5808

V. Kubelka, *Die Korrosion von erdverlegten Eisenrohren.* Übersichtsbericht. Ursachen der Korrosion: elektrochem. u. galvan. Einflüsse, vagabundierende Ströme, Konzentrationsketten, mikrobiol. u. mechan. Vorgänge. Einfl. des O_2 auf das korrosive Verh. des Wassers. Korrosionsschutz durch Wahl geeigneten Materials, kathod. Schutzschaltung, Einbetten in CaO oder Beton u. durch Schutzanstriche. (Voda **33.** 40—43. Febr. 1953. Brno [Brünn].) K. STEINER. 5808

R. D. Taylor, *Verhinderung von Seewasserkorrosion durch Schutzanoden.* Nach kurzer Darlegung der Grundlagen der Korrosion u. des kathod. Schutzes wird die Anwendung von Mg-Anoden zum kathod. Schutz der Schiffsaußenhaut besprochen. (J. Amer. Soc. Naval Engr., Inc. **65.** 856—64. Nov. 1953.) H. SPINDLER. 5808

George C. Daul, J. David Reid und **Robert M. Reinhardt,** *Kationenaustauschende Materialien aus Baumwolle und Polyvinylphosphat.* Vff. beschreiben ein neues Verf., um phosphorylierte Baumwolle herzustellen u. auf diese Weise ein kationenaustauschakt. Material zu erhalten. Da die direkte Phosphorylierung der Baumwolle mit Phosphortrichlorid, Phosphoroxychlorid oder Phosphorsäure zum teilweisen Abbau der Baumwolle führt, umgehen Vff. diese Schwierigkeit u. nehmen die Phosphorylierung mit Polyvinylphosphat vor. Das Polyvinylphosphat wird auf die Faser aufgebracht u. gibt nach entsprechender Trocknung ein stabiles Austauschermaterial. Die Bindung an die Cellulose kann sowohl esterartig sein, wie auch Querverbb. durch Kondensation des Polyvinylphosphates mit sich selbst auftreten können. Zur Darst. des Polyvinylphosphates werden verschied. Wege eingeschlagen. Einmal wird Phosphoroxychlorid in Dioxan oder in Chlf. mit Polyvinylalkohol umgesetzt, eine andere Meth. besteht im Umsatz von niedrigviscosem Polyvinylalkohol mit Phosphorsäure in Ggw. von Phosphorpentoxyd. Außerdem ist die Bldg. des Polyvinylphosphates durch Umsatz von niedrigviscosem Polyvinylalkohol mit Phosphorsäure in Ggw. von Harnstoff vorgenommen worden. Es ist auch möglich, unlösl. Polyvinylphosphat direkt als Kationenaustauschharz einzusetzen. Die Löslichkeit des Polyvinylphosphates richtet sich nach der Löslichkeit des als Ausgangsmaterial benutzten Polyvinylalkohols. Außer auf Baumwolle kann lösl. Polyvinylphosphat auch auf Substanzen, wie Nylon, Acetylcellulose u. Glasfaser, kondensiert werden. (Ind. Engng. Chem. **46.** 1042—45. Mai 1954. New Orleans, La., Southern Regional Res. Labor.) K.-H. LOHS. 5826

George Findlay, *Öle zur Verwendung in Luftfiltern.* Die mit Öl behandelten Luftfilter konnten 3½ Jahre ohne Verlust an Zeit für Reparaturen u. Reinigung in Betrieb bleiben. Das für die Berieselung der Filter bestimmte Öl wird im Kreislauf geführt u. im Absetztank auf einer Temp. von 60° gehalten. Während eines Vers. von 4 Monaten konnten durch das Öl 200 kg feste Bestandteile aus der Luft entfernt werden. An Hand zahlreicher Bilder wird die Technik der Berieselung der Filter mit Öl aufgezeigt. (Iron Steel Engr. **29.** Nr. 9. 160—64. Sept. 1952. Buffalo, N. Y.) F. ROSENDAHL. 5830

Wilhelm Niebergall, *Herstellungsverfahren für Trockeneis unter besonderer Berücksichtigung des Maiuri–Absorptions-Verfahrens.* Nach einleitender Beschreibung der physikal. Eigg. fester Kohlensäure u. den Vorteilen, die diese gegenüber Eis als Kühlmittel bietet, werden zunächst die verschied. Verff. zur Gewinnung von gasförmiger Kohlensäure beschrieben. Es folgen dann die seit 25 Jahren zur Entw. gekommenen Verff. zur Herst. fester Kohlensäure mit Hilfe mehrstufiger Kohlensäureverdichter. — Diagramme u. Skizzen. (Kältetechnik **2.** 263—67. Nov. 1950.) A. DIETL. 5858

Giuseppe Trapanese, *Experimentelle Ergebnisse über den Gang einer Absorptionskältemaschine.* Es wurden an einer einstufigen Absorptionsmaschine mit W.–NH_3-Lsg. Verss. durchgeführt zur Best. des Nutzeffektkoeff., seiner Änderung mit dem Druckunterschied zwischen Verflüssiger u. Absorber, mit der Endtemp. der starken Lsg. im Absorber, mit der Unterkühlungstemp. u. mit seiner Kälteleistung. (Ricerca sci. **25.** 922—32. April 1955. Padova, Centro di studio per le appl. del freddo.) C. GOTTFRIED. 5858

G. A. Lewenhagen, Stockholm, Schweden, *Schutz von Rohrleitungen gegen Korrosion* durch Behandlung mit neutralen bzw. bas. NH_4NO_2-Lsgg.; z. B. 1—2% $NaNO_2$-Lsg., die mit 10% konz. NH_3 versetzt wird. Man läßt diese Lsg. einige Std. in den Leitungen stehen. (**Schwed. P. 141 808** vom 12/4. 1948, ausg. 25/8. 1953.) K. H. KÄHLER. 5809

Douglas Holt Ltd., London, England, *Metallkitt für Reparaturzwecke,* bestehend aus einer Mischung von Metallpulvern, wie Al, mit organ. synthet. Harzen u. Lösungsmittel,

z. B. 57,5(%) Al-Pulver, 9 Polyvinylacetat u. 33,5 CH_2Cl_2. (**Belg. P. 506 188** vom 2/10. 1951, ausg. 13/2. 1953. E. Prior. 5/10. 1950.) C. LÜTTGEN. 5811

Badische Anilin- & Soda-Fabrik Akt.-Ges. (Erfinder: **Ludwig Raichle, Ferdinand Markert, Gottfried Irgang** und **Helmut Krome**), Ludwigshafen/Rh., *Verfahren zum Betrieb von Konvertierungsanlagen* bei n. oder erhöhtem Druck unter Anwendung von >1 Katalysatorschicht, dad. gek., daß die Reaktionswärme ganz oder teilweise zur Erzeugung von Hoch- oder Mitteldruckdampf verwendet wird u. die der Rk. entzogene Wärme in Gestalt von weniger wertvoller Wärme, bes. durch Dampf von geringerem Druck als dem erzeugten oder durch Beheizen des Kreislaufwassers durch außerhalb der Anlage liegende Wärmequellen, zugeführt wird, wobei das Kreislaufwasser als Wärmeüberträger der Wärme aus fremder Quelle u. der Wärme vom Kontaktgas an das Frischgas dient. Die in der 1. Katalysatorschicht entstehende Reaktionswärme kann ganz oder teilweise zur Hoch- oder Mitteldruckdampferzeugung verwendet werden, während die in den nachfolgenden Schichten entstehende Reaktionswärme u. gegebenenfalls die nicht zur Dampferzeugung herangezogene Reaktionswärme der 1. Schicht zur Aufheizung des Frischgases benutzt wird. Zur Regelung der Reaktionstemp. sind jeweils Umgänge um die Wärmeaustauscheinrichtung angeordnet, in denen ein Teil der Reaktionsgase über ein Regelorgan unmittelbar zur nächsten Katalysatorschicht strömt. — Abbildung. (**D. B. P. 892 745** Kl. 12i vom 30/12. 1951, ausg. 19/10. 1953. Anmeldung bekanntgemacht 31/12. 1952.) R. SCHREINER. 5817

N. V. de Bataafsche Petroleum Mij., Holland, *Neue Emulgiermittel und ihre Anwendung*. Die Emulgatoren sind *Äther des Polyoxyäthylens* mit *alkylierten Phenolen*. Die Anzahl der Äthylenoxydmoll. soll zwischen 4 u. 8 betragen, die Anzahl der C-Atome im Alkylrest des Phenols 13,5—20. Diese Alkylreste sind Derivv. eines α-Olefins. Die Darst. der Alkylphenole erfolgt durch 6std. Rk. von Olefin u. Phenol in Ggw. von BF_3 bei 60—65° unter Rühren. Die Verätherung erfolgt in einem Autoklaven bei 160—170° mit Katalysator in alkal. Medium. Das wasserfreie Äthylenoxyd wird als Gas zum Phenol gegeben. Die Rk. dauert 5 Stunden. Die guten emulgierenden Eigg. dieser Äther beruhen auf ihrer Löslichkeit sowohl in W. (auch in hartem) als auch in KW-stoffölen. (**F. P. 1 066 052** vom 17/8. 1951, ausg. 2/6. 1954.) S. MEIER. 5825

American Cyanamid Co., New York, N. Y., V. St. A., *S-Allylxanthate* RO—C·(=S)—S—CH_2—CH=CH_2 (R = gesätt. KW-stoffrest) erhält man durch Kondensation von Alkalixanthaten mit Allylchlorid (I). — Aus CS_2, CH_3OH, W., KOH u. I → *Allylmethylxanthat*, Kp.$_{15}$ 75—90°. — *Allyläthylxanthat*. — *Allyl-n-propyl-*, *-isopropylxanthat*. — *Allylbutylxanthat*. — *Allylisobutylxanthat*. — *Allyl-sek.-butylxanthat*. — *Allyl-sek.-amylxanthat*. — *Allylcyclohexylxanthat*. — *Allylmethylamylxanthat*. — *Flotationsmittel*, bes. als *Sammler* für *sulfid. Erze*; vgl. D. B. P. 866 331; C. **1953**. 4761. (**E. P. 700 334** vom 27/8. 1951, ausg. 25/11. 1953. A. Prior. 1/5. 1951.) G. KRAUSS. 5829

Brush Development Co., Cleveland, O., V. St. A., übert. von: **Alfred L. W. Williams**, *Fraktionieren staubhaltiger Gase*. Das staubhaltige Ausgangsgas wird mit Dampf übersätt. u. Schallwellen von solcher Stärke ausgesetzt, daß sich Flüssigkeitströpfchen an einen Teil des Staubes ansetzen. Die flüssigkeitsbeladenen Staubteilchen sinken unter dem Einfl. der Schwerkraft, so daß unten eine staubreiche u. oben eine staubarme Fraktion des Gases abgeleitet werden kann. Ein Teil der letzteren kann zum Verdünnen frischen Ausgangsgases verwendet werden. — Schema. (**E. P. 681 463** vom 11/12. 1950, ausg. 22/10. 1952. A. Prior. 21/2. 1950.) R. SCHREINER. 5851

Robert Maurice Mercier, Seine, Frankreich, *Inkontaktbringen von Gasen oder Dämpfen mit Flüssigkeiten*. Die in einer mit Glockenböden versehenen Kolonne zirkulierenden Gase bzw. Dämpfe bilden mit der Fl. während des Arbeitsprozesses einen Schaum. Falls notwendig, wird noch ein die Schaumbldg. förderndes Mittel zugesetzt. — Vorr., Zeichnung. (**F. P. 1 038 802** vom 14/6. 1951, ausg. 1/10. 1953.) T. OPPERMANN. 5853

Sutcliffe, Speakman & Co. Ltd., England, *Adsorptionsprozeß*. Zur Wiedergewinnung von Fll., wie *Lösungsmittel*, aus einem Gemisch mit Gasen leitet man das betreffende Gas–Fl.-Gemisch durch einen Teil eines in Bewegung gehaltenen Adsorptionsmittels (akt. Kohle), während man einen anderen, mit Fl. beladenen Teil des Adsorptionsmittels zur Gewinnung der Fl. mit Wasserdampf behandelt u. dann trocknet u. abkühlt. — Vorr., Zeichnung. (**F. P. 1 038 199** vom 7/6. 1951, ausg. 25/9. 1953.) T. OPPERMANN. 5855

N. V. de Bataafsche Petroleum Mij., Holland (Erfinder: **Arnold A. Bondi**), *Herstellung von magnetischen hydraulischen Flüssigkeiten*, z. B. für Kupplungen. Die Fll. bestehen aus 3—79 (Gew.-%) einer fl. Trägersubstanz [z. B. einem fl. KW-stoff, einem Gemisch von Mineralöl u. einem tier. Öl (z. B. Schmalzöl) oder einem Pflanzenöl (z. B.

Ricinusöl), einem synthet. Schmieröl, Tetraphenylsilicat, einer polymeren Si-Verb.], 10—97 einer magnet. oder magnetisierbaren Substanz (z. B. Fe-Teilchen oder Fe-Oxyd) u. 0,01—5 eines Dispersionsmittels (z. B. A., Ae., Glycerin, Äthylenglykol, Pentandiol-(2.4), Morpholin, Acetamid, Triäthanolamin). Sie können außerdem noch ein Antikorrosions-, ein Antioxydationsmittel, einen Hochleistungszusatz u. dgl. enthalten. Eine solche magnet. Fl. hat z. B. die Zus.: 15 (Gew.-%) Kerosin, 84,9 Fe-Pulver (Teilchengröße 7—10 μ) u. 0,1 Äthylenglykol. (**F. P. 1 071 708** vom 22/8. 1952, ausg. 3/9. 1954. A. Prior. 23/8. 1951.) T. OPPERMANN. 5893

III. Elektrotechnik.

R. Palme, *Der Einfluß der oxydierenden Wirkung atmosphärischer Luft auf die Wirkungsweise elektrischer Kontakte.* Übersicht über die Anforderungen, die an die für elektr. Kontakte verwendeten Werkstoffe gestellt werden, die physikal. Eigg. der wichtigsten Grundkontaktwerkstoffe (*Ag, Cu, Pt, Au, Graphit, W, Mo*) u. ihr Verh. gegen Luft-O_2. (Schweiz. Arch. angew. Wiss. Techn. **19.** 177—84. Juni 1953. Reutte, Tirol, Metallwerk Plansee GmbH.) W. WESLY. 5952

K. A. Andrianow und **W. I. Kalitwjanski,** *Die Anwendung von siliciumorganischen Isolatoren bei elektrischen Maschinen.* Die mechan. u. dielektr. Eigg. der Si-organ. Isolatoren bleiben beim Erhitzen auf 180—200° erhalten. Vor u. nach dem Erhitzen sind sie feuchtigkeits- u. wasserfest. Kurzzeitige Erhitzungen bis 230—250° sind zulässig. Hinsichtlich der Feuerfestigkeit sowie der Bogen- u. Coronabldg. übertreffen diese Isolatoren die üblichen auf der Grundlage von Bitumen-Öllacken. Die Si-organ. Isolatoren zeigen beim Anfeuchten nicht nur im Ausgangszustand, sondern auch nach langer Wärmealterung bei erhöhter Temp. einen hohen Widerstand. Sie sind wasserfester als die Glas-Glimmer-Isolatoren auf organ. Lackgrundlage. (Электричество [Elektrizität] **1955.** Nr. 4. 62—68. April. Moskau.) OTTO MAIER. 5956

Ch. Ss. Walejew, *Elektrische Eigenschaften von Steatitmaterialien bei erhöhten Temperaturen.* Die Hauptkristallphase bei allen untersuchten Steatitmaterialien war Klinoenstatit ($MgSiO_3$) mit der Brechungszahl $N = 1{,}655 \cdots \pm 0{,}002$. Die Steatitmaterialien bestanden zu 26—40% aus Glasphase (Rest Kristallphase). Bei Materialien mit Ba-Glasphase ist N größer als bei der Ca-Glasphase. Mit steigendem Al-Geh. verringert sich N der Glasphase. Vf. behandelt die Temperaturabhängigkeit von tg δ u. ε für verschied. sowjet. Steatitmaterialien im Hinblick auf die Herst. von Isolatoren. (Электричество [Elektrizität] **1955.** Nr. 4. 56—61. April. Moskau.) OTTO MAIER. 5956

Thomas P. Davis, Leo J. Krolak, Robert M. Blakney und **Herman E. Pearse,** *Modifikation eines Kohlebogenscheinwerfers zur Herbeiführung experimenteller Blitzverbrennungen.* Zur Unters. von Verbrennungen durch Strahlung sehr hoher Intensität, wie sie bei der Explosion von Atombomben auftreten, wird ein abgeänderter 60 cm-Scheinwerfer benutzt. Der Parabolspiegel wird durch einen ellipt. ersetzt, in dessen zweitem Brennpunkt die Bestrahlung der Versuchstiere stattfindet. Bei einer Leistungsaufnahme von 11,4 kW ließ sich auf einer Fläche von 1 cm² eine auf 12% homogene Bestrahlungsstärke von maximal 31,8 cal/cm² sec erreichen. Angabe der Einrichtung zur meßbaren Schwächung der Bestrahlungsstärke u. zur Steuerung der Expositionszeit, welche im Minimum 0,1 Sek. betragen kann. (J. opt. Soc. America **44.** 766—69. Okt. 1954. Rochester, N. Y., Univ. of Rochester, School of Med., Dep. of Radiat. Biol. and Dep. of Surg.) H.-J. EICHHOFF. 5972

C. H. Shaw und **Jack A. Soules,** *Hochstrom-Röntgenröhre.* Es wird eine spezielle Oxydkathode verwendet, die einen Strahlstrom von 500 mA — bei 2500 V u. einem Strahlquerschnitt von 3 mm² — erzeugt. Ein magnet. Linsensyst. fokussiert den Elektronenstrahl auf eine Antikathode, die sich im Abstand von 15 cm von der Kathode befindet. (Physic. Rev. [2] **83.** 233. 1/7.; Bull. Amer. physic. Soc. **26.** 42. 26/4. 1951. Ohio State Univ.) W. REICHARDT. 5974

R. A. MacMillan und **W. G. Field,** *Der Photokonverter: Ein neuer elektronischer Zerhacker (chopper).* Es wird eine neue Meth. u. die hierzu neu entwickelte Anordnung zur Umwandlung kleiner Gleichspannungen in Wechselspannungen unter Verwendung einer Gasentladungsröhre oder einer Glimmlampe zur Beleuchtung von 2 Photozellen in einem ausgeglichenen Stromkreis beschrieben. (Rev. sci. Instruments **24.** 984—85. Okt. 1953. Cambridge, Mass., Electronics Res. Directorate, Air Force Cambridge Res. Center.) C. GOTTFRIED. 5976

Comp. Générale d'Électro-Céramique, Seine, Frankreich, *Poröser Stromleiter.* Der Leiter besteht aus oberflächlich metallisierter, poröser keram. M., die z. B. durch

Zusammenbrennen der Körner mit Emaille hergestellt wird. Das Metallisieren erfolgt durch Kathodenzerstäubung, Aufdampfen von Metall, Versilbern, Vergolden usw. Die keram. Körner können auch vor dem Zusammensintern mit Metall überzogen oder mit einer der Metallisierung dienenden Fl. getränkt oder mit einem Pulver, z. B. Cu-Oxyd, gemischt werden. Das Cu-Oxyd läßt sich nach dem Sintern leicht durch Al in Ggw. einer alkal. Lsg. in Cu umwandeln. (**F. P. 1 015 891** vom 3/4. 1950, ausg. 27/10. 1952.)
B. SCHMIDT. 5953

Western Electric Co., Inc., New York, N. Y., V. St. A. (Erfinder: **R. W. DeMonte** und **A. B. Haines**), *Herstellung von gleichmäßigen, festhaftenden, feuchtigkeitsfesten Überzügen, insbesondere auf elektrischen Vorrichtungen*. Der Überzug besteht aus einer Imprägnierungsmasse u. einem äußeren Schutzüberzug. Die Imprägnierungsmasse wird nach dem Auftragen vollständig getrocknet; dann wird ein polymerisierbarer Harzlack mit anorgan. Füllstoffen aufgetragen, getrocknet u. in der Wärme gehärtet. Dabei wird jedoch die Härtung nur so weit getrieben, daß das Harz nicht ganz erhärtet u. der Schutzüberzug biegsam bleibt. Die Lackmasse soll ca. 80% Füllstoff, bes. Talkum, enthalten. Das Trocknen in der Wärme wird bei 82 u. 99° durchgeführt. Als polymerisierbarer Lack für den 1. Überzug verwendet man bes. ein Reaktionsprod. aus Aldehyd u. Acajounußschalenöl. Diese Prodd. werden bei ca. 132° getrocknet. Bes. dienen die Überzüge zum Schutz von Transformatorenwicklungen. (**Schwed. P. 138 735** vom 22/3. 1946, ausg. 13/1. 1953. A. Prior. 22/3. 1945.) JÜRGEN SCHMIDT. 5957

Märkische Asphalt-Gesellschaft m. b. H., Dortmund, *Wasserabstoßende asphalthaltige Isoliermassen* erhalten als Einlage Folien aus Legierungen des Zn mit geringen Mengen Cu u. Mn. Vorteilhaft wird auf die aufgerauhte Zn-Folie eine Zwischenschicht, bestehend aus einer Gummipulver enthaltenden Asphaltlsg., aufgetragen. (**Ung. P. 136 305** vom 4/2. 1943, ausg. 15/8. 1954. D. Prior. 6/2. 1942.) G. KÖNIG. 5957

Compra Plastics Ltd., England, *Herstellung von Überzugsmitteln für piezoelektrische Kristalle*, bes. von Kristallen aus Rochelle- (Signette-) Salz. Man stellt in einer Kugelmühle Dispersionen von Polyäthylen oder Polyäthylen u. 20—30% Polyisobutylen bei 60—80° in einem Lösungsm. (z. B. Bzl., CCl_4, Monochlortoluol, Cyclohexanon, Isophoron) her (Teilchengröße 0,4—0,6 μ). Die Dispersionen können außerdem ein Verdünnungsmittel (z. B. Butylalkohol, Methylisopropylketon, Ligroin, Bzn., Äthyl-, Propylacetat, Diacetonalkohol), ein Plastifizierungsmittel (z. B. chloriertes Diphenyl, chloriertes Paraffin, Abietinsäure) oder ein mineral. mikrokristallines Wachs (F. 55 bis 60°) enthalten. Die Zus. einer solchen Dispersion ist z. B. 11 (Gewichtsteile) Polyäthylen, 3 chloriertes Diphenyl (D. 1,620), 34 Monochlorbenzol, 12 Xylol, 8 Cyclohexan, 15 Methylisobutylen u. 17 Isopropylalkohol. (**F. P. 1 057 889** vom 21/11. 1951, ausg. 11/3. 1954.) T. OPPERMANN. 5961

Aktiebolaget Standard Radiofabrik, Bromma, Schweden (Erfinder: **M. Bruzau** und **C. Meuleau**), *Herstellung piezoelektrischer Monokaliumphosphatkristalle*. Man setzt einer Lsg. von 12 (kg) KH_2PO_4 in 24 Liter dest. W. 0,2 KOH u. 0,12 K-Borat zu u. bringt die Lsg. zur Kristallisation. Hierbei werden relativ große Kristalle auch in transversaler Richtung erhalten. (**Schwed. P. 141 742** vom 27/10. 1948, ausg. 25/8. 1953. F. Prior. 21/11. 1947.) K. H. KÄHLER. 5961

Wright W. Gary jr., Pasadena, Calif., V. St. A., *Silber-Zink-Akkumulator*, dessen Ag_2O-Pulver sich in einer Hülle aus Filterpapier befindet, in das durch Imprägnieren mit einer gesätt. $MgSO_4$-Lsg., Trocknen u. Behandeln mit einer NaOH-Lsg. $Mg(OH)_2$ eingelagert ist. — Abbildung. (**A. P. 2 669 595** vom 18/12. 1950, ausg. 16/2. 1954.)
F. LAASS. 5971

Pierre Aimé Charles Jacquier, Seine, Frankreich, *Gasdicht abgeschlossener alkalischer Stromsammler*. Unter dem von den Elektroden eingenommenen Raum befindet sich ein in einer nachgiebigen Haut eingeschlossenes Gasvolumen. Mit dem Grade der Aufladung des Sammlers wächst die Entw. von H_2 u. O_2, die jedoch von den akt. Massen wieder gebunden werden. Übersteigt die Geschwindigkeit der Entw. die der Bindung, wird das Gasvol. zusammengedrückt u. der Elektrolyt sinkt unter Verminderung der Entw. ab, gegebenenfalls soweit, daß er die Elektroden nicht mehr berührt. Der Spiegel der Fl. ist somit Schwankungen unterworfen, die zu wiederholten Stromunterbrechungen führen können. Diese Schwankungen sind durch die Verwendung gefritteter Elektroden prakt. beseitigt. Soll der Sammler zur Regeneration der Elektroden übermäßig aufgeladen werden, wird durch Entfernung eines Stopfens der gasdichte Abschluß aufgehoben. (**F. P. 1 009 159** vom 26/1. 1950, ausg. 26/5. 1952.)
B. SCHMIDT. 5971

Soc. des Accumulateurs Fixes et de Traction, Seine, Frankreich, *Gasdichter alkalischer Stromsammler*. In der positiven Elektrode soll der übliche Graphit wegen seiner Neigung zur Oxydation u. Entw. von CO_2 während des Betriebes des Sammlers durch von dem Elektrolyten nicht angreifbares Metallpulver (Fe, Ni, Co usw.) als elektr. Leiter ersetzt werden. Entweder werden Sinterkörper, z. B. aus Ni-Pulver, von dem 90% durch ein 250-Maschensieb u. <2% durch ein 25-, nicht aber durch ein 80-Maschensieb hindurchgehen, ½ Std. bei 900° gefrittet, so daß die scheinbare D. 1 ist, u. dann in üblicher Weise mit akt. M. aufgefüllt, oder es werden in Taschen getragene Elektrodenkörper aus Hydroxyd hergestellt, in das beim Ausfällen Metallpulver von koll. Feinheit eingebettet wurde. (**F. P. 1 011 115** vom 9/12. 1948, ausg. 19/6. 1952.) B. SCHMIDT. 5971

Yardney International Corp., V. St. A., *Aufladung von Stromsammlern.* Zur Verhütung von Überbelastungen beim Laden dient eine dem Sammler parallelgeschaltete elektrolyt. Zelle, die bei Anstieg der Ladespannung auf ca. 2 V unter Zers. von W. stromdurchlässig wird. Die Gasentw. oder der Stromdurchgang werden zum Abschalten des Ladestroms benutzt. Der Verlust von W. in der Zelle wird bes. durch Wahl eines hygroskop. Elektrolyten vermieden. Dieser soll gleich dem des Sammlers sein, z. B. KOH, u. den gleichen Temperaturkoeff. haben. Der Schwellenwert für die Ansprechspannung der Zelle ist durch die Wahl der Zellenelektroden bestimmt. Tabelle für Schwellenwert u. Elektroden, Stromcharakteristik, Schaltschemata, Aufbauzeichnungen. (**F. P. 1 012 633** vom 6/1. 1950, ausg. 15/7. 1952.) B. SCHMIDT. 5971

Auto-Lite Battery Corp., V. St. A., *Stromsammler.* Als gegen Stoß, Säure u. ungewöhnliche Tempp. beständiges Mittel zum Verkleben der z. B. aus Ebonit gebildeten Behälter für Sammlerbatterien mit ihren Deckeln eignet sich verformbares, in der Wärme erhärtendes Phenolharz (z. B. „Durez Casting Resins 7421 u. 7421 A") von der D. 1,12 bis 1,27, bes. 1,25, welchem 5—15, bes. 8% eines sauren Beschleunigers (z. B. „Durez Accelerator 7422"), außerdem 0,5% Farbstoff u. gegebenenfalls 15—30% Füllmittel (z. B. Diatomeenerde, Asbestfaser, Nußschalenmehl) zugemengt sind. Ein solches Klebmittel erhärtet in 3 bzw. 16 Std. bei 80 bzw. 52° u. kann daher durch die bei der Formierung des Sammlers entstehende Wärme zum Erhärten gebracht werden. — Zeichnungen. (**F. P. 1 065 357** vom 9/7. 1952, ausg. 24/5. 1954.) B. SCHMIDT. 5971

A/B Tudor, Stockholm, Schweden, *Positive Bleielektroden*, die in das Gehäuse des Akkumulators hängend eingebaut werden. Um Kurzschlüsse durch Ablagerung von akt. Teilchen auf den zur Aufhängung dienenden isolierenden Stäben zu vermeiden, werden die Teile des Pb-Gitters um die Buchsen herum aus thermoplast. Kunststoffen, mit Harzen gehärteten Glasfasern oder dgl. hergestellt, z. B. im Spritzgußverfahren. (**E. P. 725 121** vom 29/10. 1953, ausg. 2/3. 1955. Schwed. Prior. 7/1. 1953.) F. LAASS. 5971

Soc. des Piles Wonder, Soc. An., Seine, Frankreich, *Elektrisch leitender Film für Elektroden.* Man mischt ein Vinylharz (24 Gewichtsteile Polyvinylchlorid) mit Weichmacher (14 Gewichtsteile) u. einem elektr. leitenden Füllstoff, wie Kohlepulver (62 Gewichtsteile) u. gegebenenfalls Ölen, wie Anthracenöl, u. zieht zu einem Film aus, der als Kathode verwendet wird u. an der Seite, an der er mit der Anode der Nachbarzelle verbunden ist, einen Überzug aus einer sehr dünnen Metallfolie erhält. (**F. P. 1 007 573** vom 4/1. 1950, ausg. 7/5. 1952.) M. PANKOW. 5971

Soc. des Produits Chimiques des Terres Rares, Seine, Frankreich, *Magnesiumelement.* Ein Element mit erhöhter Spannung wird durch Verwendung eines fl., sauren, stark oxydierenden Depolarisators von guter Leitfähigkeit erhalten. Die Kohlekathode wird z. B. mit einer Mischung von 33 cm^3 Pyridin u. 100 cm^3 HNO_3 von 40° Bé oder mit einer Lsg. von 25% $KMnO_4$ u. 8% H_2SO_4 oder mit einer Lsg. von $NaClO_3$ in verd. H_2SO_4 in Ggw. von $FeCl_3$ umgeben. Ein Diaphragma trennt den Depolarisator vom anod. Elektrolyten, der aus konz. Lsg. von KCl oder $MgCl_2$ besteht. Die Anode ist eine Mg-Legierung, die z. B. 5(%) eines Metalls aus der Gruppe der Cer-Erden u. 1,5 Mn oder z. B. 1,8 Mn enthält. (**F. P. 972 776** vom 21/4. 1941, ausg. 2/2. 1951.) B. SCHMIDT. 5971

Soc. des Produits Chimiques des Terres Rares, Seine, Frankreich, *Galvanisches Element.* Zur Erhöhung der Spannung um 40—60% u. der Stromstärke des Elements werden die Elektroden oberflächlich chem. vorbehandelt. Anoden aus Mg oder Zn werden vor Gebrauch ½ Std. in eine Lsg. von 10(%) CrO_3 u. 2 $MnCr_2O_7$ oder von 15 CrO_3 u. 0,2 H_2SO_4 eingetaucht. Kohlekathoden werden 1 Std. in HNO_3 von 40° Bé, Fe-Anoden in eine Lsg. von 10 CrO_3 u. 2 $MnCr_2O_7$, Fe-Kathoden nacheinander in HNO_3 von 10° Bé u. in eine Lsg. von 10 CrO_3 u. 2,5 H_2SO_4 getaucht. Al wird wie Fe behandelt. Die genannten Stoffe können auch den Elektrolyten beigegeben werden. (**F. P. 972 777** vom 21/4. 1941, ausg. 2/2. 1951.) B. SCHMIDT. 5971

Soc. des Accumulateurs Fixes et de Traction, Seine, Frankreich, *Trockenelement.* Zur Herst. der positiven Elektrode wird auf ein tragendes Cu-Gitter Cu-Pulver von der scheinbaren D. 0,9 in ½ Std. bei 700° unter H_2 in einer Stärke von 0,5—1 mm aufgesintert. Der Sinterkörper wird dann wiederholt in eine sd. saure (p_H 1) Lsg. von 400 g/Liter

$CuCl_2$ getaucht u. bei 100° getrocknet. Es lagert sich dabei $CuCl_2$ ab, das mit dem Cu zu CuCl langsam reagiert. Die Rk. kann elektrolyt. unterstützt werden, indem der Körper als Kathode mit Cu als Anode in ein aus der genannten Lsg. bestehendes Bad eingebracht wird. Die negative Elektrode des Elements besteht aus Mg oder einer Mg-Legierung. Beide Elektroden werden unter Trennung durch einen Separator u. saugfähige Schichten aus Baumwolle in einer Kapsel aus Polyvinylchlorid untergebracht, deren beide Schalen an den Rändern verschweißt werden. Die Ränder haben Löcher, durch welche das Element vor dem Gebrauch mit „reinem" W. als Elektrolyt aufgenommen wird. — 2 Zeichnungen. (**F. P. 1 068 144** vom 19/11. 1952, ausg. 22/6. 1954.) B. SCHMIDT. 5971

Ray-O-Vac Co., Madison, Wis., V. St. A., *Herstellung von Batterien aus primären Plattenzellen*. Die übereinander gelegten Teile jeder Zelle werden nebeneinander zwischen zwei Isolierbänder gebracht u. die Ränder dieser Bänder verschweißt, wobei jede Zn-Elektrode so lang gehalten ist, daß sie bis zur nächsten Zelle reicht, wo sie als Träger des Leitlackes dient. Wo die Zn-Elektroden von der einen zur anderen Zelle übergehen, werden die Isolierbänder gebogen u. zickzackförmig übereinandergelegt u. gepreßt. (**E. P. 720 069** vom 5/9. 1952, ausg. 15/12. 1954. A. Priorr. 5/9. 1951 u. 2/6. 1952.) F. LAASS. 5971

British Thomson-Houston Co. Ltd. (Erfinder: **James Thomson Anderson**), London, England, *Herstellung lichtdurchlässiger Überzüge* auf Oberflächen lichtdurchlässiger Gegenstände, bes. für die *Innenseite* von *Glühbirnen*. Koll. SiO_2-Lsgg., wie sie z. B. durch Hydrolyse von Tetraäthylsilicat erhalten werden, gemischt mit einer Lsg. eines Bindemittels (Nitrocellulose, Polymethylmethacrylat), der ein Weichmacher (Butylphthalat, Campher) u. gegebenenfalls Äthylacetat als weiteres Lösungsm. zugesetzt sein kann, werden aufgetragen u. dann vorsichtig bis zur Entfernung des Lösungs- u. des Bindemittels erhitzt. (**E. P. 712 185** vom 11/5. 1951, ausg. 21/7. 1954.) W. GRÄGER. 5973

Raytheon Mfg. Co., Newton, übert. von: **Mauritz L. Anderson**, Arlington, Mass., V. St. A., *Glühkathode*. Auf die Kathode wird bei 85—90° aus einer je ein lösl. Ba- u. Sr-Salz (bes. Nitrate) enthaltenden Lsg. durch Zugabe einer Na_2CO_3 u. $(NH_4)_2CO_3$ enthaltenden Lsg. ein Gemisch von 80% $SrCO_3$ u. 20% $BaCO_3$ niedergeschlagen. — Schema, Diagramm, Mikrobild. (**A. P. 2 703 790** vom 28/8. 1952, ausg. 8/3. 1955.) R. SCHREINER. 5975

N. V. Philips' Gloeilampenfabrieken, Eindhoven, Holland (Erfinder: **Otto G. Koppius**, Witheplains, N. Y., V. St. A.), *Vorratskathode für elektrische Entladungsröhren*. Die Herst. des aus W, Mo, Ta, Zr, Ti, V, Re oder Nb bestehenden, den Verschluß der Vorratskammer bildenden porösen Metallkörpers erfolgt zugleich mit dem Verschluß der Vorratskammer in einem einzigen Arbeitsgang. (**D. B. P. 927 518** Kl. 21g vom 19/3. 1952, ausg. 9/5. 1955. Anmeldung bekanntgemacht 14/10. 1954. A. Prior. 22/3. 1951.) H. KESSEL. 5975

Allgemeine Elektricitäts-Gesellschaft (Erfinder: **Carl Bosch**), Berlin, *Trockengleichrichter*. Bei der Herst. wird auf der z. B. aus Se bestehenden Halbleiterschicht nach ihrer Überführung in die wirksame Modifikation eine Sperrschicht gebildet durch mechan. Aufbringen u. anschließendes Verdunsten einer den Halbleiterstoff in Suspension u. zugleich ein isolierendes Bindemittel in Lsg. enthaltenden Fl., z. B. einer Suspension von Se in einer Lsg. von S in CS_2. (**D. R. P. 756 025** Kl. 21g vom 4/10. 1938, ausg. 16/6. 1952.) H. KESSEL. 5977

Licentia Patent-Verwaltungs-G. m. b. H., Hamburg, *Trockengleichrichter*. Zwischen der Defekt-Halbleiterschicht u. einer metall. leitenden Elektrode liegt eine Überschuß-Halbleiterschicht, z. B. aus Ge, Si, PbSe oder $Bi^{II}Se$. (**E. P. 703 204** vom 31/10. 1951, ausg. 27/1. 1954. D. Prior. 1/10. 1948.) H. KESSEL. 5977

Licentia Patent-Verwaltungs-G. m. b. H., Hamburg, *Trockengleichrichter*. Zwischen der Halbleiterschicht u. der weniger als 1% Cd enthaltenden, z. B. aus einer techn. reinen Bi–Sn-Legierung bestehenden Gegenelektrode, befindet sich eine Zwischenschicht aus CdSe u. CdS. (**F. P. 1 064 398** vom 14/10. 1952, ausg. 13/5. 1954. **E. P. 713 403** vom 15/10. 1952, ausg. 11/8. 1954. Beide D. Prior. 15/10. 1951.) H. KESSEL. 5977

Licentia Patent-Verwaltungs-G. m. b. H., Hamburg, *Trockengleichrichter*. Die mit einer den Übergangswiderstand erheblich erhöhenden Oxydschicht versehene, prakt. aus Al bestehende Trägerelektrode ist auf ihrer freien Oberfläche mit einem Metall überzogen, dessen Oxydschicht einen geringeren Widerstand aufweist als die der Trägerelektrode u. das sich mit dieser so innig verbindet, daß der Stromübergang auf mindestens 90% der Fläche erfolgt. Bes. geeignet sind Sn, Cd u. Bi u. Legierungen hiervon. (**Schwz. P. 299 509** vom 11/5. 1951, ausg. 16/8. 1954. D. Prior. 30/5. 1949.) H. KESSEL. 5977

Westinghouse Brake & Signal Co. Ltd., London, England (Erfinder: **Alexander Jenkins** und **Leslie Hurst Peter**), *Trockengleichrichter.* Ein ganz oder prakt. ganz aus nicht streng stöchiometr. zusammengesetztem TiO_2 bestehender Halbleiterkörper mit einer aus einem Metalltitanat gebildeten Sperrschicht erhält eine Gegenelektrode, die ganz oder prakt. ganz aus Th, Tl, Au, Pd, Pb, Bi, Ag, Cd, Ni, Cu, Sn, As, Sb, C, Co, Ga, In, Fe oder einem Alkalimetall besteht. (**F. P. 1 038 644** vom 23/3. 1951, ausg. 30/9. 1953. E. Prior. 22/6. 1950.) H. KESSEL. 5977

Siemens-Schuckertwerke Akt.-Ges., Berlin und Erlangen, *Trockengleichrichter.* Die Gleichrichterscheiben werden, prakt. vor der elektr. Formierung, zum Schutz gegen Feuchtigkeit mit einer dünnen, z. B. aus Öl oder Fett bestehenden Schutzschicht versehen u. dabei so weit erwärmt, daß das Schutzmittel dünnfl. wird u. in die Poren der zu schützenden Flächen eindringt. Die Schutzschicht wird prakt. mit einem ihr gegenüber chem. inakt., sie nach außen abschließenden Überzug versehen, bes. mit einem Lack, z. B. einem Asphaltlack. (**Schwz. P. 295 823** vom 31/7. 1951, ausg. 16/3. 1954. D. Prior. 22/12. 1944.) H. KESSEL. 5977

Allgemeine Elektricitäts-Gesellschaft, Berlin (Erfinder: **Fritz Brunke,** Belecke/Möhne), *Selengleichrichter.* Eine auf dem Se aufgebrachte Isolierschicht besteht aus einer durch Aufdampfen erzeugten, höchstens 10^{-4} cm dicken Haut aus Se der nichtleitenden Modifikation oder einer nichtleitenden Se-Verbindung. (**D. B. P. 930 040** Kl. 21g vom 14/6. 1936, ausg. 7/7. 1955. Anmeldung bekanntgemacht 5/6. 1941.) H. KESSEL. 5977

Licentia Patent-Verwaltungs-G. m. b. H., Hamburg, *Selengleichrichter.* Eine zwischen der Se-Schicht u. der Gegenelektrode angeordnete 2. Halbleiterschicht besteht aus CdS, CdSe oder CdTe u. wird an der der Se-Schicht abgewandten Seite einer Red. unterworfen, z. B. durch Behandlung mit 1% H_2 enthaltendem N_2 bei höherer Temperatur. (**F. P. 1 074 347** vom 7/4. 1953, ausg. 5/10. 1954. D. Prior. 7/4. 1952.) H. KESSEL. 5977

International Standard Electric Corp., V. St. A., **Bell Telephone Mfg. Co. Soc. An.,** Anvers, Belgien, und **Standard Telephones & Cables Ltd.,** London, England (Erfinder: **Charles Alexander Escoffery**), *Selengleichrichter.* Zur Herst. einer künstlichen Sperrschicht zwischen der Se-Schicht u. der Gegenelektrode dient eine Lsg. aus 0,1—4 (%) methylsubstituiertem p- oder m-Diaminobenzol, 0—10 10%ig. Nitrocellulose–Kunstharz-Lsg. u. 86—99 Nitroalkan (z. B. Nitromethan). (**F. P. 1 065 691** vom 25/8. 1952, ausg. 28/5. 1954. **Belg. P. 513 802** vom 29/8. 1952, ausg. 30/4. 1954. **E. P. 712 954** vom 11/7. 1952, ausg. 4/8. 1954. Alle A. Prior. 29/8. 1951.) H. KESSEL. 5977

International Standard Electric Corp., V. St. A. (Erfinder: **Hermann Strosche**), *Selengleichrichter.* Zur Verbesserung des Stromübergangs zwischen der metall. Trägerschicht u. der Se-Schicht dient eine Zwischenschicht aus einem Schwermetallselenid, z. B. Bi_2Se_3. (**F. P. 1 052 480** vom 15/3. 1952, ausg. 25/1. 1954. D. Prior. 16/3. 1951.) H. KESSEL. 5977

Standard Telephon & Radio Akt.-Ges., Zürich, Schweiz, und **International Standard Electric Corp.,** New York, N. Y., V. St. A., übert. von: **Hans Eugen Lauckner,** Weißenburg/Bayern, *Selengleichrichter.* Eine zwischen der Halbleiterschicht u. der Deckelektrode liegende, die Sperrspannung erhöhende isolierende Zwischenschicht besteht aus einer Lackschicht in der Form eines Strich- oder Punktrasters. (**Schwz. P. 300 174** vom 6/9. 1951, ausg. 16/9. 1954. **A. P. 2 660 697** vom 18/9. 1951, ausg. 24/11. 1953. Beide D. Prior. 21/9. 1950.) H. KESSEL. 5977

Bell Telephone Mfg. Co. Soc. An., Anvers, Belgien, *Selengleichrichter.* Über einer halogenhaltigen Se-Schicht liegt eine halogenfreie Se-Schicht, der Metalle beigemengt sind, die mehr zur Bldg. von Seleniden als von Oxyden neigen, z. B. Alkali- oder Erdalkalimetalle. Zur Rekristallisationshemmung kann ein Zusatz von 150 (mg%) As_2O_3 dienen, zur Rückdiffusionshemmung ein Zusatz von 150 Al_2O_3. (**Belg. P. 511 647** vom 26/5. 1952, ausg. 18/12. 1953. D. Prior. 25/5. 1951.) H. KESSEL. 5977

Siemens-Schuckertwerke Akt.-Ges., Berlin und Erlangen, *Selengleichrichter.* Zur Beschleunigung u. Homogenisierung der Kristallisation in der Se-Schicht dienen Zusätze von Solvobasen (z. B. NH_3, Oxyamine, Hydrazine, Phosphine, Arsine, Stibine u. Bismutine sowie deren Alkyl-, Aryl-, Halogen- oder Chalkogenderivv.) oder von organ. S-, Se- oder Te-Verbb. (z. B. Mercaptane, bes. Thiophenol oder Mercaptobenzthiazol, oder Dithionsäuren u. -salze, bes. Dithiocarbamate, Dithioxanthogenate oder Trithiocarbonate) oder Verbb. mit S in Doppelbindung (z. B. Thiophosgen, Thioharnstoff oder Diphenylthioharnstoff). (**F. P. 1 055 456** vom 5/5. 1952, ausg. 18/2. 1954. D. Prior. 5/5. 1951.) H. KESSEL. 5977

Siemens-Schuckertwerke Akt.-Ges., Berlin und Erlangen, *Selengleichrichter.* Beim Aufdampfen des Se wird zur Homogenisierung der Kristallbldg. die Kristallisationsgeschwindigkeit im Innern gegenüber der Oberfläche beschleunigt durch Zugabe von Kristallisationsbeschleunigern zur Dampfphase (z. B. Mineralöle, Trikresylphosphat, Clophen, Fette, Wachse, Paraffine, S, Te, C) unter einem Partialdruck von ca. 10^{-3} Torr. (**F. P. 1 078 229** vom 10/6. 1953, ausg. 16/11. 1954. D. Prior. 19/6. 1952.) H. KESSEL. 5977

Siemens-Schuckertwerke Akt.-Ges., Berlin und Erlangen, *Selengleichrichter*. Die Sn, Cd, Bi oder Legierungen hiervon enthaltende Gegenelektrode weist nur so geringe Mengen Tl auf, daß prakt. keine den Durchlaßwiderstand erhöhenden Alterungserscheinungen auftreten. (**Schwz. P. 298654** vom 22/7. 1943, ausg. 16/7. 1954. D. Prior. 30/7. 1942.) H. KESSEL. 5977

Westinghouse Brake & Signal Co. Ltd., London, England, *Kupferoxydul-Gleichrichter*. Zur Herst. werden die Cu-Platten vor der n. Oxydations erhitzt, so daß beiderseits etwa gleich starke Oxydschichten entstehen. Dann wird die Oxydschicht chem. prakt. ganz, u. zwar so weit entfernt, daß nur noch mkr. Spuren der Umrißlinien der bei der Voroxydierung gebildeten Cu_2O-Kristalle bestehen bleiben, worauf Säurespuren u. feinverteiltes Cu durch Waschen mit verd. HNO_3 entfernt werden. (**D. R. P. 763 878** Kl. 21g vom 25/12. 1938, ausg. 6/10. 1952. A. Prior. 27/12. 1937.) H. KESSEL. 5977

Bell Telephone Laboratories, Inc., New York, N. Y., übert. von: **David A. McLean**, Chatham, N. J., V. St. A., *Metallpapierkondensator*. Als Imprägniermittel dient ein weiches plast. Gel eines schmelzbaren, normalerweise festen KW-stoffpolymeren (z. B. 7,5% Polyäthylen mit einem Mol.-Gew. von ca. 12000) in einem viscosen, normalerweise fl. KW-stoffpolymeren (z. B. Polyisobutylen mit einem Mol.-Gew. von ca. 3000). Als Antioxydationsmittel kann 0,5% polymerisiertes Trimethyldihydrochinolin dienen. (**A. P. 2 615 955** vom 29/12. 1949, ausg. 28/10. 1952. **Belg. P. 500 203** vom 22/12. 1950, ausg. 14/3. 1952. A. Priorr. 23/12. u. 29/12. 1949.) H. KESSEL. 5983

S. A. F. Süddeutsche Apparate-Fabrik G. m. b. H., Nürnberg, und **Bell Telephone Mfg. Co. Soc. An.**, Antwerpen, Belgien, *Elektrolytkondensator*. Die Al-Folie durchläuft 3 kochende Formierbäder, von denen das 1. u. 3. den gleichen, prakt. aus HBO_2, KOH u. Citronensäure bestehenden Elektrolyten enthalten u. bei gleicher Badspannung stromführend sind, während das 2. Bad stromlos ist u. denselben Elektrolyten oder dest. W. enthält. (**Schwz. P. 303 433** vom 6/2. 1951, ausg. 1/2. 1955. **Belg. P. 502 682** vom 20/4. 1951, ausg. 1/8. 1952. Beide D. Prior. 1/10. 1948.) H. KESSEL. 5983

Établissements Merlin & Gerin, Isère, Frankreich (Erfinder: **André Latour**), *Stromunterbrecher*. Zum Schutz gegen große Explosionen von Staub–Gas-Gemischen usw. infolge des bei Stromunterbrechungen auftretenden Lichtbogens ist in dem Schutzgehäuse für den Unterbrecher ein eine langsame Verbrennung einleitendes Mittel, z. B. ein kleiner Lichtbogen, ein Heizwiderstand oder bes. ein Katalysator vorgesehen. Dieser besteht z. B. aus Ni- oder Pt-Schwamm. Zur Aufnahme der Verbrennungsprodd., z. B. bei KW-stoffen der CO_2 u. des W., kann ein zusätzlicher Körper aus Kieselgel dienen. — Zum Schutz des Unterbrechers gegen korrodierende Gase (H_2S, Cl_2, O_3, Stickoxyde) u. Dämpfe von W. u. Säure werden in dem Gehäuse einzeln oder gemischt NaOH, KOH, $Ca(OH)_2$, MgO, Kieselgel, $PbCO_3$, $Na_2S_2O_4$ in Ggw. von hygroskop. Stoffen (Glycerin, $CaCl_2$, P_2O_5) untergebracht. (**F. PP. 992 566** u. **992 565** vom 6/7. 1944, ausg. 19/10. 1951.) B. SCHMIDT. 5983

Allgemeine Elektricitäts-Gesellschaft, Berlin (Erfinder: **Otto Ludl**, Davos, Schweiz, und **Hans Zimmermann**), *Elektrische Spule*. Der Wicklungsträger ist als Behälter für die knet- oder gießbare, Fe-Pulver (I) enthaltende Kernmasse ausgebildet. Zur Herst. der M. wird I durch Zusatz von ca. 10 (%) Leinöl u. 5 öllösl. Kunstharz zu einer teigigen M. verarbeitet oder mit 10 hochschm. Wachs, z. B. Hartparaffin, zusammengeschmolzen. Prakt. wird I zuvor mit ca. 0,5 Wasserglas vorisoliert u. dann getrocknet. (**D. B. P. 907 803** Kl. 21g vom 25/12. 1941, ausg. 29/3. 1954. Anmeldung bekanntgemacht 2/7. 1953.) H. KESSEL. 5983

Lars Verner Brock-Nannestad, Kastrup, *Drehspule für elektrische Instrumente*. Die Spule hat einen leitenden Rahmen, der aus einer eine Dämpfung erzeugenden Kurzschlußwicklung besteht. Die Spule besteht aus einer selbsttragenden Luftspule, auf der sich der Rahmen in Form eines leitenden Überzuges, z. B. aus Ag, befindet. Der Überzug wird aufgebracht, indem man die Spule mit einem Klebemittel überzieht u. dann mit Ag bestäubt oder eine Paste oder eine Lsg. aufträgt u. anschließend erhitzt. (**Dän. P. 75 123** vom 8/3. 1950, ausg. 15/12. 1952.) JÜRGEN SCHMIDT. 5983

Eberbach & Son Co., Inc., Ann Arbor, Washtenaw County, Mich., V. St. A., übert. von: **Reynolds C. Overbeck**, *Elektrolytische Zelle mit flüssiger Kathode für technische und analytische Zwecke*. Am Boden eines Glasbechers befindet sich die fl. Kathode (Hg), deren Stromzuführung aus einem in der senkrechten Achse des Gefäßes hängenden, isolierten Pt-Draht besteht, dessen unteres, nichtisoliertes Ende in die fl. Kathode eintaucht. Die Anode besteht aus einem nichtisolierten, senkrechten, eng neben der Stromzuführung der Kathode verlaufenden Pt-Draht, der unten (in geringem Abstand über der Kathodenoberfläche) in eine horizontale Spirale ausläuft. Zum ständigen Reinhalten der die abgeschiedenen Metalle aufnehmenden Kathodenoberfläche ist unter dem Zellenboden, diesem eng anliegend, ein starker Hufeisendauermagnet so angeordnet, daß von seinen senkrechten Polen der eine unter der Bodenmitte u. der andere unter dem Bodenrand sich befindet. — Abbildungen. (**E. P. 684 118** vom 13/10. 1950, ausg. 10/12. 1952. A. Prior. 2/6. 1950.) R. SCHREINER. 5993

Demag-Elektrometallurgie G. m. b. H., Karlsruhe (Erfinder: **Günther Hänsel,** Falkensee bei Berlin, und **Heinz Dähling,** Hamburg), *Diaphragma für alkalische elektrolytische Zellen.* Ein *Polyvinylchlorid*-Gewebe (I) wird einer Wärmebehandlung unterworfen bei gegenüber der späteren Betriebstemp. erhöhter Temp. in der gleichen Lsg., in der später als Elektrolyt das I als Diaphragma verwendet werden soll. Als so nachzubehandelnde Gewebe werden solche aus Metall u. Polyvinylchlorid, die ein- oder beiderseitig velourartig geschoren, oder solche, die fellartig aufgerauht sind, empfohlen. Die Gewebe können zusätzlich kurzfaserigen Asbest enthalten. (**D. B. P. 878 049** Kl. 12i vom 2/10. 1948, ausg. 1/6. 1953.) R. SCHREINER. 5993

Centre National de la Recherche Scientifique, Frankreich (Erfinder: **Albert Calaora**), *Reinigen von Fässern.* In die Fässer wird ein Elektrolyt gefüllt, z. B. angesäuertes Wasser. Dann wird eine mit dem positiven Pol einer Stromquelle verbundene Elektrode eingeführt u. die Faßwandung, wenn sie aus Metall ist, mit dem negativen Pol der Stromquelle verbunden. Besteht die Wandung aus einem den Strom nicht leitenden Material, werden eine oder mehrere Hilfselektroden an der Wandung angeordnet. Durch die Stromwrkg. wird die Wandung der Fässer von Öl, Farbe oder anderen Stoffen gereinigt. (**F. P. 1 031 986** vom 2/2. 1951, ausg. 29/6. 1953.) F. MARKHOFF. 5993

IV. Wasser. Abwasser.

P. Venkateswarlu und **D. Narayana Rao,** *Untersuchung über die Entfernung von Fluoriden aus Wasser: Einflüsse auf die Fluoridadsorption durch Magnesiumoxyd.* Um bei der Adsorption von F^- aus W. bis 20 mg F/Liter an MgO das Aufkochen zu vermeiden, wurde der Einfl. von Temp., Zeit u. Konz. von F^- u. MgO in Versuchsreihen untersucht u. die Ergebnisse in 6 Diagrammen aufgetragen. Am wesentlichsten ist die Temp., bei 70° ist die Adsorption in 2 Min. prakt. beendet, bei 40° erfordert sie 30 Min., auf die gleiche Menge MgO bezogen, steigt sie mit der Konz. von F^- u. fällt mit der des MgO, wenn auch größere Mengen MgO absol. mehr F^- entfernen. Infolge größerer Oberfläche ist leichtes MgO wirkungsvoller als schweres. Anregungen für die Nutzbarmachung bei der Wasseraufbereitung. (Indian J. med. Res. **42.** 135—40. Jan. 1954. Trivandrum, Med. Coll., Dep. of Biochem.) H. MÜHLMEISTER. 6018

R. C. Ulmer, *Sinn und Nutzanwendung von Analysendaten.* Vf. zeigt, welche Angaben bei Speisewasser, im Dampfkessel, im Dampf u. Kondensat wesentlich sind, u. gibt Anregungen für ihre Ergänzung durch Unters. der Ablagerungen u. Korrosionsprodukte. Ein Fließbild zeigt die Stellen, an denen Schäden auftreten. (Ind. Engng. Chem. **46.** 975—78. Mai 1954. New York, N. Y., Combust. Engng., Inc., Res. Dep.) H. MÜHLMEISTER. 6030

Willem Rudolfs und **Herman R. Amberg,** *Weißwasser-Behandlung.* 5. Mitt. *Belüftung mit nichtflockendem Bewuchs.* (4. vgl. C. **1954.** 9599.) 7 Schaubilder zeigen die in Verss. ermittelte gegenseitige Abhängigkeit von Zeit, Temp., BSB-Belastung u. -Abbau u. Luftmenge bei der Belüftung von Weißwasser, bei der häusliches Abwasser, Bodenauszüge oder Flußwasser als Einsaat dienen, deren Menge unwesentlich ist. Sie ist bei +50° in 2 Wochen, bei 30—40° in 3—4 Tagen akklimatisiert. Einhaltung eines bestimmten p_H ist nicht erforderlich. Abwasserkonzz. bis 3 g/Liter BSB können verarbeitet werden, bei 30—40° u. BSB-Belastung von 3,2 kg je m^3 Belüftungsraum u. Tag wird 80% BSB in 4,3 Std. Belüftung abgebaut. Bei anfänglichem BSB von 500 mg/Liter beträgt der Luftverbrauch 12,5 Liter Luft je Liter Abwasser, dabei entsteht ein Schlammvol. von 2,3 Liter je m^3 Abwasser. Auch eine zweistufige Belüftung mit +50° in der 1. u. 30—40° in der 2. Stufe ist möglich u. beschleunigt die Behandlung. (Sewage ind. Wastes **25.** 70—78. Jan. 1953. New Brunswick, N. J., Rutgers Univ.) H. MÜHLMEISTER. 6036

Willem Rudolfs und **Herman R. Amberg,** *Weißwasser-Behandlung.* 6. Mitt. *Das Belebtschlammverfahren.* (5. vgl. vorst. Ref.) Anordnung u. durch 4 Tabellen u. 11 Schaubilder erläuterte Ergebnisse von Verss., Weißwasser verschied. Verdünnung mit Belebtschlamm unter Zusatz von NH_4NO_3 u. $(NH_4)_2HPO_4$ zu schütteln, unter Best. des Grades der Oxydation bei 20°, Klärung u. der anfallenden Schlammenge u. Beschaffenheit. Bei genügender Belüftung, unter Umständen mit reinem O_2, ist Belebtschlamm von 3 u. 4 g je Liter fähig, aus Weißwasser mit bis zu 4,3 g je Liter BSB 97% in 22 Std. zu oxydieren, wobei auf 100 kg BSB 70 kg Schlamm von 234 Litervol. u. 3% Trockensubstanz entsteht, der sich in 30 Min. absetzt. Dabei ist ein Tagesdurchsatz von 100 kg BSB auf 21 m^3 Belüftungsraum möglich. (Sewage ind. Wastes **25**. 191—200. Febr. 1953. New Brunswick, N. J., Rutgers Univ.) H. MÜHLMEISTER. 6048

A. A. Kalinske, *Untersuchung über die Absorption von Sauerstoff beim Gebrauch mechanischer Luftzerteiler.* In Übertragung der Erfahrungen über die Belüftung bei Gärungsprozessen wurde für Belebtschlamm ein Turbinenrad konstruiert, das die von unten durch einen Verteilerring zugeführte Preßluft zusammen mit der Fl. ansaugt, durch die Zentrifugalwrkg. zerteilt u. innig mischt. Das Rad hat 12—24 radiale gerade Schaufeln, breit $^1/_3$—$^1/_4$, lang $^1/_6$ seines Durchmessers. Verss. mit Modellen von 7,5 bis 30 cm Durchmesser u. Umfangsgeschwindigkeiten von 1,5—7,5 m/sec in mit Cu als Katalysator versetzter Na_2SO_3-Lsg. ergaben eine ungewöhnlich hohe O_2-Absorption bis zu 38%, die mit 150% der Umfangsgeschwindigkeit wächst, aber wegen Ansteigen des Kraftbedarfs in der 3. Potenz unwirtschaftlich ist u. infolge sehr feiner, den Schlammteilchen anhängender Luftteilchen das Absetzen erschwert. Eine wirtschaftliche Lsg. in Belebtschlamm aus häuslichen u. verschied. industriellen Abwässern ergab sich bei Geräten bis zu 1,8 m Durchmesser, Luftmengen bis 57 m^3/Min. u. Umfangsgeschwindigkeiten von 3 m/sec, die in $^1/_4$—$^1/_3$ der Flüssigkeitshöhe über dem Boden des mit Wellenbrechern ausgerüsteten Beckens angebracht waren; dabei wurde eine O_2-Absorption von 10—12% erzielt, die die Anwendung einer hohen Feststoffkonz. u. die Behandlung stark verunreinigter industrieller Abwässer erlaubt. (Sewage ind. Wastes **27**. 572—86. Mai 1955. Tucson, Ariz., Infilco, Inc.) H. MÜHLMEISTER. 6048

B. M. Colombo und **P. C. Federici,** *Bestimmung von Schwefelwasserstoff in Mineralwässern, die diesen in nach den üblichen Methoden nicht nachweisbaren Mengen enthalten.* Das zu untersuchende Mineralwasser fließt aus einem Niveaugefäß durch 2 hintereinandergeschaltete stehende zylindr. Gefäße, in denen mit einem Strom von CO_2 (H_2S-frei gewaschen) der H_2S-Geh. ausgetrieben u. in dahintergeschalteten Waschflaschen mit 2,4%ig. KOH aufgefangen wird (Abb. der App.). In dieser Weise können große Mengen W. (z. B. Tausende von Litern) kontinuierlich behandelt werden. In den vereinigten Wasch-Fll. (KOH) kann H_2S durch Blaufärbung mit p-Aminodimethylanilin qualitativ nachgewiesen u. jodometr. bestimmt werden. In 2 Proben von Mineralwässern, in denen die Ggw. von H_2S vermutet, aber bisher noch nicht bewiesen wurde, wird ein H_2S-Geh. von $3{,}69 \cdot 10^{-5}$ u. $1{,}52 \cdot 10^{-5}$ g/Liter ermittelt. (Sperimentale, Sez. chim. biol. **4**. 105—09. 15/12. 1953. Parma, Univ., Ist. di Fisiol. umana, u. Boario Terme, Labor. chim.) R. K. MÜLLER. 6058

J. H. Phillips und **K. G. Stoffer,** *Schema zur Untersuchung von Industriewasser.* Das aufgestellte Schema teilt die Muster in 2 Gruppen, je nachdem, ob ihre Eigg. u. Bestandteile von Luft beeinflußt werden (A) oder nicht (B). Jede Gruppe wird wieder in 2 Gruppen unterteilt, (A) in 1. Unterss., die im fließenden W. vorgenommen werden müssen, 2. Proben, die unter besonderen Vorsichtsmaßnahmen zu nehmen u. bis zur Analyse aufzubewahren sind, (B) in 3. Proben für die Best. der einzelnen Bestandteile in Einzelunterss. oder einem Analysengang, 4. zur Best. des in Chlf. löslichen. Die unter 1.—3. fallenden Eigg. u. Bestandteile werden in 3, sich zum Teil überschneidenden Tabellen aufgeführt. Allg. Richtlinien für die Benutzung des Schemas u. seine Bedeutung werden gegeben. (Ind. Engng. Chem. **46**. 970—74. Mai 1954. Alliance, O., Babcock & Wilcox Co., Res. Center.) H. MÜHLMEISTER. 6060

F. U. Neat und **A. A. Berk,** *Untersuchung von Ablagerungen aus Wasser.* Schema zur einheitlichen Unters. von Ablagerungen aus W., die sich bei seinem industriellen Gebrauch bilden (Kesselstein aus Dampfkesseln u. Verdampfern, Schlamm aus Entlüftern u. Kühlern, Korrosionsprodd., Turbineninkrustationen, Schaum aus Kühlteichen). Vff. erläutern das Schema u. seine Anwendung, die Probenahme u. 31 Einzelbestimmungen. (Ind. Engng. Chem. **46**. 961—70. Mai 1954. Baltimore, Md., Consolid. Gas, Electric & Power Co., u. College Park, Md., Bur. of Min.) H. MÜHLMEISTER. 6060

J. Longwell und **W. D. Maniece,** *Bestimmung anionischer Reinigungsmittel in häuslichem Abwasser, seiner Abflut und Flußwasser.* Verss. mit der von DEGENS u. Mitarbeitern angegebenen Meth. (vgl. C. **1954**. 7028) der Extraktion von anion. Reinigungsmitteln (**I**) aus Abwasser usw. durch Chlf. in saurer Lsg. u. ihres Nachw. durch die opt. D. eines mit Methylenblau (**II**) gebildeten Komplexes im photoelektr. Absorptiometer zeigten, daß einerseits in künstlichem Abwasser ohne **I** 0,5—2,0 mg **I**/Liter scheinbar angezeigt, andererseits zugesetzte Mengen von I nicht in voller Höhe, sondern nur bis 80% wiedergefunden wurden. Die Meth. wurde nach eingehenden Unterss. dahin verbessert, daß im alkal. Medium extrahiert u. dieser Extrakt mit saurer wss. II-Lsg. gewaschen wurde. Der Probe, 10 cm^3 Abwasser oder bis zu 100 cm^3 Abflut oder Flußwasser, mit ca. 20—150 γ I/Liter, mit dest. W. in einem Scheidetrichter zu 100 cm^3 aufgefüllt, werden 10 (cm^3) einer Lsg. von 10 g Na_2HPO_4 im Liter, mit NaOH zu p_H 10 eingestellt, 5 einer Lsg. von 0,35 g II in W. sowie 15 Chlf. zugesetzt u. 1 Min. geschüttelt. Nach dem Trennen wird die klare Chloroformlsg. in einem 2. Schütteltrichter mit 110 (cm^3) dest. W. u. 5 einer wss. Lsg. von 0,35 g II + 6,5 H_2SO_4 im Liter 1 Min. geschüttelt u. durch einen mit Chlf. angefeuchteten Baumwollbausch in einen 50 cm^3-Meßkolben filtriert. Die Operation wird mit 2mal 10 cm^3 Chlf. wiederholt, die Extrakte u. zum Nachspülen gebrauchtes Chlf. mit dem ersten vereinigt u. zu 50 cm^3 mit Chlf. aufgefüllt. 5, 10, 15 u. 20 cm^3 einer Lsg. mit 10 mg Na-Dioctylsulfosuccinat (Manoxol O.T.)/Liter werden wie Blindverss. mit allen Reagentien ebenfalls auf die gleiche Weise behandelt, die opt. D. der Chloroformlsg. in einem photoelektr. Absorptiometer bei 650 mμ gemessen, als Kurve aufgetragen u. als Vgl. benutzt. Sulfide müssen vor Zusatz des II u. Chlf. mit 2 cm^3 H_2O_2 durch 5 Min. Stehen oxydiert werden. Bei vergleichenden Unterss. mit der Meth. nach DEGENS usw. in Abwasser u. Abflut wurde zugesetztes I (Alkylbenzolsulfonat) zu 87—97% wiedergefunden. Die abgeänderte Meth. wird durch anorgan. Ionen nicht gestört. — 3 Tabellen. (Analyst **80**. 167—71. März 1955. London, Dep. of the Government Chemist.) H. MÜHLMEISTER. 6068

Farbenfabriken Bayer Akt.-Ges. (Erfinder: **Karl Haagen**), Leverkusen, *Herstellung von Kationenaustauschern*, dad. gek., daß man Äther von aromat. Mono- u./oder Polyoxyverbb., die Gruppen von verschied. Säuregrad, bes. Sulfogruppen u. Carboxylgruppen, enthalten, in saurem Medium mit Aldehyden oder aldehydabgebenden Mitteln kondensiert. Neben den Äthern können kondensationsfähige Sulfon- u. Carbonsäuren, die weder eine verätherte noch eine freie aromat. Oxygruppe enthalten, verwendet werden. — Z. B. in 1000 (Teile) H_2SO_4 (70%ig) 848 benzaldehyddisulfonsaures Na (62,7%ig, bezogen auf das Mol.-Gew. 266 der freien Säure) u. 800 Phenoxyessigsäure (92,3%ig; I) bei 90—100° eintragen, nach ½ Std. weitere 435 I zugeben, danach abkühlen, 1200 CH_2O (30%ig) zugeben u. auf 100° erhitzen; es bildet sich ein homogenes Hydrogel, das noch ca. 20 Std. auf 100° erhitzt u. danach bei 110° getrocknet wird, sodann zerkleinern, in 20%ig. NaCl-Lsg. einquellen, mit W. waschen. Der Austauscher ist gegen heißes, alkal. W. beständig, geeignet zum *Entcarbonisieren u. Enthärten von Kesselspeisewasser*. (**D. B. P. 898 080** Kl. 39c vom 8/3. 1951, ausg. 26/11. 1953. **Zusatz zu D. B. P. 829 498; C. 1952. 6141.**) R. HERBST. 6021

American Cyanamid Co., übert. von: **Ronald L. Dehoff**, New York, N. Y., V. St. A., *Teilentsalzung von Wasser*. Einen hohen Salzgeh. aufweisendes Rohwasser wird vor der Entsalzungsanlage in zwei Teilströme verzweigt, von denen der eine über einen *Kationenaustauscher* (Na^+; I) u. der andere über einen Kationenaustauscher (H^+; II) geleitet wird. Der aus dem II kommende Wasserstrom wird wiederum unterteilt u. ein Teil über einen *Anionenaustauscher* (III) geleitet, während der andere Teil sogleich mit den aus I u. III kommenden Wasserströmen vereinigt wird. (**Can. P. 486 676** vom 31/7. 1950, ausg. 23/9. 1952. A. Prior. 20/8. 1949.) W. WITTHOLZ. 6021

Soc. Trailigaz (Soc. Industrielle du Traitement des Liquides et des Gaz), Frankreich, *Lösen von Gasen, insbesondere Chlor, in Wasser*. Das zu *sterilisierende* W. strömt in einer mit Füllkörpern aus porösem Material, wie Bimsstein, Vulkanlava oder dgl., beschickten Kolonne in feiner Verteilung herab, während das Cl_2 im Gegenstrom geführt wird. Am unteren Teil der Kolonne wird das Cl_2-haltige W. abgezogen. — Vorrichtung. (**F. P. 1 043 699** vom 10/10. 1951, ausg. 10/11. 1953.) W. WITTHOLZ. 6025

Standard Française des Pétroles (Soc. An.) (Erfinder: **P. Lefevre, J. F. Demarcq** und **R. Dollez**), *Entgasen von Wasser*. Das W. u. der Wasserdampf werden durch eine Kolonne, die mit Platten ähnlich den Destillationskolonnen ausgerüstet ist, im Gegenstrom geführt. Der Wasserdampf wird unter geringem Überdruck in die Vorr. eingeführt, u. seine Menge wird automat. im Verhältnis der zugeführten Wassermenge geregelt. Der mit Gas beladene Wasserdampf wird im oberen Teil der Kolonne kondensiert u. das Gas abgetrennt. — Vorrichtung. (**F. P. 1 031 045** vom 16/1. 1951, ausg. 18/6. 1953.) W. WITTHOLZ. 6027

Carl Losch, Deutschland, *Entcarbonisieren von Wasser*. Das mit Fällungsmitteln, wie Kalkwasser oder Kalkmilch, versetzte Rohwasser wird durch mehrere hintereinandergeschaltete Kammern geleitet, wobei die Strömungsrichtung in jeder Kammer geändert wird u. gleichzeitig die Strömungsgeschwindigkeit vom Eintritt in die erste Kammer bis zum Verlassen der letzten Kammer stetig abnimmt. Der durch Zufügen von Katalysatorkeimen erzeugte Nd. setzt infolge der red. Strömungsgeschwindigkeit rasch ab. Nach Filtration wird das Reinwasser abgezogen. — Vorrichtung. (**F. P. 1 029 303** vom 8/12. 1950, ausg. 2/6. 1953.) W. Wittholz. 6031

S. E. T. U. D. E. (Soc. d'Études pour le Traitement et l'Utilisation des Eaux), Soc. An., Algier, *Behandlung von kalk-und magnesiumhaltigem Wasser* in einem zweistufigen Verfahren. In einer geeigneten Vorr. wird das Rohwasser mit $Ba(OH)_2$ behandelt, um die SO_4-Ionen zu fällen, u. anschließend Oxalsäure zugegeben, um die aus der ersten Stufe herrührende Alkalinität zu neutralisieren. Das Verf. wird in einem Gefäß ohne Umfüllen des zu behandelnden W. durchgeführt. — Vorrichtung. (**F. P. 1 036 322** vom 28/4. 1951, ausg. 7/9. 1953.) W. Wittholz. 6031

Harry N. Jenks, Palo Alto, Calif., V. St. A., *Abwasservereinigung.* Die in einem 1. Absetzbecken vorgeklärte Fl. wird tangential einem Mischgefäß zugeführt, dem laufend ein Teil der Fl. entnommen u. nach Belüften über einem biol. Körper wieder zugegeben wird, u. in oxydiertem u. stabilisiertem Zustand in einem 2. Absetzbecken endgültig geklärt. — Vorrichtung. (**A. P. 2 694 043** vom 20/4. 1951, ausg. 9/11. 1954.) K. Demmler. 6041

Marcel J. Verain, Frankreich, *Keimfreimachen von Abwasser.* Rohwasser wird mit Cl_2 überchloriert, u. zwar sollen je Liter 2—3 mg Cl_2 vorhanden sein. Dann wird das W. unter Durchperlen von Luft mit Ultraschall von einer Frequenz von 400—1000 kc/sec bei einem p_H-Wert unter 8 behandelt. Dies wird so lange fortgesetzt u. wiederholt, bis prakt. kein Cl_2 im W. mehr vorhanden ist. — Vorrichtung. (**F. P. 1 027 760** vom 16/11. 1950, ausg. 15/5. 1953.) W. Wittholz. 6043

V. Anorganische Industrie.

G. A. Mejersson, G. W. Ssamssonow und **N. Ja. Zeitina,** *Ein Verfahren zur Herstellung von Bornitrid.* Durch Vgl. verschied. Verff. wurde festgestellt, daß *BN* am bequemsten aus einer Charge aus B_2O_3 (I) + CaO (II) + NH_4Cl durch Behandlung mit NH_3 bei 1100—1200° hergestellt werden kann. I + II erhält man durch Erhitzen eines Gemisches aus Borsäure u. Kreide. Die Ausbeute an BN erreicht 92—93%, während bei früher vorgeschlagenen analogen Methoden 70—80% erhalten wurden. BN-Pulver kann durch Heißpressen nicht in festen Stücken erhalten werden, weil bei hohen Tempp. Dissoziation von BN eintritt. (Огнеупоры [Feuerfeste Mater.] **20.** 72—79. Febr. 1955.) Otto Maier. H 258

N. Widenow, L. Dimitrowa und **G. Monew,** *Die Brennverhältnisse von Kaolin bei der Verarbeitung zu Aluminiumsulfat.* Infolge ungenügenden Durchbrennens des Kaolins erhält man in dem untersuchten Betrieb nur ca. 50% säurelösl. Al_2O_3, während derselbe Kaolin, bei 800° im Labor. gebrannt, 87,6% Al_2O_3 ergibt. Auf Grund von Unterss. werden Verbesserungen des mangelhaften Durchbrennens von Kaolin vorgeschlagen, um bei einer Brenntemp. von 650—700° über 80% in H_2SO_4 lösl. Al_2O_3 zu erhalten. (Тежка Промишленост (София) [Schwer-Ind. (Sofia)] **4.** Nr. 6. 33—39. 1955.) O. Pollak v. Emhofen. H 294

N. V. de Bataafsche Petroleum Mij., Den Haag, Holland, *Herstellung von Wasserstoffperoxyd.* Ein sek. Alkohol, z. B. Isopropylalkohol, sek.-Butylalkohol, wird in fl. Phase mit O_2 oder einem O_2-haltigen Gas bei 70—160°, gegebenenfalls unter Druck, z. B. 2,5 at, oxydiert; durch Dest. mit W. wird z. B. eine 30 gew.-%ig. wss. Lsg. von H_2O_2 erhalten. (**E. P. 708 339** vom 30/11. 1950, ausg. 5/5. 1954. A. Prior. 2/12. 1949.) K. Demmler. H 241

Hans Schmalfeldt, Castrop-Rauxel, *Gewinnung von Wasserstoff und Kohlenoxyd* durch Rk. von KW-stoffen mit O_2 oder O_2-haltigen Gasen unter Zusatz von Wasserdampf, bes. zur Erzeugung von NH_3-Synthesegas aus Erdgas u. mit O_2 angereicherter Luft, dad. gek., daß die KW-stoffe teilweise zunächst mit Wasserdampf regenerativ in H_2 u. CO umgesetzt werden u. danach durch Zufuhr O_2-haltiger Gase die restliche Umsetzung der KW-stoffe geschieht durch die exotherme Rk. mit O_2 u. die gleichzeitige endotherme Rk. mit Wasserdampf, wobei die umgesetzten Gase danach ihre Wärme an einen 2. Regenerator abgeben, der dabei aufgeheizt wird, u. daß nach Umschalten der Strömungsrichtung in den 2. Regenerator wiederum nur mit Wasserdampf die Vorumsetzung der KW-stoffe abläuft u. danach wiederum mit eingeleitetem O_2 zu Ende geführt wird, wobei der 1. Regenerator von den heißen Abgasen wiederum aufgeladen wird. Der größte Teil des für die Umsetzung benötigten Wasserdampfes wird dadurch eingebracht, daß ein Teil des fertig umgesetzten Gases, ehe der Wasserdampf aus dem erzeugten Gas entfernt wurde, zurückgeführt u. zusammen mit den frischen KW-stoffen der Rk. unterworfen wird. — Abbildungen. (**D. B. P. 893 046** Kl. 12i vom 13/12. 1951, ausg. 12/10. 1953. Anmeldung bekanntgemacht 31/12. 1952.) R. SCHREINER. H 243

Office National Industriel de l'Azote, Toulouse, Haute-Garonne, Frankreich, *Gewinnung eines an Wasserstoff und an Kohlenoxyd reichen Gases mit geringem Gehalt an Methan* aus CH_4 u. gegebenenfalls andere KW-stoffe enthaltenden Gasen durch Rk. mit O_2 oder O_2-haltigen Gasen. Die Rk. wird in 2 Stufen in Berührung mit 2 verschied. Katalysatoren so durchgeführt, daß in der 1. Stufe ein Teil des CH_4 verbrannt u. in der 2. Stufe der Rest des CH_4 mit den in der 1. Stufe gebildeten Oxydationsgasen (CO_2 u. Wasserdampf) vollständig umgesetzt wird. Die 1. Stufe wird mit Hilfe eines kompakten Stapels u. in Ggw. eines Oxydationskatalysators ohne Flamme in Gestalt einer raschen Verbrennung durchgeführt. Die in der 1. Stufe entwickelte Wärme wird (ohne weitere Wärmezufuhr) zum Sichern des guten Betriebs der 2. Stufe benutzt. Zur Herabsetzung der Temp. kann den Reaktionsgasen ein zusätzliches Medium (bes. Wasserdampf) zugegeben werden. Der erforderliche O_2 wird stufenweise in den Ofen eingeführt. — Vorrichtung. (**D. B. P. 902 251** Kl. 12i vom 9/5. 1943, ausg. 21/1. 1954. Anmeldung bekanntgemacht 31/12. 1952. F. Prior. 18/4. 1942.) R. SCHREINER. H 243

Food Machinery & Chemical Corp., San Jose, übert. von: **Albert C. Peck** und **Wendell S. Thompson,** Los Gatos, Calif., V. St. A., *Herstellung von Stickoxyden* aus N_2–O_2-Gemischen, bes. Luft. Vor dem Einführen des Gemisches in die Verbrennungszone wird es über den Entflammungspunkt des Heizgases erhitzt. Während dieses vorerhitzte Gemisch durch die Verbrennungszone strömt, wird ein Heizgas mit einer Geschwindigkeit in das Gemisch gepreßt, die wenigstens gleich der Schallgeschwindigkeit in dem Heizgas ist, gemessen bei Standardtemp. u. -druck. In den Heizgasstrahl werden dadurch so große Mengen des O_2–N_2-Gemisches gerissen, daß ohne Vorheizung das Heizgas nicht verbrennen würde. Hinter der Verbrennungszone wird schnell abgekühlt. Das Heizgas führt man bes. durch eine so feine Öffnung ein, daß es verbrannt ist, bis der Heizgasstrahl die gegenüberliegende Wand erreicht. — Abbildungen. (**A. P. 2 695 216** vom 29/4. 1950, ausg. 23/11. 1954.) A. ZÜRN. H 243

VEB Farbenfabrik Wolfen (Erfinder: **Hans-Bernhard Seebohm** und **Herbert Töpelmann**), Wolfen, Krs. Bitterfeld, *Herstellung von Stickstoffdioxyd.* NO wird mit wss. HNO_3 in der Wärme zu NO_2 oxydiert, wobei die HNO_3 ganz oder teilweise in Dampfform angewendet wird. Die wss. HNO_3 wird durch indirekte Verdampfung in HNO_3-Dampf u. höherkonz. fl. HNO_3 zerlegt u. der erzeugte Dampf allein oder in Verbindung mit der höherkonz. Säure mit dem NO zur Rk. gebracht. (**D. P. [DDR] 4 550** Kl. 12i vom 5/6. 1943, ausg. 29/6. 1953 [Wirtschaftspatent].) W. WITTHOLZ. H 243

Harry Pauling, Reichertshofen/Obb., *Kontinuierliche Herstellung von Salpetersäure* durch Rk. von H_2SO_4 mit Salpeter, dad. gek., daß in einer mehrteiligen Kolonne, die durch Einblasen von Wasserdampf am unteren Ende der Kolonne beheizt wird, der Unterteil mit einer kochend gesätt. wss. Lsg. von Salpeter beschickt wird, während die entsprechende Menge von H_2SO_4 auf den Oberteil der Kolonne, gegebenenfalls nach erfolgter Vorwärmung, aufgegeben wird. Der Heizdampf kann durch Kochen der die Kolonne verlassenden Lauge erzeugt werden. In einer dreiteiligen Kolonne wird der oberste Teil mit der H_2SO_4, der Mittelteil mit einem Teil des Salpeters in Kristallform u. der Unterteil mit der kochend gesätt. wss. Lsg. des übrigen Salpeteranteils beschickt. (**D. B. P. 931 588** Kl. 12i vom 4/4. 1952, ausg. 11/8. 1955. Anmeldung bekanntgemacht 17/2. 1955.) A. ZÜRN. H 243

Soc. An. Potasse et Produits Chimiques und **André J. Vorburger,** Frankreich, *Herstellung von neutralem Calciumhypochlorit* durch Chlorieren von Kalkmilch in zwei Stufen. In der ersten Stufe wird Kalkmilch mit Cl_2 behandelt, bis sich bas. Calciumhypochlorit gebildet hat, das aus der Reaktions-Fl. entfernt wird. Dieses Salz wird dann nochmals mit Cl_2 behandelt, bis ein fast neutrales Salz erhalten wird. Die Temp. bei der Umsetzung in der ersten Stufe beträgt ca. 35—50°, zweckmäßig 40—45°, in der zweiten Stufe 10—25°, vorteilhaft 15—20°. (**F. P. 1 019 027** vom 24/5. 1950, ausg. 15/1. 1953.) W. WITTHOLZ. H 247

Alwine Bührmann geb. **Meyer** (Erfinder: **Heinrich Bührmann**), Meererbusch bei Düsseldorf, *Gewinnung des Schwefels aus Hochofenschlacke,* dad. gek., daß die fl., gegebenenfalls mit Gips oder Anhydrit vermischte Schlacke mit großer Oberfläche, bes. in dünner Schicht fließend, mit Luft bzw. O_2 in Berührung gebracht u. die mit S-Dampf bzw. SO_2 angereicherte Luft in bekannter Weise auf Schwefel weiterverarbeitet wird. Man läßt die fl. Schlacke z. B. über kaskadenartig angeordnete Flächen fließen oder in dünnen Strahlen oder in Tropfenform durch den Luftstrom hindurchfallen. Man kann der Schlacke vor der Entschwefelung Zusätze beimengen, die sich während der Entschwefelung in der Schlacke lösen u. ihr dadurch verbesserte Eigg. verleihen. (**D. B. P. 932 667** Kl. 12i vom 9/3. 1940, ausg. 5/9. 1955. Anmeldung bekanntgemacht 28/5. 1953.) A. ZÜRN. H 253

Columbian Carbon Co., New York, N. Y., V. St. A., *Herstellung von Ruß* durch Hitzespaltung von KW-stoffen, die kräftig in einen turbulenten Strom heißer, eine langgestreckte Reaktionskammer (I) durchströmender Gase eingeleitet werden. Der Strom heißer Gase in der I wird dadurch erzeugt, daß in der Richtung der Längsachse der I getrennte Ströme eines brennbaren, fl. KW-stoffgemisches u. eines freien, O_2 enthaltenden Gases (bes. Luft) durch eine Vielzahl symm. parallel in gleichen Abständen abwechselnd nebeneinanderliegender Zuführungsrohre mit hoher Geschwindigkeit in die I eingeleitet werden. — Abbildungen. — Vgl. auch E. P. 670 863; C. **1953.** 3135 u. E. P. 694 477; C. **1956.** 1457. (**E. P. 675 819** vom 13/6. 1950, ausg. 16/7. 1952. A. Prior. 3/3. 1950.) R. SCHREINER. H 260

Phillips Petroleum Co., Bartlesville, Okla., V. St. A., übert. von: **Martin Richard Cines** und **Joseph Charles Krejci,** *Gewinnung teerfreien Rußes.* In eine zylindr. Reaktionskammer wird axial ein Strahl der zu verrußenden, gas- bzw. dampfförmigen KW-stoffe eingespritzt. Seitlich in der Nähe dieser Einspritzstelle wird ein vollständig verbrennbares Gemisch der gleichen KW-stoffe u. überschüssiger Luft mit hoher Geschwindigkeit tangential eingeleitet, so daß sich eine in Schraubenlinie an der Wand entlang nach dem Auslaß zu bewegende Schicht heißer Verbrennungsgase bildet, die den axial eingesprühten Strahl umhüllt, dessen KW-stoffe zu Ruß spaltet u. die Spaltprodd. von der Seitenwand fernhält. Bei diesem an sich bekannten Verf. wurde bisher die seitlich eingeleitete Menge Luft so bemessen, daß sie noch zum Verbrennen eines beträchtlichen Teils der axial eingespritzten KW-stoffe ausreichte, um einen möglichst teerfreien (u. damit wertvollen) Ruß zu erhalten. Im Gegensatz zur bisherigen Lehre soll nun mit möglichst geringem Luftüberschuß bzw. wesentlich erhöhter Menge axial eingespritzter KW-stoffe gearbeitet werden, so daß zunächst zwar ein übermäßig teerhaltiger (u. damit minderwertiger) Ruß, dafür aber in wesentlich höherer Ausbeute, gewonnen wird, der dann anschließend mit einem oxydierenden Gas (Luft, bes. mit einem SO_2-Geh. von 0,1—5 Vol.-%) behandelt wird, um ihn teerfrei zu machen. Da der durch die oxydierende Behandlung (Wegbrennen des Teers) eintretende Verlust an Ruß weit geringer ist als die vorher erzielte Ausbeutesteigerung, ergibt sich am Ende eine weit bessere Ausbeute (pro Gewichtseinheit der KW-stoffe u. pro Reaktionskammer) als nach dem bisherigen Verfahren. — Schema einer Gesamtanlage. (**E. P. 689 134** vom 22/12. 1950, ausg. 18/3. 1953. A. Prior. 27/12. 1949.) R. SCHREINER. H 260

Godfrey L. Cabot, Inc., V. St. A., *Herstellung von Pastillen aus Ruß,* bes. Flammenruß. Man verrührt die Rußflocken mit einer Emulsion, welche ein Öl, einen Emulgator (hergestellt aus einer ungesätt. Fettsäure u. NH_4OH oder einem Amin) u. W. enthält, u. trocknet die gebildeten Pastillen bis zu einem Feuchtigkeitsgeh. von 5—35%. Die Emulsion hat z. B. die Zus. 43 (%) Mineralöl, 54 W., 2 Ölsäure u. 1 Triäthanolamin. — Vgl. auch E. P. 688 776; C. **1956.** 1457. (**F. P. 1 070 663** vom 3/2. 1953, ausg. 5/8. 1954.) T. OPPERMANN. H 260

Soc. des Usines Chimiques Rhône-Poulenc, Frankreich (Erfinder: **Raymond E. Paul** und **Nicole M. Joseph**), *Herstellung von Lithiumborhydrid* aus Na- oder K-Borhydrid (I) u. einem Li-Salz, zweckmäßig LiCl (II), in Ggw. eines Lösungsmittels. Man behandelt 20 g I in 200 cm^3 reinem Tetrahydrofuran 8 Std. mit 23 g II bei 20°. Das gebildete Li-Borhydrid geht in Lsg., man extrahiert den aus unverbrauchtem I u. Salzen bestehenden Schlamm zweimal mit frischem Tetrahydrofuran. Das Lösungsm. wird zu $^3/_4$ im Vakuum in N_2-Atmosphäre verdampft u. eine konz. Lsg. von Li-Borhydrid erhalten. (**F. P. 1 046 081** vom 1/12. 1951, ausg. 3/12. 1953.) W. WITTHOLZ. H 273

VEB Elektrochemisches Kombinat Bitterfeld (Erfinder: **Erich Bauer** und **Günter Wehner**), Bitterfeld, *Herstellung von wasserfreiem und oxydfreiem Magnesiumchlorid.* Eine kristallwasserhaltige, zweckmäßig nicht mehr als 15% Kristallwasser enthaltende, oxyd., therm. leicht zersetzbare Mg-Verb., wie bas. $MgCO_3$, Mg-Oxalat oder dgl., wird mit C im Verhältnis MgO : C = 1 : 1 zu Formlingen verpreßt u. calciniert u. anschließend bei ca. 1000° mit Cl_2 behandelt. Das gebildete $MgCl_2$ rinnt über poröse Kohlekörper u. wird am Boden des Reaktionsgefäßes abgezogen. (**D. P. [DDR] 4 555** Kl. 12m vom 13/1. 1942, ausg. 29/6. 1953 [Wirtschaftspatent].) W. WITTHOLZ. H 282

Gignoux & Co., Frankreich, *Herstellung von leicht dispergierbarem Bariumsulfat* durch Vermischen von $BaSO_4$ (Blanc fixe; I) mit Na-Citrat (II). Auf 100 (Teile) I mischt man 1,5 II während 30 Min. ein, die Paste verliert ihre Festigkeit, u. nach dem Trocknen bei ca. 70° wird ein schmieriges Pulver erhalten, welches nach dem Verrühren mit W. eine mindestens während 12 Std. stabile Emulsion ergibt. (**F. P. 1 020 208** vom 15/6. 1950, ausg. 3/2. 1953.) W. WITTHOLZ. H 285

Vereinigte Aluminium-Werke Akt.-Ges., Bonn (Erfinder: **Paul Weiss,** Grevenbroich/Ndrh.), *Herstellung von Aluminiumchlorid* durch Behandlung von Al-Erzen mit chlorierenden Stoffen in Ggw. von Reduktionsmitteln, indem man die feingemahlenen Erze mit Cl_2 u. Reduktionsmitteln auf ca. 900—1500° erhitzt u. dabei den Gasdruck auf ca. 5—80 mm hält. Außerdem kann man den Rohstoff mit dem Reduktionsmittel brikettiert zur Anwendung bringen. (**D. B. P. 933 688** Kl. 12m vom 11/4. 1952, ausg. 29/9. 1955. Anmeldung bekanntgemacht 17/3. 1955.) H. NEBELSIEK. H 294

Imperial Trust for the Encouragement of Scientific & Industrial Research, London, übert. von: **Douglas Vernon Nehnar Hardy,** Hampton, und **Donald Gregory Grant,** Teddington, Middlesex, England, *Gewinnung von freifließendem, wasserfreiem Aluminiumchlorid* durch Rk. von Cl_2 mit dem einen Ende eines Al-Stabes, während man das andere zwecks Ableitung der Reaktionswärme kühlt. Die entstehenden $AlCl_3$-Dämpfe führt man in eine geräumige Kondensationszone, in der sie sich als festes Pulver niederschlagen. Bei sämtlichen Verfahrensschritten ist darauf zu achten, daß jede Feuchtigkeit ferngehalten wird. — Vorrichtung. (**A. P. 2 705 186** vom 17/7. 1950, ausg. 29/3. 1955.) H. NEBELSIEK. H 294

Hermann Kretzschmar, Berlin, *Herstellung von Ausgangslaugen für die Gewinnung von Aluminiumsulfat, Kalialaun und anderen Aluminiumsalzverbindungen,* bes. aus Al_2O_3-haltigen Grundstoffen oder Mineralien bzw. aluminiummetallhaltigen Abfällen. Stückiges Ausgangsgut wird mit unterschüssiger Säure — bes. unter Überdruck — in Form von Lsgg. steigender Konz. ausgelaugt u. das Al_2O_3-haltige Gut u./oder die Extraktionslauge mit Luft, O_2, O_2-angereicherter oder ozonisierter Luft oder O_2-abgebenden Chemikalien behandelt. (**D. B. P. 930 871** Kl. 12m vom 22/2. 1940, ausg. 25/7. 1955. Anmeldung bekanntgemacht 27/1. 1955.) H. NEBELSIEK. H 294

Fabriques de Produits Chimiques de Thann et de Mulhouse, Frankreich, *Herstellung von Titanoxyd.* $TiBr_4$-Dampf wird mit einem Überschuß von O_2 oder O_2-haltigen Gasen, die gegebenenfalls vorgewärmt sind, bei Tempp. oberhalb 600°, bes. 800°, oxydiert u. das gebildete TiO_2 mittels Elektrofilter aus dem Gasgemisch niedergeschlagen. (**F. P. 1 049 140** vom 15/1. 1952, ausg. 28/12. 1953.) W. WITTHOLZ. H 321

VI. Silicatchemie. Baustoffe.

Carl Kröger und **Friedrich Marwan,** *Über die Geschwindigkeit der zur Glasschmelze führenden Reaktionen.* 4. Mitt. *Die Druckabhängigkeit der Umsetzungsgeschwindigkeiten im quaternären System Na_2O–CaO–SiO_2–CO_2.* (3. vgl. C. **1955.** 5869.) Nachdem in einer früheren Veröffentlichung (vgl. l. c.) der Einfl. von Temp. u. Mischungsverhältnis behandelt wurde, werden die Ergebnisse von Verss. wiedergegeben, die mit der früher beschriebenen App. (vgl. C. **1953.** 5095) erhalten wurden. Sie ergeben, daß bei einem CO_2-Partialdruck von $^1/_5$ at bereits oberhalb 760° mit einer CO_2-Abspaltung aus Kalk-Soda-Gemischen gerechnet werden muß, die jedoch nach dem Erreichen einer bestimmten Menge CaO zum Stillstand kommt. Aus der Diskussion des Ergebnisses kann abgeleitet werden, daß der früher ermittelte Wert von 178 kcal für die Aktivierungswärme des Kalksteinzerfalles zutrifft. In einer Tabelle werden Bedingungen u. Ergebnisse von Verss. mit verschied. Mischungsverhältnissen Soda–Kalkstein–Quarz gegeben, deren Umsetzungsgeschwindigkeiten untersucht werden. (Glastechn. Ber. **28.** 51—57. Febr. 1955.) L. KÜHNERT. 6174

Carl Kröger und **Friedrich Marwan,** *Über die Geschwindigkeit der zur Glasschmelze führenden Reaktionen.* 5. Mitt. *Die Umsetzung von Natriumdisilicat–Quarz-Gemischen.* (4. vgl. vorst. Ref.) Die Geschwindigkeit des Reaktionsablaufes ist bei der Umsetzung von Na-Disilicat u. Na-Disilicatgemisch mit Kalkstein höher als bei den früher behandelten Soda–Kalkstein–Quarz-Gemischen. Am deutlichsten zeigt sich das bei dem Gemisch: 2 Mol kristallines Disilicat, $^1/_2$ Mol glasiges Trisilicat oder 1 Mol Hexasilicatsinter auf 1 Mol Kalkstein. In einer Tabelle werden die Ergebnisse der Verss. zusammengestellt, die die Umsetzung des kristallinen Disilicates deutlich machen. Aus dem Vgl. mit den Ergebnissen der Verss. der Umsetzung des glasigen Disilicates ergibt sich eine Verlangsamung der Rk., weil es in den letzten Stufen der Schmelze reaktionsträger ist. In Erweiterung der Ergebnisse früherer Verss. werden die Formeln für die daraus abgeleiteten Reaktionsgeschwindigkeitskonstanten untersucht. Daraus folgt, daß von früher gefundenen Unstetigkeiten bei den vorliegenden Gemischen nur die bei $\approx 765°$ bzw. bei $\approx 795°$ auftreten. Obgleich die Umsetzung von Natriumdisilicat u. die des Quarz–Soda-Gemisches zu denselben Reaktionsprodd. führt, liegt in physikal.-chem. Hinsicht ein unterschiedlicher Reaktionstyp vor. (Glastechn. Ber. **28.** 89—98. März 1955.) L. KÜHNERT. 6174

E. S. Shitomirskaja, *Brikettierung der Charge mit einer vorbereitenden Anreicherung des Carbonatrohstoffes.* Vf. schlägt vor, zur Reinigung des Kalkes für die Glasschmelzen den Kalk zuerst zu löschen u. nach Absitzenlassen der Verunreinigungen die Kalkmilch in ein zweites Gefäß überzuführen, aus dem dann der abgestandene Kalkbrei zur Mischung der Materialien für die Schmelze u. Brikettierung entnommen werden kann. Die Briketts werden in Säcken an die Glasschmelze versandt. (Стекло и Керамика [Glas u. Keram.] **10.** Nr. 5. 9—12. Mai 1953.) J. v. SCHROEDER. 6174

Iw. Gudshew und **St. Ssetschenski,** *Färbung von Glaserzeugnissen durch Zementation.* Zur Gelbfärbung der Oberfläche von Glas wird folgendes Verf. ausgearbeitet: 50 g AgCl ($AgNO_3$ diffundiert erst bei höherer Temp.), 150 g gebrannter Kaolin, 50 g Dextrin, 10 g Carbamid u. 450 g W. werden zu einer Paste gemahlen, gleichmäßig auf das Glas aufgetragen u. bei 550° 1½—2 Std im elektr. Muffelofen gebrannt. (Лека Промишленост (София) [Leicht-Ind. (Sofia)] **4.** Nr. 4. 27—28. 1955.) O. POLLAK V. EMHOFEN. 6176

Fritz Jochmann, *Glaskühlung.* Es wird eine Schilderung der Kühlverff. vor ca. 60 Jahren gegeben u. auf die Entw. hingewiesen, die diese seitdem erfahren haben. (Sprechsaal Keram., Glas, Email **88.** 199—201. 5/5. 1955.) L. KÜHNERT. 6180

Boris E. Schmidt, *Glasveredelung mit Hilfe des Siebdruckverfahrens unter Verwendung thermoplastischer Farben.* Es wird die Verwendung von Druckfarben, die nicht wie üblich mit Drucköl angesetzt sind, sondern mit Harzen u. Wachsen, für den Siebdruck beschrieben, wobei die Schablone u. die Einstreichrakel elektr. zu erwärmen sind. Da die Farben bei den Bearbeitungstempp. schm., verfestigen sie sich bei der Abkühlung sehr rasch ($^1/_{30}$ Sek.), die schwierigen Trockenvorgänge u. Fehler durch Verschmieren fallen fort. Das Einbrennen geschieht auf die übliche Weise. Weiter werden eingehende Angaben gemacht über die Herst. der Schablonen im Lichtdruckverf. mit Hilfe von Polyvinylalkoholen u. K-Bichromat. Es wird bes. auf die Einfachheit, Sicherheit u. Schnelligkeit des Verf. hingewiesen. (Sprechsaal Keram., Glas, Email **88.** 394—95. 20/9. 1955.) L. KÜHNERT. 6188

Aniuta Winter-Klein, *Die Glasbildner und das Periodische System der Elemente.* Es wird zunächst der Begriff „Glas" als Grundlage der weiteren Ausführungen definiert, dann ein Überblick über die Entw. der Auffassung vom Bau des Glases gegeben, dann wird gezeigt, daß die Elemente der Gruppe VI des Period. Syst. (O, S, Se, Te) ein dem Glaszustand entsprechendes Netzwerk, also einen einfachen Glaszustand, bilden u. daß alle bekannten Gläser ein oder mehrere Elemente dieser Gruppe enthalten. Die Glasbldg. wird weiter aus der Struktur der Elektronenhülle der Atome erklärt, u. Vf. kommt zu dem Schluß, daß der Aufbau des Glases durch die Bindung über „p"-Elektronen zustande kommt. Es wird versucht, diese Auffassung durch statist. Betrachtungen einer großen Anzahl von Gläsern bzw. glasartigen Verbb. zu belegen. (Verres et Réfractaires **9.** 147—56. Mai/Juni 1955.) L. KÜHNERT. 6200

E. W. Degtjarewa, *Eigenschaften eines feuerfesten Materials aus tridymitisiertem Quarzglas.* Verss. ergaben, daß die Tridymitisierung von Glas unter Zusatz von 1—1,5% Na_2O nicht zu einer Lockerung der Struktur, sondern sogar zu einer größeren mechan. Festigkeit führt, während cristobalitisiertes Quarzglas ca. $^1/_3$ seiner Festigkeit verliert. Die Schlackenfestigkeit der tridymitisierten Gläser bei 1600° (½ Std.), bestimmt nach 8std. Erhitzung bei 1600°, ist infolge der homogenen Struktur wesentlich größer als bei cristobalitisierten Gläsern. Die Abnahme der Deformationstemp. bei Belastung beträgt bei optimalem Na_2O-Zusatz (1%) nur 20°. Die therm. Festigkeit von tridymitisiertem Quarzglas ist erhöht. (Огнеупоры [Feuerfeste Mater.] **20.** 82—85. Febr. 1955. Charkow, Inst. für feuerfeste Mater.) OTTO MAIER. 6204

W. D. Saikina, *Die Bildung von Klinoenstatit im synthetischen Forsterit.* Ausgangsmaterialien waren 58% Magnesit (70—80% der Korngröße unter 0,088 mm) u. 42% Quarzit (Korngröße unter 0,15 mm). Nach guter Durchmischung der trockenen M. wurde sie mit einer wss. Lsg. von Sulfit-A.-Schlempe (D. 1,24—1,25 g/cm³) bis zu 4% angefeuchtet. Das Rösten erfolgte in einem Laboratoriumskryptolofen bei 1500, 1550, 1620, 1640, 1670 u. 1730° je Stunde. Bei einer Erhöhung der Rösttemp. von 1500 auf 1550° wurde eine starke Erhöhung der Porigkeit u. Herabsetzung der mechan. Festigkeit beobachtet. Bei weiterer Temperatursteigerung bleibt die Porigkeit unverändert, während die mechan. Festigkeit steigt. Bei 1670° sinkt die Porigkeit, die Druckfestigkeit steigt stark an. Bei einer Rösttemp. von 1550° überwiegt grobkörniger Klinoenstatit (I) (mehr als 50%). Die Forsterit (II)-Körner sind wesentlich kleiner (0,084—0,020 mm). Bei 1620° treten weniger I-Körner auf, jedoch mehr als II-Körner. Korngröße von I 0,084—0,13 mm, von II 0,013—0,02 mm. Bei 1640° besteht die Hauptmasse aus II (geringe Mengen einzelner I-Körner von der Größe 0,08—0,13 mm). Bei 1670° 94%

große, scharfkantige II-Körner mit hellen Interferenzfarben (0,08—0,13 mm). Die Verss. bestätigten die Bldg. von I in II aus Ovrutset-Quarziten u. Satkinsk-Magnesit als Folge eines Gleichgewichtszustandes des Syst. u. der Ggw. von Flußmitteln im Ausgangsmaterial. Da I die Eigg. der Erzeugnisse herabsetzt, muß das Brennen von synthet. II so durchgeführt werden, daß kein I entsteht. (Огнеупоры [Feuerfeste Mater.] **20.** 79—82. Febr. 1955. Dnjepropetrowsk, Metallurg. Inst.) OTTO MAIER. 6208

H. W. Faust und **G. Stirn**, *Die Oxydation von Siliciumcarbid. — Ein Beitrag zur Korrosionsverhütung.* Langjährige Betriebsverss. mit einem nicht näher angegebenen Schutzanstrich „*Vanal*" bewiesen die gute Brauchbarkeit desselben zum Schutz gegen die Oxydation des SiC in Muffelkammern von Brennöfen. Dabei bleibt das SiC-Gefüge erhalten u. auch eine Wärmeleitfähigkeit, die fast der ursprünglichen entspricht. (Glas-Email-Keramo-Techn. **5.** 323—24. Sept. 1954. Bremen-Grohn, A.G. Norddeutsche Steingutfabrik, Hauptlabor.) H. SPINDLER. 6210

A. Jerochin, *Über das Auftreten von Alkalichromatstaub auf emaillierten Erzeugnissen.* Vf. untersuchte die Ursachen des Auftretens von Alkalichromatstaub auf geglühten emaillierten Gefäßen, deren Emaille ein Cr_2O_3-Pigment enthält. Vf. kommt zum Schluß, daß das Auftreten dieses Staubes mit der Struktur des Pigments, der Zus. des Glases u. der Art des verwendeten Elektrolyts zusammenhängt. Der Na_2CrO_4-Staub tritt nicht auf, wenn das durch Red. von $Na_2Cr_2O_7$ erhaltene Cr_2O_3-Pigment eine stabile Struktur hat oder das Emaillegemisch keine bas. Rk. aufweist. Ein Zusatz von TiO_2 in Mengen bis zu 0,05% zu der Emaillemischung unterbindet vollkommen das Auftreten von Na_2CrO_4-Staub auf den Gefäßen. (Лека Промишленост (София) [Leicht-Ind. (Sofia)] **4.** Nr. 3. 20—21. 1955.) K. HOINKIS. 6212

N. H. Snyder und **Edwin Ruh**, *Eigenschaften des magnesiareichen Steinguts.* Mischt man der üblichen Steingutmasse bis zu 10% Kugeltone bzw. bis zu 10% Talk zu, so erhält man nach dem Brennen Scherben von gutem Wärmeleitvermögen einer DK. von ca. 8 u. hohen Festigkeitswerten. Das Wärmeleitvermögen beträgt ca. 0,04 bis 0,05 cal/sec/cm^2/^{0} C/cm. (Ceram. Age **64.** Nr. 2. 14—17. Aug. 1954. New Brunswick, N. J., Rutgers Univ., School of Ceram.) K. STEINER. 6216

János Sövegjártó, *Fabrikationsverfahren und Anwendungsmöglichkeiten von feuerfesten Stoffen auf Forsteritbasis.* Vf. bespricht die zum Ersatz des selten vorkommenden Magnesits verwendbaren Magnesiumsilicate, ihre Eigg. u. Erfahrungen in in- u. ausländ. Betrieben. (Épitöanyag [Baumaterial] **6.** 358—63. Okt. 1954.) J. PLANK. 6218

P. P. Budnikow und **Ss. G. Tresswjatski**, *Elektrische Leitfähigkeit von feuerfesten Materialien aus Korund bei erhöhten Temperaturen.* Als Rohmaterial wurden weißer Korund mit maximaler Korngröße von 0,1 mm u. zerkleinerter, durch ein 0,2 mm-Sieb gesiebter Lehm verwendet. Korundproben ohne Lehm zeigten den größten spezif. Widerstand (2,35·10^6 Ohm·cm bei 700^0), bei Zusatz von 2,5% Lehm (0,185·10^6 Ohm·cm bei 700^0). Bei einem Lehmzusatz von 2,5—20% sinkt der spezif. Widerstand um das 2,5fache. Bei 20—50% Lehm ist er sehr wenig von der Zus. abhängig. Bei 50% Lehm ist er annähernd derselbe wie bei Schamotteproben aus demselben Lehm. Vff. empfehlen, bei der Herst. von feuerfesten Materialien aus Korund mit hohem spezif. elektr. Widerstand auch den Zusatz von 2,5% Lehm zu vermeiden, da dies bei hohen Tempp. zu einer starken Herabsetzung der isolierenden Eigg. führt. (Огнеупоры [Feuerfeste Mater.] **20.** 70—71. Febr. 1955.) OTTO MAIER. 6218

M. R. Nadler und **E. S. Fitzsimmons**, *Herstellung und Eigenschaften von Calciumzirkonat.* Es werden die Verss. beschrieben, $CaZrO_3$ aus verschied. Ausgangsmaterialien herzustellen, u. festgestellt, daß die beste Herstellungsweise aus äquimol. Mengen von ZrO_2 u. $CaCO_3$ durch Festkörper-Rk. bei 1850^0 ist. Das Material wurde gemahlen, trocken mit einem Druck von 10000 lbs./sq.in. gepreßt, dann bei 1400^0 vorgebrannt u. dann 1 Std. im Hochvakuumofen gebrannt. Die Schwindung dabei war 6,3% (bei 1800^0). Der Ausdehnungskoeff. schwankte von 9—14·10^{-6}/^{0}C von 25—1300^0. Es zeigten sich keine Rkk. zwischen $CaZrO_3$ u. ZrO_2, MgO, Al_2O_3 u. BeO, jedoch bei SiC u. Mullit. Hohe Porosität wurde festgestellt. Geringe Carbidbldg. wurde bis 1750^0 bei reduzierenden Bedingungen festgestellt, bei höheren Tempp. trat starke Carbidbldg. u. Zerstörung des Calciumzirkonatgefüges ein. (J. Amer. ceram. Soc. **38.** 214—17. 1/6. 1955. Ames, Io., Iowa State Coll., Dep. of Ceram. Engng., Inst. for Atomic Res.) L. KÜHNERT. 6220

A. W. Jewko, P. F. Kusmischtschew und **P. A. Michalewitsch**, *Über die Festigkeit von im Zuschlag Carbonatkies enthaltendem Beton.* Der Beton eines hydrotechn. Bauwerkes, der 35% an carbonathaltigem Kies als Zuschlag enthielt, war nach 13 Betriebsjahren in befriedigendem Zustand. Die Zerstörung des carbonathaltigen Zuschlags an den Flächen des Betons, die an u. unter der Oberfläche des W. lagen, war gering An den Stellen eines ständigen Wechsels von trocken u. feucht (Auftauen—Gefrieren) waren die Körner vom Kalkstein am beständigsten, während die Dolomitkörner am leichtesten zerstört wurden. (Гидротехническое Строительство [Hydrotechn. Bau] 24. Nr. 3. 27—29. 1955.) J. v. SCHROEDER. 6224

—, *Betonhilfsmittel.* Überblick über die bisher bekannten wichtigsten Betonhilfsmittel. Theoret. Betrachtungen über die Anwendung von Puzzolanen u. Mineralpulvern als Betonhilfsmittel. — 55 Literaturangaben. (J. Amer. Concrete Inst. 26. 113—45. Okt. 1954.) G. FRIKELL. 6224

I. Ss. Kainarski, I. A. Getman und **K. G. Romantschenko,** *Umhüllungsmittel und Mörtel für das Legen von leichtem Dinas.* Untersucht wurden die Mengenverhältnisse von Quarzit, Bruchdinas, Chromit, Quarzsand u. Lehm zur Herst. von Bewurf u. Mörtel für Dinasmauerungen. Als Zusätze dienten Wasserglas u. Na–Ca-Glas. Es wird empfohlen, den Bewurf u. den Mörtel für die Mauerung von Leichtdinas aus folgender Charge herzustellen: 90—92% Bruchdinas u. 10—8% plast. Lehm mit geringer Backfähigkeit. Die Größe des gemahlenen Bruchdinas muß unter 2 mm liegen. Größere Mengen der Fraktion unter 0,088 mm sind zu vermeiden. Der feuerfeste Lehm muß bis <1 mm zerkleinert u. gut gemischt werden. Die Kornzus. des Bewurfs soll folgende sein: 1,5 mm nicht über 5%, 1,5—1 mm 10—16%, 1—0,088 mm 56—50% u. unter 0,088 mm nicht über 30%. Der Bewurf soll mindestens 88% SiO_2 u. nicht mehr als 5% $Al_2O_3 + TiO_2$ enthalten. Diese Zus. wird auch für Mörtel empfohlen, wobei die Korngröße geringer sein kann als beim Bewurf. Mörtel mit höherer Dispersität ist für das Mauern günstiger. (Огнеупоры [Feuerfeste Mater.] 20. 51—56. Febr. 1955.) OTTO MAIER. 6226

H. Breyer, *Zur praktischen Durchführung des Versuches zur Ermittlung der graduellen Wasseraufnahme oder des Sättigungskoeffizienten von Ziegeln.* Zur Prüfung der Frostbeständigkeit von Ziegeln durch Ermittlung der Sättigungskoeffizienten läßt sich das in DIN *52 103 C* angegebene Verf., bei dem die maximale Wasseraufnahme unter 150 at bestimmt wird, nicht durch Evakuierung der Proben unter W. ersetzen. (Ziegelindustrie 8. 611—15. 2. August-H. 1955. Kassel.) D. BREDTSCHNEIDER. 6228

Th. F. Merten, *Zur Bekämpfung von Ausblühungen am Mauerwerk.* Die Kalkausblühungen, für deren Auftreten Vf. verschied. Ursachen nennt, können durch Absäuern mit 3,5%ig. HCl nach vorheriger gründlicher Durchfeuchtung des Mauerwerks oder durch Fluatieren mit H_2SiF_6-Präpp. beseitigt u. verhindert werden. Diese Verff. sind der Behandlung mit Natriumseifenlsgg. vorzuziehen, welche durch Bldg. unlösl. fettsaurer Erdalkalisalze wirkt. (Ziegelindustrie 8. 9—10. Jan. 1955. Bad Godesberg.) D. BREDTSCHNEIDER. 6228

L. A. Awakjan, *Die Befestigung von absackendem lößartigem Untergrund durch ein Paraffin–Masut-Gemisch.* Die Wasserdurchlässigkeit lößartiger Böden kann durch Auftragen von 3% Paraffin enthaltendem heißem (100—120°) Masut um das 23fache verringert, die Druckfestigkeit um das 4fache gesteigert werden. Der Masut dringt in den Boden ein u. liefert eine dauerhafte undurchlässige Oberfläche. Der Boden muß beim Auftragen möglichst warm u. trocken sein. Auf 1 m^2 Boden sind 9,5 kg Masut erforderlich. Das Verf. ist wesentlich billiger als die Silicatisation. Das Verf. eignet sich bes. für die Betonierung der Böschungen weiträumiger Kanäle. (Гидротехническое Строительство [Hydrotechn. Bau] 24. Nr. 3. 24—26. 1955.) J. v. SCHROEDER. 6232

H. Flaschka, *Über Schnellanalysen im glastechnischen Laboratorium.* Vf. weist auf den großen Zeitbedarf der klass. Analyse hin, der es nicht gestattet, mit ihrer Hilfe die Fertigung zu steuern, u. stellt demgegenüber Komplexonverff., die durch SCHWARZENBACH in die Analytik eingeführt wurden. Er beschreibt weiter die Titration von Ca, Mg, Mn, Fe, Al u. anderen Metallen mit Hilfe der Äthylendiamintetraessigsäure, deren Dinatriumsalz (Komplexon III) meist verwendet wird. Eine vom Vf. beschriebene Schnellanalyse kann unter Umständen in einem Tag bewältigt werden, Teilanalysen in entsprechend kürzerem Zeitraum. Es wird weiter auf die Bedeutung des Ionenaustauscherverf. für die Glasanalyse hingewiesen. Benötigte Lsgg. u. Reagentien für die beschriebenen Verff. werden angegeben. Durch ein ausführliches Literaturverzeichnis wird ein weiterer Ausbau der Verff. ermöglicht. (Sprechsaal Keram., Glas, Email 88. 188—91. 5/5. 1955.) L. KÜHNERT. 6242

Friedrich Hegemann, *Die quantitative spektrochemische Gesamtanalyse des Glases.* PFEILSTICKER-Wechselstromabreißbogen mit speziellen Elektrodenanordnungen für die Silicatanalyse zur Verhinderung der fraktionierten Dest. der Analysensubstanz. Best. der Alkalien durch Verdampfung der Substanz in Pastillenform, gemischt mit Bläserstoffen zwischen CU-Elektroden. Genauigkeit $\pm 2\%$ bei unterer Erfassungsgrenze von 0,01% für Na_2O u. 0,05% für K_2O. Best. der übrigen Elemente durch Aufbringen der Substanz mit Bläserstoff auf eine Scheibe, die durch den Kohlebogen gedreht wird. Genauigkeit ± 2—3%. (Glastechn. Ber. 26. 168—71. Juni 1953.) FROST. 6242

VII. Agrikulturchemie. Schädlingsbekämpfung.

Tah-Ho Huang, *Serpentinschmelzphosphate. Beziehungen zwischen Citronensäurelöslichkeit und Glasgehalt.* (Vgl. C. **1955.** 4676.) Die verschied. Phosphate wurden mit Serpentin in einem Lichtbogen geschmolzen (300—800°). Dabei traten ab 700° Farbänderungen bei den Schmelzprodd. auf. Die Veränderungen der Kristallstrukturen wurden mit einem Polarisationsmikroskop beobachtet. Die Beziehung zwischen der Citronensäurelöslichkeit u. dem Glasgeh. konnte als lineare Funktion bestimmt werden (Tabellen u. Diagramme). Es kann daher an Hand des Glasgeh. direkt die Löslichkeit festgestellt werden. Im allg. war die Löslichkeit der Prodd. gut, so daß die Ausnutzbarkeit durch die Pflanzen gegeben sein dürfte. — 22 Literaturangaben. (J. agric. Food Chem. **1.** 62—67. 1/4. 1953. Taipeh, Taiwan [Formosa] China, Taiwan Fertilizer Co., Ltd.) W. Knöpke. 6282

F. T. Nielsson und **L. D. Yates,** *Nitrophosphate. Herstellung aus Rohphosphat, Salpetersäure, Ammoniak und Kalium- oder anderen löslichen Sulfaten.* (Vgl. auch C. **1955.** 7527.) Vff. schildern ein Herstellungsverf. von NPK-Düngern durch Aufschluß von Rohphosphat mit 39—42%ig. HNO_3. Das Gemisch wird mit NH_3-Gas bis zur Bldg. des Dicalciumphosphats behandelt u. K_2SO_4 zur Überführung des restlichen $Ca(NO_3)_2$ in $CaSO_4$ u. KNO_3 hinzugegeben. Die Daten der verwendeten Behälter, die notwendigen Tempp., der Druck usw. sind angegeben. Mehr als 96% des P_2O_5 in den Fertigprodd. war citronensäurelösl., während 5—11% wasserlösl. waren. In Gewächshausverss. konnten gute Ernteergebnisse bei Anwendung der Dünger erzielt werden. — 13 Literaturangaben. (J. agric. Food Chem. **1.** 672—77. 5/8. 1953. Wilson Dam, Ala., Tennessee Valley Authority.) W. Knöpke. 6290

Forrest L. Turbett und **James G. MacArthur,** *Einfluß der Zusammensetzung auf die physikalischen Eigenschaften von Handelsdüngern.* Es wurde eine Meth. zur Best. der Faktoren beschrieben, die das Zusammenbacken von Mischdüngern in der Zeit zwischen dem Einsacken u. Ausstreuen beeinflussen. Auf Grund von Unterss. der Zus. eine NPK-Düngers (3—12—12) ergab sich, daß sein physikal. Zustand durch Erhöhung des NH_3/NH_4NO_3-Verhältnisses der verwendeten Ammonisierungslsg. verbessert werden kann. Umsetzungen spielen beim Zusammenbacken eine erhebliche Rolle, während der Grad der Ammonisierung u. der Feuchtigkeitsgeh. hierauf nur wenig Einfl. ausüben. — 16 Literaturangaben. (J. agric. Food Chem. **2.** 506—13. 12/5. 1954. Pittsburgh, Can., Spencer Chemical Co., Res. Labor.) F. Rang. 6290

Seiichi Sasaki und **Yoshiaki Ishizuka,** *Genetische Untersuchungen über den Boden in Hokkaido.* 4. Mitt. *Beziehung zwischen austauschbaren Basen und dem Bodenmuttergestein.* Bei gleichen klimat. Bedingungen bestehen z. B. bei einem von Hornblende-Andesit stammenden Boden die austauschbaren Basen aus *Ca* u. *Mg,* bei einem von tert. „Mudstone" stammenden vorwiegend aus *Al* u. *Fe.* Aus vielen derartigen Beispielen schließen Vff., daß die Geschwindigkeit der Mineralverwitterung, das heißt der Trennung der Basen durch Austausch aus dem Gitter der krist. Mineralien bei gleichen klimat. Bedingungen, durch die Art der Basen beeinflußt wird u. durch die Größe der hydratisierten Ionenradien der eingeschlossenen Kationen erklärbar ist. (J. Sci. Soil Manure, Japan [Nippon Dozyô-Hiryô-Gaku Zasshi] **23.** 293—96. Juli 1953. Hokkaidao Univ. [Orig.: japan.; Auszug: engl.]) L. Schuler. 6300

Erwin Frei und **Ernst Keller,** *Strukturbeurteilung in der Ackerschicht mit Hilfe der Rammsonde.* Als quantitatives Maß für die Lockerung des Bodens wird eine Rammsonde beschrieben. Mit dieser wurde der Einfl. von *Krilium* auf den Rammwiderstand der Ackerschicht untersucht u. eine deutliche Abnahme desselben festgestellt. (Landwirtsch. Jb. Schweiz **67** ([N. F.] **2**). 581—88. 1953. Zürich Oerlikon, Eidgenöss. Landw. Versuchsanstalt.) A. Jacob. 6302

E. M. Bastisse und **S. Henin,** *18 Jahre lysimetrische Untersuchungen in Anwendung auf die Landwirtschaft.* 3. Mitt. *Allgemeine Ergebnisse.* (2. vgl. Ann. Inst. nat. Rech. agronom., Sér. A **4.** [1953.] 717.) Die Wasserbilanz wurde für einen unbebauten u. einen mit Pflanzen bedeckten Boden festgestellt. Unter den Faktoren, die den Nährstoffgeh. eines Bodens erschöpfen, spielt der Verlust durch Sickerwässer eine wesentliche Rolle. Die Zers. der organ. Substanz (I) im Boden u. die Vegetation sind von Einfl., da sie Nährstoffe in Lsg. bringen, z. B. NO_3^- u. SO_4^{2-}; diese können aber dann durch die Vegetation wieder aufgenommen werden. In Abwesenheit einer Vegetation, aber in Ggw. von I (z. B. Stroh) sind das entstehende CO_2 u. I am Mechanismus der Bodenerschöpfung beteiligt. Stoffe, wie P_2O_5, die wenig lösl. sind, oder MgO u. K_2O, die in nichtaustauschbarer Form auftreten können, werden nur wenig ausgewaschen. Die Pflanzen konnten dem Boden die 2—3fache Menge des ursprünglich in austauschbarer Form vorhandenen K_2O entziehen, die Gesamtverluste an P_2O_5 betrugen 44% der ursprünglichen, in aufnehmbarer Form vorhandenen

Menge. Durch das Sickerwasser gehen vor allem N, S u. CaO verloren. Die Verarmung an P_2O_5 u. K_2O erfolgt hauptsächlich durch den Nährstoffentzug der Ernten. (Ann. Inst. nat. Rech. agronom., Sér. A **6.** 203—32. März/April 1955.) A. Jacob. 6304

G. Rodrigues, *Festgelegtes Ammoniak in tropischen Böden.* Die untersuchten Böden enthielten beträchtliche Mengen von festgelegtem NH_4-N (14—78% des gesamten N-Geh.). Dieser liegt wahrscheinlich in Verbindung mit bestimmten Tonmineralien vor. Die Menge des festgelegten N nimmt mit der Tiefe des Profils zu. Wenn man das C/N-Verhältnis der verschied. Schichten des Profils korr., indem man vom Gesamt-N die Menge des durch den Ton festgelegten N abzieht, dann vermindern sich die C/N-Verhältnisse nicht mehr so stark mit der Tiefe; sie sind für Tonböden ziemlich die gleichen wie für Sandböden, u. auch die Veränderung mit zunehmender Tiefe ist dann für Tonböden kaum größer als für Sandböden. Es ist auch möglich, daß die Böden kleine Mengen an sehr stabilen NH_3-bindenden oxydierten Ligninkomplexen enthalten. Nach der Entstehung der Böden ist anzunehmen, daß die NH_4-bindenden Tonmineralien wasserhaltige Glimmer waren. (J. Soil Sci. **5.** 264—74. Juli 1954. Trinidad, B. W. J., Imperial Coll. of Tropical Agricult.) A. Jacob. 6304

I. P. Sserdobolski und **M. G. Ssinjagina,** *p_H-Bedingungen der Bildung löslicher organischer Verbindungen des Mangans.* Wasserlösl. *Mn*-Verbb. mit *Humin-*, *Oxal-*, *Wein-* u. *Citronensäure* bilden sich nur beim p_H 8,0—10,2. Somit kann die Verlagerung der Mn-Verbb. im Bodenprofil nur in alkal. Böden stattfinden. (Почвоведение [Bodenkunde] **1953.** Nr. 8. 42—50. Aug.) M. Gordienko. 6304

M. Coppenet, *Manganmangelerscheinungen bei anderen Pflanzen als Getreide in der Bretagne.* Verss. ergaben, daß die Böden der Bretagne in der Regel zu wenig Mn enthalten, um n. Weizen- u. Hafererträge zu gewährleisten. Kartoffeln, Inkarnatklee u. Pfirsichbäume benötigen zu guten Erträgen einen Boden-Mn-Geh. von 40—80 p.p.m. (C. R. hebd. Séances Acad. Agric. France **39.** 193—95. 1952.) C. Grimme. 6304

Peter E. Geytenbeek, *Böden mit Salzschäden.* Entstehung u. Ursachen von Salzflecken auf Kulturland u. Abwehrmaßnahmen werden angeführt. (J. Dep. Agric. South Australia **58.** 261—67. Febr. 1955.) W. Janicke. 6304

A. L. Kenworthy, *Bodenfeuchtigkeitsverluste in einem alten Apfelgarten mit einem Rasen-Mulch-System der Bodenpflege.* Der Einfl. des Mulchens mit Heu in einem grasbestandenen Apfelgarten auf den Wasserhaushalt des Bodens wurde untersucht. Das gelegentliche Risiko von Wassermangel wird durch den günstigen Einfl. der Heuabdeckung auf Bodenstruktur, -fruchtbarkeit u. Baumernährung weitgehend ausgeglichen. (Michigan State Coll., agric. Exp. Stat., quart. Bull. **36.** 39—45. Aug. 1953. Dep. of Hortic.) F. Rang. 6304

F. E. Broadbent, *Grundprobleme der Umwandlungen der organischen Substanz.* (Soil Sci. **79.** 107—14. Febr. 1955. Cornell Univ.) A. Jacob. 6304

N. R. Dhar, *Bedeutung der organischen Substanz für die Fruchtbarkeit der Böden.* (Vgl. C. **1955.** 9649.) Wenn man Boden oder Sand organ. Substanz (**I**) zumischt, erfolgt eine Bindung von atmosphär. N. Diese ist im Licht größer als in der Dunkelheit, sie wird ferner erhöht auf Böden, die reich an $Ca_3P_2O_8$ sind. Die Bindung von N auf sterilen u. nichtsterilen Böden ist ungefähr gleich. Düngung mit frischer **I** vermehrt den Humusgeh. des Bodens stärker als die Anwendung eines aus **I** hergestellten Kompostes. Die Bindung des N erfolgt mit Hilfe der durch die Oxydation von **I** freigemachten Energie. In den Tropenböden ist infolge der beschleunigten Oxydation von **I** der Geh. an aufnehmbarem N höher, an Gesamt-N dagegen niedriger als in den Böden der gemäßigten Zone. Bei Anwendung von mineral. N muß man mit N-Verlusten infolge der Bldg. von Nitriten rechnen. Gemenge von Gräsern mit Leguminosen mit einem weiteren C/N-Verhältnis als demjenigen der Leguminosen erhöhen die Fruchtbarkeit stärker als Leguminosen allein. — 71 Literaturangaben. (Ann. Inst. nat. Rech. agronom., Sér. A **6.** 133—60. Jan./Febr. 1955. Uppsala, Mikrobiol. Inst.) A. Jacob. 6304

Haruo Okamoto und **Michio Maeno,** *Untersuchung über Feldbewässerung vom Standpunkt der Boden- und Düngerlehre.* 3. Mitt. *Einfluß der Bewässerung auf Wachstum und Ertrag von Hochlandreis.* Zur Beurteilung der Wrkg. der Bewässerung werden die anorgan. Bestandteile, N u. Kohlenhydrate, herangezogen. Durch die Bewässerung nehmen Blattentw., Halm- u. Ährenlänge zu. Der Ertrag an nichtenthülstem Reis (NR) zeigt keinen großen Unterschied, der Strohertrag (SE) steigt am stärksten; das Verhältnis von SE/NR-Ertrag steigt linear mit der Bewässerung. Der Gesamtbetrag an anorgan. Bestandteilen nimmt durch Bewässerung zu. Doch zeigen bei geringer Bewässerung (20 mm Wasserhöhe im Feld, in 5 Tagen 5mal Zugabe) die Werte für K_2O, CaO, MgO, P_2O_5 Minima. Beim Stroh nehmen Asche, SiO_2, CaO u. MgO ab, P_2O_5 u. K_2O zu. Bei starker Bewässerung (40 mm) steigt die Absorption von SiO_2, P_2O_5 u. K_2O, die von N, CaO u. MgO ändert sich wenig. Beim NR sinkt der Gesamt-N, der Eiweiß-N u. bes. der lösl. N mit der Bewässerung, ebenso beim Stroh. Die Absorption ist wenig geändert, bei geringer Bewässerung aber schwächer. Bes. die Gesamtkohlenhydrate des NR u. die reduzierenden, weniger die nichtreduzierenden, Zucker nehmen mit der Bewässerung ab. — 9 Kurvenbilder. (J. Sci. Soil Manure, Japan [Nippon Dozyô-Hiryô-Gaku Zasshi] **23.** 285—90. Juli 1953. Kanagawa. [Orig.: japan.]) L. Schuler. 6304

B. N. Ghosh, *Untersuchungen über die Physiologie von Reis.* 7. Mitt. *Wirkungen verschiedener Wasserstände auf das Wachstum von Reis in Beziehung zur N-Aufnahme.* (6. vgl. Bot. Gaz. **114.** [1953.] 436.) Bestockung, gesamte Blattfläche, gesamte Trockensubstanz u. Kornertrag nehmen zu, wenn das W. in den Gefäßen bis zur Oberfläche des Bodens steigt, nehmen aber ab mit weitersteigendem Wasserstand. Die verschied. Varietäten zeigen Unterschiede bzgl. des optimalen Wasserbedarfs. Höhe der Pflanzen u. Blattfläche nehmen zu mit Ansteigen des Wasserstandes; ebenso Wassergeh. von Stamm u. Blatt. N-Geh. u. Trockengewicht der Wurzeln nehmen mit steigendem Wasserstand ab. In Stamm u. Blatt ist der N-Geh. bei stagnierendem W. dagegen hoch, da der nichtausgenutzte N sich anhäuft. Bei teilweiser Trockenheit leidet das Pflanzenwachstum infolge ungenügender Wasserversorgung stark, während der N-Geh. von Stamm u. Blatt nicht stark vermindert wird. Dieser N-Geh. sinkt, wenn das W. bis zur Oberfläche des Bodens reicht, weil N dann für das optimale Wachstum verbraucht wird. Der Vers. zeigt die Notwendigkeit, ein verschied. Wasserniveau während der verschied. Stadien des Wachstums u. der Entw. aufrechtzuerhalten. Die beste Bestockung wird erhalten bei einem Wasserstand von 2—3 Zoll während 2 Wochen nach der Umpflanzung u. späterem Absinken des W. bis zur Bodenoberfläche für 5 bis 8 Wochen. Stehendes W. hat jedoch wieder einen günstigen Einfl. zur Zeit des Ährenschießens u. der Kornbildung. (Proc. nat. Inst. Sci. India **20.** 371—87. Juli/Aug. 1954. Calcutta, Univ., Dep. of Botany.) A. Jacob 6304

S. M. Sircar und **B. N. Ghosh,** *Untersuchungen über die Physiologie von Reis.* 8. Mitt. *Die Wirkung der Keimung bei hoher und niedriger Temperatur mit und ohne Kurztage bei Sommer- und Wintersorten.* (7. vgl. vorst. Ref.) (Proc. nat. Inst. Sci. India **20.** 452—65. Juli/Aug. 1954.) A. Jacob. 6304

M. A. Islam, *Die Rolle der festen Phase bei der Phosphorernährung der Pflanzen.* Mit P behandelter Aiken-Tonlehm wurde mit verschied. Lösungsmitteln behandelt. Während dest. W., mit CO_2 gesätt. W., Hoagland-Lsg. u. 0,01nHNO_3 keine meßbaren Mengen an P extrahierten, war dies der Fall bei 0,5n Essigsäure, 0,01n Citronensäure u. der Truog-Lösung. Das Pflanzenwachstum war auf diesem Boden gut, obgleich er nicht genügend lösl. P_2O_5 hatte, wodurch gezeigt wird, daß die Löslichkeit nicht das einzige Kriterium der Pflanzenaufnehmbarkeit von P_2O_5 ist u. daß die Pflanzen P_2O_5 auch aus der festen Phase aufnehmen können. (Soil Sci. **79.** 115—21. Febr. 1955. Dacca East Pakistan, Agric. Res. Stat.) A. Jacob. 6304

P. Laske, *Weicherdige Rohphosphate auf sauren Mineralböden.* Bericht über Düngeverss. mit verschied. weicherdigen Rohphosphaten (*Reno-* u. *Agrophosphat, Constantine-, Gafsa-* u *Kouriphosphat*) im Vgl. zu solchen mit Thomas- u. Röchlingphosphat. Es handelt sich vor allem um die Düngung von sauren Wiesen Die Analysenresultate von Gräsern, Leguminosen u Kräutern sowie des Gesamtheus u des Bodens sind in Tabellen mitgeteilt. (Mitt. dtsch. Landwirtschafts-Ges. **69.** 872—73. 16/9. 1954. Hohenheim.) C. Grimme. 6304

O. Silberstein und **S. H. Wittwer,** *Zufuhr von phosphathaltigen Nährstoffen durch das Blatt bei Gemüsepflanzen.* Die Frühererträge von Treibhaus- u. Freilandtomaten wurden durch Besprühen der Pflanzen (4mal wöchentlich) mit einer 25 mMol enthaltenden *Orthophosphorsäure* (**I**)-Lsg. deutlich erhöht. Der durch das Blatt zugeführte P wurde stärker verwertet als der über den Boden zugeführte. Dieser erbrachte jedoch höhere Gesamterträge. Bei Vgl. von 12 verschied. anorgan. u. organ. P-Verbb., die in Konz. von 25—100 mMol zu Tomaten, Bohnen u. Mais angewandt wurden, war **I** am wirksamsten. Durch das Blatt zugeführte ^{32}P-markierte **I** wurde von den Versuchspflanzen schnell resorbiert u. im Gewebe verlagert. — 11 Literaturangaben. (Proc. Amer. Soc. horticult. Sci. **58.** 179—90. Dez. 1951. East Lansing, Mich., Michigan State Coll.) F. Rang. 6304

A. G. Schesstakow, A. W. Peterburgski, W. M. Kletschkowski, I. W. Guljakin und **P. M. Smirnow,** *Über das System der Anwendung von Düngemitteln im Nichtschwarzerdegebiet.* Als richtig wird eine Düngung bezeichnet, die den Bedarf der in der Fruchtfolge aufeinander folgenden Pflanzen, die betriebswirtschaftlichen Verhältnisse, die klimat. u. die Bodenbedingungen sowie die Eigg. der angewandten Dünger berücksichtigt. Es wird der Theorie von Lyssenko widersprochen, daß die Pflanzen die mit der

Düngung zugeführten Nährstoffe nicht direkt, sondern erst nach ihrer Verarbeitung durch die Bodenmikroflora aufnehmen u. daß es daher bei der Düngung nur darauf ankomme, die biol. Verhältnisse des Bodens zu verbessern. Die auf Grund dieser Theorie empfohlenen Maßnahmen werden als falsch bezeichnet. (Известия Тимирязевской Сельскохозяйственной Академии [Nachr. Landwirtsch. Timirjasew-Akad. **1955.** Nr. 1. 103—18.) A. JACOB. 6304

W. D. Cholopow, *Die Anwendung von Düngemitteln zu Winterroggen auf grauen Bleicherdeböden.* Auf ostsibir. grauem Bleicherdeboden bei 7-Feldergrasfruchtfolge erbrachte im 4jährigen Durchschnitt: ungedüngt 15,3 dz; 20 t Stallmist 20,9 dz; 40 t Stallmist 23,4 dz; Mineraldünger, enthaltend $N_{30} + P_{45} + K_{45}$ (Index bedeutet kg/ha), 23,3 dz Roggen je 1 ha nach Schwarzbrache. Kombinierte Düngung von 20 t Stallmist mit $P_{45} + K_{45} + N_{30}$ wirkte etwas besser als getrennte. K + P setzten im kalten, langen, sibir. Winter die Auswinterung des Roggens auf 27% herab gegenüber 67% bei ungedüngt; N war weniger wirksam. Granuliertes Superphosphat (I) erhöhte den Roggenertrag um 5,6 dz/ha gegenüber pulverigem I. (Агробиология [Agrobiologie] **1953.** Nr. 5. 63—69. Sept./Okt. Nowosibirsk, Landw. Inst.) E. LINTER. 6304

D. K. Madenow, *Die Kultur von Sudangras und seine Reaktion auf Düngung im Gebiet Gurzjewsk.* Das Wachstum von Sudangras war um so besser, je höher die Düngergaben bemessen waren. Auf den gedüngten Parzellen war jedoch der Pflanzenbestand lichter als auf den ungedüngten, was sich durch Verminderung der Keimfähigkeit der Samen durch N- u. K-Düngung erklärt. Den höchsten Mehrertrag von 259,4 dz/ha bei einem Gesamtertrag (3 Schnitte) von 607,9 dz/ha bewirkte Volldüngung in Mengen von je 60 kg/ha N u. P u. 15 kg/ha K (bei Bewässerung). Die chem. Zus. des Sudangrases betrug ca. 7,0% Asche, bei einem hohen Geh. an Na; 0,3—0,5% CaO, 0,2% P_2O_5, 7—8% Protein, bis 5% Fett, 20—33% Rohfaser, 3—15% leichtlösl. Kohlenhydrate, 13—14% Lignin. (Вестник Академии Наук Казахской ССР [Nachr. Akad. Wiss. KasachSSR] **11.** Nr. 11. 93—100. Nov. 1954.) M. GORDIENKO. 6304

R. Koblet, E. Frei und **F. Marschall,** *Untersuchungen über die Wirkung der Düngung auf Boden und Pflanzenbestand von Alpweiden.* In langjährigen Düngungsverss. auf Alpweiden wurde die Wrkg. der mineral. Düngung auf den Nährstoffgeh. des Bodens u. den Pflanzenbestand untersucht. Die Kalkung erwies sich als günstig durch Verminderung der Rohhumusbldg. u. durch Hemmung der Tonzerstörung u. Podsolierung. Die Düngung mit Kali war auf diesen von Natur aus gut mit Kali versorgten Böden von geringer Wirkung. Die Düngung mit P_2O_5 führte zu einer starken u. langanhaltenden Anreicherung dieses Nährstoffs vor allem in der obersten Bodenschicht bis 2 cm Tiefe. Die Erträge wurden durch Kalkung u. Düngung allg. erhöht. Die Düngung hatte auch eine deutliche Veränderung des Pflanzenbestandes zur Folge. Dabei handelte es sich aber lediglich um Verschiebungen in den mengenmäßigen Anteilen der einzelnen Arten; eine Umwandlung in eine andere Pflanzengesellschaft fand nicht statt. (Landwirtsch. Jb. Schweiz **67** ([N. F.] 2). 597—657. 1953. Zürich-Oerlikon, Eidgenöss. Landw. Versuchsanstalt.) A. JACOB. 6304

J. W. Berryman, *Kalk — sein Einfluß auf Böden und Anleitungen zu seiner Verwendung.* Allg. Ausführungen. — 8 Literaturhinweise. (Tasmanian J. Agric. **23.** 261—67. Nov. 1952.) M. WINIKER. 6304

W. H. MacIntire, W. M. Shaw und **J. B. Young,** *Magnesiumhaltige Mineralien und Böden. Eine vierjährige Lysimeteruntersuchung ihrer Wechselwirkungen.* Zur Prüfung auf pflanzenverfügbares Mg wurden *Serpentin* (42% MgO), *Olivin* (48% MgO), *Magnesit* u. *Dolomit* mit u. ohne Zusatz von Kalkstein einem Claiborne-Schlufflehm u. einem feinsandigen Lehm (Hartsells) beigefügt. Die Zusätze waren äquivalent 1000 lbs. MgO (bzw. 4000 lbs. $CaCO_3$) je $2 \cdot 10^{-6}$ lbs. trockenen Bodens. Die Zers. der Silicate wurde durch Best. von HCO_3^-, Mg, Ca, K, NO_3^- u. SO_4^{2-} im Sickerwasser gemessen. Die Auswaschung von Mg wurde durch Magnesit, Dolomit u. (nur wenig) durch die Silicate gefördert, sowie bei Ggw. von Kalkstein vermindert. Ca wurde durch beide Komponenten gleichfalls stärker ausgeschwemmt. Nach vier Jahren war kein CO_3^{2-} mehr nachweisbar. Die Auswaschung von K wurde durch Mg vermindert, während sie bei SO_4^{2-} erhöht wurde. Das Mg der Silicate dürfte nur sehr wenig ausnützbar sein. (J. agric. Food Chem. **1.** 56—61. 1/4. 1953. Knoxville, Tenn., Univ. of Tennessee, Agric. Exp. Stat.) W. KNÖPKE. 6304

Paul G. Smith und **Frank W. Zink,** *Wirkung von Blattsprays mit Rohrzucker auf verpflanzte Tomaten.* Die Anwendung von Blattsprays mit 10%ig. *Rohrzucker* (I)-Lsg. zur Verringerung der durch Verpflanzen von Tomatenpflanzen hervorgerufenen Schockwrkg. wurde in Gewächshaus- u. Freilandverss. untersucht. Noch nicht gefestigte oder nur teilweise gefestigte Pflanzen können I absorbieren, speichern u. ausnützen. Sofern die Erschöpfung an Kohlenhydraten durch Aufbewahrung der Pflanzen im Dunkeln oder durch auf hohen Tempp. beim Pflanzen beruhendem, erhöhtem Stoffwechsel beruht, waren Absterben u. Schockwrkg. bei mit **I** behandelten Pflanzen geringer als bei unbehandelten. (Proc. Amer. Soc. horticult. Sci. **58.** 168—78. Dez. 1951. Davis, Calif., Univ. of California.) F. Rang. 6304

David G. White, *Wachstumsregler bei Blühverzögerung.* Spritzungen mit *Maleinsäurehydrazid* im zeitigen Frühjahr verhindern eine frühzeitige Blüte (um 3—15 Tage) u. führen zu erhöhten u. gleichmäßigen Ernten vor allem bei Äpfeln. (Amer. Fruit Grower **73.** Nr. 5. 39. Mai 1953.) C. Grimme. 6304

George H. Kessler, *Der Einfluß von Vorerntesprays mit Wachstumsreglern auf die chemische Zusammensetzung und Reife von McIntosh- und Northern Spy-Äpfeln.* McIntosh- u. Northern Spy-Apfelbäume wurden während 3jähriger Versuchsdauer ein- oder zweimal 6—28 Tage vor der Ernte mit 10—30 p.p.m. folgender Präpp. gespritzt: *Fruit Fix, Shell Endrop, Parmone* (*NAA-Präpp.*), *Toloxy* (*2-Methyl-4-chlorphenoxyessigsäure*; **I**) bzw. *Color-set 1004* (*2.4.5-TP*; **II**). Durch Behandlung mit NAA bzw. **I** wurde die chem. Zus., Grundfarbe u. Festigkeit der geernteten u. bis zu 3 Monaten bei 32° F. gelagerten Äpfel beider Sorten nicht merklich beeinflußt. Dasselbe gilt für die in den beiden ersten Jahren mit **II** behandelten McIntosh-Äpfel. Im 3. Jahr bewirkte die **II**-Behandlung eine Minderung der Festigkeit u. des Geh. an lösl. Bestandteilen sowie Säuren bei der Ernte u. nach der Lagerung. — 13 Literaturangaben. (Michigan State Coll., agric. Exp. Stat., quart. Bull. **36.** 67—75. Aug. 1953. Dep. of Hortic.) F. Rang. 6304

L. C. Luckwill, *Auslichten von Apfelbäumen mit NAA. Naphthylessigsäure* (*NAA*) als Blattspritzmittel ergab höhere Erträge u. verhinderte frühzeitigen Fruchtabfall. (Amer. Fruit Grower **73.** Nr. 5. 14. 50. Mai 1953.) C. Grimme. 6304

Per Eric Nilsson, *Die Wirkung von Chlorat auf einige mikrobiologische Erscheinungen im Boden.* Die Anzahl der Mikroorganismen im Boden wird durch eine Gabe von 400 kg/ha $NaClO_3$ (**I**) nicht beeinflußt. In Nährlsg. hemmt **I** jedoch schon in 0,00001 mol. Konz. ihre Entw. stark. Die Schutzwrkg. des Bodens kann nicht auf der Zers. von **I** beruhen, da der **I**-Geh. erst nach 75 Tagen abnimmt. — Die Nitrifizierungsfähigkeit der Böden wird jedoch schon kurz nach Verabreichung von 100 kg/ha **I** (einer beträchtlich unter der zur Unkrautvernichtung erforderlichen Menge liegenden Konz.) gehemmt, u. zwar ist sie in Sand- u. Tonböden gleich stark. Wird im Herbst **I** verabreicht, so ist die tox. Wrkg. im folgenden Frühjahr nur zum Teil beseitigt. — Bei Reinkulturen mit Azotobacter chroococcum wird durch 0,0025 mol. **I**-Konz. ihre Anzahl stark verringert, wobei Formanomalien auftreten. Die N-Fixierung wird weniger beeinträchtigt. Durch Verss. mit einer Folge von Generationen wird nachgewiesen, daß *Azotobacter*-Kulturen sich schnell an ein Substrat mit hoher **I**-Konz. anpassen. Möglicherweise erfolgt die Gegenwrkg. anderer Bodenorganismen im Falle von Behandlung mit **I** ebenfalls durch Adaption. (Kungl. Lantbrukshögskolans Ann. **18.** 60—73. 1951. Inst. of Microbiol.) F. Rang. 6306

M. W. Gorlenko, *Wurzelernährung und einige Fragen des Pflanzenschutzes.* Die dem Boden zugeführten Nährstoffe können auf die Mikroflora eine antagonist. Wrkg. ausüben, sei es durch direkte Einw. auf den Boden, oder indem sie die Pflanze zur Bldg. von Abwehrstoffen gegen schädliche Mikroorganismen anregen. Eine besondere Rolle spielen dabei die Spurenelemente; auch die Blattdüngung kann in dieser Hinsicht von Bedeutung sein. (Агробиология [Agrobiologie] **1954.** Nr. 6. 86—90. Nov./Dez. Moskau, Inst. für Pflanzenschutz.) A. Jacob. 6312

H. E. Orchard, *Die Distel Cirsium acarna* (*Moench*). Die Herbicide *2.4-D*, *MCPA*, $NaClO_3$, $Ca(ClO_3)_2$ u. As_2O_5 können erfolgreich gegen Cirsium acarna angewendet werden, bes. als Sprays im frühen Wachstumsstadium. (J. Dep. Agric. South Australia **58.** 286—87. Febr. 1955.) W. Janicke. 6312

K. Wilson-Jones, *Drei Versuche zur „Witchweed"-Bekämpfung.* „Witchweed" (Striga hermonthica Benth.) ist ein weitverbreiteter Schädling auf Sorghum- u. Hirsearten. Zur Bekämpfung bewährten sich *MCPA* u. *2.4-D* (Na-Salze) als Spritzmittel. (Empire J. exp. Agric. **20.** 98—102. April 1952.) C. Grimme. 6312

E. P. Lana und **D. W. Staniforth,** *Untersuchungen über Herbicide bei Süßmais.* Durch Spritzen von mit Süßmais bestellten Flächen mit Lsgg. von *2.4-D* (als Butylester, Triäthylaminsalz bzw. Na-Salz) sowie der mikromisierten 2.4-D-Präpp., *Stanisol*, *Na-Pentachlorphenolat* u. *CRAG Herbicide Nr. 1* (Na-Dichlorphenoxyäthylsulfat) vor dem Auflaufen der Pflanzen wurden wirksame Unkrautbekämpfungserfolge erzielt, ohne die Kornerträge zu mindern. (Proc. Amer. Soc. horticult. Sci. **58.** 192—98. Dez. 1951. Ames, Io., Iowa State Coll.) F. Rang. 6312

H. R. Arakeri und **R. S. Dunham,** *Umweltfaktoren in Beziehung zur Behandlung vor Saataufgang von Mais mit 2.4-D und von Sojabohnen mit TCA.* Den Erfolg der Behandlung mit dem Butylester der *2.4-D* (32% Säureäquivalent) beeinflußten hauptsächlich W., Bodentypus, p_H u. organ. Substanz des Bodens, in geringerem Maße die Anwendungszeit u. am geringsten die Pflanzentiefe u. Dosierung (8—24 ozs./acre). Gute Bekämpfungsergebnisse gegen Unkräuter wurden mit 24 ozs./acre erzielt, ohne Schädigungen des Maises. Voraussetzung ist hohes p_H u. Geh. an organ. Substanz im Boden. Bei niedrigen Werten muß die Zeit zwischen Pflanzung u. Saataufgang niederschlagsfrei bleiben. 2.4-D war in Bodenproben aus 3,5 in. Tiefe nach 2 Monaten nicht mehr biol. nachweisbar. — Nach herbicider Applikation von 2—16 ozs./acre *Trichloracetat* (*TCA*, 69% akt. Bestandteile) vor Aufgang der Sojabohnen zeigten alle Sojapflanzen Schäden. TCA blieb in letalen Mengen in den Bodenproben für 4 u. in geringeren Mengen für mindestens weitere 3 Monate nachweisbar. — 42 Literaturhinweise. (Univ. Minnesota, agric. Exp. Stat., techn. Bull. **1950.** Nr. 190. 3—28. Mai. Div. of Agronomy and Plant Genetics.) F. RANG. 6312

Robert D. Sweet, *Über die Bekämpfung von Unkraut in Tomatenanpflanzungen.* Vf. beschreibt umfangreiche Feldverss. zur Unkrautverhütung in Tomatenanpflanzungen mit *Karmex W*, *Sesin*, *Crag-1* (I, Na-2.4-Dichlorphenoxyäthylsulfat) u. *Natrin* (II). Die Wrkg. von I u. II wird ausführlicher beschrieben. Der Einfl. des Zeitpunktes der Behandlung u. der Wasserversorgung während der Behandlung wird diskutiert. (Canner **120.** Nr. 24. 40. 13/6. 1955. Ithaca, N. Y., Agricult. Exp. Stat., Dep. of Vegetable Corps.) G. PAULIG. 6312

Marcel Blanchard, *Wirkung einer Organoquecksilberverbindung auf die Entwicklung von Orobanche bei Erbsen (Orobanche speciosa D. C.).* Es wurden je Kulturgefäß (mit 3 Erbsensamen) 2 kg Feinsand mit 90 mg Orobanchesamen u. 200—1000 mg der Organo-Hg-Verb. „*Soprasan*" (Silicat von Methoxyäthyl-Hg) vermischt. Nach 3 Monaten zeigten sich die Kulturen mit 500 mg ohne Befall u. gut entwickelt. Höhere Konzz. bewirkten zunehmende Wachstumsschädigung. Bei Feldverss. lieferte Applikation von 150 kg/ha die besten Ergebnisse. (C. R. hebd. Séances Acad. Sci. **233.** 1224—26. 12/11. 1951.) F. RANG. 6312

L. R. Bryant und **L. W. Rasmussen,** *Die Anwendung von 2.4-D zur Bekämpfung von Convolvulus arvensis L. in Obstgärten.* Bei Bekämpfungsverss. in Apfelgärten konnte die Verbreitung von Convolvulus arvensis L. durch Spritzen mit *2.4-D* in Aminsalzform (3 lbs./acre Säureäquivalent) wirksamer eingeschränkt werden als durch die Esterform. (Proc. Amer. Soc. horticult. Sci. **58.** 131—35. Dez. 1951. Pullmann, Wash., Washington Agric. Exp. Stat.) F. RANG. 6312

J. T. Hughes und **W. H. Read,** *Fungicide in der Landwirtschaft.* Fortschrittsbericht 1954. — 106 Literaturhinweise. (Rep. Progr. appl. Chem. **39.** 698—707. 1954. Littlehampton, Sussex, Toddington Res. Stat.) EBERHARD MÜLLER. 6312

C. G. Hughes, *Die Bekämpfung des krankhaften Schößlingverkümmerns.* Zuckerrohrstecklinge werden zur Bekämpfung der Krankheit entweder bis zu 8 Std. lang mit Heißluft auf 53—54° behandelt oder bis zu 2 Std. lang mit W. von 52° Wärme, dem geringe Mengen von *Äthoxymethylquecksilberchlorid* zugesetzt sind, behandelt. (Int. Sugar J. **56.** 338—40. Dez. 1954. Brisbane, Queensland, Sugar Exp. Stat.) C. GRIMME. 6312

A. M. Saccas, *Fusariose der Kaffeebaumfrüchte in Oubangui-Chari durch Fusarium equiseti var. intermedeum n. var.* Cu-haltige Mittel, wie Bordeaux- bzw. Burgunder Brühe, erweisen sich am wirksamsten, u. zwar sind 3 Behandlungen notwendig, zu Beginn der Wachstumsperiode, dann im Zeitraum von 20—30 Tagen, gegebenenfalls unter Zusatz von Hexamitteln, zur gleichzeitigen Bekämpfung auftretender Schädlinge. Der Geh. an $CuSO_4$ im Gemisch soll 0,5—1% nicht übersteigen. (Agronom. tropicale **10.** 43—59. Jan./Febr. 1955. Boukoko [A. E. F.], Stat. Centr., Sect. de Phytopathologie.) A. SCHLÄGER. 6312

R. B. Morwood, *Untersuchungen über den Befall der Erdnuß durch Rhizopus arrhizus und Aspergillus niger.* Der Befall von Erdnußpflanzen mit Aspergillus niger VAN TIEGHEM (crown rot) u. Rhizopus arrhizus FISCHER (pre emergence rot) kann durch Beizen der Samen mit *organ. Hg-Fungiciden* (Mindestgeh. 1,5% Hg) bzw. *Thiram* wirksam bekämpft werden. (Queensland J. agric. Sci. **10.** 222—36. Dez. 1953. Div. of Plant Ind., Science Branch.) F. RANG. 6312

Roger Blouch, Merle G. Payne und **Jess L. Fults,** *Freie Aminosäuren in Zuckerrübenblättern nach Behandlung mit Zinkdimethyldithiocarbamat.* Zuckerrübenblätter wurden mit dem Fungicid *Zerlat* (Zn-Dimethyldithiocarbamat) gespritzt. Nach gewisser Zeit wurde der Preßsaft der Blätter papierchromatograph. auf den Geh. an freien Aminosäuren geprüft. Es ergab sich, daß der Geh. an *Glutaminsäure* erheblich abnimmt; der

Geh. an *Glutamin, Valin* u. *Leucin* nimmt merklich zu; auch zeigte sich ein gewisser Geh. an *Tyrosin*, welches in unbehandelten Blättern nicht nachweisbar ist. (Bot. Gaz. **114**. 248—51. Dez. 1952. Fort Collins, Col., Colorado Agric. Exp. Stat.) C. GRIMME. 6312

E. T. Bartholomew, Glenn E. Carman und **William S. Stewart,** *Unsichtbare Citrusschäden.* Spritzverss. mit *DDT, Parathion* u. reiner *Ölspritzung* u. Unterss. der Ernteprodd. bei Nabel- u. Valenciaorangen. Hierbei ergaben die synthet. Insekticide stets eine glattere Schale u. höheren Geh. an lösl. Substanz der Gesamtsäure bei den Früchten. Ebenso wirkte die Ölspritzung stets erniedrigend auf den Trockensubstanzgeh. der Blätter, sie erniedrigte auch merklich den Geh. an Vitamin C im Fruchtsaft. (Calif. Agric. **5**. Nr. 10. 5. Okt. 1951.) C. GRIMME. 6312

A. H. M. Kirby und **R. P. Tew,** *Insekticide in der Landwirtschaft.* Fortschrittsbericht 1954. — 177 Literaturhinweise. (Rep. Progr. appl. Chem. **39**. 707—21. 1954. East Malling Res. Stat.) EBERHARD MÜLLER. 6312

B. G. Peters, *Bekämpfung von Pflanzennematoden.* Fortschrittsbericht 1954 über chem. Nematicide. — 29 Literaturhinweise. (Rep. Progr. appl. Chem. **39**. 721—26. 1954. Rothamsted Exp. Stat.) EBERHARD MÜLLER. 6312

E. C. Klostermeyer, *Milbenbekämpfung bei Leguminosensamenpflanzen.* Tetranychus bimaculatus HARVEY wurde an Rotklee- u. Alfalfasamenpflanzen durch *Aramit* (2 lbs./acre) am wirksamsten u. bei geringster Schadwrkg. auf bestäubende Insekten u. natürliche Feinde bekämpft. Weitere wirkungsvolle Präpp. waren: *Demeton* (akt. Bestandteil von Systox), *DMC* [Di-(p-chlorphenyl)-methylcarbinol], Chlorobenzilate = *Geigy 338* [2-Oxy-2.2-bis-(4-chlorphenyl)-äthylacetat], *Ovotran* u. *DN-289* (Triäthanolaminsalz von Dinitro-sek.-butylphenol). Methylparathion, Parathion, Compound 923 (2.4-Dichlorphenylester der Benzolsulfonsäure), Schradan u. Schwefel waren unwirksam. (J. econ. Entomol. **47**. 30—34. Febr. 1954. Prosser, Wash., Irrigation Exp. Stat.) F. RANG. 6312

G. R. Edwards, *Schädliche Insekten auf Gemüsepflanzen.* 4. Mitt. *Erbsenschädlinge.* (3. vgl. J. Dep. Agric. South Australia **54**. [1950/51.] 68.) Besprochen werden die rotgepunktete Erdmilbe (Halotydeus destructor TUCKER; I), die Erbsenmilbe (Penthaleus major DUGES; II) u. Erbsenthrips (III). Zur Bekämpfung bewährten sich bei I *DDT*-Stäube, *Nicotinsulfat*-Ölspritzungen u. *Carbolstäube*, bei II vor allem DDT-Staub, bei III DDT-Spritzungen. Außerdem wird besprochen die Luzernefliege (Smynthurus viridis L.), welche mit Vorteil mit *Kalkschwefelbrühe* bekämpft wird. Auch DDT u. Hexamittel zeigten beachtliche Wirkungen. (J. Dep. Agric. South Australia **54**. 195. Nov. 1950.) C. GRIMME. 6312

O. Jancke, *Beiträge zur innertherapeutischen Schädlingsbekämpfung.* 4. Mitt. (3. vgl. C. **1952**. 435.) Nach der Manschettenmeth. wurden Apfelbäume mit *Systox*- bzw. BAYER 4404-Lsgg. behandelt. Hierdurch wurden sie von Befall mit grüner Apfelblattlaus (Doralis pomi) u. Blutlaus (Eriosoma lanigerum) in hohem Maße befreit. Tierverss. zeigten keine giftigen Rückstände in den Früchten. (Nachrichtenbl. dtsch. Pflanzenschutzdienstes [Braunschweig] **6**. 38—41. März 1954. Neustadt/Weinstraße, Landesanstalt für Wein-, Obst- u. Gartenbau.) C. GRIMME. 6312

Harold R. Yust, *Sichtbare Reaktionen der Californischen roten Schildlaus im Hinblick auf ihre Resistenz gegen HCN-Begasung.* Vf. versuchte durch Verss. an nichtresistenten, resistenten u. überresistenten Rassen von Aonidiella aurantii (Mask.) zu klären, ob die Resistenz gegenüber *HCN*-Begasung auf einer Schließung der Trachäenöffnungen oder anderen sichtbaren Rkk. beruht. Verss. während u. nach der Begasung ergaben, daß die Rassen verschieden reagierten, u. verneinte die Frage. Eine Ursache der Resistenz wurde nicht aufgefunden. (J. econ. Entomol. **45**. 985—87. Dez. 1952. U. S. D. A., Agric. Res. Admin., Bur. of Entomol. and Plant Quarantine.) W. JANICKE. 6312

D. M. Paikin und **P. F. Mende,** *Ein Versuch zur chemischen Bekämpfung der Schildwanze in Wäldern.* Bei Bekämpfung der Schildwanze in der Waldstreu erwiesen sich als sehr wirksam das reine techn. fl. *Präp. Nr. 47* (I; keine näheren Angaben), sodann das Gemisch von *Methansulfofluorid* mit *Grünöl* u. *Thiophos*-Lösung. Durch Spritzen mit 600 Liter ha/I erzielte man eine 80%ig. Vernichtung des Schädlings. (Доклады Всесоюзной ордена Ленина, Академии Сельскохозяйственных Наук имени В. И. Ленина [Ber. Allunions landwirtsch. (Lenin-Orden) Lenin-Akad.] **18**. Nr. 8. 18—20. 1953. Allunions Wiss. Forschungsinst. für Pflanzenschutz.) M. GORDIENKO. 6312

D. M. Paikin und **N. M. Winogradowa,** *Bekämpfung des massenhaften Vorkommens der Schildwanze.* Bei massenhaftem Vork. der Schildwanze (Eurigaster integriceps PUT) kann die Bekämpfung durch chem. Mittel (Bestäubung mit *DDT* u. anderen) keinen vollen Erfolg bringen, da die enorme Vermehrungsfähigkeit der Schädlinge deren Menge bald wieder auf den ursprünglichen Stand bringt. Eine sichere Meth. ist es, die Ernte der Kulturen möglichst frühzeitig u. rasch durchzuführen, so daß durch den Entzug der Nahrung dem Schädling die Möglichkeit der Speicherung der Reservenährstoffe (Fette) für den Winter entzogen wird u. er völlig abstirbt. (Земледелие [Ackerbau] 2. Nr. 7. 108—12. Juli 1954. Allunions Wiss. Forschungsinst. für Pflanzenschutz.) M. GORDIENKO. 6312

H. W. K. Müller, *Zum Auftreten und zur Bekämpfung des Wurzelspinners Hepialus lupulinus L. in Maiblumenkulturen.* Vf. verwandte *DDT* (I), *Phosphorsäureester* (II), Lindan, Toxaphen, Aldrin, Dieldrin, Chlordan, chloriertes Inden, Malathion, Diazinon u. Kombinationspräpp. als Streu-, Suspensions- u. Emulsionsmittel in regelmäßigen Gaben zur Bekämpfung des Maiblumenschädlings Hepialus lupulinus. I zeigte als Gießmittel unter allen Witterungsbedingungen höchste, II bei n. Witterung gute Ergebnisse. (Nachrichtenbl. dtsch. Pflanzenschutzdienstes [Braunschweig] 7. 34—37. März 1955. Hamburg, Pflanzenschutzamt, Staatsinst. für Angew. Botanik.) W. JANICKE. 6312

H. Heddergott und **P. Pauck,** *Zur Biologie und Bekämpfung der Zwiebelfliege.* Von den zur Bekämpfung der Zwiebelfliege Phorbia antigua (Meig.) verwendeten Insekticiden *Lindan* (III), *Aldrin, Dieldrin* (I), *Chlordan* (II), *Chlorbenzolhomologe* u. *DDT* zeigte II wegen seiner Dauerwrkg. als Streumittel, I als Saatgutinkrustierungsmittel beste Eignung. Verschied. Anwendungstechniken werden beschrieben u. die phytotox. Wirkungen diskutiert, die bes. bei III hoch sind. (Nachrichtenbl. dtsch. Pflanzenschutzdienstes [Braunschweig] 7. 37—42. März 1955. Münster/Westf., Pflanzenschutzamt.) W. JANICKE. 6312

M. I. Gretschka, *Chemische Methoden zur Bekämpfung von Schädlingen an Erbse, Wicke und Klee.* Als Schutz für die Keimpflanzen von Erbse u. Wicke ist eine Bestäubung mit 20 kg *DDT* u. *HCH* je 1 ha erforderlich. Zur Vernichtung des Kleerüsselkäfers muß man die 1. Bestäubung der Pflanzen im Frühjahr beim Erscheinen der Käfer auf den Pflanzen mit 30 kg/ha DDT oder 24 kg/ha HCH durchführen. Eine 2. Bestäubung muß man bis zum Beginn der Blüte mit 25 kg/ha DDT oder HCH vornehmen. Die Haufen von geschnittenem Klee werden durch ringförmige Anwendung von HCH um die Haufen herum geschützt. Durch Einw. von DDT-Staub sterben die Rüsselkäfer nach 18—23 Std. ab, bei HCH-Staub nach 12—15 Stunden. (Известия Тимирязевской Сельскохозяйственной Академии [Nachr. Landwirtsch. Timirjasew-Akad.] 1955. Nr. 1. 231—33.) A. JACOB. 6312

G. C. Decker, J. H. Bigger und **C. J. Weinman,** *Feldrandspritzung als Ersatz für die Barrierenmethode zur Bekämpfung der Getreidewanze.* Auf Grund von Beobachtungen über die Invasionsmeth. von Blissus leucopterus (SAY) in Getreidefeldern wurde an diesen eine Randspritzung durchgeführt. In den Versuchsjahren 1951 u. 1952, in denen bei den Tieren eine geringe Tendenz zum Wandern beobachtet wurde, konnte dieses Verf. ein Überwandern der Wanzen zu anderen Parzellen hemmen. Untersucht wurde die Wrkg. von 12 Insekticiden (in der Reihenfolge ihrer steigenden tox. Wrkg. auf die Tiere genannt): TDE, DDT, *Toxaphen, Chlordan* (I), *Dilan, Heptachlor, Dinitro-o-kresol, Aldrin* (II), *Endrin* (III), *Dieldrin* (IV), *Lindan* (V) u. *Parathion* (VI). Bei schon befallenen Pflanzen bewährte sich I, II, III, IV, V u. VI als Spritzmittel, jedoch nur III u. IV hatten genügend lange Wirkungsdauer. Als eigentliches Randspritzmittel hatten ebenfalls III u. IV, 0,5 pound/acre als Schutzstreifen verspritzt, gute Schutzwrkg. gegen wandernde Wanzen. (J. econ. Entomol. 46. 316—20. April 1953. Agric. Exp. Stat. of Illinois u. Natural History Survey.) F. LÜPNITZ. 6312

H. G. Delmas und **R. Thermes,** *Versuche zur Vernichtung von Ceratitis capitata (Wied.) während ihres unterirdischen Lebens.* Durch Laboratoriumsverss. wurde festgestellt, daß eine Vernichtung der Schädlinge im Puppenstadium durch Erdbestäubungen mit *Aldrin, HCH* u. *Parathion* keine genügenden Ergebnisse zeitigte. (C. R. hebd. Séances Acad. Agric. France 39. 222—26. 1953. Soc. cooperative de Rech. et d'Experimentations agricoles des Pyrénées-Orientales.) C. GRIMME. 6312

Lloyd L. Lauden, *Wachstumssteigerungen auf schweren Böden unter Verwendung von Chlordan.* Zur Vernichtung von Zuckerrohrschädlingen hat Vf. mit Vorteil *Chlordan* als Stäube- u. Spritzmittel angewandt. Dosis 2 lbs. techn. Chlordan je acre. (Sugar Bull. 32. 374. 15/8. 1954.) C. GRIMME. 6312

E. Radet und **J. Allouc,** *Humusbestimmung in Humusdüngemitteln, im Boden und Torf.* Auf Grund vergleichender Verss. empfehlen Vff. zur Extraktion von Humus aus Humusdüngern das Auskochen mit Na-Oxalatlsg. nach CHAMINADE; das gleiche ist der Fall bei Bodenproben. Die Extraktion von Humus aus Torf kann sowohl durch NaOH (1—5%) oder durch Auskochen mit Na-Oxalat erfolgen. In letzterem Falle sind die erhaltenen Ausbeuten etwas höher. (Ann. Inst. nat. Rech. agronom., Sér. A 3. 795—805. Sept./Okt. 1952. Chalons-sur-Marne.) C. GRIMME. 6322

S. Wolf, *Zur Analytik des p.p'-Dichlordiphenyltrichloräthans* (*DDT*). Zur dielektr. Best. des p.p'-Isomeren (I) von *DDT* dient ein DK.-Meßgerät in Spezialausführung. Als Lösungsm. wird Chlorbenzol gewählt, dessen ε-Wert nicht zu niedrig liegt, das einen geringen Dampfdruck u. einen mäßigen Temperaturkoeff. besitzt. Als Eichkurve erhält man eine Gerade. Die Meth. ist für gleichbleibendes Herstellungsverf. auch zur Prüfung techn. Wirkstoffe geeignet, da die Nebenbestandteile + o.p'-Isomeres (II) als eine Komponente zusammengefaßt werden können. Zur Kontrolle der Meth. dient ein gravimetr. Extraktionsverf., bei dem die Nebenbestandteile + II des techn. Prod. durch 180 Min. langes Rühren bei 50° in einer gesätt. Lsg. von I in 75%ig. A. gelöst werden u. I zurückbleibt. — 19 Literaturangaben. (Z. analyt. Chem. **143**. 415—22. 1954. Karl-Marx-Stadt, Fettchemie- u. Fewawerk.) PH. FRESENIUS. 6328

K. Schwabe (nach Verss. von **H. Seidel**), *Elektrolytische Bestimmung von γ-Hexachlorcyclohexan*. (Vgl. C. **1952**. 7245.) Vf. beschreibt zunächst sein Verf. zur Best. von *γ-Hexachlorcyclohexan* (I) in *techn. Hexachlorcyclohexan* (II) durch kathod. Red. an Hg. Aus theoret. Erörterungen ergibt sich, daß man die Reduktionsdauer einer unvollständig gelösten Probe von I in II analyt. auswerten kann. Dazu ist es notwendig, daß Sättigung von I im verwendeten Lösungsvol. herrscht. Durch intensives Rühren muß das ungelöste Prod. so schnell nachgelöst werden, wie das gelöste durch den Strom verbraucht wird. Als Lösungsmittel kommen Aceton, Dioxan, Methanol u. A. in Frage. Gemessen wird die Stromstärke, die bei konstanter Spannung u. Sättigung an I prakt. gleich bleibt u. nach Unterschreiten der Sättigungskonz. exponentiell absinkt. Die Apparatebedingungen müssen genau eingehalten werden, da die konstante Nachlösungsgeschwindigkeit von der feinen Verteilung des ungelösten II, dem Rührwerk usw. abhängig ist. Die App. u. die erforderlichen Chemikalien werden beschrieben. Eine Eichkurve wurde mit reinem I aufgestellt. Werte von Bestimmungen im Vgl. zu polarograph. gemessenen sind angegeben. Heptachlorcyclohexan wird vorher durch Hydrolyse entfernt. (Z. anorg. allg. Chem. **272**. 147—62. Febr. 1953. Dresden, TH, Inst. für Elektrochem. u. Physikal. Chem.) W. KNÖPKE. 6328

J. Hubert Hamence, *Analyse von Insekticiden*. Fortschrittsbericht 1954. — 16 Literaturhinweise. (Rep. Progr. appl. Chem. **39**. 745—46. 1954. London, Eastcheap, Peek House, Analyt. Labor.) EBERHARD MÜLLER. 6328

Clelia Giacobini, *Moderne Insekticide*. Allg. Übersicht über Isolierung u. Best. der Rückstände. — 14 Literaturhinweise. (Chimica [Milano] [N. S.] **11** (**31**). 194—96. Mai 1955.) EBERHARD MÜLLER. 6328

Allied Chemical & Dye Corp., New York, übert. von: **Everett E. Gilbert**, Flushing, N. Y., V. St. A., *Trichloräthyltrichlorvinylsulfonat*, $Cl_2C{=}CClSO_2OCCl_2CClH_2$, F. 108°, erhält man durch Kondensation von fl., stabilisiertem (z. B. mit B-Oxyd: „Sulfan") oder gasförmigem SO_3 bei < ca. 87°, bes. —5 bis +10°. Es gibt mit wss. Alkalien $HOSO_2CHClCOOH + ClCH_2COOH$. — *Fungicid*, bes. gegen *Sclerotinia fructicola* u. *Alternaria oleracea*. (**A. P.** 2 695 308 vom 17/9. 1952, ausg. 23/11. 1954.) G. KRAUSS. 6313

Purdue Research Foundation, übert. von: **Earl T. McBee** und **Jack S. Newcomer**, West Lafayette, Ind., V. St. A., *Herstellung eines Pentachlorcyclopentadienons* der Formel

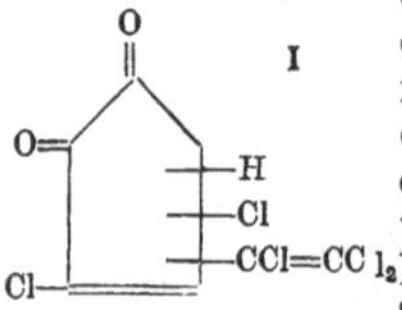

I

$C_7HO_2Cl_5$ (I), F. 96°. Das durch Kondensation von Hexachlorcyclopentadien mit Trichloräthylen in Ggw. von $AlCl_3$ bei ca. 110° nach A. P. 2 597 016; C. **1954**. 9393 erhaltene Trichlorvinylpentachlorcyclopentadien wird mit ca. 96%ig. H_2SO_4 bei 70—150° hydrolysiert. Das gleiche Prod. erhält man auch durch Hydrolyse von Trichlorvinyl-5.5-dimethoxytrichlorcyclopentadien mit konz. H_2SO_4 bei 30—35°. — *Fungicid* u. Zwischenprodukt. (**A. P.** 2 658 918 vom 1/10. 1948, ausg. 10/11. 1953.) G. KRAUSS. 6313

E. I. du Pont de Nemours & Co., übert. von: **Edward G. Howard jr.**, Wilmington, Del., V. St. A., *Cycloheptatrien-1-ol-2-onquecksilberverbindungen* der allg. Formel I

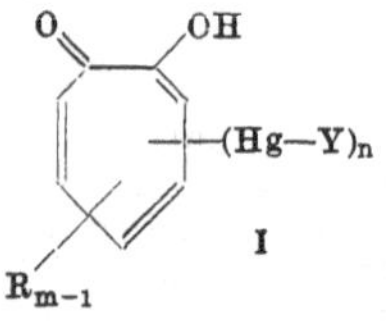

I

(Y = Anion u. ähnliches, wie Acetoxy, Nitrat, Sulfat, OH, Cl, Br; n = 1 oder 2; R = Substituent, dessen Oxydations–Red.-Potential höchstens 0,910 V beträgt, wie F, Cl, Alkyl mit 1—3 C-Atomen; m = 1—3) erhält man durch Rk. von Cycloheptatrien-1-ol-2-on (II) oder dessen Derivv. mit Hg-Salzen, bes. bei 50—150°, zweckmäßig in Ggw. eines Lösungsmittels. — Aus II u. Hg-Acetat bei 150° → gelbes Pulver, das mit konz. HCl *Chlormercuricycloheptatrien-1-ol-2-on*, $C_7H_5O_2ClHg$, liefert, F. > 300°. — Bromcycloheptatrien-1-ol-2-on → *Bromcycloheptatrien-1-ol-2-on-mercuriacetat*, $C_9H_7O_4BrHg$. — II + Hg-Acetat + Eisessig → *Di-(acetoxymercuri)-cycloheptatrien-1-ol-2-on*, $C_{11}H_{10}O_6Hg_2$. — 3.7-Dibromcycloheptatrien-1-ol-2-on → *3.7-Dibromcycloheptatrien-1-ol-2-onmercuriacetat.* — Zwischenprodd., *Pesticide* u. *Fungicide.* (**A. P. 2 675 400** vom 10/3. 1952, ausg. 13/4. 1954.) G. KRAUSS. 6313

Ethyl Corp., New York, N. Y., V. St. A., *Verhinderung der Verfärbung von Hexachlorcyclohexan* (I). Man gibt zu der benzol. I-Lsg., die Fe-Verunreinigungen enthält, 1—6 Mol eines Alkylamins, bes. ein tert. Monoamin mit 3—18 C-Atomen (Tributylamin, Trimethylamin, Trihexylamin) je Fe-Atom, verdampft das Bzl. u. erhitzt mindestens auf 150°, bis I geschmolzen ist. Es wird rasch abgekühlt u. zeigt keinerlei Verfärbungen. In den Beispielen beträgt der Fe-Geh. des I 0,0033 bzw. 0,00002%. Die Behandlung erfolgt mit Tri-n-amylamin. (**E. P. 719 655** vom 16/4. 1952, ausg. 8/12. 1954. A. Prior. 26/10. 1951.) G. KRAUSS. 6313

Pechiney Comp. de Produits Chimiques et Électrométallurgiques, Frankreich (Erfinder: **Henri Guinot**), *Reindarstellung chlorierter Aldehyde.* Man dest. die wss. Lsg. der chlorierten Aldehyde (z. B. Chloral) in Ggw. von 2 Fll.: eines Lösungsm. (z. B. Chlf.), dessen Kp. hoch genug liegt, um eine therm. Zers. der Aldehydhydrate zu gewährleisten, u. einer Fl. (z. B. Toluol), die bei tieferem Kp. mit W. überdest. u. später vom W. getrennt werden kann. Aus dem Destillationsrückstand kann der dehydratisierte chlorierte Aldehyd durch Fraktionierung getrennt werden. Auch durch Extraktion gelingt eine Reindarst. aus der wss. Lsg., der man vorher ein lösl. Chlorid ($CaCl_2$) zugesetzt hat. Man extrahiert mit Chlorbenzol in einem Extraktor, einer Kolonne oder einer Zentrifuge bei 80°. Der Extrakt kann wie oben dest. werden. Verwendung der chlorierten Prodd. als *Insekticide.* (**F. P. 1 033 574** vom 15/1. 1951, ausg. 13/7. 1953.) S. MEIER. 6313

Farbenfabriken Bayer Akt.-Ges., Leverkusen, übert. von: **Walter Lorenz,** Wuppertal-Elberfeld, *β.β.β-Trichlor-α-oxyäthylphosphonsäuredimethylester* erhält man durch Rk. von Dimethylphosphit mit Chloral bei ca. 50—60°. — Farblose Nadeln, F. 81°. — *Insekticid.* (**A. P. 2 701 225** vom 15/9. 1953, ausg. 1/2. 1955. D. Prior. 20/9. 1952.) J. MÜHLEISEN. 6313

VIII. Metallurgie. Metallographie. Metallverarbeitung.

V. S. Polansky, *Überblick über die Eisen- und Stahlliteratur des Jahres 1954.* Liste der 1954 erschienenen Bücher u. Broschüren u. von U. S. Government Publications. (Blast Furnace Steel Plant **43.** 508—14. 545. 547. Mai 1955. Pittsburgh, Pa., Carnegie Library, Technol. Dep.) M. GEHLEN-KELLER. 6350

K. Tsuya, *Flammenheizung und deren Technik.* Über die eventuelle Notwendigkeit der Flammenheizung, deren Ausführung mit Gas u. elektr. Lichtbogen; Oxydations- u. Entkohlungswirkungen, gegenwärtige u. zukünftige Anwendungen, bes. in Japan. — 6 Apparate u. Kurvenbilder. (Kinzoku [Metals] **23.** 529—32. Juli 1953. [Orig.: japan.]) L. SCHULER. 6370

Norimasa Kamii und **Shinichi Kawamura,** *Untersuchung über rasch gekühlte Walzen.* (*Verbesserung im Elektroofenschmelzverfahren.*) Um häufig auftretende mechan. Defekte bei rasch gekühlten Walzen (296 mm Durchmesser) zu beheben, wurden Oberflächen- u. Querschnittflächen metallograph. untersucht. Um die störende Vergröberung des graphit. Korns zu verhindern, muß der Elektroofen auf 1450—1550° gehalten werden. Weitere Einzelheiten der Reaktionsführung (Oxydations- u. Reduktionsperiode) in einem 3 t-Elektro-HÉROULT-Ofen wurden ausgearbeitet u. theoret. erörtert. (Tetsu to Hagane [J. Iron Steel Inst. Japan] **39.** 135—40. Febr. 1953. [Orig.: japan., Auszug: engl.]) L. SCHULER. 6372

R. Wild, *Sintern von Eisenerzen. Auftretende physikalische und chemische Vorgänge.* Wegen der zunehmenden Verwendung gesinterten Feinmaterials für Hochofenbeschickung werden die chem. u. physikal. Vorgänge beim Sintern, die Wrkg. der Vorwärmung, der Materialbewegung, der Einfl. des C-Geh. im Einsatz, des Oxyd- u. Silicatgeh. auf die Festigkeit u. a. aus Literaturdaten zusammengestellt u. hingewiesen auf noch mögliche Verbesserungen im Energie- u. Materialverbrauch. (Iron Coal Trades Rev. **170.** 725—29. 1/4. 1955. Brit. Iron and Steel Res. Assoc.) H. ECKHARD. 6378

Marcel Guédras, *Die Bestandteile von Formsand.* Übersicht über Ursprung, Vork., Zus. (SiO_2, Fe_2O_3, Al_2O_3, CaO, MgO), Verunreinigungen u. Korngröße von (Form-) Sand. (Métallurgie Construct. mécan. **83.** 9—13. Jan. 1951.) W. WESLY. 6382

H. H. Fairfield und **James McConachie,** *Die Wirkung der Sandfließbarkeit auf die Glätte der Gußoberfläche.* Verss. über die Wrkg. der Sandfließbarkeit auf die Glätte der Gußoberfläche zeigen: Die Oberflächenglätte hängt teilweise von der Fähigkeit des Sandes ab, unter dem Einfl. der Feststampfung zu fließen. Die Ergebnisse des KENNEDY-

u. A.F.S.-Flowability-Comittee-Testes stimmen bei 4 Sandmischungen miteinander überein. (Amer. Foundryman 23. Nr. 4. 127—32. April 1953. Owen Sound, Ontario, Can., William Kennedy & Sons.) W. WESLY. 6382

V. Paschkis, *Der Einfluß der Leitfähigkeit von trockenem Sand auf den Erstarrungsgrad von Stahlplatten.* Die Wärmeleitfähigkeit mehrerer Arten von trockenem Sand wird als Funktion der Temp. bestimmt. — Diskussion. (Trans. Amer. Foundrymen's Soc. 58. 147—52. 1950. New York, N. Y., Columbia Univ., Heat and Mass Flow Analyzer Labor.) W. WESLY. 6382

M. W. Buttler und **W. H. Glaisher,** *Blockkokillen. Bestimmung von Oberflächenspannungen.* (Vgl. C. **1952.** 2414.) (Iron and Steel **24.** 600—05. 15/12. 1951.) M. BLUTH. 6382

W. L. Slosson, *Metallurgische Gesichtspunkte bei der Entwicklung kleiner Gasturbinen.* Überblick über die für Teile einer beschriebenen Gasturbine geeigneten Werkstoffe. Bes. eignen sich nichtrostende *Stähle* u. hochwarmfeste Werkstoffe u. a. für die Turbinenschaufeln. Die an Schaufeln festgestellten Rißerscheinungen werden auf ihre Ursachen hin untersucht. (J. Metals **5.** Nr. 11. Sect. 1. 1419—26. Nov. 1953. Boeing Airplane Co.) H. HOCHSTEIN. 6388

D. J. O. Brandt, *Die chemischen Grundlagen der Herstellung von Eisen und Stahl.* (Chem. and Ind. **1954.** 982—87. 7/8.) W. HAUG. 6390

Frederico Carnevali, *Die eisenhaltigen Sande und ihre Verwertung.* Eine Verwertung der Fe-haltigen Sande der argentin. Meeresküste mit Fe-Gehh. von 2—12% erscheint durch Verwendung von Rütteltischen u. elektromagnet. Separatoren möglich u. wegen des gleichzeitig vorhandenen Geh. an *TiO_2*, *V_2O_5* u. *ZrO_2* lohnend. Aus einem Konzentrat mit 84,50 (84) (%) Fe_2O_3, 3,68 (5,22) TiO_2 u. 0,16 (0,38) V_2O_5 hat man einen Stahl mit 99,94 Fe, 0,01 C, 0,01 Si, 0,02 Mn u. 0,015 S gewonnen. (Rev. Fac. Ing. Quím. **20.** 183—85. 1 Tafel. 1951.) R. K. MÜLLER. 6390

Hermann Schenck, *Reduktionsversuche an Eisenerzen.* Untersucht wird das Reduktionsverh. von Eisenerzen in strömenden Gasen. Die hierbei eingesetzten Geräte gestatten eine laufende Gasanalyse sowie das Verfolgen von Neben-Rkk., wie CO-Spaltung u. Oxydationsvorgänge, während der Versuche. Wichtig sind die Verss., Porigkeitsverhältnisse u. Gasdurchlässigkeit der Erze zu erfassen. Hierzu wurden die bisher üblichen u. neue Verff. angewendet, mit denen eine Best. der verschied. Porengröße im gleichen Probestück durchführbar ist. Zahlreiche Messungen an Erzen, Sintern u. reinen Präpp. lieferten ein Maß für die Ausnutzung der Reduktionsgase. Hierbei wurden folgende Einflußgrößen planmäßig untersucht: Gasgeschwindigkeit, Temp., Stückgröße u. D. der Erze, Gaszus., Schrumpfung der Erze unter verschied. Belastungen u. bei gleichzeitiger Reduktion. Die Änderung der Porigkeit der Erze in Abhängigkeit von der jeweiligen Behandlung wurde verfolgt. Unter hochofenähnlichen Bedingungen wurde ein Vers. durchgeführt, wobei die Temp. gleichmäßig gesteigert u. auch die Gaszus. der des Hochofens angeglichen wurde. Als Reduktionsgase wurden CO u. Mischungen von CO mit CO_2 u. N_2 verwendet. Die Verss. wurden bei 1100° durchgeführt. (Stahl u. Eisen **75.** 682—90. 2/6. 1955. Aachen, TH.) H. HOCHSTEIN. 6390

Juan Carlos Müller, *Die Agglomeration von Eisenfeinerz in Hochöfen von Zapla.* In der eingehend beschriebenen Anlage wird eine Agglomerat gewonnen, das folgende Zus. (%) aufweist: 42—44 *Fe*, 25—27 *SiO_2*, 4 *CaO*, 5 *Al_2O_3*, 0,2 *MgO*, 0,8 *P*, 0,7 *C*, 0,01 *S*. (Rev. Fac. Ing. Quím. **20.** 239—44. 1951.) R. K. MÜLLER. 6390

A. Lincke, *Über die Eisengewinnung im Drehflammofen.* (Giessereipraxis **71.** 317—19. 25/9. 1953. — C. **1954.** 637.) H. HOCHSTEIN. 6390

Walter Hummel, Walter Loorz und **Willy Oelsen,** *Die Beziehungen zwischen Hochofenführung und Roheisenbeschaffenheit und deren Einfluß auf die Güte des Thomasstahles.* Der Einfl. der Gestellarbeit des Hochofens auf den Reduktionszustand des Roheisens wird untersucht u. an Hand der Verss. von W. OELSEN für den im Hochofen erzielten Reduktionsgrad (I) des Roheisens eine Kennzahl entwickelt. Die Rkk., durch die der I des Roheisens beeinflußt wird, finden in der Rast u. im Gestell des Hochofens, bes. im Raum vor den Formen statt. Es sind vorwiegend die Rkk. des Roheisens mit der Schlacke. Ihr Ausmaß ist auch abhängig von der Dicke der Schlackenschicht, die von der Schlackenmenge je t Roheisen bestimmt wird u. außerdem durch betriebliche u. bauliche Maßnahmen beeinflußt werden kann. Der I des Roheisens wird stark durch die Durchgasung des Hochofens beeinflußt. Für jeden Ofen u. jeden Zustand sind die besten Bedingungen in dieser Hinsicht zu ermitteln. Es werden Zusammenhänge zwischen dem N-Geh. des THOMAS-Stahles u. dem I des Roheisens festgestellt, wobei jedoch der Einfl. der Roheisentemp. u. auch derjenige der Begleitelemente durch die Ausgleichswrkg. des Mischers verwischt wird. Der I des Roheisens scheint vor allem abhängig von dem Koksdurchsatz je m² u. Std. zu sein. Mittelbar hat aber den wesentlichen Einfl. auf die Roheisenbeschaffenheit die richtige Durchgasung des Hochofens, die wechselseitig von der Koksdurchsatzgeschwindigkeit u. der Möllerbeschaffenheit, bes. von dem Möllervol. abhängig ist u. zugleich auch auf die Höhe der indirekten Red. einwirkt. Auch hierbei wird eine deutliche Beeinflussung des N-Geh. des THOMAS-Stahles durch den I des Roheisens nachgewiesen. — Diskussion. — 13 Schrifttumsangaben. (Stahl u. Eisen **75**. 885—900. 14/7. 1955. Dortmund bzw. Clausthal-Zellerfeld.) H. HOCHSTEIN. 6400

W. C. Heselwood und **F. B. Pickering,** *Gußeisensorten. Wachstumseigenschaften.* Inhaltlich ident. mit der C. **1952.** 2068 referierten Arbeit. (Iron and Steel **24.** 596—600, 15/12. 1951.) M. BLUTH. 6402

Clyde A. Sanders und **Charles C. Sigerfoos,** *Die Schrumpfung von Grauguß in Abhängigkeit vom Formsand.* Festere Stampfung der Form, Zusatz von geeigneten Stoffen u. möglichst niedriger Feuchtigkeitsgeh. wirken in Richtung einer Verminderung der Schrumpfung. — 34 Literaturhinweise. (Amer. Foundryman **19.** 49—55. Febr. 1951. Chicago, American Colloid Co; East Lansing, Mich., Michigan State Coll.) H.-J. HEINRICHS. 6402

K. Wellinger und **E. Keil,** *Dauerstandverhalten von Gußeisen.* Verss. zeigen, daß die Warmzerreißfestigkeit von Gußeisen oberhalb 400° rasch abnimmt. Bei 500° u. Dauerstandbelastung treten im Zuggebiet neben der Dehnung infolge von Verminderung des Formänderungswiderstandes zusätzliche Dehnungen durch Wachsen u. damit verbundene Auflockerungen des Werkstoffzusammenhanges auf. Belastungen in der Nähe der DVM-Kriechgrenze führen nach 4000—8000 Std. zum Bruch u. zur Zerstörung. (Mitt. Vereinig. Großkesselbesitzer **1952.** 97—101. Stuttgart, Staatl. Materialprüfungsanst.) W. WESLY. 6402

J. Woolman, *Poissonsche Zahl. Schwankungen in Gußeisen für Blockkokillen.* (Iron and Steel **24.** 594—96. 15/12. 1951. — C. **1952.** 2742.) M. BLUTH. 6402

A. A. Gorschkow, *Über den Bildungsvorgang von kugelförmigem Graphit.* Überblick u. krit. Betrachtung der vorherrschenden Theorien, bes. von russ. Autoren. — 41 Schrifttumsangaben. (Литейное Производство [Giessereiwesen] **1955.** Nr. 3. 17—20. März.) H. HOCHSTEIN. 6404

I. P. Petrow, *Die Erzeugung von hochfestem Gußeisen im Kupolofenvorherd.* Durch Zusatz von Mg u. Ferrosilicium zu fl. Gußeisen im Vorherd eines Heißwindkupolofens wird ein Gußeisen mit 3,3—3,62 (%) *C*, 2—2,94 *Si*, 0,46—0,72 *Mn*, 0,09—0,123 *P*, 0,068—0,093 *Mg* u. 0,02—0,004 *S* hergestellt, das nach der Erstarrung ein Gefüge mit Kugelgraphitausbldg. aufweist u. die diesem Gefüge zugehörigen hohen Festigkeitseigg. besitzt. (Литейное Производство [Giessereiwesen] **1955.** Nr. 1. 3—5. Jan. 1955.) H. HOCHSTEIN. 6404

A. Berman und **V. Kondic,** *Die Zersetzung von Zementit während der Erstarrung von Gußeisen.* (J. Iron Steel Inst. **176.** 385—87. April 1954. Birmingham, Univ. — C. **1955.** 11456.) H. HOCHSTEIN. 6404

I. Je. Farafonow und **Ju. G. Bobro,** *Beständigkeit gegen Wachsen und Hitzebeständigkeit von siliciumhaltigem Gußeisen mit kugelförmigem Graphit.* Ein hochsiliziertes Gußeisen mit 5—6% Si u. Kugelgraphitausbldg. bewährt sich auf Grund seiner hohen Wachstums- u. Hitzebeständigkeit sowie seiner guten mechan. u. technolog. Eigg. als ein bes. hochwertiger Werkstoff, der prakt. einem an Cr u. Ni hochlegiertem Gußeisen nicht nachsteht. (Литейное Производство [Giessereiwesen] **1955.** Nr. 3. 21—24. März.) H. HOCHSTEIN. 6404

A. W. Rjabtschenkow und **Je. L. Kasimirowskaja,** *Der Einfluß einer Wärmebehandlung auf die Dauerfestigkeit von Stahl bei atmosphärischer Korrosion.* Verss. an Stahl mit 0,44 (%) *C*, 0,28 *Si*, 0,68 *Mn*, 0,017 *S* u. 0,023 *P* zeigten, daß die Dauerwechselfestigkeit (I) bei gleichzeitig atmosphär. Korrosion stark von der Art der vorausgegangenen Wärmebehandlung (Normalisierung, aus Abschrecken in W. von 830° u. 1std. Anlassen bei 560° bestehende Vergütung oder elektroinduktive Oberflächenhärtung) abhängig ist. Bei den Unterss. wurde entweder n. Luft oder feuchte Luft mit 0,27% SO_2 als Mittel für die atmosphär. Korrosion verwendet. Bei der Prüfung in feuchter Luft mit 0,27% SO_2 wird eine starke Erniedrigung der I des vergüteten Stahles festgestellt. Hierbei wird die I gegenüber einer Prüfung in n. Luft um 47% erniedrigt, während der Abfall im normalisierten Zustand nur 17,5% gegenüber der Prüfung in n. Luft ausmachte. — Schrifttumsangaben. (Вестник Машиностроения [Nachr. Maschinenbau] **35.** Nr. 1. 69—72. Jan. 1955.) H. HOCHSTEIN. 6408

F. H. Willeumier, *Die Härte und die Zähigkeit von Stählen als Funktionen der Härtungs- und der Anlaßtemperatur.* (Vgl. C. **1954.** 176.) Übersicht über die Gesetzmäßigkeiten der Beziehungen zwischen Härte u. Zähigkeit von gehärteten u. angelassenen, perlit. unlegierten u. legierten Stählen. Zur Best. der Zähigkeit wird die Vierpunktbiegeschlagprobe empfohlen u. beschrieben. Sie besteht darin, die Arbeit zu bestimmen, die nötig ist, um einen gekerbten Probestab von viereckigem Querschnitt zu zerbrechen. (Metalen **8.** 227—33. 15/6. 251—55. 30/6. 1953.) W. WESLY. 6408

H.-K. Görlich, S. Ammareller und **W. Knorr,** *Untersuchungen über die Zerspanbarkeit von Stählen in Abhängigkeit von ihrer Wärmebehandlung. Mechanische Eigenschaften und Gefügeausbildung der untersuchten Stähle.* Diskussionsbeitrag zu der C. **1955.** 1133 referierten Arbeit von WIESTER. (Stahl u. Eisen **75.** 287—90. 10/3. 1955.) H. HOCHSTEIN. 6408

A. B. Wilder, E. F. Ketterer und **D. B. Collyer,** *Zeitstandfestigkeit und Gefügeänderungen in unlegierten und niedriglegierten Stählen.* An Stählen, die zum Teil unlegiert waren u. C-Gehh. von 0,1—0,25 (%) aufwiesen, u. zum anderen Teil niedriglegiert waren mit 0,5 oder 1 Mo, 0,5 Cr u. 0,5 Mo sowie 1 Cr u. 0,5 Mo, gegebenenfalls noch mit V, mit erhöhtem P-Geh. u. mit bis 0,5 Ti u. einigen anderen niedriglegierten Stählen, wurden Unterss. der Gefügeveränderungen, bes. der Neigung zur Graphitbldg., nach 10000std. u. 34000std. Glühen bei 480 u. 565° im geschweißten Zustand durchgeführt. Der Einfl. des 10000std. Glühens auf die Zugfestigkeit, Streckgrenze, Bruchdehnung u. Brucheinschnürung bei Raumtemp. sowie die 1000-Std.-Zeitstandfestigkeit u. die durch Extrapolation erhaltenen 10000 Std.-Zeitstandfestigkeit werden mitgeteilt, u. der Einfl. der Oxydationsart auf die Eigg. wird erörtert. — Schrifttumsangaben. (J. Metals **6.** **764**—72. Juni 1954. Pittsburgh, O., United States Steel Corp.; Lorain, O., Nat. Tube Div., Lorain Works.) H. HOCHSTEIN. 6408

Hubert Hoff, *Die Tiefziehstähle.* Die Anforderungen an die chem. Zus., das Gefüge u. die Oberflächenbeschaffenheit von Tiefziehblechen u. -bändern werden erörtert. Die Herst. von unberuhigten, halbberuhigten u. beruhigten Tiefziehstählen u. ihre unterschiedlichen Eigg. werden beschrieben. Hochwertiger Tiefziehstahl enthält 0,06—0,1 (%) *C*, bis 0,06 *Si*, 0,3—0,4 *Mn*, bis 0,025 *P*, bis 0,3 *S*, ca. 0,02 *Al* (beruhigter Stahl), bis 0,2 *Cu* u. bis 0,006 *N*. Für die mechan. Eigg. gelten folgende Richtwerte: 24 (kg/mm^2) Streckgrenze, bis 36 Zugfestigkeit u. 40% Bruchdehnung am kurzen Proportionalstab. Das Kalt- u. Warmwalzen zu Blechen u. Bändern wird beschrieben, u. Maßnahmen werden genannt, die für die Erzielung eines geeigneten Gefüges notwendig sind. Es wird das Auftreten u. die Vermeidung von Fließfiguren beschrieben. Diese treten bes. bei unberuhigten Stählen auf u. hängen von der Ausbldg. der Streckgrenze u. den Lagerungszeiten u. -tempp. ab. — Diskussion. 37 Schrifttumsangaben. (Stahl u. Eisen **75.** 949—58. 28/7. 1955. Dortmund.) H. HOCHSTEIN. 6408

E. F. Bailey, *Der Einfluß von nichtmartensitischen Zersetzungsprodukten auf die Eigenschaften von abgeschreckten und angelassenen Stählen.* Die für eine 10 u. 30%ig. Zers. zu Ferrit, Perlit u. Bainit notwendigen Zeiten wurden in den Stählen *AJSJ 1340, 2340* u. *5140* unter Verwendung von CHARPY-Stangenproben, die in isotherm. Bädern abgeschreckt waren, bestimmt. Auf Grund dieser Ergebnisse werden die bestimmten Behandlungen für eine isotherm. Zers. von Austenit, der auf 105,5 kg/mm^2 angelassen war, mitgeteilt. Im allg. liegt keine wesentliche Abnahme der Festigkeitseigg., die von der 10%-Umwandlung herrührte, im Vgl. zum voll abgeschreckten u. angelassenen Zustand vor. Die Größe des Festigkeitsverlustes, der durch die 30%-Umwandlung verursacht wurde, war für die drei Stähle nicht gleich, aber der bei 370° entstandene Bainit hatte im allg. noch keinen nachteiligen Einfl., u. mit steigender Zersetzungstemp. wurde die Verschlechterung der Festigkeitseigg. größer. — Schrifttumsangaben. Diskussion. (Trans. Amer. Soc. Metals **46.** 830—50. 1954. Washington, D. C., Naval Res. Labor.) H. HOCHSTEIN. 6410

Kehsin Kuo, *Ausscheidungshärtung von Warm- und Schnellarbeitsstählen.* Vf. gibt einen vorläufigen zusammenfassenden Untersuchungsbericht über die Carbidbldg. beim Anlassen von Mo- u. W-Stählen. In Mo- u. W-Stählen mit 0,4 (%) C, 5 Mo u. 9 W entstehen beim Anlassen Zwischenprodd. vom Typ Mo_2C oder W_2C, die nach längerer Wärmebehandlung in Fe–Mo- oder Fe–W-Doppelcarbid, M_6C, übergehen. Bei geringerem Mo- u. W-Geh. bildet sich nach dem M_6C das Doppelcarbid $M_{23}C_6$, das im Gegensatz zu M_6C nicht beständig ist, so daß nach längerem Anlassen *MoC* oder *WC* neben M_6C vorhanden sind. Cr-Zusatz dagegen verhindert die MoC- u. WC-Bildung. Durch elektrolyt. Extraktion u. röntgenograph. Unters. der Carbide wurde bei entsprechend angelassenen W-Warmarbeitsstählen gefunden, daß vor dem Erreichen des Härtemaximums Fe_3C, danach W_2C vorliegt; beim Auftreten von M_6C ist der Stahl schon weich, u. bei längerem Anlassen tritt $M_{23}C_6$ in Stählen mit 3% Cr auf. Analoge Erscheinungen treten bei Mo-Warmarbeitsstahl auf u. lassen vermuten, daß als sek. Härtung eine Art von Ausscheidungshärtung auftritt, wobei W_2C oder Mo_2C u. nicht M_6C oder $M_{23}C_6$ gebildet werden. Der Einfl. von verschied. Zusätzen (Cr, V, Co) zu W-Stählen u. die Abhängigkeit von der Anlaßtemp. u. -zeit auf die W_2C- u. M_6C-Bldg. wird untersucht. — 6 Literaturzitate. Research 5. 339—40. Juli 1952. Uppsala, Univ., Inst. of Chem.) S. HÜTTIG. 6410

I. Ss. Gajew und **W. W. Polownikow,** *Der Einfluß von Aluminium auf das Gefüge, die Größe des Austenitkornes und die Schlagzähigkeit eines mittelhoch kohlenstoffhaltigen Stahles.* Hergestellt wurden Stähle mit 0,37 (%) C ohne Zusatz von Al sowie mit verschied. hohen Zusätzen von 0,02, 0,06, 0,1 u. 0,2 (%) Al. Diese Stähle wurden verschied. Wärmebehandlungen bei Tempp. von 880—930° unterworfen u. auf ihre Austenitkorngröße sowie Kerbschlagzähigkeit untersucht. Kurvenmäßig wird die Veränderung der durch eine Glühung im Vakuum erzielten Korngrößen dargestellt u. in Abhängigkeit davon die erreichbaren Kerbschlagzähigkeitswerte mitgeteilt. Die günstigsten Werte werden bei der kleinsten Korngröße bei einem Al-Geh. von 0,06% erzielt. — Schrifttumsangaben. (Литейное Производство [Giessereiwesen] **1955.** Nr. 1. 18—21. Jan. 1955.)
H. HOCHSTEIN. 6410

H. Holdt, *Erfahrungen aus Zeitstandversuchen mit warmfesten Stählen.* Als Kennwert für warmfeste Stähle dient die Zeitstandfestigkeit für 100000 Std. die sich durch Extrapolieren aus Zeitstandverss. über 20000—30000 Std. ergibt. Hochvergütete, warmfeste Stähle neigen bei hoher Beanspruchung zum Sprödbruch; niedrigvergütete Stähle sind widerstandsfähiger. Stahlguß verhält sich ähnlich wie geschmiedeter Stahl von gleicher Zusammensetzung. Für Tempp. über 550° eignet sich nur austenit. Cr-Ni- u. Cr-Co-Stahl. (Z. Ver. dtsch. Ing. **96.** 1091—98. 11/11. 1954. Mannheim.)
W. WESLY. 6410

H. M. Finniston und **T. D. Fearnehough,** *Seigerungen. Physikalische und mechanische Eigenschaften in zwei legierten Stählen.* (Iron and Steel **24.** 621—26. 15/12. 1951. — C. **1952.** 3398.) M. BLUTH. 6410

G. T. Harris und **E. Johnson,** *Neue Ergebnisse bei legierten und Sonderstählen.* An Hand von 36 Schrifttumsangaben werden behandelt: niedriglegierte Baustähle, Stähle für den Flugzeugbau mit sehr hoher Festigkeit u. Streckgrenze, ausreichender Dehnung u. guter Kerbschlagzähigkeit bei tiefen Tempp., Kalt- u. Warmarbeitsstähle, Schnelldrehstähle, korrosionsfeste Stähle auf der Basis Cr-Mn, warmfeste Stähle für Gasturbinen mit 15 (%) Ni, 29 Cr u. 25 Co, Spurenelemente u. ihre Best., sowie das kontinuierliche Gießverfahren. (Metallurgia [Manchester] **51.** 17—29. Jan. 1955. William Jessop and Sons, Ltd.) K. STEIN. 6410

N. P. Allen, *Die mechanischen Eigenschaften ferritischer Stähle bei —196°.* Die mechan. Eigg. (Kerbschlagfestigkeit, Sprödigkeit, Zähigkeit, Ermüdbarkeit, Schweißstellenfestigkeit bei Tempp. bis —196°) von Baustählen für Kälteanlagen werden — mit besonderer Berücksichtigung der Kältebrüchigkeit u. der Wirkungen von Legierungselementen wie C, O, Cr, Mo, Si, Ni — graph. dargestellt. — Diskussion. (Bull. Inst. int. Froid **1954.** 93—102. Teddington, Middlesex., Nat. phys. Labor., Metallurg. Div.)
H. ECKHARD. 6410

W. L. Jensen und **R. F. Campbell,** *Beobachtung von Mikrorissen im Stahl.* Ein Stahl mit 1,14 (%) *C*, 0,33 *Si*, 0,23 *Mn* u. 0,45 *Mo* wurde nach dem Abschrecken von 980° in Öl über das Auftreten von Mikrorissen im Gefüge in Abhängigkeit von der Art des Polierens (elektrolyt. oder mechan.) u. dem nachfolgenden Ätzen untersucht. Es wird nachgewiesen, daß die Mikrorisse bereits vor dem Ätzen vorlagen. (J. Metals 5. Nr. 9. Sect. 2. Trans. AIME **197.** 1222. Sept. **1953.** Kearny, N. J., U. S. Steel Corp.)
H. HOCHSTEIN. 6410

F. J. Martin, D. P. Britts und **C. H. DeBeer,** *Hüttenfertigmachen von Mineralien: Flotation, HMS und Auslaugung.* Kurzbeschreibung der Verfahrensstufen der Nababeep- u. der O'okiep-Kupferhütte zur Anreicherung des Cu (in Bornit bzw. Chalkopyrit) von ca. 2% auf ca. 40% durch Flotation. Schwerkrafttrennung („HMS") u. Lsg. mit H_2SO_4. (Wld. Mining **8.** 45—49. Mai 1955. Namaland, Südafrika, Nababeep, O'okiep.)
H. ECKHARD. 6432

P. Banerjee und **A. T. Pal,** *Flußmittel zum Schmelzen von hochdehnbarem Messing.* Als Flußmittel eignen sich Holzkohle, NaCl u. ein weiterer, nicht näher bezeichneter Stoff. Die Eigg. der erhaltenen Gußstücke werden in Zahlentafeln u. Abbildungen wiedergegeben. (J. sci. ind. Res. [New Delhi] **13** B. 307—09. April 1954. Calcutta, Annapurna Metal Works u. Bengal Engng. Coll.) W. WESLY. 6432

A. A. Jurgensson und **N. A. Sernowa,** *Mechanische Eigenschaften und Feingefüge der Bronzen BrOZ-10-2 und BrOS-10-10.* Von der Bronze *BrOZ-10-2* mit 9,4 bis 9,6 (%) *Sn*, 1,7—1,8 *Zn*, Spuren an *P* u. *Fe* sowie von *BrOS-10-10* mit 9—9,1 *Pb*, 8—8,4 *Sn*, Spuren an *Zn* u. *Fe* u. Rest *Cu* in beiden Marken werden tabellar. die Festigkeitswerte von Sandguß sowie von Gußstücken mit Vakuumansaugung u. kurvenmäßig die Abhängigkeit der Festigkeit u. Dehnung von der Härte mitgeteilt. Es zeigt sich, daß die Festigkeitseigg. der nach dem Vakuumansaugverf. hergestellten Bronzen wesentlich höher liegen, als sie gemäß Normen gefordert werden. (Литейное Производство [Giessereiwesen] **1955.** Nr. 1. 24—25. Jan. 1955.) H. HOCHSTEIN. 6432

W. C. Winegard, *Eine Untersuchung über Seigerungen in Bronze mittels eines radioaktive Tracer verwendenden Verfahrens.* Sn-Legierungen in kleinen Bronzegußstücken (in %: 10,63 Sn; 0,1 P; 0,04 Pb; 0,07 Fe; 0,2 Zn mit kleinen Mengen ^{113}Sn als radioakt. Tracer) werden bei verschied. Abkühlungsbedingungen radiograph. verfolgt. In sehr kleinen Gußstücken tritt umgekehrte Seigerung auf. (Amer. Foundryman **23.** Nr. 4. 140 bis 141. April 1953. Toronto, Can., Univ., Met. Engng.) W. WESLY. 6432

M. N. Ornitz und **R. H. English,** *Neue hitzebeständige Legierung.* In USA wurde eine Legierung, NA222H, aus 0,5 (%) *C*, 48 *Ni*, 28 *Cr* u. 5 *W* entwickelt, die noch eine Verwendung bei 2200° F für Strahlungsrohre, Retorten, Muffeln u. ähnliche Teile zuläßt u. auch gute Schweißeigg. aufweist. Die Legierung ist den bisher verwendeten hinsichtlich Dehnungsfestigkeit, therm. Ausdehnung, Zunderbeständigkeit in verschied. Atmosphären, Kriechdehnung, Bruchfestigkeit u. bei therm. Ermüdung überlegen. (Materials and Methods **39.** Nr. 1. 82—85. Jan. 1954.) H. SCHÖBERL. 6434

T. Morinaga, *Erzielung bestimmter Korngrößen.* Kurze Erörterung des bisher Bekannten (8 grundsätzliche Möglichkeiten), bes. für *Al* bzw. *Mg.* (Kinzoku [Metals] **23.** 534—35. Juli 1953. Tokyo, TH. [Orig.: japan.]) L. SCHULER. 6444

—, *Kennwerte von Magnesiumlegierungen.* Chem. Zus., mechan. u. physikal. Eigg. einer großen Zahl von Mg-Guß- u. Spritzgußlegierungen werden in mehreren Zahlentafeln wiedergegeben. (Amer. Foundryman **23.** Nr. 4. 156—58. April 1953. American Foundrymen's Soc., Alloy Recommendation Committee, Light Metals Div.) W. WESLY. 6444

W. Patterson und **Menzen,** *Aluminium-Mehr-Stofflegierungen als Austauschwerkstoff für Al–Cu–Mg-Legierungen.* Eine neue Al–Mehr-Stofflegierung, die in ihren Eigg. mit den Al–Cu–Mg-Legierungen Ähnlichkeit aufweist, besteht aus ca. 2 (%) Cu, 1,5—2 Zn, 1,2—2 Mg, 0,5—1 Mn u. 0,5—1 Si. Diese Legierung ist kalt aushärtbar u. besitzt eine gute Verformbarkeit. Eine andere Legierung mit ca. 1 Cu, 1,5—2 Zn, 1,5—2 Mg, 0,7 bis 1 Mn u. 0,7—1 Si erfordert zur Erreichung höchster Festigkeitswerte eine Warmauslagerung, die jedoch in wenigen Std. abgeschlossen ist. Hierfür steht ein weiter Temperaturbereich zur Verfügung. Die Legierung läßt sich mit geringem Kraftbedarf verformen. Zur Herst. beider Legierungen lassen sich Mischschrotte verwenden. Die Summe der Legierungszusätze kann niedrig gehalten werden, weil durch verbesserte Gießtechnik (Stranggießverf.) eine bessere Homogenisierung erreicht wird, was eine verbesserte Verformbarkeit, erhöhten Korrosionswiderstand sowie das Ausbleiben einer Versprödung bei therm. Beanspruchung zur Folge hat. (Technik **5.** 515—19. Okt. 1950. Aachen.) H. HOCHSTEIN. 6446

T. Arai, *Über metallisches Titan.* Übersicht über Eigg., Herst. u. Verwendung von Ti. (Waseda appl. chem. Soc. Bull. **21.** Nr. 2. 26—28. März 1953. [Orig.: japan.]) L. SCHULER. 6448

H. V. Kinsey, *Titan: Seine physikalische Metallurgie und Anwendungsmöglichkeiten.* Übersicht über Herstellungsverff., physikal. Eigg., techn. Daten u. Verwendungsmöglichkeiten für Ti u. seine Legierungen. — 45 Literaturangaben. (Canad. Mining metallurg. Bull. **46.** 411—20. Juli 1953. Ottawa, Can.) H.-J. HEINRICHS. 6448

O. W. Simmons und **Hugh R. McCurdy,** *Ein für den Titanguß entwickelter Lichtbogenofen.* Beschreibung eines zur Herst. von Ti-Gußstücken (bis zu einem Gewicht von ca. 680 g) geeigneten, kippbaren Lichtbogenofens, der durch eine wassergekühlte, gasdichte Schmelzkammer, eine wassergekühlte Elektrode mit W-Spitze als Kathode u. die Metallschmelze als Anode, reines Ar als Inertgas u. eine Graphitgußform gek. ist. (Amer. Foundryman **23.** Nr. 4. 121—26. April 1953. Philadelphia, Pa., Frankford Arsenal, Pitman-Dunn Labor. Dep.) W. WESLY. 6448

V. L. Coughlin, *Wie G.(eneral) E.(lectric) Titan bearbeitet.* Es werden Erfahrungen in der Bearbeitung von Ti u. Ti-Legierungen mitgeteilt. Besprochen werden das Drehen, Schmieden, Schleifen, Bohren, Gewindeschneiden u. Fräsen. Werkzeuge werden im Schnitt gezeigt, Ratschläge über Werkzeuggeschwindigkeit, Art des Bohröls usw. gegeben. (Machinist **97.** 628—33. 18/4. 1953. Lynn, Mass., General Electric Co., Aircraft Gas Turbine Div.) P. WOLF. 6448

Tom M. Gayle, *Verwendung von Tantal.* Trotz seines noch relativ hohen Preises bietet Ta wegen seiner günstigen Eigg. — Korrosionsbeständigkeit gegen fast alle Säuren (ausgenommen HF), gute Wärmeleitfähigkeit (dreimal so groß wie bei rostfreiem Stahl),

Beständigkeit gegen Erosion, geringe Ausdehnung in der Wärme — vielfache Verwendungsmöglichkeiten: Wärmeaustauscher, Kondensatoren u. a., die mit Säuren in Verbindung kommen, lassen sich aus dünnem Material herstellen. Die Beständigkeit gegen Erosion wird bei Plungern, Ejektoren usw. mit korrodierenden Fll. ausgenützt. Auch kann Ta in Blechform als Überzug für andere Metalle dienen. Wegen seines hohen F., geringen Dampfdrucks, geringer therm. Ausdehnung u. guter Schweißbarkeit (Widerstandschweißung) wird Ta für Elektronenröhren verwendet. Die Herst. des Rohmaterials erfolgt über Metallpulver, das in einem Sinterprozeß gebunden u. hierauf gezogen, gewalzt oder anders verformt wird. (Materials and Methods **39.** Nr. 1. 94—95. Jan. 1954.)
H. SCHÖBERL. 6448

Cirile Jelăćić, *Über die Ausnutzungsmöglichkeit der Zinkproduktion von Selje (Jugoslawien) zur Gewinnung von metallischem Indium.* Es wird die Möglichkeit der Gewinnung von In unter Verwendung des in den Zn-Retorten von Selje zurückbleibenden Metalls als Rohmaterial untersucht. Das durch Dest. gewonnene Rohzink enthält über 2% Pb u. fast 0,01% In. Während der Rückdest. des Rohzinks konz. sich die beiden Metalle in den Retortenrückständen. Dieser Rückstand enthält 30—40% Pb u. fast 0,2% In. Nach Verflüssigung dieses Materials verteilt sich In zwischen Zn u. Pb derart, daß seine Konz. im Pb doppelt so groß wie die im Zn ist. Die Konz. von In wurde noch weitergetrieben, indem das bei der Verflüssigung erhaltene, ca. 0,14% In enthaltende Zn dest. wurde. Auf diesem Wege wird ein Rückstand erhalten, der fast 80—85% Pb u. 6—7% In enthält. Diese Rückstände werden mit $PbCl_2$ behandelt, wo das letztere mit In nach der Gleichung reagiert: $3\,PbCl_2 + 2\,In = 2\,InCl_3 + 3\,Pb$. Hierbei geht In in die Schlacke, die ihrerseits mit verd. H_2SO_4 behandelt wird. Man trennt die Lsg. von $PbSO_4$ u. scheidet dann solche Metalle wie Sb u. Sn über metall. In u. schließlich In über reinem Zn aus. Das schwammige In wird gepreßt, in einem Autoklaven geschmolzen u. vergossen. Es wird In mit einem Reinheitsgrad von 99,9% erhalten. (Гласник Хемиского Друштва Београд [Ber. chem. Ges. Belgrad] **18.** 507—20. 1953.) H. HOCHSTEIN. 6448

B. Ro, *Verbesserung bei Intarsienlegierungen.* Bisherige Verff. u. solche des Vf. zum Erschmelzen von Intarsienlegierungen (bes. aus *Ag* u. *Cu* + *Al*) u. deren Anwendungstechnik. Vorteile von Sb-Zusätzen. — 5 Zustandsdiagramme. (Kinzoku [Metals] **23.** 552—53. Juli 1953. Tokyo, TH. [Orig.: japan.]) L. SCHULER. 6470

F. Skaupy, *Die heutigen Anschauungen über die Natur der Metalle und ihre Bedeutung für die Metallkeramik (Pulvermetallurgie).* Vf. weist auf die Abhängigkeit der elektr. Leitfähigkeit von der Schichtdicke von Metallen u. auf die KRAMERschen Exoelektronen aus bearbeiteten metall. Oberflächen hin u. meint damit die Existenz dünner nichtmetall. Schichten bewiesen zu haben. Diese Schichten sollen beim Pressen u. Sintern von Metallpulvern eine sehr große Bedeutung besitzen u. z. B. die Zunahme des elektr. Widerstandes beim mehrmaligen Pressen erklären. Solche Schichten sollen beim Pressen von Metallpulvern entstehen u. beim Sintern nach u. nach abgebaut werden (vgl. auch C. **1950.** II. [1283]). (1. Plansee Seminar „De Re Metallica", Pulvermetallurgie **1952.** 81—88, ausg. 1953.) H. FAHLENBRACH. 6474

H. H. Hausner, *Der Einfluß von Gitteränderungen auf den Sintervorgang.* Nach den derzeitigen theoret. Vorstellungen über den Sintervorgang müssen Änderungen des Kristallgitters beim Sintern die Geschwindigkeit des Sintervorganges beeinflussen. Das wird an zwei Beispielen bewiesen, u. zwar durch Red. von Oxydschichten im H_2 u. durch Zers. des Metallhydrids in Metall u. freiem H. Im ersten Fall zeigten Ni-Preßlinge im H_2-Strom bei Tempp. bis zu 100° eine starke Widerstandsabnahme. Eine Behandlung in Ar bei den gleichen Tempp. ließ den elektr. Widerstand dagegen ungeändert. Als zweites Beispiel zeigte die Sinterdichte von Zirkoniumhydrid höhere Werte als im Vakuum zers. metall. Zirkonium. Bekannt ist auch die Sinterdichteänderung bei der α-γ-Umwandlung. (1. Plansee Seminar „De Re Metallica", Pulvermetallurgie **1952.** 146—56, ausg. 1953. Bayside, N. Y., Sylvania Electric Products Inc.)
H. FAHLENBRACH. 6474

W. J. Kroll, *Die Herstellung von Metallpulvern durch Schmelzflußelektrolyse.* Vf. berichtet über die Herst. von Metallpulvern durch Schmelzflußelektrolyse, wobei das kompakte Metall als Elektrolyt in der Zelle, u. zwar als geschmolzenes Salz mit möglichst niedrigem F., vorliegt. Man arbeitet mit fl. Kathode bei der Herst. von *Na, Al, Mg, Ce, Pb, Bi, Sn, Zn* u. *Cd*, mit fester Kathode bei *Fe, Co, Ni, Mn, Ag, Cu, Be, Si, Cr, Ti, Zr, Hf, Th, U, V, Ta, Re, W* u. *Mo.* Die Schwierigkeiten bei der Anwendung dieses Verf. zur Metallpulvergewinnung liegen meistens in der Konstruktion der Zelle u. dabei in der geeigneten Wahl des Elektrolyten, wie am Beispiel des *Ti* ausführlich erläutert wird. Die Anode kann im Elektrolyten lösl. oder unlösl. sein. Neben Ti werden auch Einzelheiten über die zweckmäßige Ausgestaltung des Verf. zur Herst. von *W, Mo, Mn, Fe* u. Legierungspulver mitgeteilt. Alle durch Schmelzflußelektrolyse hergestellte Metallpulver sind

durch einen sehr hohen Reinheitsgrad ausgezeichnet. (1. Plansee Seminar „De Re Metallica“, Pulvermetallurgie **1952.** 160—70, ausg. 1953. Corvallis, Ore.)
H. FAHLENBRACH. 6474

H. S. Cannon und **F. V. Lenel,** *Einige Beobachtungen über den Mechanismus des Sinterns mit flüssiger Phase.* Das Sintern mit fl. Phase wird bei folgenden bin. Metallsystemen untersucht: *Fe–Cu, Cu–Ni, Cu–Bi, Cu–Pb* u. *W–Cu.* Untersucht wird der Einfl. der Sinterzeit u. der Sintertemp., der Zus., der Korngröße des höherschm. Pulverbestandteils, des Preßdruckes u. des Mahlens in der Kugelmühle. Die Verdichtung wird allg. durch die Flüssigkeitsbewegung, durch die Lsg. fester Bestandteile in der fl. Phase u. deren Wiederausscheidung u. durch einen eventuellen Gerüstbau der festen Phase bestimmt. Letzterer hemmt eine vollständige Verdichtung. Das Syst. W–Cu ist bes. durch die extrem kleine Löslichkeit von W in fl. Cu von den anderen Systemen unterschieden u. gibt allg. Hinweise für die beiden Typen: Systeme mit u. ohne beträchtliche Löslichkeit der festen in der fl. Phase, deren Geschwindigkeiten der Dichtezunahmen sehr verschieden sind u. aus den Oberflächen- u. Grenzflächenspannungen abgeschätzt werden können. Gerüstbildungen der höherschm. Phasen werden für Fe–Cu, Cu–Bi u. Cu–Pb aus der geringen Dichtezunahme bei langen Sinterzeiten geschlossen. In diesem Zusammenhang wird auch das Sintern von WC-Hartmetallen behandelt, wo die hohe Sinterdichte gegen die Gerüstbldg., andere Faktoren aber für die Gerüstbldg. sprechen sollen. (1. Plansee Seminar „De Re Metallica“, Pulvermetallurgie **1952.** 106—22, ausg. 1953. Troy, N. Y., Rensselaer Polytechn. Inst.) H. FAHLENBRACH. 6474

A. J. Langhammer, *Pulvermetallurgie, vom Blickwinkel eines Herstellers von Metallpulverteilen aus gesehen.* Vf. berichtet über die Amplexfertigung von Fe-haltigen u. Fe-freien pulvermetallurg. Teilen, u. zwar in der Hauptsache über selbstschmierende Lager u. Fertigformmassenteile, z. B. für die Automobilindustrie. Sowohl in wirtschaftlicher wie oftmals auch in qualitativer Hinsicht bietet die Pulvermetallurgie Vorteile bes. gegenüber dem Guß. (1. Plansee Seminar „De Re Metallica“, Pulvermetallurgie **1952.** 171—74, ausg. 1953. Detroit, Michigan, Amplex Div. Chrysler Corp.)
H. FAHLENBRACH. 6474

G. J. Comstock und **F. H. Clark,** *Die Entwicklung von wärmebehandelbaren Gegenständen mit hohen Festigkeitswerten aus legierten Pulvern.* Vff. berichten an Hand von Kurven u. Wirtschaftlichkeitsbetrachtungen zunächst allg. über das Anwachsen der pulvermetallurg. Fertigungen in den USA während der letzten Jahre. Am Beispiel der nichtrostenden *Cr–Ni-Stähle* wird die Bedeutung völlig vorlegierter Metallpulver beschrieben. Diskutiert werden dabei die Typen der derzeit hergestellten Gegenstände (poröse Filter u. Teile für die chem. Industrie), die zur Zeit gängigen Herstellungsmöglichkeiten für vorlegierte Pulver u. die zweckmäßigen Methoden, durch Kalt- u. Warmkalibrieren oder durch Mehrfachpressen u. Sintern hohe Festigkeits- u. Dehnungswerte zu erreichen. (1. Plansee Seminar „De Re Metallica“, Pulvermetallurgie **1952.** 123—38, ausg. 1953. Hoboken, Stevens Inst. of Technol.) H. FAHLENBRACH. 6474

H. Schreiner, *Die Anwendung der Emaniermethode in der Pulvermetallurgie.* Die Emaniermeth. von HAHN (Einbau von Ra-Emanation u. Beobachtung des örtlichen Verlaufes der Radioaktivität mit kernphysikal. Methoden) ist auf Probleme pulvermetallurg. Arbeitstechnik mit Erfolg anwendbar. Das gilt bes. für den Sintervorgang an sich, wie am Beispiel von *Cu, Fe* u. *Cu–Fe*-Legierungen gezeigt wird. Aus dem unterschiedlichen Emaniervermögen läßt sich die Gitter- u. Oberflächendiffusion beim Sintern trennen. (1. Plansee Seminar „De Re Metallica“, Pulvermetallurgie **1952.** 203—10, ausg. 1953. Graz, TH.) H. FAHLENBRACH. 6474

F. Sauerwald, *Über Oberflächenschichten, insbesondere Oxydschichten, und ihren Einfluß auf das Sintern.* Untersucht wird die Zerreißfestigkeit von gesintertem *Cu* u. *Fe* in Abhängigkeit von der Oxydschichtdicke des Pulvers unter gleichen Sinterbedingungen. In beiden Fällen wird zunächst bis zu einer Oxydschichtdicke von 400 Å eine beachtliche Zunahme der Festigkeit beobachtet, bevor erwartungsgemäß mit zunehmender Oxydschichtdicke die Festigkeit abnimmt. Die Festigkeitszunahme wird durch eine Eindiffusion des O_2 von der Oberfläche in das Materialinnere u. durch die damit verbundene Werkstoffauflockerung zu erklären versucht. Daß diese Eindiffusion tatsächlich stattfindet, wird an dünnen Oxydulschichten auf Cu bei der Erwärmung beobachtet. (1. Plansee Seminar „De Re Metallica“, Pulvermetallurgie **1952.** 199—202, ausg. 1953. Halle/Saale, Univ.) H. FAHLENBRACH. 6474

E. Cremer, *Bestimmung der Haftkraft von Metallpulvern.* Neben den bekannten Kennzahlen der Pulver der Pulvermetallurgie, wie z. B. Korngröße, Füll- u. Klopfvol. u. Preßfähigkeit, führt Vf. eine weitere Kennzahl ein, die er Haftkraft nennt. Diese ist folgendermaßen zu beschreiben: Gröbere Pulver rutschen bei genügend glatter Unterlage auf einer schiefen Ebene, unbeschadet des Pulvergewichtes, ab. Das ist bei feineren Pulvern nicht mehr der Fall. Die bei senkrechter Stellung der Unterlage pro Flächeneinheit haftende Pulvermenge wird mit Haftkraft H bezeichnet, u. es wird gefunden, daß H umgekehrt proportional der Korngröße des Pulvers ist. Außerdem ist H noch proportional einem Faktor, der von der Oberflächenglätte der Pulver u. der Unterlage abhängt. (1. Plansee Seminar „De Re Metallica", Pulvermetallurgia **1952.** 140—45, ausg. 1953. Innsbruck, Univ.) H. FAHLENBRACH. 6474

E. M. Onitsch-Modl, *Die Mikrohärte als Hilfsmittel bei der Untersuchung von Sintervorgängen in komplexen Systemen.* An 4 *Fe–C*-Legierungen auf Schnellstahlbasis (mit Gehh. an *Cr, W, V* u. *Mo*) wurde versucht, die Abhängigkeit der Mikrohärte von der Sintertemp. mit der verschied. Gefügeausbldg. zu erklären. Unterhalb 950° bildet sich zunächst aus den Eisenpulverteilchen ein Gerüst von noch lockerem Zusammenhang. Bei ca. 950° bildet der Kohlenstoff teilweise mit dem Eisen eutektoiden Zementit, teilweise wird er zur Bldg. von Sondercarbiden verbraucht. Die Legierungselemente Cr, W, Mo u. V gehen nicht unmittelbar in die Grundmasse, sondern bilden zuerst die entsprechenden Sondercarbide. Diese lösen sich dann nach u. nach bei Tempp. oberhalb 1050—1100° in der Grundmasse auf. Bei Sättigung erfolgt dann mit wachsender Sintertemp. die Bldg. einer fl. Phase aus einem Mehrstoffcarbideutektikum. Nach Sinterung bei 1200° ist kein Gefügeunterschied mehr gegenüber der Schmelzflußherst. vorhanden. (1. Plansee Seminar „De Re Metallica", Pulvermetallurgie **1952.** 175—87, ausg. 1953. Leoben, Montanist. Hochschule.) H. FAHLENBRACH. 6474

John L. Everhart, *Neue feuerfeste Hartmetalle.* Boride von *Zr, Cr, Mo, Ni* u. Ni-Aluminide bilden eine Gruppe neuer warmfester Werkstoffe mit metall. u. keram. Eigenschaften. Die Abriebfestigkeit macht die Boride geeignet für Gesenk- oder Gießformplatten u. Tauchkolben für automat. Pressen zur Herst. von kleinen verschleißfesten Teilen. Hohe Festigkeit u. gute Kerbschlagzähigkeit bei erhöhten Tempp. ermöglichen die Verwendung der Aluminide zur Herst. von Turbinenschaufeln u. anderen Maschinenteilen, die bei hohen Tempp. beansprucht werden. (Materials and Methods **40.** Nr. 2. 90—92. Aug. 1954.) W. HAUG. 6476

Max Pfender, *Werkstoffbeurteilung bei mechanischer Beanspruchung.* Behandelt werden die Formänderung u. der Formänderungswiderstand (I) sowie das Aussagevermögen des Zereißvers. bei *Stählen* u. anderen Werkstoffen, wobei der dem Werkstoff eigentümliche I von der Temp. u. der Formänderungsgeschwindigkeit abhängig ist. Auch das den Werkstoff u. seinen Zustand kennzeichnende Formänderungsvermögen ist von der Art der Beanspruchung u. der Temp. abhängig. Eine Textur kennzeichnet sowohl bei organ. als auch kristallinen metall. Stoffen eine Inhomogenität. Die Elastizitätsgrenze ist von der Unvollkommenheit des Werkstoffs abhängig u. hat für dessen Schwingungsfestigkeit Bedeutung, deren Beeinflussung durch Vorspannungen, überlagerte Ausscheidungsvorgänge, Korrosionserscheinungen u. a. m. erörtert werden. Bei Beanspruchungen in kleinen Bereichen wirken sich Gefügefehler auf das Festigkeitsverh. aus. Die bei hoher Festigkeit große elast. Nachgiebigkeit ist ein Kennzeichen für Faser- u. Kunststoffe. Es werden die Gefahren der Inhomogenität u. die Möglichkeiten ihrer Überwindung besprochen. (Konstruktion **5.** 391—400. Dez. 1953. Berlin-Dahlem, Materialprüfungsamt.) H. HOCHSTEIN. 6480

E. D. Harry, *Kohlenstoff: Metallographie in 4% Silicium-Eisen-Legierungen.* (Iron and Steel **24.** 580—83. 15/12. 1951. — C. **1951.** II. 3088.) M. BLUTH. 6482

Richard Pusch, *Neuere Entwicklungen an Geräten zur Schliffherstellung und metallographischen Untersuchung.* Überblick. (Stahl u. Eisen **75.** 335—45. 24/3. 1955. Duisburg-Huckingen, Mannesmann-Forschungsinst.) H. HOCHSTEIN. 6482

M. Déribéré, *Die konzentrischen Reflexe. Ein neues photographisches Belichtungsverfahren gestattet die Prüfung der Oberflächenbeschaffenheit.* Zylindr. oder ovale Gegenstände mit glänzender Oberfläche werden von einem Strahlenbündel so getroffen, daß Unregelmäßigkeiten der Oberfläche sich durch Schatten zu erkennen geben. (Métallurgie Construct. mécan. **83.** 43—45. Jan. 1951.) W. WESLY. 6482

Otto Vaupel, *Die neueste Entwicklung der zerstörungsfreien Werkstoffprüfung.* Überblick über die Entw. in den letzten 10 Jahren. Es werden behandelt die Durchstrahlung mit Röntgenstrahlen (ultraharte Strahlen, Blitzröhren, Leuchtschirmbetrachtung, Röntgenmikrographie), mit γ-Strahlen (künstliche Isotope) u. mit Neutronen, das Magnetpulververf., die Ultraschallprüfung, die elektr. Best. der Tiefe von Rissen sowie die verschied. Methoden zur Feststellung von Wand- u. Schichtdicken. — 15 Schrifttumsstellen. (Technik **5.** 155—59. April. 285—88. Juni 1950. Berlin-Dahlem, Materialprüfungsamt.) H. HOCHSTEIN. 6484

R. Wideröe, *Werkstoffprüfung mit Betatronröntgenröhren.* (Vgl. C. **1954.** 4087; **1955.** 5238.) Übersicht über Eigg. der Betatronröntgenstrahlen u. ihrer Anwendung zur

Unters. dicker Eisenkörper mit Hilfe des Breitfeld–Stereo-Betatrons, das 2 sich kreuzende Röntgenstrahlenbündel erzeugt u. die Herst. stereoskop. Aufnahmen gestattet. (Z. Ver. dtsch. Ing. **96**. 450—56. 1/6. 1954. Baden, Schweiz.) W. WESLY. 6484

F. Wulff, *Beitrag für die Schaffung einheitlicher Beurteilungsgrundlagen der Röntgenaufnahmen von Schweißnähten.* Es werden Erläuterungen über die bei *Stahl* u. *Kupfer* auftretenden Schweißnahtfehler gegeben. Zwecks einheitlicher Beurteilung dieser Fehler mittels Röntgenaufnahmen wird ein Prüfberichtformular für das bes. zu schulende Röntgenaufsichtspersonal vorgeschlagen. Zur Beurteilung der Schweißnähte ist es von großer Bedeutung, daß ein Vgl. von Röntgenbildern mit mechan. ermittelten Gütewerten, die durch Biege-, Zerreiß- u. Schwellverss. an geschweißten Proben aus verschied. Baustählen bei verschiedenartigen Zusatzwerkstoffen gefunden wurden, eine ausreichende Übereinstimmung ergab. Eine Beziehung zwischen Kerbschlagvers. u. Röntgenbild besteht jedoch nicht. Abgesehen von groben Fehlern, ist der innere Aufbau der Schweißnaht nicht maßgebend für die Höhe der Dauerbelastbarkeit, da diese auch maßgebend durch die Form der Nahtoberfläche beeinflußt wird. Nachteilig für die Dauerfestigkeit sind Risse, Bindefehler, schroffe Nahtübergänge, Einbrandkerben u. örtliche Dickenunterschiede. Die Ggw. einzelner großer Schweißfehler beeinträchtigt die Dauerfestigkeit mehr als die mehrerer kleiner Einschlüsse. Bei der Beurteilung ist auch noch die Lage der Fehlstellen zu berücksichtigen. Mitgeteilt wird das bereits von der ehemaligen Reichsröntgenstelle eingeführte u. heute noch übliche Notensyst. als Beurteilungsmaßstab. — Schrifttumsangaben. (Technik **5**. 559—63. Nov. 1950. Halle, Materialprüfstelle.) H. HOCHSTEIN. 6484

Hanns Pannek, *Die Brauchbarkeit verschiedener Emulsionen beim Kaltwalzen von Bandstahl.* Eigg. u. Brauchbarkeit von 6 verschied. Emulsionen zum Kaltwalzen von Bandstahl wurden betriebsmäßig auf Geruch, Schlammbldg., Kühlung, Schmierrückstände, Rostschutzwrkg., Glührückstände u. Neigung zum Fressen untersucht u. die gefundenen Werte so zusammengestellt, daß hieraus für den Betrieb die zweckmäßigsten Folgerungen gezogen werden können. (Stahl u. Eisen **75**. 767—69. 16/6. 1955. Hohenlimburg.) H. HOCHSTEIN. 6490

A. C. Rapier, *Eine theoretische Untersuchung der Temperaturverteilung bei der spanabhebenden Metallverarbeitung.* Vf. gibt eine erweiterte theoret. Betrachtung zur Temperaturverteilung während der Metallzerspanung, wobei er das Werkstück, den Span u. das Werkzeug einzeln rechner. erfaßt u. die erhaltenen Ergebnisse mit Rechenverf. anderer Autoren u. mit indirekten experimentellen Temperaturmessungen vergleicht. Die Temperaturverteilung wird nicht nur oberflächlich, sondern innerhalb des gesamten Werkstücks u. Werkzeugs betrachtet. (Brit. J. appl. Physics **5**. 400—05. Nov. 1954. East Kilbride, Glasgow, Plasticity Div., Mechan. Engng. Res. Labor.) S. HÜTTIG. 6490

T. Norén und **U. Landergren,** *Bildung von freiem Zementit beim Gaszementieren von Kohlenstoffstahl und Eisenschwamm.* Bei Einw. von reinem CO auf Stahl (kaltgewalztes Band) oder Fe-Schwamm findet bis A_1 vollständige Überführung in Zementit (I) statt, wenn die Reaktionsoberfläche je Volumeneinheit genügend groß ist. Oberhalb A_1 wird dagegen höchstens der A_{cm} entsprechende C-Geh. (1,60%) erreicht, wahrscheinlich infolge Oberflächengraphitisierung. Mit fortschreitender Bldg. von I, also Vergrößerung der Reaktionsoberfläche zwischen I u. Gas, nimmt der CO_2-Geh. im Gas zu, was auf katalyt. Einw. des I auf die CO-Zers. zurückgeführt wird. — 20 Literaturangaben. (Jernkontorets Ann. **137**. 209—16. 1953.) R. K. MÜLLER. 6492

Pierre Montereau, *Die Härtung von Werkzeugstählen.* Übersicht über Begriff u. Ausführung der Härtung. (Métallurgie Construct. mécan. **83**. 33—37. 42. Jan. 1951.) W. WESLY. 6492

Karlheinz Walz, *Die Isothermhärtung.* Die Durchführung der Isothermhärtung wird im Vgl. zur Warmbadhärtung u. zum Patentieren von Stahldrähten besprochen, es werden Hinweise gegeben u. die gegenüber der n. Härtung auftretenden Vorzüge, wie Verringerung des Verzugs u. der Härterißgefahr, Steigerung der Werkstoffzähigkeit u. der Wechselfestigkeit, angegeben. Es zeigt sich, daß eine Erhöhung der bei n. Härtung üblichen Härtetemp. von 850 auf 900° eine erhöhte Lebensdauer des gehärteten Werkstücks bei nur geringem Abfall der Kerbschlagzähigkeit eintritt. Haltezeiten auf Härtetemp. von über 20 Min. wirken sich auf die Schlagbiegefestigkeiten nachteilig aus. Eine Abkühlung aus dem Zwischenbad in W. oder an Luft beeinflußt die Kerbschlagzähigkeit nicht, dagegen ergibt die Schlagbiegeerprobung bei Luftabkühlung günstigere Lebensdauern als bei Wasserabkühlung. — 15 Schrifttumsstellen. (Technik **5**. 581—85. Dez. 1950. Oberndorf/N.) H. HOCHSTEIN. 6492

C. G. Keel, *Physikalische und technologische Grundlagen des Sauerstoffschneidens.* Überblick mit 15 Schrifttumsstellen. (Z. Schweisstechn. [Zürich] **44.** 1—5. Jan. 34—44. Febr. 1954. Basel.) H. HOCHSTEIN. 6502

Hans Georg Kunz, *Die Eignung der verschiedenen Brenngase zum Sauerstoffschneiden.* Die Verwendung von Brenngasen für die Zwecke des Brennschneidens wurde geprüft u. aus den Verbrennungseigg. sowie dem Verh. der Gase beim Brennschnitt selbst eine wertmäßige Beurteilung entnommen. Hierbei zeigt sich, daß die Gaseigg. einen wesentlichen Einfl. nicht nur auf die Vorwärmung, sondern auch auf die Wärmebilanz des gesamten Brennschneidvorgangs u. damit auch auf den Oxydationsvorgang ausüben. Bei den Unterss. erwies sich Acetylen als das wirtschaftlichste Brenngas, während H_2 u. Leuchtgas wesentlich ungünstiger sind. (Z. Schweisstechn. [Zürich] **44.** 53—63. März. 83—86. April 1954. Knapsack.) H. HOCHSTEIN. 6502

Fritz Dechner und **Hermann Speich,** *Verhinderung von Martensitbildung an Brennschnitten.* An 6—30 mm dicken *Stahlblechen* werden Brennschnittverss. durchgeführt, bei denen ein Glühbrenner in bestimmter Entfernung mitgeführt wird, um durch eine gesteuerte Abkühlung die Martensitbldg. zu vermeiden u. die Bleche ohne weitere Wärmebehandlung verwenden zu können. Aus den entsprechenden Zeit–Temp.-Umwandlungsschaubildern kann entnommen werden, in welchem Maße u. bei welcher Temp. die Abkühlung verzögert werden muß, um ein Zwischenstufengefüge oder ein ferrit.-perlit. Gefüge zu erhalten. (Stahl u. Eisen **75.** 912—13. 14/7. 1955. Bochum.) H. HOCHSTEIN. 6502

Fr. Früngel und **W. Thorwart,** *Kondensator-Impulsschweißung.* Vorteile dieses Verf., bei dem die zum Verschweißen zweier Werkstücke benötigte Energie einem Speicherkondensator entnommen wird, sind: Kein Einfl. des Schweißpunktwiderstandes auf die Schweißung u. kurze Schweißzeit. Verss., nach diesem Verf. Edel- u. Leichtmetalle, bes. verschied. Metallkombinationen, zu schweißen, werden erörtert. (Z. Ver. dtsch. Ing. **96.** 18—21. 1/1. 1954. Hamburg.) J. PAHL. 6506

D. E. Knight, *Entwicklungen des Tauchschmelzschweißverfahrens zur Wartung in Stahlwerken.* Beschreibung der Anwendung des Tauchschmelzschweißverf. zur Ausbesserung der in Stahlwerken verwendeten Geräte u. Zubehörteile. — Abbildungen. (Iron Steel Engr. **30.** Nr. 9. 98—104. Sept. 1953. Newark, N. J., Linde Air Products Co., Div. of Union Carbide and Carbon Corp.) W. WESLY. 6506

M. Hollard, *Das Schweißen von Leichtlegierungen. Die Rückwirkungen von Schwankungen in der Zusammensetzung auf die Schrumpfrisse.* Mit Hilfe eines im einzelnen beschriebenen Gerätes werden die Risse untersucht, die beim Abkühlen der Schweißen von Leichtlegierungen unter der Einw. der Schrumpfspannungen auftreten. Die Zus. des Metalls beeinflußt die Risse stark. Für die Rißfähigkeit von *Duralinox* (I) mit bestimmten Gehh. an Fe, Si u. Mn werden Kurven in Abhängigkeit vom Mg-Geh. (1,5 bis 7,0%) angegeben. I-Legierungen mit 3 u. 5 (%) Mg, 0,4 Mn u. 0,9 Fe + Si sowie *Almasilium* mit 1,5 Mg bleibt rißfrei. *Duralumin* mit 0,25 Ti u. 0,1 Be zeigt geringe Rißneigung. — 11 Schrifttumshinweise. (Soudure Techn. connexes **4.** 240—47. Nov./Dez. 1950.) W. WESLY. 6506

L. Barrett und **H. D. Justis,** *Schweißen von Titan in der Produktion.* Wegen seiner Reaktionsfähigkeit mit O_2, N_2 u. H_2 bei höheren Tempp. ist es notwendig, Ti unter Schutzgas zu schweißen. Es haben sich 2 Verff. eingeführt. Bei dem einen, bes. für kleine Teile angewendeten Verf., wird in einer mit He gefüllten Kammer geschweißt. Das andere Verf. arbeitet in n. Atmosphäre; das Schutzgas, meistens Ar, wird durch eine an der W-Schweißelektrode angeordnete Düse der Schweißstelle zugeführt, die Haltevorrichtungen sind aus Cu oder Al, da diese Metalle mit Ti nicht reagieren. Es wurden Schweißnähte mit den für Ti üblichen Festigkeiten erhalten. (Iron Age **173.** Nr. 25. 106—09. 24/6. 1954.) F. VIER. 6506

L. Rivière, *Das Schweißen der Schienenstöße.* Die geraden, stumpf oder mit Zwischenplatte geschweißten Schienenstöße verhalten sich besser als gelaschte Stöße u. annähernd so gut wie therm. geschweißte Stöße. (Arcos **1954.** 2705—10. Brüssel, Arcos-Gesellschaft.) W. WESLY. 6506

Georg Becker, *Von Baustählen und Schweißelektroden.* Übersicht über chem. Zus., Eigg. u. Verwendung. (Schweisstechnik [Berlin] **2.** 11—14. Jan. 1952. Wismar.) W. WESLY. 6506

Philip O'Keefe, *Stahlguß und Schweißung können in erfolgreicher Weise miteinander verknüpft werden.* Beschreibung des Verf., mehrere Stahlgußteile oder Teile aus Guß- u. Schmiedeeisen durch Schweißen miteinander zu verbinden. (Materials and Methods **34.** 73—75. Juli 1951.) W. WESLY. 6506

Herman C. Phelps, *Russische Schweißungen.* Die an einer Mig 15 gefundenen Schweißungen von Stählen u. Leichtmetallen werden krit. untersucht. (Welding Engr. **38.** Nr. 11. 32—34. 54. Nov. 1953.) K. RUMPF. 6506

W. Meiswinkel, *Das Beizen von Feinblechen unter Einwirken von Schallenergie.* Durch Beschallen läßt sich die Beizzeit von Walzblechen um etwa die Hälfte verringern. Verss. zeigen, daß sich ca. 30% Beizsäure einsparen lassen, wenn die Schallenergie groß genug ist (2 Watt je cm^2). Dadurch tritt Kavitation in der Beiz-Fl. auf. Die Schallenergie sprengt den durch die Säure aufgelockerten Zunder mechan. ab. — 24 Schrifttumshinweise. (VDI-Z. **97.** 42—46. 11/1. 1955. Düsseldorf.) W. WESLY. 6512

Izumi Miyoshi und **Isamu Kitano,** *Untersuchungen über elektrolytisches Ätzen.* 3. Mitt. *Elektrolytisches Ätzen verschiedener Metalle und Legierungen.* (2. vgl. J. electrochem. Soc. Japan **21.** [1953.] 124.) Die elektrolyt. Ätzmeth. wurde auch auf *Ag, W, Al, Zn, Sn, Cd, Bi, Pb* u. deren Legierungen übertragen, mit Angaben über geeignete Lsgg. u. die optimalen Spannungs–Strom-Verhältnisse in den einzelnen Fällen. — 15 Mikrophotos. (J. electrochem. Soc. Japan **21.** 168—73. April 1953. Kobe, Central Jap. Heavy Ind. Co. [Orig.: japan., Auszug: engl.]) L. SCHULER. 6514

O. P. Krämer, *Das chemische und elektrochemische Abziehen galvanischer Überzüge.* Überblick. — 10 Literaturstellen. (Metallwaren-Ind. Galvano-Techn. **46.** 370—78. Aug. 1955.) F. MARKHOFF. 6514

B. Simon, *Die Bedeutung der Metallisierung.* Abgenutzte Maschinenteile können durch Metallisierung erneuert werden. Man kann nach Reinigung u. Aufrauhung der Oberfläche mit Hilfe einer Metallisierungspistole jedes Metall, das in Drahtform vorliegt (also kein Cr), in beliebiger Dicke aufsprühen. Diesem Vorgang schließt sich noch eine Nachbehandlung des Überzugs an. (Iron Steel Engr. **29.** Nr. 9. 112—13. Sept. 1952. Buffalo, N. Y., Metallizing Co. of Buffalo.) H.-J. HEINRICHS. 6516

W. E. Hoare, *Einige neue Fortschritte in der Verzinnungstechnik.* Vortrag. Überblick über die Fortschritte in der Verzinnung auf elektrolyt. Wege u. durch Tauchen. Es wird bes. hervorgehoben, daß sich die elektrolyt. Verzinnung immer mehr durchsetzt. (Tin Res. Inst. Some recent Advances Tinplate Manufact. Processes **1955.** 1—27. Jan. Tin Res. Inst., Tinplate Sect.) J. FISCHER. 6524

Charles A. Ferguson, *Wandlungen in der Herstellung und in den Produkten der Zinnblechindustrie.* Histor. Überblick über die verschied. Verff. zur Herst. von verzinnten Blechen bis zur modernen elektrolyt. Verzinnung. (Iron Steel Engr. **29.** 111—17. Aug. 1952. Pittsburgh, Pa., Unites States Steel Co.) H.-J. HEINRICHS. 6524

S. C. Britton und **R. M. Angles,** *Verbesserung der Korrosionsbeständigkeit von Verzinnungen durch eine chemische Behandlung.* Werden Sn-Schichten mindestens 3 Sek. in eine 90—95° heiße Lsg. aus 10 g/Liter NaOH, 3 g/Liter Na_2CrO_4 u. einer Spur Netzmittel eingetaucht, so wird die Korrosionsbeständigkeit gegenüber Bewitterung u. Verfärbung durch S-haltige Verbb. durch Bldg. einer dünnen Oberflächenschicht auf dem Sn erheblich verbessert. Außer Temp. u. Zus. haben andere Faktoren nur geringen Einfluß. Verss. an so behandelten Konservendosen mit schwefelhaltigem Inhalt zeigten genügende Beständigkeit. Die Abgabe von Cr an den Doseninhalt ist gering (0,1 bis 0,2 p.p.m.). Die Prüfung der Badwirksamkeit erfolgt durch Eintauchen von behandelten Proben in eine 90—95° heiße Lsg. aus 10 g/Liter K_2S u. 10 g/Liter NaOH. (J. appl. Chem. **4.** 351—64. Juli 1954. Greenford, Middlesex, Tin Res. Inst.) H. SPINDLER. 6524

L. Guerreschi, *Wechselstrombehandlung des Aluminiums und seiner Legierung im Chromsäurebad. Die Bildung von „Aluminiumschwarz“* (Ist. Sperim. Metalli leggeri, Mem. Rapp. [6] Nr. **131.** 1—20. 1954. — C. **1955.** 5885.) R. K. MÜLLER. 6534

Erwin Brauns und **Günther Pier,** *Beitrag zur interkristallinen Korrosion des austenitischen Chrom–Nickel-Stahles.* Von einem nichtstabilisierten Stahl mit 0,08 (%) *C*, 17,8 *Cr* u. 7,6 *Ni*, der nach Abschrecken durch verschieden langes Anlassen bei 650° kornzerfallsanfällig gemacht worden war, wurden Stromdichte–Potential-Kurven aufgenommen. Hierbei zeigte sich, daß die Korngrenze bei höheren Potentialen als die Kornfläche akt. wird. Wurde eine Stahlprobe längere Zeit in diesem Potentialbereich gehalten, so erlitt sie in reiner H_2SO_4 Korngrenzenangriff. Vergleichende Unterss., die mit sd. $CuSO_4$–H_2O_4-Lsg. durchgeführt wurden, zeigen, daß ihre Wrkg., Kornzerfall zu erzeugen, in engem Zusammenhang mit ihrem Redoxpotential (I) u. dem auf der Stromdichte–Potential-Kurve festgestellten krit. Potentialbereich steht. Je schneller sich das I der $CuSO_4$–H_2SO_4-Lsg. auf Werte einstellt, die in dem krit. Potentialbereich liegen, um so stärker ist ihre Wrkg., Kornzerfall hervorzurufen. Für die Einstellung des I sind die Fremdionen- u. der O_2-Geh. der $CuSO_4$–H_2SO_4-Lsg. von Wichtigkeit. Durch analyt. Unterss. konnte eine Cr-Verarmung der Korngrenzen u. ihrer Umgebung bei angelassenen kornzerfallsanfälligen Stahlproben nachgewiesen werden. — Diskussion. Literaturangaben. (Stahl u. Eisen **75.** 579—86. 5/5. 1955. Duisburg-Huckingen, Mannesmann-Forschungsinst.)
H. HOCHSTEIN. 6538

J. C. Hudson und **J. F. Stanners,** *Der Schutz von Eisen und Stahl durch metallische und nichtmetallische Überzüge.* 2. Mitt. (1. vgl. J. Iron Steel Inst. **158.** [1948.] 99.) Berichtet wird über Korrosionsverss., die sich über 12 Jahre erstreckten. Der Schutzwert von *Al-*, *Cd-* u. *Zn*-Überzügen ist proportional ihrer Dicke. Gegen atmosphär. Korrosion haben sich gespritzte Al-Überzüge über 10 Jahre bewährt. Pb-Überzüge schützen besser in Industrieatmosphäre als in ländlicher Umgebung u. an der See. Zn-Überzüge haben sich besser als solche aus Cd gleicher Dicke bewährt. *Mennige*-Anstriche haben sich besser auf Pb- u. Al-Überzügen als auf Zn-Schichten bewährt. *Email*-Schichten, die unbeschädigt blieben, hatten nach 12 Jahren die gleiche Schutzwrkg., dasselbe ergab sich bei *Zement–Asbest*-Überzügen. (J. Iron Steel Inst. **175.** 381—90. Dez. 1953.)
F. MARKHOFF. 6538

T. R. B. Watson, *Galvanische Korrosion an im Erdboden verlegtem Stahl.* (Vgl. C. **1954.** 6097.) Die Metalloxydation wird von einem elektr. Strom begleitet, dessen Stärke linear mit dem Grad der Korrosion verläuft. Ein Strom von 1 A löst im Jahr 20 lbs. Stahl. Bei jedem galvan. Element wird die Anode angegriffen. An Stahlrohren in feuchtem Erdboden wirken die Rostnarben als Anode, die Umgebung als Kathode. Zur Elementbldg. ausreichende geringe Spannungsunterschiede kommen überall vor u. können z. B. durch Rohrausbesserungen, zwischen benachbarten Rohrleitungen, ungleichmäßige Bodenschichten, vagabundierende Ströme u. a. entstehen. Schutz durch Schaltung der gefährdeten Teile als Kathode mittels elektr. Stromes oder durch Elementbldg. mittels Mg-Metall, das in der Nähe in den Boden gelegt u. durch Draht mit den Stahlrohren verbunden wird. (Canad. Metals **18.** Nr. 2. 18—20. Febr. 1955. Toronto, Corrosion Serv. Ltd.)
G. FRIKELL. 6538

Dorr Co., Stamford, übert. von: **James B. McKay,** Springdale, **Elliott J. Roberts** und **Francis L. Bosqui,** Westport, Conn., *Zuführen von Röstgut zum Fließbettreaktor.* Das feingepulverte sulfid. Erz wird dem Röstofen in Form eines wss. Schlammes zugeführt. Durch Variation des Wassergeh. ist es möglich, die Rösttemp. genau zu regulieren. Als Beispiel werden Flotationskonzentrate von Arsenkies genannt, die vor der *Au*-Gewinnung durch Cyanidlaugerei abgeröstet werden. (**A. P. 2 677 608** vom 21/3. 1950, ausg. 4/5. 1954.)
F. VIER. 6379

Alfred M. Thomsen, San Francisco, Calif., *Gewinnung von Metallen aus den Laugen von Erzen nach der chlorierenden Röstung.* Die Laugen, die die Metalle in Form ihrer Sulfate u. Chloride enthalten, werden mit einer wss. Lsg. von NH_3 u. CO_2 versetzt, bis alles *Fe* in Form von $Fe(OH)_3$ ausgefällt ist. *Cu, Ag, Pb* u. die anderen Metalle der H_2S-Gruppe werden mit H_2S gefällt. Nach Neutralisieren wird *Zn* durch weiteren Zusatz der NH_3–CO_2-Lsg. gefällt. (**A. P. 2 670 271** vom 27/11. 1948, ausg. 23/2. 1954.)
F. VIER. 6381

Heinrich Koppenberg und **Werner Wenzel,** Karlsruhe, *Betrieb eines Schachtofens mit hochkonzentriertem Sauerstoff* bzw. mit sauerstoffangereichertem Wind, bei dem der Dampfdruck der metall. Phase oberhalb des Dampfdruckes der Schlackenphase bzw. der nichtmetall. Phase liegt u. der bes. der Verhüttung von *Eisenerzen* dient, dad. gek., daß die Höchsttemp. im Gestell u. in der Höhe der Düsenebene auf eine Temp. wenig unterhalb des Beginns der lebhaften Schlackenverdampfung begrenzt wird. (**D. B. P. 930 930** Kl. 18a vom 10/6. 1950, ausg. 28/7. 1955. Anmeldung bekanntgemacht 24/7. 1952.)
H. HOCHSTEIN. 6391

American Brake Shoe Co., New York, N. Y., V. St. A., übert. von: **Richard A. Flinn,** Ann Arbor, und **Raymond H. Schaefer,** *Wärmebehandlung von Gußstücken aus Eisenlegierungen.* Zur Beseitigung des groben Carbidnetzwerkes in Gußstücken aus Eisenlegierungen mit 1,3—1,65 (%) *C*, 0,4—1 *Mn*, bis 0,6 *Cr*, bis 0,12 *S*, 0,15—0,5 *Si* u. 0,02—0,1 *Al*, Rest Eisen bei gleichzeitiger Erzeugung eines Gefüges mit nicht über 0,12% Graphit werden die Gußstücke auf 1650—1900° F erhitzt, bei dieser Temp. wenigstens 1 Std. gehalten, auf eine Temp. unterhalb der Austenitbildungstemp. abgekühlt, darauf auf 1350—1500° F wiedererhitzt, hierbei mindestens 2 Std. gehalten, wodurch die im Netzwerk vorhandenen Metallcarbide in eine körnige Form übergeführt werden, worauf die Gußstücke in Abhängigkeit von der verlangten Härte mit geregelter Geschwindigkeit abgekühlt werden. Der Graphitgeh. im Gefüge der wärmebehandelten Eisenlegierung ist gleich C + 0,2 (% Si + % Al) + (% Mn — 0,7) —1,5 · % Cr — 5 (% S — 0,04) — 1,14. — Abbildungen. (**A. P. 2 686 743** vom 3/6. 1953, ausg. 17/8. 1954.)
H. HOCHSTEIN. 6405

James Fernando Jordan, Huntington Park, Calif., V. St. A., *Desoxydierung einer Stahlschmelze.* In einem mit feuerfesten Mauerwerk ausgekleideten elektr. Lichtbogenofen werden C-haltige unlegierte u. niedriglegierte Stähle eingeschmolzen u. durch Zusatz von Eisenoxyd wird dem Bade so viel O_2 zugeführt, daß infolge der C–O-Rk. ein

Kochen der Schmelze auftritt u. ihr C-Geh. erniedrigt wird. Darauf wird der O_2-Zusatz unterbrochen u. im Überschuß wenigstens ein als Desoxydationsmittel wirkendes Element in das kochende Bad eingeführt, so daß der %-Geh. dieses Elements nach dem Zusatz größer als zuvor ist. Die Erhitzung der Schmelze mittels des elektr. Lichtbogens wird unterbrochen, bevor noch das Zusatzelement in dem Bade gelöst ist, damit die Temp. der gesamten Schmelze vom Augenblick des Desoxydationsmittelzusatzes an bis zum Abguß kontinuierlich fällt. (**A. P. 2 705 673** vom 2/6. 1954, ausg. 5/4. 1955.) H. HOCHSTEIN. 6409

A. P. V. Co. Ltd., London, England (Erfinder: **George Henry Botham, John Frederick Lancaster** und **David Whitfield Outram Dawson**), *Chrom-Nickel-Stahllegierung mit hoher Verformbarkeit* besteht aus 21—24 (%) *Cr*, 4,22—6 *Ni*, mit der Maßgabe, daß der Cr-Geh. nicht größer als 23 ist, wenn der Ni-Geh. 5% oder weniger beträgt, Rest Eisen mit Spuren von Verunreinigungen. Zweckmäßig enthält die Legierung noch bis zu 3 *Mo*, bis 1,5 *Nb* oder bis 1 *Ti* sowie nicht über je 0,2 *C* u. N_2. Eine bevorzugte Zus. ist: 0,08 C, 23 Cr, 5 Ni, 0,75 Si, 0,5 Mn, 0,05 N_2, 70,62 Fe u. Spuren an Verunreinigungen. (**E. P. 728 744** vom 8/1. 1952, ausg. 27/4. 1955.) . H. HOCHSTEIN. 6411

Karl Spitz, Cleveland, O., V. St. A., *Korrosionsbeständiger legierter Stahlguß* besteht aus ca. 3.32 (%) *C*, ca. 0,6 *Cr*, ca. 1,03 *Ni*, ca. 0,45 *Cu*, ca. 0,48 *Mo*, 1,25—5,6 *Si*, 0,2—3 *Mn*, 0,03—1 *S*, 0,02—2 *P*, 0,05—1 *Al*, Rest *Eisen*. — Schliff- u. Kurvenbilder. (**A. P. 2 699 992** vom 4/4. 1951, ausg. 18/1. 1955.) H. HOCHSTEIN. 6411

Armco Steel Corp., übert. von: **Paul A. Jennings**, Baltimore, Md., V. St. A., *Aushärtbarer austenitischer nichtrostender Stahl* für Ventile oder Ventilteile mit einer BRINELL-Härte von 145 nach einer Ausalterung bei 1400° F besteht aus 0,08—1,5 (%) *C*, 12—30 *Cr*, 7—20 *Mn*, 0,1—0,6 N_2, Rest Eisen, mit der Maßgabe, daß die Summe von C u. N_2 wenigstens 0,4% beträgt, wobei die verschied. Elemente in solchen Verhältnissen vorhanden sein müssen, daß der Stahl ein voll austenit. Gefüge besitzt. — Abbildung. (**A. P. 2 698 785** vom 31/12. 1952, ausg. 4/1. 1955.) H. HOCHSTEIN. 6411

Kenneth Whittemore Pendar, V. St. A., *Direkte Extraktion eines Metalls aus seiner Sulfidverbindung*. Die Sulfidverbb. von *Pb*, *Zn*, *Mo* oder *Bi* werden zusammen mit C, einem Alkalimetallsulfid oder Alkalicarbonat sowie mit einem Metalloxyd, vorzugsweise Eisen- oder Zinkoxyd, geschmolzen. Zweckmäßig wird PbS in Ggw. von C mit einem Alkalimetallsulfid, z. B. Na_2S, oder einem Alkalimetallcarbonat, z. B. Na_2CO_3, sowie mit Zn- oder Fe-Oxyd bei Tempp. von 700—800° eingeschmolzen. (**F. P. 1 066 332** vom 7/11. 1952, ausg. 3/6. 1954.) H. HOCHSTEIN. 6421

Soc. Hydro-Électrique de la Moyenne-Garonne (Erfinder: **Alfred Maillet**), Frankreich, *Erzeugung flüchtiger Körper durch Reduktion*. Zur Herst. flüchtiger Stoffe, z. B. der Metalle *Zn*, *Mg*, *Ca*, *Ba* oder des Metalloids *P*, aus ihren Oxyden wird in einem Gefäß durch den Boden eine agglomerierte M. elektr. erhitzt, die im wesentlichen aus einem innigen Pulvergemisch von dem zu reduzierenden Stoff u. einem reduzierenden Pulver besteht, wobei der Gefäßboden Öffnungen besitzt, deren Abmessungen im Querschnitt kleiner als die des Agglomerats sind, während im oberen Teil des Erhitzungsgefäßes eine Ableitung für die bei der Red. entstandenen Dämpfe vorgesehen ist. — Abbildungen. (**F. P. 1 059 889** vom 27/3. 1952, ausg. 29/3. 1954.) H. HOCHSTEIN. 6421

Westinghouse Electric Corp., East Pittsburgh, übert. von: **James H. Bechtold, Benjamin Lustman** und **Howard Scott**, Pittsburgh, Pa., V. St. A., *Herstellung von duktilem Molybdän* oder Legierungen des Mo mit *W* in fester Lsg., dad. gek., daß das Mo auf eine Temp. zwischen 800° u. der Rekristallisationstemp., bes. 900—1200°, erhitzt, das erhitzte Metall zunächst auf 5—50%, dann in mehreren Stufen unter Einschaltung von Zwischenglühungen weiter auf 60—90% verformt u. schließlich bei 1150—1650° geglüht wird. — Diagramme, Schliffbilder. (**A. P. 2 666 721** vom 20/3. 1951, ausg. 19/1. 1954.) G. APEL. 6441

Imperial Chemical Industries Ltd., London, England (Erfinder: **James Paterson Quin**), *Gewinnung von Titan aus seinem Halogenid*, dad. gek., daß $TiCl_4$ mit *Na* in inerter Atmosphäre bei einer Temp. zwischen 200° u. dem F. von NaCl, bes. bei 480 bis 620°, in einem Reaktionsgefäß im Wirbelbettverf. zur Rk. gebracht wird. — Zeichnungen. (**E. P. 717 930** vom 1/11. 1951, ausg. 3/11. 1954.) G. APEL. 6449

Franz Köhler, Wien, *Herstellung von Titan* durch Red. von $TiCl_4$ mit einem *Amalgam*, das ein Metall von negativerem Potential als Ti enthält, dad. gek., daß fl. $TiCl_4$ mit dem Amalgam umgesetzt, das so entstandene Gemisch von Titanamalgam u. Metallchlorid vom überschüssigen Hg abgetrennt, dest. u. der Destillationsrückstand ausgelaugt wird. Die Dest. erfolgt unter Vakuum oder Edelgasatmosphäre. (**Oe. P. 181 430** vom 13/10. 1951, ausg. 25/3. 1955.) G. APEL. 6449

Kennecott Copper Corp., New York, N. Y., übert. von: **Robert J. Jaffee**, Worthington, Ohio, und **Harry P. Croft**, GreensFarms, V. St. A., *Titanlegierungen* mit verbesserter spanabhebender Bearbeitbarkeit bestehen entweder aus 0,05—0,65, bes. 0,1—0,6 (%), *As*, Rest *Ti* (A. P. 2 688 108) oder aus 0,02—0,45, bes. 0,05—0,4, *Te*, Rest Ti (A. P. 2 688 109). (**A. PP. 2 668 108** vom 26/4. 1952, u. **2 668 109** vom 20/5. 1952, beide ausg. 2/2. 1954.) H. HOCHSTEIN. 6449

Rem-Cru Titanium, Inc., Midland, Pa., übert. von: **Walter L. Finlay,** Beaver, Pa., **Robert I. Jaffee,** Worthington, und **Horace R. Ogden,** Columbus, Ohio, *Kaltbildsame Titanlegierung* mit einer gegenüber unlegiertem Ti um mindestens 10% erhöhten Zerreißfestigkeit besteht aus bis 1 (%) *C*, 5—23 *Sn*, bis ca. 0,5 O_2, bis ca. 0,3 N_2, Rest *Ti*. (**A. P. 2 669 514** vom 11/3. 1953, ausg. 16/2. 1954.) H. HOCHSTEIN. 6449

Allgemeine Elektricitäts-Gesellschaft, Berlin-Grunewald, *Werkstoff* besteht aus metall. Bindemitteln als zusammenhängende Phase u. nicht metall. dispersen Füllstoffen, z. B. Kies, Sand u. dgl., wobei der Konzentrationsbereich des Füllstoffes 10 bis 50 Vol.-% beträgt, während die Korngröße einen Durchmesser von 1—5 mm hat. Um eine gute Vermengung der Metallschmelze mit dem Füllstoff zu erzielen, werden Gußformen verwendet, die mit dem Füllstoff beschickt sind u. bei Zutritt der Schmelze den Füllstoff nicht entweichen lassen. Außerdem werden mechan. Schwingungen von 50 Hz oder mehr angewendet. Während des Erstarrungsvorganges wird durch ein Rührwerk die Vermengung gefördert u. das noch nicht erstarrte Gemenge durch Vakuum entgast. Auch können die Benetzung fördernde Chemikalien, z. B. Borax, Kolophonium, Lötfette u. a., zugesetzt werden. Auch können die Füllstoffe oberflächlich metallisiert werden. (**D. B. P. 915 153** Kl. 40b vom 25/7. 1942, ausg. 15/7. 1954. Anmeldung bekanntgemacht 17/9. 1953.) C. GÖTZE. 6471

Fansteel Metallurgical Corp., North Chicago, übert. von: **Clarence W. Balke,** Highland Park, Ill., *Herstellung von Eisen durch Elektrolyse.* Es wird ein Bad verwendet, das $FeCl_2 \cdot 4\,H_2O$, $(NH_4)_2SO_4$ u. $FeSO_4 \cdot 7\,H_2O$ in Gewichtsverhältnissen zwischen 1:7:9 u. 1:23:32, u. zwar Fe zwischen 25 u. 40 (g/Liter) enthält. Der Säuregeh. soll so hoch sein, daß die H-Ionenkonz. dicht unter der liegt, bei der $Fe(OH_3)$ ausfällt. Die Kathode besteht aus Nb, Ta, Mo oder W. Das an der Kathode abgeschiedene Fe wird gepulvert u. dient zur Verwendung in der Pulvermetallurgie. Beispiel: Zu einem Bad mit 4,5 $FeCl_2 \cdot 4\,H_2O$, 101 $(NH_4)_2SO_2$ u. 142 $FeSO_4 \cdot 7\,H_2O$ wird H_2SO_4 bis zu einem p_H-Wert 3,0 zugesetzt. Es wird mit einer Kathodenstromdichte bis zu 375 A/sq.ft (41,2 A/dm²) bei einer Temp. bis 50° gearbeitet. (**A. P. 2 626 895** vom 17/11. 1944, ausg. 27/1. 1953.) F. VIER. 6475

Fansteel Metallurgical Corp., North Chicago, Ill., übert. von: **Claire C. Balke,** Drexel Hill, Pa., V. St. A., *Metallgegenstand von hoher Porosität.* Ein Gegenstand mit einer Porosität zwischen ca. 35 u. 85% u. einer Zus. von bis ca. 10% *Cu*, Rest *Ag* wird aus einem Gemisch aus Ag-Pulver, NH_4HCO_3 u. einem in einer reduzierenden Atmosphäre bei erhöhter Temp. zu Cu reduzierbaren Cu-Salz, welches jedoch nicht mit den Dissoziationsprodd. von $NH_4 \cdot HCO_3$ zu reagieren vermag, hergestellt. Dieses Gemisch wird zunächst in einer reduzierenden Atmosphäre zum Austreiben von NH_4HCO_3 auf 200—300° erhitzt u. dann zur Red. des Cu-Salzes zu Cu, zur Legierungsbldg. von Cu mit Ag u. zur Sinterung auf einer Temp. von 780° weitererhitzt. Während der Sinterung werden die Teilchen in die gewünschte Form gepreßt. — Abbildungen. (**A. P. 2 671 953** vom 23/7. 1948, ausg. 16/3. 1954.) H. HOCHSTEIN. 6475

Walther Dawihl, Frankreich, *Herstellung von Hartmetallen.* Bei der Herst. von Hartmetallen aus Carbiden der Metalle der vierten Gruppe der Period. Syst. u./oder aus W_2C u./oder aus Mo_2C, denen Hilfsmetalle mit niedrigem F. aus der Fe-Gruppe, vorzugsweise in Form von Chloriden, beigefügt sind, wird den Bestandteilen dieser Legierung mindestens noch ein Carbid der Metalle *V*, *Ta* oder *Cr* zugesetzt. (**F. P. 1 043 190** vom 30/8. 1951, ausg. 6/11. 1953.) H. HOCHSTEIN. 6477

Metallwerk Plansee G. m. b. H., Österreich, *Gesinterte Borlegierung.* Sinterlegierungen mit mehr als 50% B_4C u. einem Rest aus Carbiden von Metallen mit hohem F. sowie aus einem Hilfsmetall mit niedrigem F. werden in Form von Körnern einer geeigneten Trägermasse, z. B. Hartmetall, Metallegierungen, Eisen, Kunstharz oder einer M. aus keram. Oxyden, zugesetzt. Aus dem so gefertigten Werkstoff werden Schleifscheiben u. Bearbeitungswerkzeuge hergestellt. (**F. P. 1 015 540** vom 25/2. 1948, ausg. 14/10. 1952.) H. HOCHSTEIN. 6477

Mannesmannröhren-Werke, Düsseldorf, *Überziehen von Stahlgegenständen* mit Blechen aus Metallen oder Metallegierungen, die einen höheren Ausdehnungskoeff. als das Grundmetall besitzen, dad. gek., daß man das Überzugsmaterial auf die Unterlage aufpreßt u. in ein der Form des Gegenstandes entsprechendes Gefäß bringt, den Zwischenraum mit Sand ausfüllt u. auf Diffusionstemp. erhitzt, z. B. bei Cu-Blechen auf 920°. (**Ung. P. 136 375** vom 29/12. 1942, ausg. 1/12. 1954.) G. KÖNIG. 6479

Kelly L. Taulbee, Rivera, und **R. Welton Whann,** Los Angeles, Calif., übert. von: **Norman A. MacLeod,** Altadena, V. St. A., *Härtung wenigstens eines Teiles von einem*

Gegenstand aus austenitischem Manganstahl. Nahe der Oberfläche des zu härtenden Gegenstandes wird ein der Oberfläche in der Form angepaßtes Blech aus einem explosiven Stoff angeordnet u. dieses zur Explosion gebracht derart, daß wenigstens ein Teil der dadurch erzeugten Druckwelle die Oberflächenhärtung bis zu einer wesentlichen Tiefe bewirkt, wobei die Härte von der Oberfläche aus nach innen allmählich abnimmt. Die Menge an Explosivstoff muß so sein, daß die Härtung bis zur gewünschten Tiefe erreicht, jedoch eine merkliche Verformung der Oberflächenkontur vermieden wird. — Abbildungen. (**A. P. 2 703 297** vom 26/3. 1951, ausg. 1/3. 1955.) H. HOCHSTEIN. 6493

General Electric Co., New York, N.Y., übert. von: **Cecil G. Dunn,** Pittsfield, Mass. V. St. A., *Herstellung von feinkörnigem, stark orientiertem Siliciumstahl.* Ein Si-haltiges Stahlband wird von einer Ausgangsdicke von ca. 0,005—0,025" in zwei Stufen mit einer Zwischenglühung bei 850° kaltgewalzt. Darauf wird das eine Ende des kaltgewalzten Bandes zum Wachsen einer Anzahl von Kristallen erhitzt u. einer dieser Kristalle als ein Keimkristall für das weitere Wachsen ausgewählt. Die Flächen um diesen ausgesuchten Kristall werden derart fortgeschnitten, daß nur der Kristall mit dem Hauptteil des Bandes durch einen ansatzförmigen Streifen verbunden bleibt. Der Ansatz wird erhitzt u. nacheinander um eine Achse parallel zur Bandfläche u. um eine Achse senkrecht zur Bandfläche derart gebogen, daß der ausgesuchte Keimkristall in die (1 1 0) [0 0 1]-Richtung des Hauptteiles des Bandes gebracht wird. Das Bandende mit dem Keimkristall wird durch Durchziehen des Bandes durch einen Ofen mit einem Temperaturgefälle von 900° auf 100° erhitzt, dann mit 70% Abnahme kaltgewalzt u. bei einer Temp. zwischen ca. 700° u. 1000° in einer reduzierenden Atmosphäre rekristallisierend geglüht. — Abbildungen. (**A. P. 2 700 006** vom 3/9. 1953, ausg. 18/1. 1955.) H. HOCHSTEIN. 6493

M. W. Kellogg Co., übert. von: **Tunis L. Holmes,** Jersey City, N. J., V. St. A., *Flußmittel für Wärmebehandlungsmaßnahmen.* Bei Wärmebehandlungen im Schmelzfluß von Metallen, bes. von legierten Stählen, bei denen die Wärme durch elektr. Entladung vom Ende einer in ein Flußmittel eintauchenden Elektrode her erzeugt wird, wird ein Flußmittel benutzt, das aus 25—55 (%) *Flußspat,* 35—65 Al_2O_3, 10—20 *MgO* sowie aus geringen Gehh. von solchen Materialien besteht, die den Charakter des Mittels nicht wesentlich verändern. (**A. P. 2 671 040** vom 20/4. 1950, ausg. 2/3. 1954.) H. HOCHSTEIN. 6493

Félix Jean François Barbas und **Marcelle Marguerite Gilbertine Louise Barbas** geb. **Duhamel,** Frankreich, *Zementationsverfahren mit beschleunigter Aufkohlungsgeschwindigkeit.* Zur Erzeugung von Zementationsgas werden aktivierende Mittel in Stückform, als Agglomerate, als Auftragungen auf den zu zementierenden Werkstücken oder in Pulverform mit zu aktivierenden Gasen in Berührung gebracht. Die aktivierenden Mittel bestehen aus Holzkohle, Steinkohle, Horn, Steinkohlenkoks, Grudekoks, Petrolkoks, Graphit, Kakaohülsen, gebrannten Knochen u. Gußeisendrehspänen, allein oder in Mischung, denen in veränderlicher Menge noch Salze oder Oxyde zugesetzt sein können, z. B. Acetate, Carbonate, Bicarbonate der Alkali- oder Erdalkalimetalle. Die zu aktivierenden Gase können sein: KW-stoffe, CO, CO_2 oder O_2, rein oder im Gemisch mit verschied. anderen Gasen. Zweckmäßig findet die Aktivierung der Gase sehr dicht beim aufzukochenden Gegenstand statt. — Abbildungen. (**F. P. 1 039 618** vom 3/2. 1951, ausg. 8/10. 1953.) H. HOCHSTEIN. 6493

Karl Spitz, Cleveland, O., V. St. A., *Herstellung einer nichtschmelzenden Schweißverbindung mit einem Stahlschweißstab.* Der aus Stahl oder einem lötbaren NE-Metall bestehende Grundwerkstoff wird auf eine Temp. erhitzt, die zweckmäßig 150—200° unterhalb des F. des betreffenden Werkstoffes liegt. Darauf wird der Schweißstab geschmolzen u. in die Schweißzone bzw. Schweißnaht eingebracht, während der Grundwerkstoff bei oder nahe bei seiner Erhitzungstemp. gehalten wird. Gleichzeitig wird in die Schweißzone eine Kombination von solchen Elementen eingeführt, die die Wrkg. einer Bldg. von niedrigschmelzenden Phasen in der Schweißstabzus. haben, den Flüssigkeitsgrad erhöhen u. die Oberflächenspannung des geschmolzenen Schweißstabmaterials verringern. Diese Kombination der Elemente kann getrennt in Pulver-, Pasten- oder Stabform oder als Kern oder Ummantelung des Schweißstabes zugesetzt werden. Zur Erzielung von niedriger schmelzenden Phasen werden die Elemente *Mn, Cu, Cr, Ni, Mo, B, Si* u. *P* verwendet, während zur Erhöhung des Flüssigkeitsgrades u. zur Verringerung der Oberflächenspannung die Elemente *Si* oder *PtSi, Ti, Zr, Nb, Ca, Li* oder *Ta* zugesetzt werden. — Abbildung. (**A. P. 2 664 622** vom 2/3. 1950, ausg. 5/1. 1954.) H. HOCHSTEIN. 6507

Welding Supplies Ltd., London, England, *Schweißstab zur Erzeugung von verschleißfesten Oberflächen oder von harten Oberflächenschichten mit großer Schnittleistung durch Auftragsschweißung.* Die Lichtbogenschweißelektrode, die aus einem metall. Kern

u. einem ein Flußmittel bildenden Überzug besteht u. *Fe, W* u./oder *Mo, Nb* u./oder *Ta, C* oder Zusätze an *Cr, Ni, Co, Si, Mn* u. *V* enthält, ist durch solche Anteile gek., daß die Schweißauftragung von dem Schweißstab eine aushärtbare Legierung auf der Grundlage W u./oder Mo ist, die aus 0,1—5 (%) Nb u./oder Ta, 0,2—1,5 C u. so viel W u./oder Mo besteht, daß der W-Geh. u. der doppelte Mo-Geh. nicht unter 4 u. nicht über 24 liegt, u. daß der Gesamtgeh. des Schweißstabes an W u. Mo nicht unter 2,5 liegt, während der Rest an Fe nicht unter 50 beträgt u. noch bis 6 Cr, bis 20 Ni u./oder Co, bis 1,5 Si, bis 2 Mn oder bis 3 V, einzeln oder gemeinsam, enthalten kann. (**E. P. 691 298** vom 4/3. 1949, ausg. 13/5. 1953.) H. HOCHSTEIN. 6507

Armco Steel Corp., übert. von: **Selden C. Hayes** und **Joseph T. Lomakin,** Baltimore, Md., V. St. A., *Chemisches Polieren von nichtrostendem Stahl mit 10—35% Chrom.* Das Polierbad besteht aus 2—8 (%) HNO_3, 4—15 HCl, 2—12 HF, 3—18 H_2SO_4, Rest W., wobei der Lsg. 0,05—6% eines Alkaloids, wie *Chinoidin, Nicotin,* zugesetzt ist. (**A. P. 2 694 001** vom 6/4. 1950, ausg. 9/11. 1954.) F. MARKHOFF. 6513

Magnesium Elektron Ltd., Manchester (Erfinder: **William Frederick Higgins**), *Reinigen von Gußstücken aus Magnesiumlegierungen.* Die Gußstücke werden in einer mindestens 2%ig. NH_4F- oder $NH_4F \cdot HF$-Lsg. anod. behandelt. Der Lsg. wird zweckmäßig noch eine NH_4OH-Lsg. von der D. 0,880 zugesetzt. (**E. P. 721 445** vom 4/7. 1951, ausg. 5/1. 1955.) F. MARKHOFF. 6515

Zoltan Deshaw, England, *Trennen von Maschinenteilen, die durch Rost festgefressen sind.* Die Gegenstände werden kathod. in einer Lsg. 160—400 (g/Liter) $NaOH$ u. 5—125 $NaCN$ behandelt. Die Lsg. kann außerdem Na_2SiO_3 u. Na_3PO_4 enthalten. Beispiel: 292,5 NaOH, 90 NaCN u. 67,5 Na_2SiO_3 oder Na_3PO_4. Das Verf. ist bes. geeignet zum Trennen von Gegenständen aus Fe u. einem anderen Metall. (**F. P. 58 943** vom 29/12. 1948, ausg. 22/4. 1954. **Zusatz zu F. P. 924 981.**) F. MARKHOFF. 6515

Soc. d'Exploitation des Matériels Hispano-Suiza Soc. An., Frankreich, *Elektrolytische Behandlung von gezahnten Metallgegenständen, besonders Zahnrädern.* Die Endbehandlung der Zähne wird durch anod. Polierung vorgenommen. Durch entsprechende Gestaltung der Kathode wird die Verteilung der Stromlinien so beeinflußt, daß die gewünschte Zahnform erhalten wird. Als Elektrolyt wird eine Lsg. von 200—300 g CrO_3/Liter H_3PO_4 verwendet. Stromdichte 100—200 A/dm² u. Temp. 40—70°. — Abbildungen. (**F. P. 1 060 622** vom 25/7. 1952, ausg. 5/4. 1954.) F. MARKHOFF. 6515

Electropol Ltd., Poynton, Chester, England (Erfinder: **Percy Allen Charlesworth**), *Regenerieren des Elektrolyten beim elektrolytischen Glänzen und Polieren von Metallen.* Der Elektrolyt wird kontinuierlich oder in Abständen in einem Kreislaufverf. in seinem Säuregeh. ergänzt u. von während des Poliervorganges gelösten Metallsalzen durch Ausfällung u. Filtration oder dergleichen befreit. Das Verf. ist für die Regenerierung von Bädern aus H_2SO_4 u. H_3PO_4 bestimmt. — Abbildung. (**E. P. 706 473** vom 29/11. 1949, ausg. 31/3. 1954.) F. MARKHOFF. 6515

Newton Viktor Ltd., London, England, *Erzeugen einer metallischen Schmiermittelschicht auf Kugellagern.* Die Kugeln u./oder das Lager werden elektrolyt. mit *Cd* u. einer *Pb*-Schicht überzogen u. dann erhitzt, um eine innige Diffusion beider Metalle ineinander zu erzielen. Eine solche Legierung, die 10—30% Cd enthalten soll, hat gute Schmierwrkg., so daß organ. Schmiermittel nicht angewendet werden müssen. Diese Lager eignen sich bes. für Hochvakuumapparate. (**E. P. 696 074** vom 16/10. 1950, ausg. 26/8. 1953. F. Prior. 27/12. 1949.) F. MARKHOFF. 6517

British Insulated Callender's Cables Ltd., London (Erfinder: **Aubrey Latin**), *Verzinnen von Aluminium.* Es wird eine Legierung verwendet mit 0—70 (%) *Pb*, 0—2 *Ca* u. 0—5 *Mg* bei einem Mindestgeh. vonMg u./oder *Ca* von 0,1 u. nicht mehr als 5, Rest *Sn*. Als weitere Zusätze können *Cd*, die *Alkalimetalle, Cu, Ag, Bi, Ce* u. Ce-Mischmetalle verwendet werden. Pb kann bis zu einem Fünftel seines Geh. durch *Zn* ersetzt werden. (**E. P. 718 982** vom 20/2. 1952, ausg. 24/11. 1954.) F. VIER. 6525

Soc. Continentale Parker, Frankreich, übert. von: **Metallgesellschaft Akt.-Ges.,** *Vorbehandlung von Stahllegierungen vor dem Kaltverformen.* Nach Entfernung des Walzzunders wird eine *Oxyd-, Oxalat-* oder *Sulfid*-Schicht aufgebracht, die z. B. bei Drähten das Ziehen erleichtert. (**F. P. 1 067 592** vom 10/12. 1952, ausg. 16/6. 1954. D. Prior. 20/10. 1951.) F. MARKHOFF. 6529

Aero Zipp Fasteners Ltd., England, *Anodische Behandlung von Metallteilen.* Die Gegenstände werden in Badbehältern anodisiert, die so schnell um eine außerhalb des Badbehälters gelegene Achse rotieren, daß die in dem trommelartigen Badbehälter befindlichen Einzelteile so fest an die Behälterwandung gepreßt werden, daß ein guter elektr. Kontakt entsteht. — Abbildung. (**F. P. 1 057 924** vom 22/12. 1951, ausg. 11/3. 1954. E. Prior. 3/1. 1951.) F. MARKHOFF. 6531

IX. Organische Industrie.

Peter Möckel, *Druckhydrierung mit Ultraschall.* Nach der Meth. der Druckhydrierung können bei Anwendung von Ultraschall in offenen, unter keinem Überdruck von außen stehenden Glasgefäßen Hydrierungen durchgeführt werden. Zur Erzeugung der Drucke im Substrat werden dabei die sogenannten Kavitationsdrucke ausgenützt, die nur an den Phasenflächen zwischen Gas u. Fl. auftreten u. die in nächster Nähe der Blasenoberfläche bis zu 10300 at betragen können. — Zur prakt. Hydrierung von *N-Methylaminopropriophenon* zu *Ephedrin, Traubenzucker* zu *d-Sorbit* (sonst nur bei 85 at möglich), *ungesätt. Fettsäuren* u. *aromat. KW-stoffen* in Ggw. von Ni oder Pt wird unter Rühren durch eine Fritte H_2 eingeleitet, während in das Reaktionsgut ein mit einer Frequenz von 1200 kHz schwingender Piezoquarzstab eintaucht. (Chemie-Ing.-Techn. **24.** 153—54. März 1952.) E. ROTTER. 6584

—, *Methanproduktion aus Farmabfällen.* Die Möglichkeiten, aus Farmabfällen, städt. Abwässern, Abtrittsdüngern sowie Abfällen der Zuckerfabriken außer wertvollem Dung auch Methan, das zum Antreiben landwirtschaftlicher Maschinen dienen kann, zu gewinnen, werden besprochen. (Int. Sugar J. **54.** 208—09. Aug. 1952.) R. RUTKOWSKI. H 500

Carl T. Bahner, *Elektrolytische Herstellung von gem.-Dinitroparaffinen.* Während prim. Nitroparaffine (I) bei der Elektrolyse mit wss.Alkali *α.α-Dinitroparaffine* (II) u. Nitroolefine liefern, führen konz. Lsgg. sek.-I unter diesen Bedingungen in getrennten Zellen mit polierter Pt-Anode zu bedeutenden Ausbeuten von *gem.-Dinitroparaffinen* (III). Durch Zusatz von Nitriten zur Anodenfl. kann das Verhältnis III : II bis auf 3 : 1 gesteigert werden. Der Effekt läßt sich allgemein in der Gleichung ausdrücken: $RR'CNO_2^- + NO_2^- \rightarrow 2e + RR'C(NO_2)_2$. — Die *Cetanzahl*-verbessernde Wrkg. der hergestellten Verbb. auf Dieselkraftstoffe ist folgende (1. Zahl Cetanzahl, 2. Zusatz in Gew.-%, 3. Cetanzahländerung/0,01 Mol/kg): Ohne Zusatz 41,2, —, —; *1.1-Dinitrocyclohexan*: 43,6, 0,10, 4,2; 45,1, 0,25, 2,7; 46,8, 0,50, 2,0; 48,1, 0,72, 1,7. *2.2-Dinitrobutan* (VI): 43,3, 0,10, 3,1; 44,7, 0,25, 2,1; 47,1, 0,50, 1,8. *2.2-Dinitropropan*: 45,9, 0,25, 2,5; 48,1, 0,50, 1,9. Im Gegensatz zu MCCRACKEN (A. P. 2 387 279) u. NYGAARD (A. P. 2 387 403) ist danach 1.1-Dinitrocyclohexan dem 2.2-Dinitropropan etwas überlegen.

Versuche: Kathode: Cu-Drahtspirale in 25%ig. wss. NaOH-Lsg., Anode: polierte Pt-Folie. Bei der Elektrolyse von 126 g 2-Nitrobutan (IV) u. 55 g NaOH in 100 g W. bei 23—37° werden 85 g eines Öls erhalten, das zu 70% aus *3.4-Dinitro-3.4-dimethylhexan* (V), F. 78,5—79° u. ca. 20% VI, $Kp._{740}$ 194—198° besteht. Aus 40 g IV, 25 g NaOH in 56 g W. u. 42,5 g $NaNO_2$ in 40 cm^3 W. werden bei 37—47° 26,6 g eines Öls erhalten, das zu ca. 80% aus VI u. 15—20% aus V besteht. — Mit 2-Nitropropan werden wie vorher in verschied. Verhältnissen *2.3-Dinitro-2.3-dimethylbutan* u. *2.2-Dinitropropan* erhalten. — Aus 64,2 g Nitrocyclohexan werden mit einem Überschuß von $NaNO_2$ erhalten: 3 g *Cyclohexanon,* 5 g *1.1'-Dinitrodicyclohexyl* u. 15 g *1.1-Dinitrocyclohexan.* (Ind. Engng. Chem. **44.** 317—18. Febr. 1952. Jefferson City, Tenn., Carson-Newman College.) E. ROTTER. H 510

P. Blaizot, *Epoxydation und Oxydation von ungesättigten Derivaten der Fette.* Zusammenfassende Übersicht über Methoden zur Herst. von Epoxyden (I) und Glykolen (II) aus ungesätt. Fetten sowie deren techn. Verwendung. Arbeitsvorschriften zur Darst. von Perbenzoesäure, Perphthalsäure, Peressigsäure u. Perameisensäure u. für ihre Anwendung zur Synth. von I u. II. — 8 Literaturangaben u. Patente. (Oléagineux **10.** 311—317. Mai 1955.) G. MEINHARDT. H 570

J. H. Skellon und **J. H. Taylor,** *Fortschritte der Chemie der Metallseifen.* Methoden zur Herst. reiner Seifen von Metallen aller Gruppen des Period. Syst. werden beschrieben. In manchen Fällen ist es schwierig, reine chem. Verbb. zu erhalten. Angaben über die Eigg. der Schwermetallseifen, bes. über Löslichkeit. Die katalyt. Aktivität metall. Seifen beruht oft auf einem Valenzwechsel, z. B. bei der katalyt. Autoxydation: $Me^{2+} + ROOH \rightarrow Me^{3+} + RO + OH^-$, wobei das zunächst entstandene Hydroperoxyd mit dem 2wertigen Ion unter Bldg. von Me^{3+} u. einem freien Radikal reagiert. Hierdurch wird eine Ketten-Rk. ausgelöst, die zur Bldg. definierter Oxydationsprodd. führen kann. (Paint Manufact. **24.** 219—23. Juli 1954.) E. PREU. H 810

T. I. Orlowa und **W. O. Lukaschewitsch,** *Reaktionen, die die Synthese von Aryliden der Acetessigsäure begleiten.* Bei der Unters. der Neben-Rkk., die die Synth. von Aryliden (Arylamiden, I) der Acetessigsäure (II) durch Umsetzung von II-Äthylester mit aromat. Aminen begleiten, zeigt sich, daß die I schon bei 3std. Erhitzen auf 145—165° bis zu 15% zers. werden, daß die Ausbeuten an I durch Ggw. von W. oder A., von einigen Metallen (Fe, Pb, nicht Al) oder Metalloxyden u. von Spuren Säure (z. B. HCl) herabgesetzt werden. Der aus II-Ester u. Anilin in Ggw. von Spuren HCl erhaltene β-Phenylaminocrotonsäure (III)-Ester hat einen Reinheitsgrad von 99,5—99,6% (das analoge β-*o*-Chlorphenylderiv. 99—100%). Durch Erhitzen von II-Anilid auf dem Wasserbad mit der äquimol. Menge Anilin in Benzollsg. wird das Anilid der **III** dargestellt, das nach Vertreiben des Bzl. in Kristallinen, F. 64—55°, auftritt; es wird durch verd. HCl in Anilin u. II-Anilid aufgespalten. Für die I-Bldg. ist die Ggw. der Enolform der II notwendig. Durch Zusatz genügend starker nichtflüchtiger organ. Basen kann bei Abwesenheit der obengenannten störenden Stoffe die Bldg. von Crotonsäureester unterbunden u. die Ausbeute an I erhöht werden. (Химическая Промышленность [Chem. Ind.] **1954.** N. 4. 21—25. Juni.) R. K. MÜLLER. H 870

J. Remond, *Die Synthese des Phenols und die Petrochemie.* Beschreibung der 4 techn. Verff. zur Herst. von *Phenol* aus *Bzl.* über *Benzolsulfonsäure,* über *Chlorbenzol,* nach dem DOW-Verf. u. nach RASCHIG sowie aus *Isopropylbenzol* unter gleichzeitiger Gewinnung von *Aceton.* (Rev. Produits chim. **57.** 289—94. 31/8. 1954.) G. GÜNTHER. H 1060

Tamás Lengyel und **László Salusinszky,** *Herstellung und Verwendung von Naphthensäuren.* Vff. beschreiben die Abtrennung der Naphthensäuren vom Mineralöl u. geben eine Übersicht über die vielfältige Anwendung. — 78 Literaturangaben. (Magyar Kémikusok Lapja [Z. Ver. ung. Chemiker] **7.** 217—219. Juli 1952.) J. PLANK. H 2000

Gyro Process Co., Detroit, Mich., übert. von: **William W. Holland,** Baltimore, Md., V. St. A., *Pyrolyse von gasförmigen Kohlenwasserstoffen zur Herstellung ungesättigter Verbindungen.* Bes. Erdgase aus CH_4 u. dessen Homologen werden bei ca. 500—875° u. die Crackprodd. nacheinander ohne u. mit Druck fraktioniert zur Entfernung der fl. u. der niedrig sd. aromat. KW-stoffe gecrackt. Aus dem erhaltenen Gas werden im Gegenstrom mittels aromat. KW-stoffe selektiv Isobutylen u. Butadien herausgewaschen, so daß man *Äthylen* in Gasform zurückbehält. — Vorrichtung. (**A. P. 2 672 489** vom 10/7. 1948, ausg. 16/3. 1954.) W. GRÄGER. H 520

Koppers Co., Inc., Pittsburgh, Pa., übert. von: **Rudolph Leonard Hasche,** Johnson City, Tenn., V. St. A., *Cracken.* Zur Erhöhung der Ausbeuten an C_2H_2 u. C_2H_4 aus Mischgasen mit einem geringen Geh. an gesätt. KW-stoffen von 2 oder mehr C-Atomen werden diese Gase mit CH_3 bei zu ca. 50—80 Vol.-% Gesamtgeh. verd. u. höchstens 0,1 Sek. auf 1100—1200° erhitzt. (**A. P. 2 678 956** vom 8/4. 1950, ausg. 18/5. 1954.) W. GRÄGER. H 520

M. W. Kellogg Co., Jersey City, übert. von: **John M. Wrightson,** North Bergen, und **Albert L. Dittman,** Jersey City, N. J., V. St. A., *Herstellung von Trifluorchloräthylen.* Man läßt Trichloräthylen mit Br_2 bei 20—100° zu Trichlordibromäthan reagieren u. behandelt das Prod. bei 0—300° u. 1—14 at mit HF in Ggw. eines Sb-Salzes, bes. $SbCl_5$ oder $SbCl_2F_3$. Das erhaltene Trifluordichloräthan wird mit einer Alkalilsg. (KOH) dehydrochloriert. — Vorrichtung. (**A. P. 2 667 518** vom 9/10. 1948, ausg. 26/1. 1954.) W. GRÄGER. H 520

Standard Oil Development Co., V. St. A. (Erfinder: **Joseph K. Mertzweiller** und **Ralph Burgess Mason**), *Herstellung von Alkoholen.* Man stellt durch Carbonylieren von Olefinen oder olefin. Verbb. (z. B. olefin. Säuren, Alkoholen, Estern, Ketonen) mittels CO u. H_2 bei ca. 210 at u. 120—200° in Ggw. eines Co- oder Fe-Katalysators (z. B. Co- oder Fe-Oleat, -Stearat, -Naphthenat) Aldehyde her, welche 1 C mehr enthalten als die olefin. Ausgangssubstanzen, u. entfernt aus dem aus Aldehyden, W. u. Nebenprodd. bestehenden Reaktionsprod. das W. bis auf ca. 1%. Dann befreit man das Reaktionsprod. vom Katalysator u. hydriert es in Ggw. von 1—10, vorzugsweise 8, Gew.-% W., bei ca. 196—224 at u. ca. 204—287° in Ggw. eines aus akt. Holzkohle als Träger u. Mo-Sufid bestehenden Katalysators. — Vorrichtung. — Vgl. auch E. P. 671 608; C. **1953.** 8202. (**F. P. 1 023 436** vom 31/7. 1950, ausg. 18/3. 1953. A. Prior. 21/10. 1949.) T. OPPERMANN. H 550

Metallgesellschaft Akt.-Ges., Deutschland, *Herstellung organischer Phosphorsäureester.* Die Rk. organ. OH-Verbb. oder cycl. Äther wie Äthylen-, Propylenoxyd, Tetrahydrofuran, OH-substituierte Mono- oder Bisanhydrohexite mit $POCl_3$ erfolgt in Ggw. geringer Mengen von PCl_3. — Eine Mischung von 900 (Teilen) Polyglykol (Mol.-Gew. 450) u. 108 Octadecylalkohol in 100 Vol.-Teilen Trichloräthylen gelöst, wird mit 61 $POCl_3$ verd. u. 3 PCl_3 zugegeben. Die Rk. wird durch 1½ std. Erhitzen unter Rückfluß beendet, Wasserdampf eingeleitet u. ein schaumartiges Prod. erhalten, das sich zur Herst. von Kunstseide eignet. — Man leitet in 300 $POCl_3$ u. 3 PCl_3 bei 100—120° Äthylenoxyd u. erhält β-*Chloräthyldichlorphosphat,* das sich mit Nitrophenol–Na u. Chlorphenol–Na zur Herst. von Insecticiden u. Fungiciden eignet. — Vgl. auch E. P. 692 633; C. **1955.**

7083. (**F. P. 1 030 630** vom 16/10. 1950, ausg. 16/6. 1953. D. Priorr. 26/2. 1949 u. 31/8. 1950.) M. PANKOW. H 590

Union Carbide & Carbon Corp., New York, N. Y. (Erfinder: **Raymond Isaac Hoaglin** und **Donald Henry Hirsh,** South Charleston, W. Va., V. St. A., *Herstellung von Alkoxyalkylacetalen,* dad. gek., daß ein Alkylacetal bei 0—60° in Ggw. eines FRIEDEL-CRAFTS-Katalysators mit 1—8 Mol eines Alkylenoxyds umgesetzt wird. Vorzugsweise soll das Alkylacetal höchstens je 4 C-Atome im Rest der Aldehydgruppe u. im Rest jeder Alkoholgruppe enthalten. Die gleiche C-Zahl soll das Alkylenoxyd enthalten. — 4,85 (Mol) Acetaldehyddiäthylacetal werden mit 2 gasförmigem Äthylenoxyd in Ggw. von BF_3 bei 45° umgesetzt. Man erhält *1-Äthoxy-1-(2-äthoxyäthoxy)-äthan,* $Kp._{10}$ 59—60°, $D._{20}^{15,6}$ 0,896, n_D^{20} 1,4037, neben *1.1-Di-(2-äthoxyäthoxy)-äthan,* $Kp._1$ 64—65°, $D._{20}^{15,6}$ 0,042, n_D^{20} 1,4179. Ferner werden hergestellt: *1-Methoxy-1-(2-methoxyäthoxy)-butan,* $Kp._{10}$ 65—69°, $D._{20}^{15,6}$ 0,913, n_D^{20} 1,4094; *1.1-Di-*(2methoxyäthoxy)-äthan mit Äthylenoxyd bei 49—56° umgesetzt, ergibt *1-(2-Methoxyäthoxy)-1-(2-methoxy-2-äthoxyäthoxy)-äthan,* $Kp._1$ 79—85°, $D._{20}^{15,6}$ 1,005, n_D^{20} 1,4260. — 3,5 Acetaldehyddiäthylacetal mit 1,75 Propylenoxyd umgesetzt, ergibt ein Gemisch aus *1-Äthoxy-1-(2-methyl-2-äthoxyäthoxy)-äthan* u. *1-Äthoxy-1-(1-methyl-2-äthoxyäthoxy)-äthan,* $Kp._5$ des Gemisches 50 bis 52°, $D._{20}^{15,6}$ 0,880, n_D^{20} 1,4026. (**D. B. P. 929 728** Kl. 12o vom 4/3. 1953, ausg. 4/7. 1955. Anmeldung bekanntgemacht 13/1. 1955. A. Prior. 19/3. 1952.) G. KÖNIG. H 690

Gulf Research & Development Co., Pittsburgh, übert. von: **James M. Harrison,** Oakmont, und **Allen E. Somers,** Pittsburgh, Pa., V. St. A., *Trennen von Gemischen organischer Verbindungen,* bes. von A., *Äthylacetat* (I), Methyläthylketon u. W., wie sie in den FISCHER-TROPSCH-Oxydationsprodd. vorliegen. Man dest. in der 1. Destillationszone ein azeotrop. Gemisch von A., I u. W. ab u. leitet dieses in die Extraktionszone, wo als Extrakt A., I u. W. entfernt werden, während das zurückbleibende Gemisch von I u. W. durch azeotrop. Dest. wasserfrei gemacht wird. Der Extrakt wird in einer 2. Destillationszone von I ebenfalls auf azeotrop. Wege befreit. Je nach der Zus. der Gemische können die einzelnen Stufen der azeotrop. Dest. modifiziert werden. — Vorrichtung. (**A. P. 2 702 783** vom 14/3. 1952, ausg. 22/2. 1955.) W. GRÄGER. H 810

Metallgesellschaft Akt.-Ges., Deutschland, *Veresterungsverfahren.* Fettsäure u. Alkohol, bes. Glycerin, werden im Vakuum (30—70 mm) erhitzt, wobei W., Alkohol u. auch etwas Fettsäure abdestillieren. Im Kühler wird ein Vakuum von 3,5 mm gehalten u. der kondensierte Alkohol u. die Fettsäure in den Reaktionsraum in Abständen zurückgeführt. Als Katalysator nimmt man Alkali- oder Erdalkaliphosphate. — Zeichnung. (**F. P. 1 022 402** vom 6/7. 1950, ausg. 4/3. 1953. D. Prior. 23/8. 1949.) M. PANKOW. H 810

Aktiebolaget Bofors, Bofors, Schweden, *Methacrylsäure und deren Ester.* Die bei der Umwandlung von Acetoncyanhydrin über Methacrylamid erhaltene Methacrylsäure (I) wird aus dem Reaktionsgemisch mit einem fl. Extraktionsmittel, bes. einem Alkohol mit 3 oder mehr C-Atomen, oder aromat. oder aliphat. KW-stoffen oder Chlor-KW-stoffen extrahiert u. anschließend mit dem gewünschten Alkohol verestert. — *Methacrylsäurebutylester,* Ausbeute 80%. *Methacrylsäurelaurylester.* (**E. P. 719 908** vom 29/10. 1952, ausg. 8/12. 1954. Schwed. Prior. 31/10. 1951.) G. KRAUSS. H 810

Nopco Chemical Co., Harrison, N. J., übert. von: **Howard C. Klein,** Brooklyn, N. Y., und **Roland Kapp,** Newark, N. J., V. St. A., *Racemisierung von α-Oxy-β.β-dimethyl-γ-butyrolacton* erfolgt durch $3^1/_2$—16std. Erhitzen mit 0,5—30, bes. 1,5—4% Alkalisilicat auf 145°. (**A. P. 2 688 027** vom 22/4. 1952, ausg. 31/8. 1954.) O. MÜLLER-MEININGEN. H 850

C. I. S. A. (Viscosa Compagnia Industriale), Italien, *Herstellung von Schwefelkohlenstoff* im elektr. Ofen aus Holzkohle u. geschmolzenem S bei einer Temp. zwischen 300 u. 500°. Die eine Elektrode ist im oberen Drittel des Ofens angeordnet, die andere am Boden desselben. An den Seitenwänden des mit Holzkohle gefüllten Ofens fließt der S unter gleichzeitigem Kühlen der Ofenwände herab, verdampft auf dem Boden des Ofens u. verbindet sich mit dem C (Holzkohle) zu CS_2, der als Dampf abgezogen wird. — Vorrichtung. (**F. P. 1 046 115** vom 4/12. 1951, ausg. 3/12. 1953.) W. WITTHOLZ. H 880

Amour & Co., Chicago, Ill., V. St. A., *Herstellung von Fettsäurenitrilen.* Vorgewärmte fl. Fettsäuren bzw. -ester u. gasförmiges NH_3 werden in eine erhitzte Reaktionskammer 1 geleitet, von wo nach erfolgter Rk. bei 290—320° ein Gemisch aus Nitrilen, nichtumgesetzten Fettsäureamiden u. NH_3 kontinuierlich in Dampfform abgezogen wird. Dieses Dampfgemisch wird alsdann unter Temperaturerhöhung auf ca. 340° in eine 2. Reaktionskammer geleitet, wo die weitere Rk. der Fettsäureamide in Ggw. eines Bauxitkatalysators erfolgt. Die gebildeten Nitrile werden nach Verlassen der 2. Reaktionskammer kondensiert u. von W. u. NH_3 abgetrennt. Aus 1135 (kg) rohen Fettsäuren

u. 272,4 NH_3 gewinnt man 953,4 Nitrile mit ca. 0,2% freiem Fettsäuregehalt. (**N. P. 82 902** vom 13/12. 1947, ausg. 21/12. 1953. A. Prior. 5/10. 1940.) K. H. KÄHLER. H 890

Distillers Co. Ltd., Edinburgh, England (Erfinder: **Brian Keith Howe** und **Thomas Bewley**), *Gewinnung und Reinigung von ungesättigten Nitrilen.* α.β-ungesätt. aliphat. Aldehyde oder diese liefernde Stoffe werden bei erhöhter Temp. in der Gasphase mit NH_3 u. O_2 in Ggw. eines Oxydationskatalysators behandelt. Das dabei gewonnene Gasgemisch, das das ungesätt. Nitril, nicht umgesetzten Aldehyd u. HCN enthält, wird vor oder nach dem Waschen mit verd. Säure mit festen oder konz. wss. Lsgg. von Alkalien oder Erdalkalien behandelt, u. zwar in solchen Mengen, daß mindestens eine der Verunreinigungen entfernt wird. Das Nitril kann dann durch Extraktion mit W. u. anschließende Fraktionierung rein erhalten werden. Man kann auch aus der Gasmischung das Rohnitril mit W. zuerst herauslösen u. dieses dann der Behandlung unterwerfen. — Ein aus Acrolein, NH_3 u. Luft bei 405° erhaltenes Acrylnitrilgasgemisch wird nach dem Waschen mit verd. Säure mit 40%ig. wss. NaOH gewaschen, wobei der gesamte HCN entfernt wird. Durch Dest. wird reines *Acrylnitril* gewonnen. Weitere Ausführungsbeispiele. (**E. P. 719 635** vom 8/11. 1951, ausg. 8/12. 1954.) G. KRAUSS. H 890

Soc. d'Études, de Recherches, de Diffusion et d'Exploitation, Frankreich (Erfinder: **M. C. Mentzer** und **D. Billet**), *Darstellung von Glutaminsäure*, die hauptsächlich großtechn. durchgeführt werden kann, durch Kondensation von Harnstoff mit α-Ketoglutarsäure oder ihren Estern in Eisessig bei 90° (im Ölbad), unter Einleiten von trockenem HCl-Gas. Es entsteht ein Äthylenhydantoinderiv, das in A. in Ggw. von RANEY-Ni hydriert wird. Anschließende Verseifung mit Barytwasser ergibt die Säure. (**F. P. 1 035 997** vom 20/4. 1951, ausg. 2/9. 1953.) S. MEIER. H 950

Dow Corning Corp., V. St. A., übert. von: **James George Fife**, *Herstellung von Organosiliciumverbindungen* durch Behandeln von Verbb. der Formel $(CH_3)_3Si(CH_2)_n\cdot COOH$ (n = 2—5) mit H_2SO_4 zu $HOSO_3(CH_3)_2Si(CH_2)_nCOOH$, das mit W. in $[HOOC\cdot(CH_2)_nSi(CH_3)_2]_2O$ u. $(CH_3)_2Si(CH_2)_nCOO$ (Ring) übergeht. — Man gibt 28 g β-Trimethylsilylpropionsäure zu 50 cm³ 95%ig. H_2SO_4, verd. mit W. u. erhält beim Stehenlassen $[HOOC(CH_2)_2Si(CH_3)_2]_2O$, F. 55°. Man extrahiert den Rest mit Ae., trocknet u. dest. u. erhält $(CH_3)_2Si(CH_2)_2CO$—O—(Ring), $Kp._4$ 96°. — 6,8 (g) Chlormethyltrimethylsilan werden mit 32,6 Mg, 25 cm³ Ae. u. einem J-Kristall gemischt. Nach Beginn der Rk. 184 Chlormethyldimethylsilan in 550 cm³ Ae. zugegeben, 2 Std. bei 100° gerührt, bei —10° 100 cm³ Äthylenoxyd in 125 Ae. zugegeben, nach Erwärmen Ae. abdest. u. durch Bzl. ersetzt, 250 cm³ konz. HCl zugesetzt, γ-Trimethylsilylpropanol (I), $Kp._{6,2}$ 62°, erhalten. 2 Mol I mit 1 Mol PBr_3 bei 0° gemischt, 1—1½ Std. stehenlassen, 9 Std. bei 85° gehalten, W. zugegeben u. durch Fraktionierung γ-Trimethylsilylpropylbromid, $Kp._{21}$ 67,5° (**II**) erhalten. 57,5 des **II**, 38 Mg in 100 cm³ Ae. u. ein J-Kristall u. nach Beginn der Rk. 500 cm³ Ae. u. 235 **II** werden 15 Std. unter Rückfluß erhitzt in CO_2-Schnee gegossen, 140 cm³ konz. HCl in 1 Liter W. zugegeben u. dest.: $(CH_3)_3Si(CH_2)_3COOH$ (**III**), $Kp._{10}$ 117,8°. 51 **III** werden in 67,5 cm³ H_2SO_4 bei 0° gegeben, man läßt hydrolysieren u. in 2 Schichten absetzen u. erhält aus der nicht wss. Schicht die Verb. $[HOOC(CH_2)_3Si(CH_3)_2]_2O$, F. 50°, unlösl. in W. u. verd. Säuren, u. extrahiert aus der H_2SO_4-Schicht mit Ae. $(CH_3)_2\cdot Si(CH_2)_3CO$—O—(Ring), $Kp._{14}$ 115°. — Verwendung der Stoffe als *Emulgiermittel für fl. Methylpolysiloxane.* (**F. P. 1 018 485** vom 12/5. 1950, ausg. 8/1. 1953. E. Prior. 30/6. 1949.) M. PANKOW. H 980

Comp. Française Thomson-Houston, Seine, Frankreich, übert. von: **Donald Mohler** und **Jesse Earl Sellers**, *Abbau von Organohalogenpolysilanen* der Formel $Z\overset{|}{\underset{|}{Si}}\cdot\overset{|}{\underset{|}{Si}}—$ (Z = organ. Rest, eines der Si-Atome ist mit Halogen, das andere mit H, organ. Rest, Halogen oder einem weiteren Si verbunden) in Dampfphase bei 250—800°. Man nimmt zum Abbau Organodisilane der Formel $Si_2X_nR_{6-n}$ (R = KW-stoffrest, X = Halogen, n = ganze Zahl von 1—5). So fallen beim Überleiten von Methylchlorid über heißes Si in Ggw. von Cu Dimethyltetrachlordisilane u. Trimethyltrichlordisilane, Methylpentachlordisilan u. Tetramethyldichlordisilan an, die zu einfachen Silanen abgebaut werden, die ihrerseits zur Herst. von Siliconharzen dienen. — Durch ein Stahlrohr von 1,3 m Länge u. 7,5 cm Durchmesser von 525° leitet man eine Mischung der obengenannten Disilane u. erhält Methyldichlorsilan, Trimethylchlorsilan, Methyltrichlorsilan, Dimethyldichlorsilan u. einen Rückstand vom Kp. 120—140°. (**F. P. 1 023 146** vom 9/8. 1950, ausg. 13/3. 1953. A. Prior. 18/8. 1949.) M. PANKOW. H 980

Titan Co., Inc., New York, N. Y., V. St. A. (Erfinder: **D. F. Herman**), *Herstellung von Alkyltitanat* durch Rk. von $TiCl_4$ mit einem Alkohol mit mindestens 2 C-Atomen, NH_3 u. einem fl. aliphat. Amid oder Nitril, das nicht mehr als 3 C-Atome pro N-Atom enthält. Hierbei bildet sich Alkyltitanat u. NH_4Cl, letzteres wird durch das fl. Amid, z. B. Formamid, gelöst u. von der Alkyltitanatschicht getrennt. Hergestellte Verbb.: Tetra-(2-äthylbutyl)-titanat, Tetraisopropyltitanat, Tetraoctadecyltitanat. (**Schwed. P. 141 511** vom 20/6. 1952, ausg. 4/8. 1953. A. Prior. 22/6. 1951.) K. H. KÄHLER. H 980

Soc. d'Électro-Chimie, d'Électro-Métallurgie et des Aciéries Électriques d'Ugine, Seine, Frankreich, *Wiedergewinnung von Monochlorbenzol* aus den sauren Rückständen der Dichlordiphenyltrichloräthan-Herstellung. Man erhitzt das aus p-Chlorbenzolsulfonsäure, H_2SO_4 u. W. bestehende Gemisch durch Einleiten von überhitztem Wasserdampf auf 190°. Hierbei dest. Monochlorbenzol ab, welches mittels eines Carbonatfilters neutralisiert wird. — Vorrichtung. (**F. P. 1 023 611** vom 18/8. 1950, ausg. 20/3. 1953.) T. OPPERMANN. H 1010

Ethyl Corp., New York, N. Y., V. St. A., *Aromatisierung von Polychlorcycloalkanen* mit wenigstens 6 Cl-Atomen erfolgt durch deren bes. kurzzeitiges Erhitzen auf 180—350°, bes. 220—350°, in Ggw. eines organ. Fe-, Co- u. Ni-Salzes (Acetate, Propionate, Butyrate, Palmitate, Stearate, Succinate, Maleinate, Benzoate, p-Nitrobenzoate, Phthalate, 3-Chlorphthalate, Adipate, Oleate) als Katalysator, z. B. 0,01—ca. 8%. — Aus Hexachlorcyclohexan in Ggw. von Ni-Acetat bei 280—305° → *1.2.4-* u. *1.2.3-Trichlorbenzol* im Verhältnis $>5:1$. (**E. P. 720 441** vom 9/10. 1952, ausg. 22/12. 1954. A. Prior. 5/12. 1951.) G. KRAUSS. H 1010

Distillers Co. Ltd., England, *Gewinnung von Phenolen* durch Dest. von Prodd., die Phenole aus der katalyt. Spaltung des Isopropylbenzolhydroperoxyds enthalten. Die Gemische enthalten außerdem W., Aceton, Isopropylbenzol (I), α-Methylstyrol (II), Acetophenon, Phenyldimethylcarbinol (III), Cumylphenol u. a. u. werden durch wiederholte fraktionierte Dest. getrennt. Im Rückstand hinterbleibt der größte Teil von III, der bei 180—300° therm. in Phenol, I u. II gespalten u. nochmals fraktioniert wird. (**F. P. 1 065 345** vom 5/7. 1952, ausg. 24/5. 1954. E. Prior. 18/7. 1951.) S. MEIER. H 1060

Metallgesellschaft Akt.-Ges., Deutschland, *Extraktion von Phenolen aus Abwässern*, selbst in geringsten Konzz. gelingt mit organ. Lösungsmitteln, die unter 180° sd., unverseifbar u. mit W. nicht mischbar sind (Äther, Ketone), durch Gegenstromextraktion in 5—12 Extraktoren. Das Lösungsm. wird durch Dest. u. Behandeln mit Alkali vom Phenol befreit. Ein Teil davon wird rein nochmals in den letzten Extraktor eingeführt. Die angewandte Lösungsmittelmenge beträgt 10—20% des Gesamtvol., in den letzten Extraktoren jedoch ein Mehrfaches. (**F. P. 1 044 441** vom 5/11. 1951, ausg. 17/11. 1953.) S. MEIER. H 1060

Vereinigte Glanzstoff-Fabriken Akt.-Ges., Wuppertal-Elberfeld, *Terephthalsäure* erhält man durch Oxydation von p-Xylendichlorid (I) mit HNO_3 (20—65%ig.) bei n. Druck u. Tempp. oberhalb des F. von I, gegebenenfalls unter Rückführung der Reaktionsgase, z. B. NO, NO_2, NOCl u. N_2O_3, in das Gemisch. — Man erhitzt z. B. 70 (g) I mit 700 20%ig. HNO_3 unter Rühren 2 Std. auf 115° u. erhält 61 reine Terephthalsäure. — Die erzielten Ausbeuten betragen zum Teil 90—98% der Theorie. (**E. P. 724 921** vom 28/1. 1953, ausg. 23/2. 1955. D. Priorr. 30/1. u. 9/4. 1952.) U. SIEVERS. H 1220

E. I. du Pont de Nemours & Co., Wilmington, Del., V. St. A., *Aromatische Nitrile* erhält man durch Rk. von kernhalogenierten aromat. Verbb. (1—3 Atome Cl, Br oder Jod) mit wenigstens 1 Mol HCN pro Atom austauschbares Halogen in der Dampfphase bei 450—900° u. in Ggw. von Al_2O_3, NiO oder SiO_2, wobei das Reaktionsgemisch mit einer Geschwindigkeit von 250—1200 Vol./Std. über den Katalysator geleitet wird. — Chlortoluol → *p-Tolunitril*. — p-Dichlorbenzol → *Terephthalsäurenitril* (98,3%) + *p-Chlorbenzonitril* (1%). — Chlorbenzol → *Benzonitril*. (**E. P. 720 513** vom 1/8. 1952, ausg. 22/12. 1954. A. Prior. 29/8. 1951.) U. SIEVERS. H 1290

Chimie et Atomistique, Seine, Frankreich (Erfinder: **David Libermann** und **André Rouaix**), *Herstellung von Bisthiocarbamylaminoarylsulfonen* $(H_2N\cdot CS\cdot NH\cdot Ar)_2SO_2$ (Ar = Aryl) durch Erhitzen einer wss. Lsg. eines arylierten Diaminosulfons $(H_2N\cdot Ar)_2\cdot SO_2$ mit $NH_4\cdot SCN$ unterhalb 100°. — Man gibt 175 (g) krist. $NH_4\cdot NCS$ zu einer unvollständigen Lsg. von 100 4.4'-Diaminodiphenylsulfon in 160 W. u. 72 cm³ konz. HCl, filtriert die Lsg. nach Entfärbung u. erhitzt 2 Std. unter Rückfluß, gießt in 1 Liter kaltes W., wäscht das zerkleinerte Prod. mit W., F. 85° (Zers.), löst 140 davon unter Rückfluß in 2,5 Liter A. von 96°, entfärbt u. erhält nach Abkühlung ein weißes Prod.; Erweichung von 175° an, F. 197—198° (Zers.); *Bis-4.4'-thiocarbamylaminodiphenylsulfon* + 1 Mol Kristallisationsalkohol; *bakteriostat.* Eigg., *Korrosionsverhinderer* für Metalle. (**F. P. 1 045 829** vom 22/6. 1951, ausg. 1/12. 1953.) M. PANKOW. H 1320

Lubrizol Corp., Wickliffe, übert. von: **Willis G. Craig**, Willoughby, O., V. St. A., *O.O-Dialkyl-X-nitrobenzylthio- und -thionthiolphosphate* (Alkyl = CH_3, C_2H_5, C_3H_7, X = O oder S) erhält man durch Kondensation der entsprechenden Dithio- oder Monothiophosphate mit p-Nitrobenzylchlorid (I). — $(C_2H_5O)_2P(=S)-SH$ gibt in Isopropanol in Ggw. von KOH mit I *O.O-Diäthyl-S-(p-nitrobenzyl)-thionthiolphosphat*, P-Geh. 9,45; S-Geh. 20,1; N-Geh. 4,21. — $(C_2H_5O)_2P(=S)-OK + I \rightarrow$ *O.O-Diäthyl-O-(p-nitrobenzyl)-thiophosphat*. Auch die entsprechenden Methyl- u. Isopropylanalogen sind herstellbar. Die Verbb. sind unlösl. in W., schwach lösl. in Paraffin-KW-stoffen, lösl. in aromat. KW-stoffen u. in den meisten O-haltigen Lösungsmitteln. — Verwendung als *Insekticide* u. *Fungicide* (vgl. Tabellen), *Flotationsmittel*, als *Zusatz* zu *Hochdruckschmiermitteln* u. als *Korrosionsschutzmittel*. (**A. P. 2 609 383** vom 30/9. 1950, ausg. 2/9. 1952.)
G. KRAUSS. H 1380

Dow Chemical Co., Midland, Mich., V. St. A. (Erfinder: **Edgar Clay Britton** und **Peter Sutherland Petrie**), *Kondensationsprodukte von Styroloxyd* (**I**) *mit Alkylenoxyden* erhält man durch Erhitzen einer Mischung von I mit einem 2—4 C-Atome enthaltenden Alkylenoxyden (**II**), wobei 0,1—9 (Mol) I pro 1 II kommen, in Ggw. von 1—10 (Gew.-%) eines Glykols u. 0,1—0,5 Alkalihydroxyd auf 80—200° bei Überdruck. — Die Prodd. sind viscose Fll. bis halbfeste amorphe Stoffe. — *Schmiermittel, Weichmacher, Emulgatoren, Dispergiermittel*. (**E. P. 725 666** vom 21/1. 1953, ausg. 9/3. 1955.)
J. MÜHLEISEN. H 1450

Eastman Kodak Co., übert. von: **Charles F. H. Allen** und **John R. Byers jr.**, Rochester, N. Y., V. St. A., *Herstellung der Ester kernsubstituierter Zimtalkohole* mit den allg. Formeln **I** u. **II**, in denen R_1 u. R_2 ein Methyl-, Äthyl- oder Acetylrest u. R_3 eine Alkylgruppe mit 1—4 C-Atomen, eine monocycl. Arylgruppe mit 6—9 C-Atomen oder eine monocycl. Aralkylgruppe mit 7—10 C-Atomen bedeuten, durch selektive Red. der

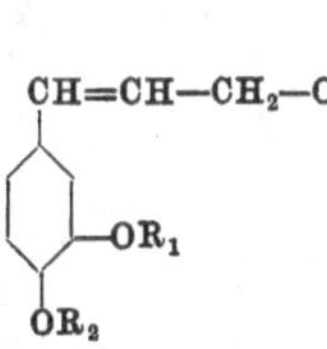

I

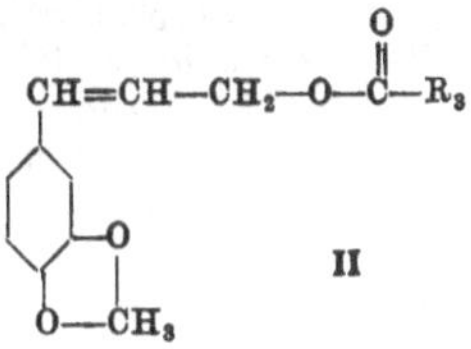

II

entsprechenden Zimtsäuren mit $LiAlH_4$ in Ggw. eines inerten Gases (N_2) u. eines wasserfreien Lösungsm. (Ae.). Durch Zusatz von W. zum Reaktionsprod. erhält man das Li-Salz eines Zimtalkohols, das durch Behandeln mit einem Säureanhydrid der Formel $(R_3-CO)_2O$ den entsprechenden Ester ergibt, z. B. Coniferylbenzoesäureester, 3.4-Dioxycinnamylbenzoesäureester, 3.4-Methylendioxycinnamylacetat. (**A. P. 2 692 269** vom 17/1. 1948, ausg. 19/10. 1954.) W. GRÄGER. H 1470

Monsanto Chemical Co., übert. von: **Harry R. Gamrath** und **Roger E. Hatton**, St. Louis, Mo., V. St. A., *Dialkylmonoarylester von Orthophosphorsäure* der Formel $R_1-O-P(=O)(OR_2)(OR_3)$ (**II**) erhält man in 3 Stufen, indem man aus $POCl_3$ u. einem prim. Alkohol mit 1—6 C-Atomen Monoalkylphosphoryldichlorid herstellt, dieses mit einem prim. Alkohol von höchstens 10 C-Atomen zu Dialkylphosphorylmonochlorid (**II**) u. dieses mit dem Alkalisalz eines Phenols oder Kresols behandelt. Bei der Herst. von II soll der Alkohol jeweils 4 C-Atome mehr aufweisen als der in der 1. Stufe angewandte Alkohol. Reaktionstempp. liegen zwischen F. des $POCl_3$ u. 25—50°. In der 1. u. 2. Stufe werden vorteilhaft äquimol. Mengen eingesetzt. Verwendung als synthet. Schmiermittel, Kraftübertragungsflüssigkeiten. In I bedeuten R_1 eine Alkylgruppe mit endständiger CH_3-Gruppe u. 1—6 C-Atomen, R_2 einen Alkylrest mit endständiger Methylengruppe, der nicht mehr als 10 C-Atome aufweist mit C-Atomen gegenüber R_1 differierend, u. R_3 ist eine Phenyl- oder Tolylgruppe. — 153,4 g $POCl_3$ werden bei 15° mit 130,2 g 2-Äthylhexanol versetzt u. anschließend auf 25° erwärmt. Man entfernt HCl im Vakuum, gibt bei n. Druck u. 15° 81,5 g n-Butylalkohol zu, erwärmt auf 25°, entfernt HCl unter Aufrechterhalten eines Vakuums. Das entstehende *2-Äthylhexyl-n-butylphosphorylmonochlorid* wird bei 20—25° mit 90,4 g einer 50%ig. wss. Lsg. von Na-Phenolat umgesetzt. Man erhält *2-Äthylhexyl-n-butylphenylphosphat*, $D.^{25}{}_{25}$ 1,0212, n_D^{25} 1,4698, F. < —70°. Es werden ferner hergestellt: *n-Octyl-n-butylphenylphosphat*, $D.^{25}{}_{25}$ 1,0569, n_D^{25} 1,4663, F. < —70°; *2-Äthylhexyl-n-butyltolylphosphat*, $D.^{25}{}_{25}$ 1,0110, n_D^{25} 1,4719; *2-Äthylhexylisobutylphenylphosphat*, $D.^{25}{}_{25}$ 1,0241, n_D^{25} 1,4720, F. < —70°; *2-Äthylhexylmethylphenylphosphat*, $D.^{25}{}_{25}$ 1,0613, n_D^{25} 1,4802, F. < —70°; *Decylmethylphenylphosphat, Nonylisoamylphenylphosphat*; *n-Octyl-n-butyltolylphosphat*. (**E. P. 716 978** vom 2/11. 1951, ausg. 20/10. 1954. A. Prior. 6/11. 1950.) G. KÖNIG. H 1780

Badische Anilin- & Soda-Fabrik Akt.-Ges. (Erfinder: **Otto Stichnoth**), Ludwigshafen/Rh., *Cyclohexanon* erhält man durch Erhitzen von o-Cyclohexylidencyclohexanon oder von höhersd. Nachläufen, die bei der katalyt. Dehydrierung von Cyclohexanol als

Nebenprodd. entstehen, mit W. in Ggw. kleiner Mengen Alkali (ca. 0,5—5%) auf ca. 180 bis 250°; Ausbeute nahezu fast quantitativ, wenn man nur teilweise Spaltung anstrebt u. das nicht umgesetzte Ausgangsmaterial nach Abtrennung des Cyclohexanons in den Kreislauf zurückgibt. (**D. B. P. 927 688** Kl. 12o vom 23/1. 1953, ausg. 16/5. 1955. Anmeldung bekanntgemacht 28/10. 1954.) G. KRAUSS. H 1960

National Distillers Products Corp., New York, N. Y. (Erfinder: **Frederick Burr La Forge**, Arlington, Va., und **Milton Seymour Schechter**, Washington, D. C.), V. St. A., *Cyclopentenolonhomologe* (= *Pyrethrumanaloge*) u. deren *Ester* der nebenst. Formel (R = Alkyl, Alkenyl, Aryl, Aralkyl, Cycloalkyl, Cycloalkenyl, Furyl, Thenyl, R' = Alkyl, Alkenyl oder Aryl) entstehen durch intramol. Cyclisierung von Oxyketonen der Formel R'—CO—CHOH—CH_2—CO—CH_2—R in Ggw. alkal. wirkender Mittel u. anschließender Veresterung mit Carbonsäuren, deren Säurehalogeniden oder Anhydriden, bes. mit dl-trans-Crysanthemummonocarbonsäure (= 2-Isobutenyl-3.3-dimethylcyclopropan-1-carbonsäure). — Äthyl-3-oxy-6-heptenoat gibt in 10% ig. KOH nach Einleiten von CO_2 bis p_H 8 u. Zusatz von 35% ig. Brenztraubenaldehyd 3-Oxy-8-nonen-2.5-dion, $Kp._{0,15}$ 85—93°, n_D^{23} 1,4657, das mit 0,5nNaOH zu *2-Allyl-4-oxy-3-methyl-2-cyclopentenon-(1)*, $Kp._{0,15}$ 100—103°, n_D^{25} 1,5141, cyclisiert wird; dieses liefert mit Crysanthemumsäurechlorid in Pyridin–Bzl. den *Ester*, n_D^{25} 1,5034. Es werden folgende Verbb. hergestellt: $R = n\text{-}C_4H_9$, $R' = CH_3$; $C_{10}H_{16}O_2$, $Kp._{0,07}$ 110—113°, n_D^{25} 1,4920; *Semicarbazon*, $C_{11}H_{19}O_2N_3$, F. 199 bis 200°. — $R = CH_2CH{=}CHCH_3$, $R' = CH_3$; $C_{10}H_{14}O_2$, $Kp._{0,15}$ 110—114°, n_D^{25} 1,5143; *Semicarbazon*, $C_{11}H_{17}O_2N_3$, F. 222—223°, — $R = CH_2CH{=}CH_2$, $R' = CH_3$; $C_9H_{12}O_2$, $Kp._{0,15}$ 110—113°, n_D^{25} 1,5141; *Semicarbazon*, $C_{10}H_{15}O_2N_3$, F. 213—214°. — $R = CH_2C\cdot(CH_3){=}CH_2$, $R' = CH_3$; $C_{10}H_{14}O_2$, $Kp._{0,3}$ 112—114°, n_D^{25} 1,5120; *Semicarbazon*, $C_{11}H_{17}\cdot O_2N_3$, F. 213—214°. — $R = CH_2CH_2CH{=}CH_2$ $R' = CH_3$; $C_{10}H_{14}O_2$, $Kp._{0,2}$ 109—113°, n_D^{25} 1,5089; *Semicarbazon*, $C_{11}H_{17}O_2N_3$, F. 195—196°. — $R = CH_2CH{=}C(CH_3)_2$, $R' = CH_3$; $C_{11}H_{16}O_2$, $Kp._{0,3}$ 116—119°, n_D^{25} 1,5100; *Semicarbazon*, $C_{12}H_{19}O_2N_3$, F. 222—223°. — $R = CH_2CH{=}CH_2$, $R' = C_6H_5$; $C_{14}H_{14}O_2$, $Kp._{0,6}$ 153—156°, n_D^{25} 1,5975; *Semicarbazon*, $C_{15}H_{17}O_2N_3$, F. 212—213°. — Die Veresterung kann auch mit Ameisen-, Essig-, Propion-, Palmitin-, Stearin-, Ölsäure, cycl. oder hetrocycl. Säuren erfolgen. Verwendung als *Insekticide* u. Zwischenprodd. zur Herst. von *Parfümen*, *Reinigungs-* u. *Netzmitteln*. — Vgl. Schwz. P. 289 914; C. **1954**. 4929. (**D. B. P. 877 456** Kl. 12o vom 8/2. 1950, ausg. 26/5. 1953. **E. P. 678 230** vom 18/1. 1950, ausg. 27/8. 1952. Beide A. Prior. 8/2. 1949.) G. KRAUSS. H 1980

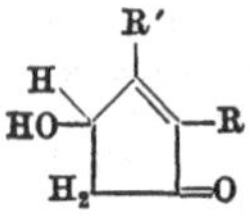

Imperial Chemical Industries Ltd., übert. von: **J. Haworth** und **A. Lambert**, London, England, *Herstellung von Antioxydationsmitteln* durch Kondensation von 2.4-Dimethylphenol mit Nonaldehyd (I) oder mit 3.5.5-Trimethylhexanal-1 (II) in Ggw. eines sauren Kondensationsmittels. — Mit I entsteht *1.1-Bis-(2'-Oxy-3'.5'-dimethylphenyl)-nonan* u. mit II *2.2.4-Trimethyl-6.6-bis-(2'-oxy-3'.5'-dimethylphenyl)-hexan*. (**Can. P. 483 235** vom 16/9. 1949, ausg. 13/5. 1952. E. Prior. 22/9. 1948.) M. F. MÜLLER. H 2260

Farbenfabriken Bayer, übert. von: **Kurt Hans Ernst Hansen, Othmar Ludwig Drapal, Karl Wilhelm Hintzmann** und **Richard Wegler**, Leverkusen, *Polyglykoläther aromatischer Oxyverbindungen* der allg. Formel $R—\underset{\displaystyle (R_1)_m}{\underset{|}{Ar}}—O—(CH_2—CH_2O—)_nH$, in der Ar einen Benzol- oder einen Naphthalinkern, R einen Phenyl-, Cyclohexyl- oder Benzylrest, R_1 H oder R, m 1 oder 2 u. n eine ganze Zahl von 6—30 bedeuten, werden durch Einw. von Äthylenoxyd auf substituierte aromat. Oxyverbb. (I) erhalten. Als I sind verwendbar: Benzyl-p-oxydiphenyl, Dibenzylphenol, Benzylnaphthol, Tricyclohexylphenol sowie Cyclohexylnaphthol. Die Anzahl der mit einem Mol der I verbundenen Äthylenoxydmoll. hängt von dem Verwendungszweck der Äther ab. Sie kann zwischen 5 u. 30 Mol (12—20) schwanken. Die Äther besitzen ölige bis wachsartige Konsistenz u. zeigen sehr gute *Emulgier-* u. *Dispergiereigenschaften*. — 100 (Teile) Ultramarin werden in einer Kugelmühle unter Zusatz von 10 Benzyl-p-oxydiphenylpolyglykoläther u. 100 W. gemahlen. Man erhält eine sehr feine Dispersion des Pigments. — Vgl. auch D. B. P. 824 949; C. **1952**. 4039. (**A. P. 2 630 457** vom 12/1. 1949, ausg. 3/3. 1953. D. Prior. 25/11. 1948.) R. SCHWECHTEN. H 2700

Établissements Huillard, Frankreich (Erfinder: **Pierre Mastagli**), *Katalytische Hydrierung von Furfurol zu Fufurylalkohol* gelingt unterhalb 120° u. höchstens 7 kg/cm² Druck in Ggw. eines Ni-Katalysators, dessen Wirksamkeit stark red. ist. Entweder nimmt man einen schon verbrauchten Katalysator der Ölhydrierung oder eine gepulverte Ni-M., die man zuvor mit einer Sodalsg. u. anschließend mit rohem Furfurol erhitzt hat. Die Hydrierung erfolgt unter Rühren in mehreren dampfbeheizten Kammern, in denen oben H_2 eintritt; sie dauert ca. 3 Stunden. — Zeichnung. (**F. P. 1 034 195** vom 20/3. 1951, ausg. 20/7. 1953.) S. MEIER. H 3061

Phrix-Werke Akt.-Ges., Deutschland, *Herstellung von Tetrahydrofurylsäuren.* Man hydriert ungesätt. in 2-Stellung ω-furylierte Fettsäuren in Ggw. von überschüssigem Alkali. — Eine teilweise Lsg. von 600 (Teilen) feuchtem Na-2-Furylacrylat (ca. 1 Mol Trockensubstanz) in 800 W. u. 40 NaOH wird bei 125° mit 10 RANEY-Ni u. 100 at hydriert, mit konz. HCl angesäuert, wobei *Tetrahydrofurylpropionsäure* ausfällt. (**F. P. 1 031 963** vom 1/2. 1951, ausg. 29/6. 1953. D. Prior. 8/3. 1950.) M. PANKOW. H 3061

Badische Anilin- & Soda-Fabrik Akt.-Ges., Ludwigshafen/Rh. (Erfinder: **Richard Kuhn, Günter Quadbeck,** Heidelberg, und **Erich Röhm,** Malsch bei Heidelberg), *Thiazolinderivate* erhält man durch Rk. von 2-Methylthiazolin mit Ketenen, bes. in Ggw. von Lösungs- u. Verdünnungsmitteln. Die sich zuerst bildende Anlagerungsverb. lagert sich beim Erhitzen durch Behandeln mit verd. Säuren oder wss. Alkali um. — Aus 2-Methylthiazolin u. $CH_2{=}CO$ unter Kühlung u. anschließendem Erhitzen oder Behandeln mit wss. Alkali in der Kälte → *2-Acetonylthiazolin,* aus Aceton Prismen, F. 101°, gibt mit $FeCl_3$ rotbraune Färbung; mit Cu-Acetat ein schwerlösl. *Komplexsalz,* grüne Blättchen mit starkem Oberflächenglanz. — Es ist als *blutdrucksenkendes Mittel* gut verträglich. — *Pharmazeutica* u. *Kosmetica.* (**D. B. P. 930 207** Kl. 12p vom 24/10. 1952, ausg. 11/7. 1955. Anmeldung bekanntgemacht 23/12. 1954.) G. KRAUSS. H 3142

Badische Anilin- & Soda-Fabrik, Deutschland, *Herstellung von Estern der Pyridincarbonsäuren.* Man erhitzt die Säuren (Nicotin-, Isonicotin-, 2-Methylpyridin-4-carbonsäure) mit ein- oder mehrwertigen Alkoholen (Methanol, A., Glykol u. a.) im Überschuß 8 Std. im Autoklaven auf 120—200°. Unumgesetzte Säure wird abfiltriert, der Ester bei 11 mm abdestilliert. (**F. P. 1 067 397** vom 3/12. 1952, ausg. 15/6. 1954. D. Priorr. 17/12. 1951, 28/6. u. 6/8. 1952.) S. MEIER. H 3231

Dar-Syn Laboratories, Inc., Hawthorne, N. J., übert. von: **Nathaniel Grier,** Brooklyn, N. Y., und **Charles Casalbore,** Passaic, N. J., V. St. A., *8-Oxychinolinium-dihydrophosphat.* Man löst 8-Oxychinolin in Eisessig u. fügt der Lsg. H_3PO_4 zu, F. 185 bis 187°. — Verwendung zur Herst. von Pufferlösungen. (**A. P. 2 606 189** vom 17/10. 1950, ausg. 5/8. 1952.) A. BRÖSAMLE. H 3231

Franz Gottwalt Fischer, Würzburg (Erfinder: **Franz Gottwalt Fischer, Wilhelm Paul Neumann,** Würzburg, und **Josef Roch,** Biberach/Riß), *5-Aminouracil-4-sulfonsäure* (I), $C_4H_4O_5N_3SNa \cdot 2\,H_2O$, kristallwasserfreie Säure, rhomb. Blättchen, zers. sich unter Aufblähen bei 280°, lösl. in W. bei 20° 0,355 g/100 cm³. — 5-Nitrouracil wird mit wasserlösl. Dithioniten (Hypodisulfiten) in alkal., bes. stark alkal. Lsg. (z. B. 3nNaOH) nach nebenst. Reaktionsschema bei ca. 10 bis 90° umgesetzt. Ausbeute fast quantitativ, im Beispiel 85—90%. — Zwischenprodukt. (**D. B. P. 927 631** Kl. 12p vom 27/4. 1952, ausg. 12/5. 1955. Anmeldung bekanntgemacht 2/9. 1954.) G. KRAUSS. H 3272

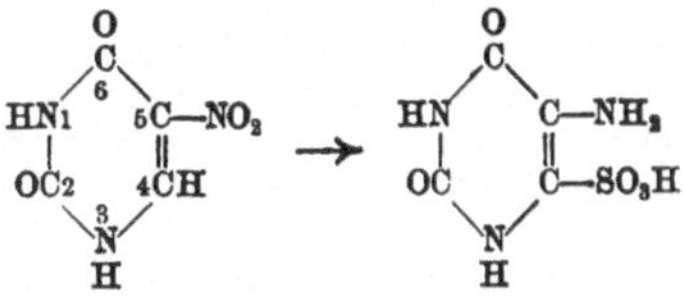

F. Gottwalt Fischer, Würzburg (Erfinder: **F. Gottwalt Fischer, Wilhelm Paul Neumann,** Würzburg, und **Josef Roch,** Biberach/Riß), *Purine und deren Derivate.* 5-Aminouracil-4-sulfonsäure (I), die ein- oder mehrfach alkyliert sein kann, wird mit Verbb. der allg. Formel R—CO—NH_2 oder diese unter den Reaktionsbedingungen liefernden Stoffen erhitzt (R = H, Alkyl, Aryl, Aralkyl, NH_2) u. die gebildeten Purinderivv. werden gegebenenfalls alkyliert. — Aus I (hergestellt z. B. nach D. B. P. 927 631, vgl. vorst. Ref.) u. Harnstoff nach $^1/_2$std. Erhitzen auf 190—200° (Ölbad 200—210°) unter NH_3- u. CO_2-Entw. → Ammoniumurat, daraus in NaOH unter Erhitzen u. Zusatz von HCl → *Harnsäure,* $C_5H_4O_3N_4$, rechteckige Täfelchen; Ausbeute 90%. — I + Formamid bei 200° → *Xanthin,* $C_5H_4O_2N_4$; Ausbeute 75—80%; + Diazomethan oder Dimethylsulfat → *Coffein,* $C_8H_{10}O_2N_4$, aus A. u. Sublimation im Vakuum, F. 232°. — I + Acetamid → *8-Methylxanthin,* $C_6H_6O_2N_4$. — I + Benzamid → *8-Phenylxanthin,* $C_{11}H_8O_2N_4 \cdot {}^1/_2\,H_2O$; Ausbeute 70%. — I + Propionamid → *8-Äthylxanthin,* $C_7H_8O_2N_4$. — I + Laurinsäureamid → *8-Undecylxanthin* (Zers. >350°). — I + Phenylacetamid → *8-Benzylxanthin,* $C_{12}H_{10}O_2N_4$, Prismen, Zers. ab 270° (ohne F.). — I + Zimtsäureamid → *8-Styrylxanthin,* zu Büscheln vereinigte Prismen, Zers. >320° (ohne F.). (**D. B. P. 930 211** Kl. 12p vom 27/4. 1952, ausg. 11/7. 1955. Anmeldung bekanntgemacht 14/10. 1954.) G. KRAUSS. H 3344

Henkel & Cie. G. m. b. H. (Erfinder: **Arthur Zimmermann),** Düsseldorf, *Gewinnung von Glucosaminhydrochlorid* (I) u. Huminstoffen aus den bei der Fettextraktion von verfetteten, mycelbildenden Mikrorganismen anfallenden Rückständen. Diese werden mit verd. Alkali bei bis zu 110° ansteigenden Tempp., notfalls unter Druck, behandelt. Nach der Entfernung der Proteine wird das chitinreiche Rückstandsmycel nach der Quellung mit W. mit starker oder gasförmiger HCl hydrolysiert, die sich abscheidenden Huminstoffe werden entfernt u. aus der sauren Lsg. wird das I kristallin abgeschieden, das in ca. 40% ig. Ausbeute anfällt. Verglüht man die braunen, fettfreien Huminstoffe unter N_2 bei 390—510°, so erhält man einen samtweichen, schwarzen Rückstand, der nach wenig Anwärmen an der Luft unter Aufglühen weiterbrennt. (**D. B. P. 855 560** Kl. 12o vom 8/9. 1940, ausg. 13/11. 1952.) G. KRAUSS. H 3400

Texsun Citrus Exchange, übert. von: **Everette M. Burdick,** Weslaco, und **Robert H. Maurer,** Pharr, Tex., V. St. A., *Gewinnung von Naringin*, $C_{27}H_{32}O_{14}$ (*Bitterglucosid der Citrusfrüchte*, bes. der Grapefrucht). Die das Naringin (I) enthaltende wss. Lsg. wird auf p_H von 3,5—7 eingestellt, dann setzt man ca. 1% akt. Kohle zu u. erwärmt die Lsg. auf 50—60°, wobei das gesamte I adsorbiert wird. Auf diese Weise können Citrusfruchtsäfte von diesem Bitterstoff befreit werden. (**A. P. 2 510 797** vom 13/4. 1948, ausg. 6/6. 1950.) G. KRAUSS. H 3450

Mallinckrodt Chemical Works, übert. von: **August H. Homeyer,** Webster Groves, und **George B. De La Mater,** St. Louis, Mo., V. St. A., *Codeinon, Dihydrocodeinon und Dihydromorphinon* erhält man durch Rk. von Codein, Dihydrocodein, Dihydroisocodein u. Dihydromorphin mit einem Keton, wie Benzil, Benzoinmethyläther, α-Methoxyacetophenon u. einem Al-Alkoholat, wie Al-tert.-Butylat, in einem Lösungsm., wie Toluol. (**A. P. 2 628 962** vom 20/10. 1949, ausg. 17/2. 1953.)
O. MÜLLER-MEININGEN. H 3500

J. Bibby & Sons Ltd., Liverpool, England (Erfinder: **James Walter Lord** und **Jan Alexander McAdam**), *Phosphate für Trennsäulen, besonders für die Anreicherung von Pflanzenfarbstoffen, wie Chlorophyll und Carotin.* Knochenmehl oder Calciumphosphat werden mit einer $^1/_2$—2n-Lsg. von H_3PO_4 in einem polaren organ. Lösungsm. (I), z. B. Aceton, dann mit reinem organ. Lösungsm., das 5—15% W. enthält, behandelt; vorher kann mit reinem Lösungsm. gewaschen werden. Die Farbstoffe lassen sich leicht aus der Trennsäule abziehen. (**E. P. 670 460** vom 20/9. 1950, ausg. 16/4. 1952.)
A. ZÜRN. H 3550

Ayerst, McKenna & Harrison Ltd., übert. von: **Carl von Seemann,** Westmount, und **Gordon A. Grant,** Montreal, Quebec, Can., *3β-Acylätiobiliensäuremonoalkylester-alkylthiolester.* Zu Can. P. 475 806; C. **1952.** 4816 u. A. P. 2 508 786; C. **1952.** 3903 ist nachzutragen: *3-Acetoxy-$\Delta^{5,6}$-ätiobiliensäure-α-thiolbenzylester-β-methylester*, $C_{29}H_{38}O_5S$, F. 111 bis 111,5°, → *$\Delta^{8,14}$-2.13-Dimethyl-1-oxyäthyl-7β-acetoxydodekahydrophenanthryl-2-carbonsäurelacton*, $C_{21}H_{30}O_4$, F. 185—187°, $[\alpha]_D^{27}$ —73,7°; + Br_2 → $C_{21}H_{30}O_4Br_2$, F. 153 bis 154°. — *$\Delta^{9,14}$-2.13-Dimethyl-1-oxyäthyl-7β-oxydodekahydrophenanthryl-2-carbonsäurelacton*, $C_{19}H_{28}O_3$, F. 204—206°, $[\alpha]_D^{27}$ — 56,5° (Methanol). — 3-Acetoxy-$\Delta^{5,6}$-ätiobiliensäure-α-methylester-β-säurechlorid → *3-Acetoxy-$\Delta^{5,6}$-ätiobiliensäure-α-methylester-β-thiolbenzylester* → *$\Delta^{9,14}$-2.13-Dimethyl-2-oxymethyl-7β-acetoxydodekahydrophenanthryl-1-essigsäurelacton*, $C_{21}H_{30}O_4$, F. 175,5—176°, $[\alpha]_D^{27}$ —132,2° (Methanol), → *$\Delta^{9,14}$-2.13-Dimethyl-2-oxymethyl-7β-oxydodekahydrophenanthryl-1-essigsäurelacton*, $C_{19}H_{28}O_3$, F. 199,5—202°, $[\alpha]_D^{27}$ —89,6° (Methanol). (**A. P. 2 586 533** vom 1/4. 1948, ausg. 19/2. 1952. Can. Prior. 22/12. 1947.) G. KRAUSS. H 3700

Knoll Akt.-Ges. Chemische Fabriken (Erfinder: **Hermann Graf,** Ludwigshafen/Rh. und **Gerhard Schenk,** Berlin), *Gewinnung der Bitterstoffe aus Lactuca virosa* durch Abscheiden der Ballaststoffe durch Koagulieren. Das Filtrat u. die Waschwässer vom Koagulat werden zur Sirupkonsistenz eingedampft. Es scheidet sich ein weißes Kristallisat ab, aus dem die Bitterstoffe mit Methanol A., Ae. oder CH_3Cl extrahiert werden. (**D. B. P. 889 967** Kl. 30h vom 2/2. 1939, ausg. 14/9. 1953.) K. HEINZE. H 3950

Badische Anilin- & Soda-Fabrik, Deutschland, *Kondensieren von Polyglykoläthern mit höhermolekularen aliphatischen oder aromatischen Verbindungen*, die wenigstens eine Aminogruppe u./oder phenol. OH-Gruppe enthalten. Die erhaltenen Kondensationsprodd. werden in der Textil- u. Leder-, der kosmet. u. pharmazeut. Industrie, als Desinfektions- u. Konservierungsmittel, für Insekticide, Schaum- u. Netzmittel bei der Gewinnung von Erdöl u. plast. Massen verwendet. — Man rührt langsam 25 (Teile) Monoäthanolamin in 74 Schwefelsäureester des Kondensationsprod. aus 1 Mol Dodecylalkohol u. 9 Äthylenoxyd, hält 2 Std. bei 180°, entfernt restliches Monoäthanolamin, extrahiert *Dodecylnonaglykoloxäthylamin* mit Bzl. als braunes Öl, das wachsartig krist. u. leicht wasserlösl. ist. Weiter sind genannt *Dodecylnonaglykolhexamethylenimin*, -diäthylamin, der Cetyldekaglykoläther des p-Aminophenols, der p-Aminobenzoesäureester des Dodecylnonaglykoläthers, der Dodecylnonaglykoläther des p-Aminobenzylalkohols. (**F. P. 1 031 146** vom 18/1. 1951, ausg. 19/6. 1953. D. Prior. 26/1. 1950.)
M. PANKOW. H 4010

G. D. Searle & Co., Skokie, Ill., V. St. A., übert. von: **Zareh Hadidian,** Worcester, Mass., V. St. A., und **Norman W. Pirie,** Harpenden, England, *Hochviscose Hyaluronsäure* (**I**) erhält man durch Extraktion von mit $(CH_3)_2CO$ gewaschenen Nabelschnüren mit einer NaCl-Lsg., Ansäuern des Extraktes, Entfernen des Nd., Fällung proteinhaltiger Prodd. mit $(NH_4)_2SO_4$ (**II**) u. Pyridin u. Fällung der **I** durch Sättigen mit **II.** (**A. P. 2 585 546** vom 3/2. 1948, ausg. 12/2. 1952.) O. Müller-Meiningen. H 4050

American Dairies, Inc., Kansas City, Mo., und **Quaker Oats Co.,** Chicago, Ill., übert. von: **William R. Graham jr.,** Kansas City, **George O. Kohler,** Mission, Kans., und **Richard D. Hoover,** Kansas City, Mo., V. St. A., *Jodierung von Proteinen* geschieht durch Rk. einer Proteinsubstanz mit J_2 oder einem Jodid in Ggw. einer oxydierenden Verb., bes. Chloramin T. (**A. P. 2 586 425** vom 13/10. 1947, ausg. 19/2. 1952.) G. Langer. H 4070

Nederlandse Centrale Organisatie voor Toegepast-Natuurwetenschappelijk Onderzoek, Den Haag (Erfinder: **Evert Johannes Arlman,** Bussum), Holland, *Stabilisieren von Keratinlösungen,* die durch Behandlung von keratinhaltigem Material mit wss. Alkalisulfidlsg. erhalten wurden. Die Lsg. wird durch Zugabe von Säure auf p_H 10,8—11,5, bes. 11,2, eingestellt. (**D. B. P. 842 205** Kl. 12p vom 5/11. 1943, ausg. 23/6. 1952. Holl. Prior. 10/12. 1942.) W. Kranz. H 4070

X. Färberei. Organische Farbstoffe.

Comp. Française des Matières Colorantes, Frankreich (Erfinder: **Pierre Petitcolas, Robert Sureau, René Roe** und **André Richard**), *Herstellung von Diazoaminoverbindungen* als *Entwicklungsfarbstoffe* für *Textilfasern* durch Kondensation von Diazo- oder Tetrazoverbb. (Derivv. des Anilins, der Toluidine, Xylidine, Nitraniline, p-Diamine, des Benzidins u. a., die keine lösl. Gruppen enthalten) in nicht saurem Medium (wss. Lsg. von Na_2CO_3 u. $NaHSO_3$) mit Stoffen der allg. Formel I, worin X Alkyl- oder Cycloalkylgruppen, Y eine einfache Bindung oder substituierte oder unsubstituierte Methylengruppen bedeuten. (**F. P. 1 067 249** vom 28/11. 1952, ausg. 14/6. 1954.) S. Meier. 7007

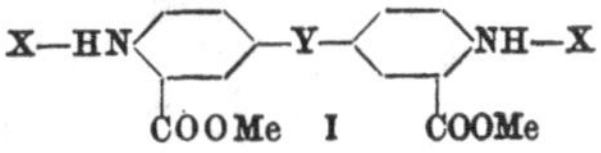

Farbwerke Hoechst, vormals Meister Lucius & Brüning, Deutschland, *Erzeugung weißer oder farbiger Aussparungen auf Superpolyamidfasern.* Die Fasermassen oder Mischgewebe aus Superpolyamidfasern werden vor oder während des Färbens oder Bedrukkens mit Gerbmitteln behandelt, die durch Kondensation von Oxydiarylsulfonen mit aromat. Sulfonsäuren u. Aldehyden oder durch Kondensation von Oxydiarylsulfonen mit Salzen von H_2SO_3 u. CH_2O erhalten werden. — 100 g Superpolyamidfasern werden 15—45 Min. bei 92—95° in einem Bad behandelt, das pro Liter 15—20 cm^3 einer 25%ig. Lsg. eines Kondensationsprod. aus 4.4'-Dioxydiphenylsulfon, Na_2SO_3 u. CH_2O enthält. Die Lsg. wird mit Ameisen- oder Essigsäure u. mit 10—20 g NaCl versetzt. Man spült kurz, trocknet u. verarbeitet die Fasern mit beliebigen anderen Kunstfasern. Färbt man das erhaltene Prod., z. B. mit einem sulfonierten Dioxazin-Blau, so bleiben die Polyamidfasern weiß. (**F. P. 1 069 396** vom 2/1. 1953, ausg. 7/7. 1954. D. Prior. 6/1. 1952.) G. Weltzien. 7017

American Cyanamid Co., New York, N. Y., übert. von: **Frederick Fordemwalt,** Middlesex, N. J., V. St. A., *Färben mit Küpenfarbstoffen bei hohen Temperaturen.* Um mit Küpenfarbstoffen, die bei längerer Einw. von hohen Tempp. zerstört werden, färben zu können, setzt man dem Färbebad, das genügend Alkali u. $Na_2S_2O_4$ enthält, um den Farbstoff zu reduzieren, eine ionisierte Co-Verb., z. B. $CoCl_2$, hinzu. Das Farbbad enthält z. B. 1 (Teil) Farbstoff, 390 W., 12,5 NaOH von 30° Bé, 3 $Na_2S_2O_4$ u. 5 einer 5%ig. wss. Lsg. von $CoCl_2$. Es wird bei 90° red. u. 30 Min. bei der gleichen Temp. gefärbt. (**A. P. 2 690 952** vom 8/2. 1951, ausg. 5/10. 1954.) H. v. Schiller. 7021

British Celanese Ltd., London, England (Erfinder: **Henry Charles Olpin** und **Tom Jackson**), *Färben von Textilien,* die aus Celluloseestern oder -äthern bestehen, erfolgt durch Behandeln des Färbegutes mit einer Küpe, die ein wasserlösl. Amin vom Kp. mindestens 140°, z. B. Monoäthanolamin, ein Alkali- oder Erdalkalithiocyanat u. ein Aldehydsulfoxylat, enthält, anschließendes Dämpfen des Materials u. oxydative Behandlung, z. B. mit Na-Percarbonat. (**E. P. 692 934** vom 4/5. 1950, ausg. 17/6. 1953.) O. Müller-Meiningen. 7021

E. I. du Pont de Nemours & Co., übert. von: **Barbara Jane Weir,** Wilmington, Del., V. St. A., *Färben von Celluloseacetat,* das durch Behandeln mit einem polymeren Dimethylaminoäthylmethacrylat anfärbbar gemacht worden ist, mit Säurefarbstoffen (**I**). Man färbt mit **I** u. behandelt anschließend bei 212° F wenigstens 5 Min. mit einer

wss. Lsg. von 15 g/Liter Salicylsäure. Hierdurch wird die Lichtechtheit der Färbung stark verbessert. (**A. P. 2 690 954** vom 1/3. 1952, ausg. 5/10. 1954.)
H. v. SCHILLER. 7021

E. I. du Pont de Nemours & Co., Wilmington, Del., übert. von: **Joseph John Jannarone jr.**, Penns Grove, N. J., V. St. A., *Färben von Textilien aus Polyacrylnitril mit Säurefarbstoffen.* Man behandelt bei $p_H < 5$ in einem wss. Bade, das den Farbstoff u. so viel eines Cu-Salzes enthält, daß 0,5—2,5 Gew.-% Cu-Ionen vorhanden sind, u. das außerdem noch 1—10% Furfurol (beides bezogen auf Fasergewicht) enthält, u. färbt bei Tempp. beträchtlich $> 212°$F unter Druck. (**A. P. 2 700 589** vom 22/3. 1952, ausg. 25/1. 1955.)
H. v. SCHILLER. 7021

Ciba Soc. An., Schweiz, *Herstellung von 5-Pyrazolon-3-carbonsäureamiden.* Man läßt einen 5-Pyrazolon-3-carbonsäureester mit einem Monoalkylamin reagieren, welches eine n. oder sek. Alkylgruppe besitzt. — Z. B. erhitzt man 12 Std. in einem Autoklaven 156 (Teile) 5-Pyrazolon-3-carbonsäureäthylester mit 120 Isopropylamin auf 130—140°. Die Aufarbeitung des Reaktionsprod. ergibt *5-Pyrazolon-3-carbonsäureisopropylamid*, zers. sich bei 200°. Ferner werden noch genannt: *5-Pyrazolon-3-carbonsäure-n-butylamid*, F. 246—247° (Zers.); *-1-methylpropylamid*, F. 211—213° (Zers.); *-n-dodecylamid*, F. 215 bis 220° (Zers.); *-cyclohexylamid*, rötliches Pulver, F. 222—224° (Zers.); *-β-oxyäthylamid*, F. 194—196°. Die Amide dienen *zur Herst. von Azofarbstoffen.* (**F. P. 1 067 470** vom 5/12. 1952, ausg. 16/6. 1954. Schwz. Priorr. 7/12. 1951 u. 27/10. 1952.)
T. OPPERMANN. 7049

Ciba Soc. An., Schweiz, *Carboxylgruppen enthaltende Farbstoffe.* Man führt in Farbstoffe oder deren Ausgangsstoffe mindestens einmal den Rest I oder II (n u. x = 1

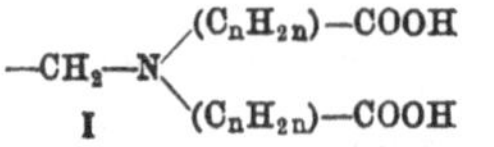
I

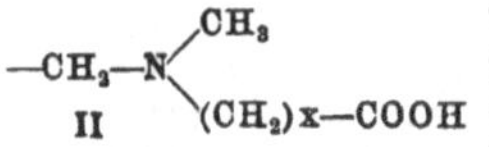
II

oder 2) unmittelbar gebunden an einen aromat. Kern ein, z. B. bei Farbstoffen, bes. *Azofarbstoffen* oder deren Komponenten, die eine phenol. OH-Gruppe u. ein H-Atom in o-Stellung dazu enthalten, durch Rk. mit CH_2O (**III**) u. Iminocarbonsäuren, bes. Iminodiessigsäure (**IV**) in ätzalkal., gegebenenfalls Lösungsmittel enthaltender Lösung. Die Prodd. können in Substanz oder auf der Faser in Metallkomplexverbb. übergeführt werden. — Die Herst. folgender Reaktionsprodd. ist beschrieben: Farbstoffe p-Chloranilin oder 1-Aminonaphthalin → Phenol oder p- oder o-Aminophenol → β-Naphthol + **III** u. **IV**; *5-Amino-2-oxybenzyldi-(carboxymethyl)-amin* (**V**) aus 4-Acetylamino-1-oxybenzol + **III** u. **IV**; p-Nitranilin → (p-Kresol + **III** u. **IV**); **V** → 1-Phenyl-3-methyl-5-pyrazolon oder -3'-sulfonsäure; (4-Acetamino-1-aminobenzol → Phenol) + **III** u. **IV**, verseift (**VI**); Harnstoff aus **VI** mittels $COCl_2$; **VI** → 2-Amino-5-oxynaphthalin-7-sulfonsäure (**VII**); **VI** → 1-Aminonaphthalin-7-sulfonsäure → **VII**; 1-Phenyl-3-methyl-5-pyrazolon ← Benzidin → *2-Oxybenzyldi-(carboxymethyl)-amin* (erhältlich aus o-Brommethylphenylcarbonat mit **IV**-dimethylester u. Verseifung); 1-Amino-4-p-oxyphenylaminoanthrachinon-2-sulfonsäure + **III** u. **IV**; Farbstoffe p-Chloranilin oder Benzidin → Phenol + **III** u. Sarkosin; (1-Amino-8-oxynaphthalin-3.6-disulfonsäure (**VIII**)-p-tolylsufonat → 1-Amino-2-methoxy-5-methylbenzol) → Kondensationsprod. aus Cyanurchlorid u. je 1 Mol **VIII**, **VI** u. Anilin u. Abspaltung des Toluolsulforestes, färbt Baumwolle licht- u. waschecht grün. (**F. P. 1 048 901** vom 5/11. 1951, ausg. 24/12. 1953.)
G. HOPPE. 7053

Ciba Akt.-Ges., Basel (Erfinder: **Henri Riat**, Arlesheim, und **Rudolf von Capeller**, Riehen), Schweiz, *Herstellung metallhaltiger Azofarbstoffe der Stilbenreihe*, dad. gek., daß man auf Farbstoffe der allg. Formel I (UV = Oxy-, Alkoxy- oder Carbonsäuregruppe;

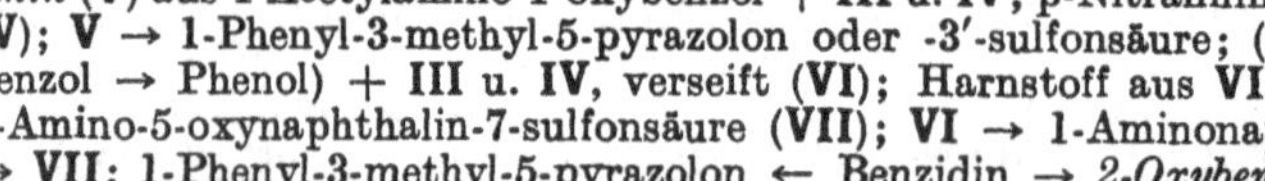
I

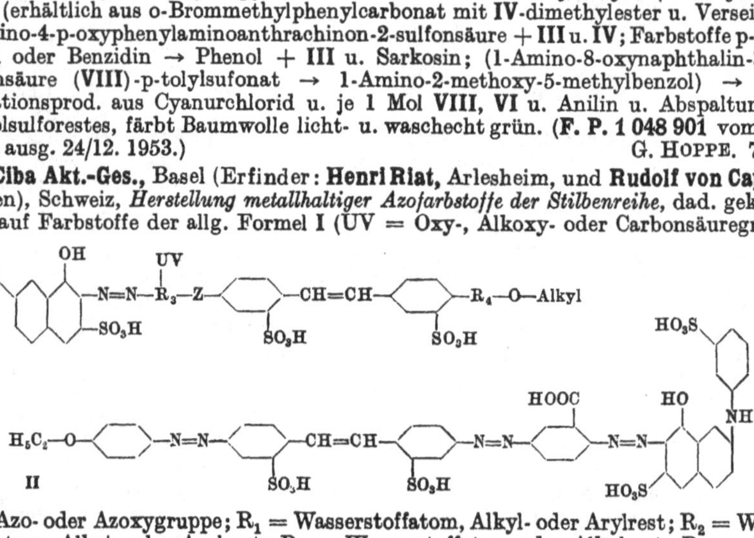
II

Z = Azo- oder Azoxygruppe; R_1 = Wasserstoffatom, Alkyl- oder Arylrest; R_2 = Wasserstoffatom, Alkyl- oder Arylrest; R_2 = Wasserstoffatom oder Alkylrest; R_3 = sulfonsäuregruppenfreier Benzolrest, in dem die Gruppen —UV, —N=N— u. —Z— in 1.2.5-

Stellung zueinander stehen; R_4 = carbonsäurefreier Benzolrest) unter solchen Bedingungen nickel- oder bes. kupferabgebende Mittel einwirken läßt, daß die entsprechenden o.o'-Dioxyazo- bzw. o-Oxy-o'-carboxyazometallkomplexverbb. entstehen. 4-Nitro-4'-aminostilben-2.2'-disulfonsäure → Oxybenzol. Die Oxygruppe des erhaltenen Farbstoffes wird mit Methylchlorid methyliert. Das Natriumsalz dieses Monoazofarbstoffes wird mit dem Aminoazofarbstoff, gewonnen nach 1-Amino-2-methoxy-4-nitrobenzol → 2-Phenylamino-8-oxynaphthalin-6-sulfonsäure-3'-carbonsäure u. anschließende Red. der NO_2- zur NH_2-Gruppe, gemischt u. 12 Std. in 6%ig. Natronlauge unter Rückfluß gekocht. Der so erhaltene Farbstoff wird mit Kupfersulfat in Ggw. von NH_3 gekupfert. Baumwolle (**A**) khaki. — Der Triazofarbstoff der Formel II wird mit Nickelsulfat in Ggw. von NH_3 bei 90° metallisiert. **A** gelbbraun. (**D. B. P. 926 506** Kl. 22a vom 11/12. 1952, ausg. 18/4. 1955. Anmeldung bekanntgemacht 23/9. 1954. Schwz. Priorr. 13/12. 1951 u. 7/11. 1952.) U. SIEVERS. 7053

Ciba Akt.-Ges., Basel, Schweiz, *Zwischenprodukte und Küpenfarbstoffe* erhält man durch Rk. eines Dichlorids einer cycl. Sulfoncarbonsäure mit einem verküpbaren Amin in einem nichtbas. Reaktionsmedium oder bei Tempp. unter 100° in Ggw. einer Pyridinbase u. gegebenenfalls Rk. des erhaltenen Prod. mit einem nicht verküpbaren prim. oder sek. Amin. Die Rk. zwischen den verküpbaren Aminen u. dem Dichlorid findet dabei ohne bes. Vorsichtsmaßnahmen prakt. ausschließlich an der Carbonsäurechloridgruppe statt. Die Farbstoffe werden sehr rein u. in guter Ausbeute erhalten. — 54 (Gewichtsteile) p-Sulfobenzoesäuredichlorid (**I**) gelöst in 600 Nitrobenzol u. 69 1-Amino-4-benzoylaminoanthrachinon (**Ia**) erhitzt man 2 Std. bei 125—135°. Man erhält 98 1-(Benzoylamino-p-sulfochlorid)-4-benzoylaminoanthrachinon (**II**), rote Kristalle. In ähnlicher Weise erhält man die Verb. aus **I** u. 1-Amino-5-benzoylaminoanthrachinon, goldgelbe Blättchen. Verteilt man 4,8 **II** in 40 Pyridin, versetzt dann mit 10 einer 30%ig. wss. Dimethylaminlsg. (**IIa**) u. rührt 6 Std. bei 30—35°, so erhält man 4,75 des Farbstoffs der

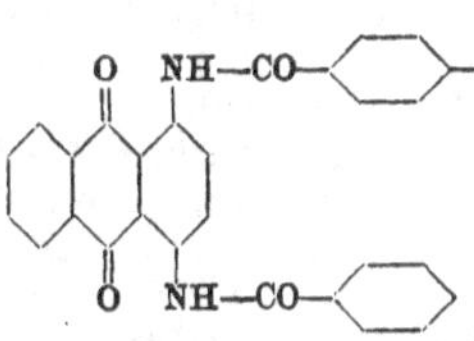

III

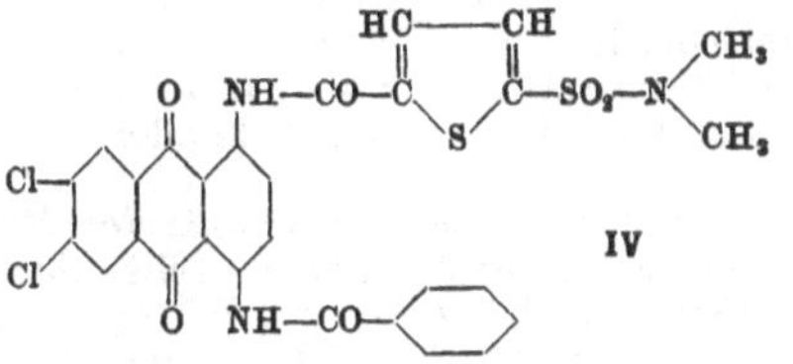

IV

Zus. **III. III** kann auch unmittelbar aus **I, Ia** u. **IIa** ohne Abtrennung von **II** erhalten werden. Analog können weitere Farbstoffe erhalten werden aus: **II** u. Diäthylamin (**IIIa**), orangerote Kristalle, färben Baumwolle (**A**) aus violetter Küpe (**K**) echt orangerot; Thiophen-2-carbonsäure-5-sulfonsäuredichlorid, 1-Amino-4-benzoylamino-6.7-dichloranthrachinon u. **IIa**, Farbstoff der Zus. **IV**, rote Kristalle, färben **A** aus olivgrüner **K** violettrot; m-Benzoesäuresulfonsäuredichlorid, 1-Amino-4-benzoylamino-7-chloranthrachinon u. **IIIa**, färbt **A** aus braunstichigvioletter **K** rosa. (**E. P. 718 566** vom 20/8. 1952, ausg. 17/11. 1954. Schwz. Priorr. 20/8. 1951 u. 23/7. 1952. **Schwz. P. 301 820** vom 20/8. 1951, ausg. 1/12. 1954.) O. ROICK. 7059

XIa. Farben. Anstriche. Lacke. Naturharze.

R. N. Wheeler, *Einige Beiträge der Erdölchemikalienindustrie auf dem Gebiete der Oberflächenüberzüge.* Entw. aromat. KW-stoffe, organ. Säuren, Lösungsmittel, Alkohole, Phthalsäureanhydrid, Glycerin, Allylverbb., Epichlorhydrinharze. (J. Oil Colour Chemists' Assoc. **35**. 107—17. März 1952. London, Shell Chemicals Ltd.) B. SCHEIFELE. 7090

E. Homayr, *Das Eisenoxydschwarz. Herstellung und Anwendungen.* Das intensiv blauschwarze Fe-Oxyd entspricht der Zus. Fe_3O_4 oder O=Fe—O—Fe=O. Die verschied. Verff. seiner Herst. werden beschrieben. Als Anwendungsgebiete werden u. a. genannt: Anstrich von Eisenbahnwagen, Färbung des Zements für die Autobahnen, Färbung von Sorelzement, Linoleum u. Kunststoffen. — 11 Literaturhinweise. (Ion [Madrid] **14**. 336—38. Juni 1954.) R. K. MÜLLER. 7092

H. W. Häberling, *Über die Eigenschaften von Titandioxyd- und Zinkoxydpigmenten in ihrer Beziehung zum Abkreiden.* Unterss. an Titanweißen ergaben, daß *Anatas*-Pigmente (**I**) durchweg stärker kreiden als *Rutil*-Pigmente (**II**). Ferner unterscheiden sich **I** u. **II** dadurch, daß bei **I** die groben, bei **II** hingegen die feinen Teilchen die größere Abkreidetendenz besitzen. Bzgl. der Zinkweiße (**III**) wurde festgestellt, daß für das Abkreideverh. in erster Linie die spezif. Oberfläche bzw. die mittlere Teilchengröße entscheidend ist; feinkörnige III haben im allg. eine größere Abkreidetendenz als grobkörnige. Ein eindeutiger Zusammenhang zwischen Teilchenform u. Abkreidetendenz ließ sich nicht nachweisen. Fluorescenz u. Neigung zum Abkreiden stehen in einem gewissen Zusammenhang, jedoch kann hierauf keine zuverlässige Prognose über das spätere Verh. des Pigments im Farbfilm begündet werden. Auch die alleinige Best. des p_H wss. III-Auszüge eignet sich nicht zum einwandfreien Nachw. kreidender Eigenschaften. Das Herstellungsverf. der III scheint das Abkreideverh. nicht direkt zu bestimmen. (Schriftenreihe Forschungsgemeinsch. schweiz. Lackfabrikanten **1954**. Nr. 1. 1—53. Nov. Zürich, Eidg. Materialprüfungs- u. Versuchsanst., Hauptabt. B.) M. WINIKER. 7092

P. J. Cauterman, *Herstellung von Eisenoxydpigmenten.* Beschreibung älterer Herstellungsverf., bes. der PENNIMANN & ZOPH-Patente (A. PP. 1 327 061 u. 1 368 748). Einfl. von Verunreinigungen des Rohmaterials. Beeinflussung von Korngröße u. Farbton durch verschied. Faktoren. (Canad. Paint Varnish Mag. **28.** Nr. 5. 34, 36, 58, 59. Mai 1954. Northern Pigment Co., Ltd.) K. STEINER. 7096

F. B. Stieg und **D. F. Burns,** *Einfluß der Pigmentierung auf matte Wandfarben.* (Canad. Paint Varnish Mag. **28.** Nr. 5. 24, 26, 28, 62. Mai. Nr. 6. 24, 26, 28, 52, 53. Juni 1954. Titanium Pigment Corp. — C. **1955. 6403.**) K. STEINER. 7096

W. E. Allsebrook, *Oberflächenüberzüge für Dosen und Tuben.* Übersicht über Gütenormen u. Herst. von Innen- u. Außenlackierungen für Behälter aus Weißblech sowie für Quetschtuben aus Weißblech u. anderen Metallen zum Verpacken von Nahrungsmitteln u. anderen Produkten. Die Zus. der Innen- u. Außenlacke sowie das Bedrucken der Behälter werden näher beschrieben. (Paint Manufact. **24.** 384—86. Nov. 1954. Lewis Berger, Ltd.) A. SANDER. 7106

E. C. J. Marsh, *Organische Überzüge auf elektrolytisch erzeugten Überzügen mit besonderer Berücksichtigung der Haftung.* Zur Erzielung guter Haftung von organ. Überzügen, wie Lackschichten, auf galvan. Metallüberzügen wird die Oberfläche von Zn-, Cd-, Cu- u. Cr-Überzügen chem. durch Chromatisieren, Phosphatieren, Verzinnen oder Ätzen vorbehandelt. Bei Überzügen aus anderen Metallen ist es am zweckmäßigsten, die zu überziehenden Oberflächen zu ätzen. (Products Finishing **18.** Nr. 12. 24, 32, 34, 36, 38, 40, 42, 44, 46, 48, 50. Sept. 1954. London, Standard Telephones & Cables, Ltd.) F. MARKHOFF. 7106

Martin E. Schleicher, *Schutz des Mauerwerks.* Allg. Ausführungen. Empfohlen wird ein zweifacher Anstrich mit Silikonharzlösung. (Paint Ind. Mag. **69.** Nr. 5. 19, 24, 34. Mai 1954. Buffalo, McDougall-Butler Comp.) K. STEINER. 7106

J. E. Cowling, I. J. Eggert und **A. L. Alexander,** *Organische Anstrichmittel für Heizöl-Lagerbehälter.* Ergebnisse prakt. Verss. über Haltbarkeit u. Korrosionsschutz von Innenanstrichen mit wss. Emulsionen verschied. organ. Polymeren- u. Copolymerengemische bei Eisen- u. Betonlagerbehältern für Heiz- u. Treiböle. Formulierungen u. Verh. der verschied. Anstrichmittel werden in Tabellen ausführlich behandelt. — 10 Literaturhinweise. (Ind. Engng. Chem. **46.** 1977—85. Sept. 1954. Washington, Naval Res. Labor.) A. SANDER. 7106

F. L. Browne, *Einige Fragen bei Mastixaußenanstrichen.* Plast. Überzüge an Außenwänden statt der üblichen Anstriche sollen zwar sehr haltbar sein, es scheint aber noch zweifelhaft, ob sie diese zu ersetzen vermögen. (Canad. Paint Varnish Mag. **28.** Nr. 6. 30,49. Juni 1954. U. S. Dep. of Agriculture, Forest Prod. Labor.) K. STEINER. 7106

W. M. Gearhart und **F. M. Ball,** *Zweieinhalb Celluloseacetatbutyrat.* 2. Mitt. (1. vgl. C. **1955. 8288.**) Veröffentlichung über die lacktechn. Eigg. dieses gemischten Celluloseesters im Vgl. zu anderen Celluloseacetatbutyraten u. zu Celluloseacetat u. -nitrat. Der Einfl. von Weichmachern, Harzen, Lösungsmitteln u. Pigmenten auf das Prod. wird mit Tabellen u. Kurven erläutert. (Off. Digest Federat. Paint Varnish Product Clubs **26.** 255—65. April 1954. Eastman Chem. Prod., Inc.) H. ROSSOW. 7106

R. B. Seymour, *Neopren, der beste organische Schutzüberzug.* Die Eigg. u. Anwendungsmöglichkeiten von *Neopren* (I) werden besprochen u. tabellar. die Beständigkeiten von I gegen verschied. Säuren, Laugen, Salze u. Lösungsmittel im Vgl. zu anderen organ. Schutzüberzügen mitgeteilt. Vf. hält I für den besten bisher bekannten organ. Schutzüberzug. (Materials and Methods **40.** Nr. 6. 93—95. Dez. 1954.) H.-G. MOSLÉ. 7106

K. G. Hargreaves, *Die Analyse organischer Pigmente.* Von den Azopigmentfarbstoffen, Farblacken u. Tonen saurer Farbstoffe, Farblacken bas. Farbstoffe u. Küpenfarbstoffen sind nur die Azofarbstoffe leicht reduzierbar u. identifizierbar. Gewisse Vorteile besitzt die Meth. der Trockendestillation mit Natronkalk u. Na-Monophosphat. Best. der Substrate u. Verlackungsmetalle; Tüpfelproben zum raschen Nachw. der einzelnen Farbstoffe. (J. Oil Colour Chemist's Assoc. **35.** 139—61. April 1952. Hawkhead, Paisley. James Anderson & Co. [Colours] Ltd.) B. SCHEIFELE. 7152

W. K. Asbeck, D. D. Laiderman und **M. van Loo,** *Ölbedarf und kritische Pigmentvolumenkonzentration* (CPVC). Best. des krit. Pigmentvol. mittels der modifizierten ASBECK-SW CPVC-Zelle, die einen mit Deckel versehenen Glasfiltertiegel darstellt. (Off. Digest Federat. Paint Varnish Product. Clubs **1952.** 156—71. März. Chicago, Ill., Sherwin-Williams Co.) B. SCHEIFELE. 7152

—, *Prüfung von Aminoharzen für Einbrennlacke.* Die Aminoharze werden untersucht auf Aussehen, Geh. an Nichtflüchtigem, Viscosität, Benzinverträglichkeit, SZ., Stabilität, Lagerbeständigkeit. Die damit hergestellten Einbrennlacke werden untersucht auf Aussehen, Härte, Ritzfestigkeit, Biegeelastizität, Haftfähigkeit, Wasserbeständigkeit, Alkoholresistenz, Benzin-, Säure-, Alkali-, Seifen- u. Schmierölbeständigkeit sowie auf Wetterfestigkeit. (Paint, Oil chem. Rev. **115.** Nr. 25. 64—70. 4/12. 1952. Birmingham Club, Fed. Paint Varn. Prod. Clubs, Tech. Committee.)
B. SCHEIFELE. 7158

Columbian Carbon Co., New York, N. Y., V. St. A., *Herstellung von Ruß* durch Hitzespaltung von KW-stoffdämpfen. Durch eine Vielzahl gleichmäßig über den rechteckigen Querschnitt des Eintritts einer langen, hitzebeständig ausgekleideten u. hitzeisolierten Reaktionskammer verteilte Öffnungen werden Strahlen von Gemischen von Luft u. von brennbaren Gasen oder Dämpfen eingeleitet, die zu einem Strom heißer Verbrennungsgase, die mit allen Punkten des Kammerquerschnitts gleichmäßiger Geschwindigkeit, Temp. u. Zus. nach dem Austrittsende der Kammer strömen, verbrennen. In einer Zone dieser Verbrennungsgase liegt rechtwinklig zur Längsachse der Kammer, das heißt in einer Querschnittsebene, ein mit (parallel zur Längsachse nach dem Ende gerichteten) Düse gleichmäßig besetzter Rost von Rohren, durch die die zu verrußenden KW-stoffgase oder -dämpfe strömen, dabei vorerhitzt werden u. gleichmäßig über den Querschnitt verteilt durch die Düsen in die heißen Verbrennungsgase eingesprüht werden. In Berührung (Vermischung) mit den heißen Verbrennungsgasen werden die KW-stoffe zu Ruß gespalten, der nach Verlassen der Reaktionskammer in üblicher Weise aus den gekühlten Abgasen abgetrennt u. gewonnen wird. — Abbildungen. Vgl. auch E. P. 675 819; C. **1956.** 1413. (**E. P. 694 477** vom 4/12. 1951, ausg. 22/7. 1953. A. Prior. 7/2. 1951.)
R. SCHREINER. 7093

Godfrey L. Cabot, Inc., Boston, Mass., V. St. A., *Agglomerieren feinteiliger Pigmente,* bes. von Ruß. Die rußführenden Abgase (Ruß-Aerosole) von Rußöfen werden mit einer wss. Fl. ausgewaschen, so daß ein Rußschlamm anfällt, der 2—10% Ruß enthält u. noch pump- u. versprühbar sein muß. Nach Zusatz eines Netz- u. Dispergiermittels zum Rußschlamm wird mit ihm trocken gewonnener, flockiger Ruß besprüht, so daß eine M., die 25—75% Fl. enthält, entsteht, die dann zu nichtstaubenden Rußkügelchen verarbeitet wird. Vgl. F. P. 1 026 160; C. **1955.** 2543 u. F. P. 1 070 663; C. **1956.** 1413. — Schema einer Anlage. (**E. P. 688 776** vom 22/6. 1950, ausg. 11/3. 1953. A. Prior. 2/7. 1949.)
R. SCHREINER. 7093

Soc. Française Duco, Frankreich (Erfinder: **André Cahn** und **François Laporte**), *Herstellung von Pigmentfarben bzw. -lacken.* Zur besseren Verteilung des Pigmentes u. zur Vermeidung komplizierter App. bei der Zubereitung wird das Pigment mit wenig Bindemittel u. viel Lösungsm. unter ständigem Rühren in einen weiteren Überschuß an Lösungsm. eingetragen. Nach längerem Rühren wird die Hauptmenge an Harzlsg. u. Sikkativ zugesetzt. Es wird vollständige Homogenisierung erreicht. Die anfänglich verwendete Lösungsmittelmenge soll mindestens 25% des gesamten Lösungsm. betragen; der dem Pigment zugesetzte Harzanteil soll 5% (bezogen auf Pigment) nicht überschreiten. Das Rührwerk hat eine Leistung von 500—3000 Umdrehungen/Min. Als Bindemittel dienen Kunstharze. — Beispiel: In einem zylindr. Gefäß befinden sich 480 (Teile) eines Lösungsmittelgemisches aus $^1/_3$ Solventnaphtha u. $^2/_3$ Methanol. Unter Rühren wird eine 50%ig. Lsg. von 500 TiO_2 u. 5 Glyptalharz (I) im gleichen Lösungsm. eingetragen. Nach 1 std. Rühren gibt man eine Lsg. von 2000 I u. 20 Kobaltsikkativ zu. (**F. P. 1 069 191** vom 23/12. 1952, ausg. 5/7. 1954.) S. MEIER. 7093

Imperial Chemical Industries Ltd. (Erfinder: **Arnold Edwin Ambler**), London, England, *Herstellung wässeriger Pigmentpasten* von hoher Viscosität. Man setzt z. B. zu Pb-Chromat- oder Azofarbstoffpigmentpasten in geringen Mengen Phthal- oder Maleinsäureanhydrid in Pulverform zu, das bes. 1% wasserfreies Na_2SO_4 u. 0,6% isopropylnaphthalinsulfonsaures Na enthält. (**E. P. 718 374** vom 15/6. 1951, ausg. 10/11. 1954.)
W. GRÄGER. 7093

General Mills, Inc., übert. von: **Don E. Floyd,** Minneapolis, Minn., V. St. A., *Ester.* Tallölharzsäurefraktionen mit wenigstens 60% Harzsäuren, der Rest besteht im wesentlichen aus Fettsäuren u. wenig Unverseifbarem, werden mit einem mehrwertigen A. mit mehr als 2 OH-Gruppen (Pentaerythrit; 2.2.6.6-Tetramethylmethylolcyclohexanol) bei 150—200° in Ggw. eines Lösungsm. u. 250—300° ohne dieses verestert, wobei wenigstens eine OH-Gruppe des A. verestert u. eine OH-Gruppe frei ist. — Aus Tallölharzsäurefraktion (72,1% Harzsäuren, 4,2% Unverseifbares u. 23,7% Fettsäuren) u. Glycerin in Ggw. von ZnO unter N_2 bei 275° → *viscose, schwachgefärbte Fl.*, SZ. 4,9, 4,1% OH. Weitere Ausführungsbeispiele mit den vorst. genannten Alkoholen. — Die Prodd. eignen sich infolge vorhandener reaktionsfähiger OH-Gruppen zur Herst. von *Lacken* u. *Alkydharzen*. (**A. P. 2 647 888** vom 19/11. 1949, ausg. 4/8. 1953.) G. KRAUSS. 7097

André Pierre Chambon, Dordogne, Frankreich, *Wasserfarbe aus einem Aluminium-Kalk-Oxalat-Gemisch*. Man löst 30 (Teile) Kalk, der frei von Mg-Salzen ist, in ca. 70 W. u. siebt den Brei. Zu 80 (kg) dieses Breies setzt man unter Umrühren eine Lsg. aus 0,64 krist. $AlK(SO_4)_2$, 0,2 krist. $FeSO_4$, 0,16 krist. Oxalsäure u. 20 lauwarmem Wasser. Zu der Mischung können Farben zugesetzt werden oder zur Herst. einer Dichtungsmasse Sn- oder Cr-Salze. (**F. P. 1 068 634** vom 2/2. 1952, ausg. 29/6. 1954.) G. WELTZIEN. 7107

Farbenfabriken Bayer, Deutschland, *Herstellung gelbbraun gefärbter organischer Substanzen*. Lacke, Anstriche u. plast. Massen können mit Fe-Alkoholat angefärbt werden. Die Menge der zugesetzten Fe-Verb. kann mit dem gewünschten Farbton variieren. Die Fe-Alkoholate können durch Einw. von Äthylenoxyd auf $FeCl_2$ in Ggw. von A. dargestellt werden. Diese Lsg. wird dann mit Lsgg. von Cellulose- oder Polystyrollacken im Verhältnis 1—5:100 vermischt. Beim Trocknen hinterbleibt ein durchsichtiger, gelbbraun gefärbter, lichtechter Film. (**F. P. 1 041 219** vom 21/8. 1951, ausg. 21/10. 1953.) S. MEIER. 7107

Antoine Fayet, André Fayet und **Janine Fayet,** Frankreich, *Beidseitiges Überziehen von Gegenständen*. Es werden durchsichtige Überzüge auf Materialien, wie Papier, Pappe, Holz, Metall aufgetragen, z. B. als Schutz der Schrift auf Plakaten, Landkarten usw. Zunächst wird auf beiden Seiten des Gegenstandes ein Überzug aus Vinylcellulose in 15 (%) Toluol u. 20 Aceton (I) aufgetragen. Dieser haftet fest auf dem Untergrund. Dann wird in dickerer Schicht eine Lsg. von Celluloseacetat in 30 I in der Wärme aufgepreßt, indem der Gegenstand zwischen 2 beheizten Metallplatten bei 60—100° einem Druck von 50—60 kg/cm² ausgesetzt wird. Man läßt zwischen den Platten erkalten. Die Platten können zur Herst. matter oder rauher Oberflächen gekörnt sein. Die Konz. der Celluloseesterlsgg. kann variiert werden. (**F. P. 1 039 629** vom 9/2. 1951, ausg. 8/10. 1953.) S. MEIER. 7107

H. H. Robertson Co., übert. von: **Paul W. Jenkins,** Pittsburgh, Pa., V. St. A., *Stahlbauplatten mit einem leicht entfernbaren nichtklebenden Schutzfilm*. Die Bauplatten, die mit einem bituminösen, n. klebenden Korrosionsschutzüberzug versehen sind, werden mit einem filmbildenden Gemisch von 1 (Teil) von wasserlösl. Alginat oder Methylcellulose u. $^1/_2$—2 eines Weichmachers, bes. eines Polyalkylenglykolmonoalkyläthers (mit 1—4 C-Atomen im Alkyl), behandelt. Durch Einw. der Luftfeuchtigkeit wird dieser Überzug wieder entfernt. (**A. P. 2 678 891** vom 22/9. 1951, ausg. 18/5. 1954.) W. GRÄGER. 7107

S. C. Johnson & Son, Inc., übert. von: **Anton E. Budner,** Racine, Wis., V. St. A., *Holzanstrichmittel*. Filmbildende W.-in-Öl-Dispersion für Holzflächen, im wesentlichen bestehend aus 2,25—7 (Gew.-%) Wachs (oxydiertes mikrokrist. Paraffin), 1,25—5 Dimethylpolysiloxan, das eine Viscosität von 100—30000, bes. 350—1000 cst bei 25° aufweist, 10—20 W. u. einem Lösungsm. mit einem Anilinpunkt von —22 bis 180°, bes. 115 bis 145° F. u. den Siedegrenzen von 190—450° F (KW-stoffe, chlorierte KW-stoffe, Äther, wie CCl_4, Per- oder Trichloräthylen, Äthylendichlorid, Äthyl-, Hexyl- oder Methyläther). (**A. P. 2 676 893** vom 21/4. 1951, ausg. 27/4. 1954.) W. GRÄGER. 7107

Badische Anilin- & Soda-Fabrik, Deutschland, *Herstellung matter, poröser, nichtklebender Überzüge*. (Nachtrag zu D. B. P. 862 508; C. **1953.** 5944.) Man kann der Polyvinylchloridpaste auch gasentwickelnde Stoffe (Diazoaminobenzol, Benzilmonohydrazon, Azodicarbonsäureester, Azodiisobuttersäure- oder -dihexahydrobenzoesäuredinitril, NH_4HCO_3) zusetzen u. dadurch ihre Porosität verbessern u./oder ihr geringe Mengen öliger Silicone zusetzen, die sie bei Durchlässigkeit für Wasserdampf hydrophob machen. (**F. P. 1 044 057** vom 22/10. 1951, ausg. 13/11. 1953. D. Priorr. 25/10. 1950 u. 7/2. 1951.) M. PANKOW. 7107

Spraylat Corp., New York, übert. von: **Richard D. Oppenheim,** Roslyn Heights, N. Y., V. St. A., *Abziehbare Schutzüberzüge für polierte Oberflächen*, bestehend aus einer wss. Dispersion eines (z. B. mit Ricinusöl) plastifizierten Polyvinylbutyrals, der als Dispergiermittel Erdöl(mahogany)-Sulfonate entsprechend der Formel $C_nH_{2n-10}SO_3Na$, in der n eine Zahl von 20—30 ist, mit einem durchschnittlichen Mol.-Gew. von 400—600 u. ferner 2—16,5 (Teile) Sojalecithin u. festes Polyoxyäthylenglykol auf 100 Polyvinylbutyral zugesetzt sind. Letztere Zusätze erleichtern das Abziehen des Schutzüberzuges. (**A. P. 2 680 724** vom 14/1. 1952, ausg. 8/6. 1954.) W. GRÄGER. 7107

E. I. du Pont de Nemours & Co., Wilmington, Del., übert. von: **John E. Shamp,** Perrysburg, O., V. St. A., *Wiedergewinnung von Sprühnebeln in Spritzkabinen*. Farben,

Firnisse, Lacke usw., die mit Spritzpistolen aufgetragen werden, bilden in den Spritzkabinen Sprühnebel, die von Wasserschleiern oder von verstäubtem W. niedergeschlagen u. mit diesem gesammelt werden. Die in dem Sammelbehälter befindlichen Bindemittel (mit einwertigen Alkoholen modifizierte Harnstoff-CH_2O-Harze, ölmodifizierte Alkydharze) werden mit Butanol, Isopropanol, fl. KW-stoffen oder deren Gemischen in einer Menge von ca. 6 Vol.-% der gesammelten Fl. aus der wss. Suspension herausgelöst. (**A. P. 2 702 282** vom 5/6. 1951, ausg. 15/2. 1955.) W. GRÄGER. 7107

Elling Harald Nordin, Enköping, Schweden, *Formen von Kunstharzen.* Als Beschleuniger wird neben Peroxyden Dimethylanilin (I) verwendet. Lackiert man eine Glasplatte mit einem I enthaltenden Nitrocelluloselack u. streicht über die getrocknete Lackschicht Methylmethacrylat, so polymerisiert dieses in 3 Minuten. Es lassen sich auch wenig schrumpfende Zahnfüllungen u. -prothesen herstellen. (**E. P. 699 671** vom 15/11. 1951, ausg. 11/11. 1953. Schwed. Prior. 28/11. 1950.) G. SALZMANN. 7107

XIb. Plaste (Kunstharze. Plastische Massen).

H. Peukert, *Weitere Ergebnisse aus Arbeiten des Aachener Instituts für Kunststoffverarbeitung.* Kurzer Bericht über Unterss. auf folgenden Gebieten: Warmreckung, Infraroterwärmung, Heißgasschweißung von Acetylcellulose, Kleben u. Verschrauben von Kunststoffen. (Kunststoffe **45.** 290—92. Juli 1955. Aachen.) M. WINIKER. 7170

Francisco Castro Yañez, *Die Formen für Kunststoffe.* Übersicht über die Gießformen für Kunststoffe, ihre Anpassung an das Material, Kontraktion, Toleranz, Auslaufwinkel, Wandstärke, Verbindungsteile, Konkavität der inneren Winkel, Vorsprünge, Führungs- u. Ansatzleisten usw. (Metalurgia y Electr. **15.** Nr. 166. 116—22. Juni. Nr. 167. 90—97. Juli. Nr. 168. 74—81. Aug. Nr. 170. 84—91. Okt. Nr. 171. 84—93. Nov. Nr. 172. 223—32. Dez. 1951; **16.** Nr. 173. 82—89. Jan. Nr. 174. 116—24. Febr. Nr. 175. 82—88. März. Nr. 176. 79—84. April. Nr. 177. 92—97. Mai 1952.) R. K. MÜLLER. 7170

C. A. Clark und **H. E. Connors,** *Das Abmischen von Plastisolen für spezielle Anwendungen.* Vf. beschreibt die Herst. u. Anwendung von Plastisolabmischungen (Harzdispersionen in organ. Fll.) unter Berücksichtigung der Arbeiten von ZIMMERMAN u. WEAVER (C. **1951.** I. 2658) über Polyvinylchloridmischungen u. von TODD (vgl. nachst. Ref.). — Mischungs- u. Anwendungsbeispiele. (Rubber Age [New York] **72.** 343—49. Dez. 1952. Cleveland, O., B. F. Goodrich Chem. Co.) R. SCHÄFF. 7170

W. D. Todd, *Einige rheologische Eigenschaften von Vinylplastisolen.* Dispersionen von Vinylharzen, bes. von Geon 121, in Weichmachern werden durch Streichen, Gießen, Tauchen, Spritzen verarbeitet. Messung ihrer Fließeigg. u. deren Abhängigkeit von der Zusammensetzung. (Off. Digest Federat. Paint Varnish Product. Clubs **1952.** 98—126. Febr. Avon Lake, O., B. F. Goodrich Chem. Co.) B. SCHEIFELE. 7172

H. Jungnickel, *Verwendung und Bewährung von Dachrinnen und Regenabfallrohren aus Polyvinylchlorid.* (Vgl. C. **1955.** 10147.) (Chem. Techn. **5.** 543—47. Sept. 1953. Bitterfeld.) M. WINIKER. 7172

B. N. Rutowski und **A. W. Schelion,** *Zur Frage der inneren Spannung in Material aus Polystyrol.* Innere Spannungen entstehen in Polystyrol beim Altern, wenn beim Gießen unter Druck nicht auf rationelle Preßformen, bes. bzgl. der Dimensionen der Gußstücke, geachtet wird. Die inneren Spannungen bewirken eine Herabsetzung der therm. Stabilität: schon bei relativ niedrigen Tempp. treten Deformationen u. Dimensionsänderungen ein. Die Spannungen lassen sich visuell erkennen, wenn man die Proben durch gekreuzte Polaroide, nötigenfalls mit Lichtfiltern beim Photographieren, betrachtet. Je näher die empir. festgestellte Gießtemp. dem Fließpunkt ist, desto besser ist die Konstruktion der Preßform. Innere Spannungen sind beim Gießen in Blöcken leichter zu vermeiden als beim Gießen in Scheibenform; zweckmäßig ist hierbei eine Zylindertemp. von 260° u. eine Formtemp. von 70° bei einer Erhitzungsdauer von 1 Minute. (Химическая Промышленность [Chem. Ind.] **1954.** Nr. 4. 28—32. Juni. Wiss. Forsch.- u. Projekt.-Inst. für plast. Massen.) R. K. MÜLLER. 7172

Rudolf Endres, *Die Polyvinylbutyrale.* Übersicht über Begriff, Eigg. u. Anwendung der Polyvinylbutyrale als Bindemittel für Metallfolien- u. Kapselfirnisse, Überzug für Metallfolien (bes. Al) u. Papier zur Herst. von Verpackungsbehältern, Bindemittel für stoßfeste Metallfirnisse, als Metallgrundierung (wash-primer), bes. in Mischungen mit Zn- oder Pb-Chromat oder H_3PO_4, als Klebemittel für Sicherheitsglasscheiben u. als Verstärker für Textilgewebe. (Peintures, Pigments, Vernis **31.** 536—38. Juni 1955. Hoechst, Farbwerke Hoechst A.-G.) W. WESLY. 7176

János Proszt, Iván Lipovetz und **József Nagy,** *Herstellung der Silicone aus Alkoxysilanen.* Nach Erfahrungen der Vff. sind zur Darst. von Siliconölen u. -harzen die Silester die besten Ausgangsstoffe. Es gelang ihnen die rentable Erzeugung von Tetraäthoxysilan aus billigen Rohstoffen, daneben die Verwertung der als Nebenprod. gebildeten Polyester, z. B. bei der präzisen Gußstahlerzeugung. Es wurde versucht, bei der Grignardisierung den teuren u. feuergefährlichen Ae. oder ein anderes Lösungsm. zu vermeiden. Auf Grund der Beobachtung, daß die Koppelung sehr langsam einsetzt, wurde nach einem Katalysator gesucht, welcher die Aktivierungsenergie so weit vermindert, daß sich das GRIGNARD-Reagens im Gemenge nicht anhäuft. Solche Katalysatoren sind in der vierten Periode des natürlichen Syst. unter den Übergangselementen zu finden. Mit diesen Katalysatoren verläuft die Rk. glatt, die Ausbeute wird höher u. das Mengenverhältnis der mono-, di- u. trifunktionellen Intermediären ist leicht regulierbar. Bei der Hydrolyse nach bekannten Verff. entsteht ein beträchtlicher Polykondensationsverlust, dagegen erhalten Vff. aus dem nach ihrem Verf., das heißt lösungsmittelfreiem katalyt. Grignardisieren, erzeugten Äthyläthoxysilanen einheitliche Siliconöle. Es gelang, mit dem von den Vff. ausgearbeiteten Hydrolyseverf. mit 70—75% Ausbeute Pentamere, Heptamere u. höhere Glieder zu erzeugen. Die Zus. der Prodd. entspricht der Formel $(C_2H_5)_3SiO[Si(C_2H_5)_2O]_x$ $-Si(C_2H_5)_3$. U. a. wurden Transformatorenöle mit tiefem E., Siliconöl für Diffusionspumpen, Schmieröl u. Fett erzeugt. Alkoxysilane können mit noch freie Hydroxylgruppen enthaltenden organ. Harzen leicht kombiniert werden, wodurch diese den Qualitätsanforderungen besser entsprechen als die aus Chlorsilanen erzeugten. (Magyar Kémikusok Lapja [Z. Ver. ung. Chemiker] **7.** 347—52. Nov. 373—81. Dez. 1952. Budapest, Techn. Univ., Inst. f. anorg. Chemie.) J. PLANK. 7188

D. J. van Wijk, *Der Wert der gebräuchlichen Verfahren zur mechanischen Untersuchung von Kunststoffen.* Die wichtigsten mechan. Eigg. der Kunststoffe sind zeitabhängig. Die zur Best. dieser Eigg. nötigen Bedingungen (Änderung von jeweils nur 1 Faktor) u. die Verff. zur Best. von Zug-, Schlag- u. Biegefestigkeit, Kerbschlagzähigkeit, Härte, Erweichungspunkt bei Belastung usw. werden erörtert. Diese Verff. entsprechen nicht immer den nötigen Bedingungen. Einige Verff., die das Verh. in Abhängigkeit von der Zeit festzustellen gestatten, werden aufgeführt (Kriech-, Spannungs-, Entlastungs- u. Schwingungsprüfung). (Plastica [Delft] **8.** 188—91. April. 243—44. Mai 1955. Centr. Labor., TNO.) W. WESLY. 7210

R. E. Asche, *Der „Nerv" von Kunststoffen. Eine vergleichende Untersuchung der Produkte.* Als neue Einheit für die wieder zu gewinnende elast. Arbeit pro kg Material wird der „Nerv" (in m) von Kunststoffen vorgeschlagen. Diese Größe wird in Beziehung zum Preis bei einigen Materialien (Stahl, Al u. einigen Harzen) gesetzt u. der Preis pro m „Nerv" erörtert. (Ind. Plast. mod. **6.** Nr. 6. 19—20. Juni 1954. Soc. Moubap.) R. SCHÄFF. 7210

Standard Oil Development Co., Elizabeth, N. J., V. St. A., *Kontinuierliches mehrstufiges Mischpolymerisieren* eines niedrigen aliphat. Monoolefins mit einem polymerisierbaren, einen aromat. Kern enthaltenden Monoolefin bei -12 bis -106^0 in Ggw. eines FRIEDEL-CRAFTS-Katalysators, dad. gek., daß man in einer der vor der Endstufe liegenden Stufe einen erheblichen Überschuß des aromat. Monoolefins vorenthält u. dementsprechend diesen einer anderen, ebenfalls vor der Endstufe liegenden Stufe zusetzt, mit der Maßgabe, daß in der letztgenannten Stufe ein Mischpolymerisat entsteht, dessen Geh. an gebundener aromat. Komponente 115—135 Gew.-% des durchschnittlichen Geh. des Endprod. an gebundener aromat. Verb. beträgt. Nach den Beispielen werden Styrol u. Isobutylen bei -73 bis -96^0 mischpolymerisiert mit wechselnden Ausgangsmengen u. 1—10 (Raumteilen) Methylchlorid je 1 olefin. Ausgangsstoff. Tabellen für dreistufige Herst. mit Mengenangaben, Viscositäts- u. Plastizitätszahlen. — Vgl. auch A. P. 2 666 046; C. **1955.** 3265. (**D. B. P. 912 021** Kl. 39c vom 12/12. 1951, ausg. 24/5. 1954. Anmeldung bekanntgemacht 10/9. 1953. **E. P. 706 121** vom 25/5. 1951, ausg. 24/3. 1954. Beide A. Prior. 22/12. 1950.) H. SCHINDLER. 7173

Monsanto Chemical Co., St. Louis, übert. von: **Roland A. Holmes,** Longmeadow, **John F. Murphy,** Somers, und **Robert L. Werkheiser,** Springfield, Mass., V. St. A., *Stabilisieren von Polyvinylchlorid* oder seinen Mischpolymerisaten. Als Stabilisierungsmittel dient Cd-Monocyclohexylmaleat. (**A. P. 2 681 900** vom 13/8. 1952, ausg. 22/6. 1954.) G. SALZMANN. 7173

Titan Co., Inc., V. St. A., übert. von: **Léonard Martin Kebrich** und **John Georges Hendricks,** *Basische Bleisalze organischer Säuren.* (Nachtrag zu D. B. P. 860 209; C. **1953.** 8994.) Man verwendet diese bas. Pb-Salze als *Stabilisiermittel für Vinylharze,* wie Vinylchloridpolymere oder -mischpolymere in Mengen von 0,25—10% oder als *Vulkanisiermittel für Chloroprenpolymere* oder *-mischpolymere.* (**F. P. 1 022 546** vom 26/7. 1950, ausg. 5/3. 1953. A. Prior. 29/7. 1949.) M. PANKOW. 7173

Argus Chemical Laboratory, Inc., übert. von: **William E. Leistner,** Brooklyn, und **Arthur C. Hecker,** Richmond Hill, N. Y., V. St. A., *Organozinnverbindungen* der

Formel $R_nS_nX_{4-n}$, wobei R Alkylreste u. X Reste eines Amids einer aliphat. Mercaptosäure mit 2—6 C-Atomen sind u. n 1—3 bedeutet, erhält man durch Rk. eines Mercaptosäureamids (I) mit einem Alkylzinnhalogenid, -oxyd oder einer Alkylstannoverbindung. Als I dienen Amide aus prim. u. sek. Alkylaminen u. Morpholinen. — Das Amid aus Thioglykolsäure u. n-Amylamin gibt mit $(C_4H_9)_2S_nO$ fl. viscoses *$(C_4H_9)_2Sn(SCH_2CONH\cdot C_5H_{11})_2$*. — *Stabilisatoren* für halogenhaltige Harze, z. B. *Polyvinylchlorid*. (**A. P. 2 704 756** vom 14/5. 1952, ausg. 22/3. 1955.) J. MÜHLEISEN. 7173

United States of America, übert. von: **Chessie E. Rehberg,** Glenside, Pa., V. St. A., *Weichmachungsmittel für Polyvinylchlorid*, bestehend aus Verbb. der Formel I, worin X ein aliphat. gesätt. 2wertiger Rest eines Glykols mit 2—8 C-Atomen ist, das die Gruppierung —C—O—C— enthält, u. R eine Alkylgruppe mit 2—12 C-Atomen. Beispiel: das Bis-(äthylcarbonat) des Diäthylenglykoldilactats. (**A. P. 2 676 941** vom 10/11. 1950, ausg. 27/4. 1954.) G. SALZMANN. 7173

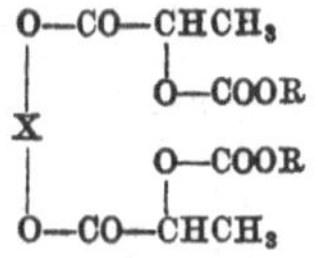
I

Plastanol Ltd., Belvedere, Kent, England, übert. von: **Brian Edwin Mepham,** *Herstellen von harzartigen Stoffen* durch Polymerisieren von *Styrol* in Ggw. eines Umwandlungsprod. aus Crêpe-Kautschuk, einem Phenol u. einem Isomerisierungsmittel, z. B. P_2O_5, Phosphorsäure oder H_2SO_4. Verwendung für Farben, Lacke, Firnisse, Tinten u. Papierüberzüge. (**E. P. 712 039** vom 9/2. 1951, ausg. 14/7. 1954.) W. OVERBECK. 7173

Nopco Chemical Co., Harrison, N. J., übert. von: **Peter J. Canterino,** Yonkers, N. Y., V. St. A., *Emulsionspolymerisation von Vinylacetat* in Ggw. von 0,1—2% eines Emulgators, der aus Fettsäureestern von 9—24 C-Atomen besteht u. noch Schwefelsäureestergruppen oder Sulfongruppen enthält. Die Ester stammen von 1wertigen Alkoholen mit 1—6 C-Atomen. Bevorzugt wird der Schwefelsäureester des Isopropyloleats. Ferner sind Zusätze, wie Peroxyde, aliphat. Mercaptane, z. B. tert.Octylmercaptan, komplexe anorgan. Cyanide, z. B. Alkaliferro- oder -ferricyanid, u. Polyvinylalkohol erforderlich. — Stabile Emulsionen mit haftfesten klaren Filmen auf Glas. (**A. P. 2 694 052** vom 19/5. 1950, ausg. 9/11. 1954.) H. SCHINDLER. 7177

Eastman Kodak Co., übert. von: **Louis M. Minsk,** Rochester, N. Y., V. St. A., *Herstellung von Polymeren des Vinylhydrochinons* durch Erhitzen der Lsg. in Dioxan in Ggw. von 1—5 Gew.-% Azo-bis-isobutyronitril unter Feuchtigkeitsausschluß u. bes. unter N_2 auf 85—90°. Die anfallende viscose Lsg. liefert beim Verdünnen mit Bzl. das Polymere als weißen pulverigen Festkörper. Zur Herst. von Mischpolymeren dienen Verbb. der allg. Formeln I u. II als ungesätt. Komponenten. Hierin R = H u. Carbalkoxyreste C_{2-7}, R′ = H u. Alkylreste C_{1-6}, R″=H oder Alkylreste C_{1-6} oder Acylreste C_{6-9}, wobei R′ u. R″ gleich oder verschieden sein können. Genannt sind Maleinsäureanhydrid, Phenylmaleinsäureanhydrid, Acrylsäure- bzw. Acrylester. — Geeignet für photograph. Emulsionen. (**A. P. 2 694 693** vom 15/4. 1952, ausg. 16/11. 1954.) H. SCHINDLER. 7177

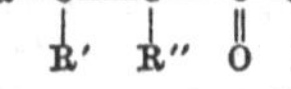
I

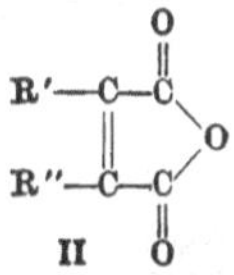
II

Henkel & Cie. G. m. b. H. (Erfinder: **Rudolf Köhler** und **Helmut Pietsch**), Düsseldorf, *Herstellung von Kunststoffen*, dad. gek., daß man Verbb. (I) mit mindestens 1 Oxacyclobutanring im Mol., bes. unter Erwärmen, mit Katalysatoren (II) versetzt, die cycl. Äther aufzuspalten vermögen. Als II dienen FRIEDEL-CRAFTS-Katalysatoren, bes. BF_3, als I. Oxacyclobutan, dessen Substitutionsprodd. u. 2.5-Dioxa-spiro-3.3-heptan (III). — Durch Erhitzen von III auf 85—90° u. Überleiten von BF_3 über die Schmelze erhält man in wenigen Std. ein hartes, sprödes, unschmelzbares Harz. (**D. B. P. 931 130** Kl. 39c vom 21/10. 1951, ausg. 1/8. 1955. Anmeldung bekanntgemacht 3/2. 1955.) J. MÜHLEISEN. 7177

Koppers Co., Inc., Del., übert. von: **Gaetano F. D'Alelio,** Pittsburgh, Pa., V. St. A., *Ionenaustauschharze mit quaternären Ammoniumhydroxydgruppen*. Es werden wasserunlösl. Polymerisate aus z. B. Acrylnitril oder Methacrylnitril hergestellt u. im Autoklaven mit RANEY-Ni reduziert. Die Vernetzung wird entweder durch Mischpolymerisation mit Divinylbenzol (I) oder durch Quaternierung mit polyfunktionellem Alkylhalogenid erreicht. Wenn mit I mischpolymerisiert wird, kann die Vernetzung z. B. mit Äthylbromid, im anderen Falle mit Äthylenchlorid erfolgen. Weiter können die Austauschharze durch Benzoylperoxydmischpolymerisation vom Allyltrimethylammoniumhydroxyd mit I erhalten werden. Infolge hoher Basizität erfolgt der Ammoniumaustausch mit Chlorid-, Nitrat-, Sulfat-, Acetat-, Oxalat- oder Tartrationen. Die Polymerisate bestehen aus Einheiten der allg. Formel I, worin X = H oder $-CH_2-NR'_3OH$; R = H, Methyl, Äthyl u. R′ = Alkyl oder Aralkyl ist. — Mengenbeispiele. (**A. P. 2 697 079** vom 5/12. 1953, ausg. 14/12. 1954.) H. SCHINDLER. 7181

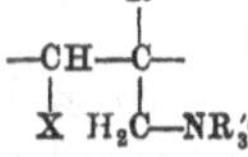
I

Rohm & Haas Co., Philadelphia, Pa., übert. von: **Arthur F. Ferris**, Moorestown, N. J., und **William R. Lyman**, Philadelphia, Pa., V. St. A., *Kationenaustauscherharz* mit freien SO_3H- u. COOH-Gruppen. Ein Mischpolymerisat aus 200 (Teilen) eines niedrigen Acryl-(bzw. Methacryl-) esters (I), 416 Styrol (bzw. Vinyltoluol) u. 137 Divinylbenzol (II) (gelöst in Äthylstyrol) wird nach dem Anquellen mit $C_2H_2Cl_2$ (III) bei 40° sulfoniert; anschließend wird das Prod. mit W. hydrolysiert u. I abgetrieben. Weitere Beispiele, u. a. auch mit Acrylnitril. — Ein Mischpolymerisat aus I u. II (3—15 Mol-% von I) kann auch bei 60—120° sulfoniert werden. (**A. PP. 2 678 306** u. **2 678 307** vom 28/11. 1951, ausg. 11/5. 1954.) G. SALZMANN. 7181

Chemstrand Corp., Decatur, Ala., übert. von: **George E. Ham** und **Alfred B. Craig**, Dayton, O., V. St. A., *Faserbildende Mischungen von Acrylnitrilpolymeren* mit leichter Anfärbbarkeit mit sauren Farbstoffen erhält man durch Zumischen von Polymeren eines Pyridincarbonsäurevinyl-(allyl- oder methallyl-)esters oder von dessen Mischpolymerisat mit bis 70% einer N-freien Komponente zu 1—50% zu einem (Misch-)Polymerisat mit mindestens 80% polymerisiertem Acrylnitril. Nach einem Beispiel wird ein Gemisch von NaOH-Lsg. u. Allylalkohol auf —10 bis 0° gebracht u. unter Rühren bei dieser Temp. gehalten. Dann wird Nicotinylchlorid-Hydrochlorid zugefügt u. das Gemisch auf n. Temp. gebracht. Das Allylnicotinat wird dann mit Acrylnitril in Ggw. von W., Azo-2.2'-diisobutyronitril u.dem Na-Salz eines CH_2O-Naphthalinsulfonsäurekondensats 18 Std. auf 70° erhitzt. Das Mischpolymerisat wird abfiltriert, mit A. gewaschen u. getrocknet. Als 12%ig. Lsg. in N.N-Dimethylacetamid (I) wird der Faden in eine Mischung von I u. W. gesponnen u. dann mit saurem Farbstoff gefärbt. Weitere Beispiele mit Allylisonicotinat, -picolinat, Vinylnicotinat u. Methallylpicolinat als N-heterocycl. Verbindungen. (**A. P. 2 691 641** vom 1/3. 1952, ausg. 12/10. 1954.) H. SCHINDLER. 7181

Farbenfabriken Bayer Akt.-Ges. (Erfinder: **Erwin Müller**, Leverkusen, und **Peter Hoppe**, Troisdorf), *Schaumstoffe* von sehr niedriger D., dad. gek., daß verzweigte oder lineare Polyester, die Verbb. mit tert. N-Atom einkondensiert enthalten, mit einem Überschuß über die auf die Endgruppen des Polyesters berechnete Menge eines Polyisocyanats, bes. Diisocyanats, umgesetzt u. die so erhaltenen Prodd. in An- oder Abwesenheit von tert. Basen mit W. oder Verbb., die mit NCO-Gruppen unter Gasentw. reagieren, zur Rk. gebracht werden. (**D. B. P. 926 880** Kl. 39b vom 31/1. 1952, ausg. 25/4. 1955. Anmeldung bekanntgemacht 30/9. 1954.) G. SALZMANN. 7181

DEHYDAG Deutsche Hydrierwerke G. m. b. H. (Erfinder: **Winfried Hentrich**, Riehen, Schweiz, und **Wilhelm Jakob Kaiser**), Düsseldorf, *Herstellung von Superpolyamiden* aus ε-Aminocapronsäure bzw. Caprolactam, dad. gek., daß man Furfurol (I) in Furfuracrylsäure, diese in 3-Oxopimelinsäure überführt, hieraus Pimelinsäure herstellt u. diese Säure durch Dest. ihres Anhydrids bzw. ihrer Salze oder katalyt. in Cyclohexanon verwandelt; dieses wird anschließend über Cyclohexanonoxim in Caprolactam übergeführt, das als solches oder in Form der zugrunde liegenden ε-Aminocapronsäure der Selbstkondensation zum Superpolyamid unterworfen wird. Bei der letzten Kondensation können auch andere bekannte polyamidbildende Kondensationskomponenten zugegen sein. (**D. B. P. 926 757** Kl. 39c vom 23/4. 1943, ausg. 25/4. 1955. Anmeldung bekanntgemacht 17/9. 1953.) J. MÜHLEISEN. 7181

Imperial Chemical Industries Ltd., London, England, *Klebstoff für Nylon* (I), bestehend aus einer Lsg. von I in einem oder mehreren Phenolen, z. B. 1 (Teil) I in 3—5 Kresol. (**E. P. 634 422** vom 19/12. 1947, ausg. 22/3. 1950. Belg. Prior. 24/10. 1946.) C. LÜTTGEN. 7181

General Electric Co., New York, übert. von: **Philip D. George**, Schenectady, N. Y., V. St. A., *Thienylsubstituierte Polysiloxane* erhält man bei der Hydrolyse von Verbb. der Formeln I u. II mittels W. oder W. in Mischung mit verschied. Lösungsmitteln, z. B. Ae., u. Entwässern der gebildeten Polysiloxane bei n. oder erhöhter Temp. u. n.

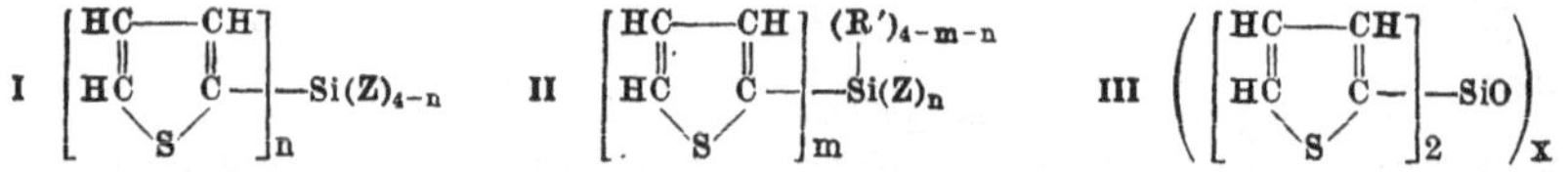

oder vermindertem Druck. — Di-(2-thienyl)-dichlorsilan, gelöst in Ae., wird mit einer Mischung von $NaHCO_3$, dest. W. u. Ae. bei 5° unter Rühren versetzt. Das erhaltene ölige Reaktionsprod. wird mehrere Std. auf 200—250° erhitzt u. ergibt ein thermoplast. klares, leicht brechbares, geruchloses Harz, welches aus einer Bzl.–Heptan-Lsg. u. Tierkohle umkristallisiert feine weiße Kristalle, F. 327—328°, ergibt. Diese stellen polymeres *Di-(thienyl)-siloxan* (III) dar. Die thienylsubstituierten Silane kann man mit anderen hydrolysierbaren Organosilanen mischpolymerisieren. In den oben genannten Formeln bedeutet Z eine hydrolysierbare Gruppe, wie Halogene, Alkoxyreste, R' einen 1wertigen

KW-stoffrest, n u. m ganze Zahlen 1—2, deren Summe 3 beträgt. (**A. P. 2 640 818** vom 25/6. 1949, ausg. 2/6. 1953. **E. P. 695 462** vom 14/6. 1950, ausg. 12/8. 1953. A. Prior. 25/6. 1949.) G. KÖNIG. 7189

E. I. du Pont de Nemours & Co., Wilmington, Del., V. St. A., *Formkörper aus Polytetrafluoräthylen* (I). Man preßt das pulverförmige I zunächst bei n. Temp. u. 3—703 at, erwärmt den Rohling ohne Druck auf 327° (gegebenenfalls unmittelbar in einem Hitzeüberträger wie Öl, fl. Metall, geschmolzenem Salz), bis er sintert, u. läßt ihn in der endgültigen Form bei 250° unter Druck abkühlen. In gleicher Weise können auch Mischpolymerisate von I mit Isobutylen oder Äthylen oder Mischungen von I mit Metallpulver, Bronze, Graphit, Asbest, SiO_2, $CaCl_2$, CaF_2, NaCl, NH_4NO_3 oder TiO_2 verarbeitet werden. (**E. P. 644 008** vom 28/3. 1947, ausg. 4/10. 1950. A. Prior. 29/3. 1946.) G. SALZMANN. 7205

H. Marks and others, eds., Resins — rubbers — plastics yearbook. 1954. New York: Interscience. Publishers. 1955. (1155 S.) O. $ 35,—.

XII. Kautschuk. Guttapercha. Balata.

Robert Delattre, *Allgemeine Terminologie der Elastomeren.* Vf. behandelt einige Probleme der französ. Nomenklatur auf dem Gebiet der Elastomeren. (Rev. gén. Caoutchouc **30**. 535—38. Aug. 1953.) M. WINIKER. 7220

G. M. Kraay und **M. van den Tempel**, *Mechanismus der Gelierung von Hevealatex durch Zinkverbindungen.* (Trans. Instn. Rubber Ind. **28**. 144—55. Juni 1952. Delft, Rubber Stichting, Res. Dep. — C. **1953**. 1092.) R. SCHÄFF. 7222

Ilona László, *Die Herstellung von synthetischem Kautschuk durch Emulsionspolymerisation.* Um die Bldg. des natürlichen Kautschuks nachzuahmen, wird auch die Kautschuksynth. in Emulsion vorgenommen, der dabei gebildete Kunstlatex kann so dem natürlichen Latex ähnlich verarbeitet werden. Zum Einsetzen der Polymerisation sind oxydierende Katalysatoren (Persalze) nötig, die initiierend wirken u. die monomeren Moll. so aktivieren, daß das entstandene akt. Radikal ein anderes monomeres Mol. addieren kann. Das Dimere wirkt weiter als akt. Gruppe, wodurch die Ketten-Rk. beginnt. Die Geschwindigkeit der Rk. ist von der Temp. sehr abhängig, u. erst seit der Entdeckung der Redox-Polymerisation ist diese bei niedriger Temp. möglich. Anwendung von Styrol oder Acrylnitril fördert die Copolymerisation; der Mechanismus dieser Rk., bes. bei der Emulsions-Polymerisation ist nicht ganz geklärt. Die Reinheit des Butadiens muß noch strenger überwacht werden als bei der Polymerisation mit Na. Acetaldehyd wirkt als Inhibitor, α- u. β-Butylen, an welchen sich das überschüssige Butadien anreichert, müssen entfernt werden, da sie die Qualität des Prod. vermindern. Ebenso ist die Reinheit von Styrol u. Acrylnitril sehr wichtig. Infolge der Copolymerisation sinkt die Zahl der Zweigketten des Butadienpolymerisates, aber deren Verhinderung gelang erst nach der Entdeckung der Wrkg. von Diproxyd u. höheren Mercaptanen. Diese in sehr kleinen Mengen verwendeten Modifikatoren begünstigen die 1—4 Bindungen wahrscheinlich so, daß sie sich an die Seitenketten der 1—2 Bindungen anlegen u. deren Anwachsen verhindern. Dies erklärt auch, daß die Modifikatoren nicht auf einmal zugegeben werden dürfen, sondern während des Verlaufs der Polymerisation in kleinen Anteilen. Einer der wichtigsten Faktoren der Polymerisation ist ein entsprechender Emulgator, dessen Aufgabe es ist, außer dem Emulgieren der Monomeren, sowie dem Emulgieren u. Stabilisieren der gebildeten Polymeren, den Verlauf der Polymerisation, die Struktur der Polymeren u. die Aktivierungsenergie der Rk. zu beeinflussen. Letztere ist bei der Emulsionspolymerisierung bedeutend geringer als bei der Polymerisation im Block oder in Lösung. Mit kationakt. Emulgatoren gelang es, den sauren Buna S zu erzeugen, welcher den Buna S3 übertreffen soll. Aus Verss. mit Reduktionsmitteln zur Entfernung des Sauerstoffs ergab sich, daß sich zwischen diesen u. den als Initiator verwendeten Persalzen eine die Polymerisation fördernde Redox-Rk. abspielt. Am besten bewährten sich bei der Butadienpolymerisation eisenhaltige Redoxsysteme, welche Benzoylperoxyd als oxydierendes u. α-Ketole als reduzierendes Agens enthalten. (Magyar Kémikusok Lapja [Z. Ver. ung. Chemiker] **7**. 185—91. Juni 1952.) J. PLANK. 7224

W. Schibelew, *Das Tallöl, seine Gewinnung und Verwendung in der Kautschukindustrie.* Tallöl (59,6% Harzsäure, 37,2% Ölsäuren, 0,1% Na_2SO_4. 0,06% H_2SO_4, 1,5% H_2O) wird in der Regeneratindustrie als Weichmacher an Stelle von Fichtenharz oder Ölsäure verwendet. Seine entvulkanisierende Wrkg. ist ausgezeichnet. Tallöl wird durch Einw. von H_2SO_4 auf den von der Schwarzlauge abgeschiedenen Sulfat-Seifenbrei gewonnen. (Рационализация (София) [Rationalisier. (Sofia)] **5**. Nr. 8. 22—23. Aug. 1955.) O. POLLAK V. EMHOFEN. 7226

G. Lamm, *Das Kautschuklaboratorium in kleineren Betrieben.* Kurze Betrachtung der Bedeutung des Kautschuklaboratoriums für die Betriebskontrolle auch kleinerer Unternehmungen. (Rev. gén. Caoutchouc 32. 416—18. Mai 1955.) M. WINIKER. 7248

W. Späth, *Grundtendenzen der mechanischen Kautschukprüfung.* Vf. behandelt die Bedeutung der Rückprallanzeige (resilience) u. ihre Messung. An Hand einiger Meßreihen wird die Stellung des Rückprallvers., oder allgemeiner der inneren Dämpfung, innerhalb der Kautschukprüfung erläutert. (Gummi u. Asbest 3. 302—03. 1950.)
M. WINIKER. 7248

Armand Cohen-Hadria und **Robert Gabillard,** *Die Messung der Wirkung der Verlängerung von Kautschuk auf seine Relaxationszeit T_2 mittels Bestimmung der Nuclearresonanz.* Bei verschied. Tempp. wurden die T_2-Werte für verschied. relative Verlängerungen ermittelt. Das Gefälle des Übergangsgebietes (—15 bis +5°) vermindert sich linear mit der Verlängerung. (C. R. hebd. Séances Acad. Sci. 234. 1877—79. 5/5. 1952.)
K. v. KEREKJARTO. 7248

United States Rubber Co., New York, N. Y., übert. von: **Bernard C. Barton,** Clifton, N. J., V. St. A., *Mischverfahren.* Natur- oder Kunstkautschuk wird mit verhältnismäßig großen Mengen Aktivruß u. 0,5—3 (%, berechnet auf Kautschuk) Hexachlorphenol gemischt, auf 135—205° erhitzt, mastiziert, mit den anderen üblichen Zusätzen versehen u. n. verarbeitet. (**A. P. 2 689 842** vom 4/11. 1952, ausg. 21/9. 1954.)
W. OVERBECK. 7225

Phillips Petroleum Co., Bartlesville, Okla., V. St. A., *Emulsionspolymerisation.* Während der Polymerisation wird ein Unterbrecher in solcher Menge zugesetzt, daß die Temp. nicht mehr erhöht, die Polymerisation aber noch nicht unterbrochen wird. Bes. für Herst. von *Kunstkautschuk.* (**E. P. 718 572** vom 11/9. 1952, ausg. 17/11. 1954. A. Prior. 29/10. 1951.) W. OVERBECK. 7225

Phillips Petroleum Co., Del., übert. von: **Willard M. St. John jr.,** Borger, Tex., V. St. A., *Herstellen von synthetischem Kautschuk durch Emulsionspolymerisation von Diolefinen* mit Alkaliseife als Emulgator in Abwesenheit von Schwermetallverbb. u. in Ggw. von Reduktionsmitteln der Formel MCNX, in der M = Alkalimetall oder Ammonium u. X = O oder S (Thiocyanaten, Cyanaten), u. eines Oxydationsmittels, das in Ggw. dieser Verb. wirksam wird. (**A. P. 2 682 530** vom 20/11. 1950, ausg. 29/6. 1954.)
W. OVERBECK. 7225

Phillips Petroleum Co., übert. von: **Carl A. Uraneck,** Borger, und **Spencer H. Landes,** Phillips, Tex., V. St. A., *Emulgiermittel für die Emulsionspolymerisation* zur Herst. von Kunstkautschuk, bestehend aus K-Abietat, das in wss. Lsg. bei 16—27° mit 0,2—2 mMol KOCl je Gewichtsteil K-Abietat behandelt wurde. (**A. P. 2 679 497** vom 14/7. 1949, ausg. 25/5. 1954.) W. OVERBECK. 7225

Phillips Petroleum Co., Bartlesville, Okla., V. St. A., *Aktivatorlösung für die Dienpolymerisation,* bestehend aus der wss. Lsg. des Salzes eines mehrwertigen Metalles, das in 2 Valenzstufen existieren kann, u. das zumindest teilweise in der niederen Valenzstufe vorhanden ist, des Pyrophosphats eines einwertigen Kations u. eines anderen Salzes aus einem einwertigen Kation u. einem gegen das mehrwertige Metall inerten Anion, wobei jeder Bestandteil zu 0,1—10% vorhanden ist. Die Lsg. wird 5—90 Min. auf 40 bis 100° unter O_2-Ausschluß erhitzt. Als mehrwertiges Metall dient bes. Fe, ferner Mn, Cu, V u. Co. (**E. P. 711 892** vom 15/12. 1949, ausg. 14/7. 1954. A. Prior. 31/12. 1948.)
W. OVERBECK. 7225

United States Rubber Co., New York, N. Y., übert. von: **Lawrence E. Daly,** Mishawaka, Ind., V. St. A., *Kautschukartige Masse,* bestehend aus einer Mischung von 30—65 (%) Polystyrol, 30—65 eines Mischpolymerisats aus 80—95 Styrol (I) u. 20—5 Butadien (II) u. 5—30 eines Mischpolymerisats aus 30—5 I u. 70—95 II mit Zusätzen von Füllstoffen u. Zn-Stearat. Nach dem Kneten der Mischung auf dem Kalander werden dünne Folien gewalzt u. bemustert. Warmformbeständigkeit 76,6, Rockwellhärte 80. (**A. P. 2 681 898** vom 1/2. 1952, ausg. 22/6. 1954.) G. SALZMANN. 7225

United States Rubber Co., New York, N. Y., V. St. A., *Butylkautschukmischung* mit Zusatz von gefälltem SiO_2-Hydrat, Ca-Silicat oder Kaolin von 10 μ Teilchengröße, die mit Cycloalkenylhalogensilan oder Cycloalkenylalkylhalogensilan umgesetzt wurden. Verwendet werden Silane der Formel R_nSiX_{4-n}, wobei n = 1, 2 oder 3, R = Cycloalkenyl oder Cycloalkenylalkyl u. X = Halogen, bes. Cl. (**E. P. 715 244** vom 20/8. 1952, ausg. 8/9. 1954. A. Prior. 13/11. 1951.) W. OVERBECK. 7227

United Kingdom Chemicals Ltd., London, England, übert. von: **Georg Schafer,** *Alterungsschutzmittel für Natur- oder Kunstkautschuk,* bestehend aus einem in 4- bzw. 4- u. 6-Stellung substituierten Resorcin. Genannt sind folgende Resorcine: 4-Methyl-,

4-Äthyl-, 4.6-Diäthyl-, 4-Isopropyl-, 4.6-Di-n-propyl-, 4-Diisopropylmethyl-, 4-tert.-Butyl-, 4.6-Di-tert.-butyl-, 4.6-Di-tert.-amyl-, 4-n-Hexyl-, 4-Isooctyl-, 4.6-Diisooctyl-, 4-Octadecyl-, 4-Octadecenyl-, 4-Benzyl-, 4.6-Dibenzyl-, 4-Äthylbenzyl-, 4-α-Phenyläthyl-, 4-Cyclohexyl-, 4.6-Dicyclohexyl- u. die Kondensationsprodd. aus Resorcin u. Naphthensäuren, synthet. Fettsäuren oder deren Derivv., in denen die CO-Gruppe zu CH_2 red. ist. (**E. P. 714 772** vom 24/10. 1951, ausg. 1/9. 1954.) W. Overbeck. 7227

Phillips Petroleum Co., übert. von: **Willie W. Crouch** und **William B. Reynolds**, Bartlesville, Okla., V. St. A., *Vulkanisationsregler* für Ruß enthaltende Naturkautschukmischungen, bestehend aus einem 0,5—6%ig. (auf Kautschuk) Zusatz der Zn-Salze eines Gemisches von Monoalkylbenzolsulfonaten mit 12—14 C-Atomen im Alkylrest. (**A. P. 2 687 444** vom 4/1. 1950, ausg. 24/8. 1954.) W. Overbeck. 7229

XIV. Zucker. Kohlenhydrate. Stärke.

—, *Einfluß der Bodenstruktur auf die Entwicklung der Zuckerrübe.* Allg. Betrachtungen über den Einfl. der Struktur des Bodens auf das Wachstum der Rüben u. besonderer Mittel, um die Struktur zu verbessern, wie künstlicher, natürlicher u. Gründünger, sowie den möglichen Einfl. der Fruchtfolge, der Aussaat u. der Ernte, des doppelten Pflügens u. des Ausreißens der Rüben (Sucrerie franç. **94.** 183—90. Aug. 1953.) R. Rutkowski. 7406

G. Samuels, M. A. Lugo López und **P. Landrau jr.**, *Einfluß von Düngemitteln auf den Zuckergehalt von Zuckerrohr.* (J. Agric. Univ. Puerto Rico **36.** 194—202. Juli 1952. Rio Piedras, Puerto Rico, Univ., Agric. Exp. Stat. — C. **1953. 6161.**) R. Rutkowski. 7406

I. W. Jakuschkin und **M. M. Edelstein**, *Kopfdüngung der Zuckerrübe vor der Ernte.* Bei Zuckerrüben mit einer Grunddüngung von 40—60 t Stallmist, 40 dz Superphosphat (I), 3 dz KCl (II) u. 1 dz NH_4NO_3 wurde durch Spritzen 2—4 Wochen vor der Ernte mit I bzw. II in 5jährigen Verss. eine durchschnittliche Steigerung des Zuckergeh. der Rüben von 1,9% durch I bzw. 2,28% durch II erzielt. Eingehende Unterss. zeigten, daß infolge des Spritzens mit den genannten Lsgg. der Abfluß des Zuckers aus den Blättern in die Wurzeln beschleunigt wird u. daß P_2O_5 die Spaltung der Saccharose in Monozucker begünstigt. Behandlung der Samenträger der Zuckerrüben mit 1%ig. I steigerte den Samenertrag um 8%. Die Wurzelerträge von solchen Samen waren um 11,8 dz/ha höher als von unbespritzten Pflanzen. Durch Spritzen mit I oder II wird als Folge des erhöhten Rübenertrages u. des erhöhten Zuckergeh. der Rübe ein Zuckermehrertrag von 4—5 dz/ha erzielt. (Агробиология [Agrobiologie] **1952.** Nr. 4. 106—13. Juli/Aug. Moskau, Landw. Timirjasew-Akad., Versuchsstat. für Feldbau.) E. Linter. 7406

A. S. Jepiszyn, *Die kontinuierlichen Diffusionsapparate.* Beschrieben werden folgende, in der UdSSR statt veralteter Diffusionsbatterien verwendete Systeme: drehbarer Diffuseur nach Mandryko, Vierkolonnenapp. mit Schneckenförderer nach Kundzuljan, Kolonnenapp. nach Malikow u. Vertikalapp. nach Sokolow. (Gaz. Cukrownicza **55.** 164—66. 1953.) K. Steiner. 7412

C. A. Fort, B. A. Smith, C. L. Black und **L. F. Martin**, *Aconitsäuregehalt und Zusammensetzung von Louisiana Blackstrap Melassen.* Aus der Rohrzuckerernte von 1950 in Louisiana wurde erstmalig eine zuverlässige Schätzung der Gesamtmenge an *Aconitsäure* in der Melasse mit 4,47% erhalten. Mit den gegenwärtigen Methoden kann ca. $^1/_3$ der vorhandenen Säure als Ca-Mg-Aconitat gewonnen werden. Ferner konnte die Zus. der Melasse durch die Anwendung neuerer Methoden genauer bestimmt werden als in den Vorjahren. (Sugar **47.** 33—35. Okt. 1952. New. Orleans, La., Dep. of Agriculture, Agricult. Res. Administr., South. Reg. Res. Labor., Sugracane Prod. Div.) R. Rutkowski. 7418

C. van Dillewijn, *Atmung im Zuckerrohr — eine vernachlässigte Tatsache?* Kurze Übersicht über die bisherigen quantitativen Unterss. über die Respiration des Zuckerrohrs. — 11 Literaturangaben. (Sugar **47.** 45—46. Juli 1952.) R. Rutkowski. 7440

W. M. R. Hardwick, *Die Polarimetrie von Zucker für Verkaufszwecke.* Eine Meth. zur Messung der Polarisation von Zucker, die bei Verwendung eines Metallmetronoms eine Ablesung von 0,01° erlaubt, wird beschrieben. (Int. Sugar J. **54.** 216—24. Aug. 1952. Liverpool, Huson & Hardwick, Duke's Dock.) R. Rutkowski. 7470

Jan Dobrzycki, *Bestimmen von Calciumsalzen im Dünnsaft.* Ein einfaches Nomogramm zum Ablesen der mg CaO aus der Menge zugesetzter Seifenlsg. (zu 50 u. 100 cm^3 Dünnsaft nach der 2. Saturation) u. den Brix-Graden des Saftes. (Gaz. Cukrownicza **56.** 22. Jan./Febr./März 1954.) A. v. Wilpert. 7474

—, Institut international de la potasse. La betterave sucriére et sa fumure. Berne. 1954. (74 S. m. Abb.) 8°. fr. 1,60.

XV. Gärungsindustrie.

Elmer L. Gaden jr., *Gärungskinetik und Gärungsproduktivität.* An Hand von Beispielen der Alkohol-, Citronensäure- u. Penicillingärung gibt Vf. ein Bild der Kinetik des Gärungsverlaufs, des Wachstums der Gärungserreger, des CO_2-Verbrauchs u. des Geh. an Gärungsprodukten. (Chem. and Ind. **1955**. 154—59. 12/2. New York, N. Y., Columbia Univ., Dep. of Chem. Engng.) H. HAEVECKER. 7500

M. Ja. Kaljushny, M. K. Raitzewa und **W. A. Utenkowa**, *Das Absetzen der Hefe beim kontinuierlichen Vergären von Hydrolysaten.* Untersucht wurde das Absitzen von Hefe in Abhängigkeit von der Aktivität, der Zellenzahl, dem Zuckergeh. u. der Stromrichtung des filtrierten u. unfiltrierten Holzhydrolysats. Bei Abstrom setzte sich mehr Hefe ab als bei Aufstrom. Bis zu 20 g/Liter Hefe werden in gärendem u. im vergärten (filtriert u. unfiltriert) Hydrolysat leicht in der Schwebe gehalten, so daß nur ein geringer Bodensatz entsteht. Die abgesetzte Hefe hat eine nur geringe Gärkraft u. liefert weniger A. als in der Schwebe gehaltene Hefe. Die Vergärung von Holzhydrolysaten nach dem kontinuierlichen Verf. muß mit 15—20 g/Liter Hefe vorgenommen werden. Die abgesetzte Hefe wird von Zeit zu Zeit entfernt. (Микробиология [Mikrobiologie] **24**. 348—52. Mai/Juni 1955. Leningrad, Allunions Wiss. Forschungsinst. der Hydrolysen- u. Sulfitsprit-Ind.) OTTO MAIER. 7506

A. G. Sabrodski und **A. F. Poloshischnik**, *Wirken Fettstoffe des Kornes auf die Alkoholgärung ein?* Die Fettstoffe von n. u. von durch Selbsterhitzung oder Schimmel verdorbenem Hafer oder Mais hatten keinen merklichen Einfl. auf die Vergärung durch Hefe. Die in der Praxis beobachtete Verringerung der A.-Ausbeute aus defekten Körnern rührt nicht von Zerfallsprodd. des Fettes her, sondern von Zerfallsprodd. der Eiweißstoffe, die mit KW-stoffen unvergärbare Melanoidinstoffe bilden. (Микробиология [Mikrobiologie] **24**. 341—47. Mai/Juni 1955. Kiew, Zweigstelle des Allunions Wiss. Forschungsinst. der Sprit-Ind.) OTTO MAIER. 7536

Josef Mühlbauer, *Das Redoxpotential in der Abfülltechnik.* An Hand von Beispielen aus der Praxis wird gezeigt, wie die Best. des Redoxpotentials dazu benutzt werden kann, einen Einblick in das Geschehen des Lufteinfl. auf das Bier während des Abfüllprozesses zu gewinnen. (Brauwissenschaft **1951**. 69—75. Mai Beilage zu: Brauwelt, Ausgabe B.) M. WINIKER. 7550

Italo Cosmo und **Mario Polsinelli**, *Raboso Piave.* Herkunft u. Beschreibung der Rebsorte Raboso Piave. Beschaffenheit u. Analysen von daraus gewonnenen Weinen. — 5 Abbildungen u. 20 Literaturangaben. (Ann. Sperimentaz. agrar. [N. S.], Suppl. **9**. CVII—CXX. 1955.) E. KIELHÖFER. 7554

S. N. Kischkowski, *Die Anwendung von Kälte bei der Weinbearbeitung.* Nach den durchgeführten Verss. beträgt die Unterkühlung des Weines beim Gefrieren 0,8—1,6°. Im Filtrat der 4 Std. bis 0,5° oberhalb oder unterhalb des F. abgekühlten Weine wurden keine wesentlichen Unterschiede im Geh. an Weinsäure, Gerbstoffen, Gesamt-N u. Farbstoffen gefunden. Entgegen den Literaturangaben wurde die Stabilisierung des Weines bei niedriger Temp. nicht beschleunigt. Bei langsamem Abkühlen behält der Wein lange Zeit seine Klarheit. Bei raschem Kühlen sind die sehr feinen Bitartrat (I)-Kristalle schwer filtrierbar; die Kristallisation des im Wein gelösten I erfolgt intensiver als bei langsamem Abkühlen. Wird der bis 0° langsam abgekühlte Wein innerhalb 4 Min. auf —10° abgekühlt, so wird I vollständig ausgefällt. Die ausgefällte I-Menge ist bei Abkühlungen bis —0,6 u. —0,4° fast die gleiche. Die beim Abkühlen ausgefällten Farbstoffe, Gerbstoffe, N-haltigen Stoffe u. I können durch Filtration bereits nach 48 Std. abgetrennt werden, während nach den bisher üblichen Verff. 6—10 Tage erforderlich waren. (Виноделие и Виноградарство СССР [Weinbereit. Weinbau UdSSR] **15**. Nr. 2. 11—17. 1955. Moskau, Technol. Inst. für Lebensmittelind.) O. LEBTAG. 7554

A. Stühk, *Bedeutung und Durchführung der chemischen Betriebskontrolle.* Für den Praktiker bestimmte Angaben über die bei der Gewinnung u. dem Ausbau des Weines notwendigen chem. Untersuchungen. (Dtsch. Weinbau **9**. 373—74. 20/7.; Weinblatt **48**. 423—25. 5/6. 1954. Neustadt, Landeslehr- u. Forschungsanst. für Wein- u. Gartenbau.) E. KIELHÖFER. 7554

H. Grohmann und **E. Gilbert**, *Über die polarographische Bestimmung der Äpfelsäure in Traubenmost und Wein.* Die Eichkurven von Fumarsäure u. Äpfelsäure verlaufen zwar linear, fallen jedoch nicht zusammen, so daß bei der Aufstellung der Eichkurve von der Äpfelsäure ausgegangen werden muß. Michsäure u. Zucker stören die Best. erheblich; milchsäurehaltige Weine, das heißt Weine nach dem biol. Säureabbau, ergeben deshalb keine befriedigenden Werte. Da der nach der amtlichen deutschen Meth. gefundene Milchsäuregeh. bis 1 g im Liter die Äpfelsäurebest. nicht beeinträchtigt, ist anzunehmen, daß es sich hierbei nur um scheinbare Milchsäurewerte handelt. Daraus ist auch zu schließen, daß bei der alkoh. Gärung keine Milchsäure gebildet wird. Tabellen über den Äpfelsäuregeh. 1952er pfälz. Traubenmoste sowie pfälz. Weine mit weniger als 1 g im Liter „scheinbarer" Milchsäure. (Z. Lebensmittel-Unters. u. -Forsch. **98.** 185—95. März 1954. Speyer/Rh., Pfälz. Landw. Versuchsstat. u. Chem. Untersuchungsanstalt, Weinabt.) E. KIELHÖFER. 7554

M. A. Amerine, *Technik und Probleme bei organoleptischen Prüfungen der Weine.* Unter Bezugnahme auf zahlreiche einschlägige Arbeiten über zum Teil eigene organolept. Prüfungen auf dem Gebiet der Weinbeurteilung wird ein Überblick gegeben über die verschied. Zwecke der organolept. Beurteilung des Weines, die dabei auftretenden physiol. u. sonstigen Probleme sowie die 3 in Frage kommenden Methoden u. ihre statist. Auswertung: Meth. der gepaarten Proben, triangulärer Test (beide zur Unterscheidung von 2 verschied. Weinen) u. (für die vergleichende Beurteilung mehrerer Weine) die Systeme der Punktbewertung. (Agricultura [Madrid] **23.** 702—07. Dez. 1954.) E. KIELHÖFER. 7606

Lucien Benvegnin und **Emile Capt,** *Anwendung der densimetrischen Feststellungen zur Ermittlung des wahrscheinlichen Alkoholgehaltes bei der Beurteilung von Traubenmosten.* Bei der Auswertung 25jähriger Unterss. kommen Vff. zu dem Ergebnis, daß bei den Gutedelmosten der Westschweiz der zu erwartende Alkoholgeh. des Weines sich aus dem ursprünglichen Mostgewicht mittels der OECHSLE-Tabelle für die Zwecke der Praxis hinreichend genau berechnen läßt, besser als mittels der verschied. in den einzelnen Weinbauländern vorgeschlagenen anderen Methoden. Zahlreiche Tabellen u. Berechnungsformeln. — 37 Literaturangaben. (Landwirtsch. Jb. Schweiz **68** ([N. F.] **3**). 1009—22. 1954.) E. KIELHÖFER. 7606

XVI. Nahrungs-, Genuß- und Futtermittel.

F. Valentín, D. Žuffová und **M. Čunderlíková,** *Vitamin A (Axerophthol) und Carotine in der Rohstoffgrundlage der slowakischen Nahrungsmittelindustrie.* Vff. besprechen das Vork. u. die Bedeutung des *β-Carotin* (I) u. seine Entstehung durch Lichtkatalyse in den Blättern. Beim Welken dieser sinkt der Geh. an I ständig, beim Konservieren bis zu 20%, beim getrockneten pflanzlichen Material bis zu 70%. Aus Blättern wird I im menschlichen Organismus schwer aufgenommen; bessere Aufnahme in Ggw. von Öl. Abschließend zählen Vff. schon bekannte Bestimmungsmethoden von I auf. — 10 Literaturangaben. (Chem. Zvesti **8.** 267—71. Mai 1954. Bratislava, Forschungsinst. der Nahrungsmittelindustrie.) E. VEVERA. 7660

Carlo La Rotonda, *Nachwirkung antiparasitärer Behandlungen landwirtschaftlicher Nahrungsmittel.* Krit. Sichtung des Schrifttums. Nur bei mineral. Schädlingsbekämpfungsmitteln wurde eine gewisse tox. Wrkg. des Ernteprod. bemerkt, die neueren Systeminsekticide werden in so geringer Dosis verwendet, auch erleiden sie einen stetigen Abbau, so daß Schadwirkungen ausgeschlossen sind. (Chim. e Ind. [Milano] **35.** 11—13. Jan. 1953.) C. GRIMME. 7660

G. N. Irvine und **J. A. Anderson,** *Faktoren, welche die Farbe von Makkaroni beeinflussen.* 4. Mitt. *Kleieteilchengröße.* (3. vgl. C. **1951.** I. 3132.) Es ist wichtig, den Kleiegeh. des zu verarbeitenden Mehles durch geeignete Mahl- u. Sichtverff. so vollständig wie möglich zu entfernen. — 6 Literaturhinweise. (Cereal Chem. **29.** 65—70. Jan. 1952. Winnipeg, Manitoba, Can.) C. GRIMME. 7672

Ja. I. Pali, *Die Anwendung von Unterdruck für die Erhaltung der Güte und Frische von Brot und Gebäck.* Brot, das in einer Kammer bei einem Unterdruck von 40—50 mm Hg bei 18—20° an feuchter Luft gelagert wurde, zeigte eine gleiche Güte bis zu 10—11 Tagen. Diese Lagerungsverhältnisse verhindern die Vermehrung einer ganzen Reihe von Mikroorganismen, die unter anderen Bedingungen zum Verderben des Brotes führen. (Вопросы Питания [Fragen d. Ernähr.] **12.** Nr. 6. 74. Nov./Dez. 1953. Odessa, Pirogow-Inst. für Med., Lehrstuhl für Ernährungshygiene.) M. ULMANN. 7674

Ruth Moore, Bernadine Meyer und **Ruth Buckley,** *Die Einwirkung von Gefrierlagerungstemperaturen auf die Qualität von Keksen und den Kohlensäuregehalt von Keksteigen.* Kekse leiden nicht bei Lagerung über 12 Wochen bei —20° F. Keksteige benötigen wenigstens diese Temp., um einwandfreie Gebäcke zu geben, da bei 0° F bereits merkbarer CO_2-Verlust auftritt. (Food Res. **19.** 590—96. Nov./Dez. 1954. Knoxville, Tenn., Univ. of Tennessee.) H. HAEVECKER. 7674

Carl C. Lindegren, *Hefezüchtung.* Beschreibung der Hefezüchtung u. der diesbzgl. biol. Vorgänge. (Bakers Digest **27.** Nr. 5. 28—29. 36. Okt. 1953. Carbondale, Ill., Southern Illinois Univ., Biol. Res. Labors.) H. HAEVECKER. 7674

J. A. Meininger, *Triebmittel für Weizen- und Maismehl.* Übersicht über Eigg. u. Herst. der früher u. heute gebräuchlichen Triebmittel. (Amer. Miller Processor **82.** Nr. 4. 37—38. April 1954. Dallas, Tex., Amer. Assoc. of Cereal Chemists, Lone Star Sect.) M. W. ROTHE. 7674

G. Ss. Demurjan und **A. K. Narojan,** *Über die mechanische und chemische Zusammensetzung der armenischen Kornelkirsche.* Fruchtgewicht, Geh. an Fruchtfleisch, Zucker u. Pektin sowie an Cellulose, Gerbstoffen u. Säuren wurden an Kornelkirschen verschied. Anbaugebiete u. Sorten untersucht, um die zweckmäßigsten Ausgangsformen für die Züchtung zu ermitteln. (Известия Академии Наук Армянской ССР, Биологические и Сельскохозяйственные Науки [Nachr. Akad. Wiss. ArmenSSR, biol. landwirtsch. Wiss.] **7.** Nr. 1. 47—55. Jan. 1954. Inst. für Genetik u. Selektion der Akad. der Wiss. der ArmenSSR.) A. JACOB. 7688

D. D. Musco und **W. V. Cruess,** *Untersuchungen über das Verderben von Walnußkernen.* Die Unterss. zeigten, daß durch Blanchieren von Walnußkernen bei 100° in Wasserdampf die Peroxydbldg. während der folgenden Aufbewahrung erheblich erhöht wird. Die Kerne enthalten mit großer Wahrscheinlichkeit ein nicht näher bestimmtes lipolyt. Enzym. Der Geh. an freien Fettsäuren nahm in geschälten Nüssen von 27% Feuchtigkeitsgeh. bedeutend schneller zu als in ungeschälten. Die Peroxydzahl stieg in Walnußöl mehrfach schneller an als in gelagerten Kernen. Durch Licht wurde das Ranzigwerden begünstigt. Das Verderben der Kerne während der Lagerung war mit dem Ansteigen der Peroxyd- u. KREIS-Zahlen verbunden. Antioxydationsmittel werden angegeben. — 22 Literaturangaben. (J. agric. Food Chem. **2.** 520—23. 12/5. 1954. Berkeley, Calif., Univ. of California, Food Technol. Dep.) F. RANG. 7688

Heinz Walter, *Haltbare Mineralwässer und Limonaden.* Als Voraussetzung für ein haltbares u. ansprechendes Getränk (I) ist die Beschaffenheit des W., die jederzeit peinliche Betriebshygiene sowohl beim Grundstoff als auch beim Limonadenhersteller u. ein einwandfreier Zucker anzusehen. Vf. behandelt zunächst für Mineralbrunnen ohne Geschmack u. Selterswasser die bakteriolog. Voraussetzungen eines W. u. leitet dann über auf Brunnen mit Geschmack, Brauselimonaden mit Fruchtgeschmack, mit Fruchtsaft u. Fruchtsaftbrauselimonaden, für welche die Zuckerbereitung der entscheidende Faktor ist. Zur Verbesserung der Haltbarkeit der I wird auf die Zugabe von *Cumasina-EFB/3* (oligodynam. wirksame Ag-Lsg.) verwiesen. Die sogenannte Cumanisierung wird für die einzelnen I alsdann genau erläutert. (Lebensmittelindustrie **2.** 44—45. Febr. 1955.) K. H. ANDERS. 7706

Fritz Lauersen, *Über gesundheitliche Bedenken bei der Verwendung von Phosphorsäure und primärem Phosphat in Erfrischungsgetränken.* Unter weitgehender Berücksichtigung der Literatur u. auf Grund eigener umfassender Unterss. vertritt Vf. die Ansicht, daß eine einschränkende Anordnung bzgl. der Verwendung von Phosphorsäure u. prim. Phosphaten in Erfrischungsgetränken nicht erforderlich ist. (Z. Lebensmittel-Unters. u. -Forsch. **96.** 418—40. Juni 1953. Borstel, Tuberkulose-Forschungsinst., Inst. für exp. Biol. u. Med.) M. WINIKER. 7706

Mary K. Hansuld und **Alice M. Briant,** *Die Wirkung von Zitronensäure auf ausgewählte eßbare Stärken und Mehle.* Durch Zusatz von Citronensäure zu Stärkepasten u. Mehlaufschlemmungen wird die Gelatinierungstemp. der Stärke erhöht, die maximale Viscosität erniedrigt u. die Zerstörung der Stärkekörner begünstigt. (Food Res. **19.** 581—89. Nov./Dez. 1954. Ithaca, N. Y., Cornell Univ., Agric. Exp. Stat.) H. HAEVECKER. 7710

Roberto Gigante, *Betrachtungen über das Vergrünen von Tabakblättern.* Nach Unterss. des Vf. wird das Vergrünen von geernteten Tabaksblättern beim Trocknen auf die Auswrkg. einer Viruskrankheit zurückgeführt, welche den Abbau des Chlorophylls verhindert u. zu seiner streifigen Ablagerung führt. (Tabacco **57.** 336—53. Okt. 1953. Rom, Staz. di Patolog. Vegetab.) C. GRIMME. 7734

R. Ciferri, *Bräunung von „Virginia bright“ während der Reifung.* Die Bldg. der braunen Flecken ist nach den Unterss. des Vf. nicht parasitär bedingt, sondern entsteht bei abnorm niedrigem Geh. des Blattparenchyms an Aschenbestandteilen (vor allem K_2O u. CaO) u. Zuckerarten. (Tabacco **57.** 35—44. Febr. 1953.) C. GRIMME. 7734

Hugo Fredholm, *Threonin in Lebensmitteln tierischer Herkunft.* Es wurden der Geh. an *Threonin* (I) verschied. Käse- u. Fleischsorten, ferner von Milch, Trockenmilch, Eieralbumin, Sproßhefe (Torula utilis) u. anderen bestimmt, ferner Unterss. an frischem, gebratenem, gekochtem oder im Autoklaven behandeltem Material durchgeführt. Bezogen auf Rohprotein ergaben sich z. B. bei Fleisch im Mittel 4,25%, bei Bindegewebe 1,97%. Hitzebehandlung von Fleisch ergab keine nennenswerte Herabdrückung des I-Gehalts. Merkliche I-Verluste entstanden bei Behandlung von Fleisch u. auch Torula zusammen mit abgerahmter Milch im Autoklaven. Diese werden auf Ggw. restlicher Kohlenhydrate zurückgeführt. Die chem. Best. wurde titrimetr. ausgeführt nach der Meth. von Block u. Bolling mit der Modifizierung, daß eine N_2-Atmosphäre angewandt wurde. Die bakteriolog. Meth. unter Verwendung von Streptococcus faecalis in Anlehnung an Lymann u. Mitarbeiter ergab hiermit gute Übereinstimmung, lediglich bei Autoklavenbehandlung von Fleisch u. Torula in Mischung mit entrahmter Milch ergibt sie einen etwas höheren I-Verlust. (Acta Agric. scand. **5.** 11—22. 1954/55. Stockholm, Schweden, Sveriges Slakteriförbund, Res. Labor. Dep.) R. Beythien. 7746

A. Barmasch, W. Dyklon und **A. Arens,** *Über die Technologie der Konservierung von Wiener und Bockwürsten.* Aus Lagerungsverss. mit 2mal bei 100° sterilisierten Würstchen bei verschied. Tempp. wird geschlossen, daß die Lagerung unter 15° zu erfolgen hat. (Мясная Индустрия СССР [Fleisch-Ind. UdSSR] **24.** Nr. 3. 36—43. Mai/Juni 1953. Allunions-Wiss. Forschungsinst. für Fleisch-Ind.) H. Schmeiss. 7750

R. Paul Elliott, *Reduktion von Trimethylaminoxyd im Fleisch des Dornhais. Trimethylaminoxyd* (I) in gemahlenem Fleisch von Squalus acanthias L. (Sq.) wird während des Verderbens bei Lagerung bei 0° für 28 Tage nicht vollkommen reduziert. Die Red. hört nach 12 Tagen auf, wenn erst $^1/_6$ der I-Menge red. ist, im Muskelsaft des Kabeljaus wird I dagegen in 9 Tagen völlig red., diese Red. aber durch Zugabe von Harnstoff, NH_4OH oder NaOH unterbrochen. Bringt man Sq.-Fleischsaft mit HCl auf das Optimum für Triaminoxydase (p_H 7,2—7,4), so wird I quantitativ in 18 Tagen red., aber bei p_H 9 hört die Red. auf. Nach Neutralisation geht sie weiter. Der Grund der Unterbrechung der Red. von I ist beim Verderben des Fleischs der unter NH_3-Bldg. u. Erhöhung des p_H auf nahe 9 erfolgende bakterielle Abbau des Harnstoffs. Es wird angenommen, daß bei p_H 9 das Gleichgewicht zwischen I u. Trimethylamin in einer quantitativen Beziehung zu den vorhandenen OH-Ionen steht. — 17 Literaturangaben. (Food Res. **17.** 225—34. Mai/Juni 1952. Bergen, Norwegen, Fiskeridirektoratets Kjemisk-Tekniske Forskningsinst.) Ph. Fresenius. 7752

M. Witt, *Einfluß einer stark überhöhten Eiweißgabe auf die Milchmenge und den Fettgehalt der Milch bei Kühen.* Es wurde in einem Gruppenperiodenvers. an 34 Kühen, welche eine durchschnittliche Milchleistung von 20 kg/Tag mit einem Fettgeh. von 3,9% aufwiesen, untersucht, welche Wrkg. eine stark überhöhte Eiweißgabe im Futter ausübt. Den Tieren wurde ein Kraftfutter aus Soja- u. Erdnußmehl dargeboten. Die Milchmenge erhöhte sich danach um 2,5%, dagegen verringerte sich der Fettgeh. um 0,128%. Die Abnahme des Fettgeh. der Milch war im wesentlichen allein die Folge des direkten Einfl. des Futters. Da neben der physiol. Verwertung des Futters dessen wirtschaftliche Verwertung bes. wichtig erscheint, ist stets abzuwägen, wie weit man die Eiweißnorm überschreiten kann, um unter Berücksichtigung der Einw. dieser Maßnahmen bes. auf Milchmenge, Fettgeh., Fruchtbarkeit u. Nutzungsdauer zur günstigsten wirtschaftlichen Verwertung des Futters zu gelangen. (Beih. Arch. Tierernähr. **1954.** Nr. 5. 166—81. Mariensee-Trenthorst, Max-Planck-Inst. für Tierzucht u. Tierernährung.) K. H. Anders. 7756

Konrad Müller, *Eindampfanlagen in der Milchwirtschaft.* Es werden Erfahrungen mit Ein- u. Mehrstufen-Vakuumeindampfanlagen mitgeteilt u. Angaben gemacht über Werkstoffe u. Reinigungsmethoden. (Molkerei- u. Käserei-Ztg. **6.** 494—97. 14/4. 1955. VDI.) F. Günther. 7756

Günther Heydt, *Beitrag zur Frage der Milchpulvergewinnung.* Es werden Gefahrenquellen, wie Einfl. von Mikroorganismen, Luftzutritt, Tempp. bei Herst. u. Lagerung sowie Luftfeuchtigkeit u. unterbliebene Bldg. von milcheigenen Antioxydantien durch geeignete Vorbehandlung besprochen, die zu Fehlern bei Milchpulver führen können. (Molkerei- u. Käserei-Ztg. **6.** 497—99. 14/4. 1955.) F. Günther. 7756

Ss. F. Kuwenko, *Trockenmilchprodukte für die Kinderernährung.* Allg. Ausführungen. (Вопросы Питания [Fragen d. Ernähr.] **12.** Nr. 3. 78—81. Mai/Juni 1953. Moskau, Allunions-Wiss. Forschungsinst. für Milchindustrie.) H. Schmeiss. 7756

A. P. Schitzkowa, *Die sanitär-hygienische Bewertung von Speiseeis und seiner Herstellung.* 283 Speiseeisproben verschied. Herkunft u. Zus. wurden nach den üblichen Methoden der sanitär-bakteriolog. Unterss. (Best. der allg. bakteriellen Verunreinigung u. des Colititers) geprüft u. gefunden, daß die zulässige GOST, (Allunions-Standard-) Grenze von 300000 Bakterien/ml im allg. nicht erreicht wird, so daß sie auf 150000—200000 herabgesetzt werden sollten. Der Nährwert von Speiseeis erwies sich als recht hoch: bis zu 169,9 cal je 100 g. Der Fettgeh. betrug 1,8—3,9%, Trockensubstanz 22,8—31,8%, Eiweiß 1,61—4,2%, Lactose 4,27—9,16%, Saccharose 11,6—20,12%. Auch fand man bis zu 0,028 mg% Vitamin B, u. 0,87 mg% Vitamin C. (Гигиена и Санитария [Hyg. u. Sanitätswes.] **1954.** Nr. 1. 39—43. Jan. Wiss. San. Erisman-Forschungsinst.) E. Rentz. 7756

Willi Hayn, *Desinfektions- und Reinigungsmittel in ihren Korrosionseinwirkungen.* Die Wrkg. der Desinfektionsmittel *P_3-zinnfest* (I), *Trosilin F* (II), *Trosilin fl.* (III), *Trosilin S* (IV), *Chloramin* (V) u. *P_3-silva* (VI) auf Bleche aus Al, Hydronaliumguß Hy 51 (VII), V_2A-Stahl (VIII), Cu-verzinnt (IX) u. Fe-verzinnt (X) während einer Behandlungszeit von 20 Std. bei 85° in Konzz. von 1,5% bzw. bei V 0,25% wird an Hand der äußerlich erkennbarenWrkgg. u. durch die Gewichtsveränderungen der Bleche festgestellt. Bei Al können III, IV, I u. VI verwendet werden, nicht dagegen V u. bes. II. VIII ist gegen I—VI korrosionsfest. VII ist nur gegen V empfindlich. IX u. X vertragen I, III, IV u. VI, V bewirkt Lochfraß, II ist völlig ungeeignet. — Folgerungen für die Milchwirtschaft werden besprochen. (Lebensmittel-Ind. 3. 218—19. Juni 1951. Güstrow, Inst. für Milchwirtschaft.) PH. FRESENIUS. 7756

M. Kasanski und **G. Twerdochleb,** *Über die physikalische Reife von Rahm.* Niedermol. *Fettsäuren* (I) kommen in den *Triglyceriden* (II) nur in Verbindung mit höhermol. vor, außerdem enthalten die meisten II eine oder mehrere ungesätt. I. Butyropalmitinoleinglycerid z. B. macht 20% des Butterfettes aus; nur 2—5% bestehen aus ausschließlich gesätt. I. Niedrigschm. II mit 1, 2 oder 3 Ölsäureresten dienen als Lösungsm. für hochschmelzende. Beim Abkühlen können letztere infolge Übersättigung ausfallen oder auskristallisieren oder auch in einen anderen der möglichen polymorphen Zustände übergehen. Ein Fett wird erst dann hart, wenn die als Lösungsm. dienenden II fest werden. Da die Zus. der II jahreszeitlich verschieden ist, sind im Sommer Tempp. unter 10°, im Winter unter 12° für den Übergang in den festen Zustand nötig. Analog der F.-Erniedrigung ist auch der E. von Gemischen niedriger als der von Einzelkomponenten. Infolge der die Kristallisation hemmenden Viscosität differieren F. u. E. stark. Im Gegensatz zur n. Kristallisation läßt schnelles Abkühlen große Kristalle entstehen, da dann ganze Gruppen von II auf einmal kristallisieren können, während bei langsamem Abkühlen nur eine fraktionierte Kristallisation stattfindet. Wenn ein ganzes Konglomerat von II in einem Kristall vereinigt ist, so geht auch umgekehrt das Schmelzen bei einer bestimmten Temp. vor sich, während bei fraktionierter Kristallisation das Schmelzen bei dem II mit dem niedrigsten F. beginnt, also schon bei geringer Temperaturerhöhung die Konsistenz vermindert wird. Dasselbe II kann in 3—4 Kristallformen vorkommen, die sich im F. beträchtlich unterscheiden. Beim Erstarren entsteht zunächst die niedrigschm. Form, die allmählich in die hochschm. u. beständige übergeht, was auch zum Unterschied zwischen E. u. F. beiträgt. Der Übergang in die beständige Form wird durch Bewegung beschleunigt, weshalb Butter aus bearbeitetem Rahm beim Lagern nicht mehr nachhärtet. Zweckmäßig ist somit schnelles Abkühlen auf möglichst niedrige Temp. u. gutes Rühren. (Молочная Промышленность [Milch-Ind.] **14.** Nr. 11. 33—37. 1953. Lett. Landwirtsch. Akad.) W. SCHMELZ. 7758

M. E. Schulz (unter Mitarbeit von **E. Voss, H. Siegfried, W. Schneider** und **H. Pohse**), *Infektionsfreie Arbeitsräume für Molkereien.* Einrichtung u. Benutzungsweise eines sterilen Abpackraumes für Portionenkäse nach dem Vorbild der sterilen Arbeitsräume der chem. Industrie werden beschrieben. (Molkerei- u. Käserei-Ztg. 6. 486—90. 14/4. 1955. Kiel, Bundesforschungsanst. für Milchwirtschaft, Chem. Inst.) F. GÜNTHER. 7760

G. Schwarz und **H. Mumm,** *Über einige Versuche zur Verkäsung von ansaurer Milch.* Da ansaure Milch (10 SH) einen kreidigen, säuerlichen Käse liefert, stumpften Vff. die Acidität auf 8 SH mit $NaHCO_3$ (I; 70 g/150 Liter), $Ca(OH)_2$ (II; 750 ml einer 10%ig. Suspension) u. $Na_3PO_4 + CaCl_2$ (III; 365 g + 45 g/150 Liter) ab u. verkästen nach Tilsiter Art. Die mit I u. II behandelten Käseproben waren einwandfrei, während III fehlerhafte Käse ergab. Waschen des Bruches führte zu wohl genießbarem Käse, der jedoch eine andere Geschmacksart hat. (Molkerei- u. Käserei-Ztg. 6. 491—93. 14/4. 1955. Hohenheim, Landwirtsch. Hochsch., Inst. für landwirtsch. Technol.) F. GÜNTHER. 7760

R. A. Reisfeld und **W. J. Harpers,** *Ein weichgereifter Käse mit niedrigem Fettgehalt.* Zur Verwertung der Magermilch wurde ein Verf. zur Herst. von fettarmem Käse (25% im Trocknen) entwickelt, das in Zeiten reichlichen Milchanfalls mit einfachsten Mitteln u. in kurzer Zeit ausführbar ist. Durch Zugabe von *Süßrahmbuttermilch* (I) wird ein Teil des Fettes ersetzt u. die sonst zähe u. harte Beschaffenheit weitgehend verbessert. Verwendet man Milch mit 2% Fett, so wird die Qualität der Käsemasse mit zunehmendem I-Geh. (10—30%) verbessert. Die Käseausbeute nimmt mit steigendem I-Geh. u. abnehmendem Fettgeh. ab, jedoch bedingt eine Erhöhung des I-Geh. von 10 auf 30% bei 2% Fettgeh. nur eine geringe Verminderung der Ausbeute. Konz. I (30% Trockenmasse) oder in Magermilch gelöstes I-Pulver ergaben eine gute Käsequalität. Der günstige Einfl. der I wird auf den relativ hohen Geh. an *Phosphatiden* (II) zurückgeführt. Die

Reifung bei 15° bedingt einen schärferen Geschmack (Briekäse) während 4,5—10° zur Ausbldg. des Munsterkäsecharakters führen. Nach 6wöchiger Reifung zeigen die Käse gute Struktur, sie enthalten 45—57% W., 2,0—2,5% Salz u. haben ein p_H von 5,25 bis 5,35. (Milk Products J. **46.** Nr. 2. 24—28. 36—37. Febr. **1955.** Ohio State Univ., Dep. of Dairy Technol.) HANS THIELE. 7760

G. Koestler, *Zur Kenntnis der Teigfarbe beim Emmentalerkäse.* Die natürliche Teigfarbe des Emmentalerkäses, die u. a. von Carotin, Vitamin A u. Lactoflavin herrührt, ist im frischen Käse durch den Weißton des noch unveränderten Paracaseins überdeckt, tritt aber nach Beendigung der Milchsäuregärung hervor. Bei der Lochbldg., die durch Propionsäuregärung zustande kommt, vollzieht sich wiederum der entgegengesetzte Vorgang. Die Ursache für den manchmal entstehenden „zweifarbigen Teig" dürfte sowohl in einem verschieden weit fortgeschrittenen Lactatabbau als auch in anderen, noch nicht näher bekannten Faktoren zu suchen sein. (Schweiz. Milchztg., wiss. Beilage **79.** 25—29. 13/11. 1953. Bern.) R. WOLLER. 7760

W. W. Kowalski, *Die Bedeutung der Spurenelemente in der Tierzucht.* Allg. Ausführungen über durch Mangel an Spurenelementen im Boden verursachte Krankheiten bei Haustieren u. Maßnahmen zu ihrer Verhütung. (Природа [Natur] **43.** Nr. 4. 11—20. April 1954.) O. LEBTAG. 7780

F. E. Moon, *Verbesserung des Nährwertes von Lothians' Grasmischung.* Der niedrige Geh. an Rohprotein (**I**) (durchschnittlich 6%) der LOTHIANS' Grasmischung wurde durch Düngung mit 3—3,5 cwt./acre $(NH_4)_2SO_4$, $NaNO_3$ bzw. Nitrokalk ca. 14 Tage vor dem Mähen um 54,9—62,4% u. die I-Verdaulichkeit um 54% verbessert. (Scott. Agric. 33. 102—05. Aug. 1953. Glasgow, Univ.) F. RANG. 7782

Ss. Ss. Afanassenko, *Die Schaumbildung bei Futtersirup und die Methoden ihrer Bekämpfung.* Beschreibung betrieblicher Vorsichtsmaßnahmen zur Verhütung starker Schaumbldg. bei der Herst. von Futtersirup. Als optimal für diese erwies sich die Betriebstemp. von 35—40°. (Сахарная Промышленность [Zucker-Ind.] **26.** Nr. 10. 15—17. Okt. 1952.) H. SCHMEISS. 7786

F. Krusen, *Zur Papierchromatographie von Oxycarbonsäuren und anderen wichtigen Stoffen.* Kurze Darst. der papierchromatograph. Trennung von Äpfel-, Wein- u. Citronensäure, von *l*-Ascorbinsäure u. Vitamin C vortäuschenden Substanzen sowie von Vanillin, Äthylvanillin, Piperonal u. Cumarin. (Lebensmittel-Ind., Ausg. C **4.** 23. Jan. 49—50. Febr. 1952.) F. KRUSEN. 7788

M. L. Fields, G. R. Ammerman und **N. W. Desrosier,** *Eine Schnellmethode zum Auffinden von Eiern und Larven der Fruchtfliege in Tomatenprodukten.* Eine Schnellmeth. zum Auffinden der Eier u. Larven der Drosophila in Tomatenprodd. wird beschrieben. Zu der zu untersuchenden Probe, die mit dem gleichen Vol. W. verd. wird, werden 4 cm^3 einer 1%ig. alkoh. Lsg. von *Kristallviolett* zugegeben. Dadurch werden die Tomatenprodd. dunkelblau gefärbt, während Eier u. Larven der Fruchtfliege ihr perlweißes Aussehen behalten. Zum besseren Erkennen läßt man die Probe aus einem mit Quetschhahn versehenen Trichter über eine dunkle Glasplatte laufen. Vff. geben Versuchsergebnisse an. (Canner **120.** Nr. 26. 13—15. 27/6. 1955. Lafayette, Ind., Purdue Univ., Agric. Exp. Stat.) G. PAULIG. 7808

Paul Fuchs, *Prinzipien der absoluten Futterwertmessung.* Mit der fortschreitenden Entw. der Tierernährungslehre ist erkennbar geworden, daß die derzeitig bestehenden verschiedenartigen Systeme der Futterbewertung unbefriedigend sind. Vf. legt die Prinzipien der absol. Futterwertmessung mittels einer völlig unveränderlichen Futterwerteinheit dar. Mit Hilfe der sogenannten KELLNER-Einheit wird dieser Fortschritt an Beispielen erläutert. Nach Bekanntgabe der Theorie der konsequenten Anwendung der absol. Futterwertmessung u. Bedarfsberechnung wird die für die Praxis geeignete vereinfachte Form der Wertmessung u. Bedarfsrechnung in ihren Grundlagen angegeben, die einen Mittelwert zwischen der dargelegten streng absol. u. der bisherigen rein relativen Form darstellt. (Beih. Arch. Tierernähr. **1954.** Nr. 5. 182—196. Böhlitz-Ehrenberg/Leipzig.) K. H. ANDERS. 7868

Colgate-Palmolive-Peet Co., V. St. A., *Herabsetzung der Säurebildung bei Nahrungsmitteln,* welche vergärbare Kohlenhydrate (z. B. Saccharose) enthalten, infolge Einw. von Bakterien. — Man verleibt den Nahrungsmitteln 1—5 Gew.-% einer die Säurebldg. hemmenden Verb. ein (z. B. Na–N-Lauroyl-, Na–N-Myristoylsarcosid). (**F. P. 1 069 073** vom 27/10. 1952, ausg. 5/7. 1954.) T. OPPERMANN. 7635

James A. Reyniers, Niles, Mich., V. St. A., *Nährstoffe aus Leber.* Zerkleinerte Leber wird mit W. u. CO_2 bei 50° unter Druck (600 lbs./sq.in.) für 20 oder mehr Std.

behandelt, die Lsg. vom Rückstand abgetrennt. der Rückstand ausgewaschen u. das im Filtrat gelöste Protein durch Verdampfen konzentriert. (**Can. P. 483 137** vom 13/11. 1948, ausg. 13/5. 1952.) W. WITTHOLZ. 7647

United States of America, übert. von: **Paul A. Belter,** Pektin, **Allan K. Smith, Harold J. Deobald, Philip A. Singer** und **Arthur C. Beckel,** Peoria, Ill., V. St. A., *Verbessern der Klebeigenschaften von Sojamehl.* Das bes. bei der Hexan-Extraktion anfallende Gut wird bei Tempp. bis 85° 1/4—1 Std. mit 50—100%ig. Isopropanol (I) behandelt, der Extrakt auf mindestens 10° abgekühlt, nach Abscheiden der ausgefallenen Anteile mit dem extrahierten Mehl vereinigt u. I abdest.; das Verf. wird mehrmals wiederholt. (**A. P. 2 635 094** vom 16/5. 1950, ausg. 14/4. 1953.) C. LÜTTGEN. 7671

Jean Georges Coustolle, Seine, Frankreich, *Herstellung von reiner Alginsäure und Alginaten.* Man fällt die Säure unter kontinuierlichem Einleiten zusammen mit einer oxydierenden Säure (Perschwefelsäure, -phosphorsäure) oder einer Säure u. einem Oxydationsmittel in eine aus mehreren sich erweiternden u. wieder verengenden Kammern bestehenden Vorr., neutralisiert, bleicht, auch durch Neutralisation mit oxydierender Lauge, wie Na_2O_2, fällt mit einem Lösungsm., wie Alkoholen, Ketonen, trocknet die faserige M. u. zerkleinert sie. Durch das Verf. wird eine hochviscose Alginsäure erhalten. Die Vorr. kann auch zur Abtrennung von Cellulose von der rohen Alginsäurelsg. dienen, indem man die Lsg. durch Lufteinleiten in eine Emulsion verwandelt. (**F. P. 1 028 296** vom 23/11. 1950, ausg. 20/5. 1953.) M. PANKOW. 7709

Nutrex-Ltd., Percival Sydney Jewell und **James Gordon Travis King,** England, *Herstellung eines Getreideproduktes,* geeignet als Zusatz zu Nahrungsmitteln. Das Prod. enthält leicht assimilierbare N-Verbb., hat bakteriostat. u. emulgierende Eigg. u. kann als Zusatz zu Brot, Fleisch, Wurst, Creme u. a. dienen. Man behandelt ungebleichtes Weizen- oder Roggenmehl mit Kleie in Ggw. von W. bei einer Temp. von 28—36° mit einer wss., beständigen Emulsion von Gluten, auf welches man bei 28—36° in Ggw. von W. Hefe bis zur Bldg. einer Emulsion (I) hat einwirken lassen. — Man mischt z. B. 113,5 g nichtgebleichtes kanad. Weizenmehl mit Kleie mit 142 cm^3 W., fügt 10 cm^3 der Emulsion I hinzu u. hält das Ganze 10 Std. bei 33°. Man erhält als obere Phase eine Emulsion von blasser, rotgelber Farbe, die sich von der unteren Phase der Stärke u. Kleie leicht trennen läßt. (**F. P. 1 070 793** vom 11/2. 1953, ausg. 12/8. 1954. E. Prior. 11/2. 1952.) G. WELTZIEN. 7743

Chemische Werke Albert, Deutschland, *Konservieren von Tierblut,* welches zur Herst. von Nahrungsmitteln (z. B. von Blutwurst) verwendet wird. Zur Verhinderung des Koagulierens versetzt man das Blut mit Alkalimetaphosphaten (KURROLschen Salzen) oder mit einem Salzgemisch, welches KURROLsche Salze enthält. (**F. P. 1 065 026** vom 24/10. 1952, ausg. 19/5. 1954.) T. OPPERMANN. 7751

Goodyear Tire & Rubber Co., übert. von: **Clarence M. Carson,** Cuyahoga Falls, O., V. St. A., *Verpackungsmaterial für rotes Fleisch,* enthaltend einen nichttox. Weichmacher u. 5% SiO_2. — Beispiel: 100 (Teile) Polyvinylchlorid, 15 Dioctylsebacat, 5 SiO_2-Aerogel, 15 Dibutylsebacat, 530 Methyläthylketon u. 240 Toluol werden zu einem Film vergossen. Das Fleisch behält darin seine Farbe. Um zu verhindern, daß sich der Film auf der Innenseite beschlägt, gibt man der Gießlsg. 0,25—10% Äthylenglykoldilaurat, Halbester von Fettsäuren oder Harzsäureester von Polyäthylenglykol, Türkischrotöl, Igepon T, TWITCHELLs Reagens, Alkylsulfonate höherer Alkohole, Arylalkylsulfonate des Naphthalins, Sorbitanmonopalmitat–Polyoxyalkylen-Derivv. oder tert. Amine mit einem Fettsäurerest u. 2 am N substituierten Polyoxyäthylengruppen zu. (**A. P. 2 676 943** vom 18/8. 1950, ausg. 27/4. 1954.) G. SALZMANN. 7751

Anton Sune Klevås, Bromma, Schweden, *Erhöhung der Lagerfestigkeit von Frischfischen.* An Stelle von anorgan. Nitrit oder Nitrat unter Zusatz von Netzmitteln gemäß N. P. 80 007; C. **1953.** 6788, kann auch 0,2 Gew.-% Kochsalz zusammen mit einem Netzmittel verwendet werden. (**Schwed. P. 141 707** vom 24/9. 1951, ausg. 18/8. 1953.) K. H. KÄHLER. 7753

Nederlandse Centrale Organisatie voor Toegepast-Natuurwetenschappelijk Onderzoek, übert. von: **Barend de Goede,** Den Haag, Holland, *Eiaustauschmittel.* Gekühlte Molke, bes. in konz. Form mit z. B. 50% Feststoffen, wird nach Abscheiden der Lactose durch Zugabe von NaOH unter schnellem Durchmischen auf p_H 11—12 eingestellt. Nach dem Filtrieren unter Druck wird das Filtrat auf p_H 9—10,5 angesäuert; sodann werden Feststoffe u. Lactose abgetrennt. Das Filtrat zeigt gute Schlageigg. u. koaguliert in der Hitze. — Vgl. auch E. P. 701 665; C. **1955.** 7807. (**A. P. 2 695 235** vom 13/12. 1951, ausg. 23/11. 1954. Holl. Prior. 14/12. 1950.) W. KRANZ. 7755

Soc. Alfa-Laval Soc. An., Seine, Frankreich, übert. von: **Bergedorfer Eisenwerk Akt.-Ges. Astra-Werke,** *Aufrahmen von Milch.* Die Vollmilch wird bei 40—60° in entrahmte Milch u. Rahm mit ca. 30% Fettgeh. getrennt, der Rahm bei höherem Druck als dem sonst zur Homogenisierung von Vollmilch angewandten homogenisiert; beide Bestandteile werden wieder vereinigt u. im Schnellerhitzer auf ca. 72° erhitzt. (**F. P. 1 069 972** vom 21/1. 1953, ausg. 15/7. 1954. D. Prior. 17/3. 1952.) G. WELTZIEN. 7757

XVII. Fette. Seifen. Wasch- u. Reinigungsmittel. Wachse. Bohnermassen usw.

J. C. Cowan, *Polymerisierung, Copolymerisierung und Isomerisierung.* An Hand des Schrifttums werden Ausführungen über die verschied., bei Fetten, Glyceriden u. Fettsäuren möglichen Prozesse der Isomerisierung (opt.-akt. Glyceride, Umesterung, cis- u. trans-Isomerie), der Polymerisierung (Trocknen der Öle. Verh. der isolenen u. der konjugenen Glyceride) u. der Copolymerisierung (grundsätzliche Betrachtung zur peroxydkatalysierten Rk.; oxydierte u. geblasene Öle u. ihr Verh.; Verh. der maleinisierten sowie der mit Cyclopentadien behandelten Öle) gemacht; Erörterungen über die Glyceridpolymerisierung durch Wärme bzw. Katalysatoren. (J. Amer. Oil Chemists' Soc. **31.** 529—35. Nov. 1954. Peoria, Ill., North. Utiliz. Res. Branch.) K. TÄUFEL. 7882

P. C. Bowes und **A. Thomas,** *Spontane Erhitzung und Verbrennung von gelagerten Palmkernen.* 4. Mitt. *Beobachtungen von Temperatur, Feuchtigkeit und Luftzusammensetzung in Palmkernstapeln.* (3. vgl. C. **1952.** 4238.) Gestapelte Palmkerne sollen möglichst trocken sein, bei der Lagerung, auch im Schiffsraum, ist für intensive Luftzirkulation zu sorgen. Schimmelbldg. ist stets das Zeichen für zu hohen Wassergehalt. (J. sci. Food Agric. **2.** 65—79. Febr. 1951. London.) C. GRIMME. 7892

P. C. Bowes, *Spontane Erhitzung und Verbrennung von gelagerten Palmkernen.* 5. Mitt. *Untersuchung über die Selbsterhitzung der Palmkerne und der Jutesäcke in Gegenwart von Feuchtigkeit.* (4. vgl. vorst. Ref.) Selbsterhitzung wird oftmals ausgelöst durch Wachstum u. Respiration, von Mikroorganismen infolge stagnierender Lagerungsluft. Je feuchter die Luft, desto stärker die Gefahr der Selbsterhitzung. (J. sci. Food Agric. **2.** 79—91. Febr. 1951. London.) C. GRIMME. 7892

M. K. Jakubow und **L. M. Chramuschina-Puschkar,** *Die Veredelung von dunklem Baumwollsamen-Soapstock durch konzentrierte Lauge.* Die Veredelung erfolgt durch Erhitzen des Soapstockes bei 170—250° mit konz. Laugen, wodurch die Aldehyd gruppen der dunkelgefärbten Gossypolate in alkoh. oder Säuregruppen unter Bldg. von Dinaphthylsalzen, Salzen der Dinaphthylcarbonsäuren, der Essig- oder Ameisensäure umgewandelt werden. Zur Durchführung der Veredelung sind kontinuierlich arbeitende App. konstruiert worden, die im wesentlichen aus einer Mischvorr., in der z. B. ein Soapstock mit 30—40% Fettsäuren mit einer Lauge von 400—500 g/Liter im 20%ig. Überschuß vermischt wird. Die Mischung wird in ein beheiztes Rohr mit Schnecke geleitet, in dem sie schnell auf 170 bis 250° erhitzt wird. Nach Abkühlen wird mit W verd. der Seifenkern ausgesalzen. (Маслобойно-Жировая Промышленность [Öl- u. Fett-Ind.] **20.** Nr. 3. 14—16. 1955. Charkow, Polytechn. Inst.) R. RICHTER. 7910

Herbert Frotscher, *Waschmittel für die Textilveredlung, prinzipieller Aufbau, Wirkung, Chemismus und Anwendung.* Überblick über geschichtliche Entw., Aufbau, Lösungszustand u. Anwendung von Waschmitteln, ferner über die Waschgrundstoffe u. die Waschwrkg. im Zusammenhang mit der Struktur der Waschgrundstoffe u. dem Waschmittelgerüst. (Textil- u. Faserstofftechn. **4.** 544—48. Sept. 1954. Karl-Marx-Stadt.) P. KÜHN. 7912

K. E. Stanfield, *Bestimmung der Ölausbeute von Leinölschalen.* Es wird eine einfache Schnellmeth. zur Best. der Ölausbeute von Leinölschalen beschrieben. 3 g Probe werden während 5 Min. auf 600° erhitzt u. die Ölausbeute durch Vgl. mit Standardölschalen, die auf die gleiche Art erhitzt wurden, bestimmt. Die Best. erfordert $^1/_{12}$ bis $^1/_{18}$ der Zeit, die zur Best. nach dem modifizierten FISCHER-Retortenverf. nötig ist. (Analytic. Chem. **25.** 1552—53. Okt. 1953. Laramie, Wyo., U. S. Bur. of Mines.) GOTTFRIED LANGE. 7930

A. A. Lessjuiss und **W. Je. Owtscharenko,** *Eine Schnellmethode zur quantitativen Bestimmung von Nickel in hydrierten Ölen.* Die Farbe der zu untersuchenden Lsg. wird mit der Farbe imitierter folienartiger Lichtfilter an Stelle der üblichen Vergleichslsgg. benutzt. Man versetzt 5—10 g hydriertes Fett mit 5—8 ml verd. HNO_3 (D. 1,05) u. erhitzt den Kolben mit Luftkühler in einem Sandbad. Nach 40—45 Min. intensiven Kochens werden 8—10 ml PAe. zugegeben, der Kolben zwecks Auflösung des Fettes geschüttelt. Der Kolbeninhalt wird in einen Scheidetrichter von 100 ml gebracht, die abgeschiedene wss. Schicht in einen Meßkolben von 100 ml filtriert. Die Ölschicht wird 2mal mit 10—15 ml W. gewaschen, das Waschwasser zum Ausspülen des Kolbens benutzt u. in den Meßkolben filtriert. Nach zweimaligem Auswaschen des Filters werden in den

Meßkolben nacheinander unter Schütteln zugegeben: 2 ml 20%ig. Seignettesalzlsg., 5—7 ml 10%ig. NaOH, 5 ml frisch bereitete 3%ig. NH_4-Persulfat-Lsg. u. 5 ml 1%ig. Dimethylglyoxim in 5%ig. NaOH. Nach Auffüllen des Meßkolbens bis zur Marke wird die Lsg. nach 5 Min. colorimetriert. (Маслобойно-Жировая Промышленность [Öl- u. Fett-Ind.] **20.** Nr. 3. 26—27. 1955. Zentr. Wiss. Forschungslabor. der Ukrain. Hauptverwaltung für Pflanzenfette u. -öle.) R. RICHTER. 7934

—, *Schnellmethode zur Feuchtigkeitsbestimmung.* Eine Schnellmeth. zur Feuchtigkeitsbest. für die Kontrolle verschied. Prozesse in der Ölgewinnungs- u. -verarbeitungsindustrie (Margarine- u. Seifenindustrie) wird beschrieben. Es sind 2 Varianten der zur Best. erforderlichen App. unter Benutzung einer Infrarotlampe u. eines bestimmten Waagentyps ausgearbeitet worden, die beide eine ausreichende Geschwindigkeit u. Genauigkeit der Meth. für techn. Zwecke gewährleisten. Die erforderliche Einwaage beträgt 2,5 g für Seife, 3,3 g für Ölsamen. Die Dauer der Wasserentfernung beträgt 24 Min. bei Ölsamen, 6—8 Min. bei Seifenspänen. (Лека Промишленост (София) [Leicht-Ind. (Sofia)] **4.** Nr. 3. 40. 1955.) K. HOINKIS. 7938

Albert von Sachsenheim, Lohhof b. München, *Mehrfarbenseifenstück,* dad. gek., daß es aus mehreren pilierten u. auf gegenseitige Fassung gearbeiteten Teilen verschied. Konsistenz u. Beschaffenheit, mit verschied. Gerüchen, Farben, Medikamenten usw. bei verschied. Tempp. u. auch zeitlich getrennt stranggepreßt, zusammengesetzt u. dann endgültig gepreßt, geformt oder gestanzt ist. — Beispiel: Eine medizin. Teerschwefelseife enthält im inneren gelben Teil den S u. das Lanolin, in den beiden äußeren braunen Teilen den Birkenteer. — Abbildungen. (**D. B. P. 932 624** Kl. 23f vom 25/9. 1951, ausg. 5/9. 1955. Anmeldung bekanntgemacht 7/8. 1952.) K. DEMMLER. 7911

Paul Peronnet, Pyrénées Orientales, Frankreich, *Seife von großer Ergiebigkeit auf der Basis von vegetabilischen Ölen,* bes. Kopraöl, besteht z. B. aus 48,99(%) W., 36,98 hydratisierten (?) Fettsäuren, 5,74 fettsaurem Alkali, 0,19 freiem Alkali (als Na_2O), 0,91 Na_2CO_3, 0,74 Na_2SiO_3, 4,12 NaCl, 3,96 Glycerin u. 2,0 Alkylarylsulfonat. (**F. P. 1 067 558** vom 10/12. 1952, ausg. 16/6. 1954.) G. WELTZIEN. 7911

Unilever N. V., Holland, *Herstellen von Toilettenseifenstücken* für hartes, Ca- u. Mg-Salze enthaltendes Wasser. Sie bestehen aus einer Seife, einem anion. organ. Reinigungsmittel, einem nichtion. Reinigungsmittel u. einem die Schaumbldg. reduzierendes Mittel. Derartige Seifenstücke haben z. B. die Zus.: 70(%) Seifenschnitzel (mit 78% Fettsubstanz), 15 Na-Salz des Sulfobernsteinsäuredioctylesters, 5 p-tert.-Octylphenylmonoäthylenglykoläther u. 10 eines Kondensationsprod. aus Palmkernölfettsäuren u. Äthylenoxyd mit mindestens 7 Mol Äthylenoxyd/Mol Fettsäure. (**F. P. 1 069 400** vom 2/1. 1953, ausg. 7/7. 1954.) T. OPPERMANN. 7911

Joseph Berthold Niederl, Argentinien, *Herstellung von Gemischen,* welche als reinigende, homogenisierende, emulgierende Mittel u. zum Desodorisieren der Luft dienen. Die Mittel enthalten ein quaternäres, capillarakt. Alkylammoniumsulfat. — Z. B. erhält man ausgezeichnete *Reinigungsmittel* bes. für Gegenstände aus Glas u. Porzellan, indem man wss. Lsgg. herstellt, welche 0,001—0,1% Methyl- oder Äthylsulfat des N-Methyl- oder N-Äthyl-N-laurylmorpholins enthalten. (**F. P. 1 067 695** vom 15/12. 1952, ausg. 17/6. 1954.) T. OPPERMANN. 7913

Alfred C. Houser, Barrington, Ill., V. St. A., *Haushaltsscheuer- und -reinigungsmittel,* bestehend aus einem scheuernden Mittel (SiO_2, Kieselgur, $CaCO_3$, Bimssteinpulver) u. einem Reinigungsmittel (Seife, Soda, Na_3PO_4, $NaPO_3$), welchem Gemisch geringe Mengen (0,1—2%) Ultramarinblau zugesetzt sind. (**A. P. 2 708 157** vom 16/3. 1953, ausg. 10/5. 1955.) W. GRÄGER. 7917

XVIIIa. Holz. Cellulose. Zellstoff. Papier. Papierdruck. Celluloid. Linoleum.

Erwin Rosen, *Die Zusammensetzung des Holzes und die Ergebnisse seiner Hydrolyse.* Nach Hinweis auf frühere Mitt. (vgl. C. **1951. I.** 668) über Ergebnisse der Holzhydrolyse mit anschließender Fermentierung des Lignin–Cellulose-Gemisches nach MEUNIER berichtet Vf. über die Beziehung der verschied. Holzbestandteile zueinander u. über die Prodd. des Verf., das vornehmlich zur Bldg. von Pentosen u. Hexosen führen soll, bzw. zu Furfurol u. Äthylalkohol. Botan. (Gymno- u. Angiospermen) u. hauptsächlich chem. Unterschiede, Geh. an Cellulose, Hexosanen u. Pentosanen, Geh., Charakterisierung u. chem. Zus. des Lignins je nach Art u. Säurebehandlung der Hölzer werden besprochen (Verff. nach SCHÜTZ, BRACONNOT u. a.) u. die Analysenergebnisse nach KÖNIG u. BECKER werden mitgeteilt. Nähere Erläuterungen der neueren Holzhydrolyse u. Angaben über die Erfahrungen nach einem dreifach abgestuften Verf. an

Spänen von Kiefer u. Pappel u. einer einfachen Hydrolyse an trockenem Holz (Fabrik von SORGNER) von Kiefer, Tanne, Pappel, Buche u. Kastanie mit Ausbeute der Zucker- u. Industrieprodd. folgen. — Wirtschaftliche Betrachtungen. (Chim. et Ind. **67.** 415—22. März 1952.) H. WINGCHEN. 7952

D. Narayanamurti und **R. P. Mathur,** *Der Einfluß von Luftfeuchtigkeitsbedingungen auf einige physikalische Eigenschaften von Holz und zusammengesetztem Holz.* Mehrere trop. Laub- u. Nadelhölzer in Form von massiven Blöckchen oder von Blöckchen, die aus dünnen Fournieren zusammengeklebt waren, wurden unter verschied. relativer Feuchtigkeit u. Temp. untersucht. Gemessen wurden Wasseraufnahme, Quellung, Schrumpfung, Druck-, Biege- u. Bruchfestigkeit. (Appl. sci. Res. A **5.** 81—107. 1955. Dehra Dun, India, Forest Res. Inst.) W. WERGIN. 7952

D. I. Lawson und **D. L. Simms,** *Die Entzündung von Holz durch Strahlung.* Blöckchen von 7 verschied. Hölzern (D. 0,24—0,72 g/cm³) wurden nach Ofentrocknung der Einw. strahlender Wärme mit u. ohne Zündflamme nahe der Oberfläche ausgesetzt. Gemessen wurde die Zeit bis zur Entzündung bei verschied. Strahlungsintensitäten. Bei allen Holzarten, mit Ausnahme von *Chlorophora excelsa* (I), stimmen die Daten annähernd überein. I besitzt von allen untersuchten Hölzern die höchste Dichte. Es wurde versucht, eine Beziehung zwischen Zündzeit, Strahlungsintensität u. Holzdichte aufzustellen. (Brit. J. appl. Physics **3.** 288—292. Sept. 1952. Herts, Boreham Wood, Fire Res. Stat.) W. WERGIN. 7952

Martti Kantola, *Röntgenstrahlenbeugung zur Celluloseforschung.* Nach einer Übersicht über die Anwendung der Röntgenstrahlen zur Celluloseforschung, bes. der Kleinwinkelmeth., werden Beugungsdiagramme einiger Zellstoffmuster verschied. Vorbehandlung mitgeteilt, darunter auch von n. Holz sowie Druckholz der Birke; letzteres ist höher orientiert. — 12 Abbildungen. (Paperi ja Puu **36.** 373—80. 15/10. 1954. Turku, Finnland, Univ.) E. BORCHERS. 7954

W. M. Ebersole und **W. B. Simmons,** *Sortierung von Sulfatzellstoff.* Es wird eine kurze Beschreibung der Sortierung bei MACON KRAFT CO. gegeben: Folgende Anforderungen werden an die Sortierung gestellt: Maximale Leistung, Luftokklusion, gleichmäßiger Arbeitsgang, einfache Bedienung, höchste Reinheit des Stoffes. Es wird mit einer 4%ig. bzw. 5%ig. Stoffdichte gearbeitet, die durch einen TRIMBEY-Regler konstant gehalten wird. Das gute Funktionieren der Sortierung ist abhängig von einer gleichmäßigen Stoffdichte, einer maximalen Beschickung der Sortierung, vom gleichmäßigen Wasserdruck u. von der Bedienung des ganzen Syst. durch eine Zentrale. (Tappi **38.** 442—44. Nr. 7. Juli 1955.) V. JACOPIAN. 7956

V. Alexa und **Gh. Weisz,** *Möglichkeiten der Verarbeitung von Hanfabfällen auf Cellulose, Papparten und Bauplatten.* Hanfabfälle liefern sowohl nach dem NaOH- wie auch nach dem Sulfat-, Chlor- u. Salpetersäureverf. 42—52% Zellstoff mit einem Geh. von 84—70% α-Cellulose. Das Material läßt sich zu Pappe u. Bauplatten verarbeiten. (Ind. Lemnului Celulozei Hîrtiei [Ind. Holzes, Cellulose, Papiers] **3.** 466—67. Dez. 1954.) H. KYRI. 7958

John E. Reese, *Ammoniak, als Schutzmittel gegen Korrosion, die durch Sulfat-Rohterpentin entsteht.* Die durch Sulfat-Rohterpentin entstehende Korrosion an Transportwaggons u. an Stahlbehältern wird mit 0,25%ig. Ammoniaklsg. erfolgreich reduziert. Dabei sinkt die Korrosionsgeschwindigkeit bis auf 0,0005 i.p.y. (inch per year) u. noch niedriger. Der Rückgang der Korrosionsgeschwindigkeit ist auf die Alkalinität der fl. u. Gasphasen in den Behältern zurückzuführen (p_H über 8). Außerdem bildet sich an der Stahloberfläche eine Filmschicht, die die Korrosion verhindert. (Tappi **38.** Nr. 8. 472. Aug. 1955.) V. JACOPIAN. 7960

Esko Vilamo, *Alte und neue Verfahren bei Sulfitkochungen. A: Die Entfernung der Luft und die Ergebnisse des neuen Verfahrens.* 1. Mitt. Vf. erörtert verschied. Verff. zur Entfernung der Luft aus den Holzschnitzeln zwecks Verbesserung der Säuretränkung u. teilt dann die Ergebnisse des neuen Verf. der UNITED PAPER MILLS in der Fabrik Tervassari mit. Einzelheiten über das Verf. teilt Vf. nicht mit. In einem 300 m³-Kocher betrug die Kochzeit bis zur ROE-Zahl 4,0 nur ca. 4½ Std. bei gleichmäßiger Qualität u. erhöhter Helligkeit des Zellstoffs. Gleichzeitig werden die Unterschiede in der Anfangsfeuchtigkeit der Hackschnitzel ausgeglichen. (Paperi ja Puu **36.** 401—02. 15/10. 1954. Valkeakoski, Finnland, Tervassari Mill, United Paper Mills Ltd.) E. BORCHERS. 7962

Richard E. Durst und **Lyle C. Jenness,** *Das Fließverhalten von Papierstoff.* 1. Mitt. *Beziehung zwischen Scherkraft und Rohrreibung bei gebleichten Sulfitstoffen.* Aus dem Verh. verschied. konsistenter Stoffsuspensionen bei verschied. Fließgeschwindigkeiten u. durch Best. der Scherkräfte bei verschied. Stoffdichten lassen sich die Reibungsverluste für die einzelnen Rohrdurchmesser hinreichend genau ermitteln. (Tappi **37.** 417—22. Okt. 1954. Orono, Me., Univ. of Maine, Dep. of Chem. Engng.) H. BECKER. 7962

M. I. Tschudakow und **A. P. Ssergejew,** *Eine neue Methode zur Kontrolle des Hydrolysenprozesses.* Bei den festgestellten großen Unterschieden in der Zuckermenge der nach bestimmten Perkolationszeiten abgelassenen Hydrolysaten empfehlen Vff., von den üblichen ungenügenden Betriebskontrollen abzugehen u. stattdessen den letzten Abläufen der Hydrolysate besondere Aufmerksamkeit zu widmen. Nach einer refraktometr. Schnellmeth. ist in diesen der Geh. an red. Stoffen zu bestimmen. Liegt ihre Konz. unter 1,5%, ist die Wasserzugabe einzustellen, liegt die Konz. höher, so sind bei dem Durchwaschen zusätzliche Wassermengen hinzuzugeben. (Гидролизная и Лесохимическая Промышленность [Hydrolysen- u. holzchem. Ind.] **8.** Nr. 2. 19. 1955.) M. ULMANN. 7968

W. B. Dixon, *Einige Ausblicke auf die Herstellung von Druckpapier.* Ein modernes Verf. zur Herst. von Papier u. die hierfür notwendige maschinelle Ausrüstung wird beschrieben. (Proc. techn. Sect., Brit. Paper Board Makers' Assoc. (Inc.) **33.** 465—77. Mai 1952.) H.-J. HEINRICHS. 7974

L. G. Cottrall, *Einfluß der chemischen Zusammensetzung und Morphologie der Faser von Holzschliff und Kraftzellstoffen auf ihre papiertechnologischen Eigenschaften.* (Vgl. C. **1953.** 3659.) Beim Holzschliff werden die papiertechnolog. Eigg. im wesentlichen bestimmt durch die Größe u. Gestalt der einzelnen Teilchen, die beim Schleifen entstanden sind, u. nicht durch die chem. Zus. der Faser. Vf. begutachtet den Holzschliff durch Trennung mittels dreier Siebgrößen (Somerville screen, 24–42–80 Maschen). Die +24-Fraktion hat den größten Einfl. auf die Holzschliffcharakterisierung. Aus der prozentualen Verteilung der einzelnen Fraktionen wird die Brauchbarkeit des Holzschliffes zur Papierherst. errechnet. Beim Kraftzellstoff (Sulfatzellstoff) dagegen spielen die chem. Zus. u. die Morphologie der einzelnen Fasern für die Papierbereitung eine sehr wesentliche Rolle. (Proc. techn. Sect., Brit. Paper Board Makers' Assoc. (Inc.) **33.** 526—37. Dez. 1952.) W. WERGIN. 7974

D. Ss. Dobrowolski, *Über einige Fragen der Gewinnung von Papierstoff.* Hinweis auf die zahlreichen verschied. Faktoren, die mit dem komplizierten Aufbau der Cellulose im Zusammenhang stehen u. welche auf die Eigg. des Papierstoffs u. weiterhin auf die Papiereigg. selbst von Einfl. sind. So werden behandelt: das Wasserbindungsvermögen der Fasern u. deren spezif. Oberfläche, die eine Solvatation verstärkende Wrkg. der Hemicellulosen, die Wrkg. von Kolophonium u. der Einfl. der Vermahlungsapp. u. der Mahlbedingungen. (Бумажная Промышленность [Papier-Ind.] **30.** Nr. 4. 8—9. April 1955. Zentr. Wiss. Forschungsinst. für Papier.) M. ULMANN. 7978

H. R. Hall, *Die Verwendung isolierten Sojabohnenproteins für die Papierbeschichtung.* Aus der Sojabohne läßt sich das Protein isolieren, das man dann noch durch besondere Behandlung in eine modifizierte Form überführen kann. Bei der techn. Anwendung beider Prodd. für Papierlacke ergeben sich Unterschiede in der Viscosität, der Farbe u. der Verarbeitbarkeit, auf die Vf. hinweist. (Tappi **38.** 249—52. April 1955. Kalamazoo, Mich., Allied Paper Mills.) H.-J. HEINRICHS. 7978

R. Krajewski und **V. Stannett,** *Der Zusatz von Phenolharz-Kautschuk-Kombinationen im Holländer.* 1. Mitt. Untersucht wurden Acrylnitril-Butadien-Mischpolymerisate u. Phenol-CH_2O-Harze allein u. in Kombination. Zur Erzielung der günstigsten Eigg. ist eine Hitzehärtung bei 120—180° nötig. Allg. gibt die Kombination bessere Festigkeiten als die Komponenten allein. Nachteilig ist die längere Entwässerungsdauer der Mischung auf der Maschine, die die der Komponenten wesentlich übertrifft. (Tappi **37.** 455—59. Okt. 1954. Midland, Mich., Dow Chemical Co., u. Syracuse, N. Y., State Univ., Coll. of Forestry.) H. BECKER. 7978

S. W. Utschasstkina, *Die Zusammensetzung der Asche von aus Holzhalbfabrikaten hergestelltem Papier.* Die Aschen von Halbfabrikaten u. daraus gefertigten Papieren wurden durch Best. des Emissionsspektr. untersucht. Es wurden in der Asche gefunden (in %): 100%ig. Nadelholzmasse: >10 Al, Ca, 1—10 Si; Zeitungspapier: >10 Al, Ca, 1—10 Si; Schreibpapier (50% Nadelholz + 50% Nadelholzcellulose): >10 Al, 1—10 Si; Schreibpapier (100% Nadelholzcellulose): >10 Al, 1—10 Si; Schreibpapier (100% Laubholzcellulose): >10 A, Si. Die Werte für die Elemente von 1—0,001% werden angegeben. (Бумажная Промышленность [Papier-Ind.] **30.** Nr. 5. 14. Mai 1955.) H. DEMUS. 7984

W. H. Langwell, *Die Beständigkeit von Papier.* 4. Mitt. (3. vgl. Technical Bulletin **30** (6). [1953.] 2.) Die meisten Archivpapiere werden durch den SO_2-Geh. der Atmosphäre angegriffen. Durch Tränken der Papiere mit komplexbildenden Substanzen kann dieser Einfl. verhindert werden. Für techn. Zwecke gibt ein Tränken mit einer Lsg. von 1%

Na_2HPO_4 u. 0,1% K-Ferrocyanid in den meisten Fällen einen ausreichenden Schutz der Papiere gegen SO_2. (Proc. techn. Sect., Brit. Paper Board Makers' Assoc. (Inc.) **36.** 199—207. Febr. 1955. Sharlandy Chem. Co. Ltd.) H. BECKER. 7986

Martin J. O'Leary, Robert B. Hobbs, J. K. Missimer und **James J. Erving,** *Einfluß der mechanischen Vorbereitung und des p_H-Wertes auf die Festigkeit von Glasfaserpapier.* Die festesten Papiere werden erhalten, wenn die Glasfasern 25 Min. bei p_H 3—4, einer Stoffdichte von 0,14% u. einer Temp. von ca. 30° gemahlen werden. Im sauren Medium werden die Fasern leichter dispergiert u. an ihrer Oberfläche wird eine gelatinöse Si-reiche Schicht gebildet, die beim Trocknen die Verbindung der Fasern untereinander bewirkt. Bei der Blattbldg. u. Trocknung steigt der p_H-Wert wieder auf 7—7,5, so daß nur geringe Korrosionsprobleme auftreten dürften. (Tappi **37.** 446—50. Okt. 1954. Washington, D. C., Nat. Bur. of Stand.) H. BECKER. 7986

J. H. Bitter, *Das Emulgieren von Offsetfarben.* Maschinengestrichene Papiere enthalten im Strich oft oberflächenakt. Stoffe, die die Oberflächenspannung σ des W. beim Offsetdruck erniedrigen. Bei zu starker Erniedrigung ($\sigma <$ 72 dyn/cm) tritt dadurch oft schädliche Emulgierung der Farbe u. unerwünschtes Tonen im Druck auf. Solche schädlichen Stoffe treten auch im Waschwasser durch Seife u. Reinigungsmittel auf; das p_H des Wischwassers soll zwischen 5 u. 6 liegen, unterhalb 5 werden die Platten angegriffen, oberhalb 6 sinkt σ stark ab. Die Farbe soll möglichst wenig stark polare Stoffe enthalten, wenngleich durch die Carboxylgruppen der Fettsäuren eine gewisse Erniedrigung von σ unvermeidbar ist, da Farben mit SZ. 0 keinen guten Abdruck geben. σ wurde mittels Torsionswaage u. Adhäsionsplatte gemessen, Grenzflächenspannung als Differenz der Oberflächenspannungen gegen Luft. (Schweiz. Arch. angew. Wiss. Techn. **21.** 85—89. März 1955. Amsterdam, Niederlande, Inst. für graph. Techn.) H. L. DU MONT. 7988

Frederick A. Varron, *Wie Druckfarben trocknen.* 1. u. 2. Mitt. Inhaltlich ident. mit der C. **1955.** 1407 referierten Arbeit. (Paint Manufact. **24.** 10—15. 30. Jan. 49—53. 56. Febr. 1954. New York, N.Y., Interchemical Corp., Res. Labor.) H. L. DU MONT. 7990

Lars Ahlén und **Olof Samuelson,** *Bestimmung von Ameisensäure in Sulfitablauge.* Zur Best. der HCOOH (I) werden 100 ml Ablauge in einem 500 ml-Scheidetrichter dreimal mit je 300 ml Ae. extrahiert u. der Extrakt nach Zusatz von 50 ml W. gegen Phenolrot mit 0,1 nNaOH titriert. Enthält die Ablauge zuviel SO_2, so wird mit N_2 bei 50° ausgetrieben. Nach dem Titrieren wird bei p_H 10 mit $BaCl_2$ bei 60° in ca. 30 Min. das $BaSO_3$ ausgefällt u. abfiltriert, das abgekühlte Filtrat durch eine Ionenaustauscherkolonne aus *Amberlite IRA 400* als Acetatform gegeben u. die I mit 50 ml 0,5mol. Na_2CO_3-Lsg. u. 50 ml W. eluiert. Das Eluat wird auf 50 ml eingedampft u. das CO_2 mit 2 nHCl ausgetrieben. Nach Zugabe von 25 ml 5%ig. $HgCl_2$-Lsg. u. 1 g Na-Acetat wird 2 Std. in sd. W. gestellt, durch eine Glasfritte filtriert, der Nd. mit W. u. A. gewaschen u. nach 1 std. Trocknen bei 100° gewogen. Der Faktor für I ist 0,0975. Es werden noch Verff. mit Anionenaustauschern in der HCO_3''-Form u. durch Ionenaustauschchromatographie zur Best. von I beschrieben. (Svensk Papperstidn. **58.** 421—24. 15/6. 1955. Göteborg, Chalmers Tekniska Högskola, Dep. of Engng. Chem.) H. BECKER. 8006

Odd Riiber, *Der Einfluß des Stickstoffgehaltes auf die Viscositätszahl des Cellulosenitrates.* Bekanntlich setzt die DP-Gradbest. für Cellulose nach STAUDINGER oder HOUWINK, KUHN u. MARK konstanten N-Geh. voraus. Die Konstanten werden meist für 13,8—13,9% N angegeben, den man bei Nitrierung mit HNO_3–H_3PO_4–P_2O_5-Gemisch in den Verhältnissen 64 : 26 : 10 erhält. Vf. diskutiert an Hand seiner Verss. erneut die Frage der Änderung der Anfangsviscosität mit dem N-Gehalt. Die Verss. zeigten, daß $Z_{\eta\,13,8\%\,N} = A_N\,Z_{\eta\,N}$, wobei der Faktor A_N nicht nur aus dem N-Geh., sondern auch aus dem Mol.-Gew. bestimmt wurde. Der Einfl. der Polydispersität scheint sehr klein zu sein. A_N kann aus einem graph.-empir. Diagramm abgeleitet werden. — 4 Figuren, 3 Tabellen, 8 Schrifttumshinweise. (Norsk Skogind. **9.** 204—07. Juni 1955. Saetre i Hurum, Nitroglycerin Comp.) E. BORCHERS. 8008

Tibor Mérö, *Neue Papierprüfmethoden in der druckpapierverarbeitenden Industrie.* Übersicht über die Papierprüfmethoden in der druckpapierverarbeitenden Industrie. — 22 Literaturstellen. (Papír Nyomda Techn. [Papier u. Drucktechn.] **7.** 208—15. Juli 1955.) E. KISS. 8010

Roy Hallan, *Über initiale Naßfestigkeit.* Bei Best. der initialen Naßfestigkeit von Holzschliff- (I) u. Stoffmischungen für Zeitungsdruckpapier (II) mit dem von BRECHT angegebenen Reißlängengerät sowie dem von VON ALFTHAN entwickelten Berstdruckgerät ist es erforderlich, die Prüfstreifen auf einen genau reproduzierbaren Trockengeh. von 20—25% zu bringen. Vf. prüfte hierfür das Abgautschen mit Löschblatt, das Durchsaugen von Luft sowie das Absaugen des W. aus dem feuchten Blatt des Blattbildners mittels einer Filternutsche mit poröser Glasplatte der Porengröße Ziffer 4 bei konstantem hydrostat. Unterdruck von 1—2 m WS nach BARKAS u. HALLAN. Nach dieser Meth. wurde ein genau reproduzierbarer Trockengeh. erzielt, der die gravimetr. Best. überflüssig macht. Vf. verglich von 9 Proben von I die initiale Naßfestigkeit nach den Methoden von BRECHT u. von VON ALFTHAN an Prüfblättern nach der brit. Standardmethode. Hierbei ergab sich die mittlere Streuung von 5,7% für die Reißlänge nach BRECHT u. von 4,8% für die Berstfläche nach VON ALFTHAN. Diese Entwässerungsmeth. wird zur Betriebskontrolle schnellaufender Maschinen für II empfohlen. — 14 Figuren, 2 Tabellen u. 25 Schrifttumshinweise. (Norsk Skogind. **9**. 195—203. Juni 1955. Oslo, Papirindustriens Forskningsinstitutt.) E. BORCHERS. 8010

Papirindustriens Forskningsinstitutt, Sköyen, Norwegen (Erfinder: **Ö. Bryde**), *Vorbehandlung von Holzspänen für die Sulfitkochung,* indem man NH_3 u. SO_2 in die Späne vor dem Kochprozeß in solchem Verhältnis eindringen läßt, daß sich $(NH_4)_2SO_3$ u. $(NH_4)HSO_3$ bilden. Hierdurch wird die Kochzeit herabgesetzt u. ein Anbrennen der Späne vermieden. (**Schwed. P. 142 162** vom 31/5. 1949, ausg. 15/9. 1953.) K. H. KÄHLER. 7963

Celanese Corp. of America, New York, N. Y., übert. von: **Fred Fortess** und **Blanche B. White,** Summit, N. J., V. St. A., *Propionsäure aus Sulfitablauge.* Die Ablauge wird durch Behandeln mit Kalk zur Abscheidung der Sulfite u. Sulfate auf p_H 8,5 bis 9,5 gebracht, der Nd. abgetrennt u. die Fl. auf p_H 6,5—7,5 eingestellt. Dann läßt man sie durch eine Reihe Propionsäurebakterien enthaltender Bottiche fließen, in denen ein p_H von 6,5—7,5 u. eine Temp. von 28—34° aufrechterhalten werden. (**A. P. 2 689 817** vom 17/12. 1949, ausg. 21/9. 1954.) J. KETTNER. 7963

Hans Svanoe, Warren, Pa., V. St. A., *Aufarbeiten von Sulfitablauge,* die im Kreislauf durch Heiz-, Verdampfungs- u. Salzabscheidungszonen geführt u. dabei von 5—15 auf 50—65% Gesamtfeststoffe eingedickt wird, dad. gek., daß die verd. Ablauge in geschlossenem Kreislauf zur Verhinderung von Krustenbldg. in oder vor der Heizzone mit einem konz. Schlamm von Ca-Sulfatkristallen gemischt wird, so daß die Mischung weniger gelöste Salze enthält als bei ihrem Eintritt in die Salzabscheidungszone. — Zeichnung. (**A. P. 2 698 225** vom 10/2. 1951, ausg. 28/12. 1954.) G. VOGEL. 7963

Penobscot Chemical Fibre Co., Boston, übert. von: **Avery A. Morton,** Watertown, Mass., V. St. A., *Aufarbeiten von Calciumbisulfitzellstoffablaugen,* dad. gek., daß die rohe Ablauge mit einem wasserlösl. aliphat. Alkohol u. nach Abtrennung der dadurch ausgefällten Ca-Salze nochmals mit einem aliphat. Alkohol mit mindestens 3 C-Atomen versetzt wird, so daß sich eine obere wss.-alkoh. u. eine untere wss. Schicht mit den Feststoffen der ursprünglichen Kochlauge bildet. — Z. B. werden 100 (Vol.-%) Ablauge 4mal mit Gemischen von tert.-Amylalkohol (I) u. Isopropylalkohol (II), zusammen 202 I u. 75 II, behandelt. Nach der 4. Behandlung enthielt die untere Schicht 89,3% der Ablaugensalze als viscose Flüssigkeit. — Tabellen. (**A. P. 2 699 998** vom 7/1. 1948, ausg. 18/1. 1955.) G. VOGEL. 7963

Courtaulds Ltd. (Erfinder: **Godfrey John Care, Henry Hampson** und **John Philip Stoneman**), London, England, *Herstellung von Cellulosetriestern,* z. B. *Cellulosetriacetat,* unter Erhaltung der Faserstruktur. Man leitet eine Fettsäureanhydrid (I; Acetanhydrid), Nichtlöser (CCl_4) u. Katalysator ($HClO_4$; II) enthaltende Lsg. im Umlauf durch eine mit der entsprechenden Fettsäure vorbehandelte ruhende Celluloseschicht (III). Die zunächst in Umlauf gesetzte Lsg. enthält jedoch keine II oder nur einen Teil, z. B. 10—30, bes. 20—25%; die (weitere) Zugabe von II erfolgt erst später, bes. an einer von III abgetrennten Stelle. Dann wird die Reaktionswärme aus der Rk. zwischen dem aus III entfernten W. u. I in dem Syst. entfernt, während die Lsg. von III noch getrennt ist. — Schemat. Zeichnung. (**E. P. 699 027** vom 4/1. 1951, ausg. 28/10. 1953. **D. B. P. 915 451** Kl. 12o vom 30/12. 1951, ausg. 22/7. 1954. Anmeldung bekanntgemacht 18/12. 1952. **A. P. 2 635 098** vom 3/12. 1951, ausg. 14/4. 1953. **Belg. P. 508 199** vom 3/1. 1952, ausg. 5/6. 1953. Alle E. Prior. 4/1. 1951.) K. FABEL. 7971

Elmer R. Burling und **John P. Rich,** Nashua, N. H., V. St. A., *Bleichen von Holzzellstoff,* dad. gek., daß ein Stoff von ca. 17% Stoffdichte mit einer wss. Lsg. von ClO_2 auf 12% verd., unter einem Druck von mindestens 10 lbs./sq.in. gesetzt, der Druck langsam auf n. Druck entspannt wird, so daß währenddem 80% des ClO_2 verbraucht werden u. der Druck während einer ca. 16—24fach längeren Zeit als bei der Entspannung bei p_H-Werten von 1,5—3,5 wieder auf den Anfangsdruck erhöht wird. — Zeichnung. (**A. P. 2 706 673** vom 19/10. 1951, ausg. 19/4. 1955.) G. VOGEL. 7979

Hurlbut Paper Co., South Lee, übert. von: **Hanns F. Arledter,** Lee, Mass., V. St. A., *Herstellung von Papier aus anorganischen Fasern,* dad. gek., daß der wss.

Fasersuspension Harnstoff- oder Melaminharz zugesetzt, das Harz, z. B. mit Alaun, gefällt u. die gebildete nasse Bahn auf Tempp. knapp unter dem F. der Fasern, z. B. bei Glasfasern mit F. 788° auf 727°, zwecks völliger Zerstörung aller organ. Substanz erhitzt wird. — Verwendung für *elektr. Zwecke* u. *Filter.* (**A. P. 2 706 156** vom 19/2. 1952, ausg. 12/4. 1955.) G. VOGEL. 7987

Continental Gummi-Werke Akt.-Ges. Hannover (Erfinder: **Harry Weber**), *Druckwalzen* mit einem metall. Kern, einer weichen Polsterschicht u. einer härteren Deckschicht, dad. gek., daß zwischen dem metall. Walzenkern u. der äußeren, gegebenenfalls aus einem Mischpolymerisat von Butadien mit Acrylsäurenitril bestehenden Deckschicht eine Zwischenschicht aus geblähtem Polyurethan angeordnet ist. (**D. B. P. 929 793** Kl. 15 l vom 24/5. 1953, ausg. 4/7. 1955. Anmeldung bekanntgemacht 2/12. 1954.) F. LAASS. 7989

Josef Hlubucek, Calcutta, Indien, *Schablonendruckform.* Die nichtdruckenden Stellen des Siebes werden mit einer Polyvinylchloridpaste ausgefüllt, die bei erhöhter Temp. zum Gelieren gebracht wird. Ohne Anwendung von Schutzlacken werden gegen Säuren u. Alkalien beständige Druckformen erhalten. (**E. P. 704 148** vom 18/8. 1950, ausg. 17/2. 1954.) F. LAASS. 7989

Chimiotechnic (Union Chimique du Nord et du Rhône), Soc. An., Seine, Frankreich, *Herstellung von Druckfarben,* bei denen die üblichen Lösungsmittel größtenteils durch W. (bis zu ca. 42%) ersetzt sind. Dies wird durch den Zusatz von oberflächenakt., benetzend u. emulgierend wirkenden Mitteln ermöglicht, welche Derivv. des Äthylenoxyds oder des Äthanolamins sind. (**F. P. 1 078 376** vom 13/11. 1952, ausg. 17/11. 1954.) T. OPPERMANN. 7991

XVIIIb. Textilfasern.

Silvano Kündig, *Einiges über die Sichtbarmachung des Melaminformaldehydharzes mittels Tollensscher Lösung nach der Berneggerschen Methode; über die Formalisierung der Cellulosefaser bei der Kunstharzappretur und über die Schädigung der appretierten Gewebe.* Durch Verss. zur Feststellung der Formalisierung von Fasern wird gezeigt, daß eine solche stattfindet, diese aber auf die Nachweismeth. von BERNEGGER keinen Einfl. hat. Festigkeitsprüfungen ergeben keine Schädigung der Gewebe durch die Kunstharzausrüstung. (Textil-Rdsch. [St. Gallen] **9.** 581—83. Nov. 1954.) I. SCHOENMANN. 8032

T. F. Cooke, J. H. Dusenbury, R. H. Kienle und **E. E. Lineken,** *Mechanismus der Behandlung von Cellulosegeweben zwecks Erholung beim Knittern.* Vff. vertreten die Ansicht, daß bei der Art der Vorgänge es richtiger sei, den Begriff Knitterfestigkeit als Knittererholung zu bezeichnen. Mit der Verbesserung der Knittereigg. von Cellulosegeweben mit Melamin- u. Harnstoff–Formaldehyd-Kondensaten läuft nach den Unterss. der Vff. eine merkliche Erhöhung der Elastizitätseigg. der Faser u. damit des Gewebes parallel. Durch die Einlagerung elastomerer Harze mögen sich Brücken bzw. Querverbindungen zu benachbarten Celluloseketten ausbilden. Diese veränderten Verhältnisse der inneren Faserstruktur verhindern ein irreversibles Auseinandergleiten der Ketten. Die polaren Kräfte der Wasserstoffbrücken u. VAN DER WAALSsche Kräfte stellen weitgehend nach einem Faltungseinfl. die vorhergehende Struktur wieder her. Diese physikal.-chem. Vorgänge zeichnen sich bes. klar im Infrarotspektr. ab. — Zahlreiche Kurven u. Tabellen. 24 Literaturangaben. (Textile Res. J. **24.** 1015—36. Dez. 1954. Bound Brook, N. J., American Cyanamid Co.) E. WAGNER. 8032

Robert Schaffer, Wm. D. Appel und **Florence H. Forziati,** *Reaktionen an der Grenzfläche naß–trocken bei faserartigem Material.* Die an Baumwoll-, Nylon-, Acetat- u. Quarzfasergeweben erhaltenen Ergebnisse lassen vermuten, daß die kontinuierliche Verdampfung der Lsg. an der Grenzfläche naß–trocken an einem faserartigen Material in Kontakt mit der Luft durch chem. Veränderungen entweder an dem Lösungsm. (Fl.) oder an der Faser begleitet wird. Bei Verwendung von organ. Lsgg., wie z. B. n-Pentan, verändert sich das Lösungsm., bei Verwendung von W. dagegen die Faser. Charakterist. bei allen solchen Rkk. ist die Bldg. einer „braunen Linie" (brown line) an der Grenzfläche naß–trocken, die im UV-Licht fluoresciert. Bei einigen Rkk. erfolgen Luftoxydationen. So bildet sich die „brown line"-Rk. während des Verdampfens von n-Pentan aus Nylongewebe u. Quarzfaserpapier in einer Sauerstoffatmosphäre, dagegen nicht in einer Stickstoffatmosphäre. Die im einzelnen erhaltenen Ergebnisse werden beschrieben u. diskutiert. (J. Res. nat. Bur. Standards **54.** 103—06. Febr. 1955.) H. G. FRÖHLICH. 8040

Alton A. Cook und **Nat C. Shane,** *Die Anwendung von siliconhaltigen, wasserabstoßenden Ausrüstungen für Baumwolle.* Die vorliegenden Unterss. haben gezeigt, daß wasserabstoßende Ausrüstungen auf der Basis von Siliconen ohne weiteres auch zur

Ausrüstung von Baumwolle u. entsprechenden Mischgeweben geeignet sind. Die Imprägnierung erfolgt vorteilhaft zwischen p_H 6 u. 7, während die Kondensation bei ca. 160° vorgenommen wird. Die Dauer liegt zwischen 5 u. 8 Minuten. Des weiteren werden Ergebnisse über die Stabilität so ausgerüsteter Gewebe gegenüber Waschbehandlungen u. Trockenreinigung einerseits u. die Beeinflussung der Reißfestigkeit sowie des Abriebs durch die Ausrüstungsprozedur andererseits mitgeteilt. — 8 Tabellen. (Textile Res. J. 25. 105—10. Jan. 1955. Newark, N. J., Arkansas Comp., Inc.) H. G. FRÖHLICH. 8044

Gerhard Bärwald und **Herbert Ulbricht,** *Verlauf der Röste bei Sarothamnus scoparius im Vergleich zu Linum usitatissimum.* Vf. berichten über Verss. zur Klärung des Röstverlaufs bei Besenginster u. damit der Verwertungsmöglichkeiten dieser Pflanze als Faserlieferant. Der biol. Aufschluß durch Warmwasserröste gleicht trotz äußerer Unterschiede der Vorgänge annähernd dem von Lein. Gewisse Verbesserungen des Aufschlußverf. durch mechan. Vorbehandlung des Ginsterstrohes u. durch bes. gestaltete Naßweiterverarbeitung des Röstprod. erscheinen als möglich, ebenso züchter. Maßnahmen. Die vorläufig beim Aufschluß nachteilig sich auswirkenden Eigg. des Besenginsters sind vor allem die wesentlich längere Behandlungsdauer u. der erhöhte Anfall unangenehmer Nebenprodd. durch den hohen Eiweißgeh. der Pflanze. (Faserforsch. u. Textiltechn. 6. 364—70. Aug. 1955. Dresden, TH, Inst. für Bot.) E. WAGNER. 8048

I. J. O'Donnell, *Herstellung und Eigenschaften von Wollprotein ohne Disulfidquerverbindungen.* Vf. beschreibt Methoden zur chem. Modifizierung von Wolle, in deren Mol. die Disulfidbrücken der Cystinradikale gesprengt werden, u. zwar durch Red. unter Einw. von Na-Thioglykolatlsg. bei p_H 5,6. Die Reaktionsbedingungen müssen so gewählt werden, daß eine gleichzeitige Aufspaltung des Mol. an den Peptidgruppen nicht erfolgt. Die Einbaumöglichkeit stärker lyophiler Gruppen in das so modifizierte Wollmol. durch Alkylierung ist ebenfalls überprüft worden. Angaben über Löslichkeit u. andere Eigg. solcher Wollmodifikationen u. über Unterss. von deren Extrakten ergänzen die Darlegungen. — 17 Literaturangaben. (Textile Res. J. 24. 1058—63. Dez. 1954. Melbourne, Commonwealth Sci. and Ind. Res. Organization, Wool Textile Res. Labor.) E. WAGNER. 8060

Masami Oku und **Itaru Shimizu,** *Untersuchungen über chemisch abgewandelte Seide.* 5. Mitt. *Beobachtung der Schrumpfung der Seide durch Methylierung mit Diazomethan.* (4. vgl. J. Soc. Textile Cellulose Ind., Japan [Sen-i Gakkaishi] 10. [1954.] 487.) Die Verschlechterung u. Vergilbung des Seidenfibroins wurde bisher mittels Diazomethan festgestellt. In der vorliegenden Arbeit wird gezeigt, daß das Schrumpfen der Seide durch Neutralsalz- u. Mineralsäurelsgg. wesentlich herabgesetzt werden kann. Die Ursachen des Schrumpfens u. deren Feststellung durch Methylierung mittels Diazomethan werden an Hand von Verss. u. zahlreichem Versuchsmaterial besprochen. Die phenol. OH-Gruppen des Thyrosins wurden methyliert. Die Tyrosinrückstände des Seidenfibroins sind für die Schrumpfung durch Salz u. Säuren verantwortlich. (J. Soc. Textile Cellulose Ind., Japan [Sen-i Gakkaishi] 11. 82—85. Febr. 1955. [Orig.: japan., Auszug: engl.]) P. ECKERT. 8068

D. D. Bachlott, I. K. Miller und **W. D. White,** *Die Eigenschaften des Reifencords in bezug auf den Gehalt an β-Cellulose und resistentem Pentosan des Ausgangszellstoffes.* Es wird festgestellt, daß die Festigkeit u. die Ermüdungsbeständigkeit des Reifencords (I) um so höher steigt, je niedriger der Geh. an β-Cellulose im Ausgangszellstoff ist. Der aus vorhydrolysiertem Kiefernholz hergestellte I weist bei niedrigem Geh. an resistentem Pentosan im Ausgangszellstoff eine höhere Ermüdungsbeständigkeit auf. Die Behandlung des Zellstoffes nach der Schwed. Meth., d. h. mit 10 bzw. 18%ig. NaOH, gibt einen besseren Anhaltspunkt für die Brauchbarkeit des Zellstoffes für I als die sonst üblichen Analysenmethoden. Es ist bemerkenswert, daß Zellstoffe mit demselben β-Cellulosegeh. wie Linters eine niedrigere Festigkeit zeigen. — 7 graph. Darstellungen. (Tappi 38. Nr. 8. 503—07. Aug. 1955.) V. JACOPIAN. 8074

C. Wood, *Dynamik der Reibung von Viscosefasern und relative Feuchtigkeit.* Es wird ein App. beschrieben, der speziell entwickelt wurde für Unterss. der Zusammenhänge zwischen den Reibungskräften bzw. den Kräften, die überwunden werden müssen, um eine einzelne Faser aus einem festgehaltenen Büschel parallelisierter Fasern herauszuziehen, u. der relativen Feuchtigkeit. An einem Beispiel wird das Wesen der Meth. dargelegt. — 16 Literaturangaben. (J. Textile Inst., Trans. 45. T 794—802. Okt. 1954. British Rayon Res. Assoc.) E. WAGNER. 8074

Ichiro Sakurada und **Yasuyoshi Sakaguchi,** *Die Herstellung von Acetatreyon durch Acetylierung von Viscosereyon mit Essigsäureanhydriddampf.* 17. Mitt. *Über das Einführungsverhältnis der Acetylierung.* (16. vgl. J. Soc. Textile Cellulose Ind., Japan [Sen-i Gakkaishi] 10. [1954.] 600; 11. vgl C. 1955. 2104.) Die Anfangsgeschwindigkeit der

Acetylierung von Viscosereyon mit Essigsäureanhydriddampf ist gering. Die Art des unbehandelten Viscosereyons, die Konz. der H_2SO_4, die Vorbehandlung mit Alkali haben fast keinen Einfl. auf die Anfangsgeschwindigkeit. Die Änderung des Verhältnisses des Quellungsmittels zum Essigsäureanhydrid ist der wesentlichste Faktor hinsichtlich der Reaktion. (J. Soc. Textile Cellulose Ind., Japan [Sen-i Gakkaishi] **11.** 54—56. Febr. 1955. [Orig.: japan., Auszug: engl.]) P. ECKERT. 8076

Ichiro Sakurada und **Yasuyoshi Sakaguchi,** *Die Herstellung von Acetatreyon durch Acetylierung von Viscosereyon mit Essigsäureanhydriddampf.* 18. Mitt. *Das Gleichgewichtsverhältnis der Acetylierung.* (17. vgl. vorst. Ref.) Diskutiert werden verschied. Reaktionsarten der Acetylierung an faserigem Cellulosematerial. An Hand theoret. Überlegungen werden verschied. Gleichungen abgeleitet. (J. Soc. Textile Cellulose Ind., Japan [Sen-i Gakkaishi] **11.** 56—60. Febr. 1955. [Orig.: japan., Auszug: engl.]) P. ECKERT. 8076

Ichiro Sakurada und **Yasuyoshi Sakaguchi,** *Die Herstellung von Acetatreyon durch Acetylierung von Viscosereyon mit Essigsäureanhydriddampf.* 19. Mitt. *Der Acetylierungsvorgang bei Verwendung von Schwefelsäure als Katalysator.* (18. vgl. vorst. Ref.) Der Reaktionsvorgang ist im allg. kompliziert. Der Acetylierungsvorgang wird bestimmt durch die Geschwindigkeit der chem. Rk. u. durch die Diffusion des Essigsäureanhydrids in die Faser. Bei höherer Konz. des Katalysators ist der Hauptfaktor die Diffusionsgeschwindigkeit. (J. Soc. Textile Cellulose Ind., Japan [Sen-i Gakkaishi] **11.** 60—62. Febr. 1955. [Orig.: japan., Auszug: engl.]) P. ECKERT. 8076

American Cyanamid Co., New York, N. Y., V. St. A., *Optisches Aufhellungsmittel.* m-Chlortoluol wird mit 100%ig. H_2SO_4 bei ca. 70° sulfoniert u. anschließend mit 89%ig. HNO_3 bei 0—5° nitriert. Das gebildete Na-5-Chlor-4-nitrotoluol-2-sulfonat gibt dann mit NaOCl (7% akt. Cl) 5.5'-Dichlor-4.4'-dinitrostilben-2.2'-disulfonsäure, aus der bei der Red. mit Fe in Eisessig *5.5'-Dichlor-4.4'-diaminostilben-2.2'-disulfonsäure* entsteht, gelbes Pulver, das sich beim Erhitzen zers., unlösl. in W. u. organ. Lösungsmitteln, lösl. in wss. Alkalien u. Carbonaten. Diese gibt mit 2.4-Dimethoxybenzoylchlorid *N.N'-Di-(2.4-dimethoxybenzoyl)-5.5'-dichlor-4.4'-diaminostilben-2.2'-disulfonsäure. Di-Na-Salz.* — Vgl. auch A. P. 2 681 926; C. **1955.** 8970. (**Schwz. PP. 301 804** u. **301 805** vom 16/7. 1952, ausg. 1/12. 1954. Beide A. Prior. 17/7. 1951.) G. KRAUSS. 8027

Thüringische Zellwolle Akt.-Ges., Schwarza/Saale, und **Zellwolle- und Kunstseide-Ring G. m. b. H.,** Berlin (Erfinder: **Werner Münch,** Bad Blankenburg/Thür.), *Herstellung wässeriger Kunstharzemulsionen* aus *Harnstoff, Thioharnstoff* oder *Dicyandiamid* bzw. deren Gemischen u. *CH_2O,* dad. gek., daß man 1 (Mol) der amidgruppenhaltigen Stoffe mit 2—4 CH_2O, unter Zusatz von Stärke oder Polyvinylalkohol, bei $p_H < 7$ unter Hydrazinsulfat als Katalysator zusammen mit anderen sauren Katalysatoren bes. in der Wärme kondensiert u. die Emulsionen gegebenenfalls mit Pyridinbasen oder anderen tert. Aminen stabilisiert. — Textilhilfsmittel. (**D. R. P. 751 956** Kl. 39c vom 16/6. 1940, ausg. 3/5. 1954.) H. SCHINDLER. 8029

E. I. du Pont de Nemours & Co., Wilmington, Del., übert. von: **Warren T. Kimball,** Newburgh, N. Y., V. St. A., *Überzugsmischung für Buchbinderleinen,* bestehend aus einer wss. Dispersion von Stärke, einem inerten anorgan. Füllmittel u. Polyvinylacetat, deren Mengen in einem bestimmten, in dem abgebildeten 3seitigen Zustandsdiagramm genau bezeichneten Ausschnitt angegeben sind. Auf die Rückseite von lackiertem u. gegebenenfalls geprägtem Buchbinderleinen aufgebracht, verhindert ein derartiger Überzug das Einrollen abgeschnittener Überzugsflächen u. erleichtert deren Ankleben an den Buchdeckel. (**A. P. 2 650 170** vom 27/1. 1951, ausg. 25/8. 1953.) H. MÖLLERING. 8033

Gesellschaft für Chemische Industrie in Basel, Basel, Schweiz, *Veredeln von Textilgut.* Man tränkt (gebleichtes u./oder mercerisiertes u./oder gefärbtes) Baumwollgewebe mit der wss. Lsg. aus einem härtbaren Amino-1.3.5-triazin-CH_2O-Kondensat oder dessen Bildungskomponenten u. einem sauren Kondensationsmittel sowie gegebenenfalls versteifenden oder hydrophobierenden Ausrüstungsmitteln. — Zur Herst. kocht man z. B. 12,6 (Teile) 2.4.6-Triamino-1.3.5-triazin u. 27 CH_2O-Lsg. (30 Vol.-%) 10 Min., versetzt mit 1 HCOOH-Lsg. (86%ig.) u. stellt mit W. auf 100 ein. Mit der Lsg. wird Baumwollgewebe imprägniert, auf 200% abgequetscht u. auf dem Spannrahmen getrocknet. Man erhält eine waschechte *Steifappretur.* (**D. R. P. 763 862** Kl. 8k vom 5/8. 1936, ausg. 28/7. 1955. Schwz. Priorr. 27/6. u. 20/7. 1936.) H. MÖLLERING. 8033

Farbenfabriken Bayer, Deutschland, *Verfahren, um lösliche und schmelzbare Polymere und Kondensationsprodukte unlöslich zu machen.* Man erhitzt sie auf einer Unterlage, bes. Textilien, auf über 100°. Die Polymerisate, Kondensations- oder Additionsprodd. müssen bas. Aminogruppen u. solche Gruppen im Mol. enthalten, die durch Rk. mit diesen bas. Aminogruppen eine Vernetzung bewirken. — 100 (Teile) Polyacrylnitril (K-Wert 100) werden mit 1000 Äthylendiamin unter Rückfluß gekocht, bis die gelbe Lsg. entsteht, das Amin durch Dest. unter red. Druck bei ca. 50° abgetrennt, der Rückstand mit Aceton gewaschen u. bei 50° vorsichtig im Vakuum getrocknet. Das Prod. ist löslich in W., A. u. verd. Säuren. Bei längerem Lagern wird es durch Vernetzung fortschreitend unlöslicher. Imprägniert man mit dieser wss. bas. Polyacrylamidlsg. ein Gewebe u. erhitzt es einige Zeit über 120°, so erhält man eine waschfeste Appretur. — Weitere Beispiele behandeln die Rk. von Polyacrylsäurebutylester mit Tetramethylendiamin, das Reaktionsprod. aus Adipinsäure, Trimethylolpropan u. Butylenglykol mit Hexan-1.6-diisocyanat u. seine Vernetzung, ferner die Vernetzung des bas. Polyharnstoffes aus Diäthylentriamin, Diaminodipropylmethylamin (I) u. Hexan-1.6-diisocyanat, des bas. Polyurethans aus Dipropylentriamin u. Butanbischlorcarbonsäureester, des Polyharnstoffes aus I u. Hexandiisocyanat. — Verwendung zum Imprägnieren, Appretieren u. Bedrucken von Textilien. (**F. P. 1 067 881** vom 5/7. 1952, ausg. 21/6. 1954.) G. WELTZIEN. 8037

Precision Processes (Textiles) Ltd., London (Erfinder: **Christopher Earland** und **Kenneth Statham**), England, *Nichtfilzende Wolle* erhält man durch Behandlung des Gutes mit einer auf p_H 3 eingestellten wss. Lsg. eines in W. lösl. Bromates u. Bromides bei 10—50°. — 10 (g) Wollgewirke werden 30 Min. bei 40° mit 300 einer Lsg. mit einem Geh. von 0,4 $KBrO_3$, 0,2 KBr u. 1,1 HCl behandelt; man wäscht mit einer verd. Lsg. von $NaHSO_3$ u. neutralisiert mit NH_4OH-Lsg. (**E. P. 723 560** vom 4/3. 1952, ausg. 9/2. 1955.) H. MÖLLERING. 8061

Farbenfabriken Bayer Akt.-Ges., Leverkusen (Erfinder: **Hermann Stötter**, Leverkusen, und **Otto Markgraf**, Neckargemünd), *Mittel zum Mottenechtmachen von Pelzen*, bestehend aus einem Trägerstoff, auf dem eine an sich bekannte mottenschützende Substanz zusammen mit einem wachsartigen Stoff niedergeschlagen ist. (**D. B. P. 917 828** Kl. 45 l vom 26/8. 1943, ausg. 13/9. 1954. Anmeldung bekanntgemacht 11/2. 1954.) H. NEBELSIEK. 8063

Fothergill & Harvey Ltd., Manchester (Erfinder: **Brindley Jack Brown** und **Bert Taylor**), England, *Nichteinlaufende Cellulosetextilien*. Man imprägniert das Gut mit Epichlorhydrin oder einer dieses enthaltenden Substanz, worauf gemäß E. P. 696 282 mit einer Alkalihydroxydlsg., jedoch noch unter Zusatz eines Alkalicarbonats, nachbehandelt wird. — Ein Gewebe aus *Viscosezellwolle* wird bei 30—40° mit einer wss. 1,5%ig. Lsg. von Glycerindichlorhydrin unter Zusatz geringer Mengen eines Dispergiermittels imprägniert. Nach dem Abquetschen wird das Gewebe in jeder Richtung um 3,2% gestreckt u. nachbehandelt mit einer Lsg., die in 100 cm^3 6 (g) NaOH, 6 Na_2CO_3 u. 18 NaCl enthält. Nach 12—15 Sek. langer Behandlung wäscht man bei 70°, säuert nach u. trocknet. Der Flächengewinn ist waschbeständig fixiert. (**E. P. 724 096** vom 1/9. 1951, ausg. 16/2. 1955. **Zusatz zu E. P. 696 282; C. 1954. 7088.**) H. MÖLLERING. 8075

Industrial Rayon Corp., Cleveland, übert. von: **Lawrence Louis Malm**, Rocky River, O., V. St. A., *Wiedergewinnung von Natriumsulfat*. Wss. Bäder aus der *Viscose-Spinnstoff*-Herst., die ca. 10—34 (%) Na_2SO_4, 4—17 H_2SO_4 u. ca. 5—10 gelöste andere Metallsalze enthalten, werden so weit eingedampft (ca. 100—120% des überschüssigen Wassergeh.), daß das Verhältnis Na_2SO_4 : H_2SO_4 in der Lsg. 2 : 1 beträgt. Aus der eingedampften Lsg. wird bei ca. 32—60° ein Teil des überschüssigen Na_2SO_4 als anhydr. Salz ausgefällt u. von der Mutterlauge abgetrennt, der dann solche Mengen konz. H_2SO_4 zugefügt werden, daß bei ca. $< 65°$ $NaHSO_4$ ausgefällt wird. Dieses wird von der Lauge abgetrennt, ein Teil desselben mit einem Teil des anhydr. Na_2SO_4 vermischt u. die M. mit solchen Mengen W. u. wss. Lsg. (Na_2SO_4 : H_2SO_4-Verhältnis ca. 2 : 1) versetzt, daß das ungelöste Material aus anhydr. Na_2SO_4 besteht, das von der Mutterlauge abgetrennt wird, die in das Verf. zurückgeht. — Vorrichtung. (**A. P. 2 645 561** vom 23/11. 1948, ausg. 14/7. 1953.) H. KARST. 8075

Farbwerke Hoechst Akt.-Ges., vormals Meister Lucius & Brüning, Frankfurt/M. (Erfinder: **Paul Schlack**, Bobingen), *Herstellung von linearen Polythioäthern*, dad. gek., daß man wasserlösl. Salze von Diestern von Glykolen mit starken Säuren, welche Ester wenigstens einmal eine Estersäuregruppe einer starken zwei- oder mehrbas. Säure enthalten, mit wss. Lsgg. von Monosulfiden, bes. der Alkalien, in der Wärme umsetzt. — ζ-Bromhexylalkohol wird mit Chlorsulfonsäure verestert u. der Ester in das Na-Salz übergeführt. 1 (Mol) dieser Verb. wird mit 1,2 einer 20%ig. wss. Na-Sulfidlsg. bei 95° 5 Std. umgesetzt. Man erhält den Polythioäther nach dem Erkalten als hartwachsähnliche M., die nach der Reinigung durch Lösen in CH_2Cl_2 u. Eindüsen in sd. W. bei 75° schm. u. zu *Fäden* versponnen werden kann. (**D. B. P. 927 768** Kl. 39c vom 5/11. 1944, ausg. 16/5. 1955. Anmeldung bekanntgemacht 28/10. 1954.) J. MÜHLEISEN. 8081

Wolfgang Bobeth, Dresden, **Herbert Frotscher** und **Herbert Schiedewitz**, Karl-Marx-Stadt, *Veredlung von künstlichen und natürlichen Mineralfasern.* Die Fasern werden bei der Fasererzeugung, vor dem Verspinnen, vor dem Verweben oder in der Ausrüstung mit wasserlösl., salzartigen Kationharzen, wie sie durch saure Kondensation von Dicyandiamid u./oder Dicyandiamidinsalzen mit wasserlösl. Aldehyden entstehen, behandelt. Die Behandlung mit Kationharzen kann auch in Mischung mit Weichmachern, Hydrophobierungsmitteln u. Appreturmitteln erfolgen. (**D. P.** [**DDR**] **5 094** Kl. 32b vom 3/8. 1952, ausg. 21/9. 1953 [Wirtschaftspatent].)
H. HEYER. 8083

XIX. Brennstoffe. Erdöl. Mineralöle.

Anton Schlager, *Der derzeitige Stand der Braunkohlenveredlung in Österreich.* Überblick. (Montan-Rdsch. **2.** 37—40. März 1954. Wien.) H. HOCHSTEIN. 8124

Alfred Gillet, *Die Entwicklung der Humine aus verholzter Materie. Von der Cellulose zum Anthrazit.* Mit Hilfe experimenteller Daten, wie z. B. der Elementaranalyse, des Dreieckdiagramms u. einzelner beobachteter Rkk. suchen Vff. die Strukturentwicklung von Stoffen von der Cellulose über die verschied. Stufen, wie z. B. Torf, Braunkohle, Steinkohle bis zum Anthrazit, als Funktion der Zeit aufzuzeichnen. In zahlreichen Dreieckdiagrammen, Zahlentafeln u. Strukturformelbildern werden die Untersuchungs- u. Diskussionsresultate zusammengestellt. (Brennstoff-Chem. **35.** 103—20. 12/4. 1955. Lüttich, Univ. de Liège, Chimie Industrielle.) E. FLACH. 8126

Herbert Barking und **Constanz Eymann,** *Die Herstellung von Eisenkoks aus hochbituminösen Kohlen.* Aus der für die Erzeugung von metallurg. Koks wenig geeigneten Gasfeinkohle wird durch Zumischen von geeignetem Eisenfeinerz ein stückiger Eisenkoks hergestellt, dessen Eignung für die Verhüttung im Hochofen nachgewiesen wurde. Neben der Erzeugung von Roheisen wird durch seinen Einsatz ein Schwachgas geliefert, das für die Unterfeuerung von Koksöfen eingesetzt wird. Als Ausgangsstoffe dienen neben den hochbituminösen Kohlen Magnetitfeinerze, wobei bes. auf die Körnigkeit der Kohle, den Einsatz von feinkörnigem Erz u. auf eine gleichmäßige Mischung dieser Bestandteile geachtet werden muß. Das im Eisenkoks enthaltene metall. Eisen rostet nach längerem Lagern nur an der Oberfläche des Koksstückes. Die Herst. von Eisenkoks führt auch ein dem Sintern gleichzusetzendes Stückigmachen von Feinerzen herbei. (Stahl u. Eisen **75.** 386—91. 7/4. 1955. Welsum.) H. HOCHSTEIN. 8144

Frederick D. Rossini, *Kohlenwasserstoffe im Erdöl.* Vf. beschreibt eingehend die verschied. Verff., die bei der Zerlegung des Erdöls in die verschied. Verbb. angewandt werden. (Petroleum [London] **14.** 61—63. März 1951.) F. ROSENDAHL. 8188

—, *Neues Acetylenverfahren, beobachtet mit einem Massenspektrometer.* Ein von der ENGINEERING CORP. entwickeltes Massenspektrometer ist in der Lage, das WULFF-Verf. zur Erzeugung von Acetylen genau zu kontrollieren. Es können untersucht werden: der Rohstoff, die Zus. des Crackgases, die Zus. des Brenngases, der Geh. an Acetylen u. Äthylen im Kreislaufgas, die Wirksamkeit des Diacetylenwaschers, die Rückgewinnung oder der Verlust an Lösungsmitteln u. die Reinheit der Enderzeugnisse. (Gas [Los Angeles] **30.** Nr. **11.** 47—48. Nov. 1954.) F. ROSENDAHL. 8200

D. H. Compondu, *Über die Verwendung von Bentoneschmierstoffen. „Bentone“* ist eine Markenbezeichnung. Die Schmierstoffe werden erhalten durch Gelieren mit einer M., die durch Umsetzung von Bentonit mit organ. Basen erhalten wurde. Vf. schildert ausführlich die Herst. der Bentoneschmierstoffe. Es sind Schmierstoffe, die keinen F. u. keinen Tropfpunkt haben. Sie enthalten keine Metallseifen u. keine Fettsäuren. Sie sind wasserbeständig u. haben eine größere Adhäsionskraft als andere bekannte Schmiermittel. Da sie ihre Eigg. während des Gebrauchs kaum ändern, können die Bentoneschmierstoffe viel länger in Betrieb bleiben als alle anderen. (Iron Steel Engr. **29.** Nr. **9.** 165—166. Sept. 1952. Cleveland, O.) F. ROSENDAHL. 8220

Lewis H. King und **Walter L. Whitehead,** *Thermische Differentialanalyse von Kohle im Vakuum.* Proben von 25—30 mg von verschied. Kohlen u. deren Inhaltsstoffe werden mittels therm. Differentialanalyse im Vakuum (vgl. C. **1950.** II. 796) bei Erhitzungsgeschwindigkeiten von 20° pro Min. untersucht. Exotherme u. endotherme Spitzen weisen auf die therm. Effekte hin, die bei den physikal. u. chem. Veränderungen während der Verkokung auftreten. Versuchsdaten von 10 Glanzkohlen aus der Reihe von hochflüchtigen bituminösen Kohlen zeigen eine Beziehung zwischen den Tempp. an der Spitze u. dem Geh. an fixem Kohlenstoff, obwohl noch mehr Verss. notwendig sind, um diese Beobachtungen zu stützen. Weiterhin glauben Verff., daß die thermograph. Analyse eine wertvolle Meth. zur Best. von Cellulose in Lignit ist u. daß die chem. Fraktion, die mit Pyridin aus Kohle extrahierbar ist, Anlaß zu Temperaturspitzen gibt. Diese Beobachtungen sollen durch weitere Verss. bekräftigt werden. (Econ. Geol. **50.** 22—41. Jan./Febr. 1955. Cambridge, Mass., Massachusetts Inst. of Technol., Dep. of Geol. and Geophysics.) K. O. MÜLLER. 8246

Luis Rodriguez, Gironde, Frankreich, *Brikettieren von Feinkohle.* Den üblichen Bindemitteln, wie Steinkohlenteer u. Petrolpech, wird Kieselgur, Wasserglas, Stärke oder dgl. zugegeben u. die M. ohne Erhitzen geformt. Die Preßlinge behalten ihre Form bei der Verbrennung. (**F. P. 1 078 387** vom 24/11. 1952, ausg. 17/11. 1954.) H. HOLM. 8137

Wigton-Abbott Corp., Plainfield, übert. von: **Frank J. Hendel,** Newark, N. J., V. St. A., *Regenerierung von Nickelsulfidkatalysatoren.* Der Katalysator (Hydrofining-verf.) wird bei erhöhter Temp. u. Druck mit H_2-haltigem Gas umgesetzt. Der gebildete H_2S wird entfernt u. das H_2S-freie Gas in die Regenerierzone zurückgeführt, wobei der H_2 durch Einleiten von Wasserdampf in den heißen regenerierten Katalysator durch Bdg. von H_2 u. O_2 ergänzt wird. — Zeichnung. (**A. P. 2 697 078** vom 25/6. 1951, ausg. 14/12. 1954.) E. KAHLES. 8195

Metallgesellschaft Akt.-Ges. (Erfinder: **Ernst Kapp**), Frankfurt/M., *Spaltung kohlenwasserstoffhaltiger, bes. methanhaltiger, Gase unter Druck* durch Zuführung von O_2 u. unter Vorwärmung des zu spaltenden Gases in 2 oder mehreren, wechselweise betriebenen Regeneratoren zwecks Gewinnung von H_2, *CO* oder deren Gemischen, dad. gek., daß die zur Spaltung benötigte O_2-Menge während der Aufheizung der Gase in einem Regenerator zeitlich in solchen steigenden Mengen zugeführt wird, daß dadurch der Temperaturabfall des regenerativ aufgeheizten Rohgases aufgehoben wird u. mit konstanter Spalttemp. gearbeitet werden kann. — Abbildung einer Spaltanlage u. Kurvendiagramme des Temperaturverlaufs. (**D. B. P. 887 036** Kl. 12i vom 9/7. 1942, ausg. 20/8. 1953. Anmeldung bekanntgemacht 30/10. 1952.) R. SCHREINER. 8201

Harry S. Hoenes, San Jose, Calif., V. St. A., *Herstellung von Wasserstoff und Sauerstoff für den Betrieb von Verbrennungsmaschinen.* In einem geschlossenen Behälter sind die Elektroden so, z. B. horizontal übereinander, angeordnet, daß bei der Entw. der Gase eine möglichst große Turbulenz herrscht u. die Gase schon vor Eintritt in die Verbrennungsmaschine gemischt sind. — Vorrichtung. (**A. P. 2 686 153** vom 30/6. 1952, ausg. 10/8. 1954.) K. DEMMLER. 8205

Comp. Française de Raffinage, Soc. An., Seine, Frankreich, *Stabilisieren von Kolophoniumölen* (die durch Dest., Decarboxylierung, Isomerisierung u./oder Hydrierung usw. erhaltenen Öle) mit den öligen Kondensationsprodd. von Alkylendihalogeniden mit aromat. KW-stoffen, bes. Dibenzyl. Verwendung der Öle als *Transformatoröle.* (**F. P. 977 966** vom 30/11. 1942, ausg. 9/4. 1951.) M. PANKOW. 8219

Socony-Vacuum Oil Co., Inc., New York, N. Y., übert. von: **Phillip S. Landis,** Mickleton, **Henry D. Norris,** Woodbury, und **Ralph V. White,** Pitman, N. J., V. St. A., *Turbinenöl* auf der Basis eines solventraffinierten Mineralöls, enthaltend 0,25 Gew.-% 2.6-Di-tert.-butyl-4-methylphenol, 0,1 α-Naphthylamin, 0,02 Demulgator aus Na-Petroleumsulfonat u. 0,1 Rostschutzmittel, bestehend aus dem Reaktionsprod. von 1 (Mol) Bernsteinsäureanhydrid mit 2,3 eines Umsetzungsprod. aus 1,3 Ölsäure u. 1 Triäthylentetramin. — Diagramm der Emulsionsteste. (**A. P. 2 693 448** vom 30/12. 1952, ausg. 2/11. 1954.) E. DREWS. 8221

Manufacture des Montres Rolex Aegler Soc. An., Bienne, Schweiz, *Zusatz zu Uhrenölen.* Um ein Verdicken der Öle zu vermeiden, werden Verbb. zugesetzt, die die Bldg. von Mikroorganismen verhindern, z. B. Cu-Naphthenat (I), NH_4-Dodecyl-dimethylbenzyloleat (II), Pentadecylphenol (III). I wird im Schmieröl gelöst, II wird als Lsg. in PAe., III wird bei 100° in N_2Atmosphäre vor der Schmierung auf die Uhrenteile aufgebracht. (**Schwz. P. 304 395** vom 8/10. 1952, ausg. 16/3. 1955.) E. DREWS. 8221

Herausgeber u. verantwortlich für den Inhalt: Prof. Dr. Maximilian Pflücke, Berlin N 4, Schiffbauerdamm 19, Fernsprecher: 425571. Redaktion: Chefredakteure Dr. Eugen Klever und Prof. Dr. Maximilian Pflücke. Verlag: Akademie-Verlag GmbH, Berlin W 8, Mohrenstraße 39 (Fernsprecher 200386, Postscheckkonto Berlin 35021), u. Verlag Chemie, GmbH, Weinheim/Bergstraße (Fernsprecher 2017 u. 2965, Postscheckkonto Frankfurt/M. 145314 u. Berlin-West 7430). Bestell- u. Verlags-Nr.: 1007/127. Das Chemische Zentralblatt erscheint wöchentlich. Preis des Jahrganges einschl. Autoren-, Patent-, Sach- und Formelregister: DM 680,—; einseitig bedruckte Ausgabe: DM 750,—.
Abgabe der Zeitschrift nur mit sämtlichen Registern.
Satz u. Druck: VEB Leipziger Druckhaus, Leipzig, III/18/203. I. 56.
Veröffentlicht unter der Lizenznummer 1212 des Amtes für Literatur und Verlagswesen der Deutschen Demokratischen Republik.
Printed in Germany DDR.

FSC
www.fsc.org
MIX
Papier | Fördert gute Waldnutzung
FSC® C083411

Kolibri 360 GmbH
Ferdinand-Jühlke-Straße 7
99095 Erfurt, Deutschland
produktsicherheit@kolibri360.de